PROPHYLAXE UND THERAPIE DER KINDERKRANKHEITEN

MIT BESONDERER BERÜCKSICHTIGUNG DER ERNÄHRUNG, PFLEGE UND ERZIEHUNG DES GESUNDEN UND KRANKEN KINDES NEBST THERAPEUTISCHER TECHNIK, ARZNEIMITTELLEHRE UND HEILSTÄTTENVERZEICHNIS

VON

PROF. DR. F. GÖPPERT
DIREKTOR DER UNIVERSITÄTSKINDERKLINIK IN GÖTTINGEN

UND

PROF. DR. L. LANGSTEIN
DIREKTOR DES KAISERIN AUGUSTE VICTORIA HAUSES ZUR BEKÄMPFUNG DER SÄUGLINGSSTERBLICHKEIT IM DEUTSCHEN REICHE IN BERLIN-CHARLOTTENBURG

MIT 37 TEXTABBILDUNGEN

SPRINGER-VERLAG BERLIN HEIDELBERG GMBH
1920

ISBN 978-3-642-98637-6 ISBN 978-3-642-99452-4 (eBook)
DOI 10.1007/978-3-642-99452-4

Originally published by Julius Springer in Berlin. in 1920
Softcover reprint of the hardcover 1st edition 1920

Vorwort.

An Lehrbüchern der Kinderheilkunde fehlt es nicht. Vielmehr kann man in den letzten Jahren von einem Überangebot sprechen. Keines der Bücher aber — trotz der Vorzüge eines jeden einzelnen — vermag einfach schon aus räumlichen Gründen dem Studierenden und Arzt eine vollständige Anschauung der Behandlungslehre zu bringen. Es genügt auch nicht, therapeutische Vorschriften für die Behandlung einer Krankheit zu machen. Es bedarf vielmehr der Einzelheiten in der Indikation und Ausführung, die zum Erfolg der Therapie unentbehrlich sind.

Um diese Klippe zu umschiffen, haben wir es uns in vorliegender Therapie zum Grundsatze gemacht, nicht aufzuzählen, wie man die verschiedenen Krankheiten behandeln kann, sondern möglichst genau darzustellen, wie die Wahl der Behandlungsmethode durch mannigfaltige Verhältnisse beeinflußt wird. Wir ließen uns vornehmlich von persönlichen Anschauungen und Erfahrungen leiten und haben es stets besonders vermerkt, wenn wir auf fremde Erfahrung zurückgreifen mußten. Die sich aus der Subjektivität ergebende Gefahr der Darstellung dürfte trotzdem dadurch vermieden sein, daß unser beider Entwicklungsgang und Wirkungskreis voneinander weit verschieden sind. Trotzdem aber tritt jeder von uns für den gesamten Inhalt des durchaus gemeinsam bearbeiteten Buches ein.

Dezember 1919.

Göppert, Langstein.

Inhaltsverzeichnis.

Allgemeiner Teil.

Spezieller Teil.

Erkrankungen des Neugeborenen.

Verdauungs- und Ernährungsstörungen des Säuglings.

Appendizitis und Peritonitis.

Erkrankungen der Leber . . . 177

Störungen des Stoffwechsels, Wachstums und der Drüsen mit innerer Sekretion.

Erkrankungen des Blutes und der blutbildenden Organe.

Erkrankungen des Zentralnervensystems.

Seite

Erkrankungen des Mundes und der Zähne.

Erkrankungen der Luftwege.

Erkrankungen des Gehörorganes.

Herzkrankheiten.

Nierenkrankheiten.

Erkrankungen der abführenden Harnwege.

Therapeutische Technik.

Nähere Angaben über die im Text angegebenen Arzneimittel finden sich in alphabetischer Anordnung in dem Abschnitt Medikamentöse Therapie S. 502. Ebendaselbst suche man Angaben über therapeutische Gruppen von Medikamenten. z. B. Abführmittel usw. Technische Angaben und Vorschriften über Bereitung von Nahrungsmitteln suche man unter Technik.

Allgemeiner Teil.

Bei der Durchführung unserer zur Heilung der Kinderkrankheiten bestimmten Maßnahmen spielen

Ernährung, Pflege und Erziehung

eine wichtige, ja bei bestimmten Erkrankungen die ausschlaggebende Rolle. Der Arzt muß deshalb mit ihren Grundzügen auch beim gesunden Kinde vertraut sein. Ihre Befolgung ist die beste Prophylaxe der kindlichen Erkrankungen. Besonders deutlich zeigt sich das bei jenen Kindern, die infolge minderwertiger Veranlagung von außen kommenden oder endogen bedingten Schädigungen viel mehr ausgesetzt sind und in stärkerem Grade unter ihnen leiden als Kinder mit guter Konstitution. Unter zweckmäßigen Maßnahmen kommt es seltener und jedenfalls zu weniger hochgradigen Äußerungen (Manifestationen) einer in dem Kinde schlummernden Diathese. Es erscheint deswegen angebracht, im allgemeinen Teil neben den Grundzügen der Ernährung, Pflege und Erziehung des gesunden Kindes auch die Gesichtspunkte zu entwickeln, die uns bei unseren Maßnahmen für konstitutionell abnorme, debile und kranke Kinder leiten.

Grundzüge der Ernährung.

I. Ernährung des normalen Kindes.

1. Im Säuglingsalter.

a) Die natürliche Ernährung.

Die Forderungen, die wir an eine zweckmäßige Ernährung des Säuglings stellen, daß sie den normalen Anwuchs herbeiführe, die Tätigkeit sämtlicher Organe in den Bahnen der Norm halte, die Widerstandsfähigkeit gegen Schädigungen, insbesondere die Immunität möglichst hoch treibe, werden bei Anlegung des strengsten Maßstabes nur durch die Ernährung an der Brust der eigenen Mutter erfüllt. Vielfältige Erfahrungen haben über die Stillfähigkeit der Mütter unterrichtet, wenigstens zur Zeit der größten Gefährdung des Säuglings infolge unnatürlicher Ernährung, das ist im ersten Lebensvierteljahr. Aber auch über diese Zeit hinaus bis zur Zugabe der Beikost im 6. Monat ist wohl die Mehrzahl der Mütter voll stillfähig, wenn auch für diesen Zeitraum genügend verwertbare Angaben nicht vorliegen. Die Stillfähigkeit in einer Anstalt, in der nur ein Wille und eine erprobte Stilltechnik regieren, wird natürlich immer größer sein als in Familien, in denen allzu viele störende Nebeneinflüsse ihre zielbewußte Fortführung nur zu häufig gefährden. Hier kommt auch dazu, daß die bei einer nicht geringen Anzahl von Säuglingen vorhandene Saugfaulheit bzw. Saugungeschicklichkeit die Energie der Mutter und auch der beratenden Umgebung nur zu leicht erlahmen lassen. Einer der Hauptgründe für den Eintritt der Stillunfähigkeit ist auch die Unlust des Kindes bei leichten Unpäßlichkeiten (s. z. B. unter Schnupfen). Immerhin würde sich auch in der Familie die Stillung der überwiegenden Mehrzahl der Kinder durchführen lassen. Zahlen von 80 % dürften allerdings kaum erreicht werden.

Stilltechnik. Notwendig zur Durchführung der Stillung ist strenges Festhalten an der bewährten Stilltechnik. Eine besondere Vorbehandlung der weiblichen Brust während der letzten Monate der Schwangerschaft kann entbehrt werden. Nach dem der Geburt folgenden Schlaf wird das Kind der Mutter an die Brust gelegt in der Weise, daß die Mutter dem Kind nicht nur die Brustwarze, sondern auch den angrenzenden Teil der Brust in den Mund bringt und die Atmung des Kindes nicht etwa durch Verlegung seiner Nasenöffnung behindert. Wichtiger noch als die Reinigung der Brust vor dem Anlegen ist, daß die stillende Mutter sich vor jeder Stillung gründlich die Hände wäscht. Es trägt das zur Verhütung der Mastitis bei. Die gewöhnlich sofort reflektorisch zustande kommenden Saugbewegungen sind das von der Natur gegebene, durch nichts übertreffbare Mittel, um die Brustdrüsensekretion hervorzurufen und zu unterhalten. Bei Erstgebärenden kommt sie gewöhnlich später zustande als bei Mehrgebärenden. Das Kind wird alle 3—4 Stunden, fünf-, höchstens sechsmal am Tage angelegt und soll womöglich 20—30 Minuten trinken. Doch darf in Ausnahmefällen bis zu 40 Minuten angelegt werden. Bei Sekretion geringer Mengen dürfen dem Kinde in den ersten Wochen beide Brüste gereicht werden, sonst zweckmäßig zu jeder Mahlzeit immer nur eine. Doch ist es bei später nicht zureichender Milchmenge durchaus erlaubt, wenigstens einige Male am Tage beide Brüste zu reichen unter der Bedingung, daß die zuerst gereichte Brust gründlich leer getrunken ist. Man darf der „Trinkfaulheit" des Kindes nicht dadurch entgegenkommen, daß man ihm Gelegenheit gibt, nur das leicht Entleerbare aus der Brust herauszuziehen. Von der Fünf- bis Sechszahl der Mahlzeiten sollte nicht ohne zwingenden Grund abgegangen werden. Eine Steigerung auf sieben und acht kann für einige Zeit erlaubt, ja sogar geboten sein, wenn die Gesamtmenge nicht ausreichend erscheint (vgl. Hypogalaktie). Erfahrungsgemäß kommt nämlich in einer Reihe von Fällen durch häufigeres Anlegen die Laktation besser in Gang. Einen solchen Versuch über 8—14 Tage auszudehnen, erscheint jedoch sowohl im Interesse der Mutter als auch in dem des Kindes nicht ratsam.

Die Menge der bei jeder einzelnen Mahlzeit getrunkenen Frauenmilch ist oft recht beträchtlichen Schwankungen unterworfen. Es ist daher nicht gestattet, durch Multiplikation der einmal mit Hilfe der

Wägung ermittelten Menge der Frauenmilch mit der Anzahl der Mahlzeiten einen Rückschluß auf die Tagestrinkmenge zu ziehen. Diese muß vielmehr durch Addition der durch Wägung des Kindes vor und nach jedem Trinkakt ermittelten Zahlen während zweier Tage bestimmt werden. In den ersten 14 Lebenstagen sind die Trinkmengen oft auffallend gering. Das Kind lebt in dieser Zeit einer Vita minima auch noch von den in der Fötalzeit aufgespeicherten Vorräten. Erst in der Mitte der zweiten Woche, manchmal aber auch erst später, ohne daß das einen Grund für Zufütterung abgeben dürfte, steigt die Tagesmenge der Frauenmilch auf ungefähr 500 g. In den ersten 4 Tagen erreicht die Tagesmenge oft nicht einmal 100—200 g, ohne daß diese Tatsache die Prognose auf schlechte Stillfähigkeit erlaubt. Gegen die 8. Woche zu steigt die Frauenmilchmenge unter normalen Verhältnissen bis zu $^3/_4$ Liter, um im 4.—5. Monat 900—1000 g zu erreichen. Als Anhaltspunkt für die Beurteilung des Stillvermögens ist die Angabe brauchbar, daß ein Kind im 2.—3. Lebensmonat ein Fünftel bis ein Sechstel seines Körpergewichts, im 3.—6. Monat ein Sechstel bis ein Siebentel, später ein Achtel seines Körpergewichts trinkt. Es wäre jedoch falsch, lediglich das Ergebnis der Wägung und nicht das gesamte klinische Verhalten des Kindes als Grundlage dafür zu nehmen, ob die von dem Kinde getrunkene Nahrungsmenge ausreichend ist oder nicht. Die Frauenmilchen zeigen Unterschiede in ihren Nährwerten vornehmlich infolge von Schwankungen des Fettgehalts, der sich jedoch keineswegs mit Hilfe der Bestimmung der Fettmenge einer abgespritzten Probe bestimmen läßt. Hoher Fettgehalt der Frauenmilch kann einer der Gründe sein, daß Säuglinge auch mit Trinkmengen, die 600—700 g pro die nicht übersteigen, gut gedeihen können. Das Ergebnis der Wägung der Trinkmengen ist, wie nochmals betont werden soll, immer nur verwertbar bei gleichzeitiger Berücksichtigung der Eigenschaften des Kindes, die auf den Besitz voller Gesundheit oder auf eine Störung hinweisen.

Ein normales Kind kann ausschließlich 6—7 Monate lang gestillt werden. Von da an empfiehlt sich die Zugabe von Beikost.

Grieß, gestoßener Reis, gemahlene Graupen werden in einer Brühe gekocht. Zu deren Herstellung genügt $^1/_4$ Pfd. mageres Fleisch, auch Rindfleisch. Fleischbrühe kann vollständig ersetzt werden durch eine Gemüsebrühe: $^1/_2$ Pfd. Mohrrüben, Kohlrüben, aber auch Spargel oder $^1/_4$ Pfd. Kohlrabi werden etwa $^3/_4$—1 Stunde lang mit 1 Liter Wasser gekocht, mit der abgegossenen Brühe der Grieß noch 20 Minuten gekocht. Eine Kartoffel kann von vornherein dazugesetzt und mit durchgerührt werden. Ein Zusatz von durchgerührtem Gemüse ist bei Kindern mit labiler Verdauung am besten erst nach dem 8. Monat zu verordnen.

Bei Zugabe von Beikost darf die Stillung bis auf ein Jahr und länger ausgedehnt werden.

Kontraindikationen gegen die Stillung von seiten des Kindes kennen wir nicht, da wir die Frauenmilch unter allen Umständen für die bekömmlichste Nahrung halten. Allerdings können im Kinde liegende Stillhindernisse vorhanden sein, z. B. Fehlen des Saugreflexes bei Idiotie, Unmöglichkeit des Trinkens bei hochgradigen Kiefer- und Gaumenmißbildungen, bei stark verlegter Nasenatmung, z. B. infolge luetischer Koryza. Über die Diätetik bei diesen Krankheitszuständen wird im speziellen Teil zu reden sein. Hier sei vorweg bemerkt, daß ein luetisches Kind an der Brust der eigenen Mutter trinken darf und soll, einer fremden Mutter jedoch unter keinen Umständen angelegt werden darf. Durch pathologische Zustände der Mutter bedingte Kontraindikationen der Stillung werden nur in geringer Anzahl anerkannt. Tuberkulöse Mütter dürfen nicht stillen. Dieses Verbot rechtfertigt sowohl das Interesse der Mutter als auch das des Kindes. Bei ersterer ist unter Umständen eine Verschlimmerung der Tuberkulose zu befürchten; beim Kinde ist nicht etwa auf dem Wege durch die Frauenmilch, sondern vor allem durch das enge Beisammensein mit der Stillenden eine tuberkulöse Infektion bei offener Tuberkulose der Mutter fast unvermeidlich. Schwere akute Erkrankungen der Mutter werden an und für sich sehr häufig die Stillung infolge hochgradiger Beeinträchtigung des Allgemeinbefindens unmöglich machen. Die Analyse des Einzelfalles durch den Arzt wird für die Fortführung oder Unterlassung der Stillung entscheidend sein. Streptokokkensepsis verbietet die Stillung wegen der besonderen Gefahr dieser Bakterien für das Kind. Das gilt auch für Scharlach und Diphtherie, wenn schwerere nekrotisierende Vorgänge im Halse der Mutter bestehen. Bei Infektionskrankheiten wie Scharlach, Masern und Diphtherie liegt indessen meistens die Frage so, daß, wenn das Kind überhaupt dazu neigt, es schon längst infiziert ist, bevor die Krankheit der Mutter entdeckt ist. Es würde also das Kind gerade in dem Moment plötzlich abgesetzt sein, in dem es die Mutterbrust am nötigsten braucht. Der Kräftezustand der Mutter muß natürlich in Rechnung gezogen werden. Völlig unberechtigt ist das Absetzen bei vorübergehenden fieberhaften Erkrankungen der Mutter, z. B. leichter Pyelitis, Parametritis, Angina, ferner auch bei Nierenkoliken und vorübergehenden Gallenkoliken ohne schwereren Ikterus. Bei Psychosen verbietet sich das Stillen fast von selbst. Daß sog. nervöse Beschwerden keine Kontraindikation gegen das Stillen bilden, ist oft betont. Doch kann eine den Gesamtzustand schwer in Mitleidenschaft ziehende, sich in dauernder Gewichtsabnahme ausdrückende Alteration des Nervensystems mit Recht zu einer vorzeitigen Aufgabe der Stillung veranlassen. Die Tatsache, daß die Mutter infolge einer schweren akuten Erkrankung von vornherein der Stillung entsagen muß, soll nicht zur Folge haben, daß diese überhaupt aufgegeben wird. Noch 14 Tage, ja selbst 3 bis 4 Wochen nach der Geburt läßt sich die weibliche Brustdrüse durch den Saugreiz des Kindes zu ergiebiger Laktation anregen. Auch eine durch eine akute Erkrankung während der Stillung notwendig werdende Pause von 1—2 Wochen muß noch nicht zu einer definitiven Aufgabe führen. Bei richtiger Stilltechnik, bei energischem Vorgehen, wobei der Hunger des Kindes unterstützend wirkt, kann auch dann noch ein Dauererfolg gezeitigt werden.

Entleerung der Brust. Außer dem Saugreiz des Kindes ist auch das Abdrücken der Frauenmilch aus der Brust, am besten durch Umfassen der Brust mit den gut gereinigten Händen und Auspressen nach der Warze zu, geeignet, die Brustdrüsensekretion hervorzurufen, zu steigern bzw. zu unterhalten. Die abgespritzte Milch wird in einem oben breiten Spitzglas aufgefangen. Diese Methode ist im allgemeinen dem Absaugen mit einem der üblichen Sauggläser vorzuziehen. Doch entscheidet hier die Gewohnheit. Es empfiehlt sich, der Mutter frühzeitig zu zeigen, wie sie die von dem Kinde nicht getrunkene Menge aus der Brust entleeren kann. Dadurch steigt die Sekretion auch aus schwergehenden Brüsten. Die Angewohnheit des Abspritzens der Milch hat auch das Gute, daß im Falle aus irgendwelchem in der Mutter oder im Kinde liegenden Grunde auf das Anlegen für einige Zeit verzichtet werden muß, die Brustdrüsensekretion nicht versiegt und Frauenmilch zur Verfügung steht, die dem Kinde durch die Flasche, besser allerdings mit dem Löffel gegeben wird. Durch das regelmäßige Abspritzen der Milch wird auch der Stauung in der Brust vorgebeugt, welche zum Erlöschen der Brustdrüsensekretion führen kann und zur Mastitis disponiert.

Selbstverständlich trinkt ein Kind besser und leichter bei gut faßbarer Warze; aber schlecht faßbare, ja selbst Hohlwarzen sind für sauggeschickte und saugkräftige Kinder kein Hindernis für die Durchführung der Stillung, da der Mund des Kindes ja nicht nur die Warze, sondern auch die angrenzende Brustpartie zu fassen bekommt.

Erkrankungen der Brust. Wundwerden der Warzen kann die Stillung infolge Schmerzen ernstlich gefährden. Die Rhagaden müssen daher sorgfältig behandelt werden. In leichten Fällen gelingt das durch täglich einmaliges Tupfen mit einer 1—3%igen Argentum nitricum-Lösung. Ein mit ihr getränktes Wattestück wird eine Minute angepreßt, danach mit Xeroform oder Dermatol gepudert. Auch Aufpinseln von 5 bis 10%igem Tanninglyzerin kann zum Ziele führen. Für schwere, chronische Fälle eignet sich eine Salbe folgender Zusammensetzung:

Argent. nitric.	0,1
Balsam. peruv.	0,5
Lanolin-Vaselin āā	10,0

Gegen die Schmerzen empfiehlt sich ein anästhesierendes Mittel, z. B. das Auftragen 5%iger Anästhesinsalbe oder Aufpudern von Anästhesin vor dem Anlegen.

Auch folgende Verfahren zur Behandlung wunder Warzen können wir empfehlen: Waschen der Warzen nach dem Trinken mit abgekochtem Wasser, Abtrocknen mit feiner steriler Gaze, Auflegen eines mit folgender Mischung getränkten Gazeläppchens:

Tinct. benz.	12,0
Natrii biborac.	8,0
Glyzerin	20,0
Aquae rosarum	40,0

oder folgende weiche Salbe:

Acid. boric.	5,0
Zinc. oxydat.	10,0
Naphthalan	
Adipis lan. āā	25,0

Salbe vor der Mahlzeit mit Öl zu entfernen.

Darüber permeable Schicht, Watte und Binde. Vor dem Trinken Waschen mit abgekochtem lauem Wasser.

Die Brust kann auch dadurch geschont werden, daß man das Kind einige Tage, allerdings womöglich nur einige Mahlzeiten lang unter Benutzung eines Warzenhütchens trinken läßt. Dies hat jedoch den Nachteil, daß sich das Kind an eine andere Trinktechnik gewöhnen kann und die Brust nie völlig dabei entleert wird. Durch Abspritzen läßt sich der letztere Faktor ausgleichen. Doch raten wir nur in Notfällen, höchstens 2 Tage lang das Kind durch ein Warzenhütchen zu ernähren. Wie bei jedem Rhagadenschmerz sind die Intensität der Beschwerden und die Rückwirkung auf das Allgemeinbefinden der Mutter durch geeignete Ablenkung erträglich zu gestalten.

Die Mastitis kann unter Umständen zu temporärer Aufgabe der Stillung und Behandlung der Brust mit Hochlagerung und Kälte, bei Bildung eines Abszesses zur Inzision und Ansaugen des Eiters führen (Biersche Stauung). Sehr energische und gegen Schmerzen widerstandsfähige Mütter bringen es zuwege, auch während der Mastitis zu stillen, wobei dem Kinde jedenfalls kein Schaden zugefügt wird. Der nach Inzision angelegte Heftpflaster- oder Mastisolverband läßt die Brustwarze frei. In jedem Einzelfalle muß je nach der Empfindlichkeit der Mutter, nach ihrem Allgemeinbefinden, ferner nach der Lage des Abszesses zur Brustwarze individualisiert werden. Führt die Mastitis zum Absetzen des Kindes, so soll doch nach Abheilung wieder der Versuch gemacht werden, das Kind an die krank gewesene Brust zu gewöhnen.

Ernährung der Mutter. Der Glaube, daß eine stillende Mutter besonders reichlich ernährt werden muß, ist irrig. Überernährung ist ebenso schädlich wie Unterernährung. Es genügt die gewöhnliche, dem jeweiligen Beruf bzw. den sozialen Verhältnissen angepaßte Kost, die allerdings bei Dürftigkeit zweckmäßigerweise durch die Zugabe eines Liters Milch, ebenso aber auch von Käse, Fisch, Fleisch und Fett vervollständigt wird.

Daß unter Umständen im Verlaufe der Laktation gewisse Schwankungen in der Zusammensetzung der Frauenmilch vorkommen können, die beim Kinde möglicherweise Störungen hervorrufen, kann zugegeben werden. So wird das von der Menstruation behauptet. Niemals jedoch sollen diese Vorkommnisse zu einer Abstillung führen. Eine eventuell eintretende Störung wird auch vom kranken Säugling sicher überwunden.

Abstillen. Der erste Schritt zur Abstillung ist die im 6. oder 7. Monat empfohlene Mittagsmahlzeit. Vom 8.—9. Monat an kommt 1 Eßlöffel durchgerührtes Gemüse und Kartoffel dazu, eventuell zur Abwechslung eine dicke, mit Gemüsebrühe gekochte Kartoffelsuppe. Erst später wird die Abstillung auf Tiermilch vorgenommen. Die Art der Mischung, auf die das Kind abgestillt wird, richtet sich nach dem Alter des Kindes. Man wird z. B. im 4. Monat auf Halbmilch, im 7. Monat auf Zweidrittelmilch abstillen. Doch ist die zu einer Mahlzeit anfangs gegebene, gegen Frauenmilch ausgewechselte Menge kaum über 150 g zu bemessen. Vorsichtiges Vorgehen, ein- bis zweiwöchentliche Dauer der Abstillung — d. h. Auswechslung einer neuen Mahlzeit immer erst nach 2—3 Tagen — ist notwendig, weil niemals Störungen ausgeschlossen sind, die am schnellsten überwunden werden, wenn wiederum für einige Zeit zur ausschließlichen natürlichen Ernährung zurückgekehrt wird. Vorübergehende harte Stühle dürfen in Kauf genommen werden. Bleiben sie bestehen, so läßt sich der Stuhlgang leicht dadurch regulieren, daß in der Milchmischung die Milchmenge etwas reduziert und der Zucker durch Malzsuppenextrakt ersetzt wird (vgl. auch S. 120). Bezüglich der Therapie der seltenen Fälle von Idiosynkrasie gegen künstliche Nahrung, die sich in schweren akuten Zuständen toxischer Natur äußert, siehe unter Therapie der schweren akuten Ernährungsstörungen S. 135.

Amme. Für die Ernährung durch die Amme gilt im allgemeinen das gleiche wie für die Ernährung durch die Mutter des Kindes. Für die Ammenwahl ist Feststellung absoluter Gesundheit, vor allem des Freiseins von übertragbaren Krankheiten, Lues und Tuberkulose, notwendig. Ebenso muß die Amme vor einer Erkrankung durch das Anlegen des Stillkindes geschützt werden. Es sollte zu einem Kinde keine Amme genommen werden, deren eigenes Kind nicht mindestens 6 Wochen alt ist und einer genauen klinischen Untersuchung unterzogen werden konnte. Die zweimalige Untersuchung des Blutes der Mutter nach Wassermann muß negativ ausgefallen sein. Verlangt muß ferner werden, daß das Stillkind von Lues sicher frei ist. Anstalten, welche Ammen abgeben, lassen sich mit Recht von hausärztlicher Seite ein Attest über die Gesundheit des Stillkindes ausstellen. Wird die Amme nicht von einer Anstalt empfohlen, so muß sie sich zur Untersuchung beim Arzt mit hungrigem Kinde einstellen. Nach einer Untersuchung beider läßt man das Kind trinken. Aus der Art, wie das Kind trinkt, läßt sich oft feststellen, ob das Kind wirklich das Kind der Amme ist. Bezüglich der getrunkenen Milchmenge muß man berücksichtigen, daß etwas ältere Kinder in fremder Umgebung nicht immer so viel trinken wie sonst. Jedenfalls muß die abgetrunkene Brust bei Druck noch im Strahl Milch entleeren. Die Forderung, daß Stillkind und Ammenkind im Alter nicht zu weit auseinander sind, kann fallen gelassen werden. Denn die Erfahrung hat keine Anhaltspunkte dafür gegeben, daß selbst bei recht großen Unterschieden das Gedeihen schlechter ist. Die Gefahr einer Überfütterung eines jungen Kindes durch eine milchreiche Amme mit leicht fließender Brust kann leicht vermieden werden, wenn die Ernährung des Kindes zunächst mit der Wage geregelt wird. In relativ kurzer Zeit stellen sich Ergiebigkeit der Brust und Nahrungsbedürfnis des Kindes aufeinander ein, wenn man nicht vorzieht — was allerdings in der Familie nicht selten großen Schwierigkeiten begegnet —, die vom Kinde nicht getrunkene Milch manuell zu entleeren oder die überschüssige Menge von dem in das Haus des Stillkindes aufgenommenen Ammenkinde trinken zu lassen. Erfahrungen in Anstalten haben gelehrt, daß fast jede gesunde Amme 4—6 Wochen nach der Entbindung so viel Brustmilch hat, daß sie ein zweites Kind mindestens zu $^1/_2$—$^3/_4$ ernähren kann. Es ist daher stets möglich, das Ammenkind mit in die Familie aufzunehmen und anfangs mit 1—2 Flaschen die fehlende Nahrung zu ergänzen. Das soziale Gewissen sollte vom Arzte soweit geweckt werden, daß Ammenkinder nur ausnahmsweise in Pflege gegeben werden müssen.

b) Die künstliche (unnatürliche) Ernährung.

Auf das theoretisch wie praktisch außerordentlich komplizierte noch keineswegs vollständig gelöste Problem der künstlichen Ernährung wird hier nicht näher eingegangen, nur Richtlinien für die Praxis werden aufgestellt.

Zur künstlichen Ernährung eignet sich nur die beste Tiermilch: Kuhmilch, Ziegenmilch, auch Schafmilch. Sie muß von gesundem Vieh stammen, sauber gewonnen, nach der Gewinnung gut gekühlt (4—10°), weiterhin sauber behandelt (sauberer Transport, Gefäße, leicht zu reinigende Flaschen), im Hause des Konsumenten angelangt, sofort abgekocht werden[1]). Sie roh zu geben, scheint keinen Vorteil zu bieten. Mit Rücksicht auf die niemals auszuschließende bakterielle Verunreinigung kann die Verabreichung roher Milch, ganz abgesehen von der Verbreitung der Tuberkulose, zu Gesundheitsschädigungen führen. 3 bis 5 Minuten langes Aufkochen der Milch genügt. Komplizierte Apparate sind nicht notwendig, doch ist der Soxhlet-Apparat jedenfalls praktisch. Die Milch muß zunächst verdünnt gegeben werden. Denn die große Mehrzahl der Kinder verträgt unverdünnte Kuhmilch erst vom 6. Monat an, manche selbst dann noch nicht. Schädigungen zeigen sich oft erst später, z. B. in Form der englischen Krankheit. Durch die Verdünnung der Milch sinkt der Nährwert der Mischung. Dieser muß mit Rücksicht darauf erhöht werden, daß das dem Kinde zugeführte Volumen nicht größer sein soll als vom 3. Monat an höchstens 900—1000 g. Die Anreicherung der Mischung kann durch Fett oder durch Kohlehydrate erfolgen. Beide Wege sind beschritten und haben Erfolge gezeitigt. Vergleiche sind kaum möglich. Komplizierter ist das Vorgehen bei der Fettanreicherung, sowohl bei der Benutzung von frischer Sahne als auch von Konserven (z. B. Ramogen). Auch genügt Anreicherung mit Fett allein nicht. In mit Fett angereicherten Mischungen muß auch die Zuckermenge vermehrt werden. Aus diesem Grunde hat sich immer mehr die Ernährung mit durch Kohlehydrate angereicherten Mischungen eingebürgert. Für sie läßt sich folgende brauchbare Regel aufstellen. Man gebe vom 2.—8. Monat ein Zehntel des Körpergewichts Milch, ein Hundertstel des Körpergewichts Kohlehydrate (Zucker + Mehl) verteilt auf ca. $^3/_4$—1 Liter Flüssigkeit, eingeteilt in 5 Mahlzeiten, die in 3—4stündigen Pausen gegeben werden. Von dieser Grundlage ausgehend ist es gestattet, dem Nahrungsbedarf des gesunden Kindes Rechnung zu tragen, indem man bald etwas mehr Kohlehydrate, bald etwas mehr Milch zulegt. Die Beobachtung des Gesamtzustandes des Kindes gibt den Maßstab, ob wir dem Drängen des Kindes nach mehr Nahrung Folge leisten dürfen.

Als Anfangsnahrung wählt man Drittelmilch (ein Teil Milch, zwei Teile Wasser), die man am besten mit Rübenzucker, Nährzucker oder Nährmaltose anreichert. Verwendung von Milchzucker ist unnötig. Von dieser Mischung gibt man in den ersten 14 Tagen Mengen bis

---

[1]) Durch folgende Probe kann im Haushalt festgestellt werden, ob die Mindestforderung von Frische genügt: In einem Reagenzglas zu gleichen Teilen mit Alkohol gemischte Milch darf keine Gerinnung zeigen.

zu ungefähr 500—600 g, steigt, bei gutem klinischen Befinden dem Nahrungsbedürfnis des Kindes folgend, bis ungefähr fünfmal 160 g. Dann leitet man zur Halbmilch über durch allmähliche Steigerung der Milchmengen. Die Zuckermenge bleibt in der Halbmilch ungefähr die gleiche, d. h. auf den Liter der Mischung kommen ungefähr 50 g. Mit der Halbmilch steigt man je nach dem Nahrungsbedürfnis des Kindes bis auf fünfmal 180 g. Voraussetzung der Steigerung ist eine normal funktionierende Verdauung. Die Gewichtskurve wird man unter diesen Umständen insofern berücksichtigen, als wir bei einer Abflachung mit der Nahrung schneller steigen, bei guter Zunahme ruhig abwarten. Während sich für die ersten Lebenswochen die Verdünnung mit einfachem Zuckerwasser empfiehlt, kann man die Nahrung nach dieser Zeit mit dünnem Haferschleim, bei Kindern im 3. und 4. Monat mit 5%iger Mehlsuppe verdünnen. Am gebräuchlichsten sind Weizen- und Hafermehl, aber auch Roggenmehl, Reismehl, Maismehl, Gerstenmehl, Kartoffelwalzmehl können ihren Zweck erfüllen. Wir sind noch nicht soweit, um bestimmte Indikationen für die Wahl des einen oder anderen Mehles aufstellen zu können. Jedenfalls ist der Unterschied ihrer Wirkung unbedeutend. Bei der Halbmilch bleibt das Kind bis zum 4.—5. Monat, wird dann auf Zweidrittelmilch übergeleitet, deren Menge pro Tag nicht mehr als 900—1000 g betragen soll. Die Zuckermenge kann im Liter Zweidrittelmilch auf 30—40 g herabgesetzt werden.

Im 6. Lebensmonat beginnt man die Mittagsmahlzeit durch die Beikost (vgl. S. 3) zu ersetzen. Nach dem ersten Lebenshalbjahr auf Vollmilch überzugehen, scheint nicht durchaus notwendig, nicht einmal für alle Kinder zuträglich. Am Ende des ersten Jahres würde demnach die Kost aus 3 Flaschen Zweidrittelmilch (200 g) früh, vormittags und nachmittags, der Beikost zu Mittag und einem Milchbrei (200 g mit eingekochtem Grieß oder Zwieback) am Abend bestehen. Das ist nur ein Beispiel für das Vorgehen bei künstlicher Ernährung. Wir halten es für zweckmäßig, noch einige andere Beispiele anzuführen, nach denen man ungefähr den Speiseplan für ein künstlich genährtes Kind festlegt.

1. Viermonatiges Kind, 5 kg schwer.

   500 g Milch, 500 g dünnen Haferschleims, aus einem Eßlöffel Haferflocken mit $^3/_4$ l Wasser durch $^3/_4$stündiges Kochen hergestellt. (Enthält etwa 10 g Kohlehydrate.) 40 g Zucker. Verteilt auf 5 Flaschen.

2. Sechsmonatiges Kind, 6 kg schwer.

   600 g Milch, 300 g Mehlsuppe, aus einem Eßlöffel Mehl und $^1/_2$ l Wasser durch 20 Minuten Kochen hergestellt. (Enthält etwa 20 g Kohlehydrate.) 5 Stück Zucker oder 4 Teelöffel Nährzucker oder 4 gehäufte Teelöffel voll Nährmaltose = etwa 20 g Zucker. Verteilt auf 4 Flaschen. Mittags 1 Eßlöffel Grieß mit Brühe oder Gemüsebrühe gekocht. (Gesamtkohlehydratmenge 60—65 g.)

3. Zehnmonatiges Kind, $8^1/_2$ kg schwer.

   200 g Wasser mit 1 Eßlöffel (25 g) Mehl angerührt, unter Zusatz von einem Teil der Milch 15 Minuten gekocht, den Rest von $^1/_2$ l Milch zuletzt zugefügt und 3 Minuten aufgekocht, 3 Stück Zucker (15 g). Verteilt auf 3 Flaschen. Abends $^1/_4$ l Milch mit 1 Eßlöffel Grieß und mittags Brühgrieß mit 1 Eßlöffel Kartoffelbrei und 1 Eßlöffel Gemüse. Gesamtmenge der Kohlehydrate 90—100 g, der Milch $^3/_4$ l.

4. Einjähriges Kind, 7—9 kg. Milchbereitung wie vorher. Abends abwechselnd Milchflammeries oder Breie, Obstspeisen wie rote Grütze oder eine Scheibe Weißbrot oder Brot mit etwas Butter oder weicher Mettwurst gestrichen, Kartoffelbrei und durchgerührtes Gemüse. Zur ersten Mahlzeit 2 Zwiebäcke, zum Mittag wie in Beispiel 3.
5. Verhältnisse wie Beispiel 4, Kind an 4 Mahlzeiten gewöhnt, Neigung zu festerer Kost. Mittag und Abend wie Beispiel 4. Zweimal $^1/_4$ l Milch mit Mehl zu dicker Suppe angerührt oder mit je zwei aufgeweichten Zwiebacken.

Auch bei anderen Ernährungsmethoden können Kinder gedeihen, z. B. bei Anreicherung der Nahrung mit Fett, bei Gebrauch von Gärtners Fettmilchen, aber auch anderen, z. B. im Molkengehalt dem der Frauenmilch ähnlich gemachten Mischungen. Für die große Mehrzahl der Kinder kommen jedoch fertige Mischungen schon wegen des hohen Preises kaum in Frage. Für sie empfiehlt sich die angegebene Methode. Es erscheint nicht zweckmäßig, sich auf eine Art der künstlichen Ernährung so einzuschwören, daß man eo ipso in der Ernährung eines nach einem anderen Schema aufgezogenen Kindes Änderungen vornimmt. Der Arzt, der dem Prinzip der Ernährung mit Milch-Kohlehydraten anhängt, soll nicht etwa deshalb ohne weiteres ein mit einer Fettmilch ernährtes Kind, das gutes Gedeihen dabei zeigt, auf seine Lieblingsmischungen umsetzen. Änderungen sind natürlich geboten, wenn die vom Kinde getrunkenen Tagesmengen einen Liter übersteigen, ferner wenn nur Konserven gegeben werden, da erfahrungsgemäß bei der Ernährung mit diesen früher oder später akute bzw. chronische Störungen sich einstellen. Auch muß natürlich eine Ernährung abgestellt werden, bei der dem Kinde ein absolut unzweckmäßiges Mischungsverhältnis der verschiedenen Nährstoffe dargeboten wird, z. B. zu viel Mehl, zu viel Zucker, ausschließliche Mehlkost. Unter allen Umständen muß daran festgehalten werden, daß die unnatürliche Nahrung einem Kinde nicht öfter gegeben wird als fünfmal, höchstens sechsmal am Tage in $3^1/_2$—4stündigen Pausen, daß das Gesamtvolumen nicht mehr als 1000 g beträgt und daß vom 6.—7. Monat an die Mittagsflasche durch die Beikost zu ersetzen ist. Eine einseitige Fortführung der Ernährung mit Fettmilch über den 6. Monat hinaus schadet. Die größten Schwierigkeiten in der künstlichen Ernährung ergeben sich bei der Notwendigkeit, ein Kind schon vom ersten Tage an ausschließlich künstlich zu ernähren. Jeder Tag mehr, an dem Zufuhr von Frauenmilch möglich ist, erleichtert das weitere Vorgehen. Deswegen soll man nicht einen Tag früher auf die künstliche Ernährung übergehen als dies unbedingt notwendig ist. Ist man zur künstlichen Ernährung vom 1. Lebenstag an gezwungen, so gebe man 24 Stunden nur Tee, vom 2. Tag an fünfmal täglich 30 g Drittelmilch und steige täglich etwa um 50 g der Mischung (vgl. S. 8). Aber auch Halbmilch wird von einer Reihe von Kindern als Anfangsnahrung gut vertragen und verhütet leichter nicht seltene Zustände der Unterernährung.

c) Die Zwiemilchernährung.

Die Zwiemilchernährung kommt immer dann in Frage, wenn die natürliche Ernährung nicht ausreichend ist. Die Entscheidung darüber wird häufig erst nach dem 14. Tage zu fällen sein, hochgradige Fälle von

Hypogalaktie ausgenommen. Die Tatsache, daß das Geburtsgewicht nach dem 14. Tage noch nicht erreicht ist, darf nicht zu der Annahme verleiten, daß die Nahrungsmengen nicht ausreichend sind. Denn man sieht auch bei ausreichender Nahrungsmenge (500—600 g nach 14 Tagen) häufig erst nach 4—5 Wochen die Erreichung des Geburtsgewichts. Wir verweisen auf das Kapitel Ernährungsstörungen an der Brust (Nichtgedeihen). Niemals darf ungenügende Sekretion der weiblichen Brust ein Grund dafür sein, auf die Ernährung durch die Mutter überhaupt zu verzichten. Zwiemilchernährung ist unter allen Umständen der künstlichen Ernährung vorzuziehen. Allerdings wird sie nur bei gut geleiteter Technik lange Zeit hindurch ermöglicht. Ein Säugling, der 1—2 Mahlzeiten aus der Flasche erhält, entwöhnt sich nur zu leicht der Brust.

Für Zwiemilchernährung kommen die im vorhergehenden Abschnitt genannten künstlichen Nährmischungen in Frage, dem Alter des Kindes entsprechend. So wird man in den ersten 4 Wochen mit Erfolg Drittelmilch verwenden können und nachher zur Halbmilch übergehen. Die Frage, ob die Zwiemilchernährung in der Weise durchgeführt werden soll, daß das Kind nach jedesmaligem Anlegen die Flasche erhält bzw. abwechselnd Brust oder Flasche, wird durch die äußeren Umstände maßgebend bestimmt. Erstere Methode ist unbequemer, läßt aber wohl die Brust infolge des stetig wirkenden Saugreizes weniger leicht versiegen. Letztere Methode ist bequemer, aber wegen der Gefahr des Versiegens der Brust möglichst zu vermeiden. Solange die Menge der getrunkenen Frauenmilch noch ungefähr die Hälfte des Nahrungsbedarfes deckt, empfiehlt sich für die Zwiemilchernährung besonders die mit Kohlehydraten angereicherte Buttermilch, die als Konserve unter dem Namen der „holländischen Säuglingsnahrung" in den Apotheken käuflich ist (s S. 500). Diese eiweißreiche, fettarme Mischung ergänzt in ausgezeichneter Weise die eiweißarme, fettreiche Frauenmilch.

2. Nach dem Säuglingsalter.

a) Von Kindern im 2. Lebensjahr.

Im 2. Lebensjahre nimmt die Ernährung des Kindes eine Mittelstellung ein zwischen der des Säuglings und der älterer Kinder. Ein wesentlicher Teil der Kost wird noch durch Milch und Brei bestritten. An der Fünfzahl der Mahlzeiten kann festgehalten werden, aber die Reduktion auf 4 Mahlzeiten ist öfters praktisch. Sie ermöglicht das wünschenswerte frühere Einnehmen der Abendmahlzeit. Die zweite und vierte Mahlzeit sind geringer an Menge als die übrigen Mahlzeiten. Die Menge der zweijährigen Kindern zu verabfolgenden Milch beträgt nicht mehr als höchstens $^3/_4$ Liter täglich, kann aber mit Vorteil auch unter diese Grenze bis auf $^1/_2$ Liter herabgesetzt werden. Milch wird früh, nachmittags und abends gegeben, früh in der Menge von ungefähr $^1/_3$ Liter, nachmittags in der Menge von ungefähr 150 g, abends $^1/_4$ Liter als Brei mit eingekochtem Kohlehydrat (Weizen- oder Maisgrieß, Reis, Zwieback sind gut brauchbar). Zur Vormittagsmahlzeit empfiehlt sich Gebäck mit etwas Obst (Bratapfel, Banane usw.). Wird vormittags

Milch gegeben, so soll die Menge so gering bemessen werden, daß sie nur zur Aufweichung des Gebäcks ausreicht. Die Mittagsmahlzeit entspricht im allgemeinen der Beikost des Säuglings. Doch ist die Wahl der Nahrungsmittel mannigfaltiger, ja nach $^5/_4$ Jahren ist die Kost qualitativ von der des Erwachsenen kaum zu unterscheiden, muß jedoch durch feines Zerteilen bekömmlich gemacht werden. Sie besteht demnach aus Brühe oder Gemüsesuppe, aus Gemüse mit Kartoffelbrei, dem auch etwas fein verteiltes Fleisch in mehreren Teelöffeln zugesetzt wird. Früchte oder wenig gesüßte Kompotts können die Mittagsmahlzeit beschließen. Mit Eiern empfiehlt es sich im 2. Lebensjahre noch zurückzuhalten.

b) Von Kindern nach dem 2. Lebensjahre.

Alle Nährstoffe aus dem Tier- und Pflanzenreich, die der Erwachsene zu sich nimmt, sind auch in der Diät älterer Kinder anwendbar. Die in ihrer Bedeutung oft überschätzte Milch nimmt einen kleineren Spielraum ein. Sie kommt nunmehr früh in der Menge von höchstens $^1/_4$ Liter und nachmittags in der Menge von $^1/_8$ Liter zur Verabreichung. Ältere Kinder lassen sich ohne Schwierigkeiten und oft auch mit Vorteil fast ohne Milch aufziehen. Fleisch oder Fisch kann einmal am Tage, bei älteren Kindern auch zweimal gegeben werden. Die Mittagsmenge davon übersteige im Spielalter nicht zwei gehäufte Eßlöffel; abends ist Fleisch als spärlicher Belag auf Butterbrot (Wurst, Schinken) durchaus erlaubt. Eier können gegeben werden, doch nicht an jedem Tage und niemals mehr als ein Ei am Tage. Stets ist bei Eigenuß darauf zu achten, ob nicht dadurch Krankheitserscheinungen, wenn auch geringfügiger Natur, entstehen. Eier sind den Kindern im allgemeinen bekömmlicher in Form einer Mehlspeise als in rohem oder halbrohem Zustande. Gemüse und Obst sollen im Speisezettel reichlich vertreten sein. Die Mengen werden den Kindern nicht mehr, wie im Säuglingsalter, zugewogen. Der durch die Erziehung geregelte Appetit behält seinen Spielraum. Richtig erzogene und normale Kinder genügen ihrem Hungergefühl, essen nicht mehr als dieses vorschreibt, verweigern bei Sättigung weitere Zufuhr. Deswegen kann man bei Kindern mit normalem Nervensystem, die zweckmäßig erzogen sind, weitherzig sein. Nur von denjenigen Nahrungsmitteln, die im Übermaß genossen, Schaden bringen, weil sie z. B. den Appetit auf andere notwendige Speisen herabsetzen, müssen die Mengen genau zugemessen werden. Das gilt, wie schon bemerkt, in erster Linie von Milch und Eiern. Von Gemüsen darf ein Kind so viel essen, als es verlangt, und auch ein Butterbrot mehr, als dem Kalorienbedarf entspricht, gebe man ohne Sorge. Kindern auf dem Lande kann man bedeutend mehr Freiheit lassen als Kindern in der Stadt. Denn der Nahrungsbedarf auf dem Lande, Sommerfrische usw. ist oft um die Hälfte erhöht (Einfluß der vermehrten Bewegung und klimatischen Faktoren). Ein Beispiel für die Speisenfolge bei einem älteren Kinde wäre folgendes:

Morgens: 200 g Milch, z. B. mit etwas Malzkaffee versetzt, mit Gebäck und Belag (Butter, Honig, Marmelade). Besonders für Schulkinder ist eine ausgiebige Morgenmahlzeit wichtig.

Vormittags: Obst und Butterbrot.

Mittags: Gemüse, Fleisch, Kartoffeln, Obst oder Mehlspeise.
Nachmittags: 150 g Milch mit Gebäck oder Gebäck und Obst.
Abends: Gemüseauflauf oder Käseauflauf oder Butterbrot belegt mit Wurst bzw. Käse. Bei Schulkindern z. B. Kartoffeln in der Schale mit Räucherfischen, auch Hering.

Sämtliche Gemüse und Hülsenfrüchte dürfen den Kindern gegeben werden. Ist gegen das eine oder andere Gericht Widerwillen vorhanden, so soll dem Rechnung getragen werden, da es sonst leicht zu Verdauungsstörungen bzw. anderen unangenehmen Reaktionen (Erbrechen) kommen kann. Damit das Gemüse in der richtigen Weise ausgenützt wird, ist insbesondere bei den jüngeren Altersstufen auf gute Zerkochung Wert zu legen. Rohe Früchte sind auch jungen Kindern durchaus bekömmlich, sogar bekömmlicher als die oft sehr stark gesüßten Kompotts. Besonderer Wert ist auf die strenge Innehaltung der Pausen zu legen. Verzettelung der Vormittagsmahlzeit, z. B. bei Schulkindern durch mehrere Pausen ist unzulässig, ebenso Ernährung in den Zwischenzeiten mit Süßigkeiten, Backwerk, Kuchen und Obst.

Anhang.

Quantitative Gesichtspunkte bei der Ernährung.

Wenn wir auch im täglichen Leben bei der Ernährung des gesunden, normales Wachstum zeigenden Kindes kaum jemals in die Lage kommen, genaue Berechnungen darüber anzustellen, ob sein Nahrungsbedarf gedeckt ist, tritt diese Notwendigkeit, ganz abgesehen von der Wertigkeit derartiger Berechnungen für die Aufstellung von Gesetzen über Ernährung und Wachstum sehr häufig an uns bei nicht gedeihenden Kindern heran. Nur durch genaue Ermittelung der Zufuhr mit Hilfe der Wägung der Speisen und Umrechnung auf die in der Nahrung zugeführten Energiewerte (1 g Fett 9 Kalorien, 1 g Eiweiß 4 Kalorien, 1 g Kohlehydrate 4 Kalorien), mit Hilfe uns zur Verfügung stehender Nahrungsmitteltabellen (z. B. von Schwenkenbecher, von König usw.) können wir eine Entscheidung treffen, ob Unterernährung, Überernährung bzw. Erkrankung an dem mangelnden Gedeihen Schuld tragen; bei stoffwechselkranken Kindern, deren Ernährung nach ganz bestimmten Regeln gestaltet werden muß, wie z. B. beim Diabetes mellitus können wir die genaue Aufstellung eines Diätzettels nur unter Zuhilfenahme des Energiegehaltes der Nahrung vornehmen. Aus diesem Grunde geben wir an dieser Stelle den Nahrungsbedarf der Kinder nach dem Energiegehalt[1]) der Nahrung an — die genaueste Art der Berechnung, die vor den bisher genannten Methoden (Beziehung der getrunkenen Milch zum Körpergewicht des Säuglings, S. 8) den Vorzug der Exaktheit hat. Dabei bezeichnen wir nach Heubner die von normalen Kindern pro Kilogramm täglich aufgenommene Menge von großen Kalorien als Energiequotient. Während außerordentlich zahlreiche Unter-

---

[1]) Pirquet wählt als Einheit (Nem) den Brennwert von 1 g Frauenmilch mit einem Gehalt von 3,7% Fett, 1.7% Eiweiß und 6,7% Milchzucker. Ein Nem = 0,65 Kalorien. Man muß also zur Umrechnung auf Nem die Zahlen durch 0,65 dividieren und bei Umrechnung von Nem in Kalorien mit 0,65 multiplizieren.

suchungen bezüglich des Energiequotienten im Säuglingsalter vorliegen, die uns zu dem Ausspruch berechtigen, daß dieser im ersten Lebenshalbjahr bei natürlicher Ernährung 100—120 beträgt [1]), um im zweiten Lebenshalbjahr auf ungefähr 80—90 herabzusinken (vgl. dazu „Energiebedarf der Frühgeborenen“ S. 73), liegen bezüglich der älteren Kinder bedeutend weniger Untersuchungen vor. Eine genaue Zusammenstellung hat Schütz gegeben, die wir im folgenden wiedergeben:

Alter Jahre	Gewicht kg	Energiequotient	Tägliche Kalorien
2—3	12,0	94	1130
3—4	13,2	96,8	1280
4—5	15,2	94,9	1440
5—6	17,1	91,1	1558
6—7	17,6	93,6	1645
7—8	21,1	88,6	1870
8—9	21,5	83,1	1785
9—10	25,0	80,7	2020
10—11	28,1	74,0	2080
11—12	29,0	72,4	2090
12—13	35,5	61,5	2235
13—14	36,3	63,1	2290
14—15	38,0	59,7	2270

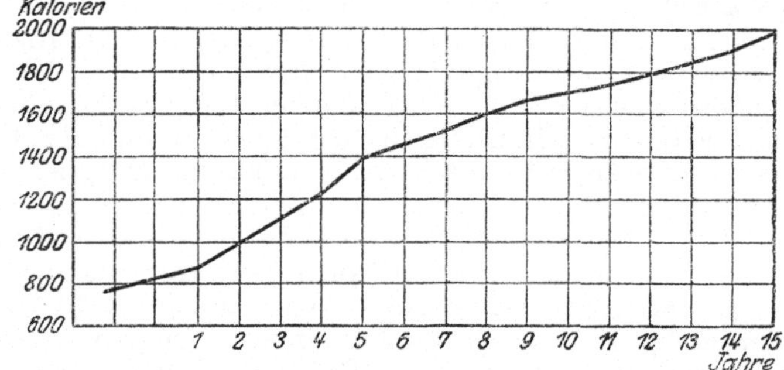

Bekanntlich beträgt, was zum Vergleich wissenswert ist, die notwendige Kalorienzahl beim Erwachsenen nach Rubner bei leichter Arbeit 2600 Kalorien, bei mittelschwerer 3100, bei schwerer 3700 Kalorien. In der Nahrung müssen bekanntlich zugeführt werden: Eiweiß, Fett, Kohlehydrate, Salze und Wasser. Während sich Kohlehydrate und Fett weitgehend vertreten können, ist das Eiweiß unersetzbar. Auf Grund von Camerers Stoffwechseluntersuchungen hat Heubner berechnet, daß von den verschiedenen Nährstoffen: Eiweiß, Fett, Kohlehydraten bei älteren Kindern der Bedarf auf je 1 kg Körpergewicht sich in Gramm beläuft:

[1]) Der Kaloriengehalt der Frauenmilch beträgt ungefähr 700 Kalorien im Liter, der der Kuhmilch ungefähr 550 Kalorien, meist jedoch 500. Da ein Energiequotient im Säuglingsalter ungefähr 100 beträgt, läßt sich die Nahrungsmenge leicht berechnen: z. B. ein Kind von 5 kg braucht 500 Kalorien, enthalten in ungefähr $^{3}/_{4}$ Liter Frauenmilch.

im Alter von	Geschlecht	an Eiweiß	an Fett	an Kohlehydraten
2—4 Jahren		3,6	3,1	9,2
5—7 „	Mädchen	3,0	1,9	10,7
	Knaben	3,0	2,5	10,9
7—10 „	Mädchen	2,7	1,3	9,9
	Knaben	2,8	1,3	10,4
11—14 „	Mädchen	2,1	1,4	8,4
	Knaben	2,5	1,0	7,7

Kennt man das Gewicht des in Frage stehenden Kindes, so läßt sich die Menge der mindest notwendigen Hauptnährstoffe leicht durch Multiplikation der in den einzelnen Rubriken befindlichen Zahlen mit der Zahl der Kilo, die das Kind wiegt, berechnen. Diese Tabelle kann, was nochmals betont sei, nur einen ungefähren Anhaltspunkt geben, da weitgehende individuelle Unterschiede vorhanden sind. Im allgemeinen dürfte es nicht zweckmäßig sein, mit der Eiweißmenge unter 2 g pro Kilo herunterzugehen. Eine Reihe von Kindern, insbesondere schwächliche Kinder, scheinen sogar einen höheren Eiweißbedarf zu haben. Auch muß die Betrachtung des Einzelfalles lehren, ob sich an der Deckung des Gesamtbedarfs mehr die Kohlehydrate oder das Fett zu beteiligen haben. Hier spielen soziale Momente ja eine weitgehende Rolle. Bei Kindern auf dem Lande, in Walderholungsstätten, an der See ist der Nahrungsbedarf ein größerer. Untersuchungen haben ergeben, daß er um 50—100 % überschritten wird.

Kaloriengehalt gebräuchlicher Nährmittel[1]).

In 100 g Substanz	Wasser	Eiweiß	Fett	Kohle-hydrate	Cellulose	Reinkalorien
1. Milch und Milchprodukte:						schwankt in den ersten Tagen zwischen
Frauenmilch-Kolostrum . . .	—	—	—	—	—	150—50
Frauenmilch	88,0	1,3	3,7	6,7	—	67
Kuhmilch	87,7	3,3	3,7	4,6	—	50—65[2])
Ziegenmilch	88,0	3,4	4,5	4,1	—	70
Sahne (ca. 10% Fett)	79,6	3,4	10,0	4,8	—	129
Magermilch	90,9	2,9	0,5	4,8	—	38
Gew. Buttermilch	91,3	3,5	0,5	4,0	—	36
Holländische Säuglingsnahrung, zuckerarm	—	—	—	—	—	30
Holländische Säuglingsnahrung, zuckerreich	—	—	—	—	—	60
Molke	93,6	0,8	0,2	4,6	—	24
Eiweißmilch	—	—	—	—	—	40

[1]) Für die Zahlen der Zusammensetzung und den Kaloriengehalt sind die Angaben von Ragnar Berg, Die Nahrungs- und Genußmittel, Verlag Holze & Pahl, Dresden 1913, von König, Nährwerttafel, J. Springer, Berlin 1913, von Schall & Heisler, Nahrungsmitteltabelle, C. Kabitzsch, Würzburg 1914, ferner einige eigene Bestimmungen aus dem Kaiserin Auguste Victoria Haus, Charlottenburg, benutzt werden.

[2]) Schwankend je nach dem Fettgehalt.

In 100 g Substanz	Wasser	Eiweiß	Fett	Kohlehydrate	Cellulose	Reinkalorien
Malzsuppe (aus 1/3 Milch)	—	—	—	—	—	70
Sauermilchkäse (Quark, Topfen)	52,4	34,8	0,9	0,24	—	222
Rahmkäse	39,9	19,5	31,5	0,7	—	606
Schweizerkäse	34,4	28,0	26,9	1,5	—	419
Tilsiterkäse	41,2	24,6	25,3	—	—	391
2. Eier, Fette und Öle:						
Hühnerei[1]) ohne Schale	73,7	12,2	11,4	0,7	—	168
Eigelb	50,9	15,5	29,5	0,3	—	351
Eiweiß	86,3	12,3	0,2	0,7	—	65
Kuhbutter	14,6	0,9	81,2	0,5	—	762
Butterschmalz (ausgelassene Butter)	3,4	0,8	90,1	0,6	—	846
Palmin	0,1	—	94,9	—	—	882
Olivenöl	—	—	97,0	—	—	905
Lebertran	—	—	97,0	—	—	920
3. Cerealien, Leguminosen, Mehl und Brot:						
Erbsen	13,8	17,0	0,6	45,8	5,6	271
Grüne Erbsen (Schoten)	77,7	4,7	0,3	40,4	1,9	68
Linsen	12,3	18,2	0,6	44,6	3,9	272
Bohnen (weiße)	13,5	25,3	1,7	48,3	—	318
Weizenmehl	12,6	8,6	0,8	73,6	—	344
Roggenmehl	12,6	6,7	0,9	69,8	1,4	320
Weizengrieß	13,0	7,1	0,2	73,1	0,6	324
Kochreis	12,6	5,9	0,3	74,7	0,5	330
Reismehl	12,3	5,9	0,5	76,2	0,1	338
Maismehl (Mondamin)	13,0	8,0	2,2	69,2	1,4	336
Hafer geschält	12,8	8,6	4,5	58,7	1,4	318
Hafergrütze	9,7	9,4	3,6	64,0	1,8	335
Haferflocken	9,8	10,5	4,1	63,1	1,0	341
Gerste, geschält	6,3	7,7	1,6	69,3	1,6	329
Gerstengrieß	14,1	8,6	1,5	64,3	0,9	312
Sagostärke	15,8	1,5	—	79,1	—	323
Feines Weißbrot	33,7	5,5	0,4	56,6	—	253
Grahambrot	41,1	5,8	0,4	44,0	1,0	208
Schwarzbrot (Roggenbrot)	39,7	4,7	0,6	47,9	—	220
Pumpernickel	42,2	4,3	0,6	41,8	—	194
Weizenzwieback	9,5	7,6	1,8	73,2	—	346
Leibniz-Keks	7,5	7,5	7,7	72,0	—	396
4. Fleisch und Fisch:						
Rindfleisch, mager	75,5	20,0	2,7	—	—	121
Rindfleisch, mittelfett	71,5	19,6	7,0	—	—	160
Rindfleisch, gekocht						
mager	58,8	35,0	4,7	—	—	208
fett	63,6	28,4	6,5	—	—	198
Kalbfleisch, gekocht						
mager	70,8	25,7	1,0	—	—	133
fett	64,2	25,9	9,9	—	—	217
Hühnerfleisch, gekocht	63,7	30,0	4,3	—	—	185
Schellfisch, gekocht	75,8	20,6	0,4	—	—	103

[1]) Ein Hühnerei wiegt ungefähr: 50—60 g.

In 100 g Substanz	Wasser	Eiweiß	Fett	Kohle-hy-drate	Cellu-lose	Rein-ka-lorien
5. Gemüse:						
Kartoffeln, gekocht	74,8	1,6	0,1	20,5	—	91
Blumenkohl	90,9	1,8	0,2	3,8	0,9	26
Rosenkohl	85,6	3,5	0,3	5,2	1,6	40
Winterkohl (Grünkohl)						
im März	93,8	1,9	0,1	1,6	1,6	23
im Dezember	80,0	2,9	0,5	9,8	1,9	58
Wirsingkohl	90,7	1,2	0,1	4,8	1,3	31
Rotkraut	90,1	1,3	0,1	4,9	1,3	27
Weißkraut	90,1	1,3	0,1	4,2	1,7	24
Karotten	88,8	0,8	0,1	6,9	1,0	32
Kohlrüben	91,2	0,8	0,4	7,1	3,8	36
Teltower Rüben	—	—	—	—	—	—
Kohlrabi	85,9	2,1	0,5	6,9	1,7	39
Sellerie	84,1	1,1	0,2	9,9	1,4	47
Radieschen	93,3	0,9	0,1	3,2	0,8	18
Schwarzwurzeln	80,4	0,8	3,3	12,4	2,3	56
Zwiebel	90,1	1,1	0,3	3,2	0,7	21
Spargel	93,7	1,4	0,1	2,0	1,2	16
Spinat (Ernte Ende März)	88,4	4,2	0,1	2,6	0,6	34
Rhabarber (Stengel)	94,5	0,4	0,3	2,7	0,6	16
Kopfsalat	94,3	1,2	0,2	1,8	0,7	15
Sauerampfer	92,2	1,7	0,3	3,2	0,7	25
Löwenzahn	85,5	2,0	0,7	6,3	1,5	39
Gurke	95,5	0,8	0,1	1,9	0,8	12
Tomate	93,4	0,7	0,1	3,4	0,8	18
Champignonpilze	89,7	3,4	0,1	2,9	0,8	29
Morcheln	89,9	2,3	0,3	3,6	0,8	28
Steinpilze	87,1	3,8	0,2	4,1	1,0	37
6. Obst						
Äpfel	63,8	0,3	0,1	5,3	1,2	24
Birnen	79,8	0,3	—	11,2	2,2	46
Aprikosen	74,5	0,5	—	8,1	1,6	36
Kirschenweichsel, süße	70,2	0,7	—	9,1	1,1	40
saure	69,6	0,7	—	10,7	1,1	45
Mirabellen	71,8	0,8	—	10,5	1,1	45
Pfirsiche	80,9	0,6	—	12,7	0,9	53
Pflaumen	73,0	0,8	—	8,7	0,5	38
Reineclauden	77,4	0,8	—	13,5	0,8	58
Zwetschen	82,1	0,4	—	13,6	—	57
Erdbeeren	77,1	0,6	—	11,0	0,8	47
Johannisbeeren	87,0	0,4	—	9,9	—	42
Himbeeren	82,2	0,3	—	5,2	6,1	22
Stachelbeeren, gewöhnl. rote	85,5	0,7	—	9,7	3,5	39
Preißelbeeren	89,6	0,1	—	6,0	—	25
Brombeeren	85,4	1,0	—	7,4	0,8	35
Weintrauben	79,1	0,5	—	17,4	2,2	72
Apfelsine	47,4	0,4	—	6,0	4,0	26
Mandarine	55,3	0,5	—	5,4	4,2	24
Zitrone	51,1	0,4	—	6,0	3,7	25
Ananas	57,5	0,2	—	7,8	—	32
Banane	50,3	0,7	—	12,2	0,4	53
Feigen, getrocknet	28,7	2,7	—	56,3	—	238

In 100 g Substanz	Wasser	Eiweiß	Fett	Kohlehydrate	Cellulose	Reinkalorien
Johannisbrot	15,4	4,0	0,3	41,4	—	184
Datteln	23,1	1,3	0,1	53,9	6,4	223
Haselnüsse	—	—	—	—	—	—
Kastanien (Maronen)	47,0	4,3	3,7	33,5	—	189
Mandeln, getrocknet	6,3	15,0	47,8	11,2	—	562
Himbeersaft	48,7	0,2	—	43,0	—	173
7. Süßstoffe:						
Rohrzucker	2,2	0,3	—	94,6	—	380
Blütenhonig (gewöhnlich. Naturhonig)	19,0	0,8	—	78,1	—	316
Kunsthonig	19,2	—	—	79,1	—	316
Kakaopulver, gewöhnliches	5,5	8,5	26,7	32,8	5,4	423
Schokolade, ger.	1,6	2,4	20,0	58,5	1,7	432

II. Ernährungstherapie bei Krankheitszuständen.

Der Verlauf der Erkrankungen im Kindesalter, akuter sowohl als chronischer, wird durch den Zustand des Kindes maßgebend beeinflußt. Da dieser zu einem wesentlichen Teil von der Ernährung abhängt, ist die Durchführung einer ausreichenden und zweckmäßigen Ernährung während der Krankheit ein wesentlich unterstützendes Moment unserer Therapie.

Aufrechterhaltung eines guten Ernährungszustandes. Nicht nur große Gewichtsabnahmen müssen verhindert weiden, vor allem darf auch die Fähigkeit des Organismus durch Festhalten funktionswichtiger Zellbestandteile, z. B. Mineralsubstanzen, Wasser, sich gegen Schädigungen der inneren Struktur und damit den Verlust der Widerstandskraft zu behaupten, nicht verloren gehen.

Ernährung und Immunität. Bei sämtlichen Erkrankungen im Säuglingsalter, mag es sich um Verdauungs- und Ernährungsstörungen im engeren Sinne, mag es sich um Infektionskrankheiten handeln, die den Magendarmkanal unberührt lassen, ist Frauenmilch die beste Heilnahrung. Dieser Satz erfährt keine Einschränkung durch die Tatsache, daß bei Verdauungs- und Ernährungsstörungen auch die Frauenmilch nicht sorglos gegeben werden darf, sondern dosiert werden muß (vgl. Therapie der Ernährungsstörungen). Die heilende bzw. die die Heilung unterstützende Wirkung der Frauenmilch erstreckt sich über die Ernährungsstörungen hinaus auf die Infektionen. Diese verlaufen beim konstitutionell normalen Brustkinde im allgemeinen viel leichter als beim künstlich genährten Kinde. Andererseits sehen wir Infektionen beim künstlich genährten Säugling, z. B. Pyelitiden, Furunkulose, oft erst dann auf unsere medikamentösen und Pflegemaßnahmen weichen, wenn wir die künstliche Ernährung durch die natürliche ersetzt haben. Worauf die immunitätssteigernde Wirkung der Frauenmilch beruht, ist vorläufig nicht mit absoluter Sicherheit zu beantworten. Mit Rücksicht darauf, daß jede Art der einseitigen Ernährung, z. B. einseitige Milchernährung ebenso wie einseitige Ernährung mit Kohlehydraten eine Senkung der Immunität hervorruft, erscheint es notwendig, nicht nur prophylaktisch, sondern auch während der Krankheitszustände möglichst jede Art einseitiger Kost zu vermeiden.

Verhütung und Therapie der Exsikkation. Die wichtigste Forderung bei allen akuten und chronischen Krankheitszuständen im Kindesalter ist die Verhütung der Austrocknung. Das kranke Kind, mag es ein darmgesundes oder darmkrankes sein, verträgt nicht länger als 12 Stunden, oft nicht einmal so lange die Entziehung von Wasser und reagiert auf Entziehung von Wasser mit um so schwereren Krankheitserscheinungen, je jünger es ist. Insbesondere im Säuglingsalter kommt es zu Symptomen, welche das bestehende Krankheitsbild mit neuen Zügen durchflechten und zu einem außerordentlich schweren gestalten. Wir sehen bedrohliche Erscheinungen: schnellen Verfall, hohes Fieber, Krämpfe oft verschwinden, sobald wir dem Organismus Wasser zuführen. Dafür stehen uns, sobald das Kind die Zufuhr per os verweigert, oder infolge Bewußtseinsverlustes nicht in der Lage ist, zu trinken, nach folgender Reihenfolge anzuwendende Mittel zur Verfügung:

1. In den ersten 2 Lebensjahren Änderung der Fütterungsmethode, Wechsel zwischen Tasse, Flasche und Löffel.
2. Pädagogische Beeinflussung durch Wechsel der Pflegerin oder Gegenwart des Arztes. Sie ist auch schon im 2. Lebensquartal von Bedeutung.
3. Klistiere von russischem Tee, dünnen Salz- und 10 % Nährzuckerlösungen 3—4 mal täglich in Mengen von 100—250 g oder einmal hohes Klistier von 1 Liter.
4. Permanente Irrigation (s. 492).
5. Mageneinguß, wobei die Sonde durch die Nase einzuführen ist (s. 494). Hierzu eignen sich besonders natürliche Mineralbrunnen wie Obersalzbrunnen, Kaiser Friedrichquelle, Biliner. Bei den ersten Eingüssen Karlsbader Mühlbrunnen und der billigere Lullusbrunnen.

Man denke auch daran, daß die Flüssigkeitsverweigerung sich sehr oft nur auf Tee und Limonaden erstreckt und daß ungesüßtes, frisches Leitungswasser gern genommen wird. Selbst bei Darmkrankheiten darf man hierin nachgeben. Bei Arbeiterkindern dient als Lockmittel oft der Kaffee.

Verhütung und Therapie der Inanition. Die Inanition wird leichter überwunden, wenn der Wasserhunger gestillt ist. Daß sie bei gewissen Erkrankungen im Kindesalter, vor allem bei akuten Magendarmerkrankungen der Säuglinge wie auch der älteren Kinder — aber nicht länger als 24 Stunden durchgeführt — einen wichtigen therapeutischen Faktor darstellt, wird aus unserer Darstellung der Therapie der Verdauungsstörungen klar werden. Das gleiche gilt von der Unterernährung. Doch soll auch diese nicht einen Tag länger fortgesetzt werden, als es der Zustand des Kindes erfordert. Mit Rücksicht darauf, daß im Säuglingsalter jegliche Erkrankung den Darmkanal sehr leicht in Mitleidenschaft zieht, die Toleranz des Kindes der Nahrung gegenüber häufig vermindert ist, setzt man zweckmäßigerweise zunächst die Nahrungsmenge im Vergleich zum Nahrungsbedarf eines gesunden gleichalterigen Kindes etwas herab. Vorsichtiges Vorgehen ist insbesondere bei Kindern am Platze, die auf Grund der Anamnese einen labilen Darmkanal besitzen bzw. deren Zustand eine Komplikation durch einen Durchfall zu einem gefährlichen Ereignis machen würde, z. B. bei schwerer Atrophie. Hier begnügt man sich auch nicht mit einer einfachen Herabsetzung der Menge der Nahrung z. B. auf Zweidrittel, sondern ändert auch ihre Zusammensetzung, indem man das gärungsfördernde Prinzip der Nahrung mehr zurücktreten läßt. Man schränkt den Prozentsatz des Zuckers bei kohlehydratreichen Mischungen etwas ein. (Statt 5 % Zucker gibt man z. B. nur 3 %; statt Rohrzucker wählt man Nährmaltose oder Soxhlets Nährzucker. Zugleich kann man die Nahrung mit den gärungshemmenden Eiweißpräparaten z. B. Nutrose, Plasmon, Larosan, 5—10 g pro die anreichern.) Beim Säugling, der bereits Beikost erhält, läßt man das Gemüse weg. Eine eingehende Erörterung dieser Verhältnisse findet sich im Kapitel über Ernährungsstörungen.

Beim älteren, nicht darmkranken Kinde vermeide man eine Nahrung, die längere Zeit im Magen liegen bleibt, z. B. gröberes Brot, Gemüse, viel Fleisch. Besteht aber Appetit, so liegt außer den ersten 3 Tagen eines Fiebers keine Ursache vor, die Ernährung weiter zu beschränken. Notwendig ist freilich immer, die Nahrungspausen streng inne zu halten und den Durst in der Zwischenzeit nicht mit Milch zu stillen.

Bei stark herabgesetztem Appetit sind flüssige und Breikost vorzuziehen. In Rücksicht auf den Einfluß des Kauens für die Gesundheit der Mundschleimhaut ist daneben etwas Gebäck, z. B. Zwieback wünschenswert. Vor allen Dingen vermeide man, nur Milch und Sahne zu geben. Brühsuppen mit Einlagen, Mehlsuppen, namentlich auch Kartoffelsuppe, kalte Fruchtspeisen wie rote Grütze, Apfelgrütze usw. sind zu versuchen.

Verweigern die Kinder während ihres akuten Zustandes jede Nahrung, dann kann man, wenn der Wasserhunger gedeckt wird, 24 Stunden warten. Nach 24 Stunden muß jedoch beim kranken Kinde die Ernährung erzwungen werden. Es stehen uns dafür verschiedene Methoden zur Verfügung, die wir oben bereits genannt haben, von denen wir als die wichtigste schon im zweiten Lebenshalbjahr in Betracht kommende die richtige pädagogische Behandlung des Kindes nennen. Daß die absolute Nahrungsverweigerung, die schwere Form der Anorexie, insbesondere leicht dann zustande kommt, wenn das Kind vor der Erkrankung erziehlich falsch beeinflußt worden ist, und diese erziehlich falsche Beeinflussung während der Erkrankung ihre Fortsetzung erfährt, ist eine bekannte Tatsache. Durch richtige erziehliche Beeinflussung, Energie und Konsequenz läßt sich die Anorexie manchmal erfolgreich bekämpfen. Der Arzt wird, bevor er zu heroischen Maßnahmen greift, es nicht von sich weisen dürfen, die Ernährung des Kindes am Krankenbette selbst zu versuchen, die oft in überraschender Weise gelingt, selbst wenn Eltern und Pflegerin sich lange Zeit vergeblich bemüht haben. Ist das Eis gebrochen, so ist für weitere Versuche viel gewonnen. Die Bedeutung der psychischen Beeinflussung bei der Bekämpfung der Anorexie geht augenscheinlich aus der Tatsache hervor, daß z. B. die Schwierigkeiten der Ernährung eines kranken Kindes im Privathause nach der Verbringung ins Krankenhaus mit einem Schlage verschwinden oder daß ein Wechsel der Pflegerin einen völligen Umschwung hervorruft. All das muß veranlassen, bei der Behandlung der Anorexie und damit des Inanitionszustandes das pädagogische Moment nicht zu vernachlässigen. Führt die pädagogische Beeinflussung nicht zum Ziel, dann warte man nicht zu lange, sondern greife zur Sonde, die dem Kinde durch die Nase eingeführt wird, aber selbstverständlich nur zur Zufuhr flüssiger Nahrung geeignet ist. Damit die Prozedur schneller vor sich geht, lasse man die Nahrung nicht einfach durch den Trichter einfließen, sondern nehme eine Spritze, durch die man die flüssige Nahrung: Milch mit Mehl und Zucker, auch einmal mit einem Kindermehl angereichert, einspritzt. Die Sondenernährung ist oft das einzige Mittel, um insbesondere bei den schweren chronischen Infektionen den das Leben der Kinder gefährdenden Inanitionszustand zu überwinden. Es gibt Fälle, in denen die Sondenernährung wochenlang durchgeführt werden muß. Man wird sie natürlich nicht einen Tag länger fortsetzen, als das Kind die Nahrung verweigert und immer wieder versuchen, das Kind zur Nahrungsaufnahme auf normale Weise zu bewegen.

Ernährung durch den Mastdarm ist gewiß weniger wirkungsvoll. Doch lassen sich ziemlich große Nahrungsmengen zuführen, wenn man zweimal täglich durch permanente Irrigation oder Klistier 500 g einer 10%igen Nährzuckerlösung und dreimal täglich etwa 200 g eines Nährklistiers gibt. Hierzu eignet sich außer Brustmilch eine Mischung von Plasmon, Nährzucker und Eigelb in Schleim (s. S. 495). Bei Nahrungsverweigerung herzschwacher, erbrechender Septiker und Gehirnkranker kann man so tagelang den gesamten Nahrungs- und Flüssigkeitsbedarf zur Not decken.

Bei chronisch kranken Kindern, die zwar appetitlos sind, aber immerhin etwas Nahrung zu sich nehmen, z. B. nur Milch oder alles außer Milch, hüte man sich vor jeder längere Zeit fortgesetzten einseitigen Ernährung. Denn lange durchgeführte ausschließliche Milchernährung ebenso wie lange durchgeführte Ernährung mit Mehlabkochungen ist für das Kind gefährlich, verschlechtert seinen Ernährungszustand, bereitet auch für die gesunden Tage große Schwierigkeiten vor, wieder zur gemischten Kost überzugehen. Das gilt auch für chronisch magendarmkranke Kinder.

Werden bei Appetitlosigkeit nur sehr geringe Nahrungsmengen aufgenommen, so empfiehlt sich ein Versuch mit konzentrierter Nahrung, allerdings in erster Linie nur beim älteren Kinde, im Säuglingsalter nur ganz ausnahmsweise. Die Grundlage dieser konzentrierten Nahrung (in kleinem Volumen großer Nährstoffgehalt) wird wohl immer Milch oder Sahne sein. Aber man hüte sich, ausschließlich Sahne zu geben, sondern reichere Milch und Sahne stets mit Mehl und Eiweißpräparaten, eventuell auch mit einem Gelbei an.

Während wir beim gesunden Kind keinen Wert darauf legen, dem Kinde die gemischte Kost nach Kalorien zuzumessen, müssen wir beim chronisch kranken Kinde uns unbedingt ein Bild davon machen, ob der Kalorienbedarf wenigstens annähernd gedeckt ist. Nur so läßt sich die Gefahr der Inanition vermeiden. Andererseits ist man überraschend oft in der Lage, dort, wo die Eltern einem davon berichten, daß ein Kind so gut wie nichts zu sich nimmt, durch Wägung der Speisen und Rechnung festzustellen, daß die Nahrungsaufnahme durchaus ausreichend ist. Wir haben speziell aus diesem Grunde bei der Ernährung des gesunden Kindes eine Zusammenstellung über den Nahrungsbedarf und Eiweißbedarf des Kindes in den verschiedenen Altersstufen gegeben, auf die auch für die Durchführung von Massenspeisungen in Heimen, Horten, Kinderkrankenhäusern zurückgegriffen werden muß.

Besondere Ernährungskuren, die wir in der Diätetik Erwachsener häufiger anwenden, wie z. B. die Mastkuren, haben sich im Kindesalter weniger Eingang verschafft. Ob die Mastkur überhaupt jemals im Kindesalter indiziert ist, mag dahingestellt bleiben (siehe unsere Ausführungen beim asthenischen Kind S. 69). Es könnte lediglich die Periode der Rekonvaleszenz nach schweren, zur Körperkonsumption führenden Erkrankungen in Frage kommen. Während der Rekonvaleszenz sind aber die Zellen des Kindes so gierig und der Organismus so haushälterisch, versteht es, aus der Nahrungszufuhr den beträchtlichsten Nutzen zu ziehen, daß wir mit der gewöhnlichen, für normale Verhältnisse ausreichenden Ernährung unseren Zweck, den Ernährungszustand des kindlichen Organismus möglichst schnell aufzubessern, erfüllen können. Auch in dieser Zeit ist es falsch, durch einseitige Milch- und Eierzufuhr das Kind fördern zu wollen. Wenn beide Stoffe auch etwas reichlicher als sonst gegeben werden dürfen, so entwickeln sich doch aus einer Überernährung gerade jetzt am leichtesten die bekannten Schädigungen. Ebenso wie ein Übermaß von Milch und Eiern ist auch ein solches an Mehl und Zucker in der Rekonvaleszenz zu vermeiden.

Grundzüge der Pflege.

Die Lehren der Hygiene in der Anwendung auf die Pflege des Kindes sind Allgemeingut nicht nur der Ärzte. Wir dürfen sie an dieser Stelle übergehen. Nur einige Forderungen müssen herausgegriffen werden, da wir uns bei Besprechung der Therapie verschiedener chronischer Krankheiten auf sie beziehen müssen.

Wir behandeln unter diesem Gesichtspunkte die Pflege des Kindes im Hause und die Pflege des Kindes im Freien. Weitere Ausführungen betreffen die Abhärtung und die klimatischen Kuren.

Wir glauben hier auch eine Übersicht über die zu Hause durchführbare Gymnastik geben zu müssen für das gesunde und das debile, ferner auch für das rachitische Kind. Die Grenzen gegenüber der Orthopädie sind nach dem Gesichtspunkt gezogen, daß nur die Maßnahmen besprochen werden sollen, die zu verordnen und zu überwachen die notwendige Aufgabe des Hausarztes bleibt.

Die Mehrforderungen für eine Verbesserung der Pflege, die über das dem Kinde vorher Gebotene hinausgehen, müssen an Mühe und Kosten dem Nutzen entsprechen, den sie wirklich stiften. Man soll bei Vorschlägen den Einfluß einer Besserung hygienischer Bedingungen, Ortswechsel, Sommerreisen, Wohnungsverbesserung und ähnliches genau abschätzen. Die Wirkung, die diese Maßregel auf die Gesundheit des Kindes hat, muß so erheblich sein, daß die Schädigung der Lebenshaltung der Familie durch die vermehrten Kosten berechtigt erscheint. Noch ernster sind die Opfer, die ein Kind in Wirklichkeit dadurch bringt, daß es in seinem Fortkommen in der Schule gestört wird. Das Wohl des Schulkindes darf nicht einseitig nach der körperlichen Gesundheit berücksichtigt werden.

Unter ungünstigeren hygienischen Bedingungen leidet besonders das zu dauernden leichten Affektionen der Schleimhäute neigende exsudativ diathetische Kind, und zwar um so mehr, je debiler und je nervös reizbarer es ist, eine Kombination von Konstitutionsschwächen, die sich recht häufig findet. Auf diese Kinder muß im folgenden besonders Rücksicht genommen werden.

I. Pflege im Hause und im Freien.

1. Wohnung.

Die Wohnung soll staubfrei und hell sein. Besonders ist auf einen Balkon oder eine Veranda zu sehen, auch wenn ein Garten vorhanden ist. Selbst die kleinen, nach Hinterhöfen gehenden Altanen sind als Spielraum für die Kinder und zur Durchführung jeder Lufttherapie unschätzbar.

Das schönste, sonnigste Zimmer, womöglich Südzimmer ist das Kinder- bzw. Wohnzimmer. Das stets unbenutzte sogenannte „gute Zimmer" der kleinen Leute ist zu bekämpfen. Ebenso darf die Küche nicht der Hauptaufenthaltsort für Kinder und namentlich für den Säugling sein. Ein großer Teil der schweren Sommerdurchfälle ist durch die aus dieser Unsitte entstehende Überwärmung verschuldet

Aus dem Kinderzimmer sind alle Staubfänger wie Teppich und Übergardinen zu entfernen. Die Sonne muß ungehindert eintreten können. Auf der West- und Südseite sind nur an der Außenseite der Fenster befindliche Stabrouleaux oder besser noch verstellbare Marquisen zu empfehlen. Der Fußboden soll leicht abwaschbar oder mit einem Linoleumteppich bedeckt sein, um Schmierinfektionen zu vermeiden. Kleinere, auf der Erde herumrutschende Kinder werden am besten in eine Hürde gesperrt, deren Boden anfangs eine Decke oder Matratze mit Gummiüberzug, später ein Linoleumteppich darstellt. Diese Maßregel ist namentlich in tuberkuloseverdächtigen Familien dringend zu empfehlen als eine gewisse Isolierung des Kindes in der

Familie. Die Temperatur des Kinderzimmers soll 18° C nicht überschreiten. Fühlt sich das Kind bei etwas niederen Temperaturen behaglich und wohl, so ist dagegen nichts einzuwenden. Im allgemeinen sind niedrigere Temperaturen für viele Kinder nicht angängig, wenn sie absolut ruhig, etwa lesend oder arbeitend in diesem Raum verharren. Diese absolute Ruhe soll auf die Dauer nicht gestattet werden, sondern Bewegungsspiele sind einzuschalten. Hierzu ist sehr wünschenswert, daß dem Kinde ein etwas kühlerer Raum zur Verfügung steht, in dem es auch im Winter Ball spielen und turnen kann. Eiskalte Flure sind freilich im Winter für anfällige Kinder durch den Kontrast gegen das warme Zimmer schädlich. Eine Temperatur von 12—14° C ist aber für den Spielraum wünschenswert. Gerade in der Gleichmäßigkeit der Temperatur im ganzen Hause liegt ein Nachteil der Zentralheizung [1]).

Das Schlafzimmer kann zwischen 14—17° C Temperatur haben. Den Nutzen des „kalten" Schlafzimmers bei anfälligen Kindern mit schlecht durchbluteter Haut möchten wir bestreiten. Niemals reagiert der Körper des Kindes schlechter auf Kältereize als in den letzten Stunden des Nachtschlafes. Ein leichtes Anheizen des Zimmers morgens, wenn die Temperatur gesunken ist, ist zu raten. Das Aufstehen im eiskalten Zimmer können wir nur als eine Übung im Ertragen von Unannehmlichkeiten und nicht als Abhärtung anfälliger Kinder betrachten.

2. Bettung und Kleidung.

Das Bett soll beim kleinen Kind mit der Längsseite ins Zimmer hineinstehen. Wenn ein Bett an der Außenwand des Hauses stehen muß, ist die Zwischenschaltung einer kleinen Bretterwand bei empfindlichen Kindern wünschenswert. Die in vielen Kreisen übliche Überhitzung des Kindes im Bett ist strengstens zu bekämpfen. Das Kind soll so gebettet sein, daß es nicht schwitzt. Das nächtliche Schwitzen, über das bei vielen Kindern auf dem Lande geklagt wird, wird durch die Überhitzung großgezogen und verschwindet nach Umgewöhnung erst nach einigen Monaten. Für den Säugling ist besonders Wert darauf zu legen, daß er in seinem Bett oder Kinderwagen weder schwitzt noch friert. Das Prinzip, daß das Kind nach dem Bade z. B. schwitzen soll, vermehrt die Neigung zur Schweißbildung, die beim Rachitiker ihren höchsten Grad erreicht. Dicke Vorhänge, wie sie namentlich sich noch am Kinderwagen, seltener am Bett finden, sind zu entfernen. Auch ist es nicht nötig, daß das Kind an völlige Verdunkelung beim Schlafen gewöhnt wird. Gerade die zum Zwecke der Verdunkelung angebrachten dicken Vorhänge sind an übermäßigem Schwitzen und Überhitzen des Kindes schuld.

---

[1]) Vielfach wird behauptet, daß auch die sonst so hygienisch einwandfreie Warmwasserheizung fast sofort eine Disposition zu Katarrhen schafft. Die angebliche Trockenheit der Luft soll schuld sein. In Wirklichkeit ändert Anfeuchtung der Luft gar nichts. Destillation des Staubes bewirkt das Gefühl der Trockenheit bei sensiblen Erwachsenen. Der Einfluß dieser Schädigung wird aber überschätzt. Ein Wechsel der Wohnung aus diesem Grunde bringt eine Enttäuschung.

Beim Bett ist zu berücksichtigen, daß der heranwachsende Säugling vor Herausfallen, Aufhängen und Erdrosselung geschützt sein muß. Namentlich in Krankenhäusern ist sorgfältig darauf zu achten, daß das Kind nicht etwa zwischen einer etwas eingedrückten Matratze und dem Bettrand oder dem abklappbaren Teil der Seitenwand mit den Beinen durchrutscht und mit dem Kopf hängen bleibt. Nur das größte Mißtrauen läßt die Möglichkeit eines solchen Ereignisses erkennen. Oft ist es selbst nachträglich schwer, den Vorgang zu begreifen. Vor dem Herausfallen wird das Kind am besten dadurch geschützt, daß die Wände des Bettes sehr hoch sind. Für viel kletternde Kinder müßte eigentlich im Krankenhause ein käfigartig nach oben geschlossenes Bett vorhanden sein. Das gilt namentlich für manche Kinder mit Littlescher Krankheit. Im Privathaushalt rate man den Eltern, daß sie gleich nach dem „Erstlingskörbchen oder -bettchen" ein Bett in der Größe bis zu 10 Jahren anschaffen. In allen anderen Fällen muß man das Herausfallen durch Festbinden verhüten. In der Art und Weise, wie es auf der Abb. wiedergegeben ist, ist die Beweglichkeit des Kindes nicht gehemmt (Abb. 1). Üblicher ist folgende Methode: An ein Leibchen wird etwas über Taillenhöhe auf beiden Seiten ein breites Band angenäht. Hiermit wird das Kind an der entsprechenden Seite seines Bettes festgebunden.

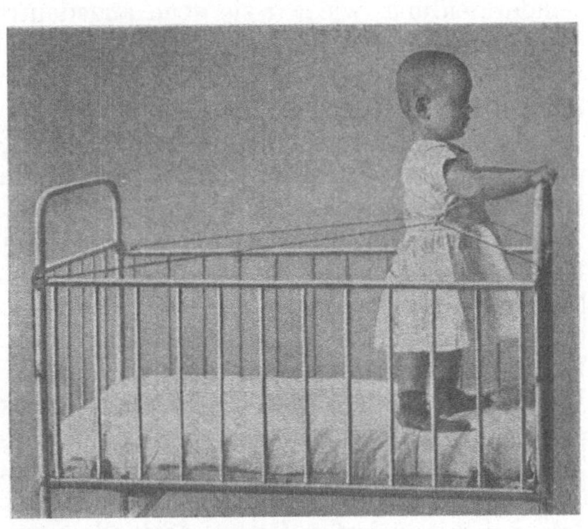

Abb. 1. Schutzvorrichtung vor dem Fallen aus dem Bett.

Die Kleidung soll so beschaffen sein, daß das Kind nicht schwitzt und nicht friert. Denn gerade das erstere disponiert besonders zu Erkältungen. Der Individualität ist daher weitgehender Spielraum zu lassen. Entblößte Waden und Hals, nackte Arme usw., alles dies ist für das Kind, das hierauf mit warmer Haut reagiert, gestattet, aber eben auch nur, solange diese Bedingung zutrifft. Dies kann sich bei demselben Kinde z. B. nach einer scheinbar harmlosen Halsinfektion für lange Zeit ändern. Aber auch zu wärmeren Jahreszeiten ist diese Mode schädlich für Kinder, die eine schlechte Hautregulierung besitzen. Es ist dann viel besser, sie zwar leicht zu kleiden, aber doch so, daß nicht zu große Teile der Haut gänzlich ohne Bedeckung sind. Bei stärkster Hitze ist die Bekleidung mit Hemd und Spielhöschen ungefährlicher als die weitgehende völlige Entblößung bei relativ stärker bekleidetem Rumpf. Es ist daher einer gleichmäßigen Bedeckung im allgemeinen das Wort zu reden. Eine Beengung des Halses ist dagegen nicht zu empfehlen. Wenn aber rezidivierende Halsentzündungen mit schmerzhaften Drüsenschwellungen gehäuft auftreten, ist der Hals, namentlich im Freien, zu bedecken, bis Gelegenheit zu einer gründlichen Kur gegeben ist. Bei Kindern, die bei jeder Bewegung schwitzen und bei denen gewöhnlich die Empfindlichkeit gegen kühlere Temperatur recht ausgesprochen ist, ist die dünnste Sorte poröser wollener oder baumwollener Unterkleidung an Stelle, aber nicht zugleich mit dem Leinenhemd zu empfehlen. Dann kann man meist ungestraft die Gesamtkleidung dünner wählen, als es bisher möglich war.

Bei aller Berücksichtigung des subjektiven Wärmeempfindens ist zu erstreben, daß das Kind sich in der gewöhnlichen üblichen Kinderkleidung, wie wir sie eben angedeutet haben, also nicht etwa im Winter in luftigen, ausgeschnittenen Batistkleidern, aber auch ebensowenig in übergezogenen Wolljacken wohl fühlt. Spiele und Bewegungen müssen dann eben die aktive Produktion von Wärme steigern.

Dem kranken Kinde wird man eine gelegentlich größere Wärme in Kleidung und Zimmer natürlich gern zubilligen, ebenso dem zu stundenlangem Arbeiten verpflichteten Schulkinde.

Die Kleidung im Freien ist im gleichen Sinne zu berücksichtigen. In der stärksten Sommerhitze ist namentlich für das Spielalter die leichte, oben beschriebene Spielkleidung imstande, dem Kinde die Schwächung, die sonst bei Hitze sehr leicht zu bemerken ist, zu ersparen. Da die Kinder dann nicht schwitzen, so vermeidet man auf diese Weise auch die bekannten Erkältungskrankheiten während der Hitzeperiode. Im Winter ist das Herauslaufen ins Freie aus dem überhitzten Zimmer ohne Mantel usw. für anfällige Kinder sicher nachteilig, wie denn überhaupt Zug nach Erhitzung, Sitzen auf kalten Steinen usw. selbst dem daran gewöhnten Proletarierkind immer von neuem schädlich wird.

3. Persönliche Sauberkeit und Infektionsverhütung.

Zu den Krankheitsreizen, die insbesondere das exsudativ-diathetische Kind schädigen, gehören zuerst der Schmutz und alles, was an Krankheitserregern auf diesem Wege das Kind betrifft. So beginnt die Prophylaxe bei der Sauberkeit.

Im Säuglingsalter, in dem das tägliche Bad die Regel ist, ist eher darauf zu achten, wann es nicht gegeben werden soll. Alle debilen Kinder, die nach dem Bade matter sind und sich lange Zeit kühl anfühlen, sind höchstens 2—3 mal wöchentlich und kürzer zu baden. Für kranke Kinder bedeutet das Bad immer einen großen, manchmal sogar einen sehr schweren Eingriff. So ist es falsch, wenn Pflegerinnen ein ins Krankenhaus eingeliefertes Kind prinzipiell baden. Hier können Kollapse, auch der Tod die Folge sein. Das gilt für alle Altersstufen. Zur Zeit der Schmierinfektion ist das tägliche Bad das einzige Mittel einer zureichenden Säuberung. Allerdings muß nicht jedesmal ein ganzes Bad genommen werden, lauwarme Waschung mit Seife genügt. Beim älteren Kinde ist häufiges heißes Baden zu verwerfen. Die Temperatur soll 30—32° C nicht überschreiten.

Das Kind ist von schmutzigen, staubigen Räumen fernzuhalten. Namentlich junge Kinder von Gastwirten, Kaufleuten usw. sollten die Geschäftsräume meiden. Auftreten von Genickstarre, Poliomyelitis, Diphtherie und Tuberkulose beobachtet man gerade oft bei solchen Kindern. Wo es geht, soll sich die Sauberkeit auch auf den Spielplatz und Sandhaufen erstrecken. Doch soll die Vorsicht nicht soweit gehen, daß das freie Spiel dem Kinde genommen wird. Auf den öffentlichen, überbesuchten Spielplätzen sollte zum allerwenigsten in jedem Jahre der Sandhaufen zweimal gewechselt werden. Auf die Sauberkeit von Händen und Nägeln ist großes Gewicht zu legen. Das Führen der Finger in den Mund, namentlich das lange fortgesetzte Saugen an den Fingern ist durch eiserne Energie und Strenge frühzeitig abzugewöhnen.

Auf der empfindlichen Haut darf kein Körpersekret eintrocknen. So ist bei fließender Nase das Gesicht einige Male täglich mit kühlem Wasser zu waschen, das Taschentuch oft zu wechseln oder durch Watte zu ersetzen. Wir empfehlen, dem Kinde ein kleines Täschchen umzuhängen, in dem kleine Stückchen Watte oder Zellstoff, die gleich wegzuwerfen sind, das Taschentuch ersetzen. Das Verwischen des Nasensekrets, wie es von vielen Müttern statt des Putzens der Nase geübt wird, trägt oft zu vermehrter Reizung der Augen und der Oberlippenhaut bei. Die gleiche peinlichste Vorsicht und die gleiche Vermeidung des mit Nasensekret getränkten Taschentuchs ist beim Trocknen der Tränen zu beachten.

Diese Vorschrift ist bei chronischem Schnupfen und namentlich Conjunctivitis phlyctaenulosa, ferner auch bei Masern besonders einzuschärfen.

Tuberkulotiker sind von einem Kinde stets streng fernzuhalten. Verdächtig als solche sind aber auch ältere Personen mit chronischem Bronchialkatarrh, namentlich im Arbeiterstande, wo Alterstuberkulose gar nicht so selten ist. Kindermädchen sollten vor dem Stellungsantritt ebenso gründlich untersucht werden, wie man das bei Ammen tut. Untersuchung auf Gonorrhoe ist leider aus äußeren Gründen nicht immer möglich. Die strengste Durchführung der Bestimmung, daß das Kind nie auch nur auf Augenblicke im Bett des Pflegepersonals liegen darf, ist geboten. Auf Benutzung getrennter Wasch- und Nachtgeschirre ist gleichfalls zu achten. Auch eine Mutter, die weißen Fluß hat, darf ihr Kind nicht ins Bett nehmen.

An immerwährendem Schnupfen oder rezidivierenden Halsentzündungen leidende Erwachsene sind zur Pflege von Säuglingen nicht geeignet.

4. Aufenthalt im Freien.

a) Im Säuglingsalter.

Die Säuglinge dürfen von der 4. bis 6. Woche an, wenn sie ohne Schwierigkeit ihre Temperatur regulieren können, langsam an frische Luft gewöhnt werden. Doch begeht man namentlich im Winter keinen Fehler, wenn man länger damit wartet. Für den exsudativ diathetischen Säugling vom 2. Vierteljahr an, hauptsächlich aber nach dem 6. Monat, ist das Herausbringen ins Freie eine sehr wichtige Maßregel zur Verhinderung dieser Anfälligkeit und zur Vermeidung der Stubenkrankheiten, zu denen Rachitis und Spasmophilie bis zu einem gewissen Grade gehören. Die Kinder sind im Sommer nicht bloß mit heruntergeschlagenem Verdeck spazieren zu fahren, sondern sollen fast den ganzen Tag im Freien stehen. Dies ermöglichen besonders ein Balkon und eine Veranda. Die frühen Morgenstunden sind schon im Mai die geeignetste Zeit. Da ist die Luft am stillsten und rauchfreiesten. Im Hochsommer kann man die Säuglinge gar nicht früh genug herausstellen. Im Winter kommt es weniger auf die Temperatur als auf den Wind an. Bei Sonnenschein und Windstille kann man bis zu —4° ausfahren lassen, während es bei kaltem, scharfem Wind schon bei 4° Wärme zu kalt sein kann. Bei fraglichem Wetter ist $^1/_4$ bis $^1/_2$ Stunde lang zweimal täglich Herausfahren zu empfehlen. Doch kann man im Winter auch im Hause für Luftgewöhnung sorgen.

Zweizimmerbehandlung nach Heubner. Bei empfindlichen oder im Spätherbst geborenen Säuglingen, bei älteren, an chronischen Bronchialkatarrhen oder Keuchhusten leidenden Kindern ist auch bei Bestehen von leichtem Fieber, namentlich im Winter oder in der Übergangszeit, folgendes Verfahren am Platze: Das Kind wird mehrmals täglich eine Stunde lang in ein vorher durch einstündigen Durchzug gelüftetes und angeheiztes Zimmer gebracht, nachdem das Fenster erst eine Viertelstunde und allmählich immer kürzer vorher geschlossen worden ist. Währenddem wird das erste Zimmer ebenso ausgelüftet. Der Wechsel des Zimmers kann sich zwei- bis dreimal am Tage vollziehen.

b) Nach dem Säuglingsalter.

Es ist wünschenswert, daß die Kinder solange wie möglich im Freien sind. Abgesehen von der wärmsten Jahreszeit aber sollen sie nur so lange draußen bleiben, als sie sich fröhlich betätigen und bewegen können. Ist das Wetter so schlecht, daß es einen längeren Aufenthalt im Freien verbietet, so sind selbst 10 Minuten zwei- bis dreimal täglich nicht zu verachten Dieser kurze Kältereiz ist ja auch beim Erwachsenen imstande, das Frostgefühl im Zimmer zu verringern, ist also ein nicht unwirksamer Reiz für die Wärmeregulation. Im übrigen muß dann ein kühlerer Raum im Hause manches ersetzen (s. S. 24). Die Dauer des Genusses der frischen Luft kann man namentlich in der schlechten Jahreszeit sehr bedeutend dadurch verlängern, daß man das Kind 1 bis 2 Stunden täglich auf der Veranda oder in der offenen Balkontür im Liegestuhl oder Bett die Mittagsruhe halten läßt. Das Kind soll auf einer dicken Decke oder Matratze liegen, der Jahreszeit entsprechend gekleidet und zugedeckt sein. Namentlich sind die Beine bei kälterer Jahreszeit warm einzupacken und die Füße gegebenenfalls auch durch Fußsack warm zu halten. Das Lager ist so zu stellen, daß die Luft das Kind von vorne trifft. Durch Einrücken des Kopfendes des Liegestuhls in die Balkontür läßt sich die Einwirkung der Luft beliebig abstufen. Indiziert ist diese Behandlung geradezu bei chronischer Bronchitis, bei schwächlicheren anfälligen Kindern, die an und für sich schon einen weiten, anstrengenden Schulweg haben oder durch häufige kleine Erkrankungen matt geworden sind und nun zu kümmern beginnen. Bei diesen Kindern erfährt man oft anamnestisch, daß größere Spaziergänge ungünstig auf das Befinden einwirken.

Der Spaziergang hat aber noch andere Aufgaben, als dem Kinde frische Luft zu bieten. Das Kind soll lernen, einen Teil seiner Wärmeregulation bei warmer Haut durch Steigerung des Stoffwechsels, also wesentlich durch vermehrte körperliche Bewegung zu leisten. Auch ein großer Teil der für die Gesundheit täglich notwendigen Muskelbetätigung soll während dieses Spazierganges geleistet und psychisch und körperlich dem Kinde Gelegenheit zur freien und frischen Bewegung und Betätigung gegeben werden.

Das übliche Spazierengehen an der Hand der Erwachsenen befriedigt keines dieser Bedürfnisse. Die Langeweile eines solchen Pflichtspazierganges vermehrt selbst das Frösteln. Ebensowenig bringt dem Kinde der ärmeren Klassen das Herumhocken und -stehen auf Höfen, Plätzen und Straßen einen Nutzen. Sie frösteln, sobald Kleidung und Witterung nicht zusammenstimmen, wenn sie auch indifferent gegen dieses unangenehme Gefühl geworden sind. Wichtig ist auch die Tatsache, daß ein großer Teil dieser Kinder langdauernde Spaziergänge mit Erhöhung der rektalen Temperatur (bis auf 38, höchstens 38,2) beantwortet, jedenfalls matter und verdrießlicher dabei wird. Eine viel größere Muskelanstrengung, die abwechslungsreicher ist und bei der Pausen eingeschaltet sind, wird dagegen anstandslos vertragen. Wenn wir Heilwirkung vom Spaziergang erwarten wollen, muß der Aufenthalt in frischer Luft nach diesen Prinzipien organisiert werden. Das geschieht unbewußt schon beim Aufenthalt an der See und auf dem Lande. Öfter wird im Gebirge gegen diese Regel verstoßen, wo die Versuchung zu weiten Zielmärschen gegeben ist. Zuerst hat Ritter gezeigt, wieviel, ohne besondere klimatische Mittel, durch den Wechsel von Bewegung und Ruhe zu erreichen ist. Er hat einfach auf einem freien Platz fast innerhalb der Großstadt die Kinder tagsüber in freier Luft in diesem Sinne beschäftigt. Auf dem gleichen Prinzip beruhen die Erfolge der Ferienkolonien.

Noch billiger kann man derartige Erholungen gestalten, wenn man Volksschulkinder regelmäßig mehrmals in der Woche sammelt, auf nicht zu langem Weg hinaus ins Freie bringt und etwa von einer Schutzhütte aus im Spiel sich ergehen läßt. Wichtig ist aber bei allem diesem Vorgehen, daß eine frische Laune erhalten wird, denn diese gehört nach dem Gesagten zur Erzielung eines Resultates. Was hier im großen geschieht, soll auch in der Familie beachtet werden. Nur auf diese Weise ist mit geringen Kosten eine weitgehende Kräftigung der Kinder zu erzielen, von der man sonst glaubt, daß nur der Ortswechsel sie bewirken könnte.

5. Abhärtung.

Unter „Abgehärtetsein“ verstehen wir die Fähigkeit des Organismus bei warmer, wohldurchbluteter Haut seine Temperatur bei Kälte regulieren zu können. Man darf daher nicht Abhärtung mit Gewöhnung verwechseln. Die letztere kann ja mitunter in nichts weiter bestehen als in dem klaglosen Ertragen des unangenehmen Frostgefühls.

Indikation. Die Abhärtung als systematische Kur ist überall da indiziert, wo die Haut die Fähigkeit der bezeichneten Art der Temperaturregulierung eingebüßt hat. Verweichlichung kann hier bei Disponierten eine Rolle spielen. Oft sind wiederholte Infektionen daran schuld.

Es gehören also hierher erstens Kinder mit trockener, kalter, schlecht durchbluteter Haut und schlecht durchbluteten, kühlen Extremitäten, Kinder, die zum Teil von einer außerordentlichen Bewegungsunlust sind Zweitens aber solche, die bei jedem Wärmereiz sofort zu schwitzen beginnen, um bei Kältereiz zu frösteln. Schließlich kommen alle jene Fälle in Betracht, bei denen immerwährende Nasenrachenkatarrhe das Gedeihen stören, auch ohne daß derartige ausgesprochene Anomalien der Hauttätigkeit ins Auge springen.

Wirksamkeit. Der erzielbare Nutzen ist erfahrungsgemäß eine Verminderung der Zahl der „kleinen" Affektionen, sehr viel später und undeutlicher der heftigen fieberhaften Attacken, weil diese vielfach von der Gelegenheit zur Infektion abhängen. Nebenbei aber geht bei richtiger Leitung der Abhärtung eine Steigerung der allgemeinen Frische und Bewegungsfreudigkeit einher, die bewirkt, daß die Kinder durch die einzelnen Anfälle seelisch und körperlich weniger leiden. Es muß aber ausdrücklich betont werden, daß auch hier wieder das beste Resultat erzielbar ist, wenn durch die Methode eine Korrektur früherer grober Fehler bewirkt wird. Häufigkeit und Heftigkeit der Störungen sind durch den Verlust der Regulationsfähigkeit nur vermehrt, nicht hervorgerufen, und damit sind die Grenzen der Wirksamkeit der Abhärtung charakterisiert. Im übrigen muß immer wieder daran erinnert werden, daß nicht konstitutionell gezeichnete Kinder selbst bei der extremsten, törichtesten Verweichlichung nicht anfällig werden.

Die Regeln, die wir über das Leben im Haus und im Freien und über die Kleidung gegeben haben, sind zugleich Abhärtungsmaßregeln. Für den Säugling ist alles, was zu sagen ist, bereits in dem unmittelbar vorhergehenden Abschnitt über den Aufenthalt im Freien gesagt und nur noch einiges über die Sonnenkur hinzuzufügen.

Durchführung bei schlecht reagierender Haut. Bei durch viele Infektionen heruntergekommenen Kindern und überhaupt bei solchen mit schlecht reagierender, kalter Haut ist der erste vorbereitende Schritt der Abhärtung, erst einmal das Wärmebedürfnis des Kindes zu befriedigen, namentlich auch für eine gleichmäßig deckende Tracht zu sorgen. Die einzige, sonst noch mögliche Maßregel ist eine Liegekur im Freien (s. S. 28). Hierbei sind Gesicht und Schleimhäute der kühlen Luft ausgesetzt, während der übrige Körper entsprechend erwärmt wird. Zweckmäßig ist aber außerdem die Anwendung von Hautreizen, zunächst mit Vermeidung von Kälteprozeduren, z. B. Frottieren mit Flanell, Abreiben mit halb Spiritus, halb Glyzerin, eine Mischung, die den Vorzug hat, Wundreiben zu vermeiden und einen länger dauernden Hautreiz auszuüben. Ja es wird vielfach empfohlen, durch Schwitzprozeduren, elektrische Glühlampenbäder usw. die Haut erst einmal anzuregen. Gewöhnlich wird man außer den besprochenen einfacheren Maßregeln dafür sorgen, daß das Kind durch entsprechende Muskelbewegung am Tage, ohne sich zu übermüden, seine Wärmebedürftigkeit vermindert. Namentlich bei der Neigung zu kalten Füßen sind Zehenstand, Kniebeuge bis zur Erwärmung zu üben. Oft ist ein im Korridor angebrachtes Turngerät das einfachste Mittel. Das Kind soll zwischen seinen Spielen und Arbeiten hier und da sich die nötige Muskelbewegung verschaffen, die es oft in Unlust und Verdrießlichkeit allzu sehr vermeidet. Cum grano salis ist dieses Frösteln und Kaltwerden der Extremitäten als eine pädagogisch zu bekämpfende Unart zu betrachten. Erst nach einer gewissen Hebung der Reaktionsfähigkeit beginnt man mit einer Übungstherapie, mit der man bei anderen Kindern gleich den Anfang machen kann. Das Prinzip dieser Übung besteht darin, daß man die Haut einem Kältereiz aussetzt, aber sie in dem Zustand der aktiven Durchblutung zu erhalten bestrebt ist. Wiewohl der Kältereiz allein schließlich zu dieser vermehrten Durchblutung führen soll, so ist doch zu Anfang wenigstens für einen besonderen Hautreiz zu sorgen, z. B. durch Frottieren oder Bewegung. Ferner sind Wind und besonders die Sonne als ein solcher Reiz zu betrachten. Dem Wärmeverlust beugt man durch Steigerung der Wärmeproduktion nach Bedarf durch entsprechende Muskelbewegung vor.

Der gewöhnliche Gang ist dann folgender:

Abends läßt man das Kind in einem erwärmten Zimmer in Strümpfen, sonst nackt herumlaufen und lehrt es, durch kräftige Bewegung seine Wärme zu erhalten. Sobald die Haut anfängt kühl zu werden, frottiert man sie kräftig mit einem trockenen Flanelltuch, daß sie gründlich reagiert. Dann kommt das Kind ins Bett. Morgens beschränke man sich stets auf trockene oder Spiritus-Glyzerinabreibungen. Eine aktive Leistung der Haut ist hier besser nicht zu fordern. An warmen Sommertagen kann man die Kinder entsprechend länger in Sandalen und Badehöschen oder allmählich sogar gänzlich nackt in der Sonne herumlaufen lassen. Werden die Kinder kühl, so werden sie kräftig frottiert und angezogen. Auch am Seestrande, wo die Gelegenheit hierzu eine so bequeme ist, beachte man alle Vorsichtsmaßregeln, bevor nicht die gründliche Pigmentierung eingesetzt hat.

Ein Kind, das so in der heißen Zeit an Luft gewöhnt ist, verträgt auch in der etwas kühleren Luftbäder im Freien oder im kühlen Zimmer, namentlich bei Bekleidung der Füsse oder geringer Bedeckung des Rumpfes durch Hemd usw.

J e d e Ü b e r t r e i b u n g i s t e i n e s c h w e r e B e l a s t u n g d e s K i n d e s. E s w i r d g e s c h w ä c h t, n e r v ö s u n d r e i z b a r. Auch diejenigen Kinder, die sich dieser Aufgabe gewachsen zeigen, sind keineswegs immuner dadurch geworden als bei einer weniger ausgedehnten Luftbadekur.

6. Sonnenkur.

Sonnenkur im 1. Lebensjahr. Eine systematische Durchführung der Sonnenkur gibt auch dem Säugling eine größere Widerstandskraft gegen rezidivierende Nasenrachenerkrankungen, nicht jedoch gegen die anderen Infektionskrankheiten. Von großem Vorteil ist sie bei Rachitis, Neigung zu Schwitzen und Furunkulose. Bei letzteren Affektionen muß sie durch andere Methoden wie Hängematten- oder Bauchlagerung unterstützt werden (siehe S. 52). Völlig wirkungslos ist die Therapie gegen die echten Anämien des Säuglingsalters.

Der Säugling soll zunächst vom 3. Monat an gewöhnt werden, nackt zu strampeln, möglichst in der Sonne und zwar, abgesehen vom

Sommer, bei geschlossenem Fenster. Das Kin wird zugedeckt bevord die Haut kühl wird, also anfangs nach 5—10 Minuten. Allmählich wird unter Beobachtung der Hauttemperatur des Kindes immer mehr vom Rumpf durch Hinaufschlagen der Oberkleidung entblößt. Durch Seiten- oder Bauchlage wird die Besonnung vom 4. Monat an auf die Rückenhaut ausgedehnt. Im Wärmebedürfnis des Kindes finden wir den einzigen Maßstab für die Länge der Zeit, die die Besonnung dauern soll und für den Zeitpunkt, in dem man überhaupt damit beginnen darf. Stets muß die Haut des Kindes am ganzen Körper warm bleiben. Jede Spur von Auskühlung zeigt an, daß die Zeit überschritten ist. Vor dem 7. Lebensmonat denke man beim ernährungsgestörten Kinde überhaupt nicht an diese Prozeduren und beachte auch später, daß derartige ausgedehnte Hautreize ebensogut Kräfte verbrauchen wie Solbäder. Wenn die Haut des Kindes allzu empfindlich ist, wird durch Einreibung mit Ultrazeozonsalbe anfangs die Strahlenwirkung abgeschwächt.

Sonnenkur beim älteren Kinde. Das Kind wird nur mit Strümpfen und Sandalen und einem Jäckchen oder Ärmelhemdchen bekleidet, auf eine warme Unterlage in die Sonne gelegt. Das Hemd wird in die Höhe geschlagen, die Beine werden bis zum Becken bedeckt. Die Besonnung finde bei kühler Witterung zu Anfang bei geschlossenem Fenster statt, später am besten auf der Veranda oder im Garten. Rücken- und Vorderseite werden anfangs je 5 Minuten bestrahlt. Darauf wirft das Kind das Hemdchen ab und springt ebenso lange noch kräftig herum. Jeden 2. Tag wird um 1 bis 2 Minuten gestiegen, bei Einbruch sonnenloser Witterung nur das Luftbad gegeben. Bei Eintritt kühlerer Witterung womöglich wenigstens die anfängliche Besonnungsdauer. Nach ungefähr 8—14tägiger Gewöhnung wird erst die Hälfte der Oberschenkel, dann werden die gesamten Beine entblößt. Es ist vollkommen ausreichend, wenn wir zu einer Gesamtdauer von $^3/_4$ Stunden kommen, wenn auch bei spezieller Behandlung von Tuberkulose längere Dauer der Besonnung, eventuell zweimal täglich, erstrebt werden kann. Von dieser längeren Dauer soll $^1/_2$ Stunde insgesamt der Bestrahlung im Liegen gewidmet sein. Die übrige Zeit kann herumgelaufen werden. Selbstverständlich ist für Bedeckung des Kopfes zu sorgen.

Für Tuberkulotiker empfiehlt Rollier folgenden Anfang: „Am 1. Tage werden bloß die Füße dreimal täglich 5 Minuten der Sonne ausgesetzt. Tags darauf beträgt die Besonnung dreimal 10 Minuten auf die Füße und dreimal 5 Minuten auf die Unterschenkel bis zum Knie. Am 3. Tage eine weitere Vermehrung von je 5 Minuten, am 4. Ausdehnung der Besonnung auf die Arme, am 5. auf den Rücken, am 6. und 7. auf Bauch und Brust."

Dieses vorsichtige Verfahren hat den Zweck, das Erythema solare zu vermeiden. Wo man weniger systematisch vorgehen kann, so an der See, empfiehlt es sich, Ohren oder sonst besonders empfindliche Hautstellen durch Zeozonsalbe zuerst zu schützen, eventuell die noch zu schonenden Teile des Körpers gleichfalls erst damit einzureiben, nachdem sie eine kurze Zeit der Sonne ausgesetzt worden sind.

Höhensonne.

Die Höhensonne kann in bescheidenem Maße die Sonnenkur ersetzen, und zwar wird die Bestrahlung aus einer Entfernung von 1 m mit 5 Minuten Dauer begonnen, aus der Entfernung von $^3/_4$ m mit 3 Minuten. Das Gesicht wird am besten nicht durch eine Brille, sondern durch Vorhalten eines dicken Bilderbuches geschützt. Die Bestrahlung erfolge in gleicher Dauer auf Vorder- und Hinterseite. Jeden zweiten Tag steigt man um etwa 2 Minuten. Ist die Haut am nächsten Tage noch gerötet, so setze man einen Tag aus und erhöhe die Dosis noch 2 Tage lang nicht.

Statt die Zeit der Bestrahlung zu verlängern, kann man den Abstand verringern und zwar alle 2—3 Tage um 5 cm. Die Hautwirkung ist auf diese Weise sicher stärker zu steigern als durch die Verlängerung der Zeit. Es scheint uns aber, als ob die Verlängerung des Luftbades nützlicher sei.

Bisher war man vorwiegend bestrebt, die kurzwelligen, besonders chemisch wirksamen, violetten und ultravioletten Strahlen anzuwenden, wie sie die Quecksilberlampe liefert. Eine solche stellt die Bach-Nagelschmidtsche Quarzlampe dar. Da nun aber im Spektrum des natürlichen Sonnenlichtes auch die langwelligen roten Wärmestrahlen vertreten sind, wurde der Hagemannsche Glühlampenring hinzugefügt. Neuerdings wird nun auf die ganz kurzen ultravioletten Strahlen wieder kein so großes Gewicht gelegt, da diese auch im Hochgebirge von der Erdatmosphäre absorbiert werden sollen, und das Spektrum wurde mehr nach der Seite der roten Strahlen verlegt. Die von den Siemens-Schuckert-Werken in den Handel gebrachte „Siemens-Aureollampe“ ist nach diesen Gesichtspunkten konstruiert.

7. Kaltwasserbehandlung.

Die früher übliche Abhärtung durch kaltes Wasser ist weniger erfolgreich und angreifender, kann daher im Kindesalter als systematische Kur nicht empfohlen werden. Schwimmen und Baden im kalten Wasser ist dem Gesunden wohl nützlich, würde aber dem abhärtungsbedürftigen Schwächling nur dann dienen, wenn er nur 2—3 Minuten anfangs im Wasser bliebe und sich dann schnell kräftig trocken riebe. Die Anordnung hat natürlich nur Zweck, wenn die Ausführung nicht dem Kinde überlassen bleibt.

8. Klimatotherapie und Balneotherapie.

Es muß unser Bestreben sein, nach Möglichkeit das Leben zu Hause so zu gestalten, daß eine Kur außerhalb des Wohnortes unnötig ist, oder daß zum mindesten die übliche, sonst gewiß so nützliche vier- bis fünfwöchentliche Sommerfrische, nur eine Ergänzung, aber nicht die einzige Zeit gesundheitsgemäßen Lebens ist.

Sommerferien.

Die allgemeinste Indikation zu einem Sommeraufenthalt ist die Unmöglichkeit, dem Stadtkinde genügend Freiheit für seine Bewegungen in freier, staubreiner Luft zu verschaffen. Für die meisten Kinder ist dies das wichtigste Bedürfnis. Wir stellen daher an eine Sommerfrische vor allen Dingen die Forderung, daß diese Bedingungen erfüllt sind. Kurorte mit Promenaden und abgezirkelten Spielplätzen, Massenanhäufungen, wie in manchen Modeseebädern, sind zweckwidrig. Ebenso sind mehr der Vergnügungssucht unter besonderer Betonung des erotischen Moments dienende Kurorte für Kinder unter allen Umständen streng zu verbieten. Die Wohnung soll so gelegen sein, daß sie einen möglichst unmittelbaren Zugang zu Strand, Wald oder Wiese hat, unter Vermeidung von staubigen, dem Wind ausgesetzten Straßen und Chausseen. Sie soll gesundheitlichen Anforderungen auch für Regentage genügen. Dem Geldbeutel ist mehr dadurch Rechnung zu tragen, daß man einen billigen Ort wählt, als daß man in einem renommierten Kurort in ungünstiger Lage Quartier nimmt. Sucht man den Platz nach diesen Prinzipien aus, so läßt sich in der bescheidensten Wald- und Hügelgegend sogar bei den meisten debilen, anfälligen Kindern sehr Erhebliches leisten. Man suche daher nicht zu streng nach besonderen Indikationen für spezifische Kurorte. Die Sonnenkur läßt sich schließlich überall durchführen. Allgemein ist aber auch für die Kurorte zu beachten, daß die Diät regelmäßig und nicht wesentlich üppiger gestaltet werden darf als zu Hause, daß weitere Spaziergänge nur einmal am Tage vorgenommen und namentlich zu Anfang an das Kräftemaß des Kindes keine größeren Ansprüche gestellt werden. Ein Liegen im Freien in der Mittagsstunde diene als Sicherung gegen Überanstrengung. Das sogenannte „Auslaufen", wie es der erwachsene Stubenhocker in den Ferien gern übt, bringt keinen Nutzen für das Kind. Die Erholungsmöglichkeit wird bei verzogenen Kindern mit reizbarer Schwäche ihres Nervensystems erheblich erhöht, wenn mit dem Wechsel des Aufenthaltes zugleich eine Trennung von der Familie oder der bisher mit der Pflege betrauten Persönlichkeit erfolgt. Hierzu dienen Kinderheime und Kindersanatorien. Die Unterbringung von Kindern in für Erwachsene bestimmten Anstalten muß im allgemeinen dringend widerraten werden; denn ein Hauptfaktor für die Erholung des reizbaren Kindes ist ja der dauernde Verkehr mit gleichberechtigten Kindern. Das Gefühl, ein Kranker zu sein, das in Sanatorien für Erwachsene durch die dort geführten Gespräche und notwendigen Lebensgewohnheiten nicht vermeidbar ist, ist in Kindersanatorien leicht zu verhüten. Es gibt kein die Erholung mehr verzögerndes Moment als das Krankheitsbewußtsein. Dieses hemmt, heitere Unbefangenheit fördert die Erholung des Kindes.

Spezielle Indikationen für Kurorte.

See.

Der Seestrand ist der ideale Spielplatz und die bequemste Gelegenheit zur Abhärtung gegen Sonne und Wind. Widerstand gegen Erkältungen, die Fähigkeit, Wind zu ertragen, sind größer als im Flachland und Mittelgebirge. Insofern ist die See für alle Kinder ein recht geeigneter Ferienaufenthalt. Nur sehr reizbare Nervöse von schwachem Körperbau kommen oft von einer Kur an der See schlechter zurück, als sie hingegangen sind. Gewiß ließe sich durch eine vernünftige Lebensart, durch eine besonders vorsichtige Gewöhnung an die klimatischen Einflüsse, wie sie nachher in großen Zügen geschildert ist, der Mißerfolg verhüten. Trotzdem würden wir für diese Kinder das Mittelgebirge vorziehen. Länger dauernde Hebung der Widerstandskraft erreicht man jedoch bei den kurzen Kuren nur, wenn die häusliche Behandlung, wie oben beschrieben, sich daran anschließt. Nur am Strande und in dessen unmittelbarsten Nähe herrscht das Seeklima. Schon hinter den Dünen hört es auf. Durch Wald und Dünen vom Meere getrennte Orte leisten dementsprechend weniger. Der Aufenthalt am Strande soll anfangs nur zweimal täglich 2 Stunden dauern und dann schnell gesteigert werden. Sorgfältiger Kopf- und für kleinere Kinder auch Ohrenschutz ist notwendig. Für kleine Kinder eignet sich dazu der sogenannte Helgoländer. Die Besonnung ist langsam zu steigern. Kombination mit Sol- und warmen Seebädern ist zwecklos. Kalte Seebäder sind erst dann gestattet, wenn sich das Kind einige Tage an das Klima gewöhnt hat. Die Dauer ist danach zu bemessen, daß das Kind noch warm aus dem Wasser kommt. Bei nicht sehr kräftigen Kindern beträgt sie 1—5, später 5—10 Minuten.

Ostsee ist namentlich bei älteren, reizbaren Kindern, bei Neigung zu Ohrenkrankheiten, empfindlichen Atemorganen bei kurzen Kuren vorzuziehen, weil an der Nordsee die Gewöhnung zu lange Zeit brauchen würde. Im allgemeinen ist Juni—September die richtige Kurzeit.

Nordsee ist besonders geeignet für Jahreskuren auch während des Winters, namentlich bei Asthma und allen Arten von Tuberkulose. Auch schlecht gedeihende, durch dauernde Erkrankungen des Nasenrachenraumes gequälte Kinder, deren Leben dadurch unter einem gewissen Druck steht, werden durch mindestens 4—6monatlichen Aufenthalt auch im Winter wesentlich gefördert. Im übrigen konkurriert die Nordsee mit der Ostsee, wenn man auch bei zarten Kindern die windigeren Nordseebäder, wie z. B. Sylt, vermeiden wird. Auch ist in Perioden scharfen Seewindes eine etwas langsamere Gewöhnung am Platze.

Mittelmeer. Die an der Küste der Adria liegenden Seebäder sind von Mitte Mai bis Anfang Juli und September—Oktober besonders für Kinder geeignet, bei denen eine sehr weitgehende Luft- und Sonnentherapie erstrebt wird. Dazu kommen die nicht allzu kalten, stark salzhaltigen Seebäder. Sie eignen sich daher auch sehr gut für sogenannte „Skrofulose“ und Knochentuberkulose.

Gebirge.

Hochgebirge. Die Wirkung des Höhenklimas ist eine kräftige Übungstherapie der Hautvasomotoren, wie wir sie ähnlich an der See gesehen haben, im Vergleich zur Wirkung der See vermehrt durch die stärkere und ungehemmtere Sonnenstrahlung. Das Resultat sind Abhärtung und Steigerung des Stoffwechsels. Hierzu tritt dann als neuer Faktor die spezifische Höhenwirkung auf Blut und Atmung.

Da das Höhenklima im kindlichen Alter innerhalb der Grenzen, in denen Kurorte sich befinden, nicht zur Bergkrankheit führt, so wären eigentlich alle Kinder lieber gleich nach Orten über 900 oder 1000 m zu schicken. Dem stehen natürlich mancherlei wirtschaftliche und familiäre

Gründe entgegen. Auch sind die Höhenkurorte gerade wegen ihrer Ausnützung durch Phthisiker sehr sorgfältig auf ihre Eignung zu prüfen. So wird man die Hochgebirgskur nur verlangen, wenn die energische Beeinflussung durch eine monatelange Kur gewünscht wird. Die Leistungsfähigkeit der Orte zwischen 500 und 900 m ist bei genügendem Kontrast gegen die Höhenlage der Heimat des Kranken nicht zu unterschätzen. Hier stehen uns Voralpen, Riesengebirge, Grafschaft Glatz, Thüringer Wald, Harz, Schwarzwald auch für Winterkuren zur Verfügung.

Die notwendige Dauer zu einer gründlichen Umstimmung eines kränkelnden Kindes ist natürlich sehr verschieden. Die Wirkung ist aber im Winter gründlicher und schneller. Bei dauernd anfälligen, infolge von Pharyngitiden fiebernden Kindern kann man schon nach einem Aufenthalt von 8 bis höchstens 10 Wochen in 600 m Höhe den gewünschten Erfolg erzielen. Bei schwerer Geschädigten wird der ganze Winter hierzu notwendig sein. Zu einem derartigen Eingriff in das Leben des Kindes wird man sich natürlich nur bei ernsten Indikationen entschließen. Sie sind die gleichen wie für den Daueraufenthalt an der Nordsee. Diesem aber ist die Höhenkur, namentlich im Winter bei Asthma und Knochentuberkulose wohl vorzuziehen.

Regeln für den Gebirgsaufenthalt. Die höchsten Ansprüche sind an Trockenheit und Durchsonnung der Zimmer zu stellen. Ungünstig gelegene Wohnungen machen den sonst bestindizierten Kurort illusorisch. Bei Winterkuren im Hochgebirge ist meist Privatwohnung überhaupt kontraindiziert und es sind Kinderheime vorzuziehen. Im allgemeinen ist beim Gebirgsaufenthalt noch zu beachten, daß längere Spaziergänge vermieden werden, bevor nicht eine systematische Vorübung das Kind an größere Muskelleistung gewöhnt hat. Auch dann noch ist die Erholung vollkommener, wenn man sich auf kürzere Spaziergänge beschränkt. Im allgemeinen empfiehlt es sich, wie an der See am Tage für eine längere Zeit der Ruhe zu sorgen, einen längeren Spaziergang nur einmal am Tage zu machen und sonst sich auf Spielen im Freien zu beschränken. So kann man dem Kinde ängstliche Beaufsichtigung sparen, ohne es durch Überanstrengung zu gefährden (Sonnenkur, siehe diese S. 31).

Mittelgebirge. Das Mittelgebirge hat die gleichen Indikationen wie ein Waldaufenthalt. Die gleichen Forderungen in bezug auf die Lage der Wohnung zum Walde sind daher zu erheben (siehe S. 34). Es eignet sich darum für Rekonvaleszenten, aber auch für chronische Bronchitiker, wenn die genannten Bedingungen erfüllt sind. Einen Vorzug vor dem Flachlande bietet die Gelegenheit zu Übungen durch das Steigen und die Abwechslung. Auch lassen sich systematische Terrainübungen bei leicht Herzkranken vornehmen unter Voraussetzung einer genügenden Beobachtung. Selbst im Hügel- und Flachland lassen sich schöne Erfolge erzielen, wenn die Lage der Wohnung den genannten Anforderungen an einen staubfreien kurzen Zugang zum Walde genügt. Die Windfreiheit, die durch den Wald garantiert ist, erlaubt eine größere und gefahrlosere Ausnutzung des Aufenthalts im Freien. Allerdings muß die ganze Lebensweise des Kindes, gerade weil besondere klimatische Faktoren fehlen, aufs strengste nach den angeführten Regeln organisiert sein. Diese Erfahrung warnt uns davor, den Wert des Kurortes allein nach der Anzahl der Meter über dem Meeresspiegel zu messen und erlaubt uns, für das minderbemittelte Kind zu sorgen.

Solbad und Solbadekur.

Das Solbad bewirkt durch den Reiz eine bessere Durchblutung der Haut. Damit ist ein wichtiger Schritt für die Abhärtung getan. Außerdem bewirkt die Kur eine Steigerung des Stickstoffumsatzes. So sind zwei Erfahrungen erklärt: Erstens wirkt das Solbad zu Anfang erheblich anstrengend und erst durch Steigerung des Appetits, oft nach Beendigung der Kur, tritt die erstrebte Kräftigung ein. Zweitens bleibt ein Teil der Kinder im nächstfolgenden Winter freier von den kleinen Infekten des Nasenrachenraums. Inhalatorien und Gradierwerke unterstützen die Wirkung auf die Schleimhäute. Nachteil der meisten Solbäder ist, daß die Kinder in ihrer Bewegungsfreiheit gehemmter sind, und daß sie sich allzu sehr als behandelte Kranke fühlen, was insbesondere für neuropathische Kinder die Wirkung erheblich beeinträchtigt. Die Solbadekur ist indiziert bei allen chronischen Nasenrachenerkrankungen mit Drüsenschwellungen, bei unvollkommen resorbierten Pleuritiden, ferner auch bei chronischen Gelenkerkrankungen. Schließlich sind tuberkulöse Knochen- und Drüsenerkrankungen dann dort zu behandeln, wenn auch andere Kurmittel wie Luft und Sonne herangezogen werden. So konkurriert das Solbad mit den vorher genannten klimatischen Kurorten, ohne daß es zurzeit möglich ist, besonders dafür geeignete Fälle namhaft zu machen. Sehr segensreich wirken die geschlossenen Anstalten an diesen Orten. Sie sind außerdem dank bestehender Wohlfahrtseinrichtungen leichter für Minderbemittelte zugänglich. In der Privatpraxis sind die Erfolge nicht bestechend und sehr wesentlich abhängig von der Tüchtigkeit des Kurarztes. Die Durchführung der Kur an Ort und Stelle ist daher am besten einem solchen Arzte anzuvertrauen.

Aus oben erwähntem Grunde ist ein solcher Badeort bei kopfhängerischen, hypochondrisch gestimmten Kindern nicht am Platze. Solbäder wirken häufig ungünstig bei nervös reizbaren Kindern, auch bei Kindern mit reizbarer Haut. Wer daher den Versuch macht, Kinder mit ausgebreitetem Hautekzem in ein Solbad zu schicken, überzeuge sich vorher durch eine häusliche Vorkur von der Bekömmlichkeit. Im allgemeinen sind diese Fälle nicht geeignet. Bezüglich der Technik der Solebäder und Soleabreibungen siehe S. 484.

Im vorhergehenden sind Kurorte bzw. klimatische und balneotherapeutische Kuren mit mehr allgemeinen Indikationen erwähnt. Kurorte und Bade- wie Trinkkuren mit speziellen Indikationen suche man im speziellen Teile und zwar:

Salinische Quellen bei chronischen Magendarmerkrankungen,
Schwefeltrinkkuren bei chronischen Nasenrachenerkrankungen,
Schwefelbäder bei Strophulus,
Thermen bei Gelenkrheumatismus,
Arsentrinkkuren bei Dermatosen, Anämie.
(Vergl. auch das Arzneimittelverzeichnis.)

Indikation zum Wechseln des Wohnortes.

Vielfach tritt an den Arzt die wichtige Frage heran, ob er um der Gesundheit des Kindes willen einen Wechsel des Wohnortes z. B. bei einem Beamten empfehlen und befürworten solle. Es gibt keinen Ort in Deutschland, namentlich keine größere Stadt, deren Klima den größten Teil des Jahres so günstig wäre, daß eine durchgreifende Änderung in der Gesundheit des Kindes zu hoffen stände. Die gleiche Klage über die Häufigkeit von Ohrenentzündungen und Nasenrachenerkrankungen hört man überall und zwar immer als spezifische Eigenschaft des betreffenden Wohnortes. Etwas anderes ist es, wenn es bei Gehalt und Mitteln des betreffenden Familienvaters an einem anderen Orte möglich ist, die Lebensbedingungen des Kindes wesentlich naturgemäßer und freier zu gestalten, z. B. durch Versetzung von einer Industrie- oder Großstadt in eine kleine Gartenstadt. Daß dabei wirklich besonders dringende Gründe vorliegen müssen, liegt klar auf der Hand. Ein dringender Grund wären schwere Heufiebererscheinungen für die Versetzung eines Kindes aus einer kleinen in eine Großstadt.

9. Körperliche Ausbildung.

Zur Gewinnung normaler Kraft und Beweglichkeit bedarf das normale Kind nur, daß man ihm die Gelegenheit zu freier Betätigung im Spiel mit anderen Kindern gibt. Ein Hindernis bildet nicht allein die Enge einer Stadtwohnung, sondern auch die durch andere Umstände vielfach gebotene Beschränkung des ungebundenen Spiels. Das zahme Spiel des wohlerzogenen Kindes gewährt diese Übung nicht; bei den meisten Kindern ist die Muskelbewegung wesentlich auf die Beine beschränkt und auch hier nur in der einseitigen Form des Gehens in der Ebene, das zur Ausbildung der Fußwölbung und Haltung des Sprunggelenkes nicht förderlich ist. Rücken und Arme erfahren keine besondere Übung. Für das von Natur muskelkräftige, gewandte und mit beweglichen Gelenken ausgestattete Kind bedeutet die Verschiebung der Übung auf späteres Alter wenig. Bedeutsam werden die Lebensgewohnheiten im Spiel- und Schulalter für muskelschwache, für muskelträge, für zur Versteifung (z. B. runder Rücken) der Gelenke geneigte und schließlich für alle durch Ernährungsstörungen in den ersten Lebensjahren mit und ohne gleichzeitige englische Krankheit geschädigten Kinder. Es handelt sich hier nicht nur etwa um schwere Rückgratsverkrümmungen, sondern um die Abflachung des Thorax, Verengung der unteren Thoraxapertur, leichteste, kaum sichtbare Torsion an der unteren Lendenwirbelsäule, die späteren Verkrümmungen den Weg zeigen, Erschlaffung der Bauchdecken und des Bandapparates usw. Die Grenze von gesund und krank ist fließend, und die Zahl der leichten Schädigungen enorm häufig, ein Grund mehr, auf die gymnastische Ausbildung der Jugend größere Aufmerksamkeit zu verwenden.

Die Übungen sollen im Spielalter von der Form des Spiels sich nicht weit entfernen, nie bis zur Ermüdung getrieben und erst langsam in ihrer Exaktität gesteigert werden. Je jünger das Kind, um so mehr muß die geeignete Stimmung abgepaßt, müssen Ermüdung und Unlust vermieden werden. Bestimmte, länger dauernde Übungszeiten sind meist erst nach dem 5. Lebensjahr möglich.

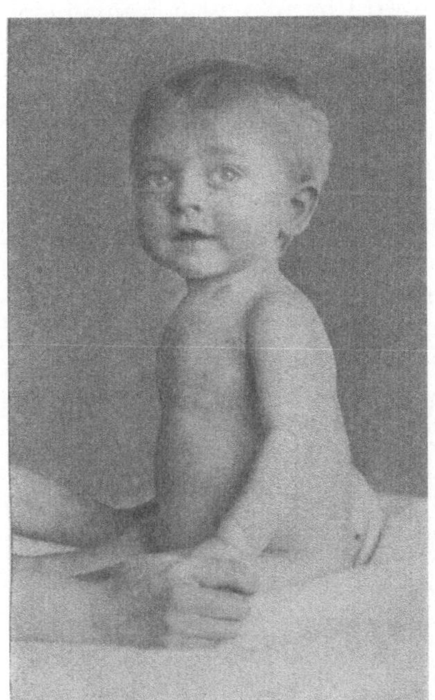

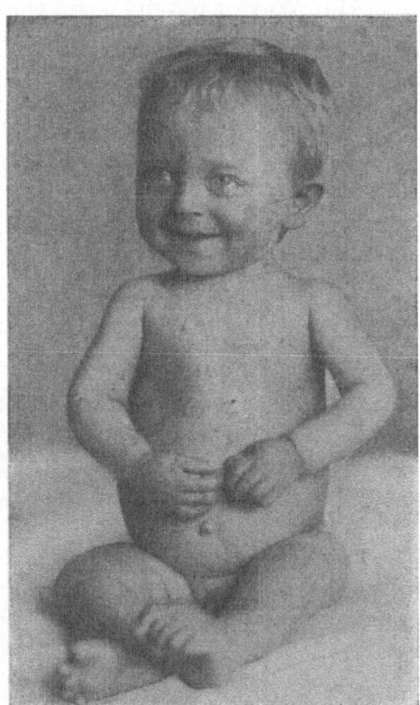

Abb. 2a und 2b zeigen Abflachung und seitliche Einziehung des Brustkorbes beim Sitzen.

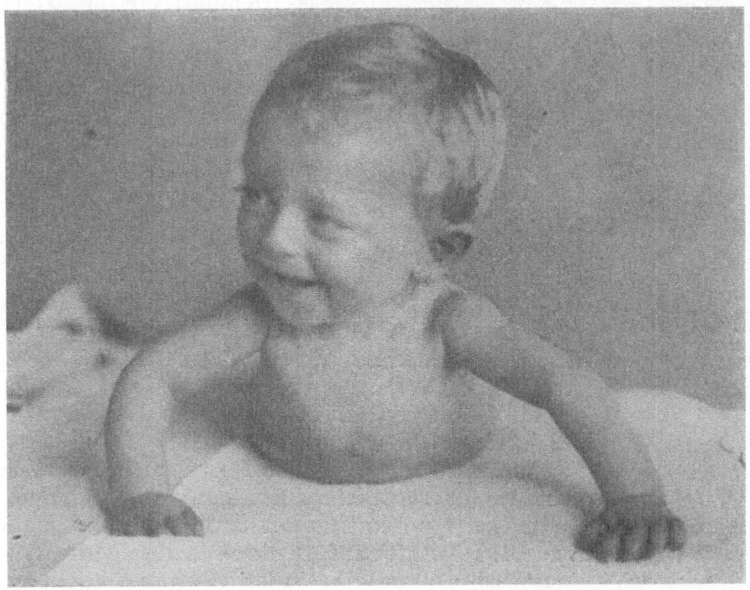

Abb. 3. Die einfachste Turnübung. Erweiterung der unteren Apertur des Thorax. Ausgleichung der seitlichen Einziehungen.

Um Wiederholungen zu vermeiden, wird im folgenden Kapitel eine gesonderte Besprechung von Gesunden und an der oben angeführten Schwäche der Motilität Leidenden nicht vorgenommen. Gegenüber den Gesunden verlangt der Asthenische, Muskelträge, Steife im wesentlichen nur eine vermehrte Exaktität in der Ausführung der Übung und allerdings eine gesteigerte Beaufsichtigung.

a) Gymnastik der ersten zwei Lebensjahre.

Geschädigt werden in den ersten zwei Lebensjahren durch verfrühte, unzweckmäßige Haltung und Belastung der Rücken, der Brustkorb und weiterhin die Beine. Die erste Aufgabe der Gymnastik ist daher eine Übung der Rückenmuskulatur und damit ein aktiver Ausgleich der fehlerhaften Rückenstellung. Jedes Kind, namentlich aber jedes zurückgebliebene, soll mehrfach am Tage auf den Bauch gelegt und durch leichtes Kitzeln am Rücken, wenn dies nötig ist, zum kräftigen Heben des Kopfes angehalten werden. Sobald nur ein wenig Trieb vorhanden ist, beginne man bei zurückgebliebenen Kindern mit dieser Übung. Beim reizbaren Rachitiker passe man die Augenblicke guter Stimmung ab (Abb. 2a und 3). Die Dauer der Übung schwankt zwischen $1/_2$ Stunde bis zu Stunden. Was beim gesunden Kinde mehr ein Spiel erscheint, wird beim kleinsten Anschein von fixierter Kyphose oder Torsion zur ernsten, oft schwierig durchzuführenden Aufgabe. Auch bei dem frühzeitig sich zeigenden runden Rücken ist großer Fleiß nötig. Zu Anfang ist es besser, lieber, 20, ja 50mal am Tage $1/_2$ Minute zu üben, als hintereinander gegen den Willen des Kindes eine längere Übung erzwingen zu wollen. Ist erst das Kind geübt, gibt es allerdings in der Dauer der Übung kaum eine Grenze. Es ist dann geradezu wünschenswert, daß dies die Hauptstellung des Kindes wird.

Abb. 4. Epsteinscher Schaukelstuhl[1]).

Dies hat zugleich eine bedeutsame Wirkung auf die Entwicklung der unteren Thoraxapertur und überhaupt auf die Wölbung des Thorax. Die vordere und seitliche Brustwand erfährt eine Spannung in allen ihren Teilen, am kräftigsten an der unteren Apertur, aber auch bis etwa zur 4. Rippe hinauf. Beim Gesunden wird dadurch die Wölbung des Brustkorbes günstig beeinflußt, bei mehr oder weniger

[1]) Zu beziehen durch Gebr. Thonet, Berlin W, Potsdamerstr. Nr. 118a.

rachitisch Geschädigten Abflachung und Deformierung des Thorax ausgeglichen, wie aus Vergleich der Abb. 1 und 2 zu ersehen ist. Die Beanspruchung der Arme als Stütze wirkt gleichfalls günstig auf die Gestaltung der Brust. Wenn die eben geschilderte aktive Behandlung noch nicht möglich ist, verlangen die genannten Schäden eine passive Behandlung.

Hierüber ist bei der englischen Krankheit nachzulesen (s. S. 185). Sobald es irgendwie geht, tritt der Epsteinsche Schaukelstuhl als Übungsmittel hinzu (siehe Abb. 4).

Die Übung der Beine besteht zunächst darin, daß man das Kind am Strampeln nicht verhindert. Außer bei Sonnen- und Luftbädern läßt sich dies dadurch ermöglichen, daß man die Unterhälfte des Kindes in einen nach Art eines geschlossenen Röckchens befestigten Sack kleidet. Bei zurückgebliebenen und rachitischen Kindern ist namentlich im klinischen Betrieb die Verwendung der Friedenthalschen Strampelkörbchen praktisch. Diese bestehen aus einem über die untere Körperhälfte des Kindes gestülpten Drahtbogen, und zwar ist der Teil, der über dem Bauch liegt, enger, während die letzten Bögen durch größere Höhe das Strampeln ermöglichen[1]. Durch warme Bedeckung ist einer Abkühlung vorzubeugen. Für die Ausbildung der Beine bedarf es bei dem wirklich gesunden Kinde sonst keiner Maßnahmen. Bei englischer Krankheit, sobald sie sich durch irgendwelche Verkrümmungen verrät, ist wie immer Übung ohne Belastung wünschenswert. Dieses leistet der Laufstuhl mit Sitz (siehe Abb. 5). Auch bei stark verzögertem Trieb zur Benutzung der Beine ist die Anwendung dieses Apparates zu empfehlen[1]. Auch beim gesunden Kinde ist aber mit Rücksicht auf das Fußgelenk Spazierenführen möglichst zu vermeiden, während man sonst dem Kinde in seinen Bewegungen keine Beschränkung aufzuerlegen braucht.

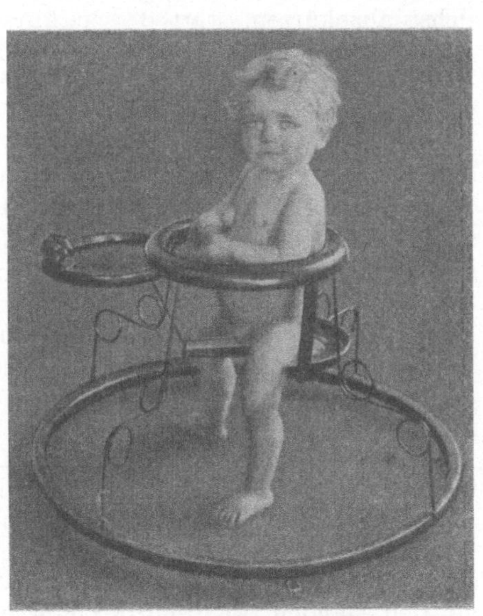

Abb. 5. Sitzlaufstuhl.

b) Gymnastik vom 2.—5. Lebensjahr.

Sobald das Kind sicher läuft, ist es wünschenswert, für eine mannigfaltigere Bewegung und Benutzung von Rumpf und Gliedern in ver-

[1]) Zu beziehen durch Gebr. Arndt, Drahtfabrik Quedlinburg.

[2]) Zu beziehen durch Löffler (Altona); Größe I bis zu $1^1/_2$ Jahren, Größe II bis zu $2^1/_2$—3 Jahren, Größe III (3—4 Jahren).

schiedener Belastungsform zu sorgen. Wie einseitig die gewöhnliche Ausbildung bei stadtgemäßer Erziehung ist, sieht man am besten, wenn man ein solches Kind auf unebenem Terrain laufen läßt, z. B. Grasabhang oder Sandhaufen. Eine mannigfaltige Betätigung läßt sich zunächst durch Bewegungsspiele erreichen, so namentlich durch Ballwerfen und -rollen. Laufen mit seitlichen Wendungen, Bücken und schnelles Greifen wird dadurch erreicht. Grätschstellung bei Ballrollen rückwärts durch die Beine und andere Übungen mehr sind angezeigt. Gehen auf unebenem Terrain, beim zweijährigen Kinde namentlich das Herauf- und Herunterlaufen von einem Sandhaufen, Leitersteigen, dienen nicht nur der Ausbildung der Geschicklichkeit, sondern auch der der Sprunggelenke. Das gleichmäßige Spazierengehen auf ebener Straße ist möglichst abzukürzen, statt dessen kurze Beförderung nach einem Platze, wo das Kind harmlos mit anderen sich tummeln kann, notwendig.

Abgesehen von diesen allgemein gültigen Prinzipien sind weitere spezielle Maßregeln anzuwenden.

Das Kind umklammert mit seinen Händen je einen Finger der rechten und linken Hand des Erwachsenen und zieht sich daran etwas in die Höhe. Der Erwachsene hält dann das Händchen etwas fest und hilft nach. Allmählich statt dessen Emporheben an einem Stock. Mit fortschreitendem Alter kommt es bis zum Schwingen an Ringen, Trapez und Reck. Mehr passiv auf Beweglichkeit des Schultergelenks und Streckung des Rückens wirkt das langsame Emporziehen des auf dem Rücken liegenden Kindes über eine runde Sofalehne, wobei der Erwachsene am besten an der Schulter anfaßt. Das Kind muß hierbei den Kopf nach hinten legen.

Ähnlich wirkt folgende Übung: Das Kind setzt sich seitlich auf das rechte Bein des Erwachsenen mit dem Gesicht nach links. Die Unterschenkel werden zwischen den Beinen des Erwachsenen fixiert. So festgehalten, beugt sich das Kind nach hinten. Zugleich werden so die Bauchmuskeln geübt. Brauchbare Rumpfübungen sind: Laufen auf den Händen, während der Erwachsene das Kind an den Beinen in die Höhe hebt. Ferner folgende Übung: Das Kind muß sich in gerader Streckstellung behaupten, während es nur auf Schulter und Gesäß und später nur auf Kopf und Oberschenkeln aufliegt. Nach dem 4. Lebensjahre ist der sogenannte „fliegende Holländer" ein nützliches Geschenk. Das Kind muß sich hier mit seiner Armkraft auf einem Rädersitz fortbewegen.

Bei jeder Form von Rückenschwäche, Schiefhaltung oder Verkrümmung sind alle diese aktiven oder passiven Bewegungen recht oft, wenn auch kurz, zu wiederholen. Es ist aber nicht bei jeder Übung speziell darauf zu sehen, ob sie gerade besonders für die vorliegende Schiefhaltung von mechanischem Wert zu sein scheint sondern mehr auf gleichmäßige Durchbildung Wert zu legen. Ein so geübtes Kind ist dann imstande, schon früher als andere die für das Schulalter bestimmten Übungen durchzuführen. Eine weitergehende systematische Ausbildung ist bei besonderem Fleiß und Verständnis möglich [1]).

[1]) Wir verweisen auf das kleine Buch von Neumann-Neurode: Kindersport (75 S.) und das Buch über Kinderturnen von H. v. Bauer und F. Winter (82 S.).

Bei Knickfuß und Plattfuß empfehlen sich folgende Übungen: Laufen auf den Zehen, Heben des inneren Fußrandes, eventuell Gehen auf dem äußeren Fußrand. Verstärkt wird die Wirkung der Übung durch Parallel- oder Einwärtsstellung der Füße. Überhaupt ist in dieser Zeit das Auswärtssetzen des Fußes nicht zu erzwingen, bei X-Beinen und Plattfuß eher zu unterdrücken. Die orthopädische Behandlung des Plattfußes siehe unter Rachitis! Nach dem 4. Lebensjahre tritt als praktisches Spielzeug allmählich das Dreirad hinzu.

Abb. 6. Das Strecken des Körpers nach Aufrichten aus der Rückenlage vor dem Wiederzurücklegen.

c) Gymnastik vom 5. Lebensjahr an.

Für genügende Gelegenheit zur Bewegung sorgen am besten bequem angebrachte Ringe, Trapez und Reck. Hier sind unschwer alle möglichen Bewegungen für Arme und Rumpf, die gerade nötig erscheinen, auszudenken. Als leichte Anfangsübung bei rundem Rücken und steifem Schultergelenk sei nur folgende genannt: Das Kind faßt mit Obergriff mit beiden Händen einen Ring und steckt die Füße mit nach oben gewandtem Rücken in den zweiten und wird so mit erhobenem Kopf und möglichst gespanntem Rücken geschwungen. Ferner Kreisen, während die Fußspitzen in der Mitte feststehen und das Kind an den Ringen hängt. Bei rechtsseitiger Skoliose kann man dabei den linken Ring hoch, den rechten tiefer stellen, so daß der linke Arm gestreckt, der rechte an die Brust gezogen wird.

Sehr geeignet zur Ausbildung der Rumpfmuskulatur sind die in Abb. 6—8 dargestellten Übungen. Das Aufrichten aus der Rücken- und Bauchlage erlernen auch schon vierjährige Kinder, während es für die Ausführung der Übung mit frei vorgeschobenem Rumpf mitunter etwas mehr Mut bedarf. Die Ausführung erfolgt in langsamem Tempo. Beim Aufrichten aus der Rückenlage ist einzuschärfen, daß im Moment der aufrechten Haltung auf eine starke Streckung

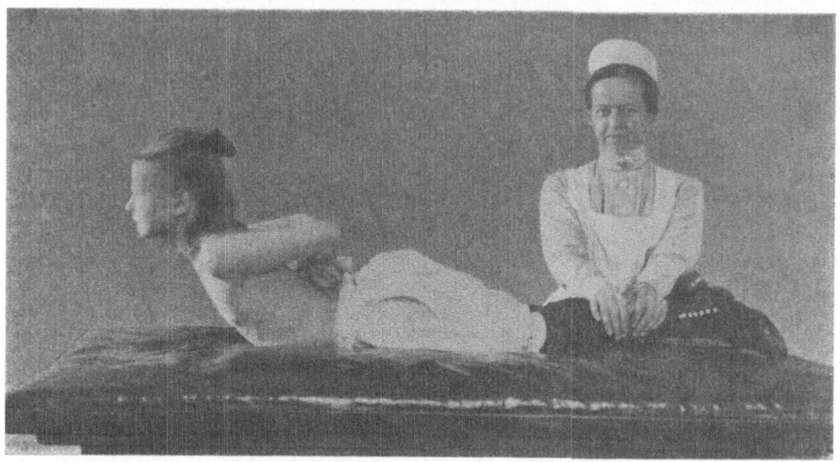

Abb. 7. Aufrichten aus der Bauchlage.

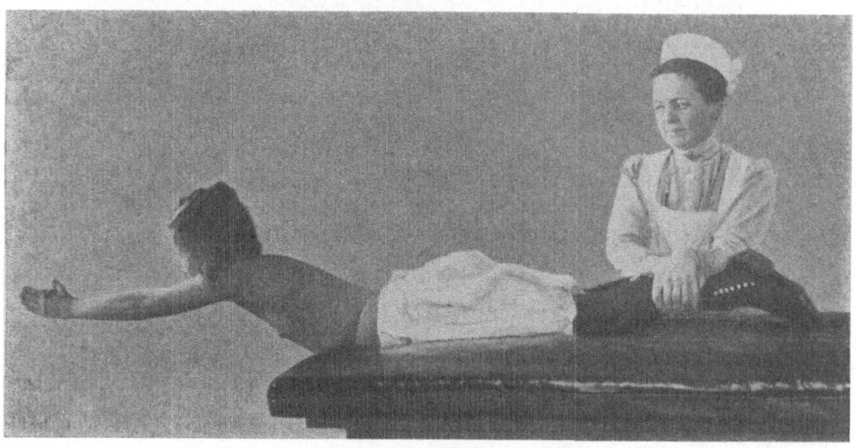

Abb. 8. Übung bei freischwebendem Oberkörper.

mit von der Brust erhobenem Kinn und entsprechend erhobener Armen geachtet wird. Eine ausgezeichnete Übung der Lendenwirbelsäule, die gleichfalls schon von vierjährigen Kindern ausgeführt werden kann und sich namentlich bei allen Versteifungen in dieser Gegend empfiehlt, ist folgende: Das Kind liegt mit herunterhängenden Beinen in Bauchlage auf dem Tisch und hebt seine Beine über die Horizontale. Weitere

Turnübungen mit Stäben, Hanteln, Springschnur usw. können die häusliche Übung ergänzen[1]).

Zur lebhaften und mannigfaltigen Bewegung im Freien wird sich oft nur beim Sommeraufenthalt Gelegenheit bieten. Hierbei ist das sogenannte „Sichauslaufen" bei allen schwächlicheren Kindern in höchstem Grade unzweckmäßig. Die Spaziergänge sind auf ein den Kräften entsprechendes Maß zu reduzieren, so daß Zeit und Kraft für Springen, Laufen, Klettern im unebenen Gelände übrig bleiben. Im späteren Alter erhebt sich die Frage der Nützlichkeit des sogenannten Sportes und des Wanderns. Den einseitigen sportlichen Übungen, mit Ausnahme vielleicht des Ruderns, ist die gleichmäßige Durchbildung des deutschen Turnens gerade wegen dieser Eigenschaft vorzuziehen. Das Unterhaltsame und Anregende des Sportbetriebes und seine Ausübung in freier Luft stellen jedoch eine berechtigte Anziehung dar, die dem Turnbetrieb mehr oder weniger fehlt. Der Mißbrauch des Wetteifers beim Sportbetrieb führt zu einer einseitigen Überanstrengung des jugendlichen Körpers. Die Gefahr beruht in ärztlicher und pädagogischer Hinsicht auf der Hineintragung des Rekordbegriffes in die körperliche Betätigung. Einen Radsport darf es für Schulkinder überhaupt nicht geben. Die Benutzung des Rades ist für größere Ausflüge streng nach der Leistungsfähigkeit des einzelnen zu regeln. Gegen das Wandern, wie es von den Wandervögeln betrieben wird, läßt sich gleichfalls die Übertreibung der Leistungen anführen. Meist dienen die Kräfte der älteren Schüler als Maßstab für den Marsch. So sind Kinder von 14 bis 15 Jahren nur wenn sie kräftig sind und bei Kenntnis des beabsichtigten Weges zuzulassen. Bei schwächlicheren jüngeren Kindern bedeuten weite Märsche, wie noch einmal betont werden soll, keinen Zuwachs an Kraft. Trotz dieser und anderer Bedenken verdient die Wandervogelbewegung wärmste Unterstützung. In ihrer psychischen Rückwirkung ist sie dem Sportbetrieb weit vorzuziehen.

d) Atemübungen.

Die Erlernung einer langsamen, vertieften Atmung ist zweifellos ein nützliches Mittel zur Mobilisierung des asthenischen Thorax. Auch ist sie für alle Kinder nützlich, die bei körperlicher Anstrengung gleich in eine oberflächliche, beschleunigte Atmung verfallen. Die Aufmerksamkeit darf aber nicht nur auf die Erzielung einer tiefen Einatmung gerichtet sein, sondern muß sich ganz besonders auch auf eine entsprechende Ausatmung richten. Es gibt eine große Gruppe von anscheinend an leichter Bronchitis oder auch an Bronchitis mit gelegentlicher asthmatischer Steigerung leidenden Kindern, bei denen nicht das Inspirium, sondern das Exspirium unvollkommen erfolgt. Ehe man daher Kindern mit Neigung zu Bronchitis Atemübungen verordnet, stelle man perkutorisch die Lungengrenzen fest und fordere das Kind dann auf, einige Male tief einzuatmen. Eine erneute Perkussion ergibt in pathologischen Fällen einige Zeit anhaltende Lungenblähung.

[1]) Hierüber sind spezielle Bücher über Turnen nachzusehen, z. B. das kleine Buch: Haus-Gymnastik für Mädchen und Frauen, Angerstein und Eckler, Verlag v. Pacht.

Bei gesunden Kindern sind Atembewegungen in bekannter Weise mit den üblichen Armbewegungen zu verbinden. Eine besondere Steigerung ist folgendermaßen möglich: Das Kind liegt auf einer schmalen Bank auf dem Rücken. Die durch leichte Hanteln beschwerten Arme werden nach vorn gestreckt und beim Inspirium nach seitwärts geführt, beim Exspirium wieder nach vorn gebracht. Dadurch, daß man die eigene Faust zwischen die Schulterblätter des Kindes schiebt, wird eine weitergehende Dehnung des vorderen Brustkorbs und Lockerung des Schultergürtels erreicht.

Es gibt mancherlei Möglichkeiten, die Atemübungen durch besondere Bewegung von Rumpf und Armen zu steigern. Es haben sich sogar besondere Methoden entwickelt. Diese können bei guter Überwachung im einzelnen Falle wohl zweckmäßig sein. Der Gesundheitszuwachs durch Atemübungen wird aber häufig überschätzt. Er bewegt sich meist nur in sehr bescheidenen Grenzen. Mehr noch als bei anderen gymnastischen Verordnungen muß im übrigen der Arzt immer wieder die richtige Ausführung kontrollieren.

Zur Beherrschung vernünftiger Atemtechnik kann man auch einen gut geleiteten Einzelunterricht im Gesang benützen. Bei beginnendem Stottern junger Kinder genügt oft, die Kinder zu gewöhnen, tief einzuatmen und nun mit gefüllter Lunge erst zu sprechen. Hierbei ist aber sowohl Konsequenz als auch heitere Freundlichkeit notwendig, da jede Verschüchterung schädlich wirkt.

Bei der geschilderten Insuffizienz des Exspiriums bedarf es besonderer Atemübungen, die S. 407 beschrieben sind.

e) Besondere Pflege des Rückens bei schlechter Haltung.

Es liegt nahe, sich an dieser Stelle auf die Besprechung der schlechten Haltung, die uns beim asthenischen Kinde tagtäglich begegnet, zu beschränken. Doch ist die Therapie des Schiefwuchses, soweit sie dem praktischen Arzt und nicht dem Spezialarzt für Orthopädie zufällt, so vielfach die gleiche, daß es sich aus praktischen Gründen empfiehlt, die Behandlung des Schiefwuchses mit der der Schiefhaltung gemeinschaftlich zu besprechen.

Einer besonderen gymnastischen Durchbildung bedürfen die Kinder mit asthenischem Rücken und Brustkorb, rundem Rücken mit Steifigkeit des Schultergürtels sowie mit Schiefhaltung und Schiefwuchs. *Freilich soll ihnen in vermehrter Weise unter vermehrter Schonung ihrer Kräfte alle jene körperliche Durchbildung zuteil werden, wie wir sie oben geschildert haben, ohne daß man ängstlich fragt, wozu diese oder jene Übung gerade für dieses Kind nützlich sei.* Aber die Gymnastik hat hier doch besondere Aufgaben zu erfüllen und besondere Schwierigkeiten zu überwinden.

Alle Fälle mit auch nur angedeutetem Rippenbuckel gehören möglichst in lang dauernde orthopädische Behandlung. Soweit diese für den Säugling notwendig ist, kann sie von jedem Arzt ausgeführt werden und ist daher in dem Kapitel über Rachitis geschildert. Die fixierte rachitische Skoliose bzw. Kyphoskoliose bedarf, sobald sie nur irgendwelche Hoffnungen auf teilweise Mobilisierung erweckt, einer Behandlung von einem speziell ausgebildeten Fachmann in einer dazu bestimmten Anstalt. Die einfache Anfertigung eines orthopädischen Korsetts ohne eine systematische gymnastische Behandlung stiftet mehr Schaden als Nutzen. Das orthopädische Korsett soll nur dazu dienen, eine erreichte bessere Haltung zu fixieren. Die Atrophie der Muskeln, die bis zu gewissem Grade durch jedes Korsett droht, muß auch dann noch weiter durch gymnastische Übungen, wie oben und weiter unten geschildert ist, bekämpft werden.

Bei den schweren Kyphoskoliosen ist ein Redressement nicht mehr zu versuchen. Die Behandlung besteht ausschließlich in einer sehr vorsichtigen gymnastischen Durchbildung des gesamten Körpers unter gleichzeitigen Atemübungen. Das Kräftemaß ist sorgfältig zu beachten, jede Überanstrengung zu vermeiden und auf jegliche geraderichtende Maßnahme meist völlig zu verzichten. Die eigentliche Domäne des Hausarztes bilden aber jene Fälle, bei denen höchstens ein leichte Torsion der Lendenwirbelsäule oder nicht einmal diese besteht, dabei aber schlechte Haltungen verschiedenster Art sich zeigen. Die häuslichen Übungen können freilich auch hier durch einen orthopädischen Turnkursus zweckmäßig eingeleitet werden. Wo sich hierzu keine Gelegenheit am Wohnort findet, kann man derartige Einrichtungen in irgend einem Sommerkurort benutzen. Da aber nur wenige in der Lage sein werden, so lange und ausgiebig orthopädischen Turnunterricht zu nehmen, sind auch die meisten Fälle von mehr oder weniger erheblichem Schiefwuchs auf die häuslichen Übungen angewiesen, die dann allerdings jahrelang mit wachsendem Eifer durchgeführt werden müssen.

Die normale Haltung von Rücken und Brust und damit auch ihre harmonische Entwicklung ist abhängig von dem Zusammenspiel einer Unzahl Muskeln. Infolgedessen ist die Gestaltung von Rücken und Brust wesentlich beeinflußt durch angeborene oder erworbene Muskelschwäche, abhängig von nervösen Einflüssen, ja bis zu einem gewissen Grade auch von der seelischen Grundstimmung, Unlust usw. und erziehlichen Einflüssen. Die Muskelschwäche des Säuglings äußert sich zunächst in einfachem Zusammensinken des Rückens, das schließlich zu der bekannten Kyphose der Lendenwirbelsäule führt. Diese Haltung kann bis zum 6. Jahre noch behalten werden, oder der untere Teil der Wirbelsäule legt sich nach hinten, Brust und Halswirbelsäule biegen sich nach vorn. Bei beiden Formen kommt es zur Einknickung der Vorderseite an der unteren Thoraxapertur, Abflachung des Brustkorbes und Auftreibung des Abdomens, dessen Muskulatur meist in gleicher Weise geschwächt ist. Nach dem 6. Jahre kommt es zur stärkeren Lordose der Lendenwirbelsäule, während der obere Teil der Wirbelsäule sich entsprechend nach hinten legt. Der Rücken ist ziemlich flach oder durch übermäßige Kyphose der oberen Brustwirbel zum sogenannten „runden Rücken“ entwickelt. Diese Haltung der Wirbelsäule ist am besten zu ertragen mit leichter seitlicher Schiefhaltung, anfangs Totalskoliose, später S-förmige Krümmung (siehe Abb. 9a, c und e). Die Haltung ist nicht immer die gleiche und wechselt wenigstens in leichten Fällen. Spuren fixierter Torsion sind sehr ernst zu nehmen. Sie bieten die Möglichkeit der Entwicklung der Schiefhaltung zum Schiefwuchs. Bei den Turnübungen ist zu beachten, daß die Kinder das Gefühl der Geradehaltung für die Wirbelsäule verloren haben. Auf das Kommando „Geradehalten“ legt sich das Kind nach hinten. Die vorher vielleicht noch leidlich erscheinende Haltung geht sofort in die falsche über und betont alle Fehler, die bei lässiger Haltung schon angedeutet waren. So stellt Abb. a die Haltung beim Kommando „Geradehalten“ dar.

Eine weitere Erschwerung der Übungstherapie sind bei vielen Kindern Verzerrung einer Schulter und ähnliche übermäßige Bewegungen beim forcierten Geradehalten. Die meisten von diesen Kindern zeigen eine auffällige Muskelträgheit, besonders im Schultergelenk und Schultergürtel. So heben sie z. B. die Arme nicht zur Horizontale, sondern nur bis zu einem gewissen Winkel, und was an dem rechten Winkel fehlt, gleichen sie durch Neigung des Rückens nach hinten aus (Abb. e und c). Vielfach wird selbst das Heben des Löffels beim Essen durch eine unterstützende Bewegung des Rumpfes weniger ausgiebig gestaltet. Damit übertragen sich die meisten Armbewegungen in unliebsamer Weise auf die Rumpfhaltung. Bei einem Teil dieser Kinder lassen sich auch die größeren Exkursionen, wobei die Bewegung des Schultergürtels die des Schultergelenks unterstützen soll, überhaupt nicht völlig erzwingen. Der Schultergürtel liegt steif dem Thorax nach vorn geneigt auf. Die Schulterblätter lassen sich nicht nähern. Es besteht ein mehr oder weniger runder Rücken und eine Abflachung des Brustkorbes mit besonderer Hemmung der Entfaltung seiner oberen Partien

Die ärztliche Aufgabe besteht daher darin:

1. die Kinder die gerade Haltung zu lehren, so daß sie das richtige Muskelgefühl wiedergewinnen und zum mindesten bei bestehendem Schiefwuchs die „bestmögliche“ Haltung einnehmen;
2. bestehende Versteifungen, sei es runder Rücken, sei es Torsionsstellung, nach Möglichkeit zu mobilisieren;
3. Beweglichkeit und Neigung des Schultergürtels zu vermehren, damit die Entfaltung des oberen Brustkorbes weniger gehemmt ist und nicht jede Armbewegung eine fehlerhafte Hilfsbewegung des Rückens zur Folge hat;
4. Lust und Freude an körperlicher Bewegung zu erzielen.

Um die Maßregeln erfolgreich zu gestalten, muß durch Übung der gesamten Rücken- und Bauchmuskulatur das Kind so weit gestärkt werden, daß es die längere Einhaltung der richtigen Stellung überhaupt erträgt. Durch Zwischenschiebung von Bewegungsspielen und dem Kinde genehmen Turnübungen wird die Stimmung erhalten. Schließlich muß die vermehrte Anstrengung durch eingeschaltete Ruhestunden ausgeglichen werden. Sobald die Kinder durch Anstrengung oder Unpäßlichkeit geschwächt sind, sinken sie förmlich in sich zusammen, und alle Entstellungen treten in manchmal erstaunlicher Stärke hervor. Wenn man einem Astheniker eine vermehrte Anstrengung zumutet, muß man dies berücksichtigen. Die Übungszeiten sind wenigstens für die speziellen Übungen anfangs auf zweimal täglich wenige Minuten zu beschränken. Denn die Ausführung ungewohnter Bewegungen strengt übermäßig an. Am besten ist es, prinzipiell besonders nach der Schule, jene Liegekur im Freien, die oben beschrieben, zu verordnen. Bei schlechtem körperlichen Gedeihen und zunehmender schlechter Haltung ist bei sechsjährigen Kindern die Verschiebung der Einschulung, bei älteren eine zeitweise Befreiung vom Schulunterricht in Erwägung zu ziehen.

Erlernung der geraden Haltung. Bei der Natur des Leidens ist es notwendig, die Eltern zur Mitbeobachtung zu erziehen. Der Untersucher setzt sich mit dem Rücken gegen das Fenster. Das Kind wird bis zum Becken, nicht nur bis zur

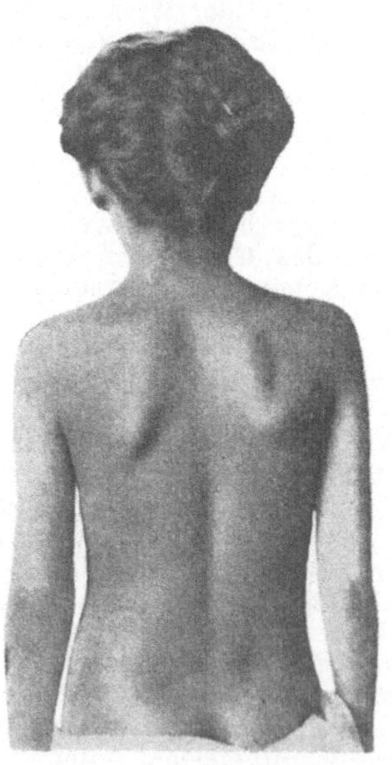

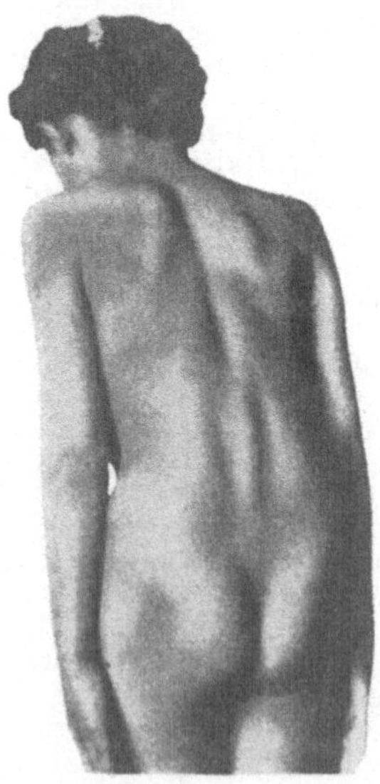

Abb. 9. Erheblichere rechtsseitige Skoliose mit leichten Torsionserscheinungen.
a) Spontane Geradehaltung. b) „Bestmögliche Haltung“.

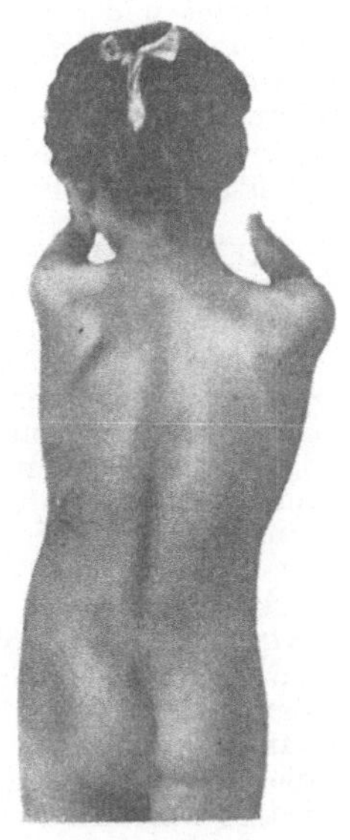

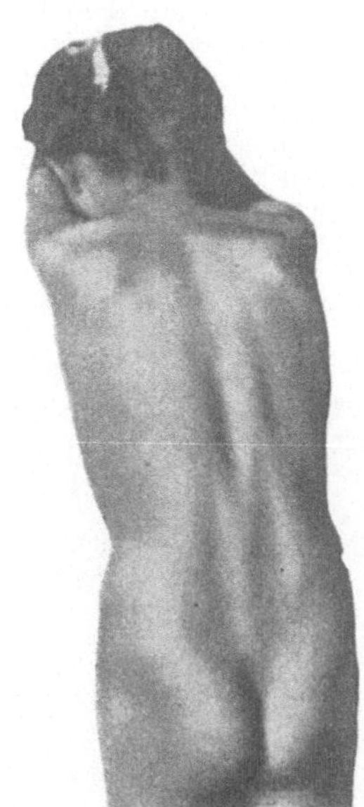

Abb. 9.

c) Spontane Haltung bei erhobenen Armen: Verstärkung des Nachhintenneigens.

d) Dieselbe Stellung in „bestmöglicher Haltung".

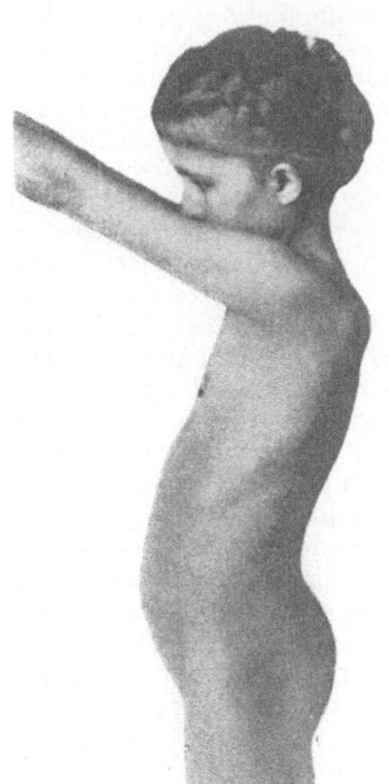

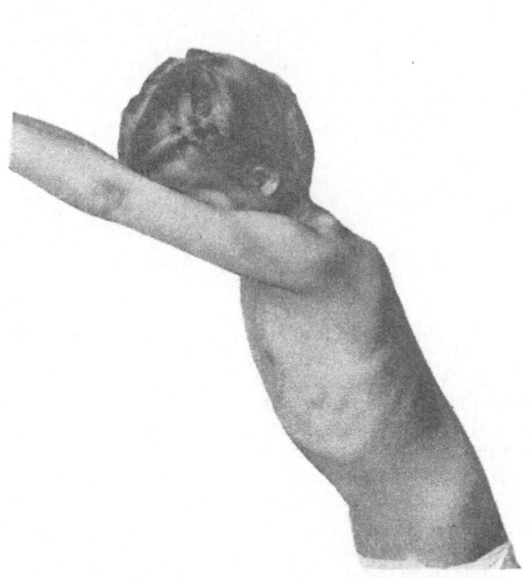

e) Haltung bei vorwärts gehobenen Armen, bei seitlicher Betrachtung. Abflachung des Thorax, Hängebauch.

f) Dieselbe Stellung in „bestmöglicher Haltung". Veränderung der Thoraxform durch die Besserung der Haltung.

Taille entblößt und mit dem Rücken gegen den Untersucher gestellt. Dann wird das Kind in lässiger und in strammer Haltung betrachtet und den Laien klar gemacht, daß Fehler der Haltung leichter an dem Stand der Schulterblätter und den Verhältnissen der beiden Taillendreiecke erkannt werden können als bei direkter Betrachtung der Wirbeldornen. Dann werden durch Beobachtung von der Seite die Bauch- und Buststellung demonstriert. Schließlich werden die Verdickungen (Torsionen bzw. Rippenbuckel) bei schlaff vorwärts geneigtem Rücken zur deutlicheren Erscheinung gebracht.

Abb. 10. Gochtscher Apparat.

Die erste Aufgabe der Behandlung, die Erlernung der geraden Haltung, vollzieht sich in folgender Weise: Man setzt sich mit dem Rücken gegen die Lichtquelle und läßt das Kind sich mit dem bis zur Taille entblößten Rücken dem Untersucher zukehren. Das Kind muß sich mit schlaff herunterhängendem Kopf und Armen leicht nach vorn beugen. Man achte darauf, daß hierbei der Rücken sich vollständig entspannt. Sind so alle Verzerrungen verschwunden, so lautet das Kommando: Bauch einziehen! In derselben nach vorn gebeugten Haltung werden die Schulterblätter leicht, soweit ohne Schwierigkeit möglich, nach hinten zurückgenommen, die Halswirbelsäule mehr gestreckt, doch so, daß das Kinn gesenkt bleibt. Oft muß anfangs der Arzt durch Fixierung von Bauch oder Brustwirbelsäule durch die aufgelegte Hand dafür sorgen, daß diese Haltung auch wirklich eingenommen und beibehalten wird. Wie die gesamte Gestalt des Rückens und der Brust sich hierdurch sofort ändert, zeigen die Bilder a—f, die in derselben Viertelstunde aufgenommen sind. An diese Geraderichtung schließt sich nun eine wachsende Anzahl von Armübungen an, bei denen es darauf ankommt, daß das Kind die oben gewonnene Haltung nicht verliert (siehe Abb. d und f). Von einfachen beiderseitigen Armübungen und dem etwas schwereren Rückwärtsführen der Arme gehe man langsam auch zu einseitigen Armübungen über. Korrekturen durch die Hand des Erwachsenen sind natürlich anfangs nötig. Bei Verschiebung der Haltung wird wieder von vorn angefangen. Die Beobachtung des Kindes während der Übung erfolgt in gleicher Weise, wie eben beschrieben. Stets müssen die Übungen mit nacktem Körper ausgeführt werden. Die Aufforderung an das Kind, während des Tages sich gerade zu halten, ist natürlich widersinnig, da gerade diese Haltung ja erlernt werden soll. Besser ist das Kommando: Bauch herein, das oft schon allein die gewünschte Stellung hervorruft.

Von Wichtigkeit ferner sind die Übungen in liegender Stellung, wie sie oben beschrieben und abgebildet sind. Besondere Ausbildung mag das Rumpfkreisen in der liegenden Stellung, wie Abb. 8 wiedergibt, erfahren. Diese Übungen sind stets notwendig und namentlich bei jungen Kindern oder weniger aufmerksamen Eltern die einzig durchzuführenden. Man verzichte sonst lieber auf alle Übungen des stehenden Kindes, sie mögen noch so zweckmäßig ausgedacht erscheinen. Ohne dauernde sehr peinliche Überwachung versteht diese Art Kinder sich der erstrebten Wirkung durch ausweichende Bewegungen des Rumpfes zu entziehen. Deswegen hat auch der allgemeine Turnunterricht hier keine Wirkung auf die Haltung.

Redressement. Den runden Rücken lockert man mechanisch durch Hinüberziehen über eine runde Sofalehne, ferner auch durch jene abgebildeten Übungen auf dem Tisch, namentlich indem man mit seiner auf der Unterlage aufgestemmten Faust das sich niederlegende Kind zwischen den Schulterblättern auffängt und so zur Umkrümmung zwingt. Ein zweckmäßiger Apparat ist der von Gocht angegebene, der in Abb. 10 wiedergegeben wird. Er ist auch sonst für die Lockerung der Wirbelsäule zweifellos wirksam. Die Kinder können darin halbe bis ganze Stunden lang liegen[1]).

Mechanische Mobilisierung von leichten Rippenbuckeln und Lendenwirbelsäulentorsionen kann folgendermaßen gelehrt werden. Der Ballen der rechten Hand wird von hinten — nicht von der Seite her — gegen den rechtsseitigen Rippenbuckel gestemmt und das Kind am linken Arm mit der eigenen linken Hand darüber hinübergezogen. Leichte Kinder kann man so schwebend erhalten. Bei schwereren Kindern läßt sich die Detorquierung am besten vornehmen, wenn das Kind mit vorgeschobenem Rumpf, Gesicht nach unten gewendet, auf dem Tische liegt, während eine andere Person die Beine festhält. Besonders ist auch hier darauf zu achten, daß der Druck von hinten und nicht von der Seite aus ausgeübt wird.

Abb. 11. Wagnersche Schwebe.

Auch aktive Rumpfübungen erfolgen in der Weise, daß das Kind möglichst von hinten her auf die Mitte des Krümmungsbogens die Hand einstemmt, den anderen Arm über den Kopf zieht und nun sich über seine eingestemmte Hand nach seitlich und hinten beugt. Einen sehr brauchbaren Apparat stellt die Wagnersche Schwebe[2]) dar, deren Prinzip aus der Abb. 11 erkenntlich ist. Die Kinder, namentlich kleinere, können hier täglich 10—15 Minuten lang schwingen und Rumpfkreisübungen machen, ebenso wie an Ringen. Auch bei rundem Rücken ist der Apparat brauchbar.

Eine der schwierigsten Aufgaben ist die Mobilisierung des Schultergelenks. Alle Übungen, die bei Normalen so zweckmäßig für eine volle Ausnützung der Beweglichkeit des Schultergürtels erscheinen, werden bei diesen Kindern in fast unwirksamer Form ausgeführt. Wo die Eltern aufmerksam genug sind, lasse man die verschiedenen Schulterbewegungen (Arm heben, seitwärts führen, kreisen) bei entblößtem Körper in der beschriebenen bestmöglichsten Haltung ausführen. Eine Beschwerung durch Hanteln ist wünschenswert, auch Stabturnen unter gleicher Voraussetzung. Speziell empfehlen sich noch folgende Übungen: Bei leicht nach vorn geneigtem Rumpf werden die Arme mit den Hanteln nach vorn gehoben und nun mit kräftigem Ruck soweit nach hinten geschlagen, wie es ohne Veränderung der Haltung geht. Bei leicht nach vorn geneigter Haltung wirft der Patient den Körper mit einem Ruck ein Stück nach vorne, während er zugleich die Arme mit kräftigem Ruck extrem supiniert, ein wenig nach hinten streckt usw. Die Wirkung von Übungen im Hängen ist sehr gering.

---

[1]) Der Apparat ist aus dem medizinischen Warenhaus, Berlin, zu beziehen; da er sehr teuer ist, empfiehlt sich wohl eine billigere Ausführung.

[2]) Zu beziehen: Stützel, Koffer- und Bandagenfabrik, Nürnberg. Es empfiehlt sich alle 4 Wochen die Stricke an den Reibungsstellen sorgfältig nachzusehen.

Massage. Die Wirkung der Übungen wird bei jeder der beschriebenen Rückenerkrankungen durch eine kunstgerecht ausgeführte Massage unterstützt. Muß die Durchführung den Eltern anvertraut werden, so beschränke man sich darauf, ihnen die wenigen im Kapitel über „Rachitis" beschriebenen Striche beizubringen. Ein kurzes Abklatschen mit einem nassen Handtuch mit nachfolgendem kräftigem Frottieren oder eine spirituöse Abreibung (z. B. Spiritus-Glyzerin zu gleichen Teilen) muß vielfach die Massage ersetzen.

II. Pflege bei Krankheitszuständen.

Krankenzimmer. Das beste Zimmer des Hauses wähle man als Krankenzimmer. Wünschenswert ist bei länger dauernden Krankheiten, daß ein zweiter Raum daneben zur Verfügung steht, um die erwähnte Zweizimmerbehandlung durchführen zu können. In kleinen Verhältnissen ist das sogenannte gute Zimmer nach Entfernung der Plüschgarnitur und Plüschvorhänge in Benutzung zu nehmen. Die Temperatur soll auch bei Erkrankungen der Luftwege 20° C nicht übersteigen. Selbst bei der akuten Nephritis ist nur während der Schwitzprozeduren eine etwas höhere Temperatur bis höchstens 22° im Zimmer gestattet.

Bettung. Noch mehr als beim gesunden Kinde gilt die Regel, daß das Kind nur so warm gebettet werden darf, wie es zu seinem Wohlbefinden notwendig ist. Es ist besser, dem Kinde, das viel aufsitzt, ein wärmeres Jäckchen anzuziehen, als durch dicke Federbetten den Wärmeverlust der oberen Körperhälfte ergänzen zu wollen. Dauernd schwitzende Kinder, z. B. Rachitiker oder an chronischen Lungenkatarrhen Leidende werden durch Federunterbetten geschädigt. Spanische Wand, Vorhang oder Verdeck dürfen dazu dienen, während einer gründlichen Lüftung den Zug vom Bett entfernt zu halten. Im übrigen sind Vorhang und Verdeck bei Erkrankung der Luftwege als schädlich und gefährlich zu betrachten. Bei Furunkulose und schwerer Rachitis ist folgende Bettung am Platze (nach Swoboda). Ein Laken wird an beiden Enden zusammengenäht, zwei Besenstiele werden hineingesteckt, so daß das Laken in Spannung erhalten werden kann. Das Laken wird dann so über die Bettwände gebreitet und vermittels der unter dem Bett aneinander gebundenen Besenstiele gespannt erhalten, daß eine Hängematte entsteht. Auf die Leinwand werden zunächst zwei dicke Barchentwindeln gelegt. Eine Gummiunterlage darf höchstens bis zum Becken reichen, oder man schütze mit ihr nur das unter der Schwebe befindliche Bett. Anfangs ist besonders darauf zu achten, daß das Kind nicht zu kalt wird. Starke Bedeckung mit Federbett von oben ist zunächst notwendig. Auch nachts bette man das Kind anfangs wie sonst, bis es an den Luftzutritt von hinten besser gewöhnt ist.

Sehr wichtig ist namentlich für Krankenanstalten, Unglücksfälle auszuschließen. Wir denken nicht allein an das Herausfallen aus dem Bett, sondern auch an das Strangulieren durch die merkwürdigsten, vorher kaum auszudenkenden Situationen: Einklemmen zwischen Matratze und Bettrand, zwischen die vom Bett abhebbare Seitenklappe und den feststehenden Teil, zwischen zu weit auseinanderstehenden

Sprossen. Gegen das Herausfallen schützt, abgesehen von einem wirklich genügend hohen Bettrand ein Mieder mit daran befestigtem Zügel (siehe Abb. 1). Gegen die anderen genannten Unglücksfälle schützt nur eine solche Anordnung der Krankenräume, daß eine dauernde Überblickung möglich ist. Denn alle wirklich möglichen Unglücksfälle sind kaum auszudenken. Hier sei auch auf die Anzeichen des postpneumonischen Deliriums als Warnungssignal verwiesen (siehe dieses).

Allgemeine Maßnahmen. Die Maßnahmen für das gesunde Kind gelten im allgemeinen auch für das kranke. Speziell sei nur auf die Behandlung allgemeiner Symptome verwiesen. Der Wunsch, schnelle Hilfe zu schaffen, darf weder Laien noch Ärzte zu halb prophylaktisch, halb therapeutischen Maßnahmen verführen, die ganz abgesehen von der Verwischung des Symptomenbildes, einem Schuß ins Blinde gleichen. Hierhin gehört namentlich die schematische Verordnung eines Abführmittels oder Einlaufs, sobald das Kind irgendwie krank ist, z. B. bricht.

Allgemeine Körperpflege. Hautpflege. Bei jedem kranken Kinde droht der Dekubitus. Namentlich beim Säugling in Krankenhausbehandlung ist der Dekubitus am Hinterkopf, am Steiß und an den Hacken zu fürchten. In diesem Alter ist daher darauf zu achten, daß durch Lagerung auf Seite und Bauch der Rücken vom Druck entlastet wird. Bei regungslos liegenden Säuglingen sind kleine Federbetten oder kleine Ringe, die man mittels Watte und Mullbinde herstellen kann, anzuwenden. Abreibung mit Franzbranntwein oder gleichen Teilen Spiritus und Glyzerin sind bei chronisch kranken Kindern jeden Alters zweimal täglich vorzunehmen. Die Schädigungen der Haut durch Urin und Kot werden durch häufigen Wäschewechsel und Puder verringert. Bei stärkerer Neigung zu Wundwerden ist Einfettung mit Vaseline und auf den wunden Flächen die Abwaschung mit Vaseline oder Paraffin vorzunehmen.

Mundpflege. Rissige Lippen sind mit Lippenpomade einzustreichen, andere Salben haften nicht. Entstandene Rhagaden sind zweimal täglich mit unverdünnter Myrrhentinktur, Tinct. ratanhiae, 3%iger Argentum nitricum-Lösung zu tupfen.

Bis gegen Ende des 2. Lebensjahres ist eine spezielle Mundpflege nicht am Platze. Sobald eine geschlossene Zahnreihe existiert, setze man beim Kranken die vorher gewöhnte Zahnpflege fort. Die Einführung der Zahnbürste während der Krankheit ist deswegen falsch, weil der Ungewöhnte sein Zahnfleisch hierbei verletzt und bei gewaltsamer Vornahme der Reinigung der beste Schutz, die intakte Epitheldecke, verletzt wird.

Das sogenannte zarte Auswischen mit weichem Läppchen ist in Wirklichkeit eine rohe, verletzende Prozedur. Die Auswaschung des Mundes erfolge in folgender Weise: Um ein Streichholz oder eine Wurstspeile wird ein dickes Stück Watte so gewickelt, daß man bei Anfassen des Stäbchens das Wattestück noch zwischen den Fingern hat. Dieser dicke Pinsel wird in eine Lösung von doppelt kohlensaurem Natron (eine Messerspitze auf einen Eßlöffel) getaucht und hiermit werden die Backentaschen des Kindes sanft ausgewischt. Will man üblen Geruch und Beläge leichter entfernen, so nehme man statt des doppeltkohlensauren Natrons Wasserstoffsuperoxyd (einen Eßlöffel auf 5 Eßlöffel Wasser) oder Perhydrolmundwasser. Es empfiehlt sich dabei eine Abwechslung mit doppeltkohlensaurem Natron und der mehr adstringierend wirkenden essigsauren Tonerde (einen Eßlöffel auf ein Wasserglas) oder auch einem der üblichen Zahnwässer. Der Wattetupfer sei stets so stark genäßt, daß die Reinigungsflüssigkeit zwischen den Zähnen ins Innere der Mundhöhle hindurchfließt. Die Krusten, die sich bei halb offen stehendem Munde an den oberen Schneidezähnen bilden, werden ebenso mit einem feinen Wattestäbchen abgerieben. Eine derartige Mundreinigung ist aber nur indiziert bei schwer darniederliegenden Kindern, die den Mund nicht spülen und deren Zahnfleisch aufhört zu spiegeln, bei Soor nur bei starken, dicken Belägen oder im späteren Kindesalter, im allgemeinen aber kontraindiziert bei schweren Mundentzündungen (Stomatitis aphthosa, S. 264). Will man in solchem Falle nicht auf die Mundreinigung überhaupt verzichten, so sind mittels eines weichen Gummiröhrchens (z. B. Klistierbällchen aus einem Stück) die Backentaschen mit den genannten Flüssigkeiten auszuspülen, und zwar wird das Kind aufrecht auf dem Schoße eines Erwachsenen mit nach vorn geneigtem Kopfe gehalten. Sonst begnüge man sich damit, das Kind öfter den Mund ausspülen zu lassen. Eines der wichtigsten Mundpflegemittel ist, daß man dem Kinde Gelegenheit gibt, zu kauen (Brotrinde, Zwieback). Man gebe also nicht nur flüssige Kost, sondern auch etwas Festes, allerdings nur zu den Mahlzeiten. Reichliches Trinken, namentlich von alkalisch-muriatischen Säuerlingen (Biliner, Obersalzbrunnen, Fachinger) ergänzt wirkungsvoll die beschriebenen Maßnahmen.

Feuchte Umschläge und Verbände. Besondere Vorsicht walte bei der Verwendung feuchter Umschläge und Verbände. Feuchte Verbände mit essigsaurer Tonerde verträgt das Neugeborene und ein Teil der älteren Kinder nicht. Auch durch starkes Einfetten der Haut kann man die Aussaat von Furunkulose nicht immer verhindern. Es ist daher womöglich hierfür als Verbandsflüssigkeit eine Mischung von gleichen Teilen Spiritus und Glyzerin zu empfehlen. Nur bei diffusem Gesichtsekzem ist der feuchte Umschlag mit essigsaurer Tonerde oder Borsäure eine kurze Zeit lang brauchbar (S. 466). Wo essigsaure Tonerdeverbände benutzt werden, ist deren Eintrocknen zu vermeiden. Dies geschehe durch öfteren Wechsel oder durch stark mit essigsaurer Tonerdesalbe eingestrichene Gazeläppchen, die man in essigsaure Tonerdelösung taucht (1 Eßlöffel auf ein Glas Wasser). Dabei ist die übliche Verwendung von Guttaperchapapier zugleich notwendig.

Es gibt eine große Anzahl von Kindern, die auf Umschläge mit leichten oder schweren Ekzemen, pustulösen Ausschlägen und nachfolgender Furunkulose reagieren, so daß die durch die Therapie hervorgerufene Krankheit länger dauert als Fieber oder Entzündung, die durch die Umschläge bekämpft werden sollten. Verringert wird die Möglichkeit der Schädigung durch Einfetten der Haut, durch häufigen Wechsel der zum Umschlag benutzten Verbandstoffe, durch Verwendung abgekochten Wassers, z. B. von Kamillentee. Doch ist bei empfindlichen Kindern der Schaden auch so nicht immer zu vermeiden. So wird man bei jedem Anzeichen von Reizung auf die Umschläge lieber verzichten, deren Wirkung überhaupt weit überschätzt wird. Kühle Abwaschungen sollen an ihre Stelle treten (siehe S. 488).

Desinfektion am Krankenbette. Bei ansteckenden Krankheiten haben sich die Pflegenden zunächst vor Beschmutzung ihrer Kleidung durch einen weißen Mantel oder durch ein Waschkleid mit darüber gebundener Schürze zu schützen. Krankenmantel und Schürze sind bei Verlassen des Krankenzimmers auszuziehen und an einem dazu bestimmten Nagel aufzuhängen, die übrige Kleidung nachher zu wechseln. Hand und auch Gesicht sind beim Verlassen des Zimmers, aber auch bei jeder Beschmutzung mit Krankheitsstoffen gründlich zu waschen. Man wasche zunächst die Hände in einer desinfizierenden Flüssigkeit und nachher in gewöhnlichem Wasser mit Seife und Bürste gründlich nach. Zur Reinigung der Hände diene 1%ige Lysollösung, weniger sicher wirkt Lysoform. Die Anwendung von 1‰iger Sublimatlösung empfiehlt sich wegen der Geruchlosigkeit. Doch ist es nicht unbedenklich, bei der Benutzung der gewöhnlich rosa gefärbten Sublimatpastillen das rosa Wasser im Zimmer stehen zu lassen, da ungezogene jüngere Kinder durch das Aussehen zum Trinken verleitet werden. Selbstverständlich müssen die Pastillen eingeschlossen gehalten werden. Jede Beschmutzung des Krankenraums durch Ausscheidungen des Kranken ist sofort zu beseitigen, z. B. der Boden mit Sublimat oder Lysol sorgfältig abzuwaschen. Wäsche, namentlich schmutzige Windeln, werden nicht auf die Erde geworfen, sondern entweder gleich in einen mit 2%iger Lysollösung[1]) gefüllten Eimer versenkt oder vorläufig auf eine ausgebreitete Zeitung geworfen, die hinterher sofort verbrannt wird. Stuhl und Urin sind vor der Ausleerung mit Sublimat, 2%iger Lysollösung, Kresolseife oder Kalkmilch zu überdecken.

Nahrungsreste müssen vernichtet werden und dürfen vor allem nicht unkontrolliert in der Küche herumstehen. Löffel, Gabel, Tasse usw., die direkt mit dem Mund des Kindes in Berührung kommen, werden am besten im Krankenzimmer gereinigt und nicht aus diesem entfernt.

Die nachträgliche, amtlich ausgeführte Desinfektion des Krankenzimmers ist nicht wirksam genug, als daß man namentlich das Spielzeug nachher als ungefährlich betrachten dürfte. Es wird am besten verbrannt. Bei den Krankheiten, bei denen eine gesetzliche Desinfektion nicht vorgeschrieben ist, genügt eine eintägige Durchlüftung des Krankenzimmers mit nachfolgendem, gründlichem, sogenanntem großen Reinemachen. Eine vollkommene Wirkung dieser Schlußdesinfektion ist aber nur zu erwarten, wenn die Desinfektion während des Krankheitsverlaufes durchgeführt worden ist.

---

[1]) Wegen des lästigen Geruchs dürfte es wohl erlaubt sein, statt des Lysols eine 2‰ige Sublimatlösung zu benutzen. Doch muß diese in starkem Überschuß vorhanden sein und mindestens 12 Stunden einwirken können, wenigstens wenn es sich um mit Stuhl beschmutzte Windeln handelt.

Erziehungsgrundsätze.

In diesem Abschnitt geben wir einige Grundzüge der pädagogischen Behandlung, soweit sie zu unserem täglichen Rüstzeug gehören[1]).

Die Forderungen, die wir an das Kind stellen müssen, sind: zweckentsprechende Beherrschung der Körperfunktionen, Beherrschung der Unlustgefühle, klagloses und selbstverständliches Einfügen in die gegebenen Lebensverhältnisse und damit Unterwerfung unter den Willen seiner Erzieher.

Umgekehrt müssen wir an die Erzieher die Forderung stellen, daß trotz Durchführung dieser Ziele das Leben des Kindes sich sonnig, heiter und frei gestalte. Die Lösung der Aufgabe verlangt einen Erzieher, der, unabhängig von Weichlichkeit und Laune, folgerichtig das einmal Verlangte durchführt. Er kann das um so sicherer, je weniger er sich dem Kinde gegenüber durch Nachgiebigkeit oder unbillige Forderungen etwas vergeben hat und je mehr er seine Würde als Erwachsener wahrt. Das soll ein heiteres, vertrauensvolles Zusammenleben nicht ausschließen. Je affektloser er dem Kinde und seinem Wesen gegenübersteht, je weniger er durch Zweifel geplagt wird, ob das Kind auch etwas „dafür könne", um so besser. Der Erzieher ist nicht Richter, und die Unarten des Kindes sind keine durch Strafe zu sühnende Schuld. Die Strafe des Erziehers hat zum Ziele, den Trieb des Kindes zur Bekämpfung seiner Fehler zu vermehren. Als Erzieher wirkt nicht nur die einzelne Person, sondern die Gesamtheit des Haushaltes. Die einzelnen Mitglieder und der Geist des Hauses erleichtern oder erschweren die Aufgabe. Es geht vor allem nicht an, namentlich im Spielalter, einen Unterschied zwischen einzelnen Personen zu machen, daß z. B. das Kind dem Dienstmädchen gegenüber sich schlecht benehmen darf, dem Fräulein aber folgen muß. Auch dürfen sich z. B. die Mutter oder sonstige Verwandte nicht in der Rolle der milden Duldsamkeit gefallen, während das Fräulein die Erziehung durchführen soll. Jeder derartige Mißgriff erzeugt für das Kind nur schmerzhafte Reibung.

Aufgabe des Arztes. Sobald die häuslichen Erzieher versagen, muß der Fremde mit unverbrauchter Autorität eintreten. Da Krankheiten diese Insuffizienz besonders deutlich hervortreten lassen, kommt oft die Persönlichkeit des Arztes in Frage. Handelt es sich um länger dauernde Schwierigkeiten, so ist seine Aufgabe, auf die Umgebung des Kindes so einzuwirken, daß sie ihre Pflichten erfüllen lernt. Einzelne schädlich wirkende Personen, wie eine ungeeignete Kinderfrau, eine weichliche Verwandte, werden dabei zu entfernen sein. Gelingt es auch dann nicht, so kommt als letztes, für den Augenblick wenigstens energisch wirkendes Mittel die Entfernung des Kindes aus der schädigenden Umgebung in Betracht. Damit der Arzt diesen Forderungen gewachsen ist, muß er namentlich für seine eigene Autorität Sorge tragen.

---

[1]) Die spezielle Heilpädagogik zu schildern, sind wir nicht berufen. Wir müssen hier auf Fachwerke verweisen. Außerdem sei das kleine Buch von Czerny: „Der Arzt als Erzieher des Kindes" empfohlen.

Entfernung aus der eigenen Familie. Bei schweren Erziehungsfehlern, die oft zu ernsten, psychogenen Leiden führen, ist die Trennung vom Hause und die Unterbringung in geeigneter Familie oder einem Erziehungsheim ein sicher wirkendes Mittel. Doch soll man nur im Notfall dazu greifen, denn das bedeutet eine Bankerotterklärung der Eltern. Eine lohnendere, wenn auch schwerere Aufgabe ist es, die Angehörigen des Kindes so zu beeinflussen, daß sie imstande sind, ihrem Kind den bisher fehlenden seelischen Halt zu geben. Oft gelingt dies freilich erst, wenn der Kranke durch andere diszipliniert ist.

Es sei hier gestattet, folgende Regel anzugeben: Die Vorgeschichte der Krankheit wird in Abwesenheit des Kindes erhoben, und sorgfältig werden alle geklagten körperlichen Beschwerden aufgenommen. Dann erst erfolgt durch geschickte Fragen eine Orientierung über die erziehlich wichtigsten Punkte. Ein Urteil spreche man jetzt noch nicht aus und lasse es auch nicht vermuten. Nun erst trete man mit ruhigem, freundlichem Ernst an das Kind heran, wehre den Wortschwall ab, mit dem die Angehörigen ein schwieriges Kind zu überschütten pflegen, damit es sich vor dem Arzte nicht fürchte. Bei zuchtloser Abwehr des Kindes versuche man, durch Entfernung des nachgiebigsten Angehörigen das Kind besser zu beeinflussen. Nutzt dieses nicht, so vollziehe man die notwendige Untersuchung trotz allen Geschreis ohne jeden Affekt. Bei allen nervösen Leiden verbitte man sich jede, den Ernst der Untersuchung störende Ablenkung des Kindes. Außerhalb des Krankenzimmers erfolgt die Aufklärung der Eltern. Jetzt erst wird dem Kinde nur durch den Arzt die Mitteilung gemacht, die man für zweckmäßig hält. Das Ziel dieser Mitteilung muß sein, die Mitwirkung des Kindes bei der Überwindung des Krankheitszustandes zu erreichen. Ob Ermunterung, ob Drohung, muß der Takt lehren. Wer freilich droht, muß sicher sein, daß der Drohung die Ausführung folgt. Nur so gewinnt man Einfluß auf Kind und Eltern.

1. Erziehung im Säuglingsalter.

Vom ersten Tage an stellen wir die Forderung an das Kind, daß es sich der Ordnung unterwirft und sich seinen Unlustgefühlen nicht schrankenlos hingibt. Erst in der zweiten Hälfte des ersten Lebensjahres tritt im allgemeinen die Beherrschung der Körperfunktionen hinzu. Die erste Aufgabe ist nur leicht zu lösen, wenn sie von vornherein in Angriff genommen wird. Das Kind erhält die Nahrung nur zur bestimmten Zeit. Eine Anforderung durch Schreien zu anderer Zeit lernt es bald als wirkungslos erkennen. In späteren Monaten ist der Wunsch, tags zu schlafen und nachts unterhalten zu werden, auf gleiche Weise zu bekämpfen.

In der zweiten Hälfte des ersten Lebensjahres muß der Kampf gegen Ungezogenheiten langsam aufgenommen werden. Dahin gehört die trotzige Abwehr jeder Kleinigkeit, die dem Kinde nicht zusagt. Soweit sich das auf Nahrungsaufnahme bezieht, ist später davon die Rede. Im 4. Lebensquartal beginnt der aktive Widerstand, unter anderem auch das Schlagen nach Erwachsenen. Hier ist ein sofortiger Klaps, der nicht von ebenso plötzlicher Versöhnung begleitet sein darf, und bei Trotz die zielbewußte Nichtbeachtung am Platze. Man verwirre aber die Begriffe des Kindes nicht dadurch, daß man es im Scherz nach Erwachsenen oder Gegenständen schlagen läßt.

Erziehung zur Ruhe. Vielfach ist das Schreien eine übermäßige Reaktion auf Unlustgefühl. Es ist zunächst festzustellen, ob diese Unruhe durch ernstere körperliche Störungen wie Mittelohrentzündung, leicht fieberhafte Affektionen oder gar zerebrale Erkrankung bedingt ist. Denn vielfach sieht man bei später sich als Idioten erweisenden Kindern sehr starke Erregung in den ersten Lebensmonaten. Auch muß man sich beim natürlich oder unnatürlich genährten Kinde klar werden, ob nicht eine Überernährung vorliegt. Bei Brustkindern mit knapper Ernährung wird man den Versuch machen müssen, ob ein paar Löffel Wasser die Unruhe beseitigen. Umgekehrt wird man bei reichlicher Ernährung durch Einführung längerer Pausen oder Verkürzung der Trinkzeit das Ziel erstreben. Nach Ausschließung aller anderen Möglichkeiten tritt das wichtigste Erziehungsmittel, die Nichtbeachtung, ein. Man läßt das Kind schreien. Aber man darf nicht nur $^1/_2$ Stunde zuhören und dann nachgeben, sondern lieber einige Male ruhig das Kind bis zur Erschöpfung seiner Wut überlassen. Schnuller, Wiegen, Herumtragen wirken stets in dem Sinne, daß das Kind eine Steigerung der Reize verlangt. Übernimmt man ein schlecht gewöhntes, unruhiges Kind oder tritt eine zeitweilige Steigerung vorher erziehlich bekämpfter Unruhe ein, so benutze man zweckmäßig ein Beruhigungsmittel. Haben Mutter und Kind eine Nacht hindurch fest geschlafen, dann findet die pädagogische Behandlung einen viel günstigeren Anfangspunkt. Denn die einfache Forderung des Schreienlassens ist begreiflicherweise nicht immer durchführbar. Das gilt namentlich auch bei Kindern, deren Erziehung infolge von Krankheit in den ersten Lebenswochen Not leiden mußte. Nur solange man wegen Krankheit keinen Einfluß auf das Kind gewinnen kann, muß man Schnuller, Wiegen, Herumtragen und ähnliche kleine Mittel gestatten. Als medikamentöse Beruhigungsmittel empfehlen wir 1—2mal in der Woche Bromural, in der Nacht die volle angegebene Dosis, bei schlimmer Unruhe am Tage die halbe. Über die durch Kolik verursachte Unruhe von Brustkindern siehe S. 102. Abgesehen von der medikamentösen und diätetischen Behandlung darf die pädagogische jedoch nicht vernachlässigt werden. Sobald das Kind einen Klaps versteht, d. h. nach 8—9 Monaten, sind nächtliche Unruhe und Schreien dadurch oft abzuschneiden.

Gewöhnung an Sauberkeit. Die Gewöhnung an Sauberkeit gelingt manchen Müttern schon in den ersten Monaten. Ohne dauernde Konsequenz ist der Erfolg ein sehr flüchtiger. Im 4. Lebensquartal muß aber durch Abhalten, womöglich kurz nach der Flasche und einmal zwischendurch, das Kind erst zur willkürlichen Entleerung von Stuhl und Urin gewöhnt und sobald es dieses verstanden hat, der Trieb zur Sauberkeit durch ernste Worte, Beschämung oder Klaps unterstützt werden, so daß am Schluß des 5. Lebensvierteljahres das Kind im Wachen sauber bleibt. Aussetzen der Erziehung während kleiner Störungen ist hier ebensowenig wie später gestattet. Säuglinge, die mehrmals in der Stunde Urin lassen, machen weit größere Schwierigkeiten. Man muß versuchen, durch stündliches Abhalten eine Gewöhnung trotzdem zu erzwingen. Erst einige Zeit später, wenn das erreicht ist, und zwar oft erst nach dem 1. Lebensjahr, kann man an Bestrafung denken (siehe Erziehung des älteren Kindes).

Beschäftigung. Während man in den ersten Lebensmonaten das Kind sich selber überläßt, ist im 3., besonders aber im 4. Lebensquartal eine Beschäftigung des Kindes zweckmäßig. Dabei ist möglichst zu vermeiden, durch lebhaftes Zeigen und Vormachen das Kind zu unterhalten. Denn die Aufgabe ist nicht, das Kind zu unterhalten, sondern ihm die Möglichkeit und Gelegenheit zu geben, **sich** zu unterhalten. Soweit also das, was in der Umgebung des Kindes vorgeht, hierfür nicht genügt, treten kleine Spielzeuge, über dem Bett aufgehängte Klappern, Puppe oder Tier als Ergänzung ein. Gegen Erlernung kleiner Kunststücke ist nichts einzuwenden unter der Voraussetzung, daß sie nicht Gegenstand der Vorführung und Bewunderung werden. Eine besondere Sorge für die Unterhaltung des Kindes ist ärztlicherseits nur dann nötig, wenn das Kind körperlich weit hinter seinem Alter zurückgeblieben ist und geistig doch ein größeres Unterhaltungsbedürfnis hat, als es in der durch die Krankheit bedingten hilflosen Lage befriedigen kann. Hier kommt es leicht dazu, daß das Kind in Körpergefühlen seine Befriedigung sucht, wie Schaukelbewegungen, Onanie und Rumination (siehe diese). Die Unterhaltung muß hier über das hinausgehen, was oben empfohlen ist. Vielfach muß aber auch ein Klaps das Versinken in die schlechte Gewohnheit hindern.

2. Erziehung nach dem ersten Lebensjahr.

a) Allgemeine Grundsätze.

Zuchtmittel. Das wichtigste Disziplinarmittel ist die unbedingte, ausnahmslose Durchführung der einzelnen Befehle sowohl wie der gesamten Hausordnung. Dadurch setzt sich der Erzieher allein in die Lage, daß alles, was er sagt, selbstverständlichen Gehorsam findet, er also viel weniger strafen und, was noch wichtiger ist, weniger befehlen muß. Dies ist für die Ruhe der Nerven eines Kindes von allergrößter Bedeutung, da ein ungezogenes Kind alle Augenblicke gegen die Grenzen, die auch der nachsichtigste Erwachsene nicht erweitern kann, mit Gebrüll und Aufregung Sturm läuft. Hierin beruht die wichtigste Prophylaxe des größten Teils der psychogenen Störungen, wie sie namentlich das 2. und 3. Lebensjahr bringt (Anorexie, Kaufaulheit, habituelles Erbrechen, Enuresis usw.). Ohne Strafen auszukommen, ist natürlich nicht möglich. Wenn auch das Charakteristikum des guten Erziehers ist, daß er wenig zu strafen braucht, so gilt das doch nur dann, wenn er von vornherein ungestört seines Amtes walten kann. Die Strafe soll so gewählt sein, daß sie einen genügenden Eindruck macht. Ein strenges Wort kann besser wirken als eine Tracht Prügel. Diese hilft z. B. erfahrungsgemäß nicht, wenn das Kind merkt, daß damit die Tatkraft der Eltern erschöpft ist, wenn dasselbe Vergehen heute gestraft und morgen geduldet wird. Das strenge Wort wirkt nur aus dem Munde des respektierten Erziehers. Strafreden machen nie Eindruck, ebensowenig eine allzu häufige Berufung auf die Vernunft. Diese hat nur dann Zweck, wenn das Kind das Bewußtsein hat, daß, wenn es nicht freiwillig gehorcht,

Zwang und Strafe doch drohen. Überhaupt ist die Herbeiführung des Gehorsams durch Vernunftgründe stets ein falsches Mittel. Der Gehorsam muß selbstverständlich sein. Nur die Freudigkeit des Gehorchens wird hierdurch gesteigert.

Körperliche Strafe ist fast nur als prompte Erwiderung einer Widersetzlichkeit oder gar eines Schlages anzuwenden, den das Kind selbst, wie oft schon im 1. Lebensjahre, gegen Erwachsene versucht. Wenn nur stärkere, wiederholte körperliche Züchtigungen Eindruck machen, da sind sie besser durch andere Strafmittel zu ersetzen. Für eine Summe von Vergehen gelegentlich angewandte Exekutionen sind im allgemeinen zu verwerfen, um so mehr, wenn zwischen Verhängung und Ausführung der Züchtigung Stunden vergehen. So sind exemplarische Züchtigungen bei Ablieferung eines schlechten Zeugnisses gänzlich verfehlt. Für Pflichtwidrigkeit in einem so langen Zeitraum kann ein Kind und selbst ein älterer Schüler nicht auf einmal einstehen (Schülerselbstmord). Eine weitere Form der Strafe ist die Entziehung von irgend etwas, was dem Kind lieb ist. Derartige Strafen sollen beim jungen Kinde nicht länger dauern, als Empfindung für die Straftat vorausgesetzt oder erzwungen werden kann. Das Kind soll auch bei längerer Dauer einer Strafe, z. B. einer mehrtägigen Entziehung des Nachtisches nicht jedesmal durch Vorhaltung seiner Tat gereizt werden, vorausgesetzt, daß es sich ohne Murren der Strafe unterwirft. Es soll das Gefühl haben, sich mit dieser Buße von seinem Fehl zu befreien. Beim älteren Kinde tritt an Stelle hiervon möglichst das aktive Gutmachen dessen, was es gefehlt hat, Herstellung des Zerstörten, sei es auch nur durch die Mühe, die das Besorgen des zerbrochenen Gegenstandes macht, Verzeihung bitten eines beleidigten Dritten, Nachholen der Schulversäumnisse auf Kosten liebgewordener Vergnügungen. Jede Art der Strafe, die als Endwirkung hat, daß das Kind gedrückt, abgestumpft oder trotzig wird, ist falsch. Dies liegt nicht immer an dem Maße der Strafe, sondern an der Gesamterziehung. Letztere ist daher vor allen Dingen zu revidieren.

Eine besondere Aufgabe bietet der Trotz. Er überkommt oft das Kind wie eine Krankheit, gegen die anzukämpfen der Wille nicht vermag. Eine prompte körperliche Züchtigung kann geradezu befreiend wirken. Wenn dieses aber nicht der Fall ist und eine mäßige körperliche Züchtigung nicht empfunden wird, ist eine beschämende, länger dauernde Strafe notwendig, z. B. in die Ecke stellen, Ausschließen aus der Gesellschaft anderer, Zubettlegen usw., bis der Trotz sich gibt. Um Trotzanfällen vorzubeugen, muß gerade beim jungen Kinde die völlige Unterwerfung erzwungen werden. Es ist auch stets zu vermeiden, sobald das Kind „wieder gut ist“, es mit Liebkosungen und Streicheln zu überhäufen. Eine gewisse Zurückhaltung muß dem Kinde zeigen, daß damit die Sache nicht abgetan ist. Eine der oben genannten Erziehungsstrafen soll namentlich bei schweren Trotzanfällen das Kind an seine Straftat erinnern. Bei Älteren, namentlich in der Pubertätszeit, ist eine Einschränkung zu machen. Der Trotz beruht hier oft auf ernsteren seelischen Vorgängen, die durch ruhige, vertrauensvolle Aussprache mitunter zu ergründen sind. Überhaupt ist vom 13.—14. Jahre an, unbeschadet einer ernsten, gesunden Zucht, eine sorgfältige Berücksichtigung der seelischen Vorgänge des Kindes mehr als früher Voraussetzung.

Hat das Kind in Schule und Haus so sehr die Fühlung verloren, daß sein Leben unter einem dauernden Druck steht, so tritt zweckmäßig an Stelle der häuslichen Erziehung die Aufnahme in ein Landerziehungsheim.

Lebensweise. Um ein Kind seelisch frisch und gesund zu erhalten, muß sein Leben möglichst heiter gestaltet werden. Vorbedingung hierzu ist die Freiheit, sich körperlich und später auch geistig ausleben zu können. Wenn das Kind aber nicht launisch oder zuchtlos werden soll und damit gerade das Gegenteil von dem erreicht wird, was wir wünschen, muß eine gleichmäßige, sichere Erziehung damit Hand in Hand gehen, so daß der Erzieher das heranwachsende Kind an einem wenig fühlbaren, aber sicheren Zügel in der Hand hat.

Der gewöhnliche Fehler der Erwachsenen ist, daß sie dem Kinde vorspielen, es unterhalten, anstatt das Kind sich selber unterhalten zu lassen. Das Spiel soll so eingerichtet werden, daß damit eine Selbstbetätigung verbunden ist (einfache Spielsachen). Spiel mit gleichalterigen oder wenig älteren Kindern ist wichtig. Nicht immer genügt der ausschließliche Verkehr unter Geschwistern, namentlich in wenig zahlreichen Familien. Eine Beschränkung auf diesen Verkehr erzeugt oft gegenseitigen Widerwillen. Das Spiel unter mehreren, namentlich jüngeren Kindern ist bei einem vorhandenen Spielplan nur von fern zu überwachen. Anderenfalls muß durch einen Erwachsenen der Inhalt gegeben werden. Planloses Toben ist kein Spiel. Die Form, in der das Spiel in gewisse Bahnen geleitet werden kann, ist in der Methode der Kindergärten gegeben (Reigenspiele, Beschäftigungsspiele). Wenn kleine Kinder infolge isolierten Aufwachsens, auch mit einem ziemlich gleichalterigen Geschwister, die Fähigkeit mit anderen Kindern zu verkehren, verloren haben, launisch und verdrießlich geworden sind, überhaupt bei jeder Form von schwerer Erziehbarkeit, ist der Kindergarten das beste Heilmittel. Mit Rücksicht auf die Infektionsgefahr sollen die Kindergärten nicht groß sein. Die Gründung kleiner Kindergärten durch einzelne Familien ist deshalb zu empfehlen unter der Vorbedingung, daß die Kindergärtnerin stets mit den Kindern allein ist. Auch darf der Kindergarten nicht im Hause der Eltern schwieriger Kinder untergebracht sein. Vom 5.—6. Lebensjahre an ist für kleine Pflichten und Beschäftigung im Hause neben dem Spiel zu sorgen, um dem bekannten „Überlästigwerden“ in diesem Alter vorzubeugen. Die Beschäftigung in der Schule genügt auch späterhin, wenigstens zu Anfang, nicht. Schwierig, aber nichtsdestoweniger dringend notwendig ist es, im späteren Spiel- und im Schulalter für die Gelegenheit zu Spielen im Freien zu sorgen. Spazierengehen ohne Anregung erfüllt den Zweck nicht (vgl. S. 29). Auch in der Großstadt soll man wenigstens an freien Tagen an einen Platz fahren, wo dem Kinde dazu Gelegenheit gegeben ist, im Notfalle lieber das Spielen auf der Straße gestatten, ohne Rücksicht darauf, daß dort vielleicht die Luft schlechter ist als auf der Promenade. Die Ferienreisen sind nach diesem Gesichtspunkte zu unternehmen

b) Erziehung bei Krankheit.

Alle leichteren Körperstörungen müssen vom Kinde mit Selbstbeherrschung ertragen werden. Deswegen muß das Kind dazu erzogen werden, bei kleinen Verletzungen durch Fall und Stoß sich nicht dem Schmerze hinzugeben. Nicht Bedauern, sondern Aufmuntern ist unsere Aufgabe. Unbehagen ist keine Entschuldigung für Ungezogenheit. Sache des Taktes ist es, durch richtige Bemessung der Ansprüche, die man an das Kind stellt, die Selbstbeherrschung des Kindes nicht allzu sehr auf die Probe zu stellen. Je weniger von kleinen Beschwerden, Kopfschmerz und Unbehagen bei leichten Nasenracheninfektionen, Juckreiz bei Hautkrankheiten usw. hergemacht wird, um so weniger empfindet das Kind dieselben, so daß geradezu das körperliche Leiden pädagogisch geheilt werden kann (siehe chronische Nasopharyngitis, konstitutionelles Ekzem usw.). Umgekehrt kann man durch sorgfältige Berücksichtigung die Beschwerden um ein Unendliches steigern. Beherrschung ist gegenüber dem Juck-, Husten- und Brechreiz besonders notwendig. Brechen bei jedem Ekelgefühl, jedem kleinen Reiz im Halse, jedem Husten ist nur pädagogisch zu beseitigen. Das gleiche gilt von der Appetitlosigkeit, die bei jedem leichten Krankheitsgefühl sich einstellen kann. Neben der pädagogischen, disziplinarischen Beeinflussung ist dem Unlustgefühl eben das Lustgefühl frischen, fröhlichen Spiels entgegen zu stellen.

Bei heftigen, besonders fieberhaften Erkrankungen, ist unter keinen Umständen Ungezogenheit zu dulden. Namentlich bei häufig wiederkehrender akuter Pharyngitis muß sonst die Erziehung immer wieder von vorn anfangen. Wenn ein derartig undiszipliniertes Kind bei einer akuten ernsteren Erkrankung durch Nahrungsverweigerung, übermäßigen Husten und Erbrechen, Toben bei Schmerzen und Schlaflosigkeit den Krankheitsverlauf erschwert, ist durch ernste pädagogische Einwirkung seitens des Arztes oft etwas zu erreichen, z. B. Aufnahme der Nahrung in Abwesenheit der Mutter und in Gegenwart des Arztes, Unterdrückung des Brechreizes durch ernste Ansprache. Wenn man bei den Eltern keine Unterstützung findet, ist es notwendig, durch eine fremde Person die Eltern am Krankenbett vollständig ablösen zu lassen. Doch ist hier nötig, daß in schweren Fällen der schuldige Angehörige das Zimmer nicht betritt. Daß z. B. Brechen körperlich bedingt sein kann, wie bei Urämie, schließt nicht aus, daß es aus seelischen Gründen übertrieben wird und somit pädagogisch zu beeinflussen ist. Das gleiche gilt z. B. auch von der Nahrungsverweigerung bei Genickstarre. Von der Durchführung dieser pädagogischen Maßregel kann gegebenenfalls der ganze Verlauf der Krankheit, ja das Leben des Kindes abhängen.

c) Spezielle Erziehungsaufgaben.

Beherrschung körperlicher Funktionen. Die frühzeitige Erziehung zur Sauberkeit ist schon oben empfohlen worden. Bis zum Ende des 2. Lebensjahres genügen hierzu Disziplinarmittel, körperliche Züchtigung und beschämende Strafen. Diese sind auch später erfolgreich bei Rückfall von Bettnässen gelegentlich fieberhafter Leiden. Keine derartige Erkrankung darf als Entschuldigung anerkannt werden. Die Kinder, die, wie manche Säuglinge es tun, in der Stunde mehrfach Urin lassen, sind erst mit $1^1/_2$ Jahren, wenn sie tags zuverlässig sind, auch nachts der Erziehung zu unterwerfen. Man muß sich dazu entschließen, sie mehrere Nächte lang 2, ja 1stündlich abzuhalten und zwar, wenigstens bei 2stündlichem Vorgehen, auch völlig zu ermuntern. Die bei einzelnen Kindern sich zeigende nervöse Erregung nimmt man einige Wochen mit in Kauf; hält sie weiter an, so darf man dem inzwischen sauber gewordenen Kinde 2 Nächte hintereinander Bromural geben. Schwieriger ist die Aufgabe, wenn das Bettnässen noch im späteren Alter besteht. Über die Behandlung dieses Leidens, die nur eine pädagogische sein kann, siehe Enuresis nocturna.

Schlaf und Schlafstörung. Sobald das Kind ins Bett gelegt ist, ist jegliche Art der Unterhaltung prinzipiell abzubrechen. Schläft das Kind nicht ein, so muß es eben ruhig liegen. Alle kleinen Beruhigungsmittel haben den Nachteil, daß sie Bedürfnis werden und gesteigert werden müssen (Einsingen usw.). Das Einschlafen ist bei vielen Kindern direkt abhängig von dem Verhalten des Erziehers. Entfernung des verwöhnenden Angehörigen aus der Rufweite oder Ersetzen einer weichlichen Erzieherin sind oft ein sofort wirkendes Mittel gegen spätes Einschlafen. In anderen Fällen ist die zielbewußte Vernachlässigung das wirksamste therapeutische Mittel. Auch müssen die Eltern aufgeklärt werden, daß es kein Unglück ist, wenn das Kind einmal etwas später einschläft. Nur bei einem kleineren Teil der Kinder, zwischen 3—6 Jahren, kommt es zu einem langen, geduldigen Wachliegen. Soweit dieses nur nach aufregendem Spiel oder Erzählung erfolgt, ist durch eine vernünftige Spieldisziplin und vernünftige Unterhaltung eine Besserung zu erzielen. Andernfalls geschieht dem Kind, falls es nur gewöhnt ist ruhig zu liegen, dadurch kein Schaden. Das Leiden verschwindet im Laufe der Jahre von selbst, namentlich wenn Gelegenheit zu körperlicher Bewegung reichlicher vorhanden ist. Überraschenderweise wirkt bei erregten Kindern eine mittagliche Liegekur im Freien vorteilhaft auf den nächtlichen Schlaf (vgl. S. 28).

Regelmäßiges Aufwachen während der Nacht, Tob- oder Spielstunden, die sich das Kind nächtlicherweise einrichtet, sind durch ernstes, bestimmtes Auftreten, kurze Strafe oder Nichtbeachtung zu beseitigen. In hartnäckigen Fällen ist z. B. dadurch den Eltern die Möglichkeit gegeben, ihre erziehlichen Sünden wieder gut zu machen, daß man das Kind 14 Tage lang mit einer fremden Krankenschwester schlafen läßt. So bessern sich auch Kinder, die alle 2 Stunden seit Monaten mit Schreien erwachen. Die Anwendung von Schlafmitteln, um den Eltern die Erziehung zu erleichtern, ist nur dann nützlich, wenn das Aufwachen 1—2 Stunden nach dem Einschlafen erfolgt, so z. B. beim Pavor nocturnus. In allen anderen Fällen nützen selbst große Dosen wenig.

Erziehung zum Essen. Alle guten Sitten bei der Einnahme der Mahlzeit sind von großem prophylaktischem Wert. Ordnung der Kleidung, Säuberung der Hände, gute Haltung und Manieren, Verbot des Sprechens, ohne gefragt zu sein, nicht zuletzt die Einleitung des

Essens durch ein Tischgebet geben der Mahlzeit für das Kind etwas Feierliches. Von seiten aller ist eine Kritik des Essens in lobendem oder tadelndem Sinne verboten. Was auf dem Teller liegt, wird ohne Widerrede gegessen. Dem Takt des Erwachsenen muß überlassen sein, daß auf dem Teller nur so viel liegt, als das Kind bedarf. Das ist sehr verschieden. Namentlich zwischen dem 3.—12. Lebensjahr ist das Nahrungsbedürfnis mancher Kinder recht gering. Ein Schaden entsteht nie durch wenig, sondern nur durch einseitige Nahrung, die durch das wählerische Essen zustande kommt. Nur bei intensiver Abneigung gegen 1—2 Gerichte darf stillschweigend dem Kind der Stein des Anstoßes aus dem Wege geräumt werden. Der Angewohnheit, bei allem, was nicht paßt, zu brechen, ist eine sofortige derbe Anrede oder Strafe entgegenzusetzen. Bei Kaufaulheit ist ein feines Schneiden der Nahrung durchaus gestattet, dann aber auf schnelles Schlucken acht zu geben.

Sexuelle Erziehung. Jede sexuelle Reizung ist vom Kinde fernzuhalten. Dazu gehört eine sehr sorgfältige Überwachung des Umgangs, Kontrolle der Lektüre, namentlich in der Pubertätszeit. Wichtig ist, daß das Kind wesentlich an gute und ernste Lektüre gewöhnt wird. Leichte, oberflächliche Lektüre ist ebenso gefährlich wie speziell anstößige und bereitet zu letzterer vor. Körperliche Betätigung ist stets notwendig. Die Gefahr der sexuellen Reizung besteht zweifellos beim Besuch der Familienbäder in vielen Seebädern und zwar durch das Treiben, das sich in ihnen entwickelt hat. Um die Pubertätszeit nicht zu verfrühen, ist die weichliche Mastkost zu vermeiden und übermäßiger Hunger durch fettlos gekochte Gemüse und Kartoffeln ähnlich wie bei der Kriegskost zu stillen.

Grundzüge der Behandlung konstitutionell abnormer Kinder.

Das Ziel unserer allgemeinen Behandlung konstitutionell abnormer Kinder ist, Manifestationen einer Diathese unter einer bestimmten Schwelle zu halten, bzw. wenn sie bereits aufgetreten sind, unter diese wieder herabzudrücken, so daß der Gesamtorganismus des Kindes nicht in schwere Mitleidenschaft gezogen wird. Es handelt sich z. B. um das Ekzem und die immer wiederkehrenden Rhinopharyngitiden bei exsudativer Diathese, Schreckhaftigkeit und Leichtermüdbarkeit bei Neuropathie. Das Ziel läßt sich in einer Reihe von Fällen erreichen. Der Erfolg ist unsicherer, wenn die Manifestationen bereits einen hohen Grad erreicht haben oder starke Minderwertigkeit besteht. Manches Mißlingen ist dadurch verschuldet, daß Eltern und Erzieher die notwendige, jahrelang dauernde Behandlung durchzuführen nicht die Konsequenz besitzen. Durch bestimmte Prinzipien der Ernährung, durch eine dem schwachen Organismus angepaßte Pflege, nicht zuletzt durch Erziehungsmaßnahmen, können wir die schlecht veranlagten

Kinder so gut durch die Kindheitsperioden hindurchbringen, daß sie sich sowohl eine genügende Widerstandskraft gegen die schwer vermeidbaren Erkrankungen erhalten, als auch, was keineswegs weniger wichtig, in der Schule mitkommen können. Die Körperpflege, die dazu notwendig, findet sich in unseren allgemeinen Ausführungen über die Pflege angegeben. Diese sind gerade mit Rücksicht auf das, was für das konstitutionell abnorme Kind notwendig ist, so ausführlich gehalten. Unseren bereits gemachten Ausführungen über Erziehung ist das Notwendige in dem Kapitel über Neuropathie hinzugefügt.

I. Grundzüge der Ernährung konstitutionell abnormer Kinder.

Zur Durchführung einer auf streng wissenschaftliche Grundlage gestützten Ernährung konstitutionell abnormer Kinder müßten wir in das Wesen der Diathesen, in ihren Stoffwechselchemismus tiefer eingedrungen sein, als dies heute der Fall ist. Man schuldigt zwar z. B. für die exsudative Diathese, die sich in der Neigung der Kinder zu entzündlichen Erscheinungen der Haut und Schleimhäute äußert, Abweichungen im Chemismus vom Normalen an, die in erster Linie durch gewisse angeborene Defekte bestimmter Depots bedingt sein sollen. Das ist aber eine Hypothese, die keine Grundlage für die Durchführung besonderer Maßnahmen abgeben kann. Auch bezüglich anderer Diathesen wie der asthenischen, der nervösen, sind wir in der Erkenntnis der Stoffwechselveränderungen, die die Grundlage für eine zielbewußte Diätetik abgeben könnten, im Rückstande.

Ernährung im Säuglingsalter. Außerordentlich wichtig ist eine Klarstellung der Frage der natürlichen Ernährung bei konstitutionell minderwertig veranlagten Kindern. Tritt doch gerade bei diesen, da sie sehr häufig im Gewicht stille stehen oder nur geringe Zunahme zeigen, die Frage an den Arzt heran, ob die Frauenmilch nicht von schlechter Beschaffenheit, ein Wechsel der Stillenden zu empfehlen oder gar abzustillen sei. Ohne an dieser Stelle die Frage der Möglichkeit einer qualitativen Minderwertigkeit der Frauenmilch entscheiden zu wollen, soll unbedingt für die Praxis daran festgehalten werden, daß bei schlechtem Gedeihen an der Brust die Ursache in erster Linie in der Individualität des Kindes und nicht in der Nahrung gesucht werden soll — unter der Voraussetzung einwandfreier Technik der natürlichen Ernährung. Gerade exsudative, asthenische, neuropathische Säuglinge, aber auch solche mit Neigung zu Rachitis und Anämie zeigen häufig bei Ernährung an der Brust geringe Gewichtszunahme und Rückständigkeit der Entwicklung. Es wäre außerordentlich verfehlt, die Kinder deshalb abzusetzen und ausschließlich künstlich zu ernähren. Hingegen kann man von der Erfahrungstatsache Gebrauch machen, daß ungefähr vom 4. Lebensmonat an die Einschiebung einer geringen Menge künstlicher Nahrung an Stelle einer Brustmahlzeit einen besseren Erfolg zeitigt, besonders von Buttermilch und Malzsuppe, also kohlehydratreichen, fettarmen Mischungen. Buttermilch am besten in Form der holländischen Säuglingsnahrung eignet sich für die Zwiemilchernährung bei konstitutionell abnormen Kindern. Man sieht, wenn man eine, höchstens zwei Mahlzeiten durch diese Mischung ersetzt, nicht selten eine flache Gewichtskurve wiederum sich heben. Das vollständige Absetzen von der Brust und die ausschließliche Ernährung mit kohlehydratreichen Mischungen dürfte kaum jemals in Frage kommen. Denn man vergesse niemals, die immunitätssteigernde Wirkung der Frauenmilch in Betracht zu ziehen, welche für Kinder mit erhöhter Anfälligkeit gegen Infektionen von größter Bedeutung ist. Auch lassen sich die schweren Manifestationen einer vorhandenen neuropathischen Diathese: Krämpfe, Laryngospasmus, am besten durch die Ernährung mit Frauenmilch verhüten. Schreckhafte Säuglinge sollen solange wie möglich an der Brust bleiben und dann sehr vorsichtig auf die üblichen Milchmischungen entwöhnt werden. Bei diesen Kindern kann jedes Zuviel an Tiermilch eine das Leben gefährdende Manifestation hervorrufen. Die vorbeugende Wirkung der Frauenmilch gegenüber schweren Erscheinungen der exsudativen Diathese, namentlich bei hochgradig disponierten Kindern, ist weniger augenfällig. Auf die Hautausschläge hat sie gar keinen Einfluß, vermindert aber ganz entschieden die von der Erkrankung der Schleimhäute drohenden Gefahren. Bezüglich der künstlichen Ernährung konstitutionell abnormer Säuglinge können wir leider nicht mehr sagen, als daß man im allgemeinen mit dem für die gesunden Säuglinge angegebenen Ernährungsregime auskommt, daß sowohl Überernährung als auch Unterernährung schädlich sind, daß aber der Nahrungsbedarf konstitutionell abnormer Kinder in weiten Grenzen zu schwanken scheint. Diese letztere Tatsache macht bei Versagen der üblichen Ernährung ein individualisierendes Tasten notwendig, wobei das Prinzip der Kontrasternährung leiten kann. Allerdings darf man nicht sofortige Erfolge in der Gestalt von Gewichtszunahmen erwarten — es dauert oft Wochen, bis die erwartete Aufwärtsbewegung eintritt. Kleine günstige Veränderungen im Wesen des Kindes erleichtern das Abwarten.

Wir verweisen auf unsere Erfahrungen über die Diätetik bei Anämie, Ekzemen, Ernährungsstörungen, Rachitis, Spasmophilie.

Ernährung älterer Kinder. Bezüglich der Ernährung älterer Kinder stellen wir folgenden Satz in den Vordergrund: Kinder mit konstitutioneller Minderwertigkeit, sei es im Sinne der exsudativen Diathese, sei es im Sinne einer Veranlagung zur Rachitis oder Anämie werden durch unzweckmäßige Ernährung geschädigt, und zwar durch Überernährung, Unterernährung und einseitige Enährung und gedeihen am besten mit knapper, aber den Bedarf voll deckender gemischter Kost. Nicht nur in den wohlhabenden Kreisen spielt die Überernährung, die sogenannte kräftige Kost, d. h. die reichliche Zufuhr von Milch, Eiern, Fleisch, eine verhängnisvolle Rolle. Birgt diese schon für die gesunden Kinder eine Reihe von Gefahren, indem sie sie anfälliger, appetitlos, blutarm, blaß macht, Durchfälle, Verstopfung verursacht, die Erregbarkeit und die Erschöpfbarkeit des Nervensystems erhöht, so treten diese Erscheinungen noch viel mehr bei Kindern mit exsudativer Diathese in Erscheinung. Hier bedarf es nicht einmal eines großen Übermaßes von Milch und Eiern. Schon relativ geringe, über den Bedarf hinausgehende Mengen können die Disposition zu Krankheitserscheinungen, Ekzemen und Prurigo, Rhinopharyngitis so erhöhen, daß diese oftmals im Jahr auftreten und das Kind in einen Zustand chronischen Leidens bringen. Die gleiche Rolle spielt insbesondere bei den Kindern der ärmsten Bevölkerung die Unterernährung, in erster Linie die einseitige Ernährung mit Kohlehydraten, mit Brot, Kartoffeln, dünnen, gehaltlosen Suppen, Kaffee mit wenig Milch und schlecht zubereiteten Gemüsen, während weder Fleisch noch Milch und ihre Produkte in der Kostordnung nennenswert vertreten sind. Selbstverständlich ist diese Art der Ernährung auch bei vollwertiger Konstitution von verhängnisvoller Bedeutung. Länger dauernde Zufuhr einer solchen Kost führt früher oder später auch bei dieser zu einer Schwächung des Organismus, zu erhöhter Anfälligkeit gegen Infektionen und zu schwererem Verlauf der Krankheiten. Die in den vorhergehenden Kapiteln angegebene zweckmäßige Diät ist unbedingtes Erfordernis, um die Manifestationen der verschiedenen Diathesen zu vermeiden, bzw. in so geringem Maße als nach der Konstitution überhaupt möglich, hervortreten zu lassen. Die diätetische Prophylaxe spielt hier eine besondere Rolle, wobei bei der exsudativen Diathese das unterste Maß der Milch zu wählen ist. Diese Reduktion der Milch ist aber nur dann erlaubt, wenn durch andere Speisen und Nährgemische der Bedarf des Kindes an Eiweiß und Fett voll gedeckt werden kann. Sind hingegen die Manifestationen bereits vorhanden, wie z. B. das in der Praxis besonders unangenehme schwere Ekzem, gelingt es mit Hilfe diätetischer Maßnahmen allein keineswegs, sie zum Schwinden zu bringen. Wir kommen mit Hilfe der Diät bei der Bekämpfung der Manifestationen der Diathesen eigentlich nur dann zu einem befriedigenden Ziel, wenn die Erscheinungen sich erst unter einer unzweckmäßigen Kost entwickelt haben. Dann können wir durch die **Kontrasternährung** Gutes erreichen, z. B.: bei den mit kräftiger Kost ernährten Kindern durch ein Streichen von Milch, Eiern und Fleisch aus dem Speisezettel bis auf die geringsten unentbehrlichen Mengen, eventuell für ganz kurze Zeit auch noch dieser, während wir die Vegetabilien und das Obst in den Vordergrund stellen. Bei vorher mit Kohlehydraten aufgepäppelten Kindern bevorzugt man fett- und eiweißreiche Speisen, wobei Milch und Fleisch unzweifelhaft eine günstige Rolle spielen. Für eine zielbewußte Diätetik bei konstitutionell abnormen Kindern ist daher die erschöpfende Aufnahme der Ernährungsanamnese von besonderer Wichtigkeit. Vorhandene schwere Manifestationen einer Diathese, sei es der exsudativen, sei es der neuropathischen, durch diätetische Variationen bei stets zweckmäßig ernährten Kindern zum Schwinden zu bringen, ist ein aussichtsloses Beginnen. Ein Beispiel für die Kostform eines exsudativ diathetischen bzw. zur Anämie und Rachitis veranlagten Kindes im 2. Lebensjahr ist folgendes:

7 Uhr: 100—200 g Milch mit Kakao oder Mehlsuppe bzw. Malzkaffee oder Nußblättertee bereitet. 1 Zwieback.

10 Uhr: Dasselbe oder Apfel, Birne, Banane, eventuell durchgeschlagen.

1 Uhr: Dicke Suppe mit Grieß, Reis, durchgerührten Erbsen, durchgerührte Kartoffeln und Gemüse, anfangs Spinat, Blumenkohl, Tomaten, gekochten Salat,

Mohrrüben, im Notfall Steckrüben. Gegen Ende des 2. Lebensjahres, die weicheren Kohlarten anfangs in kleineren Mengen. Dazu, sobald weniger als 500 g Milch gegeben werden, täglich, andernfalls viermal wöchentlich 1 Eßlöffel feingewiegten Fleisches jeder Art oder Fisch.

4 Uhr: Wie 7 Uhr früh.

7—8 Uhr: Weißbrotscheiben mit Quark oder Mettwurst oder sonstigem Fleisch und eine aufgewärmte Suppe von Mittag bzw. Kartoffelbrei und durchgerührtes Gemüse. Ist von dem Tagesquantum Milch noch etwas übrig, so kann man auch eine Milchspeise bereiten lassen, Flammerie usw. Rohes Obst, wenn nicht um 10 Uhr schon genügend gegeben.

Statt der Milch kann auch $^1/_2$ l Buttermilch pro Tag gegeben werden. Wo die Beschaffung von Fleisch, wie z. B. so oft auf dem Lande, auf Schwierigkeiten stößt, muß man bei sehr geringen Milchmengen Quark als Eiweißquelle heranziehen (siehe Zubereitung S. 502). Stets muß man sich daran erinnern, daß man das Eiweiß ersetzen muß, wenn man die gewöhnliche Quelle desselben, die Milch, dem Kinde entzieht. Denn gerade der Eiweißbedarf des schwächlichen minderwertigen Kindes scheint über dem des gesunden zu liegen. Die Milchmenge wird und kann noch weiter eingeschränkt werden, wenn vorher Überernährung mit Milch stattgefunden hat und je ausgeprägter das Kind an Beschwerden seiner Konstitution leidet. Je kürzer die Zeit zwischen erstem Frühstück und Mittagessen, um so mehr muß das zweite Frühstück eingeschränkt werden bzw. es muß fortfallen. Je nach Neigung zu Verstopfung oder Durchfall dürfen wir Gemüse und Obst in reichlicherer oder spärlicherer Menge geben und müssen eventuell auf feinste Durchrührung der Speisen Wert legen.

Für die Kost des konstitutionell abnormen Kindes im Spiel- und Schulalter diene folgendes Beispiel:

$^1/_2$8 Uhr: Halb Milch, halb Malzkaffee oder Kakao, mit Butter oder mit Mus gestrichenes Gebäck.

10 Uhr: Rohes Obst, bei Hunger eine Schnitte mit wenig Butter oder mit irgend einem Belag.

1 Uhr: Mittagessen der Erwachsenen mit mäßig Fett.

4 Uhr: Eine Musschnitte oder wie 1. Frühstück.

7 Uhr: Schnitte mit Belag und Obst oder Kartoffeln oder Maronen und Gemüse oder Salat dazu. Aufgewärmte Suppen usw., rote Grütze, Apfelreis und ähnliche Speisen dürfen zweimal wöchentlich Abwechslung in die Regel bringen.

Es sind für diese Kinder auch different schmeckende Nahrungsmittel, wie Salat mit Zitrone und saurer Sahne, Hering, Räucherwaren erlaubt und zuträglich. Eierspeisen sind selten zu geben, ebenso stark gesüßte Kompotts.

Je größer die vorher gegebene Milchmenge, um so geringer soll sie zunächst gehalten werden (im Durchschnitt nicht über 300 g).

Bei Proletarierkindern, die vorher hauptsächlich von Kaffee, Brot, Kartoffeln und Hering gelebt haben, muß am Tage mindestens $^1/_2$ Liter Milch gegeben werden. War die Nahrung vorher besonders fettarm, empfiehlt sich auch die Verordnung von Lebertran, Fukol oder Lipanin als Korrektur.

II. Grundsätze für die Behandlung asthenischer Kinder.

Definition. Als Asthenie bezeichnen wir einen Zustand, der sich durch Schwäche und Ermüdbarkeit aller Körperfunktionen kennzeichnet. Dieser Mangel äußert sich zunächst an der Skelettmuskulatur. Als pathologisch erweist sich die Schwäche dadurch, daß die gewöhnliche Bewegung, die das tägliche Leben bringt, nicht genügt, um die Muskeln einigermaßen gespannt zu erhalten, und daß die Schwäche eine mangelnde Entwicklung des Thorax und des Rückens bedingt (siehe S. 49 Abb. 9a—f). Je mehr die Schwäche das Nervensystem mitbetrifft, um so leichter gesellt sich primär oder sekundär durch Übermüdung die Reizbarkeit hinzu. Es entsteht ein Zustand „reizbarer Schwäche". Zu beachten ist auch, daß das Herz vermehrten Leistungen sich langsamer und unvollkommener anpaßt.

Therapie. Die Therapie dieser Konstitutionsschwäche beruht auf einer richtigen Dosierung von Anstrengung und Ruhe. Ferner muß durch Reize dafür gesorgt werden, daß das Ermüdungsgefühl vermindert wird, aber auch die gewünschte Reaktion auf die Anstrengung, nämlich Zuwachs an Kraft, besser erfolgt. Diese Reize beruhen auf seelischem Gebiet in Erweckung des Lustgefühls. Auf körperlichem Gebiet sind Sonnen- und Luftkuren, klimatische Behandlung, besonders Mittelgebirge, dann auch See, bei schweren Fällen auch Hochgebirge wesentlich unterstützende Momente. Von diesem Gesichtspunkt aus sind die in den vorhergehenden Abschnitten gegebenen Regeln über die Ernährung und Pflege, namentlich über Körpergymnastik, durchzuarbeiten. Besondere Berücksichtigung ist bei der Gymnastik den Übungen zu widmen, die auf die Gestaltung von Rücken und Brustkorb hinwirken (siehe S. 46). Die richtige Dosierung aller dieser Hilfen kann nur durch fortlaufende genaue Beschäftigung mit dem Schwächling erzielt werden, weil man in der Lage sein muß, genau zu beurteilen, wann eine schädigende Ermüdung eintritt. Es ist wichtig hinzuzufügen, daß das Kind in der Behandlung mehr einen Ansporn für seine Kraftentfaltung erblickt als eine Krankenbehandlung. Niemand wird leichter Hypochonder als der Astheniker. Niemals darf die Berücksichtigung der Asthenie so weit gehen, daß darüber die Ausbildung für den künftigen Beruf, namentlich die Schule, leidet. Sehr geeignet sind für die Kinder Landerziehungsheime, in denen die körperliche Ausbildung nicht zu kurz kommt. Bei schweren Fällen von Asthenie sind sie insofern bedenklich, als die Ansprüche an die körperliche Leistungsfähigkeit übertrieben werden. Für diese letzte Gruppe kommen Schulen in Seebädern oder im Hochgebirge in Betracht.

Eine besondere Ernährungstherapie ist meist nicht nötig. So wünschenswert eine Gewichtsvermehrung auch erscheint, zu erzwingen ist sie nicht. Die gewöhnliche, oben (S. 11) empfohlene Ernährung ist auch hier die richtige. Ein Übermaß von Ei und Milch bedeutet bei dem geringen Appetit vieler dieser Kinder eine schädliche Einschränkung der übrigen Nahrungsmittel und wirkt auch auf den Zustand der Muskulatur nicht günstig. Umgekehrt werden Astheniker viel schwerer und schneller durch ungenügende Ernährung geschädigt. Abgesehen von Not in der Familie kommt es in kleinen Verhältnissen oft hierzu dadurch, daß nicht genügend auf die Bereitung der Speisen Wert gelegt wird. Die gesunden Kinder holen sich durch die Menge, die sie an Kartoffeln mit den üblichen Zutaten verschlingen, die nötigen Kalorien. Der Astheniker ist der Aufgabe, sich die grobe Kost einzuverleiben, vielfach nicht gewachsen. Die Behandlung besteht darin, daß man leicht bekömmliche und leicht einzunehmende Nahrungsformen empfiehlt, z. B. früh eine dicke Mehl- oder Schleimsuppe, mittags dicke Suppen, Kartoffeln, stark zerkocht oder als Brei, ebenso als Brei die Hülsenfrüchte, die Gemüse mit der Gabel zerdrückt oder fein zerschnitten, ebenso das Fleisch. Vesper nach Belieben. Zum Abend Milch-Mehlspeisen, Kartoffelbrei, Gemüse, Schnitten usw. Zu achten ist darauf, daß das Kind das gekochte Essen auch ißt. Die Gewohnheit eines großen Teils unserer Volksschulkinder, das gekochte Essen stehen zu lassen und sich an Brot, höchstens an Kartoffeln zu halten, verträgt ohne Schaden nur der Kräftige. Zu dieser Gewöhnung an das Essen dient besonders die Ferienkolonie, die ihre Erfolge diesem Umstand mit verdankt. Liegen die häuslichen Verhältnisse so, daß eine Änderung der Beköstigung nicht erzielt werden kann, so ist die Gewährung von $^1/_2$ Liter Milch zu erstreben (Wohltätigkeitsanstalten, Schulfrühstück usw.).

Bei guten sozialen Verhältnissen gibt es seltene Fälle, in denen trotz vernünftiger Ernährung die Kinder körperlich so herabgekommen erscheinen, daß eine Gewichtszunahme erzwungen werden muß. Nicht die Magerkeit, nur die gleichzeitige Schwäche bildet dafür die Indikation. Die kleinen Hilfsmittel sind die Verabfolgung von $^1/_4$ Liter Sahne abends im Bett (nicht am Tage), Erhöhung der Kalorienmenge der eben beschriebenen Mehlsuppen, Speisen und Breie durch Butter und Gelbei. Aber einen durchgreifenden Erfolg erzielt man nur durch Unterbringung in ein kleines, gut geleitetes Kinderheim in klimatisch anregender Gegend. Doch dürfen die Eltern nicht am selben Ort wohnen. Bei schwersten Fällen, auch bei gleichzeitig bestehender Verdauungsschwäche ist Hochgebirgsaufenthalt anzuraten.

III. Behandlung des unreif geborenen Säuglings.

Wärmeschutz. Die Pflege des frühgeborenen Kindes hat vor allem die Aufgabe, den Wärmeverlust zu verhüten. Zu diesem ist es durch seine relativ große Oberfläche disponiert. Es ist bewiesen, daß die Lebensprognose eines frühgeborenen Kindes wesentlich mit davon abhängt, ob es gelingt, den insbesondere gleich nach der Geburt eintretenden Wärmeverlust zu verhüten oder nicht. Der Transport der Frühgeborenen muß daher unter den denkbar größten Kautelen geschehen. Es ist nicht unbedingt notwendig, sich einer Transportkouveuse zu bedienen, wie Welde eine solche allerdings in recht praktischer Art angegeben hat [1]). Es genügt, das Kind beim Transport in die Mulde eines Kissens zu legen, in der die notwendige Wärme durch ein eingeschlagenes Thermophor oder eine Wärmflasche erreicht wird. Selbst bei starken Kältetemperaturen unter 10° kann man mit dieser einfachen Methode ein Kind ohne Wärmeverlust transportieren. Damit das Kind seine Temperatur weiter erhält, sind die komplizierten Wärmewannen und Wärmeapparate [2]) nicht notwendig, wenn sie auch in Kliniken naturgemäß den Dienst erleichtern. Für kleine Anstalten

[1]) Es handelt sich um einen mit Thermophoren erwärmten Glaskasten.

[2]) Wie warnen vor dem elektrischen Wärmekissen, da plötzliche Überhitzung bis zur Entzündung vorkommt und zwar, nachdem stundenlang der Apparat ausgezeichnet funktioniert hat.

genügen die Wärmewannen mit Warmwasserfüllung. Man fängt mit einer Temperatur von 60° an und füllt alle 4 Stunden. Im allgemeinen genügt für die Warmhaltung des Frühgeborenen die Erwärmung durch zu beiden Seiten und an das Fußende gelegte, mit heißem Wasser gefüllte Steinkruken, von denen alle 3 Stunden in einer die Füllung erneut werden muß. Auch die Watteeinpackung empfiehlt sich bei sehr kleinen Früchten. Damit das Kind keine Wattestäubchen einatmet, schlägt man die Ränder der Wattehülle des Kopfes und des Rumpfes nach dem Gesicht zu mit Gaze ein. Im allgemeinen lehrt die Erfahrung, daß das Kind die richtige Temperatur hält, wenn

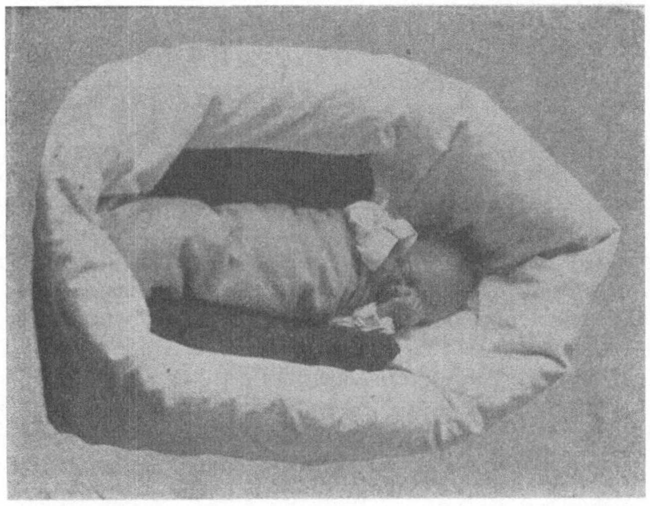

Abb. 12. Transport eines Frühgeborenen: In ein aufrecht gestelltes Federkissen macht man eine tiefe Mulde, legt die Frühgeburt hinein und zu beiden Seiten zwei in Tücher gewickelte Wärmflaschen. Dann nimmt man das Kissen oben zusammen, so daß nur eine kleine Öffnung am Kopf des Kindes bleibt. Umhüllung mit einem Tuche.

in der Umhüllung die Temperatur ungefähr 32—36° beträgt. Natürlich muß das öfter durch ein eingelegtes oder beständig liegen bleibendes Thermometer kontrolliert werden.

Bad. Alle Prozeduren, die mit dem Kinde vorgenommen werden, sind schnell auszuführen wie z. B. das Trockenlegen. Ungeschulte Kräfte unterlassen in den ersten Wochen besser das Bad und begnügen sich mit einer schnellen Waschung. Bei geschulten Kräften möchten wir auf das Bad nicht gern verzichten, das mit einer Temperatur von 37° ganz kurz gegeben, keine Schädigung des Kindes, im Gegenteil bei zweckmäßigem Frottieren nachher, namentlich in der ersten Zeit, eine gut anregende Kraft entfaltet. Somnolente Frühgeborene kann man z. B. 3—4mal täglich mit Spiritus-Glyzerin frottieren, einer Mischung, die die Haut nicht angreift und wundreibt.

Therapie der asphyktischen Anfälle. Die Bekämpfung der asphyktischen Anfälle ist eine wichtige Aufgabe der ersten beiden Lebenswochen. Das beste leistet unstreitig die Zufuhr von Sauerstoff, und es sollte demgemäß am Bette eines jeden frühgeborenen Kindes, zumindest in den ersten beiden Lebenswochen, ein Sauerstoffapparat stehen, um dieses lebensrettende Gas sofort zur Verfügung zu haben. An Stelle der Maske genügt ein gewöhnlicher kleiner Glastrichter. Bei einem Anfall wird dieser Trichter dem Kinde sofort vorgelegt, und man läßt den Sauerstoff unter ganz schwachem Druck an den Mund des Kindes heranströmen. Haben Kinder einen Anfall bereits überstanden, empfiehlt sich zur Vermeidung weiterer Anfälle häufig einen schwachen Sauerstoffstrom am Munde des Kindes vorbeiströmen zu lassen (s. Technik S. 491). Steht Sauerstoff nicht zur Verfügung, müssen das heiße Bad, vierstündliche Frottierungen mit Spiritus-Glyzerin, Herzmassage, künstliche Atmung ihn ersetzen (siehe S. 490). Schultzesche Schwingungen sind kontraindiziert, weil jedes Trauma leicht Blutungen hervorruft.

Natürliche Ernährung. Der Grundsatz, daß nur die natürliche Ernährung gutes Gedeihen des Kindes verbürgt, gilt doppelt für das frühgeborene. Aber ihrer Durchführung stellen sich gerade hier besondere Schwierigkeiten entgegen. Ist auch ein Teil der frühgeborenen Kinder selbst mit einem Gewicht von 1500 g imstande, durch Saugen die Laktation ebenso hervorzurufen und zu unterhalten wie das rechtzeitig geborene Kind, so besteht doch bei vielen frühgeborenen Kindern diese Fähigkeit nicht; selbst wenn in den ersten Tagen die Saugversuche sich leidlich angelassen haben, wird häufig die Saugkraft mit zunehmendem, bei Frühgeborenen bekanntlich besonders starkem Ikterus neonatorum immer geringer, so daß das Nahrungsbedürfnis des Kindes nicht entfernt gedeckt wird, die verhängnisvolle Inanition nicht aufzuhalten ist und infolge der Abnahme und des schließlichen Aufhörens des Saugreizes die mütterliche Brust versiegt.

In jedem Falle wird man von vornherein versuchen müssen, das frühgeborene Kind anzulegen. Man wird dies nicht fünfmal am Tage, sondern sieben- bis achtmal tun. Ferner wird man ganz besonderen Wert auf die manuelle Entleerung der kaum jemals ausgetrunkenen Brust nach dem Saugakt legen müssen. Kontrolle der Menge des Getrunkenen durch die Wage ist fast unerläßlich. Hat das Kind ungenügende Mengen getrunken, so soll man ihm die abgespritzte Frauenmilch aus einer mit eng gebohrtem Saugpfropfen versehenen Flasche nachgeben. Hört die Saugfähigkeit des Kindes auf oder ist sie von vornherein nicht vorhanden, muß man versuchen, die Laktation der Mutter lediglich durch Abspritzen der Milch in Gang zu bringen und zu erhalten. Kommt man auf diese Weise nicht zum Ziel, wird man zu dem Notbehelf greifen können, ein fremdes gesundes Kind der Mutter[1]) an die Brust zu legen, um über die kritische Zeit hinwegzukommen und dem frühgeborenen Kinde die mütterliche Brust für späterhin zu er-

---

[1]) Anm. Man denke aber an die Möglichkeit, daß Syphilis die Frühgeburt verschuldet hat.

halten. Bei energischem Vorgehen kann man in der Mehrzahl der Fälle auf diese Weise zu einem Erfolg kommen. Denn nach Rückgang des Ikterus und damit der Schlafsucht beginnen die Kinder oft so gut zu saugen, daß sie nun in der Lage sind, ihr Nahrungsbedürfnis zu befriedigen und die ausreichende Laktation zu unterhalten. Im Falle das beschriebene Vorgehen nicht durchführbar ist, sei es, daß Stillhindernisse von seiten der Mutter die natürliche Ernährung verbieten (z. B. schwere Erkrankung oder Tuberkulose), sei es, daß sich auch die für die ersten Tage notwendigen geringen Mengen Frauenmilch mit der Hand oder Pumpe nicht entleeren lassen, müssen wir unter allen Umständen versuchen, Frauenmilch auf andere Weise zu beschaffen. Denn gerade in den ersten Lebenswochen ist das frühgeborene Kind bei Mangel an natürlicher Ernährung so gut wie verloren.

Ammenfrage. Die Ammenfrage hat hier besondere Schwierigkeiten. Denn jedes frühgeborene Kind ist auf Lues verdächtig. Auch der negative Ausfall der Wassermannschen Reaktion wird uns nicht der Verantwortung überheben, die wir unstreitig auf uns nehmen, wenn wir das frühgeborene Kind einer anderen Mutter anlegen. Wird eine Amme genommen, so muß diese unbedingt mit dem eigenen Kinde aufgenommen werden. Empfiehlt sich dies aus sozialen Gründen überhaupt, so ist es, falls ein frühgeborenes Kind in Frage kommt, schon in dessen gesundheitlichem Interesse unbedingt notwendig. Die Amme stillt ihr eigenes Kind weiter. Daneben wird sie stets genügend Milch abspritzen können, damit das frühgeborene Kind sein Nahrungsbedürfnis decken kann. Die von der Amme abgegebene Milch wird dem Frühgeborenen durch die Flasche gegeben. Das Ammenkind kann aber auch die Laktation der Mutter des Frühgeborenen in Gang bringen. Trotz des stets vorhandenen Verdachtes auf Lues läßt es sich verantworten, das Ammenkind der Mutter des frühgeborenen Kindes anzulegen, weil eine latente Lues dieser für das Ammenkind kaum jemals gefährlich werden dürfte, während umgekehrt die latente Lues des Frühgeborenen für die Amme verhängnisvoll werden kann (s. S. 311).

Ist Ernährung durch Ammenmilch zuhause nicht möglich, dann versuche man unter allen Umständen, das Kind in einer Anstalt unterzubringen, in der die Möglichkeit der natürlichen Ernährung besteht.

Nahrungspausen. Wir haben bereits darauf hingewiesen, daß das frühgeborene Kind häufiger als das normal geborene ernährt werden soll, in 2—$2^1/_2$stündigen Pausen 8—10mal am Tage. Doch wird man versuchen, möglichst frühzeitig auch beim Frühgeborenen eine Nachtpause, zumindest zwischen 12 und 6 Uhr, eintreten zu lassen.

Nahrungsbedarf. Der Nahrungsbedarf bei den frühgeborenen Kindern ist im allgemeinen wohl größer als der bei normal geborenen Kindern und beträgt ungefähr $^1/_5$ des Körpergewichts, während man für ein reifes Neugeborenes $^1/_6$ bis $^1/_7$ fordert: in Kalorien ausgedrückt ungefähr 140 Kalorien. Man beginnt am 2. Tage mit 30—60 g täglich, um dann ganz allmählich während der ersten 10 Tage die Nahrungsmenge auf 200—300 g zu steigern. Die weitere Zugabe richtet man nach dem Gewichtsanstieg der Kinder. Man tut am besten, sich nach dem Prinzip der Minimalnahrung zu richten und um eine geringe Menge, 10—20 g, erst dann zu steigen, wenn Gewichtsanstieg ausbleibt.

Wenn das Kind an der Mutterbrust direkt trinkt, so erfolgt die Regelung der Nahrungsmenge dadurch, daß wir das Kind bei Zunehmen der einzelnen Portionen seltener anlegen.

Sondenernährung. Ein nicht geringer Teil der Frühgeborenen ist nicht nur nicht imstande, an der Brust zu saugen, er bringt auch nicht die Fähigkeit auf, aus der Flasche sein Nahrungsbedürfnis zu decken, bzw. er verliert diese Fähigkeit im Laufe der ersten Tage bei zunehmender Schlafsucht. Er saugt entweder aus der Flasche überhaupt nicht oder schläft nach den ersten Saugversuchen ein. Diesen oft nur wenige Tage, aber auch manchmal Wochen dauernden Zustand zu überwinden, ist eine wichtige Aufgabe bei der Aufzucht der Frühgeborenen. Wir möchten von den kleinen Mittelchen, dem Kinde die Frauenmilch durch die Pipette oder Schnabeltäßchen in die Nase einzuträufeln, abgesehen wissen und beim Eintritt des Zustandes absoluter Nahrungsverweigerung unbedingt dazu raten, dem Kinde die Frauenmilch durch die Sonde zuzuführen. Der Arzt wird in kürzester Zeit diese ungefährliche Methode der Pflegerin oder einer anderen intelligenten Persönlichkeit beibringen können. Läßt sich im Hause diese Ernährungsmethode nicht ermöglichen, besteht die unbedingte Notwendigkeit der Überführung des Kindes in eine Anstalt nach nicht zu lange ausgedehnten Versuchen. Die Sondenernährung, die sich bei vielen Hunderten von Frühgeborenen bewährt hat und infolge des mangelnden Rachenreflexes sogar während des Schlafes durchführbar ist, wird wie S. 492 beschrieben durchgeführt.

Während der Sondenernährung, die man kaum jemals länger als 8—10 Tage durchzuführen gezwungen sein wird, wird man immer wieder versuchen, das Kind aktiv aus der Flasche trinken zu lassen und zu dieser aktiven Ernährungsweise sofort übergehen, sobald sich ein Ernährungserfolg damit erzielen läßt.

Künstliche Ernährung. Sind auch mit künstlicher Nahrung bei Frühgeborenen gute Ernährungserfolge beschrieben worden und zwar mit fast sämtlichen der üblichen Mischungen, mit fett- sowohl als auch mit kohlehydratreichen, so möchten wir doch nochmals ausdrücklich darauf hinweisen, daß das frühgeborene Kind sich auf die Dauer mit künstlicher Nahrung nur sehr schwierig aufziehen läßt. Selbst wenn keine unmittelbare Ernährungsstörung die Folge ist, entwickeln sich bei künstlicher Ernährung Rachitis und Anämie jedenfalls in viel schlimmerem Grade als bei Ernährung mit Frauenmilch. Denn die Bereitschaft des Frühgeborenen für diese beiden Erkrankungen ist bekanntlich hoch und der Ausbruch auch bei Frauenmilchernährung kaum aufzuhalten. Wir sind daher nicht in der Lage, eine Mischung für die künstliche Ernährung des Frühgeborenen als besonders geeignet zu empfehlen. Die Ernährung mit holländischer Säuglingsnahrung, die besonders gepriesen wird, hat ihre Nachteile und sollte kaum länger als 4—6 Wochen durchgeführt werden. Durch Zusatz von Sahne oder einer Fettkonserve, wie S. 121 beschrieben, muß im Laufe des 2. Monats die Nahrung ergänzt werden (s. auch Buttermehlnahrung S. 502).

Prophylaxe der Rachitis, Spasmophilie, Anämie. Rachitis, Spasmophilie und Anämie sind in leichteren Graden kaum jemals zu vermeiden. Dazu kommt die Gefährdung durch Infektionen; denn nur zu oft bedeutet der harmlose Schnupfen das Todesurteil. Es erhebt sich die wichtige Frage, ob man durch irgendwelche diätetische oder medikamentöse Maßnahmen die genannten Erkrankungen verhindern kann. Von den schwereren Graden ist das unstreitig zu bejahen. Wird die Ernährung so durchgeführt, wie vorstehend beschrieben, vor allem möglichst lange Frauenmilch gegeben, dann kommt es kaum jemals zu den stärksten Manifestationen der rachitischen und spasmophilen Veranlagung. Es bedarf natürlich zur Ergänzung aller jener Maßnahmen, welche die Rachitis verhüten (vgl. dieses Kapitel). Der reichliche Gebrauch von Licht und Luft ist für Frühgeborene eine Notwendigkeit. Wir empfehlen auch die prophylaktische Darreichung des Kalklebertrans von ungefähr der 10. Woche an, beginnend täglich mit $^1/_2$ Teelöffel, allmählich steigend. Auf diese Weise werden sich auch die gefürchteten lebenbedrohenden Manifestationen der Spasmophilie, vor allem die Krämpfe, vermeiden lassen. Auch die bei der Mehrzahl der frühgeborenen Kinder auftretende Anämie wird schlimmere Grade nicht erreichen, wenn Ernährung und Pflege, vor allem auch Infektionsverhütung sorgsam gehandhabt werden. Leichtere Formen sind jedoch nicht zu vermeiden. Ob man durch Zugabe von Eisen von der 8.—10. Woche an die Anämie in wirksamer Weise stets bekämpfen kann, bleibt dahingestellt. Frühzeitiger Übergang zur Mittagsmahlzeit, d. h. schon mit 5 Monaten, ist zu versuchen.

Spezieller Teil.

Erkrankungen des Neugeborenen.

I. Asphyxie.

Die **Prophylaxe** der Asphyxie liegt insofern in der Hand des Geburtshelfers, als er bei Lebensgefahr der Kinder, kenntlich durch Verlangsamung oder Unregelmäßigkeit der kindlichen Herztöne, Beimengung von Mekonium zum Fruchtwasser, die Geburt möglichst schnell zu Ende bringen muß.

Therapie. Unmittelbar nach der Geburt, schon vor der Durchtrennung des Nabelstranges, die dann möglichst schnell zu erfolgen hat, muß mit den therapeutischen Maßnahmen begonnen werden. Die mit Zyanose einhergehende Asphyxie stellt den leichteren Grad dar, für deren Behebung im allgemeinen weniger eingreifende Maßnahmen genügen. Dagegen kann für die Wiederbelebung im schwer asphyktischen

Zustande geborener Kinder, kenntlich an der Leichenblässe und vor allem am Darniederliegen des Muskeltonus, an der Schlaffheit der Extremitäten, an der starken Beeinträchtigung der Herzaktion, die Therapie nicht aktiv genug sein und nicht lange genug fortgesetzt werden, auch bis über das Erlöschen der Herztöne, und selbst auch dann noch. Wenn auch ganz vereinzelt, kann Lebensrettung die Mühe lohnen.

Zur Durchführung der Therapie bedarf es größter Ruhe und absoluter Klarheit über Leistungsfähigkeit und Gefahren der anzuwendenden Methode. Wer die Anwendung nicht ungefährlicher Methoden nicht beherrscht, unterlasse sie lieber.

Alle Maßnahmen bezwecken, den Organismus wieder mit Sauerstoff zu versorgen, indem sie die Atmung entweder auf reflektorischem Wege oder direkt anregen, nachdem der Weg für den Sauerstoff durch die Luftwege möglichst frei gemacht wurde.

Zur reflektorischen Anregung der Atmung genügen in leichten Fällen Hautreize durch Beklopfen der Nates des an den Beinen gehaltenen, mit dem Kopfe nach abwärts hängenden Kindes, eine Lage, die den Vorteil hat, daß das aspirierte Sekret aus der Trachea herausfließt. Bespritzen des Körpers mit kaltem Was er ist eine gute Unterstützung.

Kann man durch dieses Vorgehen keine Atmung auslösen, so wird das Kind in ein mittlerweile hergerichtetes warmes Bad von 35—38° C gebracht, in dem der Körper fortwährend mit der Hand frottiert wird. Währenddessen ist der vom Kinde aspirierte Schleim aus Mund- und Rachenhöhle zu entfernen, zunächst manuell, indem man mit dem kleinen, mit einem sterilen Gazeläppchen umwickelten Finger den Rachenraum zart auswischt. Genügt das nicht zur Freimachung der Luftwege, so muß man versuchen, die aspirierten Massen aus der Luftröhre zu entfernen, indem unter Leitung des Fingers ein Trachealkatheter (elastischer Katheter von ungefähr 3 mm Durchmesser) durch den Kehlkopf eingeführt und der Schleim mit dem Mund womöglich unter Einschaltung eines kleinen Glasrezipienten, angesaugt wird.

Genügt das Frottieren im warmen Bade nicht, dann muß man stärkere Reize zur Anwendung bringen, zunächst durch Übergießen des kindlichen Körpers mit kaltem Wasser aus ungefähr 1 m Höhe abwechselnd auf Brust und Rücken, wonach jedesmal wiederum im warmen Bade gut frottiert wird. Eine noch aktivere Methode besteht darin, das Kind aus dem warmen Bade herauszunehmen und blitzschnell bis über die Schultern in einen bereitgestellten, mit kaltem Wasser gefüllten Bottich einzutauchen, es danach sofort wiederum in warmes Wsaser zurückzubringen und dieses Vorgehen einige Male hintereinander zu wiederholen. Bei dem blauen Scheintod wird man wohl mit dieser Methode, selbst bei schweren Graden, fast mit Sicherheit zum Ziele gelangen, häufig hingegen nicht bei dem weißen Scheintod, bei dem Atmung und Herzaktion trotz der angewandten Maßnahmen nicht in der wünschenswerten Weise in Gang kommen. Hier erscheint es zunächst notwendig, die Herzaktion selbst durch Klopfmassage des Herzens, elastische Schläge auf die Herzgegend mit vier Fingern einer Hand, 100—120 mal in der Minute anzuregen und zu gleicher Zeit dem Kinde eine Koffein- oder Kampferinjektion zu machen. Daneben muß unbedingt die künstliche Atmung nach einer der bewährten Methoden angewendet werden. Die bekannteste, in der Hand des Ungeübten jedoch recht gefährliche Methode sind die Schultzeschen Schwingungen. Bei Frühgeborenen darf sie mit Rücksicht auf deren große Gewebsvulnerabilität nicht zur Anwendung gelangen. Die Art der Ausführung geben wir mit Runges eigenen Worten:

„Das Kind wird mit beiden Händen in der Weise an den Schultern gefaßt, daß die Daumen an der Vorderfläche des Thorax, der Zeigefinger von der Rückenseite her in die Achselhöhle und die anderen drei Finger schräg längs der Rückenseite des Thorax angelegt werden. Dabei findet der Kopf seine Stütze an den Ulnarrändern der Handwurzeln. Jetzt stellt der Arzt sich mit etwas gespreizten Beinen hin, hält das in der beschriebenen Weise gefaßte Kind, die Arme abwärts streckend, vor sich und wirft einen Blick zur Decke des Zimmers, um seine Höhe zu ermessen. Dann wird das Kind aus dieser hängenden Stellung langsam so aufwärts geschwungen, daß bei geringer Erhebung über die Horizontale der Unterkörper des Kindes langsam auf den Oberkörper sinkt, wobei die Finger von keiner Seite den Thorax komprimieren dürfen. Hierdurch erfolgt eine bedeutende Kompression der Organe des Thorax sowohl von seiten des Zwerchfells, als auch der übrigen Brustwandungen, also eine passive Exspirationsbewegung. Als Resultat derselben dringen die aspirierten Flüssigkeiten — besonders wenn man das Kind leicht schüttelt — reichlich aus Mund und Nase und werden nicht selten dem Operateur ins Gesicht geschleudert. Nach einer kurzen Pause von 3—4 Sekunden wird der Kindskörper nach abwärts geschwungen. Der Thorax, von jedem Druck frei, erweitert sich vermöge seiner Elastizität, die Rippen heben sich, und das Zwerchfell weicht nach unten. Es erfolgt eine rein passive, umfangreiche Inspiration, und meist mit hörbarem Lauf dringt die Luft durch die Glottis in die Luftwege. Nach einer Pause von wenigen Sekunden wird das Kind wieder von neuem auf- und abwärts geschwungen und dieses Verfahren 6—8 mal wiederholt. Darauf wird das Kind auf einige Minuten in das warme Bad gelegt, um stärkere Abkühlung zu vermeiden, wobei man den Effekt der passiven Respiration beobachtet. Sind noch keine Atembewegungen eingetreten, so wird mit den Schwingungen fortgefahren."

Wer die Schultzeschen Schwingungen nicht beherrscht, bei deren fehlerhafter Ausführung Knochenfrakturen, innere Zerreißungen und Blutungen die Folge sein können, muß sich mit einer weniger gefährlichen Methode behelfen. Wir verzichten auf die Angabe der zahlreichen angegebenen Methoden und beschränken uns darauf, die von Sokolow zu empfehlen (S. 490) oder das Verfahren von Sylvestre. Dieses besteht bekanntlich darin, daß die Arme über dem Kopfe emporgezogen, hierauf abwärts geführt und fest an den Thorax angepreßt werden. Den Zug kann man auch statt an den Armen an den von vorn oder von hinten umfaßten Schultern ausüben, wobei das Kind mit etwas höher gelagerten Schultern auf dem Rücken liegt. Dabei muß das Kind an den Beinen durch eine Hilfe fixiert und die Zunge nach vorn gezogen werden.

Haben die Versuche zur Hebung der Asphyxie den Erfolg gehabt, daß die Haut sich rosig färbt, das Kind die Augen aufschlägt, lebhaft schreit, allmählich ohne Rasseln und Einziehungen atmet, dann darf man es nicht etwa unbeaufsichtigt seinem Schicksal überlassen. Neuerliche Anfälle drohen auch noch in den nächsten Tagen. Dauernde Überwachung eines asphyktisch geborenen und dem Leben wiedergegebenen Kindes durch eine erfahrene Pflegerin erscheint daher ebenso notwendig, wie eine zunächst täglich 1—2 mal wiederholte reflektorische Auslösung tiefer Atemzüge durch

Frottieren im warmen Bade. Bei Kindern von eklamptischen Müttern kann während der ersten Lebenstage ein fast dauerndes Aufrütteln nötig sein. In diesen Fällen achte man ganz besonders darauf, daß das Kind sich nicht abkühlt. Selbstverständlich muß für Ablösung der Pflegerin gesorgt sein, da eine fortdauernde Aufsicht nötig ist. Auch empfiehlt es sich, für alle Fälle eine Sauerstoffbombe in der Nähe zu haben, um das Kind bei etwa sich einstellender leichter Zyanose sofort Sauerstoff atmen lassen zu können, ein bei der Behandlung der Asphyxie Frühgeborener sehr bewährtes Mittel (s. S. 491).

II. Geburtstraumen.

1. Schädelverletzungen.

Die Kephalhämatome bedürfen, auch wenn sie monatelang zur Resorption brauchen, im allgemeinen keiner Behandlung. Nur in den außerordentlich seltenen Fällen von Vereiterung ist natürlich Inzision notwendig. Die Zeichen der Entzündung bei eintretender Vereiterung sind aber gering. Fieber kann hierbei fehlen. So muß man sich manchmal mit folgenden Zeichen begnügen: In der Mitte der 2. Woche wird die Geschwulst nicht wie sonst schlaffer, sondern gespannter und auch wohl schmerzhaft. Dann muß, wenn das Kind nicht sichtlich wohl ist, durch Punktion das Krankheitsbild geklärt werden.

Die Impressionen des Schädels heilen, wenn sie nicht trichterförmig sind, von selbst. Gleichzeitige Hirnsymptome sind meist durch komplizierende Verletzungen des Gehirns, nicht durch die Impression bedingt. Trotzdem es sich also bei den Impressionen fast nur um einen Schönheitsfehler handelt, ist in sehr entstellenden Fällen ein Ausgleich erwünscht.

Dieser kann durch geeigneten Druck oder durch Operation erfolgen. Als beste Zeit gelten die ersten 24 Stunden.

So ernst die Blutungen innerhalb der Schädelkapsel für die künftige geistige Entwicklung der Kinder sind, sie können therapeutisch meist leider nur insofern interessieren, als sie im akuten Stadium den Eintritt regelmäßiger Atmung erschweren, Hindernisse für die Ernährung darstellen und Krämpfe erzeugen. Die gegen diese drei Störungen gerichteten Maßnahmen sind in den betreffenden Kapiteln beschrieben. Das Zusammentreffen einiger dieser Störungen mit auffälliger Blässe oder verschiedenartigen Lähmungen läßt uns den Fall als hoffnungslos erkennen. Eine Aufklappung des Schädeldaches zur Entlastung des Gehirns könnte nur in jenen Fällen mit Aussicht auf Erfolg vorgenommen werden, in denen nach anfänglicher Erholung starke Unruhe, später Benommenheit eintritt, wobei Schädelnähte und Fontanelle vorgewölbt sind. Bei ähnlichen Erscheinungen nach der Mitte der ersten Woche handelt es sich jedoch meist um Meningitis. Hier kann die Spinalpunktion die Situation klären. Auch sonst ist in fraglichen Fällen eine vorsichtige Spinalpunktion erlaubt und wirkt mitunter erleichternd.

2. Nervenlähmungen.

Die periphere Fazialislähmung heilt im Laufe des ersten Vierteljahres ohne Komplikation. Die seltene kortikale ist einer Behandlung unzugänglich.

Die Armplexuslähmungen heilen zum Teil noch in den ersten 3 Monaten. Vor Beginn der Behandlung überzeuge man sich, daß es sich nicht um eine Knochenverletzung oder um luetische Pseudoparalyse handelt.

Um einem Muskelschwund vorzubeugen, ist zu einer täglichen elektrischen Behandlung zu raten. Es müssen deutliche wiederholte Zuckungen im gelähmten Muskel erzielt werden. Selbst wenn noch Zuckungen mit faradischem Strom auslösbar sind, bedarf es beim Neugeborenen wenigstens in den ersten 14 Tagen ungewöhnlich starker Ströme. Man bediene sich daher auch in leichteren Fällen des sonst stets notwendigen galvanischen Stroms, bezeichne den Eltern die Punkte, von denen mittels Kathode bzw. Anode die deutlichsten Zuckungen erzielt werden können und überzeuge sich durch Kontrolle, daß die Therapie richtig durchgeführt wird. Es genügt, wenn man täglich in jedem Muskelgebiete 10 deutliche Zuckungen erzielt. Ein so junges Kind täglich in die Sprechstunde bringen zu lassen, vermeide man tunlichst.

Bei totaler Plexuslähmung bleibt einem nichts weiter übrig, als zur Vermeidung von Verletzungen des herunterhängenden Armes ihn in der funktionell günstigsten Beugestellung dadurch zu fixieren, daß man den Ärmel des Jäckchens auf der Brust mit einer Sicherheitsnadel feststeckt. Bei der häufigen Lähmung des oberen Plexus ist die Adduktionskontraktur im Schultergelenk dadurch zu verringern, daß man den Arm jeden Tag zweimal einige Stunden durch zwischengeschobene Kissen oder Sandsäcke vom Brustkorb abspreizt. Die Neigung zur Streckung im Ellbogengelenk wird durch die oben beschriebene Fixierung des Arms in Beugestellung korrigiert, die Pronation durch mehrfaches passives Supinieren aufgehoben. Man faßt mit der Hand, die die Drehung ausführen soll, nicht nur das Händchen des Kindes, sondern auch das peripherste Ende des Radius und der Ulna mit an und dreht so langsam die Handfläche nach oben. Bei vorherrschender Radialislähmung ist die Beugekontraktur des Handgelenks dauernd zu verhindern, damit ein späterer chirurgischer Eingriff nicht verkürzte Sehnen und Bänder vorfindet und im günstigsten Falle die wiedererwachten Muskeln nicht mit mechanischen Schwierigkeiten zu kämpfen haben. Dies geschieht durch eine Schiene, die auf der Volarseite des Vorderarms einen Querfinger peripher von der Ellbogenbeuge beginnt und bis zum Metakarpophalangealgelenk reicht. Auf der Handfläche soll sie so breit sein, daß sie auch den Daumenballen dorsalwärts drängt. Man macht sich einen Rahmen dieser Schiene aus dünnem Zinkdraht, der gerade genügt, um vom Säugling nicht gebogen werden zu können, umwickelt ihn etwa zweimal mit einer Gipsbinde, so daß etwa 4—5 Lagen von Gaze übereinander kommen, drückt mit einer Binde die Schiene auf das kranke Glied, bis sie erhärtet ist und trocknet die abgenommene Schiene scharf auf dem Ofen. Mit geringer Polsterung und einer leichten Binde läßt sie sich bequem von den Eltern anlegen. Auch kann man die Befestigung durch

Einfügung von Bändern, zwei am Vorderarm, eines in der Handfläche, erleichtern. Ist nach 3 Monaten kein Zeichen von Besserung vorhanden, so ist die Stelle der Quetschung chirurgisch aufzusuchen und die Leitung durch Lösung der Narben aus Verwachsungen oder Nervennaht herzustellen.

3. Verletzungen der Extremitäten.

Die Klavikulafraktur zeigt meist keine starke Verlagerung und heilt spontan ohne Störung. In den seltenen Fällen stärkerer Verlagerung wird man sich wohl mit dem einzigen, die Schultern nach hinten ziehenden Heftpflasterstreifen (S. 188) begnügen dürfen.

Die Oberarmfrakturen, soweit sie den Hals betreffen, wird man am besten durch den üblichen Velpeauschen oder Dessaultschen Verband behandeln. Das in die Achselhöhle geschobene, ziemlich dicke Polster bestehe aus in allen seinen Lagen gepudertem Mull. Bei Frakturen im mittleren Drittel ist das Middeldorpfsche Triangel zu empfehlen (siehe Abb. 19 S. 187). Die Kante, die in die Achselhöhle bzw. Ellbogenbeuge zu liegen kommt, ist mittelst Watte und Heftpflaster in eine weiche Rolle zu verwandeln.

Bei Oberschenkelfraktur fixiert man das Bein dadurch, daß man es am Rumpfe des Kindes so befestigt, daß der Fuß der kranken Seite an die gesunde Schulter zu liegen kommt. Die beim rachitischen Kinde beschriebene Suspension ist beim Neugeborenen ungeeignet.

4. Traumatischer Schiefhals.

Das Hämatom des Kopfnickers bedarf zunächst keiner Therapie. Die empfohlenen kühlen Umschläge dürften kaum ohne Schädigung der Haut lange genug anzuwenden sein. Sobald aber am Ende des ersten Vierteljahres die Verkürzung beginnt, ist es zweckmäßig, den Muskel einige Male am Tage zu dehnen. Dies geschieht folgendermaßen: Man lege den Säugling vor sich auf den Tisch, lege bei linksseitiger Erkrankung die rechte Hand über seine linke Schulter, so daß man diese nach unten fixiert. Mit der linken Hand fasse man von oben und hinten um die linke Seite des Hinterhauptes herum. Wenn man jetzt den Kopf nach rechts beugt, dreht sich zugleich das Kinn ein wenig mehr nach links. In dieser Form erlernt auch eine Mutter die Korrektur auszuführen. Eine Operation ist bei dieser Form des Schiefhalses meist zu vermeiden. Sie kommt erst in späteren Jahren in Betracht.

III. Krämpfe des Neugeborenen.

1. Krämpfe der ersten Tage.

Die Krämpfe des Neugeborenen, die in den ersten 24—36 Stunden ihren Anfang nehmen, sind zwar stets traumatischen Ursprungs; als Trauma ist jedoch selbst der unkomplizierte Geburtsakt zu verstehen. Aber dann hat oft das Trauma ein schon von vornherein nicht intaktes Gehirn betroffen. Das Verschwinden einer nach der Geburt auftretenden

Eklampsie auf Wochen oder Monate schließt ein angeborenes Hirnleiden keineswegs aus. Die krampferregende Verletzung des Gehirns kann ebensogut leicht reparabel sein, aber auch unmittelbar zum Tode oder zur Idiotie führen. Fahle Blässe, schwere Atemstörungen auch außerhalb des Anfalls lassen mit Wahrscheinlichkeit einen tödlichen Ausgang erwarten. Ist nach 4, höchstens 6 Tagen der Krampfzustand verschwunden, so bleibt bis zum 10. Monat mindestens die Sorge bestehen, daß Idiotie oder Epilepsie sich einstellen können. Es ist Recht und Pflicht des Arztes, gerade in dieser besonderen Lage in den die Mehrzahl bildenden, nicht lebensbedrohlichen Fällen Zukunftssorgen für sich zu behalten.

Der Säugling ist aus der Wochenstube zu entfernen. Da ein Anlegen so lange unmöglich ist, wie jeder Saugversuch Krämpfe auslöst, ist die Laktation durch Abspritzen sorgfältig zu erhalten. Durch Klistiere mit 0,3 Chloral und 1,0 Urethan lassen sich die Krämpfe zügeln. Am besten geht man so vor, daß man mit Chloral beginnt und mit Urethan die Narkose fortsetzt. Es können 3—4 Urethanklistiere am Tage notwendig werden. Man mache den Versuch, allmählich mit $^3/_4$, schließlich mit $^1/_2$ g Urethan auszukommen. Während dieser Zeit ist für die Erwärmung des Kindes zu sorgen, der Wasserbedarf durch Tropfklistiere aufrecht zu erhalten. Außerhalb der Krämpfe suche man 2—3stündlich mit einer Augentropfpipette durch vorsichtiges Einträufeln in den Mund das Kind zur Nahrungsaufnahme zu bewegen, achte aber genau darauf, daß es auch schluckt. Namentlich beim Abklingen der Krämpfe sieht man, daß nur das Schlucken den Krampfanfall auslöst. Dann gebe man ein kleineres Urethanklistier (0,5) und versuche nach 15—20 Minuten den Moment abzupassen, in dem die Narkose tief genug und doch nicht zu tief ist, um die Nahrungsaufnahme zu gestatten.

2. Krämpfe nach den ersten 3 Tagen.

Die Krämpfe nach den ersten 2 Tagen können Nachwirkung des Geburtstraumas sein. Sonst aber ist zu bedenken, daß jegliche Art von Störungen beim Neugeborenen schließlich Krämpfe hervorrufen kann, wie z. B. die kapilläre Bronchitis, besonders aber jener scheinbar wie Sepsis aussehende Zustand (siehe S. 84), der durch Verdurstung auch bei leichter Infektion bewirkt wird. Die Krämpfe sind mit Urethan zu bekämpfen. Aber sogleich nach eingetretener Narkose ist der Magen mittelst Schlundsonde mit 150 g 39° warmem Mineralbrunnen zu füllen. Bei der schnell auftretenden Besserung von Farbe und Aussehen hat man den Fingerzeig, daß die Wasserzufuhr des Körpers in den nächsten Tagen reichlicher gestaltet werden müsse.

Bei atypischen, nur einzelne Muskelgruppen flüchtig betreffenden Krämpfen ist Brom in der Dose von 1—2 g pro die einige Tage lang anzuwenden, wenn man nicht überhaupt jede symptomatische Behandlung angesichts der für den Augenblick geringfügigen Beschwerden unterlassen will. Diese Art von Krämpfen ist leider vielfach das Hauptsymptom schwerer chronischer Hirnleiden (Hirnsklerose).

IV. Ikterus.

Der Ikterus neonatorum erfordert nur dann therapeutische Maßnahmen, wenn Somnolenz der Kinder die Nahrungsaufnahme erschwert. Wird es unmöglich, die Kinder zum Saugen an der Brust zu bewegen, so muß ihnen abgespritzte Frauenmilch durch Flasche, Pipette oder Löffel gereicht werden. Bei vollständiger Somnolenz muß man zur Sonde greifen. Für Wasserzufuhr auf den üblichen Wegen ist zu sorgen.

Gegen den Ikterus neonatorum gravis familiaris sind wir therapeutisch machtlos. Prophylaktisch muß alles getan werden, um bei Frauen, denen bereits ein oder mehrere Kinder an Ikterus gestorben sind, eine Frühgeburt zu verhindern, da bei diesen die Gelbsucht besonders stark auftritt.

V. Melaena.

Nur die Melaena vera bedarf der Behandlung. Die Melaena spuria, welche nichts anderes ist, als die Entleerung von verschlucktem Blut, das in den seltenen Fällen aus den Geburtswegen, häufiger aus einer Ragade aus der Mutterbrust oder der Nase des Kindes stammt, bedarf keiner Behandlung. Natürlich müssen stärkere Blutungen im Nasenrachenraum, wie man sie wohl nur bei Syphilis, kaum je bei Diphtherie sieht, gestillt werden.

Eine ätiologische Therapie der Melaena infolge einer septischen Allgemeininfektion ist wenig erfolgversprechend. Im Vordergrund steht hier die Behandlung des Symptoms der Blutung. Eine größere Bedeutung gewinnt die ätiologische Therapie in Fällen einer luetischen Infektion. Hier muß zugleich mit der Behandlung der Blutung die Behandlung der Syphilis vorgenommen werden. Doch enden diese Fälle meist tödlich.

Frauenmilch ist unbedingt notwendig. Das Kind soll aber nicht angelegt, sondern, um jede Erschütterung und Bewegung zu vermeiden, mit abgespritzter, womöglich gekühlter Frauenmilch ernährt werden. Steht Frauenmilch nicht zur Verfügung, dann kommen die gewöhnlichen künstlichen Nährmischungen in Frage.

Die Pflege muß vor allem die Untertemperaturen dieser Kinder beheben, die um so stärker werden, je mehr die Blutung fortschreitet. Außerdem sollen keine unnötigen Manipulationen mit dem Kinde vorgenommen werden. Daß das Bad zu unterbleiben hat, ist selbstverständlich.

Bluttherapie. Für die Bekämpfung der Blutung steht heute die Behandlung des Säuglings mit Blut bzw. Serum vom Menschen oder Tier im Vordergrund. In erster Linie kommt Tierblutserum und zwar irgend ein antitoxisches in Betracht, da dieses sofort erhältlich ist. Am gebräuchlichsten ist wohl das Diphtherieserum, das in Mengen von 3 ccm 2—3 mal im Lauf von 36 Stunden injiziert werden kann. Auch Normalpferdeserum ist verwendbar. Um die Gefahr späterer anaphylaktischer Störungen zu vermeiden, empfiehlt sich die Injektion von Rinder- oder Hammeldiphterieserum. Die Voraussetzung für die Verwendung von Menschenblut oder -serum ist absolute Gesundheit derjenigen Person, von der das Serum genommen wird. Man gewinnt es in der üblichen Weise durch Aderlaß, am besten von Mutter oder Vater (vgl. Gewinnung bei Scharlach). Es ist empfohlen worden, 10—30 ccm Menschenblut in Intervallen von 4—8 Stunden solange zu injizieren, bis die Blutung aufhört. Auch von kleinen Dosen Menschenblut-Serum, 2—5—10 ccm mehrmals täglich, sind Erfolge beschrieben.

Eine viel eingreifendere und wohl nur dort ausführbare Bluttherapie, wo eine gute chirurgische Technik möglich ist, ist die Transfusion artgleichen Blutes. Hier kommt als wichtiges therapeutisches Prinzip außer der Blutstillung der Ersatz des verloren gegangenen Blutes hinzu. Durch eine Gefäßanastomose zwischen der Radialarterie des Vaters und einer größeren Vene des Kindes (Vena femoralis, Vena jugularis externa) wird die Gefäßanastomose hergestellt und durch 25 Minuten aufrechterhalten. Die glänzenden Erfolge, die mitgeteilt sind, empfehlen es, in verzweifelten Fällen bei ausgebluteten Kindern den Versuch zu machen.

Gelatine. Neben der Bluttherapie erfreut sich die Gelatinetherapie, deren blutstillende Wirkung bekanntlich einer Vermehrung des Fibrinogens zugeschrieben wird, besonderer Vorliebe. Gelatine kann man per injectionem, per os oder per clysma verwenden. Wir empfehlen zunächst die kombinierte Therapie per os und per injectionem. Per os geben wir die Gelatine stündlich kaffeelöffelweise (4 Tafeln auf 100 g warmes Wasser in 24 Stunden zu verbrauchen). Daneben müssen Injektionen ausgeführt werden. Die injizierten Mengen betragen 10 bis 20 ccm pro dosi. Hierfür ist nur die Merck sche, gebrauchsfertig in Ampullen vorhandene Gelatinelösung zu gebrauchen. Als Injektionsstellen werden die Haut des Rückens oder die Haut des Oberschenkels gewählt. Die Injektionen müssen unter Umständen an 2—3 aufeinanderfolgenden Tagen wiederholt werden.

Bei außerordentlich profusen Darmblutungen wird man, um auf möglichst vielen Wegen Gelatine beizubringen, dieses Präparat auch per clysma geben. Man nimmt dazu 200 ccm der 10⁰/₀igen angewärmten Lösung, die man durch ein hohes Darmrohr unter mäßigem Druck einfließen läßt.

Kalzium. Neben Blut und Gelatine ist als drittes bewährtes Mittel das Kalzium zu empfehlen. Als das wirksamste Präparat kommt das Calcium chloratum in Frage, bei dessen Anwendung man auch mit relativ geringeren Mengen auskommt als beim Calcium lacticum oder beim Calcium carbonicum. Aber auch vom Calcium chloratum, das am besten in der Form des Calcium chloratum crystallisatum in 20⁰/₀iger Lösung gegeben wird, eventuell unter Zufügung von Gelatine, gebe man pro die niemals weniger als 6—8 g, also mindestens 60—80 g der Lösung innerhalb der ersten 12 Stunden. Erst dann ist ein Erfolg zu erzielen.

Coagulen. Die Wirkung des Coagulens haben wir bei Melaena noch nicht prüfen können. Aber gute Erfahrungen bei Werlhoffscher Krankheit und Hämophilie berechtigen uns zu dem Rate, dieses Mittel vor allem zu versuchen und zwar gleichzeitig per os und per injectionem. Da bei Hämophilie eine Injektion von 10 ccm der 10⁰/₀igen Lösung täglich genügt, so dürften 2—3 ccm der gleichen Lösung hier eine zureichende, jedoch nicht die Maximaldose darstellen. Über die Dosierung s. Arzneimittellehre S. 511.

Sorgfältiger Beobachtung bedarf das Herz. Koffein ist rechtzeitig anzuwenden. Kochsalzinfusionen für den Wasserersatz verschiebe man für den äußersten Notfall.

Nach überstandener Melaena befinden sich die Säuglinge noch lange im Zustand schwerer Anämie. Nur die möglichst lang durchgeführte natürliche Ernährung vermag diese ganz allmählich, allerdings erst nach Monaten, zu überwinden.

VI. Unstillbare äußere Blutungen.

Unstillbare äußere Blutungen sieht man nach Abfall des Nabelstrangs meist in der 2. Lebenswoche. Die Ursache ist unbekannt. Auch familiäres Vorkommen wird beobachtet. Die Blutungen aus Nase und Mundschleimhaut, die noch bis zum 2. Lebensmonat vorkommen, sind septischer oder syphilitischer Natur, bezw. septisch auf syphilitischer Basis.

Nabelblutung. Man mache die Eltern auf die schlechte Prognose sofort aufmerksam, da sonst das Mißlingen der Blutstillung dem Ungeschick des Arztes zugeschoben wird. Jede Umstechung, selbst eine Injektion, außer von Koagulen, ist wegen der Nachblutung zu vermeiden. Der Nabel wird mit Koagulen bepudert, ein haselnußgroßer Tampon mit frisch aufgekochter Koagulen-Lösung (1 Messerspitze auf $^1/_3$ Reagenzglas) daraufgedrückt, Nabel und Tampon in einer Längsfalte der Bauchhaut versenkt und diese Falte mit Heftpflasterstreifen zusammengezogen. Es sind ferner etwa 2—3 mal am Tage mehrfache intramuskuläre Injektionen von 2 bis höchstens 3 ccm einer frisch abgekochten 10%igen Koagulen-Lösung in physiologischer Kochsalzmischung vorzunehmen.

Mundschleimhaut- und Nasenblutungen. Die Schleimhaut wird immer wieder mit kleinen Mengen der beschriebenen Koagulen-Lösung berieselt. Vorübergehende Verengung der Gefäße durch Auftropfen von Suprarenin erleichtert dem Koagulen die Wirkung. Wo es möglich ist, wird ein Tampon, der mit beiden Flüssigkeiten getränkt ist, gegen die blutende Stelle gedrückt, und die Nase vorsichtig mit ebenso vorbereiteter Gaze zu tamponieren versucht. Doch gelingt das in diesem Alter nur sehr unvollkommen, und eine Verstopfung beider Nasenlöcher wird schlecht ertragen. Man beschränkt sich besser auf häufiges Einträufeln der genannten Flüßigkeiten. Bei Syphilis ist sofort die Schmierkur einzuleiten.

VII. Asphyxieähnliche Zustände in der ersten Lebenswoche (Zyanose und Kollaps).

Bei gesunden Brustkindern der ersten 14 Lebenstage erlebt man mitunter folgendes Krankheitsbild. Den Abend vorher war das Kind noch munter, vielleicht etwas unruhiger. Nachts trank es aus der Brust wenig oder gar nicht, und der in den Vormittagsstunden eiligst gerufene Arzt findet ein grau zyanotisch verfärbtes Kind, zum Teil schon mit schnappender Atmung vor. Gewiß ist dies eine Todesart, wie wir sie bei der akuten Bronchitis und Bronchopneumonie des Neugeborenen auch ohne Hustenerscheinungen finden. Alle möglichen Formen akuter Sepsis führen so zum Tode, gelegentlich auch einmal ein ganz akutes Erysipel. Aber ein erheblicher Prozentsatz dieser Kinder ist mit einem Schlage zu bessern, wenn man ihnen 100 bis 150 g Tee zu trinken gibt. Spätestens nach einer Stunde findet man ein völlig munteres Kind vor. Wir raten, bei diesen Kindern nie ein Urteil zu fällen, bevor man nicht das kleine Experiment gemacht hat. Der Grund dieses schweren Anfalls kann nur auf einer Verdurstung beruhen, und da ist wichtig festzustellen, daß man diesen Zustand eben nur bei Brustkindern sieht. Bei diesen wird ja das Flüssigkeitsbedürfnis in einer so knappen Weise gedeckt, daß z. B. ein darmkrankes älteres Kind allein dadurch intoxikationsähnliche Zustände bekommen würde. Die vorhergehende Nahrungsverweigerung steigert den Flüssigkeitsmangel aufs höchste. Trotzdem würde es beim gesunden, reifen Kinde nicht zu diesem Zustand kommen. Es gehört eben dazu, daß das Kind erkrankt ist, und diese Krankheit ist meistenteils ein scheinbar harmloser Schnupfen, den man nur mit Mühe nachweisen kann. Oft äußert sich die Infektion dann dadurch, daß sich nun langsam ein leichterer oder schwererer Husten entwickelt. Meist bleibt es aber bei einer unbedeutenden Schwellung und Rötung der Nasenschleimhaut. Im übrigen können auch ausgesprochen atelektatische Zustände durch Durst verschlimmert und somit durch Wasser gebessert werden. Durch vierstündliches Frottieren mit gleichen Teilen Spiritus und Glyzerin bzw. Franzbranntwein kann man einem künftigen Versinken in Sopor vorbeugen. Diese Verordnung dürfte für alle Fälle zweckmäßig sein; ist aber bei reifen Kindern nicht notwendig.

VIII. Die entzündlichen Erkrankungen des Nabels.

1. Prophylaxe.

Nur ein technisch einwandfreies Vorgehen unter Befolgung strengster Asepsis bei der Versorgung des Nabelschnurrestes verhütet entzündliche Erkrankungen des Nabels, mögen diese nun in einer leichten Reizung der noch nicht epidermisierten Wundfläche bzw. in einer Verzögerung der Epidermisierung bestehen oder schwerere Grade erreichen, zu Gangrän oder Erkrankungen der Nabelgefäße führen. Es kann nicht unsere Aufgabe sein, die zahlreichen Methoden der Nachbehandlung des Nabelschnurrestes hier anzuführen. Wir wollen nur, indem wir die wesentlichen Gesichtspunkte herausgreifen, unsere Meinung über das zweckmäßigste Vorgehen klarlegen.

Abnabelung. Nach Aufhören der Pulsation in der Nabelschnur wird mehrere Zentimeter oberhalb der Bauchinsertion doppelt mit ungefähr $^1/_2$ cm breitem, sterilisiertem, in Sublimat getränktem Leinenband unterbunden; die eine Schlinge wird ungefähr 3 Querfinger, die andere 5 Querfinger vom Nabel entfernt angelegt, zwischen beiden mit einer sterilen Schere durchschnitten, natürlich unter den Kautelen strengster Asepsis mit vorschriftsmäßig desinfizierten Händen. Es scheint uns gleichgültig zu sein, ob 1 cm länger oder 1 cm kürzer ligiert wird. Jedenfalls darf der Nabelschnurrest kein zu großer sein; denn sein Gewebe bildet einen Brutplatz für die Bakterien. Viele Geburtshelfer und Kinderärzte verkürzen die Nabelschnur noch ein zweites Mal, und zwar unmittelbar an der Grenze des Hautrings oder $^1/_2$ cm über demselben, nachdem eine zweite Ligatur mit Leinenbändchen, Seidenfaden oder Katgut vorgenommen ist.

Es scheint uns zu genügen, die Nabelschnur nur einmal abzubinden, wenn man den Rest der Nabelschnur nicht größer wählt als ungefähr 3 bis 4 cm. Wir haben auch bei diesem Vorgehen unter Innehaltung strengster Asepsis bei der weiteren Versorgung in den letzten tausend Fällen niemals eine Nabelerkrankung gesehen.

Versorgung des Nabelschnurrestes. Der Nabelstrangrest und seine Umgebung werden mit 90%igem Alkohol abgetupft; hierauf wird der Verband angelegt. Sterile Gaze und eine der üblichen Nabelbinden erfüllen den Zweck [1]. Im allgemeinen wird vor Auflegen der sterilen Gaze ein austrocknendes und antiseptisch wirkendes Streupulver aufgestreut; denn ein chirurgisch aseptischer Verlauf ist bei dieser Wundheilung deshalb nicht zu erwarten, weil es sich doch um die Demarkation eines nekrotischen und mumifizierten Gewebsstückes handelt. Als Streupuder empfehlen wir besonders Xeroform, Noviform und Euguform.

Eine große vergleichende Untersuchung über die besten Mittel für Antisepsis und Austrocknung, speziell auch für den Zweck, die Haut nicht zu reizen und die Epidermisierung so weit zu fördern, damit nach Abfall des Nabelschnurrestes gleichzeitig auch die Epidermisierung so gut wie abgeschlossen sei, läßt den Perubalsam, von welchem eine geringe Menge aus der Tube auf den Nabel ausgedrückt wird, ebenfalls als sehr geeignet erscheinen. Man wird namentlich an dieses Mittel denken, wenn man die Behandlung eines fauligen Nabelstumpfes übernimmt.

Der Nabelverband soll zumindest jeden zweiten Tag gewechselt werden; bei täglichem Bade naturgemäß täglich. Beschmutzung des Nabelverbandes, ferner Krankheitserscheinungen (Fieber, Geruch) nötigen zu sofortigem Wechsel [2]. Befleißigt man sich in allen seinen Verrichtungen am Kinde der peinlichsten Asepsis, und sind alle Vorsichtsmaßregeln erfüllt, welche wir bei der Prophylaxe der Sepsis der Neugeborenen angegeben haben (siehe S. 90), dann kann das Neugeborene täglich gebadet werden.

Das Baden hat gerade auch für den Neugeborenen gewisse Vorteile: 1. die gründliche Säuberung, die niemals in gleicher Weise durch das bloße Waschen bewirkt wird und 2. die Einwirkung auf das Allgemeinbefinden, das Anregen zu kräftigem Schreien, zu kräftigerem Saugen.

2. Therapie.

a) Nabelekzem.

Bei jedem Nabelekzem inspiziere man sorgfältig auf Granulome. Ein solches muß zunächst entfernt werden. Sonst Ätzen mit 3%iger

---

[1] Besonders beliebt ist der Vömelsche Verband, der bei Achenbach in Frankfurt hergestellt und in Originalschachteln verpackt (jeder Karton enthält 12 Stück) abgegeben wird. Er besteht 1. aus einem Leukoplastring von 3,5 cm innerem und 7 cm äußerem Durchmesser. Unter diesen Leukoplastring kommt 2. eine runde vierfache sterile Mullkompresse von 5,8 cm Durchmesser. Der Ring hält infolge seiner Klebemasse sowohl sich selbst an der Bauchhaut als auch die Mullkompresse in ihrer Lage auf dem Nabelstumpf fest.

[2] Der Vömelsche Verband ist direkt als Dauerverband beabsichtigt.

Argentum nitricum-Lösung und Einstreuen von Dermatolpuder. Bei chronischem Nabelekzem muß man mit 1%iger Argentum nitricum-Salbe verbinden.

Es hat sich neuerdings herausgestellt, daß ein großer Teil der Fälle auf Diphtherie beruht. Der Nachweis einer durch direkte Inspektion festzustellenden Nasendiphtherie vermag die Diagnose zu sichern, aber auch das Auftreten der Erkrankung in hygienisch einwandfreien Anstalten und in der Klientel einer guten Hebamme läßt eine solche Infektion vermuten. Auch im Zweifelsfalle spritze man daher 2000 Einheiten Diphtherieserum ein, die gerade der junge Säugling ohne jede Störung verträgt.

b) Omphalitis und Nabelgefäßerkrankungen.

Die leichten Entzündungen des Nabelgrundes mit schwächerer oder stärkerer Sekretion (Blenno- oder Pyorrhoea umbilici) mit oder ohne Geschwürsbildung (Ulcus umbilici) werden am besten mit austrocknenden Pulververbänden (siehe S. 86) behandelt, nachdem für guten Abfluß des sich oft in der Nabelfalte stauenden Sekretes gesorgt ist. Vor der Pulverstreuung empfehlen wir Auspinseln mit 3%iger Argentumlösung. Dem infektiösen Sekret muß möglichst Abfluß gewährt werden, indem man täglich mehrmals Ausspülungen des Nabelsackes mit leicht desinfizierenden Flüssigkeiten, 5%iger Borsäurelösung, 2—3%iger Lösung von essigsaurer Tonerde, 3%iger Perhydrollösung vornimmt. Sind Taschen vorhanden, durch die die Gefahr sich immer wieder erneuernder Stauung des Sekrets und von diesem ausgehender Verbreitung der Infektion bzw. unangenehmer Resorptionserscheinungen mit Fieber besteht, dann muß man versuchen, die Höhle nach außen hin durch Einführung eines schmalen, mit Dermatol eingestreuten Gazestreifens zu drainieren. Die Verkrustung verhindert man am besten durch Auflegen eines zweimal täglich zu wechselnden, mit Spiritus-Glyzerin getränkten Okklusivverbandes. Führt dies nicht zum Ziel, dann bleibt nur die Öffnung der Tasche durch Spaltung der ihren Eingang ganz bedeckenden Hautfalte auf der Hohlsonde übrig, über der dann ein Verband angelegt wird, bei Vorherrschen der entzündlichen Erscheinungen mit starker Rötung zunächst mit Glyzerin und Alkohol zu gleichen Teilen, später mit austrocknenden antiseptisch wirkenden Pudern.

Greift der entzündliche Prozeß weiter in die Breite und Tiefe, worauf eine profuse Eiterung hinweist, kommt es zu Periomphalitis, dann muß die antiphlogistische Behandlung mit dem genannten Umschlag mit aller Energie fortgesetzt werden unter steter Inspektion, damit sich bildende Abszesse oder Phlegmonen möglichst schnell ausgiebig gespalten werden können. Es empfiehlt sich, alle Spaltungen auf der Hohlsonde vorzunehmen, um vor den unangenehmen Überraschungen einer Verletzung des Peritoneums mit Darmvorfall geschützt zu sein.

c) Brand.

Ein energischeres Vorgehen erfordert der jetzt glücklicherweise selten gewordene Brand. Ein großer Teil der Fälle beruht auf Diphtherie. Ein gleichzeitig bestehender diphtherischer Schnupfen kann die Diagnose erleichtern. Die Therapie besteht dann in Einspritzung von Heilserum (schon bei Verdacht 2000 Immunitätseinheiten). Besteht ein brandiger Nabelschnurrest, dann trage man das abgestorbene Gewebe möglichst vollständig mit der Schere ab. Scheut man davor zurück, etwa aus Furcht, das Peritoneum zu verletzen und in die Bauchhöhle zu gelangen, dann empfehlen sich luftdicht abschließende Dunstumschläge mit Spiritus-Glyzerin, unter welchen manchmal die Losstoßung des Schorfes erfolgt.

d) Granulom.

Das Granulom, dessen Entstehung in engen Beziehungen zu den entzündlichen Erkrankungen der Nabelwunde steht, wird nur dann abgetragen, wenn es deutlich gestielt ist. Der kleine Tumor wird vorgezogen und mit einem sterilen Seidenfaden unterbunden. Dabei löst sich bereits in einem Teil der Fälle die kleine Geschwulst sofort. Die sehr geringe Blutung kommt von selbst zum Stillstand. In anderen Fällen fällt das Granulom erst nach einigen Tagen mumifiziert ab. Bei breit aufsitzendem Stiele darf die Abtragung mit der Seidenschlinge nicht vorgenommen werden, dann touchiere man wiederholt mit einem Lapisstift und bedecke nach jedesmaligem Tuschieren mit etwas Dermatolgaze oder einem austrocknenden Puder und Verband. Da prolabierte, mit Darm oder Blase kommunizierende granulomähnliche Divertikel stets einen breiten Stiel haben, schützt das beschriebene Vorgehen vor dem äußerst gefährlichen Abtragen. Starkes Nässen veranlaßt zum Untersuchen mit der Lupe, wobei manchmal eine kleine Fistelöffnung festgestellt wird. Man kann versuchen, diese durch häufige Lapisätzung zum Schließen zu bringen.

IX. Munderkrankungen des Neugeborenen.

Die katarrhalische Stomatitis des Neugeborenen ist zum größten Teile die Folge der mechanischen Mundreinigung. Ernährungsstörungen verschlimmern den Zustand, können ihn aber auch ohne gleichzeitige mechanische Störungen hervorrufen. Das gleiche gilt vom Soor. Bednarsche Aphthen werden nur durch Mundauswischen hervorgerufen. Hieraus ergibt sich ohne weiteres die Prophylaxe.

Im allgemeinen ist jede Berührung der Mundschleimhaut zu unterlassen, aber dafür zu sorgen, daß die Ernährung des Kindes geordnet wird. Besonders wichtig ist, daß eine reichliche Flüssigkeitsmenge gegeben wird, weil hierdurch die nützliche Speichelsekretion vermehrt wird. Man gebe zwischen den Mahlzeiten häufig eine alkalische Flüssigkeit, z. B. einen erwärmten alkalisch-muriatischen Säuerling. Muß man etwas verschreiben, so mag man eßlöffelweise stündlich folgende Mixtur geben:

Aq. calcis	75,0
Aq. dest. ad	175,0
Saccharin. Tabul.	I.

Nur sehr selten ist die Schleimhaut so schmerzhaft, daß man zur Anästhesinbehandlung (siehe S. 264), zur Löffel- und Schlundsondenfütterung greifen muß. Bei dieser Behandlung heilen alle Bednarschen Aphthen, katarrhalischen Mundentzündungen und bei weitem die meisten Fälle von Soor. Bei den heutzutage extrem seltenen Fällen, in denen die Pilzrasen mehrere Millimeter Dicke erreichen, muß man namentlich in der Zeit, in der sie sich zu lösen beginnen, die lockeren Teile sanft entfernen, während man zugleich alkalische Flüssigkeiten einwirken läßt. Befördert doch saure Reaktion in der Mundhöhle das Wachstum des Pilzes. Mit einem in ziemlich starke Lösung von doppelkohlensaurem Natron (eine Messerspitze auf einen Eßlöffel) getauchten Wattepinsel wischt man Backentaschen und harten Gaumen sanft zweimal täglich ab. Die Wattepinsel stellt man am besten durch Umwickeln eines Streichholzes mit Watte her, so daß die Watte bis an das angefaßte Ende reicht. Bei dicken Pilzrasen im hinteren Pharynx muß man namentlich in der Ablösungszeit die Reinigung mit einem gebogenen Watteträger vornehmen. Derartig schwere Fälle bedürfen meist der Brusternährung. Über Blutungen s. S. 84.

X. Mastitis.

Zur Entzündung der Brustdrüse des Neugeborenen kommt es gewöhnlich erst durch unzweckmäßige Pflege einer reichlicher laktierenden Drüse. Die häufig angetroffene Unsitte, an der gestauten Drüse herumzudrücken und herumzukneten, die sogenannte Hexenmilch auszudrücken, führt um so leichter zu einer Infektion, je geringer die Sauberkeit bei einem solchen schon an und für sich ganz unzweckmäßigen Vorgehen ist. Man lasse die sezernierende Milchdrüse des Säuglings in Ruhe!

Ist eine Entzündung eingetreten, so muß man versuchen, die Eiterung durch Umschläge mit Spiritus-Glyzerin zu gleichen Teilen hintanzuhalten. Wenn man essigsaure Tonerde benutzen will, muß die Haut dick mit Vaseline eingestrichen sein. Ist Eiter nachweisbar, dann zögere man nicht mit der Entleerung durch eine radiäre Inzision, die man möglichst weit vom Warzenhofe macht, damit die Narbe nicht durch diesen geht. Eiterverhaltung bei unzureichender chirurgischer Behandlung ist mit Rücksicht auf die größere Bereitschaft des Neugeborenen zu septischen Infektionen gefährlich.

XI. Septische Erkrankungen.

1. Prophylaxe.

Die Prophylaxe besteht, allgemein gefaßt, in der wiederholt beschriebenen aseptischen Behandlung des Säuglings und besonders der Nabelwunde. Außerdem muß die Immunität des Kindes durch natürliche Ernährung möglichst gehoben werden.

Es kann nicht unsere Aufgabe sein, die vorerwähnten prophylaktischen Maßnahmen in all ihren Einzelheiten zu erörtern. Denn diese müssen zum größten Teil als die Prinzipien rationeller Säuglingspflege als bekannt vorausgesetzt werden, nicht nur bei den Ärzten, sondern auch beim Pflegepersonal. Wenige Bemerkungen dürften daher zur Erläuterung genügen.

Sauberkeit. Die Hebamme oder Pflegerin, die das Kind versorgt, darf dies nicht ohne Händewaschen tun. Das gilt übrigens auch vom Arzt. Zuerst ist das Kind, dann die Wöchnerin zu besorgen; denn das Lochialsekret ist als infektiös zu betrachten.

Die Einrichtung von Neugeborenenabteilungen muß für jedes Neugeborene gesonderte Gebrauchsgegenstände vorsehen. Die Neugeborenen sollen womöglich in besonderen Abteilungen untergebracht werden, damit die Mütter sie nicht unbeaufsichtigt zu sich ins Bett nehmen können. Nur wenn genügend geschultes Säuglingspflegepersonal vorhanden ist, wird die Besorgung des Kindes nicht hinter der der Mutter zu kurz kommen, und dann erst werden die Sepsisfälle auf den Neugeborenenabteilungen der Frauenkliniken so gut wie vollständig verschwinden.

Fernhaltung von infektiösem Material. Es wäre eigentlich selbstverständlich, daß Menschen mit Furunkel, Phlegmonen oder Ohreiterungen nicht in das Zimmer der Neugeborenen gehören bzw. von Berührung und Pflege ausgeschlossen werden. Von uns beobachtete Sepsisfälle, die nur von einem Verstoß gegen diese Forderung hergeleitet werden konnten, zwingen, das ausdrücklich auszusprechen. Hat die Mutter eine durch Infektion mit Streptokokken hervorgerufene hämorrhagische Erkrankung, so soll sie wegen der besonderen Gefährlichkeit dieser Bakterien das Kind nicht anlegen. Dieses muß vielmehr mit abgespritzter Frauenmilch oder Ammenmilch ernährt werden. Hingegen ist die gewöhnliche, durch Staphylokokken hervorgerufene Mastitis, selbst wenn sich Eiter mit der Milch entleert, keine Kontraindikation gegen die Fortführung der Stillung — ganz abgesehen davon, daß die Mastitis gewöhnlich erst zu einer Zeit eintritt, in der das Kind aus der Neugeborenenperiode herausgetreten ist. Natürlich muß jede Beschmutzung der Hautoberfläche des Kindes mit Eitererregern peinlichst vermieden werden.

Haut. Die Hautpflege muß deshalb so sorgfältig vorgenommen werden, weil bekanntermaßen die Mehrzahl der Neugeborenen, ganz abgesehen von der physiologischen Desquamation, ekzematöse Veränderungen zeigt. Die Epitheldecke muß möglichst unversehrt erhalten werden, daher ist Vorsicht beim Trocknen der Kinder nach dem Bade, beim Trockenlegen, zu beobachten; die Haut mazerierende Verbände sind zu vermeiden. Die kleinste Pustel ist sofort mit einem Karbolquecksilberpflaster zu bedecken und bei Vorhandensein von Eiter zu inzidieren. Denn wir sehen gerade von solchen kleinen Pusteln bei widerstandslosen Neugeborenen septische Infektionen schwerster Art ausgehen, die in foudroyanter Weise zum Tode führen können.

Schleimhäute. Ebenso wie die Haut dürfen auch die Schleimhäute nicht verletzt werden. Eine außerordentlich verhängnisvolle Rolle für die Entstehung der Sepsis hat das Mundauswischen gespielt. Den Säuglingsmund auszuwischen ist ein Kunstfehler. Es kommt dadurch sehr leicht zu einer katarrhalischen Stomatitis, welche die Schleimhaut ihrer Schutzkräfte beraubt, im Anschluß daran zu geschwürigen Bildungen, unter denen die Bednarschen Aphthen die bekanntesten sind. Von diesen Geschwüren ausgehende septische Infektionen waren keine Seltenheiten. Sie sind fast so gut wie verschwunden, seit das Verbot des Mundauswischens Gemeingut aller mit der Pflege des Säuglings betrauten Personen geworden ist.

Respirationstraktus. Zur Verhütung vom Respirationstraktus ausgehender septischer Infektionen können wir uns nur darauf beschränken, alle Menschen mit katarrhalischen Affektionen der Respirationsorgane vom Neugeborenen fernzuhalten. Denn beim Neugeborenen wird allzu leicht der Schutzwall, der beim älteren Säugling vorhanden ist, von den Erregern der Grippe durchbrochen. Gegen die vom Respirationstraktus ausgehende Sepsis, die auf Aspiration von mit virulenten Bakterien verunreinigten Fruchtwasser zurückzuführen ist, sind wir machtlos. Ist die stillende Mutter an einer Grippe erkrankt, so stillt sie das Kind nach Vorbinden eines Tuches vor Mund und Nasenöffnung. Das Kind ist in der übrigen Zeit in einem anderen Zimmer unterzubringen.

Darmtraktus. Es ist streng darauf zu achten, daß die Kinder nicht etwa mit verunreinigtem Thermometer gemessen werden. In allen Krankenanstalten und Kinderheimen muß daher jedes Kind sein eigenes Thermometer haben. Für die Entstehung der enteralen Sepsis ist es nicht von Belang, ob die Kinder nach 7 bis 10 oder erst nach 24 Stunden angelegt werden. Sie kommt vor allem bei künstlicher Ernährung zustande. Diese ist wohl nicht ein unmittelbar kausales, sondern ein unterstützendes Moment. Denn wir sehen die enterale Sepsis fast hauptsächlich bei künstlich ernährten Kindern in Kliniken zum Ausbruch kommen, fast niemals aber bei künstlich ernährten Kindern im Privathaiuse be einwand freier Pflege. Es führen also neben der künstlichen Ernährung noch andere Momente zur enteralen Sepsis, wohl die bakterielle Verunreinigung im allgemeinen, das nicht aseptische Vorgehen am Säugling, vielleicht allerkleinste Verstöße in einem mit Bakterien geschwängerten Milieu, die eben vermieden werden, wenn die Säuglingspflege auf der Höhe ist. Die Prophylaxe der enteralen Sepsis kann daher auch nur in der natürlichen Ernährung, kombiniert mit der minutiösesten Pflege, bestehen.

Nabel. Vgl. S. 85.

Operationen. Jede nicht unbedingt notwendige Operation soll beim Neugeborenen vermieden werden. Angiomoperationen sollen verschoben, die Lösung des Zungenbändchens als niemals notwendig auch nicht aus Gefälligkeit gegen Volksanschauungen vorgenommen werden. Leider können wir die Zirkumzision nicht verhindern. Doch darf sie der Arzt zumindest dann verbieten, wenn das Kind in irgend einer Beziehung nicht völlig gesund ist oder in der Umgebung sich infektiöse Prozesse abspielen. Unverantwortlich in dieser Lebensperiode sind Zirkumzisionen, die nicht durch rituelle Vorschriften bedingt sind.

2. Therapie.

Die Therapie der Sepsis beim Neugeborenen ist undankbar, noch undankbarer als beim Erwachsenen und älteren Kinde. Ob spezifische Sera in dieser Lebensperiode einen Erfolg haben, muß füglich bezweifelt werden. Streptokokken- und Pneumokokkensepsis führen beim Neugeborenen wohl immer zum Tode. Leichter wird er mit durch Staphylokokken hervorgerufener Sepsis fertig, am leichtesten mit der Gonokokkensepsis. Das Wesentlichste der Therapie ist die Fortführung der natürlichen Ernährung. Für unter künstlicher Ernährung erkrankte Kinder muß unbedingt Frauenmilch beschafft werden. Daneben ist für reichliche Durchspülung des Körpers zu sorgen. Verabfolgung von Tee, Eingießung von erwärmtem Mineralbrunnen in den Magen, permanente Irrigation und schließlich subkutane Kochsalzinfusion werden je nachdem in Anwendung gezogen. Bei dieser Behandlung heilen die Fälle von Gonokokkensepsis, ferner alle scheinbar septischen und vielleicht manche in Wirklichkeit leicht septische Fälle. In zweiter Linie ist die Hebung der Herzkraft notwendig. Das Koffein erscheint uns das wichtigste Mittel. Daneben reichliche Durchspülung des Organismus mit Wasser, eventuell Kochsalzinfusion. Zu Silberpräparaten haben wir wenig Vertrauen, würden jedoch dem Kollargol per clysma nicht widerraten (0,2—0,5 in 30—50 ccm Wasser nach einem Reinigungsklistier), da es unschädlich ist. Es handelt sich aber wohl auch nur um eine Scheinbehandlung.

Neben der allgemeinen Behandlung darf die lokale Behandlung nicht versäumt werden, wo sie nötig ist. Ein Furunkel, eine Phlegmone müssen tief gespalten werden. Nur kleine, multiple Gonokokkenabszesse lasse man unberührt und begnüge sich bei größeren mit einer Punktion. Bezüglich der Behandlung der infektiösen Nabelprozesse verweisen wir auf S. 87, bezüglich der Behandlung des Erysipels auf S. 88, bezüglich der Behandlung der Bednarschen Aphthen auf S. 88.

Das Bild der Sepsis der Neugeborenen ist bekanntlich außerordentlich polymorph, je nach dem Erreger, je nach der Widerstandskraft, die der Organismus der Durchwucherung mit Keimen entgegensetzt.

Wir müssen es uns zum Grundsatz machen, die Lokalisation in Speicheldrüsen, Lunge, Darm genau so zu behandeln, als wenn es sich um selbständige Prozesse und nicht um Teilerscheinungen einer Sepsis handele. Das gilt ganz besonders aber von der enteralen Sepsis, die sich nicht anders zu äußern braucht als in dem Symptom eines schweren Durchfalls.

Haben wir ein derartiges Bild vor uns, dann müssen wir bei toxischem Einschlag für 12 Stunden die Nahrung vollständig entziehen und durch Tee ersetzen, um dann mit der Zufuhr kleinster Mengen Frauenmilch zu beginnen, allmählich jeden Tag um 50—100 g steigend, wie wir das S. 292 bei der Behandlung des schwersten Brechdurchfalls beschrieben haben. Die reichliche Wasserspeisung daneben scheint wichtig und sogar für die Entgiftung des Organismus eine besonders wirksame Note zu besitzen.

Jeden Tag ist der Körper des Kindes genau zu inspizieren, um zu rechter Zeit einen sich bildenden Abszeß, einen eitrigen Gelenkerguß, eine beginnende Osteomyelitis zu bemerken und den Herd chirurgisch angehen zu können. Es gibt Fälle, bei denen man die Freude hat, trotz schwerstem Allgemeinzustand doch allmählich das Kind unter Bildung von 5, 10 und mehr tief liegenden Abszessen, die geöffnet und sachgemäß behandelt werden, zur Genesung kommen zu sehen.

Allerdings ist das neugeborene Kind, wenn es nach Wochen die Sepsis überstanden hat, in einem Zustand hochgradiger Labilität, die sich besonders in schlechtem Gedeihen, mangelnder Gewichtszunahme und vor allem hochgradiger Anämie äußert. Deswegen entlasse man ein solches Individuum niemals zu früh aus der Behandlung und sorge dafür, daß lange Zeit noch über die schwere Erkrankung hinaus die natürliche Ernährung beibehalten bleibt. Nur so erlangt das Kind wiederum seine volle Widerstandskraft und überwindet die Anämie.

XII. Sklerem und Sklerödem.

Die Therapie dieser beiden wesensverwandten Affektionen fällt mit der der zugrunde liegenden schweren allgemeinen Störung des Ernährungsvorganges bzw. der Lebensschwäche zusammen. Nur dasjenige therapeutische Rüstzeug, das für die Behandlung der schwersten Formen der Ernährungsstörungen geeignet ist (siehe S. 134), kann hier in Frage kommen.

Es ist so gut wie ausgeschlossen, mit irgend einer künstlichen Nahrung das Kind zur Genesung zu bringen. Die Beschaffung von Frauenmilch ist eine Lebensfrage.

Der häufig vorhandene Zustand der Exsikkation muß bekämpft werden. Kleine Klysmen mit physiologischer Kochsalz- oder Ringerscher Lösung verdienen hier den Vorzug vor allen Methoden der Wasserzufuhr.

Die wohl regelmäßig vorhandene Unterkühlung der Kinder erfordert Maßnahmen, welche ihre Temperatur zur Norm zurückführen. Hier kommt zunächst das in vorsichtiger Weise angewandte, kurz dauernde heiße Bad in Frage, an das sich die Erwärmung durch Einhüllen in warme Tücher und Warmhaltung des Körpers durch Wärmflaschen anzuschließen hat.

Der vielfach empfohlenen Massage zur Hebung der eigentümlichen Beschaffenheit der Haut und des Unterhautzellgewebes kommt wohl nur eine geringe Bedeutung zu, die auf den Ablauf des Krankheitsprozesses ohne Einfluß bleibt, wenn es nicht durch allgemeine Maßnahmen der Ernährung und Pflege gelingt, die zugrunde liegende schwere Störung zu heben. Ein Bestreichen der skleromatösen Partien mit warmem Öl und Umhüllung mit Watte erscheint immerhin angezeigt.

Die medikamentöse Therapie hat sich ausschließlich die Hebung der stets gesunkenen Herzkraft angelegen sein zu lassen. Die Injektion von Koffein muß wegen der mangelhaften Resorption in den veränderten Hautpartien intramuskulär in den Biceps, in den Rectus femoris oder unter die Brustdrüse erfolgen.

Verdauungs- und Ernährungsstörungen des Säuglings[1].

Für die Praxis empfiehlt sich eine scharfe Trennung zwischen den Störungen beim Brustkinde und denen beim künstlich ernährten Kinde. Denn unser therapeutisches Vorgehen unterscheidet sich insofern ganz wesentlich, als wir beim ernährungsgestörten Brustkinde fast nie der Annahme Raum zu geben

[1]) Auf den Chemismus und die Pathogenese der Verdauungs- und Ernährungsstörungen gehen wir nur insofern ein, als diesbezügliche Erörterungen zur Begründung eines therapeutischen Vorschlags unbedingt notwendig sind.

haben, daß eine Erkrankung durch unzweckmäßige bzw. schlechte Beschaffenheit der Frauenmilch ausgelöst ist. Wir sollen daher die Frauenmilchernährung auch bei Störungen an der Brust, wenn auch unter Umständen in modifizierter Weise, beibehalten. Bei dem unter künstlicher Ernährung an einer Ernährungsstörung erkrankten Kinde müssen wir jedoch fast stets das Prinzip vertreten, nicht nur eine quantitative, sondern auch eine qualitative Änderung der Nährmischung für kürzere oder längere Zeit vorzunehmen.

I. Die Störungen bei natürlicher Ernährung.

1. Prophylaxe.

Die Prophylaxe besteht in der exakten Durchführung der Regeln der Stilltechnik (vgl. S. 2), in der Vermeidung von Unregelmäßigkeiten in der Ernährung, der Überernährung sowohl als auch der Unterernährung. Durch endogene Momente (besondere Konstitutionsanomalien, verstärkte Darmgärung vielleicht infolge einer besonderen Bakterienflora) bedingte Störungen, wie z. B. vermehrte Stuhlentleerungen, Speien, Obstipation können wir von vornherein nicht verhüten. Wir können jedoch häufig verhindern, daß schwerere Störungen aus leichten Formen entstehen. Wir erreichen das am allerbesten durch unbeirrbares Festhalten an der natürlichen Ernährung und ihren Regeln, durch zielbewußte Vernachlässigung kleiner Störungen. Denn die Erfahrung lehrt, daß die Schwierigkeiten oft erst anfangen und die Störungen einen unangenehmen Charakter erhalten, wenn die Mütter beginnen, auf eigene Faust allerhand Maßnahmen zu ergreifen und eine gewisse Vielgeschäftigkeit einsetzt. Um diese zu vermeiden, bedarf es eines maßgebenden Einflusses von ärztlicher Seite auf die Mutter. Das felsenfeste Vertrauen der Mutter in die Unübertrefflichkeit der natürlichen Ernährung, auch wenn sich gewisse Störungen einstellen, und die auf dieser Grundlage ermöglichte ruhige Weiterführung der Ernährung ist die beste Prophylaxe.

2. Allgemeine Therapie.

Folgende Erscheinungen sind in der weitaus überwiegenden Mehrzahl beim Brustkinde diejenigen, in denen der Arzt zum Eingreifen aufgefordert wird: Erbrechen, Durchfall, Obstipation, schlechtes Gedeihen, entweder jede für sich oder in Kombination. Aus unseren Ausführungen über die Therapie jedes einzelnen Zustandes ergibt sich von selbst unser Vorgehen bei der Kombination.

Bei sämtlichen genannten Störungen können bei der natürlichen Ernährung gemachte Fehler die Ursache sein, nämlich Unregelmäßigkeiten und Unruhe bei der Stillung, Überernährung, Unterernährung. In anderen Fällen liegen die Ursachen im Kinde: abnorme Reizbarkeit der Magendarmschleimhaut, atonische und spastische Zustände, Infektionen, auch wenn sie nicht am Darm einsetzen, z. B. die Rhinopharyngitis.

Unsere Therapie bezweckt vor allem die Abstellung der durch äußere Momente bedingten Schädigungen, sowohl der Überernährung als auch der Unterernährung, hat aber auch unruhiges und inkonsequentes Vorgehen bei der Stillung zu beheben. Hier können wir die Ursache der Krankheit beseitigen. Bei den endogen bedingten Krankheitssymptomen sind wir auf eine mehr symptomatische Therapie angewiesen, die allerdings keineswegs immer von Erfolg begleitet ist. Sie gestattet uns aber jedenfalls, die natürliche Ernährung über eine Zeit hinaus durchzuführen, in der die künstliche Ernährung, zu deren Einleitung der Arzt bei Störungen an der Brust fast stets gedrängt wird, ihre besondere Gefahr verloren hat.

Als allgemeine Prinzipien für die Behandlung stellen wir voran:

1. Wegen keiner der genannten Störungen darf ein Kind von der Brust völlig abgesetzt und zu künstlicher Ernährung übergegangen werden.

2. Empfiehlt sich die vorübergehende Einschränkung der Nahrungsmengen oder das völlige Aussetzen der Ernährung mit Frauenmilch für 12 Stunden — länger ist nur in besonders begründeten Ausnahmezuständen gestattet — denke man stets daran, daß während dieses Vorgehens die Brust durch den Mangel des Saugreizes versiegen kann und verhüte dieses Vorkommnis, indem man durch Abspritzen mit der Hand oder Pumpe die Brust regelmäßig und vollständig entleert.

3. Man mache es sich zur Pflicht, bei jeder Störung die Menge der von dem Kinde getrunkenen Mahlzeiten mit Hilfe der Wage an zwei aufeinanderfolgenden Tagen zu ermitteln. Diese Wägung gibt uns wertvolle Hinweise für unser Vorgehen. Denn sie stellt klar, ob wir ätiologisch Überernährung bzw. Unterernährung verantwortlich zu machen haben, oder ob die Ursache der Störung in anderen Momenten zu suchen ist.

4. Bei gedeihenden Brustkindern, d. h. bei Säuglingen, welche nicht nur im Gewicht entsprechend ansteigen, sondern auch die anderen Zeichen der Gesundheit, gute Hautfarbe, festes, saftiges Fleisch, gute Immunität darbieten, sollen leichte Formen des Speiens (Ausschüttung geringer Mengen nach der Nahrungsaufnahme) ebenso wie auch Häufung der Stuhlentleerungen und deren abnorme Beschaffenheit nicht zu einer Behandlung verleiten. Die Symptome weisen allerdings auf eine gewisse Reizbarkeit des Verdauungstraktes, bzw. einen Schwächezustand hin. Während der natürlichen Ernährung sind sie jedoch häufig und bedeutungslos und keinesfalls geeignet, den durch keine andere Art der Ernährung erreichten hervorragenden Eigenschaften der Frauenmilch Abbruch zu tun. Erbrechen und Durchfall erfordern nur dann ein Eingreifen, wenn sie mit einer Störung des Allgemeinbefindens einhergehen, aber auch dann, wenn sie zu einer Mazeration der um den Mund bzw. der um den Anus liegenden Haut führen.

5. Erbrechen und Durchfall, insbesondere bei gleichzeitigen schweren Allgemeinsymptomen (Fieber usw.) sind in der weit überwiegenden Zahl der Fälle nur sekundäre Erscheinungen einer akuten Allgemeininfektion (Rhinopharyngitis, Pyelitis, Meningitis usw.). Diese Infektionen und nicht die Magendarmerscheinungen sind Gegenstand der Behandlung.

3. Spezielle Therapie.

a) Erbrechen.

Die Behandlung des Erbrechens richtet sich nach der Ursache, deren Ermittlung die Voraussetzung zielbewußter Therapie ist.

Das infolge einer Infektion einsetzende, oft außerordentlich stürmische, pathogenetisch nicht geklärte Erbrechen bedarf eigentlich kaum der Behandlung, da es erfahrungsgemäß mit der Besserung wiederum zu verschwinden pflegt. Die kurze Zeit des durch das Erbrechen bedingten Inanitionszustandes wird vom Kinde leicht überwunden, wenn der Wasserhunger gestillt ist. Wird auch Wasser (Tee mit Saccharin, Mineralbrunnen) erbrochen, verhüte man die Exsikkation durch häufige kleine Klysmen von Kochsalz- oder Ringer-Lösung. Von recht günstiger Wirkung ist manchmal die Anästhesierung der Rachen- und Magenschleimhaut mit einem ungefährlichen Mittel (Anästhesin, Novokain, Propäsin). Mitunter wird ein Einguß von 200 g 39°igem Karlsbader Mühl- oder Lullusbrunnen gut behalten[1]).

Handelt es sich um eine mehr chronische, von der Geburt an oder bald nachher manifest werdende Form, wobei das Gedeihen ausbleibt, dann wird die stets vorzunehmende Ermittlung der von dem Kinde getrunkenen Tagesmengen, manchmal auch schon die Anamnese erweisen, ob Überfütterung bzw. zu häufige und unregelmäßige Füllung des Magens schuld sind. In diesem Falle genügt die Einführung der üblichen Stilltechnik, nachdem man eventuell eine Magenausspülung mit Karlsbader Mühlbrunnen und sechsstündige Hungerpause eingeschaltet hat, um die Stauung des Mageninhalts und eine eventuell eingetretene Motilitätsstörung in kurzer Zeit zu beheben. Mitunter verschwindet das Speien, wenn 5—10 Minuten vor den Mahlzeiten 1 Eßlöffel angewärmten Karlsbader Mühlbrunnens oder Lullusbrunnens gereicht werden. Bei vorhandener Appetitlosigkeit empfiehlt sich die Verordnung von Salzsäure oder Pepsin-Grübler 3 mal täglich 5 Minuten vor der Nahrungsaufnahme. Stets achte man beim Übergang von falscher zu normaler Stilltechnik auf die völlige Entleerung der in den ersten Tagen des therapeutischen Vorgehens oft nicht leer

[1]) **Galliges Erbrechen der Neugeborenen.** Tritt bei einem Neugeborenen der ersten Woche galliges, kopiöses Erbrechen auf, so behandele man es wie einen toxischen Zustand (S. 135), 24stündige Teediät, Beginn mit abgespritzter Brustmilch 6—7 mal 20 g, langsamer Anstieg. Am vierten Behandlungstage kann man vorsichtig abwechselnd mit der Fütterung von 30—40 g abgespritzter Brustmilch kurz an der Brust trinken lassen.

getrunkenen Brust. Unregelmäßigkeiten in der Gewichtskurve, initiale stärkere Abnahme oder Schwankungen beeinflussen das Handeln in keiner Weise und sind von vornherein der Mutter als bedeutungslos hinzustellen. Komplizieren stärkere Unruhe und Schlaflosigkeit die Störung, so greife man zu einem leichten Beruhigungsmittel, Bromural, Chloralhydrat (siehe Schlafmittel).

Ungleich schwieriger zu beeinflussen als die genannte chronische Form des Erbrechens sind die Fälle, die ihre Ursache in einer konstitutionellen Schwäche des Kindes haben, deren Pathogenese keineswegs völlig klar, wohl auch nicht einheitlich ist, wenn auch wahrscheinlich Hyperästhesie der Magenschleimhaut, Unregelmäßigkeiten des Pylorusschlusses und auf nervöser bzw. auf asthenischer Grundlage sich ausbildende Motilitätsstörungen eine Rolle spielen. Die Wägung der Trinkmengen und die Anamnese, die keine Fehler aufdeckt, behüten uns vor der falschen Maßnahme einer Einschränkung der Trinkmengen. Mit einer Änderung der Stilltechnik erreichen wir gewöhnlich nichts. Vergrößerung der Trinkpausen und Einschränkung der Trinkmengen können sogar zu einer Verschlechterung des Zustandes führen. Man halte deshalb bei habituellem Erbrechen an der normalen Stilltechnik fest und lasse das Kind ausreichend trinken. Das ist allerdings nicht von unmittelbar heilendem Einfluß. Aber das Kind überwindet mit zunehmendem Alter bei solchem Vorgehen am besten die Störung. Währenddessen sind einige andere Maßnahmen zu versuchen. Bei Fällen von habituellem Erbrechen, welche in ihrem Symptomenkomplex dem Pylorospasmus nahe stehen (dessen Therapie wir besonders besprechen), sich von ihm vielleicht nur durch das Fehlen der sichtbaren Magenperistaltik unterscheiden, erreichen wir manchmal außer durch die bereits erwähnten anästhesierenden Mittel eine offensichtliche Wirkung durch Atropin (von einer Lösung 0,01 auf 10,0 dreimal täglich 3—5—7 Tropfen in der Weise zu geben, daß $^1/_3$ der Tropfen vor der Nahrungsaufnahme, $^1/_3$ während der Nahrungsaufnahme, $^1/_3$ nach der Nahrungsaufnahme gereicht wird). In anderen Fällen kommen wir vorwärts durch häufigere Magenspülungen mit Karlsbader Mühlbrunnen. Es handelt sich da insbesondere um Fälle mit Ektasie und Motilitätsschwäche infolge asthenischer Konstitution. Gar nicht selten sehen wir eine Besserung des Erbrechens bei der Versetzung von Mutter und Kind in eine andere Umgebung unter den Einfluß strenger Ordnung und zielbewußten Willens. Das läßt sich nur so erklären, daß auf diese Weise irgend ein im Hause gegebener, für das Kind nachteiliger Faktor (Unruhe, Vielgeschäftigkeit) ausgeschaltet wird, der zur Alteration des Nervensystems des Kindes und auf diese Weise zum Erbrechen geführt hat. Die Kardinalfrage, vor die der Arzt in schweren Fällen gestellt wird, ist die, ob vielleicht die Frauenmilch dem Kinde nicht bekömmlich ist und ob daher, wozu in wohlhabenden Kreisen oft aufgefordert wird, ein Wechsel der Stillenden vorgenommen bzw. ganz abgesetzt und künstlich ernährt werden soll. Die Verantwortung, die der Arzt bei einem solchen Vorgehen übernimmt, ist groß, um so größer, je jünger der kranke Säugling ist. Einerseits besteht, darüber haben uns die klinischen Erfahrungen mit Sicherheit unterrichtet, die Möglichkeit, daß ein Wechsel der Stillenden das Erbrechen beseitigt (vielleicht in einer Reihe von Fällen durch einen Austausch fettreicher Frauenmilch gegen fettärmere). Ebenso kann der Übergang zu künstlicher Ernährung einen Erfolg zeitigen. Andererseits verspricht ein Wechsel der Stillenden nur durch Zufall einen Erfolg, in der Mehrzahl der Fälle sehr viel Unannehmlichkeiten, und die künstliche Ernährung kann sogar zur Gefährdung des Lebens führen. Wir raten deshalb beim jungen Kind, sich zu dem Vorschlag des Wechsels der Stillenden bzw. der künstlichen Ernährung ablehnend zu verhalten und zunächst mit den genannten kleinen Mitteln zu lavieren. Die Verantwortung der Abstillung läßt sich beim älteren Säugling, keinesfalls jedoch vor Ablauf des 3. Lebensmonats, leichter übernehmen, namentlich bei einwandfreien Milchverhältnissen und kühlerer Jahreszeit. Man wird sie um so eher auf sich nehmen, wenn der Zustand der Stillenden schlecht und der unzweideutige Beweis des schlechten Befindens nicht lediglich durch subjektive Klagen, sondern durch Gewichtsabnahme deutlich ist. In diesem Falle wird man zunächst eine Brustmilchmahlzeit durch eine dem Alter des Kindes entsprechende Milchmischung oder durch die fettarme holländische Säuglingsnahrung (vgl. S. 500) ersetzen und die Reaktion des Kindes abwarten. Geht das Erbrechen auch bei fettarmer flüssiger Nahrung weiter, so versuche man 1—2mal täglich einen festen, mit Milch angerührten Zwiebackbrei zu geben, setze aber, auch wenn das Erfolg hat, nicht etwa vollständig ab. Man bleibe dann bei der Zwiemilchernährung (2—3 Mahlzeiten künstlicher Nahrung). Man kann dann später vollständig abstillen. Natürlich muß die künstliche Ernährung derartiger Kinder sich auch weiterhin unter ärztlicher Aufsicht vollziehen, weil plötzliche Komplikationen, die ein schnelles Eingreifen erfordern (Krämpfe, Laryngospasmus), gerade bei solchen Kindern häufiger sind.

Gegen das wenn auch nicht häufig vorkommende Erbrechen an der Brust durch Unterernährung, welche die Wägung der Trinkmengen klarstellt, gibt es nur das Mittel, die Laktation zu steigern (vgl. S. 4). Gelingt das nicht, so ist die Zwiemilchernährung am Platze.

b) Durchfall.

Nur von dem mit Beeinträchtigung des Allgemeinbebefindens einhergehenden Durchfall kann hier die Rede sein, nicht von den insbesondere im 1. Lebensvierteljahr das Gedeihen des Kindes in keiner Weise beeinträchtigenden grünlich schleimigen, substanzarmen, 4—8mal am Tag erfolgenden Stuhlentleerungen. Es ist ein leider noch heute nicht so selten gemachter Kunstfehler, bei diesem Vorkommnis eingreifende therapeutische Maßnahmen zu verordnen, die zu einem Rückgang der Laktation führen, oder gar das Kind absetzen zu lassen. Der Arzt hat bei dieser harmlosen Anomalie die Pflicht, sich jeder Polypragmasie zu enthalten und seine Aufgabe nur in der Beruhigung der Mutter zu sehen.

Aktiveres Vorgehen erfordern die durch Überernährung hervorgerufenen Durchfälle des Brustkindes (diagnostiziert aus der Ernährungsanamnese und der Wägung der Trinkmengen), auch wenn sie noch nicht zu einer erheblichen Beeinträchtigung des Allgemeinbefindens geführt haben. Hier ist eine Hungerpause von ungefähr 6—8 Stunden, danach die Einführung der normalen Stilltechnik zunächst mit Wägung der getrunkenen Mengen, damit kein Übermaß zustande komme, notwendig.

Im Gegensatz dazu erfordert Durchfall, der bei sichergestellter Unterernährung[1]) entstanden ist, aber nicht etwa erst zur Unterernährung geführt hat, Steigerung der Nahrung oder Zwiemilchernährung.

Bei Durchfall mit Beeinträchtigung des Allgemeinbefindens bzw. mangelndem Gedeihen — erst dann sind wir berechtigt, von einer Dyspepsie zu sprechen — hüte man sich, das Kind etwa abzusetzen. Liegen Überfütterung oder unzweckmäßige Stilltechnik als Ursache vor, so kann man versuchen, durch eine Hungerpause von 8—12 Stunden und danach eine Einschränkung der Zahl der Mahlzeiten, z. B. von 5 auf 4 in den ersten Tagen, einen Erfolg zu erzielen. Für vollständige Entleerung der Brust muß dabei, wie oft betont, Sorge getragen werden. Ist die Dyspepsie durch andere Momente als Ernährungsfehler hervorgerufen, so bleibe man ruhig bei der üblichen Stilltechnik und versuche, den Durchfall durch irgend ein therapeutisches Stopfmittel zu beheben. Als solche kommen in erster Linie der Darmgärung entgegenwirkende Eiweißpräparate in Frage, z. B. Nutrose, Plasmon, Larosan. Anwendung: Man löst 5—10 g des Präparates in auf die Hälfte verdünntem Emser Wasser (50—100 g) durch Aufkochen, filtriert durch ein Seihtuch und gibt diese Lösung auf den Tag verteilt. Auch der stopfenden Wirkung des Kalkes kann man sich bedienen. Wir empfehlen Kalkwasser 5—6mal täglich 1—2 Kaffeelöffel in abgespritzter Frauenmilch oder 1—3 g Kalziumkarbonat.

Ist der Durchfall durch Darminfektion bedingt, z. B. bei Dysenterie, so entleere man den Darm durch Rizinusöl gründlich (vgl. Behandlung der Dysenterie S. 282), stelle ihn für 24 Stunden bei Tee- oder Wasserdiät leer und beginne dann mit der natürlichen Ernährung unter zunächst nicht vollständiger Deckung des Nahrungsbedarfs und allmählicher Steigerung der Nahrungsmengen (vgl. S. 284).

c) Obstipation.

Die Obstipation ist eine Erscheinung, die uns sehr häufig im Privathause, nur höchst selten jedoch in der Klinik zu aktiver Therapie zwingt. Nicht nur, weil wir ihr im Privathause häufiger begegnen, sondern auch weil sie in der Klinik nur höchst selten als eine der Behandlung bedürftige Anomalie imponiert. — Wir sehen hierbei selbstverständlich ab von jenen Formen der Obstipation, die durch ein angeborenes Hindernis in den abführenden Darmwegen, z. B. Hirschsprungsche

---

[1]) Es handelt sich um ein viel zu wenig bekanntes aber außerordentlich wichtiges Vorkommnis. Die Kinder sind sehr unruhig, zeigen häufig ausgedehnten Intertrigo, rote Mundschleimhaut, eingefallenen Leib.

Krankheit bzw. eine akut einsetzende Verschließung des Lumens des Darmkanals (wie bei Intussuszeption, Invagination) hervorgerufen sind.

Auch der Behandlung der Obstipation beim Brustkinde geht natürlich die Wägung der vom Säugling getrunkenen Milchmengen voraus, wobei der aus gewissen Symptomen oft schon vorher mögliche Schluß, daß die Obstipation eine Folge von Unterernährung ist, bei einer Reihe von Fällen sichergestellt wird. Auf eine solche Ätiologie deuten von vornherein gewisse Symptome, wie eingesunkenes Abdomen, mangelnde Gewichtszunahme, seltene Benässung des Kindes. In diesen Fällen wird die Obstipation durch Steigerung der Nahrungsmengen bzw. durch Einführung der Zwiemilchernährung überwunden. Es bleiben zahlreiche Fälle übrig, in denen uns die Obstipation bei gut gedeihenden Kindern bei ausreichender Ernährung begegnet. Über die Pathogenese dieser Fälle, die uns eine zuverlässige Richtschnur für das therapeutische Handeln abgeben könnten, bleiben wir häufig ganz im unklaren. Es können besonders gute Resorptionsverhältnisse vorhanden, es kann die Bildung Peristaltik auslösender Substanzen vermindert sein, es können besondere anatomische Verhältnisse zugrunde liegen. Manchmal liegt die Sache so, daß sich die Pflegenden bewogen gefühlt haben, bei einer z. B. nur einen Tag ausbleibenden Stuhlentleerung sofort ein Klysma anzuwenden und die Klysmenbehandlung, ohne weiter abzuwarten, fortzusetzen, so daß dem Kinde gar keine spontane Stuhlentleerung mehr überlassen wurde. Nicht zu selten ist auch durch ungeschicktes Vorgehen eine Fissur, Rhagade oder Entzündung an der Mastdarmschleimhaut entstanden, deren Schmerzhaftigkeit den Säugling von der Defäkation zurückhält. Wie auch immer die Obstipation zustande kommen mag, das Vorgehen soll niemals von vornherein in der Zufuhr eines medikamentösen Abführmittels bzw. in der regelmäßigen Verabreichung von Klistieren oder Zäpfchen bestehen. Denn die Obstipation ist kein Symptom, dessen Vernachlässigung schwere Zustände hervorzurufen vermag, wie das im Volke allgemein geglaubt wird. Wir raten zu folgendem Vorgehen: Zunächst muß die Mutter über die Harmlosigkeit des Symptoms und die Schädigung des Kindes durch Klysmenbehandlung und Abführmittel aufgeklärt werden. Sie ist streng davor zu warnen, selbständig vorzugehen. Man veranlaßt ein Abwarten durch 2—3 Tage, wobei manchmal schon der gewünschte Erfolg eintritt. Man inspiziert den After und die Mastdarmschleimhaut und behandelt eine eventuell vorhandene Rhagade. Kommt man durch Zuwarten nicht zum Ziel — es wird sich im Privathause selten durchsetzen, daß die Eltern länger als dreimal 24 Stunden warten — dann versuche man, die Peristaltik durch Zufuhr von Haferschleim mit Milchzucker oder Malzextrakt anzuregen. Man gibt dem Kinde 150 g dünnen Haferschleim, in dem 25 g Milchzucker oder 25 g Malzsuppenextrakt aufgelöst sind, eßlöffelweise. Im allgemeinen wird man auf diese Weise Erfolg haben. Man kann die Menge des Milchzuckers und Malzextraktes auch noch etwas steigern. Ist der Erfolg da, dann gehe man allmählich mit der Menge des Zuckers oder Malzextraktes zurück und setze diese Behandlung ganz aus, auch wenn das Kind nur jeden zweiten Tag Stuhlgang entleert. Eine leichte Bauchmassage, die in einer Streichung des Bauches längs des Dickdarms vom Cökum beginnend besteht und täglich dreimal 5 Minuten durchgeführt wird, unterstützt die Behandlung. Im allgemeinen kann man den Eltern mit Sicherheit versprechen, daß die Anomalie verschwindet, wenn das Kind richtig erzogen wird und Beikost bekommt.

In außerordentlich hartnäckigen Fällen erreicht man unter Umständen einen eklatanten Erfolg durch Versetzen des Kindes in eine andere Umgebung, die der Anomalie gar keine Beachtung schenkt, am besten in eine Klinik.

d) Nichtgedeihen.

Wir verstehen unter Nichtgedeihen nicht nur schlechte oder ausbleibende Gewichtszunahme, sondern auch mangelnden Turgor und Tonus, blasse Hautfarbe, eventuell in Kombination mit irgendwelchen Erscheinungen einer Diathese (Ekzem, Katarrh der Luftwege). Es kann sich mit den bereits besprochenen Erscheinungen: Erbrechen, Durchfall, kombinieren und durch deren Beeinflussung gehoben werden, kann aber auch ohne diese Symptome in Erscheinung treten.

Ist mangelndes Gedeihen durch Unterernährung hervorgerufen, was durch Wägung der Trinkmengen festgestellt wird, dann richtet sich unsere Therapie gegen diese. Steigerung der Laktation bzw. Zwiemilchernährung führen zum Ziel. Doch geben wir den Rat, in den ersten 4 Wochen mit der Erlaubnis der Zwiemilchernährung, extreme Fälle von Hypogalaktie ausgenommen, möglichst zurückhaltend zu sein. Denn wir sehen in den ersten 4—5 Wochen oft auch bei ausreichender Ernährung kein gutes Vorwärtskommen des Kindes an der Brust. In den Fällen, in denen die Nahrungsmengen des Brustkindes noch so groß sind, daß es nicht absolut sicher feststeht, daß sie schuld tragen an der mangelnden Gewichtszunahme, wenn sie z. B. um 500 g herum betragen, warte man mit der Zufütterung bis über die 4. bzw. 5. Woche hinaus und stille den Durst mit Tee. Sollte in diesen Fällen tatsächlich die zu geringe Nahrungszufuhr die Ursache der mangelnden Gewichtszunahme sein, so schadet man keinesfalls, wenn man die Beifütterung unterläßt. Kann man doch gerade in dieser Zeit durch eine vorzeitige Zugabe das volle Ingangkommen der Laktation verhindern.

Bei mangelnder Gewichtszunahme infolge konstitutioneller Minderwertigkeit (exsudativer Diathese, nervöser Veranlagung, Asthenie) hüte man sich davor, das Kind abzusetzen. Vermag die Frauenmilch hier auch nicht zu sichtbarem Gedeihen zu führen, so ist ihre immunitätssteigernde Wirkung, ebenso aber auch der Einfluß auf die Verhütung schwerer lebensgefährdender Manifestationen der Neuropathie, der Krämpfe und des Laryngospasmus von großer Bedeutung; deswegen kann vor vorzeitigem Absetzen der Kinder nicht dringend genug gewarnt werden. Man behelfe sich bei gleichzeitig bestehendem Erbrechen bzw. Durchfall mit den vorher angegebenen diätetischen bzw. medikamentösen Hilfsmitteln, verordne bei großer Unruhe hier und da ein leichtes Beruhigungsmittel (Bromural, Urethan, s. Schlafmittel). Man lasse die Kinder aller hygienischen Vorteile, vor allem des reichlichen Licht- und Luftgenusses teilhaftig werden (s. Pflege im Freien S. 27), und übe frühzeitig die Muskeln, insbesondere bei asthenischer Konstitution (S. 68). Für eine Änderung der

Diät kommt nur der Ersatz einer, bei älteren Brustkindern höchstens 2 Frauenmilchmahlzeiten durch eine kohlehydratreiche Nahrung in Frage, Buttermilch oder Malzsuppe (Malzsuppe erst vom 3. Monat). Bei $4^1/_2$—5 Monate alten Kindern beginne man mit der Mittagsmahlzeit, d. h. Grieß mit Fleisch oder Gemüsebrühe gekocht. Wir verweisen auf unsere Ausführungen über die Ernährung konstitutionell abnormer Kinder.

e) Toxische Zustände.

Zu toxischen Zuständen an der Brust kommt es gewöhnlich nur unter zwei Voraussetzungen:

1. wenn bei künstlicher Ernährung erkrankte, schwer ernährungsgestörte Kinder an der Brust ad libitum trinken dürfen, bzw. Frauenmilch in großen Mengen anstatt in sorgfältiger Dosierung durch die Flasche erhalten;
2. wenn Brustkinder unter einer schweren Infektion erkranken, die oft erst später manifest wird als die toxischen Erscheinungen, Bewußtseinsverlust, Kollaps und Krämpfe, wie dies z. B. bei einer foudroyanten Darminfektion (Dysenterie, Paratyphus) oder einer den Darm nicht betreffenden Krankheit (Pyelitis, Sepsis usw.) vorkommt.

In beiden Fällen muß die Intoxikation nach dem Schema, das wir S. 135 angeben, behandelt werden: Teediät durch 24 Stunden, reichliche Wasserspeisung unter Anwendung entsprechender Herzmittel. Nach 12—24 Stunden Beginn der Ernährung mit kleinen Frauenmilchmengen unter ganz allmählichem Anstieg. Da in der großen Mehrzahl der Fälle von toxischen Zuständen an der Brust schwere Darminfektionen zugrunde liegen, hat sich die Therapie gegen diese zu richten: gründliche Entleerung des Darmes durch Rizinusöl, hohe Einläufe und Darmspülungen vor der Hungerperiode, auch dann, wenn noch kein Darmsymptom auf die enterale Infektion hinweist.

Die stets vorzunehmende Wasserspeisung (vgl. S. 19) ist von eklatanter Wirkung in jenen Fällen, in denen eine Exsikkation, an die auch stets gedacht werden muß, an dem Symptomenbild mit schuld trägt. Hat Überhitzung, Wärmestauung das Krankheitsbild hervorgerufen, was durch Temperaturmessung und genaue Anamnese oft klar wird, so helfen gleichzeitige abkühlende Maßnahmen.

f) Schwere Unruhe.

Es gibt extrem seltene Fälle schwerster Unruhe des Brustkindes in Kombination mit leichten und schweren Kollapsen, manchmal bedingt durch dauernde Koliken bei abnorm sensiblen Kindern oder ausgelöst durch andere, keineswegs immer klar werdende Momente, in denen die Frage des Absetzens ernstlich erwogen werden muß. In diesen Fällen kann nur die genaue **klinische** Beobachtung des Kindes, seine Reaktion auf eine bestimmte Art der Nahrungszufuhr — ob z. B. das Trinken an der Brust den schweren Zustand hervorruft, der sich nicht einstellt, wenn das Kind die gleiche Nahrung aus der Flasche erhält — die Art unseres Vorgehens entscheiden. Für welche Art der Ernährung man sich bei diesen Kindern auch immer entscheiden mag, stets muß man die gewöhnlich zugrunde liegende hochgradige Neuropathie durch Fernhaltung sämtlicher, die Erregbarkeit des Kindes steigernder Einflüsse herabmindern, wobei man namentlich in den ersten Tagen und Wochen der Beruhigungsmittel nicht entbehren kann. Man entschließe sich bei diesen Kindern um so schwerer zu einem vollständigen Absetzen, als die dieser Störung gewöhnlich zugrunde liegende schwere neuropathische Belastung bei künstlicher Ernährung sich in lebensbedrohenden Manifestationen, Krämpfen, Laryngospasmus nur zu häufig äußert. Man wird jedenfalls, wenn man absetzt, zugleich prophylaktisch ihren Eintritt durch reichliche Dosen von Kalk bzw. Kalklebertran zu verhindern suchen. Weniger bedeutsam sind die „Schreistunden", die im ersten Lebensvierteljahr häufig sind. Freilich ist auch dieses Leiden schwer zu beseitigen. Eine Regelung der Ernährung hilft nur, wenn grobe Verstöße in Menge der Nahrung und Zahl der Mahlzeiten vorliegen. Nach Möglichkeit lasse man das Kind ruhig schreien und verhindere die Gewöhnung an Fahren, Wiegen usw. Sind starke Blähungen vorhanden, so versuche man, ob ein warmes Kamillenteeklistier Linderung bringt. 3—4 mal wöchentlich schaffe man durch ein mildes Beruhigungsmittel wie Bromural (0,15) oder minimale Dosen von Opium Ruhe (3 Tropfen Tinct. opii crocata auf 100 g Flüssigkeit 2 stündl. 1 Teelöffel bis zur Beruhigung). Vgl. hierüber den Abschnitt über Erziehung im ersten Lebensjahr (S. 57) und Neuropathie (S. 356).

II. Die Störungen bei künstlicher Ernährung.

1. Richtlinien für die Beurteilung der Ernährungsstörungen.

Zwei Systeme streiten gegenwärtig darum, für die Beurteilung und Behandlung der Ernährungsstörungen die Grundlage zu bilden. Das eine System will das ätiologische Moment zum Einteilungsprinzip erheben, das andere System wählt als Grundlage die klinische Analyse des Bildes, unter dem die Ernährungsstörungen verlaufen. Die Voraussetzung für die Tauglichkeit des das ätiologische Moment zum Einteilungsprinzip erhebenden Systems zur Beurteilung der Ernährungsstörungen wäre nur dann gegeben, wenn die klinische Analyse der Bilder, unter denen die Ernährungsstörungen verlaufen, einen Rückschluß auf ihre Ätiologie gestattete. Das ist aber nur relativ selten der Fall. Es gehört zu den Ausnahmen, daß sich durch die klinische Analyse selbst bei Möglichkeit der Zuhilfenahme der Anamnese e i n ursächlicher Faktor, zum Beispiel ein alimentärer oder eine Infektion als überwertig erweist und diese Tatsache eine ätiologische Diagnose erlaubt. In der großen Mehrzahl der Fälle entnehmen wir der Anamnese eine Kombination von Schädigungen, von denen jede einzelne die Ernährungsstörung hätte auslösen können. Gewöhnlich hat nicht ėin ätiologischer Faktor die Erkrankung oder den Zusammenbruch bewirkt, sondern die Kombination mehrerer. Wenn auch die Ernährungsstörungen verschiedenartiger Ätiologie keineswegs immer ein verschiedenartiges therapeutisches Vorgehen notwendig machen, gibt es doch wieder Fälle, in denen die Therapie, die auf Grund einer Ursache auszuüben wäre, entgegengesetzt jener ist, die auf Grund der anderen in Frage käme. So z. B. würde im Falle des Nichtgedeihens eines Kindes sowohl infolge von Milchüberernährung mit trockenen, harten Stühlen, als auch infolge konstitutioneller Einflüsse eine kohlehydratreiche Ernährung aus beiden Gründen angebracht sein. Wenn dagegen bei sicher bestehender konstitutioneller Minderwertigkeit, die uns den Versuch mit einer kohlehydratreichen Nahrung empfehlenswert erscheinen läßt, Durchfall oder Durchfallsneigung besteht, ist die kohlehydratreiche Nahrung kontraindiziert.

In den Fällen sogar, in denen sich e i n Faktor als ätiologisch überwertig erweist und eine ätiologische Diagnose erlaubt ist, gibt nicht diese die Indikation für die Wahl der Nährmischung, sondern der Zustand, in dem sich das Kind befindet. Das Kind, welches z. B. durch Mehlernährung in ein Stadium schlechteren Gedeihens ohne besondere sonstige

Krankheitszeichen gekommen ist, kann mit Hilfe der gewöhnlichen Milchmischungen, durch die die Inanition behoben wird, repariert werden. Bei dem Kinde, welches durch Mehlernährung schwer atrophisch wurde, ist das nicht mehr möglich; es bedarf der Frauenmilch, und die Dosierung dieser folgt wiederum ganz verschiedenen Gesetzen, je nachdem, ob Durchfall oder Obstipation besteht. Die Behandlung einer Ernährungsstörung also, bei der durch die Möglichkeit ganz genauer Vorerhebungen eine nicht nur mutmaßliche, sondern sichere ätiologische Diagnose möglich ist, erfolgt nicht etwa unter ätiologischen Gesichtspunkten, sondern in erster Linie auf Grund des Zustandes, in dem sich das Kind befindet. Was beispielsweise von der Störung infolge ausschließlicher Mehlernährung gesagt wurde, gilt auch für die Ernährungsstörungen infolge einer Infektion. Nicht die Ätiologie, sondern in erster Linie die klinische Analyse des Zustandes des Kindes indiziert die Therapie.

Dem Praktiker begegnen die Ernährungsstörungen des künstlich genährten Kindes in akuten, in chronischen und in Mischformen. Bei den akuten Formen wird das Bild beherrscht durch Vorgänge von seiten des Magendarmkanals mit mehr oder minder starker Beeinträchtigung des Allgemeinbefindens. Der Durchfall mit oder ohne Erbrechen gibt dem Bilde eine charakteristische Prägung. Wir sprechen bei seinem Vorhandensein schlechtweg von einer dyspeptischen Störung. Die chronische Störung begegnet uns in zwei verschiedenen Bildern: erstens als Nichtgedeihen, charakterisiert durch ein Zurückbleiben in der Entwicklung hinter der Norm ohne schwerere Krankheitszeichen. Die Heraushebung eines derartigen Stadiums durch einen besonderen klinischen Begriff ist durchaus notwendig, denn es kommt dem Arzt besonders häufig vor Augen, wenn die Mütter ihn wegen schlechten Gedeihens ihrer Kinder konsultieren. Um eine Gewebseinschmelzung, eine Abmagerung handelt es sich dabei gar nicht, nur um eine hinter der Norm zurückbleibende Zunahme. Finkelstein hat diese Form als Bilanzstörung, bezw. als leichte Form der Atrophie bezeichnet. Da aber diese Kinder tatsächlich gar nicht abgemagert sind, halten wir die Identifizierung dieses Stadiums der Ernährungsstörung mit der leichten Form der Atrophie nicht für glücklich. Wir haben auch gegen den Namen der Bilanzstörung einzuwenden, daß er nicht das klinische Bild des Zustandes vor das Auge treten läßt. Die Bezeichnung Bilanzstörung sagt lediglich, daß Einnahmen und Ausgaben des Organismus nicht im richtigen Verhältnis zueinander stehen. Wir würden deshalb vorschlagen, für dieses Stadium des Nichtgedeihens den Namen „Hypotrophie“ zu gebrauchen, in dem zum Ausdruck kommt, daß eine hinter der Norm zurückbleibende Entwicklung vorliegt. Die Bezeichnung stammt von Variot.

Das zweite Bild chronischer Störung, unter dem dem Praktiker die Ernährungsstörung des künstlich genährten Säuglings begegnet, ist das der Abmagerung leichteren oder schwereren Grades. Mit dieser Abmagerung sind Beeinträchtigungen des Allgemeinzustandes verbunden, von denen wir die Veränderungen des Turgor und Tonus und der Hautfarbe, die mangelhafte Regulierung der Temperatur, Neigung zu Untertemperaturen, besonders hervorheben. Dieses Stadium wird von jeher mit dem Namen der „Atrophie“ bezeichnet. Finkelstein hat dafür den Namen der „Dekomposition“ eingeführt. Wir halten in unserer Darstellung an ersterem Namen fest, weil mit dem Begriff allgemein eine fest im Bewußtsein der Ärzte verankerte, bestimmte klinische Vorstellung verbunden wird.

Der Durchfall, die dyspeptische Störung, von der wir gesprochen haben, kann bei dem Kind sowohl aus völliger Gesundheit heraus auftreten (dyspeptische Störung a), kann aber auch im Stadium schlechterer Entwicklung, im Stadium der Hypotrophie (dyspeptische Störung b), endlich aber auch im Stadium der Atrophie (dyspeptische Störung c) sich einstellen. Diese drei dyspeptischen Störungen sind ganz verschieden zu bewerten und zu behandeln, weswegen wir sie auch in der Darstellung trennen.

Ihre Eigenart beweist die Pathologie der Ernährungsstörungen im Säuglingsalter vor allem durch ein Stadium, das ein akut einsetzender Symptomenkomplex charakterisiert, in dessen Mittelpunkt die Trübung des Sensoriums steht. Für dieses Krankheitsstadium ist die Bezeichnung „Intoxikation“ (Toxikose) an Stelle von „Cholera infantum“ eingeführt worden. Die Bezeichnung besagt, daß Symptome vorhanden sind, die wir sonst nur durch eine Vergiftung zustande kommen sehen, im Gegensatz zu dem Ausdruck Cholera infantum, der lediglich zum Ausdruck bringt, daß ein starker Durchfall vorhanden ist. Nicht der Durchfall ist aber die Hauptsache, sondern die schwere Beeinträchtigung des Allgemeinbefindens, die Störung des Sensoriums, der Gewichtssturz und die Herzschwäche, die sich um den Durchfall herum gruppieren, aber nicht untrennbar an seine Gegenwart und Grad gebunden sind. Da Koma und Durchfall in erster Linie die Diagnose bestimmen, würde man dieses Stadium auch als das des Coma dyspepticum bezeichnen. Wir wollen aber durch neue Namengebung nicht verwirren.

Alle genannten Bilder (die dyspeptischen Störungen, Hypotrophie, Atrophie, Intoxikation) können auf vielfachen Wegen ineinander übergehen. Deswegen ist es richtig, die Ernährungsstörung als eine Einheit und die verschiedenen Bilder nicht etwa als Ernährungsstörungen im engeren Sinne,s ondern als Stadien dieser Einheit zu betrachten. Für die Beurteilung, die eine absolut notwendige Voraussetzung für die Behandlung der Ernährungsstörungen ist, ist es wichtig, in jedem einzelnen Falle sich nicht nur über das vorhandene Stadium, sondern auch über die Entstehungsweise klar zu werden. Nach unseren Darlegungen dürfte dies an der Hand umstehender schematischer Zeichnung möglich sein.

Wir geben zum Schema noch folgende erklärende Bemerkungen: Ein Säugling mit normalem Ernährungsvorgang (I) kann durch ein eine Ernährungsstörung auslösendes Moment aus voller Gesundheit heraus mit akuten Magendarmsymptomen, Durchfall, Erbrechen erkranken (Dyspeptische Störung a). Die gleiche oder eine andere ätiologische Noxe kann aber auch zu einer chronischen Störung führen, zu schlechterer Entwicklung, Zurückbleiben im Gewicht, zum Stadium der „Hypotrophie (III). Eine Hypotrophie kann aber auch zustande kommen auf dem Umwege über eine Dyspepsie (II) oder Intoxikation (VII), nachdem diese Zustände selbst geheilt sind.

Beim hypotrophischen Kinde kann sich durch Fortbestehen der gleichen Schädigungen oder Dazutreten einer neuen wiederum eine dyspeptische Störung einstellen (Dyspeptische Störung b). Die

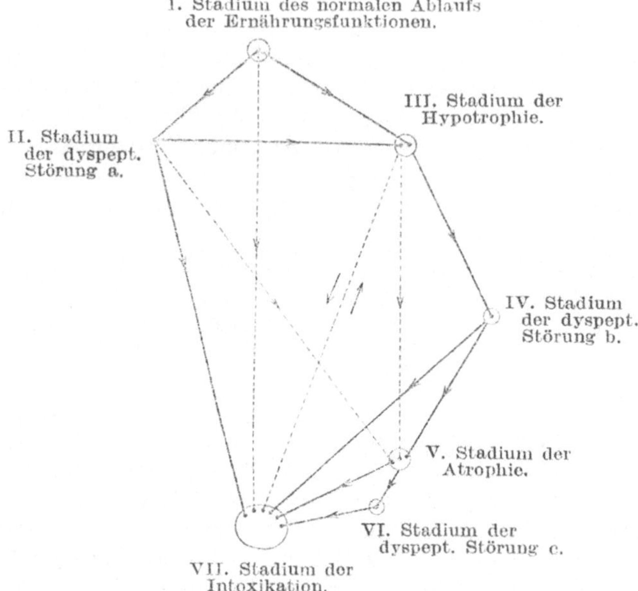

Schematische Darstellung der verschiedenen Bilder bzw. Stadien, unter denen sich die Ernährungsstörungen darstellen und der Wege, auf denen sie zustande kommen. Die ausgezogenen Linien bezeichnen die häufigsten, die schraffierten Linien die seltenen Wege.

Die dyspeptische Störung kann bei jedem Zustand des Kindes auftreten. Zu unterscheiden ist:

die Dyspepsie des bisher gesunden Kindes = Stadium der dyspeptischen Störung a,

die Dyspepsie des hypotrophischen Kindes = Stadium der dyspeptischen Störung b,

die Dyspepsie des atrophischen Kindes = Stadium der dyspeptischen Störung c.

Die Hypotrophie kann sich allmählich aus der Gesundheit heraus entwickeln oder auf dem Wege über eine dyspeptische Störung zustande kommen.

Die Atrophie kommt meist auf dem Wege über die Hypotrophie und eine oder mehrere dyspeptische Störungen zustande. Aus der ersten Dyspepsie entwickelt sie sich nur selten (im allgemeinen nur bei fehlerhafter Behandlung). Ohne akute Zwischenstadien entwickelt sie sich aus der Hypotrophie bei Inanitionszuständen, z. B. bei Pylorospasmus.

In das Intoxikationsstadium gerät das Kind aus voller Gesundheit nur selten, z. B. bei schwersten Infekten oder Überhitzung. Am leichtesten kommt es auf dem Boden der Atrophie zustande; die Kürze dieses Weges offenbart die Zeichnung.

Abgrenzung dieser dyspeptischen Störung b, die also ein vorher geschädigtes Kind betrifft, von der dyspeptischen Störung a, die ein vorher gesundes Kind befällt, ist erforderlich, weil Wertung und Behandlung verschieden sind. Fortdauer der Schädigung, unzweckmäßige Behandlung lassen auf dem Wege über die dyspeptische Störung b eine Atrophie entstehen. Der Eintritt des Stadiums der Atrophie (V) hat aber auch eine vorhergehende dyspeptische Störung c oder b nicht unbedingt zur Voraussetzung. Auch ohne dyspeptische Störungen als Zwischenstadium kann das normale Kind allmählich auf dem Wege über die Hypotrophie in das Stadium der Atrophie kommen, z. B. infolge der Inanition durch Pylorospasmus, oder infolge der Inanition durch Ernährung mit zu stark verdünnter Milch, auch durch Infektionen leichterer oder schwererer Art. Im Stadium der Atrophie kommt es infolge der allgemeinen Resistenzlosigkeit leicht zu einer dyspeptischen Störung. Diese dyspeptische Störung ist deswegen so bedeutungsvoll, weil sich aus ihr besonders leicht ein Zustand der Intoxikation (VII) entwickelt und auch sonst der Tod schon durch Schädlichkeiten, welche dem gesunden Kinde kaum etwas anhaben, in bedrohliche Nähe gerückt wird. Intoxikationszustände kommen, wenn auch auf diesem Wege am schnellsten und leichtesten, auch auf anderen Wegen zustande, in erster Linie von dyspeptischen Störungen aus, sowohl von der dyspeptischen Störung a als auch von der dyspeptischen Störung b. Die Wege, die von diesen dyspeptischen Störungen zum Intoxikationszustand führen, sind verschieden lang, wie das auch graphisch zum Ausdruck kommt. Am kürzesten ist der Weg von der dyspeptischen Störung c, etwas länger der von der dyspeptischen Störung b, am längsten von der dyspeptischen Störung a. Viel seltener und deshalb nur mit gestrichelten Linien angedeutet, ist die Entwicklung der Intoxikation ohne Zwischenschaltung der dyspeptischen Störungen, entweder aus voller Gesundheit oder aus dem Stadium der Hypotrophie heraus. Im Stadium der Gesundheit bedarf es außerordentlich schwerer Schädigungen, z. B. durch einen foudroyanten Infekt oder Überhitzung, damit eine Intoxikation zustande kommt. Derartige Intoxikationen kommen daher auch bei Brustkindern vor (s. S. 102). Auch das hypotrophische Kind gerät nicht leicht ohne Zwischenschaltung einer dyspeptischen Störung in den Zustand der Intoxikation. Das atrophische Kind ist auch hier in einer Sonderstellung; auch ohne Zwischenschaltung einer dyspeptischen Störung kann es relativ leicht auch durch geringe Schädlichkeiten in den Zustand der Intoxikation geraten.

An der Hand dieses Schemas können wir auf Grund der klinischen Analyse des Falles, auf Grund der Anamnese, die uns die Vorgeschichte gestattet, fast in jedem einzelnen Falle entscheiden, wie der Zustand zu beurteilen ist und danach den Heilplan aufstellen. Wir bedürfen dazu nicht noch einer besonderen Prüfung der Ernährungsfunktionen, sondern werden lediglich eine Verfeinerung noch dadurch vornehmen, daß wir zu entscheiden suchen, ob es sich um eine leichte oder um eine schwere Störung handelt. Für die Wahl der Nährmischung in qualitativer und quantitativer Beziehung ist das von ausschlaggebender Bedeutung. Schon die Feststellung des Stadiums der Ernährungsstörung gibt uns Anhaltspunkte, ob wir eine leichte oder schwere Störung vor uns haben; auf Grund der klinischen Untersuchung des Kindes, auf Grund der Prüfung seines Bewußtseins, seines Tonus und Turgors, der Beschaffenheit seiner Hautfarbe, um nur das Wichtigste herauszunehmen, kann der Arzt feststellen, ob es sich um Hypotrophie, dyspeptische Störung a, dyspeptische Störung b oder c, Intoxikation, Hypotrophie oder Atrophie handelt. Im Gegensatz zu der Auffassung hinter uns liegender Zeiten spielt für unsere Entscheidung das Stuhlbild eine geringere Rolle. Doch ist bei den dyspeptischen Störungen sehr sorgfältig die Möglichkeit einer Ruhr in Betracht zu ziehen. Dies ist differentialdiagnostisch keineswegs immer leicht. Die Entleerungen müssen natürlich auf ihre Beschaffenheit und Menge hin angesehen werden, weil die Diagnose der dyspeptischen Störung in erster Linie durch die Tatsache eines bestehenden Durchfalls gegeben ist. Ceteris paribus wird selbstverständlich eine starke Häufung pathologisch veränderter Entleerungen eine Störung ernster werten lassen und zu strengeren Maßnahmen Veranlassung geben. So werden wir bei unseren Verordnungen für die ersten Krankheitstage zweifellos weniger streng sein, wenn es sich um etwas vermehrte, eventuell um etwas dünnere Stühle handelt, während das Kind sich wohl fühlt. Schärfer werden wir eingreifen, wenn Blässe, Mattigkeit, Erbrechen eventuell reichlichere wäßrige Stühle auf schwerere Schädigung hinweisen. Also soll der Grad der augenblicklichen Störung keineswegs vernachlässigt werden.

Aber wir dürfen die verschiedenen dyspeptischen Störungen a, b oder c nicht nach Art und Menge der Stuhlentleerungen voneinander unterscheiden, sondern werten sie auf Grund des Zustandes des Kindes, in dem sie auftreten, nicht nur im Hinblick auf ihre Rückwirkung auf das Allgemeinbefinden. An der Hand des Schemas können wir im allgemeinen die dyspeptische Störung a, das Stadium der Hypotrophie als leichte Formen der Ernährungsstörung, die dyspeptische Störung b als eine weniger leicht zu nehmende, wenn auch nicht bedenkliche, das Stadium der Atrophie, die dyspeptische Störung c und das Stadium der Intoxikation im allgemeinen als schwere Störungen bezeichnen. Zu der erwünschten noch genaueren Differenzierung über den Grad der Störung gelangen wir durch die Feststellung des Alters des Kindes, die Feststellung seiner konstitutionellen Note und die Erhebung der Entstehungsgeschichte der Störung. Das Alter ist insofern von Belang, als Ernährungsstörungen im ersten Lebensquartal ceteris paribus immer als schwerere Störungen zu werten sind. Eine Dyspepsie, die sich aus voller Gesundheit heraus in der 6. Lebenswoche entwickelt, ist viel bedenklicher, als eine im 7. Lebensmonat einsetzende und macht eine viel vorsichtiger vorgehende Ernährungstherapie notwendig. Das Gleiche gilt von den anderen Stadien. Über die Konstitution des Kindes werden wir durch die Anamnese, insbesondere die genaue Familienanamnese orientiert. Die Störung eines Kindes, dessen Anamnese nichts Nachteiliges über seine Konstitution offenbart, macht uns viel zuversichtlicher in der Beurteilung, läßt uns viel leichter zu dem indifferenten Nährgemisch greifen, als wenn wir aus der Tatsache, daß das Kind untergewichtig geboren, oder eine Frühgeburt war, daß in der Familie sich schwere Nervenleiden, Todesfälle im Kindesalter, zahlreiche Tuberkulose-Infektionen gehäuft haben, eine ungünstige Veranlagung erschließen müssen. Je größer ferner die Zahl der durchgemachten Störungen ist, je klarer aus der Vorgeschichte die schwere Ernährbarkeit des Kindes hervorgeht, um so schwerer ist die Störung zu werten — auch wenn die Symptomatologie nicht ohne weiteres für ein schweres Stadium spricht. Endlich erhalten wir wichtige Aufschlüsse über den Grad der Störung durch die Entstehungsgeschichte. Gerade auf diesen Aufschluß legen wir den größten Wert. Für die Wertung des hypotrophischen Stadiums als leichtere oder schwerere Störung ist er von besonderer Wichtigkeit. Ist ein Kind hypotrophisch geworden auf dem Wege über eine akute Ernährungsstörung, Dyspepsie oder Intoxikation, dann werden wir den Zustand als einen schwereren auffassen, mit kohlehydratreichen Mischungen längere Zeit vorsichtiger sein müssen, als wenn das Stadium der Hypotrophie ohne Zwischenschaltung eines dyspeptischen Stadiums eingetreten ist. Denn jede akute Ernährungsstörung bereitet den Boden für die folgende vor, schränkt die Toleranz für differente Nährgemische ein. Auch für die Beurteilung der Schwere eines Intoxikationszustandes ist nicht nur der augenblickliche Grad der Vergiftung, sondern auch die Entstehungsgeschichte wichtig. Der Intoxikationszustand, der sich aus der Atrophie heraus entwickelt hat, dem eine lange Leidensgeschichte des Kindes vorangeht, ist der gefährlichste Zustand, dem wir in der Pathologie der Ernährungsstörungen begegnen. Der Intoxikationszustand, der aus heiterem Himmel über ein Kind hereinbricht oder sich an die erste dyspeptische Störung anschließt, ist, selbst wenn das Kind einen schwerkranken Eindruck macht, im Gewicht stark abgestürzt ist und Herzschwäche zeigt, günstiger zu beurteilen, als ein Zustand, der sich auf das Stadium der Atrophie aufgepfropft hat, selbst wenn bei diesem die Bewußtseinstrübung nur angedeutet ist, die Stuhlentleerungen nur die leichtesten pathologischen Veränderungen zu zeigen beginnen. Endlich ist die Atrophie, die auf dem Wege über viele akute Störungen zustande gekommen ist, viel schwerer zu werten, viel schwieriger zu behandeln, als diejenige, die sich infolge einer Inanition, oder nach einer lange Zeit mit der Entleerung fester Stühle einhergegangenen Hypotrophie ohne vorausgegangene akute Stadien entwickelt hat.

Auch die Kenntnis, welche ätiologischen Momente zur Störung geführt haben, wird, wo sie möglich ist, zur Beurteilung des Krankheitsbildes mit beitragen. Haben zur Störung eines Kindes viele und schwere Schädigungen geführt, ist anzunehmen, daß der Krankheitsfall ernster liegt, eine Reparation schwieriger sein wird, als wenn es sich um eine einzige ätiologische Noxe handelt, wenn deren Ausschaltung ohne weiteres möglich ist (z. B. einseitige Milchdiät oder Mehlnahrung). Die Klarstellung der Ätiologie an und für sich gibt natürlich, auch wenn sie möglich ist, keinen Anhaltspunkt für die Schwere der Störung. Jede einzelne Noxe kann eine leichte oder schwere Störung herbeiführen, die Entscheidung gibt, wie schon oft betont, in erster Linie das klinische Bild. Der Ermittlung der Ätiologie kann stets nur eine ergänzende Bedeutung für die Beurteilung der Schwere einer Störung zukommen.

In seltenen Zweifelsfällen, in denen der Praktiker die Entscheidung, ob ein leichterer oder schwererer Grad einer Störung vorhanden ist, nicht fällen kann, wird er eben eine Art der Ernährung wählen, die der schwereren Störung angepaßt ist. Eine besondere funktionelle

Prüfung des Ernährungszustandes mit irgendeiner Mischung erscheint uns nicht notwendig, weil das Ergebnis nicht eindeutig ist und sogar auf Irrwege führen kann.

2. Prophylaxe.

Die Fälle, in denen Säuglinge das ganze erste Lebensjahr hindurch natürlich ernährt werden, sind Ausnahmen. Da demnach fast jeder Säugling von irgendeiner Periode seines Lebens an künstlich ernährt werden muß, betrifft das Problem der Prophylaxe und Behandlung der Ernährungsstörungen bei künstlicher Ernährung die Gesamtheit der Säuglinge. Da die Verdauungs- und Ernährungsstörungen durch künstliche Ernährung im allgemeinen um so eher eintreten und um so gefährlicher werden, je jünger das Kind ist, am gefährlichsten in der Periode des ersten Lebensquartals, ist die möglichst späte Abstillung die beste prophylaktische Maßnahme, denn sie schützt gewöhnlich vor dem Auftreten schwerer Ernährungsstörungen.

Wenn es noch nicht gelungen ist, aus der Kuhmilch, die bekanntlich unverdünnt von der großen Mehrzahl der Säuglinge nicht vertragen wird, durch Verdünnung und Zusätze eine Nährmischung herzustellen, welche annähernd ebenso verträglich ist, wie die Frauenmilch, so steht doch fest, daß die Anzahl der Kinder, welche sich nach den heute herrschenden Prinzipien künstlicher Ernährung (siehe S. 8) nicht aufziehen lassen, keine allzugroße ist. Wenn alle Schädigungen des Kindes durch Alimentation, Infektion und Pflege vermieden werden, bleibt keine sehr große Anzahl von Säuglingen übrig, welche aus konstitutionellen Gründen der Bewältigung der artfremden Nahrung nicht gewachsen ist, und auch auf die zweckmäßigste Art der künstlichen Ernährung mit schweren Krankheitssymptomen reagiert. Die Fälle, in denen es sich um eine förmliche Idiosynkrasie gegen Kuhmilch handelt, in denen der Säugling schon durch den Genuß der ersten Tropfen Kuhmilch außerordentlich schwer geschädigt wird, sind kaum in Betracht zu ziehende Seltenheiten. Die Prophylaxe dieser Störung kann nur in einem möglichst langen Verharren bei der natürlichen Ernährung und in einem ganz allmählich, tropfenweise erfolgenden Einschleichen mit der künstlichen Nahrung im Medium der Frauenmilch beruhen (zunächst 4 × täglich 5 Tropfen der entsprechenden verdünnten Milchmischung in abgespritzter Frauenmilch, allmählich steigend). Bisher gibt es für Kinder, die infolge ihrer konstitutionellen Eigentümlichkeiten auf Kuhmilch mit einer Störung reagieren, nur eine einzige Art, sie davor zu schützen, nämlich, ihre künstliche Ernährung erst zu einem Zeitpunkt beginnen zu lassen, in dem ihre Rückständigkeit überwunden ist. Das ist im allgemeinen im dritten Lebensquartal der Fall. Sind wir gezwungen, diese Kinder vorher, schon in den ersten Tagen und Wochen des Lebens künstlich zu ernähren, dann wird man schwerere Störungen nur durch eine genaue Beobachtung der Reaktion der Kinder auf die künstlichen Nährmischungen verhüten können. Wir müssen uns daran erinnern, daß manche Kinder bei mit Fett, andere bei mit Kohlehydraten angereicherten Mischungen besser gedeihen, daß vor allem das Kohlehydratbedürfnis konstitutionell abnormer Säuglinge häufig größer ist, als gemeiniglich angenommen wird und nicht wenig Fälle von Nichtgedeihen bei künstlicher Ernährung durch Steigerung der Kohlehydratmenge überwunden werden können. Ein Schema läßt sich für die künstliche Ernährung konstitutionell minder veranlagter Kinder nicht geben. Die künstliche Ernährung muß auf Grund der genauen Beobachtung dieser Kinder individualisiert und durch Zugabe bzw. Abstriche von Fett und Kohlehydraten modifiziert werden. Wir verweisen im übrigen auf unsere Ausführungen S. 119. Handelt es sich um einen jener seltenen Fälle, in denen jeder Versuch künstlicher Ernährung sofort von einer schweren Störung des Allgemeinbefindens begleitet ist, dann muß, um den Tod des Kindes durch eine Ernährungsstörung zu vermeiden, sofort die natürliche Ernährung wieder eingeleitet und die Abstillung möglichst lange, womöglich bis an das Ende des ersten Lebensjahres herausgeschoben werden. Die ganz allmählich erfolgende Abstillung zunächst auf Beikost und dann erst vorsichtig auf Milch und deren Mischungen ermöglicht späterhin einen Erfolg.

Sehen wir von den konstitutionell bedingten Verdauungs- und Ernährungsstörungen ab, von jenen, die dadurch hervorgerufen sind, daß der kindliche Organismus auch nach der Geburt insofern in Abhängigkeit von seiner Mutter bleibt, als er auf Frauenmilch angewiesen ist, so hat die Prophylaxe der Ernährungsstörungen bei künstlicher Ernährung ein weites Feld; denn bei der großen Mehrzahl der Säuglinge führen nicht konstitutionell bedingte Rückständigkeit, sondern von außen einwirkende Schädlichkeiten durch Alimentation, Infektion und Pflege zur Entstehung einer Störung. Nicht nur Überernährung, auch Unterernährung muß vermieden werden; auch diese ist keineswegs eine Seltenheit, entweder hervorgerufen durch eine zu starke Verdünnung der Milch in den ersten Lebenswochen, durch eine zu große Einschränkung von Zucker aus Angst vor der gärungerregenden Wirkung der Kohlehydrate, oder durch langdauernden Gebrauch von Mehlabkochungen. Es kann hier nicht unsere Aufgabe sein, alle die zahlreichen Ernährungsfehler anzuführen, die zur Entstehung von Ernährungsstörungen führen können. Sie werden sicher von dem vermieden, der sich an die Regeln der künstlichen Ernährung S. 8 hält.

Weniger groß als allgemein angenommen, ist die Rolle der zersetzten Milch bei der Entstehung der Verdauungs- bzw. Ernährungsstörungen. Es ist nicht bewiesen, daß durch den Genuß zersetzter Milch der Durchfall der Säuglinge, namentlich im Sommer, hervorgerufen wird. Vielmehr führen zur Entstehung des Durchfalls in erster Linie im Darm durch Bakterienwirkung entstehende Produkte. Man kann auch durch die keimfreiest gewonnene und bestens aufbewahrte Milch Verdauungs- und Ernährungsstörungen im Säuglingsalter nicht vermeiden. Daher ist das Problem der Verhütung der Ernährungsstörungen nicht dadurch allein zu lösen, daß man an die Gewinnung der Kuhmilch die höchsten Anforderungen stellt.

Unter den nicht unmittelbar mit dem Ernährungsvorgang zusammenhängenden Momenten führen insbesondere Infektionen, möge ihr Angriffspunkt zunächst in der Darmschleimhaut oder außerhalb dieser liegen, zu Störungen bei künstlicher Ernährung. Einerseits setzt künstliche Ernährung und eine durch sie hervorgerufene Ernährungsstörung die Immunität des Kindes herab. Andererseits führt die Immunitätssenkung zu leichterem Eintritt von Infektionen und auf diesem Wege zu Ernährungsstörungen. Gerade banale Infektionen, wie Schnupfen, beeinträchtigen den Ernährungsvorgang durch wiederholte Auslösung von Ernährungsstörungen schwer und sind mit schuld daran, daß überall dort, wo eine Häufung von Säuglingen stattfindet, ihr Gedeihen im Gegensatz zu einer guten Einzelpflege nicht in der wünschenswerten Weise vor sich geht. Der Schutz der Säuglinge vor Infektionen ist demnach auch ein wesentlicher Schutz vor Ernährungsstörungen.

Endlich können Ernährungsstörungen auch weitgehendst dadurch vermieden werden, daß alle Maßregeln der Pflege in der rigorosesten Weise getroffen werden. Zwischen Ernährung und Pflege besteht eine außerordentlich innige Beziehung. Je sauberer das Kind gehalten wird, je sorgfältiger Erkältung wie Überhitzung vermieden werden, je mehr danach getrachtet wird, durch Aufmerksamkeit in der Pflege das Wohlbefinden des Kindes zu erhöhen, um so leichter wird der Säugling mit der künstlichen Nahrung fertig. Selbstverständlich spielt bei der Eruierung jener Verhältnisse, die dem Säugling möglichste Behaglichkeit verschaffen sollen, der Instinkt der Pflegenden eine große Rolle. Dieser ist aber im allgemeinen nicht besonders stark verbreitet, und es ist daher nicht zweckmäßig, der Willkür der Mutter und des weiblichen Personals weiten Spielraum bei den Pflegemaßnahmen zu lassen. Rationelle Kinderpflege, für die die Prinzipien durch jahrelange Erfahrung festgelegt sind, ist der sogenannten natürlichen Pflege, die sich auf die angeborene Begabung des weiblichen Geschlechts verläßt, weitaus vorzuziehen.

Unter den Pflegeschäden spielt insbesondere die Überwärmung des Kindes für die Entstehung schwerer Schädigungen eine bedeutende Rolle: Wärmestauung, hervorgerufen durch unzweckmäßige Bekleidung und Bettung, durch Aufenthalt des Kindes in überhitzten Räumen, durch Aufstellung der Lagerstatt beim Herde. G e r a d e z u r V e r h ü t u n g d e s s o m m e r l i c h e n B r e c h d u r c h f a l l s k a n n d i e K ü h l h a l t u n g d e s K i n d e s v i e l l e i s t e n. Gute Durchlüftung des Aufenthaltsraumes des Säuglings, lose Bekleidung, wiederholte Abkühlungsbäder, wo solche Maßnahmen nicht möglich werden, das Herausbringen der Kinder ins Freie, sind Mittel, um die Sommersterblichkeit infolge akuter schwerer Ernährungsstörungen einzuschränken. Diese Maßnahmen müssen sich mit ausreichender Wasserspeisung durch gewöhnliches Wasser oder Tee vergesellschaften.

Im Gegensatz zu der prophylaktischen Bedeutung der Vermeidung von Überhitzung ist die Rolle des Schutzes vor Erkältung geringere. Doch kommen Abkühlungsschäden genügend häufig vor, um auch an dieser Stelle den nachdrücklichen Rat zur Vermeidung von Erkältungen zu rechtfertigen.

Eine besonders große Rolle spielt die Prophylaxe ferner insofern, als es durch zweckmäßiges Vorgehen fast immer gelingt, die Entstehung einer schweren Ernährungsstörung aus einer leichteren zu vermeiden. Denn stets lehrt die Erfahrung von neuem, daß ein großer Teil der Ernährungsstörungen schweren Grades durch nicht sachgemäßes Vorgehen bei leichteren Störungen entsteht. Schuld daran trägt, daß die Mütter nicht rechtzeitig ärztliche Hilfe in Anspruch nehmen und diese bei dem heutigen Stande des Wissens leider oft versagt. Die beste Prophylaxe schwerer Verdauungs- und Ernährungsstörungen ist die sachgemäße Therapie auch der leichtesten Erkrankung. Heute werden vielfach leichte Störungen zu oberflächlich behandelt, eine Heilung früher angenommen, als sie wirklich vorhanden, z. B. mit dem Normalwerden der Entleerungen. Andererseits bringt irgendein belangloser Zwischenfall während der Therapie häufig genug den Arzt von einem konsequenten Vorgehen ab und veranlaßt ihn zu Maßnahmen, die den normalen Heilverlauf unterbrechen. Weil an diesen Verhältnissen auch die Tatsache Schuld trägt, daß gegenwärtig die Lehre von den Ernährungsstörungen nicht genügend klar, d. h. unter den Gesichtspunkten der Praxis dargestellt wird, glaubten wir, um unser Ziel zu erreichen, uns nicht auf die Aufzählung der therapeutischen Maßnahmen beschränken zu sollen, sondern vor allem darstellen zu müssen, wie der Arzt die ihm in der Praxis aufstoßenden Bilder der Ernährungsstörungen zu bewerten und aufzufassen hat.

3. Allgemeine Therapie.

Die sachgemäße Therapie der Ernährungsstörungen erfordert in allererster Linie diätetische Maßnahmen. Mit diesen muß sich eine rationelle Pflege verbinden, die sich auf eine genaue Beobachtung des Kindes zu stützen hat. Im Gegensatz hierzu tritt die medikamentöse Behandlung weit zurück.

Jede Ernährungsstörung erfordert eine Änderung der Diät, vor allem in quantitativer, gewöhnlich aber auch in qualitativer Beziehung. Die Zusammensetzung und Quantität der Nährmischungen, die wir zu Heilzwecken verordnen, richtet sich nach der Art der vorliegenden Störung und dem Zustand des Kindes. Die einzige Heilnahrung, welche bei sämtlichen Störungen angezeigt ist — allerdings in verschiedenartiger Dosierung — ist die Frauenmilch. Die Reparation jeder Störung gelingt bei ihrer Anwendung am schnellsten und sichersten, ja Frauenmilch ist bei den schwersten Stadien einer Ernährungsstörung die einzige Nahrung, durch die eine Lebensrettung überhaupt möglich wird. Frauenmilch ist aber nicht etwa eine indifferente Nahrung, die bei Ernährungsstörungen im Säuglingsalter sorglos und ad libitum gegeben werden darf. Sie wirkt um so differenter, je schwerer die Störung ist. Einem leicht gestörten Kinde kann man eventuell Frauenmilch nach den gleichen Prinzipien verordnen wie einem gesunden Kinde, vor allem gilt das für die leichten Formen der Hypotrophie. Bei schwererer Störung kann die Frauenmilch, wenn sie in zu großer Quantität gegeben wird, auch verschlechternd wirken, ja sogar den Tod herbeiführen. Heilende Wirkung entfaltet sie in diesen Fällen nur bei starker Einschränkung in der Quantität. Deswegen ist es nicht angebracht, schwer gefährdete Kinder an die Brust einer Amme zu bringen und nach Belieben trinken zu lassen. Solche Kinder müssen mit genau abgemessenen Mengen abgespritzter Frauenmilch ernährt werden. Die Größe der erlaubten Menge richtet sich nach dem Zustand des Kindes. Im speziellen Teil wird darüber näheres ausgeführt. Die Frauenmilch in ihrer Zusammensetzung zu modifizieren, erscheint im allgemeinen nicht notwendig. Entfettete Frauenmilch käme höchstens bei Dyspepsie und Intoxikation von Atrophie her in Betracht.

Im Gegensatz zur Frauenmilch macht die chemische Zusammensetzung der Kuhmilch, wie auch der aus ihr hergestellten üblichen Mischungen, der Halbmilch, $^2/_3$ Milch mit Mehl und Zucker, sie zu Heilnahrungen bei Ernährungsstörungen nicht geeignet. Eine Ausnahme machen Fälle leichter chronischer Ernährungsstörungen (leichte Formen der Hypotrophie), die durch Ernährungsfehler, z. B. Überfütterung oder Unterernährung bei guter Konstitution des Kindes zustande gekommen sind. In allen übrigen Stadien der Ernährungsstörung bedarf es, wenigstens im Beginn der Therapie, Nährmischungen, die anders zusammengesetzt sind als die üblichen zur künstlichen Ernährung gesunder Kinder empfohlenen. Wir benötigen dazu Nährgemische, in denen die Korrelation (Verhältnis) von Eiweiß, Fett, Kohlehydraten und Salzen von der in der Vollmilch und den üblichen Verdünnungen gegebenen abweicht; denn bei diesen ist die Korrelation im allgemeinen nicht geeignet, die sich im Magendarmkanal abspielenden Vorgänge zur Norm zurückzuführen, was eine unerläßliche Voraussetzung für die Heilung der Ernährungsstörung ist. Sind wir auch heute noch von genauen Indikationen weit entfernt, die uns gestatten würden, die Zusammensetzung einer Nährmischung in jedem Falle einer Ernährungsstörung dem Zustande des Kindes anzupassen — so besitzen wir doch immerhin gut fundierte allgemeine Richtlinien, die uns ein zweckentsprechendes Vorgehen gestatten. Diese Richtlinien sind allerdings für die Behandlung der chronischen Störungen weniger scharf herausgearbeitet als für die dyspeptischen Störungen. Bei diesen liegt der Behandlung der vielleicht zu stark verallgemeinernde, aber immerhin außerordentlich bewährte Gesichtspunkt zugrunde, daß eine Dyspepsie, ein Durchfall, durch eine abnorme Gärung im Darm zustande kommen. Daraus erwächst für die Behandlung der dyspeptischen Störungen die therapeutische Aufgabe, eine Nährmischung anzuwenden, welche die abnorme Gärung unterdrückt und dabei die Entstehung der Fäulnis begünstigt. Wenn wir die Nährmischungen daraufhin betrachten, welche Beziehungen sie zur Unterhaltung von Gärung und Fäulnis haben, solche ohne ausgesprochene Tendenz in dieser Beziehung als indifferente, jene, welche in der einen oder anderen Richtung ihre Wirkung entfalten, als differente bezeichnen, so können wir sagen, daß $^1/_3$—$^1/_2$ Milch mit einem ungefähr 2$^0/_0$igen Zuckergehalt (Rohrzucker, besser noch die maltosehaltigen Zuckerarten wie Löfflunds Nährmaltose und Soxhlets Nährzucker), oder die gleichen Milchverdünnungen mit dünnstem Haferschleim ohne Zucker, ziemlich indifferent sind, indifferent natürlich nur für gesunde, bzw. leicht gestörte Kinder und auch nur dann, wenn sie deren Bedarf bzw. ihre Erhaltungsdiät nicht überschreiten. Bei schwer gestörten Kindern können auch diese „indifferenten“ Mischungen selbst in geringer Menge different wirken. Charakterisiert ist die Korrelation einer indifferenten Mischung dadurch, daß sie in einer verdünnten Molke (also in verdünnter Milch) einen geringen, nicht über 3% herausgehenden Kohlehydratgehalt wie auch Fett in relativ geringer, dem Milchgehalt entsprechender Menge enthält. Je mehr der Kohlehydrat- und Fettgehalt gesteigert und je weniger dabei die Molke verdünnt wird, um so differenter werden die Gemische im Sinne einer Erregung des Durchfalls. Der Zustand des Kindes, zu dem die Vorgänge im Darm in inniger Beziehung stehen, speziell das Verhalten der Darmflora, sind bestimmend dafür, wann die Grenzen des Physiologischen überschritten werden. Während beim gesunden Kinde ein großer Spielraum gegeben ist, bevor es zu einer dyspeptischen Störung kommt, genügen beim kranken Kinde und pathologischem Darmchemismus schon kleine Ausschläge, um eine dyspeptische Störung auszulösen. Antagonistisch wirkt der vergärungserregenden Korrelation gegenüber eine solche, in der unter Zurücktreten von Zucker- und Molken-Bestandteilen Eiweiß und Kalk prävalieren. Auf dieser Tatsache beruht das Prinzip der Behandlung der dyspeptischen Störungen, auf die wir bei Besprechung der speziellen Therapie noch ausführlich zurückkommen werden.

Das ernährungsgestörte Kind erlangt erst allmählich die Fähigkeit, die für seinen Zustand indizierten Mischungen in einer so großen Menge zu vertragen, daß sein Bedarf gedeckt wird. Würde man ihm die Mischungen von vornherein in der den Bedarf deckenden Quantität zuführen, würde es, leichte Fälle von chronischer Ernährungsstörung ausgenommen, mit einer Verschlimmerung der Störung bzw. dem Eintritt einer Dyspepsie reagieren. So wird die Unterernährung zu einem wesentlichen Heilfaktor bei der Behandlung der Ernährungsstörungen: sowohl eine Form der Unterernährung, die sich auf sämtliche Nahrungsbestandteile außer Wasser bezieht und bis zur vollständigen Wasserdiät fortschreitet, als auch eine solche, die nur den einen oder anderen Nahrungsbestandteil, Kohlehydrat, Fett, bzw. Eiweiß betrifft. Die Unterernährung birgt aber insbesondere in den schweren Stadien auch Gefahren in sich. So kommt z. B. der Durchfall eines Säuglings schnell zur Ausheilung, wenn wir Nährgemische nehmen, die mit Eiweiß stark angereichert, wenig Kohlehydrate enthalten. Andererseits wird den schwer gestörten Säuglingen die längere Zeit durchgeführte Entziehung von Kohlehydraten außerordentlich gefährlich; denn das Kohlehydratbedürfnis des Säuglings, insbesondere des kranken, ist recht groß. Oder ein anderes Beispiel: zur Behandlung toxischer Erscheinungen ist die vollständige Nahrungsentziehung notwendig. Diese wird aber jenen Kindern, die bereits vorher schwer konsumiert waren, ehe sie in den Zustand der Intoxikation geraten sind, lebensgefährlich. Nicht nur die Zusammensetzung der Nährgemische, auch die Nahrungsentziehung unterliegt genauen Indikationen, auf die wir im speziellen Teil noch eingehen werden.

Heilnahrungen müssen dem Säugling so lange verabfolgt werden, bis die Störungen repariert sind, d. h. bis er in der Lage ist, mit den üblichen Mischungen zu gedeihen. Das dauert verschieden lange. Bei akuten Störungen leichterer Art vergehen darüber oft nur 1—2 Wochen, bei schwereren Störungen 2—3 Monate. Während dieser Zeit ist eine genaue Beobachtung des Kindes notwendig, weil nur auf Grund dieser die Dosierung der Heilnahrung, die ja zumindest in der ersten Periode von Tag zu Tag wechselt, gewöhnlich gesteigert wird, möglich ist. Während der Periode, in der der Nahrungsbedarf des Kindes noch nicht voll gedeckt werden kann, ist es notwendig, den Wasserbedarf zu decken, weil Wasserverarmung ernährungsgestörten Kindern besonders gefährlich wird. Wir betonen das an dieser Stelle nachdrücklich unter Verweisung auf unsere Ausführungen S. 19.

Ebenso wie wir den Ernährungszustand des Kindes nicht einseitig danach beurteilen dürfen, wie seine Stuhlgänge beschaffen sind, verbietet sich auch diese Einseitigkeit bei der Beurteilung der therapeutischen Erfolge. Der Allgemeinzustand des Kindes muß bewertet werden, nicht nur auf Grund der täglichen Wägung, Temperaturmessung und Inspektion der Entleerungen, sondern auch auf Grund seiner Stimmung, seines Schlafes, seines Turgor und Tonus. Nur wer die Verlaufsformen der Reparation von den verschiedensten Störungen kennt und den Gesamtzustand eines Kindes richtig zu beurteilen vermag, ist in der Lage, festzustellen, wann die Störung als behoben betrachtet werden und die Heilnahrung durch gewöhnliche Mischungen ersetzt werden darf. Wir werden im speziellen Teil der Therapie auf den Verlauf der Reparation der einzelnen Störungen und die Zwischenfälle näher eingehen.

Ein großes Hemmnis für unsere Ernährungstherapie kann die Anorexie bilden, die ein Symptom vieler Ernährungsstörungen ist. Bei sachgemäßer Pflege werden die Schwierigkeiten gewöhnlich überwunden, nur in seltenen Fällen muß vorübergehend Sondenernährung eintreten. Wir verweisen bezüglich der Behandlung der Anorexie auf S. 123 und 369.

Unsere diätetischen Maßnahmen können nur bei sachgemäßer Pflege zum Erfolg führen. Diese Pflege muß sich auf eine geschärfte Beobachtungsgabe stützen; nur diese gestattet eine für unsere Verordnungen unerläßliche Beurteilung der Reaktion des Kindes auf die getroffenen Maßnahmen; denn bei schweren Ernährungsstörungen ist es notwendig, schon kleine Abweichungen von der erwarteten Reaktion des Kindes festzustellen. Ein Versäumnis in dieser Richtung kann Schuld am Tode des Patienten tragen. In Fällen schwerer Ernährungsstörung ist also die landläufige Pflege ungenügend; zur Unterstützung des Arztes muß eine erfahrene Säuglingspflegerin zur Hand sein, bzw. ist die Unterbringung solcher Kinder in gut geleiteten und gut eingerichteten Säuglingsabteilungen notwendig. Diese Unterbringung hat auch den Vorteil, daß mit ihr gewöhnlich die Möglichkeit der Ernährung mit Frauenmilch gegeben ist.

Medikamente spielen bei der Behandlung nur eine geringe Rolle. Mit Abführmitteln sei man recht zurückhaltend. Ihre Indikation ist auf S. 130 gegeben. Als Abführmittel kommt Rizinusöl deswegen in Betracht, weil eine übermäßige Wirkung nicht zu fürchten ist und andererseits die wirksame Dose sicher getroffen werden kann. Das gilt für Kalomel nicht. Außer Rizinusöl kann Infusum sennae und Faulbaumrindenabkochung mit Glaubersalz in 1—2maligen Dosen zur Not verwendet werden. Stopfmittel haben im akuten Stadium gar keine Wirkung; dagegen kann man sie bei älteren Säuglingen benutzen, wenn nach Abheilung des akuten Stadiums, während das Kind zugleich munterer wird, die Stühle noch etwas dünner sind. Hier ist in der Tat eine bescheidene Wirkung festzustellen. Die wichtigsten Arzneimittel sind im akuten Stadium alkalische, salinische und Kochsalzbrunnen, die als Getränk, zur Magenspülung und zum Teil auch zur Vermeidung starker Gewichtsstürze (Kochsalzbrunnen) Verwendung finden. Die Anwendung von Schlafmitteln ist vielfach wünschenswert. Es kommen Bromural, Adalin, gewiß auch Veronal in Betracht. Bei letzterem sind die Dosen leider nicht genügend ausprobiert, so daß die angegebenen vielleicht etwas zu gering sind. Bei schwerer Erregung kämen auch kleine Dosen Opium in Betracht. Bei Krämpfen ist bei dem aus Gesundheit oder aus dem Stadium der Hypotrophie heraus erkrankten Kinde Chloral wie auch sonst anzuwenden. Anders bei dem vorher Atrophischen. Hier ist anzunehmen, daß Chloral giftiger wirkt, ohne dabei auf die Krämpfe praktisch den Einfluß zu haben, den wir sonst davon erwarten. Man kann hier versuchen, durch Kombination von 0,2 g Chloral mit $1^1/_2$ g Urethan pro Klysma die Gefahr zu umgehen. Nach 3—4 Stunden kann man das Urethan als Klistier wiederholen. Eine volle Wirkung erzielt man eigentlich nur in den Fällen, die gegen Erwartung doch am Leben bleiben. Bei den verlorenen Fällen erreicht man nur vorübergehende Linderung der Krämpfe. *Das wichtigste Analeptikum ist die Wasserspeisung.* Wirkt sie nicht, so ist auch von den anderen nicht viel zu erwarten. Als Herztonikum empfehlen wir Koffein. Kampferöl ist beim atrophischen Kinde nicht gestattet.

Erfolglos bleibt die Therapie in allen jenen Fällen, in denen das Kind in ein Stadium geraten ist, in dem das Daniederliegen seiner Ernährungsfunktionen zu einer Unernährbarkeit geführt hat. Ebenso ist der Ernährungstherapie eine enge Grenze gesetzt in jenen Fällen von Ernährungsstörungen, in denen eine zugrunde liegende Erkrankung den Verlauf bestimmt. Es betrifft das in erster Linie die Ernährungsstörungen durch Infektionen, sowohl durch akute als auch durch chronische. So wird z. B. die Ernährungsstörung bei der Pyelitis in ihrem Verlauf in allererster Linie durch den der Grundkrankheit bestimmt. Dasselbe gilt auch von chronischen Infektionen (z. B. Bronchopneumonie). Andererseits kann auch hier die Ernährungstherapie die Immunität des Kindes stärken und ihm auf diese Weise die Möglichkeit geben, der die Ernährungsstörung verursachenden Infektion Herr zu werden.

4. Spezielle Therapie.

a) Stadium der Hypotrophie.

Natürliche Ernährung. Die natürliche Ernährung ist notwendig, wenn die Hypotrophie sich in den ersten drei Lebensmonaten zeigt, namentlich, wenn trotz geeigneter künstlicher Ernährung Farbe und Regsamkeit des Kindes sich nicht schnell bessern. Auch bei älteren

Säuglingen ist Rückkehr zur natürlichen Kost notwendig, wenn eine starke Senkung der Immunität eingetreten ist, z. B. bei Furunkulose und chronischer Pyelitis; ferner bei Kindern, die immer wieder durch Bronchitiden in ihrem Gedeihen gestört werden. Man kann die Kinder vom ersten Behandlungstage an an der Brust nach den für ein gesundes Kind aufgestellten Regeln ernähren.

Künstliche Ernährung. Das allgemeine Prinzip der Behandlung des hypotrophischen Stadiums mit künstlicher Nahrung besteht in der Anwendung von mit mehr Kohlehydraten als üblich angereicherten Milchverdünnungen in einer den Bedarf deckenden Menge. Dieser ist in einer Reihe von Fällen größer als dem Gewichte des Kindes entspricht, nicht 100 Kalorien pro Kilo Körpergewicht, sondern 120—130 und darüber. Denn gewöhnlich entspricht der Nahrungsbedarf hypotrophischer Säuglinge nicht dem tatsächlichen Gewicht, sondern dem Sollgewicht. Gedeihen wird daher oft erst erzielt, wenn der Nahrungsbedarf entsprechend gesteigert wird. Es ist dies ein außerordentlich wichtiges Moment für die Diätetik hypotrophischer Säuglinge.

Speziell in ihrem Kohlehydratbedarf zeigen die Säuglinge bedeutende Unterschiede. Er ist bei bestimmten Individualitäten und unter dem Einfluß einer Störung oft größer, als daß er durch den üblichen Kohlehydratzusatz (5%) zu den Mischungen gedeckt würde. Aus konstitutionellen Gründen eine größere Kohlehydratzufuhr benötigende Kinder geraten bei der Ernährung mit den üblichen Milchmischungen in den Zustand der Hypotrophie. Er wird durch Zulage von Kohlehydraten (Mehl und Zucker) bis auf 6, 7 und 8%, z. B. in dem Verhältnis von 1 Mehl zu 4 Zucker überwunden, gewöhnlich leichter und schneller, wenn gleichzeitig die Milchmenge reduziert, für die Nährmischung also eine stärkere Verdünnung gewählt wird, als dem Alter des Kindes entspricht (z. B. bei 5—6 monatigem Säugling statt $^2/_3$ Milch mit 5% Kohlehydrat, Halbmilch mit 6 oder 7% Kohlehydrat). Diese Steigerung der Kohlehydratmenge ist aber keine indifferente Maßregel, denn sie kann leicht zu abnormer Gärung im Magendarmkanal und damit zum Eintritt einer dyspeptischen Störung (dyspeptische Störung b des Schemas S. 106) führen. Der Eintritt dieses Ereignisses bei der Anwendung kohlehydratreicher Mischungen ist zu fürchten, erstens in Fällen, die sich durch einen stärkeren Grad der Unterentwicklung (starke Rückständigkeit des Gewichts im Verhältnis zum Normalgewicht, schlechten Allgemeinzustand, gesunkenen Turgor und Tonus, blasse Hautfarbe, komplizierende Infektionen) als schwerere Formen der Hypotrophie erweisen, und bei denen nicht dauernd harte Stühle das Leiden begleiteten, zweitens in Fällen, die auf dem Wege über eine dyspeptische Störung (dyspeptische Störung a des Schemas S. 106) zustande gekommen sind. Wir haben dann Grund, mit einem stärkeren Verlust der Toleranz des Kindes gegenüber kohlehydratreichen Mischungen zu rechnen, so daß die Zulage von Kohlehydraten den Eintritt einer akuten Störung befürchten läßt. Es handelt sich um Fälle von Hypotrophie mit Dyspepsiegefahr.

Hingegen müssen wir mit einem solchen Ereignis nicht rechnen in

Fällen von Hypotrophie, die durch die Vorgeschichte bzw. das klinische Bild als leichte Fälle gewertet werden dürfen, besonders dann nicht, wenn Obstipation besteht, harte bröcklige Stühle entleert werden und aus der Anamnese sich ergibt, daß die Hypotrophie unter Ernährung mit Milch bzw. Milchverdünnungen ohne Perioden mit Durchfällen zustande gekommen ist. Dann aber geben auch schwerere Grade keinen Grund gegen eine Vermehrung der Kohlehydrate. Es handelt sich dann um Fälle von Hypotrophie ohne Dyspepsiegefahr. Je nachdem wir auf Grund der gegebenen Anhaltspunkte den Eintritt einer Dyspepsie zu fürchten haben oder nicht, müssen wir die Quantität der Nährmischungen und der zugefügten Kohlehydrate bemessen.

Nach dem Grade ihrer Wirkung auf die Erzeugung breiigen Stuhles und der Erregung von Durchfall müssen wir die löslichen Zucker folgendermaßen gruppieren:

Am stärksten wirkt Malzsuppenextrakt, dann Rübenzucker und Milchzucker, am wenigsten, fast gar nicht, Soxhlets Nährzucker und Löflunds Nährmaltose.

Die Unterschiede der unaufgeschlossenen Kohlehydrate sind recht gering. Hafermehl und Haferflocken machen den Stuhl vielleicht dünner als Weizenmehl und Mondamin. Die Form des Grießes ist indifferenter als die des Mehles. Aus diesen Tatsachen folgt, daß wir bei Hypotrophie mit Dyspepsiegefahr Malzextrakt, Milchzucker und Rohrzucker vermeiden und Nährzucker und Nährmaltose wie auch Mehl und Grieß wählen. Die Kombination von Zuckern und Mehlen hat auch die Bedeutung eines fördernden Einflusses auf den Gewichtsanstieg. Zugleich gibt sie die Möglichkeit, die Gesamtsumme der Kohlehydrate größer zu bemessen, als wenn wir nur Zucker oder Mehl geben würden. Bei Hypotrophie ohne Dyspepsiegefahr bevorzugen wir Malzsuppenextrakt und Rübenzucker.

Zwei nach bestimmten Rezepten hergestellte, sehr häufig benutzte kohlehydratgebende Mischungen sind die Malzsuppe nach Keller und die Buttermilch. Erstere enthält nur $^1/_3$ Milch, dafür $5^0/_0$ Mehl und $10^0/_0$ Malzsuppenextrakt. Die Buttermilchmischung, die bei der Behandlung der Hypotrophie in Frage kommt, enthält einen Zusatz von 15 g Weizenmehl und 40 g Rohrzucker pro Liter. Die Betrachtung der chemischen Zusammensetzung gestattet uns Anhaltspunkte für die Art ihrer Wirkung auf den Ernährungszustand und den Stoffwechsel. Der Malzsuppe muß durch den hohen Kohlehydratgehalt, speziell durch den großen Gehalt an Malzextrakt neben ihrer günstigen Wirkung auf den Anwuchs eine gärungserregende, abführende Wirkung zukommen, der der geringe Eiweißgehalt der Mischung kein Gegengewicht setzt. Im Gegensatz dazu wird bei Buttermilchernährung die Gärung weniger in den Vordergrund treten, sowohl infolge der Art des zugesetzten Zuckers, als auch durch den hohen Eiweißgehalt der Mischung. Dabei sei ganz von der Wirkung des Alkalis in der Malzsuppe einerseits, der Milchsäure in der Buttermilch andererseits abgesehen. Die Buttermilch wird also der Malzsuppe vorzuziehen sein in jenen Fällen, in denen der komplizierende Eintritt einer dyspeptischen Störung eher zu befürchten ist. Man kann die Buttermilch bei jungen oder durch Dyspepsie gefährdeten Säuglingen dadurch unschuldiger machen, daß man statt des Rohrzuckers Nährmaltose wählt. Wegen des vielfach zu hohen Säuregehaltes der käuflichen Buttermilch muß man sie sich entweder selbst nach den S. 500 gegebenen Vorschriften bereiten, oder sich der holländischen Kindernahrung, einer käuflichen Konserve, bedienen, die schon Rohrzucker zugemischt enthält. Auch kann man die Rietschelsche Anfangsnahrung, eine Buttermilchkonserve ohne Zuckerzusatz, mit steigenden Dosen Nährzucker versetzen.

Im allgemeinen ziehen wir es vor, statt der fertigen Rezepte die Milch-Kohlehydratmischung dem Bedarf des Kindes entsprechend herzustellen und durch kleine Zusätze oder Abstriche uns fortlaufend dem Bedürfnis des Kindes anzuschmiegen. Nur auf diese Weise kommen wir zu einer vollen Ausnutzung der Wirkungsbreite der Kohlehydrate.

Hypotrophie ohne Dyspepsiegefahr. Am einfachsten ist die Behandlung der in das Stadium der Hypotrophie durch unzureichende oder falsche Ernährung gekommenen Kinder. Haben sie übermäßig verdünnte Milch bekommen, so gibt man die dem Alter entsprechende Milchmenge. Nimmt das Kind trotzdem nicht zu, so kann man die gleichen oder etwas vermehrten Mengen von Nährzucker oder Nährmaltose statt Rohr- und Milchzucker geben. Außerdem empfiehlt es sich, als Verdünnungsflüssigkeit der Milch einen dicken Haferschleim, bei älteren Kindern eine 5%ige Mehlsuppe zu wählen. Eine dicke Grießsuppe zu Mittag, ein Milchgrieß zum Abend, 1—3 Zwiebäcke, die mit einem Teil der bereiteten Milchmischung aufgeweicht, vor der Flasche dem Kinde eingelöffelt werden, sind vom 5. Monat an hier durchaus angebracht. Haben die Kinder ausreichend oder zuviel Milch bekommen, so reduziere man die Milch etwas unter den Bedarf und vermehre von vornherein durch Mehl, Zucker, Grieß, Zwieback usw. die Kohlehydrate. Es stellt sich hier bald heraus, daß das Kind recht erhebliche Kalorienmengen gebraucht. Natürlich kommt es bei einem Zuviel auch hier zu Durchfällen. Einen Mißgriff vermeidet man jedoch leicht, wenn man sich der weniger gärungsfähigen Kohlehydrate, der Maltose-Präparate, der weniger gärfähigen Mehle und des Grieß bedient und langsam steigt. Man darf in Fällen, bei denen trockene, harte Stühle das Krankheitsbild begleiten und Dyspepsien nie aufgetreten sind, dreist vorgehen. Liegt noch keine stärkere Hypotrophie vor, so gebe man eine Milchmischung von halb Milch, halb Mehlsuppe, im vierten Lebensmonat von $^2/_5$ Milch, $^3/_5$ Mehlsuppe und setze zur Tagesmenge etwa 20 g (= einen stark gehäuften Teelöffel) Malzsuppenextrakt hinzu. Bleiben die Stühle hart, so läßt man in dreitägigen Intervallen die Malzsuppenextraktmenge bis zum Eintritt breiiger Stühle vermehren. Im 6. Lebensmonat ist die Mittagsmahlzeit aus Grieß mit Gemüsebrühe durch etwas Kartoffelbrei und Gemüse anzureichern. Ist ein Kind unter monatelangen trockenen, harten Stühlen in ein schwereres Stadium der Hypotrophie gelangt, so bedient man sich der Original-Malzsuppe (S. 501). Man verabfolgt sie fünfmal täglich, oder vom 6. Monat an viermal täglich mit der üblichen Mittagsmahlzeit, anfänglich etwa 120—150 ccm, muß aber schon in den ersten Tagen, durch den Hunger des Kindes gezwungen, steigen. Breiige, ja etwas dünne Stühle, die 3—4mal am Tage erfolgen, brauchen dann nicht beachtet zu werden, wenn das Kind sichtlich reger und frischer wird. Hat man trotzdem Bedenken, so reduziert man die Malzmenge auf 50—70 g p. d. Länger als sechs Wochen soll die typische Malzsuppe nicht gegeben werden. Langsam wird die Milchmenge bis zur Halbmilch vermehrt und der Malzsuppenextrakt vermindert. Frühzeitig ist das Mittagessen mannigfaltig zu gestalten.

Hypotrophie mit Dyspepsiegefahr. Ist der Eintritt einer Dyspepsie im Bereich der Wahrscheinlichkeit, so wählen wir schwer vergärbare Zucker, also Soxhlets Nährzucker, Löfflunds Nährmaltose. Kontraindiziert sind Rohr- und Milchzucker wegen ihrer starken Gärfähigkeit und Malzeextrakt wegen seiner leicht abführenden Wirkung. Ebenso kommen nur schwer vergärbare Mehle in Frage: Grieß, Weizenmehl,

Maismehl, Reismehl vor Hafermehl. Wir beginnen in diesen Fällen die Heilernährung mit einer nicht über Halbmilch hinausgehenden Milchverdünnung und in einer den Bedarf zunächst nicht vollständig deckenden Menge (z. B. 70 Kalorien auf das tatsächliche Gewicht berechnet), wählen den Kohlehydratzusatz unter den vorstehenden Gesichtspunkten zunächst nicht über 5% (2% Mehl + 3% Zucker), steigern allmählich die Gesamtmenge und in ihr langsam die Kohlehydrate bis auf 6, 7, eventuell 8%. Man gibt also pro Tag etwa 1/7 des Körpergewichtes von einer Mischung von halb Milch, halb Schleim oder Mehlsuppe und setzt pro 100—150 g einen gestrichenen Teelöffel Nährzucker hinzu, steigt langsam bis auf 1/5 des Körpergewichtes und vermehrt dann die Nährzuckermenge. Mit diesem einschleichenden Verfahren gelingt es häufig, zum Ziele zu kommen.

Hypotrophie im ersten Lebensquartal. Die Hypotrophie im ersten Lebensquartal ist stets eine schwerere Form der Hypotrophie und mit Dyspepsiegefahr verbunden.

Deswegen sollte man unter allen Umständen zur natürlichen Ernährung raten. Ist diese nicht vollständig durchführbar, so rettet man schon eine größere Anzahl von Kindern, wenn man auch nur 1—2 Mahlzeiten Frauenmilch (ja nur 150—200 g Brustmilch) geben kann — selbst nur 1—2 Wochen lang.

Ist man zur künstlichen Ernährung ganz oder teilweise gezwungen, so muß mit Rücksicht auf die bestehende Dyspepsiegefahr — selbst in den Fällen, die bisher nur trockene, harte Stühle hatten — mit größter Vorsicht vorgegangen werden. Von Kohlehydraten darf Malzsuppenextrakt wegen seiner leicht abführenden Wirkung nicht verwandt werden. Bei leichteren Fällen und harten Stühlen verringere man die Milchmenge und wähle als Kohlehydrat Nährzucker, später als Verdünnungsflüssigkeit dünnste Schleimsuppe. Ändern sich Farbe und Regsamkeit nicht schnell zum besseren, so kann man einen Teil der Kinder durch Überführung auf Buttermilch zu langsamer Genesung bringen. Auf die Neigung zu Dyspepsie kann man dadurch Rücksicht nehmen, daß man statt Rohrzucker Nährzucker zusetzt. Als Tagesmenge kommt zuerst 1/7, mit steigendem Appetit und Wohlbefinden erst 1/6, schließlich 1/5 des Körpergewichtes in Betracht.

Fälle von Hypotrophie mit erhöhtem Fettbedarf. Bei einer Reihe von Säuglingen erreichen wir durch Kohlehydratanreicherung der Nahrung allein keinen Erfolg. Von ihnen können wir einen Teil durch Fettzulage zu schnellerer Entwicklung bringen. Genau zu umschreiben ist diese Gruppe von Kindern nicht. Man kann vorläufig nur sagen, daß ein Versuch mit Fettzulage nur zu raten ist, wenn trotz Durchführung der Heilnahrung nach unseren angegebenen Regeln die Zunahme des Kindes ausbleibt oder sehr gering ist. Doch muß das Allgemeinbefinden befriedigend sein. Denn anderenfalls ist die absolute Indikation zur möglichst vollständigen natürlichen Ernährung gegeben.

Zur Fettanreicherung der Mischung benutzt man Sahne nur dann, wenn sie in einwandfreier Form zu erhalten ist. Man gibt 5—10% von Sahne zu. Man kann die Milchmischung auch dadurch fettreicher gestalten, daß man 1 l Milch 2 Stunden lang in flacher Schale zugedeckt kühl aufstellt und dann das oberste Drittel abschöpft. Diesen Teil verwendet man zur Herstellung der Milchmischung.

Am bequemsten ist der Zusatz von Lahmanns Pflanzenmilch oder Biederts Rahmgemenge, die neben ihrem hohen Fettgehalt 33% Zucker enthalten. Man nimmt auf 1/2 Liter der Mischung 30—50 g. Sehr wirksam kann auch bei Säuglingen, die durch Buttermilch auf dem Wege der Genesung sich befinden, aber doch nicht genügend zunehmen, der Zusatz von Sahne oder Fettkonserven sein.

Neuerdings ist von Czerny-Kleinschmidt als eine sehr kalorienreiche, fett- und kohlehydratreiche Mischung die sogenannte Buttermehlschwitze angegeben worden. Sie hat den Vorzug, daß sie von einem billigen Ausgangsmaterial, der Marktbutter, ausgeht. Als Nachteil wird mit Recht empfunden, daß große Mengen Nährstoffe im Kot erscheinen. Empfohlen wird die Nahrung für debile Kinder über 2000 g, dann aber auch für alle möglichen Arten von Hypotrophie. Da schönen Erfolgen auch Mißerfolge gegenüberstehen, sind wir noch nicht imstande, zu den Indikationen dieser Nahrung Stellung zu nehmen. (Bereitung siehe Technik S. 502.)

Heilverlauf. Der Heilverlauf bei den verschiedenen Formen der Hypotrophie ist verschieden nach der Schwere der Störung und der von ihr abhängigen Möglichkeit, die Heilnahrung und den Kohlehydratgehalt schnell bis zum Bedarf der Kinder zu steigern. Bei leichten Fällen, in denen der Bedarf des Kindes von vornherein durch kohlehydratreiche Mischungen, vor allem Milch-Mehl-Malzmischungen, gedeckt werden darf, kann ohne die Zwischenschaltung einer Periode der Gewichtsabnahme und des Gewichtsstillstandes, Gewichtsanstieg unter zunehmender Besserung des Allgemeinbefindens und Normalwerden des Stuhlbildes sich sofort einstellen. Ist man gezwungen, wegen der Schwere der Störung langsamer vorzugehen, den Bedarf des Kindes zunächst nicht vollständig zu decken, mit der Kohlehydratanreicherung vorsichtiger zu sein, dann tritt die Periode des Gewichtsanstiegs und der Besserung des Befindens oft erst nach einer kürzeren oder längeren Zeit von Gewichtsstillstand und Gewichtsschwankungen bei wechselndem Verhalten der Stühle ein. Eine nur allmählich einsetzende Wirkung auf den Gewichtsanstieg sieht man fast regelmäßig bei Frauenmilchernährung. Bei dieser kommt es gewöhnlich zunächst zu einer Gewichtssenkung, dann zu einem kürzere oder längere Zeit dauernden Gewichtsstillstand und erst ganz allmählich zur Zunahme. Dabei wechselndes Stuhlbild, das jedoch bei natürlicher Ernährung unser diätetisches Vorgehen nicht beeinflussen soll, und relativ schnell einsetzende günstige Wirkung auf das Allgemeinbefinden. Das Verhalten des Gewichtes bei der Frauenmilchernährung, das nicht etwa als ungünstiges Moment ausgelegt werden darf, ist wohl durch den geringen Eiweiß- und Salzgehalt mit zu erklären. Trotzdem ist die Ernährung mit Frauenmilch der sicherste Weg zur Heilung. Eine Abkürzung des Reparationsstadiums und schnelleren Gewichtsanstieg kann man manchmal erzielen durch Auswechslung einer Frauenmilchmahlzeit durch eine eiweiß- und salzreichere Mischung. Hier kommt Buttermilch an erster Stelle in Frage.

Die Durchführung der Heilernährung erfordert 4, 6, 8 Wochen, je nach dem Grade der Störung. Dann kann ein allmählicher Übergang zu gewöhnlichen Milchmischungen versucht werden, der bei vollständiger Reparation von Erfolg begleitet sein muß

Kinder, die immer wieder durch leichte Infektionen, namentlich der Atemorgane in ihrem Gedeihen gestört sind und sehr jung von der Hypotrophie betroffen werden, zeigen einen viel ungünstigeren Heilungsverlauf. Die Zunahme beträgt durch Monate hindurch kaum über 300 g pro Monat, auch erfolgt sie nicht immer gleichmäßig. Auf wochenlangen Gewichtsstillstand folgen sprungweise Zunahmen. Tägliche Wägungen geben starke Schwankungen von einem zum anderen Tage an. Eine sorgfältige Beobachtung lehrt, ob das Kind trotz allem im Fortschreiten begriffen ist. In Anstalten, in denen die Säuglinge den Infektionen reichlicher ausgesetzt sind, sieht man diese Form der Hypotrophie besonders häufig. Durchführung von Sonnen und- Freiluftkuren unterstützt die Ernährungserfolge.

Komplikationen. Außer der eben erwähnten Störung durch Grippe-Infektionen kann unser diätetisches Vorgehen gestört werden:

1. Durch die gerade in diesem Stadium der Ernährungsstörung oft prävalierende Appetitlosigkeit.

2. Durch den Eintritt einer dyspeptischen Störung.

Andauernde Appetitlosigkeit trotz knapper Diät ist oft ein Anzeichen, daß die Kost dem Kinde nicht bekommt. Vielfach ist durch Magenspülung nachzuweisen, daß noch nach 3—4 Stunden der Magen nicht entleert ist. Über die Behandlung dieses Zustandes s. S. 138 (Mageninsuffizienz). Im übrigen wird man nach 6stündiger Pause mit kleinen Mengen Nahrung wie bei Dyspepsie anfangen.

An der Auslösung der Appetitlosigkeit[1]) tragen aber nicht nur die Ernährungsstörung oder frühere Ernährungsfehler Schuld, sondern auch Erziehungsfehler. Deswegen muß zunächst versucht werden, sie auf dem Wege über eine vernünftige Erziehung zu überwinden. Hier hilft oft schon konsequentes, ruhiges Vorgehen einer geschulten Kraft, einer guten Pflegerin. Kommt man durch Erziehungsmaßnahmen allein nicht zum Ziel, muß man versuchen, andere Wege einzuschlagen. Sehr häufig führt Einschränkung der Mahlzeiten zunächst auf drei unter Verzicht auf Gewichtszunahme zum Ziel, es schadet in diesem Stadium der Ernährungsstörung nichts, wenn das Kind während einiger Tage abnimmt. Geht man an 3—4 Tagen in drei Mahlzeiten nicht über 50—60 Kalorien pro kg Körpergewicht hinaus, sieht man in einigen Fällen den Appetit bald wieder eintreten; dann kann man die Nahrung allmählich steigern. Eine günstige Wirkung hat oft auch eine an 2—3 aufeinanderfolgenden Tagen immer zu einer bestimmten Zeit, 3—4 Stunden nach einer Mahlzeit vorgenommene Magenspülung mit Karlsbader Mühlbrunnen und die gleichzeitige Verabfolgung von Salzsäurepräparaten zu den Mahlzeiten. Man muß auch daran denken, daß die Appetitlosigkeit eine abortive Form des Morbus Barlow sein kann und soll aus diesem Grunde den Mischungen etwas Zitronensaft, Mohrrübensaft oder Apfelsinensaft zugeben. Bei schweren Formen der Appetitlosigkeit, dauernder Unmöglichkeit, dem Kinde mehr als minimale Mengen beizubringen, wird man um die Sondenernährung nicht herumkommen und zu gleicher Zeit auf ausreichende Wasserspeisung bedacht sein. Doch tut man gut, dann zur natürlichen Ernährung überzugehen. Das sind jedoch Seltenheiten. Ist es halbwegs möglich, soll das Kind viel im Freien sein, überhaupt ist die Pflege im Freien ein ausgezeichnetes Unterstützungsmittel für schnelle Überwindung der lästigen Komplikation.

Die Appetitlosigkeit erschwert oft auch das Anlegen eines ernährungsgestörten Kindes an die Brust einer Amme. Jedenfalls muß in allen Fällen die Amme mit ihrem Kind aufgenommen werden, damit bei dem dauernden Widerstande des kranken Kindes gegen die natürliche Er-

[1]) Vgl. hierzu die Ausführungen auf S. 369.

nährung die Brust der Amme nicht versiegt und ihrem eigenen Kinde erhalten bleibt. Das gilt übrigens für sämtliche Ernährungsstörungen.

Die zweite wichtige Komplikation ist der Eintritt einer dyspeptischen Störung (b des Schemas S. 106). Bevor man in diesem Falle dazu übergeht, die Therapie wie bei der dyspeptischen Störung b einzuleiten, kann man bei leicht vermehrten Stühlen versuchen, durch kurzdauernde Reduktion der Kohlehydratmenge und geringe Einschränkung des Nahrungsquantums des Durchfalls Herr zu werden. Sieht man diese Zustände bei Milch-Mehl-Malz-Mischungen eintreten, genügt oft die Reduktion der Malzmenge auf die Hälfte. Man kann dann nach 2—3 Tagen wiederum langsam steigern und die indizierte Diät zuführen. Bei heftigeren Durchfällen wird man allerdings nicht umhin können, die Therapie der dyspeptischen Störungen (siehe S. 128) einzuleiten.

b) Stadium der Atrophie.

Die Therapie des Stadiums der Atrophie setzt eine eingehende Analyse des Falles voraus, ob wir es mit einer leichteren oder einer schweren Form zu tun haben; denn kommen wir zu dem Ergebnis, daß eine schwere Form vorhanden ist, müssen alle Versuche, durch eine künstliche Nährmischung zur Reparation zu gelangen, fast als aussichtslos erscheinen, und der Diätetik ist der klare Weg der natürlichen Ernährung vorgeschrieben. Auch dann ist eine Reihe von Fällen nicht zu retten. Leicht ist die Entscheidung in jenen Fällen, in denen das klassische klinische Bild der Atrophie vorhanden ist, mit dem greisenhaften Gesicht, dem aufgetriebenen Leib und den ganz dünnen Extremitäten, der grauen Gesichtsfarbe, Untertemperaturen und Neigung zu Kollapsen[1]). Hier verspricht, wenn überhaupt etwas, nur Frauenmilchernährung Rettung. Ferner ist ein Stadium der Atrophie, das auf dem Wege über dyspeptische Störungen zustande gekommen ist, unter allen Umständen als eine sehr schwere Störung zu werten, auch wenn die Abmagerung nur gering ist, und das sonstige klinische Bild den Fall leichter beurteilen läßt. Es handelt sich dann häufig um Fälle, in denen die Schwere der Störung zunächst verdeckt ist. Oft enthüllt erst das Mißlingen der Ernährungstherapie mit künstlichen Nährmischungen durch den eintretenden Zusammenbruch das tiefe Daniederliegen der Ernährungsfunktionen.

Aber auch bei den leichteren Formen der Atrophie läßt sich niemals mit Sicherheit das Gelingen der Ernährung mit künstlichen Nährmischungen voraussagen. Wer halbwegs sicher gehen will, muß auch bei den leichteren Formen die Durchführung der natürlichen Ernährung in allererster Linie in Betracht ziehen, namentlich dann, wenn das Kind die ersten sechs Lebensmonate noch nicht überschritten hat. Im zweiten Halbjahr ist ein Versuch mit künstlicher Ernährung eher aussichtsreich.

[1]) Eine besondere Form der Atrophie ist die Atrophie mit Ödemen, die wir vorzugsweise, aber nicht ausschließlich bei durch Mehlmißbrauch geschädigten Kindern sehen. Bevor die Ödeme manifest werden, ist der Unerfahrene geneigt, den Ernährungszustand angesichts der Gewichtszunahme günstiger zu beurteilen. Diese Kinder bedürfen keiner anderen Behandlung als andere Atrophiker. Die Ödeme finden nur insoferne Berücksichtigung, als man der Nahrung nicht gerade Kochsalz zulegt.

Etwas günstiger liegen die Aussichten für eine Behandlung mit künstlicher Ernährung bei denjenigen Kindern, die unter dauernden trockenen Stühlen, ohne Einschaltung eines dyspeptischen Stadiums, der Abzehrung verfallen sind, wenigstens so weit sie den vierten, womöglich den sechsten Lebensmonat überschritten haben. Unterbricht keine Infektion den Heilverlauf, so sind selbst extreme Fälle, wie zum Beispiel einjährige Kinder von $3^1/_2$ kg Körpergewicht glatt zu heilen. Nur bei dieser Form der Abzehrung können wir nämlich eine Indikation, die für die künstliche Ernährung bei Atrophie gilt, vollständig durchführen, nämlich reichliche Zuführung von Kohlehydraten.

Ganz im allgemeinen läßt sich sagen, daß man das Vorgehen bei der künstlichen Ernährung, die Indikationen, von denen man sich bestimmen läßt, eng an das Vorgehen anlehnen kann, die wir für die schwerere Form des Stadiums der Hypotrophie angegeben haben. Nur wird man noch vorsichtiger mit der Nahrungssteigerung und mit der Anwendung kohlehydratreicher Gemische sein. Wir können aber sonst vollständig auf das verweisen, was bei der Behandlung des schwereren Stadiums der Hypotrophie mit Dyspepsiegefahr gesagt ist. Dem schwer atrophischen Kinde erwachsen sowohl aus der Ernährung wie aus der Inanition, aber vor allem aus der Infektion die allergrößten Gefahren. Gerade aus dem letzteren Grunde ist die Frauenmilch indiziert, weil wir keine einzige künstliche Nährmischung kennen, die auch nur annähernd in gleicher Weise die Immunität des Säuglings hebt. Um sowohl Ernährung wie auch Inanition ihrer das Leben gefährdenden Wirkung zu entkleiden, ist es notwendig, durch die Frauenmilch den Bedarf des Kindes zunächst nicht vollständig zu decken, aber doch die Menge immerhin so groß zu wählen, daß ein schwererer Zustand der Unterernährung nicht resultiert. Man beginnt daher zunächst mit einer Menge von ungefähr 40 Kalorien pro kg Körpergewicht, ungefähr durchschnittlich 300 g pro Tag und steigert täglich die Menge um 30—40 g, bis schließlich die Deckung des Nahrungsbedarfes erreicht ist. Es ist dabei auszuprobieren, ob dem Kinde seltene größere oder häufige kleinere Mahlzeiten besser bekommen. Häufig sehen wir letzteres. Selbst wenn der Nahrungsbedarf annähernd gedeckt ist, kann eine Gewichtszunahme wochen- bis monatelang ausbleiben und nur die Besserung des Allgemeinbefindens den Ernährungserfolg anzeigen. Erst wenn das Verschwinden der schweren Allgemeinerscheinungen, die bedeutende Besserung von Tonus, Turgor und Hautfarbe, anzeigen, daß der Umschwung im Gesamtaufbau des Organismus sich vollzogen hat, ist es gerechtfertigt, eine Frauenmilchmahlzeit durch eine eiweiß- und salzreichere Nährmischung, z. B. Buttermilch, zu ersetzen und damit auch den Ansatz zu erzwingen. Mit Rücksicht auf die Schwere der Störung muß zur Zwiemilchernährung eine Mischung gewählt werden, welche nicht leicht Durchfall erzeugt, also womöglich eine mit Kohlehydraten vorsichtig angereicherte Buttermilch oder Halbmilch. Letzterer kann 2—3 % Larosan oder Plasmon zugesetzt werden. Sind die Kinder mittlerweile in das dritte Vierteljahr gelangt oder stehen sie am Ende des ersten Lebensjahres, dann wird zunächst eine Mahlzeit Frauenmilch durch Beikost ersetzt z. B. eine Brühe mit Maisgrieß oder Weizengrieß, der ebenfalls etwas Eiweiß (Plasmon, Nutrose, Larosan) zugesetzt werden kann oder auch durch eine Mahlzeit von weißem Käse. (1 Eßlöffel auf 150 g Schleim.) Wird das vertragen, kann eine zweite Mahlzeit durch einen aus verdünnter Milch hergestellten Brei, ebenfalls mit etwas Eiweißzusatz, ersetzt werden. Die Zugabe von Gemüsen und Früchten muß ganz vorsichtig einschleichend geschehen, um nicht durch die Belastung des Darmes mit der Zellulose einen Durchfall herbeizuführen[1]). In jedem Falle ist anzuraten, die Frauenmilchernährung ganz oder teilweise mindestens drei Monate durchzuführen. Das teilweise Beibehalten der Frauenmilchernährung auch über das erste Lebensjahr hinaus erscheint in schwereren Fällen geboten, natürlich unter Zugabe geringer Mengen der üblichen Milchgemische und der Beikost, weil auf diese Weise die beste Garantie für die Vermeidung interkurrenter, den Heilverlauf störender und für das Kind tödlicher Infektionen gegeben ist.

In eine außerordentlich prekäre Lage geraten wir, wenn sich die Durchführung der natürlichen Ernährung des atrophischen Kindes auch nur teilweise nicht ermöglichen läßt, denn wir kennen keine Nahrung, die in gleicher Weise wie die Frauenmilch die Immunität des Kindes günstig beeinflußt und auf diese Weise eine schädigende Infektion verhindert, die gewöhnlich auf dem Umwege über eine dyspeptische Störung den Tod herbeiführt. Gefährlich ist es unter allen Umständen, von vornherein einen Versuch mit stark mit Kohlehydraten angereicherten Mischungen zu machen, obwohl atrophische Kinder gewöhnlich einen hohen Bedarf an Kolhehydraten haben. Wird ein solcher Versuch durch das Prinzip der Kontrasternährung indiziert, d. h. handelt es sich um Fälle, die in das Stadium der Atrophie bei Milchernährung unter dauernder Entleerung von harten, bröckligen, hellen Seifenstühlen — es muß sich keineswegs immer um Überernährung mit Milch handeln, gewöhnlich war aber der Kohlehydratzusatz zur Mischung relativ oder absolut zu gering — gekommen sind, dann kann ein vorsichtiger Versuch mit einer kohlehydratreicheren Mischung gemacht werden, wenn man sich mit dieser vorsichtig einschleicht, z. B. mit Buttermilch, deren Menge zunächst ebenfalls nur wie die der Frauenmilch auf 300 g gehalten wird unter langsamer Steigerung der zugesetzten schwer vergärbaren Kohlehydrate, unter Anwendung einer Halbmilch-Mehl-Malz-Mischung, bei bestehender Obstipation mit recht langsamer Steigerung des Malzextraktes, jedoch kaum jemals zu einer Höhe des Prozentgehaltes wie bei der Behandlung des hypotrophischen Stadiums. Zugabe von Beikost und Brei bei älteren Kindern wie bei Frauenmilchernährung.

Sind die Kinder hingegen in das Stadium der Atrophie bei Anwendung kohlehydratreicher Mischungen gelangt, liegen in der Vorgeschichte mannigfache dyspeptische Störungen vor, dann wird die Ernährung mit kohlehydratreichen Mischungen mit Rücksicht auf den zu befürchtenden Eintritt einer Dyspepsie zu gefährlich. Auch aus dem Prinzip der Kontrasternährung heraus empfiehlt sich dann, namentlich wenn keine Obstipation besteht, die Stühle von vornherein weich

---

[1]) Hierzu dient mit Gemüsesuppe gekochter Grieß, dem man weiterhin messerspitzenweise Friedenthalsches Gemüsepulver zusetzen kann.

und breiig sind, die Ernährung mit einer mit Eiweiß angereicherten Milchverdünnung, in der der Bedarf an Kohlehydraten eher gedeckt werden kann. Das sind Fälle, in denen Eiweißmilch indiziert ist. Es kommt neben der Finkelsteinschen Eiweißmilch, deren Resultate in schweren Fällen die besseren sind, eine mit 2% Larosan oder Plasmon angereicherte Mischung von halb Milch halb Schleim in Betracht (Bereitung siehe S. 501). Erfolge erzielt man nur unter strenger Einhaltung folgender Regeln:

Man beginnt gewöhnlich mit einer Dosis von ungefähr 300—400 g Eiweißmilch mit 3% Nährzucker oder Grieß auf 6—8 Mahlzeiten verteilt. Die Steigerung der Gesamttagesmenge dürfte etwa 50 g pro Tag betragen, bis wenigstens 50—70 Kalorien pro kg Körpergewicht erreicht sind, also 120—140 ccm der Mischung. Jede Zulage über 120—140 g per kg Körpergewicht läßt man sich von dem Kinde sozusagen abzwingen und wartet stets 1—2 Tage ab, wie sie bekommt. Dabei wird das zögernde Vorgehen zu Anfang erschwert durch den krankhaften Heißhunger vieler dieser Patienten. Oft trinken sie nebenher noch $^1/_2$—1 Liter Tee. Das Aufhören des krankhaften Durstes ist oft ein Zeichen der Genesung. In dieser Weise vollzieht man, wenn das Allgemeinbefinden des Kindes sich sichtlich bessert und die Stühle dickbreiig oder hart werden, die Steigerung bis zu einem Höchstquantum von 200 g Eiweißmilch auf das kg Körpergewicht. Die Gesamtmenge darf pro die nicht über 1 l steigen; während der Steigerung muß man auch die Kohlehydratzulage erhöhen und zwar mindestens bis auf 5% Zucker und 1—2% Mehl (Weizenmehl oder Maismehl). Unter Umständen ist man aber bei großem Kohlehydratbedürfnis des Kindes genötigt, in der Steigerung der Kohlehydratzusätze bis auf 10%, 2% Mehl und 8% Zucker, zu gehen. Die Dauer der Behandlung mit Eiweißmilch richtet sich nach der Schwere der Störung. Bei schweren Fällen sind 6—8 Wochen dieser Therapie notwendig; dann kann man zu den gewöhnlichen Milchmischungen, zu Brei und Beikost übergehen. Der erste Schritt der Absetzung ist die Einführung einer Mittagsmahlzeit beim über sechs Monate alten Kinde. Dann wird eine weitere Eiweißmahlzeit ersetzt durch einen Grießbrei, der mit halb Milch halb Wasser bereitet ist, und dem man ein Eiweißpräparat zusetzen kann. Bekommt diese Kost ein paar Tage gut, so kann man eine weitere Flasche Eiweißmilch durch eine Flasche halb Milch, halb Mehlsuppe mit Nährzucker ersetzen. Dann ist es möglich, die Eiweißmilch ganz fortzulassen. Bei Larosan und Plasmonmilch braucht man nur den Eiweißzusatz zu verringern.

Der Heilverlauf während der diätetischen Maßnahmen unterscheidet sich im Prinzip nicht von dem Heilverlauf bei den schwereren Formen der Störung der Hypotrophie; sehr häufig tritt zunächst eine initiale Verschlimmerung bei der Einstellung des Kindes auf die geringe Menge der neuen Nahrung, dann ein länger dauernder Gewichtsstillstand und endlich langsame Zunahme ein. Entsprechend der Schwere der Störung sind die Stadien stärker ausgesprochen und länger andauernd. Auch die Zwischenfälle und Komplikationen sind ähnlicher Art. Die Appetitlosigkeit zu überwinden, ist oft recht schwierig und macht eine minutiöse Pflege und eine genaue Beobachtung des Kindes erforderlich. Experimente, das Kind hungern zu lassen, um Appetit hervorzurufen, können wir uns in diesen schweren Fällen nicht leisten; wir müssen sogar hier bei dauerndem Widerstand des Kindes früher zur Sondenernährung greifen, damit dem Nahrungsbedarf wenigstens halbwegs genügt wird. Ein während der Therapie eintretender Durchfall darf nicht sofort zur Einschaltung eines Hungertages führen, weil die Inanition bei dem schlechten Allgemeinzustand das Kind schwer schädigt. Es genügt z. B. bei der Eiweißmilchtherapie häufig, wiederum zu einer Menge von 300 g mit 3% Zusatz unter Deckung des Wasserbedarfes zurückzugehen, um die Komplikation zu überwinden. Allerdings ist mancher dieser Fälle verloren, wenn es nicht doch noch gelingt, Frauenmilch zu beschaffen.

Nehmen die Kinder die Eiweißmilch-Konserve schlecht, so hilft eine Süßung mit Saccharin über diesen Widerstand manchmal hinweg. Bei länger als vier Wochen dauernder Eiweißmilch-Therapie erscheint es notwendig, dem Kinde täglich etwas Zitronensaft oder Mohrrübensaft zu geben, um die Komplikation durch einen Morbus Barlow zu vermeiden.

Entsprechend der starken Beeinträchtigung des Allgemeinbefindens, den Gefahren, die von seiten des Herzens drohen, der schlechten Temperaturregulierung hat die Pflege eine besondere Bedeutung. Sie muß für Warmhaltung des Kindes durch Wärmflaschen sorgen; die Fernhaltung von Infektionen ist eine absolute Notwendigkeit für die Erhaltung des Lebens. Jeder Pflegeschaden, jeder Infekt kann die todbringende Komplikation bringen. Die Beobachtung muß außerordentlich sorgfältig sein, um einen sich vorbereitenden Kollaps rechtzeitig zu erkennen und ihm vorzubeugen. Diese Kinder gehören in die Klinik oder zumindest unter die Aufsicht einer außerordentlich erfahrenen Säuglingspflegerin. Die quälende Unruhe der Kinder erfordert Beruhigungsmittel; Adalin und Urethan sind unbedenklich zu gestatten. Bei Sinken der Herzkraft ist es geboten, dem Kinde Koffein-Einspritzungen zu machen. Wir bevorzugen dieses Mittel vor den Digitalis-Präparaten. Allerdings sind die Fälle, in denen es nicht in kurzer Zeit gelingt, die Herzschwäche zu überwinden, wenigstens bei künstlicher Ernährung unrettbar verloren.

c) Dyspeptische Störungen.

Allgemeine Therapie.

Für die Behandlung der dyspeptischen Störungen ist in jedem Falle zunächst Nahrungskarenz indiziert. Ihre Dauer richtet sich nach der Intensität der akuten Darmerkrankung und dem Zustand, in dem sich das Kind vor Eintritt des Durchfalls befand. Je besser der vorhergegangene Zustand, um so länger und besser verträgt das Kind die Entziehung. Je schwerer die akuten Erscheinungen, um so länger müßte die Entziehung dauern. Schwierigkeiten ergeben sich aber für das schwer atrophische und gleichzeitig schwer akut erkrankte Kind, weil hier der Zustand der Abzehrung längeren Hunger verbietet, die akute Verdauungsstörung einen solchen aber fordert.

Die Nahrungsmischungen, die nach der Karenz gegeben werden, müssen so zusammengesetzt sein, daß sie die Bakterientätigkeit im Darm möglichst bald zur Norm zurückführen, vor allem die schädliche Gärung beseitigen. Den heilsamsten Einfluß auf die abnormen Vorgänge im Magendarmkanal hat die Frauenmilch, obwohl sie durch ihre Zusammensetzung dem Prinzip der Gärungshemmung relativ wenig Rechnung trägt. Aus diesem Grunde ist die Frauenmilch auch keine indifferente Nahrung und muß je nach der Darmschädigung und dem Zustand des Kindes in ihrer Menge genau dosiert werden. Man beginnt mit kleinen Mengen und steigt langsam an. Die künstlichen Nährmischungen müssen durch ihre Zusammensetzung dem gärungshemmenden Prinzip Rechnung tragen, d. h. es kommen nur Tiermilchverdünnungen mit niedrigem Kohlehydratgehalt in Frage, die womöglich mit Eiweiß angereichert sind. Der Kohlehydratgehalt der Milchverdünnungsflüssigkeit soll jedoch höchstens auf kurze Zeit unter 2% herabgehen. Als Kohlehydrate kommen nur die wenig zur Gärung neigenden, also Mehle, vor allem Weizenmehl, Maismehl in 2—3%iger Abkochung (1 Eßlöffel auf 1 l), aber auch Haferflocken, von den Zuckern Soxleths Nährzucker und Löfflunds Nährmaltose in Frage. Auch durch die künstlichen Nährmischungen darf nach der Periode vollständiger Nahrungskarenz der Bedarf des Kindes zunächst nicht vollständig gedeckt werden, die Steigerung muß vielmehr ganz allmählich erfolgen. Im allgemeinen kommt man mit leicht in jedem Haushalt herzustellenden Mischungen aus Milch, Eiweiß und Kohlehydraten aus und bedarf der im Handel befindlichen fertigen Präparate nicht. Nur bei hartnäckigen und vernachlässigten akuten Erkrankungen und bei Dyspepsien der Atrophiker (Dyspepsie c) leistet Eiweißmilch und bei Säuglingen in den ersten zwei Monaten Buttermilch zweifellos Besseres.

Neben den diätetischen Maßnahmen spielt die Wasserspeisung eine außerordentlich große Rolle. Denn die Inanition wird vom Säugling nur vertragen, wenn der Wasserbedarf gedeckt wird. Das Kind erhält Wasser, so oft und so viel es trinken will oder einen beliebigen Tee, für den man oft gut tut, ein besonderes Rezept[1]) auszuschreiben, mit Saccharin gesüßt. Die augenblickliche Verdurstung kann man durch Eingießen von 200 g warmen Lullusbrunnens in den Magen, durch eine Darmspülung (siehe S. 493) oder durch eine Kochsalzinfusion beseitigen. Letztere ist meistens überflüssig. Bei weiterer Nahrungsverweigerung oder Erbrechen erhalte das Kind 3—4mal täglich 150 g einer Ringerschen oder gewöhnlichen Salzlösung per Klysma, oder man bediene sich der permanenten Irrigation (siehe S. 494). Kleine Mengen Wasser wird man auch in den schwersten Fällen per os dadurch beibringen können, daß man mit Pipette oder Löffel Wasser auf die Zunge tropfen läßt.

Die Pflege bei den akuten Störungen muß besonders sorgfältig sein. Überwärmung ist ebenso zu vermeiden wie Abkühlung. Mit Rücksicht auf die leicht zustande kommende Mazeration der Haut durch die Stühle, ist der Verhütung eines Ekzema intertrigo besondere Auf-

[1]) Z. B. Fol. Hederae, Fol. Althaeae āā 15 g.

merksamkeit zuzuwenden. Da besonders häufig Infektionen zu einem Rezidiv des Durchfalls Veranlassung geben, ist auf deren Verhütung der allergrößte Wert zu legen; daher sorgfältige Isolierung in Säuglingskrankenhäusern. Auch ist zu bedenken, daß sich hinter jeder akuten Verdauungsstörung eine schwere infektiöse Ruhr verbergen kann, von der aus andere Kinder infiziert werden können. Das Pflegepersonal ist diesbezüglich zu instruieren, die Versorgung der beschmutzten Windeln entsprechend vorzunehmen.

Unter den sonstigen Maßnahmen der Behandlung spielt die Frage, ob zunächst eine willkürliche Entleerung des Magendarmkanals vorgenommen werden soll, eine wichtige Rolle. Wir warnen vor der kritiklosen Anwendung eines Abführmittels in jedem Falle. Sie erscheint nur gerechtfertigt, wenn besondere Gründe für eine vollständigere und schnellere Entleerung des Darmkanals sprechen. Solche sind der Verdacht auf das Vorliegen einer ruhrartigen Erkrankung, die Entleerung von faulig riechenden, stark mit Schleim oder auch mit Blut und Eiter durchmischten Stühlen. In diesen Fällen ist die Indikation für die Verabreichung von Rizinusöl vorhanden; andere Abführmittel kommen erst an zweiter Stelle in Frage, doch muß eine große Dosis Rizinusöl gegeben werden, zumindest ein Eßlöffel.

Der Widerstand des Kindes ist leicht zu überwinden. Doch gelingt es manchen Eltern nicht, so daß Pflegerin oder Arzt eingreifen müssen. Um den Widerstand der Eltern gegen das übel berüchtigte Mittel nicht aufkommen zu lassen, verschreibe man es unter dem Namen Oleum castoris mit zwei Tropfen Pfeffermünzöl auf je 20 g. Dazu etwas Sacharin ($^1/_2$ Tabl.).

In den gleichen Fällen, aber auch bei stark wäßrigen Stühlen, ist eine Darmspülung mit 2 l 38—40^{0}igem Wasser mit zwei Händen voll Bolus alba oder mit chinesischem Tee nützlich. Bei heftigem oder während der Teediät andauerndem Erbrechen ist eine Magenspülung mit nachfolgender Füllung des Magens mit einem warmem Mineralbrunnen angebracht, ebenso verwende man die Magenspülung, wenn bei schwerer, akuter Erkrankung das Kind vor 1—2 Stunden eine reichliche Nahrung erhalten hat.

Bei Beeinträchtigung der Herzaktion gebe man zu Anfang der Behandlung 1 dg Coffein. natr. benz. subcutan. Kampferöl ist bei Dyspepsie c, also beim Atrophiker nicht ganz unbedenklich.

Die früher üblichen Stopfmittel sind im akuten Stadium völlig ohne Wirkung, im Heilungsstadium beim älteren Säugling von sehr bescheidener, entbehrlicher Wirksamkeit. Über die Verwendung von Beruhigungsmitteln ist S. 117 gesprochen worden.

Durch die Möglichkeit der Feststellung der Ätiologie eines Durchfalls erhält die Behandlung im allgemeinen keine besondere Note, sie richtet sich vielmehr nach dem Zustand des Kindes, in dem es an Durchfall erkrankt. Können wir als Ursache der akuten Störung eine Ruhr feststellen, dann kommen die therapeutischen Maßnahmen in Frage, die sich bei der Behandlung dieser Krankheit bewähren. Bei anderen akuten Infektionen, vor allem wenn die Grippe die auslösende Ursache für einen Durchfall ist, ist Aussicht vorhanden, daß mit der Abheilung derselben die akuten Erscheinungen spontan verschwinden. Doch wird man in jedem einzelnen Falle gut tun, die Behandlung mit der gleichen Sorgfalt durchzuführen, wie wenn es sich um eine alimentär bedingte Störung handelte.

Der Heilverlauf richtet sich nach der Schwere der Störung. Der Durchfall ist freilich meist in wenigen Tagen verschwunden, aber nur unter der Bedingung, daß die Toleranz nicht überschritten wird. Dadurch, daß die Inanition ein wesentlicher Faktor unserer Therapie ist, ist mit einem schnellen Einsetzen des Gedeihens nicht zu rechnen. Es dauert bei schweren Störungen oft viele Wochen, bis das Gewicht sich nach initialer Senkung und langem Stillstand hebt. Die Allgemeinerscheinungen müssen sich schneller bessern.

Unter den Komplikationen spielt das Rezidiv eine besondere Rolle. Tritt ein solches auf, dann erscheint es erwünscht, durch geringe Variationen der Nahrung, Einschränkung der Menge, Einschränkung der Kohlehydrate, Zugabe von Eiweiß, die Reparation herbeizuführen. Vollständige Nahrungskarenz sollte möglichst vermieden oder wenigstens nur über 8—12 Stunden durchgeführt werden, da oftmalige Wiederholungen das Kind schwer schädigen und seine Toleranz immer mehr mindern können. Für das Gelingen unseres Heilplanes ist es unbedingt erforderlich, konsequent an einem beschlossenen Wege festzuhalten, was um so leichter wird, je genauer die Indikation gestellt und je vorsichtiger vorgegangen wird. Aus diesem Grunde ist es besonders notwendig, sich klar zu machen, ob wir es mit einer leichten oder schweren dyspeptischen Störung zu tun haben.

Wenn wir die Bedeutung der Störung für den Zustand des Kindes ganz erfassen wollen, so müssen wir uns darüber klar werden, in welchem Zustand das Kind sich befand, bevor die Dyspepsie eintrat. Dies ist notwendig für die Wahl der richtigen Behandlungsmethode. Man unterscheidet demnach Dyspepsie a (im Schema II), d. h. die Dyspepsie eines vorher normal gediehenen Kindes, 2. Dyspepsie b (im Schema IV), Dyspepsie eines hypotrophischen Kindes, 3. Dyspepsie c (im Schema VI), die Dyspepsie eines atrophischen Kindes. Die Dyspepsie a, auch wenn die akuten Störungen recht schwer sein können, ist bei sachgemäßer Behandlung schnell und sicher zu heilen, ja leichtere Grade sind spontaner Heilung zugänglich. Dyspepsie c ist, ob die akuten Erscheinungen schwer oder leicht sind, einer der schwersten und bedrohlichsten Zustände, die wir überhaupt kennen. Die Dyspepsie besteht zwischen beiden.

Natürlich muß sich der Blick auch auf die Intensität der augenblicklichen dyspeptischen Störung richten. Zeigen sich auch nur die leisesten Erscheinungen von Intoxikation, wie Starre des Blickes, verminderte Regsamkeit usw., so ist dieser Fall zu dem Gebiet der Intoxikationen zu rechnen. Die Intensität des Durchfalles und die Art der Entleerungen modifizieren im übrigen im Rahmen der einzelnen dyspeptischen Störung in gewisser geringer Weise die Therapie.

Spezielle Therapie.

1. Dyspepsie des vorher gesunden Kindes (Dyspepsie a).

Bestehen seit einigen Tagen nur ein wenig vermehrte Stühle ohne eine Spur von Rückwirkung auf das Allgemeinbefinden des Kindes, so genügt es, den Zuckerzusatz für einige Tage zu streichen und an dessen Stelle die Milch mit einer dünnen Mehl- oder Schleimabkochung zu verdünnen. Auch kann man statt 5 % Kochzucker 2 % Nährzucker geben. Das Gesamtquantum der Nahrung ist auf $^3/_4$ zu verringern. Langsam steigt man zu der dem Kinde zukommenden Nahrungsmenge und trägt der Empfindlichkeit des Darmes durch Wahl der weniger gärenden Kohlehydrate Rechnung. Befindet sich das Kind am ersten Tage der Erkrankung, so daß man also nicht wissen kann, ob nicht ein stärkerer Durchfall im Anzuge ist, so setzt man 1—2 Mahlzeiten aus und verfährt, wenn nicht inzwischen ein schwereres Krankheitsbild sich enthüllt, wie oben beschrieben.

Bei ausgesprochenem Durchfall ist zunächst die drohende Gefahr durch eine 24stündige Teediät abzuwenden. Bei der Wahl der Heilnahrung, die vom zweiten Behandlungstage an gereicht werden soll, dürfen wir uns der einfachsten Mittel[1]) bedienen. Brusternährung ist nur notwendig, wenn der Patient sich in den ersten Lebenswochen befindet und immer noch wünschenswert, wenn er das erste Lebensvierteljahr noch nicht überschritten hat. Sonst können wir unbedenklich eine Mischung von halb Milch, halb Schleim oder Mehlabkochung wählen (Schleim etwa 5 %, Mehl 2—3 %) und zwar in einer Menge von 300—400 g pro die. Man steige täglich um 100—150 g der Mischung, bis etwa $^1/_5$ des Körpergewichtes erreicht ist. Nährzucker lege man in steigender Menge zu, sobald die Stühle dickbreiig und selten geworden sind. Die Zahl der Mahlzeiten betrage 5—6. Ist das Kind älter als sechs Monate, so gebe man statt einer Mahlzeit vom 3.—4. Behandlungstage an dünne Schleim- oder Grießsuppe, mit Fleisch oder Mohrrübenbrühe gekocht. Wählt man zur Ernährung Frauenmilch, so muß man mit der gleichen geringen Menge beginnen und ebenso vorsichtig steigen.

2. Dyspepsie des Hypotrophischen (Dyspepsie b).

Die Behandlung des leichtesten Grades dyspeptischer Störung beim Hypotrophiker ist in ihrer Bedeutung und Behandlung (S. 124) im Kapitel über Hypotrophie besprochen. Die häufige Wiederkehr leicht gärender oder zerfahrener Stühle ist wegen ihrer verschlimmernden Wirkung auf die Hypotrophie Indikation zur Brusternährung und wenn diese nicht möglich, einer Eiweißmilchkur, wie sie unter Atrophie besprochen ist. Die Behandlung der ausgesprochenen Störung b unterscheidet sich in ihren Grundzügen nicht von der dyspeptischen Störung a, nur wählt man die Hungerdiät kürzer, 16 bis höchstens 20 Stunden. Frauenmilch ist indizierter wie bei der dyspeptischen Störung a. Sie ist zur Reparation um so notwendiger, je schwerer das Stadium der Hypotrophie ist, in dem das Kind die dyspeptische Störung akquiriert hat. Erkrankt ein hypotrophisches

[1]) In Fällen mit stärkeren Schleimbeimischungen im Stuhl, namentlich wenn sie durch unzureichende Behandlung in die Länge gezogen sind, ist nach dem dritten Monat die unter Ruhr beschriebene Molkenkur, bei jüngeren Kindern Buttermilch oder Brustmilch anzuraten. Die Häufung solcher Fälle im August läßt an Ruhrinfektionen denken.

Kind im ersten Lebensquartal, so wird diese Tatsache zu einer fast absoluten Indikation für Frauenmilchernährung, besonders dann, wenn schon dyspeptische Störungen in der Vorgeschichte vorhanden waren, und der neuerliche Durchfall trotz zweckmäßiger Diät zustande gekommen ist; denn wir haben dann mit einem starken Sinken der Toleranz des Kindes gegenüber künstlichen Nährmischungen zu rechnen. Die Menge der Frauenmilch, die man nach dem Hungertag gibt, soll 200—250 g nicht übersteigen und jeden Tag um ungefähr 50 g gesteigert werden. Die Diät der dyspeptischen Störung b mit Frauenmilch bringt nicht den gleich schnellen Erfolg wie die Frauenmilchernährung bei der dyspeptischen Störung a. Wir sehen zunächst einen recht beträchtlichen Gewichtsturz und einen darauf folgenden, lang dauernden Gewichtsstillstand. Die starken Gewichtsabstürze der ersten Tage soll man, wie es bei der Atrophie stets notwendig ist, durch Salzzufuhr verringern. Man gibt etwa 200 g Wiesbadener Kochbrunnen oder läßt den Tee leicht salzen. Dagegen wäre es verfehlt, den Gewichtsanstieg möglichst schnell erzwingen zu wollen; wir raten dazu erst, wenn 3—4 Wochen vergangen sind. Wir können dann eine Frauenmilchmahlzeit durch eine eiweiß- und salzreichere Mischung ersetzen, z. B. durch eine geringe Menge (100 g) einer dem Alter des Kindes entsprechenden Milchmischung oder eine Flasche Buttermilch mit 3 % Mehlzusatz bzw. durch Zugabe von 100 g der im Handel befindlichen flüssigen, zuckerarmen Buttermilchkonserve. Erst wenn darauf ein Erfolg eintritt, kann die zuckerreichere Buttermilchkonserve und mehr Frauenmilch durch Milchmischung oder Buttermilch ersetzt werden.

Unsicherer ist der Erfolg bei künstlicher Ernährung. Zwar gelingt es, abgesehen von den ruhrverdächtigen Fällen mit vorwiegend schleimigen Stühlen, meist in wenigen Tagen, den Durchfall ganz oder doch im wesentlichen zu beseitigen. Aber die Verminderung der Toleranz, die Verschlechterung des hypotrophischen Zustandes durch die akute Erkrankung weicht nicht sicher der Therapie. Wir bedienen uns wesentlich der gärungshemmenden Gemische, d. h. der Eiweißmilch, Plasmon- bzw. Larosanmilch und der mit wenig schwer vergärbaren Kohlehydraten versetzten Buttermilch. Statt dessen kann man sich auch der unter Ruhr beschriebenen Molketherapie bedienen, die eine reine Schonungsdiät darstellt. Sie hat nur bei schleimhaltigen Stühlen über drei Monate alter Säuglinge gewisse Vorteile (Durchführung s. bei Ruhr S. 287). Wir wählen allgemeinen die Plasmon- oder Larosanmilch, bei schwereren oder längere Zeit unvollständig, erfolglos Behandelten die Eiweißmilch mit 2 % Kohlehydratzusatz, bei Kindern unter drei Monaten Buttermilch, der wir zunächst 2—3 % Nährzucker oder Grieß zusetzen. Doch sind die angegebenen Indikationen nicht absolut zu nehmen. Man beginnt am zweiten Behandlungstage bei einem Kinde unter drei Monaten mit einer Menge von 200, bei Kindern über 3 Monaten mit 300 g, verteilt sie im allgemeinen auf 5—6 Mahlzeiten, tut jedoch gut, wenn ernste Darmstörungen voraufgegangen sind, 7—8 Mahlzeiten daraus zu machen. Man steigt täglich bei fraglichen Stühlen um 50, erst beim Eintritt normaler Stühle um 100 g, indem man zugleich langsam die Zahl der Mahlzeiten auf 5—6 reduziert. Hat die Tagesmenge etwa $1/6$ des Körpergewichtes erreicht, so verweile man auf dieser Menge und lege prozentweise Kohlehydrate zu, soweit es der Stuhlgang erlaubt. Bei Kindern über sechs Monate kann man meist, sobald die Nahrungsmenge $^1/_2$ l erreicht hat, statt einer Milchmahlzeit das beschriebene Mittagessen einführen. Die Höchstmenge der Milchmischungen, die aber nicht immer erreicht wird, betrage $^1/_5$ des Körpergewichtes. Doch ist es kaum wünschenswert, mehr als 800—900 g zu geben. Die weitere Behandlung richtet sich nach den Prinzipien der Behandlung der Hypotrophie. Bei Kindern unter drei Monaten dauert die Buttermilchkur am besten 4—6 Wochen, und die Absetzung soll sich noch über weitere 2—3 Wochen hinziehen. Überhaupt ist die Beibehaltung von 1—2 Buttermilchmahlzeiten dem Hypotrophiker auch sonst förderlich.

3. Dyspepsie des Atrophischen (Dyspepsie c).

Die Therapie der dyspeptischen Störung c folgt im wesentlichen den gleichen Prinzipien. Nur besteht hier, wenn sich die dyspeptische Störung c auf einen schwereren Grad der Atrophie superponiert hat, die fast absolute Indikation der Ernährung mit Frauenmilch. Dem leichtesten Grade dyspeptischer Reizung kommt eine Sonderstellung kaum zu (vgl. im übrigen die Ausführungen über Atrophie).

Wenn überhaupt, gelingt es nur durch Brustmilch, den zum Rezidiv führenden und gewöhnlich den Tod herbeiführenden Infekt zu vermeiden. Keiner künstlichen Nährmischung kann man mit Sicherheit einen Erfolg voraussagen. Die Inanition können wir nur in sehr beschränktem Maße durchführen; länger als 8—12 Stunden den Kindern Tee zu geben, empfehlen wir nicht. Sowohl Inanition wie Ernährung kann den Kindern in gleicher Weise gefährlich werden, die goldene Mitte zu halten erfordert außerordentliche Kunst, die zur Voraussetzung eine Beobachtung hat, der wir eigentlich nur in gut geleiteten Kliniken begegnen. Nach der kurzen Nahrungskarenz beginnen wir mit ungefähr 100—200 g der indizierten Mischung, entweder Frauenmilch oder einer stark gärungshemmenden künstlichen Nährmischung, vor allem Eiweißmilch oder einer ihr im Prinzip nachgebildeten Mischung. Bezüglich der Eiweißmilch-Therapie verweisen wir auf die Angaben bei der Besprechung der Behandlung der Atrophie.

Mehr noch als bei Hypotrophie ist der namentlich in den ersten Lebensmonaten Kollaps erzeugende Gewichtsturz durch Salzzufuhr zu verhindern. Doch kann man durch zu starke Dosen Ödeme herbeiführen. Man kommt mit 200 g Wiesbadener Kochbrunnen oder $^1/_2$ $^0/_0$iger Kochsalzlösung oder 300 g eines alkalisch muriatischen Säuerlings als Getränk aus. Statt dessen kann man dreimal täglich 150—200 g der beschriebenen Salzlösung mit permanenter Irrigation zuführen (siehe S. 494).

Die sorgfältigste allgemeine Pflege ist Vorbedingung des Erfolges. Das Kind muß gleichmäßig warm, aber nicht zu heiß gehalten werden. Die Flüssigkeitszufuhr per os und per Mastdarm muß, inbegriffen der Nahrungsmenge, nicht geringer als $^3/_4$—1 l werden. Dekubitus an Hinterkopf und Kreuzbein ist zu fürchten. Wegen der Empfindlichkeit gegen Infektionen ist das Kind tunlichst zu isolieren.

d) Intoxikation (Coma dyspepticum).

Ebenso wie bei der Dyspepsie müssen wir bei Intoxikation den Darm entleeren und eine Zeit lang jede Nahrung fern halten. Die Dauer dieser Karenzzeit beträgt am besten 24 Stunden. Leider wird der Hunger bei Kindern im Stadium atrophicum niemals, im Stadium der Hypotrophie wenigstens bei den schwereren Fällen schlecht vertragen. Es ergeben sich dadurch einige Abweichungen, die eine gesonderte Besprechung notwendig machen. Erbrechen, Bewußtseinstrübung oder Nahrungsverweigerung erschweren die für die Entgiftung so unbedingt notwendige Wasserdurchspülung des Körpers. Deswegen sind alle Hilfsmittel, die wir besitzen, heranzuziehen. Oft wird Wasser behalten, wenn Tee erbrochen wird. Anhaltendes Erbrechen läßt sich mitunter dadurch beseitigen, daß man 200 g 38°igen Mineralbrunnen durch die auf dem Nasenwege eingeführte Schlundsonde eingießt. Eine hohe Darmspülung, bei der man 1—2 l warmen chinesischen Tee oder eine andere Spülflüssigkeit durch den Darm laufen läßt, entfernt nicht nur größere Mengen flüssigen Stuhls, sondern bewirkt eine Resorption nicht unerheblicher Mengen Wassers. Im weiteren Verlaufe bedient man sich dreimal täglich der permanenten Irrigation von Salzlösungen (siehe Technik) und setzt diese Behandlung auch nach Wiederbeginn der Nahrungszufuhr fort, solange per os nicht genügend Flüssigkeit aufgenommen wird. Namentlich ist dies dann unbedingt notwendig, wenn am 2.—3. Tage die Brechneigung noch fortbesteht. Dann reserviert man den Magen für die eigentliche Nahrung und benützt den Darm zur Wasserzufuhr. Im allgemeinen kann man so die subkutane Infusion entbehren, soll sie aber stets dann anwenden, wenn die angegebenen Mittel versagen.

Nach Beendigung der Karenzzeit ist bei Wiederbeginn der Ernährung — welche Nährmischung man immer auch wählt — die sicherste Methode, mit 5 ccm zu beginnen, die man alle zwei Stunden reichen läßt und jeden Tag um 30—50 ccm der Tagesmenge zu steigen. Man beginnt also mit 10—12 × 5 ccm, steige auf 10—12 × 10 ccm bzw. in schweren Fällen 6 × 5, 6 × 10 ccm usw. Die Zahl der Mahlzeiten ist langsam zu verringern, so daß man z. B. 8 × 50, 7 × 70 usw. gibt. Als Nahrung, die in dieser Weise verabreicht werden soll, kommt zunächst Brustmilch in Betracht. Diese ist unbedingt notwendig bei jedem Intoxizierten unter drei Monaten, bei der Intoxikation des Atrophikers und wenigstens dringend wünschenswert, wenn die Krankheit bei einem ernsteren Fall von Hypotrophie ausbricht. Als künstliche Nahrungsgemische wählen wir gärungshemmende: Eiweißmilch, Buttermilch oder eine Mischung von halb Milch, halb dünnem Schleim mit 2% Larosan oder Plasmon. Die ersteren beiden sind in ihrem Erfolge sicherer und daher bei Hypotrophikern und Atrophikern vorzuziehen. Beide werden zunächst ohne oder nur mit 1% Kohlehydrat (Mehl oder Nährzucker) gereicht. Erst wenn die Tagesmenge 300 ccm beträgt, vermehrt man die Zuckermenge.

Je nach dem Zustand, in dem das Kind sich vor Eintritt der Intoxikation befand, ist folgendes zu beachten: 1. Tritt die Intoxikation bei einem normalen Kinde (I. des Schemas) oder im Anschluß an die

Dyspepsie a ein, so ist 24stündige Teediät notwendig. Im ersteren Falle, wenn also das Kind unmittelbar aus voller Gesundheit in den Vergiftungszustand verfällt, sind Magen- und Darmspülung und außerdem auch meist noch Rizinusöl notwendig. Es handelt sich hier um eine Infektion, die häufig durch Ruhrbazillen bedingt ist. Trotzdem viele der Kinder beider Gruppen unmittelbar nach der Magenspülung ein völlig verändertes Aussehen zeigen, ja fast gesund erscheinen, befolge man die oben angegebene strenge Regel. Erst wenn am 3.—4. Tage die Genesung anhält, kann man schneller steigen. Doch begeht man einen geringerenFehler, wenn man zu langsam, als wenn man zu schnell steigt.

2. Tritt die Intoxikation im Stadium hypotrophicum oder im Anschluß an Dyspepsie b (III und IV des Schemas) ein, so wird man die Teediät bis zu 24 Stunden durchführen dürfen. Nur die Fälle sind ausgenommen, in denen die Hypotrophie an die Atrophie grenzt und diejenigen, die längere Zeit schon halb gefastet oder in den letzten 14 Tagen eine lange Hungerdiät schon durchgemacht haben. Hier muß man, sobald die Vergiftungserscheinungen verschwunden sind, schon nach 12—18 Stunden mit der Nahrung beginnen. Freilich bedient man sich dann am besten der Brustmilch, die in den kleinen Mengen von 50 bis 60 g p. d. mindestens in den ersten zwei Behandlungstagen meist zu verschaffen ist. Anderenfalls muß man mit Finkelsteinscher Eiweißmilch oder kohlehydratloser Buttermilch den Versuch wagen.

3. Erkrankt ein Atrophiker an Intoxikation, so ist die Behandlung dadurch erschwert, daß eine längere Karenz als 12 Stunden nicht möglich ist; ja, diese ist schon gefährlich. Sieht man daher bei relativ leichten Intoxikationserscheinungen eines sonst schwer herabgekommenen Kindes die Entgiftung schon nach acht Stunden eintreten, so fange man jetzt schon mit den angegebenen minimalen Nahrungsmengen, womöglich mit Brustmilch an. Die kleinste Menge, selbst 3 ccm, ist dem absoluten Hunger vorzuziehen. Um aber die Entgiftung zu beschleunigen, wird man bei Atrophikern, die unmittelbar aus dem Stadium der Atrophie ohne Zwischenschaltung erheblicher Durchfälle der Vergiftung verfallen, durch schnell und schonend ausgeführte Spülung und Füllung des Magens oder hohen Darmeinlauf den Darminhalt entfernen.

Bezüglich Pflege s. S. 134 (dyspeptische Störung c). Das beste Herzmittel ist die Wasserzufuhr, nächstdem subkutane Einspritzung von Koffein. Bei Krämpfen im Beginn der Intoxikation ist Darmspülung das Wichtigste. Ein Chloralklistier mag ihr vorangeschickt werden. Im Verlauf der Inanitionskur nach 8—12 Stunden eintretende Krämpfe finden sich nur beim Atrophiker. Sie sind prognostisch fast infaust und reagieren schlecht auf Chloral. Sind sie nicht sehr heftig, so bediene man sich des Urethans (2 g)[1]). Bei heftigen Krämpfen greife man zum Chloral oder zur Injektion von Luminal-Natrium.

Der Heilverlauf ist bei den verschiedenen Formen der Intoxikation

---

[1]) Da es sich um eine Folge der Inanition handelt, kann man versuchen, durch vierstündliche Einläufe von 10%igem Nährzucker in den Mastdarm die **Hungerschädigung aufzuhalten.**

ein ganz verschiedener. Bei der Intoxikation bis dahin gesunder oder wenig gestörter Kinder bewirkt gewöhnlich schon die 24stündige Nahrungskarenz einen vollständigen Umschwung des Befindens, und man kann mit den Nährmischungen relativ schnell steigen und in 14 Tagen bis 3 Wochen Heilung ohne Zwischenfälle erzielen. Ganz anders ist es jedoch mit den Intoxikationszuständen schwer chronisch gestörter Kinder. Hier ist, wenn überhaupt, eine Reparation erst nach Monaten zu erreichen, in den ersten Tagen und Wochen ist das Kind noch ständig in Lebensgefahr, auch wenn das Bewußtsein zurückgekehrt ist und die Allgemeinerscheinungen besser werden. Eine unvorsichtige Steigerung der Nahrungsmenge, ein Verstoß gegen die Pflege, eine bei der geschwächten Immunität des Kindes außerordentlich schnell zustande kommende Infektion kann das Kind zum Exitus bringen. Diese Kinder zeigen bei Frauenmilchernährung, die allein die Möglichkeit einer Reparation gibt, wochen- und monatelang keine Gewichtszunahme. Bei künstlichen Nährgemischen sehen wir oft schneller eine Besserung der Stühle und eine Hebung des Gewichts, doch ist dieser Erfolg oft trügerisch insofern, als die Kinder Infektionen gegenüber besonders leicht empfänglich bleiben und an ihnen oft zugrunde gehen. Wir empfehlen bei Kindern, die im Stadium der Atrophie in den Intoxikationszustand geraten sind, auch wenn Gewichtsanstieg nicht erfolgt, mindestens sechs Wochen ausschließlich bei der natürlichen Ernährung zu verbleiben und erst dann vorsichtig eine kleine Menge derselben durch ein künstliches Nährgemisch, eine mit Eiweiß und Zucker angereicherte Halbmilch zu ersetzen. Besonders schwierig wird die Situation durch die erneut einsetzende Komplikation eines Durchfalles, bezw. durch das Einsetzen von Symptomen, die eine neuerlich beginnende Intoxikation ankündigen, denn die Wiederholung des Inanitionszustandes vertragen die Kinder außerordentlich schlecht, sie gehen gewöhnlich im Kollaps zugrunde. Man wird sich deshalb bei den Rezidiven der Intoxikation nur schwer dazu entschließen können, die Nahrung vollständig zu eliminieren und muß versuchen, mit 12stündiger Nahrungskarenz auszukommen, um dann mit Nahrungsmengen zu beginnen, die sonst erst am 4. Tag der Behandlung gereicht werden. Solche Kinder in der Familie zur Genesung zu bringen, ist fast niemals möglich, da es ja gewöhnlich nur bei sozial am schlechtesten gestellten Familien überhaupt zur Ausbildung derartiger Krankheitsbilder kommt. Die einzige Möglichkeit, das Leben dieser Kinder zu retten, bleibt das Säuglingskrankenhaus mit allen Mitteln der Pflege und Ernährung.

Anhang.

Behandlung der selbstständigen Magendarmsymptome.

Beim natürlich ernährten Kind haben wir Erbrechen, Durchfall und Obstipation auch als Symptome kennen gelernt, die bei völligem Gedeihen vorkommen. Beim künstlich ernährten Kinde ist bezüglich einer solchen Auffassung Vorsicht geboten.

Durchfall.

Jedenfalls gehört Durchfall bei künstlicher Ernährung als ein mit weiteren Zeichen einer Ernährungsstörung nicht vergesellschaftetes, mehr selbständig anzusehendes Symptom zu den allergrößten Seltenheiten. Auch ist der Weg, der von einem solchen Zustand zu dem einer Beeinträchtigung des Allgemeinbefindens führt, so kurz, daß es verhängnisvoll werden könnte, einen Durchfall nicht weiter zu beachten, weil er zunächst nicht das Allgemeinbefinden in Mitleidenschaft zieht und Gedeihen vorhanden ist. Deshalb muß jeder Durchfall bei künstlicher Ernährung behandelt werden und zwar im Sinne einer dyspeptischen Störung a. Allerdings kann man bei nur leicht vermehrten Stühlen unter gutem Allgemeinbefinden versuchen, mit den leichtesten Maßnahmen auszukommen. So kann eine geringe Zuckerreduktion auf 3%, Ersatz des Rohrzuckers durch Soxhlets Nährzucker, Zugabe von 5—10 g Larosan oder 2—4 g Kalziumkarbonat zur Nahrung das Symptom beseitigen, ohne daß wir es nötig hätten, die immerhin etwas eingreifende Inanitionstherapie anzuwenden.

Erbrechen.

Eine selbständigere Stellung in Pathologie und Therapie nimmt das Erbrechen ein. Von der oft schwierigen Deutung des Symptoms hängt die Therapie ab. Pylorospasmus, Kardiospasmus, Rumination sind als Ursachen zu berücksichtigen.

Brechen beim akuten Darmkatarrh. Das Erbrechen im Anfang oder im Verlauf unbehandelter Durchfälle ist allein durch die Teepause, am besten aber durch Magenspülung zu behandeln. Das während der Teediät anhaltende Erbrechen bei Intoxizierten indiziert den Versuch, durch Magenfüllung mit 200 g warmen Mineralbrunnens das Leiden zu beseitigen. Bei Fortbestehen des Erbrechens, auch z. B. nach Wiederaufnahme der Nahrung, tut man gut, den Magen für die geringen, notwendigen Milchmengen zu reservieren und nur vom Darm aus Flüssigkeit zuzuführen.

Mageninsuffizienz. Bei hypotrophischen Kindern kommt es während der Heilung einer dyspeptischen Störung mitunter zu einem nicht sehr heftigen Erbrechen. Die Kinder werden appetitlos, grau und matt. Die vorgenommene Magenspülung ergibt eine Motilitätsstörung. Die Therapie besteht in einer Spülung mit einem Mineralbrunnen, von dem man 150—200 g im Magen läßt. Die Ernährung dieser hypotrophischen Kinder erfolgt am besten mit Buttermilch, und zwar 6 Stunden nach der Spülung beginnend mit 50 g Buttermilch 6 mal täglich (vgl. auch Ruhr).

Initialerbrechen bei Infektionskrankheiten. Häufig ist das Erbrechen ein Initialsymptom für leichte und schwerere Allgemeininfektionen, und zwar kann man bei leichter, kaum angedeuteter Grippe das schwerste Erbrechen sich entwickeln sehen, so daß beim Säugling Zustände entstehen, die der Intoxikation ähneln. Die Erkennung des Zustandes ist dadurch erschwert, daß oft erst am nächsten Tage Rötung des Halses und Mundgeruch (Pharynxgeruch) sich einstellt. Die Therapie bedarf der Erkenntnis des Grundes nicht. Bei leichtem Erbrechen läßt man eine Mahlzeit fort, reduziert die nächste auf $^2/_3$—$^3/_4$

der Menge, gibt etwa halb Milch, halb Schleim ohne Zucker und kann am nächsten Tage zur alten Diät zurückkehren. Bei den Fällen schweren Erbrechens füllt man den Magen nach kurzer Spülung mit heißem Mineralbrunnen, gibt als nächste Mahlzeit nach ca. 6—8 Stunden etwa 100 g halb Milch, halb Mineralbrunnen und bleibt am nächsten Tage noch bei einer zuckerlosen Milch-Schleimverdünnung in einer reduzierten Menge. Der vorsichtige Anstieg empfiehlt sich dann besonders, wenn das Kind schon einige Tage alles ausgebrochen hat. Handelt es sich wirklich nur um das beschriebene Leiden, so ist das Kind binnen wenigen Stunden gesund und munter.

Habituelles Erbrechen. Das habituelle Erbrechen kommt bei künstlicher Ernährung etwas seltener vor als bei natürlicher. Verringerung der Nahrung hilft nur dann, wenn übermäßig große oder häufige Mahlzeiten gegeben wurden. Verringerung des Fettgehalts ist bei sehr fettreichen Nahrungsgemischen von Nutzen. Eine sichere Anzeige haben wir für dieses Vorgehen, wenn das Erbrechen sich einstellt oder zunimmt bei Übergang zu einer „besseren" Milch. Eine leichte Absahnung oder eine etwas stärkere Verdünnung, z. B. halb Milch statt $^3/_4$ Milch wird dann helfen. Eine oder zwei Mahlzeiten Buttermilch können das Gedeihen des Kindes fördern. Zugleich sieht man aus der Wirkung dieser Nahrung auf das Brechen, ob wirklich eine Fettempfindlichkeit vorliegt. Diese Art Kinder bedarf frühzeitig der Mittagsmahlzeit. Gelingt es nicht, durch Korrektur der Quantität oder Qualität das Leiden zu beseitigen, so hat man sich zuerst die Frage vorzulegen, ob das Erbrechen das Gedeihen des Kindes stört oder nicht. Im letzteren Fall wird man nur von den schonenden ersten der im folgenden angegebenen Mittel Gebrauch machen, im anderen Fall schrittweise eins nach dem anderen ausprobieren. Die Mittel sind folgende: 1. $^1/_4$ Stunde vor der Mahlzeit zwei Eßlöffel eines Mineralbrunnens, 2. Kokain oder Anästhesin 10 Minuten vor der Mahlzeit, 3. Versuch, ob feste Nahrung besser behalten wird. Man gebe 2 mal täglich statt der Flasche 100 g Milchgrieß oder Milchzwiebackbrei. Der Brei muß ziemlich dick sein, die Portion geringer als sonst üblich, die Verdünnung der Milch dementsprechend. Auch Vollmilch ist gestattet[1]). Außer den genannten diätetischen Maßnahmen kann man versuchen, durch 2—3 mal wöchentlich vorgenommene Magenspülung und durch Atropin (s. Brechen des Brustkindes) das Leiden zu bessern.

Obstipation.

Obstipation mit trockenen, harten Stühlen kann sehr lange Zeit mit gutem Gedeihen einhergehen, rächt sich aber häufig über kurz oder

[1]) Es gibt einige wenige Kinder, die bei jedem Zucker- oder Mehlzusatz zur Milch erbrechen, und zwar in einem Grade, der ihr Gedeihen verhindert, die aber sofort zu brechen aufhören, wenn man ihnen Vollmilch gibt. Man tut gut, die Vollmilchmenge langsam etwa bis auf $^1/_7$ des Körpergewichts steigen zu lassen und eine Mahlzeit, Mittagessen wie beschrieben, oder Zwieback mit Wasser aufgebrüht zu geben. Man hüte sich aber, vorschnell diese seltenste Form der Überempfindlichkeit zu diagnostizieren. Nur wenn diese Therapie sofort das Brechen aufhören läßt, und das Kind durch Behagen und Besserung des Allgemeinbefindens prompt reagiert, ist die Behandlung fortzusetzen.

lang. Erscheint eine augenblickliche Entleerung des Darmes erwünscht, so bedient man sich eines Ölklistiers. Auf die Dauer aber ist die Anwendung von Klystieren eine Symptompfuscherei. Man muß vorgehen, wie wir es bei den leichten Fällen von Hypotrophie mit trockenen Stühlen beschrieben haben (S. 120). Das Prinzip ist auch beim noch gesund erscheinenden Kinde das gleiche. Reduzierung der Milchmenge auf ein Maß, das etwas unter dem Mittel liegt, Vermehrung der Kohlehydrate, Ersatz weniger gärungsfähiger Kohlehydrate durch gärungsfähige, z. B. des Nährzuckers durch den Rohrzucker, des Rohrzuckers durch Malzsuppenextrakt. Beim älteren Säugling tritt Gemüse und Kartoffelbrei zur Mittagsmahlzeit hinzu.

Gelegentliches Ausbleiben des Stuhles ist nicht zu berücksichtigen. Ganz besonders ist weder mit Klistieren noch mit Abführmitteln einzugreifen, wenn ein Kind nach einer Darmstörung einige Tage keinen Stuhl hat. Gleichfalls keiner Therapie bedürfen die seltenen Fälle, in denen Kinder trotz normaler, breiiger Stühle nur jeden zweiten Tag entleeren.

Bezüglich der Behandlung der Anorexie bei künstlich genährten Säuglingen verweisen wir auf S. 123 u. 369

Magendarmerkrankungen älterer Kinder.

Je älter das Kind wird, um so abweichender gestaltet sich das Bild der Ernährungsstörungen von dem im Säuglingsalter bekannten. Sowohl das Stadium, das wir als Atrophie bezeichnen, als auch jenes, das mit dem Namen der Intoxikation belegt wird, tritt ganz zurück. Im Vordergrunde stehen lediglich dyspeptische Zustände, akute und chronische mit Durchfall, Erbrechen und Störungen des Allgemeinbefindens einhergehende Krankheitsbilder, die aber nur selten zu jener Kachexie führen, die dem Stadium der Atrophie der Säuglinge vergleichbar ist. Nur in den Fällen von intestinalem Infantilismus (siehe S. 146) tritt eine solche Ähnlichkeit zu Tage, auch erinnert das keineswegs häufige Coma dyspepticum bei älteren Kindern an die Intoxikationszustände der Säuglinge. Nur im 2. Lebensjahre, namentlich dann, wenn es sich um im Wachstum zurückgebliebene, untergewichtige Kinder handelt, ist ein Unterschied der Ernährungsstörungen des Kleinkindes von denen des Säuglings kaum vorhanden, und die Behandlung soll prinzipiell deshalb auch die gleichen Wege gehen. Auch in der Behandlung der dyspeptischen Störungen älterer Kinder sind die Prinzipien im wesentlichen die gleichen, wie wir sie bei den dyspeptischen Störungen der Säuglinge kennen gelernt haben.

I. Dyspeptische Zustände.

1. Prophylaxe.

In der Prophylaxe dyspeptischer Störungen älterer Kinder spielen die sorgfältige Regelung der Diät und die Verhütung enteraler Infektionen eine bedeutende Rolle. Aus der Tatsache, daß bei besonderen Gelegenheiten das ältere Kind in die Gefahr gerät, an einer akuten Magendarmstörung zu erkranken — bei Familienfesten, Feiertagen, Besuchen bei Verwandten — ergeben sich klar die prophylaktischen Maßnahmen.

Die wichtigste Vorschrift für darmempfindliche Kinder aber lautet: Strenge Einhaltung der Mahlzeiten. Weder Obst noch Süßigkeiten dürfen außer den Mahlzeiten gegeben werden. Neben den drei Hauptmahlzeiten sind höchstens zwei kleine Nebenmahlzeiten am Tage gestattet unter der Bedingung, daß alle Mahlzeiten mindestens drei Stunden auseinander liegen, und daß die zweite Frühstück- und Vespermahlzeit wirklich nur einen kleinen Imbiß darstellen. Die Verwendung von Zucker, namentlich in Form des Kuchens, süßer Sahnenspeisen usw. ist stark einzuschränken.

Häufig gehen dyspeptische Zustände, Erbrechen und Appetitlosigkeit, begleitet von Durchfall oder Obstipation, von rezidivierenden Entzündungen des Nasenrachenraumes aus. Die Eltern, auch viele Ärzte, sprechen dann sehr häufig vom verdorbenen Magen. Die Regelung der Diät führt aber prophylaktisch zu keinem Erfolg. Dieser läßt sich nur durch eine sachgemäße Verhütung der rezidivierenden Rhinopharyngitiden erreichen (s. S. 30 u. 384). Da auch konstitutionelle Momente, insbesondere nervöse Einflüsse von großer Bedeutung für die Entstehung und Unterhaltung dyspeptischer Zustände sind (wir verweisen insbesondere auf unsere Ausführungen über intestinalen Infantilismus), hat auch die Hygiene des Nervensystems eine nicht zu unterschätzende Bedeutung. Auch enterale Infektionen vom Charakter der Ruhr führen häufiger, als im allgemeinen angenommen wird, zu dyspeptischen Störungen. Man wird schon deshalb in jedem einzelnen Falle diese Möglichkeit zu erwägen haben, um einer Übertragung auf Familienmitglieder vorzubeugen.

2. Therapie.

a) Akute dyspeptische Störungen[1].

Hat man Grund zu der Annahme, daß die Dyspepsie durch den Genuß eines verdorbenen Nahrungsmittels ausgelöst wurde, nehme man, auch wenn die Zeit des Genusses weit zurück liegt, eine energische Magenspülung vor, die das Krankheitsbild kupieren kann. Wo ein Magenschlauch nicht zur Hand ist, empfiehlt es sich, beim Kinde durch eines der üblichen Mittel Erbrechen auszulösen. Am besten läßt man das Kind reichlich warmes Wasser trinken und reizt den Pharynx. Außerdem muß für schleunige Entleerung des Darmes Sorge getragen werden. Das geschieht durch Gabe eines stark wirkenden Abführmittels (siehe S. 130), am besten Rizinusöl. Eine hohe Darmspülung unterstützt die Entleerung. Es ist dann nichts weiter notwendig, als während der gewöhnlich durch das stark gestörte Allgemeinbefinden und die Koliken indizierten Bettruhe, eine Hungerdiät bei reichlicher Zufuhr von Wasser bzw. Tee oder eines Mineralbrunnens (Lullusbrunnen, Fachinger). Sind hochgradige Koliken vorhanden, dann suche man diese durch Priesnitz-Kompressen, warme Umschläge auf den Leib, zu lindern, gebe eventuell Atropin $^1/_2$ mg bzw. einige Tropfen Opium.

[1] Über nervöse Form des Erbrechens s. S. 373.

Die Fastenzeit betrage 8—12 Stunden. Nur bei schwereren Fällen sind 24 Stunden nötig. Etwas Fleischbrühe ohne Zusatz erleichtert die Durchführung. Welche Ernährungsmethode man jetzt auch anwendet, so ist zu beachten, daß die Quantität stark verringert sein muß. Dann führen allerdings viele Wege zum Ziel. Bei den leichtesten Erkrankungen namentlich älterer Kinder gibt man am ersten Nahrungstage dreimal einen mit Saccharin gesüßten Tee mit Zwieback, zweimal einen Teller Fleischbrühe mit etwas Grieß. Am zweiten Tage mag man schon zu dem Tee 5—6 Eßlöffel Milch hinzusetzen und entweder die Zahl der Zwiebäcke auf 4—5 pro Tag erhöhen oder statt derselben $1/2$ Tasse Schleim mit 6 Eßlöffeln Milch geben. Zusatz von Quark[1]) als Aufstrich und etwas gekochtem Fleisch zu Mittag ist gestattet. So kommt man schnell zur gewöhnlichen Kost, wenn man dafür sorgt, daß das Kind stets noch mit etwas Hunger von der Mahlzeit aufsteht.

Je jünger das Kind und je schwerer der Durchfall ist, desto mehr empfiehlt sich die Stopfung durch Eiweißmilch und die Molketherapie. Bei der ersten Methode fängt man mit 4 × 120 — 150 ccm Eiweißmilch oder bequemer einer Mischung von halb Milch halb Schleim mit 1 Teelöffel Plasmon oder Larosan an, steigt in drei Tagen auf 200—250 ccm pro Mahlzeit. Das Mittagessen besteht aus einem kleinen Teller Brühe, und zwar Fleisch- oder Gemüsebrühe mit Grieß, genau so wie bei der Mittagsmahlzeit des Säuglings. Am dritten Tage treten 1—2 Teelöffel Fleisch und zu den Milchmahlzeiten 1—2 Zwiebäcke hinzu. Man mag dann auch zu Abend einen Milchgrieß mit halb Milch, halb Wasser und einem Teelöffel eines Eiweißpräparates geben. Die nächste Zulage ist der oft heißersehnte Kartoffelbrei mit etwas Bratensauce. Übrigens kann man vom ersten Tage an statt der Grießsuppe Kartoffelsuppe geben. Je nach der Schwere des Falles kann man nach wenigen Tagen oder Wochen den Eiweißzusatz weglassen. Mit süßen Speisen, mit Ei wartet man, bis das Kind die ersten Schnitten Brot verträgt und auch das ihm bisher Gebotene in reichlichen Mengen ohne Schaden zu sich nimmt. Bei empfindlichen Kindern kann das 3—4 Wochen dauern. Auch dann wird nur wenig und feinverteiltes Gemüse vertragen. Sehr nützlich als Geschmacksreiz erweisen sich Heidelbeeren als Suppe, also durchgerührt mit sehr wenig Zucker, hauptsächlich durch Saccharin gesüßt. Sie ist vom 4. Behandlungstage an in einer Menge von 100—150 ccm anwendbar.

Die Molketherapie ist in allen Fällen der Eiweißbehandlung zum mindesten gleichwertig oder überlegen, wenn schleimhaltige Stühle sich zeigen, und zwar sowohl in akuten wie in verschleppten Fällen; aber auch bei allen anderen Formen ist sie sehr brauchbar. Man fängt mit einer Mischung von viermal 150 ccm halb Molke halb Schleim an. Zusatz von Plasmon oder Larosan ist gestattet. Das Mittagessen ist genau so zu reichen, wie eben oben beschrieben. Je nach der Schnelligkeit, mit der das Stuhlbild sich ändert, wird man die Molke durch Milch schritt- oder sprungweise ersetzen. Im übrigen ist das Verfahren ausführlich unter Ruhr beschrieben (s. S. 287).

[1]) Quark empfehlen wir nur, wenn er im Haushalt nach den angegebenen Regeln (S. 502) hergestellt ist.

In schweren Fällen, die lange ohne Erfolg bei Haferschleimdiät gehungert haben, ganz besonders aber in solchen, bei denen die Einführung der Milch in die Nahrung mißlingt oder bei früheren Anfällen mißlungen ist, kommt Quarkdiät in Betracht. Nach einer kurzen Teepause von ungefähr 8—12 Stunden beginnt man mit viermal 150 ccm der Quarksuppe (s. S. 502) und 150 ccm Grießbrühe mit einem Eßlöffel feingewiegtem Fleisch oder Mohrrübenbrühe mit Plasmon und steigt auf viermal 200—250 ccm der Nahrungsmengen wie auch bei den anderen Diätformen. Beim Einsetzen der Besserung langsame Zugabe von mit Quark gestrichenem, gerösteten Weißbrot. Man kann dann zuerst abends einen Milchgrieß, wie bei der Eiweißmilchkur beschrieben, geben. Dann fällt die Quarksuppe zum zweiten Frühstück weg und wird durch eine Quarkschnitte und ein Glas Heidelbeersuppe oder Tee ersetzt. Mittags tritt der Kartoffelbrei hinzu. Nun können jederzeit die beiden Quarksuppen zum Frühstück oder Vesper wegfallen. Doch scheint es zweckmäßig, bei schwächlichen und empfindlichen Kindern eine oder zwei Quarksuppenmahlzeiten am Tage beizubehalten.

b) Chronische dyspeptische Zustände.

Unter den Kindern, welche mit chronisch-dyspeptischen Zuständen dem Arzte vorgestellt werden, lassen sich zwei Typen herausheben: der eine Typus, der kaum irgendein Krankheitssymptom darbietet und so gut aussieht, daß von vornherein die Angabe der Eltern über den chronischen Darmkatarrh Mißtrauen begegnet, der andere Typus, dessen Aussehen, Blässe, Schlaffheit, Abmagerung, den Gedanken an eine schwere Erkrankung, sogar an eine Tuberkulose erweckt.

Unter dem erstgenannten Typus befinden sich oft Kinder, die kaum krank sind, bei denen jedoch geringe Abweichungen von dem normalen Stuhlbild durch eine Hypochondrie der Eltern ängstlich überschätzt werden. Die genaue Beobachtung dieser Kinder durch den Arzt, die immer notwendige Inspektion der Dejekte lehren dann, daß gar keine oder nur so geringe Abweichungen von der Norm vorliegen, daß ein ärztliches Eingreifen nicht geboten ist. Diese geringen Störungen sind außerdem meist durch die „schonende Diät", d. h. die einseitige, oft an Milch und Zucker überreiche Kost hervorgerufen. Hierzu kommen noch die Kinder, die bei jeder Ortsänderung und anderen Störungen in ihrem gewohnten Leben Durchfälle bekommen. Meist haben sie zu Hause eine übermäßige Mastkost genossen, die aber nach allen Regeln der Hygiene zubereitet war. So wird das Übermaß so lange ertragen, als die Ordnung nicht gestört wird. Tritt Unordnung ein, kommt sofort eine Störung. Schließlich gehören in diese Gruppe auch noch Kinder, bei denen man eine erhöhte Reizbarkeit des Darms auf nervöser Grundlage annehmen muß.

Die Therapie ist für alle diese Kinder gleich. Strenge Nahrungspausen unter Einhaltung der bei der Prophylaxe gegebenen Regeln. Milch wird zugunsten der gemischten Kost auf 400, höchstens 500 ccm eingeschränkt, Zucker und süße Speisen werden nur in geringer Menge erlaubt, Ei und Eispeisen gestrichen. Dafür dürfen Käse und Fleisch,

Fisch, auch Heringe und Sardellen eine größere Rolle spielen. Als Beispiel möge folgender Speisezettel angeführt werden:

8 Uhr: Eine Tasse halb Milch, halb Kaffee mit Buttersemmel.
11 Uhr: Schnitte mit Mettwurst gestrichen, ein Bratapfel oder ein kleiner Teller Heidelbeerkompott.
2 Uhr: Kartoffel- oder Grießsuppe mit Brühe, Kartoffelbrei mit ein wenig gebratenem Fleisch, später Spinat, Blumenkohl.
6 Uhr: Schnitte mit feingeschnittenem Hering, Brühe mit Grieß oder Reis von Mittag. Abwechselnd mit Milchgrieß ohne Zucker.

In die Gruppe der „Darmschwachen" werden öfters, wie schon erwähnt, auch die Kinder gerechnet, die mehrmals im Vierteljahr mit Fieber und Erbrechen erkranken. Zwar bekommt auch diesen die eben angegebene knappere Diät recht gut und läßt oft das Erbrechen verschwinden. Die Fieberanfälle aber, die von einer Nasopharyngitis ausgehen, bleiben unbeeinflußt. Über periodisches Erbrechen s. S. 373.

Gleichfalls nicht völlig zu den chronischen Darmkatarrhen zu rechnen sind Anfälle von Koliken, die in der Nähe des Nabels lokalisiert werden und die als „Nabelkolik" bezeichnet werden. Es handelt sich zweifellos um übertriebene Sensationen eines neuropathischen Kindes. Wir haben daher die Therapie im Kapitel über Neuropathie (siehe S. 367) beschrieben. Wenn auch die Schmerzen häufig ohne nachweisbare Darmstörungen auftreten, so ist doch zu kleiereiches Brot, in anderen Fällen zu reichliche Zucker- und Ei- oder eine andere übertriebene Kost der Anlaß zu den Beschwerden. Diese Fehler sind daher zu beseitigen. Besteht eine leichte Gärungsdyspepsie, so ist die Kost wie oben beschrieben zu wählen. Doch genügt die Beseitigung der Ursache meist nicht, um die Schmerzempfindung aufhören zu lassen.

Die zweite Gruppe umfaßt diejenigen Kinder, deren Allgemeinzustand schwer gelitten hat. Gar nicht selten findet man hierunter Kinder, deren Darmstörungen keineswegs erheblich sind, die aber seit einer akuten Erkrankung dauernd „diät" gehalten werden, also hungern. Diesen bekommt die an Geschmacksreizen reiche, eben angeführte Kost ganz außerordentlich gut. Nur wird man vorsichtigerweise die Quantität am ersten Tage nicht zu hoch bemessen. Ein tägliches vorsichtiges Steigen führt dann zu einem erstaunlich schnellen Aufblühen. Leiden die Kranken jedoch an fortdauernden und rezidivierenden erheblicheren Durchfällen, so führe man die bei der Behandlung der akuten Darmkatarrhe beschriebene Eiweißtherapie durch. Auch hier ist die Anwendung von Fleisch und Fisch namentlich in gekochter Form zu Mittag gestattet. Das zweite Frühstück soll sehr bald aus einer gerösteten Weißbrotscheibe mit geschabtem rohen Schinken, Quark, Braunschweiger Mettwurst bestehen. Besonders im 3.—4. Lebensjahre ist es wünschenswert, zwei, höchstens drei der eiweißangereicherten Mahlzeiten (Eiweißmilch, Quarksuppe, siehe S. 502) beizubehalten, davon jedoch nicht mehr als 200 g zu geben und lieber Gebäck mit Quark dabei zu reichen, mit anderen Worten die flüssige Säuglingsdiät durch eine Trockendiät zu ersetzen. Im übrigen sei für die Behandlung der schwersten Fälle auf das Kapitel über chronische Verdauungsinsuffizienz verwiesen.

Eine besondere Bedeutung haben die chronisch rezidivierenden Darmkatarrhe mit vorwiegend schleimig bzw. schleimig-eitrigen Stühlen. Es handelt sich oft um Pseudoruhr. Hier sind zunächst die Anfälle, solange sie schwerer sind, mit einer nur achtstündigen Teediät und schnell ansteigender Molkekur unter Plasmonzusatz ebenso wie bei Ruhr zu behandeln (siehe diese). Nur ist mittags bereits am 2. oder 3. Tage gekochtes Fleisch in der Suppe zuzusetzen, und der Ersatz der Molke durch Milch muß in etwa 4—5 Tagen vollendet sein. Spätere leichte Anfälle beantwortet man nur mit dem Aussetzen einer Mahlzeit und leichter Reduktion der gewohnten Diät. Tierblutkohle oder große Dosen eines Tanninpräparates beschleunigen den Ablauf. Die Kost dieser Kinder ist in der Zwischenzeit in den Fällen, in denen die Stuhlstörung gänzlich verschwunden ist, so mannigfaltig und doch so vorsichtig, wie etwa in dem ersten, oben angegebenen Speisezettel zu wählen. Bleiben die Stühle dauernd etwas schleimhaltiger, so ist die Milch als Plasmon- oder Larosanmilch zu reichen, nicht mehr als 6—700 g der Mischung. Ein kleiefreies Brot, Käse, aber wenig Butter, Fleisch, Fisch, Kartoffeln, Gemüsebrühe, ohne Zucker bereitete Blaubeersuppe ergänzen die Diät, zu der man vorsichtig probierend kleine Mengen Gemüse hinzusetzt. Unter dieser Kost gelingt es, die Kinder bei gutem Gesundheitszustand zu erhalten, freilich nicht immer Rückfälle zu vermeiden. In hartnäckigen Fällen ist diese vorsichtige Diät viele Monate durchzuführen. Eine Trinkkur von Karlsbader oder Lullusbrunnen ist vier Wochen lang einzuschieben. Der Übergang in die zweite Form der Colitis mucosomembranacea ist häufig.

Eine geringe Rolle spielen die Stopfmittel. Oft erweist sich Tierblutkohle dadurch nützlich, daß die Gärung herabgedrückt und dadurch die Durchführung der Diät erleichtert wird. Auch die Gerbsäurepräparate beschleunigen das Normalwerden des Stuhlbildes. Eine Heilung bewirkt keines dieser Mittel. Diese bescheidene Wirkung ist nur durch die S. 509 und 525 angegebenen großen Dosen zu erreichen. Bei Schmerzen sind Belladonna oder Atropin anzuwenden.

Die mikroskopische Untersuchung der Stühle nach Probekost fördert nach unserer Erfahrung nichts. Dagegen lehrt uns die makroskopische Untersuchung des Stuhles unter dem Wasserstrahl häufig, daß das Kind die verordnete Kost in viel gröberer Form bekommen hat als verordnet war. Diese einfache Untersuchung ist als Kontrolle der Eltern sehr angebracht.

c) Colitis mucosomembranacea.

Wir unterscheiden 2 Formen. Bei der ersten handelt es sich um einen überwiegend nervösen Vorgang. Bei normalen Stühlen werden mächtige Schleimausgüsse des Darmes meist unter Schmerzen in selten wiederkehrenden Anfällen entleert. In der Zwischenzeit besteht häufig Obstipation. Bei dieser Form gebe man eine schlackenreiche Diät wie bei Obstipation, in Intervallen eine Trinkkur mit Karlsbader Mühlbrunnen mit Salz. Im Anfall selbst lindere man die Schmerzen durch Atropin mit oder ohne Opiumpräparat. Warme Umschläge auf den Leib sind nützlich.

Eine zweite Form möchten wir als die dyspeptische Form bezeichnen. Hier wechseln normale Verdauung oder Obstipation mit Durchfällen. Ja, es können seit Jahren vermehrte dünnbreiige Stühle entleert werden. Zeitweise oder dauernd sind Schleimmembranen beigemischt oder werden bei gelegentlichem Drängen, z. B. beim Urinlassen, entleert. Daher wird dem Arzt oft ein Urin mit Schleimmembranen gezeigt. Koliken können ganz fehlen. Natürlich kann sich auch die erstere neurogene Form auf einen chronischen Dickdarmkatarrh aufpflanzen. Die meisten dieser Kinder sind in auffällig gutem Zustande. Vielfach läßt sich eine Überernährung nachweisen. Die Behandlung ist insofern ähnlich wie bei der ersten Form, als Milch auf 400 g reduziert werden muß, Fleisch, Fisch und Käse in mäßigen Mengen als Eiweißträger gestattet sind. Aber die Kohlehydrate müssen schlackenärmer sein. Brot ist als geröstetes Weißbrot zu reichen, Kartoffeln als Brei oder Suppe, Reis, Grieß, Graupen als dicke, nicht süße Suppen zu geben. Als Obst gibt man ausgedrückten Apfelsinensaft; Heidelbeer- und Hagebuttensuppen sind nur zum Teil mit Zucker, hauptsächlich mit Sacharin zu süßen, Äpfel als Bratäpfel zu geben. Von sonstigem Obst ist $^1/_2$—1 Weinglas voll frisch ausgepreßter Saft gestattet. Gemüse ist in geringen Mengen von 1—2 Eßlöffeln als fein zerteilter Brei nach einmonatlicher Behandlung wieder einzuführen. Doch ist die Gemüsebrühe zur Bereitung der bezeichneten Suppen von Anfang an mit zu verwenden. Süße Speisen sind lange Zeit gänzlich zu streichen. Ganz wesentlich wird diese Behandlung unterstützt durch große Dosen Tierblutkohle oder Gerbsäurepräparate (siehe S. 509 und 525). Bei den Fällen mit zeitweiliger Obstipation nützt daneben auch eine Trinkkur mit Karlsbader oder Lullusbrunnen. Die vielfach bei diesem Leiden üblichen langdauernden milchlosen Schleimdiäten entkräften überflüssig die bisher meist wenig geschwächten Kinder.

II. Schwere Verdauungs-Insuffizienz. (Intestinaler Infantilismus.)

Es handelt sich um ein relativ seltenes, nicht häufig im Säuglingsalter, gewöhnlich im 2. Jahre beginnendes Krankheitsbild. Das oft leidlich gut gediehene Kind erkrankt unter akuten Symptomen, in deren Vordergrund Durchfall mit sehr übelriechenden, schaumigen, massigen Stühlen und hochgradiger Gewichtssturz stehen. Die übliche Therapie der schweren Form der Dyspepsie bzw. Intoxikation bringt Besserung, bis nach wenigen Wochen die gleichen Erscheinungen wiederum schwere Schädigungen setzen. In anderen Fällen ist ein Kind während einer Verdauungsstörung wochen- und monatelang mit Hungerdiät (z. B. Haferschleim) behandelt worden. Nachdem eine geeignete Diät anfangs Heilung brachte, erfolgte auch hier der Rückfall in der beschriebenen Weise. Kurze Intervalle wechseln mit schweren Rückfällen. Allmählich beginnt in der Zwischenzeit das Gedeihen des Kindes schlechter zu werden. Die Zeichen der chronischen Ernährungsstörung treten in immer stärkerem Grade auf, die Stühle werden nicht wieder ganz normal, bleiben zumindest sehr massig und gewöhnlich hellgrau gefärbt. Langsam gerät das Kind in den Zustand schwerster Atrophie, in dessen Bild der hochgradige Meteorismus ein für diese Krankheit charakteristisches Symptom darstellt. Die Kinder werden immer schwerer ernährbar. Eine akute Störung, eine Infektion oder ein Krampfanfall können diesem Zustand ein schnelles Ende bereiten.

Wir glaubten diese kurze Beschreibung des Krankheitsbildes unseren therapeutischen Ausführungen vorausschicken zu sollen, weil in der Literatur unter der Bezeichnung „schwerste Verdauungs-Insuffizienz" auch andere Bilder, vor allem auch rezidivierende chronische Dyspepsien, beschrieben werden. Aber freilich ist die Unterscheidung nicht streng durchzuführen, auch ist die Therapie im wesentlichen die gleiche.

Die einen verlegen die konstitutionell bedingte Schwäche in die verdauenden und assimilierenden Funktionen des Darmes und reden deshalb von schwerer Verdauungs-Insuffizienz, die anderen in das Nervensystem und sprechen von schweren Durchfällen auf neuropathischer Grundlage. Beide Auffassungen lassen sich rechtfertigen. Für erstere spricht, daß die Vorgänge im Magendarmkanal wenigstens zeitweise im Vordergrund stehen, und die verdauenden assimilierenden Kräfte des Darmes gewöhnlich allen drei Nährstoffen gegenüber stark gelitten haben, für die zweite die Tatsache, daß die Kinder eine große Reihe nervöser Stigmata darbieten, Absonderlichkeiten ihres Gemütslebens, und daß bei günstiger Beeinflussung des Nervensystems von ihnen auch Nahrungsmittel vertragen werden, wie sonst nur bei den banalen Verdauungsstörungen von Säuglingen und Kleinkindern. Gerade diese Tatsache weist auf die Abhängigkeit der Verdauungsstörung von nervösen Einflüssen hin. Mit dem Namen Infantilismus soll zum Ausdruck gebracht werden, daß die Kinder im Laufe der Zeit in ihrer Entwicklung außerordentlich zurückbleiben.

Die Prophylaxe besteht in einer sorgfältigen regelrechten Behandlung der Darmleiden des 2. und 3. Lebensjahres. Das lange sinnlose „Halbfasten", wie es noch immer Sitte ist, ist zu vermeiden. Die modernen Heildiäten wie Eiweißmilch und namentlich auch Quarkdiät erlauben eine kürzere, weniger entkräftende Behandlung als früher.

Der Therapie erwachsen mit Rücksicht auf vorstehend dargelegte Tatsachen zwei Aufgaben: *erstens durch eine zielbewußte Diätetik die Vorgänge im Magendarmkanal so zu beeinflussen, daß die akuten Schübe nicht oder nur in leichterem Grade auftreten, eingetretene möglichst ohne eine längere Hungerschädigung des Kindes bald überwunden werden und in der Zwischenzeit durch eine den Bedürfnissen des wachsenden Organismus angepaßte, abwechselungsreiche Kost ein langsames, aber stetes Gedeihen herbeigeführt wird; zweitens durch eine individuelle Pflege und Erziehung des Kindes sein Nervensystem und seine Psyche in günstigster Weise zu beeinflussen.*

Wir können bei Säuglingen bezüglich der Diät der *akuten Zwischenfälle* auf unsere Ausführungen über die Therapie der akuten schweren Störungen im Säuglingsalter verweisen. Es ist jedoch möglichst anzustreben, die Zeit der Leerstellung des Darmes, der Inanition, abzukürzen. Keinesfalls soll man sich zu einer längeren Leerstellung des Darmes als durch 12 Stunden entschließen; danach bei jüngeren Individuen Ernährung mit Frauenmilch, Eiweißmilch bzw. irgend einer Nährmischung, die in ihrer Zusammensetzung dem Prinzip der Durchfallshemmung Rechnung trägt. Daneben reichliche Wasserspeisung. Bei Kindern im zweiten Lebensjahr wende man die strengeren Methoden der Behandlung der akuten Dyspepsie älterer Kinder an (S. 142—143), namentlich Quarkdiät, die der Eiweißmilchbehandlung vorzuziehen ist.

Therapie des Intervalles. Die Diät der Periode, in der die Stühle schwere pathologische Veränderungen nicht mehr nachweisen lassen, sich höchstens durch eine lehmgraue Farbe und eine besondere Massigkeit auszeichnen, richtet sich nach dem Charakter der vorhandenen chronischen Ernährungsstörung, danach, ob wir es mit einer leichteren oder schon einer schwereren Form der Atrophie zu tun haben. In ersterem Fall sollen wir die Diät abwechselungsreicher gestalten durch Zugabe von durchgerührtem Gemüse, Kartoffelbrei, durchpassiertem Fleisch, Frucht, z. B. von Tomaten, Birnen, Bananen. Es ist zweckmäßig in der Wahl der Speisen abzuwechseln. Mettwurst, Schinken, Räucherfische, Sardinen, kleine Mengen Wurst sind unbedenklich zu gestatten, wenn das Kind danach verlangt. Andererseits sollen wir es nicht zu Speisen zwingen, gegen die es einen Widerwillen zeigt, oder die es in einer plötzlichen Laune verweigert, weil wir sonst leicht eine akut einsetzende Störung riskieren. In jedem Falle ist darauf zu achten, daß die Zahl der Mahlzeiten vier nicht überschreitet, daß Nährstoffe vermieden werden, die erfahrungsgemäß die Peristaltik anregen und zu Durchfall führen, wie gewisse Kohl- und Gemüsearten oder stark gesüßte Kompotts. Der Diätzettel eines 2—3jährigen Kindes kann folgendermaßen zusammengesetzt werden:

früh: eine Tasse Buttermilch, eine Schnitte geröstetes Weißbrot mit etwas Butter;

vormittags: eine Schnitte Weißbrot oder Zwieback mit Butter, eventuell mit etwas Wurst; ein gebratener Apfel oder eine Banane, weicher Pfirsich;

mittags: Brühe mit Reis oder Grieß, einige Teelöffel fein gehacktes Fleisch, Kartoffelbrei mit wenig durchgerührtem Gemüse, fein püriert;

abends: eine Tasse Buttermilch, Brötchen mit Weißkäse, oder ein kleines, ungezuckertes Omelett mit Weißbrot oder Weißbrot mit Sardinen oder Sprotten, Schinken, weiche Mettwurst, Haferflockensuppe mit 1 Eßlöffel Quark verrührt.

Ist der Zustand der Atrophie schwer, das Kind in einem Zustand, der den Tod in bedenkliche Nähe rückt, raten wir zunächst auch bei älteren Kindern im Alter von 3, 4 und 7 Jahren einen Versuch mit langdauernder Frauenmilch-Ernährung, täglich 600—800 g, zu machen. Enthält auch diese Menge keineswegs die zur Entwickelung notwendigen Nährstoffe, so genügt sie doch, um das Leben zu erhalten und eine langsame Reparation anzubahnen. Außer der Frauenmilch können dann alle genannten Nährstoffkombinationen, die das Kind braucht, durchpassiertes Fleisch, Fleischsaft, Quark, durchpassiertes Gemüse, Weißbrot, Grieß, dem Kinde zugeführt werden. Anfangs in einer einzigen kleinen Mahlzeit, oder zu 2—3 Brustmahlzeiten hinzu. Es ist aber notwendig, in schweren Fällen die kombinierte Ernährung mit Frauenmilch und gemischter Kost durch viele Monate hindurch durchzuführen. Außerordentlich gefährlich ist in jedem Falle der Übergang zu einer mehr oder weniger ausschließlichen Milchdiät; er muß auf alle Fälle unterbleiben. Der Genuß von Vollmilch oder verdünnter Milch kann auch bei Kindern, die bereits im Zustand weitester Reparation zu sein scheinen, einen neuen schweren akuten Anfall auslösen und direkt zum Tode überleiten.

Die zweite wichtige Aufgabe ist die günstige Beeinflussung des Nervensystems und der Psyche des Kindes. Von deren Verhalten hängt es wesentlich ab, wie das Kind die Nahrung verträgt. Es kommt sehr darauf an, von wem das Kind das Essen erhält, ob es dabei in guter Laune erhalten wird oder nicht. Man sieht zum Beispiel, daß die Kinder von einer besonderen Pflegerin sich nicht oder nur widerwillig füttern lassen, daß andere mit der Ernährung des Kindes spielend fertig werden. Man bemerkt, daß Milieu-Änderungen, Hinausbringen auf das Land, von außerordentlicher Bedeutung für die Bekömmlichkeit der Nahrung und damit für das Gedeihen werden. Daß bei dem barocken Verhalten des Nervensystems für die Erziehung keine Regeln gegeben werden können, ist selbstverständlich. Hier kommt außerordentlich viel auf den Instinkt der Pflegenden an. Daß man andererseits die Zügel nicht vollständig am Boden schleifen lassen kann, versteht sich von selbst. Gerade auf Konsequenz diesen impulsiven und unberechenbaren Kindern gegenüber ist der allergrößte Wert zu legen.

Außer den diätetischen und erzieherischen Maßregeln ist therapeutisch nicht viel zu leisten. Besteht hochgradiger Meteorismus, kann man dem Kinde durch Einlegen eines Darmrohres Erleichterung schaffen. Von regelmäßiger Zufuhr von Pankreon 3mal täglich 2 Tabletten und Kalk täglich 3—4 g glauben wir Besserung bemerkt zu haben, ebenso durch regelmäßige Darreichung von verdünnter Salzsäure zu den Mahlzeiten. Ab und zu haben wir auch die Kinder durch 4—6 Wochen zweimal täglich Karlsbader Mühlbrunnen trinken lassen (siehe S. 518) und sahen sie dabei zufriedener werden; auch glaubten die Mütter davon eine Besserung zu bemerken.

Die oft recht beträchtlich werdende Anämie bessert sich mit der Hebung des Allgemeinzustandes. Eisen und Arsenpräparate sind zwecklos. Steht eine wirklich gute Pflegerin zur Begleitung zur Verfügung, würden wir raten, solche Kinder unter allmählicher Akklimatisation ins Hochgebirge zu senden; wir haben jedenfalls in vereinzelten Fällen eklatante Erfolge davon gesehen.

Sind im Laufe der Jahre die Erscheinungen von seiten des Darmkanales fast vollständig geschwunden, so geben die psychischen Abnormitäten der Kinder noch immer genug Veranlassung zu ärztlichem Rat.

Auftretende komplizierende Tetanie erfordert die für die Behandlung dieser angegebenen Maßregeln.

III. Obstipation.

Die Tatsache, daß die Obstipation in einem Privathause ein außerordentlich häufig beobachtetes, in einer größeren Kinderabteilung ein sehr seltenes Vorkommnis ist, gibt bereits den Hinweis, daß in allererster Linie Unsitten in der Ernährung und Erziehung der Kinder an der Auslösung des Leidens Schuld tragen. Damit ist die Prophylaxe gegeben. Sie besteht in einer sich von jeder Einseitigkeit fernhaltenden Ernährung, einer konsequenten Erziehung, die das Kind dazu veranlaßt, täglich zu entleeren, ohne daß etwa aus diesem Akt ein besonderes Ereignis gemacht wird, endlich aber in Unterlassung jedes Eingriffes (Klysmen), wenn einmal einen Tag lang kein Stuhl entleert wird. Entstehen doch auch, ganz abgesehen davon, daß das Kind infolge der Gewöhnung an die Klysmen die Bauchpresse zu benutzen verlernt, durch ungeschicktes Vorgehen dabei leicht Fissuren, welche dem Kinde bei jeder Defäkation Schmerzen verursachen und es daher von diesem Akt zurückhalten.

Vor Einleitung der Behandlung muß zunächst festgestellt werden, ob irgend ein organischer Grund für das Bestehen des Leidens, z. B. Hirschsprungsche Krankheit, vorliegt. Vorhandene Fissuren müssen zunächst nach den S. 168 angegebenen Regeln behandelt werden. Unter Einleitung einer dem Zustande des Kindes und seinem Alter entsprechenden gemischten Kost, welche sich von jedem Übermaß an Milch und Eiern fernhält, auf die Zufuhr von reichlich Obst und Gemüse Wert legt, versuche man zunächst das Kind zur festgesetzten Stunde zur spontanen Stuhlentleerung zu veranlassen. Bei der Suggestibilität der häufig neuropathischen Kinder gelingt es gewöhnlich durch Verbalsuggestion mit Unterstützung irgendeiner Eindruck machenden Maßnahme (Anlegung eines Priesnitzumschlages, Eingießen heißen Wassers in den Topf) eine normale Entleerung hervorzurufen. Allmählich kann man dann von besonderen Maßnahmen absehen. In hartnäckigeren Fällen genügen die beschriebenen nicht. Man muß dann versuchen, die Peristaltik stärker anzuregen, vor allem durch eine an Vegetabilien und Obst besonders reiche Kost, stark kleiehaltiges Brot, fast vollständigen Ausschluß von Milch und Eiern. Honig und Malzextrakt sollen Verwendung finden; doch läßt sich insofern kein Schema angeben, als Nährstoff-Kombinationen, die bei dem einen Kinde die Peristaltik anregen, bei dem anderen vollkommen wirkungslos bleiben können, was wohl mit der individuell verschiedenen Bakterienflora des Darmes in Zusammenhang stehen dürfte.

Erreicht man durch lediglich diätetische Maßnahmen nichts, dann gebe man mit der Nahrung ein leichtes Abführmittel, z. B. Regulin zunächst in größeren Dosen (2—3 Teelöffel täglich) in Kartoffelbrei. Nachdem Erfolg eingetreten ist, kann die Menge allmählich reduziert werden.

Noch besser ist eine Kur mit künstlichem Karlsbader Salz 3 Wochen hindurch durchzuführen. Ein gestrichener Teelöffel wird, in $^1/_2$ Wasserglas heißem Mühl- oder Lullusbrunnen gelöst, $^1/_2$ Stunde vor dem Frühstück gegeben. Seltener muß man zu Anfang noch nachmittags eine etwas kleinere Menge geben.

Selbstverständlich muß es das Ziel jeder Behandlung sein, alle Behandlung möglichst bald entbehren zu können. Da es sich gewöhnlich um eine durch eine vorhandene Neuropathie begünstigte Störung handelt, ist es notwendig, die Therapie der Neuropathie in keinem Falle zu vernachlässigen. Eine ausgiebige Pflege des Kindes im Freien mit reichlichen körperlichen Übungen leistet vorzügliches. Auch der Wechsel der Pflegenden oder die Versetzung des Kindes in ein anderes Milieu, in eine Klinik, kann ohne daß an den Ernährungsbedingungen irgend etwas geändert wird, eine monate-, ja jahrelang bestehende Obstipation mit einem Schlage beheben.

Lokale Magendarmleiden.

I. Pylorospasmus.

Es gelingt nicht, durch ein geeignetes medikamentöses oder diätetisches Verfahren beim ersten Beginn der sich ja gewöhnlich in den ersten 8—14 Tagen einstellenden Erscheinungen die volle Entwicklung des Krankheitsbildes zu verhindern. Ist es auch zweifellos, daß die Art der Nahrungsmischung, die dem Kinde gereicht wird, auf die Häufigkeit und Dauer des Pylorusschlusses von Einfluß ist, so spielen darauf gegründete prophylaktische diätetische Maßnahmen keine Rolle. Denn wir werden uns nie entschließen können, von dem Festhalten an der Ernährung mit Muttermilch bei dieser Erkrankung abzugehen, da diese die sicherste Gewähr für das Überstehen der Krankheit gibt.

Das an Pylorospasmus erkrankte Kind ist in seinem Leben durch die Inanition und Exsikkation bedroht. Das Ziel der Therapie ist es, solche Grade zu verhüten, die mit einer Fortdauer des Lebens nicht vereinbar sind. Dabei mag, wie schon so oft, betont werden, daß die Inanition für das Kind länger ertragbar ist als die Exsikkation. Glücklicherweise stehen uns zur Bekämpfung der letzteren ausreichende Wege zur Verfügung, auch wenn Flüssigkeit per os erbrochen wird (siehe S. 19). Selbstverständlich bedeutet auch der Inanitionszustand, in den das Kind durch das profuse Erbrechen beim Pylorospasmus gerät, eine Gefährdung des Lebens. Wir wissen heute, daß der Verlust von einem Drittel des Körpergewichts die Grenze ist, mit der die Fortdauer des Lebens eben noch vereinbar ist. Für den Arzt ist die Kenntnis dieser Tatsache wichtig. Soweit als möglich wird man daher mit der Zufuhr von Flüssigkeit durch den Mastdarm auch die Ernährung per rectum verbinden.

Die erste Frage, die an uns herantritt, ist, ob wir Methoden bzw. Medikamente kennen, welche die durch den fortdauernden Pyloruskrampf fast gänzlich unterbrochene Passage zwischen Magen und Darm wiederum herstellen. Hier kommen zunächst die mechanischen Methoden in Frage, die Operation bzw. die Duodenalsondierung.

Operation. Die Operation ist indiziert in allen schweren Fällen, besonders bei Versagen der Sondentherapie. Als schwere Fälle sind nur jene zu betrachten, bei denen nach den ersten unvermeidlichen starken Abstürzen trotz Anwendung alles pflegerischen Rüstzeuges (namentlich der permanenten Irrigation und der allerbesten Ernährungsbedingungen) noch nach der 2. Woche der Krankheit das Gewicht weiter erheblich abfällt, d. h. pro Woche 300 g beim dickeren, 200 g beim mageren Kinde. Ein Anhaltspunkt für die Schwere des Falles ergibt sich mitunter aus den Erfahrungen, die man bei einem anderen Kinde derselben Familie gemacht hat. Stets ist die Operation notwendig, wenn wir nach dem 1. Lebensmonat noch die gleichen Erscheinungen finden, während zugleich der Magen enorm erweitert ist und diese Erweiterung nach kurzer Behandlung mit Magenspülung nicht verschwindet. Es handelt sich dann freilich meist um eine angeborene Aplasie des Pylorus und nicht um einen Krampf. Erheblich wird der Entschluß zur Operation erleichtert, wenn ein geschickter Chirurg zur Verfügung steht. Wir heben hervor, daß die Zahl der der Operation bedürftigen Fälle minimal ist. Sie ist um so geringer, je sorgfältiger von vornherein durch eine zweckmäßige Pflege die Entkräftung des Kindes vermieden wird.

Fast in allen Fällen gelingt es durch die innere Therapie, allerdings erst im Verlaufe von 6—12 Wochen, eine sichere Heilung herbeizuführen, unter der Voraussetzung, daß Frauenmilch zur Verfügung steht, ebenso wie genaueste einwandfreie Pflege und individuelle, sich auf geschärfte Beobachtung stützende Behandlung.

Die Operation ist in so frühem Säuglingsalter natürlich immer eine Gefahr, eine um so größere, je länger sie dauert. Solange die Gastroenterostomie die Methode der Wahl gewesen ist, hat man sich nur ungern dazu entschlossen; denn diese ist ein nicht geringer Eingriff schon durch die Dauer der dazu notwendigen Zeit. Guten Erfolgen steht eine große Anzahl von Mißerfolgen gegenüber. Wir können zu ihr nicht raten. Hingegen ist eine in neuerer Zeit aufgefundene Operationsmethode durch die Schnelligkeit, mit der der relativ einfache Eingriff ausgeführt werden kann, vielleicht berufen, in Zukunft eine größere Rolle zu spielen, nämlich die Methode von Ramstedt. Sie besteht darin, daß der Pylorusring in der Längsachse bis auf die Schleimhaut eingeschnitten und daß dann der Spalt quer vernäht wird. Auf diese Weise wird die Kommunikation zwischen Magen und Dünndarm sofort hergestellt, und das Krankheitsbild ist mit einem Schlage behoben. Soweit Erfolge bisher mitgeteilt sind, sind sie gut.

Duodenalsondierung. Die Duodenalsondierung kann erheblichen Nutzen stiften und auch schwere Fälle über die Gefahr hinüberbringen. Sie führt aber nur in einem Bruchteil zum Ziel und stellt an die Ausdauer des Arztes sehr große Anforderungen.

Gebraucht werden Gummikatheter von $3^1/_2$, $4^1/_2$ und $5^1/_2$ mm Durchmesser und 50 bis 60 cm Länge, bei denen man sich am besten in der Entfernung von 20, 25, 30, 35, 40 cm Marken anbringt. Die Einführung der Sonde geschieht wie beim Magenschlauch bis zur ersten Marke. In dieser Entfernung fühlt man einen Widerstand, der, wie Heß, der Erfinder der Methode, meint, durch den reflektorischen Schluß des Pylorus bedingt ist. Von diesem Augenblicke an muß man mit dem Weiterführen der Sonde sehr vorsichtig sein, da bei forciertem Sondieren die Gefahr besteht, daß die Sonde sich im Magen aufrollt. Wartet man aber ab und hält die Sonde gewissermaßen nur fest, so daß sie allein durch ihre eigene Elastizität wirkt, so fühlt man bald, wie die Sonde mit einem Ruck vorwärts durch den Pylorus gleitet, und nun kann man sie langsam vorschieben bis zur Marke 30 oder 35.

Die Nahrung läßt man aus einem Trichter, der durch einen Gummischlauch und ein Glaszwischenstück mit der Sonde verbunden ist, unter geringem Druck einfließen, so daß die Flüssigkeit nur langsam in den Darm kommt und nicht neben der Sonde in den Magen zurückläuft.

Zur Prüfung der Frage, ob man das Duodenum erreicht hat, gibt es verschiedene Möglichkeiten. Zuerst möchten wir erwähnen, daß man nach mehrmaligem Sondieren schon beim Einführen fühlt, ob man durch den Pylorus gekommen ist oder sich noch im Magen befindet. Ein weiteres einfaches Mittel ist die Aspiration. Erhält man mit der Spritze mit Leichtigkeit größere Mengen sauren Schleims, so ist man noch im Magen. Fühlt man dagegen einen großen Widerstand bei der Aspiration und erhält nichts oder etwas zähen, schwach sauren oder alkalischen Schleim, so kann man mit ziemlicher Sicherheit annehmen, daß man das Duodenum erreicht hat. Den sichersten Beweis gibt natürlich die Röntgenaufnahme. Als weiteren Beweis für das Gelingen der Sondierung kann man ansehen, daß bei Reaspiration der eingeführten Flüssigkeit diese gallig verfärbt ist. Endlich als für den Erfolg schließlich wichtigster Beweis kann gelten, wenn nach der Sondierung das Kind gar nicht oder nur wenig bricht. Die erste Vornahme der Sondierung erfordert mitunter $^1/_2$, ja 1 Stunde.

Die Operation des Pylorospasmus und seine Nachbehandlung wie auch die Methode der Duodenalsondierung sind naturgemäß mehr oder weniger an das Krankenhaus gebunden, und eine derartige Behandlung steht oder fällt daher mit örtlichen Verhältnissen. Allerdings setzt auch die interne Therapie des Pylorospasmus oft eine derartige Fülle pflegerischer Maßnahmen voraus, daß sie im Privathaus nur unter günstigen Verhältnissen möglich ist.

Ernährung. Die erste Aufgabe ist, die Verdurstung durch permanente Irrigation oder wiederholte Klistiere mit physiologischer Kochsalzlösung zu verhindern (siehe S. 494). Bei schwer durch künstliche Ernährung geschädigten Kindern ist statt der Kochsalzlösungen oder neben diesen russischer Tee zu verwenden, falls Ödeme auftreten. Auch kann man die Flüssigkeitszufuhr mit der Ernährung verbinden, durch Anwendung von Frauenmilchklistieren (dreimal täglich 50—100 g). Man kann auch die Frauenmilch zur permanenten Irrigation verwenden. Ferner eignet sich zur Ernährung permanente Irrigation von 5%igen Traubenzucker- oder noch besser 10%igen Nährzuckerlösungen, die man abwechselnd mit den Kochsalzklistieren gibt.

Die einzige halbwegs sichere Ernährungsmethode ist die Ernährung mit Frauenmilch. Nur sie ist imstande, den Ablauf des Pylorospasmus in günstiger Weise ohne komplizierende Verdauungsstörung zu beeinflussen. Diejenigen, die keine Erfahrung bezüglich des Krankheitsbildes haben, sind oft geneigt, für den Eintritt des profusen Erbrechens die Qualität der Frauenmilch verantwortlich zu machen und das Kind abzusetzen. Das ist ein grober Fehler, der den Kindern gewöhnlich das Leben kostet. Für die Behandlung des Pylorospasmus gilt ebenso wie für die Ernährungsstörungen an der Brust, nämlich daß die Frauenmilch niemals auszuschalten ist. Solange die Kinder kräftig sind und genügend trinken, möge man sie ruhig an der Brust ihrer Mutter oder einer Amme lassen, allerdings unter genauer Kontrolle dessen, was sie zu sich nehmen und möglichst auch der Menge, die sie erbrechen. Letztere läßt sich leicht feststellen, indem man dem Kind ein Speituch vorbindet, das man gewogen hat und nach dem Erbrechen nochmals wägt. Ebenso wie die Feststellung der täglich getrunkenen Nahrungsmenge erscheint die tägliche Wägung des Kindes zur festgesetzten Stunde wünschenswert, da man nur durch diese ein Bild davon bekommt, ob das Krankheitsbild ernst ist, was sich nach der ersten Woche durch starke stufenweise Abwärtsbewegung der Gewichtskurve äußert, oder ob man mit einem milderen Verlauf zu rechnen hat, der sich durch eine flach bleibende Gewichtskurve verrät.

Bleiben die Kinder munter und rege und die Nahrungsaufnahme reichlich, so kann man bei einer großen Reihe der Fälle sich damit begnügen, das Kind 5—6mal an die Brust zu legen. Es mag dann trinken und nachher brechen, so viel es will. Dem Bedürfnis nach einer medikamentösen Behandlung mag man dadurch nachkommen, daß man $^1/_4$ Stunde vor der Mahlzeit 1 Eßlöffel Karlsbader- oder Lullusbrunnen gibt, auch wohl die später zu erwähnenden Breiumschläge anwendet. Eine Magenspülung 1—2mal in der Woche 3 Stunden nach der Nahrungsaufnahme ergänzt die Behandlung.

Das Anlegen der Kinder an die Brust wird dann erst als einzige Art der Nahrungsaufnahme bedenklich, wenn eine beträchtliche Entkräftung eingetreten ist und die Kinder nicht mehr genügend Nahrung durch Saugen gewinnen, bzw. auch der Saugakt, insbesondere bei schwer gehender Brust, eine nicht unbedenkliche Anstrengung bedeutet. Nur in diesem Falle empfiehlt es sich, das Kind nicht weiter an der Brust trinken zu lassen und ihm die abgezogene Frauenmilch durch die Flasche, bzw. wenn auch diese verweigert wird, durch die Sonde zu geben. Dabei zeigt sich, daß ein schematisches Vorgehen nicht am Platze ist, daß im Gegenteil die zu verabfolgende Nahrungsmenge erprobt werden muß, ebenso wie die günstigste Wahl der Nahrungspausen. Dieses zielbewußte Lavieren, wie es genannt wurde, erscheint uns in schwereren Fällen von Pylorospasmus einen ungleich sichereren Erfolg zu zeitigen, als die Anwendung irgend eines Schemas. Zur Voraussetzung hat das zielbewußte Lavieren bei der Verabreichung der Frauenmilch durch die Flasche erstens einmal, daß man genügend abgespritzte Frauenmilch zur Verfügung hat, zweitens die Vorsorge, daß die mütterliche Brust in dieser Zeit nicht versiegt. Das täglich gegebene Quantum soll keinesfalls stark unter dem normalen Bedarf liegen (nicht unter 500—600 g). Gibt es auch Fälle, in denen man durch Abspritzen wochenlang die Laktation unterhalten kann, ohne daß der natürliche Saugreiz wirkt, so setzt das doch immerhin Geschicklichkeit und Energie voraus. Auch das ist ein Grund, warum man Kinder mit schwerem Pylorospasmus besser im Säuglingskrankenhaus behandelt, wo man sie zweckmäßigerweise mit der Mutter aufnimmt, deren Laktation eventuell durch Anlegen eines gesunden Kindes unterhalten wird. Im Falle man gezwungen ist, zu einem pylorospastischen Kinde eine Amme zu nehmen, ist das Vorgehen ja ohne weiteres gegeben. Das erkrankte Kind wird, solange es entkräftet, mit abgespritzter Milch genährt, das gesunde Kind der Amme wird regelmäßig angelegt.

Ebenso wie Nahrungspausen und -mengen ausprobiert werden müssen, gilt dies vom zweckmäßigsten Temperaturgrad der verabreichten Frauenmilch, davon, welche Lage das Kind am zweckmäßigsten bei der Ernährung einnimmt, ob das Zimmer erleuchtet oder dunkel sein soll. Es spielen viele feine Momente der Pflege in das Ernährungsregime mit hinein, ein deutlicher Beweis der Abhängigkeit des Verhaltens des Pyloruskrampfes von äußeren Momenten. Die natürliche Ernährung muß so lange als möglich fortgesetzt werden, nicht nur bis zum Erlöschen der Krankheit im 3. oder 4. Monat, sondern auch darüber hinaus, womöglich bis mindestens zum 7. und 8. Monat.

Ist Frauenmilch nicht zur Verfügung, dann scheint uns die Prognose recht ungünstig. Denn wir kennen keine künstliche Nahrung, die uns auch nur mit annähernder Sicherheit erlaubt abzuwarten. Man könnte ja denken, daß fettärmere Gemische den Vorzug vor fettreicheren verdienen, indem ein großer Fettgehalt der Nahrung diese länger im Magen zurückhält, fettärmere Nahrung häufiger aus dem Magen in den Darm tritt. Unter dieser Voraussetzung sind ja auch fettarme Gemische, insbesondere die holländische Säuglingsnahrung, die alkalisierte Buttermilch zur Ernährung pylorospastischer Kinder empfohlen worden. Es liegen in der Literatur nicht genügend Mitteilungen vor, die diese Empfehlungen rechtfertigen. Immerhin erscheint uns ein Versuch erlaubt, ebenso wie die gewöhnlichen Mischungen versucht werden können, auch hier immer unter der Voraussetzung des zielbewußten Lavierens, der genauen Beobachtung des Kindes, seiner Reaktion auf die Art der Nahrung in bezug auf die Menge des Erbrochenen, auf die Gewichtskurve, auf seinen Schlaf. Wir zweifeln nicht, daß bei den besten Bedingungen der Pflege auch Fälle bei künstlicher Ernährung zur Genesung zu bringen sind, wenn auch hier das Gespenst der komplizierenden Ernährungsstörung droht, leider nicht nur zu der Zeit des Bestehens des Pyloruskrampfes, sondern darüber hinaus, wenn der Pylorus wieder wegsam geworden ist und sich mehr Nahrung in den Darm ergießt.

In dieser Zeit der geschwächten Toleranz, hervorgerufen durch den chronischen Inanitionszustand, ist es besonders wichtig, den Eintritt einer komplizierenden Ernährungsstörung zu verhüten. Der Eintritt von Durchfall bzw. von Intoxikationssymptomen muß hier sofort zu einer Einschränkung der Nahrung nach eventuell vorausgegangener Leerstellung führen (S. 135). Auch bei Frauenmilchernährung ist es bei plötzlicher Heilung nicht immer ganz ausgeschlossen, daß das Kind durch schwere Inanition in seiner Toleranz so geschädigt ist, daß die bei Anbahnung der Heilung in den Darm in größerer Menge übertretende Frauenmilch die Toleranz überschreitet. Man wird aus diesem Grunde zu der Zeit, da das Erbrechen schwindet und mehr Nahrung in den Darm übertritt, die Nahrungsmenge unter dem Bedarf halten (bei Frauenmilch nicht mehr als 500—600 g geben), da eine Überschwemmung des Dünndarms eventuell einen katastrophalen Durchfall hervorrufen kann.

Im allgemeinen würden wir uns im Falle der Unmöglichkeit, ein pylorospastisches Kind natürlich zu ernähren, und kein Tropfen Frauenmilch für dieses zu erübrigen ist, eher zu einer Operation entschließen als bei der Möglichkeit der natürlichen Ernährung.

Magenspülung. In manchen, keineswegs in allen Fällen, leistet die Magenspülung gute unterstützende Dienste. Man kann sie mit einer Lösung von Karlsbader Salz + Wasser (5/1000), mit dem natürlichen Karlsbader Mühlbrunnen oder Lullusbrunnen vornehmen. Die Häufigkeit der Magenausspülung richtet sich nach der Wirkung auf das Erbrechen — wir möchten nicht mehr als 2—3 in der Woche empfehlen und mit Rücksicht darauf, daß schwer geschädigte Kinder durch die tägliche Spülung zu sehr geschwächt werden, von täglicher Spülung abraten. Die Temperatur der Spüllösung betrage 38° C.

Pflege. Wir haben schon in den vorhergehenden Ausführungen wiederholt darauf hingewiesen, einen wie stark ergänzenden Anteil an unseren therapeutischen Maßnahmen die Pflege nimmt. Nur einer gut beobachtenden Pflegerin wird es gelingen, in der Ernährung zielbewußt zu lavieren. Der Arzt wird sich hier häufig genug auf die Pflegerin verlassen müssen. Aber über die Ernährungsfrage hinaus muß die Pflege besonders Zweckmäßiges leisten. Der Wärmeschutz des Kindes muß mit Rücksicht auf die Neigung zu Untertemperaturen bei Inanition verstärkt sein. Sowohl Unterkühlung als auch Überwärmung vermehren den Schaden. Außerdem muß das Kind bei hochgradiger Abmagerung besonders vor dem Durchliegen in acht genommen werden. Schutz vor Infektionen ist selbstverständlich. Gegenüber der Ernährung und Pflege tritt die medikamentöse und sonstige Behandlung zurück.

Medikamente. Unter den Medikamenten haben wir in einer Reihe von Fällen Gutes vom Atropin gesehen. Die Dosierung muß ausprobiert werden. Wir geben von einer Lösung 0,01 auf 10 zunächst dreimal täglich 3—4 Tropfen. Bei auftretenden Intoxikationserscheinungen (Trockenheit des Mundes, Rötung der Gesichtsfarbe) muß das Mittel ausgesetzt werden; doch kann man in einer Reihe von Fällen auch sehr beträchtlich höher gehen (bis 1—2 mg), ohne daß Intoxikationserscheinungen auftreten. Man beginnt zweckmäßigerweise mit $^1/_2$ mg pro die, gibt die entsprechende Tropfenzahl teils vor, teils während des Trinkens und steigt nach Bedarf. Der Erfolg ist in manchen Fällen zauberhaft, in anderen hingegen tritt er nicht ein. Es ist möglich, daß bei diesen Versagern die ungenügende Menge eine Rolle spielt. Wir würden aber keinesfalls raten, über 3 mg pro die hinauszugehen und stets sorgfältig auf die ersten Intoxikationserscheinungen, die Gesichtsröte und den trockenen Mund zu achten. Auch das Papaverin wird in manchen Fällen gerühmt. Wir haben keine eigenen Erfahrungen in günstigem Sinne. Soweit wir es angewandt haben, war es erfolglos. Trotzdem geben wir mit Rücksicht auf die in der Literatur niedergelegten Erfolge seine Mengen an (Dosierung vgl. S. 520).

Ein viel gebrauchtes Hausmittel sind warme Umschläge auf den Leib dreimal täglich 2 Stunden lang appliziert, die wir nur empfehlen können.

Dauer. Es ist für den Arzt wichtig, die Eltern darauf vorzubereiten, daß die Heilung eine sehr langwierige ist, daß zunächst erfolgende Gewichtsabnahmen kaum vermieden werden können. Das beste, was wir in schweren Fällen erreichen können, ist eine Verhinderung des weiteren Absinkens der Gewichtskurve bzw. ein so geringes Absinken, daß der kritische Punkt, Verlust von einem Drittel des Körpergewichts, nicht erreicht wird. Verläuft die Gewichtslinie horizontal, dann ist der Fall gewöhnlich, wenn keine komplizierenden Infektionen das Krankheitsbild erschweren, gerettet. Oft dauert es dann noch wochenlang, auch bei Nachlassen des Erbrechens, bevor die Gewichtskurve anfängt sich zu heben. Allerdings stehen dem zahlreiche Fälle gegenüber, bei denen nach irgend einer scheinbar belanglosen, sonst unwirksamen therapeutischen Maßnahme (z. B. einer Magenspülung) plötzliche Heilung eintritt. Nach 8—10 Monaten unterscheiden sich die Kinder kaum mehr von gesunden. Späterhin sind besondere prophylaktische Maßnahmen nicht erforderlich, um irgendwelche Störungen zu vermeiden. Zweckmäßige Ernährung, Pflege und Erziehung machen den Erfolg zu einem nachhaltigen und gewährleisten dem an Pylorospasmus erkrankt gewesenen Kinde eine ungestörte Entwicklung.

II. Kardiospasmus.

Des Säuglings. Die Hauptaufgabe ist die Stellung der Diagnose dieses seltenen Leidens. Bei allen Fällen von Brechen während des Trinkens überzeuge man sich durch Augenschein von der Art des Brechens. Bei Kardiospasmus bringt das Kind fast jeden Schluck sofort zurück und schluckt das Erbrochene wieder herunter, wiederholt dies, bis die gesamte Menge die Speiseröhre passiert hat. Das Leiden ist leicht zu beseitigen, indem man einige Male am Tage den Magen mit der abgespritzten Brustmilch oder der Milchmischung durch Schlundsonde füllt. Ist das Kind durch Hunger schon sehr heruntergekommen, so hüte man sich, in den ersten 2 Tagen größere Nahrungsmengen einzugießen, damit nicht auf dem Boden der Inanition eine tödliche Ernährungsstörung eintritt. 50 g Milch mit 100 bis 150 g Wasser oder Mineralbrunnen fünfmal am Tage erfüllen den Zweck. Der Krampf pflegt unter dieser Behandlung schnell aufzuhören.

Des älteren Kindes. Bei zwei- bis dreijährigen Kindern scheint eine einmalige Einführung der Schlundsonde das Leiden beseitigen zu können. Bei älteren kann die Aufgabe außerordentlich schwierig werden dadurch, daß eine starke Angst vor den Beschwerden das Krankheitsbild kompliziert. Fütterung durch Schlundsonde ist bei vorgeschrittener Inanition nicht zu vermeiden. Sonst muß man durch Aufnahme in eine Anstalt versuchen, das Kind einem suggestiven Einfluß mehr zugängig zu machen. Durch Einführung der Schlundsonde ist dem Kinde der Beweis zu liefern, daß auch der Bissen durchgehen kann. Die Nahrung muß oft nach den speziellen Befürchtungen des Kindes sorgfältig ausgewählt werden.

Anhang:
Ösophagusspasmus bei Striktur.

Die bei noch gut durchgängigen Ösophagusstrikturen auftretenden Ösophaguskrämpfe haben keine sehr günstige Prognose. Den einzelnen Anfall behandle man, wenn große Beschwerden ihn begleiten, erst einmal mit einem Schlafmittel (Chloral per clysma oder Opiumzäpfchen) und versuche, durch Ablenkung und Erheiterung unter völligem Verzicht auf Zwangsmaßregeln über den einzelnen Anfall herüberzukommen. Sind die Anfälle häufig und langdauernd, so soll man, ehe das Kind völlig von Kräften kommt, die Gastrostomie vornehmen lassen. Gelingt es auf diese Weise, den Patienten besser zu ernähren, ohne den Ösophagus zu reizen, so kann auch die Krampfneigung verschwinden.

III. Rumination.

Der Boden für den Eintritt der Rumination wird zweifellos durch eine Schwäche der Magenfunktion oder auch durch eine Ernährungsstörung vorbereitet. Hier muß die Therapie einsetzen. Doch hüte man sich, allzu energisch, namentlich durch Fastenkuren und Beschränkung der Nahrungsmengen, vorhandene Motilitätsstörungen des Magens bessern zu wollen. Man handele nur so, wie der Zustand des Kindes es im übrigen erfordert (vgl. Therapie der Ernährungsstörungen).

Da die Voraussetzung der Rumination das Hochbringen der Nahrung in den Mund ist, soll dies dem Kinde möglichst erschwert werden. Das gelingt manchmal dadurch, daß man die Nahrung nicht flüssig, sondern in Breiform gibt, z. B. anstatt 5 mal 200 g einer Milchmischung 5 mal 100—120 g Brei. Besonders bewährt sich die Fütterung des Kindes in Bauchlage (siehe Abb. 13), wobei die Röntgenbilder zeigen, daß Luft-

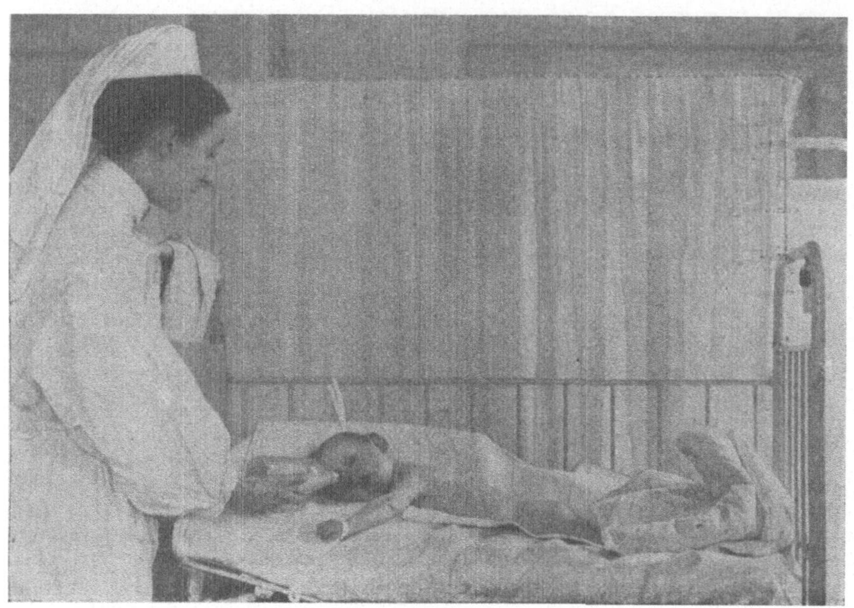

Abb. 13. Fütterung des auf dem Bauch liegenden Kindes.

schlucken, dem pathogenetisch vielleicht eine nicht geringe Rolle zufällt, verhindert wird.

Das Ruminieren erweckt im Kinde offenbar Lustgefühle. Man kann die Erscheinung durch geeignete Ablenkung unterbrechen, z. B. mit Hilfe von am Bett befestigtem Spielzeug, Beschäftigung mit dem Kinde usw. Durch Ablenkung wirkt offenbar die Milieuänderung des Kindes sehr günstig, die in schweren Fällen oft gar nicht zu vermeiden ist. Die ganze Kunst einer geschickten Pflegerin gehört oft dazu, um das Kind von seiner üblen Gewohnheit zu befreien.

IV. Eingeweidebrüche.

Nabelschnurbruch. Die Behandlung des Nabelschnurbruchs erfolgt durch Operation, die jedoch nur in den ersten Lebensstunden möglich ist. Verweigert der Chirurg die Operation, so muß man sich begnügen, ebenso wie bei der Spina bifida, durch einen aseptischen Verband die verletzte Oberfläche zu schützen. Zugleich kann man aber versuchen, nach Reposition durch geeignet angebrachte Heftpflasterstreifen die Öffnung zu verkleinern.

Nabelbruch. Die Tendenz der Nabelbrüche zur Heilung ist außerordentlich groß. Ihr wirkt entgegen jede Vermehrung des Bauchdrucks durch Meteorismus, Pressen und Husten und jede Verminderung des Gewebsturgors durch Ernährungsstörung. Die Behandlung besteht daher in einer Beseitigung dieser Schädigungen und in einer konsequenten Zurückhaltung der Eingeweide, verbunden mit einer Verengerung der Bruchpforte. Auf eine Heilung darf man stets in den ersten 6 Monaten rechnen. Schlechter ist die Prognose bei großen Brüchen im 3. Lebensquartal mit einziger Ausnahme derjenigen, die aus kleinen Brüchen unter dem schädigenden Einfluß z. B. eines Keuchhustens in allerletzter Zeit sich entwickelt haben. Bis zum Ende des ersten Lebensjahres ist eine konsequente konservative Behandlung anzuraten. Kleine restierende Nabelbrüche auch im zweiten Lebensjahr sind hierdurch vor Vergrößerung zu schützen. Größere Nabelbrüche operiere man im 2.—4. Lebensjahre zu einer geeignet erscheinenden Zeit. Bei kleinen, etwa erbsengroßen, ist Veranlassung zu einem Eingriff erst dann gegeben, wenn nicht durch einfache Suggestivbehandlung zu beseitigende subjektive Empfindungen auftreten sollten. Immerhin wird man gut tun, vor Schulbeginn das Leiden zur Heilung zu bringen.

Konservative Behandlung. Kein Bruchband, soweit es überhaupt sitzt, erfüllt die Forderung, daß die Bruchpforte verengt wird. Im Gegenteil drückt sich der Knopf geradezu in die Bruchpforte ein. Solange wir auf eine Heilung hoffen, ist daher die Heftpflasterbehandlung die einzige Methode. Man sorge zunächst dafür, daß die Haut des Nabels gesund ist. Ekzeme, namentlich aber kleine Granulome sind erst völlig zu beseitigen. Die Haut des Nabelbruchs selbst, aber auch nur diese, wird leicht mit Xeroform oder Noviform eingepulvert. Dann wird der Nabelbruch reponiert und in eine Längsfurche versenkt. Die beiden Hautfalten werden dann durch Heftpflasterstreifen über der Furche zusammengehalten. Hierzu benutzt man vier bis fünf 1 cm breite Heftpflasterstreifen, die etwa so lang sind, daß sie die Vorderfläche des Bauches in Querrichtung bis zur vorderen Axillarlinie bedecken. Sie werden abwechselnd von links nach rechts und von rechts nach links, dachziegelförmig sich deckend, über die Furche gezogen. Bei sehr starkem Drängen kann man den Halt noch dadurch vermehren, daß man auf der so beklebten Bauchwand noch einmal eine Längsfurche macht und diese von neuem mit Heftpflasterstreifen zusammenzieht. Sehr erleichtern kann man sich auch das Zurückhalten des Nabelbruchs, wenn man mittels der Haarnadelkrümmung oder eines Bleistiftstumpfes den Bruch in der Falte reponiert hält, während man die ersten zwei bis drei Streifen klebt. Entsteht Ekzem unter dem Heftpflaster, so kann man die Kur doch fortsetzen, wenn man eine aus einem Mulltupfer hergestellte und leicht gepuderte lockere Rolle in der Längsrichtung über den Nabel legt und darüber die Heftpflasterstreifen so anbringt, daß zwischen jedem 1 mm Zwischenraum bleibt. Unzweckmäßig ist die Anwendung eines einzigen breiten Streifens, weil er stets zur Ausbuchtung in der Mitte neigt. Die Haltbarkeit der Heftpflasterstreifen kann vermehrt werden, wenn man eine einzige Mullage über den Verband breitet und gründlich mit Mastisol einpinselt.

Die Kinder können trotz des Heftpflasterverbandes gebadet werden. Doch tut man gut, in sauberen Familien die Zahl der Bäder nach Möglichkeit zu beschränken. Verzichtet man auf die Heilung, will aber im Augenblick die Operation nicht vornehmen lassen oder bei ganz kleinen Brüchen erst im 2. Lebensjahr, sind diejenigen Bruchbänder möglich, bei denen die Pelotte an zwei längs stehenden, breiten Spangen befestigt ist.

Leistenbruch des Säuglings. Der Leistenbruch des Säuglings ist anatomisch und damit auch prognostisch und therapeutisch nicht mit den späteren Leistenbrüchen zu vergleichen. Es handelt sich um den Eintritt der Därme in einen präformierten Kanal, den Processus vaginalis. Dieser Kanal schließt sich normal erst nach der Geburt. Auf dieser Heilungstendenz beruht eben die Möglichkeit, ja die Wahrscheinlichkeit, daß auch der Bruch heilt, wenn wir nur dafür sorgen, daß der Kanal nicht dauernd durch eindringende Därme erweitert wird. Die Heilung wird erschwert, wenn die Retention durch Drängen, Husten und Meteorismus verhindert wird. Mehr aber als beim Nabelbruch hat die Herabsetzung des Gewebsturgors durch chronische Ernährungsstörungen Bedeutung. Fast nur bei diesen kommt es zu einer bis über zweimarkstückgroßen Erweiterung der Bruchpforte. Die Gesichtspunkte für die konservative Behandlung sind dadurch gegeben.

Von chirurgischer Seite wird die Frühoperation dringend mit der Begründung empfohlen, daß das Verfahren sicherer und schneller zur Heilung führe und Rückfälle, die angeblich bei konservativ gehaltenen Fällen die Regel wären, verhindert würden. Hiergegen ist einzuwenden, daß Rückfälle selbst nach tadellos ausgeführten Operationen nicht zu den extremen Seltenheiten gehören und recht unangenehm für späteres Eingreifen sind. Es ist zwar richtig, daß die direkten Gefahren der Frühoperation sehr gering sind. Immerhin sind sie vorhanden nnd um so größer, je weniger Rücksicht der Operateur auf die Labilität des kindlichen Organismus nimmt. Dann ist aber erfahrungsgemäß das Loslösen des Säuglings aus seinen bisherigen Verhältnissen und die Unterbringung in einer Klinik, in der auf die Ernährungstechnik keine Rücksicht genommen wird, eine Gefahr, deren ganze Bedeutung erst nach der Entlassung in Erscheinung tritt und somit in der chirurgischen Statistik nicht enthalten ist. Geradezu frevelhaft ist es, wenn das Kind zwecks Operation vorzeitig abgesetzt wird, weil die Mutter zu Hause unabkömmlich ist.

Von manchen Chirurgen wird auch die Ansicht vertreten, daß der operative Verschluß jedenfalls bei größeren Öffnungen zuverlässiger bei älteren Kindern möglich ist. Bei der großen Zahl chronisch ernährungsgestörter Kinder namentlich unter denjenigen mit sehr großer Bruchpforte sind dieses Gründe genug, um prinzipiell die Frühoperation abzulehnen. Auch bei gesunden Brustkindern stehen wir auf dem Standpunkt, daß wir ihnen die Wohltat spontaner Heilung nicht von vornherein entziehen wollen. Tritt eine Einklemmung des Bruches auf, so ist diese in den ersten 24 Stunden zu reponieren, wenn auch zugestanden werden muß, daß gegen Ende dieser Zeit nur die sanftesten Repositionsmethoden empfohlen werden können. Ist aber der Bruch reponiert, so ist um so weniger ein Grund zur Operation vorhanden, als die Tatsache der Einklemmung beweist, daß die Pforte eng und daher erfahrungsgemäß die Heilung in den nächsten Wochen zu erwarten ist. Die Indikationen für die Behandlungsarten sind folgende:

1. Alle Leistenbrüche, auch die, welche Einklemmungserscheinungen hervorgerufen haben, sind im ersten Lebensjahre konservativ zu behandeln.
2. Brüche, die über das erste Lebensjahr fortbestehen, sind zu beliebiger Zeit, aber nur während tadellosen Gedeihens des Kindes zu operieren.

Konservative Behandlung. Das bruchkranke Kind ist möglichst natürlich zu ernähren, chronische Ernährungsstörungen sind mit vermehrter Sorgfalt zu behandeln. Das schädliche Schreien wird durch Verwöhnung des Kindes eher vermehrt und muß daher, sobald die Ursachen nicht zu beseitigen sind, in Kauf genommen werden. Es ist besser, das Kind ein paar Tage lang stark schreien zu lassen, wenn man dadurch eine Umgewöhnung erzielen kann. Das die Heilung erschwerende Drängen vieler, namentlich an der Brust ernährter Kinder hängt nicht von einer Phimose ab, sondern von Darmbeschwerden. Es ist daher im höchsten Grade unverständlich, wie man durch Operation der physiologischen Phimose oder Beseitigung der gleichfalls physiologischen Verklebung das Drängen beseitigen will. Soweit es unseren alimentären Maßregeln nicht weichen will, schwindet es im 4. Lebensmonat von selbst.

Die Hauptaufgabe ist natürlich eine vollständige, dauernde Retention. In den ersten 2—3 Lebensmonaten dient hierzu das Wollbruchband, das man aus weißer Zephyr- oder Kastorwolle (dickste Nummer) leicht herstellen kann. Eine Lage Zephyrwolle wird durchgeschnitten, die beiden Enden durch angeknüpfte Bänder verlängert. Man kann statt dessen auch die Wolle in einen größeren Kranz wickeln, so daß die Verlängerung mit Bändern überflüssig ist. Die Art des Anlegens ist aus der Abbildung ersichtlich (Abb. 14). Das Bruchband wird wie eine Windel gewaschen. Man muß daher einige zum Auswechseln vorrätig haben. Vor allzu häufiger Durchnässung schützt man es durch Billroth-Battist. In ein 20 cm im Quadrat großes Stück Billroth-Battist schneidet man einen Schlitz, der gerade groß genug ist, den Penis durchzulassen. Nach dem 3. Monat kann man beim gesunden Kinde ein gewöhnliches Leistenbruchband mit Glyzerinpelotte tragen lassen. Stets ist ein Trikotschlauch, wie er bei jedem Bandagisten käuflich ist, wie eine Unterhose über das Becken zu ziehen, damit ein Wundreiben vermieden wird. An der Stelle des Pelottendruckes muß man außerdem noch etwas Watte unterlegen. Stets kontrolliere man aber den Sitz des verordneten Bruchbandes, sorge durch Drehung des Stiels für die richtige flache Auflage der Pelotte und verringere durch Aufbiegen einen übermäßigen Druck. Die Pelotte wähle man möglichst groß. Sind geeignete ovale nicht zu haben, so sind auch die dreieckigen recht brauchbar. Eine Anzahl Brüche tritt trotzdem immer wieder heraus. Sie lassen sich besser zurückhalten, wenn man sich ein anders geformtes Bruchband

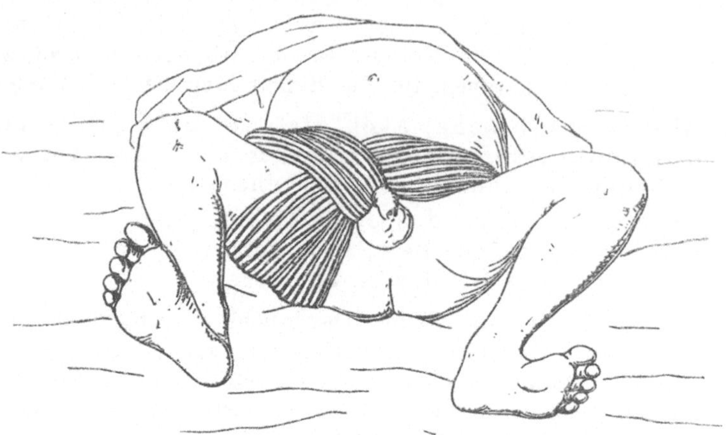

Abb. 14. Wollbruchband bei rechtsseitigem Leistenbruch.

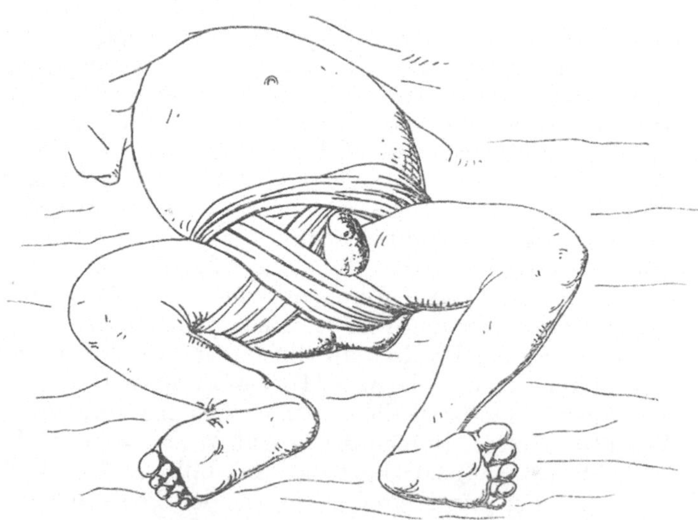

Abb. 15. Verband bei schwer zurückzuhaltenden Brüchen.

konstruieren läßt. Die ovale Pelotte geht in eine Spitze aus, an der der Schenkelriemen angenäht ist. Die Richtung der Spitze ist so, daß ihre Fortsetzung, d. h. der Schenkelriemen, unter dem Skrotum weg nach dem Gesäß der anderen Seite gezogen wird. Energischer wirkt der auf Abb. 15 wiedergegebene Verband, der auf gleichem Prinzip beruht.

Ein dicker, auf die Bruchpforte aufgelegter Wattebausch wird durch Bindetouren, die teils um den Schenkel der kranken Seite, teils von der kranken Seite über den Damm nach dem Schenkel der gesunden Seite zu verlaufen befestigt. Tritt hier zunächst wieder ein Bruch heraus, so braucht man nur über den alten Verband erneut ein Stück Watte zu legen und die Touren zu wiederholen. Durch gute Einfettung der Haut wird das Wundsein vermieden. Der Schutz durch Billroth-Battist erfolgt wie beim Wollbruchband. Durch mehrere Sicherheitsnadeln läßt sich der Battist, der am besten nicht nur Penis, sondern auch Skrotum durchtreten läßt, am Verband fixieren. Der Verband ist zweimal täglich zu wechseln und so lange anzuwenden, bis ein gewöhnliches oder das besonders konstruierte Bruchband genügt. In einigermaßen geschickter Hand leistet er aber unendlich viel mehr als jedes Bruchband. Sobald die Behandlung der Ernährungsstörung gelingt, verkleinern sich gerade die extrem gedehnten Bruchpforten am schnellsten. Die genannten Bandagen sind Tag und Nacht zu tragen. Auf diese Maßnahmen muß verzichtet werden, wenn bei sehr unsauberer Behandlung kachektischer Kinder Dekubitus oder Gangrän auftritt. Im Bade ist entweder das Bruchband abzunehmen oder ein besonderes Bruchband für das Bad zu bestimmen. Tritt der Bruch einen Monat lang nicht mehr heraus, so läßt man bei ruhig schlafenden Kindern nachts das Bruchband weg. Erst 3 Monate nach dem letzten Heraustreten des Bruches darf es ganz fortbleiben. Ein in dieser Zeit auftretender Keuchhusten erfordert prophylaktisch Wiederanwendung.

Behandlung der Einklemmung. In den ersten 12 Stunden ist die Taxis nach den gewöhnlichen Prinzipien auszuführen. Man läßt dabei das Becken des Kindes an den Beinen stark emporheben, während der Kopf auf der Unterlage liegen bleibt. Sind schon mehr als 12 Stunden verflossen, und ist der Bruch sehr stark gespannt, so narkotisiere man das Kind und versuche in der beschriebenen Lage durch Schütteln den Bruch hineinziehen zu lassen, nachdem man vorher durch Chloräthyl-Kältung eine Kontraktion der Darmschlingen erzeugt hat. Es ist abzuraten, die Kältung soweit zu treiben, daß das vorgespannte Skrotum gefriert, da Gangrän der Haut vorkommen könnte. Leichte Taxis ist daneben gestattet. Doch gebe man sich namentlich nach 20 Stunden nicht mehr längere Zeit Mühe, sondern rate zur Operation.

Brüche nach dem 1. Lebensjahr. Brüche, die nach dem 1. Lebensjahr auftreten, kann man ebenso wie beim Erwachsenen durch Bruchbandbehandlung zu heilen versuchen. Hat man nach etwa $^1/_2$ Jahr damit Erfolg, so muß man das Bruchband noch ein Jahr weiter tragen lassen. Anderenfalls rate man zur Operation.

V. Hirschsprungsche Krankheit.

Als Wesen der Hirschsprungschen Krankheit wurde früher die angeborene Hypertrophie und Dilatation des Dickdarms bezeichnet. Wir vertreten den Standpunkt, daß die Krankheit auf einer Abknickung des Darms zwischen Mastdarm und Flexura sigmoidea, seltener an der

Stelle der untersten Windung des S Romanum beruht. Angeborene besondere Gestaltung der Darmschlingen ermöglicht das Eintreten dieses Verschlusses. Je mehr der Darm sich dehnt, um so stärker wird die Abknickung. Anhäufung von Gas und Kot führt erst zur Dilatation, dann zur Hypertrophie der Darmwand. Beim jungen Säugling können von der geschädigten Darmpartie aus septische Allgemeininfektionen des Kindes erfolgen. Beim älteren Kinde bringt die Entstehung von Geschwüren, wenn auch selten, Gefahr. Die Krankheit ist meist angeboren, kann sich aber in jedem Lebensalter entwickeln.

Aus dem Gesagten ergibt sich klar die Möglichkeit einer einfachen Therapie. Beim jungen Säugling genügt es, ein 1 cm dickes Darmrohr 15—20 cm hoch einzuführen. Die Luft pfeift sofort heraus. Ist weniger Gas, sondern Kot enthalten, so kann man durch leichte Expression die dickbreiigen Kotmassen durch das Rohr ausdrücken. Seltener ist es nötig, durch Eingießung von etwas warmer Salzlösung den Kot immer wieder zu verdünnen. Hat man den Darm entleert, so führt man 2 bis 3 mal am Tage das Darmrohr ein und läßt es durch die Peristaltik heraustreiben. In vereinzelten schweren Fällen tritt schon nach wenigen Stunden wieder Auftreibung des Leibes ein. Man muß dann das Darmrohr täglich stundenlang liegen lassen. Doch ist hierbei größte Vorsicht wegen der Dekubitusgefahr für die Darmschleimhaut geboten. Als Darmrohr wähle man ein halbweiches, schwarzes Gummirohr von etwa 8 mm Lichtung, brenne das Ende etwas über der Flamme ab, koche das Rohr aus und streiche es dick mit Vaseline ein. Das Herausrutschen wird wie auch sonst bei Drains mit Sicherheitsnadeln und Heftpflaster verhindert. Praktisch ist, verschieden lange Darmrohre abwechselnd zu gebrauchen. Die Drainagebehandlung wird selbstverständlich dadurch erleichtert, daß der Stuhl breiig ist. Trockene, harte Stühle sind durch entsprechende diätetische Maßregeln (S. 120) zu beseitigen.

Bei älteren Kindern spielen die Gase und neben ihnen allerdings auch feste Kotmassen die Hauptrolle. In all den Fällen, in denen bei Einführung des Darmrohrs ein extrem gespannter Leib plötzlich zusammensinkt, klemme man das Darmrohr mittels Péan oder Quetschhahn ab, wenn der Leib sich etwa um die Hälfte verkleinert hat, dann gebe man eine Koffeinspritze und öffne den Schlauch erst wieder nach einer halben Stunde. Die Kotmassen kann man durch kleine, nicht über $^1/_4$ Liter betragende Wassermengen, die man immer wieder gleich abläßt, aufzuweichen streben. Die Entleerung erfolgt manchmal doch noch spontan, wenn man das Darmrohr mehrfach am Tage einführt und es liegen läßt, bis es durch die Peristaltik ausgestoßen wird. Auch ein kleines Glyzerinklistier in den Mastdarm wirkt, wenn vorher durch Einführung des Darmrohres der Darm verkleinert worden ist. In den nächsten Tagen wird man beim älteren Kinde ebenso wie beim Säugling für breiigen Stuhl sorgen und daneben zweimal täglich das Darmrohr einführen und spontan ausstoßen lassen. So leicht die Einführung des Darmrohres in der Mehrzahl der Fälle gelingt, so schwierig ist es, bei hoch sitzender Abknickung das Rohr durch die verschiedenen Windungen des Darmes bis zu dieser Stelle zu führen. Dann muß man versuchen, mit dem eingeführten Zeigefinger die Spitze des Rohres zu leiten.

Rückfälle sind möglich, aber leicht auf gleichem Wege zu beseitigen. Wir glauben durch diese Therapie chirurgische Eingriffe stets dann überflüssig machen, ja eine volle Heilung erreichen zu können, wenn es sich um einen Säugling handelt oder das Leiden nicht schon jahrelang besteht. Eine weitere Erschwerung für die Therapie bieten auch die Fälle, bei denen die Abknickung sich in einer Schlinge des S. romanum befindet und daher durch die Sonde nur unter gleichzeitiger Wasserspülung erreicht werden kann. Ist beim älteren Kinde bereits ein chronisches irreparables Megakolon entstanden, dann wirkt die Drainage ungenügend. Die großen Kotmassen verstopfen die Sonde und sind nur durch äußerst langwierige Spülungen zu entfernen. Der Eingriff strengt infolgedessen das Kind sehr an und darf daher nur je 2—3 Tage hintereinander in 8 tägigen Abständen wiederholt werden. Sondieren und Exprimieren nach kleinem Klistier ist täglich notwendig. Dabei massiere man nach jeder Entleerung. Die Einführung der Sonde ist oft recht schwierig. Wir raten auch in diesen Fällen zu einem kurzen Versuch, bei Mißerfolg ist die allerdings auch nicht immer erfolgreiche Enteropexie anzuraten.

VI. Invagination.

Der Erfolg der Behandlung der Invagination hängt davon ab, daß die Diagnose in den ersten 24 Stunden gestellt wird. Man erwarte nicht immer das typische Krankheitsbild mit blutigen Entleerungen und offenstehendem Sphinkter, sondern denke auch bei Erbrechen mit Verfall ohne Stuhlentleerung an dieses Leiden. Eine Ausspülung des Magens bewirkt in solchen Fällen bedeutende, stundenlang anhaltende Besserung, die zu verhängnisvollen Trugschlüssen führen kann. Die Untersuchung erfolge bimanuell wie bei der gynäkologischen Untersuchung. Sind seit dem Beginn der Erkrankung nicht mehr als 24 Stunden verflossen, so hat man das Recht, die unblutige Reposition zu versuchen. Man bläst durch eine eingeführte Darmsonde Luft ein. Dann sieht man mitunter, wie sich plötzlich eine leere Bauchhälfte füllt. In anderen Fällen gelingt es, zwischen den in den Darm eingeführten Zeigefinger und der Außenhand den wurstförmigen Tumor so sicher zu fassen, daß man manuell von den Enden her den Tumor verkleinern kann. Man versuche es erst von der einen, dann von der anderen Seite. Eine danach vorgenommene Lufteinblasung oder Wassereingießung, die vorher erfolglos war, führt jetzt zum Ziel. In einzelnen Fällen haben wir während der manuellen Expression durch die neben dem Zeigefinger sehr hoch eingeführte Sonde gleichzeitig mit ziemlichem Druck Wasser eingießen oder Luft einblasen lassen. Ist der Tumor verschwunden und ist wirklich das Manöver gelungen, dann zeigt der Ausdruck von Behagen und Ruhe im Gesicht des Kindes den Erfolg an. $^1/_2$—1 Stunde später gebe man Nahrung und warte den nächsten Stuhlgang ab, den man auch 4 Stunden darauf mit Glyzerinklistier provozieren kann. Erst wenn Nahrungsaufnahme und Stuhlentleerung normal sind, ist der Erfolg gesichert. Ist die Reposition mißlungen, dann ist für schleunige Operation zu sorgen. Bei sehr verfallenen, stark brechenden Kindern wird man, falls bis zur Ausführung der Operation noch einige Stunden vergehen, durch Ausspülung des Magens mit einem warmen Mineralbrunnen und Eingießen von ca. 100 g das Kind zu beleben versuchen.

Sind seit der Invagination 24 Stunden verflossen, so darf man nur bei einem sehr munteren Kinde bis zur 36. Stunde einen vorsichtigen Versuch mit der unblutigen Behandlung wagen, soll am besten aber überhaupt gleich chirurgische Hilfe in Anspruch nehmen.

Eine besondere Rolle spielen manche Invaginationen im Gebiet der Flexura sigmoidea. Sie machen keine Einklemmungssymptome. Man findet einen Tumor der linken Beckenschaufel und kann bei langem Zeigefinger auch die Spitze des Invaginatums fühlen. Dieser Zustand scheint keiner Therapie zu bedürfen. Wir weisen darauf hin, weil bei stark blutiger Ruhr der entzündlich geschwollene Darm in der linken Beckenschaufel einen Tumor vortäuschen kann. Dies hat in der Tat zur falschen Diagnose Invagination und zur Laparotomie geführt.

VII. Mastdarmvorfall.

Mastdarmvorfall bei akuter Darmerkrankung. Wir unterscheiden unter therapeutischen Gesichtspunkten drei Formen von Mastdarmvorfall. Tritt der Mastdarmvorfall während einer akuten Darmerkrankung auf, so ist der Sphinkter im Zustand funktioneller Lähmung. Dies ist bei Ruhr der Fall. Man läßt den Darm recht häufig zurückdrängen, legt einen großen Lappen mit Vaseline in die Crema ani und wickelt die Schenkel eng zusammen. Praktisch ist, einmal täglich eine Darmspülung mit Ton zu machen (3 Hände Ton auf 1 Liter Wasser).

Mastdarmvorfall bei chronischer Ernährungsstörung des Säuglings. Beim chronisch ernährungskranken Säugling ereignet sich mitunter plötzlich ein Mastdarmvorfall. Er rezidiviert verhältnismäßig selten, wird jedenfalls kaum je habituell, so daß eine vorbeugende Behandlung nicht nötig wird. Die Therapie beschränkt sich damit nur auf den Anfall. Die straffe Spannung des Sphinkter erschwert die Reposition. Ist jedoch der Mastdarm länger vorgefallen gewesen, so ist die Retention mehr erschwert. In schwierigen Fällen kann man ohne Narkose folgendermaßen reponieren. Man führe ein dickes Darmrohr von etwa 1 cm Durchmesser 15—20 cm in den Mastdarm ein, jedenfalls so tief, daß die Spitze oberhalb des Promontoriums zu liegen kommt. Durch ein am Darmschlauch befestigtes Gebläse dehnt man den Darm aus. Derselbe steigt notgedrungen ins große Becken hinauf, und dies sowie die Dehnung der Wand üben einen Zug nach oben aus. Zugleich bildet der Darmschlauch eine gute Leitung für den jetzt manuell zu reponierenden Darm. Sobald der Darm im Sphinkter verschwunden ist, werden bei liegen bleibendem Darmrohr die Nates durch Heftpflaster in ihrer ganzen Ausdehnung einander genähert, und durch umgeschlungene Heftpflasterstreifen wird das Rohr am Herausrutschen verhindert. Nach 2—3 Stunden wird es von den Eltern herausgezogen, ohne daß die die Nates verbindenden Heftpflasterstreifen entfernt werden. Braucht man kein Darmrohr, so legt man in die Crema ani einen in Vaseline getränkten, sehr dicken Gazetupfer und schließt über ihm gleichfalls die Nates mit Heftpflasterstreifen. Nach 24 Stunden ist der Verband abzunehmen und bei hartnäckigeren Fällen noch 1—2 Tage lang zu erneuern. Ein großer Teil dieser Kinder bedarf wegen ihrer Ernährungsstörung einer recht eingehenden alimentären Behandlung.

Habitueller Mastdarmvorfall. Um die Wende des 2. Lebensjahres beginnt der habituelle Mastdarmvorfall. Das Leiden entsteht meist im Anschluß an eine Periode von stärkeren Drängen, sei es nach einer Ruhrerkrankung oder einer Verstopfung. Schuld ist vielfach die Sitte, die Kinder so lange auf dem Topf sitzen zu lassen, bis der Stuhlgang erfolgt. Aus dem einmaligen Unglücksfall wird eine Gewöhnung. Der Anus wird bei der Defäkation durch übermäßige Funktion des Levator ani aufgerissen und der Druck der Bauchpresse besorgt das übrige. Die allmählich eintretende Lockerung des Mesenteriums läßt das Leiden immer leichter entstehen. Beim Kinde, das im 2. Lebensjahr einmal oder einige Male einen solchen Mastdarmvorfall erlitten hat, sorge man zunächst für leichten Stuhlgang durch Verringerung der Milch, Zusatz von Malzsuppenextrakt und, wenn nötig, durch eine einige Wochen durchzuführende Karlsbader Kur. Ein gestrichener Teelöffel Karlsbader Salz wird in $^1/_5$—$^1/_6$ Liter heißem Lullusbrunnen gelöst, mit etwas Zucker schmackhaft gemacht und morgens nüchtern genossen. Das Kind soll nie länger als wenige Minuten auf dem Topf sitzen. Bestehen umgekehrt häufig rezidivierende Durchfälle, wie wir sie namentlich in undisziplinierten Familien infolge dauernder Diätfehler sehen, so ist eine monatelang durchzuführende strenge Ordnung der Ernährung zu erstreben.

Ist der Mastdarmaustritt bereits zur Gewohnheit geworden, so genügt es meist in den ersten 3 Lebensjahren, wenn man das Kind in einer bestimmten Weise abhält und es nicht mehr auf den Topf setzen läßt. Man faßt dabei mit je einer Hand die unteren Drittel der Oberschenkel, drückt die Knie aneinander und hält das Kind über den Topf, daß Oberschenkel und Rumpf einen stumpfen Winkel bilden. Hat die Mutter Geduld hierzu, so ist das Leiden in einigen Wochen soweit gehoben, daß man das Kind wieder auf den Topf setzen kann. Doch muß der Topf anfangs auf den Tisch gestellt werden, so daß die Beine herunterhängen. Wo die Geduld zu diesem Verfahren fehlt oder die Kinder älter sind, kann man durch einen Heftpflasterstreifen, durch den man die Nates zusammendrückt, das Kind zu einer weniger stürmischen Defäkation erziehen. Das gleiche erreicht man, wenn man dem Kinde zu beiden Seiten des Afters je $^1/_2$—$^3/_4$ Spritze einer $10^0/_0$igen Secale cornutum-Lösung einspritzt. Die Kanüle wird etwa 1 cm vom inneren Afterrand in der Richtung des Mastdarms senkrecht 1 cm tief in die Epidermis eingestochen. Bevor man einspritzt, kann man durch Abnahme der Spritze oder durch leichtes Ansaugen feststellen, daß man nicht gerade in eine Vene gekommen ist.

Bei diesem Vorgehen erreicht man stets die baldige Heilung. Etwaige Rückfälle sind auf gleiche Weise zu beseitigen. Eine operative Behandlung, die stets eine Verstümmelung darstellt, ist völlig überflüssig. Sie ist um so mehr zu verwerfen, als das Leiden auch unbehandelt in den weitaus meisten Fällen schließlich spontan heilt.

VIII. Mastdarmpolypen.

Solitärer Mastdarmpolyp. Der Mastdarmpolyp verrät sich nur durch unbedeutende Blutungen bei sonst normalem Stuhl. Er heilt, wie wir uns überzeugen konnten, vielfach spontan. Nur wenn er durch Hinabtreten in das Gebiet des Sphinkters Beschwerden macht, ist er zu operieren.

Multiple Papillome des Mastdarms. Man denke an multiple Papillome bei wiederholten Blutungen. Die vorläufige Stillung der Blutung ist leicht durch einen Einguß von 50 ccm einer 1%igen Koagulenlösung zu erreichen. Man mag versuchen, durch mehrfach in der Woche auszuführende Bleibeklistiere von Tannin das Leiden zu beeinflussen. Doch wird meist eine Ätzung der erkrankten Partien in Chloroformnarkose unter Anwendung der Romanoskopie nötig werden. Vor jedem therapeutischen Eingriff ist romanoskopische Untersuchung erforderlich. Man vergesse nicht, daß schon im frühen Kindesalter Mastdarmkarzinome vorkommen.

IX. Fissura ani und Defäkationsschmerz kleiner Kinder.

Bei Untersuchung des Anus bei Kindern mit heftigem Defäkationsschmerz findet man nur in einer Reihe von Fällen eine typische Fissur, aber viel häufiger, namentlich bei längerer Dauer, höchstens eine stärkere Schwellung und Rötung der radiären Schleimhautfalten, die, bei Anspannung der Umgebung, viel leichter als sonst aus dem Anus hervortreten.

Es handelt sich hier also meist um eine übermäßige Schmerzempfindlichkeit der Schleimhaut, die nach einer Fissur zurückgeblieben ist, oder auch um psychogene Fortsetzung eines früher körperlich bedingten Leidens, gewöhnlich wohl um beides!

Die Erfahrung lehrt, daß gleichgültig, ob Fissur nachweisbar ist oder nicht, der Krampfschmerz durch lokale Anästhesierung der Schleimhaut beseitigt wird. Damit ist der Auslösungspunkt des Schmerzes nachgewiesen. In den meisten Fällen ist aber nur eine Behandlung von wenigen Tagen nötig; dadurch ist die Bedeutung der psychischen Komponente erwiesen.

Statt des Kokains benutzt man heute besser irgend ein ungiftiges Anästhetikum, z. B.

	Anästhesin	0,2
	Butyr. Cac.	1,5 (2,0)
	M. f. suppositor. d. tal. dos.	N. X.
oder	Anästhesin	0,2
	Sol. suprarenini synthetic.	0,3
	Adipis lanae	0,5
	Butyr. Cacao ad	2,0
	M. f. suppositor. d. tal. dos.	N. X.

Zehn Minuten nach Einführung des Zäpfchens wird das Kind zum Stuhlgang aufgefordert. Wenn der Stuhlgang nicht erfolgt, so kann man die Prozedur zu geeigneten Zeiten am selben Tage wiederholen. Nach 5—7 Tagen ersetzt man das Zäpfchen durch reine Kakaobutter. Der Erfolg dieser Behandlungsmethode ist sicher und schnell.

X. Darmparasiten.

Es kommen bei uns fast nur Taenia saginata, seltener Taenia solium, unter den Springwürmern Oxyuris vermicularis, endlich Askariden in Betracht. Die Parasiten können zu recht lästigen Krankheitserscheinungen Anlaß geben und sogar, wenn auch sehr selten, Lebensgefahr bedingen. Diese Tatsache erfordert eine Prophylaxe und therapeutisches Eingreifen auch dann, wenn wir die Darmparasiten oder Eier zufällig bei der Untersuchung des Stuhlganges entdecken. Die Feststellung der Parasiten bzw. ihrer Eier durch den Arzt ist aber andererseits ein unbedingtes Erfordernis vor der Einleitung einer Wurmkur, die leider häufig genug auf die bloßen Angaben der Eltern, daß ihre Kinder Würmer haben, ausgeführt wird.

Die Prophylaxe gebietet peinlichste Sauberkeit, sowohl bei der Wahl und Aufnahme der Nahrungsmittel als auch in der Pflege des Körpers. Askarideneier können z. B. beim Spiel mit dem Schmutz verunreinigter Erde in den Darmkanal des Kindes gelangen. Bei Oxyuren kommt die Infektion häufig von Familienmitglied auf Familienmitglied durch die Übertragung mit die Eier enthaltendem Schmutze vor. Haben die Oxyuren einmal ein Mitglied der Familie infiziert, bedarf es eines gewissen Hochstandes der Sauberkeit in allen Verrichtungen der betreffenden Familie, um die Infektion des Kindes zu verhüten. Das ist auch der Grund, warum gewöhnlich die Behandlung des betreffenden Kindes, wird sie auch noch so sachgemäß durchgeführt, keinen Zweck hat, wenn nicht bei dieser Gelegenheit sämtliche Familienmitglieder auf Wurmeier untersucht und die befallenen mit behandelt werden. An Fett und Eiweiß arme, hauptsächlich aus Kohlehydraten bestehende Kost scheint die Oxyurenansiedlung zu begünstigen. Taenien können leicht vermieden werden, wenn rohes Rindfleisch bzw. ungenügend geräuchertes, der Fleischbeschau entzogenes Schweinefleisch nicht genossen wird.

1. Taenien.

Am Morgen des der Kur vorangehenden Tages gibt man ein mildes Abführmittel wie Purgen, Istizin usw. Das Mittagessen bestehe aus einer Suppe, etwas Fleisch und wenig Kartoffelbrei. Abends eine Suppe und nur wenig Gebäck, kurz nichts, was viel Kot machen kann. Hering in irgend einer Form wird empfohlen. Am nächsten Tage bekommt das Kind früh eine Tasse chinesischen Tees mit wenigen Tropfen Milch, Zucker und einem Zwieback und bleibt im Bett. Eine Stunde später bekommt es die erste Hälfte, eine weitere halbe Stunde später die zweite Hälfte des Bandwurmmittels. 3 Stunden nach Einnahme der letzten Dose gibt man ein energisch wirkendes Abführmittel, und zwar entweder

Rizinusöl (1—2 mal 1 Eßlöffel voll) oder einen gehäuften Teelöffel Glaubersalz bzw. 2stündlich wiederholt einen Eßlöffel voll Senna-Infus oder die beschriebene Mischung von Faulbaumrinde. Bei den Entleerungen soll das Kind auf einem Topf mit warmem Wasser sitzen. Hängt der Wurm zum After heraus, so ist ein Ziehen daran verboten. Verzögert sich der weitere Austritt, so kann man durch ein warmes Klistier daneben nachhelfen. Während des Kurtages darf das Kind zum Mittagessen ein wenig Brühsuppe mit Gelbei, später eine Tasse Tee mit Zwieback zu sich nehmen. Erst abends stellt sich Bedürfnis nach etwas reichlicherer Nahrung ein. Der den Bandwurm enthaltende Kot ist vom Arzt oder Pflegerin durch ein dünnes Sieb durchzurühren. Man vermeidet so, daß der Kopf bei der Untersuchung verloren geht. Der Bandwurm wird nicht in den Abort geworfen, sondern verbrannt. Dieser Gang der Kur ist bei allen angewandten Mitteln der gleiche. Als Mittel stehen uns zur Verfügung:

Extract. filicis maris aethereum und seine Präparate. Man gibt den Extrakt mit 20—30 g Mel depuratum, Pulpa prunorum oder Tamarindorum. Als Helfenbergsches Bandwurmmittel wird der Extrakt, in Rizinusöl gelöst, in Gelatinekapseln gegeben. Dazu einige Kapseln mit Rizinusöl. Das Tritol, von derselben Firma hergestellt, enthält das Mittel mit Rizinusöl und Malz gemischt. Filmaron ist ein wirksamer Bestandteil des Mittels, von dem etwa $^1/_{10}$ nötig ist, ohne daß es im gleichen Verhältnis giftig auf den Menschen wirkt. Es wird meist als Filmaronöl, d. h. zu $10^0/_0$ in Rizinusöl gelöst, angewandt. Man muß also ebensoviel Filmaronöl wie Extrakt benutzen, um die gleiche Wirkung zu erzielen. Die Schwierigkeit beruht bei allen diesen Mitteln darin, zu verhüten, daß das Kind sie ausbricht. Bei Kindern, die Kapseln schlucken, hat das Helfenbergsche Bandwurmmittel große Vorzüge. Ganz besonders aber empfiehlt sich das Filmaronöl wegen des geringen Volumens. Energische pädagogische Einflüsse sind dennoch oft nötig, um das Ausbrechen zu verhindern. Die Dosierung dieser Mittel s S. 507.

Kürbiskerne von Cucurbita maxima. Man läßt 200 Kürbiskerne heiß verquellen, schält sie ohne Verletzung der Keime und zerstößt sie im Mörser mit etwa der halben Menge Kandiszucker. Statt dessen kann man sich des aus Kürbiskernen hergestellten Kukumarin von Jungklausen bedienen. Ohne Rücksicht auf das Alter wird eine Flasche, in Kakao oder Suppe eingerührt, gegeben. Besonders wird man dieses Mittel in den ersten vier Lebensjahren anwenden. Aber leider ist die Wirkung keine zuverlässige und wird dadurch nicht besser, daß man die Dosen, was ja ohne weiteres möglich ist, vergrößert.

Bei jeder Methode der Abtreibekur sind Mißerfolge nicht selten. Oft ist das Erbrechen schuld, durch das ein Teil des Mittels entfernt wird. Dann ist die Dosis in Rücksicht auf das Alter des Kindes zwar mit berechtigter Vorsicht gewählt, aber doch zu klein, um den Bandwurm ernstlich zu schädigen. Dosen unter 2 g, wie man sie in den ersten drei Lebensjahren geben muß, dürften wohl selten wirksam sein. Ist eine Kur mißlungen, so hat eine Wiederholung am nächsten Tage keinen Nutzen, und man tut gut, zu warten, bis das Wiederauftreten von Gliedern beweist, daß der Bandwurm wieder herangewachsen ist.

2. Spulwürmer.

Vorbereitung wie beim Bandwurm. Als Wurmmittel Flores Cinae und das aus ihm gewonnene Santonin und das amerikanische Wurmsamenöl Oleum Chenopodii anthelminthicum. Santonin in Form der Santonin-Tabletten zu 0,025 2—3mal täglich 1 Tablette 1—2 Tage lang, nach jeder Santonintablette 1—2 Stunden später eine entsprechende Dosis Rizinusöl. Santonin hat Giftwirkung, die in geringen Graden zu Abgeschlagenheit, Gelbsehen, in schwereren sogar zu Erblindung führen kann; vermieden werden heftigere Erscheinungen durch die Entfernung des Giftes aus dem Körper durch Abführmittel, die gleichzeitig oder 1—2 Stunden nach der Santonindarreichung gegeben werden müssen. Ein sicheres Mittel ist das Oleum Chenopodii anthelminthicum; doch sind Fälle von tödlicher Vergiftung bei Überschreitung der Dosis beschrieben. Man gibt soviel Tropfen, wie das Kind Jahre zählt, aber nicht mehr als 10. Im 2. Lebensjahr darf man ruhig 3 × 3 Tropfen geben. Man gibt das Mittel mit einem Eßlöffel Schleim. 2 Stunden nach der letzten Dose reiche man ein stärker wirkendes Abführmittel wie bei der Bandwurmkur. Die Kur ist am nächsten Tage zu wiederholen.

3. Oxyuren.

Am schwierigsten ist die Beseitigung der Oxyuren. Da diese nicht etwa nur im untersten Teil des Dickdarmes und im Rektum leben, sondern den gesamten Darm bevölkern, bedarf es sowohl der Eingabe von Medikamenten per os, als auch der Lokalbehandlung des Darmes per rectum. Die Durchführung der Kur bedarf zumindest einer Reihe von Tagen. Während derselben ist, wenn nicht peinliche Sauberkeit beobachtet wird, immer wieder Gelegenheit zur Autoinfektion gegeben. Daher führen Oxyurenkuren selten mit einem Male zum Erfolg. Da die Oxyuren aus dem After auch in die Scheide einwandern, kann auch von hier aus immer wieder eine Reinfektion erfolgen, worauf im Hinblick auf die Möglichkeit späterer Rezidive geachtet werden muß. Daß in der Kriegszeit die Oxyuriasis so viel häufiger geworden ist, hängt wohl mit unseren Ernährungsverhältnissen insofern zusammen, als eine kohlehydratreiche, fettarme, eiweißarme Kost die Lebensbedingungen der Parasiten verbessert. Es wird sich deshalb auch empfehlen, womöglich während und nach der Kur die Kost kohlehydrat- und gemüseärmer zu gestalten.

Da es kein Mittel gibt, das die Oxyuren restlos abtötet, so sind zu allererst Vorschriften zur Verhinderung der Autoinfektion zu geben. Der After des Kindes wird morgens und abends und nach jedem Stuhlgang gründlich abgeseift. Kleinere Kinder dürfen nicht allein auf den Abtritt gehen. Die Nägel sind gründlich zu reinigen, die Kinder nur mit geschlossenen Höschen ins Bett zu legen. Bestehen keine Beschwerden, so genügt diese Verordnung. Bei geringem Jucken kann man sich darauf beschränken, 8 Tage lang jeden Abend Zäpfchen mit Extract. quassiae (Extract. quassiae 0,05—0,1, Butyr. Cacao 2,0) einführen zu lassen und daneben vielleicht eines der unten stehenden inneren Mittel anwenden. Die volle Kur besteht aus der Anwendung eines inneren Mittels und von Klistieren. Es empfiehlt sich, die Kur nach 14 Tagen und dann noch 2—3 mal in monatlichen Abständen zu wiederholen, während man zu gleicher Zeit die oben angegebenen Sauberkeitsmaßregeln durchführt. In schweren Fällen, namentlich bei Infektion ganzer Familien, empfiehlt sich, wenigstens die erste Kur durch eine geschickte Krankenschwester oder im Krankenhause durchführen zu lassen.

Wir geben die Mittel in der Reihenfolge an, wie sie sich uns bewährt haben.

1. Santonin in der gleichen Dosis wie bei den Askariden.

2. Von der Gelonida Aluminii subacetici Nr. I. 8—14 Tage lang die Einnahme einer Tablette. Brüning empfiehlt die Kur in drei Abschnitten zu je 3 Tagen durchgeführt, mit 12—14 tägigen Intervallen. In den 3 Kurtagen von 8—9 Uhr vormittags 3 Tabletten entweder im ganzen oder in Kartoffelbrei oder Apfelmus pulverisiert oder in Himbeersaft aufgelöst zu geben, 2 Stunden später ein Abführmittel, um nachmittags einen oder mehrere breiige Stühle zu erzielen.

Während der medikamentösen Behandlung soll man etwa 3 Tage lang jeden Tag einmal eine Darmspülung vornehmen. Nach einem Reinigungsklistier von $^1/_2$ l Wasser läßt man in Knieellenbogen- oder auch in Rückenlage möglichst 1 l des gewählten medikamentösen Klistiers einlaufen, das recht lange gehalten werden soll. Man nimmt hierzu 1 g Chinin, 1 Eßlöffel essigsaure Tonerde oder einen Tee- bis Eßlöffel voll Knoblauchextrakt (Chem. Fabrik Güstrow) auf 1 l warmen Wassers. Nach Entleerung des Klistiers wird das Kind im warmen Bade gründlich abgeseift und nachher der After mit einer Salbe eingestrichen. Man kann hierzu Vermikulin-Salbe (Kampfer, Chinin, Thymol enthaltend) oder eine 2—3 %ige Chininsalbe benutzen. Diese Salbe ist in schwereren Fällen während der ganzen nächsten Wochen weiter anzuwenden, noch besser durch die Quassia-Zäpfchen zu ersetzen.

Diese angreifende Kur darf man natürlich nur bei kräftigen Kindern anwenden. Andernfalls begnügt man sich mit der oben für mildere Fälle angegebenen Behandlung. Man darf um so mehr abwarten, als dem Kinde keine Gefahr droht.

Appendizitis und Peritonitis.

I. Appendizitis.

Bei der Behandlung der Wurmfortsatzerkrankung konkurrieren zwei Methoden: Frühoperation und Schonungstherapie im Anfall, der gegebenenfalls eine Abszeß- oder eine Intervalloperation folgt. Es ist unmöglich, mit zureichender Sicherheit vorher zu erkennen, ob eine leichte katarrhalische Entzündung des Warmfortsatzes vorliegt oder ein Durchbruch in den nächsten Stunden zu erwarten ist. Bei der Frühoperation werden unzählige Kinder den Gefahren einer Laparotomie ausgesetzt, deren Wurmfortsatz harmlos, ja mitunter gar nicht erkrankt ist. Andererseits opfert ein prinzipielles Abwarten, wenn auch nur von 24 Stunden, mit Sicherheit eine Anzahl Patienten. Es ist bei dieser

Krankheit leider nicht in wünschenswerter Weise möglich, individuell vorzugehen, sondern man muß in recht erheblichem Grade den Einzelfall nach einem Schema behandeln. Der erfahrene ältere Arzt mag wohl auf Grund seines subjektiven Eindrucks sich eine größere Freiheit wahren.

Diagnose. Die wichtigste Vorbedingung der Behandlung ist die Frühdiagnose, die zu besprechen nicht unsere Aufgabe ist. Aber wir möchten an die sogenannten Larven erinnern. Bei jeder Kolik mit, vor allen Dingen aber ohne Darmerscheinungen, bei jeder fieberhaften Erkrankung mit Darmstörung und bei plötzlich auftretendem schmerzhaften Harndrang ist an Appendizitis zu denken. Man fahnde dann auf zirkumskripte Schmerzhaftigkeit, namentlich am Mac Burneyschen Punkt, aber auch anderwärts, besonders an der rechten Crista ossis ilei, die durch Rektaluntersuchung festzustellen ist. Die so bedeutsame Muskelspannung kann beim Kinde auch in schwersten Fällen recht wenig augenfällig sein. Auftreibung des Leibes mit schmerzhaften Koliken und kaum festzustellendem Lokalschmerz ist fast nie durch irgend einen Darmkatarrh zu erklären, vielmehr typisch für die Perforation bei jungen Kindern. Es muß betont werden, daß ein gewöhnlicher, fieberhafter Darmkatarrh eine recht große Seltenheit darstellt und erst alles andere ausgeschlossen werden muß, ehe man die Diagnose stellt. Hervorgehoben sei, daß die Krankheit auch im 2. und 3. Lebensjahr häufig vorkommt und gerade in diesem Alter schnellen Eingriff erfordert.

Operationsfrage. a) Frühoperation. Wir stehen im allgemeinen auf dem Standpunkt der Frühoperation. Diese ist aber nur dann berechtigt, wenn sie von einem Vollchirurgen unter allen Vorsichtsmaßregeln, die bei der Laparotomie wünschenswert sind, ausgeführt werden kann. Für die Frühoperation gibt es keine Notlage, die die Ausführung vom Ungeübteren und unter hygienisch zweifelhaften Verhältnissen rechtfertigt. Als Frühoperation bezeichnen wir zunächst den Eingriff während der ersten drei Krankheitstage, der nicht durch besonders bedrohliche Erscheinungen hervorgerufen wird. Dieses Vorgehen ist auch für den konservativ Denkenden besonders zu empfehlen, wenn die Krankheit Kinder vor dem 6. Lebensjahr, vor allem im 2.—4. Jahre betrifft. Ereignet sich die Erkrankung in einem weit von chirurgischer Hilfe abliegenden Orte, so ist es geboten, den Kranken dorthin zu transportieren. Anders liegen die Verhältnisse beim älteren Kinde. Hier sind die Ergebnisse der Untersuchung ein wenig zuverlässiger. Man hat daher das Recht, selbst bei leichten, deutlichen Schmerzen und lokaler Muskelspannung, wenn das Allgemeinbefinden des Kindes nicht getrübt ist, die Kolikschmerzen durch Atropin (s. S. 508) zu lindern und 12 Stunden abzuwarten. Sind Allgemein- und Lokalbefund, wie sehr häufig, fast wieder normal, dann ist weitere konservative Behandlung berechtigt. Etwas anderes ist es, wenn die Krankheit bereits 2 Tage gedauert hat und sich augenscheinlich im Anstieg befindet. Dann ist keine Zeit mehr zu versäumen, wenn die Frühoperation angewendet werden soll. Aber auch bevor man die unmittelbare Ausführung der Operation ins Auge faßt, denke man daran, sich die Möglichkeit zu chirurgischer Hilfe zu sichern.

b) Bei fortgeschritteneren Fällen. Sobald sich während einer Blinddarmentzündung eine plötzliche Verschlimmerung einstellt, Andeutung der Facies abdominalis, Auftreibung oder Straffheit des Leibes, Beschleunigung des Pulses, so ist für schleunigste Operation Sorge zu tragen. Ist bereits ein deutlicher Tumor zu fühlen, so ist auf eine Lokalisation der Krankheit zu rechnen, und der Chirurg wird daher die Operation ablehnen. Doch ist es Pflicht des Hausarztes, einen Chirurgen zuzuziehen. Bei wieder aufflammendem Eiterfieber in der 2.—3. Woche ist an Entwicklung eines Abszesses zu denken. Läßt sich dieser durch Palpation von den Bauchdecken oder vom Rektum aus feststellen, so ist möglichst schnelle Operation natürlich wünschenswert. Zur Überführung in ein Krankenhaus bleibt reichlich Zeit genug. Läßt sich der Abszeß nicht mit Sicherheit nachweisen, zeigt aber das Eiterfieber einen solchen an, so ist das Kind gleichfalls in ein chirurgisches Krankenhaus zu überweisen. Sache des Operierenden ist es, den richtigen Moment zum Eingreifen auf Grund eigener Beobachtung selbst zu bestimmen.

c) Bei universeller Peritonitis. In den ersten 24 Stunden nach Beginn akuter peritonitischer Erscheinungen ist eine Operation häufig noch von lebensrettendem Erfolge. Bei längerem Bestehen sind die Resultate der Operation sehr fragwürdig. Schreitet der Verfall trotzdem nicht akut fort, so ist eine absolute Ruhestellung mitunter imstande, eine relative Heilung durch Abkapselung zu ermöglichen.

d) Intervalloperation. Es ist natürlich klar, daß man bei jedem Kinde, das nicht völlig beschwerdefrei ist und mehrfache Rezidive erlitten hat, die Intervalloperation empfehlen muß. Fraglich ist die Stellungnahme nach einer einmaligen, unter deutlicher Tumorbildung schließlich zur Heilung gekommenen Erkrankung, da hier ein Rückfall meist nicht mehr einen Durchbruch ins freie Peritoneum hervorrufen wird. Doch würden wir auch hier zum Eingriff raten. Bei den leichtesten Fällen gibt es nur einen willkürlichen Standpunkt. Gerade sie sind gewiß oft die Vorboten der ernstesten Attacken. Ebenso wird eine große Anzahl Kinder nie wieder krank. Auf jeden Fall muß man wenigstens die Eltern instruieren, daß sie rechtzeitig bei einem Rückfall Verdacht schöpfen und durch schleunigste Zuziehung des Arztes dann wenigstens eine Frühoperation ermöglichen. Ist in der Familie schon ein Unglücksfall durch Blinddarmerkrankung vorgekommen, dann wird die Ängstlichkeit der Eltern mit Recht zur Operation drängen.

Allgemeinbehandlung. Sobald man auch nur den Verdacht einer Blinddarmentzündung gefaßt hat, verzichtet man prinzipiell auf Abführmittel und Klistier. Die Ernährung besteht in wenigen Teelöffeln Wasser, die man halbstündlich reichen läßt. Ist eine Operation der Natur des Falles nach oder aus äußeren Gründen nicht möglich, so ist diese knappe Wasserdiät mit minimaler Steigerung der Menge 3 bis 4 Tage fortzusetzen. Am 3.—4. Tage mögen kleine Mengen Kohlehydrate den schlimmsten Hunger beseitigen helfen, also anfangend mit etwa fünfmal täglich 30—50 g Schleim, dem man etwas Plasmon zusetzen kann. Ist ein zirkumskripter Tumor ausgebildet, so mag man 5—6 mal täglich 80—100 g einer Schleimsuppe geben. Milch darf darin bis zu 100—150 g enthalten sein. Etwas Zusatz von Fleischbrühe ist gestattet. Der Nährwert der Nahrung wird dann in den nächsten Tagen durch 1—2 Gelbeier, etwas Plasmon, ausgepreßten Fleischsaft usw. schrittweise vermehrt, die Gesamtmenge jedoch nur sehr langsam gesteigert. Das gleiche Vorgehen ist bei einer nicht operierbaren Peritonitis am Platze. Bei den leichtesten Erkrankungen älterer Kinder mag man nach 12stündigem Fasten etwa ebenso anfangen, wie bei den Fällen mit zirkumskriptem Tumor beschrieben ist. Man kehre dann nie zu einer milchreichen Ernährung zurück, sondern ende etwa zunächst bei folgender Diät:

1. Frühstück: Mit halb Milch, halb Wasser gekochte dicke Haferflockensuppe mit etwas Butter.

2. Frühstück: Apfelmus, durchgerührte rohe Banane.

Mittagessen: Grieß, Reis und Graupen in Brühe- oder Gemüsesuppen, etwas Fleisch oder Fisch, Kartoffeln als Brei.

Vesper: Halb Milch, halb Kaffee, geröstete Semmel.

Abendbrot: Wie Mittag. Geröstetes Brot mit Belag. Kartoffelbrei und durchgerührtes Gemüse. Nur selten eine Milchspeise.

Im ganzen sei man sparsam mit Süßigkeiten und Milch, um sowohl Durchfall als auch Verstopfung zu vermeiden. Verstopfung ist erst zu beachten, wenn das Kind etwas reichlichere Kost bekommt. Es genügt dann ein Ölklistier von 100 g Öl, das bis zur Wirkung zweimal am Tage wiederholt werden darf. Verstopfung im Intervall behandle man dadurch, daß man in die Morgensuppe und den Kaffee einen Eßlöffel Malzextrakt hineinrühren läßt. In hartnäckigeren Fällen soll das Kind morgens nüchtern 200 g Lullusbrunnen mit einem gestrichenen Teelöffel Karlsbader Salz 4 Wochen lang trinken.

Arzneiliche Behandlung. Ein mildes, stets erlaubtes Schmerzstillungsmittel ist das Atropin. Man gibt es nicht regelmäßig, sondern etwa 2—4 stündlich nach Bedarf $^1/_4$—$^1/_2$ mg, aber nur solange die Schmerzen sehr stark sind. Bei Trockenheit des Halses und Gesichtsrötung ist es auszusetzen. Die Wirkung ist nicht intensiv genug, als daß wir eine Verschleierung des Krankheitsbildes fürchten müßten. Das Mittel ist berufen, die kurzen Abwartezeiten vor der Frühoperation für das Kind erträglicher zu machen und kann auch hier und da bei den Qualen der zum Tode führenden Peritonitis die Morphiumwirkung unterstützen. Wenn es sich aber darum handelt, beim akuten, übermäßig schmerzhaften Krankheitsbeginn die Reise nach dem Krankenhause zu erleichtern, so wird man wohl meist stärkere Mittel nötig haben. Nach dem 6. Lebensjahre dürften 4—5 Teilstriche der 1%igen Morphiumlösung, nach dem 10. bis zu 7 Teilstrichen gestattet sein. Bei jüngeren Kindern läßt sich gegen eine Opiumgabe nicht allzu viel einwenden, wenn die Schmerzen wirklich unerträglich sind (Dose S. 519). Ganz anders ist die Lage, wenn wir einen akuten Fall konservativ behandeln müssen, falls die Zeit zur Frühoperation schon verstrichen oder die Operation verweigert worden ist. Dann ist die alte Opiumtherapie, die mit der Schmerzstillung die Ruhigstellung vereint, durchaus zu empfehlen. Opium wirkt nicht so stark, als daß plötzliche bedrohliche Wendungen dem einigermaßen aufmerksamen Auge nicht erkenntlich wären. Die gefürchtete Darmlähmung haben wir nie gesehen, und selbst Heubner gibt auf Grund seiner unendlich viel reicheren Erfahrung an, daß dieses

Ereignis höchstens auftritt, wenn man plötzlich die Medikation aussetzt. Wir empfehlen 2—3stündliche Dosen, per os oder per rectum. Sobald der Schmerz sichtlich nachläßt oder Schlafsucht eintritt, soll man die Dosen seltener geben und auch ein wenig verringern. Man gebe aber ungefähr 2—3 Tage lang 3—4mal täglich kleine Opiumdosen noch über die Zeit, in der es unbedingt nötig ist, weiter. Die Opiumtherapie dauert etwa 5—8 Tage.

Behandlung der diffusen Peritonitis. Die akut einsetzende Peritonitis ist in den ersten Stunden chirurgisch zu behandeln. Am 2. Tage hat ein Eingriff nur noch selten Zweck. Doch wird man das Urteil gern einem darin erfahrenen Chirurgen überlassen. Bei nicht mehr operabler oder vergeblich operierter Peritonitis ist die Hauptaufgabe, durch möglichste Ruhigstellung die geringen Chancen einer Ausheilung nicht ganz zu verscherzen und im übrigen die Qualen zu lindern. Das erstere geschieht durch bequeme Lagerung mit leicht gebeugten Knien, in die man ein Kissen einschiebt. Vorsichtigste Behandlung beim Urinieren und der Defäkation. Feuchte Einpackungen, die längere Zeit liegen bleiben und von der Achselhöhle bis oberhalb der Knie reichen, vermindern die Beweglichkeit des Kranken. Sie müssen vorn unten leicht etwas zu öffnen sein, um das Vorhalten des Uringlases zu ermöglichen. Besteht Stuhldrang, so sind sie nicht anwendbar. Opium, besser noch Morphium soll die Schmerzen lindern. Daneben ist der Versuch zu machen, ob Atropin günstig wirkt. Das erreichte Resultat ist bei den langsam zugrunde gehenden Fällen nicht einmal betreffs der Euthanasie ein befriedigendes. Vorübergehend kann auch ein starker Wein bei nicht brechenden Kindern wohltätig wirken.

II. Akute eitrige Peritonitis.

Die bei weitem größte Zahl der akuten eitrigen Bauchfellentzündungen geht von einer Appendizitis aus und ist dort besprochen; nur eine kleine Minderheit hat einen anderen Ursprung; von diesen wieder beruht die Mehrzahl auf einer Pneumokokkeninfekton. In den ersten 3 Tagen wird die große Wahrscheinlichkeit, daß eine Appendizitis vorliegt, gewöhnlich die Operation veranlassen, die Resultate sind durchaus günstig; ist erst ein größeres Exsudat vorhanden und zeigt das Aussehen des Kindes, daß es sich nicht um eine Perforationsperitonitis handelt, so warte man unter feuchtwarmen Umschlägen ruhig ab: eine zureichende weder Verstopfung noch Blähungen hervorrufende Diät hilft, die Kräfte des Kindes erhalten. Die stopfende Wirkung der Milch wird durch Zugabe von Mehl und Malz aufgehoben. Fein zerteiltes Fleisch wie auch Fisch, Gebäck, Butter, Fruchtsaft sind in mäßigen Mengen unbedenklich zu gestatten. Sobald Vorwölbung in der Nabelgegend die Entstehung eines Durchbruches anzeigt, lasse man operieren; ebenso wenn nach wochenlangem Verlauf ein abgesackter Abszeß in der Bauchhöhle das Fieber unterhält.

III. Peritonitis tuberculosa s. Tuberkulose.

Erkrankungen der Leber.

I. Icterus catarrhalis.

Da die Gelbsucht anscheinend schneller abläuft, wenn sie frühzeitig behandelt wird, so untersuche man bei älteren Kindern, die vor 1—3 Tagen an Erbrechen und Leibschmerzen erkrankt sind und wegen Mattigkeit und Appetitlosigkeit den Arzt aufsuchen, stets den Urin auf Gallenfarbstoff. Der Kranke soll die ersten 3 Tage das Bett hüten und später während des Bestehens der gelben Farbe täglich 2—3 Stunden liegen. Bei Fiebernden und Schwachen ist die Zeit der Bettruhe entsprechend zu verlängern. Man beginne die Behandlung mit einer Karlsbader Kur. Das erste Mal soll das Kind $^1/_4$ l Karlsbader oder Lullusbrunnen auf nüchternen Magen trinken. Darauf bekommt es 3mal täglich $^1/_2$ Stunde vor den Mahlzeiten etwa 100 g hiervon. Dies ist auch das beste Mittel gegen das zu Anfang oft bestehende Erbrechen. Bei schwereren Fällen muß man die Karlsbader Kur durch Wochen hindurch fortsetzen. Besteht Obstipation, so muß durch Abführmittel und Einläufe für regelmäßige Stuhlentleerung gesorgt werden. Zum täglichen Abführen empfehlen wir mit Karlsbader Salz versetzten Karlsbader Mühl- oder Lullusbrunnen. (2—3mal täglich 100—150 g. Karlsbader Mühlbrunnen am besten vor den Hauptmahlzeiten, das erste Mal eine halbe Stunde vor dem Frühstück.) In dieser Portion wird so viel Karlsbader Salz aufgelöst, daß 1—2 breiige Stuhlentleerungen am Tage erfolgen. Die Menge muß ausprobiert werden, sie wechselt nach der Individualität des Kindes und schwankt von 1 bis 2 Messerspitzen bis zu 4—5 g.

Warme Breiumschläge auf die Lebergegend oder Einpackung des ganzen Unterleibes mit feuchten Umschlägen, die 4—6stündlich gewechselt werden, wirken bei Leberschwellung günstig.

Die ersten 2 Tage mag die Nahrung nur aus Tee und Zwieback, Schleimsuppen ohne Milch, Fleisch- oder Gemüsebrühe mit Grieß bestehen. Aber auch bei Wiederkehr des Nahrungsbedürfnisses ist Vorsicht dringend nötig. Die Diät muß so gewählt werden, daß sie leicht verdaulich ist und den Magen schnell verläßt; deshalb empfiehlt sich die Vermeidung des Fettes in der Nahrung, der Milch, Butter und Sahne, wenn dieser Nahrungsstoff bei Ikterus auch nicht so schlecht ausgenützt wird als man gewöhnlich annimmt. Wir bevorzugen Kohlehydrat-Speisen, z. B. mit Kohlehydraten angereicherte Buttermilch, Schleimsuppen, Weißbrot, Zwieback, Brühen mit Grieß und Reis, Kartoffelbrei; bei der Zubereitung kann Milch in kleinen Mengen unbedenklich verwendet werden. Vom 8. Tag an tritt Fleisch oder Fisch (Seefisch) in kleinen Mengen hinzu. Da Appetitlosigkeit und Brechreiz die Nahrungsaufnahme oft erschweren, muß man bei der Wahl der Speisen auch der Vorliebe des Kindes Rechnung tragen. Hierbei heilen die meisten Fälle in wenigen Tagen bis Wochen. Die seltenen, 2—3 Monate anhaltenden Fälle bedürfen besonderer Rücksicht. Man sorge dafür, daß die Nahrung ausreichend Kalorien enthält. Die vorstehenden Vorschriften über die Qualität der Nahrung sind nur 4—6 Wochen durchzuführen, dann darf man vorsichtig etwas mehr Fett erlauben, wie mit etwas Butter angerührten Quark und bis zu $^1/_2$ Liter Vollmilch. Mageres Fleisch und Fisch sind in kleinen Mengen (50—100 g) früh gestattet. Die Brunnenkur führt man gleichfalls nur 4—6 Wochen durch. Wenn wegen Fieber Bettruhe nötig ist, so sorge man für frische Luft, z. B. durch Lagerung auf eine Veranda.

II. Leberzirrhose.

Zirrhotische Erkrankungen der Leber kommen im Kindesalter sowohl bei Lues als bei chronischem Alkoholmißbrauch vor. Bei luetischer Ätiologie ist natürlich eine energische antisyphilitische Behandlung (s. Behandlung der Lues S. 313) angebracht, die Erfolge sind beschränkt, wie bei viszeraler Lues überhaupt. Bei der auf der Grundlage des Potatoriums entstandenen Zirrhose ist strengste Vermeidung jedes alkoholischen Getränkes notwendig, dabei eine oft wiederholte ableitende Kur am besten mit Karlsbader Wasser (wie beim Ikterus catarrhalis). Aszites muß punktiert werden. Namentlich früher wurde empfohlen, mit einer 14tägigen Jodkur zu beginnen (s. S. 320).

Störungen des Stoffwechsels, Wachstums und der Drüsen mit innerer Sekretion.

I. Rachitis.

1. Behandlungsmöglichkeit.

Spezifische Behandlung. Das Wesen der Rachitis besteht darin, daß der Epiphysenknorpel und das osteoide Gewebe am Knochenschaft Abweichungen im Chemismus vom normalen Zustande haben, die es der Fähigkeit berauben, zu verkalken. Den Zustand des Gewebes durch Zufütterung von Organpräparaten zu ändern, ist bisher nicht gelungen. Daß kleinsten Dosen elementaren Phosphors (nicht phosphorsaurer Salze und organische Phosphorverbindungen) die gesuchte Wirkung auf das osteoide Gewebe zukommt, ist lange Zeit mit Sicherheit behauptet, aber wiederum strittig geworden. Da Mangel von Nahrungskalk nicht die Ursache der Krankheit ist, ist vermehrte Zufuhr von Kalk auf den floriden Krankheitsprozeß nicht wirksam. Doch wird durch Mittel, die eine positive Kalkbilanz auch ohne vermehrte Kalkdarreichung im Körper hervorrufen, auf die Dauer doch eine günstige Wirkung erzielt. In diesem Sinne wirkt Lebertran und bei trockenen harten Stühlen (Kalkseifenstühlen) eine Diät, die diese beseitigt (z. B. Malzsuppe). Im Heilungsstadium der Rachitis dürfen wir einen Zustand voraussetzen, in dem das Gewebe verkalkungsfähig geworden ist und zu seiner schnellen Verkalkung ein möglichst hoher Kalkgehalt der Säfte erwünscht erscheint. Hier wirkt die Kalktherapie nützlich.

Bei dem geringen Einfluß, den wir auf den rachitischen Prozeß selbst besitzen, ist die Hauptaufgabe der Therapie, alles zu beseitigen, was erfahrungsgemäß die Entwicklung der Rachitis ungünstig beeinflußt.

Beseitigung von außen einwirkender Schädlichkeiten. a) Durch die Umwelt. Die Rachitis ist bis zum gewissen Grade eine Käfigkrankheit und ihre

Entwicklung daher von der Umgebung des Kindes abhängig. Dunkle, sonnenlose Wohnung, bis zum gewissen Grade jede Stadtwohnung bei geschlossener Bauart, in der Wohnung selbst ein dunkles oder verdunkeltes Kinderzimmer, nicht genügendes oder zu vorsichtiges Herausbringen ins Freie (luftdichtes Wagenverdeck) beeinflussen stark die Krankheitsneigung. Die übermäßig warme Bettung des Kindes vermehrt die entkräftende Neigung zu Schweiß, schädigt durch Überhitzung.

Dazu kommt die ganze Summe der Schäden des Proletarierdaseins. Doch empfiehlt es sich, in besseren und verbesserungsfähigen Verhältnissen den einzelnen Fehlern nachzugehen.

b) **Durch Krankheiten im allgemeinen.** Jede Schwächung durch Krankheit bedeutet eine Vermehrung der Neigung zu Rachitis beim Disponierten. Es ist daher Schutz vor Infektionskrankheiten geboten, speziell vor rezidivierender Bronchopneumonie. Denn durch sie wird die Entstehung der Thorakomalazie begünstigt und bei Bestehen dieser die Deformierung des Brustkorbes hervorgerufen. Die Bekämpfung der Bronchitis-Neigung fällt zusammen mit der Beseitigung der Milieuschädigung durch Luft- und Lichttherapie.

c) **Speziell durch Ernährung und Ernährungsstörungen.** Als schädigend ist jede Art der Ernährung anzusehen, die zu Verdauungs- oder Ernährungsstörungen führt, also im weitesten Sinne die künstliche Ernährung. Abgesehen davon ist jede einseitige Ernährung nachteilig. Eine besondere Schädigung wird der Tiermilch auch noch über das Säuglingsalter zugeschrieben. Ein relatives Übermaß schädigt den Darmchemismus. Ein Zuviel erschwert die Durchführung einer ernsthaft gemischten Kost. Vielleicht tritt hinzu das zu lange Verweilen auf flüssiger Kost. Therapeutisch ergibt sich daraus der Gesichtspunkt, eine Nahrung zu wählen, die Verdauungs- oder Ernährungsstörungen verhütet, bzw. wenn diese eingetreten sind, sie heilt. Mit steigendem Alter muß für eine möglichst mannigfaltige Kost gesorgt werden.

Grenzen der Beeinflußbarkeit (Anlage). Je geringer die Rachitis-Neigung ist, desto stärker müssen die äußeren schädigenden Momente sein, die die Schwere der Erkrankung verschulden. Um so mehr können wir dann aber auch durch Beseitigung der Schäden dem Kinde nützen. Wenn sich dagegen derselbe Krankheitsgrad ohne ungünstige Verhältnisse bei vernünftiger Ernährung und Pflege entwickelt hat, so ist der Erfolg der Therapie geringer. Wir schließen auf den Grad der Veranlagung aus der Familienanamnese und der relativen Schwere der Krankheit im Verhältnis zu den exogenen Schädigungen. Es ist wichtig, sich hierüber vor Beginn der Therapie klar zu werden.

2. Prophylaxe.

Die Prophylaxe besteht in der Anwendung der Regeln der allgemeinen Hygiene (vgl. Pflege, besonders Licht- und Lufttherapie), in zweckmäßiger Ernährung mit Vermeidung eines Übermaßes von Kuhmilch und Verhütung von Ernährungsstörungen, namentlich jener Formen von Nichtgedeihen, die mit Verstopfung einhergehen. Die Brusternährung, die Ernährungsstörungen vom Kinde fernhält, wirkt daher vorbeugend und ist um so dringender zu empfehlen, je mehr in der Familie das Mißlingen künstlicher Ernährung zu befürchten ist (Anhaltspunkte gibt die Anamnese älterer Geschwister). Diese Prophylaxe ist zugleich die Behandlung leichter Erscheinungen wie Craniotabes, Offenbleiben der Fontanelle, leichter Epiphysenschwellung und Rosenkranz. Das lange Offenbleiben der Fontanelle als fast einzige rachitische Erscheinung ist überhaupt kein Gegenstand besonderer Berücksichtigung. Bei zur Rachitis besonders veranlagten Kindern, daher auch bei allen Frühgeborenen (Zwillingen usw.), gebe man vom 2. Monat an in kleinen Dosen (10—20 Tropfen auf $^1/_2$—1—2 Kaffeelöffel steigend) Kalklebertran (vgl. S. 183) unter Berücksichtigung der Reaktion des Magendarmkanals

3. Therapie.

Für unser therapeutisches Vorgehen empfiehlt sich die Einteilung in zwei Gruppen von behandlungsbedürftigen Rachitikern. Die erste Form der Rachitis findet sich bei im übrigen im wesentlichen gesunden Kinde: die Symptome sind leichte Epiphysenschwellung und Rosenkranz, im 4. Lebensvierteljahr beginnend, mit Verzögerung des Laufenlernens oder in der Spätform: Entstehung von O-Beinen beim schon laufenden Kinde.

Die zweite Form, die Rachitis des ernährungsgestörten Kindes zeigt Erweichung des Brustkorbes, schwere Veränderungen an Thorax und Wirbelsäule, später X-Beine oder unregelmäßige Verkrümmung der Beine. Hierzu gehören auch rachitischer Hydrozephalus und Entwicklung der osteomalazischen Form der Rachitis. Dieser Grad beeinflußt Wachstum und Gestalt des Menschen meist auf die Dauer. Als Spätform entwickelt sie sich noch im 2. Lebensjahr bei Proletarierernährung.

Während bei der ersten Gruppe die therapeutischen Forderungen an die Eltern nicht allzu hoch bemessen zu sein brauchen, muß bei der zweiten Form alles irgendwie sozial Erreichbare verlangt werden.

Als frühes Warnungszeichen dient jede Spur von Einziehen des Brustkorbes bei der Inspiration.

Bei der Behandlung der Rachitis ist zunächst als Grundsatz aufzustellen, daß alles, was zur Förderung der Gesundheit geschieht, letzten Endes auch den Verlauf der Rachitis günstig beeinflussen muß. Dann ist durch sorgfältige Anamnese festzustellen, welche von den aufgezählten schädigenden Momenten das Kind treffen; diese sind nach Möglichkeit zu korrigieren. Das gelingt am leichtesten bei den Schädigungen durch Ernährung. Die Abstellung der Milieuschäden ist nicht allein von den sozialen Verhältnissen, sondern auch davon abhängig, welchen Wert die Angehörigen auf den mehr oder weniger wohl gebauten Körper des Kindes legen. Je weniger wir imstande sind, gröbere Ernährungsfehler festzustellen, desto größer müssen aber die ärztlichen Ansprüche an Licht und Luft sein, oder es muß auf einen Teil des möglichen Erfolges verzichtet werden.

Verbesserung der Umwelt-Schäden.

a) **Wohnung und Aufenthalt.** Notwendig sind: Aussuchen des besten Raumes der Wohnung für das Kind, Entfernung verdunkelnder Vorhänge, Entfernung des Wagenverdecks im Zimmer, Wohnungswechsel, namentlich bei Arbeitern, die den Umzug weniger scheuen, Ausnutzung aller Gelegenheiten, das Kind ins Freie zu bringen. Oft wirken in dem Sinne Schrebergärten und Landaufenthalt, wenn bequeme, hygienische Unterbringung gewährleistet ist. Wünschenswert ist möglichst direkter Zugang von der Wohnung in windgeschützten Garten oder Wald. Dies Moment ist für den Aufenthalt oft bedeutsamer als besondere klimatische Vorteile. Bequemlichkeit und Billigkeit sind daneben maßgebend. Ost- oder Nordsee oder höheres Gebirge sind im allgemeinen nicht notwendig und nur im 3.—4. Lebenshalbjahr bei schweren Formen zu raten. See ist um so mehr vorzuziehen, je mehr das Kind imstande ist, sich selbständig am Strande zu bewegen. Weitgehende Ansprüche an klimatische Reize sind nur zu stellen, wo unter günstigen häuslichen Verhältnissen und zweckmäßiger Ernährung schwere Störungen sich entwickelt haben. Auch dann ist die Forderung nur soweit zu stellen, daß der Kurort nicht auf Kosten hygienischer Vorteile gewählt wird. Am besten sind Kindersanatorien.

b) Luft und Licht. Vom 4.—5. Lebensmonat steigt das Luftbedürfnis. Das Kind ist täglich ins Freie zu bringen. Zu vermeiden sind Temperaturen unter 3^0 Kälte, feuchte, kalte und trocken-kalte staubige Winde. Sonst soll man nicht zu windscheu sein. Die beste Zeit sind vom April bis Oktober die Morgenstunden. Leichte Nebel sind nicht schädlich. Das Bad ist auf den Abend zu verlegen. Spazierenfahren mit geschlossenem Verdeck ist zwecklos.

Die Lufttherapie in den häuslichen Verhältnissen beginnt mit der Bettung. Bei schwitzendem Kinde sind Roßhaarmatratze oder mit Spelt gefüllte Säcke, die in Württemberg Sitte sind, zu empfehlen; Möglichkeit der Bewegung der Beine ist namentlich dann wichtig, wenn starke Beinschwäche besteht, die sich durch Kreuzung der Beine verrät. Die Bettdecke wird durch einen kleinen Bogen in die Höhe gehalten, ähnlich wie nach Bruch- oder Beinoperationen (Friedenthalscher Strampelkorb). Besonnung der entblößten Haut ist zunächst bei geschlossenem Fenster vorzunehmen. (In Krankenhäusern künstliche Höhensonne, Bezüglich der Technik der Lichttherapie vgl. S. 33). Bei bestehender oder rezidivierender Bronchitis im Winter bringe man das Kind nicht ins Freie. Die Temperatur soll im Zimmer nicht über 20^0 C betragen. Zweizimmerbehandlung ist empfehlenswert (S. 28). Nützlich sind Hautreize, z. B. durch kräftiges Frottieren mit Franzbranntwein, bei empfindlicher Haut noch besser mit Spiritus Glyzerin āā.

c) Krankenhausbehandlung. Es ist klar, daß wir diese Forderungen in vielen Fällen nur durch Aufnahme ins Krankenhaus erreichen können. Doch ist nicht nur auf die erhöhte Infektionsgefährdung des schwer rachitischen Kindes zu achten, die im Krankenhaus zweifellos größer ist als im Privathaus, sondern gerade die schwerst kranken Kinder verlangen eine ihnen individuell zusagende Pflege und reagieren auf Ungewohntes oder Ungewünschtes oft mit Nahrungsverweigerung und Verlust der Laune. Namentlich ältere, in ihrer körperlichen Bewegungsfähigkeit aber kaum viermonatlichen Kindern gleichende sind oft besser unter ältere Kinder als unter Säuglinge zu legen. In anderen Fällen werden zunächst Einsamkeit und Ruhe verlangt Kann man diese Forderungen nicht erfüllen, so ist das Kind schlimmer daran als zu Hause.

Alimentäre Therapie.

Beim Brustkind beginne man spätestens im 6. Monat mit Beikost. und gebe im 9. Monat, wenn man dann noch nicht ganz absetzt, abends einen Milchbrei.

Bei mißlungener künstlicher Ernährung und Zeichen schwerer Rachitis besonders Thorakomalazie ist im 5.—8. Lebensmonat Brusternährung zu erstreben. (Das Ammenkind ist mitaufzunehmen, da sonst leicht die Laktation versiegt!)

Besteht keine Neigung zu festen Stühlen oder Durchfällen, so ist es bei Typus I der Rachitis nicht notwendig, im 1. Lebensjahr weniger als 500—600 g Milch, vom 12. Monat an weniger als 400—500 g Milch zu geben. Je besser die Küche ist, desto mehr ist ein weiterer Verzicht auf Milch möglich. Die Nahrung würde sich daher ungefähr folgendermaßen gestalten:

3. Lebensquartal: 400 g Milch, 200 g Wasser, 1 Eßlöffel Mehl mit 3 Stück Zucker auf 3 Flaschen. — Mittag: das Mittagsessen. — (S. 3). — 3. Mahlzeit: Milchgrieß mit 150—200 g Milch, 20—30 g Grieß und etwas Wasser. — Bei größerem Hunger zu jeder Mahlzeit ein in ein wenig der fertigen Milchpartien aufgeweichten Zwieback (1—3 Zwiebacke pro Tag zu den Flaschenmahlzeiten).

4. Lebensquartal: Zum Mittagessen wenn möglich Fleisch. Wenn das Kind gern Festes nimmt, statt einer Flasche eine Weißbrotscheibe mit etwas Butter, Quark, weicher Streichwurst. Dazu je nach Verdauung 1—2 Eßlöffel voll durchgerührte Birne oder Banane, etwas weniger vom Apfel und Apfelsinensaft. Blaubeeren roh oder gekocht (kleiner Teller), durchgerührte Himbeeren (ebenso viel), Erdbeeren 2—5 Teelöffel. Milch dann zweimal 200 g mit je 1—2 Zwiebäcken. Abendessen wie vorher.

5. Lebensquartal: Dreimal wöchentlich abends statt der Milchmahlzeit die gleiche Beikost wie Mittag oder eine Obstspeise, Apfelgrieß, Apfelreis, rote Grütze oder eine Schnitte und Kartoffelbrei und Gemüse.

Nach dem 5. Lebensquartal zum Mittagessen fast alles, was der Erwachsene bekommt, z. B. Erbsensuppe, Kartoffeln und Gemüse, auch mit Seefisch oder Fleisch gekocht. Es sind alle Gemüse außer den härteren Kohlarten erlaubt. Aber von keinem mehr als 3 Eßlöffel unter sorgfältigster Zerkleinerung. Bei guter Verdauungskraft sind die Diätvorschriften um 2—3 Monate früher zu geben. Zu sämtlichen Diäten gehören 6—10 g Lebertran bzw. Kalklebertran p. d. (siehe weiter unten).

Bei chronischem Nichtgedeihen ist eine konsequente Behandlung der Hypertrophie oder Atrophie fast eine spezifische Behandlung der Rachitis.

Speziell bei chronischem Nichtgedeihen mit trockenen, harten Stühlen ist vom 4.—7. Lebensmonate eine strenge Malzsuppenkur mit möglichst frühzeitigem Beginn des Mittagessens indiziert. Sind die Kinder älter als 7 Monate, oder ist erst seit kurzer Zeit, z. B. nach dem Absetzen trockener, harter Stuhl aufgetreten, so ist erst die Diät, wie oben beschrieben, einzuführen und dann, wenn der Stuhl sich in 5 Tagen nicht regelt, in jede Flasche ein gestrichener Teelöffel Malzsuppenextrakt beizurühren. (Ansteigen bei festen Stühlen in viertägigen Perioden bis zu einem stark gehäuften Teelöffel.) Von Milch sind 100 g weniger als in anderen Fällen zu verabfolgen.

Diese sorgfältige Austarierung des Darmes ist besonders dann wichtig, wenn die Verstopfung erst kurze Zeit bestanden hat oder gar früher öfter Durchfälle damit abgewechselt haben, denn sonst kann man einen schwer beeinflußbaren Durchfall bewirken.

Ernährung beim schwer Ernährungsgestörten. Bei dem Kinde, das in Körpergröße und Beweglichkeit noch im 2. Lebensjahr einem Säugling von wenigen Monaten gleicht, ist meistenteils nur die Diät des 3. Lebensquartals technisch durchführbar. Fleisch und Fleischsaft sind dabei recht nützlich (1—2 Eßlöffel ausgepreßten rohen Fleisches, z. B. mit Fleischpresse Pikkolo). Bestehen aber augenblicklich Darmerkrankungen, besonders wechselnde Durchfälle, dann ist erst dieses Leiden zu heben, ohne Rücksicht auf die Rachitis; nur das Mittagessen ist möglichst frühzeitig einzuführen. Selbst trockene, harte Stühle, die durch Eiweißmilch erzielt werden, dürfen wochenlang geduldet werden. Bei milchknappen Diätformen gebe man rohen Fleischsaft (auch Rindfleisch), wenn sozial möglich, dazu.

Korrektur von speziellen Ernährungsfehlern. Ist das Kind vorher einseitig falsch ernährt worden, so ist der Erfolg um so schneller zu erzielen, je schärfer man den Fehler korrigieren kann. Bei einseitiger Milchüberernährung genügen die obigen Diätformen. Bei Proletarierernährung (Milchkaffee, Brot, Kartoffeln) ist ein halber Liter Milch und sorgfältige Zerkleinerung des Mittagessens schon ein großer Nutzen. Namentlich bei etwas älteren, schon im 3. Lebensjahr stehenden Kindern denke man daran, daß langdauernder Milchmangel ausgeglichen werden muß. Selbst die alleinige Zufuhr von Lebertran wirkt oft hier besonders gut.

Lebertran und Kalkbehandlung.

Lebertran führt zu einer positiven Kalkbilanz. Bei trockenen, harten Stühlen hat Malzsuppenextrakt die gleiche Wirkung. Lebertran ist kontraindiziert bei Durchfallsneigung, ferner, wenn er Appetitlosigkeit oder Durchfall hervorruft, endlich, wenn er dauernd auf lebhaften Widerstand von seiten des Kindes stößt. Bei erheblichen Diätänderungen ist die neue Kost erst 5—8 Tage lang durchzuführen und dann erst Lebertran zu verordnen. Nur unter diesen Bedingungen wird man eine Wirkung erzielen, die am glänzendsten allerdings bei der letztgenannten Gruppe schlecht ernährter älterer Kinder ist. Man verordnet ihn am besten rein, 2—3 mal täglich einen Teelöffel, überläßt aber der Mutter, mit den kleinsten Mengen anzufangen, um das Kind nicht durch gewaltsames Einflößen abzuschrecken. Die teuren Emulsionen enthalten als wirksames Prinzip auch nur Lebertran (40—60 %) und haben keinen anderen Vorzug, als daß sie gelegentlich von älteren Kindern lieber genommen werden. Man muß von ihnen die doppelte Menge wie vom reinen Lebertran geben[1]).

Kalk mit oder ohne Lebertran-Therapie ist vielfach von Vorteil; besonders bei beginnender Besserung und prophylaktisch bei Frühgeborenen.

Am meisten begründet ist die Empfehlung von Calcium phosphoricum tribasicum purissimum täglich in der Menge von 1—2 g.

Das Rezept, das Schloß empfahl, lautet

Calc. phosph. tribasic. puriss.	10,0
Ol. jecor. aselli ad	100

M. D. S. wohl umgeschüttelt 3 × täglich 1/2—1 Teelöffel voll.

---

[1]) Wir empfehlen die Emulsion des D. A. V.

Wendet man Lebertran nicht an, so gebe man Calc. phosphoricum (60 g in einem Monat zu verbrauchen) als Pulver, messerspitzenweise der Nahrung zugemischt.

Rachitischer Wasserkopf.

Bei starker Auftreibung der Fontanelle ist besonders bei etwas herabgesetzter Regsamkeit und Launeverlust die Spinalpunktion von anhaltendem Erfolg auf Stimmung und Beweglichkeit.

Verhütung und Behandlung der Deformationen.

a) Brustkorb.

Erste Zeichen der Erweichung der Rippen sind besonders zu beachten. Ist das Kind schon imstande in Bauchlage den Kopf zu heben, so wird diese Übung so häufig wie möglich, wenn auch anfangs nur für kurze Augenblicke, ausgeführt. Die Wirkung auf den Brustkorb und auf den Rücken ergibt

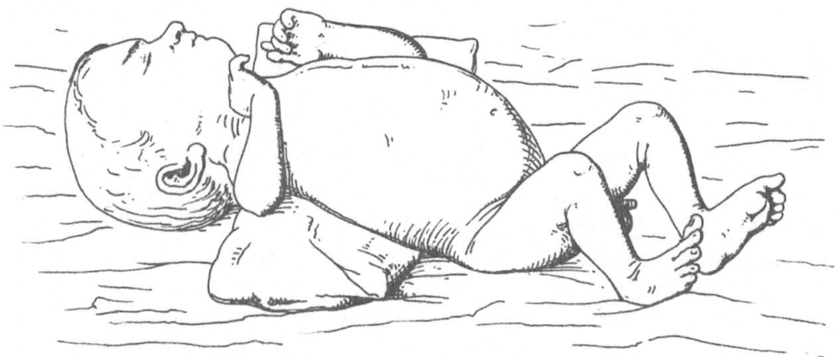

Abb. 16. Lagerung bei rachitischem Brustkorb und Rücken.

sich aus der Abb. 3, S. 39). Bei schwächlichen und zurückgebliebenen Kindern, die diese Übung noch nicht ausführen können, gelingt es mit Unterschiebung eines Kissens oder Anspannung einer schmalen Schwebe, den Rücken hohl zu lagern und dadurch die untere Thoraxapertur sowie die gesamte vordere Brustwand bis ungefähr zur 3. Rippe so zu spannen, daß die Einziehung durch den Zwerchfellansatz oder die Impression der Rippen durch den Luftdruck sehr erschwert wird (siehe Abb. 16). Bei gleichzeitiger schwerer Bronchitis kann man in der Lagerung, die eben erwähnt ist, auch noch den unteren Teil des Bettes um ca. 15 cm höher stellen oder das Kind wie in Abb. 26 S. 401 lagern. Ein Einfluß auf die Gestaltung des Brustkorbes ist auf diese Weise in der Tat solange möglich, als die Rippen noch nachgiebig sind, aber nur bei sehr konsequenter Durchführung. Eine einseitige Eindrückung der linken Thoraxhälfte erfolgt dadurch, daß die Frauen beim Tragen des Kindes auf dem linken Arm die rechte Hand unterhalb des Armes gegen den Brustkorb stemmen. Das Kind sitzt nach vorne gedreht und beugt sich vielfach über die rechte Hand der Mutter nach vorn, wird auch so weggelegt, daß es mit seinem ganzen Gewicht auf der linken Brustseite der rechten mütterlichen Hand aufruht. Durch Cyrtometerkurven kann man sich sehr leicht davon überzeugen, daß der größte Teil der rachitischen Kinder eine linksseitige Thoraxabflachung zeigt. Die Mütter sind daher zu erziehen, daß sie die Hand auf den Rücken legen und auch beim Weglegen diese Handhaltung beibehalten. Doch ist die Gewohnheit sehr schwer zu bekämpfen.

b) Rücken.

Die Entstehung der Rückgratsverkrümmungen wird am besten dadurch verhindert, daß man das Kind möglichst nicht tragen, sondern auf einer glatten Unterlage liegen läßt. Wenn schon getragen werden muß, soll das auf dem Arm gehaltene Kind sich mit der Vorderseite der Mutter voll zukehren und die Hand der Mutter breit stützend auf dem Rücken des Kindes liegen.

Die gleiche Behandlung wie bei den Deformitäten des Brustkorbes ist am Platze bei jeder Spur von Nachgiebigkeit des Rückens, schon als Gegenmittel gegen das trotz des Verbots durchgeführte Sitzen. Die aktive Rückenumkrümmung, die hierdurch erreicht wird, ist um so notwendiger, wenn fixierte Kyphose und irgend eine seitliche Abweichung oder Torsion bemerkt wird.

Als zweite aktive Übung tritt die Bewegung im Schaukelstuhl hinzu, sobald das Kind schon sitzen kann (siehe Abb. 4 S. 40).

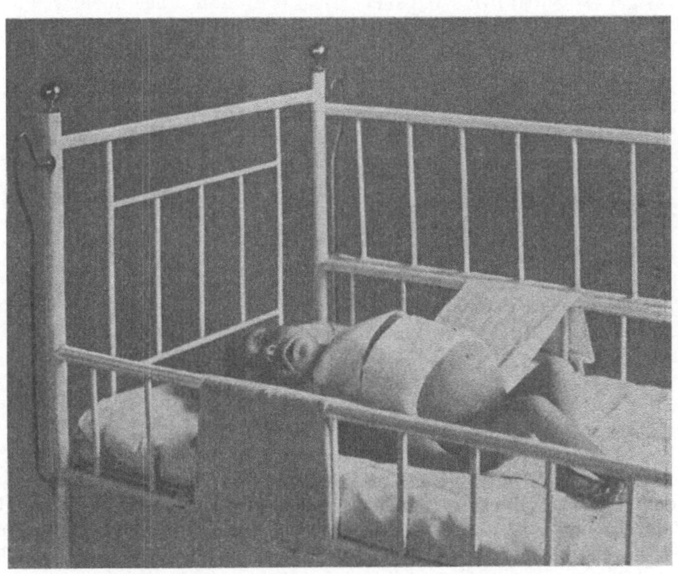

Abb. 17. Lagerung auf der Schwebe.

Handelt es sich um eine erheblichere Kyphose, so lagere man das Kind auf ein ca. 20 cm breites Band, das über die Seitenwände des Bettes so gespannt ist, daß der Rücken hohl, aber Steiß und Nacken aufliegt (s. Abb. 17 S. 185). Das genügt jedoch nicht, wenn eine Verdickung längs der Lendenwirbelsäule oder über der Rippenwölbung eine Torsion der Wirbelsäule anzeigt. Hier ist es notwendig, das Kind auf ein Gipsbett zu lagern. Die Wirkung dieser passiven Korrektur ist um so sicherer, je plastischer die Knochen noch sind. Hat sich erst eine starre Kyphoskoliose bei Ausheilung der Rachitis gebildet, dann kann man sich von dieser Maßregel nichts mehr versprechen. Die Angst, durch die Beengung des Thorax zu schaden, ist unbegründet. Die vordere Rumpffläche bleibt vollständig unbehindert. Beim schwer kranken Kinde bedarf es nicht einmal eines leichten Anwickelns.

Die Forderungen, die an ein Gipsbett zu stellen sind, sind folgende: Der Rücken muß hohl liegen, und die speziellen Krümmungen müssen ausgeglichen sein. Die Gesamtstellung ist daher ähnlich wie auf den vorhergehenden Abbildungen 16 u. 17, so daß zugleich die Wirkung auf den Brustkorb erzielt wird. Ein flaches Gipsbett, wie man es so oft sieht, verfehlt stets seinen Zweck.

Zur Anfertigung des Gipsbettes gehören zwei frisch bereitete Gipsbinden von 10 cm Breite und eine 8—10fache Lage von gestärkter Gaze, die in der Weise zurecht geschnitten wird, wie aus der Abb. 18 ersichtlich ist, außerdem guter Gips (Zahnarztgips) und Alaun. In einer Waschschüssel wird mit warmem Alaunwasser ein wenig Gips verrührt und die Gaze damit getränkt. Langsam wird Gips hinzugefügt und die Gazelage immer wieder neu eingeweicht, bis der Gipsbrei einer dicken Suppe gleicht. Nun werden die Gipsbinden in heißes Alaunwasser versenkt. Das Kind ist währenddessen von zwei Helferinnen an Armen und Beinen erfaßt worden und wird unter dauerndem leichten Zug in der Lage gehalten, die die Abbildung wiedergibt. Zu beachten ist, daß die gerade Linie nicht verloren geht. Nun wird das Gipsbett auf dem Rücken aufgelegt und durch die Gipsbinden dem Körper angepaßt, wobei man zugleich Verstärkungen z. B. in der hinteren Mittellinie und in der Nähe des Gesäßes anbringt. Während des Erstarrens ist die Lage zu prüfen. Es ist für hohlen Rücken zu sorgen; eventl. sind Korrekturen vorzunehmen. Bei rechtsseitigem Rippenbuckel wird man z. B. von der rechten Seite herantreten, mit dem linken Handballen von hinten her eine Kompression ausüben und mit der rechten Hand dafür sorgen, daß die rechte Schulter nicht mit nach unten geht. Sobald das Gipsbett die Form hält aber noch weich ist, wird in der Mittellinie des Bauches der Verband aufgeschnitten, die überflüssigen Binden-

Abb. 18. Haltung des Kindes bei Herstellung des Gipsbettes. Die gestrichelte Linie gibt zugleich an, wie weit die Gazelage reichen soll und wie weit das Gipsbett nachträglich zurechtzuschneiden ist. Die Form des Gipsbetts ist im übrigen schon so dargestellt, wie man sie nachträglich durch Abschneiden und Glätten herstellt.

teile werden bis ungefähr zur ursprünglichen Form der Gazelagen, die in der Abbildung kenntlich sind, abgeschnitten, mit Gipsbrei Innenseite und Ränder geglättet und hierbei an dem noch etwas nachgiebigen Gipsbett an den den Torsionen entsprechenden Stellen durch Druck von außen leichte Vorwölbungen innen erzeugt. Das Gipsbett muß hart getrocknet und durch Lackieren dann wasserdicht gemacht werden. Schellacklösung leistet das sehr unvollkommen. Am besten sind dünne Lösungen von Zelluloid in Azeton. Damit wird das Gipsbett immer wieder bepinselt und jedesmal an der Luft getrocknet. Die Lösung muß zu Anfang ohne eine Spur von sirupartiger Konsistenz sein, sonst dringt das Zelluloid nicht ins Gipsbett ein. In das fertige Gipsbett kommt eine 6—8 mm dicke Filzschicht (man gebe eine zum Auswechseln mit); feucht gewordene Filzlagen werden im Ofenrohr ausgedörrt. Über die Filzlage ist eine Windel so zu legen, daß ihre Diagonale in der Längsrichtung des Bettes liegt.

Bei noch weichem Rücken kann das Kind meist den ganzen Tag darin liegen. Bei etwas steiferem Rücken ist oft eine Gewöhnung notwendig. Leichte Fixierung, wenn nötig mit einer Cambric-Binde, muß vorgenommen werden. Die Haut des Rückens ist durch starkes Pudern vor Mazeration zu schützen. Am besten ist durch Sonnenbestrahlung, anfänglich zweimal täglich 5 Minuten, auch bei geschlossenem Fenster für Abhärtung der Haut zu sorgen. Überhaupt ist Sonnen- und Freiluftbehandlung nebenher aufs gründlichste anzuwenden und jegliche Art von aktiver Übung vorzunehmen. Sobald das Kind ohne Beschwerden auf den Bauch gelegt werden kann und einen leichten Druck verträgt, ist unter allen Umständen eine Massage wünschenswert. Beim kleinen Kinde beschränken sich die Handgriffe auf folgende:

1. Längsstrich längs der Wirbelsäule vom Beckenrand bis über den oberen Rand des Cucularis hinüber in beiden Richtungen.
2. Strich längs des Verlaufs des Latissimus dorsi, breit an der Wirbelsäule beginnend, nach dem unteren Rand der Achselhöhle sich verschmälernd. Stets nur in dieser Richtung.
3. Klopfen und Abreiben mit einer spirituösen Mischung, am besten mit gleichen Mengen Spiritus und Glyzerin.

Dann kann man auch mit einem nassen Handtuch abklatschen und trocken reiben. Als Glättungsmittel ist stets nur Specksteinpuder zu benützen.

Es empfiehlt sich, den Eltern diese wenigen Striche genau einzuüben, dafür zu sorgen, daß sie, wie meist der Fall, nicht immer kürzer und schneller ausgeführt werden. Ferner ist das sogenannte „Wegmassieren der Vorwölbungen" als überflüssige Quälerei zu unterlassen. Im übrigen muß auf die Spezialbücher über Massage, z. B. das kleine Heft von Hoffa verwiesen werden.

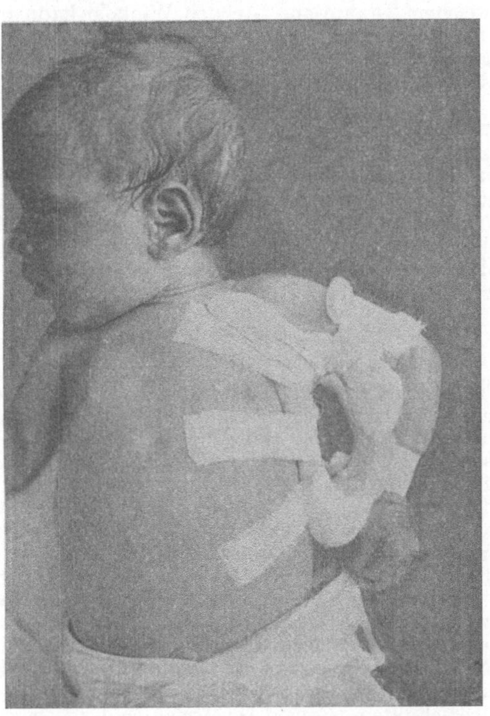

Abb. 19. Middeldorpfsches Triangel.

Sobald bei Abheilung der floriden Rachitis Versteifung eingetreten ist, sind diese Maßregeln kaum von Erfolg begleitet, während andererseits die gymnastische Durcharbeitung des Rückens, wie im späteren Alter, noch nicht möglich ist. Es ist gänzlich verfehlt, Kinder nach dem 2. Lebensjahr durch Lage im Gipsbett zu quälen; es läßt sich gegen diese jetzt im wesentlichen erfolglose Behandlung nur dann nichts einwenden, wenn das Kind die unbequeme Lagerung ohne jede Schwierigkeit erträgt, vor allem auch am Schlaf nicht gehindert ist.

Mobilisierende Bewegungen sind folgende: Langsames Aufheben am Kopfe, während das Kind mit den Händen sich an die Handgelenke des Erwachsenen anhängt, Aufheben und Schwingen an den Armen, Ziehen über eine gepolsterte Lehne, Schwingen, während je eine Person das Kind an den Händen, die andere an den Beinen anfaßt. Die Vorderseite des Kindes ist dabei nach unten gekehrt. Die spezielle Umkrümmung des Rippenbuckels ist S. 51 beschrieben. Im übrigen muß auf den Abschnitt über Gymnastik verwiesen werden.

c) Schultergürtel und Arm.

Die häufige Infraktion der Clavicula kommt kaum je in frischem Zustand in Behandlung. Auch ist hier der Thorax meist so weich, daß wir trotz der schlechten Folgen, die die Knickung des Schlüsselbeins auf die Entwicklung des Brustkorbs hat, auf die Therapie verzichten. Nur bei Grenzfällen, bei denen uns eine frische, noch bewegliche Knickung bei nicht allzu weichem Thorax begegnet, ist eine Einrichtung am Platze. Nach Streckung der Knickung, indem man mit der Hand die Schulter nach hinten zieht, wird mit einem Heftpflasterstreifen, der nach vorn zu ebenso wie die redressierenden Finger die Schulterwölbung umfassend ansetzt und von da an schräg über den Rücken bis zur 10. Rippe der andern Seite sich fortsetzt, die Schulter in der redressierten Stellung fixiert. Durch 1—3 weitere Streifen, die sich dachziegelförmig decken, wird der Zug vermehrt.

Auf weitere, den Thorax umfassende Verbände verzichtet man. Heilungsdauer 14 Tage.

Bei Oberarmfraktur wird ebenso wie beim Neugeborenen am besten das Middeldorpfsche Triangel angewandt, wie es Abb. 19 illustriert. Wichtig ist, daß die Heftpflasterstreifen nur bis zur Mitte des Thorax reichen, so daß die Atmung beider Thoraxhälften ungestört bleibt. Man fertigt das Triangel sich selbst aus weichem Drahte an. An den Winkeln kann man durch Kork- oder Watterollen den Druck vermindern. Es ist besonders darauf zu achten, daß die Ellbogenbeuge gut gepolstert und der Unterarm kräftig über den Winkel herübergezogen ist, so daß der Oberarm wirklich gestreckt wird. Heilungsdauer 14—20 Tage.

Bei der Fraktur des Unterarms wird die Hand stark supiniert, und die so parallel gestellten Knochen werden zwischen zwei gut gepolsterten Brettchen, die bis zum Ansatz der Finger reichen, sozusagen platt gedrückt. Es empfiehlt sich jedoch in den ersten 8 Tagen eine kleine seitliche Winkelschiene innen oder außen am gebeugten Arme noch dazu anzulegen, und zwar nachdem die ersten Schienen fixiert sind. Nur so gelingt es, übrigens auch beim älteren Kinde, eine sekundäre Pronation zu vermeiden. Zu beachten ist, daß bei dieser gebeugten Stellung die volare Vorderarmschiene in der Ellbogenbeuge leicht drückt und daher nicht zu lang sein darf.

d) Bein.

Die Fraktur des Oberschenkels ist häufig von sehr geringen Dislokationen begleitet. Manche plötzlich auftretende Schmerzen im Oberschenkel lassen sich erst mittelst Durchleuchtung als Fraktur aufklären. Sie sind oft das erste Zeichen eines Wiederaufflammens der Rachitis und bedürfen neben Ruhe nur einer besonders ernsten antirachitischen Therapie. Auch wenn bei schwächlichen Kindern Dislokation und Spontanschmerz gering sind, kann man auf eine chirurgische Therapie verzichten. Wenn aber Dislokation und Spontanschmerz sehr groß sind, so ist beides, und zwar auch einzeln, Indikation zur Suspension. Ist nur der Schmerz die Veranlassung dazu, so kommt man mit 6—14 Tagen aus. Im anderen Falle sind 4—8 Wochen nötig. Um möglichst Gelegenheit zur Freilufttherapie zu geben, wird der Suspensionsapparat am Wagen angebracht, wie es Abb. 20 zeigt. Der Rahmen wird aus ziemlich dickem Draht gebogen. Als Rolle kann eine Garnrolle dienen, als Gewicht ein Sandsack. Anfangsgewicht etwa $1^1/_2$ Pfund. Allmähliche Steigerung um $^1/_2$—1 Pfund. Der Heftpflasterstreifen muß unbedingt möglichst weit und zwar proximalwärts um 3—4 Finger Breite die Frakturstelle überschreiten. Sobald bei Abnahme des Gewichts eine Verkrümmung nicht sofort eintritt und Schmerzen fehlen, kann man stundenweise das Bein herunterlassen.

Genu varum. Bei O-Bein ist eine Beschränkung des Laufens in den ersten $1^1/_2$ Jahren, eventuell Laufstuhl (siehe Abb. 5 S. 41) indiziert. Ob im 3. und 4. Lebensjahr die Verabfolgung von Salzbädern usw. wirklich etwas bedeutet, steht dahin. Von sicherem Einfluß ist eine energische klimatische Therapie. Schienenbehandlung ist zu widerraten. Die sehr vereinzelten Fälle, die nach dem 6. Lebensjahr funktionell bedeutsame Verkrümmung zeigen, bedürfen chirurgischer Therapie.

Genu valgum. Ernster ist das X-Bein zu nehmen. Es ist die Beinverkrümmung der alimentär auch sonst schwerer geschädigten Kinder. Allgemeine alimentäre Therapie ist daher notwendig, Vermeidung des Laufens erforderlich. Bis zum 2. Jahre ist der Laufstuhl praktisch. Ist Massage nicht anwendbar, frottiere man wenigstens. Bei einseitigem X-Bein, das durch Tragen verursacht wird, ist Tragen auf dem anderen Arme, bei linkem X-Bein z. B. auf dem rechten Arm angebracht. Bei Kindern, bei denen das Laufen nicht mehr zu verhindern ist, ist Erhöhung der Fußsohle, inbegriffen des Absatzes, längs des ganzen Innenrandes um $^3/_4$ cm notwendig. Verstärkung des Oberleders durch einen Streifen längs des inneren Knöchels, nach dem 2. Lebensjahre auch eine kleine Plattfußeinlage dazu sind empfehlenswert. Wichtig ist, daß der Schuh ein möglichst hoch heraufgehender Schnürstiefel ist und daß er möglichst die moderne Form hat, d. h. daß die Sohle bohnenförmig gestaltet ist, also die große Zehe mehr nach innen zeigt. Bei der hierdurch erzielten Form der Belastung wird, namentlich wenn das Kind anfängt einwärts zu gehen, eine günstigere Heilungsbedingung geschaffen. Man messe die Distanz der inneren Kondylen bei durchgedrückten Knien im Stehen und Liegen. Eine meßbare Differenz ergibt einen Hinweis auf die Möglichkeit der Verschlimmerung. Besserung beider Maße weist schon nach 4—6 Wochen

Abb. 20. Verband bei Oberschenkelfraktur.

auf einen Erfolg der Therapie hin. Wenn im 3. Lebensjahr das Leiden in erheblicherem Grade besteht oder gar sich verschlimmert, ist die von Hoffa angegebene, in der Nacht zu tragende Schiene von größtem Nutzen. Einfach seitlich angelegte Schienen erreichen ihren Zweck nicht. Bis gegen Ende des 4. Lebensjahres ist wohl stets eine konservative orthopädische Therapie der unblutigen Frakturierung vorzuziehen.

Knick- und Plattfuß. Leichter Knickfuß ist im Laufe des 2. Lebensjahres außerordentlich häufig. Plattfuß wird dabei durch das Fett der Fußsohle oft nur vorgetäuscht. Therapeutisch wird nur eingegriffen, sobald X-Bein, wenn auch nur geringen Grades besteht, oder wenn starke Ermüdung beim vorher schon laufenden Kinde sich einstellt, selbstverständlich von vornherein, wenn z. B. beim $1^1/_2$jährigen Kinde die Laufentwicklung gehemmt wird. Der Zusammenhang mit Rachitis ist kein obligatorischer. Die Therapie besteht in dem oben unter X-Bein beschriebenen Stiefel. Ältere Kinder sind direkt zum Einwärtslaufen zu erziehen. Als Übungstherapie empfehlen sich Zehenlaufen, Heben und Senken des inneren Fußrandes, Einwärtslaufen auf dem äußeren Fußrand, Kniebeuge mit einwärts gestelltem Fuß, Aufwärtslaufen auf einer schrägen Ebene.

Bei allen Beinverkrümmungen, besonders bei denen gleichzeitig eine Schlaffheit der Muskulatur besteht, wie bei X-Bein und Knickfuß, ist die allgemeine Gymnastik, wie in dem betreffenden Teile beschrieben, anzuwenden.

Heilungsdauer der Rachitis.

Die Rachitis heilt um so schneller, je günstiger die Jahreszeit für die Durchführung der Luft- und Lichttherapie ist. Ferner ist die Heilungstendenz um so größer, je mehr und je gründlicher man äußere Schädigungen beseitigen kann. Dann darf man schon nach 4 Wochen sichtbare Besserungen konstatieren. Man rechne jedoch bei Kindern, bei denen sich schwere Rachitis mit schwerer Ernährungsstörung paart, in den ersten 6 Wochen nicht mit Gewichtszunahme, sondern darf es als Erfolg buchen, wenn die Beweglichkeit des Kindes zugenommen hat. Vor dem weiteren Aufbau des Organismus ist eben erst der Umbau notwendig.

Die mittelschweren Fälle bedürfen einer 3—6monatlichen Behandlung bzw. Beaufsichtigung. Namentlich ist es wünschenswert, das rachitisch gewesene Kind in jedem Winter von neuem durch einige Monate mit Kalklebertran zu behandeln.

Anhang.

Rachitis tarda.

Unter Rachitis tarda verstehen wir das Auftreten der charakteristischen Knochenveränderungen beim älteren Kinde (meist erst nach dem 12. Lebensjahr). Im allgemeinen ist es eine Krankheit der ärmsten, alimentär geschädigten Bevölkerung, doch auch in besser situierten Familien kann eine sekundäre starke Zunahme einer bisher nur angedeuteten Skoliose der Wirbelsäule beim älteren Kinde nahe der Pubertät sich stark verschlimmern, wofür eine rachitische Ätiologie wahrscheinlich ist.

Die Allgemeintherapie besteht in der Behebung von Ernährungsfehlern bezw. im Prinzip der Kontrasternährung (vgl. S. 67). Bei mit Kartoffeln und Kaffee ernährten Kindern der Armen gebe man $^1/_2$—$^3/_4$ Liter Milch täglich, auch Fleisch, Gemüse, Obst. Nebenbei stets Kalklebertran in großen Dosen (200 g in 10 Tagen). Doch sind in diesem Alter auch Lipanin, Fukol und ähnliche Fette von Nutzen. Bei zunehmender Rückgratsverkrümmung sind energische orthopädische Behandlung (S. 46) und Kräftigung durch klimatische Kuren notwendig! Auch genüge man dem Ruhebedürfnis dieser Kinder durch Liegekuren im Freien! Die Krankheit ist so ernst zu nehmen, daß die sorgfältige Durchführung der Behandlung wichtiger ist als der Schulbesuch.

II. Osteopsathyrosis.

Wie vielfach auch Organpräparate versucht worden sind, eindeutige Resultate sind bisher nicht erzielt worden, auch nicht von Lebertran. Immerhin ist ein Versuch mit Lebertran in Kombination mit Kalk (vgl. S. 183) gerechtfertigt. Von Bedeutung für die Heilung des Prozesses ist die Besserung des Allgemeinbefindens, wie sie durch Freiluft- und Sonnenbehandlung zu erzielen ist (vgl. S. 31). Je länger es uns gelingt, die Kinder durch zweckmäßige Ernährung (gemischte, gemüsereiche Kost), Pflege und Schutz vor Infekten am Leben zu erhalten, um so mehr kommt die Natur dem Heilungsprozeß entgegen. Jede einzelne Fraktur muß nach chirurgischen Prinzipien mit peinlicher Sorgfalt behandelt werden. Die Heilung der Knochenbrüche vollzieht sich im allgemeinen ganz vorzüglich. Das gilt aber nur dann, wenn die Knochenbrüche unter starken Schmerzen und Blutergüssen auftreten und für Oberschenkelfrakturen auch dann nur bedingt. Gelangen die Kranken in ein Stadium, in dem die Einbrüche namentlich am Oberschenkel fast schleichend erfolgen, dann kann es zu den schwersten Dislokationen bei der monatelang unvollständigen Heilung kommen, die später durch Osteoklase korrigiert werden müssen. Um das 10. Lebensjahr herum heilt das Leiden wohl meist von selbst. So ist die Hauptaufgabe des Arztes, das Kind vor schwerer Verkrüppelung bis dahin zu schützen.

III. Möller-Barlowsche Krankheit.

1. Prophylaxe.

Im allgemeinen wird man durch zweckmäßige Ernährung die Barlowsche Krankheit verhindern können. Hat man auf Grund eines bereits in der Familie vorgekommenen Falles von Morbus Barlow an eine besondere Krankheitsbereitschaft zu denken, so wird man frühzeitig zu den Milchmischungen frische Fruchtsäfte teelöffelweise oder auch frischen Zitronensaft tropfenweise (in jede Flasche wenige Tropfen Zitronensaft) hinzugeben. Manchmal ruft längere Zeit angewandte Ernährung mit besonderen Konservenmischungen, z. B. Eiweißmilch oder Buttermilchkonserven einen Morbus Barlow hervor, allerdings gewöhnlich nur in der abortiven Form, die sich durch Gelenkschmerzhaftigkeit oder besondere Appetitlosigkeit verrät. Angesichts dieser Erfahrungen wird man die Ernährung mit Konserven niemals länger ausdehnen als notwendig. Auch könnte man den Konservenmischungen selbst einige Tropfen frischen Zitronensaft oder Preßsaft aus anderen Früchten zusetzen.

2. Therapie.

Die Therapie muß auf die Behebung der stets vorhandenen Ernährungsstörung gerichtet sein. Wir verweisen auf unsere Ausführungen über die Behandlung der Ernährungsstörungen. Wenn die

Ernährungsstörung sehr schwer ist, wird man zur Frauenmilch übergehen müssen. Aber alle Ernährungsmaßnahmen müssen unter dem Gesichtspunkte getroffen werden, daß die Milch, die gegeben wird, nur ganz kurz aufgekocht sei, und die Ernährung mit Milchmischungen ergänzt werde durch Zusätze, von denen wir annehmen müssen, daß sie reichlich Ergänzungsnährstoffe enthalten, auf deren Mangel in der Nahrung wir die Entstehung des Morbus Barlow zurückführen. Dieser Forderung zu genügen ist um so leichter, als die Entwicklung der Krankheit gewöhnlich schon in das zweite Lebenshalbjahr fällt, in dem Beikost indiziert ist. Fruchtsäfte, kleine Mengen frisch ausgepreßten Gemüsesaftes, ausgepreßter Fleischsaft kommen zur Anwendung. Die Mengen können gering sein. Es ist nicht notwendig, aus Gemüse, Reis, Kleie usw. einen besonderen Extrakt zu bereiten, in dem die Ergänzungsnährstoffe enthalten sind oder eines der käuflichen Vitaminpräparate anzuwenden. Kleine Mengen der Naturalien genügen durchaus. Die stets empfohlene rohe Milch ist nicht notwendig, ja unter Umständen gefährlich, da für ihre Unverdorbenheit bzw. für ihr Freisein von schädigenden Bazillen eine absolute Garantie nicht übernommen werden kann. Steht sauber gewonnene, frische Ziegenmilch zur Verfügung, so kann man natürlich einige Mahlzeiten rohe Milch verabfolgen. Man kommt mit kurz aufgekochter Milch ebenfalls zum Ziele.

Die Wirkung dieser Ernährungstherapie ist in der weitaus größten Mehrzahl der Fälle zauberhaft. Schon binnen zweimal 24 Stunden geht die Schmerzhaftigkeit der Gelenke fast vollständig zurück, und auch die Blutungen resorbieren sich schnell. Der Appetit stellt sich ein, und das stets unruhige, unlustige, von Schmerzen gequälte Kind wird heiter und findet seinen Schlaf. Auch bei lange bestehenden sehr großen periostalen Blutungen warte man ruhig die natürliche Resorption ab und halte das Messer des Chirurgen fern. Die von manchen Seiten empfohlene Inzision der Blutergüsse ist nach unseren Erfahrungen bei unkomplizierten Fällen von Barlow strengstens kontraindiziert. Tritt wirklich einmal eine Infektion des Blutergusses ein, kommt es zu Eiterungen, dann muß natürlich möglichst schnell nach chirurgischen Prinzipien verfahren werden.

Solange die Schmerzhaftigkeit der Gelenke groß ist, vermeide man alle brüsken Manipulationen, auch das tägliche Bad, hülle die angeschwollenen Gelenke in Watte und sorge durch irgend ein Medikament für guten Schlaf (s. Schlafmittel S. 522).

IV. Diabetes mellitus.

1. Prophylaxe.

Die Prophylaxe, über deren Wert wir allerdings keine exakten Grundlagen besitzen, könnte immerhin eine gewisse Bedeutung bei jenen Kindern beanspruchen, in deren Familien Diabetesfälle und vor allem auch jugendliche Diabetesfälle gehäuft vorgekommen sind, wie auch bei Kindern, bei denen während irgend einer Erkrankung oder auch durch Zufall eine vorübergehende, von der Zuckerzufuhr in der Nahrung abhängige Glykosurie entdeckt wurde. Diese Kinder sind durch spätere Erkrankung bedroht. Wir empfehlen, bei ihnen von Zeit zu Zeit den Harn zu untersuchen, weil es so vielleicht gelingen könnte, den Diabetes in den allerersten Anfängen zu entdecken und zu behandeln.

Bei diabetesbedrohten Kindern sollte ein knappes Ernährungsregime innegehalten, nicht über die S. 13 angegebenen Zahlen hinausgegangen, auch der Eiweißgehalt der Nahrung an der unteren Grenze der Norm gehalten werden. Übermaß von Brot, Kartoffeln, gesüßten Kompotts, Mehlspeisen sind bei diesen Kindern streng zu vermeiden.

2. Therapie.

Die Behandlung des Diabetes setzt, was besonders hervorzuheben vielleicht merkwürdig klingen mag, eine absolute Sicherstellung der Diagnose voraus. Und doch ist für das Kindesalter eine solche Bemerkung nicht unwichtig. Denn gerade im Säuglingsalter, aber auch noch später, kommt es bei mannigfachen Erkrankungen, bei den den Gesamtzustand stark in Mitleidenschaft ziehenden Ernährungsstörungen und Infektionen leicht zur Ausscheidung von reduzierender und osazongebender Substanz. Daß so zahlreiche Fälle von Diabetes im Säuglingsalter beschrieben sind, hängt wohl lediglich mit dieser Tatsache zusammen. Wir selbst haben bei recht großer Erfahrung nur zwei sichere Fälle gesehen. Vor einer Verwechslung mit echtem Diabetes schützt gewöhnlich ohne weiteres die Feststellung der vorhandenen, gewöhnlich schweren Ernährungsstörung oder Infektion mit toxischen Symptomen und das Erlöschen der Melliturie mit der Behebung der schweren Erscheinungen. Auch an die seltenen Fälle von Galaktosurie und Pentosurie wird man bei zufälliger Feststellung von reduzierender Substanz im Urin zu denken haben. Auch die Verwechslung von Alkaptonurie mit jugendlichem Diabetes haben wir gesehen, da der positive Ausfall der Reduktionsprobe des Harns allein für genügend zur Diagnose der Glykosurie angesehen wurde. In nicht ganz sicheren Fällen wird man daher den Zucker noch genauer zu identifizieren haben. Die große Mehrzahl der Fälle ist allerdings durch die gewöhnlich sehr hohe Ausscheidung von Traubenzucker und deren strikte Abhängigkeit vom Zuckergehalt der Nahrung so klar, daß es differentialdiagnostischer Erwägungen nicht bedarf.

Sehen wir von den ganz seltenen Fällen ab, in denen neben der diätetischen eine ätiologische Therapie möglich ist — hier käme eigentlich nur der Diabetes auf luetischer Grundlage in Frage, bei dem aber die Quecksilberbehandlung nicht ungefährlich und die Salvarsanbehandlung noch nicht erprobt ist —, so steht und fällt die Diabetestherapie im Kindesalter, wie überhaupt, mit der geeigneten Diätetik. Es kann nicht unsere Aufgabe sein, diese in all ihren Einzelheiten zu besprechen. Denn zu erfolgreicher diätetischer Behandlung des Diabetes mellitus im Kindesalter würde selbst ein noch so ausführliches Eingehen auf die Materie nicht genügen. Die Behandlung erfordert vielmehr mit Rücksicht auf die ganz verschiedenen Verlaufsformen und die oft außerordentliche Schwere des Einzelfalles die genaueste Kenntnis des Stoffwechsels und seiner Beeinflussung durch diätetische Maßnahmen. Von Noorden bemerkt sehr richtig: „Bei keiner anderen Form des Diabetes kommt man mit Grundsätzen so wenig weit und hängt so sehr von den Erfahrungen im Einzelfalle ab.“ Wer einen Diabetesfall im Kindesalter erfolgreich behandeln will, der darf sich nicht, wie das leider noch häufig genug geschieht, damit begnügen, auf Grund der vorgenommenen Stichproben zur Ermittelung des Zuckergehalts des Urins die Diät notdürftig auf ihren Kohlehydratgehalt zu regeln. Zur Behandlung des Diabetes mellitus im Kindesalter gehören nicht nur Bestimmung des Zuckers und der Azetessigsäure im Harn, sondern auch die Registrierung des Kohlehydrat- und Eiweißumsatzes. Das besagt, daß die Behandlung des kindlichen Diabetes in einer Klinik eingeleitet werden muß, deren Arzt über die Kenntnis der Stoffwechselmethoden und der Deutung ihrer Resultate verfügt. Nur so besteht die Möglichkeit, den Fall so zu analysieren, daß sich die geeignete Kostform feststellen läßt. Mit Rücksicht auf die Wandlungsfähigkeit des Diabetes mellitus im Kindesalter, auf die vorkommenden Remissionen und Intermissionen, aber auch auf die oft sprungweise einsetzenden Progressionen erscheint eine einmalige genaue klinische Beobachtung nicht genügend. Sie sollte vielmehr von Zeit zu Zeit wiederholt werden. Nur dann werden wir das therapeutisch Erreichbare auch wirklich erreichen.

Unter diesen Voraussetzungen wollen wir im folgenden die wichtigsten Richtlinien geben, nach denen die Behandlung des Diabetes geleitet werden muß, vorher aber einige Worte über die Prognose sagen, weil die Anschauung von der ungünstigen Prognose des kindlichen Diabetes so weit verbreitet ist, daß bei manchen Ärzten die Tendenz besteht, die Krankheit im Kindesalter gar nicht zu behandeln, um dem Kinde die im allgemeinen knapp zugemessene Lebenszeit nicht durch die Grausamkeit einer strengen antidiabetischen Kost zu trüben.

Auch im Kindesalter gibt es, ebenso wie beim Erwachsenen, leichte und schwere Glykosurien, solche, die mit einer Einschränkung der Kohlehydrate ohne weiteres zur Heilung kommen, leichte Formen, und schwere, bei denen das nicht gelingt. Auch die leichte Glykosurie muß im Kindesalter ernst genommen werden, weil sich sprungweise, oft ohne uns erkennbare Gründe, aus der leichten Form die schwere binnen Wochen und Monaten, eventuell Jahren, entwickeln kann. Andererseits sehen wir leichte Formen nach kurzer Zeit mit Hilfe unserer Therapie schwinden, die Toleranz für Kohlehydrate sich ausgezeichnet heben, so daß wir uns berechtigt glauben von einer Genesung zu sprechen, bis dann viele Jahre nachher plötzlich eine rapid zum Tode führende Glykosurie einsetzt. Es gibt aber wohl auch leichte Glykosurien, bei welchen es nicht nur zu einer Remission durch mehrere Jahre, sondern auch zu Heilungen kommt. Es ist das auch verständlich, da die dem Diabetes zugrunde liegende Affektion des Pankreas auch gutartigen Charakter mit der Möglichkeit der Wiederherstellung der Funktion haben kann. Auch sind milde Formen des Diabetes mellitus bei Jugendlichen beschrieben worden, die sich durch einen relativ geringen Blutzuckergehalt und dadurch auszeichnen sollen, daß der Kohlehydratgehalt der Nahrung kaum irgendwelchen Einfluß auf die Glykosurie ausübt (renaler Diabetes)[1]). Doch ist das letzte Wort über diese Fälle noch nicht gesprochen. Aus diesen Angaben geht ohne weiteres die Notwendigkeit der Behandlung und dauernden Beobachtung der leichten Formen der Glykosurie hervor.

Die Frage, ob überhaupt behandelt werden soll, ist schon schwieriger für die schwere Form der Glykosurie zu beantworten. Denn diese geht im Kindesalter nicht mehr zurück. Auch hier läßt sich allerdings durch geeignete Kost Zuckerfreiheit erreichen. Man kommt durch Verringerung der Kohlehydrate in der Nahrung, der Reduktion ihres Eiweißgehaltes, durch Einschränkung des Gesamtumsatzes, Einschiebung von Gemüse-, Hafer- und Hungertagen häufig genug zum Ziele, aber wohl kaum jemals für dauernd. Die Toleranz sinkt stets weiter, und längstens nach Jahren ist das Ende da. In diesen Fällen überhaupt den Diabetes mit strengem diätetischen Regime zu behandeln, könnte als nutzlose Grausamkeit angesehen werden, und doch nehmen wir den Standpunkt ein, daß auch in Fällen von schwerer Glykosurie eine Behandlung eintreten muß. Der erste Grund liegt in der diabetischen Störung des Kindes selbst. Denn zweifellos fühlt sich eine Reihe von Kindern bei hochgradiger Glykosurie und Glykämie, wie sie die Folgen einer nicht geregelten Diät sind, schlechter. Störende Komplikationen sind häufiger. Richtig geleitetes Ernährungsregime vermag in einer großen Reihe von Fällen das Allgemeinbefinden und damit die Stimmung der Kinder zu bessern. Ein zweiter Grund liegt auf seelischem Gebiet. Nichtbehandeln heißt der Mutter den Fall als hoffnungslos erkennen zu geben. Die dadurch unter Umständen bei ihr eintretende schwere Depression kann ihr ganzes späteres Leben unter einen schweren Druck setzen. Der Gemütszustand der Mutter wirkt aber auch seinerseits auf das Seelenleben des Kindes.

Die diätetischen Richtlinien, die wir im folgenden geben, betreffen in erster Linie den Diabetes beim Spielkind und Schulkind. Denn bei Säuglingen sind der diätetischen Behandlung insofern Grenzen gezogen, als sie auf Ernährung mit Milchmischungen bis zu einem gewissen Grade angewiesen sind. Mit der empfohlenen Diabetesmilch läßt sich für längere Zeit eine Säuglingsernährung nicht durchführen, Hafermehlkuren haben allerdings, wie wir uns überzeugen konnten, oft einen recht eklatanten Erfolg. Doch sind auch ihrer Anwendung naturgemäß Grenzen gezogen. Gelingt es auch durch sie ein Kind zuckerfrei zu machen, bei dem notwendig werdenden Übergang zur Milchkost oder gemischten Kost tritt die Glykosurie wieder auf und das Ende ist unaufhaltbar.

---

[1]) Wir haben in einem derartigen Falle durch große Mengen Kalk (10—14 g Calc. chlorat. cristall) die Zuckerausscheidung beseitigen können.

Zweck der Ernährungstherapie ist es, die Hyperglykämie [1]) und die von ihr abhängige Zuckerausscheidung im Urin zu beseitigen, die infolge der in geringerem oder höherem Grade vorhandenen Unausnützbarkeit der Kohlehydrate zustande kommende Unterernährung zu bekämpfen, die Gefahr der Säureintoxikation zu bannen bzw. möglichst hinauszuschieben. Das ist bei Kindern im allgemeinen bedeutend schwieriger als bei Erwachsenen; denn der Kohlehydratbedarf ist wenigstens bei den jüngsten Altersstufen ebenso wie ihre Neigung zur Azidose relativ größer, diese vielleicht aber auch deletärer als späterhin. Gelingt es uns durch unsere therapeutischen Maßnahmen Hyperglykämie und Glykosurie zu beseitigen, so geht damit Hand in Hand eine Toleranzhebung für Kohlehydrate, was das Ziel unseres Heilplanes ist.

Die Therapie wird eingeleitet mit der Bestimmung der Toleranz für Kohlehydrate. Ausgegangen wird von der gemischten Kost, an die das Kind gewöhnt ist. Die Speisen werden genau gewogen, der in ihnen enthaltene Eiweiß-, Fett- und Kohlehydratgehalt aus einer der vorhandenen Tabellen berechnet. Der Urin wird quantitativ aufgefangen, an der Gesamtmenge die Zuckerbestimmung gemacht und die Eisenchloridreaktion zur Feststellung von Azetessigsäure angestellt. Allmählich werden die Kohlehydrate eingeschränkt und vollständig entzogen. Die Schnelligkeit, mit der das geschehen kann, richtet sich nach dem Einzelfalle. Dort, wo Azeton und Azetessigsäure ausgeschieden werden, wird langsamer verfahren als wo das nicht der Fall ist. Ist bei strenger (kohlehydratfreier) Kost der Zucker verschwunden, bleibt man einige Tage dabei und legt allmählich kleine Mengen von Kohlehydrat, am besten in Form von Brot zu, ungefähr mit Mengen von 20—30 g beginnend.

Genügt die einfache Eliminierung der Kohlehydrate, um den Patienten zuckerfrei zu machen und die Hyperglykämie zurückzubringen, so ist die Glykosurie vorläufig als leicht anzusehen. Genügt jedoch die Streichung der Kohlehydrate nicht, dann handelt es sich um einen mittelschweren oder schweren Fall von Glykosurie. Um eine weitere Klassifizierung dieser Fälle vornehmen und danach vorgehen zu können, muß nun auch die Eiweißmenge in der Nahrung verringert werden. Führt Herabminderung in der Eiweißmenge zur Zuckerfreiheit, dann hat man es mit einem mittelschweren Fall zu tun. Ist auch die Herabminderung der Eiweißmenge ergebnislos, dann liegt ein schwerer Fall von Glykosurie vor.

Nach diesem Ermittelungsverfahren muß man die Diät feststellen. Bei den **leichten Fällen** ist das Vorgehen ohne weiteres klar. Man bleibt einige Tage (3) bei der kohlehydratfreien Kost, ohne daß man befürchten müßte, einen Zustand der Unterernährung bei dem Kinde herbeizuführen. Denn es läßt sich durch Eiweiß und Fett die notwendige

[1]) Man sollte sich mit der Kontrolle der dauernden Zuckerfreiheit des Urins nicht begnügen, sondern, wenn auch in größeren Zeitabständen, die Blutzuckeruntersuchung vornehmen, die ein noch feineres Kriterium für die Beurteilung des Einzelfalles ist (Blutzuckerspiegel in 100 g Blut zwischen 70 bis 110 mg schwankend).

Kalorienzufuhr decken. Man kann in den Gemüsen, welche man den Kindern gibt, reichliche Mengen von Fett (Butter oder Speck) unterbringen. Spinat, Blumenkohl, Spargeln, junge grüne Bohnen, Tomaten, Kohlrabi, Pilze sind gut als Fettträger zu verwenden. Auch Eiweiß ist diesen Kindern erlaubt. Doch sollte man sich auch in den leichten Fällen hüten, eine abundante Eiweißzufuhr einzuleiten. Eiereiweiß ist den Kindern bekömmlicher als Fleischeiweiß und Kasein.

Außerordentlich wichtig ist die Erkenntnis, daß auch die diabetischen Kinder von einer Einschränkung der Gesamtkalorienmenge ebenso wie die Erwachsenen Nutzen ziehen. Es ist nicht notwendig, diesen Kindern mehr Kalorien zu geben, als den gesunden Kindern. Im Gegenteil, sie sollen sogar weniger erhalten, weil damit eine Stoffwechselschonung verbunden ist.

Der Eiweiß-Fettkost werden dann allmählich ansteigende Mengen von Kohlehydraten, am besten in Form von Brot zugelegt. Man kommt schließlich zu einer Grenze, bei der wieder Spuren von Zucker ausgeschieden werden. Die Toleranz ist überschritten. Man wird zweckmäßigerweise bei der Ernährung nie so weit gehen, daß die volle Toleranzgrenze erreicht wird, sondern wird unter dieser stehen bleiben.

Mittelschwere Fälle. Ist es nicht gelungen, durch die Eiweiß-Fettkost den Harn zuckerfrei zu machen, dann muß das Eiweiß weiter reduziert werden. Noorden gibt als übliches Maß der Eiweißzufuhr bei diabetischen Kindern 70—80 g an und hält es für nötig, bei mittelschweren Fällen die Stickstoffzufuhr auf 40—70 g Eiweiß zu reduzieren. Unseren Erfahrungen nach können ohne Schaden für den Zustand des Kindes die Eiweißmengen auch noch weiter heruntergesetzt werden, allerdings nicht etwa für Monate oder Jahre. Aber für einige Wochen können auch unter 2 g Eiweiß pro kg Körpergewicht dem Kinde zugeführt werden. Man sieht dann auch bei diesen mittelschweren Fällen die Toleranz sich allmählich wieder heben, so daß größere Mengen von Kohlehydraten wieder vertragen werden. Man wird allerdings nur solange bei dieser karg bemessenen Eiweißkost bleiben, als die diabetische Störung es fordert und ganz allmählich wiederum die Eiweißzulage erhöhen. So erreicht man auch bei mittelschweren Fällen von Glykosurie, wenn wir auch niemals einen Fall von Heilung gesehen haben, daß die Kinder bei relativem Wohlbefinden eine Reihe von Jahren verbringen. Die mittelschweren Fälle zeigen auch stets eine stärkere oder geringere Azetessigsäurereaktion, und die Azidose ist daher stets bei der Behandlung in Betracht zu ziehen. Wir verweisen auf S. 99.

Schwere Fälle. Die Behandlung der schwersten Fälle von Glykosurie, d.i. derjenigen, bei denen auch eine Einschränkung der Eiweißzufuhr unter 1,25—1,5 g Eiweiß pro kg Körpergewicht die Zuckerausscheidung nicht zum Schwinden bringt, reichere Ausscheidung von Azetessigsäure die Gefahr einer Säurevergiftung und des Coma diabeticum in die Nähe rückt, ist äußerst schwierig, muß aber doch aus den eingangs angeführten Gründen in jedem Fall versucht werden. Da man hier mit Einschränkung der Kohlehydrate und des Eiweißes nicht zum Ziel kommt, ist es notwendig, besondere Kuren einzuschieben, und zwar Hungertage,

Gemüsetage und Tage der Haferkur. An den Hungertagen soll nichts genossen werden außer 1—1½ Liter Wasser, die man durch Zugabe von Zitronensäure schmackhafter machen kann, dünne, fettarme Fleischbrühe, unter Umständen etwas Alkohol. Die Kinder müssen diese Tage im Bett verbringen. Die Gemüsetage erlauben die Eiweißmenge auf das geringste Maß zu reduzieren und damit doch noch eine Verbesserung der Toleranz herbeizuführen. Die Haferkuren haben sich auch im Kindesalter außerordentlich bewährt. Nur müssen sie in der Originalvorschrift von Noorden vorgenommen werden. Darüber eine kurze Bemerkung. Noorden empfiehlt, die Hafertage zwischen Gemüse- oder Hungertage einzuschalten, an diesen Tagen jeden anderen Kohlehydratträger fernzuhalten und den Übergang zur gewöhnlichen Diabetikerkost sehr langsam zu gestalten. Am Hafertage selbst werden 250 g Hafermehl (mit 155—165 g Kohlehydraten) verabreicht, am besten zweistündlich in Suppenform oder steifer Grütze. Dazu kommen 100—150 g Butter und einige Eier. Als Hafersorten empfehlen sich Hohenlohesche Haferflocken oder Knorrs Hafergrütze. Kaffee, Tee, Zitronensaft sind erlaubt. Diese Haferkuren haben sich unter Modifikation der Mengen im Kindesalter außerordentlich bewährt. Die Glykosurie sinkt oft am 2.—3. Tage auf Null, und noch bedeutsamer ist die Wirkung auf die Ketonurie (Ausscheidung der Azetessigsäure). Geht man allmählich wiederum auf eine eiweißarme, fettreiche Kost über, so sieht man deutlich den Gewinn an Toleranz. Selbst in verzweifelt aussehenden Fällen haben wir auf diese Weise doch etwas erreichen können. Liegt ein Fall von schwerer Glykosurie mit starker Azidose vor und gelingt es auch durch die verschiedenen genannten Kuren nicht, die Toleranz zu bessern, dann muß man in der Nahrung eine geringe Menge von Kohlehydraten gestatten, um die Gefahr der Säureintoxikation hinauszuschieben. Man lasse das Kind dann ruhig täglich 100—200 g Brot und auch Kartoffel genießen.

Gemüsetag bei Diabetes.

Schwache Kinder gehören während eines solchen Tages ins Bett, weniger angegriffenen kann geringe Körperbewegung gestattet werden.

1. Frühstück: Kaffee oder Tee mit einem Ei oder Spinat mit Ei.

Vormittags: 1 Tasse Fleischbrühe mit 1—2 Knochenmarkscheiben oder 1 Ei; dazu 20—30 g nicht durchwachsener Speck.

Mittags: 1 Tasse Fleischbrühe mit Ei, nachher Gemüse mit Butter zubereitet.

Als Gemüse können genommen werden:

Blätterkohl, Kochendivien, Kochsalat, Spargel, Schnittbohnen, Spinat, Tomaten.

(Gemüse mit hohem Kohlehydratgehalt wie: Rosenkohl, grüne Erbsen, neue Bohnen, Rüben, Kohlrabi, Schwarzwurzel, scheiden aus.)

Das Kochwasser der Gemüse muß abgegossen werden, es enthält die löslichen Kohlehydrate der Gemüse. Im Gemüse kann dem Kinde reichlich Fett (Butter, Olivenöl) zugeführt werden. Ferner kann dem Gemüse wiederum etwas Speck zugesetzt werden.

Nachmittags: 1 Tasse Kaffee.

Abends: 1 Tasse Fleischbrühe mit Ei oder Mark, Salat aus Kopfsalat, Gurken oder Tomaten.
1—2 weich gekochte Eier.

Je nach der Menge der gegebenen Eier hat man es in der Hand, den Eiweißgehalt zu variieren. Durch Zulagen von gutem Pflanzenöl, Butter und Speck kann der Kalorienbedarf gedeckt werden. Alkalisches Mineralwasser kann nach Bedarf gereicht werden; älteren Kindern kann man unbedenklich ein Glas Rotwein gestatten.

Beim Übergang von der gemischten Kost zur Eiweiß-Fettkost ebenso wie beim Auftreten von Azetessigsäure im Urin erscheint es notwendig, gegen die Säurevergiftung prophylaktisch vorzugehen. Man gibt so viel Natrium bicarbonicum oder citricum, am besten mit gleichen Teilen Kalium citricum, daß die Reaktion des Urins bis zur leicht alkalischen Reaktion abgestumpft wird. Man wird Mengen von 10—20 g und mehr notwendig haben. Noorden empfiehlt dazu einen Zusatz von 2—3 g kohlensauren Kalk.

Die Therapie des Coma diabeticum selbst unterscheidet sich von der des Erwachsenen nicht. Es handelt sich um die Einverleibung größerer Alkalimengen auf dem Wege der Tropfklistiere (3%ige Lösungen von Natrium bicarbonicum) und intravenöse Infusion von 3,5—4%iger sterilisierter Natrium bicarbonicum-Lösung (800—1000 ccm).

Eine vernünftig geleitete Erziehung ist notwendig, um die indizierte Ernährung beim Kind durchzusetzen. Die Kochkunst erleichtert dem Kinde die Beschränkungen. Schule, Spiel, Bewegung, ohne Gefahr der Übermüdung, sind für das diabetische Kind erlaubt, für seinen Allgemeinzustand sogar erforderlich. Beste Körperpflege, vor allem Reinlichkeit der Haut vermeidet die lästige Furunkulose.

Während wir bei klinischer Beobachtung jahrelang gutes Allgemeinbefinden und Lebensfreude des Kindes sehen, geht sehr häufig im Privathause das, was an Erfolgen durch den klinischen Aufenthalt erreicht wurde, binnen wenigen Tagen verloren. Das mahnt dazu, nur jene Kinder in häusliche Behandlung zu entlassen, bei denen eine absolut sichere Gewähr vorhanden ist, daß die Nahrungsvorschriften aufs strengste befolgt werden und eine dauernde ärztliche Überwachung gewährleistet wird.

V. Diabetes insipidus.

Die Therapie des Diabetes insipidus, der im Kindesalter keineswegs zu den extremen Seltenheiten gehört, kann von folgenden Tatsachen Ausgang nehmen: Die Konzentrationskraft der Niere ist verringert, sie benötigt infolgedessen zur Ausscheidung der Harnsubstanzen, vor allem von Kochsalz, großer Mengen Wassers. Die zustande kommende Polyurie bedingt eine Polydypsie. Die Einbuße der konzentrierenden Fähigkeit hängt wahrscheinlich mit Störungen der Nervenregulation zusammen, wobei zumindest in einem Teile der Fälle innersekretorische Störungen, vor allem Insuffizienzerscheinungen des Infundibularanteiles der Hypophyse beteiligt sein dürften. Daß Polyurie infolge Cystopyelitis, Schrumpfniere, Diabetes mellitus ausgeschlossen werden müssen, erscheint selbstverständlich. Eine mit Sicherheit nachgewiesene Rolle spielt die Syphilis (vielleicht auf dem Umwege über syphilitische Veränderungen der Hypophyse oder anderer in Betracht kommender Teile des Zentralnervensystems), ferner Tumorbildungen der Hypophyse, endlich aber auch andere Störungen nervöser Zentren und Bahnen. Auf dieser Grundlage muß ein Heilplan aufgestellt werden.

Erstens wird sich der Arzt zu vergewissern haben, daß die Niere wirklich an Konzentrationsfähigkeit eingebüßt hat, und daß die primäre Polyurie die Polydypsie bedingt. Es bedarf also vor jeder therapeutischen Leistung der Feststellung des Konzentrationsvermögens der Niere, z. B. mit Hilfe des Konzentrationsversuches, wie er bei funktioneller Prüfung der Niere bei Nephritiden üblich ist. Da die Verabfolgung von Trockenkost, die Einschränkung der Flüssigkeitsmenge beim Diabetes insipidus-kranken Kinde zu unangenehmen Ausfallserscheinungen und zu einer großen Qual des Kindes führen kann, bediene man sich zur Fesstellung lieber der Straußschen Probe. Diese besteht darin, daß abends Milchsuppen, morgens auf nüchternen Magen in 500 g Wasser 10 g Kochsalz verabreicht werden und der Urin in 5 Stunden-Proben untersucht wird. Es zeigt sich dabei die verschleppte Kochsalzausscheidung, das Nichtansteigen der prozentualen Kochsalzmenge.

Ein starkes Ansteigen des spezifischen Gewichts würde auch ohne chemische Untersuchung gegen den Diabetes insipidus sprechen.

Für die Praxis genügt folgende Probe: Man stelle Menge und spezifisches Gewicht des Harns einige Tage hintereinander bei gleich bleibender Kost fest und gebe dann in den Morgenstunden der folgenden 1—2 Tage je 10 g Salz in Oblaten oder in wenig Wasser gelöst. Bei Diabetes insipidus steigt die Harnmenge nicht nur um einige hundert ccm, sondern um 1 l und mehr, während das spezifische Gewicht nicht steigt. Bei nervöser Polydypsie steigt die Harnmenge nur mäßig, dafür aber das spezifische Gewicht des Harns, besonders in den ersten sechs Stunden. Ergibt sich, daß die Niere ihre Konzentrationskraft nicht eingebüßt hat, dann haben wir es mit einem Fall von primärer Polydypsie zu tun, die wohl immer ein Zeichen degenerativer Veranlagung des Kindes ist und womöglich durch Isolierung, durch Entfernung aus seinem gewohnten Milieu, durch allmähliche planmäßige Beschränkung der Flüssigkeitszufuhr unter Zuhilfenahme suggestiv wirkender Mittel, (Suggestion mit Hilfe bestimmter bitter schmeckender Medikamente, Anwendung leichter Narkotika, Wortsuggestion, besondere Prozeduren) mit Erfolg bekämpft werden kann.

Bei echtem Diabetes insipidus hingegen muß man durch Röntgenuntersuchung auf Tumoren der Hypophyse fahnden und außerdem an syphilitische Veränderungen dieses Organs oder einer anderen Stelle des Zentralnervensystems denken und demgemäß Blut und Liquor nach Wassermann untersuchen lassen.

Nicht syphilitische Tumoren sind zu operieren. Am günstigsten ist die Sachlage bei Vorliegen von Lues, die in der üblichen Weise behandelt wird. Auch bei negativer Wassermannscher Reaktion erscheint uns, wenn das Suchen nach einem anderen ätiologischen Faktor ergebnislos bleibt, eine vorsichtige antisyphilitische Behandlung gerechtfertigt.

Mit Rücksicht auf zahlreiche aufmunternde Angaben der Literatur soll man versuchen, eine möglicherweise in der Pathogenese des Leidens eine Rolle spielende insuffiziente innersekretorische Störung des Infundibularanteils der Hypophyse durch Beibringung von Extrakten des Infundibularanteils auszugleichen. Unter diesen Gesichtspunkten wird man Injektionen von Hypophysenextrakt (Hypophysin, Colluitrin, Pituglandol) versuchen können (2—3 mal täglich 0,5—1 ccm). Man wird natürlich nur bei genauer klinischer Beobachtung in der Lage sein, eine Wirkung abzuschätzen.

In der Literatur sind auch Erfolge von der Lumbalpunktion beschrieben worden. Man wird sich das merken, wobei immerhin die Möglichkeit einer Gefahr bei vorhandenen Hirntumoren zu berücksichtigen ist. Der Druck ist daher durch langsames Ablassen der Arachnoidealflüssigkeit vorsichtig und nicht unter 150 mm zu senken.

Ist die ätiologische Therapie nicht möglich oder ergebnislos, dann muß man versuchen, die Polyurie durch Beschränkung des Salzes und Eiweißes der Kost herabzumindern um damit auch den quälenden Durst zu verringern. Man ist gezwungen, eine salz- und eiweißarme Nahrung aufzustellen. Die Milch darf in dieser nur zum ganz geringen Teil vertreten sein, weil sie zu eiweiß- und salzreich ist. Aus salzlosem Brot, salzloser Butter, salzlos zubereitetem Kartoffelmus, geringen Mengen von Sahne, Zucker, Äpfelmus läßt sich ohne weiteres eine salz- und eiweißarme Kost zusammenstellen. Sie muß natürlich so gewählt sein, daß nicht Unterernährung und Kraftlosigkeit des Kindes die Folge sind. Der Eiweißgehalt der Nahrung soll immerhin so hoch sein, daß dem Wachstumsbedürfnis genügt wird. Diabetes insipidus-Polyurie gibt an und für sich keine ungünstige Prognose, so daß es nicht gerechtfertigt wäre, sie auf Kosten des Ernährungszustandes des Kindes um jeden Preis zu bekämpfen. Wir verweisen bezüglich der salz- und eiweißarmen Kost auf unsere Angaben unter Therapie der Nephritis S. 442.

Bei Versuchen, bei Diabetes insipidus-Kranken durch einfache Beschränkung der Wasserzufuhr Erfolge zu erzielen, sind unangenehme Nebenerscheinungen beschrieben. Man wird jedenfalls niemals in brüsker Weise vorgehen, sondern während der angewandten, im vorstehenden beschriebenen therapeutischen Maßnahmen, die zugeführte Wassermenge nur allmählich verringern dürfen. Erziehliche Maßnahmen spielen dabei eine besondere Rolle. Selbstverständlich sind aus der Kost alle den Durst vermehrenden Stoffe (Gewürze) wegzulassen. Mit Hilfe der angegebenen Diät und bei geeigneter erziehlicher Beeinflussung ist es möglich, den Zustand des Kindes, der an und für sich keinen lebensverkürzenden Einfluß hat, zu einem erträglichen zu gestalten.

VI. Fettsucht.

1. Prophylaxe.

Im allgemeinen läßt sich die Fettsucht im Kindesalter verhüten, denn die Fälle, in denen ein unbeeinflußbarer endogener Faktor, primär verhinderte Zersetzungsenergie, für die Entstehung allein ausschlaggebend ist, sind selten. Relativ häufig allerdings spielt ein konstitutionelles Moment in die Entstehung der Fettsucht mit hinein, ohne aber zu dominieren. Da im allgemeinen einerseits ein Zuviel an in Form von Kohlehydraten und Fett zugeführter Energie, andererseits ein durch körperliche Trägheit bedingter zu geringer Energie-Verbrauch, oder, wie besonders häufig, die Konkurrenz dieser beiden Momente zu der Entwicklung der Fettsucht führt, besteht die Prophylaxe in der Verhütung der Vielesserei und in der Vorsorge für ausreichende körperliche Bewegung. Wir verweisen diesbezüglich auf die allgemeinen Kapitel.

Mit Recht ist auf die Rolle aufmerksam gemacht worden, die für die Entstehung der Fettsucht durch Luxus-Konsumption ein falsches Hungergefühl spielt. Es ist eine Folge von Erziehungsmängeln gewöhnlich bei jenen Kindern, in deren Familien Unmäßigkeit beim Essen und andere Ernährungsunsitten bestehen. Die Kinder sind nicht dazu erzogen, ihrem Appetit, diesem „erstaunlich präzisen Regulator", zu folgen, sondern essen gewohnheitsmäßig alles, was ihnen zu den Mahlzeiten auf den Teller gelegt oder wenigstens nicht verweigert wird, ganz abgesehen von den oft recht beträchtlichen Mengen, die ihnen neben den Mahlzeiten tagsüber zugesteckt werden. So spielen in der Prophylaxe das erziehliche Moment und das gute Beispiel eine außerordentlich große Rolle. Eine Reihe von Kindern setzt das Zuviel an zugeführter Energie in ausreichende Muskelbewegung wieder um; anders ist es bei den phlegmatischen Naturen. Hier fehlt der Ausgleich durch ausreichende Muskelbewegung. Bei diesen Kindern rächt sich schon ein ganz geringer Überschuß in der Ernährung. Schon kleine tägliche Überschreitungen des Nahrungsbedarfes bedingen durch Summation im Laufe der Jahre oft eine recht beträchtliche Körperfülle. Bei diesen phlegmatischen Kindern ist Prophylaxe durch knappe Ernährung und Sorge für ausreichende Körpertätigkeit (Turnen, Turnspiele etc.) besonders notwendig.

2. Therapie.

Vor der Einleitung der entsprechenden Therapie wird man durch die genaueste Anamnese und Untersuchung von vornherein sich klar zu werden haben, ob nicht einer der seltenen Fälle reiner oder fast reiner konstitutioneller Fettsucht vorliegt. Das wird z. B. vor vornherein möglich sein bei der hypophysären Form der Fettsucht, als Dystrophia adiposogenitalis bezeichnet; denn diese ist nicht nur durch die besondere Lokalisation des Fettpolsters (Bevorzugung von Mammae, Bauch, Hüften, Mons veneris und die Hypoplasie des Genitalapparates), sondern in vereinzelten Fällen auch durch von einem Hypophysentumor ausgelöste Symptome (Hirndruckzeichen, Sehstörungen, Augenmuskelstörungen) kenntlich. In solchen Fällen wird man sich von der Durchführung einer diätetischen Entfettungskur nicht allzuviel versprechen dürfen; aber trotzdem muß sie in erster Linie versucht werden und verspricht auch in konstitutionell stark beeinflußten Fällen Erfolg. Manchmal ist die Organ-Therapie (cf. später) eine wirksame Unterstützung.

Zunächst hat die genaue Feststellung der Nahrungszufuhr zu erfolgen, bei der das Kind fett geworden ist. Man belasse es zu diesem Zwecke ruhig in seiner Häuslichkeit, bei seiner Kost und seinen Gewohnheiten und veranlasse genaue Aufzeichnungen dessen, was das Kind qualitativ und quantitativ bekommt. Dabei werden auch das Ausmaß der körperlichen Bewegung und die Dauer des Schlafes zu vermerken sein. Man wird bei der Berechnung der zugeführten Kalorien auf Grund der mitgeteilten täglichen Nahrungsmenge sehr häufig die Ursache für das Fettwerden des Kindes feststellen können, z. B. die zu reiche Zufuhr von Fett in Milch, Butter, Sahne oder Saucen, oder von Kohlehydraten in Süßigkeiten (Leckereien, Kompots). Diese Mehrzufuhr an Brennstoffen an jedem einzelnen Tage muß nicht einmal außerordentlich auffallend sein, aber die Summierung ergibt, wie schon bemerkt, bei wenig lebhaften Kindern im Laufe von Monaten und Jahren ganz beträchtliche Überschüsse, die die Fettsucht verschuldet haben. Zum Zwecke der Entfettung nimmt man nun Abstriche von Kohlehydraten und Fetten vor, die ersteren müssen in der Kost im Verhältnis zu Eiweiß und Fett nicht zu knapp vertreten bleiben. Die Eiweißmenge wird nur dann reduziert, wenn sie über den Bedarf des Kindes in dem betreffenden Alter hinausgeht. Man wird danach allmählich immer mehr abstreichen, bis schließlich nurmehr $^4/_5$ oder $^3/_4$ des Nahrungsbedarfs gedeckt sind. Dabei muß natürlich das Kind in der Lage bleiben, Stickstoff für sein Wachstum zu retinieren. Während der diätetischen Behandlung wird man die Muskelbewegungen der Kinder steigern, was auf die verschiedenste Art und Weise geschehen kann: durch Spazierengehen auf ansteigendem Terrain, durch Turnspiele, Gartenarbeiten. Bei schwerfälligen, unbeholfenen Kindern bedarf es dazu oft großer Energie seitens der Eltern und Erzieher. Denn naturgemäß ermüdet das Kind zunächst ziemlich schnell und bringt Klagen vor. Selbstverständlich sind die an ausgiebiger Bewegung behindernden Skelett-Deformitäten, z. B. Plattfüße, vor der Trainierung in Ordnung zu bringen. In der großen Mehrzahl der Fälle, bei gutem Willen, Zuverlässigkeit, Intelligenz der Eltern und des Pflegepersonals kommt man auf diese Weise zum Ziel. Sind die Voraussetzungen für die exakte Durchführung der Entfettungskur im Hause nicht gegeben, dann muß das Kind aus dem Hause genommen und unter strenger Aufsicht in einer Klinik für die Entfettungskur untergebracht werden.

Neben dem beschriebenen kann noch ein anderes diätetisches Verfahren gewählt werden. Wir gehen in Anlehnung an eine von Umber für die Erwachsenen ausgearbeiteten Methode von einer bestimmten Kostform aus.

Kostform für fettsüchtige Kinder.

		Kal.	Eiweiß in g rund
Morgens 7—8	100 g Milch	67	3
	40 g Schwarzbrot	100	2
	10 g Marmelade	20	
oder	10 g Käse (Quark) (weißer Käse)	20	3
Vormittags 10—11	40 g Brot	100	2
	10 g Marmelade	20	
oder	20 g Brot	50	1
	125 g Obst (frisches)	50	
Mittags	100 g gekochtes, mageres Fleisch	210	
	50 g Kartoffelbrei	50	
	100 g Gemüse (ohne Einbrenne in Salzwasser gekocht	30	
Nachmittags 4—5	100 g $^1/_2$ Milch, $^1/_2$ Malzkaffee	35	1,5
	20 g Brot	50	1
Abends	200 g Brei aus 200 g Milch und 10% Weizengriess, oder Reis- oder Hafermehl oder	240	8
	100 g gekochtes Rindfleisch und 20 g Brot oder	250	36
	45 g weißer Käse mit 25 g Zucker gemischt und 20 g Brot oder	250	18
	60 g Brot, 60 g frisches Obst und 100 g Milch	250	6

Diese, natürlich zur Deckung des Bedarfs beim älteren Kinde nicht ausreichende Ernährung, wird durch Zulagen erhöht, welche aus allen möglichen für das Kind bekömmlichen Stoffen bestehen können. Einer Zulage von einem Nährwert von 100 Kalorien entsprechen z. B. folgende Gerichte:

		Eiweißgehalt in g etwa
Milch	150 g	4,8
Weißer Käse (Quark, Topfen)	45 g	15,5
Schweizer Käse	20 g	5,6
Butter	12,5 g	—
Brot	40 g	2
Weizen-Zwieback	30 g	2,3
Leibniz-Kakes	26 g	2
Zucker	25 g	—
Hafer- oder Weizen- oder Reis- oder Gerstenmehl	20 g	1,6
Kartoffel (gekocht)	100 g	1,6
Spinat, Rotkohl, Mohrrüben oder Blumenkohl	350 g	1,5
Trockene Erbsen, Bohnen, Linsen	35 g	5,6
Frisches Obst	250 g	1,2

Da es bei jeder Entfettungskur darauf ankommt, den Eiweißbedarf des Organismus zu schonen, wird man die Zulagen lieber in Kohlehydraten z. B. Kartoffeln, Gemüse, Brot, Obst, als in Fetten wählen, Eiweißzulagen lieber in magerem Fleisch, Fisch und magerem Käse, als in Milch. Bei einer Nahrungszufuhr, die den Bedarf des Kindes annähernd deckt, wird man bleiben und so eine langsame, stetige Gewichtsabnahme erzielen.

Das Ziel unseres Vorgehens ist ein langsames Absinken des Körpergewichts, womöglich bis zu einem dem Alter und der Größe des Kindes entsprechenden Gewicht, eine Erzielung größerer Regsamkeit und nicht zuletzt eine Erziehung zur Mäßigkeit und Regelmäßigkeit der Nahrungsaufnahme, eine Abkehr von der gewohnheitsmäßigen Vielesserei. Weil wir bei unserem Vorgehen den allergrößten Wert auf das erziehliche Moment legen, nehmen wir im Kindesalter von allen diätetischen Kuren Abstand, die sich auf einer einseitigen Ernährung aufbauen, möge es sich um Milchkuren, Kartoffelkuren, Obstkuren handeln; denn das Kind soll eben dazu erzogen werden, bei gemischter Kost ein mäßiges Leben zu führen.

Je nachdem die Konstitution eine größere oder geringere Rolle bei der Entstehung der Fettsucht gespielt hat, um so geringer oder größer werden die Erfolge der Nahrungsbeschränkung sein. In refraktären Fällen, bei denen eine Entfettung auf diätetischem Wege nicht oder nur in sehr geringem Maße gelingt, wird man die diätetische Entfettungskur durch eine Thyreoidintherapie unterstützen müssen. Mag die Fettsucht in Beziehung zu welcher endogenen Drüse immer gebracht werden: zur Schilddrüse, Hypophyse, zu den Keimdrüsen, in jedem sich als konstitutionell bedingt erweisenden Falle soll man versuchen mit Thyreoidin-Präparaten die Entfettung herzuführen oder zu beschleunigen. Von anderen Organpräparaten sieht man absolut nichts Sicheres, auch mit Thyreoidin stellt sich der Erfolg keineswegs immer ein. Die Dosierung muß vorsichtiger erfolgen und allmählicher ansteigen als bei Myxödem (s. S. 209); dabei ist stets genaue Kontrolle der Herztätigkeit erforderlich. Bei leichteren Störungen reduziere man zunächst die Dosis und setze bei Fortbestehen der Beschwerden aus. Sind von vornherein Herzstörungen vorhanden, dann ist die Thyreoidin-Verabreichung kontraindiziert. Die Thyreoidinkur selbst soll 4—6 Wochen fortgesetzt werden und kann nach einigen Monaten ihre Wiederholung finden. Ist die Fettsucht durch einen Tumor der Hypophyse bedingt, dann ist die sehr gefährliche Operation wohl immer notwendig, sobald Tumor vorhanden. Nur dann kann die Operation unterbleiben, wenn die Fettsucht schon länger besteht und man daher annehmen kann, daß der Tumor nicht wächst.

VII. Steinbildende Stoffwechselanomalien.

Uraturie (Uratdiathese), Phosphaturie (Calcariurie), Oxalurie (Oxalatdiathese).

Die genannten Störungen beanspruchen im Kindesalter deswegen Interesse, weil sie zur Steinbildung und deren Folgen in den Nieren und ableitenden Harnwegen führen können. Ist auch die Steinbildung im Kindesalter ein seltenes Leiden, so beansprucht sie doch in gewissen Ländern und Gegenden wegen ihres gehäuften Vorkommens besondere Aufmerksamkeit. Nur in einer Minderzahl der genannten Stoffwechselanomalien kommt es zur Steinbildung und den durch sie bedingten Krankheitssymptomen. Häufiger ist das Vorkommen von kleinen, oft nicht richtig gedeuteten Störungen (Kolikschmerzen, Leibschmerzen bei körperlichen Anstrengungen, Seitenstechen, ins Genitale ausstrahlenden Schmerzen), die hervorgerufen werden durch Abgang von Grieß oder größeren Kristallen. Diese Beschwerden schwinden mit der Behandlung der steinbildenden Diathesen. Die Untersuchung des Urinsediments (Vorhandensein bestimmter Kristallformen, roter Blutkörperchen und Blutkörperchenschatten) enthüllt die Bedeutung unklarer Symptome.

1. Konkremente.

Die Behandlung der Lithiasis unterscheidet sich in keiner Weise von der der Erwachsenen. Bei nicht zu großen Nierenkonkrementen, welche den Harnleiter passieren können und die nicht zu einer Infektion geführt haben, kann man unter der Voraussetzung abwarten, daß weder die von ihnen ausgehenden Beschwerden noch die Art der Blutungen ein chirurgisches Eingreifen indizieren. Man kann hier versuchen, durch Trinkkuren (Kuren mit Karlsbader Wasser, mit Wildunger Wasser, am besten an Ort und Stelle) die Entleerung der Steine herbeizuführen. Größere Steine, aber auch kleinere Konkremente, wenn sie hochgradige Beschwerden, Beeinträchtigung des Allgemeinbefindens, Infektion des Nierenbeckens oder Nierenparenchyma hervorgerufen haben, indizieren die Operation (Pyelotomie oder Nephrotomie). Auch im Ureter eingekeilte Steine und Blasensteine erfordern ein operatives Eingreifen, dessen Wahl dem Spezialisten überlassen bleiben muß. Es muß wohl kaum betont werden, daß die Kontrolle durch das Röntgenverfahren für die therapeutische Indikation und Technik unerläßlich ist. Bei nachgewiesenem Blasenstein ist immer auf Steine im Nierenbecken zu fahnden. Da erfahrungsgemäß die Steinbildung häufig von Rezidiven gefolgt und mit der Entfernung des Steins nur ein Symptom beseitigt ist, muß außerdem jene Therapie einsetzen, welche für die entsprechende Störung notwendig ist.

2. Uraturie.

Das gelegentliche Auftreten von Sedimentum lateritium auch beim nicht fiebernden Kinde ist nicht als pathologisch anzusehen. Pathologisch ist nur die Bildung kleinerer und größerer Uratkonkremente bis zu Stecknadekopf- oder Grießkorngröße. Eine Störung des Purinstoffwechsels muß nicht zugrunde liegen. Doch beobachtet man im späteren Alter in einzelnen Fällen das Auftreten von Gicht. Man muß die Uraturie auch dann bekämpfen, solange keine besonderen Beschwerden von ihr ausgehen, selbst wenn man sie nur ganz zufällig bei der Harnuntersuchung findet. Namentlich die kernhaltigen Organe, wie

Leber, Thymus, Niere, Hirn, sind aus der Nahrung auszuschalten. Das Fleisch ist wegen seines Hypoxanthingehaltes nur in kleinen Portionen 2—3 mal in der Woche erlaubt. Eine gemüse- und früchtereiche Kost tritt an ihre Stelle. Eine vierwöchige Trinkkur mit einem alkalischen Mineralbrunnen ist wünschenswert, sobald Konkremente bemerkt worden sind, um eine gründliche Durchspülung der Harnwege zu bewirken und außerdem die Alkaleszenz des Urins zu vermehren. Sonst beschränkt man sich darauf, zu Mittag- und Abendbrot ein kleines Wasserglas voll alkalischen Mineralbrunnens, z. B. Fachinger, Obersalzbrunnen, Biliner trinken zu lassen. Bei allen fieberhaften Affektionen ist auf reichliches Trinken zu achten.

Während die Uraturie bei einem normalen Purinstoffwechsel zustande kommen kann, liegt der Calcariurie (Phosphaturie) sowie auch Oxalurie immer ein gestörter Stoffwechsel zugrunde. Dabei muß man sich aber hüten, Calcariurie bzw. Oxalurie als eine Krankheit sui generis zu betrachten. Es gruppieren sich zwar um das abnorme Harnbild bzw. die Stoffwechselstörung Beschwerden allgemeiner Natur, die aber zu wenig fest umschrieben sind, als daß wir berechtigt wären, sie als charakteristisch für eine der beiden in Frage stehenden Stoffwechselstörungen anzuerkennen und ein Krankheitsbild aufzustellen.

3. Phosphaturie (Calcariurie).

Die Krankheit kennzeichnet sich durch die Entleerung eines durch ungelösten, phosphorsauren Kalk milchig getrübten, alkalischen Urins.

Die Ausscheidung des unlöslichen phosphorsauren Kalks im alkalischen Urin kommt dadurch zustande, daß Kalk statt wie sonst hauptsächlich durch den Darm, wesentlich durch die Niere ausgeschieden wird. Warum dies aber der Fall ist, ist völlig unklar. Vielfach wird die Meinung vertreten, daß der Grund der unerklärten Störung nervöser Natur sei. Diese Auffassung hat viel für sich, da die betroffenen Kinder im allgemeinen zur Gruppe der nervösen Kinder gehören und wir häufig mit einer Therapie der Neuropathie mehr erreichen als mit einem anderen Vorgehen. Mit Sicherheit ist bewiesen, daß einzelne Dickdarmstörungen verschiedener Art zu dieser Änderung des Ausscheidungsverhältnisses des Kalks und damit zur Calcariurie führen können. Man schuldigt aber z. B. auch die Hypersekretion des Magens als Ursache an.

Unter allen Umständen scheint es geboten, das Augenmerk in erster Linie auf die Therapie der Neuropathie zu richten. Bei gewöhnlicher gemischter Kost erreicht man durch viel Aufenthalt im Freien, Wanderungen, Sonnenbäder, Bewegungsspiele Erstaunliches.

Eine bestehende Kolitis muß natürlich außerdem behandelt werden. Ein Versuch mit Atropin, um eine etwa bestehende Hypersekretion des Magens zu beseitigen, ist gestattet. Im übrigen muß man wegen der Gefahr der Steinbildung für einen reichlichen Flüssigkeitsgenuß Sorge tragen. Wasser oder ein nicht alkalischer und kalkarmer Säuerling sind in der gleichen Weise anzuwenden, wie bei der Uraturie beschrieben. Gewiß wäre es wünschenswert, den Urin anzusäuern. Das gelingt aber erfahrungsgemäß kaum. Man könnte am ehesten an große Mengen Preißelbeeren (Bildung von Hippursäure) denken. Phosphorsäure müßte in Dosen von 3—4 g pro Tag gegeben werden. Man verzichte daher lieber darauf.

4. Oxalurie.

Das Leiden ist in seiner Pathogenese unklar. Um ein abgeschlossenes Krankheitsbild handelt es sich hier ebensowenig wie bei der Calcariurie. Die Therapie beschränke sich auf Verabfolgung einer oxalsäurearmen Kost. Es scheint uns genügend, wenn Spinat, Pfaumenmus, Rhabarber, Stachelbeeren als oxalsäurereiche Nahrungsmittel vermieden werden. Vielfach wird auch geraten, die nukleinreichen Organe ebenso wie bei Uraturie aus der Nahrung auszuscheiden, da zwischen Oxalsäure- und Harnsäurebildung nahe Beziehungen bestehen sollen.

VIII. Erkrankungen der Hypophyse.

Erkrankungen der Hypophyse haben bisher nur bei Adipositas und Diabetes insipidus (S. 202 und S. 199) therapeutisches Interesse. Die Operation des Hypophysentumors ist geboten, wenn Hirnerscheinungen, Kopfschmerzen, sonstige Hirndrucksymptome, Augenmuskel- und Sehstörungen bestehen. Adipositas und Diabetes insipidus ohne solche zerebrale Erscheinungen sind auch dann keine Indikation für die Operation, wenn wir eine Anomalie der Hypophyse annehmen müssen. Bezüglich der Organ-Therapie mit Hypophysenpräparaten verweisen wir auf S. 201.

IX. Erkrankungen der Schilddrüse (Thyreoidea).

1. Kropf.

Die Behandlung des Struma zur Zeit der Pubertät, in der sie am häufigsten in Frage kommt, kann im allgemeinen konservativ sein, wenn schwere Kompression und Verdrängungserscheinungen keine Indikation für die sofortige Operation abgeben. Die leichten Kropfformen, die um das 12. Lebensjahr beginnen, um einige Jahre nach der Pubertät spontan zu verschwinden, bedürfen eigentlich kaum einer Behandlung. Man lasse 2mal täglich ein bohnengroßes Stück einer 10%igen Jod Ammonium, Jodkalium oder Jodvasogen-Salbe einreiben. Eine wirksamere Jodanwendung stellt die innerliche Verabreichung von Jodnatrium (s. S. 515), Lipojodin oder Sajodin dar. Von dem letzteren gebe man 2 mal täglich $^1/_2$—1 Tablette und setze jeden 4. Tag aus. In Gegenden mit endemischem Kropf muß man mit der innerlichen Verabfolgung von Jod jedoch recht vorsichtig sein wegen der Möglichkeit des Ausbruchs von Basedowscher Krankheit. Man beschränkt sich dort besser auf die Salbenbehandlung.

2. Myxödem.

Das Fehlen oder die Entartung der Schilddrüse führt zu dem klinisch prägnanten Bilde des Myxödems, bei dem die Organtherapie mit Schilddrüse wunderbare Erfolge erzielt. Die Implantation der Schilddrüse in den kindlichen Organismus hat bisher keine Dauererfolge zu erzielen vermocht, so daß bis jetzt nur die innerliche Darreichung von Schilddrüsen-Präparaten in Frage kommt, bzw. die Zufuhr frischer Rinder- oder Hammel-Schilddrüsen, die man dem Kinde unter die Speisen mischt. Von diesen werden ein oder zwei, mehrmals in der Woche bis täglich, dem Kinde gegeben. Aber diese Therapie tritt naturgemäß hinter der Zufuhr von Thyreoidin-Präparaten zurück. Als Mittel benutzen wir gewöhnlich Thyreoidin Merck, das in Tabletten zu 0,1 in Packungen zu 100 Stück in den Handel kommt. Die Dose beträgt im ersten Lebensjahr 1 Tablette am Tage. Jeden 4., später jeden 7. Tag mag man aussetzen. Gewichtsabnahmen in den ersten 14 Tagen bedeuten in diesem Alter nichts. Erst wenn in weiteren 14 Tagen die Abnahme fortschreitet oder von vornherein größer sein sollte, reduziere man die Dose auf die Hälfte. Im späteren Lebensalter wird man bei gedunseneren, dicken Kindern gerade dann zu Anfang einmal eine stärkere Abnahme sehen, wenn die Kur von Erfolg begleitet ist. Im 2. Lebensjahre kann man mit 0,1 beginnen, doch wird man hier jeden 3. Tag 2 Tabletten geben und nur jeden 7. Tag aussetzen. Im späteren Alter kommt man wohl mit 2 Tabletten pro Tag immer aus. Man kann sogar wochen- oder monateweise die Dose auf 0,1 verringern. Hier entscheidet die sorgfältige Beobachtung des seelischen Verhaltens des Kindes. Zunehmende Trägheit und Langsamkeit verlangen größere Dosen. Die erste Wirkung zeigt sich in 2—4 Wochen in Zunahme des Wachstums, vermehrter Regsamkeit. Später verschwinden Makroglossie und Nabelbruch. So erfreulich die Erfolge sind, so werden diese Kinder zwar den normalen ähnlich, aber wohl selten völlig gleich. Zum mindesten bleibt meist ein leichter Grad von Schwachsinn zurück. Jedes Aussetzen des Mittels führt zu einem Rückfall des Leidens. Wahrscheinlich müssen derartige Kranke ihr ganzes Leben Thyreoidin-Präparate einnehmen. Die Schädlichkeit der Schilddrüsenpräparate wird zwar von manchen Seiten bestritten; trotzdem ist festgestellt, daß vereinzelte Kinder bei wenig vorsichtiger Zufuhr der Schilddrüsenpräparate, vielleicht infolge einer Idiosynkrasie unangenehme Symptome darbieten können, die zum Aussetzen des Mittels nötigen; vor allem Erscheinungen von seiten des Herzens, Kollaps-Zufälle, Pulsirregularitäten, aber auch Erbrechen und Durchfälle sind beschrieben. Es bleibt dahingestellt, ob diese unangenehmen Nebenerscheinungen immer an der Schilddrüse als solcher haften, oder ob sie nicht manchen Präparaten eigentümlich sind. Im Falle solcher störenden Nebensymptome wird man zunächst mit dem Präparat aussetzen, um dann nach einiger Zeit mit kleineren Dosen eines anderen Präparates (Thyraden oder Jodothyrin s. Schilddrüsenpräparate S. 521) anzufangen, oder zu dem Versuch der Fütterung mit frischen Hammel- oder Rinderschilddrüsen überzugehen. Idiosynkrasien so schwerer Art, daß die Schilddrüsen-Therapie überhaupt aufgegeben werden muß, sind uns nicht bekannt. Über die Behandlung des Schwachsinns s. S. 351.

3. Basedowsche Krankheit.

Die Therapie der Basedowschen Krankheit im Kindesalter unterscheidet sich in keiner Weise von der Therapie beim Erwachsenen. Wir erwähnen sie nur deswegen in diesem Buche, weil der Basedow im Kindesalter, der allerdings kaum jemals vor dem 10. Lebensjahr auftritt, eine schwere Erkrankung darstellt, für die jene Maßnahmen in Frage kommen, welche für die Therapie der schweren Basedowfälle beim Erwachsenen beschrieben sind.

Man beginnt mit einer absoluten Ruhekur. Fleisch, Fleischbrühe und Gewürze sind auszuschalten. Die Kost soll reichlich bemessen werden. Für reichliche Zufuhr von Eiweiß ist durch Milch, Käse und Ei zu sorgen. Eine Arsenkur ist zu versuchen. Ebenso mag man statt dessen und zu gleicher Zeit einen Versuch mit dem teuren Antithyreoidin von Möbius machen. Man beginnt mit 3 mal täglich 10 und steigt auf 3 mal täglich 30 und mehr Tropfen.

Aufregungszustände bekämpfe man durch milde Narkotika. Hierzu eignet sich besonders das Brom. Doch mache man erst einen Versuch, ob kleine Dosen Bromural etwa 1 Tablette morgens und mittags und 2—3 zur Nacht Herzklopfen und Erregung bessern.

Schreitet trotz der Behandlung das Leiden fort und magert das Kind weiter ab, so rate man dringend zur Operation.

X. Erkrankungen der Thymus.

Der sogenannte Status thymicolymphaticus, der vielfach (ob mit Recht oder Unrecht, sei dahingestellt) in Zusammenhang mit plötzlichen Todesfällen im Kindesalter gebracht wird, entzieht sich der Diagnose und einer speziellen Therapie. Höchstens ist zu sagen, daß man bei jedem dicken Kinde die Vergrößerung des lymphatischen Apparats, meist auch eine größere Thymus findet. Die Vermeidung jeder Mastkost, die strenge Innehaltung knapper Ernährung ist vielleicht also als Therapie zu bezeichnen. Die selbständiger auftretende Hyperplasie der Thymus hat, wenn es sich auch um eine seltene Erscheinung handelt, ein bedeutsameres therapeutisches Interesse. Unser Eingreifen hier ist lebensrettend, wenn die Thymushyperplasie einen Stridor congenitus bedingt, der beim Nachhintenbeugen des Kopfes des Kindes durch Verstärkung der Kompression der Trachea zu Erstikkungsanfällen und zum plötzlichen Tode führen kann. Allerdings sei gleich vorweg bemerkt, daß keineswegs immer die vergrößerte Thymus als Ursache für den Stridor congenitus in Frage kommt, daß Mißbildungen der abführenden Luftwege und andere anatomische Eigentümlichkeiten, vielleicht auch Innervationsstörungen den kongenitalen Stridor bedingen können. Auch ist es nicht immer leicht, zur Klärung zu kommen, was die Thymusvergrößerung verursacht. Das Röntgenbild erweist sich oft als trügerisch. Man findet Schatten, die als vergrößerte Thymus gedeutet werden, um sich hernach bei der Sektion zu überzeugen, daß das ein Irrtum war. Andererseits sieht man auf dem Röntgenbild Schatten, die man bestimmt für eine Hyperplasie verwerten zu können glaubt, ohne daß eine Spur von Stridor besteht. Diese Einwände gegen die Richtigkeit der Diagnose sind für die Beurteilung therapeutischer Indikationen und Erfolge von allergrößter Wichtigkeit. Die vielfach empfohlene operative Entfernung eines Teiles der die Trachea komprimierenden Thymus ist nicht ungefährlich. Die Mortalität beträgt ungefähr 30%. Da alle wirklich durch die Thymushyperplasie bedingten Fälle vorm Ende des 1. Lebensjahres spontan zur Heilung kommen, so darf und muß man auch bei schweren Fällen abwarten. Nur bei akuter Erstickungsgefahr und im Jugulum tastbarer Vergrößerung der Thymus ist die Indikation zur Operation mit Sicherheit zu stellen. Man wird sonst lieber zunächst zu der ungefährlichen Methode der Röntgenbestrahlungen greifen, von denen, nach Angabe der Literatur, nur zwei notwendig sein sollen, um den Tumor zur Einschmelzung zu bringen und damit die Kompressionserscheinungen zu beseitigen. Der ganze Körper des Kindes mit Ausnahme der Hautstelle, die der Thymusgegend entspricht, wird abgedeckt. Die Fokushautdistanz beträgt 20 cm, die Dosimeterdistanz 10 cm, die Dosimeterhautdistanz 10 cm. Die Dauer der Bestrahlung beträgt 10 Minuten. Als Filter wird ein 3 mm dickes Aluminiumfilter verwendet. Die zweite Bestrahlung folgt 3—4 Wochen nach der ersten.

Bei der Ernährung und Pflege dieser Kinder sind alle Maßnahmen zu vermeiden, welche eine die Kompression der Trachea verstärkende Kopfhaltung nach rückwärts verursachen können. Auch die Fütterung hat darauf Rücksicht zu nehmen; wenn das Kind die Flasche wegen Atemnot von sich stößt, muß mit dem Löffel gefüttert werden. Auf alle Fälle wird man eine Mästung vermeiden, da diese erfahrungsgemäß die lymphoiden Organe hyperplastisch machen kann: knappe Ernährung in der Säuglingszeit, unter Umständen nur 4 Mahlzeiten unter Verzicht auf starke Zunahme.

Erkrankungen des Blutes und der blutbildenden Organe.

I. Anämie.

1. Prophylaxe.

Es muß besonders betont werden, daß zu der Diagnose Anämie Blässe der Haut, ja sogar der Schleimhäute nicht genügt. Bei älteren Kindern handelt es sich vielmehr meist um Scheinanämie (s. diese) bei normaler Beschaffenheit des Blutes. Auch müssen durch Zählung der roten und weißen Blutkörperchen, vielfach auch durch Feststellung des mikroskopischen Blutbildes Leukämie und perniziöse Anämie ausgeschlossen werden. Schließlich muß festgestellt werden, ob Anämie oder Scheinanämie nicht Folgeerscheinungen anderer Erkrankungen, Sepsis, Pyelozystitis, Lues oder Tuberkulose sind. Anämie mit Milztumor im Säuglingsalter ohne leukämisches Blutbild ist als Anämie zu behandeln. Prophylaxe und Therapie ergeben sich aus der Erkenntnis der Ursache. Je jünger das Kind ist, um so eher liegt eine angeborene Konstitutionsanomalie zugrunde. So können unreif Geborene, Zwillinge, Kinder anämischer Mütter auch bei geeigneter Ernährung anämisch werden. Die besonderen Vorsichtsmaßregeln, die sich daraus ergeben, haben wir im Kapitel über Frühgeborene besprochen (s. S. 75). Die wichtigste Ursache zur Entwickelung der Krankheit ist bei gegebener konstitutioneller Grundlage einseitige Ernährung jeder Art. Beim Säugling ist es meist eine einseitige Milchernährung, und zwar ganz besonders die Ziegenmilchernährung. Daraus ergibt sich, daß durch rechtzeitige Einführung der gemischten Kost der Eintritt einer schwereren Störung vermieden werden kann. Eine besondere Vorsicht scheint bei Ziegenmilch insofern geboten, als die Höchstmenge bei verdächtigen Kindern geringer bemessen werden soll als für Kuhmilch üblich. Beim älteren Kinde elender Verhältnisse kann eine einseitige Brot- und Kartoffelernährung die Krankheit erzeugen. Je älter das Kind ist, desto vorsichtiger soll man mit der Annahme eines rein alimentären Ursprungs sein. Nach dem 2. Lebensjahr ist die Entstehung auf dieser Basis fraglich und damit die Prognose trüber. Eine ebenso wichtige Veranlassung zu der Entwickelung der Anämie sind Infektionen. Namentlich ist auf Pyelozystitis zu fahnden. Eine sehr häufige Ursache ist die Wiederholung von Grippeanfällen. Schutz vor Infektion und Abhärtung wirken hier vorbeugend (s. S. 29). Syphilis und Tuberkulose, erstere besonders im ersten Lebensjahre, letztere im Spiel- und Schulalter, können schuld sein; außerdem auch chronische Sepsis. Nur bei Syphilis ist eine Prophylaxe bzw. Behandlung denkbar. Bei den beiden anderen Erkrankungen handelt es sich um verlorene Fälle.

Die dritte Ursache, die bei Entstehung der Krankheit mitwirken kann, sind die Schäden der Domestikation, also Fehlen von Licht, Luft und Bewegung. Hier sind die Grundsätze, die wir S. 23 u. f. aufgestellt haben, zu beachten.

2. Therapie.

Besteht bei einem anämischen Kinde Lues oder Pyelozystitis, so ist die Behandlung dieser Krankheiten zunächst in Angriff zu nehmen. Damit ist ein großer Teil der Therapie geleistet. Bei Tuberkulose ist zu berücksichtigen, daß nur schwerere, progressive Fälle zur Anämie führen. Nur wenn es sich um vernachlässigte und ungenügend genährte Kinder handelt, kann Bettruhe, verbunden mit Luftkur und kräftiger gemischter Ernährung (s. S. 302) gleichzeitig Tuberkulose und Anämie bessern. Sorgfältig ist in manchen Fällen, wie auch bei Rachitis beschrieben, die seelische Stimmung zu beachten. Viele dieser Kinder nämlich sind schwer nervös und verweigern häufig in ihnen nicht zusagender Umgebung noch mehr als sonst die Nahrung.

Bei Anämien nach schwerem Blutverlust, aber auch wenn ein chronisch verlaufender Fall in extremis zur Behandlung kommt, muß zunächst versucht werden, durch Bluttransfusion die unmittelbare Lebensgefahr zu beseitigen und außerdem alle die Maßregeln zu ergreifen, wie wir sie S. 219 beschrieben haben. Die weitere Behandlung besteht zunächst in einer geeigneten Ernährung und erst in zweiter Linie in der Zuführung von Eisen und Arsen.

Ernährung. Im Säuglingsalter kommt in allen schweren Fällen mit oder ohne Milztumor — gleichviel welche Anschauung wir uns von der Ätiologie bilden — nur Frauenmilch in Frage. Sie bewirkt oft überraschend schnell eine Wendung des bedrohlichen Zustandes zum besseren, so daß z. B. binnen 3—4 Wochen Milztumoren auf die Hälfte zurückgehen. Dabei wird man schon nach dem 4. Monat neben der Frauenmilch teelöffelweise etwas frischen Obstsaft, z. B. Kirschsaft oder Gemüsesaft, wie Mohrrübensaft[1]) geben können. Nach dem 5. Monat muß natürlich Beikost verabreicht werden: also 4 Brustmahlzeiten, 1 mal Brühgrieß mit Gemüse und etwas Kartoffel, dazu 2 mal täglich ein Teelöffelchen Fruchtsaft oder auch Fleischsaft. Ist es unmöglich, Frauenmilch zu beschaffen, dann muß die künstliche Ernährung als Kontrasternährung zur vorhergehenden gestaltet werden. Durch die Anamnese sichergestellte Überfütterung mit Milch erfordert starke Einschränkung der Milchmenge, fast einseitige Ernährung mit Mehlen in der Vorgeschichte im Gegensatz dazu reichlichere Einführung der Milch in den Kostzettel. Eine vorhandene Verdauungs- bzw. Ernährungsstörung erfordert unabhängig vom anämischen Zustand zunächst sachgemäße Behandlung. Wir stehen nicht auf dem vielfach eingenommenen Standpunkt, daß bei jeder Anämie im Säuglingsalter die Milchmenge stets unter der unteren Grenze der Norm zu halten sei. Zwar wird man meist die Milchmenge knapp bemessen, schon um für andere Nahrungsmittel Platz zu lassen. Doch nur dort, wo eine genaue Anamnese eine Überfütterung mit Milch ergibt, wird man für wenige Wochen die Milchmenge weit unter der Norm halten können und beim älteren Säugling dafür Gemüse bzw. Kohlehydrate geben, z. B. früh 150 g Milch mit 2 Zwiebäcken, vormittags etwas geschabten Apfel oder Banane mit etwas eingeweichtem Zwieback, mittags Gemüsesuppe mit eingekochtem Reis oder Grieß, dazu eine gequetschte Kartoffel und einige Teelöffel Gemüse: Karotten, Spinat, Blumenkohl, etwas Apfelmus, nachmittags 100 g Milch mit einem eingeweichten Zwieback, abends 150 g Milchgrieß oder Zwiebackbrei. Wo keine Überfütterung nachzuweisen ist, gibt man die dem Zustande des Kindes angepaßte Ernährung, und zwar da es sich fast stets um konstitutionell minderwertige Kinder handelt, die für diese angegebene Ernährung (cf. S. 65/66), bei vorhandener Rachitis die antirachitische Diät (S. 181).

Bei trockenen, harten Stühlen ist die Verdünnung der Milch mit Mehl und Malzsuppenextrakt oder die Malzsuppe besonders geeignet. Auch Buttermilch ist wirksam. Sie zeitigt ausgezeichnete Erfolge bei Neigung zu dünnen Stühlen und bei schwerer Appetitlosigkeit. Am schwierigsten ist die Behandlung, wenn mehr oder weniger völlige Nahrungsverweigerung besteht. Es sind das Fälle mit einem

---

[1]) Gekochte Mohrrüben oder rohes Fleisch werden mit der Fleischpresse Piccolo ausgepreßt.

Hämoglobingehalt bis zu 15%. Vielfach bestehen Hautblutungen und große Milztumoren. Ödeme können vorhanden sein oder während der Behandlung hinzutreten. Hier gieße man, wenn keine akuten Durchfälle bestehen, 2—3 mal täglich 150, später 200 g Buttermilch und einmal eine Grießsuppe mit Gemüsebrühe, etwas rohem Fleischsaft, später mit einem Teelöffel Friedenthalschen Gemüsepulvers mit der Schlundsonde ein. Zunahme oder Auftreten von Ödemen sowie umgekehrt anfängliche Gewichtsverluste beachte man nicht. Den fehlenden Wasserbedarf ergänze man durch zweimalige Tropfklistiere mit 200—300 g einer 10%igen Nährzuckerlösung (s. S. 494), so daß das Kind insgesamt etwa 800—1000 g Flüssigkeit bekommt. Selbst wenn der Hämoglobingehalt unter 20% gefallen ist, ist die Prognose bei dieser Therapie nicht schlecht, wenn es gelingt, Infektion der Atemorgane fernzuhalten.

Jenseits des Säuglingsalters gelten bei den Anämien die gleichen Gesichtspunkte. Bei vorangegangener Überernährung mit Milch stärkste Einschränkung, schon beim Kinde im 2. Jahre auf 1/4 Liter und darunter, was sich in diesem Lebensalter ohne Schädigung durchführen läßt. Dafür gemischte Kost mit Zerealien, Gemüse, Obst, Obstspeisen, Salat und etwas Fleisch. Bei Kindern, die durch Mehlpäppelung und einseitige Ernährung mit Kartoffeln geschädigt sind, ist eine Kontrasternährung am Platze, in der Milch und Fleisch nicht fehlen sollen. Ab und zu kann bei nicht vorhandener Idiosynkrasie auch Ei vertreten sein, z. B. als Eierkuchen mit Kompott oder Gemüse. Wir geben 2 Beispiele für die Kostform bei 2—3jährigen Kindern.

a) Beim mit Milch überernährten Kinde:

frühmorgens: 100 g Milch mit etwas dünnem Tee oder Gerstenkaffee bzw. Malzkaffee verdünnt, dazu etwas geröstetes Brot mit Marmelade;
vormittags: ein gebratener Apfel mit Butterbrot;
mittags: Gemüse und Kartoffeln zusammengekocht, dazu 1—2 Eßlöffel Fleisch, frisches Obst;
nachmittags: 100 g Milch und Gebäck;
abends: beim 2jährigen Kinde z. B. Gemüsespeise, rote Grütze oder Maronenbrei; beim Kinde, das bereits gut kauen kann, Brot mit Aufstrich, womöglich mit etwas Blut- oder Leberwurst;

b) beim vorher mit Mehl und Kartoffeln überernährten Kinde:

früh: 1/4 Liter Milch mit Butterbrot;
vormittags: Obst mit einer Scheibe Butterbrot;
mittags: viel Gemüse, Kartoffeln, Fleisch;
nachmittags: eine Tasse Milch mit Butterbrot;
abends: Eierspeise mit Salat oder eine Gemüsespeise, Käseauflauf, Wurstschnitten etc.

Allerdings begegnet die Durchführung der Kontrasternährung nicht selten bei vorher reichlich mit Milch und Milchspeisen, in erster Linie also mit flüssiger oder breiiger Kost ernährten 1—2-jährigen Kindern erheblichen Schwierigkeiten. Sie verweigern fast ausnahmslos zunächst die neue Kostform, ja nicht so selten ist die ausschließliche Ernährung mit Milch deshalb solange durchgeführt worden, weil die Kinder eine andere Art der Ernährung zurückgewiesen haben. Derartige konstitutionell minderwertigen Kinder sind eben häufig sehr sensible Naturen, die jeden neuen Reiz zunächst energisch ablehnen. Diese Schwierigkeit muß ebenso wie die oft vorhandene Appetitlosigkeit durch Konsequenz und geeignete Erziehungsmaßnahmen überwunden werden. Wir verweisen auf unsere Ausführungen in dem Kapitel „Neuropathie".

Pflege. Alle jene Maßnahmen kommen in Frage, die wir unter „Pflege im Freien" beschrieben haben. Bei intensivem Aufenthalt der Kinder im Freien (selbstverständlich zunächst in Form von Liegekuren und erst ganz allmählich unter Einschaltung von körperlichen Anstrengungen) und geeigneter Abhärtung, hebt sich der Appetit, werden immer wieder rezidivierende Infektionen, die das Fortschreiten der Anämie begünstigen, verhindert und wohl auf diese indirekte Weise eine Besserung des Zustandes erzielt. Deswegen wird man bei schweren anämischen Zuständen die Kinder nur dann ins Krankenhaus bringen, wenn die Gewähr für die beste hygienische Versorgung, für Freibleiben von Infektionen gegeben ist, in anderen Fällen die Einzelpflege vorziehen. Scheint unsere Therapie an den immer wiederkehrenden Infektionen zu scheitern, so raten wir, wenn die äußeren Verhältnisse es erlauben, der Zustand nicht an und für sich lebenbedrohend ist, die Kinder aufs Land, womöglich in die Höhe zu bringen. Zweifellos geht im Hochgebirge die Heilung schneller vonstatten (s. S. 35).

Medikamentöse Therapie. Unter den Medikamenten ist das Eisen das meistgebrauchte Mittel. Ausschließliche Milchdiät ruft jedoch nicht nur durch den Eisenmangel die Anämie hervor. Das Problem liegt komplizierter. Aber erfahrungsgemäß wirkt der Ersatz eines Teils der Kuhmilch durch eisenreiche Gemüse- und Obstsorten günstig auf den Verlauf der Krankheit. Die weitere Zugabe von Eisenpräparaten scheint eine Verkürzung des Verlaufs zu bewirken. Dabei dürften sich die pathogenetisch verschiedenen Formen der Anämie verschieden verhalten. Doch sind diese Dinge nicht exakt erforscht. Von den Eisenpräparaten empfehlen wir besonders das Ferrum carbonicum saccharatum und Chininum ferrocitricum (namentlich im Säuglingsalter).

Ebenso beliebt ist die Anwendung des Arsen. Aber auch hier sind die Erfolge nicht ganz leicht zu beurteilen. Immerhin ist ein Versuch in allen Fällen gerechtfertigt. Nur wenn auf einen solchen Appetitlosigkeit eintritt, muß die weitere Anwendung unterbleiben. Am besten gibt man Arsen in Form der Solutio arsenic. Fowleri. Bei älteren Kindern kann man sich auch des Levico-Wassers oder der Dürkheimer Maxquelle bedienen. Sehr zweckmäßig ist auch die Kombination von Eisen und Arsen (Arsenferratose, Arsentriferrin, Tinctura Fowleri mit Tinct. ferri pomata). Man gibt diese Medikamente am besten erst, wenn der Appetit sich bereits zu bessern beginnt.

Gegen die glücklicherweise sehr seltenen Formen der aplastischen und der perniziösen Anämie sind die vorgenannten therapeutischen Maßnahmen so gut wie machtlos. Immerhin wird man Versuche mit Arsenpräparaten, eventuell auch mit einer Bluttransfusion machen. Es gibt einzelne von anderen nicht unterscheidbare Fälle, die auf Injektion von Arsen, am besten von Solarson, schnell heilen.

II. Leukämie.

Hier kommen die Therapie mit radioaktiven Substanzen und die Röntgentherapie in Frage. Ihre Durchführung erfordert eine absolute Beherrschung der Bestrahlungstechnik, um nicht schädliche Haut-Wirkungen auszulösen, die wir leider schon gesehen haben. Zahl der roten Blutkörperchen und der Gehalt an Hämoglobin ist dauernd zu kontrollieren und bei Verschlechterung die Kur zu unterbrechen. Auch die Benzoltherapie wird empfohlen. Man wird allerdings mit den genannten Mitteln immer nur einen Stillstand, niemals jedoch eine dauernde Heilung erzielen. Wenigstens sind solche Fälle bisher noch nicht bekannt geworden.

Benzol-Therapie. Benzoli puri, Ol. olivar. āā 0,5 D. ad. capsul. gelatinos. Hiervon sind anfänglich beim Erwachsenen täglich 4 Kapseln zu geben. Beim Kinde von 10 Jahren wird man etwa mit der Hälfte anfangen und erst allmählich auf 4—5 Stück steigen. Wenn der Magen das Mittel nicht verträgt, kann man 5—10 Tropfen, auf 2 Eßlöffel Schleim verrührt, per klysma geben. Bis zum Eintritt der Wirkung vergehen Wochen. Der Blutbefund muß während der ganzen Zeit genau kontrolliert werden. Denn man tut gut, schon bei 30 000 weißen Blutkörperchen die Behandlung zu unterbrechen.

III. Lymphogranulomatose.

Heilungen sind nicht beschrieben. Da auf Röntgenbestrahlungen Besserung eintreten kann, sind diese in jedem Falle zu versuchen.

IV. Chlorose.

Die Tatsache, daß Maßnahmen zur Verhütung der Chlorose wenigstens bis zu einem gewissen Grade ins Kindesalter fallen, ist die Veranlassung, auf das Krankheitsbild hier einzugehen. Eine vernunftgemäße Lebensweise im weitesten Sinne des Wortes, die sich sowohl auf die Ernährung und Pflege der Kinder, als auch auf die Erziehung erstreckt, besondere Berücksichtigung der Kräftigung der Muskulatur gerade vor den Pubertätsjahren, geistige Beschäftigung in einer dem körperlichen Zustand angepaßten Weise sind gute prophylaktische Maßnahmen.

Die **Therapie** wandelt in althergebrachten Bahnen. An erster

Stelle steht die Eisenmedikation: 0,1 g metallisches Eisen pro die als mittlere Tagesdosis. Diese Mengen enthalten nach Quincke:

Ferr. hydr. reduct.	0,1 g
Ferr. oxyd. sacchar.	3,0 g
Ferr. carb. sacchar.	1,0 g
Tinct. ferri pomata	7,0 g
Syrup. ferri jodat	11,0 g
Liquor ferri album	25,0 g
Tinct. ferri compos. (Athenstädt)	50,0 g
Pilul. aloetic. ferrat	3—4 Stück
Pilul. ferri carbon. (Blaudsche Pillen)	5 Stück.

Besonders beliebt sind die Blaudschen Pillen. Aber auch die anderen Präparate sind wirksam. Es ist nicht notwendig, ein organisches Eisenpräparat, das gewöhnlich bedeutend teurer und stark der Mode unterworfen ist, zu wählen. Die Eisenkur soll mindestens 6 Wochen dauern. Manche Ärzte bevorzugen eine Kombination mit Arsen (s. S. 507).

Ernährung. Die Ernährung richtet sich nach dem Zustand des Individuums. Bei Fetten, Pastösen ist Einschränkung der Kost, bei mageren, schlecht genährten eine leichte Mast geboten. Die Kost soll sämtliche Bestandteile des Tier- und Pflanzenreichs enthalten, auch Milch und Ei, erstere jedoch in nicht zu großer Menge. Gemüse und Obst sollen unter allen Umständen gegeben werden. Man gebe die Kost recht konzentriert, damit der Organismus nicht mit Flüssigkeit überschwemmt werde. Denn in vielen Fällen von Chlorose sind Schonung der Herzkraft und Entwässerung geboten.

Klimatische Therapie und Trinkkuren können die Heilung unterstützen. Insbesondere werden die Orte empfohlen, in denen das Trinken von Stahlquellen möglich ist; so Altheide, Cudowa, Franzensbad, Pyrmont, Rippoldsau, Schwalbach, Elster, St. Moritz.

Anhang:

Die Frage der Scheinanämie.

Die Behandlung der Scheinanämie hat nur dort Erfolge, wo sie durch einen Angiospasmus der Hautgefäße bzw. durch eine ungleiche Verteilung des Blutes im Körper (Überladung der Abdominalorgane) bedingt ist. Gegen Teintanomalien sind wir machtlos. Da der Krampf der Hautgefäße bzw. die ungleiche Blutverteilung durch Störung der nervösen Regulation zustande kommt, muß sich unsere Therapie gegen die reizbare Schwäche des Nervensystems richten. So können zweckmäßige Erziehung des Kindes, geeignete Beschäftigung, richtiger Wechsel zwischen dem Aufenthalt im Hause und im Freien dem Auftreten einer Scheinanämie, die uns gewöhnlich im Schulalter begegnet, vorbeugen. Auch unsere therapeutischen Maßnahmen gehen von den gleichen Prinzipien aus; sie werden bei der Behandlung der Neuropathie noch des näheren besprochen werden.

Wir sehen in der Scheinanämie also mehr ein Symptom einer nervösen Reizbarkeit und haben daher im allgemeinen keinen Grund, uns auf eine Behandlung einzulassen, wenn weiter nichts als die Blässe besteht. Ja meist ist der wichtigste Teil der Therapie, den Eltern klar zu machen, daß das Kind wohl einer vernünftigen Lebensweise, aber keiner „Krankenbehandlung" bedarf. Bei sehr auffälliger Blässe, leichten Schwindelerscheinungen usw. ist eine Arsen-Trinkkur oft von überraschender Wirkung und darf daher versucht werden.

V. Purpura-Erkrankungen.

Die Blutfleckenkrankheiten kommen als Symptom schwerer Infektionskrankheiten z. B. bei Genickstarre vor. Ihre Behandlung ist durch die Grundkrankheit gegeben. Wir beschäftigen uns hier nur mit den idiopathischen Formen. Da die systematische Einteilung noch sehr unsicher ist, teilen wir sie aus praktischen Gründen in zwei Gruppen: Erstens in solche, bei denen Schleimhautblutungen so gut wie ganz fehlen und die Hautblutungen oberflächlich sind, höchstens Hanfkorn- bis Linsengröße erreichen. Wir können sie Purpura simplex nennen. Zweitens in solche, bei denen tiefergehende Blutungen sich durch gelbe und blaue Flecken verraten und Schleimhautblutungen entweder bestehen oder jederzeit drohen. Wir nennen diese Form Werlhoffsche Krankheit.

1. Purpura simplex.

Der Kranke bedarf eigentlich nur der Bettruhe und zwar bis 2 bis 3 Tage nach Auftreten des letzten Blutpünktchens. Ein Rückfall zwingt zur Wiederaufnahme der Bettruhe. Da für die spätere Zukunft meist Rückfälle nicht zu erwarten sind, so bedarf es keiner Nachbehandlung. Nur bei zurückbleibender Blässe verordne man Arsen-Eisen-Präparate. Eine besondere Berücksichtigung verdienen die seltenen Fälle von starken Kolikschmerzen (Henochsche Purpura), die durch Darmblutungen verursacht sind und deren Therapie dieselbe ist, wie bei den Darmblutungen der Werlhoffschen Form.

2. Werlhoffsche Krankheit.

Die Fälle mit Schleimhaut- und tiefen Hautblutungen, die wir unter dem Namen der Werlhoffschen Krankheit willkürlich abtrennen, bedürfen einer zweifachen Berücksichtigung. Erstens sind die Blutungen zu stillen, dann aber muß der Organismus so behandelt werden, daß die Neigung zu neuen Blutungen möglichst beseitigt wird.

a) Lokale Blutstillung.

Nasen- und Zahnfleischblutungen. Die Nasenblutung erfolgt fast stets aus dem kleinen Geschwür am Locus Kisselbach, d. h. an der Nasenscheidewand etwa 1 cm nach innen von der Epidermis, also meist nicht, wie irrtümlich angenommen, aus der Schleimhaut der Nasenmuscheln. Man braucht daher nur durch Kokain und Adrenalin die Blutung zu verringern und dann den Geschwürsgrund mit Trichlor-Essigsäure zu verätzen (s. S. 389). Wenn keine Gelegenheit hierzu ist, tamponiert man mit Coagulen (1 Messerspitze auf $^1/_2$ Reagenzglas, frisch abgekocht). Entsprechend verfährt man bei Zahnfleischblutungen (s. S. 84).

Magenblutungen. Man läßt alle 10 Minuten eine Messerspitze Coagulen auf 1 Eßlöffel Wasser nehmen.

Darmblutungen. Die schweren Kolikschmerzen werden mit Atropin beseitigt. Dann wird man gut tun, sofort eines der blutgerinnungsfördernden Mittel anzuwenden, die weiter unten beschrieben sind.

b) Verhinderung der Blutung durch Verbesserung der Blutgerinnung.

Hierhin gehören alle Maßnahmen, die wir S. 82 beschrieben haben. Am schnellsten wirkt die intramuskuläre Injektion von 10 ccm einer 10%igen Coagulen-Lösung (s. S. 511). Die Injektion kann täglich 1—2 mal wiederholt werden.

Hat die Blutung keinen hohen Grad erreicht, so vermeide man vorzeitige Anwendung von Analeptika und beschränke sich auf Ruhe. Nur wenn Kollaps droht, greife man ein. Vor allen Dingen bedarf es der Zufuhr von Flüssigkeit, am besten durch Dauereinlauf (s. Technik) und eine Kochsalzinfusion. Bei Herzschwäche mag man auch Koffein innerlich geben. Vor allen Dingen ist dafür zu sorgen, daß das Kind sich erwärmt. Nur in sehr schweren Fällen muß man daran denken, Menschenblut zuzuführen. Diese Maßnahme hat zugleich die Wirkung, die Gerinnungsfähigkeit des Blutes zu steigern.

Es ist nicht notwendig, große Mengen Blut aus der Arterie des Erwachsenen in die Gefäße des Kindes überzuleiten. Es genügen 15 bis 20 ccm defibrinierten Menschenblutes, das man einem gesunden Angehörigen entnommen hat. Auch die intramuskuläre Injektion ist wirksam. Wir bedienen uns dazu einer Spritze, in deren Zylinder eine Defibrinierung des Blutes durch eine Glasperle unmittelbar nach der Entnahme aus der Vene möglich ist. Bei der Injektion wird das abgeschiedene Fibrin durch ein feinlöcheriges Sieb zurückgehalten[1]).

Wenn die Schleimhautblutungen beseitigt, oder wenn sie von vornherein nicht erheblich gewesen sind, so ist die Therapie wesentlich abwartend. Nur bei sehr großen Haut- und Muskelblutungen wird man vielleicht auch dann eines der blutgerinnungsfördernden Mittel einspritzen (s. S. 82/83). Im anderen Fall begnügt man sich mit Bettruhe und der Verordnung von Sekale oder einem ähnlich wirkenden Mittel, z. B. Styptizin und vermeidet jede überflüssige Injektion, da kleine Wunden mitunter sehr unangenehm nachbluten. Verordnung von reichlich Gemüse und Obst ebenso wie von Kalziumchlorid (6—8 g pro Tag)

[1]) Die Spitze ist zu beziehen durch H. Windler, Berlin, Friedrichstr. 133a.

ist zu versuchen. Nach Aufhören der Blutungen empfehlen wir eine langdauernde Arsenkur.

c) Fälle mit chronischem oder periodischem Verlauf.

Bei Fällen mit chronischem Verlauf ist eine Wiederholung von Coagulen-Einspritzungen, etwa alle Woche 3—4 Tage hintereinander, notwendig, um die Erschöpfung durch Ausblutung zu vermeiden. Das gleiche ist bei periodischem Verlaufe wenigstens in schwereren Fällen wünschenswert. Langdauernde Arsenkuren und dauernde Gaben von etwa 4 g Kalziumchlorid pro die sind zu versuchen.

3. Hämophilie.

Außer den Blutungen aus Wunden kommen in manchen Fällen periodische Gelenkblutungen in Betracht, die zur Versteifung der Gelenke führen können.

Die Stillung der äußeren Blutungen erfolgt ebenso wie bei den anderen Bluterkrankungen, durch feste Tamponade, am besten mit Verbandstoff, der mit Coagulenlösung getränkt ist. Auch die Behandlung der Nasenblutung ist die gleiche wie bei Purpura, da sie aus der gleichen Wunde am Locus Kisselbach erfolgt. Wir raten dringend, nach vorläufiger Blutstillung das Geschwür noch am selben Tage zu behandeln (s. S. 219), da hierdurch die Gefahr der Wiederkehr der Blutung auf lange Zeit beseitigt ist. Abgesehen von der lokalen Therapie empfehlen wir die Einspritzung der üblichen Blutgerinnungsmittel ganz besonders des Coagulens, das mehrere Tage hintereinander verwendet werden kann.

Bei Gelenkblutungen punktiert man nicht. Man stellt das Glied ruhig und versucht, durch Aspirin die Schmerzen ein wenig zu lindern, was bis zum gewissen Grade gelingt. Nach 8 Tagen bestehe man auf vorsichtiger Bewegung des Gliedes. Wenn sich keine neue Schwellung einstellt, beginne man mit passiven Bewegungen und Massage. Ein Versuch, durch sofortige und an den nächsten Tagen wiederholte Einspritzungen von Coagulen die Blutung zu beherrschen, ist bisher noch nicht gemacht worden, scheint aber nicht aussichtslos.

Infektionskrankheiten.

I. Fieberbehandlung.

a) Bei akuten fieberhaften Erkrankungen. Nicht die Höhe der Temperatur, sondern die Allgemeinbeschwerden machen die Bedeutung des Fiebers für den Kranken aus und verlangen eine Behandlung. Kühle Packungen, wenn sie nicht in einer übermäßig energischen Weise gemacht werden, wirken auf die Temperatur nicht nennenswert ein, wohl aber auf die Allgemeinbeschwerden. Die gegenteilige Ansicht ist dadurch entstanden, daß man den spontanen Verlauf der Temperaturbewegung nicht in Rechnung zieht. Feuchte Rumpfpackungen sind bei allen Fieberkranken mit Vorteil anzuwenden, ganz gleichgültig, wo das Leiden sitzt, aber nur unter der Bedingung, daß die Haut warm und gut durchblutet ist. Die allgemeinen Regeln sind folgende: Die Umschläge müssen schnell und bequem zu wechseln sein und dürfen die Atmung nicht behindern (s. S. 488). Bei heißer Haut und warmen Extremitäten sind sie stündlich, bei warmer Haut 2—3stündlich zu wechseln. Bei lauwarmer Haut bleibt der Umschlag bis zum Trocknen liegen. Beim Abnehmen ist die Haut kräftig zu frottieren.

Bekommt ein Kind unter der Einwirkung kühler Umschläge kalte Extremitäten oder friert es im Umschlag, so ist es durch Zudecken und Wärmflaschen zu erwärmen, der Umschlag 2—3 Stunden liegen zu lassen, der nächste besonders stark auszudrücken und zwischen feuchtem und wollenem Tuch Billrothbattist einzuschalten. Hat sich das Kind nicht erwärmt, so ist die Anwendung von Umschlägen kontraindiziert.

Es ist also nicht die Höhe der Innentemperatur, sondern die tastbare Wärme der Haut maßgebend für die Anwendung dieses Mittels. Seine Wirkung erkennt man nicht durch das Thermometer, sondern aus dem Einfluß auf die Allgemeinbeschwerden.

Bei Anwendung der Fiebermittel erstrebt man gleichfalls nicht eine Herabsetzung der Temperatur, sondern eine länger dauernde Besserung des Allgemeinbefindens. Wenn nach kurzdauerndem Sinken des Fiebers die Temperatur unter starken Beschwerden wieder heraufschnellt, oder trotz Herabgehens der Temperatur die Fieberbeschwerden bestehen bleiben, ist jedes Fiebermittel nutzlos. Die genannten Ansprüche erfüllen die Fiebermittel bei allen Grippeerkrankungen, wie Schnupfen, Mittelohrkatarrh, Pharyngitis. Wirken sie nicht, so liegt eine Komplikation, wie Sekretstauung im Mittelohr, Bronchopneumonie oder Pneumonie vor. Bei den Erkrankungen der oberen Luftwege ist als Nebenwirkung eine Herabsetzung der Blutfülle zu begrüßen. Die Wirkung des Fiebermittels wird bei diesen Krankheiten dadurch vermehrt, daß man dem Kranken zugleich eine feuchte Rumpfpackung macht, die 3—4 Stunden liegen bleiben soll.

Bei Pneumonie und Bronchopneumonie ist die Anwendung von Antifebrilien nicht nützlich. Entweder versagen sie ganz, oder es kommt nach kurzem Relaps zu um so belästigenderem Anstieg. Bei allen übrigen Infektionskrankheiten ist das Ziel der medikamentösen Therapie nur, übermäßige Beschwerden, also nicht so sehr die Hitze zu lindern. Daher die relativ kleinen Dosen, die wir unten empfehlen. Sie genügen nur bei unkomplizierter Grippe, um die Temperatur bis zur Norm zu erniedrigen, während sie bei Fieber auf anderer Grundlage nur eine mäßige Herabsetzung bewirken.

Wahl der Mittel. Bei Grippe ist jedes Mittel, auch Aspirin, brauchbar. Im ersten Lebenshalbjahr $^1/_4$, im zweiten $^1/_3$—$^1/_2$ Tablette, im zweiten bis vierten Lebensjahre $^1/_2$ Tablette (0,5 g). Von da an eine ganze (vgl. aber Gelenkrheumatismus).

Bei allen anderen Erkrankungen ist Phenacetin, Antipyrin und Pyramidon anzuwenden. Das letztere ist am freiesten von Nebenwirkungen. Durch Zusatz von 0,03 Koffein oder 0,05 Coffeinum natriobenzoicum wird seine Wirkung bei schwer daniederliegenden Kranken vermehrt. Die Dose beträgt in den ersten 8 Monaten etwa 0,05 = $\frac{1}{2}$ Tablette. Bis zum zweiten Lebensjahr 0,1, vom 3.—5. Jahr 0,15 bis 0,2, vom 5. bis 10. = 0,2, später 0,3 g.

b) Bei chronischen und subakuten Erkrankungen. Bei subakut verlaufenden Grippe-Fiebern mit Malaria-Typus ist gelegentlich das Chinin von fast heilender Wirkung. Ebenso ist es nützlich bei chronisch fiebernden, langsam fortschreitenden Hilus-Tuberkulosen, unwirksam dagegen bei starken hektischen Schweißen und überhaupt in Fällen mit schneller Progression. Das Chinin muß einige Tage gegeben werden. Man fängt im 2.—3. Lebensjahr mit einer Dose von 0,1, vom 5. Lebensjahr mit einer Dose von 0,2 an. Doch muß sie 2stündlich in den ersten 2 Tagen 4mal, dann 5mal und wenigstens im Schulalter schließlich auch 6mal gegeben werden. Auf der wirksamen Dose beharrt man nicht länger als 2 Tage und geht dann jeden Tag um eine Dosis zurück. Die gleiche Behandlung dürfte bei Malaria der bisher üblichen vorzuziehen sein.

II. Seruminjektion und Serumkrankheit.

Die erste Seruminjektion im Leben ist nur in vereinzelten Fällen von primärer Pferde-Idiosynkrasie gefährlich. Bei einem Teil der Kranken sind wir dadurch gewarnt, daß sie beim Geruch von Pferden schon Asthma bekommen. Hat ein Kind Pferdeserum eingespritzt bekommen, so entwickelt sich oft nach ungefähr 10 Tagen, aber sicher nicht vor dem 8. Tage, eine Überempfindlichkeit, die jahrelang anhält. Sie äußert sich meist nur darin, daß die Serumkrankheit schon in der ersten Woche, statt in der Mitte der zweiten auftritt, ein Ereignis, das wir ruhig in Kauf nehmen dürfen. In vereinzelten Fällen kommt es zum anaphylaktischen Schock, der der Injektion in der nächsten Stunde folgt. Charakteristisch ist wie beim Meerschweinchen die starke Lungenblähung. Mitunter sieht man auch Konvulsionen. Wie selten das Ereignis ist, geht wohl daraus hervor, daß wir selber nur zwei solche Fälle gesehen haben, die beide mit dem Leben davonkamen.

Die Serumkrankheit kann bei jedem Patienten auftreten. In der Regel sind nur zu bekämpfen der durch den Nesselausschlag verursachte, bis zu 3 Tagen anhaltende Juckreiz, seltener Gelenkschwellung und eine selbst bei geschwächten Diphtheriekranken leicht vorübergehende Herzschwäche, die auch in den Fällen schwindet, in denen sich nachträglich eine diphtherische Herzerkrankung zeigt. Bei den großen Dosen Serum, die bei Scharlach injiziert werden, soll das Zusammentreffen der Scharlachgangrän mit der Serumkrankheit stark verschlimmernd wirken. Therapeutisch ist hier leider wohl nichts zu erreichen.

1. Pferdeserum-Idiosynkrasie.

Wenn Angehörige des Patienten oder der Patient selber an Pferdeasthma leiden, so muß man bei den Krankheiten, in denen nur Pferdeserum zur Verfügung steht, z. B. Genickstarre und Tetanus, durch Einspritzung einer kleinen Menge, z. B. $^{1}/_{4}$ ccm, kontrollieren, ob die Empfindlichkeit wirklich besteht. 2—3 Stunden später spritzt man die doppelte Menge und nach 6—12 Stunden erst die gewünschte Dose ein. Für Diphtherie steht uns das Antitoxin in Hammelserum (Sächs. Serumwerke) und Rinderserum (Höchst) zur Verfügung. Beide Sera sind sehr viel teurer und nur in Dosen von 600 Immunitätseinheiten zu haben. Man darf zwei solche Dosen Hammelserum auf einmal einspritzen und nach 12 Stunden die Einspritzung der gleichen Menge wiederholen. Bei Rinderserum tut man gut, die Wirkung der ersten 600 Immunitätseinheiten 4 Stunden abzuwarten. Wenn keine Erscheinungen auftreten, darf man die doppelte Dose verabfolgen.

2. Anaphylaktischer Schock.

Die Seltenheit des anaphylaktischen Schocks besonders in seinen lebenbedrohenden Formen rechtfertigt es bis zum gewissen Grade, daß man im Großbetriebe von Vorsichtsmaßregeln absieht. Dies trifft aber für die ärztliche Praxis im allgemeinen doch nicht zu.

Prophylaktisch vermeidet man die Entstehung einer solchen Überempfindlichkeit gegen Pferdeserum dadurch, daß man wenigstens zur Immunisierung gegen Diphtherie sich nicht des Pferdeserums, sondern eines der obigen anderen Sera bedient.

Hat der Patient in den letzten 2—3 Jahren eine Serumbehandlung durchgemacht, sicherer freilich, wenn dies überhaupt im Leben der Fall gewesen ist, so spritze man wenige Teilstriche des Serums intrakutan wie bei der Schleichschen Anästhesie ein, so daß eine Quaddel entsteht. Bei starker Überempfindlichkeit zeigt sich eine roseähnliche Schwellung und Rötung der Haut in ziemlich großer Ausdehnung und zwar im Laufe der ersten Viertel- bis halben Stunde. Ist dies der Fall, so wird man immer dann, wenn es sich nur um Nachweis von positivem Diphtheriebazillenbefund bei gewöhnlicher Angina handelt, von weiterer Injektion absehen. Beim Diphtheriekranken steht uns derselbe Weg zur Verfügung, der oben geschildert ist. Außerdem können wir den Versuch machen, durch kleine Mengen Serum den Stoff, der die Anaphylaxie im Körper erzeugt, sozusagen langsam abzusättigen, ohne daß es zur Vergiftung kommen kann. Dieser Weg ist bei Diphtherie möglich und bei allen übrigen Krankheiten der einzige. Man spritze 4—6stündlich steigende Mengen Serum subkutan ein und zwar anfangend mit wenigen Teilstrichen mit Verdoppelung der Anfangsdose. Hat man 6 Stunden nach der vierten Injektion keine Reaktion, so kann man die übliche Serumtherapie einschlagen. Doch würden wir uns bei Genickstarre z. B. auch dann noch damit begnügen, das erste Mal 1—2 ccm einzuspritzen. Ein absoluter Verlaß ist hierauf nicht. Von anderer Seite wird empfohlen, das Serum tropfenweise, über lange Zeit verteilt, in die Vene einfließen zu lassen. Man könnte dieses Verfahren bei Genickstarre nachahmen, indem man nach vorhergehender Vorbereitung durch subkutane Einspritzungen 2—10 ccm Serum mit 20 g Kochsalzlösung verdünnt, tropfenweise im Lauf einer Stunde in den Lumbalkanal einfließen läßt. Leider müssen wir zum Schluß betonen, daß alle diese Verfahren mehr theoretisch als praktisch begründet sind[1]).

Hat man Gelegenheit einen Schock zu behandeln, so ist bei Atemnot ein Versuch mit Atropin zu empfehlen. Die Dose beträgt auch für den Säugling $^1/_2$ mg subkutan oder per os. Man kann nach $^1/_2$ Stunde schon die gleiche Menge folgen lassen. Doch ist durchaus gestattet, die Anfangsdose ein wenig höher zu nehmen. 1 mg wird im Laufe von 3 Stunden besser nicht überschritten. Die Menge ist beim älteren Kinde dieselbe. Als weiteres, durchaus neben Atropin zu verwendendes Mittel steht uns ein Nebennierenpräparat zur Verfügung, z. B. Solutio suprarenini synthetici oder adrenalini. Man injiziere in allen Altersstufen zunächst nicht mehr als 4—5 Teilstriche und darf diese Dose nach $^3/_4$ Stunden wiederholen. In Fällen protrahierter Atemnot sind große Kalkdosen angeblich nützlich: halbstündlich 2—3 Tabletten Calzan oder Sol. chlorati crystallisati (10,0) 70, Liquor Ammonii anisati 1,0, Sirupi simplicis ad 100,0, $^1/_2$stündlich 1 Eßlöffel. Gleichzeitige Herzschwäche bekämpfe man durch große Dosen Koffein, das gemeinschaftlich mit obigen Mitteln injiziert werden kann.

Bei Krämpfen wirkt Chloral gut (siehe Krämpfe).

3. Serumkrankheit.

Gewöhnlich müssen wir nur den Juckreiz, der durch Nesseln verursacht wird, bekämpfen. Es genügt hierzu Einreibung mit 1%igem Mentholspiritus. Die Wirkung kann man durch nachträgliche Einreibung von 2%iger Mentholsalbe verlängern. Ist der Zustand zu unerträglich, so darf man ein Nebennierenpräparat, wie oben besprochen, injizieren. (Über Nebenwirkung siehe S. 519 Fußnote.)

Durch etwas schlechteren Puls und Mattigkeit lasse man sich nicht allzu sehr ängstigen. Handelt es sich wirklich nur um Folge der Serumkrankheit, so passiert, wenn der Patient noch im Bett liegt, so leicht nichts. Ein wenig Koffein, bei älteren Kindern etwas kräftiger Wein genügen zur Bekämpfung. Ernst trete man den Anschauungen in Laienkreisen entgegen, die alle Folgezustände der Diphtherie, ferner später auftretenden Strophulus usw. auf diese in ihren zeitlichen Wirkungen eng begrenzte Serumkrankheit zurückführen wollen.

III. Masern.

1. Prophylaxe.

Übertragung durch dritte Gesunde ist nur in Ausnahmefällen denkbar, wenn der Überträger sich unmittelbar vorher lange und intim mit dem Kranken beschäftigt hat und dann gleichfalls in nächste Be-

[1]) Eine größere Anzahl von Fällen, die bei subkutaner Einspritzung innerhalb 10 Minuten stark reagierten, sind zwar auf diesem Wege ohne Schaden behandelt worden, aber nur vereinzelt schwand die akute Hautreaktion gänzlich bei dieser Methode, wenn sie auch stets geringer wurde.

rührung mit einem Masernempfänglichen kommt. Fast ausschließlich ist der Masernkranke vom Beginn des Prodromalstadiums an der Verbreiter der Krankheit. Die Ansteckungsfähigkeit vermindert sich schon unmittelbar nach der Höchstentwicklung des Ausschlages und ist am 10. Tage nach Beginn des Ausschlages, sicher aber am 14. Tage verschwunden. Der Ansteckungsstoff teilt sich der Luft mit, so daß Übertragung im gleichen Zimmer über eine Breite von vielen Metern, über den Korridor herüber in ein gegenüberliegendes Zimmer, ja angeblich durch einen Verbindungsschacht ins nächste höhere Stockwerk denkbar ist.

Bei Ausbruch von Masern in einer größeren Familie bzw. Krankenanstalt müssen sämtliche Kinder als verseucht gelten. Da aber immer nur ein Teil von ihnen zunächst wirklich erkrankt und die übrigen erst durch die Neuinfektion geschädigt werden, wäre die einzige Möglichkeit, alle Nichtinfizierten zu schützen, wenn man jedes bisher noch gesunde Kind einzeln isolierte. Praktisch läßt sich das mitunter in Säuglingsanstalten durchführen, wenn mehrere Zimmer, in denen auch Kinder unter 2 Monaten liegen dürfen, zur Verfügung stehen, da diese nur in Ausnahmefällen erkranken. Gewöhnlich wird man sich im Krankenhaus darauf beschränken müssen, durch Rachitis oder sonstige Konstitutionsmängel besonders Gefährdete in Einzelzimmern unterzubringen, im übrigen selbstverständlich den Masernkranken isolieren. Die gewöhnlichen Boxensysteme (einfache Scheidewände zwischen den Betten) versagen. In größeren Familien verzichte man lieber auf die Isolierung des Masernkranken und isoliere um so strenger das durch sein Alter oder seine Konstitution besonders gefährdete, bisher gesunde Kind.

2. Therapie.

Eine spezifische Behandlung der Masern gibt es nicht. Die Behandlung ist eine symptomatische. Die Gefahren drohen wenigstens bei den Epidemien der letzten Jahrzehnte durch sekundäre Katarrhe, die die primär durch die Masern gereizten und dadurch in ihrer Widerstandskraft geschädigten Schleimhäute befallen und zwar vorzugsweise Mittelohr, Bronchien, Darm. Eine weitere zu behandelnde Masernfolge ist die Widerstandslosigkeit gegen akute und chronische Infektionskrankheiten, namentlich rezidivierende Pharyngitiden, Diphtherie und Keuchhusten auf der einen, Tuberkulose auf der anderen Seite. Hierher gehört die Entwicklung der Skrofulose und der Peribronchitis tuberculosa, ausgehend von bisher latent gebliebenen tuberkulösen Herden.

a) Allgemeine Therapie.

Zimmer.

Das Masernzimmer sei hell und sonnig. Das Bett ist so gestellt, daß der Patient nach dem Hintergrund des Zimmers sieht. Dann genügt überreichlich der Schatten des Kopfendes der Bettwand, um der Lichtscheu des Kindes gerecht zu werden. Die Zimmertemperatur soll 18° C nicht wesentlich überschreiten und in der Nacht nicht unter 15° C gehen.

Pflege.

Der Kranke darf sich nicht allzu sehr seinen Beschwerden hingeben. Das junge Kind soll gelegentlich aus dem Bette aufgenommen und sitzend etwas herumgetragen werden. Das ältere muß sich mindestens zur Nahrungsaufnahme aufsetzen. Leichte Beschäftigung (Ausschneiden usw.), zum mindesten aber etwas Unterhaltung ist wünschenswert. Das Gesicht wird mehrmals täglich mit kühlem Wasser bzw. Kamillentee gewaschen, wobei man an den Augen beginnt. Zum Putzen der Nase ist Zellstoff oder Watte zu benutzen. Das Taschentuch, mit dem doch nachher die Augen ausgewischt werden, wird besser entfernt. Die Nase ist äußerlich mit Vaseline einzufetten. Dreimal täglich streiche man auch Vaseline mit einem Löffelstiel dick in die Naseneingänge ein oder benutze hierzu flüssige essigsaure Tonerdesalbe (siehe Schnupfen). Der Mund wird wie gewöhnlich gepflegt, ein Auswischen ist jedoch strengstens verboten (S. 53). Die Hände werden täglich dreimal gründlich gewaschen.

Ernährung.

Die Flüssigkeitsspeisung ist die Hauptaufgabe der ersten Krankheitstage. Sie ist auf jede Weise zu erzwingen, im Notfall durch permanente Irrigation oder Schlundsonde. Mit der eigentlichen Ernährung muß man jedoch vorsichtig sein, weil die Verdauung in einem durch das Maserngift geschädigten Darme vor sich geht. Die Nahrungspausen sind auch bei Milchgenuß einzuhalten. Nur bei Erschwerung der Aufnahme durch Bronchopneumonie sind die dort gegebenen Regeln zu befolgen. Beim Säugling ist bei labilem Darm die Zuckermenge zu verringern, und wenn das Kind vorher mehr als Halbmilch bekam, wieder hierauf zurückzugehen. Fleisch- und Gemüsebrühe mit Grieß ist auch während des Fiebers gestattet. Bei gesunden älteren Kindern ist eine besondere Diät nicht notwendig. In den ersten 24 Stunden darf eine Nahrungsverweigerung geduldet werden, wenn nur genügend Flüssigkeit getrunken wird. Fortgesetzter Hunger, besonders aber Durst und Hunger setzen die Widerstandskraft des Körpers gegen Mischinfektionen stark herab.

Physikalische Therapie.

Droht eine Kapillarbronchitis, zeigen sich Blässe und Gedunsenheit, so ist vor dem Ausbruch des Ausschlags eine Senfpackung am Platze (vgl. S. 487). Desgleichen überall da, wo im weiteren Verlauf Blaufärbung des Ausschlags oder Blässe der Haut (das sogenannte Rückschlagen des Ausschlages) auftritt. Bei heißer, wohldurchbluteter Haut sind kühle Rumpfpackungen nützlich. Um gegen die bekannte abergläubische Furcht vor dem Wasser nicht zu verstoßen, nehme man z. B. Kamillenteeumschläge. Die Temperatur der benutzten Flüssigkeit soll etwa 20—24° C betragen. Die Umschläge werden etwas seltener gewechselt als sonst, und die Haut zwischendurch kräftig frottiert. Im Sommer sind bei heißen Wohnungen Abwaschungen mit Essigwasser (S. 489) vorzuziehen. Im übrigen wirken auch die vorgeschriebenen Waschungen von Gesicht und Händen erfrischend genug, so daß man sich auf diese beschränken kann. Liegt keine besondere Veranlassung zur Abkühlung der Haut vor oder ist diese nicht gut genug durchblutet, so sind mehrfach täglich vorzunehmende Abreibungen mit Franzbranntwein oder mit gleichen Teilen Spiritus und Glyzerin zweckmäßig und ersetzen die von den Eltern gewünschte arzneiliche Verordnung.

b) Spezielle Therapie.

Auge.

Bei Durchführung der obigen Vorschriften ist eine Komplikation von seiten der Augen nicht zu fürchten, falls nicht eine diphtherische Infektion eintritt. Wenn durch Verdunkelung des Raumes Lichtscheu und Blepharospasmus sich gesteigert haben, ist das Zimmer, wenn auch nicht vollständig hell, so doch heller als vorher zu machen, die Verklebung der Augenlider zweistündlich manuell zu lösen und die Augen 3 Minuten lang mit frisch bereiteter Borsäurelösung (1 Teelöffel Borsäure auf $^1/_4$ Liter) sorgfältig von allen anklebenden Sekreten zu reinigen.

Bei Schwellung der Augenlider ist die Konjunktiva zu ektropionieren, um etwa bestehende Diphtherie rechtzeitig zu erkennen. Auch bei sogenannter krupöser Augenentzündung muß sofort, ohne das Resultat der bakteriologischen Untersuchung abzuwarten, Heilserum gespritzt werden. Bei Schwellung der Konjunktiva ist Sublimatsalbe einmal täglich einzustreichen.

Ohr.

Bei Ohrenschmerzen ist sofort das Trommelfell zu untersuchen. Bei bestehender Injektion ist namentlich während der ersten Tage der Schmerz durch Einträufeln von Karbolglyzerin (5%) leicht zu beseitigen. Bei Blähung oder Vorwölbung des Trommelfells gegen Ende der ersten Woche wirkt Parazentese besonders gut. Sorgfältigste Reinigung und Trockenhaltung des laufenden Ohres beschleunigt und ermöglicht eine Ausheilung des Ohrenflusses (siehe Mittelohrerkrankungen). Bei somnolenten Kindern darf man nicht auf die Angabe des Schmerzes warten. Druck auf den Tragus ist meist genügend, um den Schmerz und damit den Sitz der Erkrankung nachzuweisen.

Luftwege.

Die Durchführung der allgemeinen Pflege ist in bescheidenem Grade zugleich eine Prophylaxe gegen die Erkrankung der Luftwege.

Nase. Stärkere Nasenblutungen verlangen Inspektion des Naseninneren. Geht die Blutung von einem kleinen Geschwür am vorderen Rand der Scheidewand aus, so ist bei starker Blutung dessen Verätzung (siehe S. 388), bei mäßiger wiederholtes Einstreichen der essigsauren Tonerdesalbe notwendig. Diphtherie wird bei der Inspektion leicht erkannt. An diese Krankheit muß man ferner denken bei eitrig-blutigem Nasensekret, besonders nach der Mitte der ersten Woche, wenn gar Heiserkeit oder bellender Husten auftritt. Wegen der Schnelligkeit des Fortschreitens der Diphtherie beim Masernkranken ist die Klärung durch Inspektion der Nase besonders wichtig. Auf das Resultat der bakteriellen Untersuchung darf nicht gewartet werden. Die Dosis des Diphtherieserums ist im allgemeinen höher zu bemessen als sonst.

Kehlkopf. Leichte Heiserkeit im Anfang der Krankheit ohne Stenosenerscheinung bei Freisein der Nase ist als Kehlkopfkatarrh zu behandeln (siehe dort). Besteht auch nur eine Spur Stenose oder tritt Heiserkeit und bellender Husten nach dem Abblassen des Ausschlags auf, so tut man besser, gleich Serum zu injizieren und nachträglich erst die bakterielle Untersuchung vornehmen zu lassen (Hals- und Nasenabstrich).

Bronchien und Lungen. Katarrhe der tieferen Luftwege sind nach den allgemeinen Regeln zu behandeln. Vor Beginn des Ausschlags und bei Neigung zu kühler, blasser Haut sind jedoch die reizenden Prozeduren mehr als sonst zu bevorzugen. Reizung der Haut durch Senfpackung oder durch Frottieren im Bade mit nachfolgender kurzer kühler Begießung ist dann geboten. Die Bäder sind ein- bis zweimal am Tage vorzunehmen; zwischendurch ist die Haut des Kindes ein- bis zweimal kräftig mit Spiritus-Glyzerin zu reiben. Die Wirkung dieser Mittel ist wesentlich durch große Dosen Koffein zu unterstützen. Bei Anwendung von kühlen Umschlägen ist noch mehr Wert als sonst darauf zu legen, daß die Haut rot und warm bleibt.

Verdauungsorgane.

Mund. Die angegebene, wenig aggressive Mundpflege schützt am besten vor Soor. Auch bei ausgebrochenem Soor ist reichliches Trinken einer energischen Mundreinigung vorzuziehen und höchstens das Auswaschen mit einem dicken Wattepinsel, wie beschrieben, anzuwenden. Keine Reinigung vermag aber nekrotische Prozesse an Wange, Zahnfleisch, Unterfläche und Spitze der Zunge zu verhindern. Durch stärkere Reinigung werden sogar neue Stellen hervorgerufen. Sind derartige Herde entstanden, so wird das Zahnfleisch mit Myrrhentinktur betupft und, wenn möglich, mehrfach am Tage der Mund mit essigsaurer Tonerde oder einem der käuflichen Mundwässer ausgespült. Durch Einpulvern von Anästhesin (siehe S. 264) werden Schmerzen gelindert.

Bei Noma empfahl Ranke sofortige Exzision des erkrankten Gewebes und Thermokauterisierung der Wunde. Die meisten Fälle tragen jedoch einen so ausgesprochen septischen Charakter, daß sich eine Therapie von selbst verbietet. Siehe hierzu S. 381.

Magendarmkanal. Durchfälle im Prodromalstadium wird man zwar wie üblich behandeln, doch ist der Erfolg minimal. Die Besserung tritt meist erst mit dem Ausbruch des Ausschlags ein. Man kann auf eine solche aber nur dann rechnen, wenn der Durchfall wirklich behandelt wird. Die Nahrungsmenge muß daher gering bemessen sein, löslicher Zucker weggelassen werden. Es genügen dann meist einfache Mischungen, etwa halb Milch, halb Schleim mit 2% Plasmon versetzt, etwa $^2/_3$ der Menge, die man sonst geben würde. Pausen sind einzuhalten. Bei blutig-schleimigen Stühlen, ferner schleimigen, unter Drängen entleerten Stühlen ist die Behandlung die gleiche wie bei bazillärer Ruhr.

c) Nachbehandlung.

Ein großer Teil der Masernkranken bedarf wegen der vermehrten Empfänglichkeit für Krankheiten einer sorgfältigen Nachbehandlung. Man lasse den Masernkranken nicht vor dem 9. Tage aufstehen und nicht, bevor er nicht 3 Tage mindestens fieberlos gewesen ist, und beschränke das Aufstehen außerdem noch anfangs auf zweimal täglich 1—2 Stunden. Auch noch in den nächsten Wochen ist eine gewisse Schonung nötig, die am besten gleich mit Abhärtung verbunden wird. Hierzu dient die Mittagsruhe im Freien. Bei anfälligen Kindern muß man bei ungünstiger Jahreszeit sehr vorsichtig mit dem Herausbringen ins Freie sein. Bei schwer durch Masern geschädigten Säuglingen und kleinen Kindern tut man gut, z. B. durch die Zweizimmerbehandlung eine gewisse Luftgewöhnung zu erreichen. Bei anfällig Bleibenden und Tuberkulosegefährdeten schließt sich dann eine systematische Abhärtungstherapie, namentlich durch Sonnen- und Luftkur an (siehe S. 29 und 31). Ein See- oder Gebirgsaufenthalt ist besonders geeignet zur Umstimmung des Organismus. Ganz besonders ist diese notwendig, wenn das Kind durch rezidivierende Nasenrachenerkrankungen dauernd gestört wird oder gar Tuberkulose in der Familie vorhanden ist. Die Abheilung chronischer Pharynxerkrankungen wird durch eine Schwefelquellentrinkkur wesentlich unterstützt. Entzündungen im Nasenrachenraum, die durch sekundäre Schwellungen erhebliche Hypertrophie der Nasenrachenmandel vortäuschen, bekämpft man durch monatelanges Einstreichen der flüssigen essigsauren Tonerdesalbe (siehe S. 355).

IV. Scharlach.

1. Prophylaxe.

Das Scharlachfieber tritt öfters ohne sichtbare Zusammenhänge mit anderen Scharlachfällen auf. So sieht man namentlich Erkrankungen nach Adenotomie. Auch knüpft sich an den einzelnen Fall nicht so regelmäßig wie bei Masern eine Epidemie an, so daß geradezu mancher Beobachter die Kontagiosität des Scharlachs bestreitet. Trotzdem muß an ihr festgehalten werden. Der Überträger des Scharlachs ist vor allem der Scharlachkranke, und zwar unabhängig von der Schuppung bis mindestens 5 Wochen nach Beginn der Erkrankung. Kinder, die aus Scharlachstationen nach Hause zurückkehren, sind mitunter noch nach 6—8 Wochen gefährlich. Die Pflegerin des Kranken, namentlich wenn sie eine Halsentzündung hat, ist auch unabhängig von Kleiderwechsel und Händedesinfektion Scharlachüberträgerin. Auch tote Gegenstände können die Krankheit weiter verbreiten, so angeblich die Kleider, die der Arzt im Krankenzimmer getragen hat. Doch spielt dieser nachgewiesene Infektionsmodus in Wirklichkeit praktisch keine erhebliche und bei genügender Vorsicht wohl überhaupt keine Rolle. In Rücksicht auf das spontane Auftreten von Scharlach nach Operationen im Halse sollen diese womöglich zur Zeit von Scharlachepidemien verschoben werden.

Der Scharlachkranke, der sich in Einzelpflege befindet, soll nicht vor 5 Wochen mit anderen Kindern zusammenkommen. Eine Desinfektion des Zimmers nach Aufgabe der Quarantäne erfolgt am besten durch 24stündige Lüftung mit nachfolgendem energischem Reinmachen. Die gesetzmäßige Desinfektion mit Formaldehyd soll dieser Prozedur vorausgehen. Doch ist sie schwerlich zuverlässig. Nicht zu reinigendes Spielzeug wird wohl besser verbrannt. Salbenreste sind zu vernichten. Während der Krankheit soll die Pflegerin womöglich überhaupt nicht mit Kindern zusammenkommen. Doch wird man sich meist begnügen müssen, einen Leinenkittel zum Schutz der Kleidung gegen Befleckung im Krankenzimmer und womöglich einen anderen Leinenkittel für den Verkehr mit den Gesunden zu nehmen. Daneben Schutz der Haare durch Hauben nebst der selbstverständlichen Händedesinfektion. Vielfach ist Waschen des Gesichts notwendig. Der Arzt lege seine Scharlachbesuche womöglich an das Ende seiner Besuchstour, im übrigen genügt folgendes Verfahren: Man legt seinen Rock im Vorzimmer ab, krempelt die Hemdärmel auf und läßt sich dann eine Schürze geben. Vor dem Herausgehen werden die Hände desinfiziert. Mit dieser Vorsicht kann man auch ohne Scheu, wie es namentlich in kleinen Verhältnissen notwendig ist, gründlich bei Untersuchung und Pflege des Kranken Hand anlegen.

2. Therapie.

Die Ätiologie der Scharlacherkrankung ist noch nicht widerspruchslos festgestellt. Nimmt man aber selbst die Existenz eines spezifischen Scharlachstreptokokkus als gesichert an, so ist der Mechanismus der Schädigung wie der Entgiftung überhaupt noch nicht klargelegt, so daß jede ätiologische Therapie einen theoretisch nicht gestützten Versuch bedeutet. Das Scharlachstreptokokkenserum hat sich trotz einzelner begeisterter Anhänger nicht bewährt. Wegen der notwendigen großen Serumdosen ist die Gefahr anaphylaktischer Störungen größer als bei Diphtheriebehandlung und oft um so größer, als Serumkrankheit und Scharlach-Exazerbation sich in ungünstiger Weise verketten können. Die Behandlung mit Rekonvaleszentenserum ist trotz einzelner nicht unerheblicher Störungen in nur relativ wenigen Fällen anwendbar, jedenfalls aber dann zu empfehlen, wenn es sich um ernste Krankheitsformen handelt. Es ist ferner der Versuch gemacht worden, durch Salvarsan den hypothetischen Erreger abzutöten. Die klinischen Erfolge sind nach der Literatur keineswegs überzeugend. Nach unserer Ansicht ist das Mittel bisher nicht zu empfehlen. So stehen wir noch auf dem alten Standpunkt, daß die bösartigen Formen überhaupt therapeutisch kaum zu beeinflussen sind, die leichten Fälle unserer Therapie fast nicht bedürfen und unsere Tätigkeit, die wir bei mittelschweren und schweren Fällen entfalten müssen, sich beschränkt auf Fernhaltung vermeidbarer Schädigungen und Schwächung des Körpers und auf sorgfältige Beachtung und Behandlung der Komplikationen an Nasopharynx, Ohr, Herz, Niere.

a) Serumtherapie[1]).

Als Serum dient das Blutserum, das man von Rekonvaleszenten zwischen dem 20. und dem 30. Krankheitstage entnimmt. Es wird empfohlen, das Serum von mehreren Patienten zu mischen, weil der Antikörpergehalt verschieden sein könnte. An Stelle des Rekonvaleszentenserums kann im Notfall auch Normalserum entnommen werden, das nicht unwirksam zu sein scheint. Vorbedingung ist Freiheit der Rekonvaleszenten von nachweisbaren Zeichen von Tuberkulose und Lues und negative Wassermannsche Reaktion.

Das Blut wird durch Venenpunktion gewonnen, in sterilen Glaszylindern aufgefangen, die einige Zeit bei Zimmertemperatur schräg liegen gelassen werden. Dann wird der Blutkuchen mit einem sterilen Glasstab abgelöst, das sich ausscheidende Serum abpipettiert und in sterile Glasflaschen mit eingeschliffenen Stöpseln oder in abschmelzbare Ampullen eingefüllt. Auf je 10 ccm Serum kommt ein Tropfen 5%iger Karbolsäurelösung. Aufheben auf Eis ist empfehlenswert. Inaktivieren erfolgt durch 5—10tägiges Ablagern.

Älteres als 3 Monate altes Serum soll nicht verwandt werden. Die Injektion erfolgt intravenös mittels Schlauch und Trichter oder bequemer mittels einer 20 ccm haltigen Rekordspritze. Bei Kindern dürfte eine einmalige Einspritzung von 50—60 ccm genügen. Gröbere Flocken dürfen nicht mitinjiziert werden.

Die Wirkung ist nur bei Einspritzung in den ersten 3 Tagen zu erwarten. Komplikationen werden nicht beeinflußt.

Der Erfolg zeigt sich anscheinend in einem Fieberabfall während der ersten 24 Stunden. Nebenwirkung ist ein starker Fieberanstieg mit Schüttelfrost, teilweise auch schwerem Kollaps, so daß man gut tut, die nächste Stunde bei dem Patienten zu bleiben.

In Rücksicht auf die Wirkungslosigkeit anderer therapeutischer Bemühungen bei von vornherein bösartigen Scharlachfällen ist es vielleicht erwünscht, die Anwendung des von immunisierten Pferden gewonnenen Scharlach-Streptokokkenserums kurz anzuführen, wiewohl wir hiervon nichts erwarten: Das Serum ist erhältlich bei den Höchster Farbwerken resp. in Wien (Seruminstitut). Letzteres nach den Vorschriften von Moser dargestellte Serum wird in Mengen von 200 ccm, bis zum 3. Lebenshalbjahr von 100 ccm subkutan injiziert. Ob die in Deutschland hergestellten Sera in der Tat dem Moserschen gleichwertig sind, bleibt dahingestellt. Die Injektion soll auch hier in den ersten Krankheitstagen erfolgen, hat jedenfalls nach dem 5. Krankheitstage keine Wirkung. Am geeignetsten sollen toxische Fälle sein, bei denen jedoch die Rachenerscheinungen fehlen oder mäßig entwickelt sind.

b) Symptomatische Behandlung der Allgemeinerkrankung.

Pflege. Bettruhe ist beim unkomplizierten Scharlach bis zum Ende der 3. Woche wünschenswert. In der 4. bis 5. Woche ist Aufstehen, unterbrochen von einer mehrstündigen Mittagsruhe, gestattet. Bei

---

[1]) Ein eigenes Urteil steht uns nicht zur Verfügung; wir beziehen uns auf die Angaben der Literatur.

beschleunigtem Puls im Liegen oder Blaß- und Matterwerden nach dem Aufstehen ist die Liegezeit zu verlängern, von der 5. Woche ab womöglich im Freien. Versuchsweise stundenweises Aufstehen in der 6. und 7. Woche ist dann erlaubt.

Die alte Regel, daß das Krankenzimmer bei Scharlach in den ersten 3 Wochen etwas wärmer sein soll, ist inne zu halten (18—20° C). Frühzeitige Freiluftbehandlung, soweit sie Ansprüche an Wärmeregulierung durch die Haut stellt, hat jedenfalls keinen Zweck, doch soll andererseits auch gerade beim fiebernden Kranken die Überhitzung vermieden werden. Die vorsichtige Warmhaltung ist nur nach der Entfieberung geboten

Ernährung. In den ersten Krankheitsstunden ist, solange der Brechreiz besteht, Wasser das einzige Nahrungsmittel. Dann aber muß neben dem Wasser auch Nahrung genommen werden. Bei leichten Fällen ergibt sich von selber ein nicht zu langes Verweilen auf reiner Flüssigkeitskost. Sie besteht gewohnheitsgemäß aus Milch, Milchspeisen, Obstspeisen, Gemüsesuppen, Kartoffelbrei, leichten Gemüsen und Gebäck. Einen prophylaktischen Wert für die Entstehung von Nierenkrankheiten besitzt die lakto-vegetabile Kost anscheinend nicht. Wenn daher Widerwillen dagegen besteht, kann man ruhig ein wenig Fleisch erlauben. Zu einer Mastkur mit Ei und Milch besteht nur dann für kurze Zeit eine Veranlassung, wenn nach schwerer Erkrankung das Kind sehr heruntergekommen ist und zwar nur nach der 3. Krankheitswoche. Aber auch dann nur bei regem Appetit und nur 14 Tage bis 3 Wochen lang. (1 Liter Milch, davon $^1/_4$ für Mehlspeisen, 2 Eier, davon eines als Eierspeise. Eierkuchen mit Spinat oder Kompott.)

Ist die Nahrungsaufnahme durch Halsschmerzen erschwert, wobei oft der Trotz eine erhebliche Rolle spielt, so ist vor allen Dingen zuerst für Wasseraufnahme zu sorgen, gegebenenfalls durch permanente Irrigation. Milch ist dann natürlich als Getränk und Nahrungsmittel frei gestattet. Doch empfiehlt es sich, in ein- bis zweistündlichen Perioden Milch- und Wassertrinken abwechseln zu lassen und die Milch durch Kaffeezusatz schmackhafter zu machen. Verwendung von Sahne kann nützlich sein (1 Liter Milch wird 2 Stunden in zugedeckter Schale stehen gelassen, das oberste Drittel abgeschöpft). Zuckern der Getränke mit Rohrzucker zur Erhöhung des Nährwerts stößt sehr oft auf Widerwillen oder vermehrt die Appetitlosigkeit. Wünschenswert ist Mehlzulage, z. B. kalte Milch- oder Obstflammeries mit etwas Apfelmus usw. Bei Nahrungsverweigerung verweisen wir auf die S. 9 angegebenen Maßregeln. Bei halb bewußtlosen, schwer komatösen Kindern ist die permanente Irrigation angezeigt, wenn kein starker Widerstand ausgelöst wird. Besteht Herzschwäche mit Zyanose und kalten Extremitäten, so vermeide man jedoch jede überflüssige Quälerei. Das Hauptfeld energischer Betätigung sind die Fälle, in denen schwere, schmerzhafte Rachennekrose bei noch leidlicher allgemeiner Widerstandsfähigkeit die Nahrungsaufnahme erschwert.

Fieber. Selbst höheres initiales Fieber ohne nervöse Erscheinungen bedarf außer kühlem Hals- und Kopfumschlag keiner weiteren Behandlung. Bei stark ausgesprochen nervösen Erscheinungen, roter, warmer Haut und warmen Extremitäten sind ein- bis zweistündliche kühle Einpackungen des Rumpfes am Platze. In schwersten Fällen mit dauernder Bewußtlosigkeit ist unter Voraussetzung von warmer Hautoberfläche folgendes Verfahren zu empfehlen: Auf einem Sofa oder zweiten Bett wird ein wollenes Tuch ausgebreitet, darüber ein feuchtes in stubenwarmes Wasser getauchtes Leinentuch. Das Kind wird aus dem Bett gehoben, mit hoch genommenem Hemd in das Laken hineingelegt und so schnell von der Achselhöhle bis zu den Fußsohlen eingepackt. Der Wechsel wird alle 20 Minuten unter Umlegen von Bett zu Bett vorgenommen. Der dritte oder vierte Umschlag bleibt 1 Stunde liegen. Danach 2 Stunden keine Umschläge. Sobald auf feuchte Prozeduren kühle Hände und Füße auftreten, bleibt der letzte Umschlag liegen. Man versuche durch Federbetten und Wärmflaschen bei liegendem Umschlag die Zirkulation der Haut zu heben und entferne ihn dann. Die Haut ist danach trocken zu reiben. Wegen der Gefahr der falschen Wirkung der Umschläge ist bei jeder Verordnung die Vorschrift hinzuzusetzen, daß sie nur fortgesetzt werden dürfen, wenn Hände und Füße warm bleiben.

Bei hohem Fieber und kalter, blauer Hautoberfläche sind erwärmende Prozeduren anzuwenden. Bei gleichzeitiger Somnolenz handelt es sich in der Regel um so bösartige Fälle mit so ausgesprochener Herzschwäche, daß das Zudecken mit Federbett oder, wenn es möglich ist, ein Glühbirnenlichtbad oder Heißluftbad, die beim liegenden Patienten im Bett angewandt werden können, die einzigen Mittel sind. Bei weniger bösartig aussehenden Fällen ist Koffein (Coff. natr. benz.) zweistündlich subkutan oder per os (0,1 bis 0,2) zu geben. Dazu ein warmes Bad (35—37°) mit oder ohne Senfmehl. Wegen der Schwerbesinnlichkeit des Patienten ist bei größerer Badewanne die Lagerung auf ein gespanntes Laken wünschenswert. Die Dauer des Bades beträgt 10 Minuten unter kräftigem Frottieren. Danach wird das Kind, im Badetuch eingeschlagen, in das gewärmte Bett zurückgebracht und kräftig unter der Decke frottiert. Tritt die Neigung zu kühlen Extremitäten nur bei kühlen Umschlägen auf, so sind diese zu unterlassen und nur bei deutlichen nervösen Erscheinungen durch viertelstündliches Abwaschen mit feuchtem Schwamm zu ersetzen. Überhaupt mache man sich zur Regel, daß bei Scharlach hydropathische Prozeduren nicht durch die Höhe des Fiebers, sondern durch die nervösen Begleiterscheinungen angezeigt sind.

Krämpfe, Delirien. Ein initialer eklamptischer Anfall kann durch Chloral bekämpft werden. (Dosierung und Anwendungsweise siehe S. 322.) Bleiben nach dem ersten Anfall Benommenheit und unregelmäßige, teils spastische, teils klonische Krämpfe bestehen, so handelt es sich eben nicht um einen einfachen, initialen Krampfanfall, sondern um Vergiftung durch das Scharlachgift. Zur Bekämpfung kann man weiterhin das unschuldige Urethan benutzen (Dosierung S. 525). Ein erheblicher Nutzen für den Patienten ist durch die Milderung dieser Art Krämpfe nicht mehr zu erzielen.

Über die ersten Krankheitstage bis in die 2. Woche hinein dauernde Delirien älterer Kinder werden durch Nahrungsverweigerung gefährlich.

Hier wird man meistens zum Morphium greifen müssen (Dosierung S. 520), da wiederholte Dosen von Chloral nicht gestattet sind. Daneben ist im Morphiumdusel permanente Irrigation möglich, wenn man es nicht vorzieht, zweimal täglich auch noch eine zwangsweise Sondenfütterung durch die Nase vorzunehmen. Doch genügt hierzu die leichte Morphiumnarkose nicht, und ein ungehemmt sich wehrendes Kind verlangt sehr geübte Helfer zu dieser Prozedur.

c) Behandlung der Komplikationen.

Erkrankung des Nasopharynx und der Adnexe. Die primäre Scharlachentzündung des Halses bedarf keiner Therapie. Bei jeder Andeutung von Belag ist Untersuchung auf Diphtheriebazillen notwendig. Der Übergang der Entzündung in die Nekrose, die sogenannte Scharlachdiphtherie, das Übergreifen auf Rachenraum, Nase und Ohr können wir therapeutisch nicht verhindern. Wir können nur dadurch nützen, daß wir die Schleimhaut möglichst von zersetzenden und reizenden Sekreten frei halten und speziell beim Ohr den freien Abfluß des Sekrets sichern. Bei Mischinfektion von Scharlach und Diphtherie ist theoretisch Diphtherieserum indiziert. Doch ist nur in seltenen Fällen, in denen eben wirklich während des Scharlachverlaufs eine echte, auch klinisch erkennbare Diphtherie, z. B. nach Ablauf der ersten 12 Tage eintritt, ein Nutzen davon zu erwarten. Man ist bei Nachweis von Diphtheriebazillen freilich zur Anwendung des Heilserums verpflichtet. Die erste Aufgabe bei Behandlung der Scharlachnekrose ist, durch reichliche Flüssigkeitsaufnahme auf die Feuchtigkeit der Schleimhäute einzuwirken und wenigstens den absoluten Hunger vom Kinde fernzuhalten, da Durst und Hunger den Ablauf des Prozesses ungünstig beeinflussen.

Weil alle heroischen Desinfektions- und Reinigungsverfahren, was wir ausdrücklich versichern, sich als absolut wirkungslos erwiesen haben, so mache man es sich zur Pflicht, nur solche Manipulationen vornehmen zu lassen, die das Kind nicht zu sehr belästigen.

Pharynx. Je nach Verstand und Krankheitszustand des Kindes sind Ausspülen und Gurgeln geboten. Wasserstoffsuperoxyd ist für die Reinigung das beste, aber wegen der leichten Reizwirkung abwechselnd mit einem anderen Spülmittel zu geben (vom käuflichen Wasserstoffsuperoxyd 1 Eßlöffel auf ein Glas Wasser; Perhydrol (Merck) 20 Tropfen auf ein Glas Wasser; Perhydrolmundwasser sehr brauchbar wegen des Pfefferminzgehalts). Als weitere Gurgelmittel sind die üblichen käuflichen Mundwässer oder Myrrhentinktur (50 Tropfen auf ein Wasserglas) zu empfehlen. Sehr angenehm ist als reichliches Getränk ein alkalisch-muriatischer Säuerling, eventuell mit Sacharin gesüßt. Auch Pfefferminzwasser als Getränk wirkt schmerzstillend. Ist Medizin erwünscht, gebe man von 150 g Kalkwasser, 100 g Wasser, 50 g Pfefferminzwasser, eine Tablette Sacharin, stündlich 1 Eßlöffel. Im übrigen sind die Reinigungsmethoden des Mundes und Rachens so anzuwenden, wie S. 53 beschrieben. Man merke auch, daß Tonsillar- und Retropharyngeal-Abszesse namentlich nach der 3. Woche vorkommen.

Nase. Bei leichtem Katarrh genügt dreistündliches Vollstreichen des Nasenloches mit halbflüssiger essigsaurer Tonerdesalbe mittels eines Löffelstiels.

Sobald stärkere Sekretion und Verstopfung die Fortleitung des Prozesses auf der Nasenschleimhaut anzeigen, träufle man mit Wattebausch oder Pipette einige Minuten lang wiederholt vor der Anwendung der Salbe zur Hälfte verdünnte Wasserstoffsuperoxydlösung ein, indem man den entstehenden Schaum immer wieder abwischt.

Ohr. Bei Ohrenschmerz und bei benommenen Kranken ist das Ohr zu untersuchen. Über Schmerzstillung S. 417. Bei Vorwölbung und Blähung ist die Parazentese indiziert. Sorgfältige Reinhaltung und tägliche Betrachtung auch des laufenden Ohres sind notwendig, bei Retention die Erneuerung der Parazentese. Die Reinhaltung erfolgt durch zweimal tägliches Einträufeln von warmem Wasserstoffsuperoyxd 1 : 1 und wenigstens einmal tägliches, schon durch die Untersuchung bedingtes Trockentupfen. Jedes alarmierende Symptom, Fortdauern der Schmerzen nach Beginn des Eiterflusses, Herabhängen der hinteren Gehörgangswand geben Veranlassung zu ohrenärztlicher Konsultation. Das ohne Operation Erreichbare hängt von der Natur des Prozesses ab. Primär nekrotisierende Prozesse werden gar nicht beeinflußt. Weiter fortschreitende Knochennekrosen bei bestehendem Eiterfluß sind nur teilweise durch die Herstellung eines ungestörten Abflusses aus der Paukenhöhle beeinflußbar. Selbst bei Herstellung eines direkten Abflusses aus den Zellen des Warzenfortsatzes durch Aufmeißelung geht der Prozeß vielfach verstärkt weiter, wenn in der ersten bis zweiten Krankheitswoche operiert wird. So sind auch chirurgische Eingriffe meist erst im späteren Verlauf der Krankheit indiziert. Trotz der geringen Wirksamkeit der Therapie in derartigen Fällen bleibt doch beim größten Teile die beschriebene einfache Behandlung durch Abflußsicherung und Vermeidung sekundärer Fäulnis von großer Bedeutung für Ausheilung mit oder ohne Trommelfellschluß.

Drüsen. Bei Drüsenschwellung am Halse sind feuchte Umschläge mit Gummipapierbedeckung, je nach der Höhe des Fiebers ein- bis vierstündlich zu wechseln. Bei Drüsenpaketbildung mit stark schmerzhafter Schwellung und warmer, gut durchbluteter Haut wird eine Eiskrawatte über vierfach zusammengefalteter dünner Leinwand aufgelegt. (Herstellung der Eiskrawatte siehe unter Technik S. 488.) Bei den starren, diffusen Infiltrationen des ganzen vorderen Halsdreiecks und gleichzeitig schlechter Durchblutung der Haut sind starke Kälteprozeduren kontraindiziert, feuchte, undurchlässige Verbände und, wenn es dem Kinde subjektiv wohl tut, noch besser Breiumschläge, z. B. Cataplasma artificiale, je ein Pflaster auf eine Halsseite, Umwickeln mit Watte oder Flanell, (zwei- bis dreistündlicher Wechsel) sind dann indiziert.

Nephritis und Urämie s. S. 442.

Myokarditis s. S. 428.

Urämie mit Myokarditis s. S. 429 und 446.

V. Windpocken.

Prophylaxe. Die Ansteckungsfähigkeit auf dem Luftwege übertrifft die der Masern. Sie scheint jedoch erst mit dem Ausbruch der Pocken zu beginnen und nach 8 Tagen zu erlöschen. Nur innerhalb des Krankenhauses lohnt sich eine Prophylaxe, die darin besteht, daß man sämtliche Kinder, die mit einem Varizellenfall in Berührung gekommen sind, 2 Tage vor dem erwarteten Ausbruch der Krankheit isoliert. Die Erfolge der prophylaktischen Schutzimpfung mit dem Inhalt der Bläschen ermutigen nicht zu allgemeinerer Einführung.

Therapie. Bei der Behandlung ist wesentlich nur zu beachten, daß Hautreiz durch Einreibungen, feuchtwarme Umschläge, Schwitzpakkungen, rauhe oder unsaubere Kleidung usw. im Eruptionsstadium eine blatternähnliche Häufung der Effloreszenzen, später Furunkulose hervorrufen kann.

Bettruhe ist nur solange nötig, als der Patient sich nicht wohl fühlt. Fieber, Kopfschmerzen und Kreuzschmerzen sind mit Fiebermitteln, nicht mit Umschlägen zu behandeln.

Schwitzen ist zu vermeiden, die Haut durch reichliches Pudern mit Talkum trocken zu halten. Im Gesicht werden die Blattern mit Unguentum leniens wiederholt eingestrichen und leicht überpudert. Auf der behaarten Kopfhaut darf weder Puder noch Paste angewendet werden. Einstreichen mit indifferenter Salbe, Abschneiden verklebter Haare sind hier geboten.

Bei sehr schwerem Befallensein der Haut wird der Körper, namentlich an den aufliegenden Stellen, in Gazetücher gebettet, die mit einer dicken Schicht Talkum oder Bolus alba bestreut sind. Wenn Entzündung und Schmerzen vorhanden sind, streiche man den Körper vorher messerrückendick mit essigsaurer Tonerdesalbe ein. Die Verbandstoffe müssen 2—3 mal in 24 Stunden gewechselt werden. Die Befestigung, wenn überhaupt nötig, darf nur durch eine einzige Lage einer Mullbinde geschehen. In diesen sehr seltenen, schweren Fällen bedürfen wir auch der Schlafmittel (s. S. 522), um nächtliches Zerkratzen zu verhüten.

Die Schmerzen im Munde werden wie bei Stomatitis aphthosa behandelt (s. S. 264).

Schmerzen im äußeren Gehörgang erfordern Einträufelung von erwärmtem Paraffin mit 5% Ichthyol.

Bei Effloreszenzen, auf der Konjunktiva, die nicht allzu nahe am Kornealrande sind, streiche man eine 2%ige Kokainsalbe, im anderen Falle träufle man 3mal täglich Atropin 1% ein. Sobald die Kornea selber affiziert erscheint, ist augenärztliche Hilfe geboten.

VI. Die Grundsätze der Impfung und die Therapie der Vakzine.

Ist ein Kind durch Infektion mit Blattern bedroht, so gibt es keine Kontraindikation gegen die Vornahme der Impfung.

Ausschließung von der Impfung. Bei drei Kategorien von Kindern kann die Impfung länger dauernde und weitergehende Beschwerden hervorrufen als 2—6 tägige Unruhe und Fieber. Es sind dies die chronisch schwer geschädigten, in ihrer Ernährung labilen, dann die spasmophilen, die in dem letzten Halbjahr noch Krämpfe gehabt haben und schließlich die an exsudativer Diathese leidenden Kinder. Von dieser letzteren Gruppe wesentlich nur diejenigen, bei denen Ekzeme bestehen oder bis vor kurzem bestanden haben, ferner auch jene, bei denen ausgebreitete, konstitutionelle Ekzeme erst seit $^1/_2$ Jahr abgeheilt sind. Derartige Kinder sind von der Impfung zurückzustellen. Selbstverständlich ist der Ausschluß aller Kinder, die sich in der Rekonvaleszenz nach einer ernsteren Krankheit befinden oder wenigstens sich erst seit kurzem erholt haben, ferner aller Kinder, in deren Haus oder Familie ansteckende Krankheiten sind (Rose!). Leider ist es schwer möglich, auch diejenigen Kinder von der Impfung auszuschließen, deren Geschwister an Milchschorf leiden. Diese herauszufinden und von der Impfung zurückzustellen, muß das ernste Bemühen jedes Arztes sein. Denn allzu leicht kommt es zur Aussaat des Impfstoffes auf das Wangenekzem der Geschwister.

Was sonst an Impfstörungen vorkommt, kann und muß in Kauf genommen werden. Es wäre Aufgabe der Volksaufklärung, darauf hinzuweisen, daß während der Impfperiode auftretende Störungen, gleichgültig, ob sie in irgend einem Zusammenhang mit der Impfung stehen oder nicht, keine notwendigen Ausscheidungen eines Impfgiftes, sondern einer Behandlung zugängliche und bedürftige Leiden sind.

Alter der Impflinge. Trotzdem der junge Säugling die Impfreaktion sehr gut vertragen kann, ist ohne Not eine Impfung vor dem 5. Monat nicht am Platze. Die Möglichkeit eines Späterysipels ist stets zu fürchten, so selten es vorkommt. Diese Krankheit ist aber vor dem 3. Monat meist tödlich.

Jahreszeit. Die Impfung kann beim wohlbewahrten Kinde jederzeit stattfinden. Nur die heißeste Jahreszeit vermeide man, denn hier ist die Impfreaktion sicher stärker, die Möglichkeit der Entstehung von Furunkeln und Ekzemen größer.

Zur Gestaltung der Impftermine. Die Impftermine dürfen nicht zu zahlreich besucht sein. Die Befragung der Mütter darf nicht generell erfolgen. Vielmehr soll der Arzt jeder einzelnen Mutter die Fragen vorlegen, die ein klein wenig umständlich klingen, aber erfahrungsgemäß notwendig sind:

1. Ist das Kind in letzter Zeit krank gewesen?
2. Hat es früher oder jetzt an Durchfall gelitten?
3. Hat das Kind an Hautausschlägen gelitten?
4. an Husten?
5. an Krämpfen?
6. Ist in der Wohnung jemand erkrankt?

Ein genauer Blick auf das Gesicht, die entblößte Schulter und den Arm, der ergänzt werden kann durch eine kurze Betrachtung des Körpers, erlaubt eine schnelle Orientierung. Doch ist es sehr erwünscht, daß prinzipiell der ganze Oberkörper entblößt gezeigt wird. Ist der Fall nicht so schnell zu klären, so muß Gelegenheit gegeben sein, das verdächtige Kind am Schluß des Termins ein wenig genauer zu untersuchen. Im allgemeinen dürfte auf ein Kind eine Zeit von allerhöchstens 3 Minuten, für den in der Beobachtung von Säuglingen geübten Arzt von 2 Minuten genügen. Aber es liegt im Interesse der Öffentlichkeit, daß diese Zeit auch vorhanden ist. Bequemlichkeitsrücksichten dürfen da keine Rolle spielen. Die Zeit muß dem Arzt zur Verfügung gestellt sein, denn diese Sorgfalt muß von ihm verlangt werden.

Der Nachschautermin wird leider zu früh abgehalten. Am 7. Tage sind die Beschwerden gering. Besser wäre der 9. und 10. Tag, denn dann sind sie auf der Höhe. Die Mütter können ihre Klagen dem Arzte vorbringen, und er hat Gelegenheit, Ratschläge zu geben oder auf die Notwendigkeit ärztlicher Beratung hinzuweisen. Selbstverständlich erledigt sich am 10. Tag ein Nachschautermin nicht so schnell wie am 7.

Impfbeschwerden. Im allgemeinen leisten die amtlichen Vorschriften über die Behandlung der Impfpocken wohl das, was man von allgemeinen Vorschriften erwarten darf. Wenn wir aber auf etwas mehr Sorgfalt und Aufmerksamkeit rechnen dürfen, können wir auch mehr tun. Es ist zweifellos vorteilhaft, sich eines Impfschutzes zu bedienen (z. B. des sogenannten Hartmannschen), der aus etwas Dermatol- oder Xeroformgaze besteht. Die Hauptsache ist, daß das Mullpolster durch ein Mastisol- oder ein perforiertes Pflaster oder sich nicht deckende Pflasterstreifen festgehalten wird. Daß damit das Baden unmöglich wird, ist in sauberen Familien kein Schaden. Aufs strengste ist ein Verband anzubefehlen, wenn das Kind oder die Geschwister an Milchschorf leiden. Auch geimpfte Erwachsene können die generalisierte Vakzine verschulden. Treten erhebliche Unruhe und Schmerzen ein, oder sind gar die Achseldrüsen geschwollen, so ist ein feuchter, gut abschließender essigsaurer Tonerde-Verband über einer mit Vaseline eingestrichenen Haut, bei sehr empfindlicher Epidermis ein Verbandwasser aus gleichen Teilen Spiritus und Glyzerin am Platze. Um Antrocknen zu vermeiden, wird 12stündlich gewechselt[1]).

Öfter sieht man Gangrän der Pocken, die zu wochenlang nicht heilenden Geschwüren führen können. Die Behandlung nach chirurgischen Grundsätzen mit fest anliegendem Verband bringt schnelle Heilung.

0,1 g Pyramidon und $1/3$ bis $1/2$ Tablette Acidum acetyl. salicyl. wirken bei Fieber auch auf Unruhe und Schmerzen ausgezeichnet und unterstützen die Wirkung des Umschlags.

Ernährung. Hinzufügen möchten wir den amtlichen Vorschriften, daß bei vermehrtem Durst nicht mehr und nicht öfter Nahrung gereicht werden soll als bisher, daß es aber erlaubt und nützlich ist, stets dem Kinde Wasser oder milchlosen Tee, schwach mit Zucker oder mit Saccharin gesüßt, zu geben.

Therapie der generalisierten Vakzine. Die erkrankten Flächen sind bei generalisierter Vakzine mit einer mit essigsaurer Tonerde ange-

---

[1]) Die verschiedenen Verbandlagen werden quadratförmig (30 qcm groß) zurechtgeschnitten und fertig aufeinander gelegt. In der Mitte ein Schlitz, der gerade erlaubt, den Arm durchzuziehen. So deckt der Verband Oberarm und Achselhöhle gleichmäßig und läßt sich mit ein paar Touren leicht befestigen.

feuchteten Maske zu bedecken, nachdem man vorher die Maske oder die Haut über messerrückendick mit essigsaurer Tonerdesalbe eingestrichen hat. Bei starker Reizung ist der Umschlag einigemal $^1/_2$stündlich zu wechseln, die Verdunstung wird durch Guttaperchapapier verhindert und der Verband mit einer Mullbinde fixiert. Die gleichzeitige Verwendung der Salbe neben dem feuchten Verband verhindert am besten Ankleben und Stagnation. Die Verbände sollen nie mehr als $^1/_3$ bis $^1/_2$ der Körperoberfläche bedecken und dünn und locker aufliegen. Nie dürfen sie länger als 8, höchstens 12 Stunden liegen bleiben.

Bei starker Ausbreitung auf Hinterkopf und Körper kommen ein- bis zweimal täglich warme Bäder hinzu, denen man 5 ccm einer 5%igen Kalipermanganatlösung hinzusetzt.

VII. Sepsis und Pyämie.

Was wir in prophylaktischer Hinsicht beim Kapitel „Sepsis der Neugeborenen" ausgeführt haben (vgl. S. 90), kann für das ältere Kind mit gewissen Modifikationen übernommen werden. Es tritt bei diesem die vom Darm ausgehende Sepsis, welche beim Säugling die Hauptrolle spielt, zurück, und die Verhältnisse werden denen der Erwachsenen ähnlicher. Wir verweisen auf die Möglichkeit der Tonsillen als Eingangspforte und die Notwendigkeit ihrer Behandlung auch in prophylaktischer Beziehung. Der Ausbruch der Sepsis im Verlauf akuter Infektionskrankheiten läßt sich mitunter durch Vermeidung von Verdurstung und Verhungerung, seltener bei Scharlach und Diphtherie, öfter bei Masern verhindern. Die Verabreichung von Urotropin bei einem irgendwo im Körper bestehenden Eiterherd, z. B. Otitis media, vermag nach unserer Erfahrung eine Allgemeininfektion nicht zu verhüten.

Ein primärer Eiterherd muß nach chirurgischen Prinzipien angegangen werden. (Breite Spaltung von tiefen Phlegmonen, Aufsuchen versteckter peritonsillärer Abszesse etc.) Die zunächst auftauchende Frage ist, ob eine spezifische Behandlung durch ein entsprechendes Serum (Streptokokken- oder Pneumokokken-Serum) eingeleitet werden soll. Selbstverständlich kann nur eine bakteriologische Blutuntersuchung eine strenge Indikation für die Anwendung eines bestimmten Serums abgeben, zugleich die Aussichten unserer Therapie bestimmen, die bei Streptokokken- bzw. Pneumokokken-Infektion ungleich schlechter sind, als bei den Staphylokokken-, Koli- oder Gonokokken-Infektionen. Jeder muß es mit sich und seiner Erfahrung abmachen, ob er sich zur Anwendung der Streptokokken- und Pneumokokkensera entschließen will, denn ein einwandfreies Urteil über ihren Wert ist bisher bei den widersprechenden Angaben der Literatur nicht zu gewinnen. Wir selbst erwarten nichts davon. In bezug auf die Streptokokkenserum-Therapie verweisen wir auf das bei Scharlach Gesagte. Wer Serum anwendet, soll es intramuskulär bzw. intravenös injizieren. — Die gleiche Unsicherheit haftet der Behandlung mit Silberpräparaten an. Die besten Präparate sind Kollargol und Dispargen. Nur von der intravenösen Einspritzung ist überhaupt etwas zu hoffen. Wendet man diese Mittel unter den

S. 506 beschriebenen Vorsichtsmaßregeln an, so sind die unangenehmen Nebenwirkungen wie Schüttelfrost und Kollaps weniger zu fürchten[1]). Die rektale Anwendung (etwa 50 g einer 1%igen Lösung) ist wohl nur eine Scheinbehandlung. Die intramuskuläre Injektion, die bei Elektragol empfohlen wird, schafft nur ein schmerzhaftes Depot, aus dem das Silber nicht in der wirkungsvollen Form ins Blut gelangt. Die Optochin-Behandlung bei Pneumokokkensepsis hat bisher noch keine Erfolge zu erzielen vermocht, ist auch zweifellos nicht ungefährlich.

Bezüglich der Ernährung gelten unsere schon oft gemachten Ausführungen über die Notwendigkeit ausreichender Nahrungszufuhr, womöglich in konzentrierter Form, und über ausreichende Wasserspeisung. Bei 2—3jährigen, an chronischer Sepsis schwer erkrankten Kindern, kann Frauenmilch, die an und für sich den Nahrungsbedarf dieser Kinder zu decken nicht in der Lage ist, sondern dazu mit kohlehydratreicher und eiweißhaltiger Beikost kombiniert werden muß, das Leben erhalten. Die Pflege muß angesichts der oft wochen- und monatelang dauernden Bettruhe, besonders aufmerksam sein. Durchliegen muß verhindert, die Mundpflege mit der größten Sorgfalt durchgeführt werden; Zweizimmer-Behandlung nach Heubner ist, wo irgend möglich, angebracht.

Die wichtigste und schwierigste Aufgabe ist die Erhaltung der Herzkraft. Größte Aufmerksamkeit ist geboten, um rechtzeitig bei den ersten Insuffizienz-Erscheinungen eine energische Therapie treiben zu können. Wir halten eine fortlaufende Digitalisierung für nicht ganz wirkungslos, sind natürlich, da die Wirkung immer erst nach einiger Zeit eintritt, gezwungen, bei akut einsetzenden Schwächezuständen des Herzens mit Strophantin, Koffein und Kampfer nicht zu sparen. Von einer sonstigen medikamentösen Behandlung erwarten wir nicht allzuviel. Wenn hohe Fiebertemperaturen mit großem Unbehagen und heftigen Kopfschmerzen einhergehen, können eventuell kleine Dosen von Pyramidon nützen. Bei hoher Temperatur und benommenem Sensorium ist es, im Falle es die Herzkraft des Patienten erlaubt, zweckmäßig, abkühlende Bäder in Anwendung zu bringen oder abkühlende, kurz dauernde Packungen. In Fällen größerer Unruhe und heftiger Jaktation spare man nicht mit Narkotizis. Aus dem Abschnitt über Schlafmittel mag man die geeignetsten entnehmen. Allerdings wird schließlich kein anderes Narkotikum als Chloral und Morphium den gewünschten Erfolg bringen.

Bilden sich im Verlaufe der Sepsis bzw. Pyämie neue Eiterherde, so müssen diese genau so behandelt werden wie der primäre Eiterherd, mögen sie auch noch so multipel sein. Ausgiebige Inzision und Entleerung des Eiters sind notwendig. Mehr konservativ dagegen müssen Gonokokken-Eiterungen behandelt werden, da diese erfahrungsgemäß Neigung zur Spontanresorption haben. Kommt es zu Organaffektionen, die der septischen Infektion den Charakter einer ganz bestimmten Lokalerkrankung aufdrücken, wie schweren Durchfällen, Meningitis, Endokarditis, Nephritis, dann muß die Therapie in erster Linie diesen Komplikationen Rechnung tragen.

[1]) Wir richten uns nach den Angaben von Julius Voigt.

VIII. Akuter Gelenkrheumatismus.

Der vielfach vertretenen Ansicht, daß rheumatische Gelenkerkrankungen von den Tonsillen, kariösen Zähnen ausgehen können, kann in prophylaktischer Beziehung Rechnung getragen werden. Jedenfalls wird man sich dieser Eingangspforten erinnern müssen, wenn die erste Attacke aufgetreten ist. Was durch die Behandlung der Tonsillen geleistet werden kann, darüber haben wir uns in dem Kapitel der Therapie der Herzkrankheiten ausgesprochen. Geeignete Abhärtung des Kindes durch eine individualisierte Pflege im Freien, Schutz vor allen brüsken Abkühlungen und Durchnässungen können rheumatische Rezidive bis zu einem gewissen Grade verhindern helfen.

Die Therapie des akuten Gelenkrheumatismus gelingt in der großen Mehrzahl der Fälle durch eine energische Behandlung mit Salizyl- und Salizylersatzpräparaten. Wir bevorzugen bei Kindern das Natr. salicyl., das Aspirin und das Diplosal. Letzteres ist ganz besonders gut verträglich. Allerdings darf die Dosis der Salizylpräparate nicht zu gering bemessen werden. Die S. 506 angegebenen Dosen sind 5mal täglich, bei Eintritt der Besserung 3mal täglich zu geben.

Idiosynkrasien gegen Salizylsäure- und Ersatzpräparate, die einen solchen Grad annehmen, daß man von der Weiterverwendung des Mittels Abstand nehmen muß, haben wir niemals beobachtet. Die relativ geringfügigen Beschwerden, Eingenommensein des Kopfes, Ohrensausen, müssen in Kauf genommen werden. Auch fürchten wir uns nicht vor einer Nierenreizung durch Salizylpräparate.

Um Ohrensausen zu vermeiden, kann man neben 3 Dosen Aspirin 2 Dosen Pyramidon einschalten. Das ist namentlich bei Kindern im 2. Lebensjahr praktisch, um ohne Schaden zu großen Dosen wirksamer Arzneimittel zu gelangen, z. B. 3mal täglich 0,5 Aspirin, 2mal 0,2 Pyramidon. Bei Fällen mit immer wiederkehrenden geringen Gelenkschmerzen im Ablauf eines akuten Anfalls empfehlen wir Atophan (0,5 2—3mal täglich). Die Wirkung von Heißluftbädern hat uns in diesem Stadium nicht befriedigt.

Die erkrankten Gelenke können mit einer 10%igen Ichthyolsalbe eingerieben und in Watte gepackt werden. Die lokale Anwendung gewisser Salizylsalben erscheint uns überflüssig. Das Aufstehen der Kinder kann erfolgen, wenn alle akuten Erscheinungen geschwunden und nicht nur die Temperatur, sondern auch der Puls völlig normal geworden ist. Doch muß das Kind langsam an Aufstehen und Bewegung gewöhnt werden und wochenlang unter ärztlicher Kontrolle bleiben. Lange Zeit hoch bleibende Temperaturen erfordern deswegen große Vorsicht, weil sich hinter ihnen eine Herzerkrankung verbergen kann. Damit die Kinder nicht durch die Zimmerluft geschädigt werden, wechsle man nach Vorbild der Heubnerschen Keuchhustentherapie 2mal täglich das Zimmer und lasse das verlassene Zimmer mehrere Stunden unter Zug durchlüften. Die Gewöhnung ans Freie und die Abhärtung erfolgen am besten nach dem Prinzip, das wir S. 427/428 bei der Behandlung der akuten Endokarditis beschrieben haben, nur können sie schneller vor sich gehen. Außerordentlich wichtig sind die täglichen Frottierungen des Körpers mit Spiritus-Glyzerin.

IX. Chronischer Gelenkrheumatismus.

Der chronische Gelenkrheumatismus geht keineswegs immer aus einem akuten hervor. Häufig beginnen die chronischen Arthropathien ganz schleichend und erwecken den Verdacht auf tuberkulöse oder luetische Gelenkerkrankungen. Heute können und müssen die Tuberkulindiagnostik und die Anstellung der Wassermannschen Reaktion vor einer verhängnisvollen Verwechslung bewahren. Wir betonen das, weil chronische Arthropathien auf nicht tuberkulöser Basis in Verkennung der Sachlage nach Leysin verschickt werden und diese kostspielige kontraindizierte Kur die Gesundheit des Kindes schwer schädigen kann. Der sogenannte tuberkulöse Gelenkrheumatismus ist noch etwas völlig Unklares. Im übrigen wird unter dem Namen des chronischen Gelenkrheumatismus eine Anzahl verschiedener Krankheitsbilder willkürlich zusammengefaßt. Daher erklären sich auch die verschiedenen Resultate der Behandlung. Für den chronischen Rheumatismus leisten die Salizylpräparate außerordentlich wenig. Man muß zu ihnen nur dann greifen, wenn Schmerzhaftigkeit es verlangt. Doch ist ein 8—14tägiger Versuch zu empfehlen. Wir kennen für die chronischen Arthropathien nur ein Heilmittel, das ist eine sachgemäße physikalische Behandlung durch Massage, aktive und passive Bewegungen, heiße Bäder, am besten in den natürlichen heißen Quellen, z. B. Teplitz und Pöstyan, aber auch in Solbädern. Wie weit bei der Anwendung dieser Quellen Radiumemanation eine Rolle spielt, wagen wir nicht zu entscheiden. Auch sind uns zu weitergehenden Schlüssen berechtigende Erfahrungen, wie die radioaktiven Elemente auf die keineswegs seltene kindliche Erkrankung einwirken, nicht bekannt. Zu Hause verwendet man am besten jeden 2. Tag 30—40 Minuten dauernde Heißluftbäder von 60—80°. Die Durchführung der Gymnastik ist durch die Schmerzen sehr erschwert. Täglich ist einmal im Anschluß an eine Massage des ganzen Körpers jedes Gelenk passiv soweit zu strecken bzw. zu beugen, bis das erste Hindernis leicht überwunden ist, und die erreichte weitere Exkursion durch mehrfache Wiederholung zu einer schmerzlosen zu machen. Dabei gilt es auch, die verkürzten Sehnen zu dehnen. Dies geht am besten nach einem heißen Wasser- oder Luftbade. Am übrigen Tage müssen halbaktive Bewegungen in Pendelapparaten geübt werden. Als solche dienen der sogenannte „fliegende Holländer", besonders aber das Dreirad. Dieser Apparat hat sich bei den höchstgradigen Versteifungen des Knies und bei subluxierter Hüfte als nützlich bewährt. Außerdem muß das Kind angehalten werden, jede Handreichung, die es auch noch so schwierig ausführen kann, selbst zu leisten.

Bei dieser Therapie haben wir vollständig verkrümmte Kinder zu gesunden, lebensfrohen Menschen werden sehen. Aber leider wurden in noch einer größeren Zahl von Fällen geringe, in anderen keine Erfolge erreicht. Von medikamentösen Maßnahmen, von der Ausschälung der Tonsillen, haben wir nie Nutzen gesehen.

X. Diphtherie.

1. Prophylaxe.

Die Diphtherie wird weniger durch tote Gegenstände übertragen, da auf diesen der Krankheitskeim meist schnell zugrunde geht. Die Hauptgefahr droht von den Erkrankten und zwar noch lange nach der Erkrankung und von den gesunden Bazillenträgern. Da Diphtheriebazillen, die lange Zeit von einer zur anderen Person übertragen wurden, ohne Gelegenheit zu haben, selber eine Krankheit zu erzeugen, trotz gleicher Virulenz im Tierversuch im allgemeinen für die Menschen weniger gefährlich sind, hat man aus praktischen Gründen wegen der enormen Zahl dieser Bazillenträger diese letzteren (sogenannte Nebenträger) nicht sanitätspolizeilichen Maßnahmen unterworfen. Ungefährlich sind sie jedoch nicht, wie Erfahrungen in Säuglingskliniken immer wieder zeigen. Für die zu treffenden Maßregeln ist ferner noch zu berücksichtigen, daß die Disposition zur Diphtherie nicht nur individuell, sondern auch zeitlich verschieden ist; zu Epidemiezeiten müssen daher die Maßregeln viel schärfer sein. Für die familiäre Prophylaxe ist wichtig, daß in der überwiegenden Mehrzahl der Fälle nur ein Mitglied der Familie ernstlich an Diphtherie erkrankt. Freilich sieht man bei genauerer Untersuchung der Familienmitglieder häufiger kleine diphtherische Affektionen, die weniger für den Kranken, als für die weitere Umgebung gefährlich sind. Schwere Familien- und Hausepidemien fehlen jedoch nicht.

a) Aktive und passive Immunisierung. Eine prophylaktische Immunisierung der Kinder ist auf aktivem und passivem Wege versucht worden. Im ersteren Falle spritzt man dem Kinde nach Behring Diphtheriegift ein, das durch Gegengift zum größten Teil unschädlich gemacht worden ist. Der kindliche Körper erzeugt dann selbständig Diphtherieantitoxin, genau so wie es bei spontaner Erkrankung meist der Fall ist. Bei der passiven Immunisierung verleibt man dem Kinde durch die Einspritzung des Heilserums gleich das fertige Antitoxin ein.

Die aktive Immunisierung durch den in den Behring-Werken erzeugten Impfstoff hat den Nachteil, daß seine Wirkung erst nach 8—14 Tagen eintritt und eine begrenzte Anzahl von Monaten anhält. Sie ist noch nicht einwandfrei erprobt. Bei Kindern, die wiederholt an schweren Diphtherien leiden, ist eine Wirkung wahrscheinlich nicht zu erzielen. Das Mittel ist unter Angabe des Alters des Kindes zugleich mit den Vorschriften von den Behring-Werken in Marburg zu beziehen.

Die passive Immunisierung scheint ziemlich zuverlässig etwa 14 Tage bis 3 Wochen zu wirken. Es genügt eine Dosis von 600 Immunitätseinheiten. Wegen der Gefahr der Anaphylaxie bei später notwendig werdenden Injektionen verwende man Hammelserum (Serumwerke Dresden), Rinderserum (Höchst). (Siehe auch Serumkrankheit S. 224.)

b) Bekämpfung der Bazillenträger. Weder Spülungen noch Pinselungen mit Desinfektionsmitteln, selbst mit Providoform und Eukupin vermögen die Bazillen in Nase und Pharynx auf die Dauer zu vertreiben. Auch gegen die chronische Besiedlung der Haut mit Bazillen ist unsere Therapie meist wirkungslos, ein- bis zweimaliges tägliches Pinseln mit Providoform-Tinktur und Umschläge mit $^1/_2$ $^0/_0$iger Lösung von Eucupinum chinicum ergaben keine eindeutigen Resultate. Nur bei Säuglingen, die nicht gerade chronische

Rhinitiden haben, unter selbstverständlichem Ausschluß aller mit diphtherischem Schnupfen, läßt sich in der überwiegenden Mehrzahl der Fälle Bazillenfreiheit dadurch erzielen, daß man zweimal täglich mit einem Spatel beide Nasenlöcher mehrfach mit folgender Salbe vollstreicht:

Protargol	3,0
Solve in aqua frigida	5,0
Lanolinum	12,0
Vasel. flav. ad	30,0

Doch ist die Therapie nur dann aussichtsreich, wenn das Kind meist liegt und die Choanen noch so eng wie beim Säugling sind. Bei älteren Kindern hat sich noch am besten eine Therapie bewiesen, die den chronischen Nasenkatarrh bekämpft, d. h. eine Behandlung mit einer 2—3%igen Präzipitatsalbe abwechselnd mit essigsaurer Tonerde-Salbe. Die Anwendung erfolgt, wie S. 390 beschrieben. Das Kind muß danach 1 Stunde liegen.

c) **Prophylaxe in Familie und Anstalt.** Absolute Absonderung des Erkrankten ist geboten. Bei leichter diphtherischer Erkrankung der stillenden Mutter ist der Säugling nur zum Trinken zur Mutter zu bringen. Die Mutter muß dabei eine Maske vor Mund und Nase tragen. Trotzdem bleibt der Säugling infektionsverdächtig. Man wird daher gut tun, ihn passiv zu immunisieren (500 I.-E.) und kann dann die Verantwortung übernehmen,daß er nicht von der Mutter getrennt wird. Bekommt er Schnupfen, so ist die Nase zu inspizieren; außerdem sind im Zweifelsfalle 2000 I.-E. zu injizieren. Bei schweren Epidemien empfiehlt sich passive Immunisierung aller Hausgenossen. Dieses Verfahren kommt zu solchen Zeiten auch in Betracht bei Kindern, die mit einem Erkrankten gespielt haben.

Ist von den übrigen Mitgliedern der Familie nach ungefähr 7 Tagen auch bei sorgfältiger Untersuchung keiner erkrankt, ist der Nasen- und Rachenabstrich 3mal bazillenfrei, so dürfen Kinder in einen anderen kinderlosen Haushalt übergeführt werden. Vorher ist dies nur nach Aufklärung der Angehörigen über die Gefahr gestattet.

Bei der Pflege des Erkrankten versteht sich die dauernde Desinfektion am Krankenbett (siehe S. 55) von selbst. Die Sperre ist erst aufzuheben, wenn das erkrankte Kind nach dreimaligem Abstrich aus Nase und Mund sich als bazillenfrei erweist. Ein Teil der Kinder bleibt noch über 6 Wochen hinaus Bazillenträger, z. B. ein guter Teil der sogenannten „Skrophulösen", an chronischen Nasenkatarrhen Leidenden, besonders auch die hereditär syphilitischen Kinder. Hier muß aus praktischen Gründen die Sperre einmal ein Ende finden. Erfahrungsgemäß geschieht das meist ohne Schaden für die Familienmitglieder in ca. 6, für die Schule in ca. 8 Wochen. Bei intimer Berührung mit einer größeren Anzahl von Kindern wie z. B. in Krankenanstalten, Pensionen usw. erfolgen aber auch dann noch nach unserer Erfahrung nicht selten Infektionen. Doppelt gefährlich sind diese Kinder dadurch, daß sie häufig selbst dann noch Rückfälle in Form der Nasendiphtherie zeigen. Jede Verschlimmerung des Schnupfens ist daher sehr sorgfältig zu beachten. Bei der Aufnahme wird von jedem Säugling ein Nasenabstrich gemacht, dann aber sofort, ohne das Resultat der Untersuchung abzuwarten, die beschriebene Protargol-Therapie eingeleitet. Bei positivem Bazillenbefund sind Fortsetzung der Therapie und Wiederholung des Abstriches alle 4 Tage geboten Hat ein Bazillenträger oder ein Kranker mit anderen Kindern zusammen gelegen, so wird die Kur bei allen gleichfalls ausgeführt. Ist eine neue Erkrankung nachgewiesen, oder muß eines der Kinder entlassen werden, so empfiehlt sich die passive Immunisierung. Bei Diphtherieepidemien in Pensionen oder Waisenhäusern ist auch die aktive Immunisierung zu versuchen. Erweist diese sich weiterhin als erfolgreich, so wird es wünschenswert sein, jede Pflegerin, die auf eine Diphtherie-Station versetzt wird, gleichfalls aktiv zu immunisieren.

Vorläufig ist es unmöglich, die sogenannten Nebenträger völlig auszuschalten. Man ist gezwungen, sie, soweit sie auf die genannte Behandlung nicht reagieren, zu dulden. Allerdings wäre ihre Absonderung in besonderen Zimmern mit Leidensgenossen zusammen sehr wünschenswert.

2. Therapie.

In dem Diphtherieserum[1]) besitzen wir ein Mittel, um den Ablauf der Diphtherie zu beschleunigen und günstiger zu gestalten. Es wirkt am sichersten bei Konjunktival-, reiner Nasen-, Kehlkopf- und ausgesprochener Hautdiphtherie. Am unsichersten ist seine Wirkung bei Lokalisation der Erkrankung im Halse. Die Wirkung des Heilmittels ist im übrigen beschränkt. Sie ist um so geringer, je später das Heilmittel angewandt wird, vermag diphtherische Lähmungen weder zu verhüten noch günstig zu beeinflussen. Bei schweren Halsdiphtherien ist seine Wirkung wohl nicht nur durch die häufigen Mischinfektionen, deren Eintritt es jedenfalls nicht verhindern kann, begrenzt. Man tut gut, auch in seinem Auftreten gegenüber den Angehörigen an diese Grenze unseres Könnens zu erinnern.

Bei der Lokalbehandlung hat jede desinfizierende Therapie selbst bei oberflächlicher Hautdiphtherie versagt. Unsere Aufgabe beschränkt sich auf Pflege der Schleimhäute und Offenhaltung der Luftwege.

Die Therapie der Herzschwäche und Lähmungen ist nur in begrenztem Maße möglich, so lange unsere Reizmittel überhaupt noch ansprechen.

Eine Therapie der Nierenerkrankung erübrigt sich meist. Das Auftreten erheblicher Mengen Eiweiß im Anfang und jede Albuminurie nach Ablauf der akuten Erscheinungen müssen nur als Warnungszeichen gedeutet werden, bedürfen aber keiner Behandlung.

Überhaupt ist der Diphtheriekranke in den ersten 4 Wochen nach der Erkrankung einer Beaufsichtigung bedürftig.

a) Spezifische Behandlung.

Das Heilserum ist so früh wie möglich zu injizieren. Es ist daher notwendig, bei zweifelhaften Anginen mit Be-

[1]) Nach Ansicht einer Reihe von Forschern ist nicht der Antitoxingehalt, sondern das artfremde Serum für die Heilwirkung maßgebend. Es ist unmöglich, jetzt schon zu dieser Ansicht scharfe Stellung zu nehmen.

lag, sogenannten kruppösen Konjunktivitiden, bei Heiserkeit mit leichtester Stenose auch ohne jede Spur von Halserkrankung sofort zu injizieren und das bakteriologische Resultat nicht abzuwarten.

Dosis. Als Dosis genügt bei konjunktivaler, nasaler und leichter Rachendiphtherie am ersten Tage, ebenso auch bei Hautdiphtherie eine Injektion von 2000—3000 I.-E., die man am nächsten Tage, falls man die Krankheit unterschätzt hat, wiederholen und steigern kann. Beim Säugling ist die Dosis nicht geringer zu nehmen. Beim beginnenden Krupp ist 3000 die wünschenswerte Minimaldosis. Größere Dosen sind in diesen Fällen gewiß nicht abzulehnen und nur beim Säugling überflüssig. Bei Nasendiphtherie, die nach 4 Tagen Beläge oder Neuerkrankungen am Ende der ersten Woche zeigt, Wiederholung der Dosis. Bei schweren Halsdiphtherien soll man 4000—5000 I.-E. anwenden und nach 10—20 Stunden womöglich noch einmal die gleiche Dose geben. Ob jedoch wirklich hierdurch ein weiter gehender Nutzen erreicht wird, darf nach Einzelerfahrungen und Statistik nicht sicher angenommen werden.

Bei den genannten Dosen überschreitet man nicht die erlaubte Menge des zugesetzten Karbols.

Art der Anwendung. Lokale Anwendung des Serums ist selbst bei Nasen- und Hautdiphtherie zwecklos. Subkutan einverleibt, wirkt es am langsamsten, am schnellsten bei intravenöser Einverleibung. In der Mitte steht die intramuskuläre Einspritzung. Es besteht kein zureichender Grund, die umständlichere venöse Applikation prinzipiell vorzuziehen. In drohend aussehenden Fällen ist sie jedoch anzuwenden. Man wählt dazu irgend eine sichtbare Vene. Sehr häufig findet sich beim jungen Kind eine solche in der Knöchelgegend. Die Spitze muß besonders scharf geschliffen sein. Stauung ist für die Prozedur notwendig. Man spritze im allgemeinen nicht mehr als 2000 innerhalb der ersten 5 Jahre, 3—4000 bis zum 10. Jahre auf einmal ein und gebe den Rest subkutan oder intramuskulär. Hat das Kind schon einmal 8 Tage oder länger vorher Serum bekommen, so ist diese Anwendungsweise zu unterlassen (siehe Serumkrankheit S. 224). Will man sie unbedingt trotzdem versuchen, so macht man zunächst eine gewöhnliche Einspritzung, und wenn keine Reaktion erfolgt, 6 Stunden später die intravenöse.

Intramuskuläre und subkutane Einspritzungen haben die gleichen Indikationen. Als Muskel empfiehlt sich beim jungen Kinde der Rectus femoris, in den man in der Mitte des Oberschenkels senkrecht zur Oberfläche einsticht.

Kontraindikation. Es hat keinen Zweck, eine Serumeinspritzung zu machen, wenn, was häufig der Fall ist, eine verdächtige leichte Affektion sich bakteriologisch erst nach Heilung als diphtherisch erweist oder wenn eine Diphtherie ohne Behandlung abgeheilt ist. Die auch hier oft nicht ausbleibenden Lähmungen sind durch Serum nicht zu verhindern.

Anaphylaxie. Eine weitere Kontraindikation bietet die Anaphylaxie (siehe S. 223).

b) Symptomatische Behandlung.

Allgemeine Pflege. Der Diphtheriekranke bedarf auch bei leichter Erkrankung einer mindestens 14tägigen Bettruhe. Auffällige Blässe, Labilität des Pulses müssen uns, auch wenn sie längst verschwunden sind, mahnen, die Überwachung länger auszudehnen. Eiweißausscheidung über die ersten Tage der Krankheit hinaus indiziert gleiches Vorgehen.

Fieber. Die Herabsetzung des Fiebers ist selten nötig. Fiebermittel sind besser zu vermeiden. Allgemeine Rumpfpackungen wirken zwar kaum temperaturherabsetzend, aber beruhigend.

Erregung und Schlaflosigkeit. Die qualvollen Nächte bei starker Verengung des Isthmus faucium, die Erregung des Septischen soll man durch Anwendung von Narcoticis beeinflussen. Nacht- und Nachmittagsschlaf werden durch Bromural in großen Dosen herbeigeführt, Angst und Erregung durch kleine Dosen Opium, die die Kritik des Kranken gegenüber seinem Krankheitszustand herabsetzen, gelindert.

Diät. Bestimmte diätetische Indikationen bestehen nicht, soweit sie nicht durch Schmerzen im Halse gegeben werden. Die Diät richtet sich nach dem Appetit und Geschmack des Kindes. Bei Verschwellung des Halses sind kühle Getränke selbstverständlich, daher vorwiegend Milch, die man durch Zusatz von Kaffee oder Tee oft anregend machen kann, ferner kalte Milchflammeries, Wein- und Fruchtgelees. Die Wasserspeisung ist wünschenswert, doch nicht so dringend wie bei Scharlach. Wenn das Trinken durch Schmerzen gehindert ist, ist Wasserzufuhr durch Klistiere am Platze. Dreimal täglich 150—300 g der angegebenen Nährklistiermischungen (Bereitung siehe S. 495). (Diät bei Intubation und Schlucklähmung siehe später.)

Herzschwäche. Bei kleinem frequentem oder verlangsamtem Puls während des akuten Stadiums ist Strophantus nützlich. Von der Tinctura strophanti titrata gebe man viermal täglich, später dreimal täglich die dem Alter entsprechende Dose, zugleich Koffein[1]) innerlich, nur in im Augenblick dringenden Fällen subkutan. Wie bei der Herzschwäche in der Nachperiode wirkt in schweren Fällen eine intramuskuläre Einspritzung von S t r o p h a n t i n B o e h r i n g e r. In den ersten 4 Jahren 2—3 Teilstriche, vom 5.—8. Jahre 4—5, später 5—8. Sie ist nach ca. 20 Stunden zu wiederholen oder die Wirkung durch innerliche Gaben von Tinctura strophanti zu erhalten. Auch bei günstiger Augenblickswirkung wird meist das Ende nur hinausgeschoben. Pituitrin und Koffein versagen meist völlig.

c) Behandlung der lokalen Erkrankungen.

Konjunktivitis. Verklebung der Augen ist unbedingt zu verhindern, manuelle Öffnung der Augen fünfmal täglich nötig. Umschläge mit frisch bereiteter Borsäurelösung (1 Teelöffel pulv. Borsäure auf $^1/_4$ Liter Wasser frisch aufkochen) wirken günstig. Sie sind

[1]) Wenn Koffein allein nicht mehr wirkt, wirkt oft noch Koffein und Suprarenin (je $^1/_2$ Spritze subkutan 5—6mal täglich), doch ist Anwendung von Suprarenin beim unter Strophantuswirkung Stehenden v i e l l e i c h t nicht gestattet.

im Liegen mit stark getränkter Watte zu machen. Zweimal täglich ist Einstreichen einer Sublimatsalbe zweckmäßig.

Täglich muß die Kornea revidiert werden. Bei trommelförmiger Schwellung der Augenlider ist unter allen Umständen, wenn es bisher noch nicht geschehen, der Augenarzt zuzuziehen. Allerdings versagt oft die beste sachverständige Behandlung.

Hautdiphtherie. Wir empfehlen kurzes Erweichen durch warme essigsaure Tonerde-Umschläge, dann Verband mit essigsaurer Tonerde-Salbe. Hartnäckige Stellen sind mit 3%iger Präzipitatsalbe zu behandeln. Eucupin und Providoform in Umschlägen und Salben haben sich nicht bewährt.

Nase. Beim Säugling ist durch Einträufeln von Suprareninlösung (rein oder in Verdünnung von 1 : 3) für freie Atmung zu sorgen. Bei starker, eitriger Sekretion oder Blutung ist außerdem dreimal täglich Wasserstoffsuperoxyd 1 : 1 solange einzuträufeln, bis es aufhört zu schäumen und nachher mit der essigsauren Tonerde-Salbe einzustreichen. Auch bei sekundärer Ausbreitung der Diphtherie in der Nase ist diese Behandlung brauchbar. Die Salbe wird zur Vermeidung von Blutungen nur mit einem Löffelstiel mehrfach in die Nasenlöcher eingedrückt. Instrumentelle Einführung ist nicht gestattet.

Bei sehr starker Verschwellung und Verstopfung der Nase durch Membranen gelingt es durch die angegebenen Mittel nicht, die Nasenatmung freier zu machen. Dann kann es durch Aspiration der Zunge zur Erstickung kommen. Es muß daher eine dauernde Wache am Bett des Säuglings sitzen, um sofort helfen zu können. Oft genügt die Anregung zum Schreien. Sonst muß mit einer Zange die Zunge vorgezogen werden. In diesen schweren Fällen ist auch beim Neugeborenen am 2. oder selbst am 3. Tage die volle Serumdose von 2000 Immunitätseinheiten zu wiederholen.

Rachen. Gurgeln und Mundspülen sind trotz der geringen Wirksamkeit wie bei Scharlach (s. S. 234) anzuwenden. Wichtiger ist ein häufiges Trinken eines alkalischen Säuerlings. Bei Infiltration der Halslymphdrüsen verfahre man wie bei Scharlach (s. S. 235).

Kehlkopf. Bei beginnendem Krupp ist das Zimmer mit feuchten Dämpfen zu erfüllen (s. S. 485), bei beginnender Stenose für möglichste Ruhe zu sorgen. Das gilt namentlich für alle Fälle bei der Aufnahme ins Krankenhaus. Gelingt es, die Kinder über die erste Aufregung hinwegzubringen, so geht manche recht bedrohliche Stenose noch zurück. Man bedient sich dazu am besten solcher Schlafmittel, die nicht so intensiv wirken, daß sie eine ernsthafte Atemangst übertäuben können, d. h. großer Dosen Urethan, Bromural oder Nirvanol. Ersteres ist auch per klysma anzuwenden.

Sobald ausgesprochene Atemangst bestehen bleibt oder wiederholt anfallsweise auftritt und gleichzeitig die bekannten Einziehungen bestehen, ist die operative Entfernung der Stenose indiziert. Selbstverständlich auch, wenn die Kinder vom Ringen um Luft graublau, teilnahmslos, wenn auch mit scheinbar freierer Atmung daliegen. Im allgemeinen beweist überhaupt jeder Farbenumschlag in Blässe besser als der Grad der Einziehung, daß der Eingriff eilt. Die Indikation zur

Operation muß um so weitherziger gestellt werden, je langsamer ärztliche Hilfe zu erlangen ist. Kinder, die mit deutlicher Zyanose und Atemangst in die Sprechstunde gebracht werden, sich aber nach Entfernung der Hüllen anfangs gut zu erholen scheinen, können schon auf dem Transport nach dem Krankenhause, wenn sie wieder eingepackt sind, in wenigen Minuten ersticken. Im Krankenhause dürfte man in solchen Fällen ruhig abwarten.

Wahl der Operationsmethode. Die Intubation ist ohne Assistenz in kaum einer Minute ausführbar. Sie wird auch allen leichten Fällen gerecht, bei denen die Stenose schnell wieder verschwindet und stößt bei operationsscheuen Eltern auf kein Hindernis. Ihre Nachteile gegenüber der Tracheotomie sind die größere Möglichkeit einer Verstopfung des Tubus, weswegen eine kundige Hand im allgemeinen schnell erreichbar sein sollte, und das sehr seltene Herunterschieben von Membranen im Moment der Einführung, wodurch plötzliche Erstickung hervorgerufen werden kann. Bei Kindern unter einem Jahre muß man doch oft zur sekundären Tracheotomie schreiten. Bei Herzschwäche und Verfall kann das Kind am 2. oder 3. Tage mitunter den Schleim nicht mehr aushusten.

Die Tracheotomie hat den Vorzug, daß ganze Arbeit geschaffen ist und daß nach der Operation die ungeübteste Schwester die Pflege ausführen kann. Die Nachteile bestehen darin, daß die Tracheotomie gerade in Sprechstunde und Privatwohnung ohne genügende Assistenz eine nicht ganz geringe Übung und Ruhe erfordert, besonders bei Kindern unter 3 Jahren. Das Setzen einer größeren Wunde ist wie bei jeder Operation mit der Möglichkeit einer Gefahr verbunden. Ferner atmet das Kind nach der Tracheotomie nicht mehr durch seine normalen Luftwege.

Die Indikationen für die Wahl der Operation sind daher im Krankenhaus und in der Privatpraxis verschieden.

Krankenhaus. Im Krankenhaus, in dem ein geübter Arzt wohnt, sind beide Operationen gleich leicht auszuführen. Die Nachteile der Intubation fallen nicht ins Gewicht. Es ist daher die primäre Intubation prinzipiell vorzuziehen, weil sie das schonendere, nicht verstümmelnde Verfahren darstellt. Primär tracheotomiert werden nur die seltenen Fälle mit starker Erkrankung des Isthmus faucium. Von mancher Seite wird auch für die ersten 12 bzw. 10 Monate die primäre Tracheotomie geraten.

Privatpraxis. Der praktische Arzt, der sich nicht in einer der beiden Methoden geübt hat, beherrscht keine von beiden nach dem Staatsexamen. Zur Not-Tracheotomie ist er offiziell verpflichtet. Doch ist gerade bei ungenügender Assistenz dies eine besonders schwere Aufgabe. Die Erlernung beider Operationsmethoden erfordert ungefähr die gleiche Übung. Wer gut gynäkologisch untersuchen kann, kann eigentlich fast sofort intubieren.

Jede Stenose gehört schon im Beginn ins Krankenhaus. Wenn dies nicht rechtzeitig möglich war, haben wir in der Privatpraxis intubiert und den Patienten mit liegendem Tubus dem Krankenhaus überwiesen. Bei schon erstickten bewußtlosen Kindern ist hierdurch unvergleichlich schneller geholfen als bei der Tracheotomie, zu der alles erst gerichtet werden muß. Wenn die Eltern Operation und Aufnahme ins Krankenhaus verweigern, ist unbedingt zu intubieren. Die Gefahr plötzlicher Erstickung ist in manchen Epidemien kaum vorhanden und muß von den Eltern verantwortet werden. Muß man ein Kind, bei dem die Wahl der Operation dem Arzte freigestellt ist, weiter in der Familie behandeln, so ist gewiß die Tracheotomie vorzuziehen. Nur wenn der Arzt sehr leicht zu erreichen ist, kann man die Intubation verantworten. Man muß dann im Fall einer Verstopfung des Tubus die pflegende Krankenschwester beauftragen, ihn herauszuziehen und sofort den Arzt zu benachrichtigen. Mit den angeführten Beschränkungen verdient die Intubation die Methode der Wahl für den praktischen Arzt zu werden.

Intubation. Bei der Anschaffung eines Intubationsbestecks mußte man bisher das O'Dwyersche Originalbesteck als bestes empfehlen. Jedenfalls ist beim Einkauf darauf zu achten, daß der Hals des Tubus so zierlich, eher noch zierlicher ist, als auf der Zeichnung wiedergegeben (Abb. 21)[1].

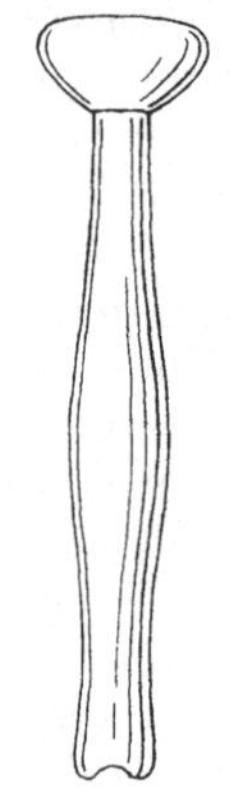

Abb. 21. Form des Tubus.

Die Größe des Tubus für die einzelnen Altersstufen ist in dem genannten Besteck sehr gut angegeben. Doch kann man bei allen sehr wohl entwickelten 12—13 Monate alten Kindern ruhig den Tubus 2 benutzen, bei 2 bis $2^1/_4$jährigen den Tubus 3[2]).

Eine Person hält das Kind in der üblichen Weise. Doch ist es praktisch, die Hände des Kranken auf dem Rücken zu fesseln. Der Kopf darf nicht nach rückwärts gelegt werden. Durch eine Mundsperre werden die Kiefer geöffnet gehalten. Mit dem linken Zeigefinger fühlt man den Kehlkopfeingang[3]), mit dem rechten führt man den Tubus mit dem Mandrin bis zu diesem Punkt, indem man anfangs den Griff stark senkt. Sobald man hier angekommen ist, hebt man den Griff. Der Tubus kommt dadurch genau senkrecht auf den Kehlkopfeingang zu stehen.

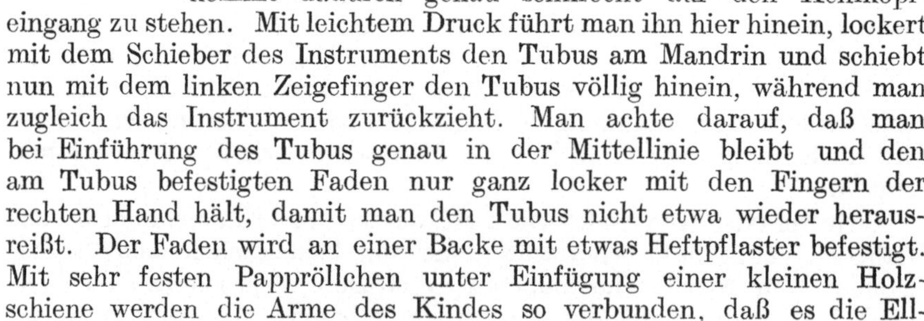

Mit leichtem Druck führt man ihn hier hinein, lockert mit dem Schieber des Instruments den Tubus am Mandrin und schiebt nun mit dem linken Zeigefinger den Tubus völlig hinein, während man zugleich das Instrument zurückzieht. Man achte darauf, daß man bei Einführung des Tubus genau in der Mittellinie bleibt und den am Tubus befestigten Faden nur ganz locker mit den Fingern der rechten Hand hält, damit man den Tubus nicht etwa wieder herausreißt. Der Faden wird an einer Backe mit etwas Heftpflaster befestigt. Mit sehr festen Pappröllchen unter Einfügung einer kleinen Holzschiene werden die Arme des Kindes so verbunden, daß es die Ell-

[1]) Die gleiche Verjüngung auch im sagittalen Durchmesser des Halses ist sehr notwendig.

[2]) Neuerdings wird empfohlen, umgekehrt einen kleineren Tubus zu wählen, als dem Alter entspricht (Salge). Der Tubus wird dann oft schon nach kurzer Zeit ausgehustet. Eine Wiedereinführung ist wohl öfters nötig. Aber im ganzen scheint wenigstens bei einer Anzahl Fälle die Dauer der Intubation verkürzt werden zu können. Unsere Erfahrung mit dieser Methode ist ermutigend.

[3]) Beim jungen Kind fühlt sich der Kehlkopfeingang wie eine weiche Granulation an.

bogen nicht beugen kann und bei Widerspenstigen auch noch die Hände an einer Schlinge am Bettrand befestigt. Bei unruhigen Kindern ist vielfach ein Urethanklistier nützlich, aber nicht nötig.

Pflege. Ein Teil der Kinder kann Flüssigkeiten schlucken, ein anderer verschluckt sich hierbei. Dagegen ist es möglich, durch halbfeste Nahrung Durst und Hunger zu stillen. Milch, Milchkaffee, Schokolade usw. lassen sich durch Kartoffelmehl, Mondamin oder Gelatine, Himbeerwasser, Zitronenwasser durch Gelatine in Gallerte verwandeln. Auch Medizin, wie z. B. die folgende läßt sich so geben:

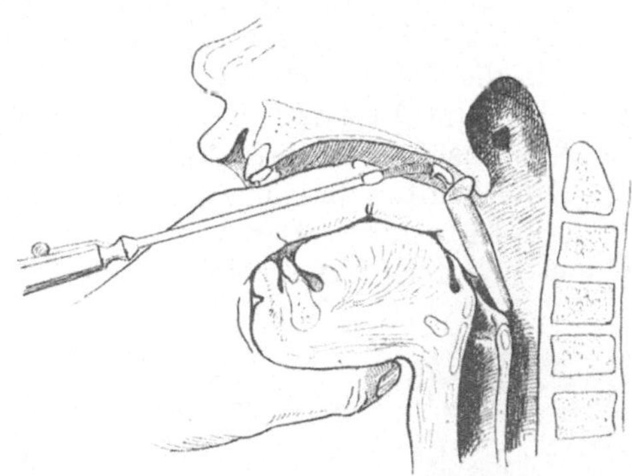

Abb. 22 a. Intubation 1. Akt. Einführung des Tubus.

Sol. Coff. natr. benz. 1,5/100
Liqu. Ammon. anis. 2,0
Coque cum Gelatina Tabul. III
Adde Syrup. simpl. 20,0
Da ad ollam
Stündlich 1 Teelöffel.

Extubation. Wenn die Kinder sich vollständig wohl fühlen, ist man berechtigt, nach 36 Stunden zu extubieren. Meist aber wartet man besser 2—3 Tage. Frühere Extubation ist gelegentlich am Platze, wenn Kinder unter 3 Jahren die Nahrung schlecht nehmen und trotz guter Atmung und Fieberlosigkeit matt werden, schließlich bei blutigem Auswurf.

Abb. 22 b. Intubation 2. Akt. Heben des Stiels.

Vor der Extubation gibt man eine große Dose Urethan oder Chloral per klysma. Bei widerspenstigen, aufgeregten Kindern von 2—4 Jahren ist Opium neben Urethan zu geben.

Wenn der Faden, wie meist der Fall, durchgebissen ist, benutzt man zur Extubation den Extubator. Unter

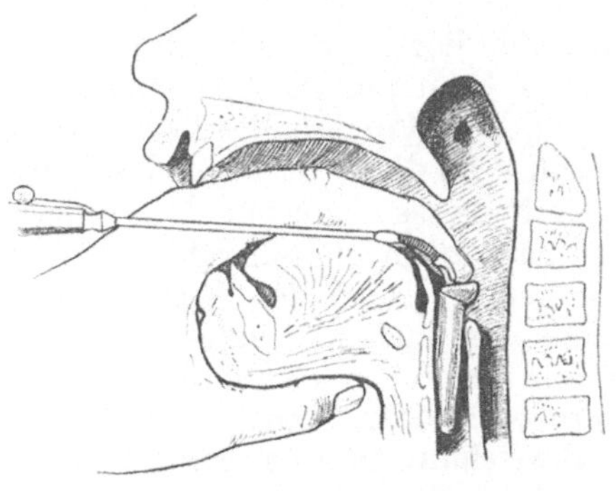

Abb. 22 c. Intubation 3. Akt. Eindrücken des Tubus mit dem Finger.

Senken des Stieles führt man seine Spitze bis zum fühlbaren hinteren Rand des Tubus, hebt den Stiel und zieht die Spitze um wenige Millimeter nach vorn. Man fühlt dann deutlich, daß sie sich innerhalb des Tubus befindet. Nun erst spreizt man die Branchen.

Es hat sich herausgestellt, daß diese Manipulation vielen schwerer fällt als die Intubation. Auch ist es wünschenswert, daß in größeren Betrieben eine Methode angewandt wird, die selbst eine ältere Schwester zur Not ausüben kann (Methode nach Marfan siehe Abb. 23a u. 23b). Das Kind wird in Bauchlage auf dem Tisch fixiert, so daß der Hals den Tischrand überragt. Der Arzt umfaßt mit der linken Hand die Stirn des Kindes, umgreift mit der rechten den Hals, so daß der Daumen auf der

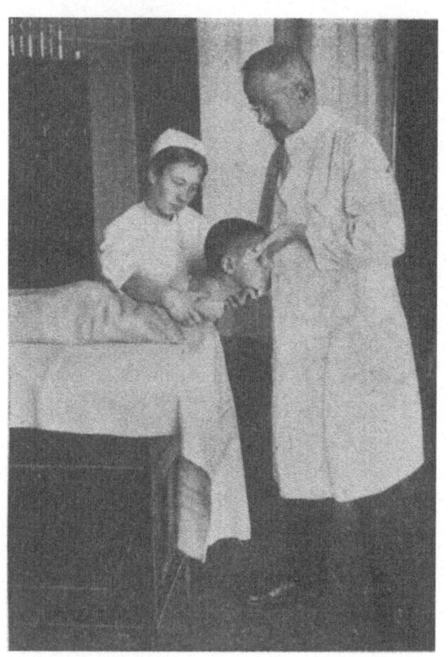

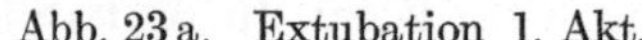

Abb. 23a. Extubation 1. Akt.

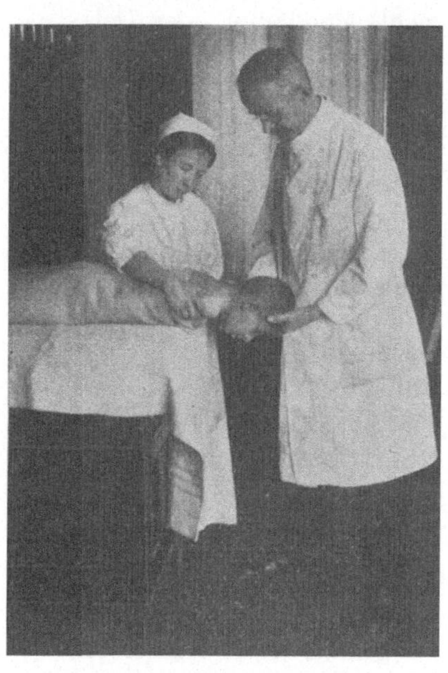

Abb. 23b. Extubation 2. Akt.

Wirbelsäule liegt. Nunmehr wird der Kopf stark nach hinten gebogen, und zwar beim jungen Kinde noch stärker als das Bild angibt. Man tastet mit den Fingern die Luftröhre ab, bis man sie nicht mehr deutlich fühlt. An dieser Stelle ist das Ende des Tubus. Von hier aus drückt man sanft dieses Ende mit dem Finger nach oben. Während man den Tubus nach oben gleiten fühlt, senkt man allmählich den Kopf. Der Tubus gelangt so in den Mund. Der Druck, der anfangs sehr gelind ist, muß aber nach oben zu etwas stärker werden, sonst steckt der Tubus noch zur Hälfte im Kehlkopf, von wo man ihn jedoch auch mit zwei Fingern extrahieren kann.

Abweichung vom normalen Verlauf. Bei manchen Kindern wird der Tubus einige Stunden nach der Einführung ausgehustet. Man wartet ab, bis wieder Stenose auftritt und intubiert dann noch einmal und mit dem nächst größeren Tubus, wenn das Alter nicht allzu fern von dem Termin liegt, der für diese Nummer angegeben ist. Wiederholt sich das Ereignis immer wieder und tritt sofort wieder Stenose ein, so tracheotomiere man.

Wird nach Intubation die Atmung nicht frei oder tritt bei reichlicher, zäher Schleimsekretion oder schlechter Expektoration die Atemnot wieder von neuem auf, so muß man sich zur sekundären Tracheotomie entschließen, trotzdem meist die diphtherische Herzschwäche sich so einleitet. Wenn auch hier jede Hilfe vergebens ist, so bewirkt man doch Euthanasie.

Tritt nach der regelrecht ausgeführten Extubation wieder Stenose auf, so intubiere man wieder für 36 Stunden und wiederhole im Notfall Intubation und Extubation jeden Tag. Es ist dann aber notwendig, den Hals des Tubus folgendermaßen zu präparieren: Ein etwa 6 mm breiter, 5 cm langer Gelatinestreifen wird mit kühlem Wasser soweit erweicht, daß er noch gut zusammenhält. Man wickle ihn um den Hals des Tubus, während man in jede Windung mit trockener Fingerspitze Alaunpulver in die Gelatine reichlich einpreßt.

Wenn nach der 2. Extubation die Pausen bis zum Wiedereintritt der Stenose länger als 2 Stunden dauern und an Länge erheblich zunehmen, so ist man berechtigt, bei Fehlen von verdächtigem Hustenreiz, diese Behandlung ca. 2—3 Tage fortzusetzen und kommt schließlich zum Ziele[1]). Die Wiederkehr des Glottiskrampfes ist aber vielfach psychisch beeinflußbar. Es ist deshalb notwendig, diese Kinder unter Kombination von Urethan mit Chloral oder Opium stark zu narkotisieren und alle Erregungen fern zu halten. Ebenso ist Trennung von störenden Angehörigen notwendig. In anderen Fällen wird ein stenotischer Anfall durch ein Spielzeug unterdrückt.

Tritt deutlich vermehrter Hustenreiz oder gar blutig gefärbtes Sputum ein, so muß tracheotomiert werden. Kruppöse Lungenentzündung kann die Extubation verhindern, ist aber eher eine Indikation zur Fortsetzung der beschriebenen Behandlung.

Tracheotomie. Die Prognose der Tracheotomie ist günstiger bei Anwendung der Lokalanästhesie (s. S. 518). Diese ist daher stets im Krankenhause vorzuziehen. Es ist jedoch notwendig, daß mindestens je eine Person den Kopf und eine die Beine hält. Hat man daher wie in der Privatpraxis oft nur eine einzige zuverlässige Person, so muß diese wenigstens den Kopf halten. Der Arzt muß Chloroformnarkose und Operation zu gleicher Zeit übernehmen. Hier tritt die Antisepsis leider nur in gröbster Form in ihr Recht. Sehr genau ist dann vorher auf gute, sichere Lagerung und Beleuchtung zu sehen, wenn die Operation nicht mißglücken soll. Die Vornahme ohne ärztliche Assistenz ist aber nur unter ganz besonderen Verhältnissen zu rechtfertigen. Als Methode der Wahl empfehlen wir die Tracheotomia inferior. Nur achte man darauf, die Trachea nicht zu sorgfältig nach unten vom Gewebe zu entblößen. Arbeitet man ohne Assistenz, so ist stumpfes Arbeiten, zum Teil mit dem gleichzeitig tastenden Finger noch notwendiger als sonst. In Rücksicht auf die Größe der Narbe ist ein querer Hautschnitt bei weitem vorzuziehen.

[1]) Im allgemeinen tut man jedoch besser, nach Erfolglosigkeit der 2. Intubation zu tracheotomieren.

d) Nachkrankheiten.

Herzschwäche. Bei langsam beginnender Herzschwäche ist neben absoluter Ruhe Strophantus oder Koffein zu verordnen. Schwerere Herzanfälle, die meist von Brechen begleitet sind, reagieren fast nur auf intramuskuläre (s. oben) Injektion von Strophantus und sind daher wie die Herzschwäche während des akuten Stadiums zu behandeln, mit denen sie die fast absolut schlechte Prognose teilen. Überwindet das Kind den Krankheitszustand, so ist eine absolute Bettruhe, wenn möglich unter Benutzung einer Veranda, für Monate durchzuführen. Ein Aufstehen ist erst zu gestatten, wenn wochenlang der Puls nicht mehr labil ist. Mit Aufsetzen, Stehen, Gehen usw. muß unter Kontrolle des Pulses langsam angefangen werden.

Lähmungen. Jede Lähmungserscheinung verlangt strengste Bettruhe. Bei Lähmung des Gaumensegels ist alle Flüssigkeit durch dicke Breie oder die bei Intubation beschriebenen Gerichte zu ersetzen. Ebenso gelingt es bei leichter Schlucklähmung die Kinder zu ernähren, ohne daß es zur Aspiration kommt[1]. Die nötigen Medizinen sind in Gelatineform zu verabreichen. Nur bei sehr schwerer Schlucklähmung genügt diese Behandlung nicht. 2—3 mal täglich können per klysma 2—300 g Flüssigkeit zugeführt werden. Dazu eignet sich eine 10%ige Nährzuckerlösung. Außerdem kann man Nährklistiere (s. Technik) verabfolgen. Die Schlundsondenfütterung ist sehr unangenehm, da meist Herzschwäche besteht. Bei völliger Stimmbandlähmung tritt zudem der Schlauch leicht in die Trachea ein, so daß die schonende Fütterung durch die Nase nur mit größter Aufmerksamkeit versucht werden darf. In hoffnungslosen Fällen und bei sich sehr sträubenden Kindern wird man daher darauf verzichten, während man bei nicht vorgeschrittener Herzschwäche zwei- bis dreimal täglich hierzu verpflichtet ist. Um die Prozedur möglichst schnell zu beenden, spritze man eine dicke, aus Milch, Mehl, Zucker und Plasmon bestehende Suppe mittels einer großen Spritze durch den Katheter ein, nachdem man sich vorher vergewissert hat, daß er auch wirklich im Magen liegt.

Bei zunehmender Lähmung der Atemmuskulatur ist zu versuchen, wie weit Mittel, welche die zentrale und periphere Erregbarkeit steigern, von Wirkung sind: so eine Kombination von Koffein, Suprarenin und Pituitrin oder Pituglandol bzw. Hypophysin (dreimal täglich je 1/2 Spritze Pituitrin und Suprarenin, fünf- bis sechsmal täglich subkutan oder per os 0,1—0,15 Coffein natr. benz.) Bei gleichzeitiger Herzschwäche tritt Strophantus oder Strophantin hinzu[2]. Bei der häufigen Wirkungslosigkeit unserer Therapie hat man auch an das von Henoch empfohlene Strychnin zu denken, das er in Dosen von 1 mg einmal täglich im Alter von 3—4 Jahren an injizierte. Im übrigen sind Hochlagerung und in Fällen mit starkem Röcheln warme Bäder mit Begießung unter ärztlicher Kontrolle zu versuchen.

Nierenerkrankung s. Nephrose S. 441.

---

[1] Wenn die Kinder sich beim Schlucken Mühe geben, wird die Aspirationsgefahr viel geringer. Eine geeignete seelische Beeinflussung durch Arzt oder Pflegerin kann lebensrettend wirken.

[2] Über Nebennierenpräparate bei Diphtherie s. S. 247 u. Arzneimittel s. S. 519.

e) Nachbehandlung.

Auch nach leichten Diphtherien ist die Immunität des Kindes vielfach stark herabgesetzt. Andere Kinder bleiben blaß. Sie bedürfen einer klimatischen Therapie (S. 33).

XI. Keuchhusten.

1. Prophylaxe.

Als Überträger des Keuchhustens ist nur der Kranke selbst zu fürchten, und zwar vom ersten Moment des einleitenden Katarrhs an bis zum Verschwinden des Hustens oder zum mindesten bei bestehenbleibendem Husten bis in den 3. Monat hinein, so daß man vor Ablauf von 3 Monaten hustende Kinder als ansteckungsverdächtig betrachten muß. Von anderer Seite wird behauptet, daß der Keuchhusten 5—7 Wochen nach Auftreten des Stadium convulsivum nicht mehr ansteckungsfähig sei. Die Ansteckung erfolgt ebenso wie bei Masern bei Aufenthalt im gleichen Raume auch bei einer Entfernung von mehreren Metern.

Übertragung kann aber auch erfolgen durch Kinder und Erwachsene, die sich einen scheinbar nicht spezifischen Husten durch Verkehr mit einem keuchhustenkranken Individuum zugezogen haben, obwohl es bei ihnen nie zu einem Stadium convulsivum kommt. Leider ist es nicht ausgeschlossen, daß es gesunde Bazillenträger gibt. Es ist daher durchaus möglich, daß ein Kind typisch an Keuchhusten erkrankt und Anlaß zu einer Epidemie gibt, obwohl es Wochen und Monate isoliert war. In diesen Tatsachen offenbaren sich die Grenzen unserer Prophylaxe.

Im Privathause empfiehlt es sich, womöglich die jüngsten Kinder zu schützen, indem man sie in Keuchhustenzeiten von jedem Hustenden, wenn auch bisher noch nicht Verdächtigem, fernhält. Ist die Krankheit in der Familie ausgebrochen, so ist es das beste, das gesunde ein- bis zweijährige Kind von gesunden und kranken Geschwistern strengstens zu isolieren. Im Krankenhause, wo es Pflicht ist, jedes Alter vor der Infektion zu bewahren, müßte man eigentlich jedes hustende Kind 14 Tage isolieren. Das ist nun leider meist nicht möglich. Wenn aber ein keuchhustenverdächtiges Kind auf der Station gelegen hat, ist die Station 18 Tage lang zu sperren und jeder auftretende Fall von Katarrh der oberen Luftwege als verdächtig zu isolieren. So gelingt es mitunter, die Krankheit zu beschränken. Wenn es sich nicht etwa nur um Keuchhusten ähnliche Fälle handelt, so erkranken doch meist alle Infektionsfähigen.

2. Therapie.

Eine spezifische Beeinflussung des Keuchhustens ist bisher nicht möglich. Unsere Behandlung kann daher nur eine symptomatische sein. Für unser Vorgehen empfiehlt es sich, die Krankheitserscheinungen des Keuchhustens in drei Komponenten zu zerlegen: in die katarrhalische, die nervöse und die psychische.

Die katarrhalische hat der Keuchhusten mit allen möglichen Infektionskrankheiten, z. B. Masern, gemein. Wie bei Masern droht die Gefahr wesentlich durch die Mischinfektion, deren Verlauf aber durch die schädigenden schweren Hustenanfälle erschwert wird.

Die nervöse Komponente äußert sich in der für den Keuchhusten spezifischen Art der Anfälle. Wohl ist das Gift des Keuchhustens durch Art oder Lokalisation der Grund dieser eigentümlichen Erscheinung. Aber die Heftigkeit der Anfälle ist natürlich abhängig von der nervösen Reizbarkeit, der Leichtigkeit, mit der der Reflex ausgelöst wird. Soweit ist eine Behandlung nur denkbar durch ein Narkotikum.

Aber es tritt zu dieser einmal durch Krankheitsgift und Konstitution gegebenen Intensität der Anfälle noch das psychische Moment hinzu. Häufigkeit und Intensität der Anfälle, namentlich das Erbrechen, sind abhängig von seelischen Vorgängen.

Das psychische Moment kann mit Abnahme des Infektionsreizes fast der einzige Grund werden, warum das Kind noch auf den fortbestehenden katarrhalischen Reiz mit schweren Anfällen antwortet, so daß der Keuchhusten psychogen plötzlich geheilt werden kann. Daher die überraschende Wirkung neuer Arzneimittel, die dann oft dauernd dem Arzneimittelschatz einverleibt bleiben. Je länger die Krankheit gedauert hat, desto größer ist die Wahrscheinlichkeit, sie durch seelisch wirkende Behandlung abzukürzen. Aber auch selbst im ersten Beginn ist auf psychischem Wege manche Besserung zu erreichen. Zum mindesten ist das Kind durch eine geeignete seelische Disziplin davor zu schützen, daß es sich der Krankheit zu sehr hingibt und dadurch das Leiden über das durch Infektion und Konstitution gegebene Maß verschlimmert wird.

Allgemeine Pflege. Der Keuchhustenkranke gehört, solange er fiebert, ins Bett und zwar auch dann, wenn er nur abends fiebert. Abgesehen von Fieberzuständen, die durch akut einsetzende Komplikationen wie Bronchopneumonie oder Pneumonie bedingt sind, darf man namentlich bei den febrizitierenden Fällen den Genuß frischer Luft ermöglichen und zwar durch Lagerung im Freien. Hierzu eignet sich am besten die Aufstellung des Lagers innerhalb einer Balkontür mit dem Fußende nach außen. Je nach Witterung und Temperatur kann man das Bett bzw. den Liegestuhl mehr hinein- oder hinausschieben. Zu ungünstiger Jahreszeit und bei sehr empfindlichen jungen Kindern mag die Zweizimmerbehandlung angewendet werden (s. S. 28).

Auch der nicht fiebernde Keuchhustenkranke soll vor Erkältungsschädigungen geschützt werden. Daher Vorsicht beim Herausbringen bei windigem und staubigem Wetter, namentlich auch nach Witterungsstürzen. Beaufsichtigung beim Spielen im Freien ist zur Vermeidung der üblichen Erkältungsschädigungen notwendig. Bei fraglichem Wetter und zwischen Oktober und April wird man neben dem Aufenthalt im Freien und statt dessen die beschriebene Liegekur anwenden. Der Keuchhustenkranke bedarf vermehrter Ruhe am Tage. Hierzu ist diese Liegekur gleichfalls notwendig. Wenn möglich, lasse man die Kinder zweimal täglich 1—2 Stunden ruhen. Die eigentümliche Wirkung, die der Aufenthalt im Freien auf die

Häufigkeit der Anfälle hat, läßt diese Art der Erholung der einfachen Ruhe im Bett vorziehen. Älteren Kindern stellt man anheim, nach Bedürfnis dabei zu lesen oder zu schlafen. Aber die Kinder sind dabei allein zu lassen.

Unterhaltung. Es ist wichtig, daß die Kinder die gewohnte Beschäftigung möglichst wenig unterbrechen. Je wohler sie sind, um so mehr sorge man dafür, daß sie nicht ganz pflichtenlos bzw. untätig bleiben. Man hüte sich davor, die Kinder zu viel unterhalten zu wollen, sondern sorge dafür, daß sie sich selbst beschäftigen.

Sehr angenehm ist es, wenn ein Verkehr mit an der gleichen Krankheit leidenden Kindern sich ermöglichen läßt. Es müssen allerdings Kinder sein, bei denen die Spielneigung die Neigung sich der Krankheit hinzugeben und sich in Anfällen zu überbieten überwiegt. In diesem Sinne ist der Verkehr auch zunächst zu überwachen. Zerstreuung dadurch, daß das Kind jeden Tag nach einer anderen Richtung einen kleinen Spaziergang macht oder gefahren wird, wirkt auf die Zahl der Anfälle besonders günstig. Kurzum, je frischer der Zug ist, der im Hause herrscht, um so besser. Dazu gehört aber auch kein weichliches Mitleid mit den Anfällen. Bedauern hinterher vermehrt das Unlustgefühl. Das Kind hat sich auch dabei zusammenzunehmen. Es darf weder den Fußboden noch in der Nacht das Bett durch Brechen beschmutzen. Der hierzu bestimmte Eimer soll an einer dem herumlaufenden Kinde erreichbaren Stelle stehen. Beim älteren Kinde braucht es aber nicht im Spielzimmer zu sein.

Ernährung. Durch das Brechen wird dem Kinde nicht nur Nahrung, sondern auch Flüssigkeit entzogen. Besonders beim Fiebernden ist das für die Entwicklung der Bronchopneumonie bedenklich. Es ist daher praktisch, das Kind zu gewöhnen, nach dem Brechen einige Schluck Wasser, auch Zuckerwasser oder Mandelmilch zu trinken. Die Nahrung soll in 5 Mahlzeiten verabfolgt, und zwar soll die Vesper auf Kosten des Abendbrots reichlicher gestaltet werden. Bricht das Kind während der Mahlzeit, so soll es nach Ausspülung des Mundes noch ein leicht zu nehmendes Gericht bekommen, z. B. Kartoffelbrei mit frisch eingerührter, unzerlassener Butter, einen Flammerie usw. Im allgemeinen ist es wünschenswert, die Kost so zuzubereiten, daß ein langes Kauen nicht notwendig ist. Jede Nahrungsverweigerung, namentlich geringe Flüssigkeitsaufnahme ist von vornherein ernst zu bekämpfen. Ist sie aber einmal eingetreten, so sind alle jene Maßregeln der Reihe nach anzuwenden, die oben beschrieben sind (siehe S. 9).

Bekämpfung der Anfälle durch Beruhigungsmittel. Wird die Nachtruhe durch die Anfälle nur vier- bis sechsmal unterbrochen und sind sie am Tage nicht häufiger als etwa einmal die Stunde, so darf man von speziellen Maßregeln absehen. Dem Medizinbedürfnis der Eltern genügt jedoch, wohl infolge der übermäßigen Reklame für „spezifische" Keuchhustenmittel, nicht immer eine beliebige Mischung mit Liquor Ammonii anisati oder die Verordnung einer zweimal täglich vorzunehmenden Abreibung mit Franzbranntwein. Sind infolge der Bekanntschaft der

Eltern mit den sogenannten Keuchhustenmitteln bestimmte Wünsche vorhanden, so darf man Konzessionen machen. Doch wird man die Medikamente zumindest unter dem Gesichtspunkt zu verschreiben haben, daß sie den Magen nicht verderben und vor allem nicht gefährlich sind. Bromoform ist demnach auszuschalten. Chininpräparate in angenehm schmeckender Form (Chininschokolade oder das teure Aristochin) könnte man im späteren Verlauf der Krankheit konzedieren. Die nächtliche Ruhe wird öfters gebessert durch eine feuchte Einpackung des Rumpfes von 18—20°, nach deren Entfernung morgens eine spirituöse Abreibung erfolgt.

Ist durch die Anfälle besonders die Nachtruhe ernstlich gestört, und schläft das Kind nach den Anfällen nicht wieder ein, so ist Bromural, Adalin oder Nirvanol abends bzw. auch einmal in der Nacht in nicht zu kleinen Dosen anzuwenden (siehe unter Schlafmittel S. 522). Sehr brauchbar ist auch Urethan, das per os und zur Schonung des Magens per klysma angewendet wird. Alle diese Mittel empfehlen sich auch bei Säuglingen. Bei sehr erregten Kindern, namentlich bei Säuglingen, ist es praktisch, die Erregbarkeit durch länger dauernde Dosen von Brom gleichmäßig etwas herabzusetzen. Die Dosen betragen im zweiten Lebensquartal in den ersten 3 Tagen etwa 2—$2^1/_2$ g, dann abfallend 2—$1^1/_2$ g. Bei älteren Säuglingen und im 2. Lebensjahr anfangs 4, später bis 2 g, im späteren Alter nur wenig mehr. Auf dieser Basis wirkt dann ein Opiumpräparat in kleinerer Dosis und sicherer. Als solches ist zunächst im 1. Halbjahr die Tinctura opii crocata, im zweiten Halbjahr daneben das Extract. opii aquos. zu empfehlen mit einer Anfangsdosierung, wie sie S. 519 beschrieben ist, nächstdem, besonders nach dem 5. Lebensmonat das Kodein. Nach dem 3. Lebensjahre ist der Syrup. Laudani praktisch. Die Vorschrift lautet bei allen Opiumderivaten, stets zwei- bis dreimal nach Bedarf zu geben, bei Schlafsucht auszusetzen. Dem Arzt bleibt es vorbehalten, nach der Erfahrung am einzelnen Falle die Dosen zu vermehren. Zweckmäßig ist es mitunter, das Kodein $^3/_4$ Stunden vor der Mahlzeit zu geben, um das Erbrechen des Mittagessens möglichst zu vermeiden.

Die Wirkung aller Beruhigungsmittel ist aber, solange der eigentliche Keuchhusten besteht, recht unvollkommen. Bei länger dauerndem Keuchhusten kann jedoch die Einführung eines solchen Beruhigungsmittels die prompteste Wirkung zeigen. Dann aber handelt es sich um eine psychogene Fortsetzung des Leidens.

Kontraindikation. Die Opiumderivate sind kontraindiziert und sofort abzusetzen, wenn die Kinder matt, schläfrig und appetitlos werden. Besonders Säuglinge, die diese Erscheinung zeigen, zumal bei gleichzeitiger Bronchopneumonie, werden sofort unter Koffein gesetzt. Muß man bei Bronchopneumonikern wegen schwerer Anfälle ein Beruhigungsmittel geben, so benutze man Bromural oder Urethan per Klysma, um so eine Zeitlang Schlaf zu erzielen.

Bekämpfung der Anfälle durch psychisch wirkende Mittel. Die oben angegebenen allgemeinen Grundsätze zielen darauf hin, eine psychogen bedingte Verschlimmerung auszuschalten. Bei der Übernahme eines vorher nicht in dem Sinne behandelten Falles ist die Möglichkeit einer seelischen Beeinflussung sehr verschieden groß je nach Zeitpunkt und Grad der Erkrankung. Je länger der Keuchhusten gedauert hat, um so günstiger die Aussichten. Bekannt ist die Wirkung eines neuen, bei Kind und Umgebung aus irgend einem Grunde Vertrauen erweckenden Mittels nach der 3.—4. Woche. Gerade bei Kindern im Spielalter kann der Arzt durch sein Auftreten dieses heilbringende Vertrauen hervorrufen. Erschöpften, schwer geplagten Kindern verschaffe man durch energische Beruhigungsmittel den Nachtschlaf oder ein paar ruhige Stunden am Tage. Eine leicht hydropathische Prozedur, z. B. ein nicht zu kühler Wickel, ein länger dauerndes warmes Bad mit Fichten- oder Kiefernadelextrakt, eine spirituöse Abreibung, die die trockene, blutleere Haut des Kindes belebt, unterstützen unsere Behandlung. Im wesentlichen gesunde Kinder leben auf, wenn man sie wieder einer frischeren Lebensweise zuführt. Umgekehrt gewinnen matte, herabgekommene ihr Gesundheitsgefühl besser wieder, wenn man ihnen die nötige Ruhe gönnt, namentlich durch die Liegekur im Freien. Leicht Fiebernde gehören selbstverständlich ins Bett. Die Anwendung des Thermometers ist dringend zu raten, wenn man Mißgriffe vermeiden will. Ausgezeichnet wirkt bei nicht fiebernden Kranken namentlich nach der 3. Woche ein Wechsel der Umgebung, daher die Heilwirkung der Luftveränderung. Möglich ist dieses freilich nur, wenn man Gelegenheit hat, die Kranken in einem kinderlosen Haushalt unterzubringen. Die Sitte, Kinder in einen beliebigen Sommerkurort zu senden, in denen sie von anderen Kindern nicht streng und sicher nicht lang genug isoliert werden, ist strafwürdig. Selbstverständlich muß man verlangen, daß die hygienischen Bedingungen, namentlich die Möglichkeit ins Freie zu kommen, bei Ortsveränderung besser sind.

In den ersten Wochen ist, abgesehen von den im Anfang gegebenen Regeln, eine stärkere psychische Beeinflussung nur indiziert, wenn das Kind sich vollständig seiner Krankheit hingibt und die Erschöpfung sich durch übermäßiges Brechen, mangelnde Flüssigkeits- und Nahrungsaufnahme dauernd steigert. Da eine Umgestaltung des Geistes der bisherigen Pflegenden hier ziemlich aussichtslos ist, ist es notwendig, entweder eine fremde, energische, mit diktatorischer Gewalt ausgestattete Pflegerin zu wählen oder das Kind einer Krankenanstalt zu überweisen. Von einem Alter von $1^1/_2$ Jahren an, ja mitunter schon früher, darf man auf eine prompte Wirkung rechnen. Eile ist geboten, wenn die Bronchitis im Zunehmen begriffen ist. Selbst beim älteren Säugling ist eine Ablenkung auch noch möglich und nützlich, wenn in der 2.—4. Woche mit den Anfällen die Mattigkeit und Teilnahmslosigkeit zunimmt und die Unlustgefühle das Kind völlig beherrschen. Zimmerwechsel, Vermeidung der Verdunkelung und der Vorhänge an Wagen und Bett, vernünftige Anregung durch Herumtragen und Spielen mit kluger Ausnützung der Momente, in denen das Kind sich wohler fühlt, sind stets zu versuchen.

Behandlung der Bronchitis. Von der Art, wie wir der Bronchitis vorbeugen, ist zu Anfang die Rede gewesen. Bei leichten Bronchitiden beschränke man sich in jedem Alter auf spirituöse Abreibungen, wobei die Haut kräftig rot gerieben werden soll. Feuchte Dämpfe mit Zusatz von einem ätherischen Öl sind sehr beliebt, ihre Wirkung problematisch.

Nur bei ausgesprochener Bronchoblennorrhöe können wir erstaunlich schnelle Wirkung erzielen durch Einatmung von trockenen Eukalyptusöldämpfen (siehe Bronchorrhöe S. 409). Im übrigen kann man wohl bei stärkerer Sekretion auch sonst dieses Mittel versuchen. Doch sind Erfolge nur bei den krassen Fällen zu erwarten.

Einen weiteren Versuch, die Sekretion und gleichzeitig die Erregbarkeit herabzusetzen, stellt die Atropintherapie dar, und zwar sind die großen Dosen, die durchaus nicht mit dem Alter zu steigern sind, anzuwenden. Erfolge sind jedoch zweifelhaft.

Im übrigen ist die gleiche Therapie wie auch sonst bei Bronchitis und Bronchopneumonie anzuwenden und namentlich sind Analeptika wie Koffein ungescheut zu geben. Über die Linderung der Hustenanfälle ist weiter oben schon gesprochen worden. Insbesondere bei Säuglingen empfiehlt sich, mit Narcoticis sehr zurückzuhalten (siehe S. 403).

Komplikation des Keuchhustens mit Krampferscheinungen. Bekommt ein spasmophiles Kind Keuchhusten, so kann jeder Anfall Stimmritzenkrämpfe auslösen, und ein plötzlicher Tod ist zu fürchten. Häufiger ist das Auftreten von Krämpfen. Sie sind meistenteils nicht so relativ harmlos wie sonst häufig eklamptische Anfälle. Die Kombination von Keuchhustengift und Bronchopneumonie mit der Krampfneigung der Spasmophilen führt hier meist zu einer ernsten Form der serösen Meningitis. Daß diese bei der Auslösung der Krämpfe wesentlich beteiligt ist, beweist der Umstand, daß unsere üblichen Narkotika vielfach versagen. Ja es ist nicht einmal sicher, daß die Spasmophilie in allen Fällen einen wesentlichen Anteil an der Hervorrufung der Keuchhustenkrämpfe hat.

Die Therapie ist daher folgende: Wenn ausgesprochene Spasmophilie vorliegt, nachgewiesen durch Stimmritzenkrämpfe, Fazialisphänomen und elektrische Übererregbarkeit oder durch eines von diesen, schalte man womöglich durch die Kalktherapie in den massiven S. 327 angegebenen Dosen diese Quelle der Gefahren aus. Geht dieses wegen Unfähigkeit der Pflegenden nicht, so muß man sich mit Brom begnügen und in den ersten Tagen daneben durch dreimal täglich zu verabfolgende Dosen Bromural oder Urethan die Erregbarkeit zügeln.

Tritt ein Status eclampticus auf, der nicht sofort durch Chloralhydrat oder Luminal beseitigt wird, oder tritt mit oder ohne vorhergehenden Krampfanfall ein Zustand leichterer oder schwerer Bewußtseinstrübung auf, so ist die Spinalpunktion vorzunehmen. Erst dann wirkt oft unser Beruhigungsmittel. Die Spinalpunktion ist ferner dann indiziert, wenn das Kind auffällig starr und teilnahmslos ist, mehr als der sonstige Krankheitszustand zu rechtfertigen scheint. Die Spannung der Fontanelle unterstützt zwar diese Indikation, aber man hüte sich, bei nicht mehr weit geöffneter großer Fontanelle auf den Spannungszustand schließen zu wollen.

Hat die Spinalpunktion keine deutliche Wirkung, die wenigstens nach einigen Stunden erkennbar sein muß, dann muß man auf einen chronischen Verlauf der Meningitis serosa schließen, die entweder zum

Tode oder zum geistigen Defekt führt. Im Endstadium bei schwerer Bronchopneumonie auftretende Krämpfe haben von vornherein eine letale Prognose.

Bei Halbseitenlähmung kann man versuchen, durch möglichst starke Anwendung von Narcoticis die Stauung durch die Hustenanfälle dem Gehirn möglichst zu ersparen.

Nachbehandlung. Der Keuchhustenkranke bedarf sehr oft einer sorgfältigen Nachbehandlung, die die gleiche Aufgabe hat wie bei Masern, und den dort angegebenen Prinzipien folgt.

XII. Grippe.

Wir fassen aus praktischen Gründen unter dem Namen Grippe alle jene fieberhaften Infektionen zusammen, die vom Nasenrachenraum ihren Ausgang nehmen und wesentlich zu katarrhalischen und entzündlichen Erkrankungen im Gebiet der Atmungsorgane und ihrer Adnexe führen. Eine Abgrenzung von Gruppen je nach den verschiedenen Krankheitserregern dürfen wir uns ersparen, um so mehr als der Charakter der einzelnen Epidemien durchaus nicht immer von dem Bakterienbefund abhängig ist.

1. Prophylaxe.

Je jünger das Kind ist, um so wichtiger ist es, jeden auch nur Schnupfenkranken von ihm fernzuhalten. In der Familie führt das praktisch zu folgenden Konsequenzen: Neugeborene oder sonst besonders gefährdete Säuglinge werden von Schnupfenkranken isoliert gehalten. Bei einer frischen Schnupfeninfektion von Mutter oder Pflegerin ist zu erwägen, ob es durchführbar ist, daß die Erkrankte sich eine Gazemaske oder ein vierfach zusammengelegtes Mulltuch vor Nase und Mund bindet. Die Zumutung ist deswegen nicht besonders groß, weil der Kranke nach kurzer Zeit merkt, daß die Einatmung der feuchten, erwärmten Luft unter dem Schleier die Nasenmuschel zum Abschwellen bringt. Als Kinderpflegerin ist niemand zu wählen, der an häufigen Schnupfen oder Rachenaffektionen leidet. In Krankenhäusern ist es dringend wünschenswert, auf Säuglingsabteilungen keine Kinder mit frischen Nasenracheninfektionen aufzunehmen. Ferner ist es notwendig, alle Säuglinge im Krankenzimmer zu isolieren. Von sehr geringer Wirkung sind zwischengeschaltete Glaswände und größerer Bettenabstand, etwas besser ist das durchgeführte Boxensystem, das darauf beruht, daß die leiseste Luftbewegung im Zimmer vermieden wird. Säuglinge mit Gesichtsekzemen und in ihrer Immunität durch falsche Ernährung schwer geschädigte Kinder sind auch im Krankenhause besser einzeln unterzubringen oder mit wenigen Kindern zusammenzulegen, die bei längerem Aufenthalt im Krankenhause keine Neigung zu Nasenrachenkatarrhen gezeigt haben. Das Problem, die endemischen Grippen auf Säuglingsabteilungen zu vermeiden, ist, wenigstens in einer einigermaßen billigen und unkomplizierten Form, noch nicht völlig gelöst.

2. Therapie.

Die Behandlung der Lokalaffektionen, die auf Grippe basieren, ist im Kapitel über Erkrankung der Luftwege und des Mittelohres beschrieben. Nur über die Erscheinungen der Allgemeininfektion soll an dieser Stelle gesprochen werden. Wichtig ist für den Arzt die Kenntnis des Genius epidemicus. Je schwerer die herrschende Epidemie ist, um so vorsichtiger wird er selbst jeden fieberhaften Schnupfen, jede anfänglich leicht erscheinende Bronchitis beaufsichtigen müssen und durch seine Aufmerksamkeit zeigen, daß er auf drohende Komplikationen gefaßt ist. Zu manchen Zeiten kann er aus dem Genius epidemicus auf die Art der drohenden Komplikationen schließen, wie z. B. Empyeme, Meningitis, leichter Mittelohrkatarrh, zu anderen Zeiten schwere Mittelohrentzündung usw. Die Kenntnis der herrschenden Epidemie läßt ihn Erbrechen oder Durchfälle leichter als sekundäre Reizerscheinungen erkennen und demgemäß behandeln. Einer besonderen Besprechung bedürfen drei Typen der Grippe.

a) Grippe ohne Lokalerkrankung.

Die Lokalaffektion ist so gering, daß sie kaum erkannt werden kann. Unbedeutendster Schnupfen, leichte Rötung zu beiden Seiten des Zäpfchens oder auf der hinteren Rachenwand sind die einzigen, oft erst am 3. Krankheitstage deutlicher werdende Krankheitssymptome. Dabei besteht hohes, 3—6 Tage, seltener bis 10 Tage dauerndes Fieber intermittierenden, remittierenden oder kontinuierlichen Charakters. Das Alter der Kinder ist meist 1—5 Jahre.

Bei der kurzen Dauer der Krankheit ist weniger auf Ernährung als auf Durststillung zu sehen. Das Fieber bekämpfe man energisch mit Pyramidon oder Aspirin (Dosen S. 506). Die Mittel werden ein- bis viermal in 24 Stunden gegeben und zwar nur dann, wenn die allgemeinen Beschwerden als Begleiter des Fiebers dies erheischen. Die Höhe der Temperatur ist nicht maßgebend. Die Wirkung des Mittels wird vermehrt, wenn man bei Verabfolgung dem Kranken eine feuchte Rumpfpackung macht. In dieser läßt man ihn schwitzen.

Erreicht man durch die angegebenen Dosen nicht die erstrebte, Stunden dauernde Beschwerdefreiheit oder steigt gar das Fieber nach kurzem Abfall unter vermehrtem Übelbefinden, Frost usw. schnell wieder an, so ist die medikamentöse Behandlung auszusetzen. Es handelt sich hier fast immer um eine bisher nicht erkannte Komplikation, Pneumonie, Pyelitis usw.

b) Protrahierte septische Grippe.

Nach einer ausgesprochen deutlichen Erkrankung des Pharynx und der Mandel blassen die Pharynxorgane ab. Aber statt des mehr kontinuierlichen Fiebers der Anfangszeit tritt entweder sofort oder nach kurzem Wohlbefinden ein intermittierendes Fieber auf. Der Anstieg kann von erheblichen Reizerscheinungen begleitet sein, z. B. beschleunigter, gepreßter Atmung, Frost usw. Der septische Charakter erweist sich in seltenen Fällen öfter durch leichte und nie sehr schmerzhafte Schwellung über Hand- und Fußrücken, ja durch vereinzelte, nicht über erbsengroße, abgesackte Ergüsse an diesen Stellen oder am Handgelenk, ähnlich wie sie bei der Sepsis des Neugeborenen, dort allerdings als sicheres letales

Zeichen, vorkommen. Die Prognose ist absolut gut. Die Differentialdiagnose gegen Sepsis ergibt sich im wesentlichen aus der schnellen Abheilung der Rachenorgane, aber auch besonders daraus, daß der Zustand des Kindes in den fieberfreien Intervallen meist auffällig gut ist.

Die Hauptvorbereitung zur Therapie ist eine klare Festlegung des Krankheitsbildes als relativ gutartige Allgemeininfektion. Verwechslung mit Miliartuberkulose ist freilich nicht zu vermeiden. Die Fieberbekämpfung kann in folgender Weise versucht werden: 1—2 Stunden vor dem zu erwartenden Anstiege bekommt das Kind Pyramidon. 3—4 Stunden darauf wird die Dose wiederholt. Chinin scheint meist zu versagen. Man gebe es in der gleichen Weise als Volldose oder 5 Stunden vor dem Termin einstündlich, die Volldose in 5 Teile geteilt. Die medikamentöse Behandlung ist nur dann zweckmäßig, wenn sie eine sichtlich günstige Wirkung auf das Allgemeinbefinden ausübt. Andernfalls bleibt nur sorgfältigste Krankenpflege übrig. Die wichtigste therapeutische Aufgabe ist jedoch, daß wir nicht ungerechtfertigterweise begleitende Lokalaffektionen für die Allgemeinerscheinungen verantwortlich machen. Das gilt besonders für Mittelohrkatarrhe. Hier hat sich der Arzt gegen überflüssige explorative Ohroperationen zu wehren.

c) Enterale Grippe.

Als enterale Grippe bezeichnen wir eine solche, bei denen die Magen-Darm-Erscheinungen, und zwar Erbrechen und Durchfall, so stark im Vordergrund stehen, daß die grippale Infektion nicht klar wird. Eine Aufklärung bringt oft nur der Genius epidemicus und eine überraschend schnelle Besserung. Die Differentialdiagnose gegen Ruhr und gegen einen fieberhaften Magendarmkatarrh ist oft zu Anfang nicht zu stellen. Fälle mit Blut und Eiter im Stuhl behandle man unbedingt als Ruhr. Bei den gewöhnlichen Durchfällen verfährt man bei Brustkindern nach den Grundsätzen, die im Kapitel S. 98 auseinandergesetzt sind, also wesentlich abwartend. Bei künstlich genährten Säuglingen behandle man den Durchfall wie auch sonst den Durchfall bei künstlicher Ernährung und beachte bei häufigen Rezidiven die Warnung vor wiederholtem Hunger. Bei älteren Kindern behandle man das seltene Vorkommen einer enteralen Grippe wie einen gewöhnlichen Durchfall. Nützlich erweist sich vielfach namentlich nach dem 1. Lebensjahr die Tierblutkohle. (2stündlich ein gehäufter Teelöffel bis 4mal, dann 4stündlich weiter.) Vor allem aber hüte man sich, initiales Erbrechen als Zeichen einer Magendarmerkrankung und Verstopfung als Grund des Fiebers zu betrachten.

XIII. Ziegenpeter.

Die Krankheit ist kurz vor Beginn der Schwellung bis mindestens 14 Tage nachher ansteckend. Eine Absperrung in der Familie ist stets vergeblich. Die Prophylaxe in der Klinik stößt auf die gleichen Schwierigkeiten wie bei Masern und Windpocken.

Die Therapie beschränkt sich auf Linderung der Schmerzen. Am besten helfen warme Einpackungen mit Öl und Vaseline. Daneben sind Antirheumatika sehr brauchbar (Pyramidon ist das Präparat der Wahl). Bettruhe ist wünschenswert, und zwar solange, bis das Allgemeinbefinden nicht mehr beeinflußt ist. Bei Komplikationen, wie Ohrensausen, ist sie länger fortzusetzen. Die Möglichkeit einer Erkrankung des inneren Ohres ist auch Grund genug, Salizyl und Chininpräparate zu vermeiden. Man versuche, durch Schwitzkur die Otitis interna zu beeinflussen. Bei meningitischer Reizung ist durch Punktion festzustellen, ob es sich nur um die Mumps-Meningitis mit reinem, serösem Exsudat handelt. Behandlung und Prognose gleichen dann denen der Meningitis serosa.

XIV. Mundfäule (Stomatitis aphthosa).

Die Mundfäule wird gelegentlich durch Eßgeschirr usw. in der Familie übertragen (Vorkosten). Auch das Taschentuch der Mutter spielt eine Rolle.

Wir können den Verlauf des Leidens erst im Abheilungsstadium günstig beeinflussen. Bis dahin ist unsere einzige Aufgabe, die Beschwerden zu lindern, dem Kinde dadurch die Aufnahme der Nahrung zu ermöglichen und die Reizung der Haut durch ausfließenden Speichel zu verhindern. Nach Erreichung des Höhepunkts hat eine Lokalbehandlung bescheidene, meist überschätzte Wirkung. Das Lippenrot ist durch Lippenpomade, das Kinn, mitunter auch die Brusthaut durch Vaseline vor Benetzung mit dem Speichel zu schützen.

Wenn die Kinder alt genug sind, um den Mund spülen zu können, so lasse man von vornherein nach jeder Mahlzeit gründlich mit Wasserstoffsuperoxyd (1 Eßlöffel auf ein Glas Wasser), Perhydrol-Mundwasser oder einem der käuflichen Mundwässer spülen und gurgeln. Im übrigen verzichte man auf alles Tupfen, Pinseln und Wischen. Dagegen pulvere man den Mund 10 Minuten vor dem Essen ein- bis zweimal mit folgendem Pulver ein:

	Anästhesin (Propesin oder Orthoform)	2,0
	Sacch. lactis	3,0
oder	Sacch. lactis	2,0
	Acid. boric.	1,0

Man tauche einen trockenen, kleinen Haarpinsel in das Pulver, halte ihn zwischen Daumen und Mittelfinger und stäube durch Klopfen mit dem Zeigefinger der gleichen Hand das Pulver in den geöffneten Mund. Durch sanftes In-die-Höhe-ziehen der Oberlippen und Spreizen der Backentaschen mittels des runden Endes einer umgebogenen Haarnadel macht man das Zahnfleisch der Bestäubung zugänglich. Der Patient liegt hierbei am besten oder beugt den Kopf nach hinten. Bei ungebärdigen Kindern fixiere man den Kopf gleich von vornherein. Kommt es erst zu einem Kampf, bringt man dem Kinde Schmerz, statt Schmerzstillung. Bei vielen Kindern ist es notwendig, daß sie erst einmal gezwungen werden, sich zu überzeugen, daß sie jetzt schmerzlos Nahrung zu sich nehmen können. Am besten wird die erste Mahlzeit unter den Augen des Arztes genommen. Bei elenden Kindern, bei denen man einen fortgesetzten Hunger sehr fürchten muß, gehört dies geradezu zur Behandlung.

Ist die Krankheit auf dem Höhepunkt angelangt, so ist in Fällen mit stark aashaftem Geruch bei verständigen Kindern außer der Mundspülung ein vorsichtiges Betupfen namentlich der Zahnfleischränder mit auf $^1/_5$ verdünnter essigsaurer Tonerde, $1^0/_0$iger Argentumlösung oder Tinctura ratanhiae am Platze. Bei ungebärdigen Kindern führe man in die Backentaschen eine Spritze mit weichem Ansatzstück (Klistierbällchen) ein und spritze mit verdünnter Wasserstoffsuperoxydlösung oder besser essigsaurer Tonerde 1 : 20 gründlich aus. Das Kind wird, aufrecht sitzend, mit nach vorn geneigtem Kopf gehalten, doch soll man diese Zwangsmaßregeln nur bei den schwersten Fällen anwenden.

XV. Poliomyelitis.

Einen Einfluß auf den Ablauf des Krankheitsprozesses der Poliomyelitis besitzen wir nicht. Während des Bestehens der akuten Krankheit beschränkt sich die Tätigkeit des Arztes auf Linderung der meningitischen und neuralgischen Beschwerden, gelegentlich auch auf Bekämpfung der durch Lähmung der Thoraxmuskulatur und Bauchpresse entstehenden Atembeschwerden. Nach Ablauf des akuten Stadiums müssen wir uns bemühen, die in der Innervation geschädigten Muskeln bis zum erhofften Wiedereintritt der Leitung vom Rückenmark bei Kräften zu erhalten und die restierenden Muskelteile, die noch ihre Leitung besitzen oder wiedererlangt haben, systematisch zu kräftigen. Wir müssen verhindern, daß durch Überwiegen relativ weniger geschwächter oder ungeschädigter Antagonisten kümmerlich erhaltene Muskelfunktionen nicht in Benützung genommen werden können und damit ausscheiden und verhüten, daß Deformierungen durch Überwiegen einzelner Muskelgruppen durch Schwerkraft und Belastung entstehen. Schließlich ist dem Zurückbleiben der betreffenden Glieder im Wachstum vorzubeugen. Die weitere, wesentlich der chirurgischen Orthopädie zur Last fallende Aufgabe ist, die erhaltenen Reste von Funktionen unter solche Bedingungen zu bringen, daß der Körper daraus einen möglichst großen Nutzen ziehen kann.

1. Prophylaxe.

Die Poliomyelitis wird nicht nur durch den Kranken, sondern auch namentlich durch den Gesunden aus der Umgebung des Kranken übertragen. Die Ansteckungsgefahr variiert je nach der Epidemie ganz außerordentlich, so daß zuzeiten kaum von Übertragung geredet werden kann. Wahrscheinlich handelt es sich überhaupt meist um Verbreitung durch eine Kette von Zwischenträgern. Fast nie erkranken Geschwister.

Vorbeugende Maßregeln haben daher geringe Bedeutung. Die Dauer der Ansteckungsfähigkeit ist für Zwischenträger und Kranke auf mehrere Wochen zu berechnen.

Demnach ist bei herrschenden Epidemien dringend davon abzuraten, Kinder von auswärts in den betreffenden Bezirk zu schicken und umgekehrt Gäste aus der Umgebung von Kranken bei sich aufzunehmen. Bei wirklich großen Volksepidemien, wie angeblich in New-York eine geherrscht haben soll, dürfte selbst ein Reiseverbot für alle Jugendlichen den Zweck kaum erfüllen. Eine rigorose Trennung der Geschwister vom Erkrankten müßte mindestens 4—6 Wochen dauern und ist nach dem Obigen wohl zwecklos. Ein Verbot des Schulbesuches für die gesunden Geschwister ist notwendig.

Prophylaktische Serumbehandlung, wie sie von Amerika aus inauguriert wurde, müßte sich eher auf sämtliche Kinder des ganzen Bezirks als auf die nähere Umgebung des Kranken erstrecken und ist daher wohl, ihre Wirksamkeit vorausgesetzt, nur selten von praktischer Bedeutung. Bis jetzt ist das Serum in Deutschland nicht erhältlich.

2. Therapie.

a) Im akuten Stadium.

Symptomatische Behandlung. Der Kranke bedarf vor allen Dingen besonderer Ruhe in körperlicher und geistiger Beziehung. Bäder und alle anstrengenden Manipulationen sind in den ersten 4 bis 6 Tagen verboten. Nackensteifigkeit, die durch begleitende seröse Meningitis verursacht wird, wird durch Spinalpunktion nicht wesentlich gelindert oder verkürzt. Die neuralgischen Schmerzen der ersten Tage werden durch Pyramidon günstig beeinflußt. Nächtliche Unruhe und Schlaflosigkeit sind durch große Dosen Bromural oder Urethan zu bekämpfen. Am Tage sind bei aufgeregten kleineren Patienten mittlere Dosen von Bromural oder Adalin anzuwenden. Opiumpräparate sind in der Dosierung wegen ihrer Wirkung auf das Atemzentrum heikel und meist überflüssig. Nach Ablauf der ersten 4 Tage lindern warme Bäder mit Kiefernadelextrakt die Beschwerden.

Bei Parese der Atemmuskulatur ist Koffein in mittleren Dosen, unterstützt von Injektionen von Pituitrin oder ähnlichen Präparaten, dreistündlich $^1/_2$ Ampulle, zu versuchen. Die Möglichkeit einer Einwirkung ist begreiflicherweise gering. Bei Erstickungsangst ist auch Sauerstoffatmung von geringem Nutzen. Bei Lähmung der Bauchpresse kann die Atemnot durch Meteorismus bewirkt sein. Glyzerinklistiere, Darmeingüsse mit Einlegung eines dickeren Darmrohres wirken freilich oft erst nach Wiederholung während einer Stunde ausreichend. Sobald der Leib weicher geworden ist, läßt sich durch Durchkneten der Därme die Besserung noch vermehren. In anderen Fällen muß man den harten Kot mit dem Finger ausräumen.

Ernährung. Während der akuten Erkrankung ergeben sich keine besonderen Indikationen für die Ernährung. Es ist daher dem Geschmack des Kindes auch betreffs Fleisch usw. in vernünftigen Grenzen Rechnung zu tragen. Bei den geschilderten Fällen von bedrohlichem Meteorismus besteht die Ernährung in 3—4 mal täglich Milchmalzmischungen, 1—2 mal täglich Brühe mit Grieß und Gelbei oder ein wenig Fleisch. Sobald die Krankheit in Genesung übergeht, ist auf alle Fälle eine übermäßige Mastkost zu verwerfen, da sie durch Vermehrung des Gewichts des Kindes die Funktionen geschwächter unterer Extremitäten sehr erschwert. Bei ausgedehnterer Lähmung, die den Verbrauch des Kindes an Nährstoffen herabsetzt, zeitigt auch eine einseitige Milch-Ei-Kost besonders leicht die bekannten Beschwerden, Vergrößerung der Tonsillen, vermehrtes Schwitzen usw. Bei Kindern, die extrem mager bleiben, ist zweifellos für etwas nahrhaftere Kost Sorge zu tragen. Doch gilt das hauptsächlich für Kinder von unbemittelten Familien, bei denen eine Zulage von $^3/_4$ Liter Milch, etwas Speck, Butter oder Lebertran nützlich ist. Sobald die Schmerzen vorüber sind, beginnt der zweite Teil der Behandlung, die Muskelpflege.

b) Nach Ablauf des akuten Stadiums.

Wir unterscheiden drei Formen der Muskelschädigung. Die am wenigsten geschädigten Muskeln gewinnen ihre Funktion innerhalb der ersten 4—5 Wochen auch ohne jede Therapie wieder. Doch erweisen sich einzelne von diesen noch nach Jahren etwas schwächer oder können Gelegenheit zur Schiefhaltung oder Überstreckung des Kniegelenks, Knickfuß usw. geben. Die Aufmerksamkeit des Arztes muß sich daher auch späterhin immer wieder auf alle früher gelähmten Bezirke beziehen.

Ein weiterer Teil der Muskeln zeigt eine Herabsetzung der faradischen Erregbarkeit, schlimmstens bis zur völligen Aufhebung derselben Es dauert Monate, bis eine funktionell brauchbare Kontraktion erfolgt. Diese Muskeln bleiben ohne systematische Übung stets schwächer und führen daher namentlich im Rücken und am Bein durch Überwiegen der Antagonisten ebenso wie durch mangelnden Widerstand gegen die Belastung zur leicht vermeidbaren Deformierung. Bei dieser zweiten Gruppe ist die ärztliche Therapie am wichtigsten und, wenn auch erst nach jahrelanger Arbeit, am erfolgreichsten.

Bei der dritten Gruppe zeigt sich völlige Entartungsreaktion. Sie gilt im allgemeinen als verloren. Doch sind Funktionsreste mitunter noch zu erzielen und mit großer Mühe praktisch zu nutzen. Die Entwicklung dieser Reste ohne Kunsthilfe wird durch die überwiegende Spannung selbst geschwächter Antagonisten gehindert. Hier sind daher alle jene Maßnahmen am Platze, durch die mittels halb passiver Bewegungen das kranke Glied in die der Funktion des Muskels entsprechende Haltung gebracht wird (Pendelapparat, Rad usw.).

1. Massage.

Sobald die Schmerzen vorbei sind, beginnt eine systematische Massage, die während der ganzen nächsten Jahre fortgesetzt werden muß und alle geschwächten Teile betrifft. Aus wirtschaftlichen Gründen ist meist nötig, daß man sich die Mühe gibt, die Eltern in dieser Kunst auszubilden. Massage kann ergänzt werden durch wiederholtes, kräftiges Frottieren mit Franzbranntwein oder mit gleichen Teilen Spiritus und Glyzerin.

2. Elektrisieren.

Durch den elektrischen Strom sind Funktion und Ernährung des Muskels zu heben. Nur dort ist der faradische Strom allein anzuwenden, wo er auch eine Muskelkontraktion auslöst. Hier ist neben Erzeugung von Muskelkontraktionen auch die Hautreizung wegen der konsekutiven stärkeren Durchblutung des ganzen Gliedes nützlich. Da wir aber nicht diejenigen Muskeln aufgeben wollen, die auf diese Stromart nicht mehr reagieren, müssen wir, namentlich bei den schwer geschädigten Muskeln des Unterarms und des Unterschenkels, den galvanischen Strom anwenden, und zwar wird die Anode an den Punkt gesetzt, von dem aus man die beste Wirkung erzielt. Diese Punkte liegen durchaus nicht immer auf den in dem bekannten Schema angegebenen Stellen, sondern meist mehr peripherwärts. Die Aufregung, die das Kind zeigt, wenn der Arzt diese Manipulation vornimmt, der Zeitverlust, den ein täglicher Besuch beim Arzt bedeutet, sowie die daraus entstehenden Kosten bewirken, daß diese Behandlung meist nicht genügend durchgeführt wird. Nach sorgfältiger Einübung kann man die Behandlung jedoch den Eltern überlassen. Ein kleiner faradischer oder galvanischer Apparat im Preise von ungefähr 30 Mk. genügt. Ebenso wie bei der Massage muß der Arzt von Zeit zu Zeit sich überzeugen, daß sich nicht Fehler eingeschlichen haben.

3. Grundsätze der orthopädischen Behandlung.

Möglichst früh beginnen systematische Bewegungen, die sich bei einigermaßen ausgebreiteten Fällen auf den ganzen Körper, sonst auf die befallenen Gliedmaßen erstrecken. Das Kind muß alle Bewegungen, die es spontan ausführen kann, mehrfach am Tage ausführen. Bei geschwächten Muskeln sind die mechanischen Bedingungen möglichst günstig zu wählen und die gestellten Aufgaben langsam zu erschweren. Pendelbewegungen ermöglichen trotz Überwiegens der Antagonisten die Funktion. Bei zunehmendem Kräftezustand des Kindes werden zweckdienliche Übungen eingeführt. Namentlich bei komplizierten Leistungen wie Bücken, Stehen und Gehen müssen andere Muskelgruppen als gewöhnlich die Funktionen übernehmen. Schon nach 2 Monaten sind Kontrakturen von Antagonisten durch wiederholte aktive Dehnung oder leichte, zeitweise angelegte Zugapparate zu bekämpfen. Erst im Laufe des zweiten halben Jahres ergibt sich die Notwendigkeit, an den schwerst belasteten Stellen mit dauernder Schienenbehandlung einzugreifen. Jetzt muß man meist gegen Ende des ersten Jahres eine Bilanz dessen ziehen, was an Funktionen dauernd ausgefallen ist. Erscheint Sehnenverpflanzung nötig, so wird die Hauptaufgabe sein, den restierenden Muskel, der hierfür bestimmt ist, besonders zu pflegen. Bei Deformierungen, wie z. B. Pes equinus mit gleichzeitiger Varus-Stellung ist Korrektur der falschen Stellung nach Verlängerung oder Durchschneidung der schuldigen Sehne zu erreichen. Ferner kommt in Betracht, durch Arthrodese Gelenke, die keine Muskeln mehr besitzen, auszuschalten und so das gesamte Glied in der geeigneten Stellung der Funktion der Muskeln des nächst oberen Abschnitts zu unterwerfen (Schulter, Ellbogen, Knie). Bei bemittelteren Patienten sind statt dessen sehr gut sitzende Schienenhülsenapparate anzuwenden. Aber nur die bestgearbeiteten Apparate werden ertragen. Bei weniger gebildeten Familien werden auch dann die Apparate meist wegen der kleinen, mit dem Tragen verbundenen Beschwerden auf die Dauer nicht benutzt. Bei Kindern unter 4 Jahren versuche man möglichst ohne Schienenhülsenapparate, eventuell mit leichten federnden Schienen auszukommen. Ebenso ist eine frühzeitigere Anwendung von Schienenhülsenapparaten als im 2.—3. Krankheitsjahre auch bei älteren Kindern nicht am Platze.

Im allgemeinen aber mache man sich zum Prinzip, den Rat zu bis zum gewissen Grade verstümmelnden Operationen, wie die Arthrodese darstellt, nur bei völligem Ausfall sämtlicher an der Funktion des betreffenden Gelenks beteiligter Muskeln zu geben und auch dann nur, wenn technisch oder sozial ein Schienenhülsenapparat nicht anwendbar erscheint.

4. Spezielle Durchführung der orthopädischen Behandlung.

Es empfiehlt sich, nach einzelnen Körperteilen geordnet, die wichtigsten Gesichtspunkte der Behandlung im einzelnen zu besprechen, ohne daß es freilich möglich wäre, sämtlichen Variationen der Krankheit gerecht zu werden. Je größere Muskelbezirke geschädigt sind, um so mehr müssen allgemeine Körperübungen gepflegt werden (s. S. 38).

Obere Extremität.

Abb. 24. Verband bei Lähmung des Deltoideus.

Schultergelenk: Die Gefahr des Schlottergelenks droht durch die Ausdehnung der Kapsel, infolge der Schwerkraft des Armes. Nur bei Erhaltensein des Deltoideus ist Armpendeln mit Belastung der Hand gestattet. Armpendeln im Stehen und Seitwärtsliegen auf der kranken Seite mit über dem Tisch herabhängendem Arm. Die Adduktionsübung bei leicht schräger Haltung des Rumpfes nach der kranken Seite. Verhinderung der Entstehung des Schlottergelenks durch die bekannte kleine Mitella, bzw. ein Gummiband, am Hosenträger oder Leibchen über der Schulter festgenäht, an kleiner Manschette unmittelbar unterhalb des Ellbogens um den Unterarm geführt (s. Abb. 24). Später Schienenhülsenapparate. Um so früher, je älter das Kind, je schwerer der Arm ist. Eventuell Arthrodese oder Ersatz des fehlenden Deltoideus durch Pectoralis und Cucullaris.

Ellbogen: Pendelbewegung bei Schädigung des Beugers durch Herüberhängen des Armes über eine runde Stuhllehne. Kleinste Arbeitsleistung: Bei aufgestemmten Ellbogen Beugung vom rechten Winkel an, umgekehrt Streckung vom rechten Winkel an.

Bei Beugelähmung Binde, wobei auf fast spitzwinkelige Stellung des Armes geachtet wird. Konstruktion eines ähnlichen Zuges, wie oben beschrieben, über dem Oberkleid zu tragen.

Volar- und Dorsalflexion bei entsprechend über den Tisch vorgerückter

Hand. Pendelbewegung durch kleine in die Hand gegebene Gewichte womöglich zu unterstützen. Bei Bewegungsstörung der Fingerbeuger Umklammerungsübung um dicke Rolle.

Volare und dorsale Kontrakturen im **Handgelenk** werden ebenso wie bei Geburtslähmungen durch sehr leichte, stets volar längere Zeit am Tage anzulegende Schienen ausgeglichen. Die Schiene darf die Bewegung der Finger im Metakarpophalangealgelenk nicht hindern, soll ihren Nutzeffekt im Gegenteil erhöhen und kann auch benutzt werden, um die, freilich bei dieser Krankheit selteneren Oppositionsstellungen des Daumens zu verringern.

Herstellung der Schienen. Ein leicht biegsamer Draht wird so gebogen, daß er die Konturen der Schiene angibt. Mit einer Gipsbinde wird die Schiene in zwei- bis achtfacher Lage umwickelt, auf der Extremität, für die sie bestimmt ist, mit einer Mullbinde festgedrückt, so daß sie sich der Form genau anpaßt, nach dem Erstarren abgenommen, stark in der Wärme getrocknet. Diese Schiene kann über einem Trikotschlauch oder dünner Wattelage getragen werden und muß dem Alter entsprechend so leicht sein, daß sie die Funktionen des Armes nicht stört.

Restierende Lähmungen lassen sich durch mehr oder weniger komplizierte Apparate späterhin ausgleichen. Während bei Ellbogen und Schulter bei totalem Funktionsausfall Arthrodese eher indiziert sein kann, ist bei teilweisem Ausfall wichtiger Muskelgruppen vom Handgelenk an Sehnenübertragung zu denken, und der Rat eines darin Erfahrenen einzuholen.

Untere Extremität.

Hüfte. Adduktion und Abduktion im Liegen bei aufgestelltem Beine aus der Vertikalen. Hilfsbewegungen sind zu gestatten, um die Ausbildung von Ersatzfunktionen zu üben. Später Adduktion und Abduktion in Bauchlage, wobei durch kombinierte Wirkung auch bei Adduktorenlähmung eine Adduktion zustande kommt. Pendelbewegung bei Schwäche der Strecker bzw. auch der Beuger im Stehen. Vorher schon im Liegen auf der gesunden Seite Streck- und Beugeversuche. Später Aufrichten aus gebückter Stellung und Bücken. Das Kind stemmt zuerst die Hand auf einen Stuhl, Fußbank usw. Schließlich muß es dahin kommen, daß es, ohne sich zu schlagen, bis auf die Erde mit seinen Händen auffällt. Mit einem Zügel, der um die Brust gebunden ist, kann man die Fallbewegungen hemmen. Notwendig ist diese Übung bei gleichzeitiger Schwäche der Rückenmuskulatur. Sie ist aber deswegen so wichtig, weil sie die Folgen des unvermeidbaren Hinfallens verringert und auch das Kind weniger ängstlich macht. Über den Gebrauch des Rades siehe später!

Zu beachten ist auch die Abduktionskontraktur, die entsteht, wenn bei Lähmung der Adduktoren der Tensor fasciae oft als einziger der Streckmuskeln funktionstücntig geblieben ist. Dabei besteht extreme Skoliose der Lendenwirbelsäule nach der kranken Seite. Durch Aufpfropfung des Tensor fasciae auf die Kniestrecksehne wird der Schaden beseitigt und auch ein gewisser Grad von Streckung des Kniegelenks ermöglicht.

Knie. Beugung und Streckung in Seitenlage. Anfangs gleichsinnige Bewegungen im Hüftgelenk zu gestatten. Wichtig ist Pendeln im Sitzen, Beugen und Strecken in der Rückenlage anfangs aus dem rechten Winkel, Benutzung des Rades. Beim Kniegelenk möglichst späte Anwendung des Schienenhülsenapparates beim jüngeren Kinde. Sehnentransplantation auf den Streckmuskel s. oben. Bei vollkommenem Ausfall eventuell Arthrodese.

Fußgelenk. Aktive Bewegungsübungen ergeben sich von selber. Achtung auf die Hebung sowohl des äußeren als inneren Fußrandes. Sehr frühzeitige Beachtung der Entwicklung einer Kontraktur, namentlich des Spitzfußes und etwas später einer Varus-Stellung. Solange das Kind noch nicht wieder läuft, kommt nur die Kontraktur des Gastrocnemius, also der Spitzfuß, in Frage. Es muß betont werden, daß schon bei leichten Störungen der Strecker diese Kontraktur eintreten kann. Zweimal am Tage eine Stunde lang Anlegen einer Zugschiene, deren rechtwinkeliger, unterer, der Sohle aufliegender Teil mit dem horizontalen, bis zur Mitte des Oberschenkels reichenden gelenkig verbunden ist. (Leicht selbst aus den üblichen Gitterschienen herzustellen.) Sobald das Kind läuft, leichte, bis unterhalb des Knies reichende, im Fußgelenk artikulierende, bis zum 6. Jahre aus dünnstem Bandstahl hergestellte doppelseitige Schiene. Doppelseitiger Beugezug. Bei seitlicher Verbiegung, auch einseitiger, z. B. vom inneren Wadenrand nach dem äußeren Fußrand zu verlaufend. Bei Überwiegen der Strecker Zug am Hacken anzubringen. Bei leichter Varus-Stellung anfangs aus gleichem Material hergestellte, schräg vom Schuh abstehende Außenschiene. Bei Anschnüren an der Wade erfolgt dann die erwünschte Hebung des äußeren Fußrandes. Bei Deformation des Fußes namentlich in Varus-Stellung systematische passive Lockerung der zur Verkürzung neigenden Bänder. Sofortige Anfertigung eines Schienenhülsenapparates, während man sich sonst nicht allzusehr damit beeilt. Ist die Achillessehne stark verkürzt, so ist Tenotomie mit oder ohne verlängerter Sehnenplastik mit nachfolgender kurzer Eingipsung in korrigierter Stellung notwendig. Vielfach verschwindet dadurch die Varusstellung. Auch die Reste der Strecker erholen sich besser.

Bei einzelnen Defekten ist Sehnenübertragung zu erwägen, z. B. vom erhaltenen Tibialis auf den gelähmten Peroneus.

Allgemeine Übungen der unteren Extremität: Kniebeuge, wobei man bei Störung im Fußgelenk manuell den erkrankten Fuß in der richtigen Stellung auf dem Fußboden fixiert. Stoßübungen gegen vermehrten Widerstand. Namentlich beim jüngeren Kind ist das als Spiel zu gestalten.

Vorwärtsbewegung auf dem Dreirad ist schon möglich, ehe das Kind auch nur stehen kann. Der Muskel, der am einen Bein erhalten ist, tritt funktionell für den der anderen Seite ein. Bei sehr starkem Ausfall muß man öfter wenigstens eine Sandale auf den Fußtritt aufnähen lassen, damit der Fuß fixiert ist. Jeder Beinmuskel kommt beim Bewegen der Pedale schließlich einmal in seine Kontraktionsstellung und kann so, ohne durch seinen Antagonisten gehemmt zu werden, halb unwillkürlich, jedenfalls ohne Bewußtseinstätigkeit auch den minimalsten Funktionsrest benutzen. Für die Erlernung des Gleichgewichts bei geschwächter Rumpfmuskulatur ist der Apparat nützlich.

Bei vollkommenem Ausfallen der Beine ist durch systematische Übung von Rumpf und Armen der Stoffwechselverbrauch zu erhöhen, und durch Beachtung der Ernährung die Zufuhr in mäßigen Grenzen zu halten, damit ein Fettwerden vermieden wird. Frühzeitig läßt sich beim Kinde von $3^1/_2$—8 Jahren die Freude einer Ortsbewegung schaffen mittels des später zu erwähnenden „fliegenden Holländers". Doch muß die Vorderachse festgestellt und die Beine müssen irgendwie fixiert werden. Für ältere Kinder sind die bekannten Fahrstühle, die das Kind mit seiner Armmuskulatur selbst bewegen kann, erhältlich. Sobald der Zustand ein stabiler, eine weitere Hebung der Kräfte des Hüftmuskels nicht mehr zu hoffen ist, ist dringend für eine orthopädische Behandlung, eventuell im Krüppelheim zu sorgen.

Rumpf. Bauchmuskulatur. Leichte Hebung des Kopfes. Anhebenlassen, indem man das Kind anfangs an den Armen in die Höhe zieht. Schließlich allein Aufrichten bei fixierten Beinen und vorgestreckten Armen. Bleibt dauernd eine teilweise Lähmung zurück, so sind die Übungen nur mit Bauchbinde fortzusetzen. Andernfalls Steigerung der Übung wie in Abb. 6, 7, 8 angegeben.

Rücken. Von der Hebung des Kopfes in Rückenlage an bis zu den S. 44 beschriebenen Rückenmuskelübungen ansteigend. Zweckmäßig auch Hebung beider Beine nach hinten in Bauchlage. Anfangs aus der Horizontalen, später auch mit etwas vom Tische herunterhängenden Beinen. Schwingübungen bei seitlichen Verkrümmungen in der Bergmannschen Schwebe[1]). Das Kind soll darin ebenso schwingen wie an den Ringen, sich also nicht nur hochziehen. Bei Kindern unter 7—8 Jahren zweimal täglich 5—20 Minuten lang. Ältere, namentlich schwerere Kinder kürzere Zeit. Als frühzeitig anzuwendender, guter Übungsapparat ist vom 4. Jahre an der sogenannte fliegende Holländer zu verwenden. Wenn die Schädigung der Beinmuskulatur ein festes Aufstemmen auf die vordere Räderachse verhindert, müssen auch hier Sandalen angenäht werden.

Peinlichste Revision bei beginnender Torsion oder Zusammensinken des Rückens. Nur wenn diese Ereignisse nicht zu vermeiden sind, ist die wegen der Gefahr der Atrophie sonst höchst unerwünschte Korsettbehandlung, womöglich Hessingsches Stoffkorsett, angezeigt. Die üblichen fertig zu kaufenden Geradehalter haben keinen Zweck und schaden dadurch, daß man sich gewöhnlich auf ihre Wirkung verläßt. Massage und alle genannten Übungen sind um so energischer fortzusetzen.

[1]) Zu beziehen bei Stützel, Koffer- und Bandagenfabrik, Nürnberg. S. Abb. 11, S. 51.

Wir haben geglaubt, diesen Teil der orthopädischen Behandlung ausführlicher darstellen zu dürfen, die ein sorgfältiger Hausarzt, unterstützt von fleißigen und intelligenten Pflegenden, zum Nutzen der Kranken durchführen kann. Muß er sie doch notwendigerweise übernehmen, wenn keine orthopädische Kur durch Spezialärzte möglich ist. Kann der Hausarzt die Behandlung aus irgendwelchen Gründen nicht durchsetzen, so hat er die Verpflichtung, zu verhüten, daß die Eltern die Sache sozusagen laufen lassen, wie es ja fast allgemein in kleineren Verhältnissen geschieht. Durch die Krüppelheime ist heute auch den Minderbemittelten die Möglichkeit gegeben, alles der ärztlichen Kunst Erreichbare den Kindern zuteil werden zu lassen.

XVI. Genickstarre.

1. Prophylaxe.

Die Übertragung der Genickstarre erfolgt im allgemeinen nicht durch den Kranken. Im Prodromalstadium und in den ersten 4 bis 6 Krankheitstagen ist freilich eine Übertragung denkbar, doch von geringer praktischer Bedeutung. Nach der ersten Krankheitswoche ist eine Ansteckung so gut wie ausgeschlossen. Um so gefährlicher sind die Angehörigen des Kranken und besonders gerade die Erwachsenen. Die Zahl der Bazillenträger wächst im Anschluß an einen Genickstarrefall öfters lawinenartig an. Im Verhältnis zu ihrer Menge ist die Gefährlichkeit, soweit sie sich in Neuinfektionen kundgibt, unverhältnismäßig gering. Eine Prophylaxe kann sich daher nicht darauf aufbauen, daß man alle möglichen Bazillenträger meidet. Eine daraufhin gegründete peinliche Isolierung ist um so zweckloser, als die Erfahrung gelehrt hat, daß eine einzige Lücke in dem komplizierten System alle Maßregeln zuschanden macht. Die Prophylaxe hat davon auszugehen, daß besonders gefährlich die Bazillenträger erster Ordnung, d. h. die sind, die die Meningokokken möglichst direkt von einem Kranken oder von einem Angehörigen desselben erworben haben. Als gefährlich müssen außer der Umgebung des Kranken ferner alle die gelten, die unter ungünstigen hygienischen Verhältnissen in engen Räumlichkeiten viel mit Arbeitern, namentlich Bergarbeitern, zusammenkommen. Dahin gehören außer den Arbeitern selber Bergwerksbeamte, Gastwirte, Postschaffner und gewisse Gruppen von Handlungsreisenden. Als besonders gefährdet müssen Säuglinge und kleine Kinder gelten.

Es ergeben sich daher folgende Maßregeln: Am Ort einer Epidemie lasse man die Kinder nicht an Arbeitsstätten und mit Unbekannten spielen, schicke sie nicht zu Besorgungen in Läden und fremde Häuser. Kaufleute und Gastwirte sollen ihren Kindern aufs strengste das Betreten der Geschäftsräume verbieten. Haben die Dienstmädchen Angehörige am Ort, so übernimmt die Mutter Pflege und Aufsicht des Kindes.

Die den genannten Berufen angehörigen Väter sollen sich von den Kindern in gewisser Entfernung halten, namentlich Annäherung und Spielen mit den kleinen Kindern vermeiden. Das gilt auch für die

Väter, die im Infektionsgebiet in der angedeuteten Weise zu tun hatten und in ihre Heimat zurückkehren.

In sozial weniger gut gestellten Kreisen wird auf letzterem Wege, in sozial besser gestellten durch den Verkehr der Dienstboten die Krankheit übertragen. So ist es in Arztfamilien nicht der Vater, der die Krankheit bringt.

Eine einwandfreie Methode, die Bazillen in Nase und Rachen des Gesunden zu vernichten, ist bisher nicht gefunden. Doch ist wahrscheinlich eine erhebliche Verringerung der Keime durch Einblasen von Pyozyanase in Hals und Nase zu erreichen. Apparat und Medikament sind in jeder Apotheke zu haben. Die Flüssigkeit wird in die Nase und bei geöffnetem Munde mit niedergedrückter Zunge in den Pharynx eingestäubt. Sobald eine Sekretion der Nase eintritt, wird diese durch Schneuzen in ein zu verbrennendes Stück Watte entleert und die Prozedur wiederholt. Gut ist es, sich nachher mit nach hinten hängendem Kopf 5 Minuten hinzulegen. Die Prozedur kann mehrmals am Tage wiederholt werden. Diese Methode verdient weniger bei Kindern als bei Vätern angewendet zu werden.

Eine Operation der Nasenrachenmandel hat nicht den geringsten prophylaktischen Wert. Die Größe der lymphatischen Organe steht in keinem Verhältnis zur Krankheitsdisposition.

Oft wird an die Ärzte die Frage gerichtet, ob sich ein Wegreisen vom Krankheitsorte empfiehlt. Eine solche Radikalmaßregel ist dann berechtigt, wenn das Kind durch Verkehr und Umgebung besonders gefährdet erscheint, z. B. Kinder von Grubenbeamten, die auf der Grube wohnen. Man muß sich aber klar machen, daß eine Rückkehr vor völligem Erlöschen der Epidemie neue Gefahren bringt.

2. Therapie.

Durch die Darstellung des Meningokokkenserums ist die Möglichkeit einer spezifischen Therapie gegeben, freilich nur insoweit die Krankheit ein Lokalleiden der Gehirnhäute darstellt. Die Meningokokkensepsis des Anfangsstadiums wird sicher nicht beeinflußt. Die Statistik aus der Anfangszeit des Serums erscheint außerordentlich glänzend, so glänzend, daß Bedenken, die wir gegen die Aufstellung des Vergleichsmaterials erheben müssen, zu verschwinden scheinen. Nicht in vollem Umfange bestätigt sich bei genauer Nachprüfung der Krankenberichte die angeblich so absolut gesetzmäßig erfolgende Veränderung der Punktionsflüssigkeit (Lumbalflüssigkeit). Mißerfolge, wie sie in späteren Jahren in Deutschland an kleinerem Material beobachtet wurden, werden durch zeitweise ungenügende Zusammensetzung des Serums erklärt. Verbesserte staatliche Kontrolle verhütet diese in Zukunft. Noch liegt die Frage so, daß wir wenigstens im Anfangsstadium die Serumbehandlung anwenden müssen, zumal sie in dieser Zeit gefahrlos ist und sicher den Verlauf nicht ungünstig beeinflußt[1]).

Eine Lokalbehandlung des Leidens durch Einspritzung antiseptischer Flüssigkeiten, z. B. Lysol ist verlassen worden. Die antiseptische Behandlung durch Zuführung von Formaldehydderivaten, z. B. Urotropin hat den Einwand gegen sich, daß die erreichbare Konzentration viel zu gering ist, um überhaupt eine Wachstumshemmung der Bazillen zu ermöglichen, ja daß selbst bei stärkerer

[1]) Die Angaben für die Wirkung des Genickstarreserums während der Kriegszeit lassen das Urteil wieder schwankend erscheinen. Die unvollständigen Publikationen erlauben keine bindenden Schlüsse.

Konzentration eine Wirkung kaum denkbar ist. Die wichtigste Lokalbehandlung bleibt demnach die Spinalpunktion. Ihre therapeutische Bedeutung beruht aber nur in der Herabsetzung des Druckes. Nützlich ist sie also nur, insoweit der Hirndruck wesentlich die Krankheitssymptome bedingt. Da dies keineswegs immer der Fall ist und sogar bei schweren Epidemien die entzündliche Reizung der Hirnhäute direkt die Erscheinungen meist allein verursacht, so ist die Wirkung der Punktion beschränkt und verschieden, je nach der Schwere der Epidemie. Als therapeutisches Mittel wird sie immer wieder nach Beobachtung an kleinen Gruppen von Fällen überschätzt. Die Hoffnung, durch regelmäßiges Ablassen größerer Flüssigkeitsmengen den Körper wirkungsvoll von Krankheitsprodukten zu entlasten, hat sich trotz immer wieder auftretender Gegenbehauptungen, wenn man über wirklich große Zahlen von Beobachtungen und Vergleichsmaterial verfügt, als illusorisch erwiesen. Die Indikation zur Anwendung der Spinalpunktion wird daher genau festgelegt werden müssen.

Operationen, die eine dauernde Drainage bewirken, sind nicht genügend erprobt, auch der Zeitpunkt ihrer Anwendung ist noch nicht festzustellen. Keineswegs sind wir berechtigt, sie in der ersten Woche der Erkrankung anzuwenden. Das Bedenkliche dieser Eingriffe beruht auch darauf, daß die Eröffnung des Arachnoidalraumes einen Reiz zu dessen Obliteration darstellen kann.

Es bleibt also Raum genug für eine symptomatische Therapie, deren Aufgabe es ist, die Schädigung durch Entkräftung zu vermeiden und die Gefahren des Dekubitus und der Bronchopneumonie fernzuhalten. Der Nachbehandlung ist die schwierige Aufgabe gestellt, unter Schonung und Übung der vorhandenen Kräfte den Halbgenesenen für das praktische Leben zu retten.

a) Spezifische Behandlung.

Als Sera kommen in Betracht das Jochmannsche, dargestellt von Merck-Darmstadt, das ebenso hergestellte Paltaufsche Serum und das Kolle-Wassermannsche im Institut für Infektionskrankheiten in Berlin, ferner ein ebensolches, in Bern hergestelltes. Alle diese Sera, ebenso wie das Flexner-Joblingsche, sind wahrscheinlich gleichwertig, so daß man die Erfahrung, die an einem gewonnen wurde, auf das andere übertragen kann. Anders hergestellt ist das Ruppelsche Serum (Höchst), das mit den anderen Seris nicht in Vergleich gesetzt und daher vorläufig nicht empfohlen werden kann.

Die drei Sera enthalten eine Summe von Abwehrstoffen, wie sie sich im Serum des Pferdes bilden, das durch Einspritzung verschiedener Stämme abgetöteter und lebender Meningokokken immunisiert ist. Wahrscheinlich sind die Bakteriotropine, die ebenso wie die Opsonine die Aufnahme der Bakterien durch die weißen Blutkörperchen erleichtern, der wichtigste Bestandteil. Das Antiendotoxin läßt sich leider nicht steigern. Im Gegensatz zur scharfen, präzisen Einstellung des Diphtherie-Heilserums auf das Toxin ist eine genaue Abmessung der Wirkungskraft des Meningokokken-Heilserums kaum möglich. Das Heilmittel gleicht wirklich mehr dem Abschießen einer Salve ins Dunkle als einem wohlgezielten Schuß.

Die Anwendung des Serums muß intralumbal erfolgen, oder, genauer gesagt, das Serum muß in den Arachnoidalraum oder aber in die Hirnventrikel eingespritzt werden. Da es mehr dazu geeignet ist, die Abwehrfunktionen am Ort der Krankheit zu vermehren als entgiftend zu wirken, so ist es notwendig, das Heilmittel eben an diesen Locus morbi zu bringen, und dieses um so mehr, als die aufgezählten Abwehrstoffe nicht aus dem Blut in den Arachnoidalraum abgeschieden werden.

Das Mittel muß in den ersten Krankheitstagen angewendet werden. Nach dem 5.—6. Krankheitstage verliert es sehr stark an Wirkung. Die erstmalige Anwendung in der 2. Krankheitswoche scheint überhaupt kaum noch von Bedeutung zu sein. Die Regeln für die Anwendung sind folgende: Das Serum soll nicht älter als 3 Monate sein. Vor dem Gebrauch wird es durch Einstellen in 40°iges Wasser oder in den Brutofen erwärmt. Zur Einspritzung benutze man eine gute Spritze von 10—40 ccm Inhalt, die man durch einen kurzen Schlauch mit der Punktionsnadel verbinden kann. Als Punktionsstelle benütze man zuerst den 4. Interlumbalraum, um späterhin den 3. noch zur Verfügung zu haben. Man achte sorgfältig darauf, daß die Punktionskanüle sich nicht aus der Lage verschiebt, in der sie beim Ausströmen der Punktionsflüssigkeit lag. Denn eine Injektion, die nicht in den Arachnoidalraum, sondern z. B. den Subduralraum trifft, ist nicht wirksamer als eine subkutane. Bei ungebärdigen Kranken ist eine Chlor-Äthyl-Spray-Narkose notwendig. Ihre 3—4 malige Wiederholung ist freilich nicht sehr wünschenswert. Wichtig ist die Nachbehandlung. Während des Herausziehens der Spritze muß nach Kommando die Assistenz den Rücken des Kranken zur Lordose umkrümmen. Auf die Öffnung wird ein Alkoholtupfer gedrückt, der schließlich durch einen Bausch mit Xeroform- oder Vioformgaze ersetzt wird. Er kann durch Mastisol oder durch Heftpflasterstreifen befestigt werden, doch so, daß Luft hinzutreten kann. Okklusivverband ist verboten.

Der Kranke wird ins Bett gelegt, so daß der Kopf tiefer als der Steiß liegt. Am besten wird das Kopfkissen entfernt und das Fußende des Bettes durch Unterschieben von Klötzen unter die Beine des Bettes etwa um 15 cm erhöht. Beschwerden, die in den nächsten Stunden auftreten, sind in Kauf zu nehmen, es sind dies: Schüttelfrost, Kopfschmerz, ja bei Säuglingen auch Krämpfe. Oft treten sie erst nach $^1/_2$ bis einigen Stunden ein. Wirkt das Mittel, wie es soll, so wird der Liquor jeden Tag klarer. Im mikroskopischen Bilde verschwinden die extrazellulär gelegenen Meningokokken, schließlich die Meningokokken überhaupt.

Weiterhin seien folgende Regeln gegeben:

1. Bei der ersten Punktion eines verdächtigen Falles soll bei trüber Zerebrospinalflüssigkeit sofort Serum eingespritzt und nur bei klarem Liquor die bakteriologische Untersuchung abgewartet werden.

2. Man lasse bei der Spinalpunktion so viel Liquor ab als möglich und spritze dann 10 ccm Serum ein, auch wenn weniger abgeflossen ist. Wenn eine größere Menge Liquor entfernt worden ist, steige man bis auf 20 ccm Serum. Bei sehr schweren Fällen ist letzteres überhaupt wünschenswert. Ein fühlbarer Widerstand bei der Einspritzung gibt das Zeichen zum Aufhören. Bei bösartigen Fällen ist, wenn keine Besserung eintritt, die Injektion nach 12 Stunden zu wiederholen.

Abgesehen von den allerleichtesten Fällen sollen die Einspritzungen 4 Tage lang täglich wiederholt werden. Sind dann noch Diplokokken im Liquor zu finden, so setze man die Punktion fort. (Der Nachweis der Diplokokken erfolge durch mikroskopisches Präparat.)

3. Wenn nach Verschwinden der Diplokokken aus dem Liquor noch die subjektiven Symptome, einschließlich Fieber und Benommenheit, nach vier Injektionen bestehen bleiben, so warte man 4 Tage ab und wiederhole dann, wenn keine Besserung eingetreten ist, die vier Injektionen. Bei jeder Verschlimmerung handle man natürlich am selben Tage.

4. Wenn keine Flüssigkeitsentleerung bei der Spinalpunktion erfolgt, so würden wir raten, durch Biersche Stauung bzw. durch Kältewirkung auf die Haut (Chloräthyl-Spray nach Curschmann) auf dem Wege der Steigerung des Hirndrucks eine Flüssigkeitsentleerung zu erzwingen. Zur Stauung lege man eine dünne Gummibinde um den Hals. Die Kältewirkung erzielt man durch Aufspritzen von Chloräthyl auf recht ausgedehnte Hautpartien beider Oberschenkel. Gelingt dies nicht, so bediene man sich zur Einführung des Serums statt der Spritze des Trichters mit Schlauch.

Fraglich ist, wie man sich verhalten soll, wenn der Prozeß z. B. 10 Tage oder gar später wieder aufflammt. Es ist kein Zweifel, daß hier bei neuerlicher Injektion anaphylaktische Störungen vorkommen können. Sie müssen augenscheinlich sehr selten sein, da man sie anfänglich nicht beobachtet hat. Sie können aber tödlich verlaufen. Es würde sich daher empfehlen, wenn man die Injektion machen will, durch subkutane Einspritzung eines Serums die Probe zu machen, ob eine Anaphylaxie besteht (vgl. S. 223).

b) Spinalpunktion.

Die Spinalpunktion ist nur als druckentlastendes Mittel dort anzuwenden, wo ein wesentlicher Teil der Krankheitserscheinungen durch Druck bedingt wird. Sie ist indiziert:

1. Als diagnostisches Hilfsmittel bei Übernahme der Behandlung, unbedingt bei frischen Fällen als Vorbedingung zur Serumtherapie. Vielfach zeigt sich eine ausgesprochen belebende Wirkung.

2. Bei jedem neuen Schube von starken Kopfschmerzen und anderen Hirnsymptomen. Eine Wiederholung erfolge möglichst nicht vor 2 bis 3 Tagen.

3. Hält die bessernde Wirkung nur wenige Stunden an, so ist am nächsten Tage ein Versuch wohl gestattet. Wird durch die Spinalpunktion jedoch das Befinden nicht wesentlich beeinflußt, so schadet man durch Wiederholung.

Das Grundprinzip der Anwendung ist also: *Ein Versuch ist gestattet und notwendig. Der greifbare Nutzen im einzelnen Falle gibt Veranlassung zur Wiederholung, aber nur bei deutlichem Eintritt von Verschlimmerung. Auch dann sei man mit der Wiederholung sehr zurückhaltend.*

Die Spinalpunktion (siehe S. 497) muß mit der größten Vorsicht, wie in der Technik beschrieben, ausgeführt werden. Die Anwendung des Steigrohrs sollte obligatorisch sein. Schnelle Druckänderung führt gerade bei dieser Krankheit zu Hirnhautblutungen. Eine Erleichterung der Operation durch die Chlor-Äthyl-Narkose ist durchaus empfehlenswert.

c) Bäderbehandlung.

Die heißen Bäder sind für manche Fälle ein wohltuendes Linderungsmittel. Voraussetzung für die Anwendung ist, daß sie dem Patienten subjektiv und objektiv wohltun. Ferner muß dieser so bequem und tief ins Wasser gelagert sein, daß er keine Anstrengungen dabei hat. Man achte darauf, daß der Kranke so gestützt oder gehalten wird, daß er seinen Nacken nach hinten legen kann. Er darf also nie am Hinterkopf gehalten werden oder aufliegen, sondern muß im Nacken gestützt werden. Je größer der Patient ist, um so schmerzhafter wird der Transport in das Bad und wieder heraus. Sind alle Bedingungen erfüllt, dann sind Patienten, die nicht allzu hohes Fieber haben, also namentlich während der 2. und 3. Krankheitswoche für die Behandlung vielfach dankbar. Nur dann ist sie fortzusetzen.

Die Temperatur des Bades beträgt anfangs 37°, später bis 40°. Zusatz eines milden Reizmittels, Kalmusabkochung oder Kiefernadelextrakt, wird angenehm empfunden. Die Dauer des Bades betrage 10—20 Minuten; nachher bleibt der Patient $^1/_2$—1 Stunde lang eingepackt. Die Bäder werden 2 Tage hintereinander wiederholt und am 3. Tage ausgesetzt. Im Stadium hydrocephalicum empfehlen sich 2—3 mal in der Woche gewöhnliche warme Bäder, wenn die Möglichkeit gegeben ist, sie auch wirklich schonend auszuführen.

d) Symptomatische Behandlung.

Ernährung. Die Verdauung geht in einem durch das spezifische Genickstarregift geschädigten Darm vor sich. Der Patient bedarf einer Erhaltung seiner Immunität, und der lange Verlauf der Krankheit erfordert Erhaltung der Kräfte. Es ist hier besonders dringend auf den Abschnitt über Krankenernährung S. 8 zu verweisen. Außerdem ist noch zu bemerken: Die Durchführung der Brusternährung ist, wenn man nur in den ersten Tagen die Milchstauung vermeidet, leicht möglich. Die Stillende ist nicht gefährdet, wohl aber ein fremdes Ammenkind. Darmerkrankungen bei künstlich genährten Kindern sind nach den erwähnten Prinzipien möglichst ohne länger dauernde Fastendiäten zu behandeln. Die Nahrungsverweigerung älterer Kinder ist pädagogisch sehr erheblich zu beeinflussen (Krankenhausbehandlung). Die periodisch sich verschlimmernde Appetitlosigkeit läßt es aber nie zu reichlicher Ernährung kommen. Man benutzt die Tage oder selbst die Tagesstunden, in denen das Kind sich wohler fühlt, um ihm Nahrung beizubringen. Die Eltern sind aufzuklären, daß das periodisch einsetzende Erbrechen im Stadium hydrocephalicum nicht auf Diätfehlern beruht.

Ist die Aufnahme der Nahrungsmenge tageweise minimal oder gar gleich null, so ernähre man vom Mastdarm aus in der Weise, wie S. 495 angegeben. Je länger die Krankheit dauert, um so mehr muß man darauf bedacht sein, eine möglichst mannigfaltige Ernährung durchzuführen. Namentlich ist für die Mineralbestandteile des Körpers durch Zuführung von Obstsaft, Obstspeisen, Gemüsebrühen, Gelbei, rohem Fleischsaft usw. zu sorgen. Man scheue sich nicht vor einer etwas differenteren, die Geschmacksnerven des Kindes anregenden Kost.

Fieberbehandlung. Bei hohen Fieberschüben über 39° werden die begleitenden Beschwerden durch feuchte Einpackungen mit stündlichem

Wechsel wohltätig beeinflußt. Die Umschläge sollen von der Achselhöhle bis zu den Knien reichen und die Arme freilassen. Temperatur Stubenwärme. In dem eben erwähnten Falle wirken Gaben von Antipyreticis, namentlich Pyramidon (Dosis S. 506) ganz ausgezeichnet. Man gebe sie je nach dem Bedarf des Patienten ein- bis dreimal täglich. Die Indikation ist aber nicht, die Temperatur herabzusetzen, sondern dem Patienten schmerzfreie Intervalle zu schaffen um die Konsumption durch Nahrungsverweigerung und Unruhe zu verringern.

Schmerzstillung und Beruhigung. Zur Schmerzstillung dienen in erster Linie neben dem genannten Medikament Bad oder Umschläge. Doch ist es vielfach nötig, durch Bromural oder Urethan Nachtruhe zu verschaffen. Opium und Morphium hat man selten nötig, doch scheue man sich beim Stadium hydrocephalicum nicht davor. Hier gilt es, die Kritik des Patienten einzuschläfern (siehe Seite 519).

Bekämpfung des Erbrechens. Mit gutem Zureden lassen sich die Perioden des Erbrechens verkürzen. Ein Versuch mit Atropin in großen Dosen ist gestattet, doch nicht von sicherem Erfolge. Bei gleichzeitigem Fieber wirkt Pyramidon oft besser. Durch reichliche Mengen eines Mineralbrunnens, namentlich heiß getrunken, läßt sich manchmal etwas erreichen. Jedenfalls wird man so dem Flüssigkeitsbedürfnis gerecht.

Behandlung der Komplikationen. Bei Iridozyklitis ist jede Behandlung vergeblich. Bei der seltenen, fast oder ganz isolierten Iritis ist Atropin anzuwenden[1]).

Die sehr häufige Mittelohrentzündung macht nur sehr selten klinische Erscheinungen, die die übliche Behandlung erfordern. Die Erkrankung des inneren Ohres ist einer Behandlung nicht zugänglich. Bei lang anhaltenden Reizerscheinungen, Schwindel, Ohrensausen sind Ruhe und große Dosen Brom manchmal erfolgreich, während Jod-Natrium wohl keine Wirkung hat. Zu versuchen sind immerhin auch Schwitzkuren.

e) Behandlung des Stadium hydrocephalicum.

Wir verstehen unter Stadium hydrocephalicum das Fortbestehen der Infektionskrankheit in starker Abschwächung, aber unter schwerem Siechtum des Patienten. Die Abschwächung der Infektion äußert sich im Fehlen des Fiebers. Die Schübe bestehen nur noch aus Kopfschmerzen und Erbrechen. Das Spinalpunktat zeigt vermehrte klare Flüssigkeit. Die Behandlung besteht neben einigen vorher erwähnten Maßregeln in der sorgfältigsten Krankenpflege. Die beim Säugling meist eintretende Vergrößerung des Schädels berechtigt zu dem Versuch, durch Spinalpunktion während der Periode der Verschlimmerung das Schädelwachstum zu verringern. Die Erfolge sind leider gering. Plötzlich auftretende, schwere Hirnerscheinungen, besonders mit verlangsamtem Pulse, während durch die Spinalpunktion nichts oder nur wenig unter geringem Druck entleert wird, rechtfertigt die Ventrikelpunktion (siehe S. 340).

[1]) Die plötzliche Erblindung ohne Befund am Augenhintergrund heilt von selber.

f) Nachbehandlung.

Mäßiger Wasserkopf beim jungen Kinde ist am besten ein noli me tangere. Das Wachstum während des Stadium hydrocephalicum konnte man bisher nicht verhindern. Bei sehr großen Wasserköpfen sind die eingreifenden operativen Maßnahmen der neueren Zeit mit bedingter Aussicht auf Erfolg zu versuchen, da die obliterierenden Prozesse in den Hirnhäuten die schon geringen Aussichten auf Herstellung einer Drainage sehr verringern. Mit großer Geduld ist bei Kindern mit Wasserkopf mittleren Grades bei Erlernung der aufrechten Haltung und des Laufens ähnlich zu verfahren, wie für Rachitiker geschildert (siehe Gymnastik S. 41). Der Sitzlaufstuhl spielt eine große Rolle.

Bei von Genickstarre genesenen Kindern besteht vielfach ein geistiger Defekt, herabgesetzte Intelligenz mit ausgesprochener Ermüdbarkeit. Auch wenn das Kind zur Not schulfähig ist, muß eine Überanstrengung gefürchtet werden. Privat- oder Hilfsschulunterricht sind vorzuziehen. Im allgemeinen gilt überhaupt der Grundsatz, daß zwar das Kind zur strengen konsequenten Pflichterfüllung erzogen werden, aber das Pensum den Kräften entsprechend bemessen sein muß. Mit oder ohne solche Intelligenzstörung zeigt sich häufig eine Neigung zu Jähzorn und mangelnder Selbstbeherrschung. Die Erziehung muß daher um so konsequenter sein und dem Kinde gerade dadurch überflüssige Reizungen ersparen. Eine weichliche Nachgiebigkeit und eine Entschuldigung der Haltlosigkeit des Kindes als pathologische Erscheinung führen in Schule und Haus zu bösen Folgen.

XVII. Starrkrampf.

Bei zersetzten, mit Erde und Holz verunreinigten Wunden, daher stets bei Pfählungswunden, ist die vorbeugende Injektion von Tetanusserum notwendig. Die Dosis beträgt: 20 A.-E. In mindestens einer Apotheke jeden Ortes wird das Tetanus-Serum in flüssiger oder fester Form vorrätig gehalten. Dieses ist in fester Form unbegrenzt, in flüssiger 1 Jahr haltbar. Das Trockenserum muß in der 10fachen Menge physiologischer Kochsalzlösung gelöst werden, was jedoch Stunden dauert. Eine Wiederholung der Einspritzung von 20 A.-E. ist stets notwendig auch noch nach Monaten, wenn an der Stelle der Verletzung eine Operation erforderlich wird. Wegen der Frage der Anaphylaxie s. S. 223. Bei den von kleinen Fußwunden, Impetigo-Krusten usw. ausgehenden Erkrankungen ist eine vorbeugende Behandlung nicht möglich.

Die Schwere einer Erkrankung ist nicht nach Schwere und Häufigkeit der einzelnen Anfälle, sondern nach Ausdehnung und Grad der Dauerspasmen zu beurteilen. Das Tetanusserum als Heilmittel hat versagt. Natürlich läßt sich gegen eine Einspritzung nichts einwenden. Die ärztliche Aufgabe besteht in der Durchführung einer zureichenden Ernährung und schonender Pflege, in einer Verringerung der Krampfanfälle durch Vermeidung von Reizen und arzneilich bewirkter Herabsetzung der Reizbarkeit und schließlich in einer Herabsetzung der

Spasmen. Damit erfüllt man zugleich die bei dieser Krankheit allem übergeordnete Indikation, die furchtbaren Leiden zu lindern.

Ernährung. Der Patient muß nach Kräften ernährt werden. Hierzu gehören vor allen Dingen Geduld und ein geschicktes Eingehen auf sein Wesen. Mit Gewalt ist nichts zu machen. Nur bei Trismus neonatorum kommt die permanente Irrigation in Betracht. Man benutze auch hier die Zeiten besseren Befindens, die man künstlich durch Medikamente herbeizuführen hat.

Pflege. Der Patient bedarf sorgfältiger Einzelpflege. Die Glieder müssen so gebettet werden, daß sie ruhend aufliegen. Auf Dekubitus ist peinlichst zu achten. Die Behandlung wird daher wesentlich durch eine gut ausgebildete Krankenschwester unterstützt und am besten von ihr allein übernommen. Jedes überflüssige Betreten des Krankenzimmers, jeder Laut ist zu vermeiden.

Medikamentöse Behandlung. Nur starke Beruhigungsmittel sind in erster Linie anzuwenden, d. h. Chloral und Opium in ansteigenden Dosen, die hier schrittweise sehr viel höher genommen werden müssen als bei jeder anderen Erkrankung. Man kann jedoch durch Kombination mit milder wirkenden Mitteln, die aber verschiedene Angriffspunkte im Gehirn besitzen, die Wirkung gefahrlos vermehren. So z. B. setze man zum Chloral oder Opium die volle, auch sonst angewendete Dosis Urethan hinzu. Auch mehrfach am Tage verabfolgte Dosen Luminal, Nirvanol, Bromural oder Adalin neben Opium sind anzuwenden. Ein Wechsel der Mittel am selben Tage oder tageweise ist zu empfehlen. Alle Opiumpräparate haben die angenehme Nebenwirkung, die Kritik des Patienten an seinem Zustand herabzusetzen. Mit Chloral erzielt man eine energischere antispasmodische Wirkung. Beide Mittel, besonders aber Chloral, ferner Urethan, eignen sich zu der oft sehr wünschenswerten Rektalanwendung.

Magnesiumbehandlung. Bei leichten Fällen von Tetanus ist die subkutane Magnesiumbehandlung überflüssig. Die Aufgabe dieser Methode ist es vielmehr, mittelschweren und schwer protrahierten Fällen — jedoch nicht schwersten Fällen —, die durch Behinderung der Atmung und der Nahrungsaufnahme und durch Erschöpfung zugrunde zu gehen drohen, durch symptomatische Linderung von Spasmen und Anfällen über die schlimmste Zeit hinwegzuhelfen.

Technik: Nur suprafasziale Injektion ist gestattet, s. S. 499.

Dosierung: Die Einzeldosis beträgt 0,2 pro kg Körpergewicht (z. B. für ein 20 kg schweres Kind 4,0 g Anfangsdosis, enthalten in 20—25 %iger Lösung); doch mag man sich zu Anfang mit 0,16—0,18 begnügen. Die Wiederholung der Einspritzung erfolgt nach Usener in zwei- bis dreistündlichen Intervallen, bis eine gewisse Wirkung erzielt ist, also z. B. vormittags bis in die frühen Nachmittagsstunden. Dann ist eine längere, selbst über 12stündige Pause möglich; wenigstens sind zweifellos größere Intervalle ratsam. Am nächsten Morgen beginne man in der gleichen Weise.

Für Neugeborene muß noch einmal betont werden, daß man bei Trismus neonatorum, wenn Zeichen der Wirkung sich einstellen, dringend notwendig hat, eine Pause zu machen. Die Gefahr der Therapie beruht darin, daß sonst eine Atmungslähmung eintreten könnte. Die Ausführung ist daher nie dem Pflegepersonal zu überlassen. Die intralumbale Injektion von Magnesium ist im allgemeinen zu gefährlich, um empfohlen zu werden.

XVIII. Ruhr.

1. Prophylaxe.

Zu Zeiten von Ruhrepidemien sind Kinder vor Diätfehlern zu schützen. In Küche und Speisekammer sollen alle Nahrungsmittel durch Drahtgaze vor Fliegen geschützt werden. Wenn in der Familie ein Kind nur an den leichtesten ruhrverdächtigen Erscheinungen erkrankt, ist strengste Isolierung neben Stuhldesinfektion erforderlich. Praktischer ist es freilich oft, ein gesundes, unter 2 Jahren altes Kind samt seiner Pflegerin und nicht den Kranken zu isolieren.

Auf Grund der Erfahrungen bei Hausepidemien in der Klinik empfehlen wir folgende Maßregel:

Isolierung aller Ruhrkranken und Verdächtigen womöglich in getrennten Baracken. Ausspülen oder Sortieren der Kotwindeln auch scheinbar nicht Ruhrkranker darf nicht von einer Person vorgenommen werden, die auf Station oder Küche zu tun hat. Ein wenig Formol in die Windeleimer macht diese für Fliegen nicht mehr anziehend. Es ist selbstverständlich, daß die Durchführung der Händedesinfektion der Schwestern und der sofortigen Desinfektion der Stuhlwindeln beim Ruhrerkrankten oder -verdächtigen vorgenommen wird (siehe S. 55). Alle Windeln müssen sofort in einem mit 2‰iger Sublimatlösung oder besser 2%iger Lysollösung gefüllten Bottich aufgeweicht werden.

So haben wir wiederholt als ruhrkrank erkannte Kinder ohne Schaden auf der Station liegen gehabt. Gefahr droht besonders von den nicht erkannten oder noch nicht erkannten Fällen.

2. Therapie.

Wir unterscheiden zwei Formen von Erregern der bazillären Ruhr: die Dysenterie-Bazillen Shiga-Kruse und die Pseudodysenterie-Bazillen. Unter dem letzteren Namen fassen wir eine ganze Gruppe zusammen, da sich klinisch einen Unterschied zu machen nicht lohnt (Typus Flexner, Typus Y, Typus Strong usw.). Die Dysenteriebazillen verursachen in der Regel bösartigere Erkrankungen und werden auch häufiger älteren Kindern gefährlich. Ein Unterschied in der Therapie ist nur für die Serumanwendung nötig.

Wir unterscheiden leichte und schwere Fälle, je nachdem mit gründlicher Entleerung die Krankheitserscheinungen schwinden bzw. sich wesentlich verringern oder nicht. Die Schwere der Anfangserscheinungen erlaubt keine Schlüsse auf den Ernst der Erkrankung. Da dieses meist nicht berücksichtigt wird, kommt es zu den bekannten therapeutischen Trugschlüssen.

Die Aufgaben unserer Therapie sind:

1. Im ersten Anfang durch gründliche Entleerung des Darmes zu versuchen, den Krankheitsverlauf günstig zu beeinflussen. Bis zum gewissen Grade gehört hierher die Therapie mit Adsorbentien (Bolus alba, Tierkohle).

Genügende Zufuhr von Wasser und Salzen ist aber zu Anfang der wichtigste Teil der Behandlung, muß daher zugleich mit der Entleerung als Therapie des ersten Tages beschrieben werden, die man auch Entgiftungstherapie nennen könnte.

2. Die zweite Aufgabe ist die Bekämpfung übermäßiger motorischer oder sekretorischer Funktionsstörungen des Darms sowie die Stillung von Schmerzen und Beschwerden.

3. Die dritte Aufgabe ist dann, den Kranken zu ernähren. Für die Ernährung ergibt sich zunächst der Grundsatz, daß die Menge der Nahrung der Leistungsfähigkeit des Darmes entsprechen und daß diese zu Anfang als minimal angesehen werden muß.

a) Spezifische Therapie.

Die Diagnose, welcher Bazillus vorliegt, oder ob überhaupt eine Bazillenruhr besteht, darf leider zunächst nicht von dem Ergebnis der bakteriologischen Untersuchung abhängig gemacht werden. Wir dürfen nur mit 20 % positiven Resultaten rechnen. Ist also der Patient von einem schwer kranken Erwachsenen angesteckt oder herrscht Dysenteriebazillenruhr am Ort (Shiga-Kruse), so ist das entsprechende Heilserum (Merck) einzuspritzen, in anderen Fällen das polyvalente.

Die Resultate sind noch recht wenig sichergestellt. Bei der Pseudobazillenruhr sind die Erfolge noch ungewisser. Wenn nach den ersten 2 Tagen ernste Erscheinungen fortbestehen, ist ein Versuch der Serumbehandlung sicher gerechtfertigt. Die Dosis scheint etwa 10 ccm zu betragen und am 2. oder auch am 3. Tage wiederholt werden zu müssen. Bei Verdacht auf echte Ruhr ist Serum gegen den entsprechenden Erreger wohl in allen Fällen zu versuchen.

b) Entgiftungstherapie.

Die Therapie der Ruhr beginnt mit einer gründlichen Entleerung, die zugleich die beste Entgiftung darstellt. Sie ist um so wirksamer, je früher sie einsetzt. Beim Säugling glauben wir behaupten zu dürfen, daß sie in den ersten 3 Krankheitstagen recht bedeutsam für den weiteren Verlauf ist. Nach dem dritten Tage hat die Entleerung nur dann Wert, wenn noch einigermaßen Nahrung genommen wurde oder die Krankheit sich jetzt erst zur Höhe entwickelte. Erschöpften, ausgehungerten und verdursteten Kranken nützt ein Abführmittel jetzt nicht mehr. Zum Zweck der Entleerung bedürfen wir eines milden, aber kräftig wirkenden Abführmittels. Kalomel, das beim gesunden Menschen und Tier die Schleimausscheidung im Stuhle vermehrt, ist nicht harmlos, aber auch nicht sicher genug, am besten wählt man wohl Rizinusöl. Die Vorbedingung der Wirkung ist, daß auch beim Säugling die Dosis von einem Eßlöffel eingehalten wird. Eine Hyperkatharsis ist nicht zu fürchten. Am besten verabfolgt man das Mittel selbst. Erbrechen ist keine Kontraindikation gegen große Dosen, wenn man nur ein psychogenes Auswürgen verhindert. Wenn aber, namentlich beim Säugling, unfreiwillige Karenz der Behandlung vorhergegangen ist, ist es möglich, unter Verzicht auf Rizinusöl 200—400 g Karlsbader Mühlbrunnen oder Lullusbrunnen trinken zu lassen.

Damit beginnen wir zugleich den zweiten Teil der Entgiftungstherapie, die Wasserspülung und den Wasserersatz. Beim Säugling und beim älteren Kinde tut man gut, in jedem einigermaßen frischen Fall eine gründliche Darmspülung vorzunehmen. Hiermit wirken wir in gleicher Weise entleerend, schmerzstillend und belebend. Je schwerer die Turgorverluste sind, um so ausgesprochener ist eine Besserung kurz nach der Darmspülung zu bemerken, die ersichtlich zum größten Teil der Wasserresorption im Dickdarm zu danken ist. Tritt aber diese Besserung prompt ein, so können wir prognostisch den erfreulichen Schluß ziehen, daß der elende Zustand durch Wasser- bzw. Wasser- und Salzverlust, den wir ausgleichen, und nicht durch das Ruhrgift, das wir nicht direkt bekämpfen können, hervorgerufen ist.

Erbrechen mit schwerem Verfall, beim Säugling namentlich bedrohliche Wasserverluste, die sich durch teigige Bauchdecken und tiefliegende Augen dokumentieren, indizieren direkte Magenfüllung mit der durch die Nase eingeführten Schlundsonde. Nur so ist dann für genügend schnelle Zuführung des nötigen Wassers zwecks Turgorergänzung und Durchspülung zu sorgen.

Die Sonde wird durch die Nase eingeführt, durch eine kurze Spülung vorhandener Mageninhalt entfernt und je nach dem Alter werden 200—300 g einer Salzlösung oder eines Mineralbrunnens eingefüllt. Temperatur 39—40°. Am meisten empfiehlt sich Karlsbader Mühlbrunnen oder der billigere Lullusbrunnen.

Wenn ältere Kinder im weiteren Verlauf des Tages brechen, so veranlasse man sie, möglichst schnell hintereinander $^1/_4$ Liter heißen Mineralbrunnen zu trinken und den Brechreiz zu unterdrücken. Sind die Kinder bewußtlos, so ist auch hier die direkte Magenfüllung vorzuziehen.

Im Laufe des ersten Krankheitstages und solange späterhin die erlaubte Nahrung das Flüssigkeitsbedürfnis nicht deckt, ist der wichtigste Teil der Therapie reichliche Flüssigkeitszufuhr. Wünschenswert ist dabei auch etwas Salz. Am besten sind alkalisch-muriatische Säuerlinge, warm oder kalt, auch mit Saccharin gesüßt. Wiesbadener Kochbrunnen soll im ersten Lebensjahr in nicht viel größerer Dosis als 200 g pro Tag verabfolgt werden, daneben reichlich irgend ein Tee, mit Saccharin gesüßt. Es liegt aber kein Grund vor, gutes Wasserleitungswasser zu verschmähen, wenn auch warme Getränke vorzuziehen sind. Gegen jede Flüssigkeitsverweigerung muß man schon am ersten Tage energisch vorgehen, beim älteren Kinde mit pädagogischen Mitteln, beim Säugling, wenn permanente Irrigation wie meist nicht möglich ist, mittels Sondenfütterung.

Adsorptionstherapie. Weder Bolus alba noch Tierkohle vermögen einen wirklich ernsten toxischen Fall zu beeinflussen[1]). Wer trotzdem nicht auf diese Art der Therapie verzichten will, wähle wenigstens die weniger voluminöse Tierkohle. Das Mittel muß ausgesetzt werden, wenn in Fällen mit reinem Schleimstuhl die Kohle im Stuhl nicht erscheint. Nützlich ist die Tierblutkohle bei leichten Gärungsstühlen im Heilungsstadium. Die Dose beträgt in jedem Alter 5—6 mal täglich 1 gehäuften Teelöffel.

c) Symptomatische Therapie.

Bei schweren Koliken ist eine medikamentöse Bekämpfung notwendig. Man benutze hierzu zunächst Atropin. Beim Säugling, bei dem der Kolikschmerz, aber auch die Kolik selbst nicht die gleiche Rolle spielen wie später, bedürfen wir des Mittels weniger. Die Dosis beträgt im 1. Lebensjahr etwa sechsmal täglich (etwa 3 stündlich) 4 Tropfen der 1‰igen Lösung, dann folgt eine Pause von 5—8 Stunden. Die Dosis bis zum 4.—6. Jahre ist etwa dieselbe, höchstens je 1 Tropfen mehr. Dringend indiziert ist dieses Mittel, wenn trotz Nahrungsaufnahme im reichlich entleerten Stuhl kein Kot erscheint. Es handelt sich dann um einen Krampf im Dünndarm.

Genügt dies zur Schmerzstillung nicht, so scheue man sich nicht vor Opium. Bei Kindern nach dem 1. Jahre dürfte als Anfangsdosis 1—1½ mg Extractum opii aquosum drei- bis viermal täglich zu empfehlen sein. Vom 4. Jahr an ½—1 cg. Die Erfahrung am einzelnen Fall gibt uns beim Opium die Dosis an, die gestattet ist. Namentlich Schlafsucht zeigt an, daß die Dosis überschritten ist. Vorläufig sind wir wenigstens gezwungen, mit zu kleinen Dosen zu beginnen und sie bei Eintritt von Schlaf oder Beruhigung aussetzen zu lassen (s. Opium-Dosierung S. 519). Bei Tenesmen, aber auch bei sehr kopiösen Stuhlentleerungen empfiehlt sich eine Wiederholung der Tonspülung, das erste Mal in gleicher Art, wie oben beschrieben. Später läßt man nur ¼ Liter ein. Namentlich beim Säugling ist die Temperatur auch jetzt stets über 38° zu wählen. Bei Älteren tun etwas kühlere Spülungen wohl. Gegen qualvolle Tenesmen älterer Kinder sind kleine Anästhesin- und Opiumzäpfchen angebracht (10 mg Extractum opii aquosum, 0,2 g Anästhesin). Bei erschlafftem Sphinkter, wobei das Zäpfchen vorher ausgestoßen wird, ist das Anästhetikum direkt auf die Schleimhaut zu bringen. Ein Eßlöffel kühlen Wassers mit zwei Messerspitzen Anästhesin oder Orthoform verrührt, etwas Bolus alba dazu, so daß ein dünner Brei entsteht, werden mittels einer Spritze mit weichem Ansatz etwa 6 cm tief in den Darm eingespritzt.

Hier ist sicher auch ein Nebennierenpräparat am Platze, das man direkt oder mittels kleinen Klistiers in die Ampulle bringt (2 g der Solut. suprarenini synthetici mit 3 g H_2O verdünnt). Mastdarmvorfälle pinselt man damit.

---

[1]) Bei schweren Fällen mit unzählbaren kotfreien Stühlen gelangt oft tagelang das Mittel nicht in den Dickdarm, sondern wird im Dünndarm zurückgehalten.

Schlafmittel sind im Bedarfsfalle durchaus anzuwenden (Bromural, Urethan). Bei Krämpfen und hochgradiger Erregung sind Chloral per os oder Luminalnatrium subkutan anzuwenden. Im allgemeinen ist die Aufgabe der Beruhigungsmittel, psychogene Steigerung der Beschwerden, die bei Kindern oft eine Rolle spielt, zu hindern.

Ein medikamentöser Einfluß auf die Darmschleimhaut besteht kaum. Alle Tanninpräparate sind per os durch Beeinflussung des Appetits eher schädlich als nützlich. Nach Ablauf des akutesten Stadiums mögen die Biermersche Ratanhia-Mischung, ebenso Wismut, Mercksche Tierblutkohle u. a. die Heilung beschleunigen (s. S. 509 und 525).

Die direkte Behandlung der Dickdarmschleimhaut, die wir ja prinzipiell am ersten Behandlungstage durch die Darmspülung ausüben, darf ohne Schaden mit der gleichen Energie täglich nicht fortgesetzt werden. Spülungen mit Ton und Tierblutkohlenaufschwemmungen, mit essigsaurer Tonerde und Argentum haben im akutesten Stadium keinen Einfluß auf den Verlauf der Krankheit. Die hohen, gründlichen Bolus-Ausspülungen wiederhole man im Verlauf nur, wenn plötzliche Verschlimmerungen eintreten. Wirksam sind sie besonders dann, wenn Diätfehler oder Toleranzüberschreitungen zur Einschiebung einer Karenzzeit zwingen, die man dann kürzer bemessen kann. Gegen kleine Einläufe von 200—300 g und höchstens 500 g beim älteren Kinde ist der Vorwurf der Schwächung nicht zu erheben. Sie sind gelegentlich namentlich bei starkem, fortgesetztem Stuhldrang vom Ende der ersten Woche an in bescheidenem Maße wirksam. Die von Steffen, Henoch u. a. empfohlenen Argentum- und Alaunklistiere sind wohl nur empfehlenswert zur Beschleunigung der Heilung von Entzündung und Geschwüren im untersten Teil des Dickdarms. Henoch empfiehlt vom Argentum 1 : 600. Doch 1 : 1000 bis 1 : 2000 sind sicher noch wirksam. Die Dosis von Alaun beträgt 1 Teelöffel auf $^1/_4$ Liter. Ein Klistier mit warmem Wasser bzw. $1^0/_0$iger Borsäure soll vorhergehen.

d) Ernährung.

Wir können nicht von einer alimentären Behandlung der Ruhr sprechen. Nicht wie sonst ist es uns möglich, durch Beeinflussung des Darmchemismus heilend zu wirken. Die Aufgabe begrenzt sich daher darauf, im geschädigten Darm nach den Grundsätzen der alimentären Therapie bei den Ernährungsstörungen des Kindesalters zu verfahren, freilich unter ungünstigsten Verhältnissen. Denn das beste Kriterium unseres Handelns, der Führer bei unserem Vorgehen, nämlich die Wirkung auf das Stuhlbild, ist mehr oder weniger verdeckt durch die Reaktion des Darms auf die Ruhr. Was uns als Erfolg der Diät erscheint, kann durch den gesetzmäßigen Verlauf der Ruhr bedingt sein, ein Mißerfolg umgekehrt durch Aufflammen oder Rezidiv der Grunderkrankung entstehen.

Es handelt sich also darum, einen Maßstab zu finden, der uns einigermaßen führt. Folgendes läßt sich wohl allgemeingültig behaupten: Vom 2. Behandlungstage an ist die Zuführung kleiner Mengen Nahrung möglich und auch notwendig. Toleranz und Nahrungsbedürfnis steigen mit jedem Tage. Ein zu lange dauerndes Fasten, auch mit einseitiger Nahrung (Haferschleim, Nestlé usw.) verschlechtert den Appetit. Doch ist sonst im allgemeinen der Appetit ein guter Maßstab für die Steigerungsmöglichkeit der Nahrungsmenge. Während der eingeleiteten Ernährung namentlich gegen Ende der ersten Woche wieder auftretende Appetitlosigkeit zeigt vielfach Toleranzüberschreitung an. Ernstere Zeichen können sich hinzu gesellen, nämlich erneutes Erschlaffen der Bauchdecken, Gewichtssturz und Mattigkeit. Der gleiche Zustand kann freilich primär durch Aufflammen der Krankheit verursacht sein.

Die Gewichtskurve soll nach dem unvermeidlichen schweren Absturz des ersten Tages anfangs nur geringe, vom 3. Tage an kaum noch merkliche Verluste anzeigen. Jede stärkere Abnahme ist je nach den übrigen Zeichen als Schädigung durch Unterernährung oder mangelnde Zufuhr an Salz und Wasser zu deuten. Stärkere Zunahmen bei elenden Kindern oder ausgesprochene Ödeme mahnen zur Vorsicht im Salzgebrauch, begründen aber nie eine Entsalzung.

Das Allgemeinbefinden ist in Besserung und Verschlechterung für die Beurteilung des Ernährungserfolges von allergrößter Wichtigkeit. Gesichtsausdruck, Agilität und Stimmung sind daher peinlichst zu beobachten. Ihre Verschlechterung bietet beim Säugling wie auch sonst bei Darmkatarrhen das erste Warnungszeichen, mit der Zufuhr der Ernährung vorsichtig zu sein.

Das Stuhlbild ist nur insofern maßgebend, als nachträgliches Auftreten von reichlichem, stark wässerigem Dünndarmstuhl eine Verschlechterung anzeigen kann, aber nur dann sicher anzeigt, wenn andere Zeichen, z. B. Appetitlosigkeit, Gewichtsverlust, Verfall usw. hinzutreten. *Die Zahl der Stühle ist nicht zu beachten, ebensowenig wie ihre spezifischen Beimengungen.* Aber erneut auftretendes Drängen warnt beim jüngeren und älteren Kinde Es kann sich um eine Toleranzüberschreitung ebensowohl wie um ein Aufflammen der Grundkrankheit handeln. Auf jeden Fall ist das Ernährungsmaß hier für kurze Zeit wieder zu reduzieren. Nach diesen Gesichtspunkten ist das Maximalmaß der zulässigen Nahrungsmenge zu bestimmen. Als weiterer Gesichtspunkt kommt noch hinzu, daß die knapp bemessene Nahrung alle Bestandteile enthalten muß, die lebensnotwendig sind, und daß bei länger dauernder Krankheit jede Einseitigkeit streng vermieden werden muß. Bei protrahierter Ruhr älterer Kinder darf die Angst vor einer Toleranzüberschreitung nicht abhalten, die Kost mannigfaltig und schmackhaft zu gestalten, und auch bei den seltenen Fällen durch Monate dauernder Ruhr älterer Säuglinge sind die Bedürfnisse des Alters nach bestimmten Nahrungsmitteln zu befriedigen.

Wahl der Ernährung in den ersten $1^1/_2$ Lebensjahren vom zweiten Behandlungstage ab:

1. Bei intoxikationsähnlichen Erscheinungen empfiehlt es sich, so zu verfahren, wie S. 35 vorgeschrieben. Besteht am 2. Tage die Bewußtseinstrübung fort oder nimmt sie erst zu, so handelt es sich um bösartige, toxische Ruhr, die wir nicht beeinflussen können. Auf reichliche Wasserzufuhr ist selbstverständlich weiter zu achten.

2. Brusternährung ist unbedingt angezeigt beim Kinde im ersten Lebensvierteljahr und beim schon vorher ernährungsgestörten Kinde. Auch nach Ablauf der akuten Erscheinungen, ja nach Eintritt eines normalen Stuhlbildes ist wenigstens eine teilweise Anwendung von Frauenmilch dann wünschenswert, wenn das Kind sich jetzt als ernst geschädigt erweist, Mageninsuffizienzerscheinungen (S. 138) oder Abzehrung zeigt.

Bei Durchführung der Brusternährung im akuten Stadium ist selbst in mittelschweren Fällen die Brustmilch keineswegs als harmloses Nahrungsmittel zu betrachten. Wir beginnen am 2. Tage in der Regel mit dreistündlich 10—20 g und steigen je nach der Art des Falles schnell oder langsam. Das gilt auch für das Brustkind. 200 g physiologische Kochsalzlösung oder sonstige Salzmischungen sind besonders nötig. Das Stuhlbild wird auch durch diese Kost nicht wesentlich beeinflußt und entspricht der Schwere der Krankheit. Ein Übergang zur Frauenmilch beim bis dahin während der Ruhr noch künstlich ernährten Kinde drängt sich oft auf, wenn eine Verschlimmerung nach dem 3.—4. Tage der Behandlung durch Toleranzüberschreitung oder Zunahme der Ruhrerkrankung eintritt. Eine 8—12stündige Teediät und eine Darmspülung müssen dem Wechsel vorangehen. Wenn keine typischen Erscheinungen vorhanden sind, beginne man ungefähr mit achtmal 30 g oder sechsmal 40 g. Bei nicht zureichender Brustmenge kann nebenbei Buttermilch oder Molke (besonders ohne Schleim) gegeben werden.

3. In allen sonstigen Fällen ziehen wir Molke oder Buttermilch als Ernährungsmittel vor, wenn man auch mit anderen Methoden (Eiweißmilch), ja auch mit den gewöhnlichen Mischungen Erfolg haben kann.

Molketherapie. Die Molketherapie ist in ihrer typischen Form indiziert bei jeder akuten, nicht toxischen Ruhr jeden Alters und bei Rezidiven. Sie erweist sich auch dann als vorteilhaft, wenn bei Eiweißmilch stark klumpige Stühle auftreten, das Kind wieder matter wird und Gewichtsabstürze erfolgen. Ihr Vorteil ist, daß die Molke jederzeit zu bereiten ist, und daß die Kur von selbst zu einer einfachen gewöhnlichen Säuglingskost zurückführt.

Der Molkestuhl sieht an und für sich auch sonst dünn, grünlich und kotarm aus und ist in der Regel auch etwas größer. Es fehlt ihm an Seifen, die erst dem normalen Säuglingskot Konsistenz und Aussehen geben. Die Stühle sehen daher bei Molke stets schlechter aus, als dem Krankheitszustand entspricht. Bei gutartigen Ruhrfällen tritt unter dieser Schonungsdiät oft genug schon eine starke Verringerung der Stuhlzahl ein. Das ist aber durchaus nicht nötig. Die erreichte Besserung des Darmes manifestiert sich fast plötzlich, wenn ca. 100 g Molke durch Vollmilch ersetzt werden. Es dürfen daher dünne, häufige Stühle keine Veranlassung geben, mit dem Ersatz der Molke durch Milch zu zögern. Die typische Anwendungsform ist folgende:

Als Grundlage benutzt man eine Mischung, die aus gleichen Teilen Molke und dünnem Haferschleim, Kartoffelwalzmehlsuppe und ähnlichem besteht, also ca. 1 % Kohlehydrate enthält. In den letzten Jahren haben wir vielfach statt dessen 300 g Molke, 200 g Haferschleim benutzt. Von dieser Menge gibt man am 2. Tage 5mal 80 g bis 5mal 100 g. Beim über 7 Monate alten Kinde auch 4—5mal 80 g und 1mal 80 g Schleim mit Fleischbrühe. Wenn kein Fleisch zu haben ist, wird erst am 4.—5. Tage statt Fleischbrühe Mohrrübenbrühe mit Schleim, selbstverständlich ohne Mohrrüben, verabfolgt. Jeden Tag legt man von der Mischung je nach Appetit 100—150 g zu, bis man auf 400 g Molke oder bei der anderen Mischung auf 450 g Molke angekommen ist. Die Gesamtnahrungsmenge soll im ersten halben Jahre 800 g, im zweiten 800 g Molkemischung und 200 g Brühe nie übersteigen, womöglich auch hier alles in allem nur 900 g erreichen. Auf dieser Menge verweilt man nur bei schwereren Fällen 1—3 Tage. Dann geht man aber auf jeden Fall ohne Rücksicht auf das Aussehen der Stühle dazu über, die Molke teilweise durch Milch zu ersetzen. Es werden täglich 50—100 g Milch auf diese Weise eingeführt, bis die Molke ganz ersetzt ist. Jetzt kann und muß man die Kohlehydrate vermehren, mittags statt Schleim Grieß verabfolgen, in der Milchmischung Schleim durch 5%ige Mehlsuppe ersetzen.

Der Zusatz von Fleisch ist bei Kindern nach dem 10. Monat nach Einführung der Milch praktisch, ausgedrückter Fleischsaft 1 Eßlöffel voll in die Mittagsmahl-

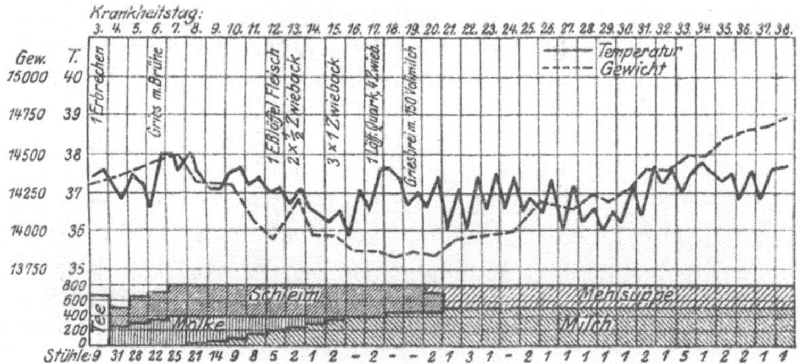

Abb. 25. Echte Dysenterie bei 6jährigem Kinde. Nahrungszulage trotz schlechter Stühle.

zeit bei labileren Kindern des gleichen Alters erlaubt, beides aber erst, wenn die Besserung bereits deutlich fortschreitet.

Die Kostmenge, auf die man so gelangt, ist in den verschiedenen Altersstufen nicht wesentlich verschieden. Daran muß man bei etwas älteren und größeren Säuglingen denken und die Nahrung entsprechend, z. B. durch Zwieback, ergänzen, wenn normale Stühle erreicht sind.

Ist das Kind anderweitig geschädigt oder besteht sonst der Wunsch, den Nährwert der kalorienarmen Mischung zu erhöhen, so kann man von vornherein ca. 3% Plasmon zulegen. Auf die Stuhlgestaltung hat dies aber keinen Einfluß. Bei rascher Besserung des Stuhlbildes darf man viel schneller vorgehen. Harte Seifenstühle sind ruhig einige Tage zu ertragen. Ja wenn Verstopfung eintritt, warte man 4, selbst 5 Tage ab, namentlich, wenn der Bauch nicht aufgetrieben ist. Abführmittel sind ebenso verpönt wie eine frühzeitige Ernährung mit Malz.

Buttermilch. Man beginne mit fünfmal 40—60 g Buttermilch unter Zulage von 2% Mehl und steige täglich um 80—100 g. Säuglingen über 6 Monaten gibt man Mittagessen, wie bei der Molkekur beschrieben.

Wenn man keine einwandfreie, frisch zubereitete Buttermilch zur Verfügung hat, benutze man zu Anfang die Holländische Säuglingsnahrung ohne Zucker (siehe S. 500).

Verfahren bei durch Hunger oder Mehlkost Geschädigten. Abweichungen ergeben sich zunächst im Anfang, wenn das Kind im wesentlichen tagelang vorher z. B. bei Schleim und Mehl gehungert hat. Man beginnt dann nach 12—16stündiger Teediät mit 3stündlichen Gaben von 20—30 g reiner Molke, steigt am 2. Tage auf sechsmal 40—50 g und legt dann erst Schleim zu. Auch bei älteren Kindern, die starken Verfall zeigen, ob dieser durch Ruhr oder durch Hunger bedingt ist, gibt man reine Molke und hier in größeren Mengen. Je jünger der Säugling ist, um so wünschenswerter ist die Verabreichung von Muttermilch und zwar mit der gleichen Vorsicht.

Verfahren bei komplizierenden Ernährungsstörungen des Heilungsstadiums. Schwere Appetitlosigkeit während, namentlich aber nach der Kur verlangen eine Magenspülung 3—4 Stunden nach einer Mahlzeit. Bei Nachweis von Mageninsuffizienz wird dem Magen 200 g Mühlbrunnen oder Lullusbrunnen nach der Spülung eingegossen. Nach 8—12 Stunden beginnt man 3—4stündlich mit 1—2%iger mehlhaltiger Buttermilch. Die einzelne Dosis betrage 30—60 g. Man steige um 100—150 g pro die. Dann setze man allmählich Nährzucker hinzu. Sobald man auf 700 g angekommen ist, muß man die Mahlzeiten, falls man früher mehr gab, auf 5—6 reduzieren und darf nun auch wieder die Mittagsmahlzeit einführen.

Tritt nach Ersetzen der Molke durch Milch keine fortschreitende Erholung und wenigstens nach 1—4 Tagen keine Stuhlverbesserung ein, so ist eine Überführung auf Brustmilch oder auf 5—6mal 50 g 2%ige mehlhaltige Buttermilch nach 8—14stündiger Pause indiziert. Sind die Stühle nicht mehr schleimig, sondern mehr dünn, so ist eine Eiweißtherapie am Platze. Kommt es im Heilungsstadium der Ruhr zu einer chronischen Ernährungsstörung (Hypotrophie oder Atrophie), wird diese nach den angegebenen Prinzipien behandelt.

Ernährungstherapie bei älteren Kindern.

Bei Ruhrerkrankungen älterer Kinder ist vielfach eine spezielle Ernährungsmethode kaum nötig. Als praktisch erweist sich auch hier die Molketherapie, weil sie erlaubt, langsam oder schneller zur gewöhnlichen Kost zurückzufinden, ohne dabei einen mitunter doch schädlichen Sprung machen zu müssen. Man beginnt nach 16—20 Stunden mit 150 g $^2/_3$ Molke, $^1/_3$ Haferschleim oder halb und halb gemischt und steigt früh zu 200 g unter selbstverständlicher Zufügung einer Mittagssuppe, wozu sich auch dünne Kartoffelsuppe eignet. Plasmonzusatz ist gestattet. Fein gewiegtes mageres Fleisch ist schon vom 3.—4. Tage trotz blutiger Stühle erlaubt. Bei schwerer kranken älteren Kindern ist Molke mit Haferschleim der gewöhnlichen Haferschleimdiät wegen ihrer Wirkung auf den Turgor weit überlegen. Bei Brechreiz und schwerer Affektion ist am zweiten Behandlungstage 400—600 g reine oder mit wenig Haferschleim versetzte Molke zu empfehlen. Roher Fleischsaft, Fleischbrühe oder die erwähnte Mohrrübenbrühe ergänzen im weiteren Verlauf die Kost

Man braucht sich bei diesen Kindern erst recht nicht durch die Zahl der Stühle irre machen zu lassen. Erschlaffte Bauchdecken, Turgorverlust ermutigen eher noch mehr zur Aufsalzung mit Molke.

Durch lange protrahierte Hungerdiät geschädigte Kinder mit Stomatitis und ähnlichen Erscheinungen schwerer Gewebsschädigung soll man ohne Rücksicht auf die Darmstörung oder Darmblutungen baldigst gründlich ernähren. Sie brauchen rohen Fleischsaft, 1—2 Eßlöffel voll Apfelsinensaft oder zweimal täglich einen kleinen Teller durchgerührten, mit Sacharin gesüßten Blaubeerkompotts, nebenbei 50 bis 100 g feinst gewiegtes Fleisch. Die übrige Nahrung mag in Molke mit Schleim und Plasmon oder 3 × 100 g frischer Milch und 2—3 Zwiebäcken oder auch in einer Schleimsuppe mit Quark und Plasmon, der man auf 200 g 5—8 g frische Butter zugerührt hat, bestehen. Chronisch verlaufende Fälle werden nach den Prinzipien behandelt, die wir beim chronischen Darmkatarrh älterer Kinder entwickelt haben. Eine reichliche Gabe von Tierblutkohle erweist sich in diesem Zustande nützlich.

XIX. Typhus.

Die Behandlung des Typhus soll hier nur insoweit eine Besprechung finden, als sich Abweichungen gegenüber der Behandlung von Erwachsenen ergeben. Die Aufgabe der Therapie ist, Atmung und Zirkulation durch belebende Hautreize zu heben und so das Versinken des Kranken in Sopor aufzuhalten, ferner Flüssigkeits- und Nahrungsbedürfnis des Patienten in zweckmäßiger Weise zu befriedigen. Als Nebenaufgabe ergibt sich die Pflege des Mundes und der durch Druck gefährdeten Hautpartien.

Physikalische Therapie. Die Aufgabe der hydrotherapeutischen Prozeduren ist es nicht, die Temperatur herabzusetzen. Gerade bei dem labileren Gefäßsystem des jungen Kindes hüte man sich daher vor forcierter Kaltwasserbehandlung. In bezug auf die Anwendung von Umschlägen und Fiebermitteln ist auf den Abschnitt über Fieberbehandlung zu verweisen. Wo die Möglichkeit sich bietet, sind Bäder anzuwenden. Bei kräftig durchbluteter Haut mag man mit einer Temperatur von 30° C beginnen. Sonst sind 33—35° vorzuziehen. Während des Bades mehrere kühle Begießungen von ungefähr 20°, bei liegendem Kinde auf die etwas emporgehobene Brust, bei sitzendem in den Nacken. Die Bäder können zweimal am Tage wiederholt werden, jedoch nur, wenn der Kräftezustand des Patienten vorteilhaft beeinflußt wird. Jeden Morgen ist der gesamte Rücken kräftig mit Franzbranntwein oder gleichen Teilen Spiritus-Glyzerin abzureiben und die Haut durch Specksteinpuder zu trocknen. Bei sehr erregten, hoch fieberhaften Kranken sind Ganzpackungen zeitweise zu empfehlen, die bei Scharlach beschrieben sind. Für kühle, frische Luft im Zimmer ist zu sorgen. Säuglinge stelle man ruhig ins Freie. Auch bei älteren Kindern ist das Herausschieben des Bettes auf eine Veranda bei warmer Witterung durchaus zweckmäßig. Wenn irgend möglich, setze man den Patienten bei der Nahrungsaufnahme ein wenig auf, nehme kleine Kinder auf den Arm und bekämpfe so gleichfalls den Sopor.

Ernährung. Der Typhuskranke soll vor allen Dingen seinen Durst löschen. Hierauf ist zunächst mehr zu achten als auf die sonstige Ernährung. Alle entstehenden Schwierigkeiten sind mit größter Energie zu überwinden (siehe S. 19). In den ersten zwei Lebensjahren braucht man die übliche Ernährung nur insofern zu ändern, als Brotschnitten und rohes Obst wegfallen, ebenso Gemüse. Aber Fleisch, Fleischbrühen, Gemüsebrühen, Apfelmus, Obstspeisen ohne Kerne dürfen beibehalten werden. Bei geringen Durchfällen fällt Obst, aber nicht die Gemüsebrühe fort. Bei schwereren Durchfällen wird sich im frühen Säuglingsalter die Frage erheben, ob in dem geschädigten Darm sich nicht eine lebensbedrohende Ernährungsstörung entwickeln kann. Bei Brusternährung scheint dies meist nicht der Fall zu sein. Die übliche Einteilung der Mahlzeiten genügt. Der Durst ist zwischendurch durch Tee, mit Saccharin gesüßt, zu stillen. Nach spärlichen eigenen Erfahrungen liegt die Frage beim künstlich genährten Säugling nicht viel anders. Wir würden daher empfehlen, viermal täglich halb Milch, halb Schleim mit je einem Teelöffel Plasmon, einmal täglich eine Gemüse- oder Fleischbrühe zu geben, der man auch einen Eßlöffel ausgedrückten frischen Fleischsaft hinzufügen kann. Sollte man ein plötzliches Welk- und Fahlwerden des Kindes bemerken, so muß man es freilich wagen, durch eine 24stündige Teediät festzustellen, ob dieser Zustand alimentär zu beeinflussen ist und bei einem positiven Ergebnis genau so verfahren, wie bei toxischer Ruhr, d. h. z. B. mit Buttermilch 7—8 mal 30 g beginnen und täglich um 50—100 g steigen. Erfahrung besitzen wir hierüber nicht. Beim älteren Kinde beschränkt man sich gleichfalls nicht auf reine Milchdiät, $^3/_4$ Liter Milch mit Mehlsuppen oder als Flammeris verarbeitet, Mittagessen: Fleischbrühen oder Gemüsebrühen mit Grieß, Sago usw., Kartoffelbrei mit eingerührter Butter und frischer Obstsaft oder Apfelmus. Bei starken Durchfällen mag man auch an die Quarkdiät denken (siehe S. 502). Bei Verstopfung kann der Nahrungsgehalt der Mehlsuppen durch Malzsuppenextrakt vermehrt werden.

Mundpflege. Die Mundpflege ist S. 53 näher beschrieben.

XX. Malaria.

Malaria wird häufiger durch eine Grippe vorgetäuscht. Einzelne derartige Fälle reagieren freilich auch auf Chinin. Täuschend ähnlich in ihrem Fieber-Typus ist ferner im Säuglingsalter mitunter die Pyelitis. Bei den in Deutschland entstandenen Fällen von Malaria sind typisches Fieber und womöglich der Nachweis der Plasmodien zu verlangen. Atypischer Verlauf mit Durchfällen ist sehr selten. Die Behandlung besteht in der Anwendung von Chinin oder des besser schmeckenden Aristochin, das in gleicher Dose zu geben ist. Man gebe 4 Stunden vor dem zu erwartenden Anfall und 6 Stunden nach der ersten Dose so viel Zentigramme, wie das Kind Monate zählt, und vom 10. Monat an so viel Dezigramme wie Jahre. Doch ist eine größere Dose als 0,5 bis zum 14. Jahre kaum nötig. Die Behandlung ist am 2. und 3. Tage fortzusetzen, am 4.—5. Tage auszusetzen und am 6.—8. Tage zu wiederholen. Neuerdings hat es sich als nützlicher erwiesen, $1^1/_4$—$1^1/_2$ der genannten Einzeldose in 5 Teilen und zweistündigen Intervallen einmal täglich zu verabfolgen (s. S. 511).

Es muß darauf hingewiesen werden, daß bei tropischer Malaria unregelmäßige Fieberperioden mit Durchfällen auftreten. Dringend zu warnen ist nach unserer Erfahrung vor lang dauernden Fastenkuren, besonders aber vor Haferschleimdiäten. Eine kurze Teediät ist vielleicht nicht immer zu vermeiden. Dann aber ist irgend eine Behandlung, wie wir sie bei durch Infektionen hervorgerufenem Darmkatarrh empfohlen haben, ja eine schnell ansteigende Ernährung mit halb Milch, halb Haferschleim und Gemüsebrühe durchaus durchführbar und schützt das Kind vor weiterem Verfall der Kräfte. Die Diarhoen des Brustkindes bedürfen keiner Behandlung.

XXI. Rose.

Prophylaxe. Besonders sorgfältig sind Kinder in den ersten Lebenswochen, Kinder mit Ausschlag und Geimpfte vor Infektion mit Rose zu schützen. Auch sonst gehören Kinder nicht in ein Zimmer, in dem ein Rosekranker liegt.

Therapie. Die Therapie des rosekranken älteren Kindes unterscheidet sich nicht von der des Erwachsenen. Ein besonderes Eingehen darauf erübrigt sich. Für den Säugling ist folgendes zu beachten: Die Rose im ersten Lebensmonat ist fast stets tödlich. Im 2.—3. Monat sterben noch die meisten Kranken. Im 4.—5. Lebensmonat ist die Gefahr des septischen Todes noch außerordentlich groß. Die Säuglingsrose unterscheidet sich von der des Erwachsenen durch das Vorwiegen des Wandererysipels, das fast die ganze Körperoberfläche nacheinander befällt, ferner durch den Wechsel des Befindens während 24 Stunden.

Schwerster Krankheitszustand mit absoluter Nahrungsverweigerung wechselt mit Stunden relativen Wohlseins, ja statt der Kontinua kann sich sogar remittierendes Fieber zeigen. Skrotalgangrän, Streptokokkenabszesse und schließlich Streptokokken-Peritonitis sind nicht allzu seltene Ereignisse. Letztere tritt nach einem scheinbar krankheitsfreien Intervall von 1—3 Tagen auf. Sie sind der Therapie nicht zugänglich im Gegensatz zum sich schließlich bildenden Abszeß.

Da die Rose ein länger dauerndes Leiden darstellen kann, ist nicht nur, wie stets, auf die Wasserzufuhr, sondern auch auf die Nahrungszufuhr besonders zu achten. Je jünger das Kind ist, um so wichtiger ist die natürliche Ernährung, freilich nur mit abgespritzter Brustmilch, wenn das Gesicht erkrankt ist. Jedenfalls aber müssen die am Körper befindlichen Rosestellen so verbunden oder eingehüllt sein, daß die Haut der Mutter nicht berührt werden kann. In der Wochenbettzeit sind Mutter und Kind vollständig zu trennen. Während der Stunden der Nahrungsverweigerung beschränke man sich höchstens auf permanente Irrigation und verlege die Mahlzeiten mit etwas kürzeren Intervallen auf die beschwerdefreien Tages- und Nachtzeiten. Bei länger dauernder Bewußtseinstrübung, wie man sie vereinzelt selbst im 2. Lebensjahr noch bei Wanderrose sieht, verwendet man auch die Sondenfütterung.

Die Fieberbeschwerden bekämpft man mit kühlen Rumpfpackungen oder warmen Bädern mit kühler Begießung. Langsame Abkühlung im Bade ist auch hier nicht zu raten. Kehren zu bestimmten Zeiten des Tages die Exazerbation von Fieber und Fieberbeschwerden wieder, so gebe man 1 Stunde vorher Pyramidon, und, wenn der Anfall gelindert ist, etwa 3 Stunden nach der ersten Dosis eine zweite. Tritt die Exazerbation mit Kollapserscheinungen auf, so ist Koffein anzuwenden. Wird die Haut blaß, geht die Schwellung der erkrankten Partien zurück, so bediene man sich des Senfbades.

Die Wirkung der vielfach angegebenen Mittel auf den Krankheitsprozeß selbst beruht wohl auf Suggestion. Kompression der Haut in der Umgebung des Prozesses, namentlich der zentralwärts gelegenen Partien durch Heftpflasterstreifen scheint das Fortkriechen zu verlangsamen. Da aber sowieso starke Ödeme namentlich an den abgeheilten Stellen regelmäßig auftreten, so muß man sehr vorsichtig sein, nicht durch Strangulation Gangrän zu erzeugen. Die neuerdings empfohlene Bepinselung mit Jodtinktur dürfte wohl auch keine erhebliche Bedeutung haben und kann die Blasenbildung vermehren. Gegen diese wirken Auflegen von gekühlten Salbenläppchen und bei älteren Kindern essigsaure Tonerde-Umschläge. Bei Säuglingen und Kindern mit empfindlicher Haut verwende man gleichzeitig essigsaure Tonerdesalbe.

Kleinere Erysipelstellen verbinde man zweimal täglich mit gleichen Teilen Spiritus-Glyzerin. Dies ist namentlich beim Nabelerysipel nützlich. Ein Okklusivverband schützt vor Verdunstung und damit vor allzu reichlicher Einatmung der Spiritusdämpfe. Größere Partien als etwa ein Bein oder ein Arm dürfen wegen der Gefahr der Alkoholvergiftung nicht ohne Aufsicht so behandelt werden. Die Verwendung von Eis ist nicht gestattet

XXII. Schälblasen (Pemphigus).

Pemphigus ist zwar wesentlich eine Krankheit des Neugeborenen, verbreitet sich aber zu Zeiten auch auf Kinder und Erwachsene. Die Übertragung erfolgt auch durch Dritte; sie läßt sich nur durch peinlichste Asepsis vermeiden. Die Gefahr der Erkrankung beruht auf der ausgedehnten Entblößung des Koriums und der dadurch drohenden Sepsis.

a) Gewöhnlicher Pemphigus. Kleine Bläschen lasse man bestehen. Die umgebende Haut wird mit Vaseline eingestrichen und ein Gazeläppchen mit Puder darauf gelegt, um beim Platzen der Blase das Sekret aufzutrocknen. Größere Blasen werden mit einem Scherenschnitt geöffnet und ohne Entfernung der Hautreste mit Gaze und Puder bedeckt. Von der Haut entblößte Flächen werden einmal täglich mit $2^0/_0$iger Argentumlösung betupft, mit Xeroform, Eugoform usw. bestreut und durch ein aufgelegtes Pudergazeläppchen, wie eben beschrieben, vor

Ankleben an der Kleidung geschützt. Als Puder empfiehlt sich am meisten sterilisierter Bolus. Im Gesicht streiche man essigsaure Tonerdesalbe ein und pudere leicht nach. Bei Neigung zu Krustenbildung wird eine Maske von essigsaurer Tonerdesalbe angelegt. Auf der behaarten Kopfhaut ist ebenso wie bei Impetigo contagiosa Abscheren der betreffenden Haarpartien und essigsaurer Tonerdeverband anzuwenden.

Bei jungen Säuglingen sind ausgedehnte Verbände kontraindiziert. Sie werden einmal täglich unter großer Vorsicht wegen der Gefahr der Auskühlung gebadet, und zwar setze man dem Bade eine Abkochung von $^1/_4$ Pfund Eichenrinde, einen gehäuften Eßlöffel Tannin oder 5 ccm einer $3^0/_0$igen Lösung von Permanganat zu. Nach dem Bade werden die Kinder schnell trocken getupft und in dick mit Bolus alba eingestreute Gazetücher eingeschlagen. Die Einpackung wird nach Bedarf gewechselt. Die Kinder sind sorgfältigst vor Abkühlung zu schützen (siehe unter Frühgeborenen S. 70). Die Bäder sind besonders notwendig, wenn ein Kind vorher mit Salbenverbänden behandelt war und zu fiebern beginnt. Das eigentümlich trockene, rotbraune Aussehen des entblößten Korions weist besonders auf die Notwendigkeit der Bädertherapie hin.

Ausgedehnte, braunrote, entzündete Partien der entblößten Haut sind bei älteren Kindern mit gleichen Teilen Kalkwasser und Leinöl in 8stündigem Wechsel zu verbinden. Tiefer greifende Wunden bei älteren Kindern werden in der 2. Krankheitswoche mit $2^0/_0$iger Pellidolsalbe verbunden.

b) **Dermatitis exfoliativa.** Die bösartige Form des Pemphigus, bei der man die gesamte Haut von Hand und Arm z. B. im ganzen abziehen kann, ist keiner Behandlung zugänglich. Man versuche warme Bäder mit Eichenrinde oder hypermangansaurem Kali und schlage das stark mit Puder bedeckte Kind ohne Kleidung in Gazetücher ein.

XXIII. Tuberkulose.

1. Prophylaxe.

Auf drei Arten droht die Gefahr der Tuberkuloseübertragung: durch perlsuchtbazillenhaltige Nahrung, durch die Tröpfcheninfektion und durch die Schmierinfektion.

Ungekochte Kuhmilch sollte im Kindesalter unter keinen Umständen genossen werden. Ein unbedingter Verlaß ist selbst auf die Kuhmilch aus tierärztlich kontrollierten Ställen nicht. Der Genuß saurer (dicker) Milch läßt sich gefahrlos gestatten, indem man die Milch vor dem Aufstellen kocht und einen Eßlöffel saurer Milch vom vorhergehenden Tage hinzusetzt. Auf diesem Wege sauer gewordene Milch kann auch dazu benutzt werden, um Quark zu erzeugen. Die gewöhnliche Buttermilch sollte schon aus allgemeinen Sauberkeitsrücksichten von allen nur gekocht genossen werden. Ein nicht ganz unbedenkliches Nahrungsmittel bleibt die Butter. Da es uns im allgemeinen nicht darum zu tun ist, jeden Perlsuchtbazillus vom Kinde fernzuhalten, so sind wir berechtigt, wenn wir im übrigen rigoros vorgehen, in der Butterfrage etwas leichtsinniger zu sein. Doch sollen wir in der Verabfolgung roher Butter zum mindesten in den ersten zwei Lebensjahren nicht zu verschwenderisch sein. In Familien mit Neigung zu Tuberkulose und namentlich in Gegenden mit stark verseuchtem Rindviehstamm können Ziegenbutter, Schmalz und eine gute Margarine, Kokosnußfett usw. die Butter stets vollwertig ersetzen. Zusammenfassend möchten wir bemerken, daß in allen Fällen der Genuß roher Milchprodukte einzuschränken ist, daß aber rigorose Maßregeln in den charakterisierten besonderen Fällen notwendig sind. Eine besondere Aufmerksamkeit ist dieser Frage dann zu schenken, wenn es sich um Pflege eines darmkranken oder schwer darniederliegenden Rekonvaleszenten handelt.

Die Hauptgefahr droht durch die Tröpfcheninfektion, ausgehend von einem an Tuberkulose erkrankten Erwachsenen, wenn auch ein hustendes Kind nicht immer ungefährlich ist. Alle Sauberkeit des erkrankten Erwachsenen vermag diese Gefahr nicht abzuwenden. Mit peinlichster Vorsicht ist die Umgebung des Kindes daraufhin zu kontrollieren. Das Kindermädchen ist ebensogut ärztlich zu untersuchen wie die Amme. An chronischem Husten leidende ältere Personen sind mit Mißtrauen zu betrachten, da es sich sehr wohl um eine sekundäre Alterstuberkulose handeln kann. Sehr viel wäre schon gewonnen, nicht nur für die Vermeidung von Tuberkulose, sondern auch vieler anderer Infektionen, wenn der Grundsatz allen mehr in Fleisch und Blut übergegangen wäre, auf das Kind nicht aus unmittelbarer Nähe einzusprechen. In diesem Sinne sollten auch Kinderpflegerinnen in den Kindergärten erzogen werden. Die Situation wird dann besonders schwierig, wenn es sich um Erkrankung der Eltern handelt. Die Mitteilung an einen Patienten, daß er für seine Angehörigen gefährlich sei, bedeutet für ihn zweifellos einen schweren Schlag, den er aber ertragen muß. Eine absolute Trennung ist um so wünschenswerter, je jünger das Kind ist. Beim älteren Kinde läßt sich leichter Distanz halten. In besser situierten Familien kann sich der erkrankte Vater bequem absondern. Er wird sich vom Säugling und jungen Kinde fast völlig fernhalten und sich ihm nur auf Entfernung von $1^1/_2$ m nähern. In den Räumen, in denen das Kind sich befindet, soll er nicht dauernd weilen. Daß er auch sonst die Disziplin streng durchführen muß, die man heutzutage von jedem Tuberkulösen verlangt, ist selbstverständlich. Schwieriger liegt die Frage bei der Mutter. Bei stark vorgeschrittener Tuberkulose ist eine Trennung von der ersten Stunde an notwendig, auch bei leichteren Formen wünschenswert. In einem besonderen Zimmer ist das Kind von einer Pflegerin zu versehen. Die Mutter betritt es bloß kontrollierend für kurze Zeit und muß sich in den ersten Monaten Schleier oder Mikuliczsche Operationsmaske vor das Gesicht binden. Eine Durchführung dieser Maßregel in voller Strenge ist nur dort zu erwarten, wo die Gefahr wirklich von den Angehörigen ganz empfunden wird. Vorübergehende Bazillenfreiheit des Auswurfs zeigt, daß der Erwachsene nur im Augenblick weniger gefährlich ist, daß die Gefahr jedoch jederzeit wieder eintreten kann. Bei beengteren Verhältnissen ist z. B. unter Zuhilfenahme der Lungenfürsorgestellen wenigstens dafür zu sorgen, daß der Lungenkranke ein besonderes Schlafzimmer hat, mit seinem Auswurf vorsichtig umgeht und sich vom Kinde so viel wie möglich fernhält. Daß damit einiges zu erreichen ist, lehren die Erfahrungen der Lungenfürsorgeärzte. Vielfach glauben die Patienten, daß in gesunder Luft die Gefahr geringer wäre. So wird man öfters gefragt, ob eine wegen Tuberkulose ins Hochgebirge reisende Mutter, um „vorzubeugen", nicht ihr Kind mitnehmen solle. Es ist deswegen notwendig, darauf hinzuweisen, daß die Infektionsgefahr durch das engere Zusammenwohnen einen größeren Schaden stiftet, als die klimatische Kur wieder gutmachen kann.

Die Schmierinfektion droht überall da, wo undisziplinierte Tuberkulöse verkehren. Das Herumspielen der Kinder von Kaufleuten, Gastwirten usw. in Läden ist dringend auch wegen der Gefahr anderer Infektionen zu bekämpfen. Beim skrofulösen Kinde fürchten wir nicht nur die Schmierinfektion mit Tuberkelbazillen, sondern auch mit beliebigen Eitererregern. Es ist daher die peinlichste Sauberkeit des Spielzimmers und der Hände des Kindes zu fordern. Das Fingerlutschen und das Reiben mit den Händen im Gesicht sind zu bekämpfen. Schürze und Taschentuch der Erwachsenen dürfen beim Kinde nicht verwendet werden. Das Kind muß in einem kleinen umgehängten Täschchen sein Taschentuch, besser noch Watte oder Zellstoff bei sich tragen. Die gebrauchten Stückchen können dann sofort verbrannt werden.

Alle diese Vorsichtsmaßregeln gelten nicht nur für das tuberkulosefreie, sondern ganz besonders für das tuberkulös infizierte Kind. Eine Superinfektion ist genau so wie die primäre zu fürchten. Abgesehen von diesen Maßregeln, die dazu bestimmt sind, sozusagen einen Sanitätskordon um das Kind zu ziehen, werden wir die Widerstandskraft des gefährdeten Kindes heben müssen. Dies geschieht am besten durch die Gewöhnung an Luft und Sonne, wie wir sie S. 29ff. geschildert haben. Durch besondere Ernährung läßt sich in dieser Beziehung nichts erreichen, soweit wenigstens die Kinder vernünftig und einfach genährt waren. Nur bei der wirklichen Armenkost, die ja eine partielle Inanition bedeutet, ist eine Zulage von Milch und Fett, aus praktischen Gründen am besten von Lebertran, Fucol oder Lipanin, notwendig. Leider ist eine unzureichende Kost gelegentlich noch in Waisenhäusern zu finden. Ein Urteil über die Möglichkeit einer Schutzimpfung des Säuglings nach Friedmann wird vielleicht erst in vielen Jahren berechtigt sein.

2. Therapie.

Die Frage, ob es eine spezifische erfolgreiche Behandlung der Tuberkulose gibt, wagen wir weder zu bejahen noch zu verneinen. Ganz sicher ist, daß jedenfalls die Wirkung der Tuberkulinkur völlig zurücktritt gegen die einer energischen Allgemeinbehandlung. Die günstige Erfahrung am einzelnen Fall, die wir immer wieder zu machen glauben, ist deswegen nicht maßgebend, weil der Verlauf der Tuberkulose ein unberechenbarer ist. Jedenfalls kennen wir keine tuberkulöse Lokalerkrankung, die bei Tuberkulinbehandlung anders verliefe als ohne diese. Trotzdem können und wollen wir nicht die Möglichkeit einer günstigen Wirkung einer Tuberkulinkur abstreiten, dürfen aber in ihr nur eine Unterstützung unserer sonstigen Maßnahmen sehen. Diese Behandlung besteht in geeigneter Ernährung, richtiger Schonung der Kräfte und Luft und Licht[1]).

Als wesentliche Gesichtspunkte für die Ernährung besitzen wir folgenden Anhalt: Die Kost soll kalorienreicher sein, als es sonst im Durchschnitt nötig ist. Doch ist ein Übermaß auf die Dauer nicht nützlich. Fett und Eiweiß sollen in dieser Nahrung relativ mehr vertreten sein als sonst. Eine Kohlehydratmast ist schädlich. Das Fleisch darf reichlich vertreten sein. Das Fett ist besser nicht so sehr durch Butter zu repräsentieren. Andere Fettarten, besonders aber Lebertran, sind vorzuziehen. Bei der Möglichkeit, sonst eine fett- und eiweißreiche Kost zu schaffen, ist die Milch, um eine wirklich gemischte Kost durchzuführen, nicht übermäßig zu geben. Im allgemeinen ist eine nicht zu flüssigkeitsreiche, sehr gemischte Kost zu erstreben. Bei ausgeprägter Skrofulose ist die milcharme Kostform, wie der Speisezettel auf S. 68 beschreibt, dann zu empfehlen, wenn Milch, Eier und Butter vorher in der Ernährung reichlich vertreten gewesen sind.

Bei vorheriger einseitiger Kost empfiehlt sich stets eine Kontrastdiät für einige Zeit. Ebenso wie die Einnahmen des Körpers zu vermehren sind, sind die Ausgaben durch Anstrengungen zu beschränken. Die leichteste Überspannung der Körperkräfte wird vom Kranken sehr schlecht vertragen. Demgemäß ist völlige und teilweise Bettruhe ein bedeutendes Heilmittel und bei fortgeschrittener Genesung die Überwachung der körperlichen Leistungen ein gutes Schutzmittel.

Die physikalische Therapie ist der wichtigste Teil der Behandlung. Sie besteht in den Reizen, die Luft und Licht auf Haut und Schleimhaut ausüben und findet ihre höchste Vollendung in See- und Hochgebirgskuren.

a) Im frühesten Kindesalter.

Die Tuberkulose im frühesten Kindesalter besteht in der überwiegenden Mehrzahl der Fälle wie überhaupt im Kindesalter in einer Tuberkulose der intrathorakalen Lymphdrüsen. Aber im Gegensatz zu später hat die Krankheit die Tendenz zum Fortschreiten, entweder durch Durchbruch der Drüsenkapsel und Fortschreiten nach der Lunge oder durch Metastasenbildung in Knochen, Haut, Lunge. Die Neigung zur miliaren Aussaat ist gleichfalls größer als später. Zur Ruhe kommende Prozesse in den Drüsen, die so genannte latente Tuberkulose, ist um so seltener, je jünger das Kind ist. Doch kommen solche Fälle selbst im ersten Lebensjahr vor. Demgemäß ist jedes Kind mit Pirquet-positiver Reaktion in den ersten zwei Lebensjahren wie ein an aktiver Tuberkulose leidender Kranker zu betrachten und bis zum 4.—6.

[1]) Den gleichen Standpunkt müssen wir bis auf weiteres auch dem Friedmannschen Heilmittel gegenüber einnehmen.

Jahre ist bei jedem Nachlassen der Kräfte und bei jeder Rekonvaleszenz nach Krankheiten, besonders Masern und Keuchhusten, die Behandlung so ernst zu leiten, als wenn es sich sicher um fortschreitende Tuberkulose handelt. Die Grenzen einer Therapie sind dadurch gegeben, daß bei Nachweis eines tuberkulösen Lungenprozesses der Tod über kurz oder lang eintritt. Doch sind monatelang bestehende chronische Infiltrationen, selbst an der ominösen Stelle unter dem Schlüsselbein gelegen, in seltenen Fällen durch chronische, nicht tuberkulöse Pneumonien bedingt und können daher heilen. Eine Unterlassung der Behandlung und ein „Aufgeben" ist daher auch in solchen Fällen nicht am Platze. Außerdem können wir durch Freiluftbehandlung die Beschwerden des Patienten lange Zeit erheblich verringern. Multiple Hauterkrankungen, ja selbst schwere Knochen- und Gelenkerkrankungen geben, im Gegensatz zu den Fällen mit Lungenleiden, selbst dann keine schlechte Prognose, wenn es sich um Kinder im ersten Lebenshalbjahr handelt.

1. Ernährung.

Die Brusternährung ist möglichst lange beizubehalten. Bei künstlicher Ernährung richte man sich zunächst nach dem Zustand von Verdauung und Stoffwechsel, vermeide aber eine länger dauernde fettarme und kohlehydratreiche Kostform wie Buttermilch und Malzsuppe. Bei intakter Verdauung wähle man in den ersten Lebensmonaten eine fettreiche Milch zu den üblichen Nahrungsgemischen oder setze Sahne oder eine Fettkonserve, z. B. Lahmannsche Pflanzenmilch hinzu. Lebertran ist, sobald möglich, diesen Zusätzen vorzuziehen. Gedeiht das Kind bei dieser Fetternährung nicht gut, so schadet diese. Dann ist die vorhandene Ernährungsstörung nach den von uns angegebenen Grundsätzen (s. S. 117) zu behandeln. Frühzeitig beginne man mit dem Mittagessen, das man vom 8.—9. Lebensmonat an durch 20—30 g feingewiegtes Fleisch (auch Rindfleisch) ergänzen kann. Nie schiebe man eine Abmagerung des Kindes auf die tuberkulöse Erkrankung! Nur bei den ausgebreiteten Lungenprozessen ist am Schluß die Tuberkulose hieran schuld. In allen anderen Fällen handelt es sich um ein Mißlingen der künstlichen Ernährung, das oft erst sekundär das Übergreifen der Tuberkulose auf die Lungen verschuldet. Im 2. Lebensjahre gehe man möglichst zu einer festeren Kost über. Auf die Mannigfaltigkeit der Speisen ist ebenso zu achten wie beim Rachitiker. Die Milchmenge betrage nicht unter $^1/_2$ Liter täglich. Steht Fleisch und Käse zur Ergänzung nicht zur Verfügung, ist die Kochkunst der Mutter problematisch, so wird man, vorausgesetzt, daß das Kind dabei gut gedeiht, $^3/_4$—1 Liter bewilligen müssen. Die Fettzulage bestehe nach Möglichkeit aus Lebertran, weniger aus Butter, der Schmalz und Speck noch vorzuziehen sind. Stößt die Lebertranverordnung auf Schwierigkeiten, so mag sie durch Speck und Schmalz, oder wo ein Rezept erforderlich ist, durch das billige und wohlschmeckende Fucol und Lipanin ersetzt werden. Die Vermehrung des Fettes darf nie so weit gehen, daß Appetit oder Verdauung notleiden. Auch bei periodischer Appetitlosigkeit oder periodischen Durchfällen beschränke man dauernd die Fettzufuhr. Über das Verhalten bei Skrofulose siehe später.

2. Physikalische Therapie.

Die Kranken sind schon im frühen Säuglingsalter an Licht und Luft zu gewöhnen. Der Weg ist der gleiche, wie wir ihn im Kapitel über Abhärtung S. 29 beschrieben haben, so daß wir nicht darauf zurückzukommen brauchen. Daß eine konsequente Durchführung die Neigung zu Katarrhen herabsetzt, ist besonders wichtig. Wenn es nicht gelingt, das Gedeihen des Kindes dadurch wesentlich zu fördern, wenn häufige Grippeinfektionen es weiter schädigen und gar protrahierte Lungenkatarrhe sich zeigen, dann ist bei einem Kinde, auch wenn es nur als einzige Krankheitserscheinung eine positive Pirquetsche Reaktion aufweist, in den ersten zwei Lebensjahren ein langdauernder Aufenthalt im Hochgebirge, hohem Mittelgebirge und im Sommer an der See zu empfehlen. Nach dem 2. Lebensjahr ist die Möglichkeit gegeben, das Kind auch in einem geeigneten Gebirgs- oder Nordsee-Sanatorium Sommer und Winter unterzubringen. Ist der Wohnsitz des Kindes in Norddeutschland gelegen, so ist auch ein Verweilen in Baden-Baden oder dem südlichen Schwarzwald, Lugano usw. vom April an praktisch. Empfehlenswert ist auch eine Frühsommerkur vom Mai an am Adriatischen Meer. Stets rate man aber nur zu derartigen Kurmitteln, wenn das Vermögen der Eltern dazu reicht, in dem betreffenden Kurorte ein sonniges und luftiges Zimmer zu mieten, so daß es das Kind an Regentagen eher besser hat als zu Hause. Kinder aus staubigen Industriebezirken und Großstädten verlieren oft diese Katarrhe schon bei einem Aufenthalt in waldigerem, staubfreierem Ort, der sogar in unmittelbarster Nähe des bisherigen Wohnortes liegen kann.

3. Tuberkulinkur.

Eine Tuberkulinkur haben wir meist nur in den Fällen angewandt, bei denen ein wirklich tuberkulöser Herd nachweisbar war. Bei Lungenerkrankung ist ein Erfolg in diesem Alter nicht zu erwarten. Will man aber trotzdem eine Tuberkulinkur vornehmen, so fange man mit der Hälfte der unten angegebenen Dose an und steige nur, wenn keine nachweisliche Fieberreaktion auftritt.

Durch mindestens vierstündliche Messung ist festzustellen, daß keine Fiebersteigerung vorliegt. Das Kind muß in diesen Tagen entweder im Bett liegen oder mindestens $^1/_2$ Stunde vor der Mastdarmmessung darin gelegen haben. Temperaturen bis 37,5—37,6° mahnen zur Vorsicht, sind aber keine Kontraindikation.

Das ungefährlichste Tuberkulin ist das Rosenbachsche.

1. Durchführung der Tuberkulinkur mit Rosenbachschem Tuberkulin.

Anfangsdose 0,01. Entsteht eine lokale Infiltration, so warte man das Abblassen derselben ab und injiziere dann noch einmal die gleiche Menge. Im anderen Falle steige man in 5 bis 6tägigen Intervallen auf 0,02, 0,05, 0,1, 0,2, 0,3, 0,4. Die letztere Dose wiederhole man dann alle 8 Tage. Stellen sich Schwierigkeiten in den Weg, so bleibt man lange oder dauernd auf der höchsten Dose, die keine Störung verursacht. Man stellt die Lösung her, indem man das Originaltuberkulin mit physiologischer Kochsalzlösung verdünnt.

2. Mit Alt-Tuberkulin.

Man beginnt bei Verdacht auf Lungentuberkulose mit einem Tausendstel Milligramm, anderenfalls mit 5 Tausendsteln und steigt auf ein Hundertstel, 3 Hundertstel, 5 Hundertstel, $^1/_{10}$ usw. bis zu ungefähr 1 mg. Die Verdünnung bezieht man am besten fertig in Ampullen aus der Einhorn-Apotheke, Berlin oder von Merck-Darmstadt. Die Grundsätze für Steigen und Verharren sind die gleichen wie bei der Rosenbachschen Kur. Bei beiden spielt das Alter nur insofern eine Rolle, als die Vorsicht bei steigendem Alter größer ist.

b) Im Zeitalter der latenten Tuberkulose.

Im Ausgange des Spiel- und während des Schulalters beschäftigt uns hauptsächlich die sogenannte latente Tuberkulose. Der tuberkulöse Prozeß ist in den Bronchialdrüsen zur Ruhe gekommen. Metastasen werden mit jedem Jahre seltener. Doch kann jederzeit der Prozeß wieder aufleben, indem er weitere, tiefer im Lungengewebe liegende Lymphdrüsen befällt oder durch Durchbrechung der Kapsel zu vom Hilus ausgehenden tuberkulösen Lungenerkrankungen Veranlassung gibt. Zugleich erweist sich die Konstitution des Kindes öfters dadurch als geändert, als mehr oder weniger flüchtige exsudative oder adhäsive Pleuritiden auftreten, die nur mit Hinterlassung von nachweisbaren Spuren ausheilen. Das gleiche beweist Auftreten von Phlyktänen. Die in einzelnen Fällen bestehende Neigung zu rezidivierenden Lungenkatarrhen ist wohl weniger Schuld der Bronchialdrüsenaffektion, eher durch die primäre Anlage bedingt, auf jeden Fall aber eine beachtenswerte Begleiterscheinung. Ein höherer Grad der Konstitutionsänderung ist die Skrofulose, die eine gesonderte Besprechung findet.

Die wichtigste Vorfrage ist: Welche Fälle von latenter Tuberkulose bedürfen einer Behandlung, und wie weit muß im Einzelfalle die Behandlung gehen? Es ist klar, daß man nicht das Recht hat, aus Gründen übermäßiger Vorsicht jedes Kind mit positiver kutaner Tuberkulinreaktion, etwa weil es blasser oder magerer ist, als tuberkulös zu behandeln. Richtig wäre es, nur diejenigen Kinder zu behandeln, bei denen die Tuberkulose nicht völlig zur Ruhe gekommen ist und progressiv wird.

Unsere klinischen Hilfsmittel erlauben uns aber die Diagnose selbst vorgeschrittener Fälle manchmal nicht. Perkussion und Auskultation geben nur in den Fällen ein sicheres Resultat, in denen allerdings ein Zweifel über das Notwendige nicht möglich ist. Das Röntgenbild fördert uns oft mehr. Eine Durchleuchtung ist daher dringend zu empfehlen. Deutliche Schatten um den Hilus herum, aber nicht bloß vermehrte Hiluszeichnung, genügen, um die Krankheit ernst zu nehmen[1]). Dabei sind wir durchaus nicht imstande, etwa auf diesem Wege jeden beginnenden Fortschritt rechtzeitig zu erkennen und werden andererseits manchen Fall überschätzen. Kleine Kalkherde sind kein Grund zur Behandlung.

Entscheidend muß für unser Handeln die Beobachtung des Allgemeinzustandes und des Fiebers sein. Kinder, die sichtlich herunterkommen, nachdem sie eine Zeitlang gefiebert haben, findet man jedoch sehr häufig, wenn die Rekonvaleszenz nicht ordentlich eingehalten ist, so daß nach einer einfachen Angina ein Patient

[1]) Unmittelbar am Hilus befindliche längliche oder runde Flecke von 1—2 cm Breite und 3—5 cm Länge finden sich so oft, daß sie klinisch keine Bedeutung haben. In den Unterlappen hineingehende stärkere Zeichnung ist gleichfalls nicht pathologisch. Von vielen Röntgenologen wird aber dergleichen als pathologisch erklärt.

monatelang matt sein kann. Bei Fieberstörungen sind die häufig rezidivierenden, länger dauernden Fieber vom Nasenrachenraum in Rechnung zu ziehen. Auch beachte man, daß die Mastdarmtemperatur nach von uns angestellten Versuchen schon nach einem Weg oder Treppensteigen von 10 Minuten bis zu 38°, ja ein wenig darüber steigt. Die Temperatur ist daher nur maßgebend, wenn die Messung nach einstündigem, ruhigem Liegen erfolgt und über 37,8° beträgt. Die Messungen müssen mindestens 1 bis 2 Wochen fortgesetzt werden, und der Patient muß frei von akuten Erkrankungen des Nasenrachenraums sein.

In der Praxis ist etwa folgendermaßen zu verfahren: Wenn ein Kind mit positiver Pirquetscher Reaktion eine Zeitlang weniger gut gedeiht, blasser und matter ist, oder auch an hartnäckigem Husten leidet, so sorge man zunächst für vermehrte Ruhe. Weite Spaziergänge sind zu vermeiden. Gegen Mittag muß das Kind eine 1 bis 2stündliche Liegekur im Freien (siehe S. 28) durchführen. Ist die Zeit durch die Schule zu sehr in Anspruch genommen, so sind alle nicht unbedingt zur Erreichung des Schulziels notwendigen Stunden zu streichen, vor allen Dingen ist der Nachmittag frei zu halten. Die Ferien sind zu verlängern, und es ist in ihnen eine Erholungskur in Wald, Gebirge oder an der See anzuraten. Die hierfür gegebenen Regeln (siehe S. 34ff.) sind streng zu beachten. Die Verbindung mit einer Sonnenkur ist wünschenswert. Erlauben es die Verhältnisse der Eltern, so wird man, auch wenn die Kur schon einen Erfolg gezeitigt hat, in den nächsten beiden Jahren die Sommerferien auf 8 Wochen verlängern, um dem Kinde Gelegenheit zu geben, sich im Gebirge oder an der See zu erholen. In ärmlicheren Verhältnissen beschränkt man sich auf Liege- und womöglich Sonnenkuren. Nur muß man bei diesen Kindern, was sonst noch nicht notwendig ist, für eine kalorienreichere Nahrung, Lebertran und Fucol, aber auch Speck sorgen. Bei direkter Armenkost muß man versuchen, $^1/_2$ bis $^3/_4$ Liter Milch zu verschaffen (Schulfrühstück) und eine besser gekochte Kost verschreiben, z. B. dicke Graupensuppen, Kartoffeln zerkocht oder als Brei, Seefisch, der mit Kartoffeln gekocht, von derartigen Kindern besser genommen wird, Belag des Brotes mit Bückling oder Hering, Käse usw. Die bestehende Appetitlosigkeit ist durch Salzsäure, bei chronischen Rachenkatarrhen durch Weilbacher oder Nenndorfer Brunnen zu bekämpfen (siehe S. 521). Auch die im folgenden erwähnten Kreosotpräparate sind zu empfehlen.

Das Auftreten von Phlyktänen oder einer reizlosen Pleuritis gibt Veranlassung, wenn möglich noch mehr zu verlangen als eben beschrieben. Erlauben es die Verhältnisse, so ist auch jetzt schon die Forderung berechtigt, das Kind auf ein Jahr lang in ein Pädagogium an der Nordsee oder im hohen Mittelgebirge oder Hochgebirge zu geben. Doch darf man auch dann versuchen, mit den genannten Mitteln auszukommen. Nur muß man für eine gründliche und ausgiebige Durchführung Sorge tragen. Für Kinder aus armen Familien ist man am ehesten imstande, die Aufnahme in eine der Solbadheilstätten zu erlangen.

Ziemlich die gleichen Forderungen sind zu erfüllen, wenn das Röntgenbild gröbere Herde um den Hilus aufweist, das Allgemeinbefinden aber nicht wesentlich gestört ist.

Gelingt es auf diesem Wege innerhalb weniger Wochen nicht, eine deutlich fortschreitende Besserung zu erzielen, ist wenigstens, solange das Kind nicht den ganzen Tag ruht, Fieber, ebenso chronischer Husten vorhanden, zeigt ferner das Röntgenbild tiefer in einen Lappen vordringende Veränderungen, dann ist zunächst absolute Bettruhe notwendig. Denn nichts ist fortschreitender Tuberkulose ungünstiger als Anstrengung. Mehrere Stunden am Tage sind die Fenster im Zimmer geöffnet zu halten; entweder ist das Bett so zu stellen, daß Sonne das Kind trifft oder es muß auf der Veranda gebettet werden. Eine vorsichtige Sonnenkur, die bei bedecktem Himmel in Anstalten durch Höhensonne ergänzt wird, läßt sich auch bei dauernd leicht Fiebernden anwenden. Eine besondere Vorsicht ist der Ernährung zu widmen. Der Appetit bessert sich zwar in einigermaßen günstigen Fällen von selber. Wenn dies aber nicht bald der Fall ist, muß ein leichter Zwang ausgeübt werden. Die Nahrung soll recht mannigfaltig und anregend sein. Man darf auch dem oft recht eigentümlichen Geschmack von Kindern aus unkultivierten Verhältnissen Rechnung tragen. Der Speisezettel würde sich etwa folgendermaßen gestalten:

7 Uhr: 200 g gute Milch mit Haferflocken, Graupen usw. als dicker Brei gekocht mit eingerührter Butter bzw. Milch mit etwas Kaffeezusatz, Gebäck und Butter oder Schmalz.

10 Uhr: Schnitten mit feingehacktem Ei, Käse, Wurst, Fleisch, Bückling belegt. Dazu Obst oder Kompott.

1 Uhr: Ein Mittagessen mit Weglassen der Suppe. Nur wenn diese sehr geschätzt wird, dicke Suppen, deren Nährwert man durch Butter, geriebenen Käse oder Plasmon steigern kann. Kartoffelbrei mit fetthaltiger Sauce, fein gewiegtes Fleisch, Nudeln, eine kleine Menge süßer Speisen.

4 Uhr: Eine Tasse guter Milch mit etwas Kaffee, 3 bis 4 Zwiebäcke.

7 Uhr: Wie Mittag oder Kartoffelbrei mit feingeschnittenem Räucherfisch oder belegte Schnitten mit Kartoffelbrei und Gemüse, Rührei und Spinat usw.

$^1/_2$9 Uhr: Eine Tasse fettreicher Milch (das obere Drittel von einer 3 Stunden abgestandenen Milch). Gequirlte saure Milch, von der man die Sahne der einen Hälfte zugesetzt hat.

Als appetitanregendes Mittel sind kleine Dosen eines Kreosotpräparats sehr nützlich. Dreimal 0,1 g Guajacol. carbon. 2 Stunden nach dem Essen oder namentlich bei gleichzeitigem Husten:

Kreosoti carbonici 3,0
Liq. Ammonii anisati 3,0
f. c. aqua dest. et gummi arabici q. s. lege artis emulsio ad 150,0
Sirup. emulsio ad 175,0.
5 mal täglich 1 Tee- oder Kinderlöffel.

Fiebern die Kinder nicht, so ist natürlich von vornherein eine strenge klimatische Kur in einem stark differenten Klima nützlich. Aber auch jeder andere, klimatisch bessere Aufenthalt ist erstrebenswert, freilich nur dann, wenn die Unterkunftsbedingungen die gleichen oder bessere sind als zu Hause. Es muß besonders eingeschärft werden, daß der beste Kurort nicht von strenger Durchführung der Vorschriften befreit.

Fiebern die Kinder, so warte man, auch wenn ein Kuraufenthalt erreichbar ist, die Wirkung der Therapie 14 Tage ab. Selbst in rauchigen Straßen eines Industriebezirks haben wir ausgezeichnete Erfolge gesehen, wenn nur ein kleiner Balkon zur Durchführung der Luftbehandlung zur Verfügung stand. Der Sommer ist hier ungünstiger als die kühleren Jahreszeiten. Hält das Fieber weiter an, so ist der Entschluß schwer zu fassen. Bei nachweisbar schneller Progression der Erscheinungen erspare man Kranken und Angehörigen die überflüssige Reise in einen Kurort. Andernfalls ist ein Versuch zu raten. Das Fieber selber bekämpfe man mit einer Chininkur von 5—7 Tagen, wie sie bei Behandlung des chronischen Fiebers S. 222 beschrieben ist.

Tuberkulinkur. Zur Durchführung einer Tuberkulinkur wird man sich wohl im allgemeinen in der ersten Gruppe der Fälle nicht entschließen, da wir bei ihnen nicht im klaren sind, ob das Siechtum wirklich auf tuberkulöser Ursache beruht. Eine Kontraindikation besteht in den Fällen mit dauerndem Fieber, das durch Liegen nicht beeinflußt wird. Leichte Temperatursteigerungen bis zu 38⁰ hindern nicht. Methode und Dosis sind oben angegeben.

Behandlung des schwer Belasteten. Bei Kindern, in deren Familien Tuberkulose eine ernste Rolle spielt, müssen wir von dem Grundsatz abweichen, daß sozusagen der Beweis einer aktiven Tuberkulose verlangt wird. Erlauben das die Verhältnisse, so ist im Schulalter, namentlich aber in den Jahren der Pubertät, ein dauernder Aufenthalt in einem Schulpädagogium an der Nordsee oder im Hochgebirge recht dringend anzuraten. Stets sind alle Maßregeln zur Vermehrung der Frische und Widerstandskraft, wie wir sie im allgemeinen Teil geschildert haben, sinngemäß anzuwenden. Wie dort zu ersehen, handelt es sich weniger um Schonung als um Übung, dadurch wird körperlicher und seelischer Verweichlichung des Kindes durchaus vorgebeugt. Bei einigem Takt ist es leicht möglich, der Entwicklung einer hypochondrischen Geistesrichtung vorzubeugen. Zum Schluß sei noch einmal dringend betont, daß beim bereits Infizierten die prophylaktischen Maßnahmen gegen eine Neuinfektion von allergrößter Wichtigkeit sind.

c) Behandlung der Skrofulose.

Wir fassen die Skrofulose als eine besondere Reaktion auf Tuberkulose auf. Diese abweichende Erscheinung ist bedingt durch eine angeborene Konstitutionsschwäche, die exsudative Diathese, d. h. eine besondere Empfindlichkeit der Häute und Schleimhäute. Vermehrt, aber nicht erzeugt, wird sie durch jede Mast, aber auch durch andere, einseitige fett- und eiweißarme Ernährung. Ihre Erscheinungen an Auge und Nase werden durch jeden Reiz, namentlich Schmutz und Staub verschlimmert. Auf jeden Fall ist das Auftreten der Skrofulose ein Beweis, daß die tuberkulöse Infektion nicht zu einem harmlosen, ruhenden Herde geführt hat.

Ernährung. Jede ausgesprochene Skrofulose, ja jede erste Phlyktäne bei tuberkulös infiziertem Kinde muß als Zeichen aufgefaßt werden, daß die tuberkulöse Infektion etwas Wesentliches für den Körper bedeutet und demgemäß nach den im obigen Abschnitt besprochenen Grundsätzen behandelt werden muß. Eine Tuberkulinkur ist bei bestehender Phlyktäne kontraindiziert. Besondere Gesichtspunkte sind, wie in der Einleitung erwähnt, bei der Ernährung zu beachten. Ein großer Teil der namentlich aus bäuerlichen oder nicht armen Kreisen stammenden Kinder hat bisher reichlich, ja überreichlich Ei und Milch bekommen. Die Krankheit ist dadurch eher schlechter als besser geworden. Man erforsche daher genau die vorhergehende Ernährung unter sorgfältiger besonderer Berücksichtigung der Butter- und Fettmengen. Sind solche reichlich genossen, ist ein Speisezettel wie S. 68 am Platze. $^1/_4$ Liter Milch ist zunächst das Höchstmaß. Ein gut Teil des Hungers soll durch nicht fett bereitete Gemüse gestillt werden, süße Mehlspeisen dürfen keinen zu großen Raum einnehmen. Fleisch ist gestattet. Das Fett ist wesentlich durch Lebertran vertreten.

Bei schwer heruntergekommenen, abgemagerten Kindern, die vielfach auch offene tuberkulöse Herde aufweisen, wird man im Gegenteil die im vorigen Kapitel besprochene Mastkost anwenden. Hat diese zunächst den gewünschten Erfolg, so tut man doch gut, sie nicht zu lange fortzusetzen und zu einem mittleren Maß überzugehen.

Gelegentlich gelingt es, mit einer dieser Kostformen nur bis zu einem gewissen Punkt der Besserung zu kommen, über diesen aber nicht mehr hinaus. Eine schroffe Kontrasternährung kann dann wieder etwas fördern. Ist man damit wieder auf einem toten Punkt angelangt, so kann ein abermaliges Übergehen auf eine Kontrast- oder mittlere Kost weiter zweckdienlich sein.

Pflege. Da durch Schmierinfektion die Erkrankung von Nase, Oberlippe und Augen wesentlich verschlimmert wird, ist auf allerpeinlichste Sauberkeit besonders von Zimmer und Spielsachen, von Hand und Gesicht zu achten. Man lasse die Kinder mindestens dreimal in der Woche ein warmes Bad nehmen. Bei fetten Skrofulösen sind jedes Jahr während zweimal 8 Wochen Solbäder oder eine Schmierseifenkur nützlich (siehe S. 484). Die Kinder werden mit Schmierseife am ganzen Körper eingerieben und 10 Minuten darauf ins Bad gesetzt. Voraussetzung für die Schmierseifenkur ist, daß die Haut nicht zu reizbar ist. Man kann die Wirkung auf die Haut verringern, indem man 2 Teile Schmierseife mit 1 Teil Adeps lanae mischt.

Täglich sind mindestens dreimal die Hände mit warmem Wasser und Seife zu reinigen, und das Gesicht ist dreimal mit kühlem Wasser abzuwaschen. Man hänge dem Kinde ein Täschchen um, in dem statt des Taschentuchs Zellstoff- oder Wattestückchen stecken und achte darauf, wie schon bei Masern beschrieben ist, daß erst die Augen und dann die Nase gereinigt werden, ferner daß auch das Nasensekret nicht im Gesicht verwischt wird. Schon um die Sauberkeit zu ermöglichen, muß das Nasensekret vermindert werden. Die Nase wird zwei- bis dreimal wöchentlich mit einer 1%igem Argent. nitric. Lösung ausgewischt und mit einem damit getränkten Tampon gefüllt, das nach 4 bis 5 Minuten entfernt wird. Außerdem kann man eine 1%ige Präzipitatsalbe, eine essigsaure Tonerdesalbe oder eine 1 bis 2%ige Jodoformsalbe mehrmals täglich aufschlürfen lassen. Die Rhagaden im Nasenausgang und die wunde Oberlippe werden zweckmäßig mit einer fest haftenden Paste eingepinselt. Die Paste wird zum Gebrauch so erwärmt, daß sie sich leicht einpinseln läßt, z. B. Euguformpaste, Lassarsche Zinkpaste F. M. B. oder

Aquac calcis	20,0
Adipis lanae	20,0
Zinc. oxydat.	10,0

M. f. pasta.

Mehr noch als bei anderer Tuberkulose erfordert die Durchführung einer erfolgreichen Therapie eine Anstaltsbehandung.

d) Behandlung der Phthise.

Die eigentliche Phthise mit ihrer Kombination von Zerfall und Narbenprozessen findet sich erst häufiger jenseits des 14. Lebensjahres; auch dann sind die Abwehrmaßregeln des Körpers weniger erfolgreich als später. Immerhin gibt es eine Anzahl Fälle auch vor dem 10. Lebensjahre, bei denen wenigstens einseitige, auf einen Lappen beschränkte chronische Prozesse vorkommen. Hier kann man nach den gleichen Prinzipien wie beim Erwachsenen versuchen, eine narbige Abgrenzung herbeizuführen. Wenn daher das Röntgenbild einen erheblichen, auf einen Lappen, namentlich Oberlappen einer Seite, beschränkten Prozeß nachweist, die übrige Lunge aber frei ist, und der Prozeß sichtlich die Neigung zu chronischem Verlauf zeigt, kann man an die Herstellung eines künstlichen Pneumothorax denken. Die Behandlung kann nur in einem Krankenhause durchgeführt werden. Die weiteren ärztlichen Aufgaben sind in den vorhergehenden Abschnitten geschildert.

e) Behandlung lokaler tuberkulöser Erkrankungen.

1. Knochentuberkulose.

Die Lokalerkrankungen an Tuberkulose sind in ihrer Neigung zu Heilung bei gleicher Lokalisation und scheinbar gleichem Aussehen über Erwarten verschieden. Nur mitunter erlaubt ein blühendes Aussehen des Patienten, namentlich eine gut durchblutete rosige Haut, prognostische Schlüsse zu ziehen. Es muß daher dringend gewarnt werden, aus Erfahrungen an einzelnen, unerwartet heilenden Fällen, therapeutisch allgemein gültige Schlüsse zu ziehen. Aber auch sicher wirksame Behandlungsmethoden geben immer nur in einer wechselnden Anzahl Erfolge, während sie in anderen, scheinbar gleichartigen, völlig versagen.

Die Knochenerkrankungen im einzelnen zu besprechen, ist hier nicht der Ort. Die chirurgische Behandlung sei namentlich im Säuglingsalter recht exspektativ. Auch in späteren Jahren ist die Notwendigkeit ernster chirurgischer und orthopädischer Maßregeln um so geringer, je gründlicher eine Allgemeinbehandlung sein kann. Energische klimatische Kuren, besonders aber im Hochgebirge, sind zu erstreben. Die schlechte Prognose, die die Hüftgelenkstuberkulose und ganz besonders die Wirbelsäulentuberkulose gibt, läßt gerade für diese beiden Affektionen diesen Wunsch rege werden.

2. Tuberkulose der Haut.

Das Skrofuloderm hat von allen tuberkulösen Erkrankungen die größte Neigung zu spontaner Heilung und gibt beim sonst gesunden Säugling eine gute Prognose. Schmilzt das Skrofuloderm bei intakter Haut ein, so sauge man den Eiter ab und fülle mit Jodoform-Glyzerin nach. Bei zerfallener Haut kratze man die Wunde gründlich aus.

Granulierende Hauttuberkulose, die angeblich meist durch Perlsuchtbazillen veranlaßt wird, ist im Kindesalter, wie überhaupt, selten. Man bringe die Granulation durch den Höllensteinstift vollkommen zum Schmelzen. Unter der üblichen Schwarzsalbe heilt die Krankheit meist. Eine günstige Wirkung der Höhensonne scheint uns sicher. Nach Abdeckung der übrigen Haut mit mehrfachen Lagen Papier lasse man die Höhensonne in einer Entfernung von 30 bis 20 cm 5 bis 10 Minuten einwirken.

Bei einschmelzender Hauttuberkulose pinsele man die befallenen Partien mit $5^0/_0$iger Tanninlösung und bespüle hinterher die Stellen mit 1- bis $5^0/_0$iger Lösung von hypermangansaurem Kali oder bade die Kinder in hypermangansaurem Kali (siehe Bäderbehandlung). Die sich bildende Pyrogallussäure übt eine vorteilhafte ätzende Wirkung aus. Daneben ist selbstverständlich Sonnen- und Höhensonnenbehandlung nötig.

3. Drüsentuberkulose[1]).

Die intensivste Allgemeinbehandlung ist anzuwenden, um tunlichst einen operativen Eingriff oder eine Wiederholung eines solchen überflüssig zu machen. Applikation lokaler Reize ist dabei von unentschiedener Wirkung. Aus äußeren Gründen werden Schmierseifen- oder Jodsalbeneinreibungen anzuwenden sein. Von größerer Wirkung ist gerade hier vielleicht eine allgemeine Schmierseifen- oder Solbadekur, wie wir sie bei Skrofulose S. 304 beschrieben haben. Eingeschmolzene Drüsen sollen vor dem Durchbruch womöglich aspiriert und mit Jodoformglyzerin nachgefüllt werden. Hat man, wie es namentlich in den ersten 2 Lebensjahren leicht passieren kann, eine Drüse irrtümlich inzidiert, so kratze man sie energisch aus. Bei großen Drüsenkonglomeraten mit Fistelbildung kann man durch Verbände mit Spiritus-Glyzerin und protrahierte warme Bäder die sekundären Entzündungen verringern, während gleichzeitig eine klimatische Kur eingeleitet wird. Bei ärmeren Patienten ist die Aufnahme in eine Krankenanstalt zu empfehlen, in der für die Allgemeinbehandlung des Kindes gesorgt wird. Je nach dem Grade der Zerfallserscheinungen muß die

---

[1]) Die kleinen harten Drüsen, und zwar sowohl jugular- und im Nacken- wie supraklavikular gelegene, sind in der überwiegenden Mehrzahl der Fälle nicht tuberkulösen Ursprungs und bedürfen auch bei Tuberkulösen keiner besonderen Therapie. Durch Solbadkuren werden sie nicht beeinflußt.

Heilung durch chirurgische Eingriffe unterstützt werden. Ausgedehnte Entfernung sämtlicher erkrankter Teile, die früher üblich war, ist jetzt mit wenigen Ausnahmen nur noch dann notwendig, wenn die sozialen Verhältnisse eine schnelle Beseitigung des Leidens notwendig machen, ferner bei kleineren Drüsenpaketen mit Fisteln. Ist Gelegenheit zu sachverständiger Röntgenbehandlung gegeben, dann führe man diese in erster Linie durch.

4. Kehlkopftuberkulose.

Kehlkopftuberkulose beim sonst im wesentlichen gesunden Kinde gibt keine unbedingt schlechte Prognose. Erreicht eine spezialärztlich auszuführende Behandlung keinen Erfolg und besteht eine Stenose, so soll man mit der Tracheotomie nicht warten. Die hierdurch erzielte Ruhigstellung des Kehlkopfs ermöglicht öfters eine vollständige und dauernde Heilung. Mit Sicherheit ist auf diesen Erfolg jedoch nicht zu rechnen.

5. Peritonitis tuberculosa.

Die Peritonitis tuberculosa zeigt an und für sich Neigung zur Heilung. Auf diese ist mit relativer Sicherheit zu rechnen, wenn Aussehen und Befinden des Kindes nicht erheblich gelitten haben, weil man daraus schließen kann, daß die Peritonitis die einzige wesentliche tuberkulöse Erkrankung des Körpers ist. Bei starker Abzehrung und gleichzeitiger Pleuritis ist die Prognose sehr viel trüber. Welke trockene Haut ist als Warnungszeichen zu betrachten [1]). Ungünstiger ist ferner die Prognose bei Fällen mit großen Tumoren als bei denen mit reichlichem Exsudat.

Die Allgemeintherapie ist die der Tuberkulose unter starker Anwendung der Sonne. Auch Bestrahlung mit künstlicher Höhensonne hat, jahrelang durchgeführt, gerade bei dieser Erkrankung mitunter Erfolge (s. S. 32). Äußere Hautreizmittel sollen unterstützend wirken, so Einreibung von Schmierseife einmal täglich. Gereinigte Schmierseife, zweckmäßig mit einem Teil Adeps lanae gemischt, wird in die Bauchhaut in der Menge von ungefähr einer Walnuß eingerieben und die Haut mit einem Flanellappen bedeckt. Sobald Hautreiz auftritt, wird die Kur einige Tage unterbrochen. Eine wesentliche Wirkung ist nicht zu erwarten. Mehr halten wir von einer Sonnenkur auch selbst im Flachlande. Nimmt das Exsudat zu, oder ist es von vornherein so entwickelt, daß der stark gespannte Bauch die Atmung des Kindes irgendwie behemmt, dann ist zum Bauchschnitt zu raten. Aber auch bei kleineren Exsudaten ist wohl ein Versuch erlaubt, wenn trotz sorgfältiger Behandlung das Befinden des Kindes sich nicht hebt. Ferner ist ein Bauchschnitt dann notwendig, wenn die tuberkulöse Erkrankung in der Gegend des Nabels die Haut erreicht.

---

[1]) Gerade bei stark abgezehrten Kindern mit chronischen Durchfällen wird vielfach irrtümlich eine Peritonitis tuberculosa angenommen, weil die in schlaffen Därmen liegende Flüssigkeit ein Exsudat vortäuscht. Verschiebung der Dämpfung bei Verlagerung, ja sogar Undulation ist vorhanden. Wir empfehlen durch Glyzerinklistier, eventuell auch durch nachträgliche Einführung eines Darmrohrs den Versuch zu machen, den Darm schnell zu entleeren. Auch kann man größere Gaben von Rizinusöl geben und am nächsten Tag untersuchen. Dies wird zur Klärung des Falles und richtigen Therapie führen.

Die Resultate der Operation sind namentlich im früheren Kindesalter selbst in den Fällen von starker Exsudatbildung keineswegs sicher. Bei kachektisch aussehenden Kindern mit trockener, welker Haut sind Mißerfolge sehr häufig. Jedenfalls ist die Operation gegenüber der klimatischen Behandlung nur als unterstützender Faktor zu betrachten. Nachher muß erst recht die Allgemeinbehandlung wieder aufgenommen werden.

Bei den Fällen mit großen Tumoren sieht man gelegentlich überraschende Erfolge nur durch langdauernde Solbadkuren oder Kuren in Nordseesanatorien und im Hochgebirge. Neben einzelnen Glücksfällen sind jedoch Mißerfolge die Regel.

6. Meningitis tuberculosa.

Die Meningitis tuberculosa ist im allgemeinen eine unheilbare Krankheit. Die wenigen Fälle von Heilung sind der ärztlichen Hilfe nicht zu verdanken. Unsere Aufgabe besteht darin, dem Kranken und seiner Umgebung das Leiden zu erleichtern. Dabei ist mehr als sonst auf eine richtige seelische Behandlung der Angehörigen Wert zu legen.

Sobald der Arzt den Verdacht der Erkrankung gefaßt hat, hat er durch die Sorgfalt der Beobachtung und Pflege, nicht aber durch eine Äußerung zu zeigen, daß er die Krankheit ernst nimmt. Sobald die Annahme dringend wird, ist, so früh es die äußeren Verhältnisse erlauben, eine Spinalpunktion vorzunehmen. Man begnüge sich jedoch nicht mit dem Nachweis einer klaren Flüssigkeit. Zum mindesten muß Spinnwebengerinnsel und vermehrter Eiweißgehalt (leichte Trübung bei Kochprobe, etwas stärkere bei Essigsäure-Ferrozyankalium-Probe) vorhanden sein. Selbst bei ausgebreiteter offener Tuberkulose kann es sich um seröse Meningitis handeln. Unterbleibt aus äußeren Gründen die Spinalpunktion, etwa weil man dem geistig noch regen Kinde keinen Schmerz zufügen will, oder ist ihr Resultat kein ganz eindeutiges, so stelle man nie die Diagnose Meningitis tuberculosa, sondern spreche nur von einer sehr ernsten, wahrscheinlich „skrofulösen" Meningitis und dementsprechend wohl einer ernsten, aber keiner infausten Prognose. Die Heilung solcher vom Arzt aufgegebenen Fälle hat dem Kurpfuschertum manchen Anhänger zugeführt. Vor allen Dingen ist im Interesse des Patienten die Speisung des Körpers mit Wasser und die Pflege des Auges zu beachten. Wie das Krankheitsbild sich auch immer gestaltet, muß man doch die Eltern dauernd mit der Pflege des Kindes beschäftigen und so spät wie möglich in ihnen den Eindruck aufkommen lassen, daß man das Kind völlig aufgibt.

Die anfänglichen Kopfschmerzen lassen sich durch Umschläge und Antineuralgika lindern. Bei Erbrechen versuche man das Trinken von $^1/_4$ Liter heißem Karlsbader Mühlbrunnen oder Lullusbrunnen, eine Methode, die namentlich dann von Wirkung ist, wenn das Erbrechen längere Zeit gedauert hat. Die Erschöpfung durch Wasserverlust ist durch häufiges Trinkenlassen zu vermindern, wobei wir kleine Mengen heißen, gezuckerten Mineralbrunnen vor der Anwendung von kühlen Getränken empfehlen. Um etwas Nahrung zuzuführen, bediene man sich, solange das Brechen besteht, der Molke, die nicht so lange im Magen verweilt und beim Erbrechen nicht so unangenehm wirkt wie Milch. Leidet das Kind dauernd unter intensivem Kopfschmerz, so ist der Schmerz, den eine Spinalpunktion verursacht, für das Kind so wenig unangenehm, daß man damit nicht zögern soll. Nur bei sehr erregbaren, widerspenstigen Patienten hat man eine leichte Narkose nötig. Am besten eignet sich hierzu die Narkose mit Chlor-Äthyl-Spray. Sobald halbe Bewußtlosigkeit eingetreten ist, ist die Spinalpunktion mehr aus diagnostischen Gründen von Wert, um die Möglichkeit einer serösen Meningitis auszuschließen. Ein seltener, nicht gerade wünschenswerter Erfolg der Operation ist die vorübergehende Wiederkehr des Bewußtseins. Während der letzten Tage und Wochen der Erkrankung ist es unsere Aufgabe, wenigstens den Minimalbedarf an Flüssigkeit per os oder per clysma zuzuführen. Die Hornhaut ist gegebenenfalls durch Einstreichen von steriler Vaseline[1]) oder Bedeckung der Augenhöhlen mit feuchter Watte zu schützen und die Haut zu pflegen. Während der ganzen Dauer der Krankheit sorge man durch Bromural, Urethan, besonders aber durch Chloral für ruhige Nächte. Sobald Krämpfe eintreten, sind mittels Chloral wenigstens die stärkeren Konvulsionen zu beseitigen, wenn auch Dauerspasmen mit gelegentlichen Zuckungen hierdurch nicht immer während der ganzen Zeit verdeckt werden können.

7. Miliartuberkulose.

Von einer Behandlung der Miliartuberkulose kann nicht die Rede sein. Dem Kranken kann man vorhandene Atembeschwerden anfangs durch mittlere Dosen Atropin erleichtern. Nachts sind Bromural oder Urethan als Schlafmittel geeignet. Erst wenn diese versagen, greife man zum Morphium (Dosen siehe S. 520).

XXIV. Lues.

Lues congenita.

1. Prophylaxe.

1. Eine Ehe sollte nicht vor 3 Jahren nach einer Infektion und nur dann eingegangen werden, wenn eine ausreichende Behandlung, wie sie als solche von Syphilidologen vom Fach angesehen wird, stattgefunden hat und das Blut der betreffenden Person mindestens 2 Jahre lang negative Wassermannsche Reaktion zeigte. Das Ergebnis einer prophylaktischen Salvarsaninjektion nach 3 Jahren, die bekanntlich bewirkt, daß bei noch vorhandenem syphilitischen Infektionsstoff die negative Wassermannsche Reaktion positiv wird, gibt weitere Sicherheit bzw. begründet ein neuerliches Verbot.

2. Wird die Frau während der Schwangerschaft infiziert, dann muß sie nach bewährter Methode behandelt werden.

---

[1]) Die Vaselinkruke wird $1/4$ Stunde lang im Wasserbade gekocht.

3. Kommt in einer Ehe ein syphilitisches Kind zur Welt, dann müssen Mutter und Erzeuger energisch antiluetisch behandelt werden. Eine weitere Zeugung sollte verhütet werden, bevor nicht die fortlaufende Untersuchung des Blutes während 2 bis 3 Jahren nach Wassermann ergeben hat, daß Infektionsstoff mit größter Wahrscheinlichkeit nicht mehr vorhanden ist.

2. Therapie.

Haben wir es heute auch durchaus, in der großen Mehrzahl der Fälle von Lues congenita, soweit die Fortdauer des Lebens mit ihnen überhaupt vereinbar ist, in der Hand eine vollständige Heilung zu bewirken, so ist die Kur doch immerhin langwierig und erstreckt sich über Jahre. Es ist nicht ganz leicht, die Eltern dieser Patienten so lange unter ärztlicher Aufsicht zu halten. Hier erwächst dem persönlichen Einfluß des Arztes eine außerordentlich große und wichtige Aufgabe. Er muß die Eltern einerseits von der Heilbarkeit bei dauernder Kontrolle, andererseits von den schweren Schädigungen für die Zukunft überzeugen, wenn diese Kontrolle und die fortdauernde Behandlung nicht stattfinden. Bei den Besuchern der Fürsorgestellen muß die notwendige Einwirkung mit aller Strenge, bei Pflegekindern mit Zuhilfenahme der Gesetze herbeigeführt werden.

Da wir bei der Behandlung der Lues Quecksilber- und Salvarsanpräparate anwenden, Mittel, die in weiten Kreisen des Volkes gefürchtet sind, so ist es für den Arzt auch notwendig, deutlich vorher die Fälle zu bezeichnen, bei denen unsere Kur das Ende wahrscheinlich nicht abwenden kann. Es sind das zunächst fast alle Kinder mit Zeichen der Lebensschwäche und angeborenen schweren luetischen Erscheinungen. Sind Zeichen von Sepsis vorhanden, so ist man berechtigt, die spezifische Behandlung überhaupt zu unterlassen. Bei Kindern mit vernachlässigter schwerer Rhinitis muß man bei nur geringsten Fieberstörungen auf plötzliches Zugrundegehen gefaßt sein. Auch wenn kein Fieber nachweisbar ist, kann bei derartigen Kindern eine Grippe zum Zerfall des Epithels der Rachenschleimhaut und damit zur Sepsis führen. Die Eltern sind daher auf diese Möglichkeit vorzubereiten.

a) Allgemeinbehandlung.

Ernährung. Hereditär luetische Kinder müssen nicht immer lebensschwache Kinder sein. Es ist daher durchaus möglich, sie, wenn sie zur richtigen Zeit und ohne schwerere klinische Erscheinungen geboren sind, auch bei künstlicher Ernährung groß zu ziehen. Im allgemeinen sind jedoch die Aussichten auf Erhaltung des Lebens und vollständige Genesung um so besser, je länger die natürliche Ernährung durchgeführt werden kann. Für diejenigen Kinder, die schon bei der Geburt schwere Manifestationen der hereditären Lues zeigen, ist ebenso wie für frühgeborene Kinder unbedingt natürliche Ernährung zu fordern. Stillen darf jedoch nur die eigene Mutter. Verboten ist unter allen Umständen die Ernährung an der Brust einer fremden Mutter, einer Amme. Es ist eine schwere Fahrlässigkeit, ein Kind, dessen hereditäre Lues diagnostiziert ist oder bei dem auch nur der Verdacht auf eine solche besteht, an die Brust einer fremden Frau zu legen.

In manchen Lehrbüchern der Kinderheilkunde findet sich dieser Standpunkt noch nicht mit Schärfe vertreten. Einige Autoren sind vielmehr geneigt, das Anlegen an eine andere Stillende zu gestatten, wenn diese nach Vorstellung eventueller Gefährdung ihrer Gesundheit das Einverständnis dazu gibt. Das erscheint uns unzulässig; denn ein Laie ist nicht in der Lage abzuwägen, was eine syphilitische Infektion für die Gesundheit bedeutet. Ansteckung ist selbst bei Verwendung eines Warzenhütchens möglich.

Das Verbot, hereditär syphilitische Kinder an eine Amme anzulegen, beeinflußt ja, wie schon auf S. 7 angedeutet wurde, die gesamte Ammenfrage. Wir wiederholen hier noch einmal, daß eine syphilitische Amme unter der Voraussetzung, daß sie keine klinischen Manifestationen hat, ihre Syphilis sich vielmehr nur durch den positiven Ausfall der Wassermannschen Reaktion verrät, viel weniger gefährlich ist für das zu stillende Kind, als ein latent syphilitischer Säugling für eine gesunde Amme. Die Fälle, in denen Säuglinge ohne klinisch nachweisbare syphilitische Erscheinungen, bei welchen die Wassermannsche Reaktion vielleicht erst allmählich im Laufe der Zeit positiv wurde, gesunde Ammen infiziert haben, sind leider keine Seltenheiten.

Kann die Mutter ihr Kind nicht stillen, dann käme der Vorschlag, die Mutter eines anderen hereditär syphilitischen Kindes zur Stillung zu nehmen, in Frage. Zur Voraussetzung hätte ein solches Vorgehen natürlich, daß die syphilitische Stillfrau oder Amme auch ihr eigenes Kind weiter nährt. Trotzdem sprechen mancherlei ethische Bedenken gegen die Durchführung, ganz abgesehen von der erhöhten Gefahr für die Umgebung, die die Unterbringung zweier weiterer syphilitischer Menschen im Hause unstreitig zur Folge hat.

Unsere Forderung, daß die eigene Mutter das hereditär luetische Kind stillen muß, wird von denjenigen Autoren nicht geteilt, welche fürchten, daß die von klinischen Symptomen der Lues freie Mutter von dem Kinde infiziert wird. Wir stehen aber auf dem heute wohl erhärteten Standpunkt, daß die Mutter von dem Kinde deswegen nicht infiziert wird, weil sie selbst syphilitisch ist. Es ist jedenfalls eine sichergestellte Erfahrung, daß die Mutter durch die Stillung des syphilitischen Kindes keinen Schaden leidet. Schwierig liegt die Frage dann, wenn die Mutter erst gegen Ende der Schwangerschaft infiziert wird. Dann besteht die Möglichkeit, daß das Kind nicht luetisch erkrankt ist und erst post partum von der Mutter angesteckt wird. Trotzdem würde ein Stillverbot nur dann gerechtfertigt sein, wenn gute äußere Verhältnisse ein Gelingen der künstlichen Ernährung wahrscheinlich erscheinen lassen, abgespritzte Frauenmilch zur Verfügung steht und die Mutter sich von der Pflege des Kindes vollständig ausschließen kann. Anderenfalls erscheint uns die Gefahr der Infektion des Kindes durch den Stillakt relativ gering, jedenfalls geringer als die Gefährdung des Kindes durch künstliche Ernährung im ungünstigen Milieu. Denn die Möglichkeit, daß das Kind bereits syphilitisch ist, läßt sich nicht ausschließen, ebensowenig, daß es auf anderem Wege infiziert wird als durch das Stillen. Im übrigen kann man durch eine zweiwöchentliche Salvarsankur der Mutter die Gefahr der Infektion noch weiter verringern.

Kann die Mutter ihr syphilitisches Kind aus irgend einem Grunde nicht stillen, ist aber Frauenmilch zur Erhaltung des Lebens unbedingt erforderlich, dann muß abgespritzte Frauenmilch beschafft werden, wozu aber leider nur in wenigen Großstädten bei Vorhandensein von Einrichtungen der offenen und geschlossenen Säuglingsfürsorge die Möglichkeit besteht. Es empfiehlt sich dann auch mehr, ein solches Kind in einem Krankenheim unterzubringen. In solchen Fällen eine Amme mit Kind ins Haus zu nehmen, das hereditär luetische Kind mit von dieser Amme abgespritzter Frauenmilch zu ernähren und die Amme ihr eigenes Kind weiterstillen zu lassen, können wir nur unter der Voraussetzung anraten, daß die Amme von der Pflege des syphilitischen Kindes absolut ausgeschlossen ist. Denn sonst kommt es sicher vor, daß die Amme aus Unkenntnis oder Fahrlässigkeit das hereditär luetische Kind anlegt oder sich mit ihm zu schaffen macht und sich wie auch ihr eigenes Kind in Gefahr bringt.

Die natürliche Ernährung des hereditär syphilitischen Kindes erscheint uns vor allem im Hinblick auf die immunitäterhöhende Eigenschaft der Muttermilch erforderlich. Denn das luetische Kind ist sekundären Infektionen mehr als andere Kinder ausgesetzt und wird ernster durch sie betroffen. Banale Infektionen vom Charakter einer Grippe können zum Tode oder z. B. durch Einschmelzungsvorgänge zur Zerstörung des Nasengerüstes führen.

Die Schwierigkeiten einer sachgemäßen Durchführung natürlicher Ernährung liegen häufig in vorübergehender oder dauernder Saugunfähigkeit des Kindes durch die Coryza syphilitica (siehe S. 320), deren sorgfältige Behandlung während der Dauer der Stillung schon aus diesem Grunde notwendig ist.

Für die künstliche Ernährung syphilitischer Kinder kommen besondere Regeln nicht in Betracht.

Pflege. Die Pflege hereditär luetischer Säuglinge hat vor allem zwei Tatsachen Rechnung zu tragen:

1. daß auch banale Infektionen für die debil geborenen Luetischen von allergrößter Gefahr sind,
2. daß die Kinder durch die von ihnen ausgehende Infektionsmöglichkeit eine Gefahr für ihre Umgebung sind.

Die Pflege muß außerordentlich sorgfältig sein. Für schwer infizierte, frühgeborene luetische Säuglinge gelten die Pflegeregeln für Frühgeborene. Der Schutz vor der Grippe muß möglichst absolut sein (siehe S. 261). Wir widerraten daher, das Kind in Krankenhäusern auf größere Säuglingsstationen zu legen.

Die Gefahr hereditär luetischer Säuglinge für die Umgebung darf nicht überschätzt, aber auch nicht unterschätzt werden. Nicht nur durch das Saugen an der Brust einer fremden Frau, auch durch anderen Kontakt kann der kongenital luetische Säugling der Umgebung gefährlich werden. Von Sekreten und Exkreten, nässenden Papeln, Rhagaden,

Ulzerationen kann die Infektionsmöglichkeit ausgehen. Die mit der Pflege des syphilitischen Kindes Betrauten müssen deshalb äußerste Vorsicht üben. Erwirbt die Pflegerin eines luetischen Kindes, die natürlich auf die Gefahr hingewiesen werden muß, einen Primäraffekt, so liegt fast stets eine grobe Fahrlässigkeit zugrunde. Die Mutter, die eine Warnung der Pflegenden verbietet, muß das Kind ausschließlich selbst besorgen und darauf bedacht sein, daß alle vom luetischen Kinde benutzten Pflegegegenstände nicht auch von anderen benutzt werden.

Der Arzt kann leicht in eine schwierige Stellung kommen, wenn er auf der einen Seite das Berufsgeheimnis zu wahren gezwungen ist, andererseits die Verantwortung zu tragen hat, daß eine Schädigung durch das Kind nicht erfolgt.

Läßt sich im Privathause, insbesondere bei guten äußeren Verhältnissen mit Leichtigkeit eine vom syphilitischen Kinde ausgehende Schädigung verhüten, so werden die Schwierigkeiten dort größer sein, wo ein syphilitisches Kind in Haltepflege gegeben wird. Es ist unerläßlich, die Ziehfrau eingehend zu unterweisen und vor allem auch zu veranlassen, das Kind immer und immer wieder beim Arzte vorzustellen, damit neue Manifestationen, von denen bekanntlich eine besondere Gefahr ausgeht, schnellstens behandelt werden können. Leider genügt jedoch diese Aufklärung der Pflegefrau nicht. Immer wieder erlebt man Infektionen in der Familie, in der das Kind untergebracht ist. So ist es dringend wünschenswert, daß, wie in einzelnen nordischen Staaten, syphilitische Kinder dauernd bis zum Erlöschen der Infektion in Anstaltspflege bleiben. Abgesehen von Einrichtungen in städtischen Waisenhäusern existiert in Deutschland nur eine Anstalt, das Pflegeheim für erblich kranke Kinder Berlin-Friedrichshagen, Seestraße 43, die gegen ein geringes Pflegeentgelt unbemittelte luetische Säuglinge aufnimmt[1]).

b) Spezifische Behandlung.

Allgemeine Grundsätze. Erst die Entdeckung der Reaktion nach Wassermann hat die spezifische Behandlung der Lues congenita auf eine gesicherte Grundlage gestellt. Denn ihre systematische Anwendung hat uns darüber belehrt, daß im allgemeinen die bisher übliche Art der Behandlung ungenügend, zu kurz gewesen ist. Sie hat zwar dazu ausgereicht, die floriden Erscheinungen zum Rückgang zu bringen, aber im allgemeinen nicht dazu, die Wassermannsche Reaktion dauernd zu beseitigen. Die Nachforschung nach den im Säuglingsalter behandelten Fällen von kongenitaler Lues hat auch das traurige Ergebnis gezeitigt, daß wir nur in einem ganz geringen Bruchteil der Fälle von einer Heilung der Syphilis reden dürfen. Heute muß unbedingt eine systematische Behandlung unter dauernder serologischer Kontrolle verlangt werden, ein Ziel, das sich aber

[1]) In Preußen besteht eine Polizeiverordnung, die verbietet, syphilitische Kinder in Kost und Pflege zu geben.

nicht, oder wohl nur in einem ganz geringen Bruchteil der Fälle mit einer einzigen Kur erreichen läßt. Hierzu bedarf es vielmehr einer chronisch intermittierenden Behandlung in den ersten beiden Lebensjahren. Wir verlangen mindestens drei, womöglich vier Kuren in den ersten $1^1/_2$ bis 2 Jahren und begnügen uns damit nur dann, wenn die Wassermannsche Reaktion danach dauernd negativ bleibt. Ergibt die serologische Kontrolle, die über die beiden ersten Jahre hinaus noch in den folgenden Jahren zwei- bis dreimal im Jahre durchzuführen ist, wiederum ein Positivwerden der Wassermannschen Reaktion, unter Umständen erst 1—3 Tage nach einer provokatorischen Neosalvarsaninjektion, dann müssen weitere Kuren angeschlossen werden.

Die einzelnen Kuren sollen womöglich 8 bis 12 Wochen dauern. Von der Exaktheit, mit der jede durchgeführt wird, hängt in hohem Maße das Schicksal des kongenital luetischen Kindes ab.

Es ist selbstverständlich, daß alle Kinder mit manifesten syphilitischen Symptomen dieser Art der Behandlung zu unterwerfen sind. Aber auch Kinder syphilitischer Eltern, die keine klinischen Erscheinungen zeigen, bei denen aber die Wassermannsche Reaktion positiv ist, bedürfen der gleichen Art der Behandlung. Machen klinische Erscheinungen das Vorliegen einer Lues wahrscheinlich, ist die Wassermannsche Reaktion aber negativ, so würden wir doch den Versuch einer antiluetischen Behandlung empfehlen. Denn die negative Wassermannsche Reaktion ist kein absoluter Beweis dafür, daß Lues nicht vorliegt.

Zeigen Kinder syphilitischer Eltern keine Symptome und negative Wassermannsche Reaktion, dann kann man mit der Behandlung zurückhalten, muß diese Kinder jedoch dauernd serologisch kontrollieren, um sofort die Behandlung zu beginnen, wenn die Reaktion positiv wird, sei es spontan oder nach einer provokatorischen Salvarsaninjektion. Das ist oft erst nach Monaten, manchmal erst nach Jahren der Fall. Solche Kinder sind viele Jahre serologisch zu kontrollieren.

Methodik der Blutentnahme zur fortlaufenden serologischen Kontrolle. Bei der Bedeutung, welche die Wassermannsche Reaktion für die Behandlung der kongenitalen Lues gewonnen hat, erscheint es notwendig, an dieser Stelle auf die Methoden der Blutentnahme beim Säugling und jüngeren Kinde näher einzugehen [1]).

Für die Technik der Blutentnahme empfiehlt sich in erster Linie die direkte Blutentnahme aus einer Vene. Ein einfaches Verfahren ist die Blutentnahme aus dem Sinus longitudinalis, die uns in hunderten von Fällen niemals im Stiche gelassen hat. Diejenigen, die vor der Wahl dieses Ortes eine gewisse Scheu haben, müssen andere Venen zur Blutentnahme aufsuchen. Besonders beliebt ist bei Kindern bis zum 2. Lebensjahre die Blutentnahme aus der Vena temporalis

---

1) Wir verzichten hingegen auf die Darstellung der ja jetzt wohl allgemein bekannten Anschauung über das Zustandekommen der Wassermannschen Reaktion und verlangen nur nachdrücklich, daß diese in einem absolut zuverlässigen Institute ausgeführt wird. Denn ohne genaues Innehalten der Technik vorgenommene Untersuchungen des Blutes ergeben nur zu häufig differente, unzuverlässige Resultate und verwirren, ganz abgesehen von der Schädigung des Patienten, die Beurteilung der Sachlage.

superficialis bzw. einem ihrer Äste. Bei Rachitikern pflegt diese Vene besonders stark hervorzuspringen.

Gelingt es nicht, eine für die Blutentnahme geeignete Kopfvene zu finden, dann kommt eine Vene der Ellbogenbeuge zur Wahl, entweder die lateralwärts gelegene Vena cephalica oder die median gelegene Vena basilica. Das Blut in den Venen wird in der üblichen Weise dadurch gestaut, daß am Oberarm des fixierten kleinen Patienten bei gestrecktem Ellbogengelenk der Sulcus bicipitalis komprimiert wird. Dabei schwillt die Vene an und der Einstich gelingt ohne weiteres. Nachdem das Blut entnommen ist, wird ein Verband mit Binde oder Heftpflaster angelegt, nachdem aseptische Gaze auf die blutende Stelle gedrückt wurde.

Die Entnahme des Blutes aus den Venen hat diejenige aus der Haut fast ganz verdrängt. Sie sollte mit Rücksicht auf die immerhin unangenehmen Narben nur auf die seltenen Ausnahmefälle beschränkt bleiben, in denen es absolut nicht möglich ist, irgend eine geeignete Vene zu finden. Man wählt in diesen Fällen die Haut am Rücken zwischen den Schulterblättern oder unterhalb des Angulus scapulae oder die Großzehen-Beere, die man zunächst sorgfältigt reinigt und desinfiziert und mit den üblichen Saugapparaten ansaugt. Nun wird der Schnepper — wie er auch bei der Blutentnahme zum Zwecke der Blutzählung gebräuchlich ist — in die Haut eingeschlagen, und zwar zweimal in senkrechter Richtung aufeinander. Die Ansaugung der erforderlichen Blutmenge erfolgt mittels eines Saugapparates. Hierauf wird trocken verbunden.

Zur spezifischen Behandlung der Lues kommen in Frage: Quecksilber, von den Salvarsan-Präparaten lediglich das Neosalvarsan oder Salvarsan-Natrium, endlich das Jod. Sowohl mit ausschließlicher Quecksilberbehandlung als auch mit ausschließlicher Salvarsan-Natrium-Behandlung gelingt es, die Lues nach den von uns einleitend skizzierten Grundsätzen zu behandeln — bis zum Negativbleiben der Wassermannschen Reaktion. — Doch ist bei dem heutigen Stande unserer Erfahrung in erster Linie eine Kombination von Quecksilber und Neosalvarsan zu empfehlen, da Erfahrungen mit ausschließlicher Neosalvarsanbehandlung noch nicht vorliegen.

Die Salvarsan-Natrium-Therapie kommt nur als intravenöse Behandlung in Frage, deren Technik jedoch nicht ganz einfach ist. Dabei gemachte Fehler sind mit Gefahren für den Säugling verknüpft.

Jod kommt nur als unterstützendes spezifisches Mittel in Betracht.

Sowohl die Salvarsan-Natrium-Therapie als auch die kombinierte Behandlung von Quecksilber und Neosalvarsan sind relativ jungen Datums. Abschließende Urteile sind daher heute noch keineswegs möglich. Unsere Darstellung gibt mit diesem Vorbehalt den Stand unseres Wissens. Wenn wir im folgenden auch in erster Linie wegen der leichten Technik und gesicherten Erfahrung die kombinierte Quecksilber-Neosalvarsan-Behandlung empfehlen, so müssen wir doch jedes einzelne Präparat in der Art seiner Anwendungsweise und Wirkungsweise besonders besprechen.

Quecksilberpräparate.

Quecksilberpräparate können einverleibt werden: per os, perkutan und per injectionem.

a) Per os. Präparate: Protojoduretum hydrargyri, Calomel, Hydrart gyrum tannicum oxydatum. Am beliebtesten und gebräuchlichsten sa Protojoduret hydrargyri in der Dosis von 0,01 bis 0,02 pro die, im besten zweimal täglich 0,01 5 bis 6 Wochen. Die gleiche Dosis für die anderen Quecksilberpräparate.

b) **Perkutan.** 1. Als Schmierkur mit Unguentum hydrargyri cinereum. Die Dosis beträgt im allgemeinen 1 g für die 1.—3. Woche, später $^1/_2$ g. Nur bei schwächlichen Kindern beginne man mit $^1/_2$ g. Im 4. Lebensquartal beträgt die Dosis 1 g, nach dem 2. Lebensjahr $1^1/_2$ g, erst im Schulalter 2 g. Geeignetstes Präparat: Unguentum cinereum hydrargyri cum resorbino paratum mit dem gleichen Quecksilbergehalt. Auch Mitinum mercuriale ist empfohlen. Fünf Einreibungen pro Woche, abwechselnd Brust, Bauch und Rücken. Die Einreibung erfolgt am besten durch eine geschulte Person mindestens 10 Minuten lang und zwar abends vor der Nachtruhe. Die Pflegerin benutzt hierzu einen mit Billrothbattist überzogenen Wattebausch. Die Mutter darf mit der sorgfältig vorher gewaschenen Hand direkt einreiben (Abnahme der Ringe). Am 6. Tag ein Reinigungsbad mit Seife. Die Kur wird durch 6 bis 8 Wochen fortgesetzt.

2. Das Sublimatbad in der Dauer von 15 bis 30 Minuten mit einer Menge von $^1/_2$ bis 1 g pro Bad in Holz- oder Emaillewannen.

c) **Per injectionem** als Sublimat oder Kalomel. Vom Sublimat werden pro Woche 1 bis 2 mg in starker Konzentration injiziert.

Sublimat	0,1
Chlornatrium	0,2
Wasser	10,0

1 bis 2 Teilstriche einer 1 ccm-Pravazspritze intraglutäl.

Vom Kalomel 0,001 pro kg Körpergewicht in hochkonzentrierter Lösung (40%ig nach Zieler in Öl).

Wir möchten raten, in der Praxis sich auf die Schmierkur oder die innerliche Darreichung von Protojoduret. hydrargyri, eventuell noch auf die Sublimatinjektion zu beschränken und zwar aus folgenden Gründen. Auch das Quecksilber ist kein gleichgültiges Präparat. Unerwünschte Nebenwirkungen kommen vor, Lebensbedrohung kann durch eine Nephritis bzw. Enteritis bedingt werden. Unserer Erfahrung nach sind diese am wenigsten bei der Schmierkur und bei der innerlichen Darreichung zu befürchten, wenn auch bei letzterer eintretende Appetitlosigkeit stören kann. Nach Sublimatinjektion haben wir Tod durch Nephritis gesehen. Die insbesondere von Erich Müller empfohlenen Kalomelinjektionen erzielen die kräftigste Quecksilberwirkung, müssen aber dadurch auch ganz besondere Gefahren haben, insbesondere bei debilen Individuen. Ist das betreffende Kind gegen Quecksilber besonders empfindlich, dann ist die Giftwirkung nicht mit dem Aussetzen der Injektionen sofort aufgehoben, da ja das unlösliche Quecksilber als Depot zurückbleibt, von welchem dem Körper immer neue Quecksilbermengen zugeführt werden. Das ist der Grund, warum wir das Präparat nicht verwenden.

Beim Sublimatbad ist eine Beurteilung der Dosierung kaum möglich und bei nicht ganz sorgfältiger Beaufsichtigung immer eine gewisse Gefahr vorhanden, daß etwas verschluckt wird.

Die Schmierkur ist nur kontraindiziert bei Pyodermien oder einer besonderen Empfindlichkeit der Haut, die sich im Auftreten eines pustulösen Ekzems äußert. Die freie Wahl zwischen Schmierkur, die wir bevorzugen, innerlicher Darreichung von Protojoduret und Sublimatinjektion gestattet einen hinlänglichen Spielraum. Beim Auftreten von Durchfällen bzw. Nephritis ist [1]) die Kur sofort zu unterbrechen. Vor der Zahnung, ja selbst während des ganzen 2. Lebensjahres bei gesunden Zähnen sieht man kaum jemals eine Stomatitis auftreten. Sind Zähne vorhanden, muß ihr durch die beste Mundpflege vorgebeugt werden. Bei der Schmierkur auftretende Erytheme nötigen nicht zur Unterbrechung der Kur. Tritt bei der Schmierkur eine Follikulitis auf, dann kann sie nur unter Vermeidung der befallenen Partien fortgesetzt werden. Besser gehe man zur innerlichen Behandlung über.

Auch mit ausschließlicher Quecksilberbehandlung ist eine vollständige Heilung der kongenitalen Lues zu erzielen, allerdings nur bei einer systematisch durchgeführten Wiederholung der Kur während zweier bis dreier Jahre, und zwar 2- bis 3 mal im Jahre mindestens durch 6 bis 8 Wochen.

Salvarsanpräparate.

Von den Salvarsanpräparaten ist das Alt-Salvarsan wegen der unangenehmen Eigenschaft der Nekrosenbildung bei intramuskulärer Einverleibung, die allein für die Therapie des praktischen Arztes in Frage kommt, ausgeschlossen. Bezüglich der Leistungsfähigkeit bei intravenöser Behandlung, die aber nur für Kliniken oder manuell sehr geschickte Persönlichkeiten in Betracht kommt, liegen ausreichende Erfahrungen nicht vor. Hingegen sind sowohl das Neosalvarsan als auch das Salvarsan-Natrium für die Therapie brauchbar und leistungsfähig. Das Neosalvarsan ist auch bei intramuskulärer Anwendung gefahrlos, insofern als die reaktiven Entzündungen nicht häufig sind, und Nekrosen kaum jemals auftreten. Was es bei der Therapie der hereditären Lues ohne Kombination mit Quecksilber leisten kann, ist noch nicht bekannt. Infolgedessen kommt bei Anwendung des Neosalvarsans heute nur die kombinierte Salvarsan-Quecksilber-Behandlung in Frage. Bei Vorliegen ausreichender Versuchsreihen mit Neosalvarsan allein dürfte sich das vielleicht ändern. Das Salvarsannatrium genügt zur erfolgreichen Behandlung der kongenitalen Lues für sich allein, hat die Kombination mit Quecksilberbehandlung nicht nötig, was ein entschiedener Vorteil ist. Der Nachteil bei seiner Anwendung besteht darin, daß es nur für die intravenöse Behandlung brauchbar ist, da intramuskuläre oder epifasziale Injektion schwere Nekrosen hervorruft, offenbar wegen der hochgradigen Alkaleszenz der Lösung.

Neosalvarsan. Die Dosis des Neosalvarsans pro kg Körpergewicht beträgt 0,015 mit Abrundung nach oben, pro Dosis höchstens 0,15. Will man vorsichtig sein, so injiziert man bei der ersten Dosis nur die Hälfte bis $^2/_3$. So würde ein Kind von 4,5 Kilo Gewicht bei der ersten

---

[1]) Schon vorher bestehende Nephritis ist sorgfältig zu kontrollieren, erlaubt aber die Durchführung der Kur.

Injektion 0,045, bei den folgenden 0,075—0,1 g erhalten. Das Neosalvarsan kommt in den Handel in Ampullen zu 0,045, 0,075, 0,15 und 0,3 g. Das Pulver wird auf ein steriles Schälchen gebracht, $^1/_2$—1 ccm abgekochtes, frisch destilliertes oder Leitungswasser in einer Pravaz-Spritze abgemessen und zugesetzt, mit dem beigefügten Glasstab verrührt und die Lösung in die Pravaz-Spritze aufgesogen. Man verwendet am besten die mit 10 großen Teilstrichen versehene Rekordspritze mit einem Inhalt von 0,5 ccm. Zur Übersicht geben wir eine kleine Tabelle, aus der hervorgeht, wieviel 2 Teilstriche der Spritze = 0,1 cbm von der betreffenden Lösung enthalten.

			Von	0,045 : 0,5 g	0,075 : 0,5 g	0,15 : 0,5 g
enthalten	2	Teilstriche:	0,1 cbm:	0,009 g	0,015 g	0,03 g
„	4	„	0,2 „	0,018 g	0,03 g	0,06 g
„	6	„	0,3 „	0,027 g	0,045 g	0,09 g
„	8	„	0,4 „	0,036 g	0,06 g	0,12 g
„	10	„	0,5 „	0,045 g	0,075 g	0,15 g

Die Injektion wird am oberen äußeren Quadranten der Glutäen nach Jodanstrich gemacht. Sich bildende, entzündliche Infiltrate führen fast niemals zur Nekrose. Es ist vorgeschlagen worden, die Einspritzung suprafaszial zu machen. Wir haben uns überzeugt, daß dieser Forderung bei Säuglingen nicht Rechnung getragen werden kann, indem es kaum möglich ist, das Präparat gerade auf die Faszie zu deponieren. Vielmehr gelangt man wohl bei jeder Injektion in die Muskulatur. Trotzdem sind die Erfolge gut. Die nähere Beschreibung der auch bei Magnesium-Einspritzung geübten Methode s. S. 99. Von sonstigen Nebenwirkungen ist kaum irgend etwas zu fürchten. Manchmal sieht man Temperatursteigerungen und Erbrechen, doch gehen diese Zustände ohne Folgen vorüber. Kollaps läßt sich durch Innehaltung der Dosis wohl immer vermeiden. Scharlachartige Erytheme, die auftreten können, sind bedeutungslos. Als Kontraindikation würde schwere Nephritis zu gelten haben. Auch wird man während einer fieberhaften akuten Komplikation nicht gerade mit dieser Kur beginnen.

Da nach den vorliegenden Resultaten noch nicht feststeht, ob und mit wieviel Kurven bzw. mit wieviel Injektionen bei jeder einzelnen Kur negativer Wassermann zu erzielen ist, muß man die Neosalvarsankur mit einer Quecksilberkur kombinieren, bezüglich deren genügende Erfahrungen zur Übernahme in die Praxis vorliegen.

Kombinierte Neosalvarsan-Quecksilberbehandlung. Bezüglich der Quecksilberbehandlung empfehlen wir die Schmierkur bzw. die innerliche Darreichung von Protojoduret. hydrargyri oder Sublimatinjektion. Man kann auch mit den verschiedenen Methoden abwechseln. Sublimatbäder kommen nicht als vollwertige, sondern höchstens als unterstützende Behandlung in Betracht. Wir schreiben drei Pflichtkuren vor, die sich auf das erste Jahr zu erstrecken haben bzw. auch noch ins zweite Jahr hineingehen, je nach dem Beginn der Behandlung. Diese Kuren müssen gemacht werden, ganz unabhängig davon, ob durch die erste Kur Wassermann negativ wird oder nicht. Zwischen jeder Kur empfehlen wir eine Pause von 3 Monaten.

Schema der Kur, wenn sie 12 Wochen dauert:

1. Woche: Quecksilber (zweimal täglich 0,01 Protojodurat, Dosis 0,02 oder die übliche Schmierkur, 1 g bzw. $^1/_2$ g!).
2. Woche: erste Neosalvarsan-Injektion.
3. Woche: zweite Neosalvarsan-Injektion.
4. Woche: Quecksilberbehandlung (wie in der 1. Woche).
5. Woche: dritte Neosalvarsan-Injektion.
6. Woche: vierte Neosalvarsan-Injektion.
7. Woche: Quecksilberbehandlung.
8. Woche: fünfte Neosalvarsan-Injektion.
9. Woche: sechste Neosalvarsan-Injektion.
10. Woche: Quecksilberbehandlung.
11. Woche: siebente Neosalvarsan-Injektion.
12. Woche: achte Neosalvarsan-Injektion.
13. Woche: Quecksilberbehandlung.
14. Woche: Quceksilberbehandlung.

Ist nach der dritten Kur nach dreimonatiger Pause die Wassermannsche Reaktion auch bei provozierender Salvarsaninjektion negativ, dann kann jede weitere Behandlung unterbleiben. Selbstverständlich muß das Kind auch fernerhin unter serologischer Kontrolle bleiben. Die provokatorische Neosalvarsaninjektion wird mit ungefähr $^2/_3$ der Normaldosis ausgeführt. Die Blutentnahme erfolge dann nach 2 Tagen. Eventuell wird in der kurfreien Zeit auch einmal ein Versuch mit der Jodtherapie gemacht.

Salvarsan-Natrium. Die kleinste in Anwendung kommende Dose des Salvarsan-Natrium ist 0,075 bei kleineren und debilen Kindern, die größte 0,1. Salvarsan-Natrium darf, wie schon bemerkt, nur intravenös injiziert werden. Die Technik ist folgende:

In eine 2 ccm-Rekordspritze werden $1^1/_2$ ccm frisch destillierten sterilen Wassers eingezogen, diese dann in eine geöffnete Ampulle (mit 0,15 g) Salvarsan-Natrium eingespritzt, geschüttelt und gleich in dieselbe Spritze die nötige Menge, meist 0,7 bis 1 ccm (= 0,07 bis 0,1 g Substanz) Flüssigkeit eingesogen. Dann wird mit einem Finger die Temporalvene des Kindes durch Pressen leicht gestaut und in diese eine relativ dünne (Lumen 0,5 mm) Kanüle eingeführt. Die Kanüle muß ziemlich kurz, damit das Blut darin nicht gleich gerinnt, und am Ende mit einem ca. $1^1/_2$ cm langen Gummischlauch versehen sein. Sobald Blut aus dem Gummischlauch herausfließt, wird die Spritze in diesen eingeführt und die Lösung sehr langsam eingespritzt. Hierbei ist unbedingt notwendig, daß der Kopf des Kindes gut festgehalten wird und daß man beim Spritzen die Hand leicht auf den Kopf des Kindes stützt, um dadurch die eventuellen Bewegungen elastisch mitmachen zu können. Denn sonst ist die Gefahr vorhanden, daß trotz des federnden Gummistückes die Nadel doch aus der Vene heraustritt und Salvarsan-Natrium in das umliegende Gewebe kommt. Man muß unbedingt gleich mit der Injektion aufhören, sobald man merkt, daß der Widerstand erhöht ist. Dies ist das erste Zeichen vom Austritt der Kanüle aus der Vene, das man bei vorsichtigem, langsamen Einspritzen in die Temporalvene schon merkt, ehe eine Schwellung auftritt. So spielend leicht allerdings für den Geübten diese intravenöse Injektion ist, verlangt sie doch eine länger dauernde Übung, ehe man lernt, Mißerfolge zu vermeiden. Es empfiehlt sich darum für jeden, der intravenöse Salvarsan-Natrium-Behandlung vornehmen will, zunächst das Einüben mit indifferenten Lösungen, z. B. Kochsalzlösungen.

Die Injektion wird nur einmal in der Woche vorgenommen. Die erste Kur besteht aus 6 bis 10 Injektionen, dann 3 Monate Pause, dann unabhängig von der Wassermannschen Reaktion eine zweite Kur von 9 bis 10 Injektionen, wiederum eine Pause von 3 Monaten; hierauf nochmals 10 bis 14 Injektionen; eine vierte Kur nur dann, wenn Wassermann wieder positiv wird, sonst nicht. Hingegen dauernde serologische Kontrolle, um sofort die Kur von neuem beginnen zu können. Wir haben in unseren günstigsten Fällen nur eine Kur, in hartnäckigeren drei bis vier Kuren notwendig gehabt. Im Verlauf von 1 bis $1^1/_2$ Jahren definitive Heilung.

Von unangenehmen Nebenerscheinungen erfordert manchmal bei sehr elenden Kindern auftretender Kollaps therapeutische Maßnahmen. Findet man keine passende Vene zur Injektion, ist die Salvarsan-Natrium-Behandlung kontraindiziert. Ein Kunstfehler ist die Injektion von Salvarsan-Natrium, von Salvarsanlösungen überhaupt, in den Sinus longitudinalis wegen der Gefahr für das Gehirn bei Austritt der Lösung aus dem Sinus.

Jod.

Das Jod ist mit Quecksilber und Salvarsan insofern nicht in die gleiche Reihe zu stellen, als ihm keineswegs die gleiche spirochätentötende Eigenschaft zukommt. Immerhin ist, wenn auch die Art der Wirkung noch nicht geklärt ist, das Jod gerade bei der Syphilis hereditaria ein ausgezeichnetes unterstützendes Mittel, das sehr wohl schon im Säuglingsalter seine Anwendung finden kann. Man wendet es namentlich in der Zwischenzeit zwischen den einzelnen Kuren bei stärkeren Organveränderungen, viszeraler Lues, Lues des Zentralnervensystems an. Man gibt das Jod am besten als Jodnatrium und zwar in der Menge von 3 mal 0,03—0,05 im ersten Lebensjahr, 3 mal 0,1 im 2.—4., 3 mal 0,2—0,4 im 4.—10. Lebensjahr. Es ist gut, mit kleinen Dosen anzufangen und allmählich zu steigen, um Fälle von Jodidiosynkrasie, eventuell Jodakne möglichst bald zu erkennen. Jodidiosynkrasie kann aber im Laufe der Behandlung mit kleinen Dosen vollständig wieder verschwinden, und es ist nicht notwendig, bei geringeren Erscheinungen sofort mit dem Mittel aufzuhören.

Schwächer als das Jodkalium wirken die Lipojodin-Tabletten 0,5, von denen man den Kindern dreimal täglich $^1/_4$ bis $^1/_2$ Tablette verabfolgen kann. Beginn mit kleineren Dosen. Besonders beliebt in der Kinderpraxis ist die Behandlung mit Syrupus ferri jodati wegen der Eisenkomponente. Man gibt davon dreimal täglich $^1/_2$ bis 1 Teelöffel. Bei Säuglingen beginnt man mit dreimal täglich 30 bis 40 Tropfen. In den seltenen Fällen, in denen auf Jodgebrauch hochgradige Appetitlosigkeit auftritt, darf das Mittel natürlich nicht unbeschränkt weitergegeben werden.

c) Behandlung lokaler Manifestationen.

Coryza syphilitica. Die Schwellung und spezifische Veränderung der Nasenschleimhaut des Säuglings beanspruchen deswegen besondere Aufmerksamkeit, weil die durch sie bewirkte Unmöglichkeit, Luft durch die Nase einzuatmen, sehr leicht zur Verweigerung der Brust führt. Inanition oder Exsikkation bzw. der zu frühzeitige Übergang zur unnatürlichen Ernährung können die Folge sein. Es ist daher notwendig, ganz unabhängig von der spezifischen Behandlung, die Nasenaffektion direkt anzugehen und den Versuch zu machen, zumindest während des Trinkaktes die Schwellung der Schleimhaut zurückzubringen. Das geschieht am besten durch Einträufelung einiger Tropfen der käuflichen Adrenalinlösung in jedes Nasenloch. Man kann auch weiße Präzipitatsalbe mit dem Glasstab am Abend in die Nase einführen. Öftere Inspektion der Nase ist geboten, um eine beginnende Nasendiphtherie nicht zu übersehen und sofort spezifisch vorgehen zu können. Denn hereditär luetische Säuglinge sind sehr oft Diphtheriebazillenträger.

Kondylome und nässende Papeln. Diese werden zweckmäßigerweise mit Kalomel bestreut, nachdem sie vorher mit physiologischer Kochsalzlösung befeuchtet worden sind. Da von ihnen insbesondere die Möglichkeit einer Infektion der Pflegenden ausgeht, ist ihre sorgfältige Lokalbehandlung in jedem Falle indiziert.

Paronychien. Für die Paronychien empfiehlt sich Umwicklung der Fingerkuppe mit Quecksilberpflaster.

Anaemia luetica. Die luetische Anämie weicht im allgemeinen der spezifischen Behandlung. Immerhin empfiehlt sich eventuell eine Eisenzugabe zur Nahrung (siehe S. 215) bzw. bei älteren Kindern Ende des ersten und im zweiten Lebensjahre das Anschließen einer Arsenkur mit Solut. arsenic. Fowleri oder Dürkheimer Maxquelle (siehe S. 507).

Melaena neonatorum. Die Melaena neonatorum auf syphilitischer Basis erfordert die auf S. 82 gegen Melaena angegebenen Maßnahmen.

Zentralnervensystem. Die Erkrankungen des Zentralnervensystems auf luetischer Basis erfordern nur dann eine Spezialbehandlung neben der allgemeinen syphilitischen Kur, wenn besondere Erscheinungen auftreten; insbesondere der luetische Hydrocephalus kann regelmäßige Lumbalpunktionen erfordern, eventuell Hirnpunktion. Im allgemeinen ist gerade bei diesen Erkrankungen Jod zu versuchen. Schreitet die Bildung des Wasserkopfes nach einer energischen spezifischen Kur noch weiter vor, dann ist freilich jede weitere Therapie machtlos. Man muß die Anwendung des Balkenstiches in Betracht ziehen (siehe S. 341).

Auge. Wiederholte Untersuchung des Augenhintergrundes und des Sehvermögens ist bei jedem hereditär syphilitischen Kinde wünschenswert. Wenn auch gewöhnlich die spezifische Behandlung ohne Warnungszeichen von seiten des Auges eingeleitet wird, so können Häufigkeit, Stärke und Dauer der spezifischen Behandlung durch den Augenbefund beeinflußt werden.

Lues hereditaria tarda.

Die Behandlung der Lues hereditaria tarda erfolgt nach den gleichen bereits eingehend geschilderten Prinzipien. Die kombinierte Quecksilber-Salvarsan-Behandlung in dem Alter bzw. dem Körpergewicht entsprechenden Dosen leistet auch hier Vorzügliches. Die Kontrolle der Behandlung durch die Wassermannsche Reaktion ist ebenso geboten wie im Säuglingsalter. Günstig ist die Wirkung des Jodkali. Man kann die Behandlung der Lues hereditaria tarda am besten mit einer vier- bis sechswöchentlichen Jodkalikur einleiten. Besonders die Gonitis syphilitica wird durch die Jodkalimedikation oft ganz zauberhaft beeinflußt. Natürlich genügt aber die Jodbehandlung nicht.

Sie ist unbedingt zu ergänzen durch die anschließende Quecksilber-Salvarsankur. Auch hier wird man zweckmäßigerweise in der 1. Woche mit Quecksilber beginnen und die Salvarsandosen in der 2. Woche zunächst unter der für die Altersstufe angegebenen Menge halten, um sich vor eventueller Idiosynkrasie gegen Salvarsan und schweren Folgeerscheinungen zu schützen. Die Kur muß energisch durchgeführt werden, mindestens 12 Wochen lang und weitere Pflichtkuren ganz unabhängig vom Ausfall der Wassermannschen Reaktion sind anzuschließen. Ist die Wassermannsche Reaktion nach der dritten Kur negativ und bleibt sie es, dann kann die Behandlung vorläufig abgeschlossen werden, selbstverständlich bei stetiger serologischer Kontrolle. Gerade bei der Syphilis hereditaria tarda empfehlen sich Nachkuren in Heilbädern. Besonders die jodhaltigen Quellen verdienen den Vorzug. Unter diesen werden insbesondere drei Orte gerühmt: Aachen, Krankenheil-Tölz in Oberbayern und Hall in Oberösterreich. Natürlich kommt eine derartige Bäderbehandlung nur als ein weiteres unterstützendes Moment für die antisyphilitische Behandlung in Frage.

Keratitis parenchymatosa. Auch die Keratitis parenchymatosa muß entsprechend ihrer Ätiologie antiluetisch behandelt werden, wenn auch, wie einstimmig von Fachleuten geurteilt wird, die Wirkung keine augenfällige ist. Gerade bei dieser Affektion ist die sachgemäße Kontrolle seitens des Augenarztes von größter Bedeutung.

Lues acquisita.

Die Lues acquisita im Kindesalter wird ebenfalls mit Quecksilber-Salvarsan nach den gleichen Grundsätzen behandelt wie die Lues acquisita der Erwachsenen, mit kombinierter Quecksilber-Salvarsankur, und zwar mindestens drei Pflichtkuren. Weitere Kuren je nach dem Ausfall der Wassermannschen Reaktion.

Erkrankungen des Zentralnervensystems.

I. Behandlung des Krampfanfalls.

(Abgesehen von Krämpfen der Neugeborenen S. 80.)

Von dem Arzt, der zu einem Krampfanfall gerufen wird, fordert die Umgebung zunächst die Beseitigung dieses Zustandes. Nachher erst kommt die Frage nach den Ursachen.

Wenn beim Eintreffen des Arztes die Krämpfe schon vorüber sind, so soll man im allgemeinen, außer wenn der Arzt leicht erreichbar ist, so handeln, als wenn noch Krämpfe bestehen. Ausgenommen sind höchstens Krämpfe im Anfangsstadium eines Fiebers bei über 2 Jahre alten Kindern. Bei letzteren mache man eine kühle Rumpfpackung, gebe ein Fiebermittel und warte den Abfall des Fiebers ab. Nach schwerem Stimmritzenkrampf warte man die Erholung ab und verfahre dann wie beim eklamptischen Anfall. Das gleiche ist zu empfehlen bei gehäuften, auch weniger schweren Stimmritzenkrämpfen, namentlich wenn das Kind gedunsen und erregt ist.

Uns stehen zur augenblicklichen Bekämpfung des Krampfzustandes hauptsächlich folgende Mittel zur Verfügung, von denen wenigstens das erste in jeder ärztlichen Hausapotheke vorrätig sein sollte, damit der Arzt nicht genötigt ist, am Krankenbett zu warten, bis ein Rezept angefertigt ist.

1. Chloralhydrat in 10%iger wässeriger Lösung. Davon per clysma:

im	1.—2.	Lebensmonat	1—2 ccm
„	3.—4.	„	2—3 „
„	5.—6.	„	3—4 „
„	7.—12.	„	5—7,5 „
„	2.	Lebensjahr	7—10 „
„	3.—6.	„	10—15 „
„	7.—14.	„	15—20 „

Anwendung: Die Dosis wird mit der zur Füllung der Klistierspritze nötigen Menge warmen Wassers, mindestens aber der vierfachen Menge verdünnt. Zum Abmessen dient eine Pravazsche Spritze bzw. bei den größeren Mengen ein Teelöffel. Zur Ausführung des Klistiers bediene man sich einer Stempelspritze mit abnehmbarem weichem Gummiansatz. Die gewöhnlichen Gummibälle sind sehr unbequem. Bei Ausführung des Klistiers lege man den Patienten auf die linke Seite, so daß sein Rücken dem Arzte zugewendet ist. Man lege die linke Hand auf die rechte Gesäßhälfte, so daß die Fingerspitzen die Spina iliaca anterior umgreifen und der gespreizte Daumen auf das Steißbein und ein wenig nach vorn zu liegen kommt. Mittels eines kleinen Wattebäuschchens soll dieser Daumen im Moment, wenn nach beendetem Klistier die Kanüle entfernt wird, schnell den Mastdarm nach vorn drängen. Auf diese Weise läßt sich der Verschluß viel leichter erreichen, als durch Zusammendrücken der Nates. Ein länger dauerndes Zuhalten als 10 Minuten ist nicht nötig. Die Wirkung tritt in 20—40 Minuten ein. Mißlingt das Klistier, so darf man die gleiche Dosis noch einmal geben. Wenn man über die Menge des Verlorenen nicht im klaren ist, mag man die Hälfte bis $^{2}/_{3}$ geben.

2. Urethan. In Pulvern zu 1 g vorrätig zu halten oder in folgender nicht schimmelnder Lösung:

Solutio Urethani (20,0)	200,0
Chloralhydrati [1])	1,0

Davon zum Klistier:

im	1.—3.	Monat	10 ccm
„	4.—6.	„	15—20 ccm
„	2.	Lebenshalbjahr	20—25 ccm
„	2.	Lebensjahr	20—30 „

Unverdünnt leicht zu erwärmen oder zu gleichen Teilen mit warmem Wasser verdünnt.

1) Zum Zwecke der Konservierung wird dieser Zusatz gewählt.

3. Luminalnatrium. In Pulvern zu 0,2 vorrätig zu halten, mit 2 ccm Wasser im Teelöffel zu versetzen, über dem Licht kurz aufkochen. Subkutan zu injizieren. Die Dosis beträgt zwischen dem 7. und 18. Lebensmonat eine Pravazspritze voll. Fertige Lösungen sind nicht zu brauchen, da das Mittel ausfällt.

Wahl des Mittels. Im allgemeinen verwendet man am besten Chloral. Nur bei spasmophilen Krämpfen ist das Luminal ein bequemerer, wenn auch nicht gleichwertiger Ersatz. Spasmophile Krämpfe sind zunächst anzunehmen, wenn es sich um ein nicht allzu sehr heruntergekommenes 7—18 Monate altes Kind handelt, um so mehr, wenn es öfters schon Krämpfe oder gar Stimmritzenkrämpfe gehabt hat. Beide Mittel sind nur dann nicht anzuwenden, wenn es sich

1. um ein stark zyanotisches, an schwerer Bronchitis leidendes Kind handelt. Während der Krämpfe erst entstandene Zyanose und Trachealrasseln bilden keine Kontraindikation.
2. Wenn es stark heruntergekommen und abgezehrt, an chronischem Darmkatarrh leidet (agonale Krämpfe). Dann ist Urethan anzuwenden.

Bleibt eine vollständige Dose Chloral wirkungslos, so kann man sie zwar durch eine Volldose Urethan verstärken, doch liegt meist ein besonderer Grund vor, und zwar seröse oder Keuchhusten-Meningitis. Der Status eclampticus ist dann durch eine Spinalpunktion zu beseitigen.

II. Behandlung der Delirien.

Die bei älteren Kindern nicht seltenen, leichten Fieberdelirien weichen meist einem kühlen Umschlag oder einem ruhigen Zureden. Je nach der Grundursache des Fiebers (siehe dieses) indizieren sie die Anwendung temperaturherabsetzender Arzneimittel. Mitunter tritt ein Pavor nocturnus-Anfall in der ersten Fiebernacht ein. Die Besorgnis, die die krasse Erscheinung erregt, ist unberechtigt. Die Behandlung beschränkt sich auf ein Aufwecken des Patienten und nachfolgende Umschläge. Selbständige, länger dauernde Delirien mit ausgeprägten Angstzuständen sind sonst sehr selten. Bei Scharlach und Genickstarre sind sie ein ungünstiges Zeichen. Doch sieht man bei neuropathischen Individuen auch bei leichten fieberhaften Erkrankungen jeder Art furibunde Angstdelirien, die in keiner Beziehung zur Schwere der Grundkrankheit stehen. Als Behandlung empfiehlt sich eine Dose Chloral. Sehr wünschenswert ist, daß das wiedererwachende Kind an seinem Bette eine geübte energische Pflegerin vorfindet. Dies ist jedoch nur in den Fällen angezeigt, wo zwischen Schwere der Grundkrankheit und des Deliriums ein Mißverhältnis besteht.

Erschöpfungsdelirien. Als selbständige, tagelang dauernde Krankheit begegnen wir dem Delirium unmittelbar vor oder während der Entfieberung nach Pneumonie oder Typhus. Die Hauptsache ist, namentlich in Krankenhäusern, bei jeder Andeutung des Zustandes, den Kranken ebenso streng zu überwachen, wie einen an Delirium tremens leidenden

Erwachsenen. Im übrigen kann man sofort die erregten Angehörigen dadurch beruhigen, daß man ihnen erklärt, daß das Kind in 2—3 Tagen genesen sein werde. Nur bei chronischer Sepsis sind die Eltern auf den bösen Ausgang vorzubereiten. Das Krankenzimmer darf nur die Pflegerin betreten. Eine geschulte Hilfe ist hier sehr wünschenswert. Ruhiges, verständiges Zureden, Herumtragen auf dem Arme usw. unterstützen die Wirkung der Beruhigungsmittel. So schläft ein Kind nach einem sonst unzureichenden Schlafmittel ein, wenn man es auf dem Schoße hält oder wenn die Krankenschwester ihm, am Bett sitzend, die Hand auf die Stirn legt. Einer guten Pflegerin bedürfen wir auch schon deswegen, weil es nicht leicht ist, einen solchen Patienten genügend zu ernähren. Solange das Fieber noch nicht abgefallen ist, ist die Flüssigkeitszufuhr noch sehr dringend. Während der Fieberlosigkeit kommt es mehr darauf an, die geringen Mengen Nahrung, die das Kind zu sich nimmt, möglichst konzentriert zu gestalten. Ein geschlagenes Ei, Butter usw. verhelfen uns hierzu.

Bei schwachem Pulse, namentlich während der pneumonischen Krise, sind alle sonst bei Herzschwäche üblichen Mittel unbeschadet gleichzeitiger Benutzung von Beruhigungsmitteln anzuwenden. Bei furibunden Delirien ist allerdings eine ordentliche Dose Chloral indirekt das beste Kraftsparmittel. Hält man während des fieberlosen Stadiums ein Analeptikum wirklich für nötig, so ist neben Strophantus vielleicht das beste Mittel ein guter schwerer Südwein, im 2.—4. Lebensjahr 3—5mal täglich etwa ein Kinderlöffel, später 1 Eßlöffel.

Bei leichten Sinnestäuschungen und mäßiger Erregbarkeit genügt eine gelinde Herabsetzung der Erregbarkeit durch Bromural dreimal täglich. Nachts ist eine große Dose Bromural notwendig oder auch Urethan. Bei etwas schwereren Fällen kommt man mit dreimal täglich zu wiederholenden Urethandosen aus. Doch ist es immer praktisch, wenn nicht eine erhebliche Pulsschwäche vorliegt, erst einmal durch eine Dose Chloral dem Kinde und damit auch seiner Umgebung Ruhe zu schaffen. Kann man sich zu Chloral nicht entschließen und genügt die erste große Dose Urethan nicht, so darf man ungescheut nach einer Stunde $^2/_3$ der Anfangsdosis geben. Eine fortgesetzte Behandlung mit Chloral hat die bekannten Bedenken und läßt sich durch Urethan vermeiden.

III. Spasmophilie.

1. Prophylaxe.

Das Wesen der Krampfkrankheit beruht darauf, daß auf Grund eines erworbenen Zustandes von Übererregbarkeit, zu dem das Kind aber durch die Anlage disponiert sein muß, beliebige, auch kleine Reize eklamptische Krämpfe, Stimmritzenkrämpfe oder manifeste Tetanie auszulösen vermögen. Die nächste Aufgabe der Therapie ist meist, Krampfzustände zu beseitigen und die übermäßige Erregbarkeit einstweilen medikamentös zu zügeln. Die zweite Aufgabe ist, den zugrunde liegenden Zustand der Übererregbarkeit zu heilen. Zur Entstehung der veränderten Reaktion des Nervensystems bedarf es einer mehr oder weniger großen angeborenen Neigung, die sich vielfach bei debilen Gehirnen findet. Eine Summe von verschiedenen Schädigungen läßt auf diesem Boden die Krankheit entstehen. Je geringer die Anlage, desto leichter ist es möglich, durch Beseitigung der Schädigungen das Nervensystem umzustimmen. Je geringer die Schädigungen, die das Kind erfahren hat, um so bedeutungsvoller muß die angeborene Anlage sein, und damit ist die Aussicht auf schnelle Besserung ungünstig. Bei diesen Fällen wird daher die Anwendung von narkotischen Mitteln (Brom oder Kalk) länger nötig sein. Die Schädigungen, die die Krankheit erzeugen helfen, sind erstens Mangel an Licht und Luft, besonders häufig im trüben Winter. Zweitens wirkt ungünstig jede fehlerhafte Ernährung, Übermaß an Milch ebenso wie einseitige Mehlnahrung, jedes Mißlingen einer sonst zweckmäßigen Kost, ja bei disponierten Kindern jede künstliche Ernährung. Drittens wird die Wirkung der ersten beiden Faktoren durch wiederholte Infektion jeder Art verstärkt.

Das so geschädigte Kind zeigt aber in der überwiegenden Mehrzahl der Fälle seine Übererregbarkeit nur bei Zuführung von Kuhmilch. Je nach dem Grade der erreichten Überempfindlichkeit genügt zur Entstehung des spasmophilen Zustandes eine einzige kleine Milchmahlzeit bis zu einem Übermaß von Milch. Hieraus ergeben sich die Gesichtspunkte für Prophylaxe und Therapie. Natürliche Ernährung und Beachtung aller hygienischen Maßnahmen, vor allem die Verhütung der Domestikationsschäden sind, ebenso wie bei Rachitis, die einzige Prophylaxe. Ganz besonders streng wird man bei einem Kinde verfahren, das stark nervös belastet und besonders schreckhaft ist. Die Untersuchung auf das Fazialisphänomen macht uns frühzeitig auf die Entwicklung der Krankheit aufmerksam. Zur Untersuchung eines Säuglings gehört daher das Beklopfen des Fazialis. Man wird unter allen den genannten Umständen die künstliche Ernährung möglichst lange zu umgehen uchen, jedenfalls aber die Milchmenge auf das unbedingt notwendige Maß von 400—500 g beschränken und durch Zusatz von Lebertran und phosphorsaurem Kalk den Ausbruch der lebensbedrohenden manifesten Erscheinungen zu verhüten trachten.

2. Beseitigung der Krampfgefahr.

a) Erste Hilfe.

Übernimmt man ein Kind im Krampfanfall oder unmittelbar nach ihm, so verfahre man, wie bei Behandlung der Krämpfe geschildert (s. S. 322). Nach einem schweren Stimmritzenkrampf ist etwa $^1/_2$ Stunde nach Eintritt der normalen Farbe nach den gleichen Regeln vorzugehen. Wird ein Kind dem Arzte vorgeführt, das in den letzten Stunden gehäufte, wenn auch nicht zu schwere Stimmritzenkrämpfe hatte, erregt ist und gedunsen aussieht, so muß man es, bevor man es sonst untersucht, mit Chloral narkotisieren. Dies empfehlen wir auf Grund trauriger Erfahrungen auch ganz besonders dringend dann, wenn das Kind einen weiteren Heimweg hat. Wenn die Inspektion des Pharynx durchaus notwendig ist, so ist die völlige Chloralnarkose abzuwarten.

Bei der durch Tetaniestellung der Extremitäten charakterisierten Form der Tetanie ist eine Chloralbehandlung nur dann notwendig, wenn das Kind hierbei Schmerzen, Unruhe oder Stimmritzenkrämpfe zeigt. In all diesen Fällen kann Luminalnatrium bis zum gewissen Grade das Chloral ersetzen.

b) Fortsetzung der narkotischen Behandlung.

a) Kalktherapie. Das sicherste Mittel, um binnen 20 Stunden alle Symptome der Spasmophilie zum Verschwinden zu bringen, ist die Anwendung größter Dosen Kalk. Der Zweck ist, die Erregbarkeit so lange künstlich zu verdecken, bis die Behandlung des Grundleidens eine Narkose nicht mehr nötig macht. Der schlechte Geschmack des Mittels macht die Therapie im Privathaushalt nicht angenehm. Sie scheitert oft an dem Widerstande des Kindes, den freilich eine einigermaßen geübte Krankenschwester leicht überwinden kann. Je mehr die Eltern vorher in Angst gesetzt waren, um so weniger bedeutet dieses Hindernis. Diese Behandlung wird leider meist nicht durchgeführt, wenn die Eltern die Krämpfe als etwas Gleichgültiges betrachten, daher oft auch dann nicht, wenn seltene Krämpfe in großen Intervallen auftreten. Auf die Dauer ist diese Therapie nicht zu empfehlen, wenn die Krämpfe bei 2—3jährigen Kindern nur bei Gelegenheit eines Fieberanfalls auftreten.

Der Hauptwert der Kalktherapie beruht darin, daß man jede durch den sonstigen Zustand des Kindes erforderte Ernährungsart, sogar milchreiche Kostformen, anwenden kann. Unersetzlich ist sie geradezu, wenn die kleinsten Kuhmilchmengen schon Krämpfe auslösen und Brustmilch nicht zur Verfügung steht.

Nur zwei Kalksalze sind zu empfehlen:

Kalziumchlorid. In zwei Formen in der Apotheke erhältlich: 1. Calc. chlorat. crystallisat., das 50 % Kristallwasser enthält und daher in doppelter Dose verschrieben werden muß. 2. Calc. chlorat. sicc. Die Art des gewünschten Präparats ist auf dem Rezept anzugeben. Es wird am besten folgendermaßen verordnet:

Liquoris Ammonii anis	3,0
Gummi arabici	3,0
Sol. calcii chlorati crystallisati (60,0)	250,0
Sir. ad	300,0

Bei darmkranken Kindern darf man den Sirup durch Saccharin ersetzen und dafür 1 g Gummi arabicum zulegen. 1.—2. Tag: bei Kindern unter 6 kg je zwei- bis dreistündlich 10 ccm, bis 60—80 g der Lösung erreicht sind. Dann 5—6mal täglich 10 ccm. Bei schwereren Kindern gebe man bis 80 und verfahre dann ebenso. 3.—6. Tag: 5—6mal täglich 10 ccm. 7.—10. Tag: 4—5mal täglich 10 ccm. Von da an etwa 5mal 8 oder 4mal 10 ccm. Bei Wiederkehr des Fazialisphänomens steige man mit der Dose, sonst gehe man langsam herab. In irgendwie hartnäckigeren Fällen ist die Kalkbehandlung 3—5 Wochen fortzusetzen. Zu Anfang ist unbedingt die Dose soweit zu steigern, daß Fazialisphänomen und elektrische Übererregbarkeit völlig verschwinden. Später kann man sich damit begnügen, daß beide Symptome eben angedeutet sind.

Calcium lacticum. Der Vorteil dieses Salzes ist, daß es von vielen Kindern lieber genommen wird. Man kann nebenher auch einmal täglich eine Kalziumchlorid-Dose geben. Ein gehäufter Teelöffel Calcium lacticum ist der Milch beizumischen. Doch ist es anfangs 5mal täglich nötig = 25 g. Gibt man 1—2mal gemischte Kost, so ist zu Anfang 1—2mal statt des Milchkalks die beschriebene Mischung von Kalziumchlorid zu geben. Nach 5 Tagen kann man meist auf 4mal täglich 1 Teelöffel (20 g) zurückgehen und nach 10—14 Tagen langsam von einem gehäuften zu einem gestrichenen Teelöffel übergehen. Nicht ganz einwandfreie Milch gerinnt beim Zusatz. Man mache die Eltern vorher darauf aufmerksam und lasse durch kräftiges Durchschütteln die Gerinnsel fein verteilen.

b) **Magnesium-Therapie**[1]. Das Magnesium sulfuricum ist subkutan oder noch besser intramuskulär, wie bei Salvarsan beschrieben, zu injizieren. Die Wirkungsart ist die gleiche wie bei Kalk. Will man daher nicht nur den ersten Tag erträglich gestalten, so muß man die Injektionen ebenso lange fortsetzen wie die Kalktherapie, was aus äußeren Rücksichten wohl meist unterbleiben wird. Die Dosierung ist: Von einer 8%igen Magnesium-Sulfat-Lösung spritzt man 15—20 ccm suprafaszial (s. S. 280) ein. Die Enspritzungen werden nach Bedarf 2—8tägig wiederholt. Der Erfolg ist bei diesen Dosen jedoch nicht sicher.

c) **Andere Narkotika.** Will man die Kalktherapie nicht anwenden, so ist die durch Chloral herabgesetzte Erregbarkeit in schweren Fällen dadurch weiter gering zu erhalten, daß man in den ersten 2 Tagen entweder ein etwas kleineres Chloralklistier anwendet oder 3mal täglich 1 Tablette Bromural (0,3) verabfolgt. Unabhängig davon beginnt man sogleich in schwereren und leichteren Fällen mit Brom.

Bei Fällen mit stärkerer Erregbarkeit und Stimmritzenkrämpfen empfehlen wir 5mal 1 g Bromnatrium. Man geht in 2—3tägigen Stufen auf 3, in der 2. Woche auf 2 g zurück. Letztere Dose kann man durch 2 g Calcium bromatum ersetzen. Der schlechte Geschmack des letzteren läßt sich oft dadurch verdecken, daß man das Mittel der Milch zusetzt (4mal täglich 1 Teelöffel der 10%igen Lösung). Treten eklamptische Anfälle und Stimmritzenkrämpfe nur gelegentlich auf, so darf man von vornherein Kalziumbromat (2 g pro die) anwenden.

3. Behandlung der Konstitutionsstörung.

a) **Allgemeinbehandlung.** Frische Luft und Licht sind nach Möglichkeit für den Kranken zu erstreben. Heilt doch unter der Wirkung des Frühlings ein großer Teil der Fälle von selbst aus. Da aber die meisten Fälle im Winter in ärztliche Behandlung kommen, ist diese Vorschrift außerordentlich schwer durchzuführen. Dazu kommt, daß ein erheblicher Teil der Kranken besonders empfindlich gegen Erkältungen

[1] Nach Berend: Genauere Dosierung des Magnesium, s. S. 280.

ist, die Häufung von Erkältungsfieber aber recht ungünstig auf den Verlauf der Krankheit wirkt. Wir verweisen diesbezüglich auf die Abschnitte über Pflege und Abhärtung S. 27. Bei älteren spasmophilen Kindern kommt auch die Frage der Erziehung in Betracht. Jeder Trotzanfall kann einen schweren Stimmritzenkrampf auslösen, so daß die Umgebung gezwungen ist, einen Konflikt mit dem Kinde möglichst zu vermeiden. Durch die Kalktherapie ist aber sofort jede Gefahr zu beseitigen, und dann muß eine konsequente Erziehung einsetzen. Denn die Fälle sind nicht selten, in denen das sogenannte „Wutwegbleiben" (siehe S. 369) den Stimmritzenkrampf in den nächsten Jahren vertritt.

b) Alimentäre Behandlung. Die Ernährung des Kindes sei so mannigfaltig, wie es Alter und Darmzustand erlauben. In der Kost sei aber so wenig Kuhmilch vorhanden, wie es ohne Schädigung des Kindes auf die Dauer möglich ist. Es ist indessen nicht gestattet, durch fortgesetzte Haferschleimdiäten die Kinder zu schädigen. Wohl ist mitunter die Übererregbarkeit dabei erheblich geringer, aber vielfach sieht man bei neuem Zusatz von Milch, daß die Empfindlichkeit gegen diese gewachsen ist. Wer daher in den ersten 3 Tagen der Behandlung durchaus die Milch fortlassen will, soll wenigstens jeder Flasche Haferschleim einen gestrichenen Teelöffel Plasmon und eine Teelöffelspitze Butter hinzurühren. Im übrigen gestaltet sich die Kostwahl nach unseren Prinzipien folgendermaßen:

1. Bei Kindern, die schon im 2. Lebensquartal an Spasmophilie ernstlich erkranken oder durch andere Ernährungskrankheiten so schwer geschädigt sind, daß sie auch sonst bedroht erscheinen, ist Ernährung mit Brustmilch, zum mindesten Zwiemilchernährung zu erstreben. Vom Anfang des 6. Lebensmonats an ist Grieß mit Gemüsebrühe oder Fleischbrühe zu verabfolgen und, wenn die Brustnahrung nur knapp ist, durch Plasmonzusatz zu ergänzen. Im letzteren Falle ist Lebertran, der auch sonst wünschenswert ist, zu reichen (siehe unten).

2. Bei Zwiemilchernährung, beginnendem Absetzen usw. ist statt der Flasche, dem Alter und der Verdauung entsprechend, zweimal Grieß mit Gemüsebrühe bzw. 1—2 Flaschen Haferschleim oder Grieß mit ein wenig Butter und Plasmon zu geben. Auch hier ist Lebertran geeignet, den Bedarf an Fett zu decken.

3. Beim darmgesunden, künstlich genährten Kinde ist die Milch auf 300—400 g herabzusetzen und das Nahrungsbedürfnis durch Einführung des Mittagessens, Herstellen von dicken Breien mittels Grieß, Zwiebacks usw. zu decken. Diese dicken Breie sind einer allzu starken Verdünnung der Milch mit dünnen Mehlsuppen vorzuziehen; denn ein Übermaß an Flüssigkeit ist zu vermeiden. Wenn das Kind über 8 Monate alt ist, ergänze man die Mittagsmahlzeit durch 30 g feingewiegtes Fleisch.

4. Darmgesunde, mehr oder weniger rachitische, aber doch noch leidlich ihrem Alter entsprechend entwickelte Kinder von über 1 Jahr, werden in jeder Beziehung vorteilhaft beeinflußt durch folgende milchlose Ernährung:

2mal täglich 8%ige Mehlsuppe mit einem Zusatz von ca. 10 g Malzextrakt oder $1^1/_2$ Stück Zucker bzw. 10 g Nährzucker.

1mal täglich eine Mettwurstschnitte ohne Butter von ungefähr 20 g Mettwurst und 25 g Semmel.

2mal täglich eine Brühsuppe mit 30 g Grieß, einer wechselnden Menge Gemüse und 30—50 g Fleisch. Später auch Kartoffelbrei. Man kann auch die Mehlmahlzeit 1mal täglich durch ein Gelbei anreichern. Bei Empfindlichkeit des Darms sind Ei und Malz zu meiden und das Gemüse zum größten Teil durch Gemüsepreßsaft zu ergänzen. Bei zunehmendem Hunger ist ein Zwieback zu den Mahlzeiten notwendig. Der Fettbedarf ist durch 3mal täglich 1 Teelöffel Lebertran zu decken. Nicht ganz so sicher ist der Erfolg, wenn man durch Quark und Butter gehaltreich gemachte Mehlsuppen gibt. Gegen den Zusatz von Plasmon ist nichts einzuwenden.

5. Bei schlecht gedeihenden Kindern mit trockenen, harten Stühlen hat die Therapie der Ernährungsstörung (s. S. 120) meist einen durchschlagenden Erfolg. Bei andersartigen schweren Ernährungsstörungen, chronischen und akuten Darmkatarrhen ist Brusternährung zu erstreben. Diese aber ist, abgesehen von anderen Hindernissen, meist schon deswegen nicht möglich, weil der größte Teil dieser Kranken über 8—9 Monate alt und längst der Brust entwöhnt ist. So mache man es sich zur Regel, die Kinder so zu behandeln, wie es die Verdauungs- und Ernährungsstörung verlangt. Durch die Kalktherapie ist dieses Vorgehen auch in schwersten Spasmophiliefällen möglich.

c) **Lebertrantherapie.** Der Lebertran wirkt positiv auf die Kalkbilanz ein, deren Bedeutung bei Spasmophilie sicher groß ist. Die Anwendung ist die gleiche wie bei Rachitis (siehe S. 183). Sie ist jedoch nur anzuraten, wenn die Verdauung nicht ungünstig beeinflußt wird. Leitet man wegen chronischer harter Seifenstühle eine Malzsuppenkur ein, so ist Lebertran, wenigstens in den ersten Wochen, nicht nötig.

IV. Epilepsie.

Gewöhnlich wird die Diagnose der Epilepsie auf Grund des mit Bewußtseinsverlust einhergehenden Krampfanfalles zu schnell gestellt und bei der unmittelbar daran anknüpfenden Verordnung der Bromtherapie nicht mit der notwendigen Schärfe der Indikation vorgegangen. Wir dürfen nicht vergessen, — und das gilt besonders für das Kindesalter — daß sich unter dem Sammelnamen der Epilepsie recht heterogene Zustände vereinen, deren genaue Analyse allein eine zweckmäßige Therapie verbürgt.

Zunächst sind die der Spasmophilie angehörigen Fälle durch elektrische Untersuchung auszusondern. Krampfanfälle im Beginn eines hohen Fiebers sind auch dann, wenn der elektrische Nachweis nicht zu erbringen ist, einstweilen zur Spasmophilie zu rechnen, und zwar auch bis in den Anfang des Schulalters. Krampfanfälle nach schweren Magenüberladungen kommen im Beginn der Ruhr[1]) vor und zwar gerade

[1]) Sonst ist die Diagnose Krampf infolge Darmstörung fast stets falsch.

bei später ganz leicht, fast abortiv verlaufenden Fällen. Aber auch aus dem großen Sammelbegriff der Epilepsie hat man versucht, Gruppen auszusondern. Als Narkolepsie wird eine Krankheit bezeichnet, die sich nur durch petit mal in Form der flüchtigen Absenzen äußert. Keine allgemeinen Krämpfe, keine Störung der geistigen Entwicklung, Spontanheilung in der Pubertätszeit. Luminal und Brom sind hierbei unwirksam, und dies soll angeblich zur Diagnose mit herangezogen werden dürfen. Die Aufgabe des Arztes ist daher, die Angehörigen zu beruhigen und das Kind wie ein normales aufwachsen zu lassen. Doch wird man, selbst wenn man die Aufstellung des Krankheitsbildes als gerechtfertigt anerkennt, erst nach längerer Beobachtung diese tröstliche Diagnose zu stellen wagen.

Als Vasomotoren-Epilepsie werden eklamptische Krämpfe bezeichnet, die bei sehr vasomotorisch erregbaren Kindern bei Gelegenheit einer besonderen Erregung vorkommen können. Die Anfälle wären den Ohnmachten vergleichbar, die bei diesen Kindern ja auch vorkommen. Vasomotorische Erregbarkeit genügt nicht zur Diagnose. Die Anfälle müssen zum mindesten ausnahmslos bei besonderer Erregung auftreten. Auch dann halten wir die Aufstellung des Krankheitsbildes für verfrüht. Es besteht nur die Hoffnung, daß derartige Fälle vielleicht doch keine echte Epilepsie sind. Um das Krankheitsbild nicht zu trüben, enthalte man sich jedes Narkotikums. Erziehung und Pflege werden nach den im allgemeinen Teil und im Abschnitt unter Neuropathie enthaltenen Regeln revidiert. Eine leichte Arsenkur ist gestattet.

Weiterhin ist streng die symptomatische Epilepsie von der genuinen zu trennen.

1. Symptomatische Epilepsie.

Durch sorgfältige Untersuchung des Nervensystems und des Augenhintergrundes sind organische Hirnerkrankungen festzustellen und, wenn möglich, zu behandeln. Auch bei älteren Halbseitenlähmungen muß man an die Möglichkeit einer operativ zu entfernenden Zyste oder eines Tumors denken, besonders wenn nach dem Krampfanfall die Lähmung zeitweise zunimmt. Schwieriger ist die Diagnose von Hydrozephalus. Veränderung am Augenhintergrund und breitbeiniger Gang können fehlen. Der etwas größere Kopfumfang, das Röntgenbild und die starke Vermehrung der Flüssigkeit bei Spinalpunktion können die Hoffnung erwecken, daß Wasserkopfbildung an den oft recht heftigen Krämpfen schuld ist. Dann ist der Balkenstich zu empfehlen.

Bei jedem epileptischen Kinde ist die Wassermannsche Reaktion von Blut und womöglich von Liquor anzustellen. Bei positiver Reaktion, aber auch beim entferntesten klinischen Verdacht soll eine Schmierkur versucht werden. Die Untersuchung des Urins schützt uns vor dem Übersehen einer Nephritis. In allen diesen Fällen symptomatischer Epilepsie ist die kausale Therapie zunächst zu erwägen. Wenn diese aber, wie bei vielen Hirnerkrankungen, nicht möglich oder nicht wirksam ist, außerdem, bis eine solche eingeleitet ist, werden diese Fälle nach den Regeln, die für die genuine Epilepsie aufgestellt sind, behandelt.

2. Genuine Epilepsie.

Bei weitem die meisten epileptischen Kinder bedürfen einer größeren Schonung. Übermaß von körperlicher Anstrengung, auch Turnen, ist einzuschränken, das Schwimmen ganz zu verbieten.

Die Mittagsruhe im Freien, wie wir S. 28 beschrieben haben, ist auch im Winter durchzuführen. Ein Übermaß geistiger Anstrengung ist gleichfalls schädlich. Bei Minderbegabten oder durch die Schularbeit deutlich Erregten muß man das zu erreichende Schulziel geringer stecken, als vielleicht sonst der Begabung des Kindes entspräche. Zeitweises Aufgeben der Schule ist jedoch nur bei starker Häufung von Anfällen nötig. Um übermäßige Erregungen zu vermeiden, ist eine konsequente Erziehung durch eine feste Hand dringend notwendig. Auch eine zu reichliche Kost, gelegentliches Überessen und selbstverständlich Alkohol und Tabakgenuß sind absolut zu verbieten. Da es einzelne Kinder gibt, die auf Fleischnahrung ungünstig reagieren, so soll man stets nur geringe Fleischmengen gestatten. Ein Versuch, durch einige Monate streng durchgeführte lakto-vegetabile Diät auf die Krampfanfälle einzuwirken, ist zu raten.

Sind die Anfälle selten, etwa 12 mal im Jahre, so unterläßt man eine Behandlung mit narkotischen Mitteln. Sind häufige größere oder kleinere Anfälle beobachtet, so ist eine narkotische Behandlung notwendig und nützlich. Erschwert wird sie dem Arzt dadurch, daß die häufig auftretende langsame Verblödung statt der Krankheit dem Medikament zugeschrieben wird.

Das Ziel der Behandlung ist nur, durch Verringerung der Krämpfe das Gehirn zu schonen. Außerdem ist die Behebung und Besserung der Krämpfe auch sonst von größter Bedeutung. Denn, wenn es gelingt, bei Kindern die Krampfanfälle zu verhindern, können sie erzogen werden, die Schule besuchen, mit einem Worte, sozial bleiben. In allen nicht sehr ungünstig liegenden Fällen erreichen wir ein zeitweises Verschwinden oder eine starke Verminderung der Anfälle durch Luminal oder Brom. Beide Mittel können abwechselnd gegeben oder bei ungenügender Wirkung kombiniert werden.

Luminal-Behandlung. Luminal gilt bei einzelnen Ärzten als so wirkungsvoll, daß ein Versagen dieser Therapie als Gegenbeweis für das Bestehen einer genuinen Epilepsie gilt. Man gibt das Mittel 3 Tage lang abends in Dosen von 0,1—0,15 oder 2 mal täglich, die Hälfte der Dose bis zu 2 mal 0,1. Jeden 4. Tag kein Medikament. In den seltenen Fällen, in denen diese Dose eine leichte Benommenheit am nächsten Morgen hinterläßt, setze man jeden 3. Tag aus und verringere ein wenig die Menge. Scharlachähnliche Ausschläge, die extrem selten sind, zwingen zum Aussetzen des Mittels. Im allgemeinen ist die Luminalkur angenehmer als die Brombehandlung. Ihre Wirksamkeit übertrifft diese in einem Fall und wird von Brom in einem anderen übertroffen.

Brom-Therapie. Ein Erfolg wird nur erzielt, wenn die Bromdosen nicht zu klein gewählt werden und die Brommedikation Monate hindurch fortgesetzt wird. Von den Brompräparaten kommen lediglich Bromnatrium und Bromammonium in Frage; Bromkalzium hat den schlechtesten Geschmack aller Brompräparate und ist deswegen für die Kinderpraxis nicht sympathisch. Organische Brompräparate sind im Verhältnis zu den anorganischen im Kindesalter nicht genügend erprobt. Dosierung der Brompräparate: wir beginnen bei schweren Fällen kaum jemals unter 4—6 g täglich, die wir in wässeriger Lösung oder in Form der sogenannten Sedobrolwürfel geben. Zu Anfang gebe man sofort große Dosen, nicht etwa kleine, die man allmählich steigert. Erweist sich die Dosis von 4—6 g als ungenügend, dann wird man unter Umständen auf 7—8 g steigern. Fälle, die gegen eine so große Menge refraktär sind, bleiben es auch, wenn diese Menge überschritten wird. Nach Wochen des Erfolges kann man versuchen, ganz allmählich mit der Bromdosis herabzugehen; zu einem vollständigen Aufgeben der Brombehandlung wird man sich schwer, jedenfalls aber erst nach monatelangem Sistieren der Anfälle entschließen. Allzuoft wird man leider in diese Lage nicht kommen. Eine Abwechselung mit einer Luminalkur ist sehr empfehlenswert.

Handelt es sich um gerade im Kindesalter gar nicht so seltene Fälle, in denen der Anfall selten, aber mit einer gewissen Regelmäßigkeit in ganz bestimmten Perioden auftritt, dann wird man die Bromdosen nicht zu groß wählen und sie erst steigern, wenn man in die Nähe der kritischen Tage kommt. Auch auf diesem Wege kann man ein Kind so gut wie anfallsfrei halten.

Fällen, in denen Brom nicht vertragen wird, begegnet man im Kindesalter kaum jemals.

Verhütet werden muß die Gefahr der Bromintoxikation. Man sieht sie insbesondere dann, wenn mit der Bromtherapie die salzlose Diät verbunden wird, was ein recht eingreifendes Verfahren ist. Wir raten im allgemeinen davon ab. Man gebe dem Kinde ganz ruhig die gewöhnliche Kost, ohne den Salzgehalt besonders zu vermindern. Nur bei bromrefraktären Fällen kann man den Versuch machen, die Wirkung des Broms dadurch zu steigern, daß man den Salzgehalt der Nahrung vermindert. Man wird jedoch diese Verminderung nur sehr langsam vornehmen und nicht etwa bis an die unteren Grenzen des Möglichen gehen.

Bekommt man einen Fall von Bromintoxikation zur Behandlung, so gebe man größere Mengen Kochsalz: 10—20 g pro die.

Die Bromakne kann man durch sorgfältige Hautpflege im allgemeinen verhindern. Es genügt ein tagsüber wiederholtes warmes Seifenbad. Kleine Dosen Arsen oder große Dosen von Kalziumpräparaten (S. 516) befördern die Heilung. Eine plötzliche Entziehung des Broms ist nicht angebracht. Man gehe vielmehr mit der Dosierung ganz allmählich hinunter. Ein Aussetzen ist nach Reduktion der Brommenge nur für wenige Tage nötig. Dann beginne man wieder mit dieser Therapie. Bei Bromoderm muß man mit Brom gänzlich aussetzen.

Bei Versagen von Luminal und Brom selbst in kombinierter Form muß man sich die Frage stellen, ob die Schwere und Häufigkeit der Anfälle tiefer eingreifende Medikation rechtfertigt. Die Frage ist unbedingt zu bejahen, wenn die Häufung der Anfälle eine schwere Einwirkung auf das Geistesleben des Kindes hat und das Kind von jedem Lebensgenuß ausschließt. Es sind das meistens Fälle von mehr oder weniger verkappter symptomatischer Epilepsie. Man muß daher noch einmal nachforschen, ob nicht eine körperliche Ursache für die Krämpfe vorhanden ist, die eine kausale Therapie erlaubt.

Als Mittel kommen in Betracht: 2—3mal täglich ziemlich unabhängig vom Alter 0,1 bis höchstens 0,25 Nirvanol. Die letztere Dose wird nur 0,25mal am Tage gegeben, und man versuche, auf 0,1 täglich 2—3mal zurückzugehen. Veronal mit Kodein abends: im Spielalter 0,1 Veronal, 0,02 Kodein phosphoricum. Im Schulalter Veronal 0,25, Kodein 0,05.

Brom und Opium. Die Opiumdose des betreffenden Alters (s. S. 519) ist anfänglich 3, später 2mal täglich zu geben, eine Steigerung um etwa die Hälfte wenigstens 1mal täglich gestattet. Sobald wie möglich ist die Opiumdose zu verringern. Abwechslung zwischen den drei Behandlungsmethoden ist nach 14 Tagen bis 4 Wochen zu versuchen. Man wird in diesen Fällen auch von den noch nicht genügend erprobten Mitteln, die neuerdings vielfach empfohlen werden, z. B. Epileptol, Gebrauch machen (1mal täglich 5—15 Tropfen, Steigen beim 8—10jährigen Kinde).

Status eklampticus. Beim Status eklampticus mag man eine große Dose Chloral per Klysma probieren. Bleibt sie wirkungslos, so sind wohl auch Opium und Morphium ohne Einfluß. Uns hat bisher nur Amylenhydrat einen Nutzen gebracht. Die Dosis beträgt nach dem 6. Lebensjahr 2mal täglich 2 g. Schon mit 8—10 Jahren werden 3 g nötig sein. Das Brom wird während dieser Zeit, falls es bisher gegeben wurde, möglichst nicht ausgesetzt. Das Mittel wird per os, mit etwas Schleim und Zucker angerührt, oder per clysma mit Haferschleim oder warmem Wasser angerührt, gegeben.

Der Epileptiker in Haus und Beruf. Der leicht kranke Epileptiker soll in seiner Familie bleiben. Bekommt ein solches Kind aber öfter Anfälle, so ist die seelische Wirkung auf seine Geschwister zu berücksichtigen. Im allgemeinen sieht man, daß Kinder, die von frühester Jugend an den Anblick der Anfälle gewöhnt sind, gar nicht darunter leiden. Man braucht sie daher nicht ängstlich fernzuhalten. Anders wirkt der Anblick bei ungewohnten Geschwistern oder Fremden. Starke Erregungen, auch hysterische Imitationen können die Folge davon sein. Dann muß der Kranke dem Gesunden weichen und in einer Anstalt untergebracht werden. Dies ist selbstverständlich bei verblödeten oder unreinen Kranken. Bei der Berufswahl muß auch bei Kranken mit seltenen Anfällen jeder Beruf vermieden werden, in dem der Kranke bei einem plötzlichen Anfall sich und andere schädigen kann (Maurer, Dachdecker, Schiffer, Eisenbahner usw.).

Am Schluß noch eine Bemerkung über das Verhalten des Arztes bei Stellung der Diagnose. Bei allen nicht allzu schweren Fällen wird der Arzt den Eltern die Hoffnung lassen, daß das Leiden sich „verwachsen“ kann. Dies entspricht auch insofern den Tatsachen, als jahre-, ja dezennienlange Pausen eintreten können. In Rücksicht auf Erziehung und Zukunft des Kindes raten wir den Eltern, selbst ihren nächsten Verwandten und Bekannten den Namen der Krankheit zu verschweigen. Namentlich in kleinen Städten ist sonst ein Kind, das vielleicht alle Jahre oder noch seltener einen Anfall bekommt, für die Dauer seines Lebens gebrandmarkt.

V. Chorea minor.

Trotz des Zusammenhangs mit dem akuten Gelenkrheumatismus ist eine Beeinflussung der Krankheit durch Antirheumatika nicht möglich. Arsenik ist, wenn überhaupt, nur von geringer spezifischer Wirkung. Die neuerdings versuchte Anwendung von Salvarsan ist noch nicht genügend erprobt, um darüber ein Urteil zu fällen. Die Haupttherapie besteht daher in Schonung, Beruhigung und Erhaltung der Kräfte.

Medikamentöse Behandlung. Die bei Gelenkrheumatismus üblichen Mittel sind nur so lange anzuwenden, als es ein gleichzeitig bestehender Gelenkrheumatismus verlangt. Sonst gibt man gewohnheitsgemäß Arsen in Form der Solutio Fowleri in ansteigenden Dosen. Das Mittel ist jedoch sofort auszusetzen, wenn andauernd schlechter Appetit besteht. Da Arsen hauptsächlich wohl als Roborans in der Rekonvaleszenz wirksam ist, kann man die Anwendung des Mittels auf später verschieben. Man steige von 2 Tropfen 3mal täglich bis auf 5, nach dem 10. Lebensjahr auch wohl noch bis 6 Tropfen. Das Gleiche scheinen im übrigen Arsenferratose oder Arsenferratin zu leisten. Die Dosen betragen 3mal täglich 8—10 ccm, von Arsenferratin 3mal täglich $^1/_2$—1 Pastille. Alle Mittel sind natürlich auf vollen Magen zu geben. Auch Injektion von Solarson kann die innere Medikation ersetzen (s. S. 506).

Salvarsan. Neosalvarsan. Die Anwendung von Salvarsan und Neosalvarsan ist von uns noch nicht erprobt. Es wird folgende Anwendung empfohlen: Salvarsanklistiere: bei 10jährigem Kinde Salvarsan 0,1 bis 2,3 ansteigend, in ca. 150 g Wasser gelöst als Klistier. In acht- bis zehntägigen Intervallen anzuwenden. Daneben wird intravenöse Injektion empfohlen, und zwar 0,1 Salvarsan für ein 10jähriges Kind. Statt dessen würde man wohl Neosalvarsan in Dosen von 0,1 intramuskulär oder suprafaszial (siehe S. 499) als Anfangsdosis in jedem Alter anwenden dürfen.

Allgemeinbehandlung. Auch bei der leichtesten Andeutung von Chorea ist das Kind sofort aus der Schule zu nehmen und unter möglichster Isolierung von Geschwistern und Spielgefährten ins Bett zu stecken. Freiluftbehandlung ist dabei wünschenswert (siehe S. 28). Dabei ist das Kind, soweit es seine Geschicklichkeit noch zuläßt, durch Beschäftigungsspiele, zeitweises Vorlesen und ruhige Unterhaltung abzulenken. Nur dann, wenn die Krankheit in einem geringen Stadium dauernd verweilt, lasse man das Kind vormittags und nachmittags 2—3 Stunden auf sein und sorge auch für nicht allzu lebhafte Spiele mit verträglichen Kameraden. Gewiß ist notwendig, dem Patienten Konflikte jeder Art zu ersparen, doch ist es sehr wichtig, die Disziplin über das Kind nicht zu verlieren. Zuchtlose Hingabe an schlechte Laune darf um so weniger geduldet werden, als die Häufigkeit von Erregungen dadurch nur zunimmt. Bei schweren Fällen ist absolute Isolierung anfänglich nicht zu vermeiden.

Ernährung. Bei gutem Appetit sind Anzeigen für eine besondere Ernährung nicht gegeben. Eine lakto-vegetabile Kost bringt keinen besonderen Nutzen. Sobald aber der Appetit schlecht wird, ist für eine kalorienreiche Nahrung zu sorgen. Käse und Butter sind einem Mißbrauch von Zucker vorzuziehen. Im allgemeinen sind nicht mehr als fünf Mahlzeiten zu geben, jedenfalls die Pausen streng innezuhalten.

Wenigstens schien uns in einzelnen Fällen eine Verlangsamung der Magenverdauung zu bestehen. Im übrigen ist auf die Ausführungen über Krankenernährung zu verweisen. Die Zubereitung und Art der Nahrungsmittel darf sich weitgehend nach den Wünschen des Patienten richten. Mit großem Ernst ist aber auf das Kind einzuwirken, daß es die gereichte Nahrung auch wirklich zu sich nimmt. Durch Salzsäure, z. B. Pepsin Grübler 5mal täglich vor dem Essen 10—20 Tropfen, Azidol (3 mal täglich 1 Tablette in einem Weinglas Wasser) kann man versuchen, den Appetit zu steigern. Auch auf die nötige Wasserzufuhr ist zu achten. Auftreten von gehäuftem Erbrechen, wie man es namentlich des Morgens beobachtet, wird durch Trinkenlassen eines Viertelliters heißen Karlsbader Mühlbrunnen oder Lullusbrunnen bekämpft. Die Gegenwart des Arztes ist hierbei ebenso notwendig wie bei der Behandlung des Azetonerbrechens (siehe S. 373).

Beruhigung. Beruhigend wirken protrahierte warme Bäder von 38°, 10—30 Minuten ansteigend, aber nur, wenn eine bequeme Durchführung der Bäder möglich ist und das Kind keinen starken Widerwillen dagegen zeigt. Womöglich sorge man für nächtlichen Schlaf, wofür Bromural und Adalin in Betracht kommen. Bei starker Erregung, namentlich mit Sinnestäuschungen, wird wiederholt, aber nur wenn es im Augenblick notwendig ist, 1 g bis höchstens $1^1/_2$ g Chloral (per clysma) gegeben. Die Wirkung kann durch 2—3 g Urethan zu gleicher Zeit verstärkt oder durch Anwendung nach 1—2 Stunden verlängert werden. In solchen Fällen tut man gut, neben den durch die Erregung des Augenblicks bedingten starken Mitteln, durch dauernde Anwendung milderer Mittel den Zustand zu beeinflussen. Es eignen sich hierzu 3mal täglich $1^1/_2$ bis 2 Tabletten Bromural (0,4—0,6) oder Brom. Unabhängig vom Alter betragen die Dosen anfänglich täglich 5 g und werden bei erreichter Wirkung auf 3 g pro die herabgesetzt (siehe S. 333 u. 509).

Komplikationen. Die Herzerkrankung bei Chorea ist selten besonders zu behandeln. Bei stark beschleunigtem Pulse und Vergrößerung des Herzens ist Strophantus oder Digitalis, wie auch sonst üblich, anzuwenden. Die Nachbehandlung ist insofern oft leichter als sonst, weil ein großer Teil der Störungen spontan mit Ablauf der Chorea schwindet.

Nachbehandlung. Sobald das Allgemeinbefinden sich gebessert hat und das Kind sich selbständig bewegen und leidlich zugreifen kann, läßt man es 1—2 Stunden am Tage aufstehen und steigt etwa alle Wochen um 1 Stunde. Zugleich aber fängt man an, das Kind ernsthafter zu beschäftigen. Bei kleinen Kindern kommen allein Beschäftigungsspiele in Betracht, bei größeren auch kleine kurze Lernaufgaben. Ein guter Erzieher muß es verstehen, aus der Wiedererlangung alter Geschicklichkeit und Fähigkeit dem Kind eine Quelle der Freude zu machen. Gegen den Willen des Kindes ist jetzt noch nichts zu erreichen. Etwas später sind Arsen oder Arsenferratose, ein ruhiger Aufenthalt in stiller Waldgegend oder auf dem Lande durchaus in Betracht zu ziehen. Einen Rückfall zu verhüten ist man nicht imstande. Wenn die Chorea abwechselnd mit Gelenkrheumatismus auftritt, ist an eine Exstirpation der Tonsillen zu denken (siehe S. 394). Chorea allein indiziert diese nicht.

VI. Meningitis serosa.

Die akute seröse Meningitis ist eine häufige Begleiterscheinung der verschiedenartigsten akuten Erkrankungen der oberen Luftwege nebst Mittelohr und der Lunge. Doch kann die Primärerkrankung so zurücktreten, daß nur die meningitischen Reizerscheinungen das Krankheitsbild beherrschen. Wir haben dann vollständig das Bild einer akuten eitrigen oder einer tuberkulösen Meningitis. Wegen der Möglichkeit folgenschwerer Irrtümer ist daher die Spinalpunktion geboten. Ihre Wirkung ist außerordentlich verschieden. Man kann ebensogut schnellste Besserung wie auch völliges Versagen beobachten. Bei Komplikation mit Spasmophilie oder Spasmophilie und Keuchhusten treten oft Krämpfe auf, die auf Chloral nicht eher reagieren, ehe nicht durch Punktion der Druck herabgesetzt ist. Namentlich bei Krämpfen, die bei leichten Formen von Keuchhusten auftreten, ist die Punktion dringend indiziert (vgl. hierzu Keuchhusten S. 260). Im übrigen ist eine längere Bettruhe und sorgfältige Pflege während der Rekonvaleszenz notwendig. Therapeutisch wichtig ist, daß Lungenentzündungen bei gleichzeitiger Meningitis oft keine auffälligen Symptome machen und nur durch Untersuchung des Thorax erkannt werden können, die daher trotz der Steifigkeit des Patienten nicht unterlassen werden darf.

Chronische Meningitis serosa. Mitunter entwickelt sich nach akutem Anfang eine chronische Drucksteigerung, die gewiß schließlich meistenteils zu innerem Wasserkopf führt. Die ärztliche Aufgabe besteht darin, den Augenhintergrund sorgfältig zu kontrollieren und etwa allmonatlich den Druck durch Punktion herabzusetzen. Besteht die Krankheit über 6—10 Monate fort, so ist sie als Hydrozephalus zu behandeln.

VII. Meningitis purulenta.

Die Behandlung der eitrigen Meningitis deckt sich symptomatisch vollkommen mit der der Meningitis epidemica, tuberculosa und serosa. Ist das bei der Punktion erhaltene Exsudat eitrig, muß man Genickstarreserum injizieren. Erweist die Untersuchung andere Erreger, so muß in Zeiten einer Epidemie immer der Verdacht aufrecht erhalten werden, daß es sich um eine Mischinfektion handelt. Ergibt das einfache Strichpräparat deutlich Pneumokokken, so kommt die Anwendung von Optochin in Betracht (Dosierung S. 520). In allen anderen Fällen ist die Spinalpunktion nur bei deutlich vermehrten Beschwerden zum zweiten Male vorzunehmen und nur bei guter Wirkung, weiterhin bei jeder Verschlimmerung, zu wiederholen. Das Auftreten von Eiter in der Zerebrospinalflüssigkeit bei gleichzeitigem Ohrenleiden soll Veranlassung geben, schleunigst einen Ohrenarzt zu konsultieren. Eine durch den Zustand des Ohres auch sonst indizierte Operation kann im letzten Moment mitunter noch Hilfe bringen. Manche Autoren versprechen sich etwas von Urotropin. Da man doch etwas verschreiben muß, läßt sich gegen die Verordnung dieses Mittels nichts einwenden.

VIII. Pachymeningitis haemorrhagica cum hydrocephalo externo (äußerer Wasserkopf).

Das schubweise, unter Druckerscheinungen auftretende Wachstum des Schädels wird durch Blutungen aus neugebildeten Gefäßen und gleichzeitige Exsudation, und zwar in den Subduralraum, bedingt. Aus anatomisch nicht völlig aufgeklärten Gründen wirkt die Spinalpunktion hier gründlich entlastend, so daß schwer bewußtlose Kinder sofort wieder aufleben können. Aber da die Herabsetzung des Druckes eine neue Blutung hervorrufen kann, so kann im Gegenteil auch eine Verschlimmerung erfolgen. Die Spinalpunktion ist daher eine zweischneidige Waffe. Folgendes Verfahren wäre künftig zu versuchen: Im Anfall gebe man subkutan eine Spritze von Coagulen (siehe S. 511). 2—4 Stunden darauf setze man den Hirndruck durch Spinalpunktion vorsichtig auf höchstens 120 mm Druck herab.

Außerhalb des Anfalls hat man sich jeden Eingriffs zu enthalten, wenn das Befinden und die statischen Funktionen des Kindes nicht geschädigt sind. Ist dieses aber der Fall, so kann man nach einer vorhergehenden Koagulen-Einspritzung eine Punktion der auf dem Gehirn lagernden Flüssigkeitsmassen versuchen. Die Kanüle wird an der gleichen Stelle wie bei der Ventrikelpunktion eingeführt. Von einer Tiefe von 1 cm an bis etwa $1^1/_2$ cm versuche man vorsichtig zu aspirieren. Oft zeigt die Auftreibung einer Schädelseite die Stelle an, an der man die größte Flüssigkeitsmenge findet.

IX. Hydrozephalus.

Nach den mechanischen Bedingungen müssen wir zwei Formen von Wasserkopf unterscheiden: die geschlossene und die offene Form. Bei der geschlossenen sind die Öffnungen des 4. Ventrikels verwachsen oder komprimiert. Die Ventrikelflüssigkeit kann daher nicht wie sonst in den maschigen Hohlraum, der verlängertes Mark und Rückenmark umscheidet, also in den Arachnoidealraum abfließen. Therapeutisch ergibt sich daher nur das eine Mittel, operativ einen Ausfluß der Ventrikelflüssigkeit zu schaffen, damit sie irgendwo anders versickern kann. Das einfachste Mittel ist der Balkenstich. Dieser öffnet der Ventrikelflüssigkeit den Zugang zu den Maschen des das Gehirn überkleidenden Arachnoidealraumes. Alle übrigen komplizierten Drainage-Systeme sind bisher nur Glanzstücke besonderer chirurgischer Künstler. Operationen, die die Zysterne zwischen Kleinhirn und Medulla zu eröffnen bestimmt sind, würden hier wirkungslos sein, da die Zysterne durch Verwachsungen des Foramen Magendi keine Flüssigkeit aus den Ventrikeln enthält.

Bei der offenen Form des Wasserkopfs ist ein Ausfluß der Ventrikelflüssigkeit in den Arachnoidealraum möglich. Wenigstens zeitweise ist, wie uns Untersuchungen gelehrt haben, der Druck im Ventrikel und Arachnoidealraum ziemlich der gleiche. Man kann daher in diesem Zustande durch Ablassen von Flüssigkeit aus dem Arachnoidealraum durch Spinalpunktion den Druck auch im Ventrikel herabsetzen. Da aber die Flüssigkeit sich sehr schnell wieder erneut, so wäre die Spinalpunktion stets nur von vorübergehender Wirkung, wenn nicht durch Herabsetzung des Druckes die Resorptionsbedingungen mehr oder weniger gebessert würden. Ist dies, wie leider nicht häufig, in erheblichem Grade der Fall, so kann die Spinalpunktion eine lang dauernde günstige Wirkung hinterlassen, ja geradezu die Heilung anbahnen. Nur bei rachitischem Wasserkopf (s. S. 184) kann man auf nachhaltigen Erfolg rechnen. Die Spinalpunktion ist aber auch aus einem weiteren Grunde nur unvollkommen wirksam. Je größer der Wasserkopf, desto relativ unbedeutender ist die Menge, die durch die engen Öffnungen in den Arachnoidealraum abtropfen kann. Setze ich daher den Druck in den Arachnoidealräumen der hinteren Schädelgrube namentlich durch zu schnelles Ablaufen der Spinalflüssigkeit zu stark herab, so drücken die durch die Wasseransammlung stark vergrößerten Hinterhörner das Kleinhirn fest auf die Medulla und verhindern so den weiteren Abfluß. Auch ist die Ablassung größerer Mengen deswegen gefährlich, weil die Hirnsubstanz sich nicht mehr entsprechend dem ausfließenden Wasser ausdehnen kann. Das Blut wird so gleichsam in die Gefäße gezogen, und auf diese Weise kommt es zu Blutungen oder anderen Schädigungen (Ödemen). Hier kann die Spinalpunktion nur soweit nützen, als sie einen Überdruck herabsetzt. Ihre Aufgabe ist aber nicht, möglichst viel Flüssigkeit zu entleeren; denn abgesehen von den beschriebenen Schädigungen wird solche sofort wieder gebildet. Bei großen Wasserköpfen ist wegen der geschilderten Schwierigkeit des Ablaufens bei offener Fontanelle die Ventrikelpunktion vorzuziehen. Bei Versagen dieser beiden vorübergehend entlastend wirkenden Operationen ist auch hier eine Dauerdrainage durch Balkenstich oder die durch Anton und Schmieden nach dem Vorgang von Westenhöfer angegebene Eröffnung der Cysterna cerebelli medullaris am Platze.

Für beide Formen des Hydrozephalus müssen wir zwei Zustände unterscheiden: den Zustand der Zunahme und den des Druckausgleichs. Im ersteren ist mindestens periodenweise ein Überdruck vorhanden, der sich durch Zunahme der Beschwerden oder Wachstum des Schädels äußert. Diesen Druck herabzusetzen ist eben Aufgabe der Therapie. Im Stadium des Druckausgleichs hat sich die Resorption der Ventrikelflüssigkeit auf die Sekretion eingestellt. Es kommt zu keiner Vergrößerung der Ventrikel mehr, aber auch zu keiner Verkleinerung Die Gehirnsubstanz ist so verändert, daß sie sich nicht mehr ausdehnen und so den leer gewordenen Platz einnehmen kann. Hierdurch ist eine Verkleinerung der Höhle unmöglich. Dieser Zustand der relativen Heilung kann durch keine operative Maßregel günstig beeinflußt werden.

1. Geschlossener Hydrozephalus.

Wenn wir in einem Falle von Hydrozephalus bei Spinalpunktion nur einen minimalen Druck finden und nur wenige Tropfen Flüssigkeit entleert werden, so bringe man ein Steigrohr an, das etwa von der Stelle der Spinalpunktion bis zum Scheitel des Patienten reicht und setze den Patienten auf. Wir sehen dann, daß der Druck nicht oder wenig steigt, während bei der offenen Form, auch wenn es sich um den beschriebenen Zustand der Ruhe handelt, zu Anfang größere Mengen klarer Flüssigkeit ablaufen und beim Aufsetzen die Flüssigkeit im Steigrohr mindestens bis zum Hinterhauptsloch steigt. Therapeutisch gleich zu achten sind diejenigen Fälle mit großem Hydrozephalus, bei denen nur anfangs größere Mengen Flüssigkeit abfließen und der Druck plötzlich sistiert. In den ersteren Fällen handelt es sich um ein Vorkommnis im Stadium hydrocephalicum bei Genickstarre. Kopfschmerzen, Bewußtseinsverlust, Krämpfe verlangen ein schnelles Eingreifen. Es empfiehlt sich sofortige Operation. Zwar ist bisher bloß Ventrikelpunktion gemacht worden, doch käme die Vornahme des Balkenstichs durchaus in Frage. Sein Erfolg ist deswegen kein ganz sicherer, weil die Maschen des Arachnoidealraumes auch in der Balkengegend durch die Grundkrankheit verändert sind.

Bei den großen Hydrocephali des Säuglings versuche man in Pausen von 3—4 Wochen die Ventrikelpunktion und lasse dabei 20—30 ccm ab.

Wenn der Erfolg nicht bald eintritt oder nach der ersten Punktion Beschwerden erscheinen, ist der Balkenstich trotz geringer Aussichten zu empfehlen.

Technik der Ventrikelpunktion. Der Kopf des Kindes wird sorgfältig rasiert. Sehr praktisch ist auch das Einstreichen einer Sulfidpaste, z. B. Haarfeind Lohse. Die Paste wird mit Wasser angerührt, nach Kurzschneiden der Haare auf die Kopfhaut eingestrichen, nach 5 Minuten mit Wasser oder Holzspatel entfernt. Jodtinktur ist bei der Desinfektion wegen der Gefahr des Ekzems zu vermeiden. Eine dünne Kanüle (Dicke etwa wie bei Kampferölinjektionen) wird senkrecht zur Oberfläche etwa $1^1/_2$—2 cm von der Sagittallinie entfernt in der Kreuznaht eingestochen. In der Tiefe von 1 bis höchstens 2 cm erreicht man die Ventrikelhöhle. Nach der Punktion aseptischer Kompressionsverband.

2. Offener Hydrozephalus.

Wir unterscheiden therapeutisch den angeborenen oder auf angeborener Grundlage sich entwickelnden Hydrozephalus und den durch entzündliche Erkrankung erworbenen. In dieser letzteren Gruppe sind noch besonders die Fälle hervorzuheben, die durch Genickstarre veranlaßt sind.

Angeborener Hydrozephalus. Die monströsen Formen des angeborenen Hydrozephalus sind versuchsweise mit Ventrikelpunktionen, eventuell Balkenstich zu behandeln. Ein Versuch lohnt sich nur, wenn wenigstens eine bescheidene geistige Reaktion nachzuweisen ist. Bei Behandlung geringgradiger Fälle, die wahrscheinlich noch im Wachstum begriffen sind, versuche man erst alle 8—14 Tage die Spinalpunktion. Man lasse hier stets nur so viel und zwar langsam ab, bis der Druck ca. 60—80 mm beträgt. Sollte er zu Anfang besonders hoch, also 300 mm und darüber sein, so ist er nur bis 150 mm herunterzusetzen. Sistiert nunmehr das Wachstum des Schädels, so darf man sich mit dem Erreichten auch dann begnügen, wenn der Kopfumfang beim Halbjährigen zwischen 45 und 50 beträgt. Wächst er weiter, so ist Balkenstich vorzuschlagen. Bei reger Intelligenz, sistierendem Schädelwachstum wird man nur dann einschreiten, wenn ein Aufsetzen und Stellen der Beine auch nach der 2. Hälfte des 2. Lebensjahres nicht möglich wird, stets aber, wenn zeitweise Unruhe, Mattigkeit und Rückgang der Intelligenz auf Druckvermehrung hinweisen. Hier darf man sich nicht lange mit Spinalpunktion aufhalten, sondern muß den Balkenstich oder die Anton-Schmiedensche Operation empfehlen. Wenn im späteren Lebensalter bei einem mäßigen Hydrozephalus Sistieren der geistigen Entwicklung, periodischer Kopfschmerz und unsicherer Gang auftreten oder gar der Sehnerv Veränderungen aufweist, ist Balkenstich anzuraten. Die Spinalpunktion diene hier nur zur Orientierung über die Art des Hydrozephalus.

Erworbener Hydrozephalus. Bei dem erworbenen Hydrozephalus ist zunächst festzustellen, ob Lues hereditaria vorliegt (Wassermansche Reaktion von Blut und Spinalflüssigkeit). Eine energische antiluetische

Kur ist einzuleiten. Doch ist der Erfolg mitunter gering. Ob eine intralumbale Anwendung von Neosalvarsan mehr leisten wird, ist noch nicht festgestellt.

Die Technik dürfte etwa folgende sein: Es werden 10 ccm Liquor abgelassen. Mit diesen werden 0,15 Neosalvarsan aufgelöst und hiervon 0,3 bis 0,6 ccm eingespritzt, am besten so, daß man an der Kanüle einen dünnen Schlauch mit Trichter befestigt, durch Senken diesen mit Liquor voll laufen läßt, die bezeichnete kleine Menge der Lösung hineintropft und nun durch Heben des Schlauches die Flüssigkeit zurücklaufen läßt. Die Prozedur ist in 10 Tagen zu wiederholen.

Wenn die wiederholte Druckentlastung keinen Erfolg hat, so ist nach Abschluß der antisyphilitischen Kur der Balkenstich anzuwenden. Bei allen übrigen Formen von erworbenem Hydrozephalus ist die Spinalpunktion in der beschriebenen vorsichtigen Weise auszuführen. Hat sie einen wenigstens einige Tage anhaltenden Erfolg, so ist man zu einer Wiederholung in 8—20tägigen Intervallen berechtigt. Sind damit nicht länger dauernde Erfolge zu erzielen, ist der Balkenstich möglichst bald anzuwenden. Die Operation verspricht in derartigen Fällen einen sichereren Erfolg als sonst. Jede Veränderung am Sehnerven, die nicht durch die Spinalpunktion sofort gebessert wird, drängt zum Eingreifen. Der Augenhintergrund ist daher stets zu kontrollieren.

Bei den Wasserkopfentwicklungen infolge von Genickstarre kommt es meist zu dem Ruhestadium, dem Druckausgleich. Hier sind, wie wir nach reichlicher Erfahrung sagen können, wiederholte Spinalpunktionen wirkungslos. Über ihre Anwendung während des Stadium hydrocephalicum muß im übrigen auf die Auseinandersetzungen im Kapitel Genickstarre verwiesen werden. Im allgemeinen ist die wichtigste Behandlung gute Pflege. Bei sekundärem Wachstum Monate und Jahre nach der Krankheit oder bei jüngeren Kindern kommt nach einer versuchsweisen Spinalpunktion der Balkenstich in Frage. Da aber das Arachnoidealgewebe durch die Krankheit auch verändert ist, dürfte der Ausfluß aus dem neugeschaffenen Loch nicht immer seinen Zweck erreichen, und nur kompliziertere drainierende Operationen könnten hier Hilfe bringen. Von der Anton-Schmiedenschen Operation ist hier noch weniger zu erwarten.

X. Zerebrale Hemiplegie (zerebrale Kinderlähmung).

1. Behandlung der Grundkrankheit.

Die Paresen, die die Halbseitenlähmung verschuldet, sind therapeutisch meist nicht zu beeinflussen, gleichgültig, ob sie angeboren oder erworben sind. Mit den einmal gesetzten Zerstörungen, die eine Enzephalitis oder Hämorrhagie verursacht hat, muß gerechnet werden. Ausgenommen sind einzelne frische Lähmungen bei Spätlues. Hier ist bei einem kleinen Teil nicht eine Hämorrhagie, sondern ein Gumma oder eine lokale Entzündung schuld an der Lähmung und demgemäß eine spezifische Behandlung möglich. Es ist daher in allen frischen Fällen, wenn der Verdacht einer luetischen Erkrankung vorliegt, Quecksilber- und Jod-Behandlung einzuleiten. Auch bei unklaren Fällen ist dies zu raten, da z. B. Tuberkel und lokale tuberkulöse Meningitiden vielleicht durch eine Schmierkur oder Jodkaliumbehandlung beeinflußt werden. Doch gehen diese Lähmungen auch spontan zurück. Freilich muß der Arzt immer auf den Ausbruch der Meningitis tuberculosa im nächsten Vierteljahr gerade dann gefaßt sein, wenn die Erscheinungen flüchtig sind.

Bei Symptomen von Gehirntumor, wie Kopfschmerz, Stauungspapille usw. ist chirurgische Behandlung selbstverständlich. Doch ist auch eine Probeoperation indiziert, wenn Jacksonsche Epilepsie die Krankheit einleitet, namentlich, wenn die Lähmungserscheinungen im Anschluß an die Krämpfe sich verschlimmern.

Vielfach wird man, alten ärztlichen Anschauungen folgend, bei frischen Lähmungen nach Infektionskrankheiten oder selbständig auftretenden Enzephalitiden von Jod- oder Quecksilberinunktionen Gebrauch machen; eine Wirkung haben wir nie gesehen. Mindestens 3 Wochen lang nach Auftreten der Lähmung muß auf ruhige Bettlage gesehen werden. Aufregung, Husten und Schlaflosigkeit sind durch Beruhigungsmittel zu bekämpfen. Kopfschmerzen weichen oft dem Pyramidon, Aspirin usw.

2. Allgemeinbehandlung.

Man hat bei der Erziehung stets zu berücksichtigen, daß die Kinder durch ihre Krankheit reizbarer sind. Durch ihre Bewegungshemmung sind sie am fröhlichen Spiel und am Verkehr mit anderen Kindern behindert. Möglichste Berücksichtigung der allgemeinen Körperpflege ist selbstverständlich. Im allgemeinen ist Aufenthalt an der See nicht geeignet. Konsequente Erziehung ist dringend notwendig, wenn der Kranke von krankhaftem Trotz und seinen Launen nicht gehemmt werden soll. Man vergesse über aller Sorge und Mitleid nicht, daß der Kranke später durch Intelligenz und Ausdauer sich trotz des Defektes im Leben behaupten muß. Es ist ebenso falsch, zu wenig als zu viel von dem leicht ermüdbaren Kinde auf körperlichem und geistigem Gebiet zu verlangen. Dabei für ein heiteres, sonniges Kindesleben zu sorgen, ist eine oft recht schwere, aber um so wichtigere Aufgabe. Wir verweisen auf die Kapitel über Pflege und Erziehung.

3. Behandlung des spastischen Lähmungszustandes.

Die Muskeln der erkrankten Seite sind mehr oder weniger noch der willkürlichen Innervation zugänglich, am wenigsten freilich, je feiner differenziert die geforderten Leistungen sind. Die Ausführung zweckdienlicher Bewegungen ist durch Spasmen gehindert, die Rücken und Extremitäten in den bekannten Stellungen zu fixieren streben. Zudem sind die Muskeln, und zwar auch die spastisch kontrahierten, schwach. Es ergeben sich damit folgende Schwierigkeiten, die wir an einem Beispiel erläutern: Der Arm soll im Ellbogengelenk gestreckt werden. Hierzu ist ein besonders starker Willensimpuls nötig, der auch auf den spastisch kontrahierten Beuger ausstrahlt, und zwar um so mehr, je mehr die Bewegung gewünscht wird. Der Trizeps hat, ungenügend innerviert und schwach, wie er ist, den spastisch kontrahierten, gleichfalls zur Kontraktion geneigten Bizeps zu überwinden. Dazu kommt als weiteres Hindernis, daß bei seelischer Erregung die Spasmen auf der gesamten kranken Seite zunehmen.

Die Entstehung der Spasmen ist aber nicht allein von grundlegenden Eigentümlichkeiten der Gehirnfunktion abhängig, sondern auch von der Stellung, in der sich meistenteils das gelähmte Glied befindet. Also kann man, wenn die Krankheit frühzeitig behandelt wird, durch Stellungskorrekturen mittels Fixation durch Schienen oder durch Bewegungen die Entstehung besonders störender Kontraktionen wenigstens verringern.

Die Aufgaben der Behandlung sind folgende:

1. Verhinderung der Entstehung von Kontrakturen.
2. Übung willkürlicher Bewegung und Geschmeidigmachen der Glieder durch passive Bewegungen den Kontraktionen entgegengesetzt.
3. Stärkung der schwachen Muskulatur durch Übung und Massage.
4. Aufhebung der störenden Spasmen durch chirurgische Maßnahmen.

Verhinderung der Entstehung von Kontrakturen. Bei frischen Lähmungen ist zunächst die Stellung von Arm und Hand zu beachten.

Durch ein Kissen läßt sich die Abduktionsstellung des Oberarms im Schultergelenk für Stunden herstellen. Dadurch wirkt man zugleich auf die Stellung der Wirbelsäule ein, die die Tendenz hat, sich zu der gelähmten Seite konkav zu stellen. Die Beugekontraktur im Ellbogengelenk, die ja weniger bedeutsam ist, kann man durch eine stundenweise anzulegende Gipshülse in Streckstellung verwandeln. Am wichtigsten und auch beim jungen Säugling durchführbar ist die Korrektur der Beugestellung von Hand und Opposition des Daumenballens. Hier fertigt man die S. 79 beschriebene leichte Gips-Drahtschiene an. Ebenso wie bei der Geburtslähmung des Radialis soll diese von der Ellbogenbeuge bis zum Metakarpophalangealgelenk reichen und so breit sein, daß sie den Daumenballen in die Ebene des Handtellers zurückdrängt. Die Behandlung ist monate-, ja jahrelang fortzuführen.

Die Kontrakturen des Beines sind schwerer zu beeinflussen. Durch einen aufs Knie gelegten Sandsack läßt sich eine etwas vollkommenere Streckung erreichen.

Übung aktiver Bewegungen. Der Kranke ist anzuhalten, alles, was ihm irgend möglich ist, mit dem kranken Arm auszuführen. Es gehört hierzu die allergrößte pädagogische Energie. Denn die Tendenz, der gesunden Seite alle Tätigkeit zu überlassen, nimmt mit dem Alter eher zu als ab. Auch ist darauf zu achten, daß die möglichst größten Exkursionen erreicht werden, z. B. bei Hebung des Armes im Schultergelenk, weil gerade hier eine Neigung zu Verschlimmerung besteht. Außerdem ist es notwendig, spezielle Aufgaben zu stellen. Durch schnelles

Greifen nach vorgehaltenen Gegenständen ist die Ataxie zu bekämpfen. Ebenso ist als Geschicklichkeitsübung am Platze: Bauen mit Holzklötzen, Geschicklichkeitsspiele, Ausschneiden, Stricken usw.

Sehr unangenehm sind athetotische Bewegungen, die therapeutisch nicht zu beeinflussen sind.

Es ergibt sich vielfach die Notwendigkeit, mit der Übung die passive Dehnung zu verbinden oder diese letztere vorhergehen zu lassen. Gesichtspunkte ergeben sich leicht aus den Regeln, die wir bei Verkrümmung und Lähmung (siehe S. 269) angegeben haben.

1. Schultergelenk- und Rückgratskontraktur:

Aufziehen an beiden Armen und Schwingen an Ringen, sobald man durch vorsichtige Übungen das Kind so weit gebracht hat, daß es sich allein festhalten kann. Besonders geeignet ist die Wagnersche Schwebe (S. 51), da durch Aufhängen am Ring die Rückenkontraktur meist nicht schwindet. Bei aktiven Übungen lasse man stets beide Arme heben, um die Hilfsbewegungen in der Wirbelsäule zu unterdrücken.

2. Hand und Finger:

Umklammerungsübungen sind schon beim Säugling durch Einschieben einer Holzrolle in die Hand zu beginnen. Auflegen der Hand auf einen niedrigen Tisch. Die gesunde Hand drückt fest die kranke auf die Platte. Durch Aufstehen des Kindes wird jetzt das Handgelenk mit gestreckten Fingern überstreckt.

3. Beine:

Kniebeugen, wobei man sehr darauf achten muß, daß das kranke Bein auch wirklich den Körper mit trägt. Oft muß man dabei den Absatz manuell auf dem Fußboden fixieren.

Sehr brauchbar ist auch hin und wieder das Dreirad. Schuh oder Sandale der kranken Seite sind auf dem Pedal anzunähen. So ist das kranke Bein gezwungen, auch die extremeren Bewegungen mitzumachen. Durch Hoch- oder Niederstellung des Sitzes kann man je nachdem starke Streckung oder Beugung erzwingen.

Neben diesen speziellen Übungen sind alle sonstigen Turnübungen, wie im Kapitel über Gymnastik beschrieben, auszuführen. Wie bei den Verkrümmungen ergibt sich die Regel, nicht immer nur die kranke Seite zu berücksichtigen. Sehr praktisch ist es, Arm- oder Beinbewegungen bilateral ausführen zu lassen, da manche Funktion als Mitbewegung der anderen Seite leichter zu erzielen ist. Es gilt, die gedrückten Kinder bewegungsfroh zu machen. Mehr noch als sonst ist darauf zu achten, daß das Kind nicht übermüdet und unlustig wird. Anfangs sind oft wenige Minuten Anstrengung hintereinander schon zu viel. Häufige kurze Wiederholung im Laufe des Tages ist zunächst wenigstens einer „Turnstunde" weit vorzuziehen.

4. Die systematisch-turnerische Durcharbeitung erreicht die so notwendige Kräftigung der Muskulatur. Unterstützt wird sie durch eine früh einsetzende regelmäßige Massage.

5. So notwendig es ist, diese schwierige und mühsame Behandlung durchzuführen, so ist doch das Resultat gering, wie hoch man

den Gewinn für den Kranken auch einschätzen mag. Namentlich sind die Spasmen der Hand für einen feineren Gebrauch dieses wichtigsten Instrumentes recht hinderlich.

Es ist jedoch, wie aus der Literatur zu ersehen, hier noch möglich, durch Herabsetzen der Kraft der spastischen Muskeln die Funktion zu bessern. Nach der Methode von Stoffel, die von Ottfried Förster weiter ausgebildet ist, werden die Nervenfasern der spastischen Muskeln im Nervenstamm aufgesucht und teilweise durchtrennt. Einstweilen ist nur an der oberen Extremität bei der Hemiplegie dieses Verfahren zu empfehlen. Es muß betont werden, daß nur wenige Chirurgen in dieser Frage die notwendige Erfahrung haben. Mit der Ausführung der Operation kann man ohne Schaden bis nach dem 10. Lebensjahre warten.

XI. Zerebrale Diplegie (Littlesche Krankheit).

Die angeborene Gliederstarre ist in den ersten 4—5 Lebensjahren erheblicher spontaner Besserung fähig. Namentlich werden die oberen Extremitäten meist viel freier. Man ist daher nicht berechtigt, vor Ablauf dieser Zeit eine ungünstige Prognose zu stellen und damit lebensgefährliche Eingriffe, wie z. B. die Förstersche Operation zu begründen. Andererseits soll man auch nicht in der Hoffnung auf diese günstige Wendung die Zeit ungenützt verstreichen lassen. Eine konsequente Behandlung ist auch in den glücklichsten Fällen nicht zu entbehren und muß in den ernsteren sekundäre Verkürzung durch Gewebsschrumpfung verhindern. Je früher die Behandlung einsetzt, um so besser das Resultat.

Vorbedingung einer erfolgreichen Behandlung ist freilich eine gewisse Mitarbeit des Patienten. Bei Idioten lohnt sich die Mühe nicht. Bei Beurteilung der geistigen Fähigkeiten täuscht man sich jedoch leicht zu ungunsten der Kinder. Infolge der starken körperlichen Hemmung geben sie geistigen Fähigkeiten schlechteren Ausdruck. Außerdem entspricht der Stand der geistigen Entwicklung oft nicht den Anlagen. Jede erfolgreiche orthopädische Behandlung, die die Beweglichkeit des Kindes vermehrt und auch zugleich Veranlassung gibt, sich mit dem Kinde mehr zu beschäftigen, weckt oft ungeahnte geistige Kräfte.

Die Gesichtspunkte für die Behandlung ergeben sich aus folgenden Tatsachen. Die betroffenen Muskelgruppen sind dem Willenseinfluß zwar in mehr oder weniger erheblichem Grade, aber doch nie völlig entzogen. Durch Übung ist die willkürliche Beherrschung der Muskeln zu steigern. Da der Kräftezuwachs eines Muskels vom Gebrauch abhängig ist, und der Spasmus nicht als Arbeitsleistung wirkt, vielmehr die Arbeit verhindert, so sind die Kinder muskelschwach. Da die Ausführung jeder Bewegung einen besonderen Willensimpuls verlangt, der weiterhin als ermüdend wirkt, ist die Leistungsfähigkeit des Kindes anfangs als sehr gering einzuschätzen, und demgemäß sind die Übungen zu dosieren.

Der Ausführung zweckdienlicher Bewegungen stellen sich die Spasmen entgegen. Diese sind teils dauernd vorhanden, teils treten sie erst auf bestimmte Reize hin auf. Der Anteil, den diese beiden Arten von Spasmen an den Krankheitsbeschwerden haben, ist äußerst verschieden. Ein Teil der Kinder ist dauernd steif wie Holzklötze, andere sind in der Ruhe anscheinend wenig betroffen. Erst ein Reiz läßt die Spasmen über das ganze Muskelgebiet ausstrahlen. Als solcher wirkt jede seelische Erregung, Angst sowohl wie Freude, ferner jede gewollte Bewegung, namentlich, wenn sie in ungewohnter und unbequemer Stellung vorgenommen wird. So kann mancher Kranke die Beine frei bewegen, wenn er liegt. In stehende Haltung gebracht, ist ihm eine Beinbewegung unmöglich; ja sogar die Arme, die vorher fast frei schienen, zeigen sich steif. Die Vorbedingung jeder erfolgreichen Übung ist daher, daß der kleine Patient zu dem Behandelnden in freundlichen, vertrauensvollen Beziehungen steht. Die Übungen müssen zuerst im Liegen, dann erst in unbequemeren Körperstellungen ausgeführt werden. Als Reiz wirkt ferner vermehrend auf den spastischen Zustand jeder Impuls von der Peripherie, namentlich Schmerz und Kälte. Dagegen vermag Wärme die Spasmen herabzusetzen. Wir werden uns daher dieses Hilfsmittels bedienen müssen. Auf der Bedeutung der sensiblen Reize für die Entstehung der Spasmen beruht die sogenannte Förstersche Operation. Durch Zertrennung einiger der sensiblen Rückenmarkwurzeln wird der Zufluß peripherer Reize vermindert.

Eine Verringerung der Spasmen ist ferner zu erzielen durch vorübergehende, namentlich aber durch länger dauernde Dehnung mittels fester Verbände oder tragbarer Apparate. Diese Behandlung trifft natürlich nicht den allgemeinen spastischen Zustand, sondern den besonders störenden Spasmus einer bestimmten Muskelgruppe. In gleicher Richtung wirken Tenotomien. Letztere Operationen sind unbedingt notwendig, wenn durch Dauerspasmen Verkürzung von Sehnen und Bindegewebe eingetreten ist. Stoffel hat ferner neuerdings den Gesichtspunkt aufgestellt, die Beweglichkeit der Glieder dadurch zu vermehren, daß er die motorische Leitung zu den besonders spastisch erkrankten Muskelgruppen verminderte. Es geschieht dies durch teilweise Durchschneidung der Leitungsfasern im Nervenbündel oder durch Durchschneidung eines Nerven, der nur einen Teil der Gruppe versorgt, wie z. B. der Nervus obturatorius einen Teil der Adduktorengruppe.

Die Aufgabe der Behandlung ist demnach, die willkürliche Beherrschung der Muskulatur durch Übung zu steigern und die sich der Ausführung entgegenstellenden Hindernisse, Spasmen oder Kontrakturen, zu beseitigen. Nach dem oben Besprochenen bedarf es zur erfolgreichen Behandlung außer einer Pflegerin, die sich dem Kinde mit voller Liebe und Ausdauer widmet, eines Arztes, der bereit ist, sich in den Fall mit allen seinen Schwierigkeiten zu vertiefen. Bei den schwereren Formen muß man geradezu einen Orthopäden ersten Ranges verlangen. Bei den meisten Fällen wird die Aufgabe des Hausarztes nur sein, dafür zu sorgen, daß das Kind in die Hände eines besonders kompetenten Arztes kommt. Wenn zu Hause keine sorgfältige Durchführung der empfohlenen Maßregeln möglich ist, wird die Unterbringung in eine orthopädische Anstalt oder in ein fachärztlich geleitetes Krüppelheim notwendig sein. In schweren Fällen wird man nie ohne klinische Behandlung auskommen. Doch bleibt für den praktischen Arzt noch manche Aufgabe übrig.

Die Behandlung bis zum 4. Lebensjahr fällt ihm auf jeden Fall zu. In leichteren Fällen wird er sie später jahrelang zu überwachen haben. Namentlich gilt das in Land und Stadt, wo die Konsultation eines Orthopäden immer eine Reise bedeutet. Es ist daher notwendig, die dem Hausarzt obliegenden Aufgaben genauer zu besprechen.

Pflege und Erziehung. Der Kranke bedarf einer besonders liebevollen und sorgfältigen Pflege. Es ist notwendig, darauf zu achten, daß er genügend ins Freie kommt. Völlig steife Kranke bedürfen aber einer recht sorgfältigen Beobachtung ihres Wärmebedürfnisses. Durch geeignete Bettung oder Lagerung im Wagen ermögliche man ihnen, ihre Umgebung zu beobachten und Eindrücke aufzunehmen. Mit besonderer Liebe fördere man sich äußernde Interessen. Wenn irgend möglich, lasse man den Kranken sich nicht zu sehr daran gewöhnen, nur mit der ihn besonders betreuenden Person allein zu sein. Sensibilität und Launenhaftigkeit wachsen leicht zu sehr an. Die Durchführung einer konsequenten Disziplin, soweit sie überhaupt denkbar ist, ist im Interesse des Kindes dringend geboten. Denn von seiner Leitbarkeit hängt die Möglichkeit der Durchführung der Therapie zum Teil ab. Die Erziehung ist übrigens insoferne nicht schwer, als man dem Patienten leicht vor Augen führen kann, wie sehr er auf die Hilfe des Erwachsenen angewiesen ist.

Übungstherapie. Auch bei den leichtesten Formen der Gliederstarre besteht eine mehr oder weniger große Ungeschicklichkeit des gesamten Körpers. Selbst durch geringe Erkrankung der Beine wird die sonst sich von allein ergebende Gelegenheit zur Bewegung des übrigen Körpers herabgesetzt. Es ist deswegen notwendig, daß die Gymnastik sich stets über den ganzen Körper erstreckt. Wir verweisen hier auf das Kapitel über Gymnastik. Soweit es der Zustand des Patienten ermöglicht, sind sinngemäß alle die dort angeführten Übungen anzuwenden. Bei bewegungsfähigen Armen treten Geschicklichkeitsübungen hinzu, so z. B. Schlagen nach einem aufgehängten Ball, Bauen mit großen Holzklötzen usw., wenn es irgend geht, Schwingen oder wenigstens Festhalten an Ringen. Alles was der Patient selbst mit seinen Händen leisten kann, darf man ihm nie abnehmen. Hierzu gehört freilich viel Geduld und Zeit. Soweit es möglich ist, müssen der Epsteinsche Schaukelstuhl und der Laufstuhl herangezogen werden. Bei geringen Adduktorenspasmen ist auch das Dreirad zu verwenden. Am besten läßt man Sandalen auf die Pedale nähen, so daß eine passive Dehnung des Gastrocnemius erfolgt. Bei etwas stärkeren Adduktorenspannungen eignet sich die Anwendung des Wiegenpferdes.

Das Wiegenpferd soll die alte Form haben, die man noch mitunter in Spielwarenhandlungen für ärmere Leute findet. Es soll bestehen aus zwei Wiegebrettern, deren obere Verbindung als Sattel dient. Am Pferdekopf läßt man eine Querstange anbringen, die statt der Zügel als Handhabe dient. Auf der Seitenwand der Bretter läßt man die Fußtritte anbringen. Die Kinder versuchen das Spreizen der Beine dadurch zu vermeiden, daß sie sie in der Hüfte beugen. Um dies zu verhindern, läßt man an der Stelle, wo der Oberschenkel liegen soll, dem vorderen Rand des unteren Oberschenkeldrittels entsprechend einen Riemen anbringen oder einen Holzpflock, damit sie die Schenkel nicht hochziehen können.

Nur in den allerleichtesten Fällen wird man gleich die dem Alter entsprechenden Übungen und Apparate anwenden dürfen. Bei manchen Fällen wird man nie dazu kommen. Bei erheblicheren Spasmen ist der Weg mühseliger. Sobald die Diagnose der Littleschen Krankheit gestellt ist, beginne man schon im ersten Lebensjahre mit passiven Bewegungen. Das Kind muß dabei in guter Stimmung sein, und die Bewegungen müssen schonend und langsam ausgeführt werden. Es handelt sich darum, die spastischen Muskeln zu dehnen. Hauptsächlich kommen folgende Übungen in Betracht: Abduktion und Rotation des Oberarms nach außen, Streckung und Beugung im Ellbogengelenk, Entfaltung der Handfläche. Letztere führt man dadurch aus, daß man die Hand des Patienten zwischen seinen Handtellern sozusagen platt drückt. An den Beinen kommen die Abduktion in der Hüfte, Strecken und Beugen im Knie und Dorsalflexion im Sprunggelenk in Betracht. Alle diese Bewegungen sind mehrfach am Tage auszuführen. Die Mutter muß darin unterrichtet und wiederholt bei der Ausübung kontrolliert werden. Gegen Ende des ersten Lebensjahres ist es schon möglich, die besonders störende Adduktionskontraktur der Beine dadurch zu bekämpfen, daß man das Kind mit den Beinen die Taille der Pflegerin umspannen läßt.

Mindestens viermal in der Woche muß man diese Übungen dadurch erleichtern, daß man die Spasmen durch heiße Bäder aufhebt. Nachdem das Kind etwa 3 Minuten in einem ungefähr 39° warmen Bade gelegen hat, fängt man an, die spastischen Muskeln kräftig zu durchkneten und fügt passive Bewegungen dazwischen ein. Die Adduktoren des Beines behandelt man folgendermaßen: Man legt beide Handteller nebeneinander auf die Vorderfläche des Adduktors einer Seite und umgreift deren Hinterfläche mit den Fingern. Indem man nach Art eines Stempels abwechselnd mit den Handtellern die Muskeln herunterdrückt, gelingt es durch dieses Kneten in leichten Fällen auch ohne Bad, in schweren im heißen Bade, die Adduktoren völlig weich zu bekommen. Nachdem das Kind aus dem Bade herausgenommen und abgetrocknet ist, läßt man womöglich die aktiven und passiven Bewegungen noch etwas fortführen. Je nach der Reaktion des Kindes wird man nach einigen Wochen eine einwöchentliche Pause in der Bäderbehandlung eintreten lassen müssen. Auch sonst ist Massage zur Hebung der Kräfte angebracht. Jedoch ist außerhalb des Bades im allgemeinen Kneten und Klopfen zu vermeiden. Nur wenn die Knetung der Adduktoren sichtlich augenblickliche Wirkung tut, ist diese auch sonst indiziert.

Sobald die Möglichkeit aktiver Bewegung gegeben ist, läßt man systematisch im Liegen jede denkbare Übung von Armen und Beinen ausführen, indem man extremere Exkursionen manuell unterstützt. Dies gelingt nur, wenn freundliche Beziehungen zum Leiter der Übungen bestehen, und der Eifer und Ehrgeiz des Kindes angeregt wird. Schwieriger ist die Behandlung des Rückens. Hier muß man im Sitzen Seitenbewegung versuchen lassen und ein Nachhintenbeugen über die stützend in den Rücken gelegte Hand des Pflegers halb passiv erzwingen. Kopfheben in der Bauchlage ist anfangs sehr erschwert (siehe auch S. 38). Im Sitzen sind dann die Armübungen von neuem vorzunehmen und wenn möglich auch die beschriebenen Geschicklichkeitsübungen einzuschalten. Erst später kommen Übungen im Stehen. Der Patient wird in den Achselhöhlen gestützt, zu Beinbewegungen ermutigt. Später soll er an einer Stange sich festhalten lernen. Ist er so weit, sich in dieser Weise etwas fortzuhelfen, so ist der Vorschlag von Gangele in geeigneten Fällen sehr zu beachten, eine solche Laufstange an den gesamten Wänden des Kinderzimmers anzubringen, so daß der Patient von der neuerlangten Fähigkeit praktisch Nutzen ziehen kann. Ist aber der Patient erst so weit, so sind Ringe und Schaukelpferd sicher gleichfalls anzuwenden. Stärkere Spasmen der Adduktoren wird man im 2.—6. Lebensjahre auch dadurch bekämpfen können, daß man nach Erweichung der Adduktoren durch Bad, Kneten oder Dehnung die Beine in sitzender Stellung dadurch längere Zeit auseinanderhält, daß man in den Winkel zwischen die beiden Beine eine V-förmige Schiene mit verstellbarem Winkel führt. Diese kann man sich mit Gips und Draht oder aus den käuflichen Drahtschienen leicht selber herstellen.

Zu beachten ist bei dieser Behandlung, daß diese stärker spastischen Patienten zum Teil von ganz ungewöhnlicher Ermüdbarkeit sind. Namentlich anfangs ist es notwendig, die Übungen nur wenige Minuten dauern zu lassen und sie lieber recht häufig zu wiederholen.

Je jünger das Kind ist, mit um so größerer Aussicht auf Erfolg kann man in dieser Weise die Behandlung durchführen. Nach dem 5.—6. Lebensjahr wird es jedoch notwendig werden, besondere Hindernisse in der Bewegung zu beseitigen. Welcher Weg da eingeschlagen werden soll, muß dem Fachmann für Orthopädie überlassen bleiben. Nur eins darf wohl ausgesprochen werden: Wo Sehnendurchschneidung oder Verlängerung genügen, sind diese Eingriffe bei weitem vorzuziehen. Dies dürfte immer der Fall sein, wenn der Patient, wenn auch noch so kümmerlich, gehen gelernt hat. In den allerschwersten Fällen von steifen Spasmen kommen Förstersche und Stoffelsche Operationen in Betracht. Für den Hausarzt ist wichtig zu wissen, daß die Förstersche Operation bei dieser Krankheit nur für die unteren Extremitäten in Betracht kommt, daß sie nicht ungefährlich ist und ihre Erfolge keineswegs sicher sind. Auch Nachoperationen an Sehnen sind vielfach notwendig. Die Erfolge bei der Stoffelschen Operation sind dadurch öfters getrübt, daß mit der Verringerung der Innervation des spastischen Muskels die befreiten Muskeln sich allzusehr paralytisch erweisen. Erfolge an der oberen Extremität sind jedoch in kundiger Hand vielleicht auch da zu erzielen, wo sonst kein Eingriff in Betracht kommt. Denn hier konkurriert sie mit keiner Operation, weil Tenotomien nicht in Betracht kommen. Im allgemeinen müssen über beide Operationen noch weitere Erfahrungen gesammelt werden.

XII. Idiotie.

Die Behandlung des schwachsinnigen Kindes fällt nur in den ersten 5 Jahren notgedrungen dem Hausarzt zu. Mit den leichteren Fällen späteren Alters wird sich auch der Schularzt abgeben müssen. Für alle Fälle ist die beste fachmännische Leitung zu erstreben. Bei der Besprechung der Idiotie beschränken wir uns auf das dem Haus- oder Schularzt zukommende Gebiet.

Bei dem Aufwand, den wir für die Behandlung eines nicht vollsinnigen Kindes fordern, ist stets zu berücksichtigen, daß Eltern und Geschwister ihre Lebensbedingungen nicht allzusehr dadurch einschränken müssen. Eltern und vollsinnige Geschwister haben das erste Recht an das Leben. Auch darf die Zeit, die die Eltern dem Schwachsinnigen widmen, nicht der Erziehung der Vollsinnigen verloren gehen. Unsoziale, gefährliche oder abschreckend wirkende Idioten sind schon deswegen aus der Familie zu entfernen, damit sie nicht auf die Stimmung des ganzen Hauses drücken. Bei den Kosten, die man auf die Ausbildung Schwachsinniger verwendet, ist immer zu berücksichtigen, daß ein selbständiger Lebenserwerb auch in leichteren Fällen nicht erreicht wird. Der Kranke muß eben in seiner Familie, etwa im Haushalt der Geschwister, als Gehilfe verbraucht werden. In ländlichen Familien fallen derartige Unglückliche am wenigsten zur Last. Um die Kranken vor Ausbeutung zu schützen, sollen die Eltern dafür sorgen, daß sie dauernd unter Vormundschaft bleiben und die Zukunft möglichst durch eine kleine Rente sichern. Leider fehlen bisher Anstalten nach Art der Bodelschwinghschen Epileptiker-Kolonien, die diesen Patienten ein erträgliches, vor Ausbeutung geschütztes Leben gewährleisten.

1. Prophylaxe.

Bis zu einem gewissen Grade darf bei familiärer Lues eine gründliche antiluetische Behandlung der Eltern vor der Erzeugung des Kindes und des luetischen Kindes selber als Prophylaxe angesehen werden (vgl. S. 309). Gerade bei Kindern mit latent bleibender Lues sind spätere Gehirnschäden zu fürchten. Dies zwingt uns zu der vorsichtigen wiederholten klinischen und serologischen Untersuchung von scheinbar gesunden Kindern luetischer Eltern. An Alkoholübermaß gewöhnte Väter wird man am ehesten dann zu einer Entziehungskur bewegen können, wenn bereits ein Kind in der Familie die Trunksucht des Vaters gebüßt hat.

In Familien, in denen ein Kind idiotisch ist, ist man nicht berechtigt, zur Kinderbeschränkung zu raten, und zwar namentlich dann nicht, wenn es das erste Kind ist. Dies Unglück trifft so oft in sonst nicht schwer belasteten Familien ein, daß es eine durch nichts zu rechtfertigende Grausamkeit wäre, wenn man hier eingreifen wollte. Bedenken ergeben sich jedoch, wenn in der Familie bereits öfter Fälle von Idiotie mit irgend einer typischen Nervenerkrankung vorgekommen sind, z. B. bei der amaurotischen Idiotie.

Da von den Frühgeborenen ein erschreckend hoher Prozentsatz späterhin idiotisch wird, und zwar — wie anzunehmen — in einem erheblichen Prozentsatz der Fälle durch mit der Unreife des Kindes zusammenhängende Vulnerabilität des Gehirns, muß die Indikation für eine künstliche Frühgeburt auch unter diesem Gesichtspunkte erwogen werden.

2. Ätiologische Behandlung.

Angeborene idiotische Zustände der ersten Lebensjahre können auf Funktionsstörungen der Schilddrüse beruhen oder dadurch verschlimmert werden. Es ist selbstverständlich, daß wir jedes Kind, das die Zeichen des Myxödems zeigt, mit Thyreoidin behandeln. Es sind dies bekanntlich Kinder mit gedunsenem Aussehen, trockener, nicht schwitzender Haut und vermindertem Längenwachstum. Vergrößerte Zunge und großer Nabelbruch können bestehen. Aber auch alle übrigen etwas gedunsen und plump aussehenden Kinder mit erhaltener Schweißsekretion reagieren manchmal auf dieses Mittel. Selbst bei den Idioten mit mongoloidem Habitus erzielt man durch Thyreoidin gelegentlich doch Erfolge.

Freilich muß man gegen diese Erfolge sehr kritisch sein. Die mongoloiden Idioten zeigen in den ersten Monaten bis Jahren in schweren Fällen eine absolute Gleichgültigkeit und völlige Apathie. Diese geht früher oder später in eine oft unerträgliche Munterkeit und Lebhaftigkeit über, die anfangs als günstiges Erwachen gedeutet wird. In einzelnen Fällen ist in der Tat damit eine erhebliche geistige Besserung verbunden.

Gelegentlich sieht man aber noch erstaunliche Besserung unter dieser Behandlung selbst bei schon zweijährigen Idioten schwerster Art, die keiner der genannten Gruppen angehören. Bei Mikrozephalen mit zierlichem Körperbau und Idioten mit Hemiplegien oder Paraplegien ist der Versuch zwecklos.

In allen unklaren Fällen von Idiotie raten wir daher, einen energischen und langdauernden Versuch mit Schilddrüsenbehandlung zu machen. Bei jedem Anschein von Erfolg ist die Kur weiter fortzusetzen. Ist eine sichtliche Besserung eingetreten, so ist die Behandlung mindestens während der gesamten Wachstumszeit durchzuführen. Stillstand oder Rückschritt geben Veranlassung zur Vermehrung der Dosis.

Behandlung mit Schilddrüsensubstanz. Über die Behandlung des Myxödems durch Schilddrüsenpräparate ist bei dieser Krankheit das Nähere angegeben. Während man bei klaren Fällen von Myxödem in dieser Weise die Kur fortsetzt, genügt es, sie dann noch ein Jahr durchzuführen, wenn bei einer anderen Form der Idiotie eine anfängliche Besserung eingetreten ist, die dann aber trotz Steigerung der Dose einem Stillstand Platz gemacht hat. Bleibt bei augenscheinlichem Myxödem der Erfolg aus, so ersetze man Thyreoidin wenigstens dreimal in der Woche durch $^1/_4$—$^1/_2$ Hammelschilddrüse, die man fein zerhackt auf Brot oder in lauwarmem Brei verrührt gibt.

Implantation einer menschlichen Schilddrüse in die Milz zeitigt mitunter sehr gute, jedoch auch nicht andauernde Erfolge. Weitere Erfahrungen darüber sind noch abzuwarten.

Antiluetische Behandlung. Es empfiehlt sich bei jeder unklaren Form von Idiotie oder Schwachsinn, namentlich auch bei Fällen mit Krämpfen, ferner bei denjenigen, die erst im Laufe der ersten 2 Jahre erkrankt sind, auf Lues zu fahnden. Wichtig ist die gleichzeitige Untersuchung von Blut und Zerebrospinalflüssigkeit. Bei positiver Reaktion ist eine gründliche antiluetische Kur vorzunehmen. Leider erzielt man nur in den allerseltensten Fällen gelegentlich einmal eine sichere Besserung. Man darf daher bei den Eltern keine unbegründete Hoffnung erwecken. In Rücksicht auf den seelischen Zustand der Eltern ist es wohl in den meisten Fällen richtig, ihnen den Zusammenhang der geistigen Störung mit der Lues nicht zu enthüllen oder ihn auf Grund des Mißerfolges der Kur zu bestreiten.

3. Pädagogische Behandlung.

Während man bei normalen Kindern Anregung eher zu verringern als zu vermehren bestrebt ist, muß man beim schwachsinnigen Kinde für seelische Eindrücke sorgen. Dies geschieht zunächst dadurch, daß man das Kind so lagert, daß es die Vorgänge im Haus und im Freien besser sehen kann als bei der gewöhnlichen Bettung. Sobald das Kind laufen kann, sind die Schwierigkeiten geringer. Man achte darauf, was dem Kinde Eindruck macht und suche diesen Eindruck, ohne Ermüdung zu erzeugen, häufiger zu wiederholen, z. B. durch Aufhängen eines roten Balls an einer Schnur über dem Bett. Bei mehr akustisch interessierten Kindern bediene man sich einer Spielorgel. Bei absoluter Gleichgültigkeit gegen akustische Reize findet sich doch irgend ein Ton, der dem Kind Eindruck macht, z. B. Pfeife oder Trompete. Gut ist es, wenn hiermit gleich die Vorstellung des Nahens einer bestimmten Person, das Bringen des Essens usw. verbunden wird. Bei den allerschwersten Formen der Idiotie wird man in der Familie wohl kaum etwas erreichen. Anders bei den etwas weniger schwer betroffenen Kindern, bei denen sich im 3. und 4. Lebensjahre ein gewisser Interessenkreis zeigt. Die Aufgabe ist, das Kind so zu disziplinieren, daß es sozial möglich oder erträglich ist, fernerhin ihm die notwendigen täglichen Begriffe von den Gegenständen der Außenwelt in ihrer Bedeutung beizubringen und es zu sinnvoller und zweckdienlicher Beschäftigung zu erziehen. Das Haupthindernis besteht in der geringen Fähigkeit, die Aufmerksamkeit zu konzentrieren, die kompliziert wird durch die schnelle Ermüdbarkeit dieser schon so schwachen Funktion. Der Arzt muß zunächst ein Bild vom Grad der Störung zu gewinnen suchen. Man prüfe, ob das Kind die wichtigsten Gebrauchsgegenstände wirklich kennt und die Sprachbezeichnung versteht.

Man stelle eine Reihe solcher Gegenstände im Sprechzimmer auf und lasse die Mutter das Kind auffordern, sie ihr zu bringen (Teller, Löffel, Gabel, Flasche usw.). Schwieriger ist schon die Aufforderung, einen Gegenstand von bestimmter Größe, z. B. den kleinen und nicht den großen Teller, zu bringen. Man achte darauf, wie schnell die Aufmerksamkeit ermüdet. Dann lege man dem Kinde ein Bilderbuch vor. Bei leichteren Fällen ist das Bohnysche geeignet. Bei Kindern unter 4 Jahren oder bei schwerer Erkrankten muß man ein einfaches, für $1^1/_2$-jährige bestimmtes Bilderbuch nehmen, in dem nur einzelne einfache Gegenstände abgebildet sind. Man achte zunächst auf die Art und Weise, wie das Kind sich dabei verhält. Blättert es ohne Interesse durch, so darf man einen sehr hohen Grad von Idiotie annehmen. Betrachtet es das eine oder andere Bild mit Interesse, so lohnt sich weitere Prüfung, und wir haben einen Fingerzeig, daß wir für die weitere Ausbildung ein wichtiges Hilfsmittel besitzen, nämlich die Vergleichung bekannter Gegenstände mit dem Bild. Erst dadurch gewinnt das Kind die sichere Beherrschung eines erworbenen Begriffs. Man lasse es nun bekannte einfache Gegenstände im Bilde zeigen. Dabei erinnere man sich, daß viele Begriffe, die uns selbstverständlich erscheinen, sogar für viele normalsinnige Aufnahmeschüler aus ungebildeten Familien unbekannt sind. Wichtiger als die Zahl der Begriffe ist die Zeit, während der wir die Aufmerksamkeit des Kindes fesseln können. Aus dieser Prüfung ersieht man, daß ein erheblicher Teil der noch mit 3—4 Jahren nicht sprechenden Kinder zum mindesten nicht erheblich schwachsinnig ist, während die verzögerte Sprachentwicklung anderer als durch Schwachsinn bedingt erkannt wird.

Die Behandlung gestaltet sich etwa folgendermaßen: Die systematische Erziehung zur Sauberkeit ist strengstens durchzuführen. Die saubere Entleerung von Stuhl und Urin erlernt das Kind im wesentlichen durch häufiges „Abhalten". Doch ist geringe Strafe nicht zu vermeiden. Man hüte sich aber davor, das Kind zu verschüchtern. Es gibt unter den Idioten recht empfindliche Kinder, ja sogar solche, bei denen ein böses Wort schon zu viel ist, während bei anderen eine grausame, natürlich nicht statthafte Züchtigung kaum einen Eindruck macht. Mit Konsequenz erreicht man alles, was nur zu erreichen ist. Die gleiche Sorgfalt ist auf die Erlernung selbständigen Essens zu verwenden. Die Sauberkeit, mit der dieses geschieht, ist eine der wichtigsten Aufgaben der Disziplinierung. Dann muß das Kind die Gefahren kennen lernen, denen es täglich begegnet, Feuer, Wasser, Wagen usw. Wenn es geht, lasse man es durch Schaden klug werden (Stufe, Treppe!), damit es selbständig wird.

Die Bildung der Begriffe beginnt gleichzeitig. Man verbindet damit am zweckmäßigsten kleine Verrichtungen. Man knüpft an die vom Kinde täglich benutzten Gegenstände und an leicht verständliche Vorrichtungen an, die das Kind täglich im Haushalt sieht. Herbeibringen der Eßgeräte vor dem Essen, Decken des Tisches, Auskehren der Stube, Bringen der Pantoffeln, wenn der Vater von der Arbeit kommt, sind einzelne Beispiele. Je nach dem Fassungsvermögen vermehre man die Zahl der dem Kinde auch lautlich bekannten Gegenstände täglich oder wöchentlich um einen, so daß das Kind alle es umgebenden lebenden und toten Dinge allmählich kennt und zu benutzen weiß. Durch einfache spielerische Nachahmung der häuslichen Vorgänge lerne das Kind zweckentsprechende Handlungen vorzunehmen und seinen Drang zu planloser Vielgeschäftigkeit zu unterdrücken. Je einfacher der Haushalt ist, um so leichter ist das Ziel zu erreichen. Ganz besonders mannigfaltig läßt sich die Ausbildung in ländlichen Verhältnissen gestalten. Die Versorgung des Viehs, erst sehr viel später kleine Verrichtungen im Garten, ergänzen hier die Ausbildung. Vertieft wird die Kenntnis der Begriffe durch die Benutzung des Bilderbuchs. Mehrmals täglich läßt die Mutter die bekanntesten Gegenstände im Bilde aufsuchen oder die bildlich dargestellten vom Kinde herbeiholen oder zeigen. Die Dauer, in der eine solche Beschäftigung möglich ist, ist bei der Untersuchung durch den Arzt vorher zu bestimmen. Bei dieser Erziehung tritt also das gewöhnliche kindliche Spiel gegen eine einfache zweckentsprechende Beschäftigung zurück. Wenigstens die etwas schwerer Kranken sind nicht imstande, die nötige Phantasie, die jedem kindlichen Spiele zugrunde liegt, aufzubringen. Wo ein sinnvolles Spiel jedoch vorhanden ist, mit Puppe oder Spieltier, befördere man dasselbe durch einfache, leicht zu erkennende Spielgegenstände. Es ist z. B. kein unberechtigter Luxus, wenn die Puppe gut aus- und anzuziehen ist und das Kind an ihr alles vornehmen kann, was es täglich bei sich und den Geschwistern sieht. Zu pflegen sind Ballspiele, Reigenspiele mit anderen Kindern. In zweckmäßiger Weise werden alle unsere Forderungen bei leicht Schwachsinnigen erfüllt, wenn sie bis zum 8. Lebensjahr in einem gut geleiteten Fröbelschen Kindergarten mit vollsinnigen jüngeren Kindern untergebracht sind.

Macht die Entwicklung des Kindes bei der geschilderten häuslichen Pflege sichtbare Fortschritte, so hat man vor dem 6. Lebensjahre keine Veranlassung einzugreifen. Anderenfalls muß schon zwischen dem 4. und 6. Jahre an eine Unterbringung in eine Anstalt gedacht werden. Je nach den wirtschaftlichen Verhältnissen sind Heilpädagogien oder die Provinzialidiotenanstalten zu empfehlen. Ein Teil dieser Idiotenanstalten ist den Heilpädagogien, soweit es der größere Betrieb gestattet, gewiß gleichwertig. Doch schreckt der Name die Eltern meistenteils ab.

Im schulpflichtigen Alter. Mit der Vollendung des 6. Lebensjahres müssen wir uns mit dem staatlichen Schulzwang abfinden. Am besten wäre es, wenn wir alle diese Kinder Heilpädagogien überweisen könnten, um eine individuelle Ausbildung zu ermöglichen. Das scheitert natürlich meist an den Kosten, und wir müssen auf andere Weise das Beste zu erreichen suchen.

Wir teilen die Schwachsinnigen ein in 3 Gruppen: 1. Schwere Idioten, d. h. etwa solche, die die Sprache nicht beherrschen und in ihrer Umgebung sich mangelhaft orientieren können, 2. Schwachsinnige, 3. stark Minderbegabte. Die erste Gruppe gehört ohne weiteres in eine Anstalt. Für die zweite bestehen in den meisten größeren Städten sogenannte Hilfsschulen, die aber nicht durch unsaubere, bildungsunfähige Idioten belastet werden dürften. Leider ist es meist Vorschrift, daß die armen Kinder durch 1—2jährige Teilnahme am Volksschulunterricht erst den Nachweis erbringen müssen, daß sie den normalen Anforderungen nicht genügen. Diese Karenzzeit sollte aber möglichst kurz bemessen werden. Ein Hausarzt, der das Kind genau kennt, soll durch ein exakt begründetes Zeugnis die direkte Einstellung in die Hilfsschule verlangen. Das Prinzip der Hilfsschulen ist, daß der Unterricht nur kürzeste Zeit dauert und von praktischer Betätigung immer wieder abgelöst wird. Man berücksichtigt dabei die Eigenschaft des Schwachsinnigen, nur kurze Zeit die Aufmerksamkeit konzentrieren zu können. Besondere Sorgfalt wird dem Anschauungsunterricht gewidmet. Ein Erfolg ist nur zu erzielen, wenn der Lehrer ein begeisterter Pädagoge ist und die Schülerzahl 20 nicht überschreitet. Bei der Auswahl der nach einjährigem Unterricht für die Hilfsschule geeigneten Kinder kann man sich im allgemeinen nach dem Verständnis für Zahlenbegriffe richten. Ein Kind, das nicht mindestens Zahlenvorstellungen bis 10, wenigstens aber bis 8 in einem Schuljahr erworben hat, gehört nicht in den öffentlichen Unterricht. Wenn es sonst diszipliniert ist, die Sprache in Antwort und Frage beherrscht, mechanisch nach Vorschrift Buchstaben nachschreiben gelernt hat, verweise man es in die Hilfsschule, anderenfalls, wie schon hervorgehoben, in eine Idiotenanstalt. Sehr zweckmäßig ist es, bei körperlich Schwächlichen den Eintritt in die Schule bis zum 7., ja 8. Jahr zu verzögern, natürlich nur dann, wenn das Kind zu Hause nicht geistig verwahrlost. Auch ist es praktisch, durch einen im Hilfsschulwesen erfahrenen Pädagogen im 7. Lebensjahr Privatstunden geben zu lassen. Oft werden die Eltern hierdurch erst über die geringen Fähigkeiten ihres Kindes aufgeklärt und ersparen so ihrem Kinde den grausamen Versuch, in der Vorschule einer höheren Lehranstalt ein Jahr lang mit den Normalsinnigen wetteifern zu müssen. In Orten, in denen Hilfsschulen nicht bestehen, müssen diese Kinder, wenn die Eltern sich nicht doch zur Unterbringung in Provinzialidiotenanstalten entschließen, zu ihrem Schaden die allgemeine Volksschule weiter besuchen.

Die dritte Gruppe, die stark Minderbegabten, können zwar mehr oder weniger das Ziel der unteren Volksschulklassen erreichen, werden aber vielfach aus Platzmangel in höhere Klassen mitgeschleppt. Bisher ist nur in Mannheim für diese Kranken gesorgt. Sie scheiden in verschiedenen Stufen aus dem allgemeinen Schulsystem aus und empfangen in besonderen Abschlußklassen eine Bildung, die ihrem Fassungsvermögen entspricht.

XIII. Verzögerte Sprachentwicklung.

Ausbleiben der Sprachentwicklung bis zum 4. Lebensjahre kann auf einfache Verlangsamung der Entwicklung der Zentren beruhen. Die Störung kommt bei vollsinnigen Kindern vor, ist aber doch recht häufig wenigstens mit geringen Graden von Schwachsinn verknüpft. Am unangenehmsten ist die Kombination mit mangelhafter akustischer Interessiertheit. Diese Kinder reagieren, obwohl sie hören, nur auf wenige sie gerade interessierende Laute. In der oben beschriebenen Weise ist zunächst die Untersuchung vorzunehmen. Das vollsinnige oder nur leicht schwachsinnige Kind muß nach vollendetem 2. Lebensjahr die gewöhnlichen Gegenstände des täglichen Lebens nach ihrem sprachlichen Ausdruck kennen und dieses durch Herbeiholen oder Zeigen im Bilderbuch beweisen. Zugleich muß es möglich sein, diese Prüfung ohne Ermüdung der Aufmerksamkeit über $1/_4$ Stunde lang fortzusetzen. Ist dies der Fall, so bedarf es keiner besonderen Therapie. Nur ist Wert darauf zu legen, daß man dem Kind die sprachliche Bezeichnung für jeden neuen Gegenstand und Begriff deutlich wiederholt und es nur mit der Sprache, nicht mit Zeichen und Deutungen lenkt. Enger Verkehr mit einer Anzahl gleichaltriger oder älterer Kinder befördert den Lerntrieb. Zeigen sich Lücken in Begriffsbildung und Sprachverständnis und mehr oder weniger große Flüchtigkeit der

Aufmerksamkeit, so ist zunächst dafür zu sorgen, daß das Kind in der beschriebenen Weise neue Begriffe und den sprachlichen Ausdruck hierfür kennen lernt, aber man vermeide dabei, aus den vom Kinde gestammelten Lauten eine eigene Sprache zusammenzusetzen und zu konstruieren. Die Prognose in der Erlernung der Sprache ist auch hier noch gut. Bei schwerer Idiotie mit absoluter Flüchtigkeit der Aufmerksamkeit bedarf es heilpädagogischer Behandlung. Gleiches gilt für die Fälle von seelischer Taubheit.

XIV. Neuropathie, Psychopathie, Hysterie.

Bei vorhandener Neuropathie fällt die Reaktion auf jeden Reiz quantitativ stark aus, die Reizschwelle an sich ist niedrig. Für die Psychopathie ist die Perseveration des Reizes sowie das vornehmliche Betroffenwerden, der Trieb resp. Affekt-Sphäre, pathognomonisch. Hier besteht eine außerordentlich nahe Verwandtschaft zu den Zwangszuständen. Die Hysterie ist als Affektsstörung zu betrachten; der Ausschlag auf einen Reiz in qualitativer Hinsicht ist ein abnorm-paradoxer, die Suggestibilität ist stark erhöht.

Vorstehend versuchte Abgrenzung der einzelnen Störungen dürfte das Verständnis für das Wesen und die Wirkung der therapeutischen Maßnahmen erleichtern. Diese haben viel gemeinsames entsprechend der nahen Verwandtschaft der Störungen.

1. Prophylaxe.

Wenn auch den Störungen ein konstitutionelles Moment zugrunde liegt, so ist doch die Bedeutung der exogenen Reize, die auf dem Boden der neuropathischen und psychopathischen Konstitution die verschiedenartigsten Manifestationen erstehen lassen, ausschlaggebend. Je stärker die konstitutionell bedingte Belastung des Kindes, um so geringere Schädigungen genügen natürlich, die Symptome der Neuropathie bzw. Psychopathie auszulösen. Aber auch bei einem normal veranlagten Nervensystem macht dauernd unvernünftige Erziehung die Kinder nervös. Die große Verbreitung der Nervosität im Kindesalter ist dadurch bedingt, daß es nur wenigen Eltern gegeben ist, ihre Kinder zweckmäßig zu erziehen, vor allem richtig zu beschäftigen. Die Mehrzahl der Neuropathien würde sich verhüten lassen, wenn der Erziehungslehre des Kindes ein ebenso eingehendes Verständnis wie der Ernährungslehre entgegengebracht würde. Die Erziehung wird um so bedeutungsvoller, je belasteter das Kind ist. Aber auch, wenn es als einziges, jüngstes oder aus anderen Gründen bevorzugtes Kind Gegenstand besonderer Berücksichtigung ist, gewinnt eine falsche Erziehung vermehrte Bedeutung. Von dieser Isolierung, die ebensogut zu Verzug wie zu Übererziehung führen kann, ist das Kind dadurch zu schützen, daß man ihm Gelegenheit verschafft, regelmäßig und frei mit anderen Kindern zu verkehren, und zwar so, daß das Kind nicht auf Schritt und Tritt von den Eltern beaufsichtigt wird oder sich an sie anklammern kann. Sehr nützlich wirkt hier der

Besuch eines Kindergartens. Schwere Erziehungsstörungen erleiden häufig Kinder, die an oft rezidivierenden Erkrankungen leiden. In Rücksicht auf das schlechte Befinden wird den betreffenden Kindern alles nachgesehen. Die Folge davon ist, daß sie jedes Leiden übertreiben und dadurch wieder vermehrt leiden. Beispiele sind Nahrungsverweigerung bei leichtem Halsschmerz, Toben bei Kopfschmerz usw. Wir haben bei der Therapie einer ganzen Anzahl von organischen Erkrankungen auf die Behandlung dieser Komplikation hingewiesen. Die häufige Unterbrechung der Erziehung führt aber auch zu nervösen Störungen in der Zwischenzeit. So knüpft manche Enuresis nocturna an eine fieberhafte Angina an. Es ist also darauf zu achten, daß selbst das fiebernde Kind einer vernünftigen Disziplin unterworfen bleibt. Ein ruhiges, festes Auftreten, das eine Zuchtlosigkeit von vornherein gar nicht aufkommen läßt, ist auch hier für das Kind nützlich und wohltätig. Im übrigen können wir auf den Abschnitt über Erziehungsfragen verweisen, dessen Beachtung auch sonst für das Verständnis des Folgenden unbedingt notwendig ist.

2. Therapie.

a) Allgemeinbehandlung.

Die nervösen Störungen können in ihrer Symptomatologie genau auf organischer Grundlage entstandenen gleichen, auch kann einem vorhandenen Organleiden eine nervöse Störung superponiert sein. Das ist sogar relativ häufig der Fall; deshalb muß der Therapie eine eingehende Analyse vorangehen. So können z. B. symptomatologisch sich gleichende Bauchschmerzen im Kindesalter sowohl durch Neuropathie wie auch durch eine Appendizitis bedingt sein. Schwere, ganz zweifellos psychogen bedingte Nahrungsverweigerung bei scheinbar leichter Grippe kann ebensogut der Ausdruck einer tiefen seelischen Verstimmung bei beginnender Sepsis sein und umgekehrt durch Schwächung des Kindes den Eintritt dieser Komplikation verschulden. Schwere Hysterie kann Hirnerkrankungen vortäuschen aber sich auch solchen zugesellen, so daß der Nachweis deutlichster hysterischer Symptome uns nicht ohne weiteres das Recht gibt, anzunehmen, daß hier nur Hysterie und nicht z. B. ein Kleinhirntumor oder eine progressive Lungentuberkulose vorliegt. Wir haben daher stets festzustellen, erstens, ob es sich nicht doch allein um ein organisches Leiden handelt und zweitens, ob und inwieweit nervöse und psychogene Symptome an ein organisches Leiden anknüpfen. Eine wiederholte, auf den ganzen Körper sich erstreckende Untersuchung ist daher auch in scheinbar klaren Fällen anzuraten.

Vor Einleitung der Therapie müssen wir versuchen, uns über die Bedeutung des endogenen und exogenen Faktors in dem betreffenden Falle klar zu werden. Die Bedeutung des konstitutionellen Faktors für die Entstehung der Störung zu ergründen, ist deswegen nicht ganz leicht, weil uns der Zustand des Kindes im allgemeinen darüber keinen Aufschluß gibt, wir vielmehr versuchen müssen, aus einer genauen Anamnese die Belastung des Kindes zu erschließen. Da es aber nur wenige Familien gibt, bei deren Mitgliedern nicht die eine oder andere nervöse Störung vorkommt, können wir mit unbestimmten Anamnesen nicht viel anfangen. Bedeutungsvoll ist nur die abnorme Häufung nervöser und psychischer Störungen in der nächsten Verwandtschaft. Je schwerer das Kind konstitutionell geschädigt erscheint, um so eingreifender müssen sich unsere therapeutischen Maßnahmen gestalten, um so geringer ist allerdings auch die Aussicht auf deren baldigen und vollständigen Erfolg.

Zu einer Vorstellung über die Schädigungen, denen das Nervensystem des betreffenden Kindes ausgesetzt war bzw. ist, gelangt man nur durch die sorgfältigste Analyse der Umgebung, in der es lebt, Ergründung seiner Lebensgewohnheiten, vor allem der ihm zuteil werdenden Erziehung. Schon die Beobachtung der das Kind vorstellenden Eltern gibt uns Anhaltspunkte. Natürlich dürfen die Ermittelungen nicht in Gegenwart des Kindes vorgenommen werden. Die Tatsache, daß viele Eltern von vornherein ihre Angaben in Gegenwart des Kindes zu machen versuchen, gibt einen Anhaltspunkt für die in der Familie gemachten Erziehungsfehler.

Die Bedeutung der Ernährung wird weit überschätzt. Nur Mißbräuche, wie z. B. übermäßige Fleischernährung sind abzustellen. Bei stark unterernährten, schlechten Essern ist darauf zu achten, daß die Nahrung nicht zu kalorienarm wird, eine Gefahr, die bei den früheren Ernährungssitten in Deutschland nur selten bestand. Dauernde, leichte Beschwerden, wie sie eine unzweckmäßige oder übermäßige Nahrung hervorrufen kann, müssen durch entsprechende Diät beseitigt werden. Nur in solchen Fällen kann man in der Tat durch Diät eine Nervosität verringern helfen.

Die Therapie ist vornehmlich Psychotherapie. Diese besteht in erster Linie in Pädagogik; der Arzt muß vor allem die Erziehungsfehler abstellen. Dazu ist aber oft nichts weniger als eine vollständige Abkehr von der bisherigen Lebensführung des Kindes notwendig, z. B. wenn der Beruf der Eltern ihnen die Aufsicht über die Kinder und deren zweckmäßige Beschäftigung unmöglich macht oder der ärztliche Rat an der vollständigen Verständnislosigkeit oder Unfähigkeit der Eltern scheitert. Der Arzt muß sich daher auch über die Möglichkeit der Durchführung seiner Anordnungen klar sein. Pädagogik läßt sich nicht so verordnen wie etwa eine bestimmte Diät oder Medikamente. Der Arzt kann nicht viel mehr geben als bestimmte Richtlinien für die Beschäftigung des Kindes, die Einschränkung seines Verkehrs mit Erwachsenen, die dem Kinde gegenüber an den Tag zu legende Konsequenz, die zweckmäßige Gestaltung des Spiels, die Einschaltung von Ruhepausen zwischen Spiel und Bewegung, die Durchführung der Pflege im Freien, kurz und gut für eine ganze Reihe von Punkten, die in dem Kapitel über Pflege und Erziehung erwähnt wurden. Wir haben an diesen Stellen ausführlich darüber gesprochen und müssen auf diesen Abschnitt verweisen[1]).

---

[1]) Da die Eltern gern nach einer aufklärenden Lektüre verlangen, so gebe man ihnen z. B. das Buch von Czerny: „Der Arzt als Erzieher des Kindes“ in die Hand.

Eine sehr wichtige Unterstützung der Erziehung bieten im Spielalter die Kindergärten. Man wird ferner erwägen müssen, zur Erziehung und Beschäftigung der Kinder im Hause eine geeignete Persönlichkeit heranzuziehen, die dann auch entsprechenden Einfluß auf das Verhalten der Eltern gewinnen muß. Bei sehr ungünstigen Umständen, unter denen keine Möglichkeit besteht, in der Familie eine Änderung einzuführen, kommt ein vollständiger Milieuwechsel in Frage. Man verpflanze das Kind womöglich unter ländliche Verhältnisse in eine disziplinierte Familie oder ein geeignetes Kinderheim. Allerdings darf dann nicht auf halbem Wege stehen geblieben, sondern es müssen in schwereren Fällen Monate und Jahre verwendet werden, um das Nervensystem der Kinder zu reparieren.

Die ganze Art der Behandlung muß sich aber möglichst in Anlehnung an eine normale Lebensweise vollziehen. Das nervöse Kind darf nicht merken, daß es behandelt wird, darf nicht wissen, daß Krankheitserscheinungen besonders beachtet oder bewertet werden. Alles muß als etwas Selbstverständliches im Rahmen eines normalen Kinderlebens bewerkstelligt werden. In Kindersanatorien, in denen diesen Gesichtspunkten nicht Rechnung getragen wird, wird das Leiden eher verschlimmert. Gerade weil es geboten erscheint, nervösen Kindern auch während der Behandlung keine Ausnahmestellung zu geben, ist es unzweckmäßig, Kinder vom Schulbesuch zu befreien oder ihnen beim Unterricht besondere Vergünstigungen einzuräumen. Die Schule übt bei vernünftiger Regelung der Unterrichtsstunden und Pausen einen sehr wohltätigen Einfluß auf das Nervensystem und das Seelenleben der Kinder aus. Allerdings sind sehr sensible Kinder bei schlechtem Allgemeinzustand der Belastung durch viele Unterrichtsstunden und den damit verbundenen Aufenthalt in den gefüllten Räumen nicht immer gewachsen, und es tritt bei dem einen oder anderen eine Steigerung der Beschwerden (Kopfschmerzen, Schlappwerden, Ohnmachtsanfälle) ein. Dann soll vom regulären Schulbesuch abgesehen und der Unterricht modifiziert werden, doch darf das nur vorübergehend geschehen. Man lasse sich jedoch nicht durch rein psychogen bedingte Ohnmachten und Schwächezustände täuschen, die nicht durch Schonung sondern besser durch Nichtbeachtung oder strengeres Anfassen des Kindes heilen.

Ein Ausschluß vom regelmäßigen Schulbesuch kann für solche Kinder geboten sein, die, mit Störungen des Trieblebens behaftet, durch die Möglichkeit psychischer Infektion eine Gefahr für ihre Kameraden werden können. Sie gehören in besondere pädagogisch geleitete Anstalten.

Man hat es nicht oft notwendig, außer den vorstehend skizzierten Maßnahmen der Pädagogik, Ernährung und Pflege, zu besonderen Methoden zu greifen. Nur in schweren Fällen, in denen ganz bestimmte Symptomenkomplexe dominieren, muß die Pädagogik durch besondere Versuche, Einfluß auf das Kind zu gewinnen, unterstützt werden. Hierzu gehört die unmittelbare Beeinflussung des Kindes durch Verbalsuggestion unter Zuhilfenahme eine suggestive Wirkung verstärkender Maßnahmen. Die Methode ist einfach. Der Arzt unterhält sich mit dem Kinde und betont ihm gegenüber dabei mit größter Bestimmtheit, daß das in Frage stehende Symptom, z. B. Bauchschmerzen, Erbrechen, Angst vollständig verschwinden wird. Für den Erfolg der Suggestion sind natürlich Persönlichkeit des Arztes wie die äußeren Umstände, unter denen die Suggestion erfolgt, von größter Bedeutung. Es wird dem Kinde mehr Eindruck machen, wenn die Besprechung mit dem Arzte nicht zu Hause, sondern in einer anderen Umgebung, z. B. in der Sprechstunde stattfindet. Auch kann es von erheblicher Bedeutung für die Wirksamkeit sein, wenn der Arzt in besonderer Kleidung (weißem Mantel) dem Kinde gegenübertritt. Die Verbalsuggestion wird durch Verschreibung eines an und für sich indifferenten, aber durch besonderen Geschmack (Tinct. amara, Chinae compos.), das Kind beeinflussenden Mittels unterstützt. Man erklärt dem Kinde, daß nach der Einnahme einer Anzahl von soundsoviel Tropfen die Beschwerden nicht wiederkommen werden. Natürlich muß das Verhalten der Eltern die Suggestivmethoden des Arztes unterstützen. Die Eltern müssen das Kind in dem Glauben nicht stören, daß durch die Verordnung des Arztes nun alles besser wird. Es ist meist am besten, daß nach dem letzten Wort des Arztes nicht wieder über das Leiden gesprochen wird.

Je mehr die Wachsuggestivmethoden beherrscht werden, je stärker die Persönlichkeit des Arztes, um so weniger kommt die Hypnose in Frage, die unter den Kinderärzten nicht allzuviel Anhänger hat, jedenfalls nicht vor dem 8.—10. Lebensjahre versucht werden soll. Für hysterische Störungen eignet sich die Methode der Überrumpelung (s. S. 379), für die Zwangszustände, Tiks, eine Übungstherapie (s. S. 365).

Hydropathische Maßnahmen sind als suggestive Unterstützung brauchbar. Als Beruhigungsmittel verwendet man sie bei allerhand Erregungszuständen.

b) Spezielle Behandlung.

Beim Säugling[1]) stehen wir am häufigsten vor der Aufgabe, Allgemeinerscheinungen wie Unruhe und Schreckhaftigkeit zu behandeln. Da es auf dem Boden der Neuropathie bzw. der ihr naheverwandten Spasmophilie zu das Leben des Kindes bedrohenden Manifestationen, Stimmritzenkrämpfen, allgemeinen Krämpfen kommen kann, soll die Neuropathie im Säuglingsalter nicht leicht genommen werden. Die natürliche Ernährung muß möglichst lange durchgeführt, von ihr darf auch dann nicht abgegangen werden, wenn eine mindere Entwicklung des Kindes gegen die Bekömmlichkeit der Frauenmilch zu sprechen scheint (siehe Diätetik der Spasmophilie). Frühzeitig ist gemischte Kost am Platze. Die Pflege des Kindes muß sich jeder Polypragmasie enthalten. Gerade die immer wiederkehrende Unruhe des Patienten verleitet dazu, sich mehr mit ihm zu beschäftigen. Hier ist aber im Gegenteil zielbewußte Vernachlässigung am Platze. Neue Reize sollen das Kind nicht überrumpeln, andererseits darf es aber auch nicht hermetisch abgeschlossen werden. Das gilt sowohl für optische als auch für akustische Reize. Man tritt nicht unvermittelt an das Bett des schreckhaften Kindes, sondern

[1]) Vgl. hierzu Unruhe beim Brustkinde S. 102.

so, daß es einen von relativ weit bereits erblickt. Das Übermaß lauter Geräusche, die gelegentlich auch einen Gesunden erschrecken und ihm lästig fallen würden, halte man von dem Kinde fern. Gewöhnliches Hin- und Hergehen, Sprechen im Konversationston, Klappern von Tellern und Waschgeschirr vermeide man dagegen nicht und gewöhne das verwöhnte Kind langsam daran. Ebenso ist der Schutz vor heller Beleuchtung höchst überflüssig und schafft nur eine vermehrte Reizbarkeit. Über die Erziehung zur Ruhe haben wir S. 57 ausführlich gesprochen. Stets ist nach dem Grunde der Unruhe zu fahnden, wobei man nicht nur immer an Überernährung sondern auch an Unterernährung denken muß, eine bestehende Kolik eventuell durch Eiweißpräparate oder Kalk einzuschränken versucht (S. 99). Nach Beseitigung dieser Krankheitszustände wird sich dann immer noch oft herausstellen, daß der Rest der Unruhe durch Erziehung bekämpft werden muß. Da wir die Kinder, um sie nicht stärker zu verwöhnen, vielfach ruhig schreien lassen, so muß man die Bruchpforten sorgfältig beachten und durch gut sitzende Bruchbänder und Verbände einen Schaden verhüten.

Nicht selten sind Aufregungszustände und Unruhe trotz eingehender Vorschriften des Arztes durch eine falsche Art der Beschäftigung mit dem Kinde hervorgerufen, denn die Mütter nervöser Kinder, gewöhnlich selbst nervös, halten kaum jemals die Verordnungen ein. Es bleibt dann oft nichts anderes übrig, als einer zuverlässigen, ruhigen, kenntnisreichen Pflegerin die Pflege zu übertragen oder das Kind in eine Klinik zu bringen. Diese Änderung der Umgebung ist oft von einem blitzartigen Aufhören der Aufregungszustände gefolgt.

Beim älteren Kinde zeigt sich die reizbare Schwäche des Nervensystems in außerordentlich verschiedenen Bildern: dauernder Unruhe, hochgradiger Aufregung bei kleinen Anlässen (Spiel, Turnen, Besuch etc.). Der leichten Erregbarkeit steht schnelle Ermüdung gegenüber, die aber nicht durch einen normalen tiefen Schlaf überwunden wird. Der Habitus der Kinder ist gewöhnlich recht charakteristisch; es handelt sich in der Hauptsache um grazile, blasse Individuen mit mehr oder weniger hallonierten Augen. Bei diesem Typus liegt der Verdacht auf eine organische Erkrankung (Anämie, tuberkulöse Infektion) nahe, letzteres namentlich, wenn abendliche Temperatursteigerungen bis 37,6° oder 37,8° (rektal gemessen), vorhanden sind. Doch ist zu beachten, daß sehr viele ältere Kinder, wenn sie in die Sprechstunde des Arztes kommen, nicht weniger als 37,6—8° im Mastdarm messen und schon nach einem Spaziergang von 10—15 Minuten die Mastdarmtemperatur ansteigt. Um aus einer Temperaturerhöhung Schlüsse ziehen zu können, darf man erst messen, nachdem das Kind eine reichliche halbe Stunde entkleidet im Bett gelegen hat.

Ist auch die Erscheinung der Temperaturerhöhung bei neuropathischen Individuen nach lebhafter körperlicher Bewegung weit verbreitet, so sollte sie doch stets Veranlassung geben, festzustellen, ob eine tuberkulöse Infektion vorliegt. So wenig bei älteren, insbesondere weniger gepflegten Kindern eine positive Tuberkulinreaktion etwa beweist, daß die vorhandenen Symptome mit einer stattgefundenen tuberkulösen

Infektion in Zusammenhang stehen müssen, so bedeutsam ist es, wenn diese ausgeschlossen werden kann. Wir können dann von langdauernden Ruhekuren oder einer kostspieligen klimatischen Therapie Abstand nehmen.

Die Ernährung stößt meistenteils auf erhebliche Schwierigkeit durch Appetitlosigkeit und launisches Essen. Unbedingt ist für wirklich gemischte Kost zu sorgen. Es darf nicht dazu kommen, daß z. B. Milch und süße Speisen bzw. Gebäck die wesentlichen Bestandteile der Nahrung bilden. Der Eiweißbedarf des Kindes soll durch Fleisch, Fisch, Käse usw. und nur zum kleineren Teile durch Milch (bis zu $^1/_2$ l) gedeckt werden. Das erste Frühstück vor dem Schulbesuch soll reichlich sein. Dies erreicht man manchmal nur dadurch, daß man das Kind im Bett frühstücken läßt.

Es ist oft äußerst schwierig, bei diesen mageren Kindern eine Gewichtszunahme zu erzielen. Warum trotz ausreichender Ernährung eine Besserung des Ernährungszustandes so selten gelingt, ist nicht leicht zu erklären. Möglicherweise ist diese Tatsache in manchen Fällen durch einen Hyperthyreoidismus bedingt. Mästungsversuche gelingen nur selten, sind sogar ein zweischneidiges Schwert, denn sie führen oft zu einer Steigerung der gewöhnlich vorhandenen Appetitlosigkeit. Einseitige Bevorzugung von Milch und Nährpräparaten ist in jedem Falle abzulehnen. Soll der Versuch der Mästung vorgenommen werden, so empfehlen wir, dem Kinde vor dem Schlafengehen kleine Portionen Sahne bis höchstens $^1/_4$ Liter, zuzuführen.

Bei Kindern, die übermäßig mit Milch und Ei genährt waren, erzielt man eine Besserung des Ernährungszustandes am besten noch, wenn man die Milch reduziert und den Rest der Milch und das Ei zur Bereitung von Mehlspeisen benutzt. (Dicke Haferflockensuppen, Milchgrieß und -Reis, Eierkuchen, Nudeln usw.)

Bezüglich der Beschäftigung dieser Kinder, der Pflege im Hause und im Freien können wir auf die einleitenden Kapitel hinweisen. Wichtig ist Abwechselung in der Beschäftigung, die Einschaltung von Ruhepausen während des Spiels, überhaupt die Vermeidung jeder geistigen und körperlichen Übermüdung. Wo disproportionales Wachstum vorliegt, muß durch entsprechende Turnübungen die Muskulatur des Oberkörpers gekräftigt werden (siehe S. 41 ff.). Bezüglich der Wahl der Erholungsorte verweisen wir auf S. 34. Badeorte mit sogenanntem „regen Kurleben“, Hotelleben mit Tables d'hôtes dürfen nicht in Frage kommen. Die Zeit des Sommeraufenthaltes muß insbesondere bei Stadtkindern zur Steigerung der körperlichen Leistungsfähigkeit benutzt werden unter gleichzeitiger Verbindung mit anregender nützlicher Betätigung (Gartenarbeiten, Wanderungen, Einführung in Zoologie, Botanik durch Anleitung im Freien). Man kann die Zeit des Sommeraufenthalts auch dadurch mit einer zweckmäßigen erziehlichen Beeinflussung verbinden, daß man die Kinder in Kinderheimen unter Aufsicht bewährter Lehrer oder Erzieherinnen unterbringt. Man sieht sie bei der neuen Lebensweise dann oft aufblühen. Bezüglich des Besuches der Schule verweisen wir auf S. 359.

Die medikamentöse Therapie zeitigt keine großen Erfolge. Die Eltern müssen davon abgehalten werden, auf eigene Faust ihre Kinder mit teuren und nutzlosen Nährpräparaten zu füttern; manchmal bessern Eisen und Arsen den Allgemeinzustand durch Behebung einer vorhandenen Anämie. In einer Reihe von Fällen haben wir gute Wirkung von Kalk gesehen, z. B. von einer Mischung von gleichen Teilen Calcium lacticum und Calcium phosphoric. tribasic. puriss. (Mengen von 3—6 g p. d.) (s. auch Kalziumpräparate). Die verschriebene Menge wird in drei Teile geteilt und nach den großen Mahlzeiten in etwas Milch gegeben. Diese Art der Medikation ist der Beimischung des Kalkes zu den Speisen vorzuziehen.

Neuropathie und Psychopathie.

1. Symptomenkomplexe allgemeiner Art.

a) Schlafstörungen.

Bei Behandlung von Schlafstörungen ist die ganze Lebensweise des Kindes während des Tages zu prüfen und für genügende, aber nicht übermäßige Betätigung zu sorgen. Im übrigen aber ist die Behandlung der Schlafstörungen wesentlich psychisch, erziehlich. Schlafmittel dienen nur zur vorübergehenden Unterstützung. Gelegentlich kommt bei Erregung eine kurze Bromkur in Betracht. Gerade aber bei nächtlichen Tob- und Schreianfällen, die oft 1—2stündlich in der Nacht erfolgen, versagen milde Schlafmittel völlig. Die Behandlung ist ausführlich S. 63 beschrieben.

Pavor nocturnus. Als Pavor nocturnus bezeichnet man ein ängstliches Aufschrecken aus tiefem Schlaf. Das Kind ist scheinbar wach, leidet aber unter lebhaften, angsterregenden Sinnestäuschungen. Ein einzelner Anfall kann hervorgerufen sein durch seelische Erregung, hohes Fieber oder starke Nasenverstopfung. Häufiges oder gar regelmäßiges Eintreten des Anfalls vollzieht sich bei nervösen Kindern meist bei chronischer Nasenverstopfung, aber auch ohne jeglichen Grund. Dann liegt stets ein neuropathischer, mangelhaft beherrschter Charakter vor. Ein Zusammenhang mit Epilepsie besteht jedoch nicht, wenn auch ein Epileptiker Pavor nocturnus-Anfälle haben kann.

Therapie des einzelnen Anfalls. Der Patient ist unter ruhigem Zureden völlig zu erwecken. Bestehendes Fieber darf durch Umschläge oder Fiebermittel bekämpft werden. Bei stark verstopfter Nase ist das gleiche nützlich, auch wenn kein Fieber besteht. Daneben lasse man das Kind feuchte Dämpfe mit Menthol und Terpentin (siehe Technik) atmen. In der folgenden Nacht verfahre man von vornherein in gleicher Weise.

Habitueller Pavor nocturnus. Kehren die Anfälle gewohnheitsmäßig bei jeder Nasenrachenaffektion wieder, so sind die genannten Vorsichtsmaßregeln bei Beginn der ersten Fiebernacht anzuwenden. Denn es ist sicher, daß eine Wiederholung der Anfälle leicht eine weitergehende Gewohnheit schafft. Treten die Anfälle bei chronischer Nasenverstopfung auf, so wird man sich bemühen, diese zu beseitigen. Ist die Verstopfung der Nase so erheblich, daß auch sonst eine Adenoiden-Operation am Platze wäre, so ist eine solche auszuführen. Bei geringerer

Nasenverstopfung genügt außer der sonst üblichen Behandlung der Nase (siehe S. 387) die gleich zu besprechende suggestive Behandlung. Denn selbst bei schwerster Nasenverstopfung kann man diese nicht immer entbehren. Man achte im übrigen darauf, daß auch eine andere Verstopfung der obersten Luftwege, z. B. ein reizloser Pharyngealabszeß schuld sein kann.

Beim Erwachen aus dem Anfall ist das Kind recht ernst zu verwarnen und sofort in einen möglichst kühlen Umschlag einzupacken. Am nächsten Abend wird es von vornherein kühl eingepackt. Zugleich verbitten sich die Eltern energisch die Wiederholung des nächtlichen Theaters. Das Kind muß wissen, daß es, wenn es zwei Nächte ohne Anfall geschlafen hat, keinen Umschlag mehr braucht. Jeder Rückfall zieht unweigerlich eine Wiederholung dieser Behandlung nach sich. Sind die Eltern imstande, durch die Sicherheit ihres Auftretens den suggestiven Einfluß auf das Kind auszuüben, so genügt diese Verordnung. Kann man auf diesen Einfluß der Eltern nicht voll rechnen, so muß man die Behandlung durch Schlafmittel ergänzen. Das gleiche ist notwendig, wenn die Pavor nocturnus-Anfälle während Perioden allgemeiner Erregung auftreten. Hier verschlimmert der Anfall immer wieder den Gesamtzustand, so daß ein Circulus vitiosus entsteht. Man hat die Wahl zwischen einem milden Schlafmittel, Bromural bzw. Urethan oder dem Beruhigungsmittel Brom. Man muß diese Mittel in nicht zu kleinen Dosen 3—4 Tage lang hintereinander geben und am 4. Tage irgend eine Scheinmedikamention an ihre Stelle treten lassen. Bei dauernden Erregungszuständen ist Brom in Dosen von anfangs 4—5, nach 5—6 Tagen in solchen von 2—4 g vorzuziehen und die Behandlung 14 Tage lang fortzusetzen. Die vorher besprochene suggestive Therapie ist gleichzeitig anzuwenden. Nach Beseitigung der Anfälle ist die gesamte Erziehungs- und Lebensweise des Kindes einer gründlichen Revision zu unterziehen.

b) Angstzustände.

Die Angst kann sich auf Vorkommnisse des täglichen Lebens, Angst vor Käfern, Hunden, vor Überschreiten der Straße, aber auch auf außergewöhnliche, nur in der Phantasie des Kindes lebende Ereignisse (Mörder) beziehen. Es ist in jedem Falle notwendig, der Genese dieser Angstzustände nachzugehen, da auf diese Weise manchmal ätiologische Therapie möglich ist. Mitunter tragen z. B. an ihrer Auslösung falsche erziehliche Beeinflussung (Schreckeinjagung durch ungebildete Pflegerinnen) oder außergewöhnliche aber mit einem bestimmten Aufenthalte verknüpfte Erlebnisse (z. B. die Angstzustände vieler Kinder durch Fliegerangriffe) die Schuld. Angstzustände vor jedem ärztlichen Besuch sind oft dadurch hervorgerufen, daß die Kinder durch schmerzhafte Eingriffe überrumpelt wurden. So trägt die ohne Narkose durchgeführte Exstirpation adenoider Vegetationen nicht selten zur Angst vor dem Arzte bei. Die Operation sollte deshalb niemals vorgenommen werden, ohne daß das Kind darauf vorbereitet wird, besser noch in einer leichten Narkose, welche dem Kinde die Erinnerung an den Eingriff nimmt.

Bei schwer neuropathischen Kindern stellen sich die Angstzustände regelmäßig ein, wenn sie längere Zeit, z. B. während einer leichten Krankheit, allzusehr der sorglichen Pflege einer nervösen Mutter ausgesetzt sind.

Das Kind muß zunächst unter einen möglichst ruhigen erziehlichen Einfluß gebracht werden. Erwachsene müssen sich in ihren Erzählungen vor dem Kinde größte Zurückhaltung auferlegen, ungeeignetes Pflegepersonal ist sofort zu entlassen. Haben die Aufregungszustände zu einer vollständigen Zerrüttung des Seelenlebens des Kindes geführt, so ist zunächst vollständige Bettruhe unter Benutzung von Beruhigungsmitteln (Brom) angebracht.

Dann ist für eine frischere, freiere Lebensweise mit lebhafterer Selbstbetätigung und kleinen Pflichten in der Weise, wie wir es (S. 61) geschildert haben, zu sorgen. Bei älteren Kindern gehört hierzu die Wiederaufnahme des Unterrichts in einem Grade, wie es ihren Kräften entspricht. Mitunter tut man gut, zunächst den Unterricht auf ein einziges Fach zu beschränken, damit das Kind von dem Fortschreiten Freude empfindet. Dann erst gewöhne man das Kind unter vernünftigem Zureden, seine Angstvorstellungen zu überwinden. Dies gelingt leicht unter der bestimmten Autorität eines geeigneten Erziehers. Oft wird der Arzt diese Aufgabe übernehmen müssen.

c) Zwangszustände.

Läßt sich das auslösende Moment der Zwangsbewegungen feststellen, z. B. juckende, ekzematöse Hautstellen, Konjunktivitiden, Gerstenkörner, schmerzende Panaritien etc., dann kann der Hebel hier angesetzt werden. Daneben muß versucht werden, das Leiden durch eine systematische Übungstherapie zu beheben.

Tic. Besteht eine Tic-Krankheit erst seit kurzer Zeit, so gelingt ihre Beseitigung schon dadurch, daß man in Gegenwart des Kindes das Leiden als eine schlechte Angewohnheit bezeichnet, die das Kind überwinden muß. Man demonstriert Kind und Eltern, daß während der Gegenwart des Arztes das Leiden vollkommen unterdrückt werden kann. Bei weniger beeinflußbaren Kindern mag eine schmerzhafte Elektrisierung den Trieb zur Selbstbeherrschung stärken. Auch hier wie bei allen nervösen Leiden verhindere man den großen Wortschwall, mit dem nervöse Eltern die Vernunft des Kindes anzurufen pflegen. Ein kurzes, scharfes Wort, das zur Selbstbeherrschung mahnt, soll einzig gestattet sein. Durch geeignete Beschäftigung des Kindes und eine frischere Lebensweise verringert man die Neigung zu diesen Krankheiten, die ja schließlich ein Ausdruck der „Gefangenschaft" ist, in der das „wohlbehütete" Kind lebt.

Bei schweren veralteten Fällen müssen forcierte, willkürliche Bewegungen der betreffenden Muskelgruppe auf Kommando ausgeführt werden. Das Kind soll so lernen, die Nervenleitung nur durch den Willen zu beherrschen. Eine Entfernung aus dem Hause erspart viel Mühe.

Jactatio corporis. Das dauernde wiegende Bewegen des Körpers entsteht im zweiten Lebensjahre bei Kindern, die wegen englischer Krankheit im Sitzen und Stehen stark beeinträchtigt sind, und nicht entsprechend ihrem Alter sich durch Betätigung Unterhaltung schaffen können. Die Angewohnheit setzt sich dann durch die nächsten Jahre hindurch fort. Sobald das Kind allein ist, beginnt es mit seinem Wiegen. Gelingt es, ihm eine seinem Alter entsprechende Ablenkung zu schaffen, so verschwindet das Leiden von selber.

Unter den therapeutisch am schwersten beeinflußbaren Zwangszuständen erwähnen wir die Jactatio capitis nocturna. Gewöhnlich wird man hier viele Maßnahmen ausprobieren müssen, ehe man eine findet, die hilft. Einfache Maßnahmen sind: Verlegung des Kindes in ein anderes Zimmer, Beigabe einer besonderen Nachtwache, Vertiefung des Schlafes durch Schlafmittel, Fixierung des Kopfes durch geeignete Binden und Bandagen. In besonders schweren Fällen ist jedes Nachlassen in der Therapie von einer Verschlimmerung des Zustandes gefolgt. Hier kann man den Eltern nur den Trost geben, daß mit dem zunehmenden Alter allmählich eine Besserung eintreten wird.

Nägelkauen. Gegen Nägelkauen und Daumenlutschen muß man durch Anbinden der Arme an das Bett, Bestreichen der Finger mit ekelhaft riechenden Tinkturen (Tinctura asae foetidae) vorgehen, auch das dauernde Tragen von Fausthandschuhen kann geboten sein.

Masturbation. Die Masturbation im Spielalter, namentlich in den ersten 3—4 Jahren ist rein triebartig und findet sich häufiger bei kleinen Mädchen. Ein bestehendes Ekzem der Scheidengegend, Vulvitis und Oxyuriasis geben nur in einzelnen Fällen den Anlaß hierzu und sind natürlich zu beseitigen. Nur selten sind die physiologische Phimose und Ansammlung von Smegma die Ursache. Bestehen sie, so kann man sie durch Dehnung der Vorhaut und Säuberung des Sulkus leicht beseitigen (siehe S. 453 ff.). Man wird bei etwas älteren Kindern die schmerzhafte Manipulation als durch die Masturbation notwendig geworden bezeichnen und dadurch den Trieb, das Leiden zu überwinden, verstärken. 1—4jährigen Kindern, die mit übereinander gekreuzten Beinen das Reiben auch in Gegenwart anderer vollführen, gibt man sofort einen gründlichen Klaps und schiebt zwischen die Beine des Kindes, wenn es zum Schlaf gebettet wird, ein Kissen, so daß sie gespreizt sind. Vor dem Zubettbringen sind kühle Waschung der Geschlechtsgegend und Einpuderung vorzunehmen. Bei älteren Kindern vermeide man wenigstens vor der Pubertätszeit, das Leiden dem Kinde anders darzustellen, als eine schlechte, strafwürdige Angewohnheit. Alles muß verhindert werden, was die Libido des Kindes steigern und den Eintritt der Geschlechtsreife beschleunigen kann. Die Diät muß knapp und an Vegetabilien reich sein. Persönlichkeiten, die offenbar auf die erogene Zone des Kindes einwirken, sollen möglichst ferngehalten werden. Für solche Kinder sind Liebkosungen von Kinderpflegerinnen eine große Gefahr; jedenfalls ist dem mit der Erziehung des Kindes betrauten Personal die größte Aufmerksamkeit zu schenken. Das Laster kann nur durch eine zweckmäßige Beschäftigung und Ablenkung des Kindes abgedämmt bzw. geheilt werden. In Ausnahmefällen, in denen die Gesundheit des Kindes ernstlich beeinflusst wird, wird die Unterbringung in einem Psychopathenheim angebracht sein. Können sich die Eltern dazu nicht entschließen, so werden sie zu Hause oft auch radikale Mittel in Anwendung bringen müssen, z. B. Einbinden der Arme und Anbinden an die Bettwände, eventuell auch ein vorübergehendes vollständiges Eingipsen des Unterkörpers bei gespreizten Beinen.

Wir haben das Laster auch durch schmerzhafte Injektion mit physiologischer Kochsalzlösung in die Haut der Genitalgegend aber auch durch Suggestionsmassnahmen anderer Art heilen können.

d) Schmerzhafte Sensationen.

Reagieren die Kinder auf jeden ihnen zugefügten Schmerz, wie ihn das tägliche Leben mit seinen zahlreichen kleinen Unfällen mit sich bringt, in ganz extremer Weise und sind nicht zu beruhigen, so muß die Pädagogik versuchen, das zu erreichen. Nichts wäre verkehrter, als die Kinder deshalb zu züchtigen, oder umgekehrt, unter „einen Glaskasten zu setzen". Ist das Kind gegen Kälte überempfindlich, so müssen systematische Abhärtungsprozeduren (S. 29) dagegen Abhilfe schaffen. Unter den spontan geäußerten Schmerzen sind am häufigsten Leibschmerzen und Kopfschmerzen.

Alle übrigen schmerzhaften Sensationen sind nicht nur seltener, sondern auch leichter zu behandeln. Es genügt, wenn man nach gründlicher Untersuchung dem Kinde sagt, daß ihm weiter nichts fehle und daß es die geringen Schmerzen sich tapfer verkneifen solle. Verlangen die Eltern augenscheinlich eine Medikation, so muß man gelegentlich eine Einreibung oder ein paar bittere Tropfen verordnen und Kind und Eltern versichern, daß die Schmerzen prompt verschwinden würden.

Leibschmerzen (Nabelkolik). Die häufig in der Gegend des Nabels auftretenden heftigen Schmerzen sind durch übertriebene Sensationen in der Gegend des Grimmdarms bedingt. Natürlich können auch wirklich stärkere Koliken vorhanden sein oder auch wohl in den seltensten Fällen vom Blinddarm ausgehen. Man wird daher gut tun, wiederholt und sorgfältig die Blinddarmgegend zu untersuchen. Daß die Entfernung eines gesunden Wurmfortsatzes mitunter die Schmerzen vollständig verschwinden läßt, ist natürlich kein Beweis für den Ursprung des Leidens von diesem Organ aus. Häufiger sind Darmstörungen schuld, wie sie bei allzu reicher Gemüsekost (Kriegsdiät!) auftreten können. Leichte Durchfälle, aber auch erschwerte Stuhlentleerung können vorhanden sein. Durch eine leichter zu verarbeitende, vegetabilienärmere Kost ist die eigentliche Darmstörung leicht zu beseitigen. Die Schmerzen bestehen aber doch oft weiter. In der großen Mehrzahl der Fälle in Zeiten normaler Diät liegt überhaupt keine Darmstörung vor. Hier empfiehlt sich als suggestive Therapie, einen breiten Heftpflasterstreifen von einer Seite zur andern quer oberhalb des Nabels straff gespannt aufzukleben. Dies genügt in den meisten Fällen. Doch kann man, was in den Zeiten der Kriegsdiät öfter notwendig ist als früher, kleine Dosen Belladonna geben, 3 mal täglich $1-1^1/_2$ cg mit Magnesia usta cum rheo ($^1/_2$ g).

Kopfschmerzen. Man untersuche zunächst den ganzen Körper. Urinuntersuchung versteht sich von selbst. Bei stärkeren Kopfschmerzen untersuche man den Augenhintergrund, denke aber auch an Konvergenz-

Schwäche und Weitsichtigkeit[1]). Bestehen augenblicklich Kopfschmerzen, so überzeuge man sich durch Temperaturmessung, ob nicht etwa Fieber vorliegt. Andernfalls lasse man zu Zeiten von Kopfschmerzen Messungen vornehmen. Zum Zweck der Therapie unterscheide man Schmerzen, die das Kind nicht erheblich mitnehmen, die es leicht bei Spiel und Unterhaltung vergißt, von solchen, die das Kind schwer betreffen. Bei den ersteren veranlasse man die Eltern, sich um das Leiden nicht zu kümmern, das Kind, sich die Schmerzen zu verbeißen. Ist es im übrigen matt und überanstrengt, so sorge man für Mittagsruhe im Freien. Frischere, freiere Lebensweise ist manchmal angebracht. Bei periodisch auftretenden, überwältigenden Kopfschmerzen mit und ohne Erbrechen stellt es sich häufig heraus, daß rezidivierende Anginen die Ursache sind. Hier achte man darauf, daß das Kind, solange das Fieber dauert und noch den nächsten Tag im Bette bleibt. Wenig läßt sich bei dem spontan auftretenden periodischen Kopfschmerz machen. Vereinzelt entwickelt sich aus ihnen später eine richtige Migräne. In anderen Fällen wird das Leiden nach einer kurzen Steigerung während der Pubertätszeit seltener. Eine Änderung der Lebensweise in dem Sinne, wie wir es im ersten Teil angeführt haben, bringt nur Hilfe, wenn das Kind vorher sehr unzweckmäßig behandelt worden ist. Tritt das Leiden hauptsächlich nach Feiertagen usw. auf, so hat man einen gewissen Anhaltspunkt, daß Magenüberladung auslösend wirkt und kann so kausal eingreifen. Hierdurch wird wenigstens die Zahl der Anfälle verringert. Beim Anfall selber lege man das Kind einige Stunden ins Bett und gebe, wenn kühle Umschläge nicht genügen, eines der Kopfschmerzenmittel. Doch tut man auch im Kindesalter gut, mit diesen zu wechseln.

e) Anfälle.

(Ohnmachten, respiratorische Affektkrämpfe etc.)

Auf dem Boden der Neuro- und Psychopathie entstehen periodisch wiederkehrende Anfälle, welche den Gedanken an epileptische Äquivalente nahelegen, durch ihren Verlauf aber sich deutlich von ihnen unterscheiden. Die wichtigsten unter ihnen sind die periodisch wiederkehrenden Ohnmachten und die respiratorischen Affektkrämpfe, das sogenannte Wutwegbleiben.

Ohnmachten begegnen wir vor allem bei älteren, hoch aufgeschossenen, blassen Kindern. Schon geringe Reize, geringe Indispositionen, Schmerzen, Wärmestauung, können Anlaß zu diesen Ohnmachten geben. Der Anfall selbst erfordert ein flaches Hinlegen, eine Lösung alles Beengenden; er geht dann schnell vorüber.

Wiederholen sich aber diese Anfälle häufiger, z. B. jedesmal, wenn das Kind in etwas wärmere Luft kommt, etwas riecht oder sieht, was es ekelt, so ist eine strenge Ermahnung und bei beginnendem Blaßwerden ein rücksichtsloses Aufrütteln geboten. Ebenso muß man als Schularzt gegen gehäuftes Auftreten in der Schule vorgehen.

---

[1]) Auch chronische Entzündung der vergrößerten Nasenrachenmandel kommt in Betracht. Vielfach sind die Ursachen zur Erzeugung von Kopfschmerzen nur beim „Kopfschmerz Disponierten“ genügend.

Wutwegbleiben (Respiratorische Affektkrämpfe). Das „Wegbleiben“ der Kinder im Spielalter bei Trotz oder Schmerz ist trotz des beunruhigenden Anblicks stets harmlos. Bei Kindern im 2. Lebensjahre tut man gut, durch elektrische Untersuchung und genaueste Anamnese das Fortbestehen einer Spasmophilie auszuschließen. Die besorgten Eltern sind über die Harmlosigkeit des Leidens aufzuklären. Eine konsequente systematische Erziehung, die sich nicht vor Konflikten mit dem Kinde scheut, ist einzuleiten. Gelingt es nicht durch rechtzeitiges, dem Kinde ungewohntes, energisches Aufrütteln, so sind nach Wiederkehr des Bewußtseins sehr empfindliche Reize angebracht, z. B. Abklatschen mit kaltem Wasser oder Schläge. Ist der Anfall nur durch Trotz verursacht, so ist auch eine länger dauernde Strafe, Eckestehen, Entziehung eines Leckerbissens usw. anzuwenden (siehe S. 59). In hartnäckigen Fällen wirkt immer noch am schnellsten ein Wechsel des Erziehers oder gar des Milieus.

2. Bestimmte Organsysteme bevorzugende Symptomenkomplexe.

Besonderes Interesse unter den Manifestationen der Neuropathie nehmen jene ein, welche sich im Gegensatz zu den vorher beschriebenen mehr in Allgemeinerscheinungen äußernden auf ein bestimmtes Organ oder Organsystem beschränken, so daß man zunächst glaubt, ein organisches Leiden vor sich zu haben. Diese Manifestationen kommen gewöhnlich dadurch zustande, daß sich um einen organischen Kern erst die neuropathischen Symptome gruppieren, aber allmählich dann im Bilde vollständig prävalieren. Besonders für diese Form gilt unsere Forderung, eine genaue Analyse des Falles vorzunehmen und neben der Behandlung der neuropathischen Komponente nicht die eines organischen Grundleidens zu versäumen.

a) Störungen im Gebiet der Verdauungsorgane.

Appetitlosigkeit. Gegen die schon im Säuglingsalter sich oft recht unangenehm bemerkbar machende Verweigerung bestimmter notwendiger Nahrungsmittel, weil diese den sensiblen Individuen infolge ihres Geruches, Geschmackes oder in der Form nicht zusagen, hilft nur konsequentes Vorgehen, immer wieder erneutes Versuchen. Wenn die Kinder das notwendige Gemüse oder die erforderliche Kohlehydratzulage zunächst verweigern, so versuche man es mit einer anderen Zubereitung. So nimmt ein Kind, das eine dünne Mehlsuppe verschmähte, Milchgrieß. Umgekehrt kann eine Gemüsespeise mit Haferflocken genommen, dagegen Grieß oder Reis verweigert werden. Das eine Kind wünscht Zucker, das andere Salzzusatz. Mit Milch gekochter Spinat, Friedenthalsches Gemüsepulver, der Milch zugesetzt, sind brauchbare Aushülfen. Durch Hungernlassen, das Überschlagen von 1—2 Mahlzeiten kann man oft den Erfolg erreichen. Keineswegs aber darf wegen der Weigerung die Zugabe der notwendigen Beikost weit hinausgeschoben, das Kind bis über das erste Jahr lediglich mit Milch gefüttert werden; denn dann entstehen schwerere Allgemeinzustände. Was den Eltern oder der bisherigen Pflegerin nicht gelingt, kann oft überraschenderweise eine andere, die Fütterung übernehmende Person erreichen; auch kann der Erfolg sich nach Unterbringung in einem Kinderheim ohne weiteres einstellen. Manchmal führt auch ein brüskes Vorgehen, z. B. eine vorhergehende Magenausspülung, zum Erfolg. Es sei nachdrücklich auf die Schäden aus infolge der Abwehr des Kindes gegen andere Nahrungsgemische lange durchgeführter einseitiger Milchkost hingewiesen, um den Zwang selbst eingreifend erscheinender Maßnahmen zu rechtfertigen.

Beim Säugling ist die Appetitlosigkeit oft ein sehr wichtiger Fingerzeig, daß die Kost nicht anschlägt. Aber sie zeigt sich bei nervösen Kindern in übermäßiger Weise, so daß die Nahrung, die gestattet und notwendig ist, abgelehnt wird. Je jünger das Kind ist, um so mehr dränge man auf Einführung oder Beibehaltung der Brusternährung, weil man vielfach über den Zweifel nicht hinauskommt, was an der Nahrungsverweigerung berechtigt ist.

Kleinste, oft kaum merkliche Unpäßlichkeiten, z. B. Rhinopharyngitiden können bei neuropathischen Kindern zur Brustverweigerung führen. Hier ist es oft außerordentlich schwer, durch gründliches Entleeren der Mutterbrust Milchstauung und Milchverlust zu verhindern. Man gebe sich aber gerade hier besondere Mühe. Denn die gleichen Anfälle von Appetitlosigkeit sind bei künstlicher Ernährung von sehr viel stärkerer Rückwirkung auf den Allgemeinzustand. Da diese Kinder obendrein auch in bezug auf die Art der Nahrung sehr wählerisch sind, ist es oft recht schwer, die für den Zustand des Kindes vielleicht sonst notwendig werdende Nahrungsmischung beizubringen. Alle Regeln, die wir über die Erziehung des Säuglings angegeben haben (S. 57), sind bei dieser Art von Kindern strengstens zu beachten. Sehr nützlich wirkt das Herausbringen ins Freie. Je mehr das Kind eingesperrt ist, um so schlimmer wird der Zustand, so daß es im Winter regelmäßig schlechter geht. Den einzelnen Anfall kann man schwer beeinflussen. Leichte Wechsel in den Geschmackreizen, wie oben angegeben, mag man versuchen. Doch lasse man sich nie zu Kostformen verleiten, die dem Zustand des Kindes sonst nicht förderlich sind. Denn die Anfälle von Appetitlosigkeit erfolgen bei jeder Kost. Die Annahme, daß diese oder jene Nahrung schuld an der Appetitstörung wäre, erweist sich als Trugschluß, der Unerfahrene zu einem ewigen Wechsel der Ernährung verführt. Die schwere Komplikation, welche die Appetitlosigkeit bei Pyelitis, Lungenerkrankungen und Masern bedeutet, ist bei der Behandlung dieser Krankheiten ausführlich besprochen.

Eine besondere Form psychogener Appetitlosigkeit findet sich bei 2—3 jährigen rachitischen Kindern, die durch den Mangel der Entwicklung ihrer statischen Funktionen sozusagen durch ihren eigenen Körper gefangen gehalten sind. Je mehr die Kinder isoliert sind oder im Krankenhaus z. B. nur mit Säuglingen zusammen liegen, desto bedrohlicher wird das Leiden. Die Behandlung besteht darin, daß man das Kind so bettet, daß es Eindrücke von der Außenwelt besser aufnehmen kann. Das Spiel von älteren Kindern im gleichen Zimmer scheint solche Patienten am meisten zu interessieren.

Appetitlosigkeit älterer Kinder. Bis zu einem gewissen Grade kann man die Entstehung der Appetitlosigkeit durch die Erziehung zum Essen (S. 63) verhüten. Dauerndes Einreden auf das Kind bewirkt einen geradezu krankhaften Trotz und Abneigung gegen jedes Essen. Das Einnehmen der Mahlzeiten des Kindes muß nicht als ein außergewöhnliches Ereignis betrachtet werden, wie das in vielen Familien der Fall ist; wenn das Kind einmal etwas weniger ißt, eine bestimmte Speise verweigert oder erbricht, darf daraus kein Aufhebens gemacht werden. Durch äußerste Konsequenz, unter zielbewußter Vernachlässigung irgendeines einmal aus dem Bereiche des Normalen herausfallenden Symptoms kann man hoffen, die neuropathischen Manifestationen von seiten des Ernährungsvorganges zu vermeiden.

Wird das Kind dem Arzte wegen Appetitlosigkeit vorgeführt, so hat er zunächst festzustellen, ob in der Tat das Kind zu wenig Nahrung zu sich nimmt oder nur bestimmte Mahlzeiten oder Speisen verschmäht. Letzteres findet man in großem Maßstabe bei den Kindern unserer Arbeiter. Sie verschmähen das Mittagessen, denn sie leben von Milchkaffee, Brot, Belag, eventuell auch noch von Hering und Kartoffeln. Fehlt es dann an Fett, Milch und Belag, oder hat das Kind nicht genügend große Mengen von Brot, so kommt zu den Schäden der einseitigen Kost auch ein quantitativer Mangel, der das chronische Nichtgedeihen einer recht beträchtlichen Zahl von Volksschulkindern bedingt. Eine vernünftige Erziehung und das Beispiel der Eltern würden helfen. Leider fehlt es aber hieran meist. Besonders schädlich erweist sich, daß die Mutter oft den gleichen Fehler hat. Bei anderen Kindern wird der Appetit zu den Hauptmahlzeiten verdorben durch unregelmäßige Zwischenmahlzeiten oder Näschereien. Ein übermäßig reichliches zweites Frühstück, namentlich ein Ei, wirkt in gleichem Sinne.

Wieder in anderen Fällen sieht man, daß das Kind vollkommen genügend Nahrung zu sich nimmt, aber die Eltern in falschen Anschauungen über das Nahrungsbedürfnis der Kinder befangen sind. In vorstehenden Fällen besteht die Therapie in Abstellung der Fehler, in eingehender Belehrung der Eltern.

Doch scheitert der Erfolg leider vielfach an der Undiszipliniertheit des Hauses. Ein Aufenthalt fern von Hause läßt sich bei Minderbemittelten öfter durch die Aufnahme in die Ferienkolonie oder in ein Kinderheim, z. B. in Solbädern, herbeiführen. Die Erziehung zum Essen, die dadurch erfolgt, bedingt wesentlich die günstigen Resultate dieser Einrichtung. Das Schulfrühstück beseitigt wenigstens den quantitativen Mangel. Die Kriegszeit dürfte durch den Zwang zum Essen des sogenannten „Zusammengekochten" für viele Kinder eine harte, aber nützliche Erzieherin gewesen sein.

Liegt in der Tat eine wesentlich verringerte Appetenz vor, so müssen zunächst außerhalb des Magendarmkanals liegende Gründe beseitigt werden.

Kariöse Zähne spielen eigentümlicherweise eine geringere Rolle als die chronischen Nasenrachenkatarrhe, die bei ihrem periodischen Rezidiven auch eine periodische Appetitlosigkeit zur Folge haben. Der üble Geruch aus dem Munde wird irrtümlich als Geruch aus dem Magen gedeutet.

Der größere Teil der Fälle periodischer Appetitlosigkeit wird durch rezidivierende Erkrankungen des Nasenrachenraumes bedingt, freilich nur bei neuropathischer Konstitution. Eine Schwefelbrunnenkur wirkt hier ausgezeichnet (s. S. 388) — allerdings muß die Therapie außerdem dem erziehlichen Faktor Rechnung tragen.

Eine falsche, allzu gebundene Lebensweise, wie man sie gerade bei einzigen Kindern erlebt, Anstrengungen, denen das Kind nicht gewachsen ist, wie Schulbesuch mit weiten Wegen, bewirken Störung des Appetits. Frischeres, ungebundenes Leben im ersten Falle, im zweiten eine Stunde Ruhe, bevor das Kind Mittag ißt, sind die Heilmittel.

In anderen Fällen handelt es sich um Ernährungsfehler. Einseitige oder übermäßig vorsichtig gewählte Kost ist dann durch eine gröbere, an Geschmacksreizen reichere Kost zu ersetzen. Auch saure und pikante Speisen sind nicht zu verschmähen.

Wieder in anderen Fällen — aber nicht nur in denjenigen, in denen wir Diätfehler vermuten — gelingt es, durch die Einschränkung der Mahlzeiten auf 3 oder 4 schon in relativ kurzer Zeit zu erreichen, daß das Kind mit Appetit seine Speisen nimmt. Am zweckmäßigsten ist es, die Mahlzeiten zunächst auf 3 einzuschränken und dabei Wert auf möglichst feste, dem Kind mehr zusagende Kost zu legen, z. B. frühmorgens eine Tasse Milch und Brot mit Marmelade, mittags Kartoffeln, Gemüse, Fleisch zusammengekocht, abends z. B. ein Butterbrot mit Wurst, Pellkartoffeln mit Hering oder Räucherfisch. Gerade wenn die Eintönigkeit vermieden und vorübergehend eine mehr pikante Kost gegeben wird, läßt sich die Appetitlosigkeit des Kindes leichter überwinden. Verweigert das Kind zunächst auch diese Mahlzeiten, läßt es z. B. die Mittagsmahlzeit ganz oder halb unberührt, dann mache man daraus kein Ereignis, sondern setze dem Kinde ohne weiteres die gleiche Mahlzeit aufgewärmt am Abend nochmals vor. Am nächsten Tage beginne man in genau gleicher Weise! Länger als drei Tage hungert kein älteres Kind, wenn es sich dem eisernen Willen gegenüber sieht, den es nicht durchbrechen kann. Beginnt es zu essen, dann muß das als selbstverständlich betrachtet, das Kind nicht etwa z. B. durch Süßigkeiten dafür belohnt werden. Oft empfiehlt es sich, die genannten Maßnahmen mit anderen zu verbinden, z. B. ein Kind, das bisher immer am Tische der Eltern gegessen hat, allein essen zu lassen oder umgekehrt. Auch sonst können Umgebungs-Änderungen zweckmäßig sein. Erreicht man zu Hause absolut nichts, was eigentlich nur dann der Fall ist, wenn die Konsequenz dem Kinde gegenüber nicht aufgebracht wird, weil das Elternpaar nervös ist und zu ängstlich, um eine strenge Hungerkur durchzuführen, dann muß das Kind in einer Klinik oder einem Kinderheim untergebracht werden, wo es beim Zusammensein mit vielen anderen essenden Kindern sehr bald seine Appetitlosigkeit verliert. Daß selbstverständlich auch die Neuropathie als solche bekämpft werden muß, hier besonders Liegekuren im Freien eine gute Unterstützung für die Wiedergewinnung des Appetits sind, sei betont. Mit Appetit anregenden Mitteln wird man im allgemeinen nichts erreichen, immerhin ist nichts gegen die Verordnung von Salzsäurepräparaten einzuwenden. Vielfach fehlt Kindern zwischen dem 3. und 12. Lebensjahr jede Freude am Essen und zwar selbst an Leckereien. Diese Kinder haben in dem genannten Alter ein ausgesprochen geringes Eßbedürfnis. Alle Verstöße, die wir früher und in dem Abschnitt über Erziehung (S. 63/64) angeführt haben, wirken hier besonders leicht schädlich und sind streng zu vermeiden. Die Eltern müssen sich darüber klar werden, daß die Kost zwar knapp, aber nicht einseitig werden darf. Die Widerstandskraft des Kindes gegen Infektionskrankheiten wird dadurch nicht herabgesetzt.

Die Appetitlosigkeit der Kinder verbindet sich nicht selten mit **Kaufaulheit.** Die Kinder halten stundenlang das Essen im Mund und wälzen es von der einen in die andere Backentasche. Gegen diese lästige Erscheinung ist auch kaum etwas anderes zu machen als eine Hungerkur, die den Kindern wieder Appetit bringt. Noch besser ist der Erfolg durch das Beispiel: Einnehmen der Mahlzeiten in Gegenwart anderer Kinder. Durch Züchtigung kommt man im allgemeinen nicht zum Ziel, oft aber durch Wechsel der Erzieherin oder Unterbringung in einem Kinderheim.

Erbrechen. Die Diagnose des Erbrechens auf nervöser Grundlage ist gewöhnlich schon durch die Beschreibung des Vorganges möglich; denn dieser Akt tritt bei ganz bestimmten Gelegenheiten ein, z. B. morgendlich bei nervösen Schulkindern, während der Mahlzeiten bei der Ausübung eines Eßzwanges ohne besondere Allgemeinerscheinungen höchstens mit leichtem Erblassen, oder bei Schreck, Angst, freudigen Erregungen, dann auch bei Unlustgefühlen, wenn das Kind einem Befehl nicht nachkommen will. Trotzdem muß, wie schon betont, eine organische Grundlage des Erbrechens ausgeschlossen werden, vor allem beginnende Meningitis. Andere Kinder, namentlich solche, die einmal Keuchhusten gehabt haben, brechen bei jedem Hustenreiz. Bei dem morgendlichen Erbrechen der Schulkinder läßt man im Bett noch irgend ein Arzneimittel, z. B. ein Weinglas Karlsbader Mühlbrunnen trinken und $^1/_2$ Stunde später das Frühstück einnehmen. Kind und Eltern ist zu versichern, daß jetzt das Erbrechen überflüssig ist und ein doch eintretender Brechreiz überwunden werden kann. In allen übrigen Fällen psychisch bedingten Erbrechens ist ein schroffes Vorgehen notwendig. Ein Klaps, der sofort verabfolgt wird, wenn das Kind zu brechen Miene macht, eine Strafe, wenn das Brechen erfolgt ist, ist das beste und prompt wirkende Mittel. Freilich muß man die Eltern von der Notwendigkeit dieser Maßregel überzeugt haben. Hat sich bereits ein habituelles Erbrechen entwickelt, dann überzeuge man sich erst, daß weder ein Magenleiden, noch eine Überfütterung vorliegt. Die Regelung der Diät erfolgt nach den gleichen Gesichtspunkten, wie wir sie bei der Behandlung der Appetitlosigkeit hervorgehoben haben. Am besten wird ihr eine dem Kinde starken Eindruck machende Maßnahme vorausgeschickt, z. B. eine Magenspülung. Außerordentlich hartnäckige Fälle, die zu einem nicht unbedenklichen Inanitionszustand führen, müssen klinischer Behandlung unterzogen werden. Im übrigen verweisen wir auf die allgemeine Behandlung der zugrunde liegenden Neuropathie.

Periodisches Erbrechen (Azeton Erbrechen). Das periodisch auftretende Erbrechen, das 2—4 Tage lang zur vollständigen Entleerung sämtlicher Nahrung ührt, wird bei nervösen Kindern oft durch leichte Infektionen ausgelöst. In anderen Fällen spielt eine übermäßig eiweiß- und fettreiche Kost eine ätiologische Rolle. Die Azeton-Ausscheidung während des Anfalls wird durch den Hungerzustand bedingt.

Kinder, die an derartigen Anfällen leiden, sollen eiweiß- und fettärmer ernährt werden. Man muß die Milchration auf $^1/_4$ l herabsetzen und die Butter so gut wie ganz streichen. Dann bleiben wenigstens bei der vor dem Kriege üblichen Diät noch genügend Eiweiß und Fett übrig.

Den Anfall kann man mit einiger Energie sofort kupieren. Der Arzt zwingt das Kind in seiner Gegenwart, $^1/_4$ l heißen Mineralbrunnens (Alkalischen Säuerling oder Lullusbrunnen) schnell zu trinken. Zuckerzusatz und Anlockungen mit Schokoladenplätzchen sind gestattet. Ein Brechversuch wird durch kräftiges Anreden unterdrückt. Sollte das Unterdrücken des Brechens einmal mißlingen, so wird die gleiche Menge des Brunnens noch einmal gegeben. Nach einer Stunde kann das Kind einen Kartoffelbrei, eine Tasse mit Mehl und Wasser gekochten Kakaos und ähnliches zu sich nehmen. Es gelingt, die gleiche Wirkung auch zu erzielen, wenn man dem Kinde 1 l warmen Brunnens, $10^0/_0$iger Nährzuckerlösung usw., als Klistier verabfolgt und es persönlich verhindert, in der nächsten halben Stunde zu Stuhl zu gehen.

Durchfall. Seltener als Anorexie und Erbrechen auf nervöser Grundlage ist nervöser Durchfall, auch ist seine Abgrenzung von auf organischer Grundlage entstehenden dyspeptischen Störungen nicht ganz leicht. Wir sehen ihn im Anschluß an Aufregungen, Gemütsbewegungen auftreten.

Die Diagnose dieses Leidens, zu der man sich nur in den seltensten Fällen und nach langer kritischer Beobachtung entschließen sollte, bedingt eine zielbewußte Vernachlässigung. Dies wird um so leichter, als schwere Rückwirkungen auf das Allgemeinbefinden gewöhnlich nicht vorhanden sind. Nichts wäre verkehrter, als in diesem Falle Hungerkuren zu verordnen, die zu einer Schwächung des Organismus führen.

Die große Bedeutung nervöser Einflüsse bei dem Krankheitsbild der schweren Verdauungsinsuffizienz und die sich daraus ergebenden therapeutischen Konsequenzen finden bei diesem Krankheitsbild ihre Berücksichtigung.

Obstipation s. S. 99, 139 und 149.

Die Incontinentia alvi, die sich sehr häufig mit Beschmierungen des Kindes, sogar mit Kotessen paart, muß durch erziehlich-pädagogische Maßnahmen bekämpft werden. Das ist bei diesen Kindern insofern schwieriger, als es sich sehr häufig um schwer degenerierte Individuen mit geistigen Defekten handelt. Versucht muß vor allem werden, das Kind zu einer spontanen Stuhlentleerung zu einer bestimmten Zeit zu bewegen, während der die Pflegerin anwesend zu sein und jede Beschmutzung des Kindes zu verhindern bzw. bei dem Versuch dazu strafend einzugreifen hat. Die Stuhlentleerung wird am zweckmäßigsten durch Suppositorien, zunächst durch ein Glyzerinzäpfchen ausgelöst, das man dann allmählich durch ein gewöhnliches aus Kakaobutter zusammengesetztes Zäpfchen ersetzen kann. Sind einige Wochen vergangen, und hat das Kind auf diese Weise sich daran gewöhnt, zur bestimmten Zeit den Stuhl zu entleeren, so kann man das Zäpfchen weglassen. Es genügt dann, das Kind auf den Topf zu setzen, um eine Stuhlentleerung hervorzurufen. Voraussetzung für das Gelingen der Kur ist eine starke erziehlich wirkende Persönlichkeit im Hause. Wo diese fehlt, muß Umgebungsänderung Platz greifen.

b) Herzstörungen s. S. 435.

c) Störungen der Harnentleerung.

Unter den nervösen Erscheinungen von seiten des Urogenitalapparates interessiert vor allem die Enuresis. Ihr gegenüber spielt die Harnverhaltung, die sehr häufig auf Dysinnervation beruht, Krampf des Sphincter externus oder internus, eine geringe Rolle. Wir verweisen darauf, daß diese Erscheinungen Manifestationen der Spasmophilie sein und in deren Behandlung aufgehen können.

Von Enuresis sprechen wir nur dann, wenn das Kind nach $2^1/_2$ Jahren trotz aller darauf verwandter Erziehungsmaßnahmen nachts noch nicht sauber ist. Bevor die Enuresis als ein Stigma neuropathiae bzw. Stigma hereditatis angesehen wird, muß ausgeschlossen sein, daß irgendwelche Reizzustände infolge einer Bakteriurie, leichten Zystitis, eingewanderter Oxyuren an der unwillkürlichen Harnentleerung schuld tragen. Doch ist dies sehr selten eine unterstützende Ursache. Bei vielen Kranken findet sich eine Spina bifida occulta, die aber nicht die Ursache des Leidens sein kann, sondern mehr der Ausdruck der Minderwertigkeit ist. Gegen jede organische Ursache spricht vor allen Dingen, daß entweder nur nachts die Störung besteht, oder wenigstens eine Enuresis diurna leicht zu heilen ist. Die Schlaftiefe ist nur bei einem Teil der Kranken besonders ausgesprochen, fehlt in anderen Fällen. Die Verteilung der Urinmenge auf Tag und Nacht ist gleichfalls nicht einheitlich. Gemeinschaftlich ist allen diesen Fällen eine ausgesprochene neuropathische Grundlage. Diese Patienten unterscheiden sich in der Art des Charakters von ihren Geschwistern oder gleichaltrigen Kindern. Die Art der Minderwertigkeit ist außerordentlich verschieden. Ausgesprochene Schwachsinnsformen finden sich neben sehr intelligenten, aber reizbaren Charakteren. Ein großer Teil schämt sich des Leidens gar nicht, scheut jede Unbequemlichkeit. Wenn die Kinder nachts geweckt werden, sind sie kaum dazu zu bringen, zum Urinlassen aus dem Bett zu steigen. Andere zittern vor Scham und Angst und machen um so häufiger ins Bett, je mehr sie sauber zu sein verlangen. Die meisten Bettnässer nach dem 8., zum mindesten nach dem 10. Lebensjahr sind auch sonst üble Charaktere. Auf diesen Grundlagen kommt es aber oft nur zur Enuresis, wenn gröbere Erziehungsdefekte vorliegen.

Vielfach stellt sich das Leiden beim schon sauber gewordenen Kinde nach irgend einer Krankheit wieder ein, während deren die Eltern jede Unart entschuldigt hatten.

Die Prophylaxe des Leidens besteht in einer konsequenten und frühzeitigen Erziehung zur Sauberkeit, wie wir sie in dem Abschnitt über Erziehung geschildert haben. Bei der Therapie ist die psychische Behandlung das wichtigste. Doch sind eine Verringerung der Flüssigkeitszufuhr und die Vermeidung von Erkältung und Durchnässung zweifellos geeignet, dem Kinde die Beherrschung seiner Funktionen zu erleichtern.

Regelung der Flüssigkeitszufuhr.

Ergeben die anamnestischen Angaben eine reichliche Wasserspeisung, Zufuhr von viel Milch, Brei, dann genügen oft schon einige Abstriche, um das Symptom zu bessern. Man kann aber auch versuchen, für einige Tage vollständig zur Trockenkost überzugehen, z. B. beim Kinde im Alter zwischen 1—2 Jahren:

früh: 1 Tasse Milch, geröstetes Brot mit Butter;
vormittags: 1—2 geröstete Butterbrote;
mittags: zerdrückte Kartoffeln, gemischt mit nicht zu wäßrig gekochtem Gemüse und etwas Fleisch;
nachmittags: altbackener Kuchen oder Butterbrot;
abends: geröstetes Brot mit Belag.

Da zweckmäßigerweise auch die Wasser-Retention bedingenden Kohlehydrate wie auch die Salzzufuhr eingeschränkt werden, gibt man Brot und Butter einige Tage ungesalzen und Brot nur in dünnen Scheiben. Dafür darf die Fleisch- und Eiweißmenge an diesen Tagen erhöht werden. Gewürze sind selbstverständlich zu vermeiden und dadurch, wie auch durch die Einschränkung des Salzes in der Kost bedingt man ein Zurückgehen des Bedürfnisses des Kindes nach Flüssigkeit. Durch geeignete Bekleidung des Kindes kann auch die Wasserdampfabgabe durch die Haut erhöht werden.

Auf Vermeidung jeder Erkältung und Durchnässung ist der größte Wert zu legen. Wir sehen gerade bei bereits sauber gewordenen Kindern durch Sitzen auf kalten Steinen oder im Nassen Bettnässen wieder auftreten. Sorgfältiger Schutz vor solchen Möglichkeiten ist geboten, ebenso die entsprechende Einhüllung der Unterbauchgegend.

Die erziehlichen Maßnahmen werden sich je nach dem Alter des Kindes ganz verschieden gestalten. Das jüngere Kind im Alter von 2—3 Jahren, bei dem durch Suggestion und Zureden wenig zu erreichen ist, muß nachts öfter aufgenommen und abgehalten werden. Hier fruchtet auch der zur rechten Zeit angebrachte Klaps. Wird durch das oftmalige Wecken des Kindes die Schlaftiefe geringer, so lernen die Kinder sich allmählich melden. Vor Bekämpfung des Bettnässens ist in jedem Alter zu allererst die Beherrschung der Blasenfunktion am Tage zu erzwingen. Dies gelingt am besten dadurch, daß man das Kind alle $1^1/_2$—2 Stunden, also zu einer willkürlich gewählten Zeit den Urin entleeren läßt und jede Unsauberkeit streng ahndet. Für die seelische Behandlung der älteren Kinder ergeben sich folgende Regeln: In Abwesenheit des Patienten forscht man genau nach Charakter und Verstand des Kranken, ferner nach der Art der Erziehung, des Familienlebens usw. Man kann sich hierbei leicht schon ein Urteil darüber bilden, wie weit man von seiten der Eltern eine Unterstützung erwarten darf. Nun erst wird das Kind hereingerufen und die nötige körperliche Untersuchung vorgenommen. Man teilt ihm mit, daß es von diesem Leiden befreit werden würde, aber nicht ohne daß es sich selber Mühe gäbe. Die

Eltern sollen sich nicht in das Gespräch mischen. Zu einer genauen Aussprache gibt man ihnen später Gelegenheit.

Für die Behandlung ergeben sich folgende Grundsätze:

Je mehr die Erziehung z. B. unter dem Vorwande, daß „das Kind nichts dafür könne“ vernachlässigt ist, um so mehr können wir hoffen, daß die neuropathische Grundlage unerheblich ist. Diese Fälle sind durch Aufnahme der Erziehung leicht zu heilen. Je mehr es sich um ein reizbares, über sein Leiden unglückliches Kind handelt, um so mehr ist ruhige Zusprache und einfache Suggestion am Platze. Bei torpiden, gleichgültigen Kindern muß der Trieb, das Leiden loszuwerden, durch unangenehme Prozeduren, die einen suggestiven Charakter tragen sollen, geweckt werden. Auch die Erziehung muß hier kräftig eingreifen. Bei mehr schwachsinnigen Kindern werden Konsequenz und milde, das Kind nicht verschüchternde Strafen zum Ziel führen. Beim verprügelten Kinde sind Gewöhnung an regelmäßiges Urinentleeren und freundliche, liebevolle Zusprache das geeignete Mittel.

Bei älteren Kindern steht die suggestive Methode an erster Stelle, das Zureden mit Hilfe bitter schmeckender Medikamente (s. S. 360), unter denen Extractum rhois aromatic. fluid. 3 mal täglich 6—10 Tropfen am beliebtesten ist. Dazu Hochstellung des Bettendes. Gelangt man mit diesen leichten Methoden nicht zum Ziel, kommt die schmerzhafte Faradisation der Blasengegend in Frage. Dabei ist diese Maßregel dem Kinde nicht etwa als Strafe hinzustellen, sondern als eine Notwendigkeit, um das Bettnässen zu beheben. Die Reizstärke ist von Tag zu Tag zu erhöhen. Bei den leicht suggestiblen Kindern genügt eine einzige feierliche Sitzung. In außerordentlich hartnäckigen Fällen muß man auch andere Prozeduren in Bereitschaft haben, die Einspritzung von physiologischer Kochsalzlösung in irgend eine Körpergegend, z. B. in die Gegend oberhalb der Blase. Gerade auf diesen Eingriff hin, der dem Kinde gewöhnlich außerordentlich großen Eindruck macht und für längere Zeit das Gefühl der Spannung und Schmerzhaftigkeit zurückläßt, haben wir sehr hartnäckige Fälle, die bis zur Pubertät nicht gewichen sind, heilen sehen. Wir haben ihn allerdings im Zusammenhang mit einer Umgebungsänderung des Kindes vorgenommen (mit Verbringen in eine Klinik), die sich in allen schweren Fällen empfiehlt. Die Trennung von zu Hause hat den sehr großen Nachteil, daß bei Rückkehr in die alten Verhältnisse recht häufig ein Rezidiv erfolgt. Nimmt man die Kinder sofort wieder in die Klinik auf, so wird freilich bei vielen das nächste Mal nach der Entlassung der Drang, sauber zu sein, verstärkt. Der pädagogische Teil der Behandlung, der mit suggestiven Maßnahmen verbunden werden soll, besteht in einem 2-, später 3- und 4stündlichen Wecken, und zwar muß das Kind vollständig munter sein und selbst aus dem Bett steigen, um sich auf den Topf zu setzen. Sobald 3—4stündliches Wecken genügt, gibt man älteren Kindern einen Wecker in die Hand, den sie selber stellen und nach dem Aufwachen aufs neue für das nächste Wecken richten. Ein Verschlafen wird als grobe Ungezogenheit energisch gerügt, doch kann man den Schall des Weckers durch Einstellen in ein Emaillewaschbecken verstärken. Bei widerstrebenden, gleichgültigen Kindern ist ein sehr derbes Aufrütteln des Ehrgefühls überhaupt notwendig.

Bei einem Teil der Fälle tritt Spontanheilung nach der Pubertät auf. Man darf aber leider nicht darauf rechnen und zwar um so weniger, je tieferstehend die Kultur der betreffenden Familie ist.

Hysterie.

Das beste Gegenmittel gegen Hysterie ist eine konsequente Erziehung. Wie wir uns diese denken, ist im ersten Teil beschrieben. Besonders ist noch hervorzuheben: Jede Sonderstellung des Kindes ist zu vermeiden. Es darf nicht der Mittelpunkt der Familie sein oder zum mindesten sich nicht als solchen fühlen. Müßiggang und Träumen sind ebenso zu verhindern wie übermäßiges Lesen. Körperliche Betätigung und frühzeitige kleine Pflichten sollen dem Kinde keine Zeit zur Selbstbespiegelung lassen. Krankheiten, namentlich leichte Störungen, sollen keine übermäßige Beachtung finden, das Kind zur Selbstbeherrschung gegenüber unvermeidbaren Schmerzen erzogen werden. Bei Gesprächen in Gegenwart des Kindes müssen die Erwachsenen Erörterungen von Krankheiten, sexuelle Anspielungen, aber auch allzu häufige Kritik an anderen Erwachsenen vermeiden. Die Umgebung eines Hysterikers läßt in bezug auf Erziehungskunst meist viel zu wünschen übrig. Die erste Aufgabe ist daher, hier Wandel zu schaffen.

Da das Wesen der Hysterie in einer Abhängigkeit von der Umgebung besteht, muß man nicht nur selbst auf den Kranken suggestiv einzuwirken trachten, sondern auch die Umgebung zu beeinflussen suchen. Am bequemsten ist es natürlich, wenn man schädlich wirkende Personen von der Erziehung ausschließen kann. Vielfach sind aber die Angehörigen des Kindes durch eine falsche Auffassung des Leidens zu einer immer unrichtigeren Behandlung des Kindes gedrängt worden, und es gelingt nach vertrauensvoller, ausführlicher Aussprache, sie zu einem vernünftigeren Verhalten zu bestimmen. Man tut aber gut, das Wort Hysterie nie zu gebrauchen und statt dessen von Nervosität zu sprechen. Am leichtesten hat man es meist bei den scheinbar auf schwere Hysterie weisenden Lähmungszuständen, Astasie, Abasie, Stummheit oder Stimmlosigkeit. Diese treten oft als einziges Symptom ein einziges Mal bei sonst recht leichter Hysterie auf. Nach Beseitigung des Anfalls sind die Eltern leicht zu festeren Erziehungsmaßnahmen zu bringen. Schwerer ist die Aufgabe bei Kindern mit immer wechselnden Beschwerden und starker Abhängigkeit in Laune und Wohlbefinden. Diese reagieren zu fein auf jeden Fehler. Der gute Wille der Eltern, dem Kinde verständiger gegenüberzutreten, genügt selten. Eine frische, energische Erzieherin, die Eltern und Kind in gleicher Weise beeinflußt, kann hier helfen. Sonst ist es besser, das Kind, um ihm eine frohe und gesunde Jugend zu sichern, in einer Familie oder Pension unterzubringen, in der neben konsequenter Strenge ein frischer, fröhlicher Geist herrscht. Rückfälle treten freilich noch jahrelang auf, sobald das Kind nach Hause kommt, doch werden sie von Jahr zu Jahr weniger schwer. Nur solche Kranke gehören in Heilpädagogien, die immer wiederkehrende Krämpfe, Nahrungsverweigerung oder schwere Charakterfehler zeigen, z. B. Verlogenheit, erotische Triebe und ähnliches.

Behandlung der Anfälle. Lähmungsanfälle beseitigt man am besten mit brüsker Überrumpelung. Der faradische Pinsel spielt hierbei die größte Rolle. Doch kann man auch unter ruhiger Überredung das Kind langsam davon überzeugen, daß es die gestörte Funktion beherrscht. Bei Stimmlähmung kann man nach der Kehlkopfuntersuchung das Kind z. B. auffordern, statt a, das es nicht kann, i laut zu rufen. Indem man immer wieder auffordert, lauter und lauter zu rufen, kommt das i schließlich deutlich heraus. Darauf gelingt es, das Kind zum Singen zu bringen und unter gutem Zureden stellt sich dann auch das Sprechen ein. Die Kunst ist dabei, das Kind dazu zu bringen, die ablehnende Haltung, die es anfänglich dem Heilungsbestreben gegenüber zeigt, abzulegen und es in Eifer zu versetzen. Beide Arten von Behandlung wirken zugleich erziehlich. Schwieriger ist die Beseitigung von Lähmungen, die schon lange Zeit bestanden haben und vielfach behandelt sind. Hier wird man nicht immer mit einer Sitzung zum Ziele kommen, sondern erst einmal mit einer Besserung zufrieden sein. Ein paar bittere Tropfen, die man dem Kinde bis zur nächsten Sitzung gibt, bereiten zu dieser vorteilhaft vor. Bei Krämpfen ist außer suggestivem Elektrisieren während des Anfalls selber, eine dem Kinde unangenehme Behandlungsart anzuwenden: kalte Abklatschungen usw. Es sei hierbei bemerkt, daß man mit der Annahme des hysterischen Ursprungs von Krämpfen recht vorsichtig sein soll.

Erkrankungen des Mundes und der Zähne.

I. Zahnkaries.

Die beste Prophylaxe der Zahnerkrankungen ist eine sorgfältige Vermeidung englischer Krankheit. Die Zahnpflege vermag beim Kinde wenigstens bis zum 10. Lebensjahr relativ wenig. Zweifellos werden wir auf eine sorgfältige Reinhaltung mittels Zahnbürste und Zahnpulver vom 3. Lebensjahr an bestehen. Wichtig ist, daß diese Reinhaltung nach den Hauptmahlzeiten und besonders abends erfolgt. Eine Ausspülung des Mundes nach Genuß von Süßigkeiten, am besten deren Beschränkung, wäre wünschenswert.

Die Zähne des Kindes sollen sorgfältig schon in der Zeit des Milchgebisses von den Eltern allmonatlich betrachtet werden. Beim bleibenden Gebiß wird man bei empfindlichen Zähnen halbjährliche Revision durch einen Zahnarzt empfehlen. Beim Milchgebiß sind alle Backenzähne, wenn nötig, sofort zu plombieren. Schwieriger ist das Verhalten bei den schnell zerfallenden Vorderzähnen in den ersten Lebensjahren. Man kann hier wie auch bei den verwüsteten Gebissen späterer Zeit durch zahnärztlich auszuführende Imprägnation mit Argentum nitricum die faulenden Stummel aseptisch gestalten. Jedenfalls lasse man die Wurzeln der abgefallenen Vorderzähne wegen der Entwicklung des Kiefers so lange darin, bis eine Wurzelentzündung entsteht. Dann sind sie sofort zu extrahieren.

II. Falsche Zahnstellung und Kiefermißbildung.

Falsche Zahnstellung des Milchgebisses ist nicht zu berücksichtigen. Die beste Zeit zu Korrekturen ist das 11.—12. Lebensjahr. In dieser Zeit lasse man alle entstellenden Zahnbildungen korrigieren. Jetzt erfolge auch erst die Korrektur des schmalen Gaumens. der die Verengerung der Nasenwege mit verschuldet.

III. Entzündung der Mundschleimhaut.

a) Symptomatische Mundschleimhauterkrankungen. Rötung der Mundschleimhaut, periodische Rötung der Zungenspitze sind im Säuglingsalter Symptome einer ernsten Ernährungsstörung und weisen im ersten Vierteljahr, namentlich wenn die Verdauung nicht akut gestört ist, auf die Notwendigkeit hin, die unnatürliche Ernährung durch die natürliche zu ersetzen. Lokal ist eine Therapie nicht möglich. Das gleiche gilt von der Mundentzündung bei Masern und Röteln. Rezidivierende Rötung der Zungenspitze, wie sie bei Kindern zwischen dem 2. und 10. Lebensjahre mitunter auftritt, wird am besten mit einmaliger Pinselung mit 1%iger Argentum nitricum-Lösung behandelt. Der Mund ist nach jeder Mahlzeit mit essigsaurer Tonerde oder Myrrhentinktur auszuspülen. Süßigkeiten und Obst sind während der Anfälle zu vermeiden und auch sonst auf vernünftige Mengen zu beschränken. Diffuse Zahnfleischentzündungen sieht man im 2.—4. Lebensjahre in chronischer Form bei Kindern, die mit einseitiger, meist auch stark durch Kochen denaturierter Kost ernährt werden. Hier sind recht mannigfaltige, auch rohe Nahrungsbestandteile enthaltende Mahlzeiten die wichtigste Behandlung.

Leichte, hauchförmige Beläge auf wenig geschwollenem Zahnfleisch im Beginn einer fieberhaften Erkrankung bedürfen zwar keiner besonderen Behandlung, mahnen aber zur Vorsicht in Beurteilung und Behandlung des Falles. Es handelt sich bestimmt nicht um eine gewöhnliche Grippe, sondern meist um Pneumonie, seltener um Hirnhautentzündung, Pyelitis, Ruhr usw.

Im übrigen ist auf die Behandlung der Munderkrankungen bei Scharlach, Masern, Windpocken zu verweisen.

b) Soor. (Soorerkrankung der Neugeborenen S. 89.) Beim älteren Kinde kommt ein reichliches Trinken eines alkalischen Sauerbrunnens bzw. ein regelmäßiges Ausspülen des Mundes mit einer Lösung von doppeltkohlensaurem Natron in Frage. In jedem Alter ist das Trinken alkalischer Brunnen oder eine zweistündliche Verabreichung der Kalkwassermixtur (siehe S. 516) zu empfehlen. Nie ist das Ziel, durch gründliche Reinigung die Mundschleimhaut soorfrei zu machen. Man bereitet dadurch nur einer neuen Soorentwicklung den Weg.

c) Stomatitis aphthosa. Siehe S. 264.

d) Stomatitis ulcerosa. Wir unterscheiden eine selbständige und eine konsekutive Form. Die erstere beruht wahrscheinlich meist auf den Erregern der Angina Vincenti. Die konsekutive Form schließt sich an alle möglichen zur Kachexie führenden Krankheiten, namentlich

Masern und Keuchhusten bei jüngeren Kindern, Scharlach, mitunter auch Ruhr bei älteren Kindern an. Sie nimmt ihren Ausgangspunkt von Dekubitalgeschwüren im Munde, seltener wie die erstere Form gleich zu Anfang vom Zahnfleischrand.

Selbständige ulzeröse Stomatitis. Bei fortschreitenden grauweißen Belägen des Zahnfleisches mit gleichzeitigem Zerfall ist die mikroskopische Untersuchung eines Ausstrichs auf die Erreger der Angina Vincenti vorzunehmen. Bei gleichzeitiger Erkrankung der Tonsille ist auch an Diphtherie zu denken. Lokalbehandlung durch die bisher üblichen Mittel versagt. Injektion von kleinen Dosen Neosalvarsan ist zu versuchen oder auch statt dessen eine Lokalbehandlung damit[1]).

Konsekutive Stomatitis ulcerosa. Die beste Prophylaxe der Stomatitis ulcerosa ist natürlich die Vermeidung der Kachexie. Diese ist zum Teil dadurch möglich, daß man z. B. bei Masern und Keuchhusten eine vernünftige, rechtzeitige Behandlung der gleichzeitigen Darmstörungen ohne übertriebene Hungerdiät einleitet, und daß man bei Typhus und Ruhr den protrahierten Hunger (Haferschleimdiäten) vermeidet, bei allen Krankheiten aber durch reichliches Trinken den Mund feucht erhält. Denn als erste Drüse stellt bei Durst die Parotis ihre Tätigkeit ein. Bei Beginn der ersten Erscheinungen ist die Mundpflege in gleicher schonender Weise durchzuführen wie S. 53 empfohlen. Verletzende Kanten der Zähne sind mit der Feile zu glätten. Vorstehende Wurzelstücke sind nur, wenn sie locker sind, zu extrahieren. Das Geschwür wird mit Myrrhentinktur zweimal täglich getupft, und zwar so, daß man einen mit unverdünnter Tinktur getränkten Wattebausch, ohne zu reiben, gegen den Geschwürsgrund drückt. Die Manipulation darf 2—3 mal am Tage wiederholt oder durch Einpulverung von Jodoform ersetzt werden. Auch kann man an die Neosalvarsan-Behandlung[1]) denken, für die uns aber Erfahrung fehlt. Bietet die Grundkrankheit des Kindes uns eine Möglichkeit, therapeutisch auf den Gesamtzustand so einzuwirken, daß sich mit ihm auch die Ernährung der Schleimhaut hebt, so kommt man auf diesem Wege zum Ziel. Die Hauptbehandlung des Mundleidens besteht stets in der Allgemeinbehandlung. Wenn es sich um Sepsis handelt, ist sie freilich wirkungslos.

e) **Noma.** Ein großer Teil der Fälle des Wasserkrebses dürfte jeder therapeutischen Bemühung von vornherein deswegen schon entzogen sein, weil es sich um ein dem Tode nahes Kind handelt. Durch Exzision im Gesunden mit dem Thermokautor sind Fälle geheilt worden. Angeblich sollen einzelne Fälle diphtherischen Ursprungs sein und durch Heilserum günstig beeinflußt werden. Gegen eine versuchsweise Seruminjektion ist natürlich nichts einzuwenden. Schließlich käme auch eine Salvarsanbehandlung, wie bei der ulzerösen Stomatitis beschrieben, in Betracht. Erfahrungen liegen nicht vor (conf. siehe Masern S. 228).

f) **Zungenbandgeschwür.** Das Zungenbandgeschwür ist ein Dekubitalgeschwür, das durch Verletzung des Zungenbändchens an den unteren Schneidezähnen beim Husten entsteht. Beim ernährungsgestörten

[1]) Mit einer 10%igen Lösung von Neosalvarsan in Glyzerin wird 1 mal täglich 10 Minuten lang die erkrankte Stelle kräftig touchiert.

Kinde ist die Tendenz zur Heilung mitunter sehr gering, und es entsteht dann ein teilweise granulierendes Geschwür, das wir im Gegensatz zu ausländischen Autoren als die Folge der vorhandenen Störung betrachten, während diese die Kachexie auf das Geschwür beziehen. Gewöhnlich bedarf das Zungenbandgeschwür keiner Therapie. Bei chronischen Fällen mit Schmerz und Blutung muß man die beiden unteren Schneidezähne, die in diesen Fällen wohl stets die einzigen Zähne sind, mit der Feile stark abfeilen. Wenn dies nicht genügt, mag man sie ruhig extrahieren. Das Geschwür wird mit 3—5⁰/₀iger Höllensteinlösung getupft und dünn mit Jodoform eingepudert.

Erkrankungen der Luftwege.

I. Behandlung des Hustens.

Linderung durch Veränderung des Sekrets. Der Husten ist zunächst ein zweckdienlicher Reflexvorgang zur Entfernung von Sekret, ausgelöst durch den Reiz, den dieses durch sein Festhaften an Rachenwand, Kehlkopf, an der Luftröhre oder den Bronchien bewirkt. Er ist notwendig, soweit er Sekret herausbefördert, das die Flimmerbewegung nicht zu erledigen vermag. Wenn wir bei einem durch diese nicht zu entfernenden Sekrete den Husten lindern wollen, so kann es nur durch Verflüssigung oder Verringerung des Sekrets geschehen. Soweit die Husten auslösende Fläche direkt von zum Zwecke der Therapie eingenommener Flüssigkeit bespült wird, also bei Pharynx- und Kehlkopfhusten, nützen alle Salzlösungen, z. B. das Trinken von Mineralbrunnen, in Zuckerwasser aufgelöste Emser Pastillen und Mixturen mit Liquor ammon. anisati oder Salmiak (siehe S. 513, ferner Creosotal siehe S. 512).

Die Ammoniaksalze sind auch noch bei Erkrankungen der Trachea und der gröberen Bronchien trotz theoretischer Bedenken anscheinend in bescheidenem Maße wirksam. Bei tiefer in die Bronchien hinabsteigenden Katarrhen wirken diese Mittel nur, wenn eben der Husten, wie oft, von den Erkrankungen der höher gelegenen Luftwege mitbedingt ist. Dagegen ist eine Verflüssigung des Sekrets zwecks Linderung des Hustens bei trockenen Bronchitiden und Blähungskatarrhen durch Anwendung von Jod möglich. Je nach dem Sitz des Hustens, und zwar nach unten zu stark abnehmend, wirken feuchte Dämpfe mit ätherischen Ölen (siehe S. 485), nicht aber die üblichen Inhalationsapparate. Auch kann man sich des Spießschen Verneblers bedienen. Am nützlichsten sind diese Methoden bei Hustenreiz, der von Pharynx, Kehlkopf oder Trachea ausgeht, sie bieten aber auch bei jedem trockenen Husten, namentlich im Säuglingsalter, Aussicht auf Erfolg.

Der Versuch, das Sekret zu verringern und dadurch den Husten überflüssig zu machen, gelingt in einwandfreier Weise nur in Fällen mit enorm reichlicher, eitriger oder wässeriger Sekretion. Hier ist die Wirkung auf das Sekret und damit auf den Husten allerdings frappant. Das geeignete Mittel ist trockener Eukalyptusöldampf (s. Technik).

Linderung durch nervöse und psychische Beeinflussung. Bis zum gewissen Grade ist der Husten zu vergleichen mit dem Kratzen beim Hautjucken, also mit einer höchst unzweckmäßigen Abwehrbewegung. Diese kann bedingt sein durch Stärke der Entzündung und leichte Auslösbarkeit des Reflexes, also Nervosität. Aber wie jedes körperliche und seelische Unlustgefühl das Hautjucken bei vielen Kindern mehr zum Bewußtsein bringt und dadurch das Kratzen auslöst, so sehen wir bei leicht und schwer kranken Kindern, daß der Husten zur Abwehrbewegung gegen alles wird, was dem Kinde unangenehm ist. So wird die Annäherung der Flasche, des Medizinlöffels oder auch nur einer Person, von der das Kind etwas befürchtet, zum Hustenreiz. Der mechanisch überflüssige Husten muß gelindert werden. Soweit es sich um einen übermäßigen oder übermäßig empfundenen Reiz handelt, kann man versuchen, die Schleimhaut durch feuchte Menthol- oder Thymol-Terpentin-Dämpfe zu anästhesieren. Starke Mentholdämpfe vermeide man jedoch im ersten Lebensjahr. Die Herabsetzung der Reizbarkeit durch Ätzung ist nur im Pharynx möglich durch die Pinselung mit Mandelsscher Lösung (siehe Pharynx). Bei Husten der tieferen Luftwege hilft nur ein Beruhigungsmittel. Hierbei kommen zwei Methoden in Betracht. Die erste besteht darin, daß wir dauernd die Reizbarkeit des Hustenzentrums durch ein Opiumderivat herabsetzen. Wir empfehlen hierzu hauptsächlich Kodein und Sirupus bromoform., bei älteren Kindern auch den S. 520 angegebenen Opiumsirup, weil die Dosierung im jugendlichen Alter am besten ausprobiert ist. Spielt die psychische Erregung eine Rolle, wie beim erregten, bei jeder Annäherung hustenden Säugling ist Opium vorzuziehen. Die Dosierung des Kodeins und Opiums siehe unter Arzneimitteln! Die zweite Methode besteht darin, daß man dem übermäßig gereizten Kinde einmal einen ruhigen Schlaf verschafft. Man darf dann erwarten, daß beim Aufwachen die geschonte Schleimhaut etwas weniger empfindlich und das Kind im allgemeinen weniger reizbar ist. Als Schlafmittel sind auch im Säuglingsalter Bromural oder sehr große Dosen von Urethan zu empfehlen, weil man durch beide die Reizbarkeit des Atemzentrums nicht herabsetzt. Unbedingt notwendig ist Urethan, eventuell durch Chloral verstärkt, bei den dauernd schreienden, atemlosen Säuglingen im Anfall einer spastischen Bronchitis. Außer Opium und Schlafmitteln sind auch pädagogische Maßregeln bei psychisch gesteigertem Hustenreiz wirksam, Isolierung mit Krankenschwester, absolute Ruhe oder leichte Beschäftigung, ernste Ermahnung oder zielbewußte Nichtbeachtung.

II. Erkrankungen des Nasopharynx.

Nase, Nasenrachenraum und Pharynx bilden ein einheitliches Krankheitsgebiet, soweit die akuten Entzündungen in Betracht kommen, die wir als Erkältungskatarrhe, Grippe usw. bezeichnen. Die Erkrankung beginnt meistens im Nasenrachenraum oder wohl auch in der Nase und verbreitet sich in Stunden bis Tagen über das gesamte genannte Gebiet. Die Angina tonsillaris ist nur eine Teilerscheinung der Gesamterkrankung. Es ist zu beachten, daß die gleichen schweren Fiebererscheinungen vorkommen, ohne daß die Mandeln betroffen zu sein brauchen. Da die Krankheit aber eine Neigung zu Rezidiven hat und dadurch imstande ist, das ganze Leben besonders empfindlicher, an sogenannter exsudativer Diathese leidender Kinder ungünstig zu beeinflussen, ist eine besondere Aufmerksamkeit der Prophylaxe zu widmen. Die Krankheit ist infektiös, Ansteckung muß also vermieden werden. Da zweifellos Erkältungsschädigungen das Haften der Infektion ermöglichen, so ist diese zu verhindern, erstens durch zweckentsprechende Vorsicht, also Schonung und dann auch durch jene Übung, die wir als Abhärtung bezeichnen. Eine Kombination von Vermeidung der Infektion und Abhärtung stellen die klimatischen Kuren dar. Schließlich kommt die alimentäre Beeinflussung in Fällen in Frage, in denen bei Mastkost die Krankheit ein unvollkommenes Abheilen in Form der chronischen Pharyngitis und Hypertrophie der drei Mandeln zeigt.

Prophylaxe.

a) Vermeidung der Infektion. Von neugeborenen jungen Säuglingen sowie chronisch durch Rachitis oder Darmkatarrh geschädigten Kindern ist strengstens jeder Schnupfenkranke fernzuhalten. Unentbehrliche wie Mutter oder Pflegerin sollen die Mühe auf sich nehmen, nur mit Schleier oder Mikuliczscher Operationsmaske versehen an das Bett des Kindes heranzutreten. In Krankenhäusern sollten Kinder mit akuter Grippe nicht auf Abteilungen aufgenommen werden, auf denen Säuglinge liegen. Aber selbst das genügt nicht, um Grippeepidemien auf den Stationen zu verhindern. Komplizierte Boxensysteme, die jede Luftbewegung von einem Bett zum anderen ausschließen, erfüllen ihren Zweck nur dann, wenn die Vorschriften peinlichst durchgeführt werden. Ein wenig Zug macht sie illusorisch. Die strengen Vorschriften sind für den jungen Säugling deswegen berechtigt, weil, je früher die Infektion stattfindet, desto eher für das ganze Leben eine Neigung zu Rezidiven und chronischem Verlauf zurückbleibt. Beim chronisch darmkranken Kinde ist die Rückwirkung auf die Verdauung, die sich in Gewichtsstillstand, in Erbrechen oder infektiösen Durchfällen äußert, Grund genug zu extremster Vorsicht. Im späteren Alter ist eine derartige Ängstlichkeit nicht zu rechtfertigen. Doch ist es notwendig, von empfindlichen Kindern Dienstmädchen fernzuhalten, die selbst „anfällig" sind. Auch sollten Angehörige, die diese Eigenschaft haben, sich befleißigen, dieselbe Distanz zu halten, wie wir Ärzte gegenüber unseren eigenen Kindern. Das überflüssige Nähern des Gesichts, das Abküssen, förmlich in den Mund Hineinsprechen kann man sich sehr wohl abgewöhnen. Eine derartige Selbstzucht kommt auch der Vermeidung anderer Infektionskrankheiten zugute.

b) Vermeidung von Erkältungsschädlichkeiten. Vermeidung von Erkältungsschädlichkeiten besteht darin, daß man zunächst das Kind weder zu kalt hält noch so warm, daß es schwitzt. Es ist viel besser, den Körper gleichmäßig, wenn auch weniger warm zu bedecken, als daß bei warmem Rumpf Arme und Beine entblößt sind. Damit man das Kind nicht zu warm anzuziehen braucht, soll man durch geeignete Bewegung, Spiel usw. das Frieren verhindern. Das Schwitzen ist besonders für den Säugling gefährlich. Um den Schweiß schnell von der Haut zu entfernen, eignen sich die dünnsten Trikotstoffe. (Im übrigen darf hier auf den allgemeinen Teil, Abschnitt über Zimmer und Kleidung, verwiesen werden.) Die Frage, wieweit wir ein Kind den Witterungseinflüssen aussetzen können, ist allgemein dahin zu beantworten, daß unschädlich ist, worauf das Kind mit warm durchbluteter Haut und Behagen reagiert. Nur starker, rauher Wind ist stets gefährlich, sowohl naßkalter als auch trockener. Genauere Vorschriften finden sich S. 27. Bei bestehender leichter Erkältung ist bei fraglichem Wetter Zurückhaltung geboten. Ausgehen in Dämmerung und Dunkel und unbeaufsichtigtes Spielen im Freien sind am ehesten zu verbieten. Erkältungsschädlichkeiten sind aber auch besonders in den heißen Tagen des Hochsommers durch Abkühlung der schwitzenden Kinder zu fürchten. Dies gilt ebenso für den Säugling.

c) **Abhärtung.** Die Abhärtung ist auch im jüngsten Kindesalter, namentlich unter Verwendung der Sonne möglich. Wir haben dieser wichtigen Aufgabe einen besonderen Abschnitt gewidmet (S. 29).

d) **Klimatische Kur.** Durch Versetzung in ein besseres Klima kann man die Zahl der Infektionen herabsetzen und gleichzeitig günstigere Bedingungen für Durchführung der Abhärtung schaffen. Eine Verbesserung bedeutet für manches Kind schon der Umzug in eine sonnige Wohnung mit Veranda, der Verzug in einen gesünderen, weniger staubigen Stadtteil, für Kinder aus einem rauchigen Industriebezirk ein Sommeraufenthalt in einer Gartenstadt. Viele versprechen sich einen Erfolg von einem Aufenthalt im Solbad, während Solbäder allein sicher nicht wirken. Die besten Heilfaktoren sind zweifellos See bzw. hohes Mittelgebirge und Hochgebirge. Die Kurorte im Riesengebirge, Schwarzwald usw. sind auch im Spätherbst und Winter vortrefflich geeignet. Auswahl der Kurorte, Wahl der Wohnung und Lebensweise sind im allgemeinen Teil S. 33 nachzulesen.

e) **Ernährung.** Bei Neigung zu rezidivierenden Nasenrachenerkrankungen reichlich genährter Kinder macht man die Erfahrung, daß durch Vermehrung der Kost die Empfindlichkeit steigt. Dies kann man namentlich bei Kindern erwarten, deren Mandeln hypertrophisch sind oder bei denen auf der Rückseite des Pharynx sich Granula zeigen. Sicher ist diese ungünstige Wirkung bei wohlgenährten, pastösen Kindern. Aber auch bei solchen ist sie häufig, denen die gute Kost nicht anschlägt oder bei denen Appetitlosigkeit die Nahrungsaufnahme periodisch verringert. Hier kann eine strenge Kost, wie wir sie bei der Skrofulose geschildert haben, von Vorteil sein.

1. Akute Nasopharyngitis.

Äußert sich die Erkrankung nur in leichter Unpäßlichkeit, so ist Bettruhe nur beim erfahrungsgemäß besonders empfindlichen

Kinde notwendig. Man messe aber die Temperatur auch am Spätnachmittage. Wer am Abend Fieber gehabt hat, gehört solange ins Bett, bis er einen vollen Tag fieberlos gewesen ist. Seine Temperatur ist aber auch am Tage des ersten Aufstehens, und wenn das Fieber länger gedauert hat, noch 2—3 Tage zu kontrollieren. Von Beginn der Fieberlosigkeit an ist für Beschäftigung (Schularbeiten) zu sorgen, der Schulbesuch frühestens nach zweitägiger Fieberlosigkeit zu gestatten. Mit Rücksicht auf die häufige Wiederkehr derartiger Erkrankungen ist die Erziehung während einer solchen nicht zu milde zu handhaben. Namentlich rechtfertigt kein Fieber ein Gehenlassen in bezug auf die Sauberkeit (Bettnässen). Ist die Krankheit zu Anfang von Erbrechen begleitet, so lasse man Säuglinge und Kinder einen halben Tag nur Tee oder Wasser trinken. Bei Säuglingen verfahre man im übrigen nach den Regeln, die bei Besprechung des infektiösen Darmkatarrhs gegeben sind. Ist das Erbrechen heftiger, so lasse man bei älteren Kindern schnell hintereinander einen reichlichen Viertelliter heißen Mineralbrunnen (z. B. Karlsbader Mühlbrunnen, Lullus, Obersalzbrunnen) trinken. Süßung mit Zucker ist gestattet. Durch ernstes Zureden ist dafür zu sorgen, daß die Flüssigkeit nicht gleich erbrochen wird. Die Ernährung darf sich nach dem Appetit des Kindes richten. Gröberes Gemüse, Süßigkeiten bleiben weg. Der Durst ist nicht mit Milch zu stillen. Verweigern die Kinder gewohnheitsmäßig bei Fieber jede Nahrung, so ist durch ernstes Zureden zu erzwingen, daß sie wenigstens eine gewisse Menge zu sich nehmen, z. B. $^1/_3$ Liter Milch, etwas Gebäck, einen Teller Kartoffelsuppe. Etwas Salzsäure oder auch wiederholte Gaben von einem Weinglas voll Lullusbrunnen erleichtern die Durchführung.

Die sogenannte Verstopfung ist nicht zu beachten.

Fieber und Fieberbeschwerden dürfen gerade bei dieser Krankheit mit Arzneimitteln behandelt werden. Die Anwendung ist im Abschnitt über Fieber S. 220 geschildert. Die Mittel wirken auch verringernd auf die Schwellung der Schleimhäute. Zu dem gleichen Zweck sind bei Kindern über $1^1/_2$ Jahr zweistündlich Umschläge um den Hals zu machen. Die durch Schnupfen und Halsschmerz verursachten Beschwerden bedürfen besonderer Behandlung.

Schnupfen. Beim Säugling ist die Verstopfung der Nase schon um deswillen zu heben, weil das Trinken an der Brust erschwert ist. Man träufele 10 und 5 Minuten vor der Mahlzeit einige Tropfen folgender Lösung mit einer Augenpipette in jedes Nasenloch:

Sol. suprarenini synthetici	1,5
Aq. borata	2,5

Die Nasenlöcher sind mehrfach am Tage dick mit der halbflüssigen essigsauren Tonerdesalbe so einzustreichen, daß die Salbe die Nase füllt.

Bei älteren Kindern bringt die Behandlung mit Nebennierenpräparaten keinen Nutzen. Dagegen ist die Salbenbehandlung zu empfehlen. Die Antifebrilia lindern auch dann die Beschwerden, wenn kein Fieber besteht. Ebenso nützt reichliches Trinken eines Mineralbrunnens. In jedem Alter aber bringt die größte Erleichterung die Einatmung feuchter Dämpfe, denen man Thymol und Eukalyptusöl oder Thymol und Terpentin zugesetzt hat. Menthol ist im ersten Jahr nicht ganz unbedenklich. Terpentin kann bei längerer Fortsetzung auch einmal Nierenreizung verursachen. Die Ausführung siehe unter Technik.

Schluckbeschwerden. Die Schluckbeschwerden treten nicht nur bei Angina tonsillaris, sondern auch bei der Entzündung der hinter dem hinteren Gaumenbogen gelegenen Pharynxteile auf. Die im Mund wirkenden Anästhetika sind hier nicht vorteilhaft oder zeigen Nachschmerz. Der kühle Umschlag um den Hals und recht häufiges Schlucken kühler Getränke lindern am besten. Wir empfehlen neben Pfefferminzplätzchen einen alkalisch-muriatischen Säuerling oder folgende Kalkwassermischung, die 1—2stündlich eßlöffelweise zu nehmen ist.

Aq. calcis	90,0
Aq. dest. ad	160,0
Aq. menth. pip. ad	200,0
Saccharini tabula una.	

Angina lacunaris.

Die Angina lacunaris ist nur eine Sonderform der akuten Nasopharyngitis. Ihre Therapie ist daher schon im vorhergehenden enthalten. Eine besondere Schwierigkeit verursacht sie nur dadurch, daß eine sichere Unterscheidung von leichter oder beginnender Diphtherie unmöglich ist. Es ist deswegen häufig nötig, einen Abstrich an das Untersuchungsamt einzuschicken (siehe hierüber unter Diphtherie).

Plautsche Angina (Plaut-Vincentsche).

Eine besondere Behandlung bedürfen wohl nur protrahierte Fälle. Die mehr akut verlaufenden Fälle werden in der täglichen Praxis notgedrungen als Angina lacunaris oder Diphtherie angesehen und behandelt werden. Die Differenzialdiagnose gegen Syphilis bzw. Diphtherie ist nur durch sicheren Ausschluß dieser beiden Leiden zu stellen, der typische Befund von fusiformen Bazillen und Spirillen findet sich sekundär auch bei diphtherischem und luetischem Geschwür. Gewöhnlich genügt recht häufiges Gurgeln mit Wasserstoffsuperoxyd, essigsaurer Tonerde oder einem Mundwasser (s. S. 53). In hartnäckigen Fällen drücke man einen mit 1% Tanninlösung getränkten Tupfer 1—2 mal täglich gegen das Geschwür, oder benütze hierzu eine 5—10%ige Neosalvarsanlösung in Glycerin. Die Lösung stelle der Arzt selbst zu sofortiger Verwendung her, die Neosalvarsanmenge betrage nicht über 0,1.

2. Chronische Nasopharyngitis.

Die Grundsätze für die Behandlung an chronischer Nasopharyngitis leidender Kinder sind aus dem obigen Abschnitt über Prophylaxe zu ersehen. Ganz besonders muß bei dieser Erkrankung auch auf die im allgemeinen Teil gegebenen Regeln über die kindliche Hygiene geachtet werden (siehe S. 23). Ernste Aufmerksamkeit hat man auch der Erziehung zu widmen. Gerade weil das Leben des Kindes durch die vielen kleinen Störungen an Unlustgefühlen reich ist, erschwert schlechte Laune die Erziehung. Die häufigen Exazerbationen geben immer wieder Veranlassung zur Verwöhnung. Auch in dieser Beziehung sei auf den Abschnitt über Erziehung verwiesen. In einem großen Teil der Fälle bleibt das Kind trotz fortbestehenden Lokalleidens frisch und munter, wenn der Erzieher den richtigen Ton zu treffen weiß.

Appetitlosigkeit. Die periodische Appetitlosigkeit, die die chronische und redizivierende Nasenrachenerkrankung zu begleiten pflegt, wird günstig beeinflußt durch eine Trinkkur von Schwefelwassern. $^3/_4$—1 ganzes Weinglas voll Nenndorfer oder Weilbacher Brunnen [1]) werden morgens nüchtern im Bett getrunken, $^1/_2$ Stunde danach erst das Frühstück eingenommen. Abends $^1/_2$ Stunde vor dem Abendbrot wird die gleiche Menge Brunnen verabfolgt. Die Dauer der Kur beträgt 3—4 Wochen. Wiederholung nach einem Schnupfenrezidiv. Im übrigen ist auf S. 369 und 371 zu verweisen. Die Behandlung der lokalen Beschwerden findet sich im folgenden Abschnitt über die Lokalerkrankungen.

3. Lokalerkrankungen der Nase.

a) **Ekzem des Nasenausgangs.** Die Salbenbehandlung des Schnupfens verhindert die Entstehung des Ekzems. Besteht ein solches, so ist auch ganz besonders auf die Pflege der Nase und der umgebenden Haut durch kühle Abwaschungen und jenen zweckmäßigen Ersatz des Taschentuchs, den wir S. 27 beschrieben haben, zu achten. Bei stärkerem Ekzem lasse man dreimal täglich einen mit auf $^1/_{10}$ verdünnter essigsaurer Tonerde getränkten Wattebausch für einige Minuten in die Nasenlöcher stecken. Nach Abtrocknen wird Naseneingang und Außenhaut der Nase mit Zinkpaste oder Kalksalbe (siehe S. 516) eingepinselt, die man vor dem Gebrauch erwärmen muß.

b) **Nasenbluten.** Bei jedem Nasenbluten namentlich des ersten Lebensjahres denke man an Diphtherie und Lues. Auch bei älteren Kindern hat man bei Inspektion der Nase auf Diphtherie zu achten. Diffuse Blutungen aus der unverletzten Schleimhaut der Nase kommen nur in den seltensten Fällen von Sepsis vor. Aber selbst bei schwerer Sepsis, Hämophilie und bösartigen Bluterkrankungen ist der Ausgangspunkt der Blutung der gleiche wie sonst. In 99 % sämtlicher Fälle erfolgt die Blutung von dem kleinen, länglichen, in der Zwischenzeit kaum sichtbaren Geschwür am Locus Kiesselbach. Das Geschwür liegt am Septum, etwa 1 cm nach innen von der äußeren Haut.

Diese kleine Rhagade entsteht an einer Stelle der Schleimhaut, die der Austrocknung am meisten ausgesetzt ist, und bei häufiger Entzündung der Nase kommt es zudem an dieser Stelle am leichtesten zu einer Art Atrophie der Schleimhaut, einer partiellen Rhinitis atrophicans. Dadurch wird einer leichten Krustenbildung am Naseneingang Vorschub geleistet. Das Gefühl störender Trockenheit bewirkt, daß die Kinder viel mit den Fingern in die Nase fahren, und mit dem Nagel gelangen sie noch gerade an diese Stelle. Alle diese Umstände erklären die Lokalisation.

Die Blutungen können sich so hartnäckig und schwer wiederholen, daß die Kinder ernstlich anämisch werden. Die Therapie ist außer-

---

[1]) Man dränge auf Lieferung von halben Flaschen, da der Schwefelwasserstoff in der letzten Hälfte schon verflogen ist.

ordentlich dankbar. Zunächst läßt sich jede Nasenblutung schnell stillen, wenn man ein möglichst dickes Wattestück in die vordere Nase einschiebt und einfach den Nasenflügel fest auf das Septum drückt. Durch wiederholtes tägliches Aufschnupfen von Vaseline lassen sich das Trockenheitsgefühl, die Eintrocknung der Schleimhaut und damit die beiden Ursachen der Entstehung des Geschwürs beseitigen. Schließlich wird man bei rezidivierender Blutung durch Verätzung des Geschwürsgrundes das Leiden leicht heben können.

Mit einem Stäbchen, das an seiner Spitze einen kleinen hohlen Eindruck trägt, drückt man auf ein Kristall von Trichloressigsäure, so daß der Kristall festhaftet und streicht dann über den kokainisierten Geschwürsgrund. Statt dessen kann man auch einen kleinen Kristall auf einer Glasplatte an der Luft vergehen lassen und damit ein winzig kleines Wattetupferchen an der Spitze benetzen. Durch sorgfältiges Abziehen der Nasenflügel macht man sich den Herd bequem zugänglich. Ist er nicht genau zu erkennen, so wische man vor der Kokainisierung leicht mit Watte über die verdächtige Stelle. Besteht gerade eine Kongestion der Schleimhaut, so kann man dadurch eine Blutung auslösen, während zu anderen Zeiten das Geschwür nur als länglicher, roter Strich sichtbar wird.

Bei den nicht auf Septumgeschwür beruhenden Blutungen tamponiere man die Nase mit einer Koagulenlösung. Eine Messerspitze Koagulen wird in $^1/_2$ Reagenzglas Wasser gelöst und aufgekocht. Die Lösung ist vor dem Gebrauch frisch zu bereiten.

c) Chronischer Schnupfen. Im Säuglingsalter, namentlich im ersten halben Jahr, sind chronische Schnupfen mit Sekretion oder Krustenbildung in der vorderen Nase meist syphilitischen oder diphtherischen Ursprungs. Die extrem seltenen Fälle von Rhinitis sicca mit Krustenbildung entwickeln sich kaum vor dem 5. Lebensmonat und heilen nur, wenn man durch klimatische und alimentäre Behandlung das Kind zum Wachstum bringt.

Der Stockschnupfen des Säuglings beruht auf einer Schwellung des Übergangs von der Nase in den Nasenrachenraum, höchst selten nur auf Vergrößerung der Nasenrachenmandel. Die Therapie besteht in den ersten Lebenswochen in Offenhalten der Nase durch Nebennierenextrakte und Einstreichen der essigsauren Tonerdesalbe, wie oben beschrieben ist. Von der 8. Woche an kann man zugleich folgende Therapie anwenden, die die höheren Grade des Leidens auf ein erträgliches Maß reduziert. Man träufele einmal täglich 2 Tropfen $^1/_2{}^0/_0$iger Höllensteinlösung in beide Nasenlöcher ein, warte einige Minuten und wiederhole dann die Einträufelung. Die Maßregel ist 3 Tage hintereinander anzuwenden. Darauf folgen immer zwei freie Tage.

Beim älteren Kinde ist bei trockenem Katarrh mit Neigung zu Krustenbildung mehrmals täglich die essigsaure Tonerdesalbe aufzuschlürfen. Energische Maßnahmen sind auch auf die Dauer nicht von Erfolg. Wichtiger ist, das Kind wenigstens zeitweise aus Staub und Rauch herauszunehmen.

Bei dem chronischen eitrigen Schnupfen verfahre man, wie bei Skrofulose beschrieben.

d) Stinknase. Bei Stinknase, die wohl kaum in ausgesprochener Weise vor dem 10. Lebensjahre zu finden ist, denke man zunächst auch an Spätsyphilis. Die Nasengänge werden mit trockener oder in Glyzerin getränkter Watte tamponiert, nach einer Stunde wird der Tampon entfernt und die so gereinigte Nase sorgfältig inspiziert. Hierin besteht auch die Behandlung, wenn kein Knochenherd vorhanden ist. Doch sind spezialärztliche Untersuchung und Behandlung in jedem Falle erwünscht. Bei nur gelegentlich auftretendem Nasengeruch älterer Kinder lasse man mehrmals täglich Vaseline oder essigsaure Tonerdesalbe aufschlürfen und sorge für eine länger dauernde Sol- oder Seebadkur.

4. Adenoide Vegetationen.

a) Konservative Behandlung. Ein großer Teil der Beschwerden bei vergrößerter Nasenrachenmandel ist nicht durch die Hypertrophie dieses Organs bedingt, sondern durch die entzündliche Schwellung der Schleimhaut des gesamten Rachenraums und der Vegetation. Wir können daher durch Bekämpfung des Katarrhs eine Abschwellung erzielen, deren Nutzen größer ist als der mancher Operation. Ein Erfolg ist selbst bei hochgradiger Nasenverlegung noch zu erwarten, wenn das Kind jünger als 4 Jahre ist und im späteren Alter, wenn die Verlegung in wenigen Wochen schnelle Fortschritte gemacht hat oder nach einer Operation wieder eintritt. Die Behandlung besteht in einem monatelang fortzusetzenden Einstreichen der Nase mit halb flüssiger essigsaurer Tonerdesalbe. Die Salbe wird mit einem Löffelstiel in die Nase des liegenden Kindes eingedrückt. Das Kind muß sie gut aufschlürfen und $^1/_4$ Stunde mit flach gelagertem Kopf liegen bleiben. Eine gleichzeitige, streng durchzuführende knappe Kost ist im gleichen Sinne anzuwenden, wie im Kapitel über Prophylaxe besprochen.

b) Operation. Adenotomie. Von den gleichen Gesichtspunkten aus ist die Frage der Adenotomie zu behandeln.

Die Neigung zu Katarrhen im Nasenrachenraum, im Mittelohr und in den Bronchien ist nicht durch die Nasenrachenmandel bedingt und wird in dem bei weitem größten Teil der Fälle auch von ihr nicht unterhalten. Es ist zwar denkbar, daß bei einer gewissen Größe der dritten Mandel die Abheilung des Nasenrachenraums durch die ungünstigen mechanischen Bedingungen verlangsamt wird. So theoretisch klar dieses zu sein scheint, lehrt uns die Erfahrung doch immer wieder, daß nur jenseits des 10.—12. Lebensjahres eine Beeinflussung in diesem Sinne zu erwarten ist. Ein Nutzen ist von der Adenotomie sonst nur zu erwarten, wenn das mechanische Moment der Schädigung stark ausgeprägt ist und nicht das katarrhalische überwiegt. Auch ist die Schädigung durch eine nicht absolute Mundatmung weit übertrieben, namentlich was die Unterhaltung von Bronchitiden anbelangt. Die Hoffnung, die Aprosexie, einen Zustand, den wir mit schlaffer Unaufmerksamkeit bezeichnen möchten, durch Operation zu heilen, ist mitunter selbst bei sehr schwerer Hypertrophie deswegen illusorisch, weil es sich oft nur um eine durch die kleinen Beschwerden vermehrt zum Ausdruck kommende Charaktereigenschaft handelt.

Man hält sich am sichersten an folgende Indikationen: Die Adenotomie ist indiziert:

1. bei einer Größe der Rachenmandel, die dauernd die Nasenatmung erheblich hindert (siehe aber obige Ausnahmen);
2. bei mittleren Größen, wenn fortdauernde Katarrhe des Mittelohres in irgend einer Form bestehen. Mißerfolge müssen hierbei in Kauf genommen werden;
3. jenseits des 12. Lebensjahres auch bei geringeren, aber deutlichen mechanischen Verlegungen;
4. im Säuglingsalter nur bei extremen Fällen und nur nach Ausschluß der Rhinitis posterior, die den Adenoidentypus selbständig hervorzurufen imstande ist.

Kontraindikation. Die Operation darf nicht vorgenommen werden:

1. bei bestehenden Epidemien von Scharlach und Diphtherie, bei häuslichen oder allgemeinen Endemien von schwerer Grippe;
2. wenn der Nasenrachenraum nicht frei von akuten Entzündungen, die letzte Nasenracheninfektion noch nicht länger als 8 Tage völlig abgelaufen ist, schmerzhafte Schwellung von Nacken- und Jugulardrüsen besteht. Protrahierte Ohreiterung nach Ablauf des akuten Stadiums ist keine Kontraindikation.

Operation. Daß die allgemeinen Regeln der Aseptik gewahrt sein müssen, versteht sich von selbst. Das Instrumentarium besteht aus Ringmessern von zwei verschiedenen Größen, eventuell einem Trautmannschen scharfen Löffel, aus einem Mundsperrer und einem Gummifingerling. Bei der Ausführung der Operation ist das wesentlichste, daß man den Stiel des Instruments, nachdem man die schneidende Fläche hinter den Gaumen geführt hat, so tief wie möglich senkt und nun das Instrument nach oben drückt. Dann erst gelangt man bis an das Rachendach heran und zwar möglichst bis zwischen Pharynxtonsille und Nasenscheidewand. Dieser Akt muß mit größter Ruhe ausgeführt werden, denn von ihm hängt der Erfolg der Operation ab. Nun wird mit festem Druck gegen die Pharynxwölbung der Griff stark gehoben, so daß das Messer sich längs dieser bewegt, und zum Schluß das Instrument mit einem gewissen Ruck hinter dem Gaumensegel herausgeführt. Hierdurch vermeidet man, daß die ausgeschnittenen Teilchen verschluckt werden. Sofort untersucht man mittelst des durch den Gummifingerling geschützten Fingers, ob etwa Reste zurückgeblieben sind und entfernt — etwa durch Auskratzen mit dem Trautmannschen Löffel — namentlich in den Tubenecken stehen gebliebene Stückchen.

Ausführung der Operation im ersten Lebensjahre. Die Ausführung der Operation im ersten Lebensjahr weicht von der späteren nur dann ab, wenn es nicht möglich ist, den Griff so weit zu senken, um mit den gewöhnlichen Instrumenten an die Nasenrachenmandel her anzukommen. Wir haben in solchen Fällen mit dem Trautmannschen Löffel von der Seite her den Nasenrachenraum auskratzen und völligen Effekt erzielen können. Gut zu verwenden ist auch eine Kürette mit biegsamem, aber nicht allzu weichem Kupferstiel, dem man die gewünschte Biegung leicht geben kann. Bei den weichen Adenoiden ist der Stiel immer noch unnachgiebig genug.

Narkose. Sehr junge und auch leidlich vernünftige ältere Kinder, die nicht vorher durch Digitaluntersuchung und andere lokale Eingriffe geängstigt sind, bedürfen der Narkose nicht, aber bei schwer neuropathischen Kindern ist zu erwägen, ob der Schock der Operation nicht besser durch Narkose verringert werden sollte, obgleich gerade bei diesen Kranken die Narkose als Aufregung empfunden wird. Doch widerstrebt es unserem Gefühl, ein verängstigtes Kind unter Anwendung roher Gewalt diesem Eingriff zu unterwerfen.

Die Frage, ob man mit oder ohne Narkose operieren soll, möchten wir nicht generell entscheiden. Die Gegner führen mit Recht an, daß zu den Gefahren der Operation sich die Gefahren der Narkose addieren. Gewiß sind diese beim Kinde recht gering, und da keine tiefe Narkose nötig ist, ja sogar vermieden werden muß, wird die Gefahr noch geringer. Trotzdem bleibt sie aber bestehen.

Auch eine spezielle Übung muß vorausgesetzt werden. Die Narkose soll nicht zu tief sein. Sobald sie aber nicht eine gewisse Tiefe und Dauer hat, erleichtert sie nicht gerade die Ausführung. Als Narkotikum benutzt Gerber die z. B. auch in Dänemark sehr übliche Narkose mit Ätherrausch oder aber auch die Chloroformnarkose. Die Betäubung soll nur so tief sein, daß der Patient auf Pharynxreize reagiert.

Bequem ist auch die Narkose mit Äthylchlorid. Auf eine gewöhnliche Maske lasse man aus einer zur Kälteanästhesie benutzten Tube das Äthylchlorid spritzen. Der Rausch ist sehr vorübergehend.

Nachbehandlung. Das Kind soll nach der Operation ungefähr 3 Tage lang im Zimmer und größtenteils im Bette bleiben. Lebhaftes Spiel, lautes Sprechen und Schreien sind zu verbieten. Eine lokale Behandlung und eine besondere Diät sind nicht notwendig.

Komplikationen und Folgen der Operation. Von den Folgen der Operation seien hier nur die Blutungen, die ein schnelles Eingreifen erfordern, erwähnt. Ein Teil der Blutungen ist dadurch bedingt, daß Stücke der Rachenmandel unvollständig am Rachendach hängen bleiben. Die Blutung steht in solchen Fällen meist schon anfangs nicht vollständig. Es rieselt dauernd sofort oder nach einem stundenlangen freien Intervall Blut in den Rachenraum herab und wird daher meist ungesehen zunächst verschluckt. Die Kinder können sichhierbei sehr stark ausbluten.

Die beste Therapie ist selbst noch nach 2 bis 3 Tagen eine schnelle Entfernung des hängen gebliebenen Stückes mittels Kürette. Sie erspart die durch Veranlassung der Sepsis oder Mittelohrentzündung nicht ungefährliche Tamponade.

Auch unter anderen Umständen sehen wir, wenn auch selten, postoperative Blutungen, die mit oder ohne ein kurzes freies Intervall recht erhebliche Grade erreichen können, aber mitunter schon durch Ruhe und kühle Getränke sich beherrschen lassen. An diese schließen sich die schweren, lebensbedrohlichen Blutungen, besonders bei Hämophilie und latenter Leukämie.

Schließlich kann es noch im ganzen Verlauf der ersten Woche zu Nachblutungen kommen. Die fibrinösen Beläge, die die Pharynxwunde überkleiden, können sich noch in dieser Zeit unter Blutung abstoßen.

Die Therapie ernsterer Blutungen besteht in Ruhe und Einspritzung von Merckscher Gelatine oder Pferdeserum, und zwar kann man sich des Diphtherieserums bedienen (s. S. 82). Leider wird man meistenteils gezwungen sein, von vornherein zur Tamponade mit dem Bellocqueschen Röhrchen zu schreiten. Man tut dies sehr ungern, weil gerade hierbei septische Infektionen beobachtet sind. Falls man den Patienten unter Augen haben kann, wird man daran denken, die Zeit der Tamponade möglichst abzukürzen.

Auch raten wir zu dem Versuch, bei liegendem Kopf in die Nasenlöcher reichlich frisch bereitete Coagulenlösung (siehe S. 511) einzugießen.

5. Erkrankungen der Gaumenmandel.

a) Mandelabszeß. Bei dem ausgesprochenen Mandelabszeß ist im allgemeinen die Prognose absolut günstig. Im Moment der Inzision sind die Krankheitsbeschwerden beseitigt, aber es kommen immer gelegentlich Fälle vor, bei denen die Infektion bösartig ist und jenseits jeder Therapie liegt.

Die Inzision erfolgt etwa wie bei einem lateralen retropharyngealen Abszesse. Das mit Heftpflaster bis 4 mm von seiner Spitze umwickelte Messer wird an der Stelle der Fluktuation meist parallel dem vorderen Gaumenbogen in schräger Richtung von außen nach innen eingestoßen, gegebenenfalls die Wunde mit dem Messerstiel erweitert. Man läuft bei dieser Art der Messerführung, namentlich wenn man bis zu ziemlich deutlicher Fluktuation abwartet, nicht Gefahr, ein Gefäß zu verletzen.

Und doch kommen tödliche Blutungen durch Arrosion der Karotis vor. Sie werden ebensogut bei der operativen Eröffnung wie beim spontanen Durchbruch beobachtet. Bei direkter Blutung tritt der Tod wohl schnell ein. Hat sich aber vorher ein Aneurysma gebildet, so erfolgt die Blutung schubweise, so daß Zeit bleibt, die einzig rettende Maßregel, Kompression und Unterbindung der Schlagader durchzuführen. Ein Mikuliczsches Kompressorium wie für Blutungen nach Tonsillotomie angegeben, könnte hierbei gute Dienste leisten.

b) Hypertrophie der Tonsille. Bis etwa zum 12. Lebensjahre, sicherer aber bis zum 8. bedarf eine absolut stark vergrößerte Tonsille an und für sich nur dann einer Therapie, wenn sie auch relativ zu groß ist, also Atmung und Sprache stört. Bei weiten Rachenorganen bedürfen auch die riesigsten Mandeln keiner Behandlung.

Indikation der Tonsillotomie. Die Tonsillotomie ist indiziert, wenn die Größe der Tonsillen ernsthaft lästig fällt.

Häufig rezidivierende Entzündungen sind nur unterstützende Gründe bei gleichzeitig bestehender erheblicher Hypertrophie. Nach dem 12. Lebensjahre fällt jedoch dieses Moment etwas mehr ins Gewicht, namentlich wenn bei mittelgroßen Tonsillen während der akuten Fieberstörung wesentlich nur diese letzten erkrankt sind. Dann kann man hoffen, die definitive Ausheilung der Schleimhaut, die in diesem Lebensalter sich von selbst einleitet, zu beschleunigen. Auch bei wiederholten Tonsillarabszessen genügt beim Kinde zunächst dieseeinfache Operation.

Technik der Tonsillotomie. Gewiß ist die Kappung der Tonsille (Tonsillotomie) mit dem bekannten Fahnenstockschen Instrumente kinderleicht, wenn die Tonsille bei ihrer Hyperplasie die Gaumenbögen auseinander und zurückgeschoben hat. Dann ist die einzige Kunst, den herabhängenden unteren Pol zuerst in den Ring zu bringen und unter starkem Druck nach außen den oberen Teil mit hineinzupressen. Aber sobald die Tonsille mehr interstitiell gelegen ist und daher die Gaumenbögen zum Teil mit in die Höhe genommen hat, ergeben sich Schwierigkeiten, die schon bei geringem Grade in der Hand des Ungeübten das Operationsresultat kompromittieren. Wir würden in solchen Fällen einen Spezialisten entschieden vorziehen.

Es gibt ferner zu denken, daß gerade von besonders erfahrener Seite immer wieder ungefährlichere Methoden an Stelle der Tonsillotomie gesucht werden. In der Regel ist die Veranlassung hierzu ein Unglücksfall, der auch dem Geübtesten gelegentlich passiert.

Gefahren der Operation. Außer der Blutung bei Hämophilie ist die Hauptgefahr eine arterielle Blutung aus einem Ast der Pharyngea ascendens. Die Blutung erfolgt entweder aus der Tiefe der Wunde oder aus dem verletzten hinteren Gaumenbogen. Sie steht auf $^1/_2$—$1^1/_2$ stündige digitale Kompression. Die Zeit kann man wahrscheinlich abkürzen, indem man den Tampon mit Koagulen bepulvert oder mit frisch aufgekochter Koagulenlösung anfeuchtet. Auch das Mikuliczsche Kompressorium kann einem die Aufgabe erleichtern.

Nachbehandlung. Der Patient muß in den ersten drei Tagen sich ruhig verhalten. Die Kost darf nicht zu heiß sein und muß fein geschnitten gereicht werden. Vorsichtiges Gurgeln mit Wasserstoffsuperoxyd ist vom zweiten Tage an gestattet. Nach der Mahlzeit ist der Mund auszuspülen. Die fibrinösen Ausschwitzungen sind mit Diphtherie nicht zu verwechseln und bedürfen keiner Behandlung. Die wirkliche Wunddiphtherie greift schnell über den Bereich der Wundfläche hinaus und führt besonders oft zu Krupp.

c) Chronisch-eitrige Erkrankung der Tonsillen (Tonsillenpfröpfe). Tonsillenpfröpfe bedürfen an und für sich im Kindesalter keiner Therapie. Den etwas größeren Tonsillenstein, der am oberen Pol der Mandeln zwischen den Gaumenbögen herausguckt, kann man leicht von unten und hinten her mit einem Spatel ausdrücken. Es werden aber auf solche Tonsillenpfröpfe und in verklebten Krypten sich bildende Eiteransammlungen eine Anzahl Allgemeininfektionen bezogen. Die Mandel selber braucht dabei nicht sichtbar entzündet, ja nicht erheblich vergrößert zu sein. Von der unendlichen Zahl von Krankheiten, die auf dieses Leiden zurückgeführt werden, sind nur drei einer ernsteren Betrachtung wert, nämlich die chronische hämorrhagische Nephritis, der rezidivierende Gelenkrheumatismus und seine Folgeerscheinungen Endokarditis und Chorea und schließlich die kryptogenetische Sepsis. Die Nierenerkrankung ist in dieser Form im Kindesalter extrem selten und auch dann sicherlich in einzelnen Fällen nicht davon abhängig. Für den Gelenkrheumatismus liegen Erfahrungen beim Erwachsenen vor, die immerhin für eine Einwirkung sprechen. Für das Kindesalter wissen wir nur so viel, daß die erste Infektion meist von einer allgemeinen Pharyngitis eingeleitet wird. Die Erfolge der Operation sind jedoch bisher keineswegs bewiesen. Nach eigenen spärlichen Erfahrungen sind sie zum mindesten nicht sicher. Doch haben wir, wie wir glauben, auf anderem Wege nicht zu erreichende Erfolge in zwei verzweifelten Fällen gesehen. Was die kryptogenetische Sepsis anbetrifft, so fehlt zumindest der Beweis, daß die Entfernung des Herdes Heilung bringt. Trotz der enormen Zahl der ausgeführten Operationen sind wir in den letzten Jahren in dieser Frage nur wenig weiter gekommen. Sorgfältig kritisch gesichtetes Material, namentlich unter Mitwirkung der Hausärzte gesammelt, fehlt. Wir befinden uns daher im Stadium des Versuchs. Die anzuwendende Methode ist die Tonsillektomie, d. h. die Ausschälung der Tonsille. Die Tonsillotomie entfernt nicht alles. Mit ihr konkurrieren die verschiedenen Methoden zur mechanischen Entfernung der Mandelpfröpfe. Die weitere Verbreitung dieser Methode scheint deswegen erwünscht, weil die Tonsillotomie Gefahren hat, die man sehr gering bemessen kann. Aber Unglücksfälle wirken um so erschütternder, als es sich um sonst gesunde, durch ihr Leiden gar nicht gefährdete Kinder handelt. Beide Methoden genügen nicht, wenn es sich um eine radikale Entfernung jedes einzelnen, etwa verborgenen Eiterherdes in der Tonsille handelt. Hier ist die Tonsillektomie am Platze.

Die Tonsillektomie besteht in der Ausschälung der gesamten Tonsille aus ihrem Bette. In geschickter Hand ist sie eine außerordentlich elegante Operation, deren Gefahrenchancen nicht viel größer erscheinen, als bei dem alten Eingriff. Aber „zur gelegentlichen Ausführung" eignet sie sich ganz bestimmt nicht, denn sie bleibt trotz alledem eine eingreifende Operation. So ist zu wünschen, daß sie beschränkt bleibt auf die Fälle, in denen die alten Methoden nicht genügen. Das wäre also vor allem

1. durch die Tonsillotomie nicht geheilte Neigung zu peritonsillären Abszessen,
2. bei kryptogenetischer Sepsis, chronischem oder rezidivierendem Gelenkrheumatismus und verwandten Krankheiten und chronischer hämorrhagischer Nephritis.

6. Lokalerkrankungen der hinteren Pharynxwand.

Chronische Pharyngitis. Chronische Pharyngitis, die sich durch Husten, Mundgeruch und Appetitlosigkeit äußert und bei der der Pharynx gerötet, auch wohl mit Schleim bedeckt ist, wird am besten durch ein Trinken von Schwefelquellen beeinflußt. Bei älteren Kindern kann man bei fortgesetzten Schmerzen und Hustenreiz mit Mandelscher Lösung pinseln.

Kal. jodat.	1,0
Jodi pur.	0,3
Glycerini	20,0
Ol. Menth. piperit. gtt. II.	

Bei der sehr seltenen trockenen Pharyngitis, bei der die Hinterwand trübe oder mit Borken bedeckt erscheint, beseitigt man mit diesem Pinseln den Husten, aber nicht das Leiden. Wie bei trockener Rhinitis ist die Allgemeinbehandlung wünschenswert, um die lästigen Beschwerden dieses Leidens im späteren Leben dem Kinde zu ersparen.

7. Erkrankungen der regionären Drüsen.

a) Der retropharyngealen Drüsen. Die Schwellung der retropharyngealen Drüsen ist im Säuglingsalter eine häufigere Erkrankung, nur muß man bei jeder erschwerten Atmung danach suchen. Als Nachkrankheit finden wir sie auch bei Scharlach und Diphtherie. Der bei weitem größere Teil heilt ohne Übergang in Eiterung. Verwechslung mit einem von der Wirbelsäule ausgehenden Abszeß ist insofern nicht bedenklich, als eine Inzision auch dann nichts schadet.

Solange die Drüsen nicht erweicht sind, darf man ruhig zusehen. Umschläge und die beschriebene Kalkwassermischung erleichtern das Abwarten. Nur ist dafür zu sorgen, daß Verdurstung vermieden wird. Hierbei heilt der größere Teil der Fälle aus. Kommt es zur Fluktuation, so inzidiere man beim medianen Abszeß, sobald man eine weiche Stelle fühlt. Beim seitlich gelegenen Abszeß muß man etwas länger warten, damit man nicht etwa ein Gefäß verletzt. In der Regel bekommt man ja die Abszesse erst in Behandlung, wenn sie eine sehr erhebliche Größe erreicht haben. Auch dann sind wir im allgemeinen für die Inzision vom Munde aus. Nur bei den riesigen Abszessen, die ohne Schwierigkeit hinter dem Kopfnicker zu erreichen sind, bei denen etwa das Kind schwer kachektisch ist und zur Tamponade einer Nachblutung in solchen Fällen, empfiehlt sich die Inzision von außen. Sie braucht nicht sehr ausgedehnt zu sein. Bei den tuberkulösen Abszessen ist der Mundweg vorzuziehen.

Als Instrument dient ein gewöhnliches spitzes Skalpell, das man 3—5 mm von der Spitze entfernt mit Heftpflaster umwickelt hat. Man läßt das Kind in sitzender Stellung halten, läßt den Mund, nur wenn Zähne vorhanden sind, durch einen Sperrer offen halten, führt das Messer unter Deckung mit dem Finger der anderen Hand ein, sticht das Messer quer ein und dreht es in der Wunde um oder macht von vornherein einen kleinen Längsschnitt. Bei seitlichen Abszessen ist der Längsschnitt natürlich der einzig zulässige. Die Richtung des Messers ist bei dieser Form schräg von außen nach innen. (Am besten nimmt man das Messer bei rechtsseitigem Abszeß in die linke Hand.) Sobald die Inzision erfolgt ist, wirft man Sperrer und Messer weg und beugt den Kopf des Kindes nach vorn. Im übrigen lassen sich sehr elende Kinder des ersten Lebensjahres auch in liegender seitlicher Stellung operieren. Die Inzision hinter dem Kopfnicker kommt, wie gesagt, nur in den Fällen in Betracht, in denen man nach dem Hautschnitt sofort mit dem stumpfen Messerstiel seinen Weg leicht findet.

Daß die Blutung durch ein im Augenblick perforierendes großes Gefäß den schnellen Tod herbeiführt, ist wohl eine extreme Seltenheit. Die theoretisch in Betracht kommende Unterbindung der Carotis interna wird meist nicht mehr möglich sein. Erstickung durch ungewöhnliche Eitermengen ist nur bei extrem herabgekommenem Säugling denkbar. Dann kann man vielleicht durch Punktion mit der Spritze, sicher durch die Außeninzision die Gefahr verringern.

Bei tuberkulöser Erkrankung ist es vorgekommen, daß im Moment der Inzision ein kariöses Knochenstück heraustrat und in den Kehlkopf fiel. Wichtiger ist, daß ein plötzliches Wegbleiben der Atmung in Form der exspiratorischen Dyspnoe oder des Stimmritzenkrampfes im Moment der Inzision erfolgen kann. Weiß man, daß das Kind diese Krampfneigung besitzt, so ist es wohl empfehlenswert, es vorher durch ein Klysma von $^1/_2$—1 g Chloralhydrat zu narkotisieren. Die Dose ist nicht so groß, daß dadurch Husten und Würgen verhindert würde.

Außer diesen im Moment der Operation eintretenden Zufällen kann es bei sonst schwer geschädigtem Kinde zu fortdauernden Nachblutungen kommen, was wir jedoch nur bei einem so großen Abszeß gesehen haben, daß die Gegeninzision hinter dem Kopfnicker auf dem in den Abszeß eingeführten Finger möglich war.

Die Operation von außen erfolgt durch einen 2—3 cm langen Hautschnitt längs des obersten Teils des hinteren Randes des Kopfnickers. Mit dem Messerstiel öffnet man dann stumpf den Abszeß.

b) Der Jugulardrüsen. Solange die geschwollenen Jugulardrüsen nicht vereitert sind, ist abzuwarten, und zwar am besten solange, bis eine größere Eiteransammlung angenommen werden kann. Gerade in vielen Fällen, die nicht zur Vereiterung führen, bestehen oft wochenlang hohes Fieber und Schmerzen. Der Zustand ist sehr wesentlich zu erleichtern durch abendliche Dosen von Antifebrilien. Die Halsumschläge mit eingelegtem Billrothbatist werden kühl aufgelegt und bleiben 6 Stunden liegen. Statt dieser sind Spiritus-Glyzerin-Verbände (Spiritus und Glyzerin āā) oder auch Breiumschläge am Platze (Cataplasma artificiale). Bei diesen warmen Umschlägen, die ebenso zur Einschmelzung wie zur Resorption beitragen, ist höheres Fieber stets durch ein Fiebermittel zu zügeln. Die Rückbildung der im wesentlichen schmerzlos gewordenen Drüse wird durch feuchte Verbände erleichtert. Sobald die Drüse erweicht ist, muß inzidiert werden. Kosmetisch ist ein zur Körperlänge querer Schnitt in der Richtung der Querfalten des Halses entschieden vorzuziehen.

III. Erkrankungen des Kehlkopfs und der Luftröhre.

Heiserkeit und bellender Husten mit begleitender leichtester Stenose sind bis zum Beweis des Gegenteils als Diphtherie zu behandeln. Eine Untersuchung der Nase und der hinteren Rachenwand erlaubt öfters schon die bestimmte Diagnose der Diphtherie (siehe Diphtherie S. 243).

a) Akute Laryngitis. Die Vorderseite des Halses ist mit einem feuchten Umschlag zu bedecken. Darüber werden Billrothbatist und ein großes Stück Watte gelegt, das die Ränder des Umschlags nach oben und unten um drei Querfinger überschreitet. Die Befestigung wird durch eine Zirkeltour um den Hals und eine Kreuztour unter den Armen vorgenommen. Der überstehende Watterand faßt das Gesicht wie eine Halskrause ein. Nur so ist es möglich, die feuchte Wärme sicher zu erhalten. Vierstündlicher Wechsel ist notwendig. Innerlich gebe man bei etwas älteren Kindern 2—3mal täglich ein warmes Getränk, z. B. gezuckerte heiße Milch mit einem Mineralbrunnen zu gleichen Teilen verdünnt. Reichliches Trinken von Tee und Mineralbrunnen ist auch sonst nützlich. Warme Getränke sind aber immer vorzuziehen. Besonders zu empfehlen sind die feuchten warmen Dämpfe, deren Erzeugung wir S. 485 beschrieben haben. Die kleinen Inhalationsapparate sind nicht praktisch. Innerlich eignen sich am besten Ammoniumsalze, z. B. Mixtura solvens., Mischungen mit Liquor Ammon. anisatus usw. (siehe unter Husten).

b) **Pseudokrupp.** Die Behandlung des Pseudokrupp besteht wesentlich in einer Beruhigung von Eltern und Patienten. Ein feuchter Umschlag und feuchte Dämpfe genügen. Der Arzt findet das Kind ja schon in der Besserung. Für etwa wiederkehrende Anfälle verordne man, das Kind in die Höhe zu nehmen und zu beruhigen. Ein Schwamm mit heißem Wasser, gut ausgedrückt, soll auf das Jugulum gehalten werden. Er ist vorher auf seine Temperatur an der Backe des Erwachsenen zu prüfen. Für den nächsten Tag eignet sich Mixtura solvens, um die leichten restierenden Beschwerden zum Schwinden zu bringen, Zeichen von Stenose zu dieser Zeit weisen auf Diphtherie.

c) **Chronische Heiserkeit.** Chronische Heiserkeit kann gerade im Spielalter oft durch Papillome verursacht werden. Heiserkeit, die im Anschluß an einen Katarrh entstanden, sich über Jahre hinweg erstreckt, läßt sich häufig in einfachster Weise durch systematische Übung bessern. Man erkennt die geeigneten Fälle daran, daß bei erzwungenem lautem Sprechen, Schreien oder Singen Töne zu erzielen sind. Systematisches Singen von Tonleitern mit langsamem Anstieg der Tonstärke, deutliches, lautes und langsames Sprechen einzelner Worte ist jeden Tag einige Male zu üben. Oft geht die Besserung so schnell vorwärts, daß man weniger an einen chronischen Katarrh als eine durch einen früheren Katarrh gewohnte Nichtspannung der Stimmbänder denken muß. Dem entspricht auch das Kehlkopfbild. In vielen dieser Fälle sprechen auch Vater oder Mutter mit leicht heiserem Beiklang.

d) **Stridor congenitus.** Stärkerer Stridor, der von deutlichen Stenosen-Erscheinungen begleitet ist, ist entweder durch eine sehr große Thymus oder Mißbildung der Luftröhre bedingt. Da das erstere weitaus häufiger der Fall ist, so verfährt man, als wenn eine Thymus-Vergrößerung vorläge. Ist der Zustand derartig, daß augenblickliche Erstickung droht, so ist namentlich dann, wenn man im Jugulum eine Geschwulst zu palpieren glaubt, die chirurgische Verkleinerung der Thymus-Drüsen zu versuchen. Im anderen Falle handelt man, wie S. 210 beschrieben ist. Auf die Möglichkeit einer Täuschung durch Nasenschwellung oder chronische Bronchitis die einem weniger Geübten wohl passieren könnte, sei hingewiesen. (Vgl. Syphilis, Diphtherie, akute Rhinitis.) Beim gewöhnlichen Stridor congenitus finden sich glucksende und schnarchende Geräusche während des Wachens oder Schlafens, aber nicht während des Schreiens. Stenosen-Erscheinungen sind minimal. Das Leiden bedarf keiner Berücksichtigung und heilt von selbst im ersten halben Jahre. Nur bedürfen diese Kinder eines vorsichtigen Schutzes vor den sogenannten Erkältungskrankheiten.

Fremdkörper in den Luftwegen.

a) Fremdkörper in der Nase. Der therapeutische Eingriff schließt sich keineswegs immer an den unglücklichen Zufall an — oft lenken erst lange nachher eineinseitiger eitriger, oft blutiger Nasenausfluß und einseitige Nasenverstopfung die Aufmerksamkeit auf die Nase. Sogar jahrelanges Liegenbleiben in der Nase kommt vor. So können bekanntlich „skrofulöse" Schnupfen durch Fremdkörperextraktion geheilt werden.

Zu schnellerem therapeutischem Vorgehen drängen die quellbaren Fremdkörper, wie Bohnen, Erbsen, bei denen wohl weniger leicht ein Übersehen erfolgen kann.

Die Entfernung des Fremdkörpers setzt gute Fixierung des Kindes voraus. Wo diese nicht beim sitzenden Kinde möglich ist, namentlich beim schon aufgeregten 3—4 jährigen, fesselt man die Hände auf dem Rücken, legt das Kind auf einen schmalen gepolsterten Tisch und läßt sich Kopf und Beine halten bzw. fixiert die Beine selber durch seinen eigenen Körper. Unter Leitung des Spiegels führt man eine nach unten gekrümmte Sonde von der gewöhnlichen Dicke in den unteren Nasengang ein. Die Krümmung macht man am unteren Ende möglichst kurz und scharf, doch so, daß sie bequem noch über den unteren Nasenboden hinweggelangen kann. Es gelingt das Einführen sehr leicht, da die Fremdkörper zwischen unterer Muschel und Septum, namentlich aber im mittleren Nasengang eingekeilt liegen. So ist der untere Nasengang frei. Sobald man die hintere Rachenwand erreicht hat, dreht man die Sonde um 180° und zwar so, daß die Spitze der Sonde im Nasenrachenraum diesen Kreis nach innen zu beschreibt, also nicht an die Tubenseite des Pharynx stößt. Jetzt zieht man die Sonde zurück, ihre Spitze steht jetzt nach oben, ragt also in den mittleren Nasengang hinein und schiebt von hinten her den Fremdkörper nach vorne. Ein Zurückweichen ist ihm jetzt unmöglich. Handelt es sich um eine gequollene Bohne, die den Nasenausgang nicht mehr passieren kann, so kann man jetzt mit einem feinen Messerchen die Samenhaut spalten und die Kotyledonen gesondert von hinten her exprimieren.

b) Fremdkörper im Pharynx. Fremdkörper im Pharynx sitzen meist hinter dem hinteren Gaumenbogen oder im Sinus piriformis, also zu beiden Seiten des Kehlkopfes und auch unmittelbar auf dem Eingang der Speiseröhre. Bei vernünftigen älteren Kindern blase man Anästhesin in den Pharynx ein, um den Würgreflex zu verringern. Bei älteren kann man auch Kokain einsprayen. Doch achte man darauf, daß nicht mehr als 1—2 cg in den Hals gelangen, und sorge dafür, daß davon auch der größte Teil wieder ausgespuckt werde. Bei unverständigen Kindern lohnt sich diese Vorbereitung nicht. Man lasse sich das Kind festhalten, sperre den Mund durch eine Klemme auf und suche den Fremdkörper unter Leitung des Auges oder des Fingers mit einer Zange oder mit zwei Fingern zu fassn.

c) Fremdkörper im Ösophagus. Der Kranke ist zunächst zu beruhigen. Man läßt ihn erst etwas Wasser schlucken, dann das Weiche von einer Semmel, um zu versuchen, ob in der Tat der Fremdkörper noch festsitzt. Kleine kantige Knochenstücke und Gräten können gelegentlich dadurch in den Magen gebracht werden. Ist das Schlucken nicht möglich oder dauernd sehr erschwert, dann soll man nur bei weichem oder ganz plattem Fremdkörper, der voraussichtlich im Magen nichts schaden kann, die Sonde einführen, aber sie nur, wenn er gleichsam von selbst vor dieser nach unten ausweicht, ohne Druck in den Magen führen. In allen anderen Fällen ist die Entfernung des Fremdkörpers nur unter Leitung des Arztes mit Ösophagoskop vorzunehmen. Es ist stets Zeit genug, einen Spezialisten aufzusuchen, der diese Technik beherrscht. Alle anderen Methoden, inbegriffen den Münzenfänger, sind mit Recht veraltet. Wo möglich, soll sofort das Röntgenbild herangezogen werden.

d) Fremdkörper im Kehlkopf und in den Luftwegen. Wenn ein Kind durch Aspiration eines Fremdkörpers Erstickungserscheinungen zeigt, so fahre man ihm zunächst brüsk mit zwei Fingern in den Pharynx, um dort sitzende Hindernisse zu beseitigen, aber auch vielleicht Brechbewegungen auszulösen. Dann stelle man das Kind auf den Kopf und schüttele es kräftig, während man es an den Beinen hält. Kommt die Atmung nicht in Gang, so ist die Not-Tracheotomie auszuführen, wenn der Fremdkörper im Kehlkopf sitzt. Gelingt die Entfernung auf die vorher angeführte Weise nicht, so halte man sich nicht mit Brechmitteln auf, sondern veranlasse die Zuziehung eines kompetenten Spezialarztes, der die Bronchoskopie beherrscht.

IV. Erkrankungen der Bronchien und Lungen.

1. Prophylaxe.

Die vorbeugenden Maßregeln sind die gleichen wie für die Erkrankung der oberen Luftwege, aber mit noch viel größerer Konsequenz und Vorsicht durchzuführen. Die Sorge und damit die Vorsicht müssen um so größer sein, wenn es sich um ein tuberkulös infiziertes Kind handelt. So notwendig im einzelnen Falle vorsichtige Vermeidung von Infektion und Erkältung ist, so muß doch unser letztes Ziel immer sein, die Wehrhaftigkeit des Körpers durch systematische Abhärtung zu stählen (s. S. 29). Häufiger als bei den Erkrankungen der oberen Luftwege sind wir gezwungen, durch eine geeignete klimatische Kur das Kind vor der Rezidivgefahr eine Zeit lang zu schützen, um die Möglichkeit zu gewinnen, diese Abhärtung durchzuführen. Bei der asthmatischen Bronchitis ist dieses besonders der Fall und muß an jener Stelle besprochen werden.

2. Bronchitis und Bronchopneumonie in den ersten 2 Lebensjahren.

a) Akute Bronchitis und Bronchopneumonie.

Allgemeinbehandlung. Die an akuter Bronchitis erkrankten Kinder sollen vor Temperaturschwankungen geschützt, also im Zimmer und im Bett gehalten werden. Es ist zweckmäßig, das Zimmer ein wenig wärmer zu halten als sonst, namentlich wenn man kalte Umschläge machen will. Über 19° C soll die Temperatur aber nicht herausgehen. In bezug auf Kleidung und Bettung ist jede übertriebene Einpackung zu verwerfen. Nicht nur die Überhitzung schädigt, sondern auch die durch Einpackungen erzwungene ruhige Lage. Ältere Kinder lasse man im Bette sitzen und halte selbst schwer Kranke zu vorübergehendem Aufsitzen an. Jüngere Kinder nehme man zeitweise auf den Arm und lasse sie so herumtragen, daß sie nicht etwa durch ein Tuch fest an den Körper der Mutter gepreßt sind. Schwer kranke Kinder müssen hoch gelagert werden. Bettet man sie aber einfach auf eine schräge Ebene oder auf hoch gelagerte Kissen, so sinken sie in sich zusammen und können nicht die Stellung einnehmen, in der eine verstärkte Atmung der oberen Lungenteile noch möglich ist, nämlich die Stellung mit leicht nach hinten geneigtem Kopf. Aus Abb. 26 ist ersichtlich, wie man bei Hochlagerung zugleich die Kopfneigung nach hinten ermöglicht. Hierdurch ist auch ein Abrutschen verhütet. Selbstverständlich sind Vorhänge oder Wagendecke zu entfernen.

Bei fieberhaften Bronchopneumonien, die bereits 3—4 Wochen dauern, benutze man die Zweizimmerbehandlung (siehe S. 28) und schiebe im Sommer bei windstiller, wenn auch kühler Witterung den Kinderwagen eine Zeitlang ins Freie. Am besten eignen sich hierzu die Morgenstunden, in denen ja meistenteils auch das Fieber am niedrigsten ist.

Ernährung. Die Ernährung weiche so wenig wie möglich von der bisherigen ab und erfolge im übrigen nach den Regeln, die S. 18 gegeben sind. Ist das Kind nicht imstande, viel auf einmal zu trinken, so mag die einzelne Mahlzeit mit vielen Unterbrechungen eine Stunde dauern. Gegenüber der Konsistenz der Nahrung verhalten sich die Kinder verschieden. Die einen verweigern schon den gewöhnten Mehlzusatz zur Milch. Andere schlucken nur dicke Breie. Die Flasche muß oft durch den Löffel ersetzt, beim Brustkind abgespritzte Brustmilch gereicht werden. Es ist kein Unglück, wenn die Nahrungsmenge geringer ist, als dem Bedarf des Körpers entspricht. Die Krankheit wird aber sofort verschlimmert, wenn die Flüssigkeitsmenge sinkt, denn der Flüssigkeitsbedarf ist größer als in Zeiten der Gesundheit. Soweit es geht, ist in der Zwischenzeit dem Kinde Wasser oder milchloser Tee beizubringen. Auch junge Säuglinge trinken oft lieber frisches Leitungs-

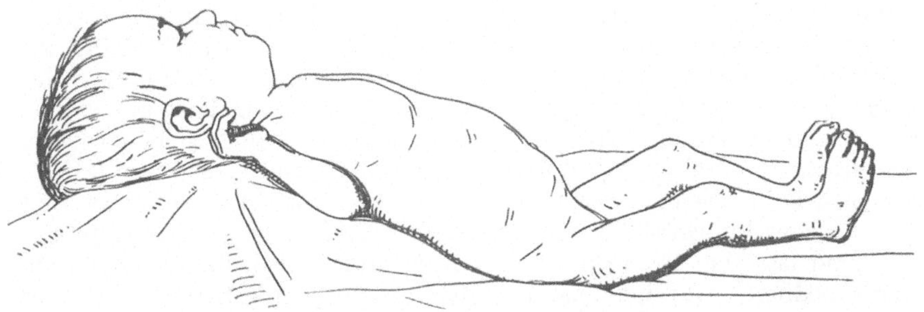

Abb. 26. Lagerung bei schwerer Bronchitis. Die leichte Nachhintenneigung des Kopfes verhindert das Zusammensinken.

wasser. Tritt Nahrungsverweigerung ein, oder ist die Fütterung für das Kind zu anstrengend und quälend, so sind Nahrung und Flüssigkeit dreimal täglich mit Schlundsonde und Spritze in den Magen einzuführen. Die übliche Eingießung durch einen Trichter dauert zu lange. Das Flüssigkeitsbedürfnis kann man durch permanente Irrigation zweimal täglich oder durch Bleibeklistiere von je 150 g dreimal täglich stillen (siehe S. 497).

Behandlung der leichten Bronchitis. Bei fieberloser Bronchitis sind 2—3 mal täglich Brust und Rücken kräftig mit Franzbranntwein oder Spiritus-Glyzerin abzureiben. Diese Abreibung diene namentlich beim jungen Säugling als Atemreiz. Das tägliche Reinigungsbad ist zu unterlassen. Nächtliche Umschläge sind nach dem 10. Lebensmonat anzuwenden. Als Medizin diene ein Ammonium-Salz (s. S. 512). Bei begleitendem Schnupfen, Heiserkeit oder stärkerem Hustenreiz ist Einatmen von Dämpfen nützlich (siehe S. 485).

Behandlung der schweren Bronchitis. Sobald deutliches Nasenflügelatmen vorhanden ist oder neben diesem auch Fieber besteht, ist die Aufgabe, die Atmung anzuregen, dringender. Durch Erzeugung tiefer Inspirationen statt der vom Kinde geübten oberflächlich beschleunigten soll der Verschleimung der feinsten Luftwege vorgebeugt, und durch Entfaltung der Lunge sollen die Widerstände der Zirkulation für das rechte Herz erleichtert werden. Dies geschieht durch geeignete Hautreize. Reize der Haut sollen aber auch zugleich die Zirkulation des Blutes der Oberfläche vermehren und so den kleinen Kreislauf entlasten. Eine weitere Aufgabe der Therapie ist, die Gefäßlähmung besonders im Gebiet des Splanchnikus zu verhindern. Sie ist als Wirkung des Krankheitsgiftes mehr zu fürchten als die Herzschwäche. Die Atemanregung geschieht durch das beschriebene Frottieren. Bei fiebernden Kindern mit warmer Haut mache man kühle Umschläge in der beschriebenen Weise (siehe S. 488). Dadurch, daß man es in den fertig ausgebreiteten Umschlag hineinlegt, ruft man durch den Kältereiz einen tiefen Atemzug hervor. Der auf dem Körper sich erwärmende Umschlag soll eine gleichmäßige Durchblutung der Haut verursachen, nicht die Temperatur herabsetzen. Bei kühlen Händen oder kühlem Rumpf sind Umschläge zu verwerfen, im übrigen beachte man die Regeln, die wir bei Behandlung des Fiebers beschrieben haben (s. S. 220). An heißen Tagen und bei kräftigen Kindern sind schnelle Abwaschungen mit einem sehr gut ausgedrückten Schwamm halbstündlich dann am Platze, wenn sie dem Kinde wohltun. In allen anderen Fällen ziehen wir bei schwererer Erkrankung das warme Bad mit kühler Anspritzung vor, namentlich bei Neugeborenen mit Andeutung von Zyanose. Das Bad ist um so wirkungsvoller, je ausgedehnter die Bronchitis und je jünger das Kind ist. Ist die Atemnot wesentlich durch bronchopneumonische Herde bedingt, so zeigt uns dies der Mißerfolg des Bades oft besser an als die physikalischen Untersuchungsmethoden. Das warme Bad ist dann indiziert, wenn das Kind danach sichtlich wohler ist. Nützt es nichts, dann schadet es durch Schwächung. In schwereren Fällen ist daher wünschenswert, daß der Arzt beim ersten Male das Bad selber leitet. In der Regel wird man es 1—2 mal am Tage vornehmen und das Kind zweimal mit Spirituosen abreiben lassen, so daß es etwa alle 6 Stunden aus dem Sopor herausgerissen wird.

Ausführung des Bades. Die Temperatur des Bades betrage 35° C. Das Kind wird im warmen Bade in ein Laken eingeschlagen, durch das man mit flachem Handteller Brust und Rücken abreibt. Steht keine geschickte Hilfe zur Verfügung, so verzichte man hierauf. Nachdem die Haut des Kindes wohl durchwärmt ist, gieße man $^1/_2$ Glas 20gradiges Wasser auf die leicht emporgehobene Brust, erwärme diese wieder mit dem Badewasser und wiederhole die Prozedur vier- bis sechsmal. Das Kind wird dann in ein erwärmtes Badelaken eingehüllt, ohne Entblößung kräftig trocken gerieben, wobei man namentlich auch die Extremitäten kräftig rot reibt, und schnell angezogen. Das Köpfchen wird eine Stunde lang durch eine Haube oder eine Windel vor Abkühlung geschützt.

Bei daniederliegender Zirkulation ist mit dem Bade ein starker Hautreiz zu verbinden und zwar dadurch, daß man dem Badewasser Senfmehl zusetzt oder durch eine Senfpackung. Die erstere Maßregel darf täglich, gelegentlich auch wohl zweimal, angewendet werden. Die letztere ist nur einmal täglich zu verordnen und nur nach vorhergehender Untersuchung des Kindes am nächsten Tage wieder zu erlauben. Bei Kindern mit Krampfneigung sind derartige Hautreize nicht gestattet (s. Technik S. 483).

Am wärmsten ist aber die Senfpackung zu empfehlen, wenn eine Bronchitis von Anfang an schwer einsetzt oder nach anfangs leichtem Leiden eine plötzliche schwere Verschlimmerung eintritt.

Sauerstoffbehandlung. Bei ausgesprochener Zyanose und Atemangst, ferner auch dann, wenn Keuchhustenanfälle schweren Kollaps hervorrufen, ist die Anwendung von Sauerstoff zu versuchen. Der Nutzen ist nur in den Fällen groß, in denen die Bronchitis mehr schuld an der Atemnot ist als Lungenherde. In geeigneten Fällen muß man an der Farbe der Lippen den Erfolg ablesen können.

Man lasse ungefähr jede Stunde 10 Minuten inhalieren oder nach jedem Keuchhustenanfall (s. Technik S. 491).

Arzneiliche Behandlung. Bei jeder Bronchitis, die sich durch Nasenflügelatmen als bedeutsam erweist, ist eine Anregung des Atemzentrums wie der Zirkulation auf arzneilichem Wege zu erstreben. Am liebsten geben wir eine 1⁰/₀ige Lösung von Coff. natr. benz. Hiervon lasse man dreistündlich einen Teelöffel nehmen mit der Vorschrift, daß, sobald Zeichen der Verschlimmerung eintreten, ein Kindereßlöffel zweistündlich zu geben ist. Das Alter spielt nur insofern eine Rolle, als man in den ersten 4 Monaten vielleicht statt dessen mit einem reichlichen Teelöffel auskommt. Als solche Zeichen sind der Mutter zu nennen: Veränderung der Gesichtsfarbe, Atemnot, kühle Extremitäten. Den schlechten Geschmack kann man leicht mit Liq. ammon. anisati verdecken. Bei länger verlaufenden Fällen von Bronchopneumonie kann man sich auch des Strophanthus bedienen. Stärkere Augenblickswirkungen ruft man durch subkutane Injektionen von 1 g 10⁰/₀iger Koffein-Lösung oder von Ol. camphor. fortius hervor. Man kann diese Injektion 2—3stündlich wiederholen. Bis zum 6. Lebensmonat beträgt die Dose die Hälfte. Die Wirkung des Koffeins erkennt man daran, daß die Oberflächengefäße sich stark erweitern. So kann man selbst beim elendesten Kinde an der Fingerbeere oder wenigstens an den Fingerarterien den Puls zählen. Wirkt Koffein nicht, so hat man von anderen Mitteln wohl nichts mehr zu erwarten. Zu versuchen ist intramuskuläre Injektion von 2 Teilstrichen Strophanthin Boehringer 1mal täglich oder subkutane Injektion von je $^1/_2$ g eines Nebennieren- und Hypophysenpräparats 3—4mal täglich (siehe S. 512 u. 519). Bei starker Auftreibung des Leibes greife man gleich zu großen Dosen Koffein. Bei starker Sekretion ist ein Senega-Dekokt (siehe S. 513) mit oder ohne Koffein angezeigt. Bei Krämpfen verwende man Urethanklistiere. Chloral ist möglichst zu vermeiden (siehe S. 324).

Den Husten zu lindern sei man nicht allzusehr beflissen. Das einfachste Mittel sind die beschriebenen feuchten Dämpfe unter Beimischung eines ätherischen Öls (siehe S. 485). Erschöpft sich das Kind durch Husten und Schlaflosigkeit, so ist einmal täglich für längeren Schlaf durch Bromural oder Urethan zu sorgen. Beim Erwachen ist ein warmes Bad mit Begießung nützlich aber nicht notwendig. Kodein ist ohne dauernde Beaufsichtigung des Kranken in den ersten $^3/_4$ Lebensjahren leicht einmal gefährlich und in den ersten 4 Lebensmonaten überhaupt lieber zu vermeiden. Das Hauptanwendungsgebiet des Kodeins sind hartnäckiger Husten bei nicht erheblicher Atmungsbeschränkung.

Bei Kindern mit ausgedehnten Lungenherden sieht man oft Tage vor dem Tode, daß sie bei jedem Schluck, ja bei jeder Annäherung der Pflegerin husten. Hier ist das Opium das beste Mittel, und zwar ist die Dosis so zu wählen, daß sie bei diesem Leiden keinen Schlaf macht (Dosis s. S. 519). Es handelt sich dabei sichtlich auch um die euphorische Wirkung dieses Arzneimittels. Die Anwendung erfolgt etwa alle 8—12 Stunden.

Komplikationen. Bei stark aufgetriebener Fontanelle und sonstigen Zeichen der Meningitis lindert eine Spinalpunktion dann oft die Beschwerden, wenn es sich um seröse Meningitis handelt. Bei eitriger Meningitis und geringer Bronchitis denke man an Genickstarre und behandle demgemäß. Über die Behandlung der Pneumokokkenmeningitis siehe S. 337.

Bei serösen oder serös-eitrigen Ergüssen, die höchstens halb den Pleuraraum ausfüllen, ist eine Therapie meist nicht nötig. Bei geringen eitrigen Ausschwitzungen sauge man so viel wie möglich ab und warte dann einige Tage. Im übrigen siehe Behandlung des Empyems S. 413.

Behandlung der Rekonvaleszenz. Während der Rekonvaleszenz behalte man die Bäder mit kühler Begießung bei den daran gewöhnten Kindern bei. Mit kräftiger Abreibung mit Spiritus-Glyzerin oder Franzbranntwein vermehre man die Reaktionsfähigkeit der Haut. Die jetzt notwendige Luftgewöhnung leite man bei fraglicher Jahreszeit durch die Zweizimmerbehandlung ein. Das erste Mal darf das Kind an einem sonnigen, windstillen, wenn auch kälteren Tage ins Freie. Nach den im allgemeinen Teil gegebenen Regeln suche man zu erreichen, daß das Kind möglichst bald seine vorherige Widerstandskraft wiedergewinnt oder vielmehr vermehrt.

b) Kapilläre Bronchitis.

Die kapilläre Bronchitis ist als akuteste Form der Bronchitis aufzufassen, bei der von vornherein Erstickungserscheinungen auftreten. In den ersten Lebenswochen sind warme Bäder und Senfbäder mit Begießung zweimal täglich mit 2—3 mal täglich zu wiederholenden spirituösen Abreibungen abwechselnd anzuwenden. Bei etwas älteren Säuglingen mit festem Thorax ist die Behandlung durch eine Senfpackung einzuleiten. Sauerstoffatmung wird um so nützlicher wirken, je jünger das Kind ist, ist aber auf jeden Fall zu versuchen. Die physikalische Therapie ist durch Koffein zu unterstützen. Namentlich $^1/_4$ Stunde vor den Bädern ist eine größere Dose von Koffein zu geben. Solange der Zustand bedrohlich ist, sind die Kinder dauernd unter Koffein oder Kampfer zu halten. Kampfergaben per os sind hier wie auch sonst gänzlich wirkungslos. In etwas weniger stürmischen Fällen erschöpfen sich die Kinder vielfach durch Unruhe und erschweren dadurch die Atemnot. Hier ist Urethan oder Bromural zur Schaffung einiger Stunden Ruhe trotz gleichzeitiger Koffein-Behandlung von großem Nutzen. Die Prognose ist aber ernst.

c) Spastische Bronchitis.

Bei Säuglingen jenseits des 4. Lebensmonats, selten früher, treten nach Schnupfen oder leichter Bronchitis plötzlich unter den physikalischen Zeichen der Lungenblähung Zustände von schwerer Atemnot ein. Die Kinder schreien dabei meistens mit erstickender Stimme und erschweren dadurch ihre Atemnot bedeutend. Es gilt hier, den plötzlich aufgetretenen Bronchialkrampf zugleich mit der Unruhe zu beseitigen. Dieses gelingt durch große Dosen Urethan und zwar $1^1/_2$ g per os. Eine Wiederholung von 1 g ist nach einer Stunde, wenn nötig, gestattet. Bei Kindern, die vorher keine Bronchitis gehabt haben, kann man auch ein Chloralklistier von 0,4—0,5 g verabfolgen. Nach einem ruhigen Schlafe pflegen die Kinder, die daneben keine Bronchopneumonie haben, d. h. die große Mehrzahl, munter mit leichter Bronchitis zu erwachen. Nach der Genesung untersuche man das Kind aber auf Spasmophilie. Für Kinder, bei denen sich noch nach $1^1/_2$ Jahren die Anfälle sehr oft wiederholen, kommt eine klimatische Kur an der Nordsee oder im Hochgebirge in Betracht. Das in diesem Alter an den Anfall sich anschließende Azeton-Erbrechen ist nach S. 373 zu behandeln. Die Entwicklung des Asthmas aus diesen Zuständen ist extrem selten.

d) Chronische Bronchitis.

Trachealrasseln, ein dauerndes Kochen auf der Brust, das nach dem ersten kleinen Katarrh eines Neugeborenen zurückbleibt, bedarf keiner Behandlung, aber wohl einer vermehrten Vorsicht und allgemeiner hygienischer Maßregeln (siehe Pflege im Freien S. 27 etc).

Die chronische leichte Bronchitis, wie sie sich namentlich bei Kindern mit Ausschlagsneigung nach dem ersten Vierteljahr zeigt, wird außerdem mit spirituösen Abreibungen und warmen Bädern mit Begießung behandelt. Frühzeitig lege man das Kind recht häufig auf den Bauch, um eine Abwechslung in die Ventilation und Zirkulation der Lunge zu bringen. Bei Exazerbation ist folgende Medizin nützlich:

Liq. Ammonii anisati	1,5
Creosoti carbonici	2,0
M. f. c. aqua destill. et Gummi arabici q. s.	
lege artis emulsio ad	125,0
Sirupi emulsivi ad	150,0

M. D. S. 5mal tägl. 1 Tee- bis Kinderlöffel voll.

Die gleiche Therapie ist bei der chronischen Bronchitis der Rachitiker angebracht. Schwierig ist hier oft die Durchführung der Luftgewöhnung und Abhärtung. Meist wird man sich mit der Zweizimmerbehandlung begnügen müssen, bis die oft sehnlichst erwartete Frühlingssonne die Möglichkeit einer Sonnenkur, wenn auch zuerst bei geschlossenem Fenster, gibt. Besteht der Husten seit den ersten Lebenswochen, zeigt sich immer wieder dichtes Rasseln über einem Unterlappen und wird beim Herunterdrücken der Zunge eitriges Sekret hochgehustet, so liegt die Wahrscheinlichkeit vor, daß Bronchiektasien bestehen. Zur

Einleitung der Behandlung und bei Verschlimmerungen sind trockene Eukalyptusöldämpfe (siehe S. 486) einige Tage lang anzuwenden. Sonst sind die allgemeinen Regeln der Prophylaxe streng durchzuführen. Erlauben es die Verhältnisse, so ist das Kind an einen klimatisch geeigneten Ort zu bringen. Zu empfehlen ist eine waldige Gegend der Ostsee. Das Kind ist dann zunächst in der Düne zu halten. Ferner ist waldiges, auch höheres Mittelgebirge, im Notfall selbst der märkische Kiefernwald, ein geeigneter Aufenthalt. Vorbedingung ist natürlich, daß das Kind unmittelbar in den Windschutz des Waldes gelangt. Bei den seltenen Fällen von chronischer Bronchitis mit Lungenblähung muß man immer auf eine unerwartet bösartige Wendung gefaßt sein. Fast immer liegt zu diesem Verlauf ein besonderer Grund vor. Bei einem Teil bestehen wenigstens zeitweise physikalisch nicht nachweisbare bronchopneumonische Herde. Die Therapie gleicht der anderer Fälle. Weder Atropin noch Kalk wirken. Die Prognose ist nicht günstig. Während diese Kinder meist einen kranken Eindruck machen, erscheinen andere mit Ausnahme ihrer Lungenblähung völlig gesund und frisch. Hier exprimiert man vorsichtig 3 mal täglich die geblähten Lungen, wie S. 407 beschrieben, und gibt 3 mal täglich 5—6 bis 7 Tropfen einer 1‰igen Atropin-Lösung mit der Weisung, bei Rötung des Gesichts einmal auszusetzen und mit einer kleineren Dose anzufangen.

3. Bronchitis nach dem 2. Lebensjahre.

a) Akute Bronchitis.

Akute Bronchitis ohne Lungenblähung wird im zunehmenden Alter seltener und harmloser. Die Therapie erfolgt nach den gleichen Grundsätzen wie beim jüngeren Kinde. Übermäßigen Husten dämmt man durch Narkotika bereitwilliger ein als früher. Fieber und Fieberbeschwerden, die uns bei der Säuglingsbronchitis keine Veranlassung zum Eingreifen geben, kann man in den Fällen mit Fiebermitteln behandeln, in denen die Bronchitis mehr wie eine Teilerscheinung der Grippeinfektion auftritt. Gleichzeitig mit der Arzneieingabe wird das Kind in einen feuchten kühlen Rumpfumschlag eingepackt. Bei Masern achte man vor allen Dingen auf Flüssigkeitszufuhr; (siehe auch Masern S. 226).

b) Chronische Bronchitis.

Chronische Bronchitis ohne Zeichen exspiratorischer Insuffizienz, auf die wir später noch zurückkommen werden, wird mit zunehmendem Alter bei sorgfältig gehaltenen Kindern recht selten. Bei tuberkulös infizierten ist sie stets ein Alarmzeichen, das uns veranlassen muß, an eine progressive Tuberkulose zu denken, wenn auch der Katarrh selber nicht tuberkulös ist. Arzneiliche und physikalische Behandlung ist die gleiche, wie für 1—2jährige beschrieben. Sind die Eltern imstande, ihren Kindern eine lang dauernde klimatische Kur zu gewähren, so dränge man von vornherein dazu. Da die meisten Kinder jedoch ärmeren

Kreisen angehören, so muß man sich hauptsächlich bemühen, die gröbsten üblichen Erkältungsschädigungen von ihnen fernzuhalten, und zwar erreicht man nur etwas, wenn man die Eltern auf die schädigenden Faktoren hinweist, warme Kleidung im überhitzten Zimmer, Herauslaufen in derselben Bekleidung ins Freie, Herumsitzen in schattigen Winkeln, nasse Füße usw. Eine kräftig reizende Abreibung, die den Rumpf, aber auch die Füße mitbetrifft, ist nebenbei zu verordnen. Für Ferienkolonien eignen sich diese Kinder nicht und zwar nur aus dem Grund, weil die Verantwortung vom Leiter nicht übernommen werden kann. Dagegen kann man sie für Solheilstätten empfehlen.

c) Asthmatische Bronchitis und Asthma.

Je sorgfältiger man Kinder mit chronischem Husten untersucht, desto häufiger wird man namentlich bei Exazerbationen Lungenblähung finden. In manchen Fällen freilich ist diese Insuffizienz des Exspiriums im Augenblick der Untersuchung latent, kann aber jederzeit demonstriert werden, wenn man das Kind ein paarmal tief atmen läßt. Es zeigt sich dann eine länger bleibende erhebliche Erweiterung der Lungengrenzen. Der größte Teil dieser Kinder hat nun in sehr wechselndem Grade Anfälle von geringster Bronchitis mit Atembeklemmung bis zur schwersten akuten Lungenblähung in asthmaähnlicher Form, ja bis zum reinen Asthma. Je mehr sich das Kind der Pubertät nähert, desto mehr kann der Anfall in Form des Asthma nervosum verlaufen, ohne daß erhebliche Lungenblähung in der Zwischenzeit nachweisbar wäre. Je jünger aber das Kind ist, desto mehr können wir nur von Attacken akuter emphysematöser Bronchitis mit asthmaähnlicher Neigung sprechen.

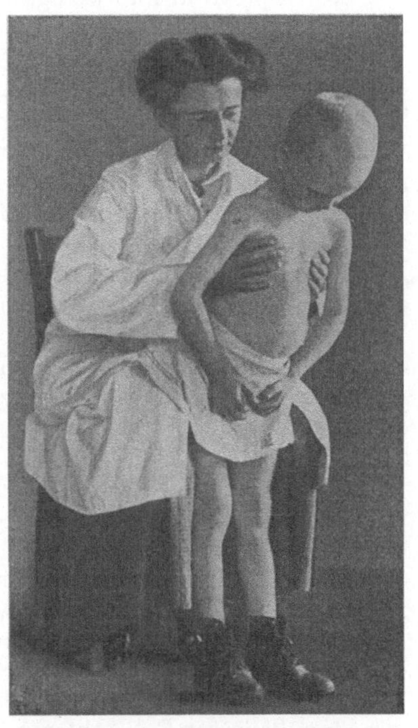

Abb. 27. Expression während des Expiriums und Verhinderung tieferer Inspiration bei Lungenblähung.

Unsere Therapie muß zunächst in den Zwischenzeiten einsetzen. Hier heißt es, den Blähungszustand der Lunge möglichst bald zu verringern und so dem weiteren Verlust an Elastizität vorzubeugen. Es gelingt dies durch Übung des Exspiriums. Man lege dem stehenden Kinde von hinten her beide Hände breit auf die Thorax-Seitenflächen auf, lasse leicht inspirieren und tief und lange exspirieren. Durch Händedruck wird die Inspiration gehemmt, die Exspiration stark vertieft (siehe Abb. 27). An und für sich zweckmäßige Komplikationen der

Übung, z. B. Einatmung durch ein Ventil, das die Inspiration hemmt und die Exspiration freiläßt, Rumpfübungen usw. sind überflüssig. Bei Kindern unter 4 Jahren muß die Durchführung oft notdürftig durch irgend eine Spielerei ermöglicht werden. Die Übungen sind so auszuführen, daß perkutorisch sofort ein erhebliches Heraufrücken der Lungengrenzen, und zwar bis zum Normalen, nachweisbar ist. In kurzer Zeit haben die Angehörigen die regelrechte Durchführung erlernt, und man kann ihnen die Ausführung überlassen. Die Kinder sind bald so weit, daß sie bei der Aufforderung, tief zu atmen, unwillkürlich die Inspiration nur wenig, um so mehr jedoch die Exspiration verstärken. Bei hartnäckigeren Fällen tut man dann gut, das Kind diese Übungen ausführen zu lassen, während es die Treppe steigt, damit es diese erlernte Kunst auch bei Anstrengung ausübt. Der Erfolg dieser Therapie ist zunächst der, daß die Kinder ihre Kurzatmigkeit schnell verlieren, ebenso auch der Husten schneller verschwindet. Das Erreichte ist um so merkbarer, je erheblicher die Beschwerden waren. Je bedeutsamer im Krankheitsverlauf der dauernde Zustand gegenüber der akuten Attacke ist, um so besser auch die Dauer des Erfolges. Hier kann man mit ein wenig im Hause betriebener Luftkur teuere klimatische Kuren ersparen. Getrübt wird ihr Erfolg durch die akute schwere Asthma-Attacke. Deren Eintreten zu verhindern, ist freilich ein monatlicher bis jahrelanger Aufenthalt an der Nordsee oder im Hochgebirge am besten geeignet. Aber ein solcher Eingriff ist doch nur dann indiziert, wenn die Anfälle zu oft kommen, und auch bei selteneren Anfällen, wenn in der Zwischenzeit die Lunge gebläht bleibt. Dies letztere freilich können wir durch Atembehandlung verhindern. Es scheint, als ob wir die Zahl der Anfälle gleichfalls, namentlich in den Fällen verringern, wo vor Beginn der Behandlung dauernde erhebliche emphysematische Bronchitis bestanden hat. Auch wenn die Exazerbationen selber im Verhältnis zum Dauerzustand sehr gering sind, werden sie unmerklich. In allen übrigen Fällen wirkt die Behandlung auf die Asthmaattacke nicht.

Asthmatischer Anfall. Die Verringerung der Zahl asthmatischer Anfälle soll durch Kalzium gelingen. Die Dose muß mindestens 4 g des kristallisierten Calc. chlorat. bezw. 4—6 g Calc. lact. betragen (siehe S. 516) oder statt dessen etwa 8 Tabletten Kalzan. Wir haben uns nicht mit Sicherheit davon überzeugen können, daß dieses auch in den Fällen nützt, in denen die eben beschriebene physikalische Behandlung keinen genügenden Erfolg hat. Wo die Zahl der Attacken das Leben des Kindes erheblich stört, ist, wenn es irgendwie geht, das Kind dauernd an einen Ort zu bringen, an dem es von Asthma frei bleibt. Mit Sicherheit kann man darauf nur im Hochgebirge rechnen. Doch sind Versuche mit hohem Mittelgebirge, namentlich bei im Flachland lebenden Kindern öfters von Erfolg. Nicht ganz so sicher wie das Hochgebirge, besser aber als Mittelgebirge ist die Nordsee. Es kommt darauf an, daß das Kind mindestens ein Jahr lang frei von seinen Leiden gehalten wird, damit die Lunge sich erholen kann. Noch besser ist in schweren Fällen, die sofort in ihrer Heimat rückfällig werden, wenn sie ihre ganze Schulzeit an einem solchen asthmafreien Orte zubringen. Jedenfalls bedeutet selbst eine ein Jahr lang dauernde Asthmafreiheit, daß das Kind dem Anfall selbst nicht mehr so unterliegt und selbst im ungünstigsten Falle eines Rückfalls nie wieder ganz so schlimm daran ist wie früher. Eine besondere Prophylaxe erheischen die Fälle von Heuasthma (siehe S. 38). Während des Anfalls scheue man sich nicht vor einem kräftigen Narkotikum. Wir verwenden Urethan, das bis zu 4 Jahren in Dosen von $2^1/_2$ bis 3 g gegeben werden muß. Bei nicht voller Wirkung können nach einer Stunde noch einmal $1^1/_2$ g, eventuell 2 g gegeben werden. Um das Mittel immer zur Hand zu haben, empfiehlt sich folgende Verschreibung, in der es nicht schimmelt:

Sol. Urethan	(6,0) 30,0
Chloralhydrat	0,5
Sir. Rub. Jd. ad	60,0 Meßglas.

Statt dessen nützt auch Atropin, und zwar 1 mg pro dosi, dem man nach einer Stunde $^1/_2$ mg oder nach 2—3 Stunden 1 mg nachschicken kann. Neuerdings wird die Injektion von Kalziumchlorid-Harnstoff empfohlen. Es kommt unter dem Namen Afanil in Ampullen in den Handel. Die Dose dürfte mindestens $^2/_3$ der Ampulle betragen, die man intramuskulär einspritzen kann. Es ist sehr wünschenswert, die Mittel schon bei der leisesten Andeutung eines Anfalls zu geben, um womöglich dem Kinde die Qual zu ersparen. Am Tage nach dem Asthma[1]) gebe man ein Senega-Dekokt mit Jod, etwa 0,2 Ammon. jodatum auf den Tag und beginne spätestens am 3. Tage mit den oben beschriebenen Exspirationsübungen.

d) Bronchorrhoe und Bronchoblennorrhoe.

Bei verschleppter Bronchitis, Keuchhustenbronchitis, aber auch bei chronischer Bronchitis mit Lungenblähung kommt es in seltenen Fällen zu einer übermäßigen, eitrigen, seltener wässerigen Absonderung. Ähnliche Sekretionssteigerung sahen wir auch einmal bei einer Bronchitis infolge absoluter diphtherischer Schlucklähmung. Die Einatmung trockener Eukalyptusdämpfe in der einfachen, S. 486 beschriebenen Weise hat bisher in allen Fällen in wenigen Tagen die Sekretion auf ein Minimum verringert. Damit heilen auch scheinbar chronische Fälle mit Lungenblähung manchmal aus, so daß sich eine weitere Therapie dann erübrigt.

e) Bronchiektasien.

Bei Bronchiektasien mit reichlichem eitrigem Auswurf sind regelmäßige Einatmungen von Eukalyptusöl zu empfehlen. Häufiger stellt sich uns aber die Krankheit in der Weise vor Augen, daß die Symptome

---

[1]) Bei älteren, verständigen Kindern kann man sich des Inhalationsapparates von Stäubli bedienen, von dem wir unsichere Erfolge gesehen haben. Die Apparate sind zu beziehen bei Hausmann, München, Dachauerstr. 28. Der für schwerere Anfälle bestimmte Apparat I wird mit 1 ccm folgender Lösung gefüllt:

Sol. Adrenalin 10,0,
Atrop. sulfur. 0,01,
Cocain c. mur. 0,025.

Der Apparat II enthält nur Adrenalin.

der Lungenentzündung immer wieder an einer Stelle auftreten. Untersuchungen in den Zwischenzeiten, oft auch erst nach Jahren, lassen eine Bronchiektasie erkennen. Hier ist also unsere Aufgabe, durch geeignete klimatische Kuren, womöglich durch Aufwachsen in einem Sanatorium an der Nordsee oder im Gebirge das Kind so zu kräftigen, daß die reaktiven Entzündungen um die Bronchiektasien verschwinden. Bei Armen bleibt uns nichts weiter übrig, als durch Bewilligung von Milch und Fett (Lebertran, Fukol), Teilnahme an den Schulspeisungen und Überweisung an Hospize in Sol- und Seebädern für das Kind zu sorgen. Die Prognose ist auch in solchen Verhältnissen, wie wir uns durch jahrelange Beobachtung überzeugen konnten, durchaus nicht schlecht. Dem Schularzt fällt hierbei eine wichtige Aufgabe zu.

4. Kruppöse Pneumonie.

Die Prognose der kruppösen Pneumonie der Kinder ist selbst bei scheinbar ernsten Fällen so überwiegend gut, daß es von vornherein wichtig ist, die scheinbar oder wirklich hierzu gehörigen Fälle auszusondern, die andere Prognose haben. Das sind zunächst die konfluierten Bronchopneumonien des ersten Lebensjahres, die ohne Kenntnis der Anamnese dem Untersucher als lobäre kruppöse Pneumonie erscheinen können. Ihre Prognose ist sehr ungünstig. Ferner enden die Fälle von echter kruppöser Pneumonie sehr oft tödlich, die vom ersten Tage an eine auffällige Blässe der Haut zeigen. Mit Mißtrauen anzusehen sind weiter alle lobären Pneumonien nach Stomatitis aphthosa, starken Ausblutungen und bei Wiederbelebten, die in eine Jauchegrube gefallen sind, ebenso Pneumonien während des Blütestadiums von Infektionskrankheiten oder unmittelbar danach. In letzteren Fällen ist zum mindesten Empyem zu fürchten. Kruppöse Pneumonien der ersten vier Lebensmonate sind fast stets bösartig.

Ernährung und Pflege. Die Pflege und Ernährung gleichen grundsätzlich denen bei allen schweren Infektionskrankheiten. Der Einfluß des Durstes auf das Allgemeinbefinden ist ebenso deutlich, selbst beim älteren Kinde, wie bei der Bronchopneumonie. Die dort gegebenen Regeln (siehe S. 19) sind daher auch hier gültig. Wenn das Initialerbrechen über die ersten 12 Stunden hinausreicht, bekämpft man es am besten durch Aufnahme eines heißen Mineralbrunnens, während man durch ernstes Zureden den ersten Brechreiz unterdrückt. Die absolute Flüssigkeitsverweigerung, die man häufiger in der kleinen Praxis trifft, bildet eine dringende Indikation zur Krankenhausbehandlung. Das beste Analeptikum, das oft zauberhaft wirkt, ist $^1/_4$ Liter Wasser.

Linderung der Beschwerden. Die Fieberbeschwerden lindert man nicht durch Fiebermittel. Ihre Wirkung ist zu vorübergehend, der Wiederanstieg des Fiebers sehr lästig (siehe Fieberbehandlung). Man begnüge sich mit Rumpfumschlägen, die wohl die Beschwerden, aber nicht die Temperatur beeinflussen. Die Besserung des subjektiven Befindens, nicht das Thermometer gibt Richtlinien für die Ausführung. Wie wir bei der Fieberbehandlung besprochen haben, hängt die Intensität der einzelnen Prozeduren wesentlich von der warmem Durchblutung der

Haut, nicht von der Innentemperatur ab (siehe hierüber S. 220). Bei kalter Haut ist höchstens ein Senfbad einmal täglich gestattet, nebenbei die Haut mehrmals kräftig zu frottieren. Namentlich ist energisches Rotreiben der Extremitäten nützlich. Starke Koffeindosen wirken durch die Füllung der Oberflächengefäße stets unterstützend. In heißen Dachwohnungen im Hochsommer sind die beschriebenen kühlen Abwaschungen 2—3mal in der Stunde den Einpackungen vorzuziehen. Im übrigen sei auf S. 488 verwiesen.

Der Pleuralschmerz wird durch etwas längeres Liegenlassen von Rumpfpackungen mit eingelegtem Billrothbatist gestillt. Nur bei älteren Schulkindern sind kleinere Morphiumdosen ausnahmsweise nötig.

Schlaflosigkeit ist bei älteren Kindern durch Bromural und Luminal zu lindern. Bei sehr erregten müssen große Dosen Urethan per os oder per clysma, bei kräftigeren auch Chloral und bei über 10 Jahr alten auch gelegentlich subkutane Morphiumeinspritzungen gebraucht werden. Sind wesentliche Beschwerden nicht vorhanden, so verschont man die Kinder möglichst mit jeder therapeutischen Prozedur. Man kann mehr durch zu viel als durch zu wenig schaden.

Analeptika. Kleiner, beschleunigter Puls bedeutet selbst bei elendem Aussehen am Tage vor der Krise nie so viel, wie es scheint. Sehr ernst ist namentlich bei fetten Kindern die Totenblässe und die bei jungen Kindern häufigere Auftreibung des Leibes zu nehmen. Während des Höhepunktes der Krankheit sind Digitalis oder Strophanthus, namentlich letzteres, gewiß nützlich. Doch ist auch hier schon Koffein nebenbei stets erwünscht, bei kühler, blasser Haut geboten. Nach dem 6. Tage und bei allen bedrohlichen Wendungen, vor allem der Auftreibung des Leibes, ist Koffein besonders nützlich und wirkungsvoller als Injektionen von 20%igem Kampferöl. Zu verwerfen ist die immer noch übliche innerliche Darreichung von Kampfer und Benzoesäure (siehe Analeptika), weil sie wirkungslos ist und den Magen verdirbt.

Behandlung der Krise. Bei Sinken der Temperatur oder Kühlwerden der Haut sind die Umschläge zu entfernen. Bei scheinbar bedrohlichen Zuständen ist Koffein, eventuell abwechselnd mit Kampfer, 1—2stündlich zu injizieren. Doch ist die Angst meist übertrieben. Untertemperaturen bei gutem Pulse bedürfen keiner Berücksichtigung. Vielfach ist statt anderer Medikamente ein starker Süßwein ebenso beruhigend wie anregend.

Komplikationen. Die während und unmittelbar vor der Krise auftretenden Delirien sind nicht als ungünstiges Zeichen zu betrachten. Ihre Behandlung siehe S. 324. Während der ersten Woche auftretende Exsudate bedürfen nur dann einer Punktion, wenn sie etwa die Hälfte eines Brustkorbs einnehmen. Ihre Behandlung siehe unter Empyem S. 413.

Verzögerte Lösung. Wir unterscheiden zwei Formen von verzögerter Lösung. Bei der ersten fällt das Fieber kritisch ab, und mit oder ohne Schwankungen bleibt der Lungenherd physikalisch nachweisbar. Eine besondere Therapie ist nicht nötig. Nur ist natürlich das Kind noch im Bett zu halten. Wenn der Zustand länger als 8 Tage gedauert hat, fange man vorsichtig an, das Kind an Genuß von frischer Luft zu gewöhnen, sei es durch Zweizimmerbehandlung, sei es durch Herausstellen an die frische Luft. Bei einer anderen Gruppe von Fällen bleiben hohes Fieber und Allgemeinbeschwerden mehr oder weniger durch Wochen und Monate bestehen. Hier achte man besonders darauf, daß man nicht ein Empyem[1]) übersieht und wage im übrigen ruhig eine Freiluftbehandlung. Die Steigerung der abendlichen Beschwerden versuche man durch Pyramidon mit gleichzeitiger feuchter Einpackung zu bekämpfen. Die Aussichten sind den Gründen entsprechend verschieden. Wo eine tuberkulöse Propagation eingetreten ist, kommt es selbstverständlich zum Tode. Bei chronischer Pneumonie kann noch nach Monaten in wenigen Stunden kritisch eine Lösung erfolgen.

In anderen Fällen entwickelt sich die chronische interstitielle Pneumonie. Je länger der Zustand dauert, um so mehr wenden wir die gleichen physikalisch-diätetischen Behandlungsmethoden an, wie wir sie im allgemeinen Teil S. 27, 33 u. f. beschrieben haben. Überführung in ein klimatisch günstig gelegenes Kindersanatorium ist namentlich im Sommer angezeigt, sobald das Fieber anfängt nachzulassen. Die Wahl wird im allgemeinen auf bequem und nahe gelegene Orte zu beschränken sein. Das wichtigste ist in jedem Fall die Sicherung zuverlässiger ärztlicher Behandlung. Besteht schließlich als einziges Krankheitszeichen nur der physikalische Befund fort, so ist ein dauernder Aufenthalt in staubfreier, frischer Luft notwendig. Die Sonnenzeit ist für nördlicher wohnende Kinder durch Aufenthalt im südlichen Schwarzwald, in Lugano oder an der Adria zu verlängern. Peinliche Fernhaltung von jeder Gelegenheit zu tuberkulösen Infektionen ist notwendig.

Spezifische Behandlung. Die Frage, ob durch das spezifische Pneumokokkengift Optochin die Pneumokokken-Lungenentzündung praktisch bedeutsam zu beeinflussen ist, wagen wir nicht zu entscheiden. Einen Erfolg soll man sich nur in den Anfangstagen der Krankheit versprechen. Das Mittel ist wegen der Wirkung auf den Sehnerven nicht unbedenklich. Relativ ungefährlicher ist die Verwendung des schlechter löslichen Optochin basicum. Man gibt davon im 2. bis 4. Lebensjahre zweistündlich etwa 0,03 bis 0,06, p. d. etwa 0,2 bis 0,3 g, man wiederholt diese Gabe am nächsten, allerhöchstens am übernächsten Tage. Ein nüchterner, ausgehungerter Magen vermehrt die Gefahr. Die Ernährung mit Milch ist angeblich wünschenswert. Der Erfolg dürfte bei dem wechselnden Verlauf kruppöser Pneumonien im Kindesalter sehr schwer zu bestimmen sein, und bei der überwiegend günstigen Prognose der kindlichen kruppösen Pneumonie kann man zu diesem Versuche nicht raten, bevor nicht die Frage besser geklärt ist. Etwas anderes wäre es, wenn sich herausstellen sollte, daß dieses Mittel bei Bronchopneumonien oder bei entstehendem Empyem wirksam wäre. Dies ist bisher noch nicht erwiesen.

Erkrankungen der Pleura.

a) Pleuritis sicca.

Trockene Pleuritis ist im Kindesalter kaum je zu behandeln. Fast nur in Begleitung von Gelenkrheumatismus sieht man ausgeprägte Fälle,

---

[1]) Lautes Röhrenatmen wird oft mit Bronchialatmen verwechselt. Man mache Probepunktionen, sobald ein Zweifel besteht. Man denke namentlich an die Möglichkeit von abgesackten Empyemen, die die Gegend des Oberlappens oder den Raum zwischen Ober- und Unterlappen einnehmen.

deren Behandlung die der Grundkrankheit ist. Feuchte Packungen mit eingeschobenem Billrothbatist lindern die Schmerzen. Sie werden alle 4—6 Stunden gewechselt.

b) Pleuritis exsudativa.

Geringe exsudative Pleuritiden, die eine häufige Begleiterscheinung von akuten Lungenerkrankungen der ersten Lebensjahre sind, bedürfen keiner selbständigen Behandlung, ja sogar die Probepunktion darf unterlassen werden, wenn das voraussichtliche Exsudat während des Blütestadiums der Pneumonie nicht groß ist, d. h. daß die Grenze des Exsudats beim liegenden Kinde in der Seitenwand nur höchstens bis zur mittleren Achsellinie reicht und hinten mindestens die obere Grätengrube frei läßt. Selbstverständlich ist die Punktion stets nötig, wenn ein Fortbestehen des Fiebers an ein Empyem denken läßt. Die exsudative bei Gelenkrheumatismus und die spontan auftretende Pleuritis sind mit den üblichen Antifebrilien und den beschriebenen Umschlägen zu behandeln. In minder sorgfältigen Kreisen hat man noch besonders die Bettruhe zu erkämpfen. Sobald das Exsudat über die Hälfte des Brustkorbs einnimmt und beim liegenden Kinde auch entsprechende Teile vorn und seitlich gedämpft erscheinen, soll man bei der genuinen Pleuritis dann punktieren, wenn eine viertägige Behandlung keine Besserung bringt. Beim Gelenkrheumatismus warte man etwas länger. Die Ausschaltung einer ganzen Lunge oder gar Zeichen von Verlagerung des Herzens sind unbedingte Indikationen zur Punktion. Bei mittleren Exsudaten scheint oft eine etwas ausgiebigere Probepunktion mit einer 5—10 ccm haltigen Spritze die Resorption einleiten zu können. Bei größeren Flüssigkeitsansammlungen verbinde man hiermit zugleich die Absaugung. Da die käuflichen Aspirationsapparate recht wenig für Kinder geeignet sind, empfehlen wir hierzu die S. 500 beschriebene Technik. Man lasse so viel ab, als ohne Beschwerden des Kindes möglich ist. Vermehrter Husten gebe das Zeichen zum Aufhören. Es kommt im übrigen wie bei Spinalpunktion weniger auf die Entfernung möglichst großer Flüssigkeitsmassen als darauf an, durch Entlastung des Druckes die Resorption durch die Lymphbahn zu erleichtern. Eine Wiederholung ist nur in Ausnahmefällen nach 8—10 Tagen nötig.

Nach Heilung eines spontan aufgetretenen pleuritischen Ergusses ist das Kind auf das Sorgfältigste auf Tuberkulose zu untersuchen. Der Verdacht ist um so dringender, je geringere Krankheitserscheinungen das Leiden begleiten. Wir raten daher, alle Kinder mit positiver Kutanreaktion so zu behandeln, wie bei latenter Tuberkulose beschrieben ist. Im übrigen denke man auch daran, daß die Pleuritis das erste Zeichen einer bisher symptomlosen Brustwirbeltuberkulose sein kann.

c) Empyem.

Akutes Stadium. Kleine eitrige und selbst größere serös-eitrige Ergüsse während der ersten 8 Tage einer Pneumonie bedürfen keiner Behandlung. Will man punktieren, so benutze man die beschriebene

Technik und sauge gleich möglichst viel ab. Beim postpneumonischen Empyem nach dem 18. Lebensmonat verfahre man wie beim Erwachsenen, d. h. man macht die Rippenresektion in Lokalnarkose bei akutem Verlaufe, sobald das Exsudat nur noch die Vorderseite bis zur 3.—4. Rippe frei läßt. Ist ein Stillstand in der weiteren Entwicklung des Ergusses schon eingetreten, so ist die Operation dann wohl vorzuziehen, wenn doch der wesentlichste Teil des Brustkorbes gefüllt ist.

Eine besondere Bedeutung hat das universelle Empyem der ersten $1^1/_2$ Lebensjahre. Während später die kruppöse Pneumonie ihre Rolle ausgespielt hat, wenn das Empyem Bedeutung erlangt, bestehen hier Pneumonien und Bronchopneumonien nebenbei weiter fort. Ein großer Teil der Kinder ist schwer chronisch ernährungsgestört. Die Erfahrung an vernachlässigten Fällen zeigt uns, daß es recht oft zu der viel günstigeren Form des abgesackten Empyems kommt. Es stehen uns je nach den besonderen Verhältnissen zwei Wege zur Verfügung: 1. Ist es möglich, dem Kinde die beste, technisch einwandfreie Pflege zu verschaffen, ist die Ernährung so zu leiten, daß nach dem Zustand des Darms und Stoffwechsels auf ein Gedeihen gerechnet werden kann, dann ist gegen eine Operation, die ja in knapp 2 Minuten nach dem Hautschnitt erledigt sein kann, nichts einzuwenden. Dazu gehört freilich meist auch bei guten sozialen Verhältnissen die Aufnahme in eine Anstalt, in der technisch alles das auch wirklich geleistet wird. 2. Läßt sich das nicht ermöglichen und handelt es sich gar um ein chronisch alimentär geschädigtes Kind, so aspiriere man und wiederhole diese Aspiration nach 5—6, später nach etwa 8 Tagen. Nach der zweiten Punktion muß das Allgemeinbefinden schon etwas Fortschritte machen. Dann darf man schließlich auf einen guten Endeffekt rechnen. In der Regel sind 4—6 Punktionen nötig.

Chronisches Stadium. Hat das Empyem bereits wochenlang bestanden, ehe es in Behandlung kam und ist das Kind nicht, wie zu erwarten gewesen wäre, allzusehr heruntergekommen, so ist man berechtigt, die Punktionstherapie anzuwenden. Die Wirkung auf die Entfaltung der Lunge ist natürlich besser als bei der Rippenresektion. Auch bei sehr starken Verdrängungen, wie wir sie z. B. bei einem Pyopneumothorax durch Pneumokokkeninfektion sahen, mag man einen Versuch machen, der sicher durch Richtiglagerung des Herzens dem Kinde einige Tage wohltun wird. Eine Besserung, wenn sie auch nur 2—3 Tage andauert, rechtfertigt dann noch einen zweiten Versuch.

Abgesackte Empyeme. Abgesackte Empyeme, namentlich auch über dem Oberlappen oder zwischen den Lappen liegend, sind durch Punktion zu behandeln. Freilich muß erst die Diagnose gestellt sein. Röntgendurchleuchtung ist in jedem Falle sehr wünschenswert. Man lasse sich durch das mitunter recht laute Röhrenatmen bei Oberlappenempyem kein Bronchialatmen vortäuschen. Die Differentialdiagnose zwischen interstitieller Pneumonie und intralobulärem Empyem läßt sich oft nur durch wiederholte Punktion stellen. Gerade bei diesem Leiden muß man bei der 4. oder 5. Punktion mühselig nach dem letzten Herde suchen und bis zu 3 cm einstechen. Ein Röntgenbild erleichtert natürlich das Vorgehen.

Vorbereitung zur Operation. Operation und Punktion sind nie so eilig, daß sie bei einem durch Verdurstung oder Transport angegriffenen Kinde sofort ausgeführt werden müßten. Durch Flüssigkeitsspeisung per os und per rectum ist zunächst der Turgor der Gewebe zu heben, durch große Dosen Koffein die Zirkulation zu bessern und womöglich die Auftreibung des Leibes zu beseitigen. Bei starken, die Atmung und Herzaktion gefährdenden Verdrängungen mag man nach diesen Vorbereitungen zunächst durch eine nicht zu ausgiebige Punktion die Verschiebung beseitigen und gegebenenfalls erst nach weiteren 12 Stunden operieren. Nach der Rippenresektion ist beim Säugling ganz besonders darauf zu achten, daß die geringe Appetenz nicht zur Flüssigkeitsverarmung führt. Namentlich in den ersten 3 Tagen kann dieser Umstand den ungünstigen Ausgang mit verschulden. Je jünger das Kind ist, um so häufiger wird man gut tun, im Zweifelsfalle sofort mit permanenter Irrigation zu beginnen.

Adhäsive Pleuritis.

Die Neigung zur Schiefhaltung nach der kranken Seite, welche als Rest von pleuritischer Erkrankung jeder Art leicht zurückbleibt, soll, sobald die entzündlichen Erscheinungen vorbei sind, in langsam ansteigendem Maße durch Übungen bekämpft werden. Die Hand der gesunden Seite wird möglichst hoch und nach hinten zu auf die gesunde Thoraxseite aufgestemmt. Der Kranke beugt sich über diese Hand nach der gesunden Seite, indem er gleichzeitig inspiriert und den herunterhängenden kranken Arm seitwärts hebt. Exspiration mit Rückgang in die Ruhestellung.

Erkrankungen des Gehörorgans.

Wie bei jeder anderen Therapie ist auch zur Behandlung des Gehörorgans nur derjenige Arzt berufen, der die Diagnose beherrscht. Das darf auch bei den Ohrenkrankheiten nicht vergessen werden. Die Grenzen also, die sich der einzelne Arzt für die Behandlung solcher Leiden steckt, sollen nicht so sehr von seinem technischen, als von seinem diagnostischen Können abhängen [1]).

I. Erkrankungen des äußeren Gehörgangs.

Die Entzündung des äußeren Gehörgangs kann vom Ekzem der äußeren Haut fortgeleitet sein. Dann muß gleichzeitig die Haut der Ohrmuschel behandelt werden. Vielfach ist das Leiden die Folge eines Eiterflusses aus dem Mittelohr, der dann berücksichtigt werden muß. Bei schwerer Mittelohrentzündung bei noch geschlossenem Trommelfell

---

1) Wir verweisen auf die speziellen Lehrbücher, besonders das von Göppert, Nasen-, Nasenrachen- und Ohrenerkrankungen im Kindesalter in der täglichen Praxis. (Verl. Jul. Springer.)

ist die Entzündung des inneren Drittels des Gehörgangs von diesem Leiden fortgeleitet, und hier ist schleunigste Parazentese am Platze. Die Entzündung des Gehörgangs selber erfordert sorgfältige Reinigung. (siehe S. 419). In den trocken getupften Gehörgang gieße man einige Tropfen einer 1—2$^0/_0$igen Lösung von Argent. nitric. ein. Diese Reinigung ist womöglich jeden Tag durchzuführen. Eine konsequente Trockenbehandlung ist gewiß außerordentlich empfehlenswert, verlangt aber, daß der Arzt 1—2 mal täglich das Kind selbst behandelt. Wir ziehen deswegen vor, nach der Reinigung einen in Vaseline dick getränkten Tampon in pulverisierte Borsäure einzutauchen und dann in den äußeren Gehörgang bis zum Trommelfell einzuführen. Nach 2 Stunden spätestens soll der Tampon herausgezogen und der Gehörgang mit gewöhnlicher Watte, bei äußerem Ekzem jedoch lieber gar nicht geschlossen werden. Die Wirkung ist bei sekundärer und primärer Otitis externa recht prompt.

Furunkulose des äußeren Gehörgangs. Solange keine Erweichung stattgefunden hat, sind das Eingießen warmer 5$^0/_0$iger Lösung von Acidum carbolicum liquefactum in Glyzerin vierstündlich und darauffolgende warme Breiumschläge geeignet, die Schmerzen zu lindern. Sobald Erweichung eingetreten ist, führt man, wo angängig, ein leicht gekrümmtes Messer bis hinter die Vorwölbung und zieht es schneidend nach vorn (bei kleinen Kindern, bei denen die Furunkeln nicht sehr tief liegen, geht es mit jedem Sichelmesser).

Bläschenentzündung des Trommelfells. Bei einzelnen Grippeepidemien treten unter heftigen Schmerzen 1—3 Blasen auf dem Trommelfell auf. Durch einen mit Karbolglyzerin getränkten Tupfer bringt man die Blasen zum Platzen. Durch Einträufeln von 5$^0/_0$igem Karbol-Glyzerin müssen dann die Schmerzen sofort völlig verschwinden, anderenfalls besteht nebenbei noch eine Mittelohrentzündung.

II. Mittelohrerkrankungen.

1. Herabsetzung des Hörvermögens durch Retraktion des Trommelfells.

Solange entzündliche Erscheinungen im Rachenraum oder Mittelohr nachweisbar sind, ist ein Abwarten anzuraten. Dann aber empfiehlt sich die Einblasung von Luft mit dem bekannten Politzerschen Ballon.

Man bläst bei offener Nase zunächst einmal beide Nasenlöcher durch, um sie von Schleim zu reinigen, läßt dann das eine Nasenloch zuhalten. Das Kind muß dann entweder laut ein Wort aussprechen, bei dem der Nasenrachenraum geschlossen wird (k-Laute, Klapperstorch usw.) oder einen Schluck Wasser herunterschlucken. Im Moment der Intonation oder des Schluckens bläst man kräftig Luft ein. Ein eigentümliches schnarrendes Geräusch, das dadurch entsteht, daß die Luft das gespannte Gaumensegel doch beiseite drückt und entweicht, zeigt an, daß der wünschenswerte Druck im Nasenrachenraum erreicht ist.

Diese einfache Manipulation führt in fast zauberhafter Weise zur Herstellung des normalen Hörvermögens. Wo dieser einfache Weg nicht zum Ziele führt, ist eventuell die direkte Lufteinblasung in die Tube durch Katheter notwendig. Doch ist der Erfolg beim Kinde fast stets ohne diese Maßnahme zu erreichen. Kehrt das Leiden immer wieder, so ist die Behandlung des Nasenrachenraums durch geeignete klimatische Therapie in Erwägung zu ziehen und auch bei geringeren Graden von Hyperplasie der Nasenrachenmandel diese versuchsweise zu entfernen.

2. Akute Mittelohrentzündung.

Die akute Mittelohrentzündung selbst erheblicheren Grades neigt zur Spontanheilung und zwar um so mehr, je jünger das Kind ist. So verlaufen bei weitem die meisten Fälle ohne jede oder wenigstens ohne jede zweckentsprechende Behandlung. Dieser Verlauf ist oft ebenso günstig und manchmal sogar angenehmer als bei Behandlung. Relativ wenige Erkrankungen, wenn man freilich die absolute Zahl beachtet, doch noch recht viele, führen zu ernsten Folgen. Von diesen können wir nur bei einem Teil durch rechtzeitigen Eingriff die Entstehung schwerer Komplikationen vermeiden. Dieses Verhalten erklärt, entschuldigt aber nicht die Gleichgültigkeit gegenüber diesem Leiden. Unsere Haupttätigkeit bei Mittelohrentzündung besteht darin, bei sorgfältiger Beobachtung sich abwartend zu verhalten, rechtzeitig die Eiterretention zu beseitigen, nach der Perforation oder Inzision des Trommelfells durch Sauberhaltung des äußeren Gehörgangs die Heilung zu beschleunigen und rechtzeitig drohende Komplikationen zu erkennen.

Im Stadium des Abwartens haben wir vor allen Dingen die Pflicht, Schmerzen zu lindern. Es steht uns hierzu als ausgezeichnetes Mittel Karbol-Glyzerin zur Verfügung, und zwar in Konzentrationen von 5 %. Man träufelt das Glyzerin 3—4 mal täglich erwärmt in den Gehörgang ein, während der Patient auf der gesunden Seite liegt, steckt ein Stückchen vaselinierter Watte hinein und macht mit Watte einen warmen Verband um das Ohr. Bei stärker ausgesprochener Entzündung und Entzündungsschmerz legt man einen warmen essigsauren Tonerdeumschlag über das Ohr, in das man vorher Karbol-Glyzerin eingeträufelt und Watte gesteckt hat. Über das Guttaperchapapier des Umschlags legt man ein Cataplasma artificiale, darüber wieder eine Schicht Watte. Ein solcher Verband bleibt vielleicht 6—8 Stunden warm. Sind Blasen auf dem Trommelfell vorhanden, so zerstört man sie vorher durch Aufdrücken eines mit Karbol-Glyzerin getränkten Wattetupfers.

Die übrige Behandlung der Mittelohrentzündung während des Fiebers und ein wenig darüber hinaus besteht in absoluter Bettruhe, die selbst bei den leichtesten Formen dringend anzuraten ist. Ein frühzeitiges Aufstehen scheint sehr leicht Rückfälle herbeizuführen. Aspirin erleichtert die Beschwerden im Anfangsstadium bedeutend und gibt zugleich, ebenso wie bei der Pharyngitis, einen Anhaltspunkt für die Schwere der Infektion (siehe S. 220). Bei schweren Fällen nützt es nichts oder wirkt nur kurze Zeit auf Temperatur und Befinden. Wenn Entzündung und Entzündungsbeschwerden nicht weichen, kommt die Entleerung des Eiters durch Parazentese in Betracht.

Therapeutische Aufgaben bei Mittelohrentzündung. Indikation der Parazentese. Die Parazentese ist indiziert:

1. Bei bestehender Vorwölbung, auch schon bei geringen Beschwerden, wenn ein Rückgang der Allgemeinerscheinungen nicht deutlich ist und die Vorwölbung über einige Tage anhält.

2. Bei gering geblähtem Trommelfell, verwaschenen Konturen des Hammerknopfes, wenn unter der konservativen Behandlung die Schmerzen nicht schwinden, das Fieber über 4 Tage anhält oder das Benehmen des Kindes trotz Schwindens des Schmerzes gedrückt und matt bleibt.

3. Wenn zerebrale Erscheinungen, Schmerzen hinter dem Ohre, verdächtiges Fieber nach anfänglicher Besserung mit Wahrscheinlichkeit auf den Zustand des Mittelohres bezogen werden können.

4. Bei schon laufendem Ohre, wenn Fieber, Ohrschmerzen oder Schmerzen am Warzenfortsatze auftreten, während trotz des Defektes das Trommelfell gebläht bleibt.

Die vierte Indikation ist namentlich bei Scharlach vielleicht die wichtigste. Es handelt sich hier oft schon nicht mehr um eine bakteriell reine Form der Infektion, sondern um eine Mischinfektion, gegen die der Körper durch den Krankheitsverlauf noch nicht immunisiert worden ist, wie gegen den primären Erreger. Das teilweise Laufen des Ohres verhindert in vielen Fällen allzu stürmische Druckerscheinungen, damit aber auch die Möglichkeit zum kräftigen Durchbruch. So kommt es zu relativ geringen Retentionssymptomen (Fieberbewegung, gelegentliche Schmerzen, Appetitlosigkeit, auch wohl Brechen). Unter diesen schleichend einsetzenden Beschwerden können sich langsam tiefergehende Knochenprozesse entwickeln.

Gefahren der Parazentese. Die Parazentese ist eine außerordentlich ungefährliche Operation. Im allgemeinen gibt es nur eine einzige Gefahr, und zwar in den Fällen, in denen der Bulbus venae jugularis von der Paukenhöhle nicht durch eine Knochenwand getrennt ist, sondern sich in die Paukenhöhle hinein vorwölbt. Das Unglück ist, wenn eine Mittelohrentzündung besteht, nicht zu vermeiden, aber, wenn man sich durch den Blutstrom nicht beirren läßt, sondern sofort sorgfältig und ausgiebig tamponiert, ist die Blutstillung erfolgreich. Bisher sind alle Fälle, die so behandelt wurden, ohne Schaden geheilt.

Technik der Parazentese. Zur Ausführung der Parazentese ist nur der berechtigt, der sich gut über das Trommelfellbild zu orientieren vermag. Wer das kann, kann von vornherein parazentesieren, wer nicht, soll seine Finger davon lassen.

Der Gehörgang muß möglichst gereinigt werden. Man kann hierzu Karbol-Glyzerin einträufeln, dasselbe ein paar Minuten darin lassen, dann abtupfen. Wahrscheinlich ist eine Desinfektion überhaupt nicht nötig. Wichtiger ist, daß man mit der Parazentesennadel nicht grobe Schuppen in das Mittelohr hineinbringt. Daß die Parazentesennadel steril sein soll, ebenso wie der benutzte Trichter, versteht sich von selber. Der Kopf des Patienten muß fest fixiert sein, was beim Säugling am besten in liegender Stellung gelingt.

Die Parazentese ist keine Punktion, sondern ein kleiner Schnitt. Man sticht etwa in der Mitte der Trommelfasern zwischen Nabel und Trommelfellrand an der Grenze zwischen oberem und unterem Quadranten ein und macht nun dem hinteren Rande parallel einen 3 mm langen Schnitt. Womöglich stellt man dabei den kleinen Finger der operierenden Hand hinter oder vor dem Ohr des Patienten auf und macht die Bewegung nur mit Zeigefinger und Daumen. So ist man auch vor plötzlichen Bewegungen des Kranken geschützt.

Nach der Parazentese führt man schnell einen bereit gehaltenen Gazestreifen oder Wattetampon ein. Blutet es stark, so kann man den Tampon nach 10 Minuten wechseln. Erfolgt nicht gleich eine Sekretion, so darf man sich nicht beunruhigen. Oft setzt diese erst nach einigen Stunden ein. Man kann dann eventuell noch am ersten Tage ein- bis zweimal Karbol-Glyzerin einträufeln oder feuchtwarme essigsaure Tonerde-Umschläge zweistündlich wechseln lassen. Sonst ist Trockenbehandlung am besten.

Behandlung nach der Parazentese oder spontanen Perforation. Die Nachbehandlung des laufenden Ohres gestaltet sich meist einfacher, als man denkt. Wir sehen oft das Kind zum letzten Mal bei der Operation und hören dann nur noch, daß es ihm gut geht. Man kann in solchen Fällen einfach verordnen, häufig gewechselte Wattetampons ins Ohr zu stecken. Vom 3. oder 4. Tage an läßt man 1—2 mal täglich eine warme Lösung von einem Eßlöffel des käuflichen Wasserstoffsuperoxyds (offizinelle Lösung) auf 4—5 Teile Wasser warm in das Ohr eingießen, während das Kind auf der gesunden Seite liegt. Durch leichten Druck auf den Tragus und Anziehen der Ohrmuscheln wird dafür gesorgt, daß die Flüssigkeit auch wirklich hineinfließt. Dies wird so oft wiederholt, bis kein Schaum mehr auftritt. Darauf legt man das Kind kurze Zeit auf das kranke Ohr und tupft es so gut wie möglich aus. Nachher ist die nun wirklich von Eiter gereinigte Ohrmuschel dick mit Vaseline einzustreichen und das Ohr mit häufig zu wechselnden Wattepfröpfchen wieder zu verschließen. Diese Verordnung muß aus äußeren Gründen meistenteils genügen.

Können wir dagegen, wie wünschenswert, das Kind täglich sehen, so nehmen wir selbst die Reinigung auf die uns am bequemsten erscheinende Weise vor, tupfen jedenfalls den Gehörgang vollständig sauber und trocken und legen einen trockenen Gazestreifen ein, der bei starkem Fluß, sobald er vollgesogen ist, von den Eltern entfernt und durch Wattetampons ersetzt werden kann. Bei länger dauerndem Eiterfluß ist das Einblasen von Borsäure oder das Einführen eines mit Borsäure gepuderten Gazestreifens ganz außerordentlich nützlich. Sekundäre faulige Zersetzung wird so vermieden. In bezug auf die Behandlung der Reizung des äußeren Gehörganges mittelst Vaselins und Borsäure bzw. Argentumlösung ist schon das Notwendige mitgeteilt worden.

Das kritiklose Einblasen von Borsäure hat zur Verstopfung des äußeren Ohres und namentlich bei chronischem Mittelohrfluß zu schweren Retentionserscheinungen geführt. Dem Laien ist also das Einblasen nicht anzuvertrauen.

Mit der Übernahme der Überwachung einer Mittelohrentzündung trifft uns zugleich die Verantwortung für die rechtzeitige Vermeidung oder wenigstens rechtzeitige Erkennung drohender Komplikationen. Es ist daher wünschenswert, wenn wir den Patienten nicht täglich sehen können, durch zuverlässige Temperaturmessung eine gewisse Kontrolle ausüben lassen. Als solche kann aber nur die Analmessung gelten.

Alarmsymptome. Jede Störung von Temperatur und Befinden muß Veranlassung zu sorgfältiger Untersuchung geben; Schmerzen hinter dem Ohre, Vorwölbung und Blähung des Trommelfells an der Stelle des Defektes oder gar Herabhängen der hinteren Gehörgangswand sind Grund zu täglicher sorgfältiger Behandlung und Beobachtung. Kommt es in den ersten 10 Tagen beim jungen Kinde zu dem Ödem auf dem Warzenfortsatze, so ist gegebenenfalls die Parazentesenöffnung zu erweitern, sonst aber unter größter Schonung das Ohr sanft zu reinigen und eine Eisblase auf den Warzenfortsatz zu legen mit der selbstverständlichen Vorsicht, daß der Eisbeutel nicht direkt die Haut, namentlich aber nicht die Ohrmuschel berührt.

Statt eines Eisbeutels nimmt man praktischer kleingeschlagene Eisstückchen, in mindestens der gleichen Menge Sägemehl verteilt, in ein Stück Billrothbatist eingeschlagen.

Sobald nach 24 Stunden die genannten Zustände nicht ganz zweifellos zur Besserung neigen und nicht zugleich auch das Allgemeinbefinden Fortschritte macht, hört die Kompetenz des Praktikers auf, und es ist zum mindesten eine Konsultation zu verlangen, nicht etwa, weil sofort ein operativer Eingriff immer nötig wäre. Aber da hier ein solcher ernsterer Natur notwendig sein könnte, ist es im Interesse des Patienten erwünscht, daß der Otochirurge schon vorher die Behandlung übernimmt und nicht erst als Nothelfer zugezogen wird. Zudem ist die Verantwortung für die Beibehaltung konservativer Therapie mindestens ebenso schwerwiegend wie für die Vornahme einer Operation.

3. Chronischer Ohrenfluß.

Primär von der Behandlung auszuschließende Fälle. Jeder irgendwie komplizierte oder der Komplikation verdächtige Fall von chronischem Ohrenflusse gehört von vornherein in die Behandlung des Ohrenarztes. Daß auch hier manchmal Komplikationen vorläufig spontan ausheilen können, haben wir zwar gesehen, aber selbst in diesen extrem günstigen Fällen droht noch später ein ernster, vielleicht tödlicher Rückfall. Starke Schmerzen jeder Art, die vom Ohre ausgehen, dumpfe Schmerzen, die im Kopfe empfunden werden, Nachweis von rauhen Knochen oder Fisteln, Aufhebung des Gehörvermögens müssen uns Veranlassung geben, für spezialistische Behandlung und Beurteilung zu sorgen.

Alarmsymptom muß ferner jede Form von Schwindel, Fazialis- oder Abduzenslähmung sein. Schlitzförmige Verengerung des Gehörganges mit herabhängender hinterer Wand ist ebenso zu beurteilen wie bei akuter Mittelohrentzündung.

Konservative Behandlung. Die Behandlung in anderen Fällen besteht in sorgfältigster Sauberhaltung des äußeren Gehörgangs und der Paukenhöhle, soweit sie zugänglich ist.

Jede vom Patienten oder seinen Angehörigen ausgeführte Reinigung ist ein unzulänglicher Notbehelf. Man tupft Gehörgang und Pauke sauber trocken. Durch ein Bad mit Wasserstoffsuperoxyd oder durch vorübergehende Tamponade mit einem hiermit getränkten Tampon lassen sich alle am Gehörgang klebenden Eiterreste entfernen. Im Notfall ist gelegentlich auch einmal Ausspritzen notwendig.

In die völlig getrocknete Paukenhöhle bläst man so viel Borsäure ein, daß die Trommelfellkonturen doch so ziemlich sichtbar sind. Hat man einmal etwas zu viel eingepudert, so schadet das nichts, vorausgesetzt freilich, daß man nicht etwa täglich auf restierende Mengen des Pulvers neue Mengen aufbläst. Die Fähigkeit einer sorgfältigen Ohrenuntersuchung muß auch bei dieser Behandlung seitens des Arztes vorausgesetzt werden. Aber auch die einfache, eben skizzierte Behandlungsmethode zeitigt in einer großen Reihe von Fällen gute, ja oft überraschend schnelle Erfolge. Oft schwindet der Geruch, dessen Beseitigung unser erstes Ziel sein muß, in 8 bis 14 Tagen vollständig, und in wenigen Wochen, ja oft schon früher sistiert auch der Eiterfluß. Die Resultate sind, wie man sich jederzeit überzeugen kann, abhängig von der Gewissenhaftigkeit, mit der der Patient sich dieser Behandlung unterzieht. Hieran scheitert oft alles.

Als Schularzt hat man am ehesten noch Gelegenheit, stillschweigend, eventuell unter Überschreitung seiner Kompetenzen diese Behandlung zu erzwingen oder selbst vorzunehmen. Man kann auf diese Weise viel Segen stiften, Ohrenpolikliniken für Schulkinder könnten hier eine Lücke in der sozialen Fürsorge ausfüllen, wobei die Schule dafür zu sorgen hätte, daß das Kind auch regelmäßig die Sprechstunde des Ohrenarztes besucht.

Bleibt der Fötor trotz sorgfältiger Behandlung fortbestehen, oder bleibt auch ohne Fötor die Eiterung reichlich, so ist ohrenärztlicher Rat einzuholen.

4. Behandlung des Nasenrachenraumes bei Ohrenleiden.

Stellen sich bei akuter Mittelohrentzündung häufige Rezidive ein, erfolgt die Heilung des Ohrenflusses nicht innerhalb der ersten 5 Wochen, oder tritt bei chronischem Ohrenfluß immer wieder ein neues Aufflammen des Prozesses ein, so muß auch bei nicht übermäßig großer Hyperplasie der Nasenrachenmandel diese entfernt werden. Stets aber ist die Entfernung, auch ohne daß besondere Umstände uns mahnen, vorzunehmen, wenn auch sonst eine Indikation hierfür vorhanden ist (siehe S. 390).

5. Allgemeinbehandlung bei Ohrenleiden.

Durch eine Allgemeinbehandlung müssen wir die Empfindlichkeit der Schleimhäute für Katarrhe herabsetzen. Bei schweren chronischen Ohrenleiden kommt auch die Hebung des gesamten Körperzustandes wesentlich in Betracht. Wie diese Behandlung ausgeführt wird, ist im Allgemeinen Teil zu sehen. Ein Seeaufenthalt ist nicht kontraindiziert, wenn auch ein mechanischer Schutz für die Ohren gegen den Wind verlangt werden muß.

Bei dem chronischen Ohrenfluß schlechtverwahrter Kinder ist jede Änderung der Umgebung von allergrößter Bedeutung, wobei es im einzelnen gleichgültig sein mag, welcher der in Betracht kommenden Faktoren hierbei der wichtigste ist. Ohne gleichzeitiges systematisches Reinhalten des Ohres haben wir aber diese Art von Kindern aus See- und Solbädern mit dem gleichen Ohrenfluß heimkehren sehen, mit dem sie dorthin gingen. Mit der Allgemeinbehandlung muß auch die örtliche Hand in Hand gehen.

Vor kalten Schwimmbädern jeder Art ist bei chronischem Ohrenfluß bis zu einem gewissen Grade zu warnen.

III. Berücksichtigung der Schwerhörigkeit bei der Erziehung.

Es ist dringend nötig, daß die Eltern sich mit Kindern, die von früh an schwerhörig sind, energischer beschäftigen. Es gibt Kranke, die schon bei geringer Schwerhörigkeit, ja in seltenen Fällen selbst ohne solchen Fehler, akustische Reize wenig beachten. Abgesehen von diesen pathologischen Kindern werden stark schwerhörige, intelligente Kinder durch Schärfung ihrer anderen Sinne und nicht durch Übung der Hörreste den Defekt auszugleichen sich bemühen. Es ist daher das Kind zur akustischen Aufmerksamkeit direkt zu erziehen. Kleine Musikinstrumente, ja mitunter das Grammophon, ebenso Erziehung zum Singen sind notwendig, damit das Kind seine Aufmerksamkeit auf Hörreize konzentrieren lernt. Unaufmerksamkeit ist gerade bei Schwerhörigen noch mehr zu bekämpfen als bei Gesunden. In der Schule ist schon von 4 m Flüstersprache an ein besonderer Platz nötig. Bei einseitiger Herabsetzung des Hörvermögens ist auch beim normalen anderen Ohre das Kind so zu setzen, daß das gesunde Ohr dem Lehrer zugewandt ist. Für stärker Schwerhörige hat Hartmann mit Recht besondere Klassen verlangt. Von 2 m Flüstersprache an ist eine derartige besondere Berücksichtigung wohl für alle obligatorisch. Denn selbst für das strebsamste Kind ist die Notwendigkeit einer Anspannung der Aufmerksamkeit, wie es die normale Schulklasse erfordert, eine schwere Aufgabe.

Es ist dringend notwendig, daß sämtliche Kinder bei der Aufnahme in die Schule auf ihre Hörfähigkeit untersucht werden und daß bei deren Herabsetzung für eine präzise Diagnose gesorgt wird. Es genügt nicht die Mitteilung an die Eltern: Ihr Kind ist schwerhörig und muß zum Arzt. Diese wird nicht befolgt, wenn nicht zugleich die Angabe hinzugefügt wird, daß das Leiden auch heilbar ist. Aber selbst, wenn die Eltern diese Mahnung beherzigen und ihren Arzt aufsuchen, so ist nichts geholfen, wenn bei einem chronischen Ohrenfluß dieser eine Ohrenspritze und ein Ohrwasser aufschreibt. Es muß auch ausgesprochen werden, daß bei der großen Zahl von ohrenleidenden Kindern der Kassenarzt eine wochendauernde, täglich längere Zeit in Anspruch nehmende Behandlung aus zeitlichen Rücksichten oft gar nicht übernehmen kann. Bei den ärmeren, nicht in einer Kasse befindlichen Patienten ist die notwendige häufige Inanspruchnahme des Arztes, z. B. bei chronischem Ohrenflusse, auch aus pekuniären Gründen nicht durchführbar. Im übrigen scheitert gerade in solchen Fällen alles an der Indolenz weiterer Kreise gegen Ohrenleiden. Unter diesen Umständen ist ebenso eine Bevormundung gerechtfertigt, wie diese für die Zahnleiden bereits in den Schulzahnpolikliniken besteht. In kleineren Verhältnissen kann der Schularzt ruhig auch einmal seine Kompetenz überschreiten und aus dem Diagnostiker ein Behandler werden. Sonst ist aber dafür zu sorgen, daß ein Schulohrenarzt zugleich als Leiter einer Schulohrenpoliklinik angestellt wird. Ein gewisser sanfter Druck, den ein taktvoller Lehrer ausüben wird, sichert dann die oft so notwendige Konstanz der ärztlichen Behandlung. Aber auch für andere Kinder sollte dadurch gesorgt werden, daß das Interesse der Ärzte für die Ohrenleiden reger würde. Je nach dem einzelnen Können und Wissen soll der Arzt diese Fälle selbst behandeln oder dem Ohrenarzt überweisen, sich aber nie zum Mitschuldigen an der üblichen Geringschätzung der Ohrenleiden machen.

IV. Fremdkörper im äußeren Gehörgang.

a) Harte, den Gehörgang zum Teil ausfüllende Fremdkörper. Die Entfernung eines Fremdkörpers dieser Art aus dem äußeren Gehörgang hat, solange keine Extraktionsversuche gemacht wurden, keine Eile. Sobald der Fremdkörper nicht sehr groß ist, ist es möglich, ihn durch kunstgerechtes Ausspritzen zu entfernen. Sehr bequem aber ist es, einem kleinen Haken hinter den Fremdkörper zu führen und ihn so von rückwärts her herauszuziehen. Am besten benutzt man ein kleines, zierliches Instrument, das am Ende rechtwinklig knapp $1^1/_2$ mm lang abgebogen ist und das sich, falls der Fremdkörper nicht künstlich eingekeilt ist, fast stets neben dem Fremdkörper hinten oben hindurchführen läßt. Vorbedingung aber ist eine absolut sichere Fixierung des Kopfes. Nicht gestattet ist bei diesen Fällen die Benutzung einer Zange oder Pinzette, durch die der Fremdkörper stets nur tiefer getrieben wird. Sobald aber schon vorher eine Verletzung durch blutigen Ausfluß oder durch Einkeilung eines Fremdkörpers in die Tiefe des Gehörganges nachgewiesen ist, ist der Fall dem Otochirurgen zu überweisen, da hier oft eine Entfernung auf operativem Wege angezeigt ist.

b) Andersartige Fremdkörper. Weiche Fremdkörper, Papier u. a. sind entweder auszuspritzen oder ebenso, wie kleine Schuppen mit der Hartmannschen Ohrenpinzette zu entfernen, unter der auch hierbei selbstverständlichen Vorsicht. Kleine, harte Fremdkörper müssen stets ausgespült werden oder lassen sich mitunter mit einem Klebstoff an einen kleinen Watteträger ankleben (Mastix). In das Trommelfell eingespießte Streichhölzer oder Nadeln lassen sich durch die Zange relativ leicht entfernen.

Gelegentlich findet man Wanzen oder Flöhe im Ohr, beide meist tot. Die Kinder haben in der Regel in der Nacht über Ohrgeräusche und oft enorme Schmerzen geklagt. Die Einträufelung von etwas Karbolglyzerin beseitigt die augenblicklichen Beschwerden. Bei chronischer Mittelohreiterung findet man Fliegenmaden, deren Entfernung nach Abtötung durch Öleingüsse meist leicht gelingt.

Herzkrankheiten.

Die besondere Stellung der Herzkrankheiten im Kindesalter ist bedingt durch die angeborenen Vitien, durch die Komplikation des kindlichen Rheumatismus und einer Reihe anderer infektiöser Kinderkrankheiten mit Erkrankungen des Endo-, Peri- und Myokards, endlich auch durch die Tatsache, daß abnormes Längenwachstum im Schulalter unter Umständen pathologische Erscheinungen von seiten des Herzens zu zeitigen vermag, die als Wachstumsinsuffizienz bezeichnet werden.

1. Prophylaxe.

Affektionen des Herzens bei Scharlach, Diphtherie, Pertussis können an und für sich nicht verhütet werden. Immerhin lassen sich schwere Erscheinungen in einer Reihe von Fällen abwenden, wenn auch die unscheinbarsten Symptome, die auf die Beteiligung des Herzens hindeuten, nicht gering geachtet und vor allem mit der strengsten Ruhekur behandelt werden. Bei der im Kindesalter recht häufigen rheumatischen Endokarditis steht und fällt die Prophylaxe mit der Verhütung und Behandlung des Rheumatismus. Vielfach wird hier der vollständigen Entfernung der Mandeln durch Ausschälung auch von autoritativer Seite das Wort geredet. Da auch wenig vergrößerte Tonsillen in ihren Lakunen Eiterpfröpfe beherbergen, so verlangen manche Autoren, daß eigentlich jede Tonsille entfernt werden müsse. Wir haben die Frage S. 394 näher besprochen und betonen hier nur, daß wir uns noch im Stadium des Versuchs befinden. Immerhin muß man bei rezidivierendem Gelenkrheumatismus, namentlich bei Kindern nach dem 8.—10. Lebensjahr, größere Tonsillen nicht nur kappen, sondern ausschälen lassen. Wir erlauben uns darauf hinzuweisen, daß nur durch konsequente Mitarbeit der praktischen Ärzte diese Frage zu lösen ist, und wir für Zusendung vollständiger, über Jahre sich erstreckender Einzelerfahrungen sehr dankbar wären. Die Ausschabung der Nasenrachenmandel hat nicht den geringsten prophylaktischen Wert. Chronisch eitrige Erkrankungen an den Zähnen und dem Zahnfleisch, die als Ausgangspunkt der Krankheit gleichfalls beschuldigt werden, sind zu beseitigen.

Gute Aussichten hat die Prophylaxe bei der Wachstumsinsuffizienz des Herzens. Die Tatsache, daß diese Kinder ein disproportionales Wachstum zeigen und ihre Skelettmuskelmasse rückständig ist, läßt es notwendig erscheinen, schon frühzeitig bei stark aufschießenden Individuen auf eine Kräftigung der Muskulatur durch planmäßige Übung hinzuwirken (cf. Gymnastik S. 38). Denn zwischen Skelettmuskelmasse und Herzmuskelmasse bestehen intime Beziehungen; die Arbeit der Skelettmuskeln bestimmt die Arbeit des Herzens. Die Schädigung durch sitzende Lebensweise und schlechte Haltung in der Schule, welche die periphere Zirkulation hemmen und den Blutdruck steigern, muß durch körperliche Arbeit ausgeglichen werden. Die körperlichen Übungen müssen so geartet sein, daß sie vor allem auch die Zwerchfellmuskeln üben und kräftigen; denn Störungen im Atmungsmechanismus sind für die Zirkulation von kardinaler Bedeutung und schädigen die Herzarbeit. Natürlich muß diese genau dosiert werden, damit nicht Überanstrengung bei ernährungsgeschädigten Kindern zur Dilatation des Herzens führt; in der Mehrzahl handelt es sich nämlich um solche; denn ein großer Teil stammt aus ärmlichen Verhältnissen, ist aus Not oder launischer Unerzogenheit wesentlich von Kaffee und Brot genährt und läuft morgens ohne Frühstück in die Schule. Deswegen muß mit der körperlichen Übung reichlichere Ernährung Hand in Hand gehen, vor allem die Kost eiweißreicher gestaltet werden. Denn ohne Vermehrung des Eiweißes in der Kost gibt es kein Wachstum. Das Eiweißbedürfnis dieses Kindes ist etwa um $^1/_3$ größer als das gleichaltriger normal wachsender Individuen.

2. Therapie.

Die Differentialdiagnose einer organisch bedingten gegenüber einer rein funktionellen Herzstörung kann beim Kinde nicht minder schwierig sein als beim Erwachsenen. Es kommt leider häufig genug vor, daß auf Grund eines belanglosen akzidentellen Herzgeräusches, einer Unregelmäßigkeit des Herzschlages, einer Rhythmusstörung eine langdauernde, nicht nur überflüssige, sondern das Kind sogar durch die Auslösung von Neurasthenie und Hypochondrie schädigende Behandlung eingeleitet wird, die ihm seine Jugend vergällt. Es kann sich aber auch ereignen, daß ein durch einen organischen Fehler bedingtes Syndrom, z. B. eine durch eine sehr chronisch verlaufende Myokarditis hervorgerufene leichte Herzinsuffizienz nach Scharlach, Diphtherie und Gelenkrheumatismus als belanglos angesehen und das Kind durch die Vernachlässigung geschädigt wird. *Wir verlangen vor der Einleitung oder Ablehnung der Therapie eine eingehende funktionelle Prüfung des Falles. Sie ist notwendig, bevor der Entschluß gefaßt wird, eine in die Lebensgewohnheiten des Kindes tief eingreifende Schonungstherapie zu verordnen.*

a) Angeborene Herzfehler.

Keineswegs verrät sich auch nur die Mehrzahl der angeborenen Herzfehler durch Zyanose. Neben Fällen mit ausgesprochener Zyanose kommen solche ohne diese vor, in denen aber Kurzatmigkeit vorhanden ist. Ferner können im Säuglingsalter und auch später die angeborenen Vitien ohne nachweisbare Zirkulationsstörung verlaufen. Schließlich muß sich der Herzfehler keineswegs gleich nach der Geburt verraten, wie andererseits schwere Erscheinungen, wechselnde Zyanose nach der Geburt das Vorliegen eines angeborenen Herzfehlers wahrscheinlich machen kann, ohne daß sich späterhin der Verdacht auf ein Vitium zu bestätigen braucht. Die Durchführung der natürlichen Ernährung, die wir bei allen angeborenen Vitien wünschen müssen, um die Immunität des Kindes hochzuhalten und Ernährungsstörungen zu vermeiden, wird leider für einen nicht geringen Teil der Kinder infolge der durch den Saugakt bedingten Kurzatmigkeit zur Unmöglichkeit. Schon dadurch kommen die Kinder mit schweren angeborenen Vitien in eine schwierige Lage. Eine ätiologische Therapie wird nur in den äußerst seltenen Fällen möglich sein, in denen das Vitium auf eine durch Lues hervorgerufene fötale Endokarditis zurückzuführen ist. Heilerfolge in solchen Fällen sind beschrieben.

Unter therapeutischen Gesichtspunkten nehmen wir die Besprechung der angeborenen Vitien nicht nach den vermutlich vorliegenden organischen Abweichungen vor, sondern nach den sichtlichen Schädigungen, die die Herzstörung auf den Kreislauf ausübt.

Die *erste Gruppe mit dauernder deutlicher Zyanose*, die eine Mischung von arteriellem und venösem Blut beweist, entzieht sich ärztlicher Beeinflussung. Die *zweite Gruppe, die Fälle mit deutlicher Kurzatmigkeit* umfaßt, läßt sich zum Teil immer wieder durch herzanregende Mittel bessern. Manche Herzvergrößerung erweist sich dann als vorübergehende Insuffizienzerscheinung. Unter die *3. Gruppe* rechnen wir diejenigen Fälle, bei denen *außer dem Herzbefund höchstens noch Blässe* besteht. Hier haben wir das Kräftemaß praktisch zu bestimmen, über das das Herz verfügt und die Leistungsfähigkeit namentlich in den Entwickelungsjahren immer wieder von neuem zu prüfen.

Die Behandlung der kongenitalen Vitien im späteren Kindesalter unterscheidet sich in keiner Weise von der Behandlung der Vitien, die durch irgendwelche Erkrankung erworben sind. Wir sprechen daher hier nur von der *Therapie im Säuglingsalter*.

1. Gruppe: Fälle mit ausgesprochener Zyanose. Bei diesen Kindern ist nur dann eine Therapie denkbar, wenn die Hautfarbe zeitweise wechselt. In einzelnen Fällen mit erheblicher Atemangst ist Strophanthus zu versuchen. Besteht bei 1—4 Monate alten Säuglingen eine starke Erregung, so müssen Beruhigungsmittel gegeben werden, am besten Bromural 3mal täglich $^1/_4$—$^1/_2$ Tablette. Auch ein Klistier von Urethan (1 g) wirkt ruhebringend. Bei stenokardischen Anfällen und der präagonalen Todesangst bediene man sich der genannten Mittel in großen Dosen, die den Vorteil haben, dem Kinde Ruhe zu bringen, ohne sein Leben zu verkürzen. Wird vorhandene Atemnot durch Strophanthus und Digitalis gebessert, dann gebe man diese Mittel; sind sie ohne Erfolg, bleibe man bei den Narkotizis.

2. Gruppe: Fälle mit Kurzatmigkeit. Man hüte sich davor, bei Säuglingen mit starker Verbreiterung und Kurzatmigkeit die Prognose zu schlecht zu stellen und aus diesem Grunde in einen therapeutischen Nihilismus zu verfallen. Man mache einen Versuch mit Tinct. strophanthi zunächst in Dosen von 3mal 1 bis $1^1/_2$ Tropfen, später 1—$^1/_2$ Tropfen, wobei man oft erstaunliche Besserung sieht. Die eintretende Verkleinerung des Herzens beweist, daß es sich um eine akute Kompensationsstörung gehandelt hat. Das Herzmittel ist dann monatelang in absteigenden Dosen zu geben. Nebenbei ist die Zirkulation nach Eintritt der ersten Besserung durch täglich 2mal wiederholtes kräftiges Frottieren der Extremitäten anzuregen. Man gibt zweckmäßig im Säuglingsalter 6 kleinere Mahlzeiten statt 5 größerer und bei gutem Ernährungszustand in möglichst konzentrierter Form (frühzeitige Beikost). Kinder, die dauernd, auch bei geringer Bewegung, Atemnot zeigen, bleiben allerdings nicht lange am Leben. Tritt dagegen nur zeitweise eine Kompensationsstörung auf, so verfahre man genau so wie in Fällen mit erworbenem Herzfehler.

3. Gruppe: Herzfehler ohne nachweisbare Zirkulationsstörung. Bei den Kindern, bei denen nur das Stethoskop einen Herzfehler nachweist, alle Allgemeinerscheinungen aber fehlen, ist jede medikamentöse Therapie zu vermeiden. Die Säuglingszeit wird von diesen Kindern unter zweckmäßiger Ernährung genau so überwunden wie von gesunden Individuen. Besondere Maßnahmen sollen nicht ergriffen werden. Im späteren Kindesalter ist bei diesen Patienten gleiche Behandlung notwendig, wie bei jedem gut kompensierten Herzfehler. Darüber s. S. 430.

Die Behandlung in der Säuglingszeit erworbener Herzfehler richtet sich im allgemeinen nach den gleichen Gesichtspunkten.

b) Endokarditis acuta.

Die Ursache der Endokarditis acuta ist vor allem die Polyarthritis rheumatica, die sich besonders im Alter von 6—14 Jahren außerordentlich häufig mit Endokarditis kompliziert. Gewöhnlich führt nicht die erste Attacke des Rheumatismus zur Endokarditis, sondern erst Rezidive. Zunächst dem Rheumatismus kommen als Ursache in Betracht Chorea, Angina, Scharlach und Diphtherie. Aber fast alle akuten Infektionskrankheiten können zur Endokarditis führen.

Es ist nicht immer ganz leicht, zu sagen, wann sich auf der Grundlage der Infektion die Herzkrankheit bildet. Nicht in allen Fällen markiert sich der Beginn deutlich; deswegen muß man auch bei den unwesentlichsten Erscheinungen, vor allem einer dauernden Erhöhung der Pulsfrequenz an die Mitbeteiligung des Herzens denken und mit der Behandlung einsetzen. Ebenso schwierig kann die Entscheidung werden, ob es sich um beginnende Endokarditis oder Myokarditis handelt. Da die Prinzipien der Behandlung jedoch die gleichen sind, hat das weniger zu sagen.

Die Therapie hat die Aufgabe, zunächst für den schnellsten Ablauf der akuten Infektion zu sorgen. Das ist beim Gelenkrheumatismus meist möglich. Die energische Behandlung des Gelenkrheumatismus schont die Kräfte des Kranken und hat eine günstige Einwirkung auf das Herz. Die zweite wesentliche Aufgabe ist strengste Bettruhe, die so lange innegehalten werden muß, als irgendein Verdacht besteht, daß die Entzündung noch nicht abgeklungen ist. Im akuten Stadium ist ebensowenig ein Aufsetzen des Kindes zur Fütterung wie ein Heraussteigen aus dem Bett zur Defäkation erlaubt. Die Fütterung erfolgt mit Schnabeltasse oder Löffel. Der Magen darf nicht überfüllt, deswegen müssen häufiger kleine Mengen gegeben werden. Verweigert das Kind die Speisen, dann versuche man wenigstens eßlöffelweise konzentrierte Nahrung zu geben, achte jedenfalls auf die Deckung des Wasserbedarfs (cf. S. 19). Für leichten Stuhlgang sorge man durch Klysmen, Suppositorien oder ein mildes Abführmittel. Bei Herzschwäche spare man nicht mit Koffein und Kampfer. Mit Digitalis sei man im akuten Stadium zurückhaltend. Wenn stärkere Vergrößerung des Herzens eintritt, erreicht man mitunter einen Erfolg mit Digitalispräparaten, z. B. der intramuskulären Einspritzung von kleinen Dosen Strophanthin Böhringer 1 mal täglich. Es handelt sich dann um Kombination von Insuffizienz und Endokarditis. Im akuten Stadium ist Eisblase oder kühler Umschlag nützlich, und zwar die Eisblase so lange, als sie das Kind angenehm empfindet. Bei ängstlicher Erregung des Kranken schrecke man nicht davor zurück, reichlich Sedativa zu geben: Bromural, Kodein, Opiumpräparate, Urethan, und bei schweren Erregungs- und Angstzuständen auch Morphium.

Das Kind muß so lange absolute Bettruhe halten, als irgend ein Verdacht besteht, daß die Entzündung noch nicht abgeklungen ist, zumindest solange die Temperaturkurve bei Mastdarmmessung noch 37,8^0 zeigt. Durch vorzeitiges Aufstehen löst man fast mit Sicherheit Kompensationsstörungen aus. Nach Abklingen des Fiebers lagert man die Kinder täglich mehrere Stunden ins Freie. Bei Benutzung von Liegestühlen oder Hängematten müssen sie vom Rücken her vor Abkühlung geschützt werden. Selbst im Sommer müssen dem Rücken, der durch das langdauernde Krankenlager an Warmliegen gewohnt ist, mehrfach dick zusammengelegte Wolldecken untergeschoben werden. Zur Hervorrufung von Hauthyperämien beginnt man zugleich mit Frottieren der Arme, Beine und des Rumpfes mit einer Mischung von Glyzerin und Spiritus zu gleichen Teilen. Erst wenn in der Ruhe die Pulsfrequenz die Zahl von 100 nicht mehr überschreitet, beginnen kurze Perioden des Aufstehens und leichte Widerstandsübungen. Eine gute Übung ist es, das Kind einige Treppenstufen steigen zu lassen, aber niemals dürfen diese Übungen bis zur Ermattung oder Atemlosigkeit fortgesetzt werden. Man lasse den Patienten 3 mal hintereinander 4 Stufen herauf- und heruntergehen und wiederhole diese Übung 2 mal täglich. Atemnot darf nicht auftreten, und der Puls muß nach 2 Minuten die Anfangsfrequenz erreicht haben. Dann steige man jeden 3. Tag etwa um eine Treppenstufe bis etwa 3 mal 6 Stufen. Dann kommen 4 mal 6 Stufen und schließlich lasse man die Übung 3 mal am Tage wiederholen. Dann fange man mit kleinen Spaziergängen womöglich bei leicht ansteigendem Gelände an. Man verfährt dabei etwa so, daß man alle 10 Minuten das Kind $^1/_4$—$^1/_2$ Stunde sich auf einer Bank ausruhen läßt. Die Anstrengung vermehrt man zu Anfang am besten so, daß man z. B. statt 3 mal 10 Minuten 4, 5 usw. mal 10 Minuten gehen läßt und nicht etwa die einzelne Gehperiode verlängert.

Um das angestrengte Herz zu schonen, gehört das Kind nach jeder Übung und jedem Spaziergang zunächst ins Bett. In diesem Stadium sind auch 1%ige Solbäder von kurzer Dauer 2—3 mal wöchentlich gestattet.

Nur selten kommt es, wenigstens beim Gelenkrheumatismus, zu einer vollständigen Restitutio ad integrum ohne Residuen. Bei einem so glücklich verlaufenden Fall kann man es nach ungefähr 3 Monaten, während der man die Lebensweise des Kindes dem Gewohnten immer mehr nähert, als geheilt entlassen. Viel häufiger ist leider ein sich immer wiederholendes Aufflackern der Entzündung unter rheumatischen oder choreatischen Erscheinungen. Die Behandlung neuer akuter Schübe erfolgt nach den angegebenen Prinzipien. Jeder Schub ist ernst anzusehen und bedarf allergrößter Intensität der Therapie. Denn mit jedem Nachschub werden die Veränderungen am Myokard, Endokard und Perikard stärker, die eine vollständige Kompensation immer mehr erschweren. Bezüglich der Therapie der Kompensationsstörungen verweisen wir auf unsere Ausführungen bei der Besprechung der Herzfehler.

Bei der **Endocarditis maligna** wird man leider lediglich symptomatische Therapie treiben können. Mit den sedativen Mitteln: Bromural, Urethan, Kodein, Morphium darf man in verzweifelten Fällen nicht sparen, aber auch bei allem Skeptizismus nicht von der Anwendung von Mitteln Abstand nehmen, die zwar nicht indifferent, auch von manchen Seiten wegen ihrer Wirkungslosigkeit abgelehnt, doch von anderen immer wieder empfohlen werden, wie Kollargol und andere Silberpräparate. Wir verweisen auf unsere Ausführungen bei der Therapie der septischen Erkrankungen.

c) Myokarditis.

Leichte Erscheinungen von Myokarditis, die sich nur in vermehrter Pulsfrequenz im Liegen und leichter Ermüdbarkeit nach dem Aufstehen äußern, finden wir nach vielen, auch leichten Infektionskrankheiten.

Bleibt das Leiden unbeachtet, so sind die Kinder monatelang elend und matt.

Man lasse sie solange im Bett liegen, bis normale Pulsfrequenz eingetreten ist, lasse dann erst einige Stunden am Tage aufstehen und kontrolliere die Wirkung auf den Puls. Bei leichten Störungen, die einem erst wochenlang nach Ablauf der akuten Krankheit gezeigt werden, genügen eine leichte Reduktion der Bewegungen und eine zweistündliche Mittagsruhe besonders im Freien. Ernster sind alle derartigen Störungen bei Gelenkrheumatismus, Scharlach und Diphtherie zu nehmen. Die Herzstörungen bei Diphtherie sind im Abschnitt über Diphtherie nachzulesen. Bei myokarditischen Erscheinungen nach Gelenkrheumatismus verfahre man mit derselben extremen Vorsicht wie bei den Kranken mit akuter Endokarditis. Dies ist um so nötiger, als sich oft nachträglich noch eine Endokarditis daneben herausstellen kann. Die myokarditischen Erscheinungen bei Scharlach ohne gleichzeitige Nephritis sind, wenn auch mit weniger Sorge, doch mit der gleichen Vorsicht wie bei Gelenkrheumatismus zu behandeln. Besteht gleichzeitig eine Nephritis, so ist eine energische Behandlung dieser Komplikation die wichtigste Aufgabe.

Durch sorgfältige Behandlung der Nephritis soll man versuchen, die Komplikation von Funktionslähmung des Herzens zu vermeiden. Je sorgfältiger die Nierenentzündung behandelt, je mehr die Kinder in dieser Periode vor Anstrengung geschützt werden, um so eher verhütet man die Funktionslähmung des Herzens. In verzweifelten Fällen wird man natürlich mit dem ganzen Apparat der Herzstimulantien vorzugehen haben: Koffein in großen Dosen: 4—6 mal täglich 0,1—0,15, Kampfer. Intravenöse und intramuskuläre Strophanthininjektionen müssen versuchen, die verzweifelte Situation zu retten. Auch reichliche Zufuhr von Sekt scheint diesen unglücklichen Kindern manchmal subjektive Erleichterung zu bringen. Diese schweren Fälle führen aber gewöhnlich trotz aller Anstrengungen, durch die es unter Umständen nicht einmal gelingt, das Kind zu erwärmen, in 3—4 Tagen zum Tode. Wir wiederholen deshalb nochmals, daß hier die Prophylaxe aussichtsreicher ist als die Therapie. Wochenlange Bettruhe auch nach den leichtesten Scharlachsymptomen, genaue Aufmerksamkeit auf nephritische Komplikationen können dieses schwere Krankheitsbild zu einem seltenen machen.

d) Perikarditis.

Perikarditis ist insbesonders eine häufige Komplikation der rheumati schen Endokarditiden bei ihren wiederholten Rezidiven. Sie kann ein direkt rheumatisches Äquivalent sein. Zunächst wird man beim Auftreten einer Perikarditis, während man Salizylpräparate weiter verabfolgt, durch Blasenpflaster oder Jodpinselungen ableitend zu wirken suchen. Die lokale Anwendung von Kälte sowie Blutentziehung kann erleichternd wirken. Ist das Exsudat größer, dann zögere man nicht zu lange mit seiner Ablassung. Mehrere Methoden werden empfohlen. Heubner führt die Punktion dicht am Rande des Sternums im 4. oder 5. Interkostalraum mit einer einfachen Pravaznadel aus. Man soll 23 mm in die Tiefe gehen und die Flüssigkeit einfach in ein Gefäß abtropfen lassen. Entleert sich dickflüssiges Blut, so muß sofort unterbrochen werden. Im Gegensatz dazu verwirft Curschmann diese Art der Punktion und legt die Einstichstelle zwischen Mamillae und vorderer Axillarlinie in den 5. oder 6. Interkostalraum, im Bereich der Dämpfung möglichst weit nach außen. Marfan rät mit einer ziemlich langen Nadel, z. B. einer Lumbalpunktionsnadel, direkt unter dem Processus xiphoideus einzugehen, die Nadel parallel zu letzterem nach oben zu führen, bis man nach ungefähr 6—8 cm den Herzbeutel erreicht. So werden Verletzungen von Lungen und Pleura mit Sicherheit vermieden und der Herzbeutel wird an der Stelle getroffen, wo die größte Menge des Exsudats sitzt. Diese Anwendung der Herzbeutelpunktion ist nur kontraindiziert bei starkem Meteorismus sowie bei Mißbildungen des Processus xiphoideus.

Gegen akute eitrige Perikarditiden ist die Therapie machtlos, ebenso gegen die tuberkulösen.

Gegen die subakute und chronische Perikarditis, wie wir sie hauptsächlich bei Rheumatismus, aber auch bei Tuberkulose sehen, ist die Therapie naturgemäß rein symptomatisch. Sie ist anfangs durch die begleitende Endokarditis und später durch die Kompensationsstörungen bestimmt. Wir sehen bei dieser Krankheit weitgehende Remissionen und Verschlimmerungen, bis die Kranken einem neuerlichen Anfall schließlich erliegen. Zur Kardiolyse, der operativen Entfernung der das Herz überlagernden Rippen und des Brustbeins, können wir nicht raten; in jedem Fall aber würden wir der Anwendung der Fibrolysininjektion das Wort reden, da diese Therapie unschädlich ist und die Chancen einer günstigen Einwirkung doch gegeben sind.

Die Nachbehandlung der Perikarditis folgt den gleichen Prinzipien wie die der Endokarditis.

e) Erworbene Herzfehler.

Ist die Kompensation des Klappenfehlers nach Ablauf der Entzündung zustande gekommen, dann gibt es nur ein einziges Prinzip, die Kompensation zu erhalten. Diese geschieht sowohl durch Ernährung als auch durch Pflege, vor allem aber durch eine genaue Dosierung der Arbeit und Schonung.

Verrät sich der Herzfehler nur durch ein systolisches Geräusch ohne andere Herzerscheinungen, so ist in den ersten Jahren an dem Prinzip festzuhalten, daß jede Übermüdung vermieden werden muß. Radfahren und Sportbetätigung fallen von selber fort. Aber auch längere Märsche sind schädlicher als die gleiche Arbeitsleistung, die das Kind beim Spielen im Freien verrichtet, da sich hier von selber Erholungspausen einschieben.

Als Maßstab für die erreichte Kompensation und die Leistungen, die man dem Herzen zumuten darf, mögen folgende Gesichtspunkte gelten: Wenn das Kind 2×2 Stockwerke hoch gestiegen ist und zwar in etwas schnellerem Tempo, darf die Atmung höchstens kurze Zeit

(1—2 Minuten) leicht beschleunigt sein, die Gesichtsfarbe nicht blaß, der Puls nach 2—3 Minuten nicht rascher gehen als vorher.

Körperbewegungen, die bei Gesunden Dyspnoe machen, verbieten sich von selbst. Nach Spielen und Spaziergängen darf keine Dyspnoe auftreten und der Puls nur um wenige Schläge beschleunigt sein. Eine Rückkehr des Pulses zur Norm muß auch nach länger dauernden Spaziergängen nach 10—15 Minuten erreicht sein. Auch hier ist auf Auftreten von Blässe zu achten. In Fällen, bei denen die volle Kompensation nur sehr langsam zu erreichen ist, werden alle Übungsmaßregeln, die wir nach dem Ablauf der Endokarditis empfohlen haben, systematisch weiter fortgesetzt. Besonderer Wert ist auf Spaziergänge im ansteigenden Gelände zu legen. Lang dauernde Liegekuren im Freien sind sehr förderlich (s. S. 28).

Recht schwierig und daher um so wichtiger ist es, bei den Kindern das Einhalten der nötigen Ruhe zu erzwingen. Gewiß kann solchen Kindern der Aufenthalt in einem Herzbad großen Nutzen bringen, vorausgesetzt freilich, daß sie dort unter strengster ärztlicher Beobachtung stehen. Aber die beschriebene Behandlung ist auch einer Mietswohnung der Großstadt, wenn nur ein Balkon zur Liegekur zur Verfügung steht, erfolgreich durchführbar.

Ist die Kompensation so weit gediehen, daß das Kind den Aufgaben des täglichen Lebens gewachsen ist, so höre man mit jeder Behandlung auf, verbiete nur jedes Übermaß, lasse ihm aber sonst Freiheit. Es ist besser, eine Ruhestunde am Tage zu verordnen, als das Kind im Verkehr mit Altersgenossen und im Schulbesuch zu beschränken. Die noch lange Zeit — schon im Hinblick auf die Möglichkeit von Nachschüben — notwendige Überwachung muß so ausgeübt werden, daß sie den Patienten nicht zum Hypochonder macht. Man lasse sich jedoch das Kind alle 1—2 Monate zeigen. Um bei diesen Untersuchungen gleich eine Kontrolle der Leistungsfähigkeit des Herzens zu haben, bestelle man sich das Kind so, daß es gerade von einem $^1/_2$—1stündigen Spaziergang zurückkommt und untersuche es nach 10 Minuten langem Aufenthalt im Wartezimmer. Danach lasse man das Kind mit mäßiger Beschleunigung 2 mal je 2 Stockwerke steigen. Die Beurteilung ergibt sich aus den oben angegebenen Grundsätzen. Eine besondere Ernährung, die Beziehungen zur Erhaltung und Steigerung der Muskelkraft des Herzens hat, kennen wir nicht. Ein Übermaß an Eiweiß und Fett leistet jedenfalls nichts. Die Kohlehydrate müssen zu ihrem Rechte kommen. Wir halten fest an der gemischten Kost, in der jedoch alles vermieden wird, was das Kind blähen und dadurch einen Zwerchfellhochstand hervorrufen kann. Deshalb sollen die Mahlzeiten klein und die Nahrungsmittel möglichst konzentriert sein. Die Flüssigkeitsmenge soll keinesfalls den üblichen Durchschnitt überragen.

Bezüglich der Pflege verweisen wir auf unsere Ausführungen über die Freiluft- und Ruhekuren. Eine Wohnung mit dunklen, feuchten Räumen ohne die Möglichkeit einer Freiliegekur, ist für das herzkranke Kind verhängnisvoll. Hier ist eine Änderung der Verhältnisse herbeizuführen. Beim Spielen im Freien müssen Erhitzungen und brüsk folgende Abkühlungen vermieden werden. Für eine gute Haltung bei den Schularbeiten ist zu sorgen. Wenn auch Radfahren und Sportbetätigung von selber fortfallen, so ist doch planmäßiges Wandern mit allmählicher Steigerung der Leistungen zu empfehlen. Insbesondere im Pubertätsalter, welches das Kind durch Besonderheiten des Wachstums und der psychischen Entwickelung gefährdet, ist eine Geländetherapie herzkranker Kinder von allergrößter Bedeutung. Dazu ist jedoch dauernde ärztliche Beobachtung des Kindes notwendig. Ist das bei Wanderungen nicht möglich, wie z. B. bei den von den Wandervögelvereinen veranstalteten Ausflügen, so darf das herzkranke Kind nicht daran teilnehmen. Irgend eine medikamentöse Therapie ist überflüssig. Haben wir anämische oder scheinanämische Zustände als Komplikation, kann eine Eisen- bzw. Arsenkur versucht werden (s. S. 506). Auch Sonnenbäder sind dann am Platze. Die Frage des Landaufenthalts ist für Kinder mit kompensierten Herzfehlern nicht anders zu beantworten, wie für gesunde Kinder. Ein mildes Seeklima kann ebenso indiziert sein wie das Mittelgebirge. Kalte Seebäder sind unter allen Umständen zu vermeiden. Besonders gute Erfolge werden von mehrwöchigem Aufenthalt in einem Herzbadeort nur da erzielt, wo der Aufenthalt daselbst die einzige Zeit ist, in der eine sachgemäße Lebensweise stattfindet.

Natürlich hängt die Möglichkeit des Erreichbaren eng mit den Veränderungen am Herzen zusammen. Während die so häufige Insuffizienz der Valvula mitralis durch das ganze Leben hindurch weiter keine Beschwerden machen und auch die Lebensdauer nicht verkürzen muß, tritt die Kompensationsstörung um so öfter ein, je stärker die Veränderungen an den Ostien sind, insbesondere wenn eine komplizierende Perikarditis zu einer Synechia pericardii cum corde geführt hat. Bei diesen Kranken kommt man oft nur zu einem minimalen Maß von Anstrengungsfähigkeit. Aber selbst bei diesen Halbkompensierten soll man nicht ablassen, das richtige Verhältnis zwischen Arbeit und Ruhe festzustellen und auf die Einhaltung dieses Maßes zu achten. Jede Überanstrengung bringt das Kind um Wochen zurück. Eine konsequente, durch Monate und Jahre durchgeführte Schonung, verbunden mit einer nie über das Ziel hinausschießenden Übung, führt oft doch noch zu einer Kompensation, bei der das Kind ein lebenswertes Leben führen kann. Der Arzt wirke schon frühzeitig darauf hin, daß nur ein solcher Beruf für herzkranke Kinder gewählt wird, in dem sowohl eine körperliche Überanstrengung unmöglich, als auch eine dauernd sitzende Lebensweise nicht notwendig ist. Einen Beruf zu finden, der beide Forderungen erfüllt, ist freilich recht schwer. So muß man zufrieden sein, wenn man namentlich bei weniger bemittelten Kindern den Übergang in einen gröbere Körperkräfte verlangenden Beruf wie Landwirtschaft, Gärtnerei, Industrie, inbegriffen die Spinnerei und Weberei und womöglich auch die Tabakindustrie verhindern kann. Es bleiben dann eigentlich nur der kaufmännische Beruf und der Bureaudienst übrig. Gerade deswegen aber soll man bei der Behandlung des herzkranken Kindes Wert auf möglichst ungestörten Schulunterricht legen, damit es sich auch die nötige Vorbildung erwerben kann.

f) Kompensationsstörung.

Wo sich die Herzmuskelinsuffizienz mit Kurzatmigkeit, Zyanose, Ödemen kompliziert, wird ein Zweifel in der Diagnose nicht bestehen. Aber es gibt Fälle, in denen die Entscheidung schwieriger ist, in denen nur eine Steigerung der Pulsfrequenz besteht, wo man daher gezwungen ist, sich der funktionellen Prüfung zu bedienen, Beobachtung der Herztätigkeit nach kurzdauernden Anstrengungen, Treppensteigen, Kniebeugen etc. Für die Behandlung ist es wichtig zu unterscheiden zwischen den Fällen von Insuffizienz des Herzmuskels, die nur bei Anstrengung auftreten und solchen, die auch in der Ruhe vorhanden sind. Bei Herzmuskelinsuffizienz nur nach Anstrengung ist nichts anderes als weitgehende Schonung durch eine mittagliche Bettruhe und ein Verbot größerer Spaziergänge und sportlicher Betätigung geboten. Schwerere Fälle allerdings befreit man eine Zeitlang von einem Teil der Schulstunden und läßt sie länger am Tage im Bett liegen. Sonst aber braucht man das Kind nicht in seinem Treiben zu beschränken.

Bei schweren Fällen, in denen die Muskelinsuffizienz auch in der Ruhe auftritt, benötigt man absolute Bettruhe und die Anwendung von Kälte in der Herzgegend unter gleichzeitiger Benutzung von Herzmitteln. Als solches kommt in erster Linie Digitalis in Betracht, und zwar bevorzugen wir beim Kinde große Gaben kurze Zeit hindurch vor kleineren während längerer Zeit. Am besten verordnet man die gleichmäßig wirksamen, titrierten Digitalisblätter. Im ersten Lebensjahre gibt man von einem titrierten Digitalisinfus 0,1: 100, 3—4stündlich einen Teelöffel,

im 2. Lebensjahre einen Infus von	0,2: 100	davon 3—4stündlich
„ 3. u. 4. „ „ „ „	0,3: 100	1 Teelöffel.

Für spätere Jahre verabreicht man von einem Infus. folior. Digit. 0,3:100, 3stündlich 1 Kinderlöffel. Ebenso günstig wirkt das Pulv. fol. Digit. titr. in Dosen von 3 mal täglich 0,01—0,1, je nach dem Alter des Kindes. Wir bevorzugen die genannte Medikation vor den heute modernen haltbaren Präparaten, die in ihrer Wirkung inkonstant sind. Beliebt ist vor allem das Digalen, das Digipuratum, das Digitalysat-Bürger. Bezüglich der Dosierung verweisen wir auf S. 512.

Bei Digitalis sehen wir bei innerlicher Darreichung manchmal Appetitlosigkeit auftreten. Man muß dann eventuell zu subkutaner Anwendung greifen. Hier ist Strophanthin (Böhringer) 1 mal täglich, Digipurat 3 mal täglich einzuspritzen (Dose s. S. 524.) Zeichen einer toxischen Wirkung ist starke Pulsverlangsamung oder Arhythmie. Neben den Digitalispräparaten kommt teils gleichzeitig, teils abwechselnd in Betracht die Tinctura strophanthi (s. S. 524). Bei chronischer Herzmuskelinsuffizienz gestaltet sich die Therapie folgendermaßen: Wenn Hydrops nicht vorhanden ist, 4—5 Tage Digitalispräparate, dann weiter 4—5 Tage Tinctura strophanthi. Besteht gleichzeitig Hydrops, ist die Flüssigkeitszufuhr zu beschränken, möglichst Trockenkost zu verordnen; jedenfalls soll die Flüssigkeitsmenge pro die $^3/_4$ l nicht übersteigen. Die Diät sei kochsalzarm (cf. S. 442).

Die Verordnung von Diuretin beschleunigt die Entwässerung. Zur Zeit von Atemnot und Appetitlosigkeit gestaltet sich die Kost bei einem nicht erheblich ödematösen Kinde, bei dem man Salz nicht zu vermeiden braucht, etwa folgendermaßen:

1. Frühstück: 100—150 g Halbsahne[1]). 2 Weißbrotscheiben mit Butter und etwas Marmelade.

2. Frühstück: Weißbrotscheiben (bis 50 g) mit Butter, fein gehacktem, gekochtem Ei, Sardelle, Bückling oder Hering, fein geschabtem Schinken usw. belegt. Etwas Apfelmus.

Mittagessen: Kartoffelbrei mit frischer Butter, gebratenem oder gekochtem Fleisch usw. Etwas Obst.

Vesper: wie Frühstück.

Abendbrot: 150 g Flammerie oder ein Schnittchen bzw. etwas Fisch und Kartoffelbrei usw.

10 Uhr: 100—150 g Halbsahne.

Bei salzloser Kost werden Fleisch und Fisch durch süße Eierspeisen ersetzt.

Vor allen Dingen will der Herzkranke nachts schlafen. Dies erreicht man durch große Dosen Bromural und Adalin. Starke Erregung zügelt man durch Opiumpräparate. Bei starker Atemangst ist am Tage, besonders aber in der Nacht, Urethan in maximalen Dosen allein oder zur Unterstützung eines anderen Beruhigungsmittels, das versagt hat, sehr nützlich. Es kann in $^2/_3$ der großen Dose in 1—2 Stunden wiederholt und auch rektal angewendet werden.

Ist durch die Behandlung das Herz auf seine vorherige Größe zurückgeführt und die normale Pulsfrequenz erreicht, so beginne man erst mit Massage, und 1—2 Wochen später mit allen jenen Maßregeln, die zur Erreichung der Kompensation nach Endokarditis oben empfohlen wurden.

g) Herzmuskelinsuffizienz ohne Klappenfehler.

Die Insuffizienz des Herzmuskels kommt auch ohne Herzklappenfehler vor. Die Störungen des Herzmuskels nach Scharlach, Masern, Gelenkrheumatismus sind bei Myokarditis besprochen worden. Der chronisch verlaufenden Erlahmung des Herzmuskels begegnen wir im Kindesalter nicht. Hier beschäftigt uns nur die leichte Herzmuskelinsuffizienz, die zwischen dem 10. und 14. Lebensjahr bei muskelschwachen, stark aufgeschossenen Kindern sich durch Ermüdbarkeit, Herzklopfen, Dyspnoe und Blässe zu verraten pflegt. Das Leiden ist im allgemeinen völlig gefahrlos, selbst bei interkurrenten akuten Erkrankungen gewinnt es kaum je die theoretisch zu fürchtende Bedeutung. Die Behandlung muß bei jenen Kindern, die unzweckmäßig und unterernährt sind, vor allem eine vernünftige Nahrungsaufnahme in die Wege leiten. Bei dem

---

[1]) Die Milch wird 3 Stunden in einer flachen Schale aufgestellt, das oberste Drittel abgeschöpft.

großen Teil der ärmlichen Verhältnissen entstammenden Kinder hebt schon ein Schulfrühstück oder ein Freitisch, bei dem es gut bürgerliches Essen gibt, einen Teil der Beschwerden des Leidens, wenn zugleich für die nötige Ruhe gesorgt wird: Am besten bekommt in allen Ständen ein Luftwechsel, verbunden mit milder Ruhekur. Ein Seeaufenthalt ist deswegen vorzuziehen, weil dort weniger Verführung zu körperlichen Anstrengungen vorhanden ist, wenn man das Baden verbietet. Man hüte sich aber weiterhin, das Leiden zu ernst zu nehmen, und dränge beizeiten auf eine Wiederaufnahme des Schulbesuchs, da man hier durch zu große Vorsicht mehr schaden kann als durch ein wenig Leichtsinn. Ist die dilatative Herzschwäche beseitigt, dann beginne man mit der Übung der Körpermuskulatur, die zur Kräftigung des Herzens beiträgt (s. S. 428).

h) Rhythmusstörungen.

Rhythmusstörungen können bei Myokarditis, Perikarditis, Vergiftungen, Darmstörungen, nach fieberhaften Erkrankungen, bei tuberkulöser Meningitis im Reizungsstadium, Chorea, Migräne vorkommen. So ist in manchen Fällen eine ätiologische Behandlung möglich. Kommen die genannten ursächlichen Momente nicht in Frage, so wird die Arhythmie nur in den sehr seltenen Fällen mit subjektiven Beschwerden zu behandeln sein. Baldrian- und Brompräparate tun hier gute Dienste, ebenso oft nur die energische Versicherung, daß man sich um das Leiden nicht zu kümmern braucht. Hingegen ist von eigentlichen Herzmitteln wie Digitalis bei funktionellen Herzstörungen entschieden abzuraten. Ein gutes Mittel gegen die stärkeren Formen respiratorischer Arhythmie sowie die rein nervösen Reizleitungsstörungen ist das Atropin. Es behebt auch die Extrasystole, die auf vermehrter Vagusreizbarkeit beruht. Man gibt Atropin in Form der Solutio Atropini 0,01: 10, 3mal täglich 3—5 Tropfen.

Nierenkrankheiten.

I. Albuminurie.

Ist auch eine mit den gebräuchlichen Reagenzien nachweisbare Albuminurie im Kindesalter stets als eine pathologische Erscheinung aufzufassen, — die Bezeichnung „Physiologische Albuminurie" ist irreführend — so ist damit keineswegs gesagt, daß ihr stets eine entzündliche oder degenerative Erkrankung der Nieren zugrunde liegt und eine dieser Krankheit entsprechende Behandlung einsetzen muß. Die Albuminurie der Neugeborenen kann vernachlässigt werden. Bedeutung hat unter den nicht auf einer Nierenreizung oder -entzündung beruhenden Albuminurien lediglich die orthotische Albuminurie, jene Form der Eiweißausscheidung, die an die aufrechte Körperhaltung geknüpft ist. Die Diagnose der orthotischen Albuminurie gegenüber einer nach orthotischem Typus verlaufenden Albuminurie, die durch entzündliche Veränderungen der Niere verursacht ist, soll sich nach wie vor darauf stützen, daß im Harnsediment Zylinder und Nierenepithelien sowie auch rote Blutkörperchen fehlen. Als weiteres unterstützendes

Moment für die Diagnosestellung kann herangezogen werden, daß Herbeiführung einer lordotischen Körperhaltung oder Verstärkung einer bestehenden Lordose das Phänomen der orthotischen Albuminurie auslöst bzw. in seiner Intensität verstärkt[1]).

Die Therapie der orthotischen Albuminurie hat mit einer Behandlung der Nephritis nichts gemein. Die Behandlung hat vielmehr der Tatsache Rechnung zu tragen, daß das Phänomen der Eiweißausscheidung gewöhnlich von in der Periode stärkeren Wachstums stehenden Kindern dargeboten wird, die eine pathologische Lordose zeigen, deren Bauch- und Rückenmuskulatur relativ schwach, deren Vasomotorensystem abnorm erregbar und erschöpfbar ist, und die sehr häufig die Symptome der Scheinanämie zeigen. Die Therapie muß das Wachstum dieses Kindes in gleichmäßigere Bahnen lenken, die Muskulatur kräftigen, die nervöse Reizbarkeit herabmindern. Dazu dienen geeignete Maßnahmen der Ernährung und Pflege, besondere Muskelübungen, wie auch vernunftgemäße Erziehung zur Behebung der reizbaren Schwäche.

a) Ernährung. Die Ernährung richtet sich nach dem Zustand des Kindes und der Vorernährung. Die schlechtgenährten bzw. unterernährten Proletarierkinder bedürfen reichlicherer Kost unter Zulage von Eiweiß, Fett, Gemüse. Ausschließliche Milchdiät ist schädlich. Um die Albuminurie braucht man sich bei der Diät nicht zu kümmern. Weder Salz- noch Eiweißgehalt der Nahrung soll beschränkt werden. Handelt es sich um mit sog. kräftiger Kost ernährte pastöse Kinder — diese sind übrigens unter den orthotischen Albuminurien außerordentlich selten vertreten — dann kommt eine gemüse- und obstreiche, milcharme Kontrasternährung in Frage. Eine Anreicherung der Nahrung mit Kalk (Calc. lact. 4—6 g täglich) wirkt zuweilen günstig.

b) Pflege. Mit Rücksicht auf das häufige Bestehen einer Scheinanämie, eines asthenischen Habitus, einer leichten Erregbarkeit und Ermüdbarkeit sind richtige Abwechslung zwischen körperlicher Bewegung, Spiel und Ruhe als auch Luft- und Sonnenkuren am Platze. Empfehlenswert ist ein Aufenthalt in Waldschulen, Ferienkolonien, im Mittelgebirge. Man hüte sich streng davor, die Kinder ins Bett zu stecken und eine langdauernde Liegekur zu verordnen; sie macht sie nur elender und führt zur Hypochondrie. Neben ausgiebigem Nachtschlaf ist für Mittagsruhe zu sorgen.

Sehr wesentlich ist eine Kräftigung der Körpermuskulatur, vor allem der Bauch- und Rückenmuskeln, um eine fehlerhafte Haltung zu verbessern und eine vorhandene Lordose auszugleichen. Dementsprechend müssen die Turnübungen gewählt werden (s. S. 38). Körperhaltungen, z. B. Knien, Zehenstand (hohe Absätze!), welche die Lordose steigern, sind zu vermeiden. Überanstrengung ist zu verhindern. Ein Mieder oder

---

[1]) Eine Lordose erzeugt man experimentell am besten dadurch, daß man das Kind auf einem Stuhl knien läßt, während es sich an der Stuhllehne festhält, ev. nach hinten neigt. Oder man läßt das Kind sich mit in der Lende gekreuzten Armen gegen die Wand lehnen. Unter die Absätze ist dabei ein Block von ca. 10 bis 12 cm Höhe, z. B. ein Ziegelstein zu legen. Das Kind steht dabei auf den Zehen. 15 Minuten genügen, damit der nächst gelassene Urin deutlich vermehrte Eiweißreaktion gegenüber dem vorher gelassenen Urin zeigt.

eine Apparatur anzubringen, um eine vorhandene Lordose zu beheben, erscheint uns nicht notwendig.

Wichtig ist eine günstige Beeinflussung des Nervensystems durch zweckmäßige Beschäftigung und Ablenkung, vor allem eine Ignorierung der Albuminurie vor dem Kinde. Wir betonen das, weil gerade hierin noch weitgehend gefehlt wird. Denn die Mehrzahl der Eltern hält die Albuminurie für den Ausdruck einer schweren Nierenerkrankung und kontrolliert sogar in Gegenwart des Kindes täglich den Eiweißgehalt des Harns, ja es sind uns sogar Kinder begegnet, die dazu angehalten waren, selbst die Harnkochprobe anzustellen. So werden Hypochondrie und Neurasthenie großgezogen. Neben der Ablenkung der Kinder von dem Phänomen ist deswegen auch die Einwirkung auf die Eltern wichtig. Man kann ihnen klarmachen, daß es sich nicht um eine Nephritis handelt, indem man vor ihnen durch die Lordose das Phänomen der Albuminurie auslöst (s. S. 436 Anm. 1). Es ist gerade bei dieser Anomalie notwendig, das Vertrauen der Eltern zu gewinnen, weil sie sonst von Arzt zu Arzt gehen und schließlich doch an einen geraten, der durch die Verordnung langdauernder Liege- und Milchkuren das Kind schwer schädigt. Vor allem sind die Eltern darauf aufmerksam zu machen, daß das Phänomen viele Jahre, ja Jahrzehnte fortbestehen kann, ohne je besondere Bedeutung zu gewinnen.

c) **Medikamentöse Therapie.** Zur Abdichtung des Nierenfilters ist Kalk empfohlen worden. Dieser hat aber keinen spezifischen Einfluß auf die Albuminurie. Wir verordnen ihn nur (s. S. 516), um dem Kalkbedürfnis besonders stark wachsender Kinder zu genügen. Ferner hat eine Arsenkur (s. S. 507) oft guten Erfolg auf das Allgemeinbefinden.

II. Nephritis.

1. Prophylaxe.

Bei den im Anschluß an akute Infektionskrankheiten oder Infektionen auftretenden Nephritiden ist eine Prophylaxe nur in beschränktem Maße möglich. Es hängt wesentlich vom Charakter der Infektion und von konstitutionellen Momenten ab, ob eine Komplikation von seiten der Nieren eintritt. Eine alimentäre Prophylaxe scheint es nicht zu geben. So sehen wir beim Scharlach, daß es für die Entstehung einer Nephritis gleichgültig ist, ob die Kinder während des Scharlachs ausschließlich mit Milch oder mit gemischter Kost einschließlich Fleisch ernährt werden. Da die kindlichen Nieren sehr leicht toxischen Einflüssen unterliegen, müssen wir bei der Behandlung Medikamente vermeiden, welche eine Nierenreizung hervorrufen, z. B. Teer und Naphthol. Bleihaltiges Spielzeug muß der Kinderstube fernbleiben.

Während wir die Entstehung einer Nephritis im Verlaufe einer akuten Infektionskrankheit nicht verhüten können, liegt es bis zu einem gewissen Grade in unserer Hand, von vornherein darauf hinzuwirken, daß der Ablauf der Nephritis leichter wird. Schon die ausreichende

Durchspülung des Organismus während der akuten Infektion mit reichlichen Mengen Wassers, wodurch toxisch wirkende Stoffe verdünnt und schneller ausgeschieden werden, ist in gewissem Grade eine prophylaktische Maßnahme. Erfahrungen bei Scharlach und der Kriegsnephritis, einer Glomerulo-Nephritis, haben darüber belehrt, daß wir durch weitgehende Schonung des Patienten im Beginn der Erkrankung den Verlauf insofern beeinflussen können, als schwerere Erscheinungen sich seltener einstellen und die Abheilung leichter erfolgt. Wir müssen im akuten Stadium Maßnahmen vermeiden, die mit Muskelanstrengungen und Erschütterungen einhergehen. Wenn ein an akuter Nephritis Erkrankter genau so wie ein Schwerverwundeter behandelt wird, ist das für den Verlauf günstig. Auch unter diesen Gesichtspunkten ist strengste Bettruhe des scharlachkranken Kindes durch mehrere Wochen hindurch von Bedeutung. Da wir im Verlaufe des Scharlachs nicht nur mit dem Auftreten einer Glomerulo-Nephritis, sondern in ihrem Gefolge auch mit einer Urämie rechnen müssen, werden wir die Diät von vornherein eiweiß- und salzarm gestalten und den größten Teil des Kalorienbedarfs des scharlachkranken Kindes durch Kohlehydrate und Fette bestreiten. Wir werden also die nierenschonende Diät nicht erst nach dem Ausbruch der Erkrankung, sondern schon vorher einführen, denn es dürfte seltener zu urämischen Komplikationen kommen bzw. diese werden günstiger verlaufen, wenn der Stoffwechsel nicht zu sehr mit Eiweißabbauprodukten und Salzen überlastet ist. Auch insofern kann man vorbeugen, als man in Fällen, bei denen keine Gegenindikation vorliegt, während der Infektion mit sanften Schwitzprozeduren anfängt. Diese Maßnahme hat den Zweck, die Schweißdrüsen in Gang zu setzen, weil bekanntlich gerade die ersten Schwitzbäder selbst beim Gesunden wirkungsloser sind als bei Wiederholung. Diese Vorbereitung wird man bei leichteren sporadischen Fällen als auch während einer schwereren Scharlachepidemie mit häufigen Nierenschädigungen empfehlen.

2. Therapie.

Bekanntlich hat die Pathologie der Nephritis in den letzten Jahren eine Neubearbeitung erfahren. Die verschiedenen Formen wurden strenger abgegrenzt, die funktionelle Diagnostik wurde erweitert und auf Grund ihrer Ergebnisse versucht, die Diätetik dem einzelnen Fall bzw. seinem Stadium strenger anzupassen. Für die Kindernephritis sind diese Fortschritte weniger von Bedeutung, weil das Problem hier einfacher liegt. So fehlen im Kindesalter die sklerosierenden Formen so gut wie ganz. Dadurch wird nicht nur die Systematik bedeutend vereinfacht, auch die einzelnen Bilder sind schon klinisch leichter zu fassen. Wir kennen im Kindesalter sowohl die leichtere Form der Nierenerkrankung, die Nephrose, z. B. bei Diphtherie, als auch die schwerere Form, die Glomerulonephritis wie beim Scharlach und der Angina. Damit sind die Haupttypen erschöpft. Manche chronische Formen sind nicht leicht einzureihen, wie die eminent chronisch verlaufende Pädonephritis. In der Therapie folgen wir seit jeher bewährten Bahnen und haben angesichts sehr guter Erfolge keinen Grund, andere anscheinend nicht ganz ungefährliche Wege einzuschlagen, wie z. B. Durstkuren, Wasserstoß im Stadium der Urämie. In chronisch verlaufenden Fällen werden wir die Indikation für die Diät dadurch schärfer treffen, daß wir uns funktioneller Proben, der Konzentrationsprobe, der Verdünnungsprobe, der Wasserausscheidungsprobe, der Eliminationsprobe für Kochsalz bedienen. Wir erwähnen hier die Methodik, wie sie sich bei Versuchen an Kindern bewährt hat.

a) Nierenfunktionsprüfung bei Kindern.

Vorperiode.

Mehrere Tage lang werden die Urinmenge, das spezifische Gewicht, die Kochsalzkonzentration bei normaler Kost bestimmt. Bei Störung der drei Funktionen findet sich meist eine verhältnismäßig geringe Urinmenge mit konstant ziemlich niedrigem spezifischen Gewicht und geringer Kochsalzkonzentration, etwa 0,3%. Die Kochsalzausscheidung bleibt etwas hinter der Einnahme zurück. Bei normaler Funktion sind schwankendes spezifisches Gewicht und etwas höhere Kochsalzkonzentration zu beobachten.

Verdünnungsversuch.

Morgens im Laufe von 1/2—1 Stunde läßt man die Kinder 3/4 Liter Wasser mit etwas Fruchtsaft trinken. In den folgenden 6 Stunden werden die Urinportionen von je 2 Stunden getrennt gesammelt, dann 3stündliche Portionen bis zum Abend. Der 12stündige Nachturin wird gesondert. Bestimmung von Menge und spezifischem Gewicht in jeder dieser 6 Portionen ist vorzunehmen.

Ergebnis: a) Bei normaler Funktion wird der größte Teil der Wasserzulage schon innerhalb der ersten 2—4 Stunden ausgeschieden. b) Bei verzögerter Ausscheidung wird dazu der ganze Tag und die ganze Nacht gebraucht, zuweilen auch der nächste Tag. Das spezifische Gewicht sinkt nicht so stark wie unter normalen Verhältnissen.

Konzentrationsversuch.[1]

Einen Tag lang möglichst Trockenkost (keine Breie, keine Flüssigkeiten). Tagesurin und Nachturin werden getrennt aufgefangen.

Ergebnis; a) Bei normaler Konzentrationsfähigkeit starke Verminderung der Urinmenge und starke Erhöhung des spezifischen Gewichts auf 1030 und darüber.

b) Bei gestörter Konzentration weniger deutliche Minderung der Urinmenge. Das spezifische Gewicht steigt kaum auf 1010.

Kochsalzversuch.

Man läßt das Kind morgens 4—6 g Kochsalz in Oblaten schlucken und hält die Flüssigkeitszufuhr nicht größer als an normalen Tagen. Tagsüber 3stündlich Urinportion, Nachturin in einer Ration.

Ergebnis: a) Bei normaler Kochsalzausscheidung wird die Zulage im Laufe eines Tages eliminiert, allenfalls noch die gleiche Nacht dazu genommen. Dabei steigt die prozentuale Kochsalzkonzentration im Urin auf 1%, zum Teil sogar noch höher.

b) Bei gestörter Ausscheidung wird die Zulage auch im Laufe von 2 Tagen noch nicht eliminiert, sondern zum Teil unter Gewichtszunahme retiniert. Die Kochsalzkonzentration im Urin steigt kaum auf 0,5%. Zur Not kann die Beobachtung des spezifischen Gewichts die Analyse des Chlorgehalts ersetzen.

---

[1]) Siehe auch S. 200 bei Diabetis insipidus.

Zulage von 10 g Harnstoff.

Versuch und Beurteilung des Ergebnisses sind die gleichen wie bei Kochsalzanwendung.

So sehr wir die Anstellung dieser Proben in der Beurteilung zweifelhaft chronisch verlaufender Fälle befürworten, von der Prüfung der Ausscheidung körperfremder Stoffe sehen wir ab, da wir uns für die Therapie davon vorläufig keinen Nutzen versprechen. Ebenso haben wir für die therapeutische Indikation noch nicht notwendig gehabt, Reststickstoffbestimmungen im Blute vorzunehmen.

Wir besprechen die Therapie bei den akuten und chronischen Entzündungen getrennt, obwohl die Abgrenzung manchmal künstlich ist. Nach 8—10 Wochen langem Bestehen wird man jedoch mit Recht von einem chronischen Verlauf sprechen können. Als chronisch bezeichnen wir auch jene Fälle, welche sich nicht etwa an eine akut einsetzende Manifestation anschließen, sondern fast vollständig unter der Schwelle klinischer Erkennbarkeit verlaufen und nur erkannt werden, wenn auf ganz unbestimmte Symptome hin eine genaue Harnuntersuchung vorgenommen wird. Wir akzeptieren die Einteilung in Nephrosen und Glomerulo-Nephritiden. Nephrosen sind dadurch charakterisiert, daß im Sediment kein Blut vorhanden ist, sondern neben Eiweiß lediglich Epithelien und Leukozyten, bei denen keine Retention von Stickstoffschlacken besteht, die Funktionen im allgemeinen gut erhalten sind, aber eine Ödembereitschaft vorhanden ist, für die besonders auch extrarenale Faktoren maßgebend sind. Die leichtesten Formen dieser Nephrosen stellen die febrilen Albuminurien dar. Im Gegensatz dazu ist die Glomerulo-Nephritis eine Erkrankung der Nieren, bei der Blut im Harn entleert wird und über kurz oder lang eine Blutdrucksteigerung eintritt. Die Funktionen sind mehr oder minder gestört, vor allem die Konzentrationsfähigkeit. Es kommt leicht und schnell zur Stickstoffretention und zur Urämie. Sekundär kann die Glomerulo-Nephritis nephrotischen Einschlag erhalten, sich mit Ödemen kombinieren. Beispiel für eine Nephrose ist die Nierenerkrankung bei Diphtherie, für die Glomerulo-Nephritis die Nierenerkrankung bei Scharlach.

Ätiologische Therapie ist in allen Fällen möglich, in denen wir der zugrundeliegenden Infektion beikommen können, so bei Pyodermien, Tuberkulose, besonders bei Lues. Die antiluetische Behandlung hat bei den durch besonders starke Eiweißausscheidung charakterisierten luetischen Nephritiden schnellen Erfolg. Besteht der Verdacht, daß eine chronisch hämorrhagische Nephritis durch eine vom Mund bzw. Nasenrachenraum ausgehende Infektion unterhalten wird, dann müssen wir die Eingangspforte wie unter Herzkrankheiten S. 423 beschrieben, behandeln, Tonsillen und unter Umständen adenoide Vegetationen gründlich entfernen (cf. auch S. 394). Medikamente, auf die eine toxische Wirkung auf die Nieren zurückgeführt werden könnte, sind auszusetzen, giftiges Spielzeug ist zu entfernen.

Einen Unterschied der Prinzipien in der Behandlung der Nephritis beim Säugling von der Nephritis beim älteren Kinde gibt es nicht. Für an Nephritis erkrankte Säuglinge, mag es sich um eine Glomerulo-Nephritis oder eine Nephrose handeln, ist Frauenmilch die beste Heilnahrung. Sie stärkt die Immunität des Organismus, der bei dieser Ernährung leichter mit der zugrundeliegenden Infektion fertig wird. Muttermilch erfüllt als eiweiß- und salzarme Ernährung jede Indikation, die wir vom diätetischen Standpunkt sowohl bei der Behandlung der Glomerulo-Nephritis als auch bei der Nephrose stellen müssen. Bezüglich der Verwendung der Kuhmilch gelten dieselben Gesichtspunkte wie beim älteren Kinde (s. unten). Die Nephrose bei Darmintoxikation heilt bei Behandlung des Grundleidens in 1—2 Tagen.

Wir besprechen im folgenden die Therapie der Nephrosen und der Glomerulo-Nephritis getrennt.

b) Akute Nephrose.

Bei der Nephrose haben wir es im allgemeinen mit einer guten Funktion der Nieren zu tun. Die Urämiegefahr ist gering. Das Kind darf daher Eiweiß in der seinem Alter entsprechenden Quantität zu sich nehmen. Zu beschränken ist lediglich die Kochsalzzufuhr und bis zu einem gewissen Grade auch die Flüssigkeitszufuhr. Reine Milchdiät ist deshalb kontraindiziert. In einem Liter Milch befinden sich ungefähr 1,7 g Kochsalz; das kann für eine schwere Nephrose mit Ödem bereits zu viel sein. Um das ältere Kind mit Milch kalorisch ausreichend zu ernähren, würde man mindestens 2—3 Liter Milch brauchen. Diese enthalten fast 5 g Kochsalz, also bedeutend mehr als die Niere bewältigen kann, aber mit Rücksicht auf die Ödembereitschaft auch viel zu viel Wasser. Man soll den Kindern nicht mehr als ungefähr 1200—1500 g Flüssigkeit geben, wobei man Obst und Gemüse nach ihrem vollen Gewicht an Flüssigkeit rechnet. Man wird nicht mehr Milch geben als höchstens $^1/_4$—$^1/_2$ l, kann aber die Kinder auch so gut wie milchfrei ernähren, und ihren Kalorienbedarf anderweitig decken. Man gibt Brot, Butter, Gemüse, Kartoffeln, Reis, Zwiebäcke, rohes und gekochtes Obst, natürlich auch etwas Fleisch und Käse und hält auf diese Weise den Salzgehalt der Nahrung so niedrig wie möglich. Da die meisten Nahrungsmittel in rohem Zustand salzarm sind und erst durch die Zubereitung kochsalzreicher werden, genügt es vollständig, wenn wir bei der Zubereitung der Kost die Zugabe von Salz vermeiden und ungesalzenes Brot und salzlose Butter verwenden.

Bei den allermeisten Nephrosen, wie sie im Verlauf der Diphtherie auftreten, deckt sich diese Kost schon von selbst mit der üblichen und im Augenblick möglichen. Sparsame Benutzung von Salz ist bei Fehlen jeder Ödemneigung gestattet und aus Gründen des Geschmacks oft geboten. Oft ist der Gesamtzustand des Kindes so schlecht, daß man über alles froh ist, was man ihm beibringt. Die Bedeutung dieser Nephrosen ist mehr die einer Warnung. Sie zeigt, daß das Diphtherie-Gift noch über die Dauer des Initialfiebers hinaus im Körper fortwirkt.

Bei Nephrosen können auch im Fall hochgradiger Ödeme Diuretika gegeben werden. Wir bevorzugen das Diuretin in Dosen von 1—2 g täglich. Man kann ja die notwendige Menge von 0,6 g ansteigend ausprobieren. Bei Anzeichen von Urämie, die bei der Nephrose selten sind, verhalte man sich genau so, wie wir das bei Glomerulo-Nephritis beschreiben, ebenso dann, wenn Herzschwäche hinzutritt. Die Herzschwäche der ersten 2—3 Wochen nach Diphtherie hat zu den Nierenleiden nur ausnahmsweise eine kausale Beziehung, wiewohl eine mehr oder weniger leichte Nierenaffektion dabei meist vorhanden ist. Das Kind soll so lange im Bett gehalten werden als das Allgemeinbefinden schlecht ist. Bessert es sich nach einigen Wochen, dann liegt nichts im Wege, das Kind aufstehen zu lassen. Größere Eiweißmengen im Urin sind keine Kontraindikation. Natürlich muß auch während des Tages öfter und länger Ruhe gehalten werden. Protrahierte warme Bäder sind für das Allgemeinbefinden günstig. Erkältungen müssen unter allen Umständen vermieden werden.

Diätbeispiel für kochsalzarme Kost bei Nephrose.

1. Frühstück:	200 g Vollmilch mit etwas Malzkaffee; 1—2 salzfreie Brötchen mit ungesalzener Butter geschmiert.
Vormittags:	1 salzfreies Brötchen mit ungesalzener Butter und Obst.
Mittags	100 g ungesalzenes Fleisch 200 g Gemüse und 100 g Kartoffelmus, nachher Kompott.
Nachmittags:	200 g Milch mit ungesalzenem Brötchen;
Abends:	Pudding mit Fruchtsauce; 1—2 salzfreie Brötchen.

c) Glomerulo-Nephritis.

Bei der Glomerulo-Nephritis sind wir gezwungen, viel energischer vorzugehen. Das Kind muß strengste Bettruhe halten. Die Diät muß eiweißarm sein und ist in ihrem Salzgehalt zu beschränken. Die Eiweißzufuhr in der Nahrung hat um so geringer zu sein, in je beträchtlichere Nähe die Urämiegefahr rückt. Die Menge Eiweiß, die in einem Liter Milch vorhanden ist, also 35 g, wäre für das im akuten Stadium der Glomerulo-Nephritis befindliche Kind zu viel. Wir würden hier höchstens 10 g Eiweiß konzedieren, also nicht mehr als $^1/_3$ l Milch. Sonst muß das Kalorienbedürfnis mit Schleimsuppen, Buttersemmel, Obst, Haferflocken- oder Gerstensuppen, denen etwas Milch zugesetzt und in die unmittelbar vor dem Essen etwas Butter angerührt wird, so gut wie möglich befriedigt werden. Erst wenn das akute Stadium vorüber, die Niere in ihrer Funktion erstarkt ist, dann dürfen wir mehr Eiweiß zuführen. Stellen sich bei der Glomerulo-Nephritis Vorboten der Urämie ein, so müssen wir Eiweiß und Salz aus der Kost so gut wie vollständig streichen. Man kann das tun, indem man dem Kinde 2 Tage nichts anderes gibt als reichlich mit Zucker gesüßtes Saftwasser. Auch die Ernährung mit stark gesüßten Kompotts erlaubt, dem Kinde eine große Menge Kalorien in unschädlicher Form zuzuführen und dabei doch seinen Geschmack zu treffen. Es ist natürlich nicht ganz leicht, bei der gewöhnlich vorhandenen Appetitlosigkeit und einer gewissen Brechneigung dem Kinde die notwendige Nahrungsmenge zuzuführen. Die Tagesmenge an Zucker beträgt für ein 6—10jähriges Kind etwa 150 g. Bei Abneigung gegen zu starke Süßung könnte man sich natürlich auch des Milchzuckers bedienen. Auch etwas Zitronensaft erleichtert die Einnahme. Wie schon betont, ist der wichtigste Punkt ausreichende Wasserzufuhr. Wir halten bei allen Erkrankungen des Kindesalters eine gründliche Wasserspeisung des Organismus für notwendig. Wir lehnen jede Durstkur ab, wenn sie auch neuerdings für die Behandlung der Urämie empfohlen wird. Auf Grund unserer Erfahrungen von der Gefahr der Wasserverarmung des kranken Kindes haben wir keine Lust, uns davon zu überzeugen, ob eine Durstkur möglich sei, sondern sind der Meinung, daß das an Glomerulo-Nephritis erkrankte, in Urämiegefahr befindliche Kind ausreichend Wasser erhalten muß, auch wenn Ödeme bestehen. Außer strenger Bettruhe, der angegebenen eiweißarmen Diät und guter Wasserdurchspülung des Organismus sind in dem ersten komplikationslosen Stadium keine weiteren Maßnahmen als das später beschriebene Schwitzen notwendig. Aktiveres Eingreifen ist erst geboten, wenn sich die Vorboten der Urämie zeigen bzw. die Urämie ausgebildet ist.

Vorurämisches Stadium. Gegen die den urämischen Erscheinungen oft lange vorhergehende Trinkunlust kann nur pädagogisch vorgegangen werden. Leichtere Formen des Erbrechens lassen sich durch pädagogische Ablenkung, durch einen energischen Arzt oder eine Schwester oft noch zum größten Teil ersticken. Es entspringt mehr dem allgemeinen Ekelgefühl als einer unbedingten Notwendigkeit; bei stärkerem Erbrechen gebe man reichlich warme Getränke. Durch Brechen wird kaum alles entleert, so daß wenigstens etwas resorbiert wird. Schluckweises Trinken kalter Flüssigkeit leistet kaum soviel und kühlt den Körper überflüssig ab. Bei nicht genügender Wasseraufnahme per os kann man auch 2mal täglich, namentlich vor eventueller Schwitzprozedur, bis 1 l körperwarmen russischen Tee mit Irrigator und etwas längerem Gummischlauch, weicher Ösophagussonde (wie für Erwachsene) in den Mastdarm eingießen. Durch Kompression des Anus kann man, während das Kind schon zum Schwitzen eingepackt ist, unter energischem Zureden die ganze Menge halten. Von dem, was etwa $^1/_2$ oder $^3/_4$ Stunde festgehalten ist, ist der größte Teil resorbiert. Außerdem ist der Drang bei gutem Willen dann leichter zu unterdrücken. Eine Ausnahme bilden einzelne Fälle mit urämischen Durchfällen. Als Getränke benütze man heiße, eventuell gesüßte Tees, im Notfall jedes Wasser. Die dünnen muriatischen Säuerlinge sind mit Rücksicht auf ihren Salzgehalt vielleicht mit Unrecht obsolet geworden, haben jedenfalls nur dann einen gewissen Vorteil, wenn sie bei Erbrechen leichter im Magen behalten werden als andere Getränke. Eventuell kann man sie durch Zufügung von ganz wenig heißer Milch und Zucker dem Kinde angenehmer machen.

Bezüglich der Schwitzprozeduren werden verschiedene Ansichten eingenommen. So wird behauptet, daß Schwitzprozeduren bei beginnender Urämie den urämischen Anfall auslösen und den Kollaps herbeiführen können. Wir halten Schwitzprozeduren auch bei durch die Krankheit stark mitgenommenen Kindern im urämischen Stadium für indiziert.

Freilich muß bei fraglichem Herzzustand der Arzt die Wirkung zunächst kontrollieren.

Schwitzkur. Schon sobald Ödeme sich zeigen, beginne man mit der Schwitzkur. Als Schwitzprozedur sind heiße Bäder 35—36° 10 Minuten lang anzuwenden, dann wird der Patient in eine wollene Decke eingeschlagen und in dem vorher durch Wärmeflaschen erwärmten Bett dick umhüllt. Die Wärmeflaschen müssen sorgfältig eingepackt sein und mindestens einen Fuß breit vom Körper entfernt liegen, da der ödematöse Kranke Verbrennung nicht sofort fühlt. Nachschwitzen 1—$1^1/_2$ Stunden. Trockenreiben, Anziehen. Statt des Bades heiße Einpackungen: Eine Wolldecke wird auf dem leeren Bett ausgebreitet. Ein großes Laken in Wasser getaucht, so heiß es Hände aushalten können, schnell ausgedrückt und auf dem wollenen Tuch ausgebreitet. Ein Helfer legt schnell das entkleidete Kind hinein, das vom Hals bis zu den Füßen eingepackt wird. Federbett und dicke Decken sind darüber zu legen.

Bei fiebernden Kindern mit roter heißer Haut kann man statt der warmen Packungen eine kühle (25° C) machen und durch besonders sorgfältige warme Eindeckung für nachträgliche Erwärmung bis zum Schwitzen sorgen.

Die beste und sicherste Methode ist das Heißluftbad (s. Technik).

Alle andern Prozeduren verlangen ein besonders schnelles Arbeiten, beim heißen Bad auch noch eine Badewanne, die möglichst in der Nähe des Bettes ist. Ferner sind Patienten mit Atemangst durch die Einpackung, die recht fest sein muß, sehr behindert. Dagegen kann man bei Hochfiebernden, bei Kindern mit Atemangst, besonders aber bei sich eiskalt Anfühlenden die Schwitzprozeduren auf folgende Weise erfolgreich durchführen: Die Kinder werden nackt bis zum Halse in einen einfach konstruierten Heißluftapparat hineingelegt. Sind sie sehr unruhig, so genügt, daß sie nur bis zur Achselhöhle darin liegen und die Arme durch eine von vorn angezogene Jacke bedeckt haben. Die Temperatur kann man bis 60°, später sogar höher steigen lassen. Doch bedarf es keiner genaueren Messung. In Arbeiterfamilien haben wir uns folgendermaßen beholfen: Ein leicht gebogenes Ofenrohr, an dem unten 3 Füße von 30 cm Höhe angelötet waren, bekommt an das freie gebogene Ende eine Asbestplatte herumgewickelt und wird so unter das Fußende der Decke geführt. Um einen Hohlraum unter der Decke herzustellen, werden 3 Rohrstöcke bogenförmig durch Einschieben zu beiden Seiten der Matratze angebracht, dann eine dicke Decke darüber gelegt, die an den Rändern und unter der Achsel bzw. am Halse des Kindes fest abschließen muß. Als Wärmequelle dient eine gewöhnliche Flurlampe. Dauer des Schwitzbades anfangs 30 Minuten 2mal täglich. Es ist selbstverständlich, daß wir ein schwitzendes Kind nicht allein lassen dürfen. Klagt es zu sehr über Hitze, so entferne man die Lampe einige Minuten.

Die Hausdampfbäder sind entweder weniger energisch oder leicht gefährlich. Vorbedingung jeglichen Schwitzens ist, daß der Patient vorher und während desselben reichlich Flüssigkeiten trinkt, gegebenenfalls vorher per anum mit Flüssigkeit gespeist ist.

Flüssigkeitsspeisung und Schwitzen genügen bei beginnender Urämie. Wenn Kopfschmerzen und Erbrechen trotzdem zunehmen, selbstverständlich bei Krämpfen oder Erblindung, ist sofort eine starke Blutentnahme notwendig. Sie geschieht am besten durch Aderlaß. Eine Gummi- oder Trikotbinde wird so um den Oberarm gelegt, daß die Kubitalvene stark hervortritt, eine Kanüle, etwa von dem Kaliber, wie wir sie bei Empyempunktion brauchen, flach in die Vene eingestoßen. Wo dies nicht gelingt, muß ein kleiner Längsschnitt auf der Vene ausgeführt, die bloßgelegte Vene durch Querschnitt geöffnet werden. Es werden ungefähr 200 ccm Blut entleert, die Kanüle wird herausgezogen oder die Wunde durch einen Gazetupfer komprimiert, während man gleichzeitig die Binde löst. Es ist wünschenswert, daß vor und nach dem Aderlaß Wasser per os oder anum, oder wie es bei diesen Kranken oft notwendig sein kann, durch subkutane Kochsalzinfusion zugeführt wird.

Natr. chlorati (5,0)
Natr. bicarbon. 5,0
Aq. destill. 1000,0

Ringerlösung:	Natr. chlorat.	7,0
	Kal. chlorat. Calc. chlorat. Natr. bicarbon.	ää 0,2
	Aq. dest. ad	1000,0

Neuerdings werden Infusionen von Zuckerlösung wohl mit Recht bevorzugt. Man bedient sich hierzu einer 7%igen Lösung reinen Traubenzuckers, die man sorgfältig sterilisieren muß. Noch besser und bequemer benutzt man den Invert-Zucker, der unter dem Namen Kalorose von der chemischen Fabrik in Güstrow in den Handel gebracht wird. Ein Röhrchen wird in 1 l kochenden Wassers entleert. Wenn trotz des Aderlasses der Krampfanfall sich wiederholt oder Kopfschmerz sehr intensiv bleibt, ist Spinalpunktion zu raten.

Die Wirkung des Aderlasses äußert sich vornehmlich auch im Wiedereintreten des Schweißes, und dieser Umstand muß sofort ausgenutzt werden durch Schwitzen mit gleichzeitigen kühlen Umschlägen auf Kopf und Hals. Kontraindikation gegen Schwitzen ist nur das augenblickliche Bestehen von Krämpfen. Eine Stunde nach deren Aufhören ist bereits ein vorsichtiges heißes Luftbad gestattet. Ist der urämische Anfall überwunden, dann kommt es gewöhnlich außerordentlich bald zur Besserung.

Solange der Urin noch hämorrhagisch bleibt, ist Bettruhe nach dem Ablauf der akuten Glomerulo-Nephritis unbedingt geboten. Solange Blut in größerer Menge im Urin ausgeschieden wird, müssen auch alle Maßnahmen vermieden werden, die mit Muskelanstrengungen und akuten Erschütterungen einhergehen. Bei hämorrhagischem Urin empfehlen wir, die Bettruhe mindestens während 4 Monaten aufrecht zu erhalten. Dann soll langsam versucht werden, wie weit Bewegung und Aufstehen ohne allzu große Rückwirkung auf die Nephritis möglich sind. Kontrolle des Sediments und Eiweißgehalts nach den Aufstehproben ist geboten.

Natürlich wird man, wenn es halbwegs möglich ist, die Kinder nicht nur im Zimmer halten, sondern Liegekuren im Freien einführen. Das Herausbringen an die frische Luft, spätestens von der 10. Woche ab, muß ohne Abkühlung des Kindes durchgeführt werden.

Urämie mit Myokarditis.

Eine besondere Therapie erfordert das urämische Krankheitsbild, das in Kombination mit Myokarditis entsteht. Es ist charakterisiert durch klares Bewußtsein, Pulslosigkeit, Anurie, Orthopnoe, Ödeme mittleren Grades, Eiskälte, dauerndes Erbrechen und Durchfälle. Zuführung von Arzneimitteln ist per os und per anum so gut wie unmöglich. Bei der Atemangst und Pulslosigkeit sind Zwangsmaßregeln besser zu unterlassen. Subkutane Injektionen sind von fraglicher Wirkung, da deren Resorption zumindest sehr verlangsamt ist. Venöse Injektion ist bei Enge der Vene selbst bei Inzision sehr erschwert. Die einzige wirksame Methode ist Erwärmung, die höchstens mit Heißluftbad, das man so einrichtet, daß das Kind sitzen kann, oder im tiefen Bad, gelingt, z. B. in einer Tonne, in der ein kleiner Sitz innen angebracht ist. Die Dauer des Bades betrage 2 mal täglich eine Stunde. Heiße Getränke sind ohne Rücksicht auf Erbrechen zu verabfolgen, Koffein in kleinen häufigen Dosen

Coffein natr. benzoic. (2,0)	100,0
Liq. Ammon. anis.	2,0
Sir. ad	120,0
M. Ds. 1stdl. 5 g.	

Die Todesangst wird bei älteren Kindern am besten durch Champagner gelindert. Auch empfehlen wir in diesen Fällen, ja auch dann, wenn die Kinder durch hochgradige Brechneigung sehr geplagt werden, Injektion kleiner Mengen Morphium (2—5 mg) je nach dem Alter des Kindes. Auf diese Weise gelingt es aber nur einzelne Fälle zu retten.

d) Chronische Nephritis.

Wie schon erwähnt, fehlen unter den chronischen Nephritiden im Kindesalter die Nierensklerosen so gut wie ganz. Jedenfalls sind sie äußerst selten. Ein Teil geht wohl aus akuten Nephrosen bzw. akuten Glomerulo-Nephritiden hervor. Für einen anderen Teil, der entweder nach dem Typus der Nephrosen oder nach dem Typus der Glomerulo-Nephritiden verläuft, läßt sich ihr Ursprung nicht immer klar feststellen. Eine Sonderstellung nimmt die von Heubner beschriebene Pädonephritis ein, die leichteste Form der chronischen Nephritis im Kindesalter, bei der lediglich unbestimmte Symptome, ungefähr die gleichen wie bei der Scheinanämie, vorhanden sind, und über welche erst die Untersuchung des Urins Aufschluß gibt. Zu den allergrößten Seltenheiten gehört die genuine Schrumpfniere bzw. eine von einer Pyelonephritis ausgehende, zur Schrumpfung führende chronische Entzündung.

Wo eine ätiologische Behandlung möglich ist, muß sie versucht werden. In dieser Beziehung beansprucht in unklaren Fällen die Behandlung des Nasenrachenraums Bedeutung. Das betrifft aber wohl nur die chronischen, hämorrhagischen Nephritiden. Wir verweisen auf das schon S. 440 und S. 423 Gesagte. Da behauptet wird, daß eine beginnende Tuberkulose Bilder vom Charakter der Pädonephritis hervorrufen könne, empfehlen darauf zu fahnden und eine entsprechende Behandlung einzuleiten. Im allgemeinen ist jedoch das Feld der ätiologischen Therapie eng umgrenzt. Man kann sich lediglich darauf beschränken, das Kind vor Schädigungen zu bewahren, die erfahrungsgemäß Nephritiden auslösen bzw. verschlimmern. Dazu gehören in erster Linie die Erkältungen und Durchnässungen des Körpers. Wir müssen andererseits bei einer so eminent chronisch verlaufenden Erkrankung keinen Eingriff vornehmen, der, ohne eine Gewähr für Heilung zu bieten, die Lebensfreude des Kindes zerstört. Dauernde Liegekuren bei chronischen Nephritiden, soweit das Allgemeinbefinden nicht in einer Weise gestört ist, die die Bettlage erzwingt, sind daher zu verwerfen. Man verordne lediglich längere Ruhepausen während des Tages, greife aber in das Spiel und das Leben des Kindes so wenig wie möglich ein. Starke körperliche Anstrengungen durch Sport verbieten sich gewöhnlich von selbst. In allen Fällen wird man sie untersagen und in dieser Beziehung ein chronisch nierenkrankes Kind ungefähr so behandeln wie ein herzkrankes. Wir verweisen auf S. 432.

Die Diät wird bei den chronischen Glomerulo-Nephritiden, die zu Blutdrucksteigerung führen, bei denen die Gefahr von Retention von Stickstoffschlacken besteht, die hingegen das Auftreten von Ödemen weniger befürchten lassen, eine andere sein müssen wie bei der Nephrose, bei der gerade in der Diätetik wieder die Ödembereitschaft zu berücksichtigen ist. Für beide Arten von Nierenentzündungen ist jede einseitige Kost von Übel, für beide eine einseitige Milchdiät kontraindiziert. Vielmehr ist eine gemischte Kost am Platze, deren Zusammensetzung am besten auf Grund der Nierenfunktionsprüfung geregelt wird. Bei der chronischen Nephrose, so lange Ödembereitschaft besteht oder Ödeme vorhanden sind, werden wir eine gemischte Kost geben, die möglichst wenig gesalzen ist, keinesfalls mehr als ungefähr 5 g Kochsalz enthält. Dabei spielen süße Obst- und mit $^1/_2$—1 Ei gebundene Mehlspeisen notgedrungen eine größere Rolle. Wir müssen also dem Kinde eigentlich gar keine Beschränkung in der Kost auferlegen, werden aber keinesfalls mehr als $^1/_2$ l Milch pro die und sonst die gemischte Kost des gesunden Kindes geben. Die Menge der zugeführten Flüssigkeit soll 1—1$^1/_4$ l betragen. Bestehen allerdings sehr hochgradige Ödeme, dann kann man gezwungen sein, eine Zeitlang mit dem Salzgehalt noch weiter herunterzugehen, ihn auf 2—2$^1/_2$ g pro Tag zu beschränken und die täglich zugeführte Flüssigkeitsmenge auf $^1/_2$—$^3/_4$ l herabzusetzen. Auch können einige Tage, in denen nur Trockenkost gegeben wird, z. B. Buttersemmeln mit etwas Käse und Fleisch, eingeschoben werden, um den Organismus zu entwässern. Daneben wird man ein Diuretikum, am besten Diuretin gebrauchen. Bettruhe und Schwitzkur beschleunigen die Ausscheidung der Wasserdepots. Ergibt die Funktionsprüfung bei der chronischen Nephrose gutes Ausscheidungsvermögen für Wasser und Kochsalz, dann wird man die Diät der des normalen Kindes gleich gestalten können.

Bei der chronischen Glomerulo-Nephritis wird man nur dann Eingriffe in die Diätetik vornehmen, wenn die Funktionsprüfung einen Defekt ergeben hat. Hier wird man den Kochsalzgehalt der Nahrung im allgemeinen bei 5 g lassen können, bei Stickstoffretention hingegen die Eiweißmenge stark vermindern, vielleicht auf ein Drittel des Bedarfs (s. S. 13), und erst auf Besserung ganz allmählich zulegen. Während sich beim Erwachsenen lange Zeit hindurch bei der chronischen Nephritis eine eiweißarme Kost durchführen läßt, kann diese beim wachsenden Organismus zu schweren Ausfallserscheinungen führen, da das Wachstum ohne Eiweiß nicht möglich ist. Man wird deswegen immer wieder versuchen müssen, die Eiweißmenge der Norm, d. h. $1^1/_2$—2 g pro kg Körpergewicht zu nähern und dabei bleiben, wenn nicht die Verschlimmerung des Allgemeinbefindens wiederum zu einem Zurückgehen führt. Bei Kindern, bei denen kein besonderer Durst vorhanden ist, muß man bei der Glomerulo-Nephritis die Wassermenge nicht beschränken.

In extremen Stadien kann es notwendig sein, Herzmittel, vor allem Digitalis und Strophanthin zu geben, wenn sich Insuffizienzerscheinungen von Asthma und Dyspnoe einstellen. Ganz die gleiche Behandlung empfehlen wir bei den seltenen Fällen von Schrumpfniere.

Die chronische Pädonephritis zeigt keine Funktionsstörung der Niere. Wir halten daher bei dieser Form der Nephritis jedes Abweichen von der Diät des normalen Kindes für unnötig. Selbstverständlich kann man sich ja in jedem einzelnen Fall davon wiederum überzeugen, wie die Nierenfunktion gestaltet ist. Hingegen legen wir bei dieser Form der Nephritis den größten Wert auf die Hebung des Allgemeinzustandes. Sowohl Eisen als auch Arsen, Luftbäder und Sonnenbäder, auch Bestrahlungen mit künstlicher Höhensonne beseitigen zwar nicht das Symptom der Albuminurie und Zylindrurie, können aber das Allgemeinbefiuden außerordentlich heben. Die Kinder mit chronischer Pädonephritis soll man nicht als krank, sondern höchstens als schonungsbedürftig ansehen. Sie können in die Schule gehen, müssen aber, wie gesagt, vor Witterungsunbilden geschützt werden.

Der Karlsbader Kur wird nachgerühmt, daß sie einen günstigen Erfolg auf die Abheilung der chronischen Nephritiden im Kindesalter habe. Da die Empfehlung von autoritativer Seite stammt, würden wir, falls die äußeren Verhältnisse es gestatten, in jedem Fall dazu raten können, eine Karlsbader Kur, eventuell auch mit Lullusbrunnen, während des Sommers durchzuführen. Hingegen scheint uns der Erfolg einer Versetzung des Kindes nach Ägypten nicht so zweifellos zu sein, daß er einen derartigen Rat rechtfertigen würde.

Über die Erfolge der Dekapsulation der Nieren bei schweren chronischen Fällen haben wir kein eigenes Urteil. Bei der akuten Glomerulo-Nephritis lehnen wir diesen Eingriff ab, weil wir der Meinung sind, daß die große Mehrzahl unter den eingangs geschilderten Maßnahmen heilt. In chronischen verzweifelten Fällen kann man die Dekapsulation ja als Ultimum refugium betrachten und unter völliger Vorstellung der Gefahr den Eltern von der Operation nicht abraten.

Erkrankungen der abführenden Harnwege.

I. Pyelitis, Zystopyelitis, Zystitis.

1. Prophylaxe.

Eine Prophylaxe der Zystitis und Zystopyelitis im Kindesalter scheint uns nur in beschränktem Grade möglich zu sein. Vielleicht verdankt ein Teil der Fälle der Unsauberkeit im weitesten Sinne des Wortes seinen Ursprung, speziell auch dem Hineinpressen von Fäkalienschmutz in die Urethra beim unzweckmäßigen Reinigen der Analgegend der Kinder. Aber immerhin dürften das Ausnahmen sein. Ebenso kann die Einwanderung von Oxyuren in die Blase die Veranlassung zu einer Zystitis werden. Auch onanistische Manipulationen haben wir ursächlich anschuldigen müssen. Bei den genannten Ätiologien kann die Prophylaxe natürlich etwas leisten. Die große Mehrzahl der Fälle scheint aber doch einer lymphogenen oder hämatogenen Infektion ihren Ursprung zu verdanken. Hier gibt es keine Prophylaxe, außer vielleicht reichlicher Flüssigkeitszufuhr bei Infecten und Darmstörungen, die nach Ansicht einiger Autoren zur Pyelozystitis disponieren, aber unserer Erfahrung nach im Kindesalter in dieser Hinsicht keine besondere Rolle spielen. Schließlich sei noch als prophylaktische Maßnahme Schutz vor Durchnässungen und brüsken Abkühlungen des Körpers erwähnt.

2. Therapie.

a) Im Säuglingsalter. Im Säuglingsalter spielt bei der Therapie der Pyelozystitis die Ernährung eine bedeutsame Rolle insofern, als wir eine schnelle Heilung nur dort zustande kommen sehen, wo der Ernährungvorgang in richtige Bahnen gelenkt wird. Es handelt sich für die Ernährungsmaßnahmen darum, eine komplizierende Verdauungs- oder Ernährungsstörung, wie sie bei der Pyelitis sehr leicht zustande kommt, zu verhüten, eine bestehende Ernährungsstörung möglichst schnell zu beheben. Daß unter beiden Gesichtspunkten die Frauenmilch die gegebene Nahrung ist, bedarf nach unseren wiederholten Ausführungen kaum noch der Betonung. Aber gerade bei der Pyelitis bemerken wir wiederholt, daß medikamentöse Maßnahmen lange Zeit ohne Erfolg auf die Beschaffenheit des Harns bleiben, und der Erfolg erst dann eintritt, wenn längere Zeit Frauenmilch gegeben wurde. Bei Kindern im ersten Lebensjahre werden wir daher womöglich die Ernährung mit Frauenmilch wenigstens als Zwiemilchernährung durchzusetzen suchen. Steht Frauenmilch nicht zur Verfügung, dann werden sich die Ernährungsmaßnahmen dem Zustand des Kindes anzupassen haben. Besteht keine Verdauungs- oder Ernährungsstörung, genügen die gewöhnlichen Milchmischungen; eine vorhandene Ernährungsstörung wird ganz unabhängig davon, ob eine Pyelitis besteht oder nicht, nach den für ihre Therapie geltenden Prinzipien zu beheben sein. Wir betonen das an dieser Stelle, weil z. B. generell die Malzsuppe als die geeignete

Diät für pyelitiskranke Säuglinge empfohlen wurde, und zwar mit Rücksicht auf ihren Alkaligehalt, der auf die Abheilung des Nierenbecken-Blasenprozesses günstig einwirkt. Eine solche generelle Empfehlung halten wir für falsch. Wir werden Malzsuppe unbedingt in jenen Fällen verordnen, in denen eine leichte Atrophie mit harten Stühlen vorhanden ist. Hier erfüllen wir mit der Malzsuppe die Indikation der Behebung der Obstipation und der Heilung der Ernährungsstörung, was, ganz abgesehen von dem Alkaligehalt der Nahrung, für die Heilung der Pyelitis günstig ist. Liegt hingegen bei einem Kinde eine chronische Dyspepsie vor oder auch nur eine Neigung zu Durchfällen, besteht infolge schwerer Schädigung des Ernährungszustandes die Gefahr, daß die Malzsuppe infolge des reichlichen Kohlehydratgehaltes einen katastrophalen Durchfall hervorruft, der bei der Komplikation mit Pyelitis den Tod bringen kann, dann raten wir, im Falle Frauenmilch nicht zur Verfügung steht, zur Behandlung mit mit Eiweiß angereicherten Mischungen, um den gefährlichen Durchfall zu vermeiden.

Der Ernährungstherapie stellt die die Pyelitis sehr häufig komplizierende Anorexie noch eine besondere Aufgabe. Über ihre Behandlung siehe S. 371 u. f. Gerade bei der Pyelitis kommen wir wegen der oft hochgradigen Appetitlosigkeit um die Sondenernährung nicht immer herum und müssen uns davor hüten, sie etwa zu spät zur Anwendung zu bringen.

Das zweite bei der Behandlung der Pyelitis nicht minder wichtige Moment ist die Wasserspeisung des Organismus. Eine Reihe von Fällen kommt erst durch die komplizierende Exsikkation in einen schweren Zustand. Man denkt dem Tode verfallene Fälle vor sich zu haben mit Übertemperaturen, schweren Kollapsen, schwersten Darmerscheinungen, denkt an eine septische Vergiftung, und es handelt sich tatsächlich um nichts anderes als um eine Verdurstung des Kindes, was am allerklarsten der Erfolg der Wasserzufuhr zeigt. Mit einem Zauberschlage wandelt die Zufuhr von reichlichen Mengen Flüssigkeit das schwere Bild. Reichliche Durchspülung des Organismus mit Flüssigkeit ist für die Pyelitis aller Altersstufen eine unbedingte Notwendigkeit. Gelingt sie nicht durch das spontane Trinken des Kindes, dann durch die schon oft erwähnten Hilfsmittel (siehe S. 9). Der Arzt wird bei vernachlässigten Fällen gezwungen sein, in der Sprechstunde bereits durch Eingießen von $^1/_4$ Liter warmen Mühlbrunnens oder gewöhnlichen erwärmten Quellwassers die Austrocknung zu bekämpfen. Auch in allen anderen Fällen sorge man wenigstens in den ersten 2 Behandlungswochen dafür, daß die aufgenommene Flüssigkeitsmenge 1 l, nach 8 Monaten sogar $^5/_4$ l übersteigt.

Reichliche Zufuhr von Getränk und die dadurch zustande kommende gute Durchspülung der Nieren und ableitenden Harnwege genügen im allgemeinen nicht zur Heilung. Medikamentöse Therapie ist notwendig. Nach unseren Erfahrungen kommt man mit zwei Präparaten aus, von denen jedes für sich oder in Kombination Gutes leistet: Urotropinderivate und Salol. Jeder einzelne Arzt wird wahrscheinlich gewöhnt sein, mit einem besonderen Präparate zu arbeiten. Wir bevorzugen jetzt das Cystopurin und Amphotropin, daneben Hippol. Wir geben dieses Präparat wochenlang, auch noch über die Zeit hinaus, wo Leukozyten in vermehrter Menge im Urin vorhanden sind, ebenso beim Fortbestehen einer leichten Bakteriurie. Wir wechseln auch ganz zweckmäßig mit Salol ab, indem wir eine Woche Amphotropin, eine Woche Salol verabfolgen. Schädigende Einwirkungen von diesen Medikamenten haben wir niemals gesehen. Ob in manchen Fällen verstärkte Appetitlosigkeit durch die Präparate oder die Krankheit selbst bedingt ist, läßt sich schwer entscheiden. Wir haben auch niemals durch das Urotropin etwa eine Hämaturie oder eine Nephritis ausgelöst, wie solche Fälle beschrieben worden sind. Wenn man aber nicht für genügende Wasserzufuhr sorgt, so liegt ein solches Ereignis jedoch im Bereich der Möglichkeit.

Es scheint nicht notwendig, zur Wirksamkeit der Medikamente die Reaktion des Urins in irgend einer Weise zu beeinflussen. Es soll aber nicht bestritten werden, daß die Alkalitherapie Erfolge zeitigt. So sieht man mitunter bei vorläufig unwirksam bleibender medikamentöser Behandlung durch eine achttägige Alkalisierung des Urins eine Besserung eintreten. Nur Urotropin, nicht aber die genannten Derivate sind dabei unwirksam. Man gibt von Kalium-citricum 4 g, besser noch Natrium citric. und Kalium citric. āā 2. Auf dem Alkali beruht vielleicht die günstige Wirkung gewisser Mineralbrunnen. Obersalzbrunnen, Emser Kränchen, Biliner Wasser, eventuell auch Lullus- und Karlsbader Mühlbrunnen gebe man in Dosen von etwa 400 g pro Tag. Man kann diese Brunnen mit Saccharin gesüßt zwischen den Mahlzeiten verabreichen oder zur Bereitung der Milchverdünnung benutzen. Bei Neigung zu Durchfällen vermeide man die beiden letzteren. Die Alkalitherapie vermag auch restierende Erscheinungen mitunter ganz allein zu beseitigen. Ist alkalische Gärung des Harns eingetreten und trotz lange Zeit getriebener einseitiger Alkalitherapie Besserung bzw. Heilung nicht eingetreten, so versuche man diese dadurch zu erreichen, daß man neben der medikamentösen Behandlung den Urin sauer macht, und zwar durch Zufuhr von Fleisch, Preißelbeeren oder Acidum phosphoricum (2 g p. d.), mit reichlich Wasser verdünnt.

In schweren Fällen muß man auch noch symptomatisch eingreifen. Gerade jene Fälle, in denen die Nieren oft bis zu erstaunlich großen Tumoren geschwollen sind, in denen eine krampfhafte Bauchdeckenspannung besteht, die Kinder bei Berührungen oder dem Versuch, sie aufzusetzen, kläglich wimmern, Nackensteifigkeit das Bestehen einer Meningitis vortäuscht, kommt man um beruhigende Mittel nicht herum, ebensowenig in jenen Fällen, in denen offenbar sehr schmerzhafte Tenesmen die im allgemeinen ruhig daliegenden Kinder zu schmerzhaftem Aufschreien und beängstigenden Jaktationen veranlassen. Warme Prießnitz-Umschläge um den Leib, protrahierte warme Bäder, endlich aber auch Narkotika, Urethan, Opium-Suppositorien mit etwas Atropin (siehe S. 507) bringen die erwünschte Ruhe. Sofort muß auch die genannte medikamentöse Therapie einsetzen.

Komplizierende Meningitis serosa mit Krämpfen kann eine Lumbalpunktion notwendig machen. Schwere Hyperpyrexie benötigt antiphlogistische Maßnahmen in Form eines kühlen Wickels oder einer

Dosis von Pyramidon. Durch die Pyelitis ausgelöste spasmophile Krämpfe erfordern die Behandlung dieser Anomalie.

Die große Mehrzahl auch der schweren Fälle heilt bei dieser Behandlung aus. Manche allerdings haben eine monatelange Dauer.

Wir glauben nach unseren Erfahrungen nicht, daß Blasenausspülungen im Säuglingsalter den Krankheitsverlauf abkürzen. Wir würden uns zu diesen Blasenspülungen nur beim älteren Kinde entschließen, wenn die Lokalisation der Schmerzhaftigkeit direkt auf die Blase hinweist (Tenesmen), wenn die innere Therapie wirkungslos blieb.

Eine andere Frage ist es, ob wir die Vakzinetherapie einleiten sollen oder nicht. Wir haben unter einer Reihe so behandelter Fälle viele Mißerfolge, aber auch in 2 Fällen eklatante Erfolge gesehen. Als ultimum refugium, aber nur dann, wird die Vakzinetherapie immer ihren Platz behalten. Wir werden sie, wenn die Erkrankung monatelang unseren Maßnahmen widerstanden hat, in den Kreis der Erwägung zu ziehen haben, weil bei jahrelanger Dauer die Erkrankung mit Nierenschrumpfung und Urämie enden kann. Die Vakzinetherapie wird am besten mit dem aus dem Urin gezüchteten Erreger vorgenommen. Die Einspritzungen betragen 10 Millionen, 20—50 Millionen Keime alle 8 Tage. Komplikationen bei dieser Behandlung sind unter Umständen leichter Kollaps, Temperaturanstieg. Gerade bei den zur Heilung gekommenen Fällen haben wir diese Phänomene, die nicht weiter zu erschrecken brauchen, gesehen.

Um die Vakzine herstellen zu lassen, nimmt der Praktiker mit sterilem Katheter Urin aus der Blase und schickt ihn im sterilen Röhrchen, wie es zur Untersuchung der Wassermann-Reaktion geliefert wird, in ein bakteriologisches Institut, z. B. die Höchster Farbwerke. Von dort wird ihm die Vakzine geliefert.

Man wird bei Säuglingen immer wieder gefaßt sein müssen, daß irgend eine banale Infektion, eine gewöhnliche Grippe, die Krankheit auslöst und, um zeitig genug behandeln zu können, von vornherein bei fieberhaften Zuständen den Urin untersuchen. Denn es ist kein Zweifel, daß je früher die Behandlung beginnt, um so aussichtsreicher der Erfolg ist.

b) Beim älteren Kinde. Beim älteren Kinde kommen die gleichen therapeutischen Gesichtspunkte in Frage wie beim Säugling. Die Diät sei eine möglichst blande, frei von allen Gewürzen. Sie beschränke sich aber keineswegs auf Milch, sondern kann sämtliche Stoffe des Tier- und Pflanzenreichs, auch Fleisch enthalten. Beim älteren Kinde, bei dem die Affektion der Blasenschleimhaut häufiger im Vordergrunde steht als beim Säugling, sind wir auch keine grundsätzlichen Gegner der Ausspülungen, wenn die Symptome direkt auf die Blase weisen. Wir empfehlen von Lösungen: Ausspülung mit $2^0/_0$iger Borsäure-Solution, die mehr eine Reinigung der Blase bezweckt und nachher anstatt der schmerzhaften Argentum nitricum-Ausspülung eine Ausspülung mit Kollargol ($1^0/_{00}$ bis $1^0/_0$). Von den Blasenausspülungen wird berichtet, daß sie in manchen Fällen oft erst nach monatelanger Dauer den Erfolg zeitigen. Es scheint uns deswegen auch nicht sicher, daß man die schließliche Heilung als einen Erfolg dieser Therapie ansehen kann.

Wir halten es sehr wohl für möglich, daß bei einer derartigen Zeitdauer lediglich durch die Durchspülung des Organismus unter gleichzeitiger Alkalisierung aber auch versuchsweiser Ansäuerung (siehe S. 520) des Urins eine Ausheilung zustande gekommen wäre.

Bei der Kleidung der einmal erkrankt gewesenen Kinder wird man immer auf ein Warmhalten des Leibes zu achten und Erkältungen und Durchnässungen, die blitzartig von einem Rezidiv gefolgt sind, möglichst zu vermeiden haben.

II. Konkremente der Harnwege

siehe S. 206.

Erkrankungen der äußeren Geschlechtsorgane.

I. Vorhaut und Harnröhrenmündung.

Bis in die Mitte des 2. Lebensjahres besteht eine physiologische Phimose in individuell wechselndem Grade. Das innere Blatt der Vorhaut ist mit der Eichel locker verklebt. Neben dem Frenulum finden sich zu beiden Seiten Ansammlungen von Smegma. Doch sind weder ein Drängen oder Schmerzen beim Urinlassen, noch die beim Säugling häufigen Erektionen auf die Phimose zu beziehen. Das häufige Drängen junger Brustkinder hängt meist mit Darmstörungen zusammen. Es ist daher sinnlos, bei bruchkranken Säuglingen das die Heilung störende Drängen durch Phimosenoperation bessern zu wollen. Ekzem der Vorhaut und stärkere Entzündung sind durch mildere Mittel, nicht durch Operation zu beseitigen.

a) Ekzem. Das häufige Ekzem an der Öffnung des Präputiums kann man mit Argentum pinseln. Durch Aufstreichen einer indifferenten Salbe mehrmals am Tage heilt das Leiden leicht. Wenn Schmerzen beim Urinlassen bestehen, so genügt ein wenig Anästhesin oder Propäsin, das man entweder in Substanz aufpulvert oder als 5%ige Salbe aufträgt.

b) Entzündung des Präputiums. Das entzündete Glied wird leicht mit Vaseline eingestrichen, mit in essigsaure Tonerde getauchter Watte locker umgeben und mit Guttaperchapapier umwickelt. Durch einen Bindenstreifen, der um das Becken herumgeht, den Penis nur von unten umgreift, nicht aber um ihn gewickelt ist, wird das Glied in senkrechter Lage gehalten. Auf diese Weise verschwinden die stärksten posthornförmigen Schwellungen binnen 2 Tagen. Quillt aus der Vorhautöffnung ein eitrig aussehendes Sekret, das mikroskopisch jedoch nur wenig Eiterzellen enthält und zum Teil aus aufgeweichtem Smegma besteht, so führt man in die Vorhautöffnung die dünnste Nummer eines weichen Katheters so ein, daß die Spitze nicht in die Harnröhre eindringt, sondern durch das Präputium oben zwischen Glans und Haut zu tasten ist und spritzt den Vorhautsack mit flüssigem Paraffin aus. Dies Verfahren ist namentlich auch bei Knaben im Spielalter angebracht und braucht höchstens einmal wiederholt zu werden.

c) Isolierte Schwellung der Glans. Dieses Leiden ist wohl nur veranlaßt durch die Umwickelung des Penis im Sulkus mittels Pferdehaar, meist bei beschnittenen Kindern (Racheakt). Es ist daher hierauf zu fahnden. Auf zwischengeschobener Sonde versuche man das Pferdehaar zu spalten.

d) Pathologische Enge der Vorhautöffnung. Die Vorhaut bläht sich bei jedem Urinlassen stark auf, und der Urin entweicht nur im dünnsten Strahl oder tropfenweise. Die Behandlung besteht in der Spaltung der Phimose nach chirurgischen Regeln.

e) Phimose im späteren Kindesalter. Das Leiden ist verhältnismäßig selten und wird in der Mehrzahl der Fälle schon deswegen nicht in ärztliche Behandlung kommen, weil meist Beschwerden fehlen. Ist eine Paraphimose eingetreten, so genügt die Reposition. Die erfolgte Dehnung beseitigt wohl immer dauernd das Leiden. Zur Operation geben die Fälle Veranlassung, in denen Jucken durch leichtes Ekzem, dadurch erfolgende Erektionen oder onanistische Reize die Aufmerksamkeit auf das Leiden lenken. Ein Versuch, die Vorhaut gewaltsam manuell zurückzustreichen, darf einmal gemacht werden. Gelingt dies nicht, so läßt sich jedenfalls nach dem 4. Lebensjahre die Operation rechtfertigen. Dabei muß aber betont werden, daß es durchaus nicht notwendig ist, bei Fällen, die keinerlei Beschwerden zeigen, den Versuch zu machen, ob ein Zurückstreifen der Vorhaut möglich ist oder nicht.

f) Enge des Orificium urethrae. Man muß versuchen, durch Einführung möglichst dicker Sonden die Öffnung zu erweitern. Eine Dehnung ist erlaubt, indem man die Sonde nach dem Frenulum senkt. Gelingt dies nicht, so ist chirurgische Behandlung, wenn auch nur in extrem seltenen Fällen, schleunigst einzuleiten.

g) Hypospadie. Eine plastische Operation wird nur dann Erfolg haben, wenn schon größere Verhältnisse vorliegen. Man warte daher, solange die Ungeduld der Eltern irgend zu zügeln ist. Vor dem 5. bis 6. Lebensjahr verspricht der Eingriff kaum Erfolg.

h) Ekzem am Orificium. Bei Beschnittenen heilt es durch Bedeckung mit einem Vaselineläppchen. Später regelmäßige Einfettung mit Vaseline.

i) Verklebung der kleinen Labien. Die Verklebung, die die Eltern sehr beunruhigt, ist leicht auf folgende Weise zu beseitigen: Eine Sonde wird unterhalb der Harnröhrenmündung von obenher hinter die Verklebung geführt. Dies gelingt immer, da unmittelbar an dieser Stelle die Verklebung endet. Von hintenher kann man so die Verklebung leicht stumpf zerreißen und pudert alsdann mit Xeroform oder Noviform.

II. Hydrozele.

a) Die angeborene Hydrozele. Die Hydrozele heilt in über 90% von selber, allerdings oft erst gegen Ende des ersten Lebensjahres. Noch im 3. Lebensquartal, namentlich aber in den ersten 6 Monaten, kommt mitunter eine Zunahme des Flüssigkeitsergusses vor. Man kläre die Angehörigen über die völlige Bedeutungslosigkeit des Leidens und seine Neigung zur spontanen Heilung auf. Erst beim einjährigen Knaben, frühestens aber im 4. Lebensquartal, ist eine Behandlung wünschenswert. Man überzeuge sich zunächst davon, daß sich der Inhalt nicht etwa in die Bauchhöhle entleeren läßt. Eine dünne Kanüle, etwas dünner als wir zur Pleurapunktion benutzen, sticht man in die Vorderfläche etwa in der Mitte der Geschwulst ein, während man von hinten her den Hodensack umgreifend, die Geschwulst spannt. Es ist berechtigt, sich das erstemal nur mit der Entleerung der Geschwulst zu begnügen, da in manchen Fällen nach kurzer Wiederkehr des Ergusses doch eine Resorption erfolgt. Kommt es wiederum zum Erguß, so empfiehlt sich die Einspritzung einer reizenden Flüssigkeit, z. B. 1 ccm Lugolscher Lösung. Den Entzündungsschmerz der nächsten Tage und die starke Exsudation muß man in Kauf nehmen. (Jod 1,5, Jodkalium 3, aquae dest. 30,0.) Tritt keine starke Entzündung auf, so ist der Erfolg unsicher. Statt dessen kann man auch Jodtinktur benützen. Es genügt hierzu eine geringe Menge von etwa 2 Teilstrichen einer Pravazspritze.

b) Entzündliche Hydrozele. Akut auftretende Hydrozelen sieht man gelegentlich bei allzu fest sitzenden Bruchbändern oder Bauchverbänden (s. S. 161). Man entfernt das Bruchband für 2 Tage und legt dann den Bruchverband mit möglichst starker Wattepolsterung an. Der entzündliche Reiz ist der Heilung des Bruches eher nützlich.

III. Vulvovaginitis gonorrhoica.

1. Prophylaxe.

Das Entstehen einer Vulvovaginitis gonorrhoica beim Kinde ist stets auf einen groben Verstoß in der Pflege oder, was bedeutend seltener vorkommt, auf eine geschlechtliche Verirrung zurückzuführen. Jedenfalls treten die Fälle, in denen das Kind durch ein Stuprum infiziert wurde, bedeutend an Zahl hinter denen zurück, in denen Verstöße gegen die Sauberkeit die Übertragung der Erkrankung von einer anderen gonorrhoisch infizierten Person auf das Kind bewirken. An erster Stelle steht hier der Mißbrauch, Kinder mit Erwachsenen in einem Bett zusammen schlafen zu lassen, sei es Mutter oder Pflegerin, ebenso mangelnde Reinigung der Hände bei Personen, die eine Gonorrhöe haben und Kinder pflegen oder jedenfalls berühren und die Benutzung gemeinschaftlicher Waschgeräte; doch ist auch Ansteckung durch einen beschmutzten Abtrittsitz oder Nachttopf nicht auszuschließen. Denn schon die oberflächliche Berührung eines Kindes mit Händen oder Gegenständen, welche mit gonorrhoischem Sekret in Berührung gekommen sind, genügt, um die Gonokokken sich auf der Schleimhaut der Vulva ansiedeln zu, lassen und den eitrigen Prozeß hervorzurufen.

Die Prophylaxe ergibt sich hieraus von selbst. Kinder müssen im eigenen Bette schlafen. Mütter, welche einen Ausfluß haben, sollen die Kinder nur nach gründlicher Händedesinfektion berühren. Pflegeutensilien der Kinder dürfen nicht gemeinsam gebraucht werden.

Ereignen sich Infektionen in Krankenhäusern, so läßt sich fast immer nachweisen, daß irgend ein Verstoß vorgekommen ist. Ein solcher geschieht allerdings viel leichter, als man vorhersehen kann, so daß ein gonorrhoisch erkranktes Kind womöglich isoliert werden, jedenfalls nicht mit Mädchen in einem Zimmer liegen soll. Jedes Kind, das in eine Anstalt aufgenommen wird, soll auf diese Krankheit hin untersucht werden. Gefährlich erscheint die Benutzung gemeinsamen Badewassers, gemeinsamer Thermometer, gemeinsamer Nachttöpfe. Nur die peinlichste Sauberkeit in jeder Beziehung kann die gonorrhoische Infektion verhüten.

2. Therapie.

Der Arzt weise im eigenen Interesse darauf hin, daß das Leiden Monate zur Heilung braucht. Ferner sind die Eltern auf die Übertragungsgefahr der Krankheit aufmerksam zu machen. Ganz besonders müssen sie wissen, daß der Kranke ebenso wie der Pflegende sich eine Blenorrhoe zuziehen kann. Die Pflegerin muß nach jeder Berührung des Unterleibs des Kindes sich gründlich die Hände waschen. Das Kind selbst muß durch geschlossene Höschen auch des Nachts an Berührung der Schamteile gehindert sein. Tritt bei Kind oder Pflegerin eine Augenentzündung auf, so zieht man am ersten Tage einen Augenarzt dazu.

Die Behandlung richtet sich nach der Intensität der Beschwerden des Kindes und der Entzündungserscheinungen. Bei bestehenden lebhaften Schmerzen, hochgradiger lokaler Schwellung empfiehlt es sich zunächst, unter Bettruhe und leichter antiphlogistischer Behandlung, Umschlägen mit essigsaurer Tonerde, Borwasser, kühlen Umschlägen einen Rückgang der Erscheinungen abzuwarten. Man kann in dieser Zeit mit Vorteil sich auch der Sitzbäder bedienen, in welche man so viel von einer Lösung von hypermangansaurem Kali zugibt, daß das Badewasser gerade eine rosa Färbung besitzt. In diesen Sitzbädern bleiben die Kinder, so daß das Badewasser reichlich Gelegenheit hat, den Scheidenausgang zu berieseln, ungefähr 10 Minuten und werden dann gut abgetrocknet ins Bett gebracht. Die Umgebung der Scheide ist mehrfach des Tages stark einzufetten. Erst wenn die entzündlichen Erscheinungen und die Allgemeinbeschwerden abgeflaut sind, kommt die notwendige lokale Behandlung in Frage, mit der sofort begonnen werden kann, wenn es sich um eine Vulvovaginitis gonorrhoica handelt, die nur zufällig an den gelben Flecken in der Wäsche oder durch einen geringen Juckreiz des Kindes entdeckt wird. Nach dem Abklingen der Entzündungserscheinungen bzw. bei den von vornherein torpiden Formen, soll die lokale Behandlung mit bakteriziden Stoffen, in erster Linie Silberpräparaten, begonnen werden, wobei jedoch immer in den Vordergrund gestellt werden muß, den Kindern möglichst wenig Schmerzen zu bereiten, da man sonst bei ihnen eine hochgradige Reizbarkeit und nervöse Abspannung hervorruft. Auch hat die dauernde Irrigation des Genitales nicht gerade Vorteile und verführt leicht zur besonderen Aufmerksamkeit der Kinder auf diese Gegend und in Abhängigkeit davon zu onanistischen Manipulationen. Zahlreiche Präparate sind probiert und von vielen Erfolgen ist berichtet worden. Wir möchten uns auf den Rat der Spülung der erkrankten Teile mit $^1/_2$—$3^0/_0$iger Protargollösung bzw. 1—$2^0/_0$igen Argoninlösung beschränken. Wir schließen uns durchaus Heubner an, der Einspritzungen und Sprühungen mittels Kanüle und Irrigator deswegen verwirft, weil dieses Verfahren die Kinder besonders aufregt, und dafür eine Methode vorschlägt, um die medikamentöse Flüssigkeit in Vulva, Vagina und Urethra einsickern zu lassen. Wir geben die Methode mit Heubners eigenen Worten wieder:

„Bei den auf dem Rücken liegenden Kindern werden die Beine nach oben umgeschlagen gegen den Kopf hin und weitauseinandergespreizt, was bei den beweglichen Gelenken der Kinder sehr leicht ist. Der Steiß wird dadurch so gehoben, daß die Öffnung der Vulva nicht geradeaus (der Längsachse des Körpers entsprechend), sondern nach oben der Pflegerin zugekehrt gerichtet ist. Spreizt man mit den Fingern der einen Hand die großen Labien auseinander, so liegt nicht nur die Vulva frei, sondern öffnet sich meist auch das Hymen so weit, daß man die Protargollösung nicht nur in die Vulva, sondern auch in die Vagina hineingießen kann. Da die Vulva, wie gesagt, nach oben gekehrt ist, so fließt die Flüssigkeit nicht nach hinten unten ab, weil die Commissura posterior einen Damm bildet, sondern stagniert wie in einem kleinen Teich und sickert in alle Falten und Spalten hinein. Die Lage kann das gut gehaltene Kind ganz wohl 10 Minuten ertragen. So lange bleibt die Flüssigkeit stehen, nachher werden die Beine fest geschlossen, die natürliche Lage eingenommen und so der Rest der Flüssigkeit noch länger mit der Schleimhaut in Berührung gegeben."

Soweit unserer Erfahrung nach eine Heilung durch Spülungen mit Silberpräparaten möglich ist, gelingt sie auf diese Weise sicherlich ebensogut wie durch die viel kompliziertere Methode der Vaginalausspülungen mit Nelaton-Katheter oder Einspritzungen mit Injektionsspritzen bzw. durch Einführung von Stäbchen aus Butyrum cacao, Argentum nitricum usw. Sie hat den Vorteil, daß der Arzt nicht jedesmal für die Behandlung mit herangezogen werden muß, sondern daß Mütter oder Pflegerinnen sie erlernen können. Die erwähnten Sitzbäder unterstützen die Heilung, die wochen- und monatelang auf sich warten läßt und nur durch wiederholte Untersuchung auf Gonokokken festgestellt werden kann. Viele Heilungen sind sicherlich nur scheinbar und von Rezidiven gefolgt. Manchmal ist die Erkrankung auch so hartnäckig, daß die lokale Behandlung nicht zum Ziele führt und wegen hochgradiger Beeinträchtigung des Befindens des Kindes sogar abgebrochen werden muß. Unter diesen Umständen ist es verständlich, sich nach anderen Hilfsmethoden umzusehen. Wir möchten gleich vorweg bemerken, daß wir mit Injektionen von Vakzine keine Erfolge erzielt haben. Bezüglich der Behandlung mit Diathermie haben wir keine Erfahrungen, doch muß diese Methode, die sich bei der Behandlung der Gonorrhöe der Erwachsenen zu bewähren scheint, in ihrer Nutzanwendung auf das Kindesalter, insbesondere in refraktären Fällen, im Auge behalten werden. Nur noch eine Art der Behandlung können wir, wenn sie auch nicht ganz frei von Gefahren ist, empfehlen, da wir unzweifelhafte Heilungen durch sie in so kurzer Zeit erzielt haben wie mit keiner anderen. Es ist die Fieberbehandlung.

Fieberbehandlung. Als Grundlage für die sogenannte Fieberbehandlung oder Behandlung mit heißen Bädern bei Vulvovaginitis gonorrhoica dienten zwei Tatsachen: 1. die klinische Beobachtung, daß Gonorrhöe im Anschluß an akute fieberhafte, mit Temperaturen von 40—41° einhergehende Erkrankungen plötzlich zur Ausheilung kommt, 2. das Ergebnis bakteriologischer Forschung, auf Grund dessen Gonokokken bei einer Temperatur von 42° im Verlaufe von wenigen Stunden absterben. Bei Überhitzung des Körpers zur Abtötung der Gonokokken kommt nur das überwarme Bad in Frage. Das Vorgehen, wie es sich uns bei der Behandlung der Kinder bewährt hat, ist folgendes:

Die Badewanne wird zunächst etwa bis zur Hälfte mit 38—39° warmem Wasser gefüllt und das Kind hineingesetzt. Dann läßt man unter Umrühren warmes Wasser zulaufen, doch darf die Temperatur des Wassers zunächst nicht über 40° ansteigen. Das Kind, das etwa bis zum Halse im Wasser sitzt, bleibt darin nur etwa 5—10 Minuten. Bei späteren Bädern läßt man die Temperatur allmählich bis 42° ansteigen, wie auf der abgebildeten Kurve die unterbrochene Kurve zeigt und läßt auch das Kind allmählich länger, bis 40 Minuten im Bade bleiben. Die Kinder reagieren auf die Bäder sehr verschieden. Einige werden bald sehr unruhig, versuchen mit allen Mitteln aus

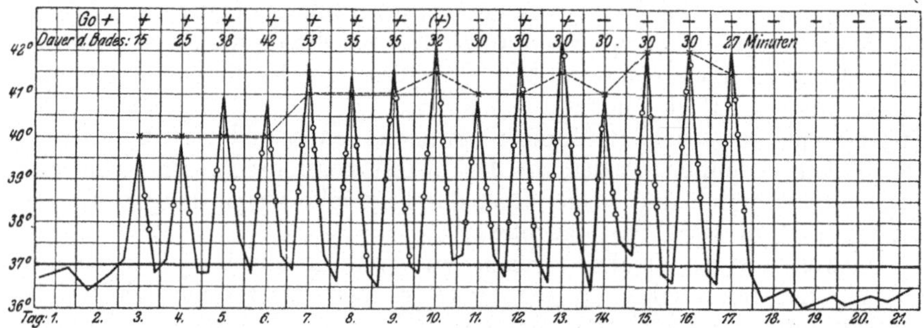

Abb. 28. Fieberbehandlung bei Gonorrhöe. Die gestrichelte Kurve gibt die Temperatur des Badewassers an.

dem Bade herauszukommen und müssen festgehalten werden, andere aber verhalten sich ganz still. Auch die Körpertemperatur zeigt große Schwankungen. Bei einigen Kindern erreicht sie innerhalb 10—25 Minuten sogar höhere Grade als das Badewasser zeigt, so z. B. bei dem Kinde, dessen Kurve hier wiedergegeben ist. Dieses hatte nach 20—35 Minuten Verweilen im Bade von 41,5° bereits eine Körpertemperatur von 42,1—42,4° (in der Mundhöhle gemessen). Die Temperatur wird bei ruhigen Kindern am bequemsten in einer Backentasche gemessen, bei unruhigen in einer gut abgetrockneten Achselhöhle. Der Einfluß der Bäderbehandlung auf die Gonorrhöe wird erst, nachdem einige Bäder genommen sind, deutlich. Am 5.—8. Tage wird die Eitersekretion geringer und verschwindet allmählich bei Fortsetzen der Therapie. Nach und nach verschwinden auch die Gonokokken. Man ist natürlich nur berechtigt, von einer Heilung der Gonorrhöe zu sprechen, wenn die Gonokokken dauernd verschwunden bleiben, was aber keineswegs immer gelingt. Es sind sogar Fälle bekannt, in denen auch die Eitersekretion nicht nennenswert nachließ. Mit Rücksicht darauf, daß aber demgegenüber sichere Heilungen in verhältnismäßig kurzer Zeit bewiesen sind, sollte man in keinem refraktären Fall die Bäderbehandlung verabsäumen, vor allem schon mit Rücksicht auf die außerordentliche Langwierigkeit der Erkrankung und auf die Gefahr für die Umgebung. Kontraindiziert ist die Behandlung bei spasmophilen, ferner bei elenden und schwachen Kindern mit schlechter Herzaktion. Denn bei spasmophilen Kindern können lebensbedrohende Krämpfe auftreten. und die Anforderungen an das Herz bei dieser Behandlung sind zu groß, als daß man sie Individuen mit schlechten Herzen zumuten könnte. Auch für Kinder von guter Konstitution und in gutem Zustande sind die Bäder natürlich angreifend. Starke Aufregungszustände, Neigung zu Ohnmachten infolge der Hyperpyrexie können durch Umlegen eines nassen Tuches um den Kopf, das durch beständige Befeuchtung mit kaltem Wasser naß gehalten wird, vermieden werden. Die Kinder fühlen sich nach dem Bade matt und schlafen mehrere Stunden. Hinterher ist das Allgemeinbefinden nicht weiter gestört. Guter Appetit ist vorhanden, und auch Gewichtszunahmen während der Bäderbehandlung beweisen die relative Ungefährlichkeit.

Bei der Behandlung der Vulvovaginitis gonorrhoica versäume man niemals, den Mastdarm zu inspizieren und dessen gar nicht so selten gonorrhoisch miterkrankte Schleimhaut ebenfalls zu behandeln, am besten durch Tampons mit Protargollösung.

Die Vulgovaginitis nichtgonorrhoischer Natur

kann durch Sitzbäder, Berieselungen der Vulva und Vagina mit Borwasser, sorgfältiges Reinhalten und Einstreuen von austrocknendem Puder (siehe Nabelbehandlung S. 86) leicht behoben werden. Austretende Geschwüre müssen unter Umständen mit 3—5%iger Argentum nitricum-Lösung geätzt werden. In refraktären Fällen behandle man das Leiden mit Protargol nach der Heubnerschen Methode.

In jedem Falle muß nach Oxyuren gefahndet werden, da deren Einwanderung in die Vagina gar nicht selten die Ursache des entzündlichen Prozesses ist. Durch Anlegen einer Schwimmhose zur Nacht, eventuelles Anziehen von Fausthandschuhen, Anbinden der Hände der Kinder an die Bettwände muß das Kratzen verhindert werden.

Erkrankungen der Haut.

Zur Hautpflege des Säuglings. Manche Erkrankungen der Haut, z. B. Ekzem und Impetigo, lassen sich durch geeignete Hautpflege verhüten oder doch von vornherein milder gestalten. Die Aufgabe dieser Pflege ist, die Haut sauber und trocken zu halten und jeden überflüssigen Reiz zu vermeiden. Die Reinigungsbäder sollen nicht zu lange dauern. Ist das Wasser sehr hart, so muß man bei empfindlicher Haut die Zahl der Bäder herabsetzen. Ein Eßlöffel Borax oder 3—4 Hände voll Bolus alba verringern oft die Reizwirkung des harten Wassers. Ein übermäßiges Einseifen der Haut ist mitunter schädlich. Nur Hände, Füße, Kopf und Steiß bedürfen der Seife. Überfettete Seifen, z. B. Lanolinseifen, sind vorzuziehen. Nach dem Bade sind die Hautfalten mit dem Badetuch nicht abzureiben, sondern auszutupfen und durch Puder vollständig zu trocknen. Die verschiedenen Pudermischungen sind S. 521 angegeben. Gummiunterlagen dürfen nirgends das Kind berühren. Als Windeln sind am geeignetsten die weichen Mullwindeln, die leider für Maschinenwäsche zu empfindlich sind. Trotzdem ist es in Krankenhäusern wünschenswert, daß wenigstens für empfindliche Säuglinge solche Mullwindeln zur Verfügung stehen.

Feuchte Umschläge verträgt die Säuglingshaut schlecht. Bei der geringsten Spur von Reizung muß leicht mit Vaseline eingefettet werden. Statt mit Wasser feuchte man den Umschlag mit Fenchel- oder Kamillentee an. Verbände mit essigsaurer Tonerde reizen meist stark. Durch Einstreichen der Haut mit Vaseline sind sie leichter verträglich. Man ersetzt sie bei nicht ekzematös erkrankter Haut durch einen Verband mit gleichen Teilen Spiritus und Glyzerin. Bei Auftreten von Talgschuppen auf dem Kopfe hüte man sich vor energischer Entfernung und halte sich an die im folgenden (S. 463) angegebenen Regeln. Bei dünnen Stühlen streicht man die Aftergegend mit Vaseline ein und pudert darüber. Fest haftende Pasten sind nicht praktisch, da bei jeder Beschmutzung ihre Entfernung notwendig ist und hierbei die Haut leicht gereizt wird.

I. Ekzem.

1. Allgemeine Grundsätze.

Am häufigsten kommen wir in die Lage, das Ekzem eines Kindes behandeln zu müssen. In der Mehrzahl der Fälle entsteht dieses auf dem Boden einer konstitutionellen Überempfindlichkeit der Haut. Diese muß aber nicht angeboren, sondern kann auch durch eine Ernährungsstörung erworben sein.

Die konstitutionelle Überempfindlichkeit der Haut äußert sich in den verschiedenen Lebensperioden verschieden: So

in den 1. Lebenswochen: durch die Neigung zu Intertrigo und durch eine vermehrte Talgabsonderung auf dem Kopfe und ihre Folgen;

nach dem 1. Lebensquartal: durch den sogenannten Milchschorf, dessen Hauptlokalisation das Gesicht und die behaarte Kopfhaut bilden;

ferner vom 3. Lebensquartal an durch den sogenannten Strophulus.

Die genannten Manifestationen konstitutioneller Störungen verschwinden in der umgekehrten Reihenfolge, wie sie aufgetreten sind, die schweren Intertrigoformen schon im 2. Lebensquartal, das seborrhoische Kopfekzem ein wenig später, der Milchschorf um die Wende des 2. Lebensjahres, der Strophulus im Schulalter. Die therapeutischen Erfolge sind daher um so leichter zu erzielen, wenn das Kind sich bereits dem Grenzalter nähert.

Bei allen Manifestationen steht die Bedeutung der lokalen Behandlung vorn an. Die Ernährungstherapie, die nach den später zu schildernden Prinzipien stets versucht werden soll, wird vielfach überschätzt. Erfolge sehen wir nur dann von ihr, wenn das Kind durch verkehrte Ernährungsmaßnahmen eine schwerere Schädigung erlitten hat.

Ernährungstherapie. Bei den nicht gedeihenden Säuglingen muß eine Ernährung in Anwendung kommen, die zum Gedeihen führt. Es gilt das sowohl für Kinder mit Durchfall als auch für solche mit einfacher Atrophie. Brustkinder dürfen auf keinen Fall abgesetzt werden, um ihre Immunität nicht zu schädigen. Mangelnden Zunahmen kann besonders nach dem 3. Lebensmonat durch eine vorsichtige Zwiemilchernährung begegnet werden (S. 65). Bei hungernden Brustkindern mit häufigen dünnen Stühlen ist eine Nahrungszulage besonders durch Steigerung der Brustmilchmenge von Erfolg (s. S. 99 Anm.). Liegt eine Ernährungsstörung nicht vor, läßt sich aber aus der Anamnese auf mißbräuchliche Ernährungsweise schließen, dann muß eine Kontrasternährung versucht werden. So ist bei vorangegangener Überernährung mit Milch eine Nahrung zu geben, bei der die Milchmenge für einige Wochen unter der unteren Grenze der Norm bleibt. Im Gegensatz dazu muß bei mißbräuchlicher Anwendung von Kohlenhydraten, Mehl die Nahrung milchreicher gestaltet werden. Das Prinzip der Kontrasternährung gilt nicht nur für das Säuglingsalter, sondern auch für ältere Kinder. Bei Behandlung des Milchschorfs sind besondere Vorschriften anzugeben.

Lokalbehandlung. In jedem einzelnen Falle ist zunächst die Fernhaltung von außen kommender schädigender Reize notwendig (s. unter Prophylaxe). Schon die Entfernung von Borken und Krusten begünstigt durch Vermeidung einer Sekretretention und ihre Folgen die Heilung. Ein außerordentlich wichtiger Faktor ist die Verhinderung des Juckens. Dazu ist die Anbringung von Pappmanschetten angebracht, die entweder nur das Ellbogengelenk umfassen, besser aber noch von der Schulter bis zu den Händen reichen. Sie werden im Nacken durch Bänder geknüpft, die vom oberen Ende der Manschetten abgehen. Auch müssen die Hände an den Bettwänden durch geeignete Bandagen oder andere improvisierte Vorrichtungen festgehalten werden.

Über die Anwendung des Wassers hört man viel gegenteilige Ansichten. Wir sind der Meinung, daß ein Reinigungsbad in jedem einzelnen Falle versucht werden kann und soll. Jedenfalls soll man wenigstens 2 mal in der Woche auch bei empfindlicher Haut baden lassen. 3 Hände voll Bolus alba oder der Zusatz einer Kleieabkochung (4—5 Handvoll ausgekocht und durchgeseiht oder 1 Eßlöffel Gerbsäure) vermindern den Reiz. Wenn Seife vermieden werden soll, kann man sich des Zusatzes von Kalium permanganicum bedienen (s. S. 516). Sehr stark entzündete Ekzeme mit Ausnahme der intertriginösen wird man zuerst mit feuchten Verbänden von essigsaurer Tonerde oder 3%iger Borsäurelösung behandeln müssen. Die Umschläge dürfen jedoch nicht eintrocknen und die so behandelten Stellen nachher gleich der Luft ausgesetzt werden, sondern man schütze sie durch eine Salbe. Erst nach Linderung der stärksten Entzündung soll man mit Salbenbehandlung beginnen. Mit den mildesten Mitteln muß angefangen werden. Oft genügt schon die Fernhaltung aller Reize, so daß unter einer ganz indifferenten Salbe die Heilung zustande kommt. Ist das nicht der Fall, dann versuche man die gebräuchlichen Mittel, die wir später nennen werden, aber in so schwacher Konzentration, daß jede Reizung ausgeschlossen ist, ebenso eine Schädigung durch Resorption bei toxisch wirkenden Medikamenten. Stets behandle man nur eine ganz kleine Stelle der Haut mit dem in Aussicht genommenen Medikament, um sich vor peinlichen Überraschungen bei allgemeiner Anwendung zu schützen.

Größere Verbände auf eitrigen krustösen Hauterkrankungen müssen 2 mal täglich gewechselt werden. Nie darf mehr als 1/3 des Körpers vom Verbande bedeckt sein.

Wenn keine Krustenbildung oder stärkeres Nässen vorliegt, soll man bei frischem Ekzem und oberflächlicher Reizung Salbenverbände vermeiden und mit Puder auszukommen suchen. Xeroform und Eugoform eignen sich namentlich für das Gesicht. Für größere Flächen bedient man sich des Talkums (s. unter Puder).

2. Intertrigo.

Jedes Kind kann wund werden. Das exsudative Kind wird es aber auch bei bester Pflege. Wundsein unter den Armen und am Halse tritt zum Intertrigo der urinbenetzten Stellen hinzu. Besonders charakteristisch ist aber die Verbreitung der intertriginösen Ekzeme über den ganzen Körper, ausgehend von den speziellen Reizstellen, d. h. unten von den Nates, oben von den Achselhöhlen und vom Halse, gelegentlich auch von dem infizierten seborrhoischen Kopfekzem. Der höchste Grad, bei dem die ganze Körperoberfläche teils näßt, teils schuppt, wird als Erythrodermia exsudativa bezeichnet.

Ernährungstherapie. Schwere Intertrigoformen elender junger Säuglinge werden günstig beeinflußt durch jede Ernährung, die die Ernährungsstörung hebt und das Kind zum Gedeihen bringt. Bei Brustkindern hüte man sich abzusetzen, wozu leider oft die Entleerung dünner grüner häufiger Stühle verführt. In diesem Falle denke man nicht an eine schlechte Beschaffenheit der Brustmilch, sondern an eine vorliegende Inanition und stelle die getrunkenen Nahrungsmengen während mehrerer Tage fest. Zur Diagnose dieses Zustandes würden auch ein eingefallener Bauch und Verringerung der Urinmenge genügen. Bei der Bestätigung einer Unterernährung versuche man entweder eine Steigerung der Brustsekretion oder leite die Zwiemilchernährung ein. Bei Zunahme des Kindes heilt dann der Intertrigo gewöhnlich leicht ab. Intertrigo bei dicken überernährten älteren Säuglingen behandle man unter Einschränkung der Nahrung nach den im folgenden ausgeführten Grundsätzen.

Lokalbehandlung. Örtlich beschränktes Wundsein an den Nates verlangt die übliche Pflege, häufiges Trockenlegen unter starker Einschüttung von Specksteinpuder. Kotreste werden mit Paraff. liqu. oder gelber Vaseline statt Wasser abgewaschen. Nässende Stellen an den Nates und in anderen Falten werden 4 Tage lang mit 2—3%iger Argentumlösung betupft, und zwar drücke man das angefeuchtete Wattebäuschchen $^1/_2$ Minute fest gegen die Haut. Nachher ist vorsichtig mit Xeroform oder Noviform einzupudern.

Während des Bestehens des Ekzems bade man die Kinder unter Zusatz von Tannin (pro Bad Acid. tannic. 30 g) oder in einem Eichenrindenbad (s. S. 524).

Die Abheilung am Halse und in den Achselhöhlen kann man durch eine „Puderkravatte" unterstützen. Sechsfach zusammengelegter Mull wird zwischen allen seinen Lagen mit je einer ordentlichen Schicht Specksteinpuder ausgefüllt. Die Krawatte wird um den Hals gelegt, so daß das Hemdbändchen sie etwa halbiert, oder ein ähnlich zubereitetes Mullstück so in die Achselhöhle geschoben, daß es auf dem unteren Rand des Ärmellochs reitet. Auf diese Weise erfolgt eine dauernd selbsttätige Bepuderung.

3. Universeller Intertrigo (Erythrodermia desquamativa).

Bei universellem Intertrigo und jenem verwandten Zuständen werden sämtliche entzündete Hautstellen, ob sie nässen oder nicht, ebenso mit der 2—3%igen Argentumlösung 4 Tage lang behandelt. Darauf folgt eine 3 tägige Pause, nach welcher wiederum die noch behandlungsbedürftigen, nicht mit trockenen Schuppen bedeckten Stellen 2—3 Tage nachbehandelt werden. Nach dem Tupfen und wiederholt während des Tages wird das Kind in Specksteinpuder gewälzt. Die Wirkung des Puders kann man verbessern, wenn man ihn vom Apotheker auf einer Kupferplatte ausglühen läßt. (Talcum ustum.) Bolus alba eignet sich nicht wegen des unangenehmen Verstäubens. Die Bäder werden in dieser Zeit ausgesetzt; höchstens wird jeden 4. bis 5. Tag ein Bad ohne Abseifung erlaubt, dem man einen gehäuften Eßlöffel Tannin zugesetzt hat.

Große Vorsicht ist geboten bei Kindern, die man fiebernd in Behandlung genommen hat, und zwar ganz besonders dann, wenn vorher Salbenverbände verordnet waren. Tod unter Krämpfen und Fieberanstieg ist dann zu befürchten. Wir baden diese Kinder zweimal täglich in hypermangansaurer Kalilösung (1—2 Teelöffel der 5%igen Lösung auf ein Bad) und pudern sie mehrfach am Tage dick mit ausgeglühtem Specksteinpuder. Um stark nässende Körperpartien schlagen wir statt oder unter der Kleidung vierfache Mullagen locker herum. Zwischen jede einzelne Lage ist dick Specksteinpuder gestreut, so daß eine dauernde Selbstbepuderung stattfindet. Erst am 2. Tage beginnt die Argentumbehandlung. Am 8.—10. Tage kann man die Abschuppung und die definitive Heilung beschleunigen, indem man alle 3—4 Tage einmal den ganzen Leib des Kindes mit Vaseline wäscht und pudert.

4. Seborrhöe der Kopfhaut.

Die Talgschuppen auf dem Kopfe sollen nur mit größter Vorsicht entfernt werden, da jede Verletzung und Reizung zur eitrigen Erkrankung führen kann. Andererseits sind größere Krusten dadurch gefährlich, daß unter ihnen eitrige Infektionen stattfinden können. Leichte Schuppen entferne man mit folgendem Haarwasser

Sol. natrii bicarbonic. (3,0) 100,0
Spir. vini āā 50,0
Glycerini

oder streiche sie mit gelber Vaseline oder Lanolin ein und wasche am nächsten Tage s a n f t aus. Olivenöl ist nicht immer reizlos genug. Bei dickeren Krusten kann man entweder eine Vaseline-Kappe mit Borlint machen, die man zweimal in 24 Stunden wechselt, oder man streicht eine Kruste dick mit Vaseline ein, macht mit einem Spatel auf dem Vaseline schnelle klopfende Bewegungen. So lösen sich auch Krusten auf infizierten Stellen sehr schnell und ohne Reiz ab. Diese Methode benutzen wir namentlich bei großen, zusammenhängenden, eitrig unterminierten Krusten, um wenigstens vor Anlegung des Verbandes Luftlöcher zu machen und einer Verhaltung des Eiters vorzubeugen. Besser ist es dann freilich, wenn man den größten Teil der in Zersetzung begriffenen Massen entfernt, so daß sie nicht unter den Verband zu liegen kommen. In allen infizierten Fällen muß der aufweichende Verband alle 6—8 Stunden gewechselt werden. Man kann vorsichtshalber auch den Kopf folgendermaßen verbinden: Eine Mullschicht wird dick mit Vaseline oder essigsaurer Tonerdesalbe eingestrichen, mit verdünnter essigsaurer Tonerdelösung angefeuchtet und damit der übliche feuchte Verband gemacht. Sobald die Krusten entfernt sind, kann man 1—2 mal täglich mit essigsaurer Tonerdesalbe verbinden. Sobald keine wunden Stellen da sind, lasse man tagsüber mindestens mehrere Stunden den Kopf ohne Verband. Nachts genügt nach Einfettung ein dünnes Gazehäubchen. Meist wird man erstaunlich schnell nichts weiter nötig haben als höchstens den Kopf leicht mit irgendeiner indifferenten Salbe einzufetten. Es mag noch hervorgehoben werden, daß Puder und Pasten auf dem Kopfe nicht anzuwenden sind.

5. Gesichts-Ekzem in den ersten zwei Lebensjahren (Milchschorf).

Die Erkrankung beginnt meist erst im 2. Lebensquartal, zeigt anfangs recht unbedeutende Erscheinungen, um sich mitunter plötzlich, nicht zu selten durch fehlerhafte Hautpflege und starken Juckreiz zu einer gefürchteten Krankheit zu entwickeln. Ganz abgesehen von der großen Bedeutung äußerer Reize ist aber der Erkrankung an und für sich ein schubweises Aufflammen eigen. In der Periode der Schübe ist dann die Hautbehandlung wenig wirkungsvoll. Sie kann in dem Stadium der Exazerbation der Erkrankung nur den Zweck haben, Entzündung und Beschwerden zu lindern. Im Stadium nach der Überschreitung des Höhepunkts erweisen sich die verschiedensten Salbenbehandlungen als wirksam. Allerdings gibt es ganz besonders hohe Grade von Überempfindlichkeit der Haut, welche die Therapie zu einer sehr langwierigen gestalten. Trotzdem mit differenteren Mitteln gelegentlich eine schnellere Abheilung erzielt wird als mit indifferenten, reden wir doch in jedem einzelnen Falle enier indifferenten Behandlung mehr das Wort, um vor unvorhergesehenen Zufällen geschützt zu sein. Eine Salbe, die für den Milchschorf generell zu empfehlen wäre, gibt es nicht. Nur in einer bestimmten Periode kann eine nützlicher sein als die andere. Wie schon bemerkt, spielt der Juckreiz eine bedeutende Rolle in der Gestaltung des Krankheitsbildes. Das durch ihn ausgelöste Kratzen wirkt um so schädlicher, als Verletzungen, namentlich während des beginnenden Schubes, nicht etwa zu schorfbekleideten Rissen führen, sondern jeder Riß schließlich über seine Umgebung zu fließen anfängt. Vermehrt so der Juckreiz indirekt die Hautaffektion, so schädigt er andererseits direkt auch nervös und psychisch das Kind, ja es kommt schließlich dazu, daß die Vorstellung des Juckreizes fast das ganze Seelenleben des Kindes beherrscht. Namentlich nach dem ersten Lebensjahr steht die Empfindung des Juckens in gar keinem Verhältnis mehr zu der Krankheit. In einem erheblichen Grade führt dann jeder Schub durch Kratzen und Reiben erst zu einer heftigeren Hauterkrankung. Die

Behandlung des konstitutionellen Ekzems zerfällt in eine alimentäre, lokale und psychische. Je nach der Lage des Falls wird die eine oder andere die bedeutsamere sein.

Alimentäre Behandlung. Von einer diätetischen Behandlung des Milchschorfs ist nur dort etwas zu hoffen, wo ein Mißbrauch der Ernährung getrieben wurde bzw. eine Ernährungsstörung vorliegt. Bei Brustkindern, bei denen eine vorangegangene Überernährung oder eine konstitutionelle Eigentümlichkeit zur Adipositas geführt hat, scheint die Einleitung knapper Ernährung die Abheilung zu begünstigen. Man kann, um diese durchzuführen, von der 18.—20. Woche anstatt einer Brustmahlzeit, einen in 150 g Gemüsebrühe aufgekochten ungesalzenen Grieß geben. Streng ist vor vorzeitigem Absetzen zu warnen.

Bei künstlich genährten Kindern, die entweder durch Überernährung oder ex constitutione fett geworden sind, ist ebenfalls die Einleitung knapper Ernährung für die Abheilung des Ekzems günstig. Man kann bei ihnen die Milchmenge vorübergehend auf $^1/_{12}$ des Körpergewichts, jedenfalls aber auf 450—500 g reduzieren und dafür die ebengenannte Beikost einführen. Die Menge der Gesamtflüssigkeit inklusive Mittagessen soll 800—900 g nicht übersteigen. Es ist nichts dagegen einzuwenden, daß man anstatt der flüssigen Mahlzeiten 2 bis 3 mal am Tage Zwiebackbrei oder Grießbrei gibt. Das gilt hauptsächlich für Säuglinge im 3.—4. Lebensquartal, die dann einmal am Tage die Flasche, einmal zum Mittagessen Grieß mit Gemüsebrühe und Kartoffelbrei, 2 mal Zwieback in Milch eingekocht bekommen. Vom 8. bis 9. Monat an kann man der Mittagsmahlzeit 30—40 g von fein geschabtem mageren Fleisch, auch Rindfleisch, zusetzen. Die Einschränkung der Nahrung ist natürlich nicht dauernd fortzuführen, so daß es zu keinem Gewichtsanstieg mehr kommt. Vorübergehender Stillstand des Gewichts schadet dem fetten Kinde nichts, länger dauernder ist bei ihm nur dann zu begrüßen, wenn das Kind zugleich fester wird und in seinen statischen Funktionen Fortschritte macht.

Man hüte sich vor jeder Diät, die nicht auch eine normale Entwickelung des Kindes erlaubt; andere führen nur zu wenig erwünschten Scheinerfolgen, wie es etwa auch ein schwerer Durchfall tut. Deswegen sind eben starke Einschränkung der Milch und knappe Ernährung nur dort erlaubt, wo es sich um fette Kinder bzw. um eine Kontrasternährung handelt. Bei mageren Kindern, die an und für sich Gewichtsstillstand oder nur sehr mäßige Zunahme zeigen, hat die Nahrungsbeschränkung keinen Erfolg, sondern nur eine Diät, welche ein Gedeihen der Kinder ermöglicht. Bei mageren ekzematösen Brustkindern sieht man deswegen von einer weiteren Einschränkung der Frauenmilch nur eine Verschlimmerung der Atrophie, unter Umständen auch des Ekzems. Ein vorsichtig durchgeführtes Allaitement mixte mit kohlehydratreicher Nahrung, wie der Buttermilch, die einen Gewichtsanstieg bewirkt, kann auch das Ekzem bessern. Bei künstlich genährten mageren atrophischen Säuglingen soll sich der Arzt bei der Verordnung seiner Diät nicht von dem Vorhandensein eines Ekzems, sondern nur von dem Zustand des Kindes und der Art der Vorernährung beeinflussen lassen. So muß bei ekzematösen mageren Säuglingen mit chronischer Dyspepsie diese behoben werden. Ist die Atrophie durch eine Unterernährung zustande gekommen, die in dem Glauben angewendet wurde, daß die Beschränkung der Milch und Nahrungsmenge das Ekzem zur Abheilung bringen könnte, so muß reichliche Ernährung mit entsprechender Beteiligung der Milch an ihre Stelle treten. Eine für das Ekzem spezifische, nach einem Schema zu regelnde Diät im Säuglingsalter gibt es nicht. Weitgehende Milchbeschränkung als solche hat nicht den Anspruch, als spezifische Diät bezeichnet zu werden.

Örtliche Behandlung. Solange der Milchschorf nicht näßt, versuche man mit den einfachsten Mitteln auszukommen. Das Gesicht wird so wenig wie möglich und dann nur mit kaltem Kamillentee gewaschen. Erstreckt sich der Ausschlag bereits auf Brust, Rücken und Arme, so sind den nur selten auszuführenden Bädern ein Eßlöffel Tannin oder 3 Hände voll weißen Tons hinzuzufügen. Die erkrankte Haut wird durch leichtes Einstreichen von Vaseline oder essigsaurer Tonerde- oder Lenizet-Salbe mit nachträglicher Bepuderung etwas vor der Einwirkung der Luft geschützt. Statt dessen kann man auch eine dünne Paste aus

Zinc. oxyd. āā 7,5
Amyli tritici
Vaselini ad 50,0

verwenden. Auf die behaarte Kopfhaut gehören weder Puder noch Paste. Diese Behandlung genügt namentlich im 2. Lebensquartal, ehe es zu starken Schäden gekommen ist. Ist erheblicher Juckreiz eingetreten, so muß man mit der beschriebenen Fesselung beginnen. Eine aktivere Therapie ist notwendig im schweren Anfall. Die stark nässenden oder blutenden, ebenso auch die eitrig infizierten Flächen des Gesichts werden durch eine Maske aus einer mit verdünnter essigsaurer Tonerde (1 Eßlöffel auf ein Glas Wasser) getränkten Verbandschicht und Guttaperchapapier bedeckt. Am ersten Tage wechsle man den Verband zunächst 3—4stündlich, bei sehr starker Entzündung sogar 2stündlich. Die Umschläge wirken aber nur dann günstig, wenn es zu keiner Antrocknung kommt. Um daher dem Kinde nachts Ruhe zu gönnen, streiche man die achtfache Mullschicht erst dick mit essigsaurer Tonerdesalbe ein und tauche sie dann erst in essigsaure Tonerde. Auf diese Weise wird man auch bei weniger sorgfältiger Pflege am Tage vorgehen. Bei zurückgehender Entzündung wird der Verband seltener gewechselt, und es tritt meist schon am 3.—4. Tage an seine Stelle die Mullmaske mit essigsaurer Tonerdesalbe. Bei Befestigung der Masken bediene man sich eines dünnen Häubchens mit Seitenbändern oder ein paar oberflächlicher Touren von Mullbinden. Durch einen kunstgerechten Verband wird der Kopf zu sehr gewärmt. Sobald die Besserung weiter fortschreitet, setzt man erst einige Stunden, später während des ganzen Tages, die leicht mit der Salbe eingefetteten Hautpartien der Luft aus. Sobald die feuchten Umschläge aufgehört haben, ist gegen ein Herausbringen ins Freie nichts einzuwenden. In allerschwersten Fällen mit stark nässendem oder blutendem Gesicht kann man während der Tagesstunden folgendes Verfahren anwenden: Auf die erkrankten Flächen wird eine einzige Mullschicht gelegt, auf diese eine Suprareninlösung, die man aus Sparsamkeitsrücksichten zur Hälfte mit Wasser verdünnen kann, aufgeträufelt und das im Laufe der nächsten halben Stunden ein paarmal wiederholt. Alle 3—4 Stunden muß von neuem so vorgegangen werden. Statt dessen kann man die Mullschicht auch mit folgender Salbe einstreichen:

Sol. suprarenini synthetici (1,0/1000,0) 1,0
Adipis lanae ad 5,0.

Nachts Maskenbehandlung wie oben beschrieben. Statt der essigsauren Tonerde kann man auch $3^0/_0$ige Borsäurelösung (1 gehäufter Teelöffel auf $^1/_4$ Liter kochenden Wassers gelöst, täglich frisch zubereitet) verwenden. Sie wirkt bei manchen Kindern entschieden besser und ist dann vorzuziehen, wenn es sich um kleinere, nässende Partien handelt. Während des Schubes aber beschränkt sich unsere Behandlung auf das Gesicht und höchstens noch die behaarte Kopfhaut. 24 Stunden liegenbleibende Okklusivverbände sind strengstens zu vermeiden, Hauterkrankungen am übrigen Körper höchstens mit Argentum und Puder zu behandeln. Erst in der Zwischenzeit sind trockene, flechtenartige Erkrankungen am Körper abwechselnd dünn mit einer milden Teer- oder Tumenolsalbe und gewöhnlicher Vaseline einzureiben. Übernehmen wir ein Kind, das mit ausgedehnten Salbenverbänden behandelt worden ist, so müssen wir ebenso, wie beim universellen Intertrigo geschildert ist, zweimal täglich warme Bäder mit hypermangansaurem Kali machen, den Körper pudern und nur durch häufig gewechselte Umschläge mit und ohne essigsaure Tonerdesalbe den Entzündungsreiz an Gesicht und Kopfhaut lindern. Ist das Gesicht plötzlich trocken, sind die Züge spitzer geworden, so ist außer heißen Bädern Koffein zu verordnen und von jeder lokalen Behandlung abzusehen. Es droht dann der Ekzemtod. Ein Versuch mit Einspritzung von 3—4 Teilstrichen der käuflichen Suprareninlösung 2stündlich und dazwischen Pituitrin oder Hypophysin 0,5 vierstündlich, ist theoretisch plausibel, aber noch nicht erprobt.

Sobald der Ausschlag in einen wesentlich trockenen Zustand übergeführt ist, verwende man die Maske nur auf Stunden und nur an den Stellen, wo sich Krusten bilden. Als Maskensalben bleiben empfehlenswert die essigsaure Tonerde- und Lenizet-Salbe, höchstens $1—2^0/_0$ige Pellidol-Salbe. Die maskenfreien Partien sind so zu behandeln, wie vor dem Schube. Doch kommen außer den indifferenten Salben noch Ichthyol- oder Tumenol, Ammonium-Salbe ($5—10^0/_0$) und manche andere in Betracht. Man mache es sich aber zum Prinzip, mit der differenteren Salbe erst einen Tag lang ein kleines Stückchen zu behandeln, um die Reizbarkeit der Haut auszuprobieren. Ein Zeichen, daß die Salbe gut bekommt, ist übrigens auch ein Herabgehen des Juckreizes. Während der Behandlung ist das Kratzen zu verhindern.

Arsen. Bei Fällen mit starkem Juckreiz ist Arsen mitunter nützlich, der Versuch daher anzuraten. Die Dosen dürfen dauernd klein sein. Man beginne mit 3 mal $^1/_2$ Tropfen der Solutio arsenic. Fowleri und steige höchstens auf 1 Tropfen pro dosi. Durch eine Steigerung der Menge scheint nicht mehr zu erzielen zu sein.

Psychische Behandlung. Das mit einer Maske bedeckte, gefesselte, in seinem Wagen liegende Kind erfährt so wenig Ablenkung, daß seine ganze Aufmerksamkeit sich auf den Juckreiz konzentriert. Schon deswegen soll man jeden Verband vermeiden, der nicht unbedingt nötig ist, und lieber in der lokalen Behandlung überhaupt weniger eifrig sein. Man bette die Kinder so, daß sie sehen, was in ihrer Umgebung vorgeht, z. B. auf ein auf dem Tische oder der Erde liegendes Kissen, lasse sie ausfahren, setze sie auf, sorge für Spielzeug, das man je nach dem Alter über dem Bette aufhängt oder in die Hand gibt. Bei Kindern jenseits des ersten Lebensjahres, die oft durch monatelange Lokalbehandlung auf nichts weiter als ihr Jucken achten gelernt haben und ein viel zu geringes Interesse für die Umgebung zeigen, wecke man dieses durch Hervorrufen all der körperlichen und geistigen Fähigkeiten, die das Kind schon besitzt. Gesellschaft älterer Kinder, in die Boxe oder auf den Rasen Setzen, der Epsteinsche Schaukelstuhl, Laufstuhl usw. können das Wesen des Kindes in kurzer Zeit vollständig verändern. Ein wenig Einstreichen mit Salbe und Puder sei dann die ganze Behandlung. Es gehört freilich zur sinngemäßen Durchführung dieser Verordnung viel pädagogischer Takt. Herumtragen, dauerndes Vorspielen usw. kann ebensogut die Laune verschlechtern. Es ist nicht leicht, manches Kind dazu zu bringen, sein Interesse nach außen zu projizieren. Der Arzt tut gut, die Wirkung der Maßnahmen immer wieder zu überwachen und seine eigene Erfindungsgabe walten zu lassen. Der Erfolg lohnt die aufgewandte Mühe reichlich.

In jedem Falle von sehr hartnäckigem, den Allgemeinzustand des Kindes stark beeinträchtigendem Ekzem sowohl beim älteren Kinde wie beim Säugling, raten wir zur Anwendung der Röntgentherapie, selbstverständlich nur in der Hand des erfahrenen Spezialisten. Auch möchten wir besonders betonen, daß in häuslicher Behandlung anscheinend ganz refraktäre Fälle sich in der Klinik oft überraschend schnell bessern (cf. Einfluß der psychischen Behandlung); deswegen raten wir auch bei gegebenen äußeren Verhältnissen zu einem Versuch klinischer Behandlung namentlich dann, wenn durch die quälende Hautaffektion des Kindes sich in der Familie eine so hochgradige Nervosität entwickelt hat, daß ein genaues Befolgen der ärztlichen Vorschriften ebensowenig zu erwarten ist, wie eine gute psychische Beeinflussung des Patienten.

Neuerdings ist von Behrend folgende Therapie empfohlen worden, die wir nicht genügend prüfen konnten. Da sie aber in einzelnen Fällen überraschende Erfolge bot, sei sie mit allem Vorbehalt mitgeteilt.

Man träufle 5 Tropfen Amylnitrit auf ein Stückchen Watte oder die Chloroformmaske und lasse das Kind die Dämpfe 15—20 Sekunden einatmen. Das anfängliche Erröten macht nach 1—3 Minuten einer mitunter erschreckenden Blässe Platz. Leicht vorübergehende Andeutungen von Bewußtseinsstörung können vorkommen. Ist weder Rötung noch Erblassen eingetreten, so kann man $^1/_4$ Stunde später denselben Versuch mit 10 Tropfen Amylnitrit machen. Am nächsten Tage fängt man mit der Dose an, die einen Erfolg gegeben hat. Bleibt dieser aus, so verlängert man die Einatmung um 10 Sekunden, bei dem Ausbleiben der Wirkung Vermehrung der Tropfen um 5—10. Im allgemeinen genügt eine Kur von 4—5 Tagen. Eine Wiederholung am selben Tage ist gestattet, so daß man etwa vormittags und nachmittags eine Reaktion erzielt. Erkrankungen der Atemorgane verbieten diese Therapie.

6. Ekzem im Spiel- und Schulalter.

Das konstitutionelle Ekzem im Spiel- und Schulalter beschränkt sich meist auf die Ellbogen-, Knie-, Hand- und Leistenbeugen. Doch treten auch am Körper schilderförmige trockene Ekzemflächen auf. Die Ernährung ist in den meisten Fällen gleich der bei Skrofulose beschriebenen. Glänzende Erfolge sind nur da zu erwarten, wo Mißbrauch mit Milch, Ei und süßen Speisen getrieben worden ist. Bei einzelnen dürren, elenden Kindern ist es nützlich, sie eine Zeitlang reichlicher zu ernähren unter der Voraussetzung, daß sie nicht gerade unter Eier- und Milchdiät in diesen Zustand geraten sind. Dann nehmen sie bei der knappen Kost besser zu als bei der Mastkost. Eigentümlich ist die Wirkung bei Versetzung in andere Umgebung. Es scheint manchmal, als wenn es ebenso wie bei Asthma ekzemfreie Gegenden für das einzelne Kind gäbe. Vielfach wirkt so das Hochgebirge, aber auch die See, und zwar gerade dann, wenn man in den ersten Wochen Sonne und Seewasser von der erkrankten Haut fernhält. Doch ist der psychische Faktor nicht zu unterschätzen. Eine vorsichtige Freiluftkur mit Luftbädern, auch im Zimmer, langsam ansteigender Besonnung, ist stets zu empfehlen. Auch eine systematische Höhensonnenkur nützt vielfach. Es ist praktisch, die Zeit der Bestrahlung zu vermehren, ohne daß man den Abstand der Lampe vermindert. Bei manchen Kindern kommt es immer wieder zu universeller Erkrankung der Haut trotz allersorgfältigster lokaler Behandlung und zwar nur durch das Kratzen, das den Juckreiz auslöst. Hier ist die lokale Behandlung auf das Minimum zu beschränken. Freies Spielen mit anderen Kindern und im Hause ist imstande, die seelisch schwer Geschädigten in frische Menschen umzuwandeln. Merkwürdig ist die Rückwirkung auf den Ausschlag, der oft ganz verschwindet. Darauf beruht wohl auch zum Teil die Wirkung des „Klimawechsels“. Es ist zweifellos leichter, z. B. an der Ostsee oder selbst bei einem gewöhnlichen Landaufenthalt, die erwünschten seelischen Reize dem Kinde zu bieten, als in den Mauern der Großstadt.

Arzneiliche Behandlung. Von der Kalkbehandlung haben wir keine Erfolge gesehen. Dagegen wirkt das Arsen in manchen vorher nicht näher zu definierenden Fällen, und zwar in Dosen zwischen 2—3 Tropfen der Fowlerschen Lösung dreimal täglich. Statt dessen ist auch eine Kur mit Dürkheimer Max-Quelle zu empfehlen. Man fängt mit dreimal täglich 10 ccm an, steigt täglich je einmal um 5 ccm bis zu dreimal täglich 60 ccm, verweilt auf dieser Dosis 14 Tage und geht ebenso zurück. Alle Arsenpräparate sind auf vollen Magen zu geben.

Lokalbehandlung. Alle nässenden Stellen verbinde man mit essigsaurer Tonerdesalbe, bis sie sauber und trocken sind und streiche danach dünne Teersalbe, z. B.

Ol. Cadini āā 1,5—2,0
Ichthyoli
Zinc. oxydat. 10,0
Vaselini ad 50,0 ein.

Abheilung nässender Falten wird durch Pinseln mit 3—5%iger Höllensteinlösung unterstützt. In der Leistenbeuge mag man versuchen, danach nur mit wiederholtem Pudern auszukommen.

Trockene Stellen behandle man gleichfalls in dieser Weise. Die Wirkung läßt sich dadurch verstärken, daß man statt nur einzustreuen, mit Puder und Mull ohne Watte verbindet. Stark infiltrierte trockene Inseln kann man 2—3 Tage mit 10%igem Salizyl-Seifenpflaster bedecken. Statt der Teersalbe ist zur gelegentlichen Abwechslung 3—5%ige weiße Präzipitatsalbe zu benutzen.

II. Strophulus.

Für einen Teil der Fälle gilt für die Möglichkeit alimentärer Beeinflussung dasselbe, was im vorigen Abschnitt gesagt ist. Ein Erfolg der alimentären Behandlung ist dort zu erhoffen, wo die neue Kost als starker Kontrast zur bisherigen wirkt. Sonst unterlasse man lieber lästig wirkende Eingriffe in eine sonst vernünftige Ernährung. Ein anderer Teil der Strophulusfälle steht in Beziehung zu bestimmten Nahrungsmitteln oder Nahrungsmittelgruppen (Obst, Gemüse), doch sind die Beobachtungen leider nie durch Kontrollversuche sichergestellt worden. Soweit es nicht in der Absicht des Arztes liegt, den Tatbestand zu klären, tut er gut, nicht weitgehende Folgerungen für die Diät aus diesen Angaben zu ziehen. Nur das Übermaß werde beschränkt. Das Ei lasse man in jedem Falle weg, da von ihm häufig Schädigungen ausgehen.

Die Arsentherapie ist außerordentlich verschieden wirksam. Am besten ist der Erfolg bei über 5 Jahre alten, noch recht schwer kranken Kindern. Hier scheint Arsen den Eintritt der spontanen Heilung zu beschleunigen. Bei ganzen Gruppen 1—2jähriger Kinder haben wir nur Versager gesehen. Es waren dies allerdings solche, die mit übermäßiger, ziemlich grober Gemüsekost ernährt worden waren. Immerhin ist bei allen störenden Erkrankungen ein Versuch in der im vorigen Abschnitt beschriebenen Weise gerechtfertigt. Solange die Juckknötchen nicht jucken, d. h. oft im 2.—3. Lebensquartal, bedürfen sie gar keiner Lokaltherapie. Erst wenn der Juckreiz auftritt, muß dem Kranken Ruhe geschafft und dadurch zugleich das Kratzen verhindert, die durch Kratzen infizierten Hautstellen müssen geheilt und die in schweren Fällen übererregbaren Hautnerven beruhigt werden.

Frische Effloreszenzen sind mit 2%iger Mentholsalbe oder 1%igem Mentholspiritus einzustreichen. Diese Mittel sind in der Familie des Kranken vorrätig zu halten, damit stets gleich im Anfang das Wundkratzen verhindert wird. Bei zerkratzter Haut neben immer wieder auftretenden Effloreszenzen wirken besser Schwefelbäder (s. S. 521) von 10 Minuten Dauer. Das Bad wird am besten abends vor dem Zubettgehen gegeben. Ist seine Ausführung nicht möglich, so reibe man die betroffenen Körperpartien ganz dünn mit folgender Salbe ein und pudere darüber.

Kalii sulfurati	1,5—2,0
Ol. Cadini	1,5—2,0
Lapidis pumicis	5,0
Vaselini ad	50,0

Bei sehr stark zerkratzten Wunden und Eiter bedeckter Haut verordne man zweimal täglich langdauernde Bäder mit Kaliumpermanganat, auf ein tiefes Bad 1 Eßlöffel der 5%igen Lösung. Die Haut soll hinterher leicht gebräunt sein. Dann streiche man mit essigsaurer Tonerdesalbe ein und pudere. Nach 2—3 Tagen sind Schwefelbäder möglich. Bei Kindern im Spielalter sieht man selten fast den ganzen Körper, besonders an den Streckseiten, durch hart infiltrierte Knötchen bedeckt. Hier reibe man Wilkinsonsche Salbe wie bei einer Krätzekur 2 Tage hintereinander zweimal täglich gleichmäßig dünn ein. Überhaupt ist eine nicht allzu eingreifende Krätzekur in Fällen, die einer ausgebreiteten Skabies sehr ähnlich sind, geeignet, zunächst einmal glatte Haut zu schaffen. Bei Kindern, die jahrelang gekratzt haben, überdauert der Juckreiz noch eine Zeitlang die Krankheit oder erstreckt sich zum mindesten auch auf im Augenblick nicht betroffene Hautpartien. Hier sind die abendlichen Schwefelbäder wochenlang durchzuführen. Bei schwer Gequälten vergesse man nicht, durch seelische Behandlung auf den Juckreiz einzuwirken, wie oben des näheren beschrieben ist. Vielfach muß man auch bei Beginn einer Lokalbehandlung die ersten Nächte durch Bromural oder Luminal für den tagelang schon entbehrten Schlaf sorgen. Man kann hierdurch den Erfolg der Therapie erheblich beschleunigen.

III. Symptomatische Hauterkrankungen.

1. Urtikaria.

Das Auftreten von Nesseln läßt sich nur in den im Kindesalter sehr seltenen Fällen vermeiden, in denen bestimmte Nahrungsmittel sie hervorrufen. Abführmittel und Natr. salic. in der Dose von 0,1 dreimal täglich werden bei ausgebrochener Krankheit dann empfohlen, wenn der Darminhalt als die Ursache gilt. Einen wesentlichen Einfluß auf den Verlauf hat diese Maßregel wohl nicht. Der Juckreiz läßt sich durch 1—2%ige Mentholsalbe und 1%igen Menthol- oder Thymolspiritus lindern. Kleineren Kindern ist jedoch das Kältegefühl bei ausgedehnterer Anwendung des Menthols sehr unangenehm, das im ersten Lebensjahr in größeren Mengen vielleicht auch nicht gleichgültig ist. Wenn die Qualen sehr groß sind, schafft man am besten Linderung durch subkutane Einspritzung der 1‰igen Suprarenin- und Adrenalinlösung. Als Dosis genügt 0,5, doch kann man auch mehr geben. Bei der ersteren Dose sieht man im Kindesalter kaum je die kurz vorübergehenden Beklemmungserscheinungen. Sollten sie doch auftreten, so braucht man sich nicht darüber zu beunruhigen. Es ist nichts weiter nötig, als das Kind flach hinzulegen und warm zuzudecken. Bei protrahierter Urtikaria sollen die Kalkmedikationen nützlich sein.

Doch dürfte es sich dabei wohl meist um therapeutische Trugschlüsse handeln. Man mag 6—10 Tabletten Calzan oder 4—6 g kristallisiertes Kalziumchlorid (s. S. 516) verabfolgen.

2. Erythema multiforme exsudativum.

Die Behandlung dieser Krankheit besteht wesentlich in Bettruhe. Daneben ist ein Salizylpräparat zu verabfolgen.

3. Erythema nodosum.

Bei Erythema nodosum muß der Kranke das Bett hüten, bis die Schmerzhaftigkeit verschwunden ist. Man pinsle die erkrankten Stellen mit 1 Teil Mesothan auf 4 Teile Olivenöl mehrmals täglich und wickle sie in Watte ein. In den ersten 8 Tagen ist Aspirin oder Pyramidon zu verabfolgen (s. S. 506). Nach Ablauf der Erkrankung muß man das Kind auf das gründlichste nach latenter Tuberkulose, womöglich unter Anwendung des Röntgenapparates, durchforschen. Wenn wir uns auch nicht völlig der Ansicht anschließen können, daß dies Erythem immer nur die rheumatische Affektion eines Tuberkulösen ist, so ist doch die Beziehung zur tuberkulösen Konstitution sicher oft vorhanden. Handelt es sich gar um ein infektionsgefährdetes Kind, so ist es die nächsten Monate nach den für Tuberkulose angegebenen Regeln zu behandeln (s. S. 300).

IV. Infektiöse Hauterkrankungen.

1. Impetigo.

Nicht nur die eigentliche Impetigo contagiosa, sondern auch jede impetiginöse Kruste kann anstecken. Hieran leidende Kinder dürfen namentlich in Krippen, wenn überhaupt, nur mit einem abschließenden Verbande aufgenommen werden. Die Neigung zur Heilung ist sehr verschieden. Während sie bei einzelnen Kindern spontan in wenigen Tagen erfolgt, ist sie in anderen Fällen nur durch sorgfältigste Behandlung zu erzielen und bleibt sonst jahrelang aus. Die Heilung wird verhindert durch Eiterretention unter den Krusten und durch Verletzung des Geschwürbodens beim Abkratzen der Krusten. Auch Kratzeffekte, z. B. beim Strophuluskranken, geben immer wieder Gelegenheit zur neuen Aussaat.

Bei frischen Fällen mag es genügen, die Stellen im Gesicht mehrfach am Tage mit der Zinnoberschwefelsalbe einzustreichen:

Hydrargyr. sulfurat.	1,0
Sulfuris praecip.	25,0
Vaseline ad	100,0
Ol. Bergamotti gtt.	XX.

(Unguentum sulfuratum rubrum F. M. B.)

Am Körper und namentlich an den Händen ist es besser, ein damit eingestrichenes Läppchen von Borlint mit Binde oder Heftpflaster zu befestigen. Besteht der Ausschlag schon länger, zeigt sich unter den Krusten Eiteransammlung oder sind gar die regionären Lymphdrüsen geschwollen (Submental- und Inguinaldrüsen), so sind die Krusten zu lösen, und durch Verband mit essigsaurer Tonerdesalbe mit oder ohne gleichzeitigen feuchten Verband ist die Wiederbildung von Krusten zu verhüten. Bei tiefergehenden Geschwüren ist die Heilung im weiteren Verlauf durch Betupfen mit Höllensteinlösung und Verband mit der bekannten Argentum-Perubalsam-Salbe zu beschleunigen. In manchen Fällen ist eine sorgfältige tägliche ärztliche Behandlung nicht zu umgehen.

Die impetiginösen Erkrankungen der behaarten Kopfhaut. Mit besonderer Sorgfalt sind die impetiginösen Erkrankungen der Kopfhaut zu behandeln. Die Haare in der Umgebung der Kruste sind womöglich zu rasieren[1]), die Krusten sorgfältig aufzuweichen, ihre Wiederbildung ist durch Einstreichen von Salben oder Salbenverband zu verhindern. Besonders zu beachten sind die in vernachlässigten Fällen auftretenden großen Abszesse, die oft wochenlang dem Kinde Qualen verursacht haben, bevor sie zur Behandlung kamen. Vollständige Reinigung des Kopfes auch an anderen Stellen ist notwendig. Auch wenn der Eiter bei Ablösen der Krusten aus mehreren Löchern hervorquillt, ist durch eine große Inzision über die Höhe der Geschwulst der Krankheitsherd zu öffnen. Zögert man damit, so können große Teile der Kopfschwarte verloren gehen. Ebenso ist sehr sorgfältige Entfernung der fast wie Teer anhaftenden Massen und breite Inzision notwendig, wenn die sequestrierende Eiterung im Unterhautzellgewebe flächenartig fortschreitet. Dies geschieht namentlich bei spontanem Durchbruch oder zu kleinen Inzisionen. Nur so gelingt es, möglichst viel von der Haut zu retten.

2. Pyodermie des Säuglings.

Die sogenannte Furunkulose des Säuglings unterscheidet sich von der wahren Furunkulose dadurch, daß auch in kleinsten beginnenden Knötchen nur Eiter und kein nekrotischer Pfropf vorhanden ist. In jedem Stadium ist daher der Abszeß „inzisionsreif“. Die Krankheit schließt sich häufig an Reizungen der Haut an. Nabel- und Brustumschläge mit essigsaurer Tonerde beim Neugeborenen, Mazeration der Haut durch Brustumschläge oder Schweiß sind die häufigsten Ursachen des ersten Beginns der Affektion. Eine universelle Verbreitung erfährt sie fast nur beim ernährungsgestörten Kinde. Die erste Aufgabe ist daher bei schlechtgediehenen, künstlich genährten Kindern, die Ernährungsstörung zu heben, womöglich aber natürliche Ernährung einzuführen. Bei schlechtgediehenen Brustkindern handelt es sich meist um nicht zureichende Nahrungsmengen. Nur in den sehr seltenen Fällen von gut gediehenen Brustkindern ist eine alimentäre Beeinflussung nicht denkbar.

[1]) Statt zu rasieren kann man die Haare durch eine Enthaarungspaste entfernen. S. S. 522 unter Schwefel.

Prophylaktisch ist bei eitrigen Nabel- und Brustentzündungen der Neugeborenen der essigsaure Tonerdeumschlag zu vermeiden, statt dessen sind gleiche Teile von Spiritus und Glyzerin anzuwenden. Späterhin setze man Brustwickel sofort aus, wenn eine Spur von Mazeration sich zeigt. Bei den ersten Zeichen eines solchen Furunkels bei schwitzenden Kindern sorge man für kühlere Bettung im kühleren Raume, lege das Kind oft auf den Bauch und lasse Rücken und Hinterkopf von der Sonne bescheinen. Eine systematische Besonnung ist auch bei ausgebrochenen Leiden sehr zweckmäßig. Man fange mit dreimal täglich 5 Minuten an, steige jeden Tag um eine Minute und lasse, wenn das Kind nicht friert, vorher und nachher einige Minuten Rücken und Hinterkopf der Luft ohne Besonnung ausgesetzt. Bei schwerkranken, stark schwitzenden Kindern ist auch die Anwendung einer Liegekur in Hängematten (s. S. 52) in Erwägung zu ziehen.

Einzelne größere Knoten sind stets zu inzidieren, ohne die Reife abzuwarten. Haben sich größere Mengen Furunkel gebildet, so muß man von Zeit zu Zeit an einzelnen Teilen des Kindes sämtliche, auch die kleinsten Herde öffnen. Und zwar geht man bei reichlicher Aussaat so vor, daß man an einem Tage etwa Hinterhaupt und Nacken, nach 2 Tagen Rücken und Beine vornimmt. Wir empfehlen dabei folgende Technik: Große, achtfache Mullagen werden dick mit Vaseline oder essigsaurer Tonerdesalbe fertig gehalten, die zu behandelnde Hautfläche wird mit Alkohol abgerieben bzw. vorher von Haaren befreit. Hierzu ist es am praktischsten, wenn die Haare nicht zu lang sind, den Kopf mit einer Sulfidpaste (s. S. 522) einzustreichen und nach 3 Minuten die Haare samt der Paste abzuwaschen. Die Operationsfläche wird dann gleichmäßig mit Vaseline eingestrichen und nun jedes einzelne Knötchen, ob groß oder klein, nicht inzidiert, sondern nur mit spitzem Messer angestochen. Man nimmt dabei in Kauf, daß ein oder das andere sich vorzeitig schließt. Um die Blutung zu verringern, bedeckt man, sobald man eine Gruppe geöffnet hat, die Wunden mit in Alkohol getränkter Watte, die man fest gegendrücken läßt. Sobald man fertig ist, wird sofort das Salbenläppchen aufgelegt. Über noch blutende Stellen kommt ein Stückchen Watte. Sonst darf nur noch eine dünne Mullbinde zum Verband verwendet werden. Nach 24 Stunden ist ein Bad mit hypermangansaurem Kali (2 Teelöffel der 5%igen Lösung auf ein Bad) erlaubt. Ein neuer Verband wird nicht herumgelegt. Erst am übernächsten Tage muß man diese Prozedur wiederholen. Weder Blutverlust noch sonstige Schwächung sind zu fürchten, wenn nur die Ausführung so schnell und prompt geschieht wie vorgeschrieben. Vom Beginn der ersten Inzision bis zum Verband durch Auflegen des Salbenläppchens dürfen nur 2 bis 3 Minuten verstreichen. Man kann ferner in allen schwerer liegenden Fällen die Vakzinetherapie versuchen. Man kann sich des im Handel befindlichen Opsonogen bedienen. Noch bessere Erfolge sieht man, wenn die Injektionen mit einer ad hoc hergestellten Autovakzine vorgenommen werden. Injektion 1—2 mal wöchentlich, beginnend mit 20—25 Millionen Keimen, steigend auf 100 Millionen.

Neuerdings sind auch Injektionen von Terpentin empfohlen worden. Man spritzt 2 Tage hintereinander etwa 3—5 Teilstriche einer 5%igen Lösung von Terpentin in Öl ein. An jedem 3. Tage Pause.

3. Pedikulosis.

Bei Pedikulosis sind Einreibungen mit Acetum Sabadillae zu machen. Die damit getränkten Haare werden nach Umhüllung mit einem Gummipapier über Nacht eingebunden. Das wird mindestens 3 Abende hintereinander wiederholt, danach der Kopf mit Seifenwasser gewaschen. Noch vorhandene Nissen werden durch Auskämmen der Haare mit einem in heißen Essig getauchten Staubkamm entfernt. Zurückbleibende Kopfekzeme werden mit Unguentum sulfuratum rubrum dick eingestrichen und bei kurz geschorenem Haar auch noch mit der Salbe verbunden.

4. Skabies.

Zur Entfernung der Krätzmilben ist eine Einreibungskur mit dem wenig toxisch wirkenden Ristin besonders geeignet. Zu jeder Einreibung (im ganzen drei) muß etwa $^1/_5$ Flasche verwendet werden. Die Hände werden nachher eingepackt, oder Handschuhe übergezogen. Am Tage nach der letzten Einreibung ist ein Reinigungsbad zu geben. Wäsche und Kleider sind gründlich zu desinfizieren. Ebenso ist zur Einreibung ein nicht verunreinigtes Präparat von Perubalsam zu empfehlen, den man mit einer indiferenten Salbe zur Hälfte verdünnt. Zu jeder Einreibung beim Schulkinde sind 20 g Perubalsam nötig. Sowohl Ristin als auch Perubalsam sind teure Präparate. Am billigsten ist Unguentum Wilkensonii, das auch beim Säugling angewandt werden darf, freilich die Wäsche beschmutzt.

Es empfiehlt sich, die Kur, wenigstens wenn sie von den Eltern durchgeführt wird, nach 10 Tagen bei dem leisesten Verdacht zu wiederholen. Selbstverständlich müssen sämtliche Familienmitglieder gleichzeitig von der Krätze befreit werden. Vor einer Wiederholung der Kur ist der Urin zu untersuchen.

Nach Pedikulosis und Krätze zurückbleibende Reizekzeme behandelt man reizmildernd. Am besten streicht man den ganzen betreffenden Körperteil gleichmäßig mit Vaseline ein und schüttet dick Puder auf oder pinselt folgende Paste mit einem Haarpinsel ein, nachdem man sie vorher erwärmt hat:

Zinc. oxydat. }
Amyl. tritic. } āā 10,0
Vaseline ad 50,0.

Vergiftungen.

Der Arzt tut gut, in seinem Hause folgende Mittel vorrätig zu halten:

1. Mercksche Tierblutkohle.
2. Magnesia usta.
3. Acidum citricum oder Acidum tartaricum.
4. Natrium sulfuricum (Glaubersalz).
5. Acidum tanicum.
6. Anästhesin.

An Instrumenten braucht er einen gewöhnlichen weichen Magenschlauch von 8 mm Durchmesser, für Säuglinge einen Nelatonkatheter von 5—6 mm Durchmesser mit den nötigen Ansatzstücken und Glastrichtern. Als Ansatz kann jeder Irrigator benutzt werden.

Besteht die Vermutung, daß ein Kind irgend ein Gift eingenommen hat, so muß man für dessen völlige Entfernung Sorge tragen, und zwar auch dann, wenn angeblich schon Erbrechen erfolgt ist. Ehe die nötigen Instrumente herbeigeschafft sind, ist Erbrechen durch Einführung der Finger in den Hals wiederholt hervorzurufen. Zwischendurch ist durch reichliche Flüssigkeitszufuhr der Mageninhalt zu verdünnen und das Erbrechen zu erleichtern. Als Getränk diene Wasser oder Milch, letztere namentlich bei allen ätzenden Giften und Metallsalzen. Sie ist nur bei den jetzt sehr seltenen Phosphorvergiftungen verboten. Nur bei Laugen- und Säurevergiftungen wird Erbrechen vor Einführung einer neutralisierenden oder zum mindesten verdünnenden Flüssigkeit nicht zu empfehlen sein. Auch sonst ist der Zusatz spezieller Gegengifte wünschenswert. Sobald wie möglich erfolge die Magenspülung, die jedoch bei Laugen- und Säurevergiftungen nur unter besonderen Vorsichtsmaßregeln (s. S. 482) gestattet ist. Ruft die Einführung des Magenschlauchs wiederholt Erbrechen hervor, so ist das nur zu begrüßen. Ist der Magen mit stückigen Nahrungsresten gefüllt, so daß beim Rücklauf des Spülwassers die Sonde sich immer wieder verstopft, so lasse man, so viel es geht, einlaufen und provoziere durch Herausziehen und Wiedereinführen der Sonde das Erbrechen.

Um die in den Darm übergetretenen Giftbestandteile unschädlich zu machen, gebe man ein Abführmittel, z. B. am besten Glaubersalz, von dem man einen gehäuften Eßlöffel, in 200 g Wasser gelöst, gleich mit eingießen kann. Außer bei Phosphorvergiftungen kann man auch 1—2 Eßlöffel Rizinusöl geben. Schon in den ersten 2 Lebensjahren bedarf es eines reichlichen Eßlöffels.

Das sicherste Gegengift, das man vor, während und nach der Magenspülung in allen Fällen geben kann, ist Mercksche Tierblutkohle. 1 Eßlöffel kann man mit 100 g Wasser angerührt im Anschluß an die Spülung in den Magen eingießen oder nachher alle 10 Minuten einen sehr gehäuften Teelöffel voll, mit 1 Wasserglas abgerührt, bis 6 mal nehmen lassen und dann noch alle 2 Stunden die gleiche Dose geben.

Drei Vergiftungsfolgen sind es, die den Arzt zu schnellem Handeln drängen und leicht zu vorschnellem Handeln verführen. Es sind dies Schmerzen, Bewußtseinstrübung und Krämpfe. Die Schmerzen, die durch Verätzung der Schleimhaut hervorgerufen werden, kann man durch Aufpulvern von Anästhesin und durch Verschluckenlassen einer Aufschwemmung dieses Mittels (1 Messerspitze auf $^1/_2$ Eßlöffel Wasser) in mehrfachen Wiederholungen bis zu einem gewissen Grade lindern. Dadurch wird der Widerstand des Patienten gegen die notwendige reichliche Aufnahme der Gegengifte verringert. So nützlich diese Maßregel sein kann, so darf man selbst die wenigen Minuten bis zur Wirkung des Anästhetikums nicht verstreichen lassen, wenn es sich darum handelt, ein ätzendes Gift durch ein Gegengift zu neutralisieren. Die lokale

Schmerzstillung soll mehr die Fortführung als die Einleitung der Behandlung erleichtern. Bei starken Leibschmerzen, die nach der Entleerung des Giftes noch bestehen bleiben, kann man mit Anästhesin oder ähnlichen Mitteln von der Magenschleimhaut ausgehende Schmerzen verringern. Im übrigen ist man auf zentral wirkende Mittel angewiesen. Das Opium hat theoretisch den Nachteil der stopfenden Wirkung, die wir bei Metallsalzvergiftungen vermeiden müssen. Doch kann man diesen Schaden sehr leicht durch Anwendung von Abführmitteln wie Glaubersalz und Rizinusöl beheben. Der Vorteil des Opiums vor Morphium ist, daß wir die Dosierung sehr viel besser angeben können. Die Anwendung kann auch durch Stuhlzäpfchen (s. Arzneimittel) erfolgen. Das Morphium darf jedoch durchaus, wenigstens vom 4.—5. Lebensjahr an, in dringenden Fällen zur Injektion angewendet werden. (Dosis s. S. 520.) Meistens handelt es sich mehr um eine starke Erregung des Kindes, die es die Schmerzen doppelt empfinden läßt. In solchen Fällen ist die entsprechende Menge Chloral per clysma anzuwenden.

Die Behandlung der Bewußtseinstrübung soll unter keinen Umständen die Entleerungstherapie verzögern. Im Gegenteil gilt es, recht schnell das Gift zu entleeren, damit eine zunehmende Benommenheit nicht etwa die notwendigen Maßnahmen erschwert. Nur tiefste Betäubung oder gar Atemlähmung zwingen uns, zuerst kräftige Anregungsmittel zu verwenden oder künstliche Atmung vorzunehmen. Sobald die Atmung in Gang ist, muß die Schlundsonde eingeführt werden. Da man in manchen dieser Fälle keine Zeit zu gründlicher Ausspülung hat, so ist es zweckmäßig, 2 Eßlöffel voll Tierblutkohle mit einem Glase Wasser angerührt, bei Beendigung der Magenspülung einzugießen.

Bei Krämpfen widerstehe man der Versuchung, das lästige Symptom auf jeden Fall durch ein Narkotikum zu beseitigen. Die meisten Krampfgifte führen doch schließlich zu einer Lähmung des Atemzentrums. Dieses Ereignis würde man geradezu herbeiführen. Ganz besonders gefährlich wäre es, bei durch Opium hervorgerufenen Krämpfen so zu handeln. Die Angst vor Auslösung von Krämpfen darf die Vornahme der Magenspülung nicht verhindern. Für Strychninvergiftung sind besondere Verordnungen gegeben.

I. Narkotische Gifte.

Von betäubenden Giften kommen Opium mit seinen Derivaten, verschiedene Schlafmittel wie Chloral und Veronal, schließlich Alkohol, Benzin und Petroleum in Betracht. Gemeinschaftlich ist in allen diesen Fällen für eine gründliche Entfernung des Giftes Sorge zu tragen, und zwar auch dann noch, wenn Stunden nach der Einnahme des Mittels vergangen sind. Außer der Entleerung des Magens durch Magenspülung muß auch das Gift aus dem Darm entfernt und die Resorption verhindert werden. Man gebe also große Dosen Rizinusöl oder Glaubersalz und verhindere die Resorption der Gifte durch große Dosen Kohle. Gemeinschaftlich ist ferner die Gefahr, die durch Lähmung des Atemzentrums bei diesen Giften droht. Wir müssen daher den Kranken aus seiner Bewußtseinstrübung herauszureißen uns bemühen. Hierzu dienen der Reihe nach Herumführen, Aufrütteln, Abklatschen mit kaltem Wasser mit nachfolgendem Frottieren, warmes Bad mit kalter Begießung, künstliche Atmung, die man namentlich bei Opiumvergiftungen stundenlang fortführen oder doch wiederholt wieder aufnehmen muß, nachdem die Atmung scheinbar schon halbe bis ganze Stunden lang wieder in Gang war. Koffein ist subkutan einzuspritzen, und zwar beim Säugling zunächst einstündlich 0,1 etwa 2—3mal. Nach dem 2. Lebensjahre beträgt die Menge 0,15 und im Schulalter etwa 0,15—0,2. Von Kampfer ist weniger zu erwarten, vom Oleum camphor. fort. sind stündlich eine, vom 2. Lebensjahr an 2 Spritzen auch neben oder abwechselnd mit Koffein zu verwenden.

Bei einzelnen dieser narkotischen Mittel, so auch namentlich bei Opium treten Krämpfe auf. Man hüte sich, diese Krämpfe durch Narkotika besänftigen zu wollen. Sobald der einzelne Anfall nachläßt, versuche man sofort durch künstliche Atmung den oft dann eintretenden Atemstillstand zu beseitigen und wende trotz der Krämpfe Koffein und Kampfer an. Bei länger dauernden schweren Vergiftungserscheinungen gebe man namentlich bei jungen Kindern besonders sorgfältig darauf acht, daß sie nicht zu sehr auskühlen. Durch Einpacken in erwärmte Decken, kräftiges Frottieren des sorgfältig zugedeckten Körpers, durch heißen Kaffee oder Tee beuge man der Auskühlung vor. Besondere Sorgfalt verwende man auf die dauernde Wasserspeisung.

Benzin. Wir müssen darauf hinweisen, daß auch Benzin betäubend wirkt und daß bereits ganz munter gewordene Kinder in mehr oder weniger schwere Benommenheit verfallen können. Die Behandlung muß daher wie bei anderen Narkotika eine möglichst gründliche Ausspülung erstreben, die bei diesem Mittel keineswegs leicht ist, da es sich mit dem Spülwasser nicht mischt. Als Spülwasser ist vielleicht fette Milch praktisch. Die zweite Attacke von Benommenheit braucht man wohl nicht sehr zu fürchten, muß aber die Eltern darauf vorbereiten.

Alkohol. Akute Alkoholvergiftung ist nach obigen Grundsätzen zu behandeln. Chronische Alkoholvergiftungen sieht man wohl nur in Ausnahmefällen bei Kindern von Gastwirten oder Säufern, dann aber auch in Gegenden, in denen Kinder „zur Stärkung der Gesundheit" durch Monate oder Jahre schwere Weine (Ungarwein) bekommen. Man denke an Alkoholvergiftung nicht nur bei Leberzirrhose. Nach unseren Erfahrungen stellt sich bei mit Bronchitis behafteten jungen Kindern bei lange dauerndem Ungarweingenuß eine Bronchitis oder Tracheitis mit auffällig reichlichem, großblasigem Rasseln ein. Die Behandlung besteht nur im Weglassen des Alkohols. Der Erfolg bei den „Alkohol-Bronchitiden" tritt sehr schnell ein. Bei Leberzirrhose kommt wenigstens in ausgeprägten Fällen die Maßnahme zu spät.

II. Krampfgifte.

Die Vergiftung erfolgt teils durch Einnahme von Medikamenten (Atropin, Extractum belladonnae, Hyoscin, Oleum hyoscyami), teils durch Genuß der Pflanzen, Tollkirschen, Samen des Stechapfels,

Wurzel des Bilsenkrauts. Auch hyoszyaminhaltige Salben, die zur Vertreibung der Milch benutzt wurden, wirken durch die Haut durch giftig.

Die Behandlung beginnt, wenn das Gift durch den Mund eingenommen ist, mit einer gründlichen Entleerung des Magens. Da Pflanzenteile durch die Schlundsonde nicht entfernt werden können, ist für Erbrechen zu sorgen. Große Mengen Tierblutkohle sind daneben zu empfehlen.

Von allgemeinen Vergiftungserscheinungen sind Hautröte, trockner Mund und leichte Erregung nicht besonders zu beachten. Bei stärkster Erregung und Delirien stehen uns Morphium und Chloral zur Verfügung. Je jünger das Kind ist, desto mehr ist Chloral vorzuziehen, da eine zureichende, energische Dosierung damit leichter möglich ist. Bei älteren Kindern ist auch das Morphium zunächst in den S. 520 angegebenen Dosen anzuwenden. Im allgemeinen halte man aber fest, daß die Delirien immer noch einen geringeren Grad des Vergiftungsumstandes bedeuten und an und für sich nicht lebensgefährlich sind. Erst Koma mit Atemlähmung ist bedrohlich, und sobald sich Zeichen von Sopor zwischen Delirien einschieben, wende man lieber Koffein in starken Dosen statt Narkotika an. Warme Bäder mit Begießung, kurz die ganze Behandlung wie bei der Vergiftung mit Narkotika sind dann notwendig.

Strychnin.

Die Vergiftung erfolgt, außer durch Verwechslung des Strychnins mit anderen Mitteln, infolge medizinaler Anwendung zu hoher Dosen, wobei gelegentlich Injektion von 1 mg schon krampferzeugend wirken kann. Zu beachten ist, daß das Mittel kumulierend wirkt. Man tut deswegen gut, bei der Injektionsbehandlung mit Strychnin immer einen Tag zu überschlagen. Außerdem kommen Vergiftungen vor durch Genuß des Samens (Krähenaugen, vergifteten Weizen usw.). Tinctura strychni führt wegen ihres bitteren Geschmacks wohl selten zu Unglücksfällen.

Bei Einnahme des Giftes per os beachte man das bei Atropin Erwähnte. Die Durchführung der Magenspülung ist bei ausgesprochenem Tetanus sehr erschwert. Läßt sie sich selbst durch die Nase nicht ausführen, so bedarf es einer leichten Chloroformnarkose. Besonders schwierig ist dann die Entfernung verschluckter Brechnußstücke. Es ist dann mitunter doch notwendig, das Brechen durch subkutane Anwendung von Apomorphin hervorzurufen, dessen Dosierung jedoch beim jungen Kinde nicht einfach ist. Es wird für Kinder nach dem 6. Lebensjahre $^1/_2$ Spritze der halbprozentigen Lösung empfohlen, also etwa $2^1/_2$ bis 5 mg. Durch große Dosen Tierblutkohle mit gleichzeitigen Abführmitteln läßt sich eine unvollkommene Magenentleerung teilweise ausgleichen.

Die Krämpfe behandle man mit Chloral, das man durch Urethan in seiner Wirkung verstärken kann. Auch Wechsel beider Mittel erlaubt die Narkose längere Zeit gefahrlos fortzusetzen. Wechsel mit Opium kann im einzelnen Falle zweckmäßig sein. Im Notfalle ist künstliche Atmung anzuwenden.

Santonin.

Die Vergiftung erfolgt durch Flores Cinnae oder durch die bekannten Wurmplätzchen. Die Behandlung besteht in Entleerung des Magens und Darms. Fetthaltige Mittel wie Milch, Rizinusöl usw. sollen vermieden werden. Als Abführmittel diene daher Glaubersalz oder Sennapräparate (Infusum sennae compositum) $^1/_4$ stündlich 1 Eßlöffel voll bis 3 mal. Dringend ist Tierblutkohle zu empfehlen. Die Krampfanfälle sind mit Chloral, Sopor und Koma mit Hautreizen und Analeptika zu behandeln. Blasenkrampf oder Urinretention sind zu beachten. Starke Wasserspeisung des Körpers ist nicht zu vergessen.

III. Vergiftung mit andersartigen Pflanzenstoffen.

Die Behandlung bleibt im wesentlichen die gleiche und besteht in Entleerung, Resorptionsverhinderung durch Tierblutkohle, Exzitation oder Narkose oder beidem zusammen. Besonders ist noch folgendes hervorzuheben:

Pilokarpin. Die Wirkung des Pilokarpin wird durch Atropin aufgehoben. Der Kollaps ist mit Kampfer und Koffein zu bekämpfen.

Kokain. Aufregungszustände bedürfen keiner besonderen Behandlung. Angstzustände und Beklemmungen erfordern Brom oder Chloralhydrat, die auch bei Krämpfen notwendig sind. Bei Kollaps ist Kampfer nützlich.

Digitalis und digitalisähnliche Gifte. Die Digitalisvergiftung erfolgt weniger durch die arzneiliche Anwendung als durch mißbräuchliche Benutzung der Medizin und Essen der frischen Pflanze. Absolute Ruhe in horizontaler Lage ist anzuordnen, Anregung durch Koffein, Kaffee, Wein, Kognak, Champagner zu verursachen. Die Dosis Champagner dürfte beim sechsjährigen Kinde etwa $^3/_4$ Weinglas stündlich betragen.

IV. Phenol-Vergiftung.

Die Vergiftung durch Karbol-, Lysol- und Kresol-Präparate kann durch Resorption durch die Haut oder Wunde, ebenso wie durch Aufnahme per os erfolgen. Zur gründlichen Entfernung des Giftes kann man sich bei der Magenspülung eines Zusatzes von etwa 2 Eßlöffeln Glaubersalz (schwefelsaures Natron) zu 1 Liter Spülflüssigkeit bedienen. Als Abführmittel ist Glaubersalz gleichfalls zu empfehlen. Etwa 1—2 gehäufte Eßlöffel voll sind in reichlich Wasser in $1^1/_2$ Stunden zu verbrauchen. Tierblutkohle ist wie stets auch hier nützlich. Als Gegengift ist Zuckerkalk anzuwenden. (30 g gelöschter Kalk werden mit 150 g Wasser, in dem vorher 50 g Zucker aufgelöst sind, verrieben. Die filtrierte Lösung wird bei gelinder Wärme unter Umrühren im Wasserbade eingedampft.) Der Zuckerkalk wird, gelöst in Zuckerwasser, innerhalb $1—1^1/_2$ Stunden verbraucht. Statt dessen kann auch Kalkwasser ($^1/_2$ l und mehr, Schlemmkreide und Magnesia usta) verabreicht werden. Während des schweren Kollapses ist besonders auf sorgfältige Erwärmung des Kranken zu achten. Bei längerer Bewußtlosigkeit sorge man auch für Flüssigkeitszufuhr. Als Analeptika kommen neben Kampfer, Kaffee und Koffein auch Alkohol in Betracht. Doch übertreibe man dessen Dosen nicht, damit seine lähmende Wirkung sich nicht zu der des Phenols addiert.

V. Metallvergiftungen.

Bleivergiftung. Vorerst nehme man eine gründliche Magenspülung, womöglich mit Glaubersalz- oder Bittersalzzusatz, 1—2 Eßlöffel auf 1 l vor. Danach wird das gleiche Mittel zur Bindung des Giftes und zur Entfernung durch Abführen gegeben. Als Abführmittel ist auch Rizinusöl, zur Bindung des Giftes sind Schwefelsäurelimonaden oder Gerbsäure in Form von starkem Kaffee oder Tee oder eines Tanninpräparates zu geben. Nach Ablauf der akuten Vergiftung verabfolgt man eine Zeitlang Jodkalium.

Sublimat. Bei Sublimatvergiftungen lasse man sofort reichlich Milch oder Eiweißwasser trinken und spüle gründlich nach. Abführen verursache man durch Rizinusöl. Daneben können Magnesia usta, aber auch große Mengen Tierblutkohle oder Holzkohle gereicht werden. Bei Verätzungen im Munde ist Anästhesin zu verwenden. Für überreichliche Flüssigkeitszufuhr ist auch bei leichten Vergiftungen in Rücksicht auf die Gefahr der Nierenentzündung zu sorgen.

VI. Arsenvergiftung.

Ist das Gift nicht in Lösung eingenommen, so soll man sofort große Mengen Magnesia usta oder das Antidotum arsenici geben. Um keine Zeit zu verlieren, wird man mit Magnesia allein die Magenspülung vorbereiten, für mechanische Erregung des Erbrechens sorgen und nur mit kaltem Wasser spülen. Ist das Gift in löslicher Form genommen, so verfahre man wie gewöhnlich und gebe hinterher womöglich das Antidotum. Die Wirkung des Antidots kann durch gleichzeitiges Nehmen von Magnesiumsulfat (50 g mit reichlich Flüssigkeit) unterstützt werden. Tierblutkohle verringert auch hier die Resorption. Im weiteren Verlauf ist auf überreichliche Flüssigkeitszufuhr zu achten, ferner sind Schwitzkuren anzuwenden.

VII. Phosphorvergiftung.

Phosphorvergiftungen sind seit dem Verschwinden der selbstzündenden Streichhölzer selten geworden. Bei der Behandlung sind alle fetthaltigen Stoffe zu vermeiden, also auch Milch und Rizinusöl. Magenspülung mit $^1/_2$ $^0/_0$iger Lösung von Kaliumpermanganat[1]) ist zu verordnen, als Abführmittel Wiener Trank. Ferner sind mehrfache hohe

[1]) Von der konzentrierten Lösung 1 Eßlöffel auf 12 Eßlöffel Wasser.

Einläufe mit der gleichen hypermangansauren Kalilösung vorzunehmen. Wenn eine Magenspülung nicht durchführbar ist, wird als Brechmittel Cuprum sulfuricum empfohlen, und zwar 0,1 in 1 Eßlöffel Wasser gelöst, alle 10 Minuten bis zur Wirkung.

VIII. Säurevergiftungen.

Mit tunlichster Vermeidung jedes Zeitverlustes ist für schnellste Neutralisation der Säure zu sorgen. Das beste Mittel dafür ist Magnesia usta, die eßlöffelweise in Aufschwemmung gegeben werden soll. Deswegen sollte der Arzt dieses Mittel stets im Hause haben. Ist es nicht vorhanden, so ist man auf die im Hause befindlichen Alkalien angewiesen. Die säurebindende Wirkung der Milch ist bei einigermaßen größeren Säuremengen unzureichend, doch dient sie immerhin als Verdünnung. Von Alkalien sind im Haushalt häufiger vorhanden: Soda, doppeltkohlensaures Natron, Schlemmkreide, hier wird aber die durch Kohlensäure bedingte starke Aufblähung des Magens gefürchtet. Zu vermeiden wäre jedenfalls das doppeltkohlensaure Natron. Doch bleibt im Augenblicke der Gefahr, wenn nichts anderes zur Stelle ist, kaum eine Wahl. Durch Einführung einer weichen Schlundsonde ist die Gefahr der Aufblähung zu verringern. Ist eine weiche Schlundsonde bei der Hand, so würde doch eine vorsichtige Magenspülung in der ersten halben Stunde der Vergiftung, womöglich mit einem dieser neutralisierenden Mittel unter geringem Druck auszuführen sein. Bei giftigen Säuren (salpetrige Säure, Pikrinsäure) ist sie auf jeden Fall vorzunehmen.

Die Schmerzen im Munde sind durch Einstäuben von Anästhesin in beliebigen Mengen zu lindern. Daß Pharynx und Speiseröhre bei dieser Gelegenheit von dem Mittel etwas abbekommen, ist nur wünschenswert. Vielleicht ist auch eine geringe Milderung der Magenbeschwerden dadurch zu erzielen. Chloral bzw. Morphium sind später oft nicht zu entbehren. Die Ernährung bestehe in kleinen Mengen schluckweise zu nehmender kalter Milch. Sind keine Schluckbeschwerden mehr vorhanden, oder werden sie durch Anästhesin genügend gelindert, so sind dicke Suppen und Breie gestattet. Doch wird man bei einigermaßen ernsten Vergiftungen erst in der zweiten Woche den Versuch machen, ob feste Kost vertragen wird. Ösophagusspasmen, die in den ersten Wochen eine Striktur vortäuschen können, sind, wie S. 157 angegeben, zu behandeln.

IX. Laugenvergiftungen.

Die Laugenvergiftungen sind ungleich gefährlicher als die Säurevergiftungen. Als Neutralisationsmittel sind Zitronensäure, Weinsteinsäure (3 Teelöffel auf 300 g Wasser), verdünnter Essig, aber auch Zitronensaft, saure Milch usw. zu benutzen. Die laugebindende Wirkung dieser Mittel ist natürlich sehr gering. Auch verdünnte Salzsäure ist zu verwenden. Doch achte man gerade im Moment der

Aufregung darauf, daß die Verdünnung so stark ist, daß man selber einen Schluck davon längere Zeit im Munde halten kann. Eine besondere Erschwerung ist, wenn das Kind ein Stück Seifenstein (Ätzkali) heruntergeschluckt hat. Dann ist eine starke Verdünnung der sich immer wieder bildenden konzentrierten Lösung nötig, und so mag man wohl bei frischer Vergiftung in der ersten halben Stunde auch zur Magenspülung greifen unter der Voraussetzung, daß das Rohr weich ist und nur geringer Druck zur Verwendung kommt. Die Nachbehandlung ist die gleiche wie bei Säurevergiftungen. Bei frühzeitigen Stenoseerscheinungen versuche man, ob durch Beruhigungsmittel (Chloral, Opium) die Striktur zurückgeht, und sondiere keinesfalls vor der 6. Woche. Auch da riskiert man, durch Eindringen der Sonde in einen peri-ösophagealen Abszeß ein Unglück anzurichten.

X. Vergiftung mit Oxalsäure und ihren Verbindungen (Zuckersäure, Kleesalz)[1].

Außer Magenspülung und Abführmittel ist eine überreichliche Zufuhr von Kalk dringend nötig, da Oxalsäure durch Kalkentziehung tödlich wirkt. Man nimmt hierzu Kalkwasser, gestoßene Kreide, Schlemmkreide (Zahnpulver), Hühnereischalen. Von Kalkwasser müßte aber mindestens bis zu 1 l getrunken werden. Reichliche Flüssigkeitsaufnahme ist auch in den nächsten Tagen zur Ausschwemmung der Oxalsäure aus den Nieren notwendig.

Therapeutische Technik.

I. Bäder und Abreibungen.

1. Bad mit Begießung.

Die Temperatur des Bades ist auch beim fiebernden Kinde nicht unter 35° C zu nehmen. Kräftiges Frottieren im Bade mit einem Flanellhandschuh oder, indem man das Kind in eine Windel einschlägt und auf der Windel reibt, vermehrt die Wirkung. Dann wird die Brust mit stubenwarmem Wasser 5—10 mal von obenher aus Glas oder Krug begossen. Kräftige, tiefe Inspirationen sind der Zweck dieser Begießung. Zwischendurch muß die Brust immer wieder ins Badewasser eingetaucht werden.

2. Senfbad.

2 Hände voll Senfmehl werden in einem Eimer heißen, nicht kochenden Wassers solange verrührt, bis der Dampf in die Augen beißt. Ohne durchzuseien, gießt man dann den Inhalt des Eimers dem Bade zu. Temperatur des Bades 32—35°. Frottieren und Begießen wie oben beschrieben.

---

[1]) Im Kriege sind durch saure Bonbons Oxalsäurevergiftungen beobachtet worden, angeblich gehören hierher auch die Vergiftungen durch Rhabarberblätter.

3. Senfpackung.

Zur Senfpackung tauche man ein Laken in die ebenso (S. 483) im Eimer zubereitete Senfmischung, winde es schnell aus und breite es auf einer Wolldecke aus. Das schon vorher ausgezogene Kind wird von einer zweiten Person schnell hineingelegt und vom Hals bis zu den Fußspitzen in Senflaken und Wolldecke eingepackt. Darüber kommt ein Federbett. Nach 20 Minuten eine ebensolche Ganzpackung mit in heißem Wasser getränkten, gut ausgewundenen Laken. Nach 1 Stunde ein warmes Bad mit kühler Begießung. Die 2. Packung kann unterbleiben. Bei krampfverdächtigen Kindern ist die Senfpackung kontraindiziert.

4. Kiefern- oder Fichtennadelextraktbad.

Je nach der Konzentration des Extraktes setze man die vom Fabrikanten angegebene Menge, meist 2 Eßlöffel voll, dem Bade zu. Temperatur 32—35°.

5. Heiße Bäder s. Genickstarre und Gonorrhoe.

6. Solbäder.

Als Salz nehme man eines der rohen Badesalze oder einfach rohes Viehsalz.

Schwache Konzentration:		0,5—2%
mittlere	,,	2—4%
starke	,,	4—6%

Anfang mit schwacher Konzentration, Steigen je nach Empfindlichkeit der Haut. Im allgemeinen anzuwenden:

im 1.	Jahre	½—1½% =	etwa	¼—¾	kg auf das Bad
,, 2.—4.	,,	1—2 % =	,,	¾—1½	,, ,, ,, ,,
,, 5.—10.	,,	1—4 % =	,,	1½—6	,, ,, ,, ,,
bei älteren		2—6 % =	,,	3—10	,, ,, ,, ,,

Temperatur 32—35°, Dauer des Bades 5—15 Minuten, danach mindestens 1 Std. Bettruhe, 3—4 Bäder die Woche. Eine Kur besteht aus 18—25 Bädern.

7. Solabreibungen.

Als Ersatz für Solbäder, namentlich bei dicken Kindern. Ausführung: Das Kind wird morgens oder während der Nachmittagsruhe warm eingepackt, so daß die Haut erwärmt ist und dann mit einem in 5—10% Sole getauchten Laken eingeschlagen und kräftig frottiert. Man beginne mit einer Soletemperatur von 28° und gehe auf 20° herab.

8. Schmierseifenbehandlung.

Einreiben des ganzen Körpers mit Ausnahme der Falten mit Sapo kalinus depuratus rein oder 2 Teile davon mit einem Teil Adeps lanae gemischt. Einpacken in ein Badetuch 10—30 Minuten. Dann warmes Vollbad.

9. Tanninbäder.

Auf das Säuglingsbad kommen 2 gehäufte Eßlöffel Tannin. Statt dessen kann man auch Eichenrinde nehmen. 4 gehäufte Eßlöffel Eichenrinde mit 1 l Wasser gründlich ausgekocht, nachdem die Mischung vorher 6 Stunden mazeriert ist. Dann Durchseien und dem Bade zusetzen.

10. Schwefelbäder.

Solutio Vlemingkx 15 ccm auf ein Säuglingsbad, bis 30 ccm auf ein Bad für ältere Kinder (50—80 Liter). Weniger praktisch ist

Abb. 29. Inhalation von Dämpfen im Säuglingsalter.

folgende Verordnung: der 8.—10. Teil von $^1/_2$ Pfund Schwefelleber wird in einem irdenen Topf gekocht und durchgeseiht. Die Wirkung des Bades wird verstärkt durch den Zusatz von 1—2 Eßlöffeln Essig zum Badewasser. Holzbadewanne! Ringe ablegen! Dauer des Bades 10 Minuten.

II. Dämpfe und Inhalationen.

1. Feuchte Dämpfe.

Auf einen Eimer oder eine größere Schüssel mit kochendem Wasser kommt ein knapper Teelöffel Terpentin oder Eukalyptusöl und ein etwa erbsengroßes Stück Thymol, vom 2. Lebensjahre an auch Menthol. Der Eimer wird neben Bett oder Wagen so gestellt, wie die Abbildung ergibt. Bei einem Gitterbett stelle man eine große Abwaschschüssel an das Kopfende und decke ein Laken so über die Kopfhälfte des Bettes, daß eine kleine Hütte entsteht. Stärkere Dämpfe kann man folgendermaßen erzeugen: Das Laken wird zurückgeschlagen, so daß es zwischen Bett und Eimer hängt. Ein glühender Bolzen wird langsam in das kochende Wasser versenkt. Jetzt erst wird das ätherische Öl zugesetzt, das vorher durch den Bolzen leicht entzündet worden wäre, und das Laken über den Eimer geschlagen. Für die Anordnung am Kinderwagen wird die Hitzeentwickelung leicht zu groß. Das ganze Zimmer läßt sich mit Dampf füllen, wenn man den Eimer mit heißem Wasser in einer Entfernung von 2 m vom Bette des Kindes aufstellt und alle 10 Minuten einen glühenden Bolzen hineinversenkt. Das zugefügte ätherische Öl (Eukalyptus oder Terpentin mit Thymol oder Menthol), letzteres im Säuglingsalter nicht statthaft, verdunstet während der Zwischenzeit vollständig. Nicht ganz so viel leistet der sonst sehr praktische Feersche Bronchitiskessel.

2. Trockene Dämpfe.

Eukalyptusöl wird auf Kopfkissen und Lätzchen geträufelt. Auch kann man über das Kopfende des Bettes ein Handtuch, das damit beträufelt ist, dachartig hängen. Die zu verbrauchende Menge Eukalyptusöl beträgt jedesmal etwa 5—10 ccm. Dauer der Einatmung etwa 1 Stunde. Wiederholung 3 mal täglich. Ältere Kinder lasse man 4 mal täglich mit der Chloroformmaske je $^1/_4$ Stunde lang Eukalyptusöl einatmen, das man während der Zeit zu 30—40 Tropfen langsam auftröpfelt. Die Maske kann man sich auch folgendermaßen herstellen: Man schneidet die Spitze einer Tüte ab, so daß ein zweimarkstückgroßes Loch entsteht, steckt eine Haarnadel durch, die ein Stück Watte in der Öffnung festhalten soll. Das Wattestück ist so groß zu wählen, daß nebenbei noch Luft durchkommt.

3. Spießscher Vernebler.

Die Medikamente werden diesem Vernebler von der Firma beigegeben. Sie enthalten Eukalyptusöl und einen Nebennierenextrakt. Die Verneblung erfolgt durch eine Sauerstoffbombe. Die Maske muß möglichst nahe an das Gesicht gebracht werden, ähnlich wie bei Sauerstoffinhalationen. Von einer besseren Wirkung als der oben beschriebenen Dampfinhalation konnten wir uns nicht überzeugen.

III. Erwärmung.

1. Wärmflasche.

Man benutze Thermophore oder einfache Tonkruken, die mit 60^0 Wasser gefüllt werden. Gute Verkorkung und Fehlen von Sprüngen zu beachten. Die Wärmkörper werden in ein Flanelltuch eingeschlagen und so weit vom Kinde entfernt zu beiden Seiten und am Fußende hingelegt, daß sie es nicht berühren. Elektrische Thermophore sind in ihrer jetzigen Konstruktion stets gefährlich, auch wenn sie längere Zeit ohne Schaden gebraucht worden sind.

2. Wärmwanne.

Die Doppelwandung der Wanne wird anfangs mit 60°igem Wasser gefüllt. Es ist darauf zu achten, daß das Kind die Wandung nicht berühren kann. Das geschieht am besten, wenn das Draht-

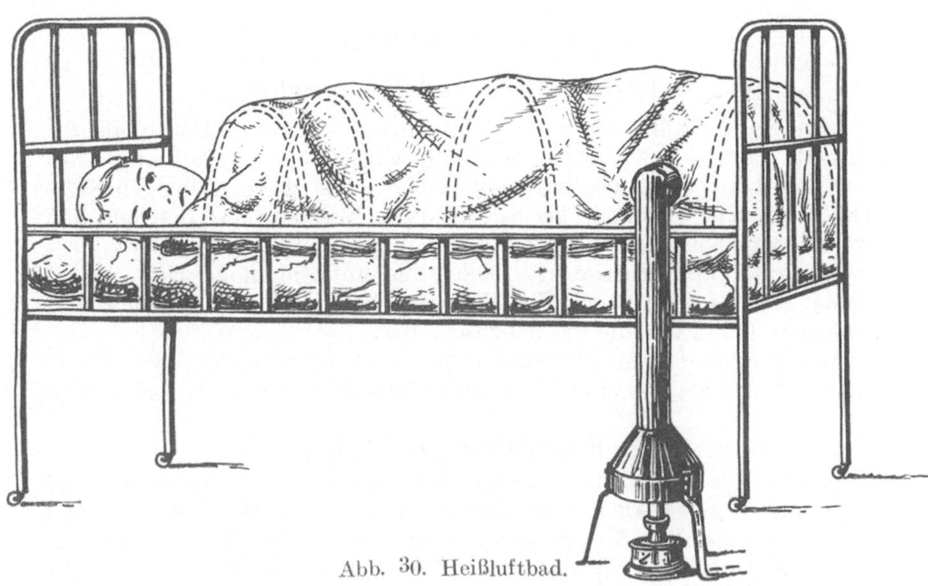

Abb. 30. Heißluftbad.

körbchen, das in die Wanne hineingehängt wird, mit Flanell ausgeschlagen ist. Die Temperatur des Kindes muß 2—3stündlich gemessen werden. Je nach Bedarf wird die Wanne dann 3—5stündlich neu gefüllt. Sobald die Temperatur nicht unter 36,7 sinkt, kann man mit 50, später mit 40°igem Wasser füllen.

3. Wärmkiste.

Statt der Wärmewanne läßt sich folgender Apparat extemporieren: Eine größere Kiste wird unten und von den Seiten von innen her mit nicht zu heißen Ziegelsteinen belegt und eine kleinere, die als Bett dient, hineingestellt.

4. Heißluftapparate.

Die Heizung der Heißluftapparate erfolgt durch eine Petroleumlampe. Man kann in einfacher Weise das Heißluftbad herstellen, wie auf der Abbildung angegeben: Ein Schornstein auf 3 Füßen. Das horizontale Ende wird mit einer Rolle von Asbestpappe gut umwickelt. Die Papprolle muß um 10—20 cm das Ende des Schornsteins überragen. Durch ein paar Gerten oder Rohrstöcke kann man, wie auf der Zeichnung angedeutet, den Wärmekasten ersetzen. Die Öffnung, durch die die heiße Luft eintritt, darf nicht unmittelbar einen Körperteil des Kindes treffen. Das Kind liegt im Kasten völlig nackt. Der Kasten ist mit dicken Wolldecken überdeckt, die besonders um den Hals herum fest abschließen. Anfangsdauer des Bades $^1/_2$ Stunde. Die Temperatur, die durch einen Thermometer gemessen wird, darf zu Anfang 60°, später 80—90° betragen.

IV. Abkühlung.

1. Eiskrawatte und Eisumschlag.

Ein Stück Billrothbatist, das von etwa dreifacher Breite als die Krawatte oder der Eisbeutel sein soll, wird in der gewünschten Ausdehnung etwa $1^1/_2$ cm dick mit einer Schicht aus gleichen Mengen Sägemehl und etwa bohnen- bis eichelgroßen Eisstückchen bestreut und durch Zusammenschlagen die Krawatte hergestellt.

Eisbeutel und Eiskrawatte sollen nie auf die bloße Haut gelegt werden. Stets ist ein Stück Flanell oder ein vierfach zusammengelegtes Stückchen Leinwand dazwischenzuschieben.

Bei Säuglingen ist Eis überhaupt nicht anzuwenden, bei älteren Kindern sind Skrotum und Penis gleichfalls nicht damit zu behandeln.

2. Kalte Ganzumschläge.

Auf einem Sofa oder zweiten Bett werden eine Wolldecke und darauf ein nasses Laken ausgebreitet, das nackte Kind hineingelegt und fest eingepackt. Alle 20 Minuten ist diese Einpackung zu wiederholen. Höchstens 3 Einpackungen. Die eingreifende Maßregel ist nur bei hyperpyretischen Temperaturen und stark durchbluteter Haut, und zwar nur bei älteren Kindern, gestattet.

3. Abkühlende Bäder.

Bäder von 32—35° C mit nachfolgender kühler Übergießung (s. oben) genügen meist. Bei kräftigen Kindern mit gut durchbluteter Haut ist Abkühlung des Bades durch langsames Zugießen von kaltem Wasser bis zu 28° C statthaft. Stärkere Wirkung wird durch tiefere Temperaturen nicht erzielt.

4. Kühle Abwaschungen.

Alle 20—30 Minuten wird der Rumpf des Kindes nach Zurückschlagen des Hemdes mit einem in kühlem Essigwasser (1 Eßlöffel auf eine Waschschüssel) wohl ausgedrückten Schwamme bestrichen. Siehe Abtrocknen. Indikation S. 55 u. 226.

5. Kühle Rumpfumschläge.

Über ihren geringen Einfluß auf die Temperatur und ihre Indikation s. S. 221. Die Umschläge müssen so beschaffen sein, daß sie mit geringster Belästigung des Kranken angelegt und entfernt werden können und die Atmung nicht behindern. Die Umschläge umfassen auch bei Entzündung des Oberlappens den ganzen Rumpf von der Achselhöhle bis zum Darmbeinkamm, beim älteren Kinde nur bis zum Nabel. Sie bestehen aus einem wollenen Tuch (Flanellwindel) und angefeuchtetem Leinen, Handtuch oder Windel. Letztere etwa in 2—4 Lagen. Das äußere wollene Tuch muß so beschaffen sein, daß beim Umlegen um den Rumpf die Enden sich etwa in der Breite der Vorderseite des Körpers decken. Das feuchte Tuch ist nach oben und unten $1^1/_2$ cm schmäler als das deckende wollene (Abb. 31). Mehrfaches Umwickeln des Umschlages um den Rumpf ist wegen Atembehinderung und Unbequemlichkeit beim Umlegen nicht statthaft. Der Umschlag wird auf dem Bett ausgebreitet und das Kind mit emporgehobenem Hemd hineingelegt, die Tücher über die Brust zusammengelegt und mit 2 Sicherheitsnadeln geschlossen. Ebenso wird das Kind beim Wechseln aus dem geöffneten Umschlag herausgenommen und in einen neuen, vorher ausgebreiteten hineingelegt.

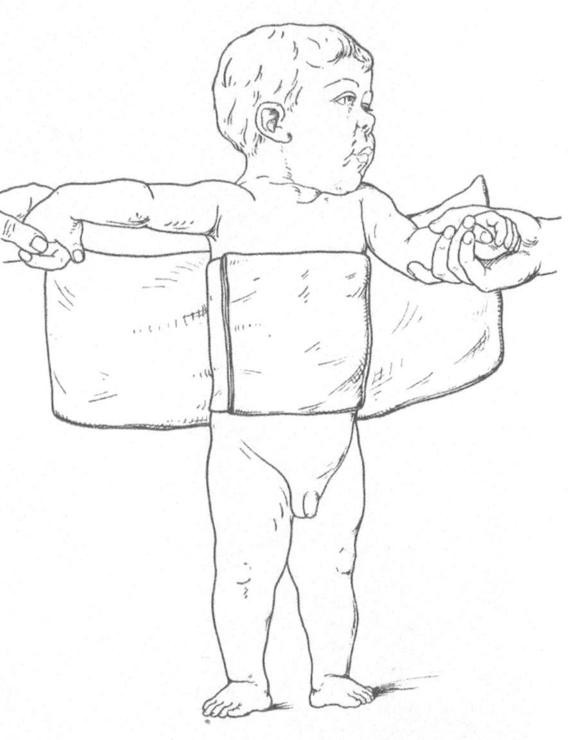

Abb. 31. Brustumschlag.

Durch Einfügen eines Stücks Guttaperchapapier zwischen feuchtes und trocknes Tuch wird die abkühlende Wirkung des Umschlags vermindert, die beruhigende vermehrt. Bei empfindlicher Haut, namentlich bei Säuglingen, ist nachfolgendes zu beachten: die Haut ist 2 mal täglich mit Vaseline (nicht Lanolin oder anderem wasserlöslichem Fett) einzureiben. Anstatt des Wassers nehme man abgekühlten Kamillentee. Wechsel der Flüssigkeit, nicht zu lange Benutzung der gleichen Windeln zum feuchten Umschlag.

6. Feuchte Verbände.

Beim Säugling wähle man bei nicht über $^1/_5$ des Körpers bedeckenden Verbänden gleiche Teile Spiritus und Glyzerin statt der üblichen essigsauren Tonerde. Verdunstung ist durch Billrothbatist, Pergamentpapier usw. zu hindern. Nimmt man essigsaure Tonerde oder 3⁰/₀ige Borsäure, so ist die Haut leicht mit Vaseline einzustreichen.

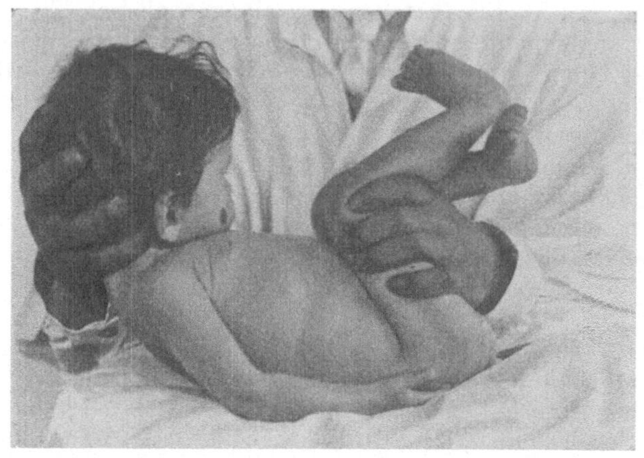

Abb. 32 a. Künstliche Atmung nach Ssokolow. Exspiration.

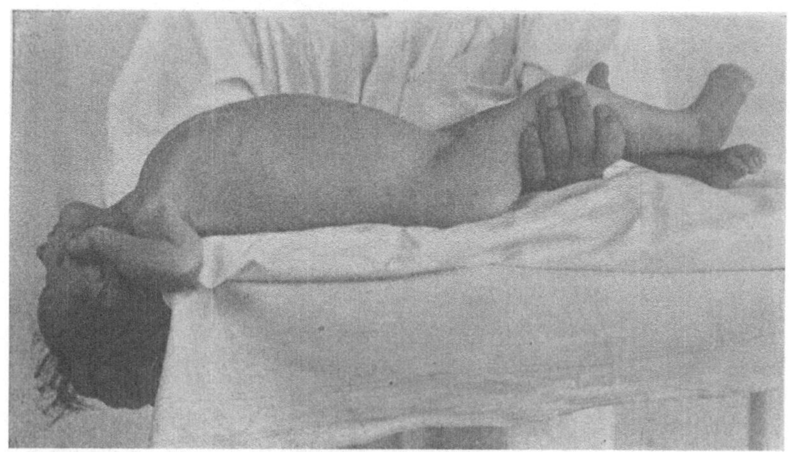

Abb. 32 b. Inspiration.

V. Künstliche Atmung und Sauerstoffzuführung.

1. Künstliche Atmung.

Abgesehen von den bekannten Methoden empfiehlt sich die von Ssokolow angegebene, welche durch die beigegebenen Bilder illustriert wird (Abb. 32 a u. b). Die Exspiration wird hierbei dadurch ausgeführt, daß man den Kopf möglichst nach unten hängen läßt und die Beine ausstreckt, wobei der Brustkorb seine maximale Ausdehnung passiv erreichen kann. Die Inspiration wird durch Nachvornbeugen des Kopfes, wobei das Kinn gegen den Thorax drückt, und durch Pressen der Oberschenkel gegen den Bauch, wodurch das Zwerchfell in die Höhe getrieben wird, ausgeführt. Auf diese Weise gelingt es, die maximale Ausdehnung und Kompression des Thorax beim Kinde leicht zu erreichen. Ältere Kinder legt man hierzu am besten quer auf einen Tisch.

2. Sauerstoffinhalation[1]).

An eine Sauerstoffbombe wird ein gewöhnliches Manometer, wie sie an den Kohlensäurebomben der Schankwirte angebracht sind, angeschraubt. Durch einen Schlauch, der in einem Glastrichter endet, wird der Sauerstoff bis ungefähr 5 cm über das Gesicht des Kindes geleitet. Man stelle das Reduktionsventil so ein, daß nicht zu viel Sauerstoff verbraucht wird. Es genügt, wenn ein glühender Holzspan, den man an die engste Stelle des Trichters bringt, eben mit heller Flamme aufbrennt. Aus Sparsamkeitsgründen lasse man immer nur 5—15 Minuten inhalieren und mache dann eine Pause, bis die Farbe des Kindes sich wieder verschlechtert.

3. Sauerstoffeinführung in den Magen und Darm.

Bei Zuständen, in welchen dem Kinde ein akuter Erstickungstod aus einer anderen Ursache droht, hat sich in der Klinik die von Ylppö eingeführte Methode der Sauerstoffeinführung in den Magen gut bewährt. Als Grundlage zu der Methode dient die von Ylppö nachgewiesene Tatsache, daß die Magenschleimhaut imstande ist, in beträchtlichen Mengen Sauerstoff aufzunehmen und hierdurch die verhinderte Lungenatmung zu ersetzen. Insbesondere bei akutem Glottisödem, Krupp und Kapillarbronchitis, bei denen die Luftaufnahme durch Verschließung des Kehlkopfes oder zahlreicherer kleinerer Bronchien unmöglich geworden ist, kommt die Methode in Frage. Sie ist leicht in jeder Klinik, wo Sauerstoffbomben vorhanden sind, ausführbar. Man nimmt eine dünne Magensonde (Pylorussonde), verbindet sie mit der Bombe und taucht die Spitze unter Wasser, um zu kontrollieren, daß die Sauerstoffzufuhr nicht zu heftig ist und daß nur geringe Mengen in Form von kleineren Gasbläschen ausströmen.

---

[1]) Man kann chemisch reinen Sauerstoff jederzeit selbst auf folgende Weise herstellen: Ein Glaskolben wird mit einem doppelt durchbohrten Korken verschlossen. In der einen Öffnung steckt eine Glasröhre, die bis auf den Boden reicht und am oberen Ende durch einen Schlauch mit einem Trichter verbunden ist. Der Schlauch muß durch einen Quetschhahn geschlossen werden können. In der anderen Öffnung steckt ein rechtwinkelig abgebogenes Rohr, das nur wenige Zentimeter in die Glasflasche hineinreicht und an seinem äußeren Ende einen längeren Gummischlauch mit Trichter trägt. Die Flasche wird zu $^1/_6$ mit Wasserstoffsuperoxyd gefüllt. Durch den Trichter der ersten Röhre gießt man eine konzentrierte Lösung von Wasserstoffsuperoxyd hinein und klemmt dann ab. Durch den langen Schlauch der 2. Röhre wird der entstehende Sauerstoff dem Kinde zugeführt. Das Verfahren ist gewiß recht mühselig, da man die Flüssigkeit oft wechseln muß, als Notbehelf aber brauchbar.

Man kann auch einen gewöhnlichen Gasometer mit selbstbereitetem Sauerstoff füllen (s. Anm.). Die Zahl der Bläschen kann man direkt kontrollieren, indem man eine mit Wasser gefüllte Spritzflasche einschaltet. Dann führt man die Sonde in den Magen ein und läßt sie solange darin, bis eine kleine Vorwölbung im Epigastrium auftritt. Die vorher blasse zyanotische Hautfarbe färbt sich hierbei bald rötlich und der Puls wird ziemlich unmittelbar kräftiger.

Die Einführung der Sonde muß in angemessenen Zeiträumen, je nach dem Falle, wiederholt werden. Man richtet sich nach der Farbe des Kindes. Statt der Magenfüllung kann man auch wie bei der permanenten Irrigation in den Dickdarm bläschenweise den Sauerstoff eintreten lassen.

VI. Eingriffe am Magendarmkanal.

1. Sondenfütterung.

Instrumentarium: Nelaton-Katheter von 3—6 mm Stärke zur Einführung durch die Nase, Dicke 6—8 mm zur Einführung durch den Mund. Gutpassendes Glaszwischenstück. 50—60 cm langer Gummischlauch mit Trichter, am besten ein graduierter Trichter. Statt dessen auch nur der Katheter und passende Glasspritze von 200 ccm Inhalt (womöglich Rekordspritze).

Das Kind wird in Seitenlage gebracht. Der Kopf soll nicht nach hinten gebeugt sein. Man führt den eingefetteten Katheter durch ein Nasenloch, und zwar ziemlich schnell ein. Die dickeren Nummern gehen oft nur durch eines der beiden Nasenlöcher hinein, da die Nasenhöhlen auch beim Säugling asymmetrisch sind. Man überzeuge sich, daß der Schlauch nicht in der Mundhöhle liegt und das Kind frei atmen kann. Jetzt verbindet man den mit der Flüssigkeit gefüllten Ansatzteil (Glasrohr, Gummi und Trichter). Da es aber beim älteren Säugling auf große Schnelligkeit ankommt, so ziehen wir in Fällen von Bronchopneumonie, Brechreiz usw. die Spritze vor. Dann wird der Schlauch fest zusammengekniffen und so schnell herausgezogen. Das Kind bleibt in horizontaler Lage eine Zeitlang liegen.

2. Magenspülung.

Instrumentarium: wie oben. Als Spülflüssigkeit bedient man sich am besten eines Mineralbrunnens, besonders Lullusbrunnen. Statt dessen auch warmer Tee oder Salzwasser, ein gehäufter Teelöffel voll Salz auf 1 Liter Wasser. Temperatur auch beim fiebernden Kinde 39° C. Man führt einen möglichst dicken Katheter beim seitlich oder auf dem Rücken liegenden Kinde ohne Leitung des Fingers schnell nach hinten, überzeuge sich, daß das Kind gut atmen kann, verbinde dann den mit der Spülflüssigkeit gefüllten Schlauch und Trichter mit dem Katheter. Dann senke man den Trichter unter die Tischplatte, damit der Mageninhalt angehebert wird. Sobald nichts mehr fließt, gießt man den Trichter, während man ihn dauernd tief hält, ab, füllt ihn neu und hebt jetzt erst den Trichter, soweit es der Schlauch erlaubt, in die Höhe. Auf diese Weise läßt man etwa 100 ccm einfließen, senkt den Trichter wieder usw. Man hört mit Spülen auf, wenn nach 2—3maligem Zurückfließen nur wenige Fäserchen oder Stückchen erscheinen. Darauf läßt man noch einmal 150—200 ccm Spülflüssigkeit einfließen und zieht den zugeklemmten Schlauch schnell heraus. Wenn das Kind während der Vornahme der Magenspülung bricht, so lege man es schnell auf die Seite. Ein Herausziehen des Schlauches ist nur notwendig, wenn sehr große Mengen stückigen Inhalts erbrochen werden.

3. Duodenalsondierung und -Fütterung s. Pylorospasmus S. 152.

4. Darmspülung.

Instrumentarium: Ösophagusschlauch wie für Erwachsene von 8—10 mm Dicke. Ansatzstück und 1 m langer Schlauch mit mindestens $^1/_4$ l Flüssigkeit enthaltendem Glastrichter.

Spülflüssigkeit: 3—4 l Wasser mit 1 Eßlöffel Salz und 4 Händen voll Bolus alba oder 3—4 l chinesischem Tee. (1 gehäufter Eßlöffel mit 1 l Wasser gebrüht und aufgekocht, mit 2 l Wasser verdünnt.) Temperatur auch bei fiebernden Kindern 38—39° C.

Das Kind wird auf den Rücken mit angezogenen Knien so auf den Rand des Tisches gelegt, daß die Afteröffnung einige Finger breit über den Tischrand hinausragt. Ein Gummituch, auf dem das Kind liegt, wird mit seinem oberen Ende um den Leib zusammengerafft. Das untere Ende hängt in einen vor dem Tisch stehenden Eimer herab. Der Darmschlauch mit Ansatzteilen wird mit der Spülflüssigkeit gefüllt und bis über die Öffnungen in den Darm eingeführt. Man läßt die Flüssigkeit fließen, während man die stark mit Vaseline eingestrichene Darmsonde solange tiefer einführt, wie man ein schnelles Abnehmen des Flüssigkeitsspiegels in dem etwa 1 m hochgehaltenen Trichter sieht. Sobald der Abfluß stockt, zieht man den Schlauch ein wenig zurück, bis die Spülung wieder in Gang kommt und versucht dann wieder tiefer einzuführen. Im allgemeinen gelingt diese Einführung besonders beim jungen Kinde, wenn keine Ruhr vorhanden ist, bis über 50 cm. Die Spülflüssigkeit wird in der Regel neben dem Schlauch herausgespritzt, und nur zu Anfang wird $^1/_2$—1 l zurückgehalten. Wird der Bauch zu stark aufgebläht, so wird durch Senken des Trichters ebenso wie bei der Magenspülung (s. oben) die Flüssigkeit angesogen und, wenn nichts mehr abläuft, der vorher entleerte, tief gehaltene Trichter nachgefüllt. Im allgemeinen genügen 2—3 l. Man zieht den Schlauch schnell heraus, während gerade eine größere Wasserportion sich noch im Darm befindet. Beim älteren Kinde läßt man 1 l Flüssigkeit ein. Nachdem das Kind diese spontan ausgestoßen hat, wiederholt man diese Prozedur. Öftere Wiederholung dieser ausgiebigen Darmspülung ist nicht gestattet. Spezielle medikamentöse Spülungen s. unter Ruhr und Helminthiasis.

5. Permanente Irrigation.

Instrumentarium: ein ca. 5—8 mm dicker Nelaton-Katheter mit Ansatzstück und 1 m langem Gummischlauch. Letzterer ist in der Mitte geteilt durch einen sog. „Tropfenzähler“. Gewöhnlich wird der

Wasserabfluß so reguliert, daß etwa 100—150 Tropfen in der Minute in dem gläsernen Tropfenzähler sichtbar abtropfen. Der Nachteil, daß die Flüssigkeit sich selbstverständlich abkühlt, darf in Kauf genommen werden (s. Abb. 33).

Der in Abb. 34 abgebildete Apparat (H. Windler, Berlin N. 24, Friedrichstr. 133a) vermeidet diesen Nachteil. Der Apparat besteht aus einem $1^1/_2$—2 l fassenden Glaskolben, der auf einem Gestell auf einer

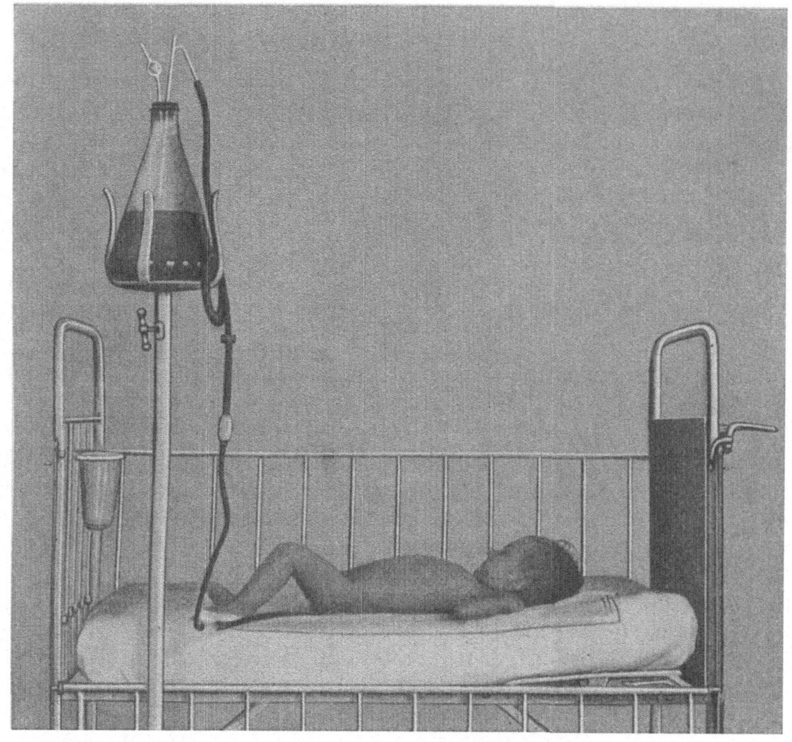

Abb. 33. Permanente Irrigation.

kleinen elektrischen Heizplatte steht. Infolge des Dampfdruckes wird das warme Wasser mittels eines Schlauches durch eine zwischengeschaltete Tropfvorrichtung in ein Darmrohr geleitet.

Als Tropfflüssigkeit benutzt man entweder physiologische Kochsalz- oder Ringer-Lösung[1]), am einfachsten 1 gehäufter Teelöffel Salz und 100 g Kalkwasser auf 1 l Flüssigkeit. Bei nicht Darmkranken darf

[1]) Ringer-Lösung:
Natrii chlorati 7,0,
Kalii chlorati 0,1,
Calcii chlorati 0,2,
Aq. dest. ad 1000,0,

Physiologische Kochsalzlösung:
Sol. Natrii chlorati (0,7) 1000,0.

man auch 10$^{0}/_{0}$ige Nährzucker- oder Nährmaltoselösung benutzen (3 gehäufte Teelöffel auf $^{1}/_{4}$ l).

Der Schlauch wird 10—15 cm hoch in den Darm eingeführt und mit einem Leukoplaststreifen am After befestigt. Steht eine Pflegeperson zur Verfügung, so läßt man den Schlauch in dieser Stellung festhalten. Bei älteren Kindern führt man ihn 20—30 cm tief ein. Dann reguliert man die Tropfvorrichtung. Auf diese Weise kann man 3 mal täglich 250—300 ccm einfließen lassen. Ein Hindernis bildet primär oder sekundär auftretendes Drängen. Dieses wird beim älteren Kinde durch Opium, soweit es psychisch bedingt ist, zu beseitigen sein. In jedem Alter hilft oft das starke Einfetten des Katheters mit einer 10$^{0}/_{0}$igen Anästhesinsalbe oder ein vorhergehendes Klistier mit ca. 20 g warmen Wassers, in dem man 2 Messerspitzen Anästhesin durch Schütteln verteilt hat. In beiden Fällen muß man 5 Minuten warten, ehe man mit permanenter Irrigation beginnt. Bei sekundär auftretendem Drängen muß man eine Reizung des Darmes befürchten und daher, wenn irgend möglich, einen Tag die Klistiere unterlassen oder nur einmal täglich vornehmen.

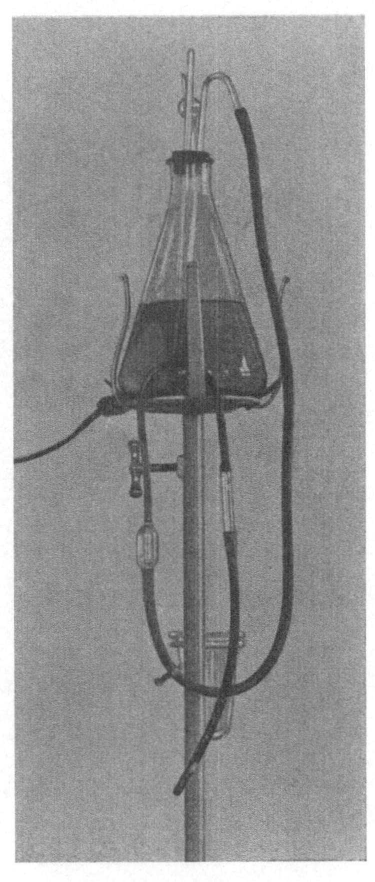

Abb. 34. Apparat zur permanenten Irrigation auf elektrisch geheizter Platte.

6. Nährklistiere.

Man bedient sich hierbei entweder des obigen Apparates oder einer gewöhnlichen 200 ccm haltigen Klistierspritze mit einem weichen 15 cm langen Ansatzstück. Für Säuglinge kommen als Nährklistiere in Betracht: 3 mal täglich bis 100 ccm Brustmilch, 3 mal täglich bis 100 ccm Kuhmilchmolke, 3 mal täglich 150—300 ccm 10$^{0}/_{0}$ige Nährzuckerlösung. Alle diese Lösungen können durch permanente Irrigation (s. oben) eingeführt werden. Bei den kleineren Brustmilchklistieren bedient man sich der Spritze. Nährklistiere für ältere Kinder sind zweckmäßig folgendermaßen zusammenzusetzen: Auf 200 ccm Schleim kommen 1 gehäufter Teelöffel Plasmon, 1—2 gehäufte Teelöffel Nährzucker, 1—2 Messerspitzen Salz, 1 Gelbei. Statt 200 g Haferschleim kann man auch 100 g Haferschleim, 100 g Molke abwechselnd nehmen. Die Empfindlichkeit des Darms wird durch die oben beschriebene Anästhesinbehandlung oder bei älteren Kindern durch Opiumzäpfchen herabgesetzt. Zur Einführung bedient man sich der Spritze und drückt hinterher mit dem Daumen ein Stückchen Watte fest gegen den hinteren Rand des Afters, so daß der untere Teil des Rektums von hinten nach vorn zusammengedrückt wird.

7. Chloral-Urethan-Klistiere s. S. 323.

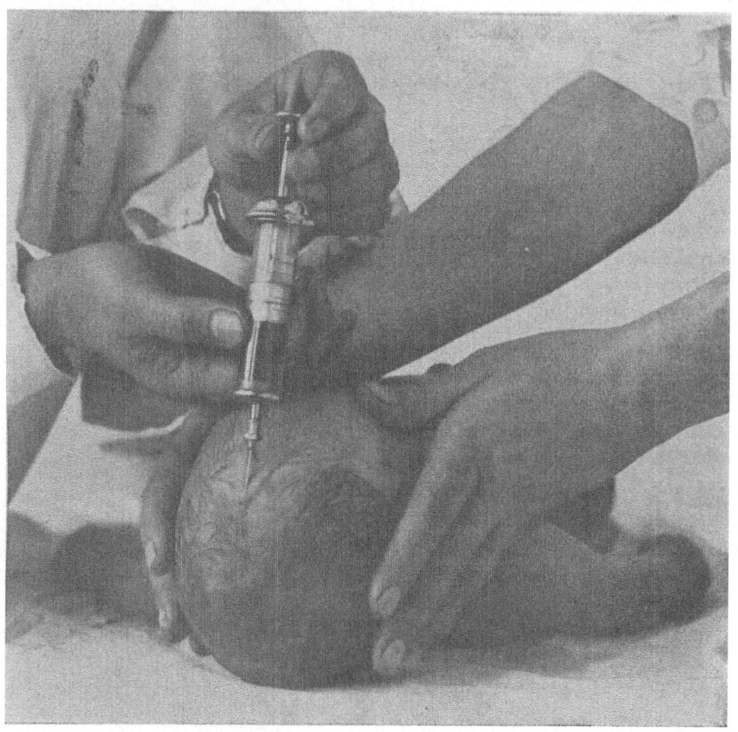

Abb. 35. Blutentnahme aus dem Sinus.

VII. Punktionen und Injektionen.

1. Blutentnahme aus dem Hirnsinus beim Säugling.

Diese zuerst von Blechmann beschriebene Methode hat sich im allgemeinen bewährt. Ganz ungefährlich ist sie jedoch nicht!

Bei dichtem Haarwuchs rasiert man eine kleine Stelle in der Gegend des hinteren Winkels der großen Fontanelle. In anderen Fällen desinfiziert man die Haut, nach dem Zurseitekämmen des Haares, direkt mit Alkoholäther. Dann sticht man eine dünne Kanüle in sagittaler Richtung möglichst flach durch die Kopfhaut dicht oberhalb des hinteren Winkels der großen Fontanelle in den Sinus hinein und zieht langsam das Blut in die Spritze ein. Hierbei ist es notwendig, daß der Kopf des Kindes gut fixiert wird, wie das Bild zeigt. S. Abb. 35.

2. Intravenöse Injektion beim Säugling.

Hierzu eignet sich am besten die Kopfvene. Man rasiert zunächst eine kleinere Stelle in der Schläfengegend (dies ist nicht immer notwendig) und desinfiziert die Haut mit Alkohol-Aether. Dann komprimiert man mit einem Zeigefinger die Vene, führt eine kleine, kurze Kanüle, die mit einem ca. 1—1,5 cm langen dünnen Gummischlauch versehen ist, in die Vene. Man läßt erst einige Tropfen Blut herauslaufen, verschiebt dann den Kanülenansatz der Spritze in den Gummischlauch hinein und injiziert unter langsamem Druck die betreffende Lösung in die Vene. S. Abb. 36.

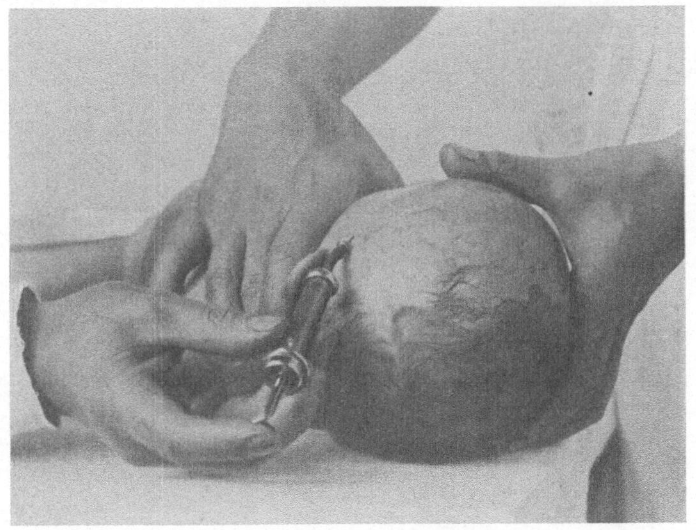

Abb. 36. Injektion in die Temporalvene.

3. Blutentnahme beim älteren Kinde.

Instrumentarium: Sehr scharfe, dünne Kanüle, am besten leicht gebogen und eine gut passende Glasspritze. Man wählt eine sichtbare Hautvene an Ellenbogenbeuge oder Fußrücken, staut leicht durch eine Gummibinde, so daß der Puls erhalten bleibt und sticht fast parallel zur Haut ein. Man saugt entweder mit der Spritze ab oder läßt direkt aus der Kanüle abtropfen.

4. Lumbalpunktion.

Instrumentarium: Bei den käuflichen Apparaten ist jedesmal nach dem Abkochen das Funktionieren des Hahnes zu prüfen. Aus einer 4—5 cm langen, etwas dickeren Kanüle ein Stück Verbindungsgummi und einer Glasröhre von 1 mm Durchmesser läßt sich die Herstellung des Apparates extemporieren.

Die Lumbalpunktion wird am besten beim liegenden Kinde vorgenommen. Alle Angaben über den Lumbaldruck sind nur auf das liegende Kind zu beziehen. Das Kind wird, wie aus der Abb. 37 ersichtlich, so gelagert, daß der Rücken stark nach außen gekrümmt ist. Die Knie sind möglichst dem Leibe zu nähern und der Kopf, wenn kein Nacken-

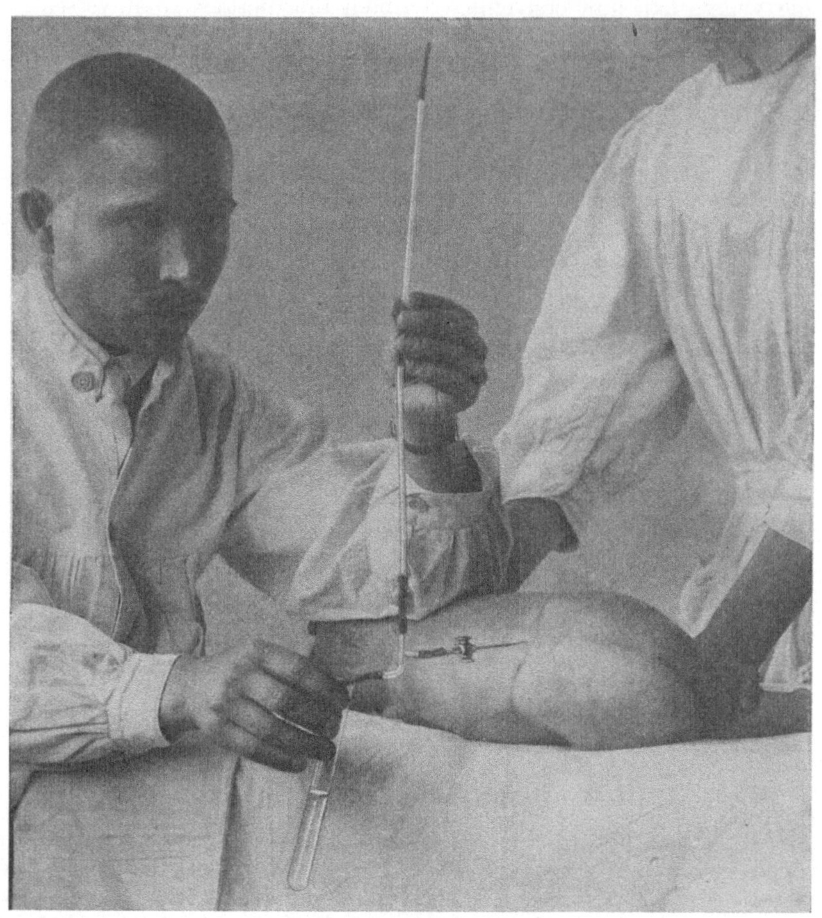

Abb. 37. Lumbalpunktion.

schmerz besteht, nach vorn zu beugen. Der Rücken muß genau lotrecht auf der Unterlage aufliegen, also nicht leicht schräg, wie es bei der Abbildung aus photographischen Gründen der Fall ist. Der Trokar wird zwischen 3. und 4. oder 4. und 5. Lendenwirbeldorn eingestochen, d. h. etwa in der Höhe der in der Abbildung bezeichneten Darmbeinkämme. Die Richtung des Einstichs ist genau in der Mittellinie in einem fast senkrechten oder leicht spitzen, nach dem After zu offenen Winkel.

Stößt man beim Einstich auf ein hartes Hindernis, so wird die Kanüle unter die Haut zurückgezogen und ein klein wenig schräger eingestochen. Oft liegt die Schwierigkeit daran, daß der Rücken nicht genügend gekrümmt ist, und man nicht in den Zwischenraum zwischen den Wirbeldornen gelangt. Man spürt beim Einstich am Aufhören des Widerstandes, daß man in den Rückgratskanal gekommen ist. Man schiebe dann den Trokar nicht soweit vor, bis man die gegenüberliegende Wand erreicht. Sonst sticht man namentlich beim halbjährigen Kinde zu leicht eine Vene an. Sobald man das Gefühl hat, in den Rückgratskanal eingedrungen zu sein, zieht man den Mandrin heraus und schließt, sobald die Flüssigkeit austropft, den Hahn. Jetzt befestigt man mit einem kleinen Gummischlauch auch das Steigrohr und mißt den Druck. Dann kann man entweder durch Senken des Steigrohrs oder durch eine untere Öffnung, wie sie die Abb. 37 zeigt, die Flüssigkeit abtropfen lassen. Fließt sie sehr schnell aus, so schließe man den Abflußhahn jedesmal, wenn der Spiegel im vorgehaltenen Reagenzglas etwa um 1 cm gestiegen ist und warte eine Minute ab. Von Zeit zu Zeit mißt man den Flüssigkeitsdruck. Ist er sehr hoch (über 300—400 mm), so setzt man ihn nur bis 150 mm herab und höre dann auf. Bei 200—250 mm Anfangsdruck darf man auf 50—60 mm heruntergehen. Aufsetzen des Kindes zur Vermehrung des Abflusses führt zu meningealen Blutungen.

5. Intramuskuläre Injektion.

Die Injektion erfolgt entweder in die Glutäen oder den Rectus femoris. Man sticht im äußeren oberen Quadranten der Glutealmuskulatur die Spritze senkrecht zur Oberfläche etwa $1^1/_2$ cm tief ein. Der Punkt liegt etwa in der Mitte zwischen Trochanter und Darmbeinkamm, und zwar etwa 1—2 Querfinger hinter dieser Linie. Statt dessen kann man auch beim gebeugten Oberschenkel unmittelbar auf der Darmbeinschaufel entlang nach unten zu, also unter die Muskeln und längs des Faserverlaufs derselben die Spritze einführen. Bei im Bette liegenden Kindern wählt man ebenso gut den Rectus femoris. Man sticht genau an der Vorderseite oder ein wenig lateralwärts davon im mittleren Drittel des Oberschenkels die Spritze 2 cm tief senkrecht zur Oberfläche ein.

6. Suprafasziale Injektion.

Instrumentarium: Eine Kanüle und zwei darauf passende Spritzen. Die eine Spritze wird mit physiologischer Kochsalzlösung, die andere mit der Injektionsflüssigkeit, z. B. Neosalvarsan oder Magnesiumsulfat gefüllt. Man sticht zunächst die Kanüle mit der die Kochsalzlösung enthaltenden Spritze ein. Die Hautfalte ist dabei in die Höhe zu heben und die Nadel recht tief an ihrer Basis einzustechen. Man sucht mit der Kanüle so tief zu kommen, daß sie horizontal auf der Faszie liegt. Jetzt spritzt man $^1/_2$ ccm Kochsalzlösung ein und überzeugt sich, daß keine Quaddeln entstehen. Dann ersetzt man die erste Spritze durch die zweite, wobei man darauf zu achten hat, daß die Kanüle ihre Lage nicht ändert. Will man die Nadel dann herausziehen, so kann man wiederum die Spritzen vertauschen und beim Herausziehen der Kanüle noch einmal ein wenig Kochsalzlösung hindurchfließen lassen, damit der Stichkanal nicht durch die differente Flüssigkeit geätzt wird.

7. Pleurapunktion.

Zur Punktion benutzt man eine Kanüle von $1 - 1^1/_2$ mm Dicke, als Spritze eine etwa 10 ccm-haltige Glas- oder Rekordspritze. Will man bei entsprechendem Befunde eine Entleerung anschließen, so konstruiere man sich folgenden einfachen Apparat. Zwischen Spritze und Kanüle wird ein Glasrohr von wenigen Zentimetern Länge eingeschaltet, das durch 2 Gummischläuche von etwa 5 cm Länge mit Kanüle und Spritze verbunden wird. Eine kleine Klemme wird an einem Gummistück angebracht. Als Gummischlauch eignet sich der gewöhnliche schwarze Gummi, wenn er nicht durch häufiges Kochen zu weich geworden ist. Nicht geeignet sind alle diejenigen Gummischläuche, die bei Querdehnung zeigen, daß sie in einer Naht zusammengeschweißt sind. Die Schlauchdicke muß so gewählt sein, daß die Spritze nach Absperrung des Klemmhahns sich ohne Zeitverlust ab- und anmachen läßt. Die kleinen Pausen, die dadurch entstehen, gewährleisten, daß die Entleerung der Flüssigkeit nicht zu stürmisch erfolgt. Handelt es sich um Exsudate, bei denen man mehr als 200 g entleeren will, so ist eine größere Spritze natürlich praktisch. Nach dem 6. Lebensjahr sind die käuflichen Punktionsapparate natürlich auch anzuwenden. Die Punktion erfolge über der Stelle der intensivsten Dämpfung, die jedesmal unmittelbar vorher festzustellen ist. Die Haut wird ein wenig verschoben. Die Richtung der Kanüle soll etwa eine radiäre sein, indem man sich den Brustkorb als einen Kreis vorstellt. Während der Punktion umgebe man die Kanüle an der Einstichstelle mit einem sterilen oder in Alkohol getauchten Tupfer und halte sie in dieser Weise fest, damit ein schmerzendes Hin- und Herwackeln vermieden wird. Während man die Kanüle herauszieht, bleibt dieser Tupfer in derselben Stellung festgedrückt. Man komprimiere noch 1—2 Minuten und lege einen neuen Tupfer herauf, den man mit Mastisol oder Heftpflaster fixiert.

Kontrolle durch den Röntgenapparat ist sehr wünschenswert.

VIII. Bereitung von Heilnahrungen.

1. Buttermilch.

Käuflich in den Trockenmilchwerken Rötha-Böhlen i. Sachsen. 1. Rietschelsche Anfangsnahrung ohne Zucker, 2. holländische Kindernahrung mit Zucker. Selbstzubereitung: Die Milch wird in offener Schüssel, nur mit Drahtglocke zugedeckt, an einem warmen Ort 24 Stunden aufgestellt. Im Winter und bei sehr steril entnommener Milch empfiehlt es sich, 1 Eßlöffel der sauer gewordenen Milch des vorhergehenden Tages hinzuzutun. Ebenso muß man verfahren, wenn man pasteurisierte oder vorher abgekochte Milch benutzen will. Die sauer gewordene Milch wird in einem der kleinen Handapparate etwa $^1/_2$ Stunde gebuttert. Die so zubereitete Buttermilch ist grobklumpiger als die genannten Präparate. Sie ist leichter zu nehmen, wenn man 1 oder mehr Prozent Mehl zurührt, sie aufkocht (1 Teelöffel Mehl auf $^1/_2$ l) und durch ein Haarsieb durchrührt. Als Zucker kann man dann noch 4—5% Nährzucker oder Rohrzucker zusetzen = 4 gehäufte Teelöffel Rohrzucker und etwas mehr Nährzucker auf 1 l.

2. Eiweißmilch.

Käuflich in den Trockenmilchwerken Rötha-Böhlen in Sachsen. Das Präparat enthält nur 1% Zucker. Zum Gebrauch sind daher meist Kohlehydrate (Nährzucker oder Grieß) zuzusetzen. Selbstzubereitung: Zu 1 l Eiweißmilch gehört $^1/_2$ l Buttermilch und das Labgerinnsel von 1 l frischer Milch. 1 l Milch wird auf ca. 50° (Trinkwärme) erwärmt, 1 Teelöffel Labessenz (am besten von Mann-Hildesheim) zugesetzt. Nach ungefähr $^1/_4$ Stunde, besser noch etwas später, wird die geronnene Milch durch ein Seihtuch gegossen, so daß die Molke abtropft. Der Käseklumpen wird mit einer Holzkeule oder Löffel mindestens 3 mal durch ein recht feines Haarsieb durchgerührt, der feine Brei mit dem halben Liter Buttermilch verrührt und auf 1 l aufgefüllt.

3. Larosan- und Plasmon-Milch.

Zur Bereitung der Larosanmilch werden 20—30 g Larosan oder Plasmon mit etwas Milch angerührt, $^1/_2$ l Milch hinzugefügt, aufgekocht und durchgesiebt. Danach Verdünnung, gewöhnlich mit der gleichen Menge Wassers von Haferschleim, worin die verschriebene Menge Kohlehydrate aufgelöst bzw. eingekocht ist.

4. Malzsuppe.

$^1/_3$ l Milch wird mit 50 g Weizenmehl auf der Herdplatte unter leichtem Anwärmen verrührt, in $^2/_3$ l Wasser werden 100 g Malzsuppenextrakt gelöst. Die Mischungen werden zusammengegosssen und aufgekocht, im zugedeckten Topf durch Einstellen in kaltes oder Eiswasser schnell gekühlt. Statt dessen kann man die heiße Lösung in sterilisierte, noch heiße Soxhletflaschen einfüllen. Im Sommer empfiehlt sich jedoch eine 10 Minuten dauernde nachträgliche Sterilisation. Hat man keinen Malzsuppenextrakt, so genügt gewöhnlicher Malzextrakt. Doch muß man mindestens auf je 10 g 1 ccm 10%ige Kalium-carbonicum-Lösung hinzufügen, also 3 Teelöffel auf 100 g Malz. Ein gehäufter Teelöffel Malzsuppenextrakt ist ungefähr 20—25 g, 1 gehäufter Eßlöffel 50 g. Zum Abmessen bedient man sich am besten eines durch Eintauchen in kochendes Wasser erwärmten Löffels.

5. Molke.

Auf 1 l trinkwarme, d. h. 40—50° ige Milch wird 1 Teelöffel Labessenz (Mann-Hildesheim) oder ein gestrichener Teelöffel Pegnin zugesetzt. Man läßt die Milch $^1/_2$ Stunde lang stehen und gießt sie ohne zu pressen dann durch ein Leinentuch oder noch besser durch vierfach zusammengelegte Gaze durch.

6. Quark.

Saure Milch von 24 Stunden wird bis zum Kochen erhitzt und über ein Haarsieb gegossen, der grobe Käseklumpen durch Überspülen mit Wasser auf dem Haarsieb von Molke gereinigt. Durchrühren durch ein gröberes Sieb ist gestattet. Wenn es sich nicht um magendarmkranke Kinder handelt, rührt man den Quark mit etwas Milch oder Butter an. Gewöhnliche Milch kocht man vor dem Säuern ab und impft sie mit einem Eßlöffel der sauren Milch vom vorhergehenden Tage.

7. Quarksuppe.

Auf 1 Liter Haferschleim werden etwa 100 g = 4 Eßlöffel des selbstbereiteten Quarkes verrührt. Zusatz von 2—4 Teelöffel Plasmon oder Larosan ist gestattet.

8. Buttermehlnahrung.

Auf je 100 g Wasser 5—7 g Butter[1]), 5—7 g Mehl und 4—5 g Kochzucker. Dieses Verhältnis zwischen Butter und Mehl ist stets beizubehalten. Die Butter wird in einen Kochtopf gebracht, über gelindem Feuer unter starkem Umrühren mit einem Holzlöffel gekocht, bis sie schäumt und der Geruch nach Buttersäure verschwindet (3—5 Minuten). Dann wird die gleiche Menge Weizenmehl (Feinmehl) hinzugefügt und mit der zerlassenen Butter vermengt. Diese Mischung wird nun auf gelindem Feuer (Asbestplatte) solange unter starkem Umrühren gekocht, bis die Masse ein wenig dünnflüssig und bräunlich geworden ist (3—5 Minuten). Nun werden die entsprechende Menge warmen Wassers und Kochzuckers hinzugefügt, aufgekocht, durch ein Haarsieb gegeben und diese Mischung noch warm der abgekochten und erkalteten Milch zugesetzt. Keine Sterilisation der fertigen Mischung, aber Kühlhaltung. Gebrauch entweder als $^1/_3$ Milch-Buttermehlnahrung oder als $^2/_5$ Milch-Buttermehlnahrung.

Medikamentöse Therapie.

Abführmittel.

I. Phenolphthalein.

Präparate:

1. Phenolphthalein:
   Purgen: Baby-Purgen = 0,05, Erwachsenen-Purgen = 0,1.
   Laxinkonfekt etc.
2. Aperitol. Isovalerylazethylphenolphthalein in Tabletten.

Anwendung: Mildes Abführmittel bei Verstopfung auch für mehrtägigen Gebrauch bei der Abgewöhnung des Klistiermißbrauches (ebenso Istizin).

Dosis: Vor dem 1. Lebensjahr = 0,05—0,1 Phenolphthalein, später 0,1 bzw. $1^1/_2$ Tabletten Laxin oder Aperitol.

---

[1]) Die Butter muß gesalzen sein, oder es muß Salz nachträglich hinzugefügt werden.

Anwendungsweise: Phenolphthalein 0,1
Elaeosacchari Vanill. 0,5 oder Sacchari albi 0,5
f. pulv. ad. dos. No. V
S. morgens oder abends ein Pulver.

II. **Pulvis Magnesiae c. Rheo.**

Anwendung: Mildestes Abführmittel und Stomachikum bei leichten Verdauungsstörungen älterer Kinder oder als Abführmittel jüngster.

Dosierung: 3—5mal tgl. 1 Messerspitze.

III. **Folia Sennae.**

Präparate:

1. Pulvis Liquiritiae compositus.
2. Infusum Sennae compositum.

Anwendung:

a) Drastikum bei Wurmkuren, eventuell auch bei Vergiftungen zu verwenden, namentlich, wenn die schlechter zu nehmenden Mittel Natrium sulfuricum bzw. Rizinusöl zurückgewiesen werden.
b) Als mildes Abführmittel von Phenolphthalein und Istizin übertroffen.

Dosierung und Anwendungsweise:

ad a) Infus 1—2stündl. eßlöffelweise oder Pulvis Liquiritiae: gehäufter Teelöffel (5.—14. Lebensjahr) 1—2 stündl.
ad b) Im Säuglingsalter: 1 Messerspitze mehrmals täglich;
2.—6. Lebensjahr 1 gestrichener Teelöffel morgens;
7.—14. Lebensjahr 1—2 gehäufte Teelöffel morgens.

IV. **Cortex Frangulae.**

Indikation wie Sennesblätter: am besten in Kombination mit Natrium sulfuricum.

Decoct. Corticis Frangulae (15,0) 100,0.
Natrii sulfuric. 20,0 (30,0).
Sir. Cinnamomi ad 150,0.
M. Ds. 2stündl. 1 Eßlöffel (5.—14. Lebensjahr).
2 „ 1 Kinderlöffel (3.—5. Lebensjahr).

V. **Istizin** (Dioxyanthrachinon).

Präparat: Tabletten zu 0,15.

Anwendung: sicheres mildes Abführmittel, Indikation ebenso wie bei Phenolphthalein, doch etwas energischer wirkend, d. h. auch bei akuten und chronischen Darmkatarrhen älterer Kinder bei Beginn der Behandlung, auch bei Ruhr statt Rizinusöl, das jedoch vorzuziehen ist.

Dosis:

Milde Wirkung: im 1. Lebensjahr 1 Tablette, später 2 Tabletten.
Energische Wirkung: 0—3 Jahre = 2—3 Tabletten, später 3—4 Tabletten.

Anwendungsweise: Morgens oder spät abends zu geben. Wirkung nach 6—12 Stunden.

Nebenwirkung: Harn mitunter blutrot gefärbt.

VI. **Oleum Ricini.**

Anwendung:

1. Abführung bei Verstopfung mit trockenen, harten Stühlen beim Säugling, nur vor Einleitung der Kur nötig, kontraindiziert bei Verstopfung nach Darmkatarrh.
2. Sicheres Abführmittel bei langdauernder Verstopfung.

3. Bei ruhrartigen Darmkatarrhen jeden Alters und akuten und chronischen Darmkatarrhen, namentlich nach dem 2. Lebensjahr durch Istizin oder Glaubersalz ersetzbar.
4. Bei Vergiftungen außer Phosphorvergiftung (bei Blei- und Karbolvergiftung siehe Glaubersalz).

Dosis:

ad 1. 1 Teelöffel.
ad 2. und 3. mindestens 1 Eßlöffel unabhängig vom Alter, vgl. Dyspeptische Störungen S. 130.

Anwendungsweise: Erwärmt, eventuell mit Zuckerpulver angerührt oder: Ol. Ricini 30.
Ol. Citri sive Menthae piperitae gtt. III.
Saccharini tabula dimidia.
Angebl. kontraindiziert bei Bandwurmkur (Extr. filicis mar.).

VII. **Natrium sulfuricum.**

Anwendung:

1. Vergiftungen wegen Schnelligkeit der Wirkung, besonders bei Karbol- und Bleivergiftung.
2. Wurmkuren.
3. Ruhr als Einleitung der Kur.
4. Chronischem Darmkatarrh älterer Kinder.

Dosis:

ad 1. 1stündl. 1 leicht gehäufter Teelöffel bis zum Auftreten des ersten dünnen Stuhls, dann erst nach 3 Stunden zu wiederholen.
ad 2. Desgl. auch mit Cortex Frangulae, s. diese.
ad 3. 2stündl. bis 3mal einen gehäuften Teelöffel.
Die Dosis für die ersten 2 Lebensjahre beträgt 1 gestrichenen Teelöffel.

Anwendungsweise: In warmem Wasser (Zucker- oder Saccharinwasser) oder warmen Mineralbrunnen gelöst. Auf einen gestrichenen Teelöffel etwa ein Weinglas Flüssigkeit.
Corticis Frangulae (15,0) 100,0.
Natrii sulfuric. 20,0—30,0.
Sir. Liquiritiae (Cinnamomi) ad 150,0.
Ds. 1—2stündl. 1 Eßlöffel (Bandwurmkur).

VIII. **Sal Carolinum factitium.**

Anwendung:

1. Chronische Verstopfung.
2. Auch statt Natr. sulfur.

Dosis und Anwendungsweise: 1 Teelöffel gestrichen bis leicht gehäuft auf 200 g heißes Zuckerwasser oder Lullusbrunnen täglich morgens nüchtern.

Acidol s. Salzsäure.
Acidum boricum
Acidum hydrochloricum
Acidum phosphoricum
} s. Borsäure, Salzsäure usw.
Adalin s. Schlafmittel.
Adrenalin s. Nebennierenpräparate.
Alkalien:

Natrium citricum und Natrium bicarbonicum
Kalium citricum
Calcium citricum und carbonicum
Alkalisch-mineralische Säuerlinge s. Mineralbrunnen
Sulfatische Säuerlinge s. Mineralbrunnen.

Anwendung:

1. Zur Alkalisierung des Urins.

Dosis: Alkalische Säuerlinge beim Säugling mindestens 400—500 cbm, auch als Verdünnungsflüssigkeit der Milch und zur Bereitung der Milchsuppen. Zusatz von 2 g Kalium citricum oder Natrium citricum wünschenswert (siehe auch Diabetes S. 199).

Bei älteren Kindern pro die 4—8 g von

Natrii citrici
Calcii citrici ää 30,0

oder Natrii citrici
Calcii citrici ää 20,0
Kalii citrici 10,0
S. in 10 Tagen zu verbrauchen.

Natrium bicarbonicum weniger angenehm als citricum, Natriumsalze allein in großen Mengen können zu Ödemen führen. Per clysma 1 gehäufter Teelöffel Natrium bicarbonicum auf $^1/_4$ Liter Wasser (bei Pyelitis). 2—3mal tgl.

2. Bei Koma diabeticum:

Dosis pro die mindestens 30—40 Natrium bicarbonicum oder 40—50 Natricum citricum.

3. Alkalisierung des Körpers bei Acidose des Säuglings. Innerlich oder als Tropfklistier 500—750 eines alkalischen Mineralbrunnens oder 3—4 g Natricum bicarbonicum in Lösung.

Alkalische Säuerlinge s. Mineralbrunnen.

Aluminii acetici Liquor.

1. Als Verbandwasser im Säuglingsalter nur bei nässendem Ekzem anzuwenden, vgl. Borsäure; sonst durch Spiritus und Glyzerin zu ersetzen.

Dosis: 1 Eßlöffel auf 1 Wasserglas: cave Eintrocknen auf der Haut! Es wird verhindert durch Kombination von Salbe und feuchtem Umschlag s. S. 466.

2. Als Mundwasser: 1 Teelöffel bis $^1/_2$ Eßlöffel auf 1 Glas Wasser.

3. Als Salbe:

a) Bei allen entzündlichen Erkrankungen:

Liq. Aluminii acetici 5,0
Adipis lanae 10,0
Vaselini ad 50,0.

b) Nasensalbe:

Liq. Aluminii acetici 2,0
Adipis lanae 10,0
Paraffini liquidi ad 20,0.
Ds. 3 × tägl. mit Spatel einstreichen.

Alumen (Alaun) 1 Teelöffel auf $^1/_4$ Liter zum Klistier.

Bei chronischen ruhrähnlichen Darmkatarrhen und Enteritis. membranacea. S. auch Tanninpräparate.

Ammonii anisati Liquor s. Expektorantien.

Ammonium chloratum s. Expektorantien.

Ammonium jodatum s. Jodsalze.

Amphotropin s. Harnantiseptica.

Amylenhydrat: Bei schwerem protrahiertem Stadium epilepticum, wo Chloral versagt: Dosis 6.—10. Lebenjahr 2 × tägl. 2 g, im Notfall 3 g per os oder per clysma:

Sol. Amylenhydrat (10,0) 100. Gummi arabici 2,0, 25—30 cbm zum Klistier.

Anästhesin s. Lokalanästhetica.

Antifebrilia bzw. Antirheumatika:

Präparate:

1. Acidum acetylo-salicylicum (Aspirin) in Tabletten zu 0,5.
2. Phenazetin.
3. Dimethylamidoantipyrin: Pyramidon in Tabletten zu 0,1 und 0,3.
4. Atophan. Tabletten zu 0,5.

Anwendung:

1. Als Antifebrilia: s. Abschnitt Fieberbehandlung und Kopfschmerz.
2. Als Antirheumatica: s. Gelenkrheumatismus.

Dosierung:

I. **Bei Fieber und Kopfschmerz:**

	Aspirin	Pyramidon	Phenacetin
3—6 Monate	3—4 × tägl. 0,1 . .	0,05	0,01 p. Monat
7—12 „	3—4 × tägl. 0,2 ($^1/_3$ bis $^1/_2$ Tablette)	0,05—0,1	nicht über 0,05
2.—4. Lebensjahr	3—4 × tägl. 0,25 ($^1/_2$ Tablette)	0,1—0,15	0,1
5.—10. „	3—4 × tägl. 0,5—0,75	0,2	0,15
11.—14. „	3—4 × tägl. 0,5—1,0	0,2—0,3	0,2—0,3

Ein Zusatz von Coffein etwa $^1/_5$ oder von Coffein natriobenzoic. $^1/_2$—$^1/_3$ der für Coffein natriobenzoicum angegebenen Dosis.

II. **Bei Gelenkrheumatismus:** Dieselbe oder die nächst höhere Dosis 5×tägl. Starke Wirkung ermöglicht Kombination von 2 Mitteln: Aspirin und Pyramidon, nach eingetretener Wirkung ist das eine Mittel wegzulassen. Bei hierdurch ungenügend beeinflußten Fällen: von Atophan die gleichen Dosen wie Aspirin. Dosen s. Gelenkrheumatismus S. 241.

Aperital s. Abführmittel.

Apomorphin s. Brechmittel.

Aqua calcis s. Kalk.

Argentamin s. Argentumpräparate.

Argentumpräparate:

1. Argentum nitricum:
   Pinselung bei intertriginösem Ekzem 2—4%.
   Tamponieren der Nase bei chronischem eitrigem Schnupfen mit 1%.
   Einträufeln in Nase bei Rinitis posterior 0.5%.
   Darmspülung (bei chronischem ruhrähnlichem Darmkatarrh) 1: 2000 bis 1: 1000.
2. Eiweiß nicht fällende Silberpräparate:
   Protargol, Argentamin } bei Vulvovaginitis gonorrhoic.
   Protargol. 1—3% Lösung.
   Argentamin 1—2% „
3. Kolloidale Präparate nur zur intravenösen Anwendung:
   Kollargol[1]) 0,25% höchstens 0,5% Lösung 5—10 cbm.
   Dispargen 0,1 % „ 1,5% Lösung 5—10 cbm.
   Fertige Lösungen in Ampullen nicht empfehlenswert. Die entstandenen Niederschläge dürfen nicht durch Schütteln aufgerührt werden.
   Frische Lösungen nach dem Aufkochen 3 Stunden stehen lassen, Vermeiden, daß die Niederschläge beim Aufsaugen in die Spritze gelangen.

Aristochin s. Chinin.

Arsen:

Präparate:

1. **Liquor Kalii arsenicosi Fowleri** in 100 g 1 Teil Arsen, in 1 Tropfen $^1/_2$ mg.
2. **Dürkheimer Maxquelle** in 100 g 1,7 mg Arsen.

1) Zur Blasenspülung siehe S. 453.

3. **Levico Starkwasser** } in 100 g 0,6 mg Arsen.
4. **Guber Wasser** }
5. **Arsenferratose in** 100 g 3 mg.
6. **Arsenferratin** 1 Tablette zu 0,25 mg Arsen.
7. **Arsentriferrin** 1 Tablette zu 0,3=0,3 mg Arsen.
8. **Solarson** 1 ccm = 3 mg zur subkutanen Anwendung.

Anwendung:

1. Als Stimulans:

a) Die Arsen-Eisenpräparate:

1—6 Jahre 3×tägl. $^1/_2$—1 Tablette bzw. Arsenferratose 3×tägl. 10 ccm (im Säuglingsalter mit der Hälfte anfangen), im Schulalter 1—2 Tabletten bzw. 1 Eßlöffel 3 × tägl.

b) Die Arsen-Brunnen: Anfang unabhängig vom Alter:

Dürkheimer Maxquelle: 3 × tägl. 10 ccm, tägl. um 5 ccm pro die steigend: also 2 × tägl. 10, 1 × 15 usw. bis 3 × tägl. 30 in den ersten 2 Lebensjahren, sonst 3 × tägl. 60 ccm. Nach 14 Tagen ebenso zurück.

Levico: 3 × tägl. 1 Eßlöffel bis 1 Weinglas voll.

c) Liquor Kal. ars. die unter Chorea angegebene Anfangsdosen.

2. Bei Chorea und schweren Bluterkrankungen, Leukämie, hämolyt. Ikterus usw. und Hautkrankheiten:

a) Liquor Kali arsenic.:

1.—2. Lebensjahr[1]	3 × $^1/_4$—$^1/_2$	Tropfen	steigend bis	3 × 1 Tropfen
3.—4. „	3 × $^1/_2$—1	„	„ „	3 × 2 „
5.—10. „	3 × $1^1/_2$—2	„	„ „	3 × 5 „
10.—14. „	3 × tägl. 2	„	„ „	3 × 6 „

b) Solarson intramuskulär: 1 × tägl. 8 Tage lang, dann 8 Tage aussetzen.

3.—6. Lebensjahr	2 Teilstriche	steigend bis	4 Teilstriche.
7.—14. „	4 „	„ „	8 „

Aspirin s. Antifebrilia.

Atophan s. Antifebrilia.

Atropin s. Belladonnapräparate.

Bandwurmmittel:

1. Extractum Filicis maris. Dosis siehe unter Filmaronöl.
2. Filmaronöl in Ricinus zu 10% gelöst.

Dosis: 2—4 Jahre: 2—3 g.
5—10 Jahre: 3—4—5 g.
8—14 Jahre: 4—6 g.

3. Semen Cucurbitae, Kürbiskern.

Zubereitung: 150—200 Kerne aufgeweicht, geschält ohne Verletzung des Keimes, mit Zucker zu einem Brei gestampft, im Laufe eines Vormittags zu genießen.

4. Kukumarin (Jungclausensches Bandwurmmittel).

Auch im Säuglingsalter verwendbar. Wirkung unsicher.
Im 1.—2. Lebensjahr $^1/_2$—$^3/_4$ Flasche.
Später 1—$1^1/_2$ Flaschen.

Belladonna:

1. Extractum.

Anwendung: Kolikschmerz (Nabelkolik).

Dosierung: Relativ geringere Dosen als bei Atropin nötig:

Vom 4.— 6. Lebensjahr ab:	3—4 × tägl. bei Bedarf	0,005—0,008.
„ 6.—10. „	3—4 × „ „ „	0,007—0,015.
Nach dem 10. „	0,01—0,015.	

Dosierung in den ersten 2 Lebensjahren 0,002 für das Jahr.

[1] Bei Milchschorf bzw. konstitutionellem Ekzem kleine Dosen oder Dürkheimer Maxquelle versuchen.

Verordnung: Extract. Belladonnae 0,015
Bismut. subgallic. 0,5
M. f. pulvis No. V.
S. bei Schmerz $^1/_2$—1 Pulver.

2. Atropinum sulfuricum.

Anwendung: Dosis ist im Säuglingsalter eher höher als später! Die Maximaldose ist erreicht, wenn Rötung des Gesichtes eintritt, worauf die Eltern zu verweisen sind.

Anfangsdosis $^1/_4$—$^1/_2$—$^3/_4$ mg (im Säuglingsalter meist $^1/_2$ mg). Die 2. Dosis darf bei Dosen von $^1/_2$ mg im allgemeinen nicht vor 3—4 Stunden, bei Eintritt von Intoxikationserscheinungen nicht vor 5—6 Stunden gegeben werden.

1. Kleinere öftere Dosen bei Ruhr 2stündl. $^1/_{10}$—$^1/_5$ mg bis zu 0,6 mg im Säuglingsalter, bis 1,0 mg im Spielalter, bis 2—3 mg pro die im Schulalter.
2. Pylorospasmus, vor und nach der Mahlzeit je ein $^1/_5$ bis $^1/_4$ mg bis 1—2 mg Tagesmenge vorsichtig steigen.
3. Gefäßspasmen und asthmatische Zustände nicht unter $^1/_2$—$^3/_4$ mg 3—4 × tägl, s. auch Urethan.
4. Kolikschmerz $^1/_4$ bis $^1/_2$ mg mehrmals tägl. nach Bedarf, besonders bei älteren Kindern genügend. Steigung gestattet.

Sol. Atropini sulfurici (0,005) 5,0.
Aqua Foeniculi ad 10,0.
M. Ds. 10—20—40 Tropfen 3 × tägl. (Erythromelalgie).

Bolus alba s. Puder.

Borsäure:

Augen- oder Verbandwasser bei Gesichtsekzem:

1 Teelöffel pulverisierter Borsäure in $^1/_4$ Liter kochenden Wassers zu lösen, zugedeckt aufheben, täglich frisch zu bereiten.

Brechmittel:

Anwendung: Nur noch bei Vergiftung angewendet, so weit stückiger Mageninhalt (Pflanzenteile) eine vollständige Entleerung des Magens erschweren. Ipecacuanhae Radix vorzuziehen, da die Brechwirkung der kleinen Dosen Apomorphin unsicher ist.

Apomorphinum muriaticum:

Anwendung: Als Brechmittel bei Vergiftungen durch verschluckte gröbere Pflanzenteile usw., wenn eine vollständige Entleerung durch Magenspülung und mechanische Anregung des Brechens nicht gelingt.

Dosierung: (nach Neumann und Oberwarth):

Subkutan:	Ende des ersten Jahres	0,001
	2. Jahr	0,0015
	3.—4. Jahr	0,0025
	später	0,004.

Ipecacuanhae Radix:

Dosis: Pulvis radicis Jp. in Schleim- oder Zuckerwasser:
2.—6. Lebensjahr 0,5 alle 10 Minuten bis 3—4 ×
7.—14. „ 1,0 „ „ „ „ 3—4 ×.

Brompräparate:

Präparate:

1. Natrium bromatum.
2. Calcium bromatum (schlechter Geschmack aller Kalkpräparate).
3. Sedobrol, 1 Würfel = 1,1 Natrium bromatum.

Anwendung: Akute Wirkung unsicher, daher darauf nicht zu rechnen; diese muß, wenn nötig, vorher durch Chloral, Amylenhydrat, Luminal, Bromural, Nirvanol, Urethan erzielt werden. Die hierdurch erzielte Beruhigung ist dann durch Brom zu erhalten. Brom als erstes Mittel nur, soweit mindestens ein halber Tag bzw. länger Zeit bis zur Wirkung ist,

1. Epilepsie (nicht beim Anfall) Luminalbehandlung zunächst vorzuziehen. Beide Mittel zusammen in schweren Fällen.
2. Chronische Erregung junger Säuglinge.
3. Psychogene Steigerung des Juckreizes und ähnliche Beschwerden.

Bei 2 und 3 erst die Beruhigung durch Schlafmittel 3 Tage hintereinander zu versuchen (s. Bromural, Adalin).

Dosierung: Für längeren Gebrauch s. auch S. 332.

1. Lebensquartal $1—1^1/_2$ g p. Tg. in 5 Dosen
2. „ 1—2 g „ „ „ 5 „
$^1/_2$—4. Lebensjahr 2—3 g „ „ „ 5 „
5.—10. „ 3—4 g „ „ „ 3—4 Dosen,

Zur Erzwingung stärkerer Wirkung in den ersten 2—3 Tagen größere Dosen nötig: z. B. bei Spasmophilie:
$^3/_4—1^1/_2$ Jahr: 6 × tägl. 0,6—0,7 g = 4—5 g pro die 2 Tage, dann 3—4 Tage 3 g pro die, dann 2 g pro die.

Anwendungsweise: Sol. Natrii bromati (20,0) 200,0
DS. 3 × tägl. 10 ccm.
Am besten in eine gesalzene Suppe statt Salz, aber auch in Milch.
Calcium bromatum. Sol. Calcii bromati (10,0) 175,0
Sir. Liquiritiae ad 200,0
M. Ds. 4—6 × tägl. 5 ccm.
Sedobrol: zur Bereitung einer Suppe
1 Würfel = 1,1 Na Br.

Bromoform: Sirupus bromoformi compositus:

Bromoform	2,5	Tct. Aconiti	2,5	Sirup. simpl. ad 250,0.
Codein. phosphor.	0,1	Aqu. laurocerasi	25,0	
Spir. vini	2,0	Sir Balsami tolut.	60,0,	

Anwendung: Gutes hustenlinderndes Mittel bei Reizhusten, auch nachts. Weniger wirksam in der Akme, sehr gut im Endstadium des Keuchhustens (neurogenes beziehungsweise psychogenes Stadium).

Anfangsdosis: 7.—12. Monat	2—3 × tägl.	$^1/_2$ Teelöffel	2 cbm
2.— 3. Jahr	2—4 × tägl.	1 „	4—5 cbm
4.— 6. Jahr	2—4 × tägl.	1—2 „	5—8—10 cbm
7.—14. Jahr	2—4 × tägl.	1 Kinderlöffel	10 cbm.

Dosen nach Bedarf steigern.

Bromural s. Schlafmittel.

Calcaria hypochlorosa (Chlorkalk) s. Kalk.

Calcium bromatum s. Bromsalze.

Calcium chloratum
Calcium lacticum } s. Kalk.
Calcium phosphoricum

Calorose s. Zucker.

Camphora. Kontraidiziert bei chronisch ernährungsgestörten Säuglingen:

Ol. camphoratum fortius (20%).
In den ersten 6 Lebensmonaten Koffein vorzuziehen.
7.—24. Lebensmonat 1 Spritze 2—4stündl.
Vom 3. Lebensjahr an $1—1^1/_2$—2 Spritzen 2—4stündl.
Abwechslung mit Koffein.

Carbo animalis (Tierblutkohle) Merck:

1. Bei leichten chronischen oder akuten Darmstörungen nach dem Säuglingsalter: 3—5 × tägl. ein gehäufter Teelöffel in einem Wasserglas Wasser (Saccharinzusatz). Tage- bis wochenlang.
2. Bei akuten Vergiftungen alle 5 Minuten 1 Tee- bis Eßlöffel in Wasser verrührt und zur Magenspülung 3 Eßlöffel auf 1—2 Liter.

Chenopodium:

1. Oleum Chenopodii.
2. Wermolin: Ol. Chenopod. 1,5
   Ol. Ricini 50,0
   plus Korrigentien.

Anwendung: Bei Askariden s. S. 171.

Dosis: Ol. Chenop.

2—5 Jahre	3—5 Tropfen	2stündl. bis 3 ×	Wermolin: 3 × 1—1½ Teelöffel.
6—8 Jahre	8 Tropfen	„ „	Wermolin: 3 × 1 Kindereßlöffel.
9—10 Jahre	10 Tropfen	„ „	
11—16 Jahre	12 Tropfen	„ „	

Anwendungsweise: Nach dem Frühstück 2stündl. bis 3 × tägl. die betreffende Anzahl Tropfen in 1 Löffel Schleim oder auf Zucker, dann ein stärkeres Abführmittel (Senna, Ol. Ricini, am besten Natrium sulfuricum). Die Kur ist am nächsten Tage zu wiederholen.

Chloralhydrat:

Anwendung: Erzielung eines narkotischen Zustandes bei
1. Krämpfen, erheblicher Unruhe, Delirien (s. a. Luminal, Urethan).
2. Schlaflosigkeit bei Schmerzen (s. Opium).
3. Euthanasie (s. Opium).

Kontraindikation: Krämpfe bei schwereren Affektionen der Luftwege.

Dosis:			
1.—2. Monat	per clysma 0,1—0,15,	per os 0,05—0,075	per os besser zu vermeiden.
6.—12. „	„ „ 0,5—0,8,	„ „ 0,2—0,4	
1.—2. Jahr	„ „ 1,0	„ „ 0,4	
3.—14. „	„ „ 1,5—2,0	„ „ 0,5—1,0	

Anwendungsweise: möglichst nur 1—2 × in 24 Stunden; Wirkung zu steigern oder weiter zu erhalten durch gleichzeitige Kombination mit Urethan oder durch Abwechslung mit Urethan.

Per os: Sol. Chloralhydrati 0,5—0,7/40,0
Gummi arabic. 1,0
Sir. simpl. ad 50,0
M. Ds. 3—4 × tägl. 1 Teelöffel (bei Krämpfen von Neugeborenen und nächtlicher Unruhe von jungen Säuglingen).

Abgesehen von dieser starken Verdünnung ist die Verordnung per os tunlichst zu vermeiden.

Per clysma: s. S. 323.

Von der 10% käuflichen Lösung in Meßglas, Pravaz-Spritze oder Teelöffel die nötige Menge abmessen, mit der 3—5fachen Menge warmen Wassers verdünnt zum Klistier (ohne Schleimzusatz), bei wiederholtem Klistier Schleimzusatz.

Z. B. Sol. Chloralhydrati (1,5) 75,0.
Gummi arabic. 1,0.
M. Ds. den 3. Teil zum Klistier.

Chlorkalk s. Kalk.

Chinin:

Präparate:
1. Chinin hydrochloricum (82% Chinin).
2. Aristochin (96% Chinin), geschmacklos, unlöslich (teuer!) 1 g = 60 Pf.
3. Euchinin (82% Chinin), wenig bitter, schwer löslich. 1 g = 40 Pf.
4. Chinin. tannicum (30—32% Chinin) Dosis die 2—3fache des Chinin. hydrochloricum.
5. Chininum ferro-citricum s. Eisenpräparate.

Anwendung:
1. Malaria.
2. Malariaähnliche Fiebertypen bei Grippe.
3. Chronisches Fieber bei nicht zu fortgeschrittener Tuberkulose, besonders bei Hilustuberkulose.

Dosis:

1. Volle Dosis 3—5 Stunden vor dem Fieberanstieg, etwas geringer 2—3 × täglich.

Im 1. Lebensjahr	0,01 für den Monat bis 0,1
„ 2. „	0,1—0,15
„ 3. „	0,2—0,25
„ 4.—5. „	0,3
„ 6.—10. „	0,4—0,5.

2. Refracta dosi: bei tuberkulösem Fieber, wohl auch Malaria vorzuziehen:

2 stündl.	0,1 bis	5 ×	3. Lebensjahr
2 „	0,15—0,2	4—5 ×	4.—6. „
2 „	0,15—0,2	4—6 ×	7.—14. „

Erfolg erst am 2.—3. Tage.

Bei nicht ausreichender Dosis eine Portion mehr zu geben, die wirksame Dosis 2—4 Tage einzuhalten, dann jeden Tag eine Portion abzustreichen, s. S. 222.

3. Dosis bei Keuchhusten 3 × tägl. die Hälfte der Fieberdosis.

Anwendungsweise: Pulver: am besten Aristochin oder Euchinin, solange Verabfolgung in Oblaten nicht möglich. Statt dessen: Chinin. tannicum-Schokoladentablette im Handel: 0,05—0,1—0,2—0,3 Chinin tannicum enthaltend. (Originalpackung 25—50—100 Stück) bei Keuchhusten.

Coagulen (Kocher-Fonio):

Im Handel: Pulver 1—10 g Packung. (Offene Packung nicht länger als $^1/_4$ Jahr aufzubewahren.)
Ampullen zu $1^1/_2$ und 2 ccm $3^0/_0$ C.-Lösung.
Tabletten mit Kochsalz mit 50 ccm Wasser aufzukochen = $1^0/_0$ Coagulenlösung.

Preis per g M. 1.20!! (Früher!)

Anwendung:

1. Lokale Blutstillung:
   a) Äußerlich: Hämophilie, septische Blutungen aus Zahnfleisch, Nabel: 1 große Messerspitze mit $^1/_2$ Reagenzglas Wasser aufgekocht, damit angefeuchtete Tupfer werden aufgedrückt oder die Wundflächen berieselt.
   b) Innerlich: Bei Magenblutungen, Melaena: 4 g in 24 Stunden in Wasser gelöst. Versuch mit geringeren Mengen gestattet (1 g auf 50 g Wasser in 1 Stunde zu verbrauchen).
   Darmblutungen bei Ruhr:
   4 g auf 100 g Wasser 1—2 × tägl. zum Klistier.
2. Intravenös: 1—$10^0/_0$ in physiologischer Kochsalzlösung oder 1 Tablette auf 50 ccm Wasser 10 Minuten gekocht.
3. Intramuskulär: Die gleiche Lösung 50—100 ccm pro die, doch auch angeblich Erfolge mit $1^1/_2$ ccm der $10^0/_0$ Lösung (Säugling).

Cocain s. Lokalanästhetika.

Codein phosphoricum:

Anwendung: Hustenmittel, bei Keuchhusten in der Akme absolut unzureichend. Wenn nur schlafmachende Dosen genügen, so sind Morphium, Opium und bei nächtlichem Husten ein Schlafmittel: Urethan, Bromural, Luminal, Nirvanol vorzuziehen.

Dosierung:

6.—12.	Lebensmonat	(0,1) 100,0	2—3 × tägl.	$^1/_2$—1 Teelöffel[1])
2.—3.	Lebensjahr	(0,1) 100,0	2—4 × tägl.	5 ccm
4.—6.	„	(0,1) 100,0	3—4 × tägl.	5—10 ccm
7.—10.	„	(0,2) 100,0	3—4 × tägl.	5—10 ccm
10.—14.	„	desgl.		

Sigma: Bei Bedarf 3—4mal täglich zu geben, bei Schlaf auszusetzen, s. im übrigen die Vorschriften über die Opiumpräparate.

Sirupus Bromoformi compositus: 0,1 Codein auf 250 g, s. Bromoform.

---

[1]) Ein Teelöffel ist gewöhnlich doch nur 3—4 g.

Coffeinum natrio-benzoicum:

Anwendung: Als Exzitans besonders bei Lungenerkrankungen, bei Herzkranken Dosen eher geringer.

Dosierung: innerlich: 0—3 Monat 0,02—0,05 2—4stündl.
4.—24. „ 0,04—0,1 2—4 „
3.—6. Jahr 0,05—0,15 2—4 „
6.—14. „ 0,05—0,2 2—4 „

Liquoris ammonii anisati 2,5
Sol. Coffein. natrio-benzoic. (1,5) 125,0
Sir. simplicis ad 150,0
M. D. S. 2—4stündl. 1 Teelöffel bis 1/2 Eßlöffel.

Subkutan: Dosis die größte der oben für die Altersstufen angegebenen.
Sol. Coffein natr. bonzoic. (1,0) 10,0 1 Spritze 2—4stündl.
Der Arzt hält sich für eigenen Gebrauch vorrätig: die 20% Lösung, die nicht schimmelt!
Abwechslung mit Kampferöl.

Collargol s. Argentumpräparate.

Creosot-Präparate:

Wesentlich als Stomachica benutzt bei chronischen Lungenleiden. Als Zusatz zu Hustenmedizinen wegen der vermuteten Einwirkung auf die Sekretion.

1. Creosotum carbonicum (Creosotal).
Liquoris Ammonii anisati 2,0.
Creosoti carbonici 3,0.
Fiat cum Gummi arab. et aqu. destill. q. satis emulsio ad 125,0.
Sir. emulsio ad 150,0.
Ds. 3stündl. 1 Teelöffel (1 Jahr alt) bis 1 Eßlöffel (10 Jahr alt).
2. Guajacolum carbonicum, wesentlich nur als Stomachikum auch neben Wismut.
Guajacoli carbonici 0,05.
Sacchar. lactis 0,3.
M. f. pulv. d. tal. dos. No. XV 1/4 Stunde vor der Mahlzeit 1/2 Pulver.

Cystopurin s. Harnantiseptica.

Digitalis-Präparate (vgl. Strophanthuspräparate):

Präparate:

1. Foliae Digitalis titr.
2. Digalen[1]) (teuer!) 1 ccm angeblich = 0,15 Fol. Digit. (wenig wirksam).
3. Digipuratum[1]) (Knoll) Dosis 1 Tabl. = 0,1 der Folia titr. D. solubile in Ampullen = 0,1 der Fol. titrat.
4. Als Lösung: Solulio Digipurati in Flaschen zu 10 ccm 4 Tropfen = 0,01 Fol. digit.

Anwendung:

1. Bei Kompensationsstörung des Herzens. Brechreiz und Appetitlosigkeit zuerst keine Kontraindikation. Ersatz durch subkutane oder intramuskuläre Injektion von Strophanthin. Nach 4—6 Tagen die erreichte Wirkung durch Tct. Strophanthi zu erhalten.
2. Labile Kompensation: Tct. Strophanthi vorzuziehen.
3. Herzschwäche bei Lungenerkrankungen und Infektionskrankheiten. Grenzen der Wirksamkeit sehr eng, das gleiche ist durch Strophanthus-Präparate schneller zu erreichen.

Dosierung:	Fol. Digit.	Digalen.	Solutio Digipurati
1. Lebenshalbjahr	3×tägl. 0,005—0,01		
2. „	3×tägl. 0,01—0,015	1—2 Tropf.	4 Tropfen
2.—3. Lebensjahr	3×tägl. 0,02	3—4 „	6 „
4.—5. „	3×tägl. 0,03—0,04	5—6 „	12—16 „
6.—10. „	3×tägl. 0,05	6—12 „	16—20 „
10.—14. „	3×tägl. 0,06—0,1	6—15 „	

[1]) Beide Präparate nicht zuverlässiger als Foliae digital. titr.

Infusum Fol. Digitalis titrat:
1. Lebensjahr (0,1) 100,0 4—6 × tägl. 5—7 ccm
2.— 3. „ (0,2) 100,0 4—6 × tägl. 5—7 ccm
4.— 6. „ (0,3) 100,0 4—6 × tägl. 5—7 ccm
6.—14. „ (0,3) 100,0 3—4stündl. 5—7 ccm

Verordnungsweise als Infus beim kleinen Kinde (1. Lebensjahr).
Infus: Fol. Digit. titrat. (0,1) 80,0.
Acid. mur. dil. 0,3.
Sir. Rubi Idaei ad 100,0.
M. Ds. 4—5 × tägl. 1 Teelöffel bzw 4—5 cbm.

Später als Pulv. Fol. Digit. titrat., bei Ödemen in Kombination mit Theobromin.

Intramuskulär: Digipuratum solubile in Ampullen = 1 ccm = 0,1 Fol. dig.
Dosis: 3 — 4. Lebensjahr 2 Teilstriche
4.— 6. „ 4 „
7.—14. „ 5—6 „ 1—2 × tägl. intramuskul.

Dispargen s. Argentumpräparate.

Dürkheimer Maxquelle s. Arsen.

Diuretin s. Theobromin.

Eisen:

Präparate[1]) und Dosierung: Die kleinste Dosis ist für das Säuglingsalter berechnet.
1. Chininum ferro-citricum (21%, Eisen) 3 × tägl. 0,05—0,1.
2. Ferrum carbonicum saccharatum (10% Eisen) mit Zucker āā 3 × tägl. Messerspitze bis gestrichenen Teelöffel
3. Ferrum oxydatum saccharatum (3% Eisen) 3 × tägl. Messerspitze bis gestrichenem Teelöffel.
4. Liquor ferri albuminati (0,4% Eisen) 3 × tägl. 1/2 Tee- bis Kinderlöffel.
5. Sirupus ferri jodati (5% Eisenjodür) 3 × tägl. 10—30 Tropfen.

Eisenpräparate und deren Gehalt s S. 217.

Anwendung:
1. Anämien des Säuglingsalters.
2. bei den seltenen echten Anämien des Kindesalters z. B. nach erschöpfenden Krankheiten, Blutungen (hämolyt. Ikterus, Werlhoffsche Krankheit etc.).

In den meisten Fällen Kombination mit Arsen, siehe dieses außer den dort genannten Präparaten:
Tincturae ferri pomatae 45,0.
Liquoris Kali arsenicosi 5,0.
M. Ds. 3 × tägl. 5—25 Tropfen.

Ferr. oxydati saccharat. 30,0.
Liquoris Kali arsenicosi 3,0.
Aq. destil. ad 200,0.
M. Ds. 3 × tägl. 1 Tee- bis 1 Kindereßlöffel.

Enthaarungsmittel s. Schwefel (Kalziumsulfid).

Euchinin s. Chinin.

Euguform s. Puder.

Expectorantia s. auch Cresotpräparate.

Senegae Radicis Decoctum (gegenwärtig zu teuer):
Decoctum Radicis Senegae (5,0) 125,0.
Liq. Ammonii anisati 1,5.
Sirup. simpl. ad 150,0.
M. D. S. 3stündl. 1 Kinderlöffel (1/2—2 Jahr).

Ammonii anisati Liquor:
1. Als mildes Expektorans und Exzitans.
Liq. Ammon. anisati 1,5.
Sol. Natrii bicarbonici (2,0) 100,0.
Sir. ad 120,0.
M. Ds. 2stündl. 1 Kindereßlöffel (Säugling).

---

[1]) Vergleiche Eisenpräparate S. 217.

Bei sehr schwierigen Kindern:
Liq. Ammonii anis. 2,0.
f. c. aqua dest. et Gummi arabici q. s. lege artis.
Emulsio ad 80,0.
Syr. emulsiv ad 100,0.

2. Als Geschmackskorrigens: bei Creosotal, Koffein, Kalziumchlorid und bei allen Expektorantien, kontraindiziert jedoch bei Morphium, Kodein und Digitalismixturen.

Ammonium chloratum:

als Mixtura solvens
oder Sol. Ammonii chlorati (2,5) 100,0.
Sirup. Liquiritiae ad 125,0.
M. Ds. 3stündl. 1 Kindereßlöffel.

Faulbaumrinde s. Abführmittel IV.

Filicis maris Extractum s. Bandwurmmittel.

Filmaronöl s. Bandwurmmittel.

Fowlersche Lösung s. Arsen.

Frangulae Cortex s. Abführmittel IV.

Gerbsäure s. Tanninpräparate.

Guberwasser s. Arsen.

Gujacolum carbonicum s. Creosotpräparate.

Harnantiseptica:

I. Urotropin und Verwandte:
1. Hexamethylentetramin oder Urotropin (Tabletten zu 0,5).
2. Cystopurin: Tabletten 1 g wirksamer, auch bei alkalischem Urin verwendbar.
3. Hippol-Tabletten zu 1 g oder Pulver (teuer!), wirksam auch bei alkalischem Urin.
4. Myrmalid: Pastillen zu 1 g, besonders unter Ansäuerung des Urins.
5. Amphotropin in Pastillen zu 0,5.

II. Salizylpräparate außer Aspirin und salizylsaurem Natron: Salol.

Maximaldosen im Beginn der Behandlung der Pyelitis notwendig, allmähliche Verringerung der Dosis.

Folgende Dosen haben zur Voraussetzung, daß reichlich Flüssigkeit aufgenommen wird (Einguß beim Widerstrebenden), sonst ist hämorrhagische Nierenreizung möglich. Eiweißausscheidung oder selbst hämorrhagische Nierenreizung, die vor der Behandlung besteht, keine Kontraindikation:

	Urotropin-Präparate:	Salol.:
1. Lebensjahr	0,6—0,8 pro die in 4—5 Dosen	0,1—0,6 pro die in 5—6 Dosen
2. „	1,0 „ „ „ 4—5 „	1,0 „ „ „ 5—6 „
2.—3. „	1,25—1,5 „ „ „ 4—5 „	1,0—1,5 „ „ „ 5—6 „
4.—6. „	1,5—1,75 „ „ „ 3—5 „	1,5—2,0 „ „ „ 5—6 „
7.—14. „	1,5—2,0 „ „ „ 3—5 „	2,0—2,5 „ „ „ 5—6 „

Hippol s. Harnantiseptica.

Hydrargyrum:

1. Als Antisyphilitikum s. Syphilis (S. 315).

Unguentum Hydrargyri c. Resorbino paratum in Glas-Tuben mit Grammeinteilung.

Hydrargyri protojodoretum: (Hydrargyrum monojodatum).

2. Als Antiseptikum: Sublamin als Handdesinfektionsmittel statt Sublimat
Sublimat für Augenumschläge: Solutio 1: 10000,0

3. Zu Salben: Sublimat als Augensalbe: Sol. Sublimati (0,01) 2,0
Lanolini 20,0.
Oliv. oliv. ad 30,0.
1 × tgl. in Bindesack einstreichen.

Hydrargyr. oxydat flav. via humida recenter paratum 0,2—0,3.
Adipis lanae 2,0.
Vaselini ad 10,0.
S. Augensalbe 1 × tgl. einstreichen.
Hydrargyrum praecipitatum album 2—3,0.
Zinc. oxydat. 10,0.
Vasol. ad 50,0.
Ung. Hydrargyr. sulfurat. rubr. s. Schwefel.

Hydrogenium peroxydatum:

Präparate:

1. Hydrogenium peroxydatum 3%. In dunklen Flaschen aufheben, rein oder mit 1—2 Teilen Wasser verdünnen.
2. Perhydrol 30% Lösung, 5—10 ccm auf 150—200 g.
3. Perhydrolmundwasser, ein praktisches Mundwasser (Maß beigegeben).

Anwendung:

1. Reinigung von Ohr: geringste bis mittlere der gegebenen Konzentrationen s. S. 419.
2. Nase einträufeln bei eitrigen und krustenbildenden Nasenkatarrhen (Lues, Diphtherie, Scharlach).
   Ausspritzen des Mundes: schwache Konzentration.
3. Reinigung verschmierter Ausschläge und Wunden, stärkere Konzentration.

Hypophysenpräparate:

Präparate: Pituitrin, Hypophysin, Pituglandol usw. in Ampullen zu 1 ccm.

Anwendung und Dosierung:[1]

1. Diphtherische Lähmung ($^1/_2$—1 Spritze 3—4 × tägl., Wirkung noch nicht völlig sichergestellt).
2. Zur Erhöhung der Wirksamkeit der Nebennierenpräparate bei Herzschwäche bzw. Gefäßlähmung s. unter Nebennierenpräparate.

Jodothyrin s. Schilddrüsenpräparate.

Jod:

1. Tinktur: als Hautdesinfiziens nur da zu brauchen, wo sie nicht die nächsten Tage wiederholt werden muß, d. h. nicht bei Spinalpunktion, bei Meningitis epidemica (Vorsicht vor im Hellen aufbewahrter Jodtinktur und Jodtinkturresten, da Ätzung durch Jodsäure!).
   Vorsichtiger: Jodo puri 0,25.
   Paraffini liquidi 100,0.
   Benzini 400,0.
2. Zum Pinseln des Pharynx:
   Kal. jodat. 1,0.
   Jodi puri 0,3.
   Glycerini 20,0.
   Ol. Menth. piperit. gtt. II (Mandl'sche Lösung).

Jodsalze:

Präparate: Jodnatrium (80% Jod), Jodammonium.
Lipojodin (47% Jod) in Tabletten zu 0,3.

Anwendung und Dosierung[2]:

1. Bei trockenen Bronchialkatarrhen, besonders auch nach Asthmaanfall.

1. Lebensjahr	0,3—0,5: 100,0	3stündl.	1 Teelöffel	=	0,1—0,15	pro die
2.—4. „	0,5—1,0: 100,0	3 „	1 „	=	0,2—0,25	„ „
4.—6. „	1,0—2,0: 100,0	3 „	1 „	=	0,3—0,5	„ „
6.—14. „	2,0—3,0: 100,0	3 „	1 „	=	1,0	„ „

[1]) Dosierung unabhängig vom Alter.

[2]) Die Angst vor Jodismus, Ictus laryngis und Basedow hat auf die Dosierung des Jods stark herabdrückend gewirkt. Wer kleine Dosen gut verträgt, verträgt auch höhere als die angegebenen.

Mixturae solventis 100,0	Liq. Ammonii anisati 2,0.
Natrii jodati 0,3—0,5	Ammonii jodati 1,0.
M. Ds. 3stündl. 1 Teelöffel (Säugling)	Aqua dest. ad 125,0.
	Sirupi ad 150,0.
	3stündl. 1 Eßlöffel (5—10 Jahre).

Lipojodin: 3 × tägl. 1/2—1 Tablette (Säugling), später 1—2 Tabletten, 3 Tage lang, den 4. Tag aussetzen.

2. Tertiäre Lues und versuchsweise bei chronischen Geschwülsten, Periostitiden, geschlossener gummaähnlicher Schädeltuberkulose. Bei Kehlkopftuberkulose (Aufnahme ins Krankenhaus notwendig, plötzliche Erstickungsgefahr!).

   Dieselben Dosen, wenn Nachbehandlung nach Quecksilber-Salvarsankur, s. S. 320.

   Als erste arzneiliche Behandlung: nach 3 Tagen die Dosis steigern.

3. Kropf. 3 × tägl. 1 Teelöffel der obigen Mischungen. Vorsicht in Kropfbezirken.

Ipecacuanhae radix s. Brechmittel.

Istizin s. Abführmittel V.

Kal. citricum s. Alkali.

Kalium permanganicum:

Anwendung und Dosierung:

1. zum Bad bei Furunkulose, chronisch eiternden Wunden, Fisteln, bei starkem Schweiß (Rachitiker), überhaupt als Ersatz für Seifenbäder.

   Von 5% Lösung 1 Teelöffel auf ein Säuglingsbad.

   Oder billiger: für 50 Pf. Kalium permanganicum in Literflasche aufgelöst, so viel zum Badewasser, daß die Farbe wie Kirschlimonade ist. Ein Zuviel erkennt man an der einige Stunden fortbestehenden Braunfärbung der Hand des Badenden, schadet jedoch nichts.

2. Scheidenspülung bei Gonorrhöe.

   Ungefähr 1‰ (von konzentrierter Lösung 1 Teelöffel bis 7 ccm auf 1/2 Liter).

3. Zur Magenspülung bei Morphium- und Phosphorvergiftung etwa 1: 3000,0 (Limonaden-Farbe).

4. bei Schlangenbiß subkutan um die Wunde herum womöglich bei gleichzeitiger Stauung 1/4—1/2 ccm der 1% Lösung mehrmals. (Konzentrierte Lösung = 7%, also etwa 7 × verdünnen.)

Kalk:

1. **Kalkwasser:** Innerlich als leichtes Antiseptikum bei Angina.

Aquae calcis 120,0	Saccharini q. s. (Tabul. I).
Aquae Menthae piperitae 30,0.	S. 1stündl. 1 Eßlöffel.
Aquae destillatae ad 200,0.	

Äußerlich:	Aquae calcis 40,0.	Zinc. oxydat. ad 100,0.
	Adipis Lanae 40,0.	M. f. pasta.

2. **Calcaria hypochlorosa:** Calcariae hypochlorosae 1,0.
   Ung. Paraffini 9,0.
   M. f. unguent. Frostsalbe.

3. **Calcium-Salze** zu innerlichem Gebrauch:

   Präparate:

   a) Calcium chloratum crystallisatum (50% Kristallwasser).

   b) Calcium chloratum siccum, die Hälfte von ersterem zu verordnen

   1. Bei Spasmophilie: Sol. calcii chlorati sicci (30,0) 250,0.
      Liq. Ammonii anis. 3,0.
      Gummi arabici 2.0.
      Sirupi ad 300,0.
      M. Ds. 4—8 × 10 ccm.
      Sol. calcii chlorati crystallisati (60,0) 300,0.
      Dosierung s. S. 327.

   2. Bei Asthmaneigung 4 × tägl. 10 ccm Jahre lang. Erfolg sehr fraglich.

c) Calcium lacticum:
Indikation wie Calcium chloratum, oft lieber genommen, Anfangsdosis 20—25 g.
1 gehäufter Teelöffel auf fertige Milchmischung; falls diese gerinnt, die Milch kräftig durchschütteln.

4. **Calcium phosphoricum** tribasicum purissimum:
Anwendung: Bei Rachitis zur Erleichterung einer Kalkretention.
In jede Nahrung messerspitzenweise einrühren:
Calcii phosphorici 60,0.
Calcii citrici sive carbonici.
Calc. lactic. āā 20,0.
M. d. scatul. S. in 1 Monat zu verbrauchen.
Oder als Kalklebertran: Calc. phosphor. 10,0.
Ol. Jec. Asell. 100,0.
DS. 3 × tägl. $^1/_2$—1 Teelöffel.

5. **Kalzan:** Tabletten zu 0,5 etwa 0,1 Calcium chloratum siccum entsprechend: Bei Asthma und konstitutionellen Störungen: 4 × tägl. 2 Tabletten monatelang.

6. **Calcium bromatum:** bei Spasmophilie.
Sol. Calcii bromati (10,0) 170,0.
Liq. Ammonii anisati 2,0.
Sir. ad 200,0.
M. Ds. 5 × tägl. 10 ccm; s. Brompräparate.

7. **Calcium citricum und carbonicum** s. Alkali.

Kalorose s. Zucker.

Karlsbader Mühlbrunnen s. Mineralbrunnen.

Karlsbader Salz s. Abführmittel VIII.

Kochsalzbrunnen s. Mineralbrunnen.

Kreosot, Kreosotal s. Creosot-Präparate.

Kukumarin s. Bandwurmmittel.

Kürbissamen s. Bandwurmmittel.

Laudanon s. Opium.

Laxin s. Abführmittel.

Lebertran s. S. 183.

Levicostarkwasser s. Arsen.

Lipojodin s. Jodsalze.

Liquor . . . s. das betreffende Medikament.

Lokalanästhetika:

1. Anästhesin.
2. Orthoform neu.
3. Propaesin.
4. Kokain.
5. Novokain auch in Kombination mit Nebennierenpräparaten als Tabletten:

Anwendungsweise:
1. Lokalanästhesie der Schleimhäute: Präparate 1—3.
a) Mundfäule: Anästhesin 2,0 / Saccharum lactis 3,0 oder Anästhesin 2,0. / Acid. boric. āā 1,5. / Sacchar. lactis.
Mit Pinsel einstäuben.
b) Gegen Drängen bei permanenter Irrigation Einfetten des Darmrohrs mit 20% Salbe, Bestäuben des vortretenden Mastdarmteiles, Klistier mit 2 Messerspitzen Anästhesin auf 20 g Wasser etc. (s. Ruhr).
c) Rhagadenschmerz: 10% Salbe, bei Analfissur Zäpfen (s. S. 168).
Anästhesin 0,2 / Butyr. Cacao ad 2,0 oder Anästhesin 0,2. / Solut. Suprarenini 0,3. / Adipis Lanae 0,4. / Butyr. Cacao ad 2,0.

2. Lokalanästhesie bei Verbrennungen: Einstäuben zur Ermöglichung der Reinigung und des Verbandwechsels (Präparat 1—3).
3. Lokalanästhesie durch subkut. Injektion: Tabletten von Novokain 0,125 und Suprarenin 0,00125 in 25 ccm Kochsalzlösung aufzulösen (Tracheotomie).
4. Innerlich bei „nervösem Erbrechen" namentlich der Säuglinge. (Bei Erbrechen bei schweren Darmkatarrhen älterer Kinder lieber kleine Dosen Opium):
   Sol. Cocaini muriatici (0,01) 100,0.
   Ds. 10 Minuten vor jeder Mahlzeit 1 Kindereßlöffel (Säugling).
   Sol. Novocain (0,02) 100,0.
   Ds. wie oben.
   Anaesthesini sive Propäsin sive Orthoform neu 0,03—0,05.
   Sacchari albi 0,3.
   M. f. pulv. d. tal. dos. No. X.
   S. 15 Minuten vor der Mahlzeit 1 Pulver.
   Wirkung ist von der genauen Befolgung der Zeit abhängig.

Lullusbrunnen s. Mineralbrunnen.

Luminal s. Schlafmittel.

Magnesia (Pulvis Magnesiae c. Rheo) s. Abführmittel.

Magnesia usta s. Säurevergiftung S. 482.

Magnesium sulfuricum s. Tetanus S. 280, s. Spasmophilie S. 328.

Maltose s. Zucker.

Malzsuppenextrakt s. Zucker.

Milchzucker s. Zucker.

Mineralbrunnen: Arsenquellen s. Arsen, Schwefelquellen s. Schwefel.

1. Alkalische Säuerlinge: Aßmannshausen, Bilin, Emser Kränchen, Fachingen, Geroldstein, Gießhübl, Offenbacher Kaiser-Friedrichquelle, Salzbrunner Helenenquelle oder Oberbrunnen.
   Anwendung: Durstgetränk auch für darmkranke Säuglinge, geeignet zur Magenausspülung; heiß bei Azetonerbrechen; s. weiter unten Indikation Nr. 6.
2. Muriatische Brunnen: Wiesbadener Kochbrunnen:
   Anwendung: Zur Vermeidung des Gewichtssturzes bei ganz oder partiell hungernden Säuglingen.
   Dosis: für den Säugling nicht mehr als 200—300 g für den ersten, 150 für den 2.—3. Tag, später weniger.
3. Alkalisch-sulfatische: Karlsbader Mühlbrunnen, Lullusbrunnen (Hersfeld).
   Anwendung und Dosierung:
   1. Habituelles Erbrechen und ebenso Appetitlosigkeit der Säuglinge: 10 Minuten vor der Mahlzeit 1 Eßlöffel.
   2. Schwere Magendarmerkrankung der Säuglinge, zur Magenspülung und Magenfüllung.
   3. Länger dauerndes akutes Erbrechen („Aceton-Erbrechen"): 200 bis 300 g auf einmal zu nehmen.
   4. Ruhr: erster Tag beim Säugling 200, beim älteren Kinde bis 500 g am Tage. (Keine Abführwirkung.)
   5. Chronische Appetitlosigkeit älterer Kinder mit Verdauungsbeschwerden bei abwechselnd Durchfall und Verstopfung: Morgens und abends nüchtern 100—250 g 4—5 Wochen lang.
   6. Alkalisierung des Urins: Minimal-Dosis beim Säugling 400 g, auch als Verdünnung der Milch oder Bereitung der Mehlsuppen zu benützen. Ergänzung der Wirkung durch Natrium citric. 2—4 g und bicarbonic. und Kal. citricum 2—3 g s. ds.

Morphinum hydrochlor. s. Opium unter Nr. 4.

Myrmalid s. Harnantiseptika.

Nährmaltose s. Zucker.

Nährzucker s. Zucker.

Natrium bromatum s. Brom.

Natrium citricum s. Alkali.

Natrium jodatum s. Jodsalze.

Natrium sulfuricum s. Abführmittel.

Nebennierenpräparate:

1. Suprarenini synthetici solutio (1,0) 1000,0, billigstes Präparat (Adrenalin, Paranephrin, Epinephrin usw.).
2. Nebennieren-Novokain-Tabletten s. Lokalanästhetika.

Anwendung und Dosierung[1]):

a) Subkutan[1]):

1. Zu versuchen bei sogenannter Herzschwäche, bei Bronchopneumonie der Säuglinge $^1/_2$ ccm eventuell mit der gleichen Menge Hypophysin (Wirkung sehr unsicher) besser mit Coffein zusammen 3—5 stündl.
2. Bei diphtherischer Herzlähmung mit gleichen Teilen Coffeinlösung $^1/_2$ ccm 4 stündl. Nach Eckert und Pospischill: zu Anfang 1—3 ccm, dann 2—4 × tägl. 3 g der Lösung auf 150 ccm physiologische Kochsalzlösung; Wirkung, s. Strophanthin.
3. Bei asthmatischer Bronchitis $^1/_2$—1 Spritze.
4. Urtikaria-Anfall $^1/_2$—1 Spritze.

b) Lokal:

1. Schnellere vorläufige Blutstillung bei Nasenbluten s. S. 388.
2. Schnupfensalbe; Sol. Suprarenini (1,0) 1000,0 2,5
   Anaesthesini 1,0
   Adipis lanae 4,0
   Paraffini liquidi ad 10,0.
3. Nässendes Gesichtsekzem bei akutem Schube: entweder 20% Salbe oder besser auf eine Gazelage wiederholt aufgeträufelt.

Nenndorfer Brunnen s. Schwefel (Sulfide).

Neosalvarsan s. Syphilis S. 315, lokale Anwendung S. 381, Intralumbal-Anwendung S. 341.

Nirvanol s. Schlafmittel.

Novokain s. Lokalanästhetika.

Noviform s. Puder.

Oleum Chenopodis s. Chenopodium.

Oleum jecoris aselli s. S. 183.

Opium:

Präparate:

1. Extr. Opii aquosum.
2. Tinct. Opii crocata in 10 g 1 Teil Opium, 4 Tropfen = 0,01 Opium.
3. Laudanon in 2% Lösung käuflich = 1% Morphiumlösung (für Kinder besonders = 2% Morphiumlösung zu schätzen) bzw. = Tct. Opii crocata.
4. Morphinum hydrochlor. s. Indication Nr. 4.

Wirksame nicht ohne Grund zu überschreitende anfängliche Einzeldosen:

Alter	Extr. Opii aquos.	Tct. Opii crocata
3—7 Monat	0,2 mg Extr. Opii aquos.	2,0 mg Tct. Opii crocata
8—12 „	0,5—0,8 „ „ „ „	5,0—8,0 „ „ „ „
13—18 „	1,0 „ „ „ „	10 „ „ „ „
19—24 „	1,0—2,0 „ „ „ „	10,0—20,0 „ „ „ „
3 Jahre	3,0 „ „ „ „	1 Tropfen „ „ „
4 „	5,0 „ „ „ „	2 „ „ „ „
5—8 „	10,0—15,0 „ „ „ „	2—5 „ „ „ „
9—12 „	20,0—40,0 „ „ „ „	5—8 „ „ „ „
12—13 „	30,0—50,0 „ „ „ „	8—12 „ „ „ „

Steigerung und Wiederholung der Dosis ist abhängig von der Erregung oder den Schmerzen, die gelindert werden sollen. Die Verordnung sei daher stets beigefügt „bei Eintreten von Schläfrigkeit auszusetzen".

[1]) Bei $^1/_2$ Spritze reagiert ein Teil der Gesunden, sowohl Säuglinge wie Erwachsenen mit vorübergehender Blässe, Schwindel, Herzbeklemmung; doch haben wir dies fast nur bei Injektion bei Gesunden und nur selten bei Bronchitisleidenden gesehen. Jedenfalls ist die Dosierung in jedem Alter die gleiche.

Anwendung: (vgl. auch Schlafmittel)

1. Schlafmittel bei „Schreikindern“ (s. a. Bromural).
2.—4. Lebensmonat: Tinct. Opii crocata gtt. II
Aqu. foeniculi 30,0
Aqu. dest. ad 75,0.
D. S. 1—2stündl. 1 Teelöffel bis zur Wirkung, bei Schlaf aussetzen.
Im 2. Lebenshalbjahr: dieselbe Mixtur mit III—IV Tropfen.
Als Schlafmittel bei starken Schmerzen und seelischer Erregung einmalige Dosis Chloralhydrat bis zum 6. Lebensjahr dem Morphium vorzuziehen.
2. Kolikschmerzen, Blinddarmentzündung (durch Belladonna und Atropin zu ersetzen) (s. Belladonna).
Tinct. als Tropfen bei Blinddarmentzündung 2—3—4stündl. s. S. 176.
Extr. Opii als Zäpfchen: Extr. opii aquos. 0,01
Butyr. Cacao 2,0
M. f. suppositorium d. tal. dos. No. VIII.
S. 3stündl. 1 Zäpfchen, während des Schlafs aussetzen.
Für 6jähriges Kind bei unoperabler Blinddarmentzündung.
3. Husten: Bei seelisch erregten dauernd hustenden Kindern von 10—24 Mt.:
Tct. opii crocata gtt. VI—VIII (0,15—0,2)
Aq. foeniculi 50,0
Aq. destillatae ad 100,0
M. Ds. bei Bedarf 2—3 × tägl. 1 Teelöffel, bei Beruhigung aussetzen.
Bei Keuchhusten: bei Versagen von Kodein 3—4 × tägl., anfangs etwas kleinere Dosen.
Extr. Opii aquos. 0,05
Sirup. simpl. ää 50,0
Sirup. cerasorum
D. S. 3 × tägl. 1 Teelöffel (3jähriges Kind).
3 × tägl. 1 Kindereßlöffel (4—5 Jahre).
4. Euthanasie: Statt Chloralhydrat oder abwechselnd.
Nach dem 6. Lebensjahr ist Morphium meist vorzuziehen, (außer bei Kolikschmerzen) bzw. Injektion von Laudanon 2% Lösung in Ampullen.
Dosierung: Morphinum hydrochloricum 1% Lösung oder Laudanon 2%.
4.—5. Lebensjahr 0,3—0,4 ccm
6.—9. „ 0,5 „
10.—14. „ 0,7—0,8 „
5. Vorbereitung zu Ernährungsklistieren: Extr. opii als Zäpfchen.

Optochrin:

1. basicum, Dosierung s. S. 412;
2. hydrochloricum, nur zur intralumbalen Injektion: s. S. 337. (2‰ Lösung 10—20 cbm) im Krankheitsverlauf 2—7 × zu wiederholen

Orthoform s. Lokalanästhetika.

Papaverinum muriaticum:

Spasmen im Magendarmkanal.
1—3 Monat 0,005 2—3 × tägl.

Propäsin s. Lokalanästhetika.

Pepsin s. Salzsäure.

Pepsin (Grübler).

Perhydrol s. Hydrogenium peroxydatum.

Phenazetin s. Antifebrilia.

Phenolphtalein s. Abführmittel I.

Phosphorsäure:

1. Statt Salzsäure in 1% Lösung 5 × tägl. 1 Tee- bis 1 Kindereßlöffel auch bei Fieber.
2. Zur Ansäuerung des Urins:
3—5 g per Tag (3—10 Jahre alt).
5 × tägl. 20 Tropfen auf 1/5 Liter süßen Tee.
Unterstützung der Wirkung durch Preißelbeeren bez. auch Fleisch.

Pituglandol s. Hypophysenpräparate.

Pituitrin

Protargol s. Argentumpräparate.

Puder:

1. Talkum, verbessert Talcum ustum (vom Apotheker frisch auszuglühen).
2. Eugufoim, Xeroform oder Noviform rein in kleinen Mengen (3 5 g), oder meist mit Talkum verdünnt (1: 10) als Puder.
3. Bolus alba:
   a) Zum Klistier bei Ruhr, 2—3 Hände voll auf 1—2 Liter.
   b) Zum Bade: 2 Hände voll, vorsichtshalber Bolus alba sterilisata.
   c) Als Wundpuder bei Pemphigus ohne besonderen Vorzug vor Talkum stets nur steril zu gebrauchen.

Purostrophan s. Strophanthuspräparate.

Quecksilber s. Hydraygrum.

Ramisirup s. Bromoform.

Ratanhiae cortex s. Tanninpräparate.

Rizinusöl s. Abführmittel VI.

Salvarsan-Natrium s. Syphilis S. 319.

Salol s. Harnantiseptika.

Salzsäure: s. auch Phosphorsäure.

1. Acid. muriatic. dilutum in 1% Lösung mit 2% Pepsin 5 × tägl. 1 Tee-Kinderlöffel.
2. Pepsin Grübler 3—10 Tropfen in Zuckerwasser.
3. Acidol in Tabletten. 1/2—1 Tablette.

Santonin:

Dosierung: 2.—5. Lebensjahr: 2—3 × tägl. 0,01—0,015.
6.—10. Lebensjahr: 2—3 × tägl. 0,025.

Anwendungsweise: Trochisci Santonini zu 0,025 oder in Oleum Ricini 3 Tage hintereinander, am dritten Tage ein stärker wirkendes Abführmittel (Ol. Ricini, Senna, Natrium sulfuricum).

Schilddrüsenpräparate:

Präparate:

1. Thyreoidin Merck: Tabletten 0,1 in Gläsern zu 50 Stück.
2. Thyraden Tabletten zu 0,15 zu 30 Stück.
3. Jodothyrin „ zu 0,3 zu 25 Stück.

Dosierung: Thyreoidin Merck s. Myxödem S. 209. Dosierung der anderen Präparate nach folgenden Gesichtspunkten zu berechnen: Dosis auf 3 × am Tage zu verteilen. Im Säuglingsalter nur Thyreoidin erprobt.

Thyreoidin Merk Tabletten zu 0,1 = 0,25 frische Hammel-Schilddrüse.
Thyraden „ zu 0,15 = 0,45 „ Schweine-Schilddrüse.
Jodothyrin: Verreibung der wirksamen Substanz der Schweineschilddrüse mit Milchzucker, Dosierung einer Tablette zu 0,3 etwa = 0,1 Thyreoidin Merk.

Schwefel:

I, Sulfide.

1. Schwefelquellen: Nenndorfer und Weilbacher Brunnen: Bei chronischer Nasopharyngitis besonders bei gleichzeitiger Appetitlosigkeit vom 3. Lebensjahr an: 3/4—1 Weinglas voll morgens und abends je 1/2 Stunde vor der Mahlzeit (1/2-Flaschen sind vorzuziehen).
2. Schwefelleber und Solutio Vlemingkx.
   Schwefelleber: 1/2 Pfd. in 10 Teile geteilt, je 1 Teil in irdenem Topfe mit heißem Wasser gelöst, durchgeseiht zum Bade.

Solutio Vlemingkx: 1 Eßlöffel zum Bade (Säuglingsbad).
2 „ „ „ (3.—10. Lebensjahr).

Für beide Präparate ist Holzbadewanne nötig. Die Wirkung wird verstärkt durch Zusatz von 1—2 Eßlöffeln Essig (nicht Essigessenz) unmittelbar vor der Benutzung des Bades.

3. Kalzium - oder Strontiumsulfid in Pasten, deren nähere Zusammensetzung jede Apotheke oder Drogerie geheim hält (auch Haarfeind Lohse): zur Enthaarung des Kopfes bei Furunkulose oder chronischeitrigen Pilzerkrankungen besonders im Säuglingsalter: Haar kurz scheren, das Pulver mit Wasser zu einem dicken Brei eingerührt, wird dick aufgetragen. Nach 3—4 Minuten mit Holzspatel oder feuchter Watte entfernen! (Mit Sublimat imprägnierte Nägel des Arztes werden bei Berührung mit der Paste schwarz).

II. **Schwefelsalben:**

1. Sulfur praecipitatum: Als antiparasitäres Mittel bei impetiginösen Ausschlägen.

10—25% Salben oder Pasten.

Sulfuris praecipitati	5,0.	Hydrargyri sulfurati rubri	1,0.
Zincoxyd.	10,0.	Sulfuris praecipitati	25,0.
Amyl. tritic. āā	10,0.	Vaselini flav. ad	100,0.
Vaselini ad	50,0.	Adde Olei Bergamotti gtt. XX.	

2. Sulfidal: statt Schwefel: 5—10%.
Käufliche Sulfidalpaste mit Kalium carbonic. zur Krätzekur.

Schlafmittel (Beruhigungsmittel):

Auswahl und Indikation:

1. Nächtliche habituelle Unruhe, periodisches nächtliches Schreien usw.

Bromural, Adalin, Opiumtinctur, statt dessen 3 × tägl. von Mittag ab Brom. Kombination gestattet. Bei sehr unruhigen älteren Säuglingen Nirvanol.

2. Schlaflosigkeit des fiebernden Kranken:

Umschläge, auch Antifebrilia. Sonst Bromural, Adalin, Urethan, nur bei stärkerer Schlaflosigkeit Nirvanol.

3. Schlaflosigkeit bei starkem Schmerz:

Versuch mit Pyramidon wie z. B. bei Genickstarre. Opium in kleinen Dosen genügt oft, verbunden mit Bromural und Adalin.
Nirvanol etwas stärker wirkend. Stärkste Wirkung hat Krampfdosis von Chloral beim jüngeren, Morphium beim älteren Kinde.

4. Schlaflosigkeit oder Unruhe bei Atemangst (Herz, Lunge und Kehlkopfleiden):

Bromural, Adalin, Urethan in großen Dosen, auch bei kleinen Säuglingen. Opium in den angegebenen kleinen, kaum schlafmachenden Dosen, die gerade die subjektive seelische Empfindung der Atemnot verringern, also nicht eigentlich als Schlafmittel.

5. Schlafstörung durch Husten:

Bromural, Adalin, Urethan, bei Bettlägerigen Nirvanol. Statt dessen Kodein oder Opium, Sirupus Bromoformi.

6. Delirien:

Chloral und Urethan, Erhaltung der durch Chloral erzielten Wirkung durch Urethan.

7. Krämpfe und Epilepsie:

Luminal, Nirvanol, Chloral, Urethan und Amylenhydrat. Chloral, Urethan, Amylenhydrat s. diese Mittel.

1. Bromural in Tabletten zu 0,3 2. Adalin „ „ „ 0,5	Pulver nie ohne Zucker verschreiben, da sie sonst sehr schwer Wasser aufnehmen; deshalb Tablette nicht vorher zerdrücken!

3. Nirvanol in Tabletten zu 0,3 u. 0,5 (Nachwirkung von Schwindel und Schläfrigkeit, daher nur bei bettlägerigen Kranken anwendbar.)
4. Luminal „ „ = 0,1
5. Luminalnatrium.

Dosis von:

Bromural		Adalin	Nirvanol[1])	Luminal[1])
im 2.—6. Monat 1–3 × tgl.	0,15	1–3 × „ tgl. 0,15–0,25	Nicht vor d. 4. Mt. 1–2 × 0,075	
„ 7.–12. „ „ „ „	0,3–0,6	„ „ 0,25–0,5	1–2 × 0,1 bei starker Erregung (Stenose) 0,2–0,25 auf einmal oder refracta dosi 1 stdl. 0,1 bis 3 ×	0,03–0,05
„ 2. Lebensjahre „ „ „	0,3–0,6	„ „ 0,5		0,05
„ 3.–6. „ „ „ „	0,6	„ „ 0,5	Bei akuten Unruhen 0,3,	0,05–0,1
„ 6.–10. „ „ „ „ „ 10.–14. „ „ „ „	0,6–0,9	„ „ 0,5–0,75	bei chronischem Gebrauch: 0,1–0,2	0,1–0,2

Luminalnatrium: frische 10% Lösung (bei spasmophilen Krämpfen im Säuglingsalter); man halte sich Pulver zu 0,1 vorrätig, die man zum Gebrauch in 1 ccm Wasser auflöst.

Secale und gleichwirkende Mittel:

Präparate:
1. Extractum Secalis cornuti fluidum.
2. Extractum Secalis cornuti als Solutio: 1,0: 10,0 frisch.
3. Secacornin in Ampullen zu 1 g.
4. Styptizin-Tabletten von 0,05.

Anwendung:
1. Innere Blutungen, meist nur nach vorheriger Injektion anderer Präparate (Koagulen, Serum, Gelatine).
2. Herzschwäche bei Scharlachmyokarditis usw., unsicher!
3. Bei Mastdarmvorfall perkutane Injektion.

Dosierung:

a) Innerlich: 2. Lebensjahr: Sekale präparat. 1 und 2. In den ersten 12 Stunden 3—4 Dosen bis insgesamt zu 40 Tropfen des Fluidextraktes und 0,2 des Extraktes, bei Neugeborenen bis zur Hälfte der Dosis innerhalb 24 Stunden. Die Kur mit kleinen Dosen fortzusetzen, und zwar 3 Tage 4 × tägl. 3 Tropfen des Fluidextraktes (Säugling). Styptizin: 3 × 0,025 ($1^1/_2$ Tablette) in 12 Stunden, dann beim Säugling 2—3 × tägl. $^1/_4$ Tablette in 24 Stunden, beim älteren Kinde (4—10 Jahre) 3 × 0,05 am ersten Tage, dann die Hälfte.

b) Extractum Secalis cornuti 1: 10,0 frisch oder Secacornin 1—3 × $^1/_2$ Spritze 3.—10. Lebensjahr. Bei habituellem Mastdarmvorfall 1—2 Spritzen (s. S. 167).

Sedobrol s. Brom.

Senegae Radix s. Expektorantien.

Senna (Fol. Senn.) s. Abführmittel.

Solarson s. Arsen.

Solutio Vlemingks s. Schwefel.

[1]) Dosierung bei Epilepsie s. diese S. 332.

Strophanthus-Präparate:

I. **Tinctura Strophanthi titrata:**

Präparate: Tinctura Strophanthi titrata.

Anwendung:

1. Geringe Kompensationsstörung des Herzens bzw. labile Kompensation, namentlich zur Erhaltung der durch Digitalis erreichten Kompensation.
2. Kompensationsstörung im 1. Lebenshalbjahr, stets der Digitalis vorzuziehen.
3. Herzschwäche bei akuten Infektionskrankheiten und Lungenentzündungen. Wirkungsbreite gering, durch Koffein zu unterstützen. Energischer Strophanthin als Injektion.

Dosierung: Tct. Strophanthi titrata!

1. Lebensjahr:	3—4 × tägl.	1 Tropfen	Im allgemeinen von der höheren Dosis nach erreichter Wirkung nach 3.—4. Tag auf die niedere schrittweise absteigen.
2.—3. „	3—4 × „	2 „	
4.—6. „	3—4 × „	2—3 „	
7.—10. „	3—4 × „	3—5 „	
11.—14. „	3—4 × „	4—6 „	

Rezeptur: Tct. Strophanthi titratae: 2,0
Aq. foeniculi 8,0.
3—4 × tägl. 5 Tropfen.

Oder für ältere Kinder mit Tct. Valerian. aetherea zu verschreiben, auf Staubzucker zu nehmen.

II. **Strophanthin:**

Präparat: Strophanthin (Boehringer) in Ampullen.
Purostrophan (Güstrow) in Ampullen zu $^1/_4$ und $^1/_2$ mg Strophanthin.

Anwendung:

1. Kompensationsstörungen des Herzens bei starkem Brechen.
2. Verzweifelte septische oder Lungenerkrankungen, um die häufigen Injektionen von Koffein dem Kinde zu sparen.
3. Postdiphtherische Herzschwäche
   Strophanthin (Boehringer).

Dosierung: Subkutan oder intramuskulär: 1 × in 18—20 Stunden, nicht mehr als 3 Tage hintereinander:

1. Lebensjahr	1—$1^1/_2$ Teilstriche
2.—4. „	$1^1/_2$—$2^1/_2$ „
4.—6. „	3—5 „
6.—10. „	4—6 „

Purostrophan: Ampullen zu $^1/_4$ mg.

4.—6. Lebensjahr	5 Teilstriche.
7.—10. „	5—10 „

Stypticin s. Secale.

Sublimat s. Hydrargyrum.

Sulfid, **Sulfidal**, **Sulfur** } s. Schwefel.

Suprarenin s. Nebennierenpräparat.

Talkum s. Puder.

Tanninpräparate:

Tannin. Acidum tannicum.

1. Äußerlich: 20—30 g auf ein Säuglingsbad (1—2 gehäufte Eßlöffel voll.)
2. Als Klistier: 5 g auf 1 Liter.

Als Ätzmittel bei tuberkulösen Geschwüren: Pinseln mit 10% alkoholischer Lösung, darauf Bad mit Kalium permanganat. oder Pinseln mit konzentrierter Lösung.

Tannigen, Tannalbin, Tannargentan, Tannokoll, Tannismuth.

Anwendbar zur Beschleunigung der bereits eingetretenen Rekonvaleszenz, unabhängig vom Alter: erst $^1/_2$stündl. 0,5 bis 4 ×, dann 5 × tägl. 0,5—1 g, 2 Stunden nach dem Essen.

Radix Ratanhiae:

Den vorigen Stopfmitteln vorzuziehen wegen der geringeren Belästigung des Magens:

Decocti Radicis Ratanhiae (10,0) 125,0
Extracti ligni campechiani 1,0
Sirupi Cinnamom. ad 150,0

2stündl. 10—20 ccm.

Teer-Salben: bei juckenden und chronischen trockenen Ekzemen:

1. Olei Cadini	1,5—3,0		Ol. Cadini 1,5
Ichthyol.	1,5—3,0	oder	(Ichthyol. oder Tumenol 1,0)
Vasel. flav. ad	50,0		Zinc. oxyd. 10,0
			Amyl. tritic. 10,0
			Vasel. ad 50,0
			M. f. pasta.

2. Liquor Carbonis detergens milder als Oleum Cadini.
Liquoris Carbon. detergent. 5,0
Glycerolat (Hirschapotheke Frankfurt a. M.)
beziehungsweise Glycerolatersatz ad 50,0
oder als Past. 3—10%.

Theobromium natriobenzoic. (Diuretin):

Anwendung als Diuretikum, meist mit Digitalis.

1. Ödeme bei Kompensationsstörung.
2. Ödeme bei chronischer Nephrose.
3. Asthma.

Dosierung: 2.—6. Lebensjahr 0,1—0,25 } 3 × tägl.
7.—14. „ 0,5 }

Verordnung als Pulver oder auch Klistier.

Thyraden }
Thyreoidin } s. Schilddrüsenpräparate.

Tierblutkohle s. Carbo animalis.

Urethan:

Anwendung:

1. Mildes Schlafmittel (s. Schlafmittel) bei erregten Säuglingen, bei Atemnot (Herz- und Lungenkranken) und Keuchhusten.
2. Bei spastischer Bronchitis und Asthmaanfall s. S. 405/409.
3. Bei Krämpfen bei an schwerer Bronchopneumonie leidenden Kindern.
4. Bei Krämpfen, um die Wirkung von Chloral zu vermehren oder fortzusetzen.

Dosierung: Die Dosen sind sehr viel größer als dem Apotheker geläufig ist, daher (!) hinter die Zahl zu setzen.

pro Dose:	per os	per clysma:
bis 3 Monat	0,3—0,5	0,8—1,0
4—6 „	0,6—1,0	1,5
7—24 „	1,5	2,0
3.—4. Lebensjahr	1,5—2,0	2,5—3 g
5.—10. „	2,0—2,5	3,0
11.—15. „	3,0.	

$^2/_3$ der Dosis ist bei Bedarf nach 1 Stunde wieder zu geben.
Wiederholung der Volldosis nach 3—6 Stunden.
Nach Chloral darf die volle Dosis gegeben werden.

Rezept: Sol. Urethani 5,0
Sir. cerasorum 50,0
D. S.: 15—30 g bei Bedarf.
Sol. Urethani (6,0) 100,0, Gummi arabici 2,0.
D. S.: 50 g zum Klistier.

Wasserstoffsuperoxyd s. Hydrogenium peroxydat.

Weilbacher Brunnen s. Schwefel (Sulfide).

Wermolin s. Chenopodium.

Xeroform s. Puder.

Zucker:

a) Zur Anwendung per os.
1. Rübenzucker.
2. Milchzucker.
3. Nährzucker und Nährmaltose: Gemisch aus Dextrin und Maltose.
4. Malzsuppenextrakt[1]).

Wirken bei Ernährung auf:	Entstehung von breiigem Stuhl	Erzeugung von Durchfall	Auf Gewichtszunahme
1. Milchzucker	stark	stark	gering
2. Rübenzucker	stark	stark	etwas mehr als Milchzucker
3. Nährmaltose bzw. Nährzucker	gar nicht	unbedeutend	stark
4. Malzsuppenextrakt	sehr stark	relativ wenig	stark

Kombination mit Mehlstoffen bei Malzsuppenextrakt obligatorisch. Durch Zusatz oder teilweise Ergänzung von Mehlstoffen, die die Wirkung auf den Darm nicht wesentlich ändert, wird der Einfluß auf die Gewichtszunahme bei allen Zuckerarten gesteigert.

b) Zur Anwendung per rectum:
1. Maltose 7% (teuer.).
2. Nährzucker und Nährmaltose 10%.

c) Zur Anwendung subkutan:
1. Maltose 7%.

Calorose Chemische Fabrik Güstrow (Invertzucker), 1 Röhrchen auf 1 Liter kochendes Wasser (70 g per Liter).

[1]) Statt Malzsuppenextrakt: Malzextrakt mit Zusatz von 10 ccm einer 11% Kalium carbonicum-Lösung auf 100 g. Etwa auf 1 Eßlöffel 1—2 Teelöffel der Lösung.

Verzeichnis von Kinderheil- und Erholungsstätten in Deutschland, Österreich und der Schweiz[1].

Kinderheil- und Erholungsstätten[2].

[1]) Da während des Krieges eine große Anzahl von Heilanstalten etc. geschlossen waren oder Lazaretten dienten, kann das Verzeichnis einen Anspruch auf Vollständigkeit nicht machen.

[2]) Die Preise sind, soweit nichts Besonderes bemerkt ist, Dezember 1917 eingeholt worden. Es ist anzunehmen, daß sie inzwischen weiter gestiegen sind.

Kinderheil- und Erholungs-

Ort	Name der Anstalt	Besitzer oder Träger	Ärztl. Aufsicht	Bettenzahl Kn.	Bettenzahl Mä.	Alter Kn.	Alter Mä.
Amrum	Pension für skrofulöse Kinder	Dr. Ide	Ja	6/20		Jedes Alter	
Büsum	Kindererholungsheim	Joh. Icke	Ja	50		6—16	
Döse bei Cuxhaven	Donnersches Erholungshaus	—	—	30		—	
Juist	Villa Johanne und Haus Hero	E. Thilemann	Ja	40	40	3—14	
Juist	Kinderheim	Geschw. Günther	Ja	30		3—15	
Juist	Pension Riedel	Frau Rosa Riedel	Ja	20—20		6—14	
Juist	Haus „Lo"	Frau Sophie Heizert	Ja	25		10—17	
Lakolk-Kongsmark a. d. Insel Röm	Kindererholungsheim	Badedirektion	Ja	—		6—16	
Langeoog, Hannover	Kinder-Erholungsheim	Berta Hahn	Ja	22		3—14	
Norderney	Kindererholungsheim	Zionloge	Ja	80		5—13	5—14
Norderney	Marienheim für skrofulöse Kinder	Ev. Diakonissenpflegeanstalt	Ja	105		6—12	6—14
Norderney	Seehospiz Kaiserin Friedrich	Verein für Kinderheilstätten an den deutschen Seeküsten.	Ja	275		Kn. u. Mä.	
Norderney	Kinderheim Dr. Schlichthorst	—	Ja	15		Kn u. Mä.	
Norderney	Kinderheim Frau Dr. Rode	—	Ja	35/45		4—14	
Ording auf Eiderstatt	Kinderheim	—	Ja	100		6—14	
St. Peter,	Ärztliches Erholungshaus	Dr. Felten	Ja	50		3—14	3—18
Pewsum bei Emden	Kinder-Erholungs- und Ferienheim	Cornelia Edenhuizen	Ja	20		3—14	
Sahlenburg bei Cuxhaven	Nordheim-Stiftung	Hamburger Seehospize	Ja	120		Bis 14 Jahre	
Schobüll bei Husum	Kinderpflegeheim	Frl. Kieselbach, Adr. Hamburg, Kellinghusenstr. 15	Ja	32		7—14	
Wangeroog	St. Willehad-Stift	Verein	Ja	80		6—14	

stätten an der Nordsee.

Pflegesatz	Krankheitsformen	Behandlungsformen	Kurzeit	Unterricht	Freistellen Ermäßig.	Bemerkungen
100—175 M. monatlich	Skrofulose, Diathesen, Asthma, Nervosität	—	Das ganze Jahr	Ja	—	—
27 M. wöch., im Kriege + 25 %	Allgemeine Schwäche	—	Das ganze Jahr	—	Ermäßig.	—
unentgeltlich	—	—	März bis Nov.	—	—	—
40—50 M. wöchentlich	Skrofulose, Schwäche	—	Das ganze Jahr	Auf Wunsch	—	—
5—6 M. täglich	Erholungsbedürftige, keine Lungenkranken	—	Das ganze Jahr	Ja	—	—
4—6 M. täglich	Erholungsbedürftige Blutarme	—	Mai bis Okt.	Ja	1—2	—
140—180 M. monatlich	Erholungsbedürftige	—	Das ganze Jahr	Auf Wunsch	—	—
12—14 M. tägl. ausschl. Kurmittel	Erholungsbedürftige, Blutarme, Skrofulöse	—	Das ganze Jahr	Auf Wunsch	—	—
35 M. wöchentlich	Allgemeine Schwäche, Skrofulose	—	Das ganze Jahr	—	Nein, aber Ermäßigung.	—
120 M. für 28 Tage	Erholungsbedürftige	—	15. Mai bis 15. Okt.	—	—	—
75—90 M. vor dem Kriege	—	—	Mai bis Okt.	—	—	—
50—100 M. vor dem Kriege	Skrofulose, Blutarmut, Unterernährung	—	—	—	50—100	—
—	—	—	—	—	—	—
6,50—7,50 M. täglich	Erholungsbedürftige	—	Das ganze Jahr	—	—	—
55—65 M.	—	—	—	—	—	—
7,70 M. täglich	Schwächliche Kinder, Atmungsorgane	—	Das ganze Jahr	Ja	2	—
200 M. monatlich	Erholungsbedürftige, Schwächliche	Seebäder	April bis Okt.	Nein	evtl. Ermäßig.	—
3,50 M. täglich	Auch Tuberkulose	—	Das ganze Jahr	—	—	—
60 M. monatlich	—	—	Mai bis Okt.	—	—	—
70—90 M. monatlich	Erholungsbedürftige	—	Mai bis Sept.	—	—	—

Ort	Name der Anstalt	Besitzer oder Träger	Ärztl. Aufsicht	Bettenzahl Kn.	Bettenzahl Mä.	Alter Kn.	Alter Mä.
Wangeroog	Ev. Hospiz	—	Ja	70		7—14	
Westerland-Sylt	Heilstätte Bethesda	—	Ja	75		4—14	
Westerland-Sylt	Schulsanatorium	Pastor a. D. Dr. ph. Hanns Koch	Ja	30		6—18	
Westerland-Sylt	Privat-Kinderheim	Dr. Ohlsen	Ja	20		6—14	
Westerland-Sylt	Kinderheim	Dr. Roß	Ja	30		6—12	6—14
Wittdün-Amrum	Nordseekinderheim	Anna Auler, Lissie Kopfermann	Ja	—		Jeden Alters	
Wittdün-Amrum	Kinderheim „Haus Eckart"	Frau Dr. Wolff	—	10		Von 2 Jahren an	
Wittdün-Amrum	Kinderpension Villa Erik	—	—	—		—	
Wittdün-Amrum	Nordseesanatorium	Dr. Ide	Ja	—		—	
Wyk auf Föhr	Das Haus in der Sonne, Ferienhaus u. Erholungsheim für Kinder	—	—	—		3—15	
Wyk auf Föhr	Haus Tanneck	Frau Oberin Ewerth, Schwester Marg. Billing	Ja	25		3—14	
Wyk auf Föhr	Kindersanatorium	Dr. Edel	Ja	40		—	
Wyk auf Föhr	Seehospiz	Verein für Kinderheilstätten an den deutschen Seeküsten	—	—		4—14	
Wyk auf Föhr, Südstrand	Nordsee-Sanatorium A.-G.	San.-Rat Dr. med. Gmelin	—	150		4—16	

Kinderheil- und Erholungs-

Ort	Name der Anstalt	Besitzer oder Träger	Ärztl. Aufsicht	Bettenzahl Kn.	Bettenzahl Mä.	Alter Kn.	Alter Mä.
Bei Ahlbeck	Kaiser-Wilhelm-Kinderheim	S. M. d. Kaiser	Ja	150		Schulpflichtig	
Binz, Rügen	Kindererholungsheim	A. u. E. Brabänder	Ja	24		3—14	
Brunshaupten	Jugendheim	Anna Auler, Lissie Kopfermann	—	—		Jeden Alters	
Berg-Dievenow bei Kammin	Stettiner Ferienheim	Verein für Ferienkolonien u. Speisung armer Schulkinder	Ja	—		8—14	

Pflegesatz	Krankheitsformen	Behandlungsformen	Kurzeit	Unterricht	Freistellen Ermäßig.	Bemerkungen
40—60 M. monatlich	—	—	Juni bis Aug.	—	—	—
100 M. vor dem Kriege	—	—	Mai bis Okt.	—	—	—
6,50—7,50 M. und 35 % Teuerungszuschlag	—	—	Das ganze Jahr	Ja	Nein	—
180 M. monatlich	—	—	Das ganze Jahr	—	—	—
80 M. monatlich	—	—	Juni bis Okt.	—	—	—
25—35 M. wöchentlich vor d. Kriege	—	—	Das ganze Jahr	—	—	—
120—135 M. monatlich, 330—375 M. vierteljährl. mit je 25 % Teuerungszuschlag	—	Gesundheitsgemäße Erziehung	Das ganze Jahr	Ja	Nein	—
—	—	—	—	—	—	—
von 120 M. ab vor d. Kriege	—	—	—	—	—	—
—	—	—	—	—	—	—
100—240 M. monatlich	Erholungsbedürftige	—	—	—	—	—
70—85 M. wöchentlich	Asthma, Knochen- u. Gelenk-Tuberkulose, Skrofulose	—	Das ganze Jahr	—	—	—
26—30 M. wöchentlich	—	—	15. Mai bis 1. Okt.	—	Eventuell auf Antrag	—
10 M. ohne, 11 M. mit Unterricht	Erholungsbedürftige, nervöse, Asthma	—	Das ganze Jahr	—	—	Nordsee-Pädagog. und Jugendheim

stätten an der Ostsee.

Pflegesatz	Krankheitsformen	Behandlungsformen	Kurzeit	Unterricht	Freistellen Ermäßig.	Bemerkungen
Frei	Nur erholungsbedürftige Kinder	—	4 Woch.	Nein	Nur	Bedingung: Berliner Kinder, nicht Groß-Berlins
7,50 M. täglich	Schwäche, Lähmungen, Skrofulose	—	4—8 Wochen	—	Nein	—
130—180 M. monatlich	Erholungsbedürftige	—	—	Ja	—	—
Nach Belieben	—	—	Mai bis Sept. je 4 Wochen	Nein	Ja	Nur für Stettiner Kinder

Ort	Name der Anstalt	Besitzer oder Träger	Ärztl. Aufsicht	Bettenzahl		Alter	
				Kn.	Mä.	Kn.	Mä.
Seebad Försterei bei Memel	Königin-Luise-Erholungsheim, E. V.	—	Ja	40		6—14	
Henkenhagen bei Kolberg	Mittelstandskinderheim	Heilpflegeverein für kränkliche Kinder des Mittelstandes	Ja	—		5—13	
Heringsdorf	Kindererholungsheim	Diakonissenhaus Bethanien-Berlin	—	34		3—7	3—14
Groß-Horst	Kinderpflegeheim	—	Ja	100		8—14	
Kolberg	Kuranstalt Uhlenhorst	Dr. Lucke	—	—		—	
Kolberg	Kinderheilstätte Siloah	Dr. Behrendt	Ja	205		2—14	
Kolberg	Brandenburgische Kinderheilstätte	Verein des brandenburgisch. Seehospizes	Ja	170		2—14	
Kolberg	Jüd. Kurhospital	Stiftung	Ja	125		7—16	
KolbergerDeep	Lenzheimer Kinderheilstätte	Heilstättenverein Lenzheim, Steglitz, Rathaus	—	78		5—14	
Kölpinsee auf Usedom	Mittelstands-Kinderheim	Heilpflegeverein für kränkliche Kinder des Mittelstandes Berlin E. V.	Ja	80		5—13	
Misdroy	Kinderheim	Schwester Gertrud	Ja	50	55	2—12	2—14
Groß-Müritz i. Mecklenburg	Friedrich-Franz-Hospiz	Verein für Kinderheilstätten an den deutschen Seeküsten	Ja	150		4—14	
Neukuhren	Kaiserin-Auguste-Viktoria-Heim	Milde Stiftung	Ja	55		Von 6 Jahren an	
Niendorf	Kinderheim St. Johann	Orden vom heil. Franziskus	—	—		8—12	4—14
Prerow	Ostseehospiz und Genesungsheim für Kinder	Dr. med. Bens	Ja	—		—	
Prerow	Jugendsanatorium Villa Luise	Dr. med. Beu	Ja	—		5—18	

Pflegesatz	Krankheitsformen	Behandlungsformen	Kurzeit	Unterricht	Freistellen Ermäßig.	Bemerkungen
45 M. für 4 Wochen	Skrofulose, geschl. Tuberkulose	—	1. Mai b. 1. Okt. je 4—8 Wochen	—	Ja	—
120 M. für 4 Wochen	Skrofulose, Asthma, Tuberkuloseveranlagte	Wannen- u. kalte See- und Solbäder	Mai bis Sept.	Nein	Eventuell Ermäßig.	Geschäftsstelle: Werder a. d. Havel, Phöbenerstr. 37. Anmeldungen mit ärztlichem Attest
—	—	—	Juni bis Aug.	—	—	—
1,75—2 M. pro Tag	—	—	Juni bis Aug.	—	—	—
—	Erholungsbedürftige	—	—	—	—	—
1,60—2,70 M. pro Tag	—	—	Mai bis Okt.	—	—	—
60 M. monatlich	Skrofulose	Solbäder	Mai bis Okt.	Nein	Einzelne	—
30—60 M. monatlich	Skrofulose, Knochentuberkulose, Rachitis	—	Mitte Mai bis Okt.	Nein	Ja	—
75 M. unter 10 Jahren, 90 M. über 10 Jahre	Skrofulose, geschl. Tuberkulose, Rachitis	See- und Solbäder	4 Woch.	April bis Sept.	—	Schriftführer: Obersekretär Kaufmann, Berlin-Steglitz, Rathaus
100 M. für 4 Wochen inkl. Reise ab Berlin Januar 1918	Skrofulose, Asthma, Tuberkuloseveranlagte	—	Mai bis Sept. fünfmal 4 Woch.	Nein	Eventuell Ermäßig.	—
3—7 M. p. Tag	Skrofulose, Englische Krankheit Blutarmut	Bäder, gute Ernährung	Das ganze Jahr	Auf Wunsch	Zur Zeit nicht	—
Für Bemittelte 100 M. in allen 3 Kurperiod., für Unbemittelte 75 M. in der 1. und 3. Kurperiode	Erholungsbedürftige Kinder, Blutarmut, Skrofulose, Unterernährung	Warme und kalte Seebäder	Mai bis Okt. 3 Kurperiod.	—	—	Anfragen sind ausschließlich an den Kurator Geh.Med. Rat Prof. Dr. Martius, Rostock in Meckl., Friedrich-Franzstr. 7 zu richten. Ärztlich. Zeugnis auf besonderem Formular ist beizubringen
80 M. für 4 Wochen	Nur Erholungsheim	—	1. Juni bis 1. Okt.	Nein	Einzelne	—
24,50 M. pro Woche	Blutarmut, Skrofeln, Rekonvaleszenz	—	Jahresbetrieb	Ja	—	—
—	—	—	—	—	—	—
28—42 M. wöchentlich	Erholungsbedürftige, Rachitis	Stahlbäder, See-Luftbäder, Diät	Das ganze Jahr	—	—	—

Ort	Name der Anstalt	Besitzer oder Träger	Ärztl. Aufsicht	Bettenzahl Kn.	Bettenzahl Mä.	Alter Kn.	Alter Mä.
Rewahl	Kronprinzessin-Cecilie-Hospiz	Mittelstandskinderheim d. Prov., Aussch. f. inn. Miss.	Ja	100		8—14	
Rosengarten bei Alt-Damm	Stettiner Ferienheim	Ver. f. Ferienkolonien	Ja	52		8—14	
Swinemünde	Kinderpflegeheim Martha-Else-Haus	M. Maeder, E. Baye	Ja	50	50	3—14	3—17
Warnemünde, Wachtlerstr. 14	Pension Jugendheim	M. u. E. Eggers	—	—		—	
Zingst	Kinderheim Morgensonne	M. Strecker	—	8		Jedes Alter	
Zinnowitz	Privatkinderheim Hubertusburg	Dr. Helwig	Ja	40		3—14	3—15
Zoppot	Kinderheim, Jugendsanatorium	Dr. Baasner	Ja	25		4—14	
Zoppot	Kinderheilstätte	Verein für Kinderheilstätten an den deutschen Seeküsten	—	140		4—14	

Kinderheil- und Erholungs-

Ort	Höhenlage	Name der Anstalt	Besitzer oder Träger	Ärztl. Aufsicht	Bettenzahl Kn.	Bettenzahl Mä.	Alter der Kinder Kn.	Alter der Kinder Mä.
Preußen. Brandenburg.								
Berlin	—	Berliner Verein f. Ferienkolonien E. V. Geschäftsstelle: Berlin, Am Karlsbad 10	—	—	—		—	
Eberswalde	33	Vereinshaus d. Vaterländ. Frauenvereins	Vaterländ. Frauenverein	Ja	15	30	1—12	1—14
Eberswalde	33	Erholungsheim und Mädchenhort	—	—	32		5—14	
Stendal	—	Kinderwalderholungsstätte	Verein z. Bekämpfung der Tuberkulose, Stendal	Ja	48		3—14	
Hannover.								
Lüneburg, Soltauerchaussee	—	Kinder-Säuglingsheim	Emma Scharlemann	Ja	—		Bis 12 Jahre	
Rothenfelde, Teutob.-Wald	112	Kindersanatorium	Dr. Galisch	Ja	20	20	2—14	2—17
Rothenfelde	112	Elisabeth-Hospital	—	—	110		4—13	4—15

Pflegesatz	Krankheitsformen	Behandlungsformen	Kurzeit	Unterricht	Freistellen Ermäßig.	Bemerkungen
100 M. pro Monat	Erholungsbedürftige des Mittelstandes	—	Juni bis Sept.	Nein	Nein	—
Nach Belieben	Skrofeln, Bleichsucht, Lungenleiden	—	Mai bis Sept.	Nein	Ja	Nur für Stettiner Kinder
9 M. täglich im Kriege	Erholungsbedürftige, Rekonvaleszenten	Seebäder, Solbäder	Das ganze Jahr	Auf Wunsch	Nein	—
6—8 M. täglich	Gesunde Kinder	—	Das ganze Jahr	Auf Wunsch	Nein	—
40—120 M. monatlich, je nach Alter	Erholungsbedürftige	Seebäder	Das ganze Jahr	—	Ermäßig.	—
6 M. täglich	Erholungsbedürftige, geschlossene Tuberk., nervöse, skrofulöse, blutarme Kinder	Dauerkuren	Das ganze Jahr	Ja	Ermäßig.	—
5—6 M. tägl.	Rekonvaleszenz, Skrofulose, katarrhal. Erkrank.	—	Das ganze Jahr	—	—	—
15 M. wöchentlich	Skrofulose, Blutarmut, Unterernährung	—	Mai bis Sept.	—	—	—

stätten in Solbädern.

Pflegesatz	Krankheitsformen	Behandlungsformen	Kurzeit	Unterricht	Freistellen Ermäßig.	Bemerkungen
In Frage kommen nur unbemittelte Schulkinder, die teils durch die Schule, teils durch Private oder Wohlfahrtsorganisationen dem Verein gemeldet werden. Die Wahl des Kurortes bleibt dem Verein auf Grund eines vertrauensärztlichen Attestes überlassen.						
2 M. täglich	Skrofulose	Solbäder	Das ganze Jahr	Nein	Nur für Ebers-walder	—
10,50 M. wöchentlich	—	—	—	—	Ja	—
1,75 M. p. Tag	Skrofulose, Blutarmut, Englische Krankheit	Solbäder	Juni bis August	—	—	—
ca. 60—120 M. monatlich	Gesunde und erholungsbedürftige Kinder	—	Das ganze Jahr	Am Ort	Ermäßig.	—
10 M. täglich im Kriege	Rachitis, Skrofulose, Anämien	—	Das ganze Jahr	Ja, auf Wunsch	Nein	—
50—110 M. für 4 Wochen	Blutarmut, englische Krankheit, Skrofulose	—	—	—	Ja	—

Ort	Höhenlage	Name der Anstalt	Besitzer oder Träger	Ärztl. Aufsicht	Bettenzahl Kn.	Bettenzahl Mä.	Alter der Kinder Kn.	Alter der Kinder Mä.
Salzdetfurth	121	Kinderheilanstalt	Verein	—	180		3—12	3—14
Hessen-Nassau.								
Nastätten	—	Kinderheim	Verein	Ja	100		4—12	4—14
Nenndorf	—	Schwefelbad Frobel-pension	—	—	—		3—14	
Orb	181	Kinderheilanstalt Bad Orb	Stiftung	Ja	350		3—14	
Soden-Allendorf	—	Privatkinderheim	—	—	—		—	
Soden a. d. Werra	102	Kinderheim	Ida Mittasch	Ja	10		1—15 auch Säugl.	
Soden a. d. Werra	102	Privatkinderheim	Clara Ciwalina Anna Sgnée	Ja	10	20	6—9	6—14
Soden i. Taunus Königsteinerstraße 51	142	Familienkinderheim	Else Groß-mann	Ja	10	10	0—16	
Soden i. Taunus	142	Kinderheilanstalt	Bischöfl. Stuhl Fulda	Ja	200		4—14	
Soden i. Taunus	142	Kinder-Rekonvaleszentenheim	—	Ja	13		6—10	6—14
Schleswig-Holstein.								
Oldesloe, Turmstr. 7	18	Kinderheilanstalt	Ev.-luth. Diak.-Anstalt Altona	Ja	100		5—15	
Oldesloe	18	Kinderpflegeheim	Verein	Ja	50	78	6—14	
Pommern.								
Kolberg, Kölpinsee, Swinemünde		s. Ostseebäder						
Posen.								
Hohensalza	89	Prinz- u. Prinzessin-Wilhelm-Kinderheilstätte	Kinderheilstätten-Ver. Prov. Posen	Ja	30	30	6—14	
Rheinland,								
Aachen	162	Vinzenz-Krüppelheim	St. Josephs-Gesellschaft	Ja	140		2—14	
Kreuznach	89	Kinderheim	Dr. Kull-mann	Ja	20		5—14	

Pflegesatz	Krankheitsformen	Behandlungsformen	Kurzeit	Unterricht	Freistellen Ermäßig.	Bemerkungen
75—125 M. monatlich	Blutarmut, Skrofulose	Solbäder	Das ganze Jahr	Nein	Ja	—
72—90 M. für 4 Wochen	Erholungsbedürftige, Skrofulose	Solbäder	1. Mai b. 31. Dez.	Nein	Ermäßig.	—
60—90 M. monatlich	—	—	—	Ja	—	—
50—75 M. für 4 Wochen	Skrofulose, Tuberkulose, Herz- und allgemeine Schwäche	Sol- u. elektrische Bäder	—	—	20 Freist.	—
120 M. monatlich	—	—	—	—	—	—
30—40 M. wöchentlich	Allgem. Schwäche usw.	Solbäder	—	Auf Wunsch	Nein	—
7 M. täglich	Skrofulose, Rachen- und Nasenkrankheiten	Solbäder, Inhalationen	Mai bis Sept.	Nein	Nein	—
3—7 M. täglich	Alle, außer Infektionskrankheiten	Solbäder, Inhalationen	Das ganze Jahr	Ja	Ermäßig.	—
2,50 M. täglich	Kurbedürftige	Solbäder, Sprudelbäder, Inhalationen	Mai bis Okt.	Nein	Nein	—
14 M. wöchentlich	—	—	—	—	—	—
70 M. für 4 Wochen	Skrofulose, Rheumatismus, Blutarmut	Solbäder, Moorpackg., Liegekuren	Das ganze Jahr	Nein	Nein	—
65 M. für 4 Wochen	Blutarmut, Skrofulose	Solbäder	Das ganze Jahr	Nein	Nein	—
100 M. für 6 Wochen	Leicht Tuberkulose u. Skrofulose	Sole, Mutterlauge	Mai bis Okt.	Nein	Ja	—
162 M. pro Quartal	—	Solbäder, elektrische Bäder	Das ganze Jahr	Ja	Ja	Nur f. katholische Kinder
Von 7 M. an	Skrofulose, Ernährungsstörungen	Bäder, diätetische Behandlung	Das ganze Jahr	Nein	Nein	—

Ort	Höhenlage	Name der Anstalt	Besitzer oder Träger	Ärztl. Aufsicht	Bettenzahl Kn.	Bettenzahl Mä.	Alter der Kinder Kn.	Alter der Kinder Mä.
Kreuznach	89	Kinderheilanstalten Viktoriastift und Cecilienhaus	Verein	Ja	V. 285 C. 300		4—12	4—14
Kreuznach	89	Haus Bartenstein	Dr. Bartenstein	Ja	Beschränkte Zahl		—	
Mülheim a. d. Ruhr	38	Kindersolbad Raffelberg	Verein	Ja	200		4—14	
Provinz Sachsen.								
Artern	126	Cecilienheilstätte für skrofulöse Kinder	—	—	32		4—13	4—14
Aschersleben	113	Kinderheilstätte	Frauenhülfe Aschersleben E. V.	Ja	55		4—12	4—16
Kösen	115	Kaiserin-Auguste-Viktoria-Kinderheilstätte	Verein	Ja	70		3—14	
Kösen	—	Kindererholungsheim „Haus Herta“	Dr. Klemm, Kinderarzt	Ja	—		bis 12	bis 14
Elmen-Groß-Salze	—	Kaiserin-Augusta-Kinderheilanstalt	Vat. Frauen-Ver. Magdeburg	Ja	100		2—12	2—16
Sülldorf b. Osterweddigen	—	Kinderheim	Ver. f. Armen- u. Krankenpflege	Ja	20	25	3—12	3—15
Schlesien.								
Goczalkowitz	—	Kinderheilanstalt Bethesda	—	—	100		3—14	
Goczalkowitz	—	Kurhaus Dr. Lasker	—	—	—		—	
Königsdorf-Jastrzemb	—	Christl. Kinderheilstätte Bethanien	Verein	Ja	220		3—14 (40 Betten f. 3—6jährige)	
Königsdorf-Jastrzemb	—	Israel. Kinderheilstätte	—	—	—		—	
Königsdorf-Jastrzemb	—	Kinderheilstätte Marienheim	Verein	—	—		8—14	
Langenau	458	Kinderheilstätte Siloah	Frfrau. v. Richthofen	Ja	30	30	6—14	
Westfalen.								
Drewer, Post Hüls	—	Aug.-Viktoria-Kinderheim	Kreisverbd. Vat. Frauenv. Recklingh.	—	55		4—14	
Gottesgabe bei Rheine	—	Kinderheim Gottesgabe	Verein	—	00		4—14	

Pflegesatz	Krankheitsformen	Behandlungsformen	Kurzeit	Unterricht	Freistellen Ermäßig.	Bemerkungen
100 M. für 4 Wochen	Schwäche, Skrofulose, Blutarmut, englische Krankheit	Sol-Radiumbehandlung	Das ganze Jahr	Nein	Ermäßig.	—
56 M. wöchentlich	Erholungsbedürftige, Schwächliche	Sole, Inhalation	Das ganze Jahr	Ja	Nein	—
75 M. für 4 Wochen	Erholungsbedürftige, schwache, skrofulöse Kinder	Sole	Febr. bis Nov.	Nein	Nein	—
40—60 M. monatlich	—	—	—	—	—	—
75 M. für 4 Wochen	Skrofulöse und schwächl. Kinder	Sole	April bis Okt.	Nein	Nur für Kinder aus A.	—
75—100 M. für 4 Wochen	Skrofulose usw.	Sol-, Luft- u. Sonnenbäder, Diätetik	Mai bis Sept.	Nein	Ja	—
8 M. täglich	Anämie, Rachitis, Skrofulose, Katarrhe, Erholungsbedürftige	Solbäder, Inhalation	—	?	?	—
75 M. für 4 Wochen	Skrofulose	Solbäder	Das ganze Jahr	—	Ja	Antrag auf Freistellen anfangs des Jahres beim Magistrat oder Gemeindevorsteher des Wohnortes des Antragstellers
75 M. für 4 Wochen	Skrofulose Rheumatismus, Anämie	Solbäder	Mai bis Sept.	Nein	Ja	—
17,50 M. wöchentlich	—	—	—	—	Ja	—
—	—	—	—	—	—	—
80 M. aufw. für 4 Woch.	Skrofulose	Sole	Mai bis Okt.	Nein	Ja	—
—	—	—	—	—	—	—
85 M. für 4 Wochen	Rachitis, Skrofulose	Sole	Mai bis Okt.	—	Ja	—
1,75 M. täglich	Unterernährung, Herzkrankheiten, Schwäche	Stahlbäder, Brunnenkuren	Mai bis Okt.	Nein	Nein	—
65 M. für 28 Tage	Skrofulose, Schwäche, englische Krankheit	Sol-, Luft- und Sonnenbäder	—	—	Nein	—
60—100 M. für 4 Wochen	Skrofulose, Erholungsbedürftige	Solbadekur	Das ganze Jahr	Nein	—	—

Ort	Höhenlage	Name der Anstalt	Besitzer oder Träger	Ärztl. Aufsicht	Bettenzahl Kn.	Bettenzahl Mä.	Alter der Kinder Kn.	Alter der Kinder Mä.
Königsborn bei Unna	—	Kinderkurhaus	Ver. f. Ferienkolonien	Ja	128		6—14	
Oeynhausen	71	Aug.-Vikt.-Kinderheim	Verein	Ja	120		0—14	
Sassendorf	—	Kinderheilanstalt	Verein	Ja	270		4—14	
Werl	90	Kinderheilanstalt	Stiftung	Ja	200		4—14	
Baden.								
Badenweiler	422	Kindergenesungsheim Dorothea	Schwester Gertrud Bellosa u. Franziska Blenkner	Ja	12—14		0—12	0—15
Dürrheim im Schwarzwald	705	Friedrich-Luisen-Hospiz	Bad. Oberrat der Israeliten	Ja	45	45	3—15	3—15
Dürrheim im Schwarzwald	705	Jugend-Erholungsheim	Frau Major Kohlermann	Ja	35		3—15	auch älter
Dürrheim im Schwarzwald	705	Kindersolbad	Bad. Frauenverein	Ja	170		3—14	3—15
Königsfeld in Baden	800	Kindersanatorium Luisenruhe	Schwester Frida Klimsch	Ja	80		0—14	
Rappenau	237	Kindersolbad Siloah	Diakonissenhaus Mannheim	Ja	90—100		3—14	
Bayern.								
Bad Dürkheim i. d. Rheinpfalz	130	Pfälzische Kinderheilstätte	Verein für Pfälzische Kinderheilstätten	Ja	85	85	4—14	3—15
Dürkheim a. Hardt	130	Kindersanatorium	Dr. Brack	Ja	20		3—14	3—15
Kissingen	201	Christl. Kinderheilanstalt	Verein. Diakonissen	Ja	50		5—13	
Kissingen	201	Israel. Kinderheilstätte E. V.	Wohlfahrtseinrichtung	Ja	52		5—14	
Neustadt a. Saale	334	Prinzessin-Ludwig-Kinderheilanstalt	Zweigverein vom Roten Kreuz	Ja	60		3—14	

Pflegesatz	Krankheitsformen	Behandlungsformen	Kurzeit	Unterricht	Freistellen Ermäßig.	Bemerkungen
60—100 M. für 4 Wochen	Englische Krankheit, Schwäche, Blutarmut	Solbadekur	—	—	Ja 45	Nur Barmer Kind.
55—75 M.	Skrofulose	Sol- und Trinkkuren	Das ganze Jahr	Nein	Ja	—
55—90 M. für 4 Wochen	Skrofulose	Sole	Das ganze Jahr	Nein	Ja	—
45—70 M.	Skrofulose	Sole	Das ganze Jahr	Nein	Nein	—
6—12 M. täglich	Blutarmut, Schwäche	Sole, Kräftigungsmittel	Das ganze Jahr	—	—	—
5 M. pro Tag	Skrofulose, Lymphatismus, chirurgische Tuberkulose	Klimatisch-diätetische Solbäder, Heliotherapie	Das ganze Jahr	Ja	Ja	—
7 M., 25 % Zulage	Erholungsbedürftige, Rekonvaleszenz	Solbäder, Sonne, Stärkungsmittel	Das ganze Jahr	Ja	Ja, eine	—
4 M. täglich	Skrofeln, geschloss. Tuberkulose	Solbäder, künstliche Höhensonne	Das ganze Jahr	Ja	Nein	—
Vor d. Kriege täglich 10 M. im Einzelzimmer, 60 M. wöchentlich im Saal	Erholungsbedürftige	Sole, Luftkuren	Das ganze Jahr	Auf Wunsch	—	—
75—100 M. für 4 Wochen	—	—	April bis Nov.	—	—	—
I. Kl. 100 M., II. Kl. 70 M.	Skrofulose, Rachitis, Blutarmut, Schwäche, Knochengelenk- und Hautkrankheiten	Solbäder, Arsentrinkkuren, Inhalation	Das ganze Jahr	Nein	Ja	—
3—4 M. vor dem Kriege	Blutarmut, Asthma, Lymphatismus, Skrofulose, Spasmophilie	Sol- und andere Bäder, Trinkkuren	—	—	—	—
60 M. für 6 Wochen	Allg. Schwäche, Rachitis, Skrofeln	Sole, Kräftigungsmittel	1. Mai bis 30. Sept.	—	Ja	—
Meist unentgeltlich	Rachitis, Skrofeln, Herz- und Magenkrankheiten	Kissinger Kur	1. Mai bis 1. Okt.	Nein	Ja	—
2,50—3,00 M. pro Tag	Schwäche, Skrofeln, englische Krankheit, geschlossene Tuberkulose	Solbäder, Stärkungsmittel	Das ganze Jahr	—	Nein, aber Ermäßig.	—

Ort	Höhenlage	Name der Anstalt	Besitzer oder Träger	Ärztl. Aufsicht	Bettenzahl Kn.	Bettenzahl Mä.	Alter der Kinder Kn.	Alter der Kinder Mä.
Reichenhall	471	Sanatorium	v. Heinleth	—	—		—	
Reichenhall	471	Kinder-Erholungsheim	Frl. Lina Haßler, Reichsratstochter	Ja	20		—	14
Reichenhall	471	Kinderheilanstalt für arme skrof. Kinder	Verein	Ja	38		5—16	
Braunschweig.								
Harzburg	246	Kinderheilanstalt	Verein	Ja	—		4—14	
Harzburg	246	Kinderkurhaus Villa Westend	Frl. Luise Fehr	Ja	—		5—15	
Harzburg	246	Kindersanatorium Bad Harzburg	Prof. Friedenthal	Ja	—		Jedes Alter	
Hessen.								
Bad Münster am Stein	117	Kinderheim Haus Sonnenborn	Schwester Maria Rudat	Ja	26		2—14	
Nauheim	176	Kindersanatorium Emmaheim	San.-R. Dr. Müller	Ja	20		2—18	
Nauheim	176	Kinderheilstätte Elisabethhaus	Verein	Ja	200		3—14	3—15
Lippe-Detmold.								
Salzuflen	—	Kinderheilanstalt	Verein, Leitung Ob. Pauline	Ja	—		0—4	
Salzuflen, Parkstr. 6	—	Vollmann Kindererholungshaus	Marie und Hedwig Vollmann	Ja	20		3—14	
Salzuflen	—	Kinderheilanstalt Bethesda	—	Ja	309		4—14	
Salzuflen, Moltkestr. 36	—	Kinderheim Sonnenschein	Frl. Julie und Hedwig Müller	Ja	20		2—14	
Mecklenburg.								
Sülze	15	Kinderheilanstalt Bethesda	Vorstand Past. Rugenstein, Geheimrat Martinus	Ja	660		3—14	3—16
Königreich Sachsen.								
Auerswalde, Post Ebersdorf	130	Kinderwalderholungsheim der Stadt Chemnitz	Verein zur Bekämpfung der Schwindsucht	Ja	56	75	4—14	

Pflegesatz	Krankheitsformen	Behandlungsformen	Kurzeit	Unterricht	Freistellen Ermäßig.	Bemerkungen
—	—	—	—	—	—	—
6—10 M.	Alle, ausschließlich Tuberkulose	Alle, besonders künstliche Bestrahlung	Das ganze Jahr	Im Kloster St. Zeno u. Matheum	Vorl. nicht	—
10,50 M. pro Woche vor d. Kriege	—	—	Das ganze Jahr	—	Ja	—
60—70 M. für 4 Wochen	Erholungsbedürftige, schwächliche Skrof.	Solbäder	1. April bis 31. Okt.	—	—	—
—	Nervöse, Erholungsbedürftige, Asthma	Solbäder	Das ganze Jahr	—	—	—
—	Erholungsbedürftige, Blutarme, Nierenkranke, Herzkranke	Solbäder	Das ganze Jahr	—	—	Auch Aufnahme mit Pflegerin
8 M. täglich	Allg. Schwäche, Skrofulose	Solbäder, Stärkungsmittel	Das ganze Jahr	—	—	—
5,50—10 M. täglich	Herz, Nerven, Nieren, Skrofeln	Solbäder, Stärkungsmittel	1. April bis 1. Okt.	—	Für Ärztewaisen	—
Somm. 100 M., Winter 110 M. für 4—5 Wochen	—	—	Das ganze Jahr	—	Ja	—
50—85 M. für 4 Wochen	—	Sole	—	—	—	—
56 M. wöchentlich	Erholungsbedürftige	Sol- und Thermalbäder	Das ganze Jahr	Auf Wunsch	—	—
—	—	—	—	—	—	—
7,50—8 M. pro Tag	Schwäche, Blutarmut, englische Krankheit	Sole, Stärkungsmittel	Das ganze Jahr	—	2	—
60 M. für 4 Wochen	Skrofulose	Solbäder	1. Mai bis 1. Okt.	Nein	Ja	—
1,60—2 M. pro Tag	Blutarmut, Lungengefährdete	Solbad, Stärkungsmittel	Das ganze Jahr je 4—6 Wochen	Ja	Nein	—

Ort	Höhenlage	Name der Anstalt	Besitzer oder Träger	Ärztl. Aufsicht	Bettenzahl Kn.	Bettenzahl Mä.	Alter der Kinder Kn.	Alter der Kinder Mä.
Bad Elster	474	Bethlehemstr. 71	Kreisverein z. inneren Mission v. Jehovia, Plauen	Ja	45		3—14	
Hohenstein, Ernstthal	—	Bethlehemstift im Hüttengrunde	Verein	Ja	200		3—14	
Lausigk	172	Bethlehemstift	—	Ja	140		3—14	
Sachsen-Meiningen.								
Salzungen, Thüringen	262	Kinderheilstätte Charlottenhall	Verein	Ja	94		ca. 35	55
Sachsen-Weimar-Eisenach.								
Sulza	134	Kinderheilbad Schwester Helene Oschatz	Patriotisches Institut des Frauenver. von S.-W.-E.	Ja	88		4—12	4—14 und älter
Schwarzburg-Rudolstadt.								
Frankenhausen am Kyffhäuser	—	Kinderheilanstalt Frankenhausen a. K.	Verein	Ja	120		4—13	4—14
Waldeck.								
Pyrmont	135	Helenenkinderheim	—	Ja	100		3—12	3—16
Württemberg.								
Ludwigsburg	—	Kinderheilanstalt	A. H. Werner	Ja	200		4—15	4—18
Ludwigsburg-Jagstfeld	—	Wernersche Kinderheilanstalt Frl. Krug	Verein, Vorstand	Ja	120		2—15	

Kinderheil- und Erholungsstätten

Ort	Name der Anstalt	Besitzer oder Träger	Ärztl. Aufsicht	Bettenzahl Kn.	Bettenzahl Mä.	Alter Kn.	Alter Mä.
Berchtesgaden in Bayern	Offizierskinderheim	Gräfin Lynar	Ja	10		8—16	
Berlin-Lichterfelde-West	Kindererholungsheim, E. V., Albrechtstr. 4	—	—	63		—	

Pflegesatz	Krankheitsformen	Behandlungsformen	Kurzeit	Unterricht	Freistellen Ermäßig.	Bemerkungen
1,25—1,75 M.	Blutarmut, Herz-Nerven-Rheuma.	Bäder und Trinkkuren	1. Mai bis 1. Okt. je 4 Wochen	Nein	Nein	—
40 M. für 28 Tage	Skrofeln, Rachitis, Schwäche	—	—	—	—	—
42—(45 M. große Ferien) pro Monat	—	—	1. Juni bis 1. Okt.	—	Nein	—
—	Skrofulose, Anämie, Rachitis, Herzleiden usw.	Solbäder	April bis Okt.	Nein	Ja	—
70, 90—120 M.	Rachitis, Blutarmut, Skrofulose, Schwäche, Erholungssuchende	Sole, Inhalation, kräftige Ernährung	15. April bis 31. Sept. je 4 Wochen	Auf Wunsch	Ja	—
100 M. für 4 Wochen	—	Solbad	Mai bis Okt.	—	Auf 75 M. auf Grund eines Armutszeugnisses	—
2,50—5 M. täglich	Skrofulose, Herz- und Gefäßkrankheit.	Sol-, Moor- und Stahlbäder	1. Mai bis 7. Okt.	Nein	—	—
3,50—7 M. täglich	Orthopäd.-chirurg. kranke Kinder	—	Das ganze Jahr	Ja	Ja	—
9—19,60 M. wöchentlich	Bildungsfähige Krüppel, orthop. und chirurg. Kranke	—	Das ganze Jahr	Ja	—	—

in anderen klimatischen Kurorten.

Pflegesatz	Krankheitsformen	Behandlungsformen	Kurzeit	Unterricht	Freistellen Ermäßig.	Bemerkungen
130 M. monatlich	Erholungsbedürftige Rekonvaleszenten	Eventuell Solbäder	15. Mai bis 1. Okt.	—	Eventuell Ermäßig.	—
2,25 M. täglich	—	—	Dauernd	—	—	—

Ort	Name der Anstalt	Besitzer oder Träger	Ärztl. Auf-sicht	Bettenzahl		Alter	
				Kn.	Mä.	Kn.	Mä.
Bonn	Kinderheim, Poppelsdorfer Allee 35	Frau Dr. E. Gerhartz	Ja	6	6	0—6	0—6
Bärenfels i. Erzgeb.	Landhaus „Waldfrieden“	Schw. Paula Romanus	Ja	—		3—14	
Borgsdorf bei Berlin	Elisabeth-Kinderheim	—	Ja	22		9 Monate bis 4 Jahre	
Braunlage im Harz	Erholungs- u. Ferienheim für Kinder gebildeter Stände u. Halberwachs.	Frl. Gertrud Wetzel	—	30		Schulpflichtige und von $2^1/_2$ Jahren an	
Dahmsdorf-Müncheberg	Erholungsheim	Frl. A. Ziesemann	—	—		—	
Friedrichsbrunn i. H.	Sanatorium Jugendheim, Kuranstalt für Kinder	Dr. Strohkorb	Ja	30		5—14	
Frohnau i. M.	Kindererholungsheim, Rauenthalerstraße	Frau Eva Rüdiger-Filiporic	—	—		4—17	
Gernrode (Harz)	Hans Lug ins Land	Annemarie v. Kessel, staatl. gepr. Pflegerin und Turnlehrerin	Ja	3	9	5—15	
Gernrode a. H.	Walderholungsstätte-Kinderheim	Fr. Hedwig Major	Ja	—		Bis 10 J.	20 J.
Hellerau bei Dresden	Waldhaus, Tämichtweg 4—8	Dr. Ernst Jolowicz	Ja	3—14		—	
Hellerau bei Dresden	Erziehungsheim f. Kinder gebildeter Stände, Auf d. Sand 4	Ida Jäger, Elis. Werner	Nach Bedarf	12		Bis 10 Jahre	
Hermannsburg i. Lünebg. Heide	Birkenhaus	Frau Superintendent Bartels	Ja	—	20	—	10-16
Hohenlychen i. Meckl.	Freiluftschule	Prof. Pannwitz	Ja	—		—	
Ihmert i. Westf.	Ärztl. Erholungs- und Ferienheim „Haus Haßberg“	Dr. med. R. Bouvier	Ja	6	10	3—12	
Ilsenburg i. H.	Kindererholungsheim	Dr. med. Brenning	Ja	12		—	

Pflegesatz	Krankheitsformen	Behandlungsformen	Kurzeit	Unterricht	Freistellen Ermäßig.	Bemerkungen
60—240 M. monatlich	Ernährungsstörungen	Diätetik	Das ganze Jahr	—	Ja	—
12—20 M. täglich	Erholungsbedürftige	—	Das ganze Jahr	—	—	—
2 M. täglich, oder 2,50—4 M.	Rachitis, Blutarmut, Unterernährung	Peinlichste Sauberkeit u. Isolierung	—	—	Vergünstigungen	—
60—65 M. wöchentlich	Erholungsbedürftige	—	Das ganze Jahr	Kann erteilt werden	Nein	—
25 M. wöchentlich	Erholungsbedürftige	—	Das ganze Jahr	—	—	—
39 M. bis 10 Jahre, 42 M. von 10—14 Jahr. wöchentlich	Konstitutionskrankheiten, Blutarmut, Nervosität, Rachitis usw.	—	Das ganze Jahr	Auf Wunsch	—	—
180 M. monatlich	Erholungsbedürftige, Blutarme	—	Das ganze Jahr	Schulen am Ort	—	—
10 M. täglich	Bleichsüchtige, Blutarme, Rachitische, Skrofulöse, orthopädisch kranke Kinder	Bäder, Lichtbehandlung, orth. Turnen	Das ganze Jahr	Ja	Nein	—
25—35 M. und 30 % Zuschlag wöchentlich	Schulmüde, nervöse Kinder	—	Das ganze Jahr	Ja	—	—
5 M. täglich	Nervöse und Erholungsbedürftige	—	Das ganze Jahr	—	—	—
800—1000 M. jährlich und 20 % Teuerungszuschl.	Erholungsbedürftige	Nach ärztl. Verordnung	Das ganze Jahr	Gelegenheit	Ermäßig.	—
1000 M. ohne Unterricht, sonst 100 M. monatlich	—	—	Ferien	Ja	Nein	—
600 M. vierteljährl.	Erholungsbedürftige, schwer Erziehbare	Hygienisch-diätetisch	Das ganze Jahr	Ja	—	—
160 M. monatlich	Schwächliche, Erholungsbedürftige, Nervöse, Skrofulose	Diätetische Lebensweise, gesundheitsgemäße Erziehung	Das ganze Jahr	Auf Wunsch	—	—
16 M. täglich	Schwächliche und Nervöse aller Art, Asthma, Skrofulose, Rachitis	Sonnen-, Kohlensäure-, Stahlbäder, sowie sonstige mediz. Bäder	Das ganze Jahr	—	—	—

Ort	Name der Anstalt	Besitzer oder Träger	Ärztl. Aufsicht	Bettenzahl		Alter	
				Kn.	Mä.	Kn.	Mä.
Kipsdorf i. Erzgeb.	Haus Clara-Maria, Kinder-Erholungsheim	Schw. Clara Hoffmann	—	15		—	
Landau i. Waldeck	Jugendheim Schloß Landau b. Arolsen	Verein Jugendheim Schloß Landau E. V.	—	—		—	Von 12 J. an
Lichte b. Wallendorf, S.-M.	Kinder-Kurheim Lichte	Dr. med. Jugtmeyer	Ja	6	5	3—12	3—14
Lüneburg i. Holstein	Kinderhospital (Kühnausche Stiftung)	—	Ja	65		1—14	
Meura Schwarzburg-Rudolstadt	Sonnenkinderheim	Dr. med. Alida Janecke Schw. Norah Janecke, Oberin	Ja	12		2—14	
Mittelschreiberhau i. Riesengeb.	Kinderheilstätte Lenzheim	Heilstättenverein Lenzheim	Ja	200		5—13	5—14
Neckarsteinach	Kindererholungsheim	Verein f. Erholungspflege v. Schulkindern	Nach Bedarf	72—80		7—14	
Nicolassee bei Berlin	Säuglingsheim Nicolassee, Borussenstr. 3	Vaterländischer Frauenverein	Ja	40		—	
Oberneuland bei Bremen	Kindergenesungsheim Holdheim	—	Ja	300		Bis 14 Jahre	
Oberstdorf i. bayer. Allgäu	Erholungsheim Jarius	Frl. O. Jarius	Ja	—		4—12	4—14
Dorf Osterode bei Ilfeld a. H.	Kinderheim Hundert Eichen	Berliner Verein für Volkserziehung	Ja	20		3—8	3—9
Partenkirchen	Erholungs- und Ferienheim	Dr. Stern	Ja	20	—	Schüler	—
Volksdorf bei Hamburg	Privat-Kinderpflegeheim	Berta und Anna Eschrich	Ja	—		3—12	3—16
Volksdorf bei Hamburg	Privat-Kinderpflegeheim, Peterstr. 22	H. Alberti	Ja	12		3—16	
Waldhausen b. Lorch i. Wttbg.	Sanatorium Elisabethenberg	A.-G.	Ja	24		Von 6 Jahren an	
Wannsee bei Berlin	Kinderheim Wannsee, Marienstr. 2	Vaterländischer Frauenverein	Ja	18		2—6	
Wesloe bei Lübeck	Walderholungsstätte	Vaterländischer Frauenverein	Ja	10	10	Schulpflichtig	
Wölfelsgrund i. Schles.	Kinderheim	Frl. Charl. von Radecke	—	—		Von 2 Jahren an	
Zehlendorf	Säuglingsheim Fackenheim	Fr. Ida Fackenheim	—	50		Bis 2 Jahre	

Pflegesatz	Krankheitsformen	Behandlungsformen	Kurzeit	Unterricht	Freistellen Ermäßig.	Bemerkungen
30—35 M. monatlich und 30 % Teuerungszuschlag	—	Künstliche Höhensonne	Das ganze Jahr	Auf Wunsch	Nein	—
5,50—6 M. täglich	Erholungsbedürftige	—	Das ganze Jahr	—	—	—
8—9 M. täglich	Blutarmut, Unterernährung, Nervenschwäche	Höhenklima (620 m), Diätetik, Luftbäder, Turnen	Das ganze Jahr	Ja	—	—
60 M. für die Kurzeit	Schwäche und alle Krankheiten außer Infektions-Krankheiten	—	28—30 Tage	—	Nein	—
12—15 M. tägl. einschl. ärztl. Behandlung	Knochen-, Lymphdrüsen- und Bauchfellerkrankg., blutarme u. erholungsbedürftige Kinder. Lungentuberkulose ausgeschl.	Liege- u. Sonnenkuren	Das ganze Jahr	Auf Wunsch	—	—
75—90 M. monatlich	Offene Tuberkulose ausgeschlossen	Stärkungsmittel, Gebirgsluft	1 Monat	Nein	Nein	—
50 M. monatlich	Allgemeine Schwäche, Blutarmut	—	—	—	Nein	—
4 M. täglich	Ernährungsstörung., Rachitis usw.	—	Das ganze Jahr	Nein	Ermäßig. auf 1,50 M.	—
1,50 M. täglich	Nur Rekonvaleszent.	Salzbäder, Freiluftbäder usw.	Das ganze Jahr	In beschränkt. Umfange	Nein	—
10—12 M. tägl.	Erholungsbedürftige	Höhenklima (843 m)	Das ganze Jahr	—	—	—
90 M. für 8 Wochen, 70 M. für 6 Wochen	Erholungsbedürftige	Nichts Spezifisches	Febr. bis Dez.	Nein	Ja, ev. Ermäßig.	—
250—300 M. monatlich	Erholungsbedürftige, schulmüde Knaben	—	Das ganze Jahr	Ja	—	—
1800 M. jährlich	Kränkliche, Schulmüde, keine Schwachsinnigen	—	Das ganze Jahr	Ja	—	—
180 M. monatlich	Schulmüde, Nervöse, Erholungsbedürftige	Liegekuren, Luftbäder	Das ganze Jahr	Ja	Nein	—
4—10 M. täglich	Alle inneren Krankheiten	Klin., physik., diät. (Luftbad)	Das ganze Jahr	Nein	Nein	—
35 M. monatlich, 3 M. täglich	Gesunde Kinder	—	Das ganze Jahr	Nein	—	—
2 M. täglich	Erholungsbedürftige	Bäder und gute, körperliche Pflege	Von Mai bis Sept.	Ja	Gelegentlich	—
120—150 M. monatlich	Tuberkulose ausgeschlossen	—	Das ganze Jahr	Ja	—	—
60—90 M. monatlich	—	—	—	Nein	Nein	—

Ort	Name der Anstalt	Besitzer oder Träger	Ärztl. Aufsicht	Bettenzahl		Alter	
				Kn.	Mä.	Kn.	Mä.
Zehlendorf-Mitte	Säuglingsheim f. gesunde Privatkinder, Parkstr. 10	Voigt-Rusche	—	20	30	Bis 3 Jahre	
Zell, Post Ebenhausen i. Oberb.	Kindersanatorium Zell	Dr. J. H. Spiegelberg	Ja	28		4—13	4—16
			Landerziehungsheime für gesunde				
Agnetendorf i. Riesengeb.	Land-Erziehungs- und Ferienheim	Elise Höniger	—	—		Bis 12 Jahre	
Am Solling bei Holzminden	Landschulheim G. m. b. H.	Direktor Dr. A. Kramer	Ja	—		Von 7 J. an	—
Berka i. Th.	Wald-Pädagogium	Dr. Endemann	Ja	60	—	6—18	—
Berlin-Steglitz	Raßow'sche Erziehungsanstalt, Viktoriastr. 1	Frl. Marie Raßow	Ja	70	40	3—16	
Birkenwerder bei Berlin	Landerziehungsheim	Frl. Winkelmann	—	—		6—14	6—20
Blankenburg i. Th.	Pädagogium Schwarzathal	A. Wedel	Ja	24	—	7—18	—
Breitbrunn am Ammersee, Oberbayern	Landerziehungsheim für Mädchen	Barbara Wolf, Amalie Utz	—	—		—	10-16
Burtenbach in Bayern	Mädchen-Landerziehungsheim Schertlinhaus	Pfarrer Ernst Zeck	—	—		—	Von 10 J. ab
Friedrichsdorf im Taunus	Christliches Landerziehungsheim f. Töchter gebildeter Stände	Martha Freiin von Puttkammer	—	—	10-14	—	Von 6 J. ab
Schloß Gaienhofen a. Untersee in Baden	Deutsches Landerziehungsheim	Frl. Dr. phil. Elisab. Müller	—	—		6—11	6—20
Gugenheim a. d. B. b. Darmst.	Land-Erziehungsinstitut „Heimgarten"	Elisabet Griecke, Käte Bomborn	Ja	15		Bis 10 J.	Jedes Alter
Hochwaldhausen in Oberhessen	Dürerschule, Erziehungsheim für Knaben und Mädchen	Dürerschule	Ja	—		Von 7 Jahren ab	
Ilsenburg i. H.	Landerziehungsheim Pulvermühle	Dr. Herm. Lietz	Ja	—		—	
Haubinda i. Th.	Landerziehungsheim	Dr. Herm. Lietz	Ja	—		—	
Bieberstein a. d. Rhön b. Fulda	Landerziehungsheim	Dr. Herm. Lietz	Ja	—		—	

Pflegesatz	Krankheitsformen	Behandlungsformen	Kurzeit	Unterricht	Freistellen Ermäßig.	Bemerkungen
75—90 M. monatlich	Nur gesunde, elende, schwächliche Säuglinge	Auf Verordnung Luft- und Sonnenbäder	1 Mon.	Nein	Nein	—
45—50 M. wöchentlich und 30 % Teuerungszuschlag	Blutarmut, allgemeine Schwäche, chron. Erkrankungen der Atmungswege, Neuropathie	physikalische u. psychische Kräftigung	Das ganze Jahr	Ja	Nein	—

und schwächliche Kinder.

Pflegesatz	Krankheitsformen	Behandlungsformen	Kurzeit	Unterricht	Freistellen Ermäßig.	Bemerkungen
280 M. monatlich	Erholungsbedürftige	—	Dauernd	Ja	—	—
1700—2000 M. jährlich	Nur gesunde Kinder	—	Dauernd	Ja	—	—
2400 M. jährlich	Schwächliche, Erholungsbedürftige Nervöse, Skrofulöse	Freiluft, Diätetik	Dauernd	Ja	Ja	—
5 M. täglich n. Übereink.	—	Individuelle Behandlung	Dauernd	Ja	Nein	—
100—200 M. monatlich	—	Gesundheitsgemäße Erziehung und Erholung	Dauernd	Ja	Eventuell Ermäßig.	—
1200—1500 M. und 100 M. Kriegszulage jährlich	Gesunde und schwächliche Kinder	Gesundheitsgemäße Erziehung und Erholung	Dauernd	Ja	—	—
—	Gesunde Kinder	—	Dauernd	Ja	—	—
1000—1200 M jährlich 200 M. Schulgeld	—	Gesundheitsgemäße Erziehung und Erholung	Dauernd	Ja	—	—
1400 M. jährlich	Gesunde Kinder	—	Dauernd	Ja	—	—
1200—1800 M. jährlich	Gesunde Kinder	—	Dauernd	Ja	—	—
3—5 M. täglich	—	Naturgemäße Lebensweise	Dauernd	Ja	Ja	—
1200—2000 M. jährlich und 15 % Teuerungszuschlag	Gesunde Kinder	—	Dauernd	Ja	—	—
1400—2000 M. jährlich	—	—	Dauernd	Unterstufe	—	—
1400—2000 M. jährlich	—	—	Dauernd	Mittelstufe	—	—
1400—2000 M. jährlich	—	—	Dauernd	Oberstufe	—	—

Ort	Name der Anstalt	Besitzer oder Träger	Ärztl. Aufsicht	Bettenzahl		Alter	
				Kn.	Mä.	Kn.	Mä.
Lengenfeld unterm Stein	Erziehungsschule Schloß Bischofstein	—	Ja	—		9—16	—
Liebenstein in Sa.-Mein.	Bachrodt's Landerziehungsheim für erholungsbed. Knaben	Bachrodt	—	—		Schulpfl.	—
Neubabelsberg Steinstücknerstr.1	Gesundheit-Erziehungsheim staatl. konzess. Sanator. u. Erziehungsanstalt	A. Wiebecke	Ja	—		4—12	4—18
Oberhambach bei Heppenheim a. d. B.	Odenwaldschule	Dr. phil. Paul Geheeb	—	60	80	9—18	
Schwelm i. W.	Israelitisches Landheim	—	Ja	20	—	Schulpfl.	—
Stolpen bei Allenstein in Ostpreußen	Ostdeutsches Landerziehungsheim	Eva v. Stabbert, Martha Stobbe	—	—		6—16	
Südstrand-Föhr (Nordsee)	Nordsee-Pädagogium und Jugendheim	San.-Rat Dr. Gmelin	Ja	150		4—16	
Trebschen bei Züllichau	Deutsches Landerziehungsheim für Mädchen	Emma Hoffmann	—	—		—	Von 7 J. an

Heilanstalten für

Ort	Name der Anstalt	Besitzer oder Träger	Ärztl. Aufsicht	Bettenzahl Kn.	Bettenzahl Mä.	Alter Kn.	Alter Mä.
Aprath	Kinderheilstätte zu Aprath	Bergische Heilst. f. lungenkr. Kd. E. V.	—	150		6—16	
Belzig	Vereinsheilstätte Belzig	Berl.-Brandenbg. Heilstätten-Verein für Lungenkranke	Ja	20	20	6—16	
Dürrheim im Schwarzwald	Friedrich-Luisen-Hospiz	Bad Oberrat d. Israeliten	Ja	45	45	3—15	
Hohenlychen	Volksheilstätten-Verein Rotes Kreuz	Chefarzt Dr. Pannwitz	Ja	400		2—16	
Hohensalza in Posen	Prinz- und Prinzessin-Wilhelm-Kinderheilstätte	Kinderheilstätten-Verein Provinz Posen	Ja	30	30	6—14	
Holzapfelskreuth bei München	Josefine Abel'sche Kindererholungsstätte	Verein z. Bekämpfung d. Tuberk. München	Ja	100		7—14	
Kolberg	Jüd. Kurhospital	Stiftung	Ja	25		7—16	

Pflegesatz	Krankheitsformen	Behandlungsformen	Kurzeit	Unterricht	Freistellen Ermäßig.	Bemerkungen
1800—2400 M. jährlich	—	Gesundheitsgemäße Erziehung	Dauernd	Ja	—	—
—	Blutarme, schwächliche, nervöse Knaben	—	Dauernd	Ja	—	—
2400 M. jährlich, 240 M. monatlich	Zarte, Nervöse, Erholungsbedürftige	Gesundheitsgemäßes Leben	Dauernd	Ja	—	—
1500—2400 M. jährlich	Gesunde, schwächliche Kinder	—	Dauernd	Ja	—	—
—	—	Heilpädagog. Erziehung	—	Ja	—	—
300—350 M. vierteljährlich	Gesunde, zarte und schwächliche Kinder	Gesundheitsgemäße Erziehung	Dauernd	Ja	—	—
Tertial 1100 M., Ferien p. Tag 9 M.	Gesunde, schwächliche	Heilpädagogische Erziehung	Das ganze Jahr	Vorschule Realschule oder Realgymnas. oder Gymnasium bis Sekunda	—	—
1200—1900 M. jährlich	Gesunde Kinder	—	Dauernd	Ja	Ermäßig.	—

tuberkulöse Kinder.

Pflegesatz	Krankheitsformen	Behandlungsformen	Kurzeit	Unterricht	Freistellen Ermäßig.	Bemerkungen
2,90—3,40 M. täglich	Tuberkulose oder Tuberkulose-Bedrohte	Hygienisch-diätetische Therapie n. Brehmer-Dettweiler	Dauernd	Nein	Ja	—
3 M. täglich einschließlich Behandlung	Lungen- u. Kehlkopf-Tuberkulose	Physikalisch-diätetische Maßnahmen, künstliche Höhensonne	Dauernd	Nein	Ja	—
5 M. täglich	Skrofulose, chirurgische Tuberkulose, Lymphatismus	Klimatisch-diätetische Solbäder, Heliotherapie	Dauernd	Ja	Ja	—
3—4 M. täglich	Tuberkulose	Alle	Dauernd	—	Ja	—
100 M. für 6 Wochen	Leicht Tuberkulose und Skrofulose	Sole, Mutterlauge	Ja Mai bis Okt.	Nein	Ja	—
0,90—1,50 M. täglich	Geschl. Tuberkulose und Skrofulose	Freiluftbehandlung	15. Mai bis 30. Sept.	Ja	Ja	30 Vollpfleglinge, 70 Halbpfleglinge
30—60 M. monatlich	Skrofulose, Rachitis	—	Mitte Mai bis Okt.	Nein	Ja	—

Ort	Name der Anstalt	Besitzer oder Träger	Ärztl. Aufsicht	Bettenzahl Kn.	Bettenzahl Mä.	Alter Kn.	Alter Mä.
Bad Lippspringe in Westfalen	Kinderheim Cecilienstift	Verein Kinderheim Cecilienstift E. V.	—	ca. 150		4—14	4—16
Mittel-Schreiberhau im Riesengeb.	Kinderheilstätte Lenzheim	Heilstättenverein Lenzheim	Ja	210		4—14	
Orb i. Spessart	Kinderheilanstalt	Stiftung	Ja	350		3—14	
Partenkirchen Kainzenbad	Kuranstalt Sonnenheil	Dr. Behrendt	Ja	20	20	2—15	
Rosengarten bei Alt-Demmin	Stettiner Ferienheim	Verein für Ferienkolonien	Ja	52		8—14	
Rückersdorf bei Nürnberg	Kinderwalderholungsheim Frieda-Schramm-Stiftung	Verein z. Bekämpfung der Tuberkulose	Ja	30		6—14	
Sahlenburg bei Cuxhaven	Nordheim-Stiftung	Hamburger Seehospize	Ja	120		Bis 14 Jahre	
Wyk a. Föhr	Kindersanatorium	Dr. Edel	Ja	40		—	

Weitere Auskunft erteilt das Deutsche Zentralkomitee zur

Heilanstalten für erb-

Ort	Name der Anstalt	Besitzer oder Träger	Ärztl. Aufsicht	Bettenzahl Kn.	Bettenzahl Mä.	Alter Kn.	Alter Mä.
Friedrichshagen	Pflegeheim für erblich kranke Kinder	Verein	Ja	40		1—4	

Weitere Auskunft erteilt die Geschäftsstelle der Deutschen Gesellschaft zur

Heilanstalten und Erziehungsheime für Nervöse,

Ort	Name der Anstalt	Besitzer oder Träger	Ärztl. Aufsicht	Bettenzahl Kn.	Bettenzahl Mä.	Alter Kn.	Alter Mä.
Berka i. Th.	Wald-Pädagogium	Dir. Endemann	Ja	60	—	6—18	—
Bln.-Steglitz	Raßow'sche Erziehungsanstalt, Viktoriastr. 1	Frl. Marie Raßow	Ja	70	40	3—16	
Dresden	Schröters heilpädagogisches Institut	Dir. Otto Trillitzsch	Ja	25	15	Von 5 Jahren an	
Eisenach i. Th.	Ärztlich-erziehliches Heim	Fr. Dr. W. Geißler	Ja	6	16-20	3—10	3—21
Freienwalde a. Oder	Heilpädagog. Erziehungs- und Erholungsheim für nervöse, schulmüde und schwachbegabte Kinder, Weinbergstr. 7	Frau Dr. Wenke	Ja	—		Bis 15 J.	

Pflegesatz	Krankheitsformen	Behandlungsformen	Kurzeit	Unterricht	Freistellen Ermäßig.	Bemerkungen
49—56 M. für 2 Wochen	Tuberkulose oder Tuberkulose-Gefährdete	Hygienisch-diätetische Therapie, Brunnenkur.	Dauernd	—	Nur für westfälische Kinder	—
75—90 M. monatlich einschl. Reise	Tuberkulose, Blutarmut	Freiluftkuren	Dauernd	Nein	Nein	Schriftführer: Obersekretär Kaufmann, Steglitz, Rathaus
50—75 M. monatlich	Skrofulose, Tuberkulose, Herz- u. allgemeine Schwäche	Sol- und elektrische Bäder	—	—	20 Freist.	—
10—12,50 M. einschließlich Behandlung u. künstliche Bestrahlung	Chir. Tuberkulose, Rachitis, Skrofulose, Anämie	Licht- und Sonnentherapie	Dauernd	Ja	2—3	Halberwachsene Sonder-Station
Nach Belieben	Skrofulose, Bleichsucht, Lungenleiden	—	Mai bis Sept.	Nein	Ja	Nur für Stettiner Kinder
Unentgeltlich	Allgem. Schwäche, Blutarmut, Tuberkulose	—	Dauernd	—	—	—
3,50 M. täglich	Auch Tuberkulose	—	Dauernd	—	—	—
70—85 M. wöchentlich	Asthma, Knochen- u. Gelenktuberkulose, Skrofulose	—	Dauernd	—	—	—

Bekämpfung der Tuberkulose, Berlin W. 9, Linkstr. 29.

syphilitisch kranke Kinder.

Pflegesatz	Krankheitsformen	Behandlungsformen	Kurzeit	Unterricht	Freistellen Ermäßig.	Bemerkungen
20—60 M.	Hereditäre Syphilis	—	4 Jahre	—	Ja	Aufnahme nur im 1. Lebensjahre

Bekämpfung der Geschlechtskrankheiten, Berlin W. 66, Wilhelmstr. 45.

schwachbegabte, schwer erziehbare Kinder.

Pflegesatz	Krankheitsformen	Behandlungsformen	Kurzeit	Unterricht	Freistellen Ermäßig.	Bemerkungen
2400 M. jährlich	Schwächliche, Erholungsbedürftige, Nervöse, Skrofulöse	Freiluft, Diätetik	Dauernd	Ja	Ja	—
5 M. täglich nach Übereinkunft	—	Individuelle Behandlung	Dauernd	Ja	Nein	—
1400—1500 M. jährlich	Nervosität und geistige Zurückgebliebenheit	Pädagogische und nervenärztliche individuelle Behandlung	Dauernd	Ja	Nein	—
2000 M. jährlich	Nervöse Krankheiten	Individuelle Erziehung	1 Jahr	Ja	Nein	—
1200 M. jährlich einschließlich Unterricht	Nervöse, schulmüde u. schwachbegabte Kinder	—	Dauernd	Ja	—	—

Ort	Name der Anstalt	Besitzer oder Träger	Ärztl. Aufsicht	Bettenzahl Kn.	Bettenzahl Mä.	Alter Kn.	Alter Mä.
Geiselgasteig bei München	Erziehungs- u. Erholungsheim für Kinder und Jugendliche	Dr. phil. Engelsperger	Nach Bedarf	28		Von 4 Jahren an	
Glauchau i. S.	Pädagogium	Kurt Richter	Ja	—		Schul-pfl.	—
Godesberg am Rhein, Rheinallee 18	Ärztlich-pädagogisches Institut in Verbindg. mit dem Schulsanatorium d. Evang. Pädag.	Dir. Prof. Dr. O. Kühne u. Dr. med. Ch. F. Sexauer	Ja	300	—	6—18	—
Heidelberg	Jugendheim Heidelberg	Dr. phil. L. Cron	Ja	16	6	4—15	
Herrlingen bei Ulm a. d. Don.	Kinderheim Herrlingen	Fr. Dr. Weimersheimer	Ja	6	8	2—8	
Hofheim im Taunus	Erziehungsheim für minderbegabte u. nervöse Kinder	Elisabeth Georgi	Ja	32		6—14	5—20
Lauterberg i. H.	Alumnat Haus Bartelsruh	Dir. Dr. Paul Bartels	—	40-50	—	6—18	—
Liebenstein, Sa.-Mein.	Bachrodt's Landerziehungsheim für erholungsbedürft. Knab.	Bachrodt	—	—		Schul-pfl.	—
Michendorf bei Berlin	Ärztliches Kinderpensionat für schwächl. Kinder	Dr. Levy	Ja	—		Jedes Alter	
Naunhof bei Leipzig	Sächsisches heilpädagogisches Kinderheim	C. Ohms	Ja	—		—	
Neubabelsberg, Steinstücknerstr. 1	Gesundheit-Erziehungsheim, staatl. konzess. Sanat. u. Erziehungsanstalt	A. Wiebecke	Ja	—		4—12	4—18
Nordhausen	Jugendsanatorium, Heil- u. Erziehungsanstalt für Entwickelungsgestörte	Dr. K. Isemann	Ja	50		Nach Vollend. des 2. Lebensjahres	
Roda bei Jena	Deutsches Walderziehungsheim	H. Landmann	Ja	—		Schul-pfl.	—
Schondorf am Ammersee	Süddeutsches Landerziehungsheim	Jul. Lohmann	—	—		9—18	—
Sophienhöhe bei Jena	Trüpers Erziehungsheim und Jugendsanatorium	Dr. Johannes Trüper	—	—		Jedes Alter	
Tharandt bei Dresden	Walderziehungsheim	Dir. Reinhardt	—	—		Von 6 J. an	—
Zehlendorf bei Berlin	Privat-Heilerziehungsheim, Alsenstr. 62	Fr. Dr. med. Geheeb-Lieberknechl	—	—		3—17	

Pflegesatz	Krankheitsformen	Behandlungsformen	Kurzeit	Unterricht	Freistellen Ermäßig.	Bemerkungen
Von 140 M. an monatlich	Minderbegabte, Nervöse, Leichtabnorme jeder Art	Heilerziehung, sorgsame Pflege	Soweit Platz, dauernd	Nach Bedarf	—	—
1200—1400 M. jährlich, außer Schulgeld	Nervöse, willensschwache, erholungsbedürftige Kinder	Heilpädagog. Erziehung	Dauernd	Ja	—	—
2400 M. jährlich, ohne Schulgeld u. Zuschlag	Körperl. Schwache, Rekonvaleszenten, Leichtkranke	Psychotherapie	—	Ja	—	—
200 M. monatlich	Mängel der geistigen Entwicklung, Nervöse, einseitig Veranlagte	Spezialübungen Unterricht u. organische Werkübung	Das ganze Jahr	Ja	Freiwillig	—
200 M.* monatlich	Leicht psychopathische Kinder	Heilpädagogisch	Dauernd	Ja	Ja	—
2000 M. jährlich	Leicht Nervöse, Schwächliche, alle Arten von Schwachsinn	Erziehliche Beeinfluss., Unterricht u. Regelmäßigkeit	Dauernd	Ja	Nein	—
1400—2000 M. jährlich	Körperlich Zurückgebliebene, Rekonvaleszenten	Gesundheitsgemäßes Leben	—	Ja	—	—
—	Blutarme, schwächliche, nervöse Knaben	—	Dauernd	Ja	—	—
8—10 M. täglich, 500—600 M. vierteljährlich	Rekonvaleszenz, Blutarmut, Nervenschwäche	Gesundheitsgemäße Erziehung	Dauernd	Ja	—	—
210—300 M. vierteljährlich	Psychopathische, Nervöse, Zurückgebliebene	—	—	Ja	—	—
2400 M. jährl., 240 M. monatlich	Zarte, Nervöse, Erholungsbedürftige	Gesundheitsgemäßes Leben	Dauernd	Ja	—	—
10 M. täglich 2500 M. jährl. Mindestsatz	Mangelhafte Anlage, Störung d. inn. Sekretion. Wasserkopfbild., Infantile, Zurückgebliebene, Psychopathen	Bäder u. Duschen, Luft- u. Sonnenkuren, Med ko-mechan. Behandl.	Dauernd	Ja	—	—
450—500 M. und 105 M. vierteljährl.	Schwächliche, leicht Psychopathische, Nervöse	—	Dauernd	Ja	—	—
1300—2000 M.	Organisch Gesunde, Psychopathische, Nervöse	—	Dauernd	Ja	—	—
Von 500 M. an vierteljährl.	Erholungsbedürftige, Blutarme, Nerven- und Herzschwache, Psychopathische	Diätkuren, Licht- und Sonnenbäder	Dauernd	Ja	Ja	—
1500 M. jährlich	Zurückgebliebene, Minderbegabte	—	—	Ja	Ja	—
—	Schwachbegabte, Zurückgebliebene, Psychopathische	—	Dauernd	Ja	—	—

Heilanstalten und Erziehungsheime

Ort	Name der Anstalt	Besitzer oder Träger	Ärztl. Aufsicht	Bettenzahl Kn.	Bettenzahl Mä.	Alter Kn.	Alter Mä.
Aßmannshausen a. Rhein	St. Vincenzstift, Bildungs- u. Pflegeanstalt für Geistesschwache zu Aulhausen	Diözese	—	—		Katholische bis 16 Jahre	
Delmenhorst bei Bremen	Albertushof, Landwirtschaftliche Lehr- u. Heimstätte	A. Wintermann	Ja	—		Jugendl.	—
Dresden	Dr. Stadelmann's Klinik für Nervenkranke. Heilpädagogium für Kinder	Dr. Stadelmann	Ja	8	8	Jedes Alter	
Eisenach i. Th.	Israelitisches Erziehungsheim (Heilpädagogium) Liliengrund 2	Landesrabbiner Dr. Wiesen	Ja	15	5	8—17	8—15
Gemünden a. M.	Anstalt St. Josephs Haus	Orden	Ja	—		Von 5 Jahren an	
Görlitz	Ärztliches Pädagogium	Dr. Kahlbaum	Ja	15	—	6—20	—
Hamburg-Alsterdorf	Pensionat der Alsterdorfer Anstalten	Dir. Pastor Stritter	Ja	—		Jedes Alter	
Huchting bei Bremen	„Gut Perle“ Gärtnereischule für schwer erziehbare Jugendliche	A. Wintermann	Ja	—		Jugendl.	—
Möhringen a. F. bei Stuttgart	Schulheim für zurückgebliebene Kinder	K. Kölle	—	4	4	6—16	
Scheuern bei Nassau a. L.	Erziehungsanstalt für Schwachsinnige, Pflegeanstalt für Idioten	—	Ja	—		Jedes Alter	
Sohland a. Rothstein i. Sa.	Martinstift-Erziehung v. Bildungsfäh. beiderlei Geschlechts	—	—	80—90		Von 6 Jahren an	
Stetten i. Rennstall, Wttbg.	Heil- und Pflegeanstalt f. Schwachsinnige und Epileptische	Verein	Ja	—		—	
Thal i. Th.	Erziehungsheim für Minderbegabte u. Nervöse	Martha Kläbe	—	6	6	7—20	
Wernigerode im Harz	Erziehungshaus zum guten Hirten f. Mädchen	Stiftung	Ja	—		3—14	
Zirndorf bei Fürth	Kindersanatorium und Landerziehungsheim Sonnenblick	Hermann Weiskopf	Ja	18	18	Jedes Alter	

Weitere Auskunft erteilt der Deutsche Verein zur Fürsorge für jugendliche Psychopathen.

für psychopathische Kinder.

Pflegesatz	Krankheitsformen	Behandlungsformen	Kurzeit	Unterricht	Freistellen Ermäßig.	Bemerkungen
—	Nur Geisteszurückgebliebene	—	—	—	—	—
1200 M. jährlich	Minderbegabte, Psychopathen	—	Dauernd	Ja	—	—
250 M. monatlich	Alle Formen der Neuropathie	ärztlich-pädagogisch, diätetisch-physikalisch	Dauernd	Ja	Nein	—
Von 1800 M. und 25% Zuschlag jährlich an	Neurasthenie, Psychopathie, Debilität u. leichtere Imbezillität	Diätetik, Bäder, schwedische Gymnastik	Dauernd	Ja	$^2/_3$ Freist.	—
440 M. jährlich	Schwachbefähigte, Schwachsinnige	—	Dauernd	Ja	Ja	—
300—400 M. monatlich	Jugendliche, Nervöse und Psychopathische	Ärztliche u. pädagogische	Dauernd	Ja	Nein	—
1500—2500 M. jährlich	Schwachsinnige und Epileptiker	—	Dauernd	Auf Wunsch	—	—
1500 M. jährlich	Schwer Erziehbare, Schwachsinnige	—	Dauernd	Ja	—	—
1200—1500 M. jährlich	Geistig zurückgebliebene Kinder	Erziehung und Unterricht	Dauernd	Ja	Nein	—
800—1200 M. jährlich	—	—	Dauernd	Ja	Eventuell	—
450 M. vierteljährlich	Blöde	—	Dauernd	Ja	Ja	—
Nach den pekuniären Verhältnissen	—	—	Dauernd	—	Ja	—
1200 M. jährlich	Nerven- und Gehirnkrankheiten	Liegekuren, Solbäder	Dauernd	Ja	Nein	—
400—460 M. jährlich	Schwachsinnige, Epileptische, Geisteskranke	—	Dauernd	Ja	Ja	—
7 M. täglich, 540 M. vierteljährlich	Kinderlähmungen, Hörstummheit, Sprachstörungen, Schwachsinn	Sonnen-, Hydro-Elektrotherapie	Dauernd	Ja	$^2/_3$ Freipl.	—

Geschäftsstelle: Deutsche Zentrale für Jugendfürsorge, Berlin N., Monbijouplatz 3.

Heilanstalten für

Ort	Name der Anstalt	Besitzer oder Träger	Ärztl. Aufsicht	Bettenzahl		Alter	
				Kn.	Mä.	Kn.	Mä.
Eisenach	Prof. Rud. Denhardt's Sprachheilanstalt	H. J. Knittel	Ja	—		—	

Heilanstalten

Auskunft erteilt die Deutsche Vereinigung für

Aachen	Vinzenz-Krüppelheim	St. Josephs Gesellschaft	Ja	140	2—14

Anstalten im früheren Staats-

zusammengestellt von **Prof.**

A. Erholungsheime, Sanatorien für schwäch-

Ausgeschlossen: Tuberkulose, Schwachsinn,

I. Nieder-

Ort, Name der Anstalt	Bahnverbindung	Besitzer	Ärztl. Leiter	Krankheitsformen	Behandlungsformen
Wien XIII, St. Veitstraße, Kinder- u. Säuglingsheim	Wiener Stadtbahn und elektrische Straßenbahn	Frau Dr. Hedda Gottlieb	Primararzt Dr. Romeo Monti	Alle Krankheiten außer Infektionskrankheiten	Diätetische Mast- und Liegekuren, Säuglingspflege
Breitenstein am Semmering	Südbahn, Hauptstrecke Wien-Graz	Frau Dr. Henriette Weiss	Dr. Siegfried Tauber	Anämie, Rekonvaleszenz u. neuropath. Anorexie	Mast-, Liege-, Wasser- und Luftkuren
Semmering (Wolfsberg Kogel), Pension Sanitas	Südbahn, Hauptstrecke, Eilzugstation	Frau Josefine Burstein	Ärzte des benachbarten Kurhauses	Anämie, Rekonvaleszenz u. neuropath. Anorexie	Mast-, Liege-, Sonnen- und Luftkuren
Vöslau, Kinderheim Vöslau, Florastr. 17	Südbahn, Hauptstrecke Wien-Graz, auch Lokalbahn Wien-Baden-Vöslau	Frau Grete Links-Kaminer	Dr. Hans Maria Fischer	Anämie, Rekonvaleszenz u. neuropath. Anorexie	Diät-, Liege- und Freiluftkuren, „Eßkuren“
Vöslau, Dr. Brößlers Erholungsheim, Hochstr. 24	Südbahn, Hauptstrecke Wien-Graz, auch Lokalbahn Wien-Baden-Vöslau	Dr. Siegmund Brößler	Dr. Siegmund Brößler	Anämie und Erholungsbedürftigkeit	Freiluft-, Mast- und Liegekuren
Weiten bei Melk a. d. Donau, Jugendferienheim	Wien-Krems-Weitenegg od. Wien-Melk und Dampfschiff Donau	Lehrer Josef Seleskowitsch und Frau	Gemeindearzt	Vorwiegend gesunde Kind. (Ferienerholung) und auch leichte Neuropathien	—

[1]) Nach dem Stande von Ende 1918. Seit dieser Zeit haben sich alle Verhältnisse so grundlegend Sprachgebietes nicht mehr in Frage kommen. In Rücksicht auf die deutschen Ärzte und Anstalten der

sprachleidende Kinder.

Pflegesatz	Krankheitsformen	Behandlungsformen	Kurzeit	Unterricht	Freistellen Ermäßig.	Bemerkungen
Kursus 300—400 M., Pensionsk. 6—10 M. täglich	—	—	—	—	Eventuell Ermäßig.	—

für Krüppel.

Krüppelfürsorge Berlin W 62, Bayreutherstr. 13.

162 M. vierteljährlich	Gelähmte Krüppel	Solbäder, elektrische Bäder	Dauernd	Ja	Ja	Nur f. katholische Kinder

gebiet Österreich-Ungarn[1])

Dr. Julius Zappert (Wien).

liche, blutarme, rekonvaleszente Kinder.

Epilepsie, Infektionskrankheiten.

österreich.

Bettenzahl	Aufnahmsalter	Nur für Kinder	Preis	Freiplätze Ermäßig.	Unterricht	Kurzeit	Bemerkungen
25	0—15	Ja	Von 500 Kr. aufwärts	Fallweise	Nicht regelmäßig	Ganzjährig	—
70	Von 10 Jahr an ohne Begleitung	Ja	Von 900 Kr. aufwärts	2 Freiplätze für Offizierskinder	Bei Volksschülern durch Lehrer des Ortes	Ganzjährig	—
12 Kn. 12 Mä.	Von 5 Jahr an	Ja	900 Kr.	Ärzte-Kinder 10 % Ermäßigung	Auf Wunsch	Ganzjährig	—
30 Kn. 30 Mä.	Von 2—18 Jahren	Ja	Derzeit ca. 700 Kr.	Fallweise	Auf Wunsch	Ganzjährig	—
5 Kn. 5 Mä.	5—18 Jahren	Nein	Nach Übereinkunft	—	Auf Wunsch	Ganzjährig	—
12	Volks- und Mittelschulalter	Ja	vor dem Kriege 200 Kr. pro Monat	—	Ja	Ferienmonat	

geändert, daß viele Anstalten, so weit sie überhaupt noch bestehen, für den größten Teil des deutschen fremdsprachlichen Staaten zugeteilten Länder glaubten wir das Verzeichnis doch bringen zu müssen

II. Ober-

Ort, Name der Anstalt	Bahnverbindung	Besitzer	Ärztl. Leiter	Krankheitsformen	Behandlungsformen
Gmunden, Sanatorium	Hauptstrecke Wien-Attnang Steinach-Irdning	Hermann Ulrich	Dr. Emil Kugler	Allgemeine Erholung	Diätkuren, Hydrotherapie u. Solbäder
St. Wolfgang, Ferienhort a. Attersee	Lokalbahn Salzburg-Behl	Ferienhort für bedürftige Gymnasial- und Realschüler, Wien I, Postgasse 7	Gemeindearzt St. Wolfgang	Ferienerholung, keine kranken Kinder	Baden, Schwimmen, Rudern, Sport, Ausflüge
Unterburgau am Attersee, bei Krs. Unterach	Staatsbahn Vocklabruck-Kammer; per Schiff nach Unterach	Direktor Rich. Winkler, Wien IV, Rachenbergg. 29	Gemeindearzt Dr. Angelis, Unterarzt	Ferienaufenthalt	Körperliche Übungen, Wassersport
Lärchenau, Erholungsheim für Kinder (Ort Zaubertal)	Nächste Umgebung von Linz, Oberösterreich	Dr. Louis von der Hoya	Dr. Louis von der Hoya	—	Hydrother. Luftkuren, Sonnenbehandlung, Diätkuren

III. Andere

Ort, Name der Anstalt	Bahnverbindung	Besitzer	Ärztl. Leiter	Krankheitsformen	Behandlungsformen
Millstatt am See, Kärnten, Kuranstalt	Südbahn Marburg-Franzensfeste oder Tauernbahn	Medizinalrat Dr. Heinrich Barasch	Medizinalrat Dr. Heinrich Barasch	—	Hydrother., Luftkuren, Sonnenbehandlung, Diätkuren, Seebäder
Velden am Wörthersee, Kärnten, Kuranstalt Dr. Engstler	Südbahn Marburg-Franzensfeste	Dr. Gottfried Engstler	Dr. Gottfried Engstler	—	Hydrother., Luftkuren, Sonnenbehandlung, Diätkuren, Seebäder, Elektrother.
Nikolsdorf in Tirol, Schloß Lengberg	Südbahn Marburg-Franzensfeste	Frau Justine Klement	Dr. R. Mosauer, Lienz, Tirol	—	Namentlich Luftkurort
Meran, Tirol Jugendpension Lamberg	Südbahn Innsbruck-Bozen	Frau Anna Lamberg	—	—	Liegekuren, Sonnenbäder

IV. Sudeten-

Ort, Name der Anstalt	Bahnverbindung	Besitzer	Ärztl. Leiter	Krankheitsformen	Behandlungsformen
Bad Schlag bei Gablonz, Modernes Töchterheim	Reichenberg-Gablonz	Dr. med. Georg Glettler	Dr. med. Georg Glettler	Namentlich Erholungs- und Erziehungsinstitut	Hydrother., Abhärtungskuren, Diätkuren
Bad Groß-Ullersdorf, Nord-Mähren, Heilanstalt Teßthal	Staatsbahn, Lokalbahn Petersdorf a. d. Teß-Winkelsdorf bei Mährisch-Schönberg	Gesellsch. m. b. H.	Dr. Franz Riedl	Nimmt auch Fälle von Schwachsinn, Epilepsie, Kretinismus auf	Bäder-, Physikal. Therapie, Schwefelbäder

österreich.

Bettenzahl	Aufnahmsalter	Nur für Kinder	Preis	Freiplätze Ermäßig.	Unterricht	Kurzeit	Bemerkungen
70	Jugendliche von 10 Jahren, auch ohne Begleitung	Nein	600—1000 Kr. pro Monat	—	Nein	Ganzjährig	—
500 Kn.	Mittelschüler	Ja	1914, eigene Kost ca. 2 Kr. pro Tag	Ja, vorwiegend	Nein	Ferien	—
60 Kn. 20 Mä.	6—18 Jahren	Ja	300 Kr. pro Monat	—	Nachhilfe, Unterricht	Ferien	—
18	6—12 Jahren	Nein	250 Kr. pro Monat	—	Ja	Vorwiegend Sommer	—

Alpenländer.

Bettenzahl	Aufnahmsalter	Nur für Kinder	Preis	Freiplätze Ermäßig.	Unterricht	Kurzeit	Bemerkungen
20	Von 8 Jahren angefangen	Nein	Von 15 Kr. pro Tag aufwärts	Nein	Fallweise durch Lehrer im Orte	Sommer	
20	Jedes Alter	Vorwiegend	300—900 Kr. pro Monat	Nein	Fallweise durch Lehrer des Ortes	März bis November	
—	Knaben bis 14 Jahren, Mädchen bis 18 Jahren	Ja	Wöchentlich 35 Kr. vor dem Kriege	Nein	Ja	Sommer	Vorwiegend Ferienheim für nicht kranke Kinder. In Kriegszeiten geschlossen
10	Von 4 Jahren aufwärts	Ja	Derzeit 17 Kr. pro Tag (Friedenspreis)	Nein	Schulunterricht im Orte, Privatunterricht	1. Sept. bis 31. Mai	—

länder.

Bettenzahl	Aufnahmsalter	Nur für Kinder	Preis	Freiplätze Ermäßig.	Unterricht	Kurzeit	Bemerkungen
50 Mä.	12—20 Jahren	Ja	180 Kr. pro Woche	Nein	Ja	März bis Dezember	—
50	Vom 2. Jahre an	Nein (eigene Kinderabteilg.)	160—200 Kr. pro Woche	Außerhalb der Saison	Nein	Ganzjährig	—

B. Anstalten für skrofulöse, rachitische,

(mit Ausschluß der

1. Höhenstationen,

Ort, Name der Anstalt	Bahnverbindung	Besitzer	Ärztl. Leiter	Krankheitsformen	Behandlungsformen
Niederösterreich.					
Grimmenstern, Sanatorium	Bahn Wien-Aspang	Dr. Otto Frankfurter und TheodorPachrinch	Dr. Otto Frankfurter	Chirurgische Tuberkulose (Knochen-, Drüsen-, Gelenk-)	Heliotherapie sonstige Lichtbehandlung und Freiluft-Liegekuren, Tuberkulin, Chir. Eingriffe
Oberösterreich.					
Sulzbach bei Bad Ischl, Kaiser-Franz-Josef-Kinderhospiz der Stadt Wien	Hauptbahn Attnang-Steinach-Irdning	Stadt Wien, Magistrats-Abt. XII	Primararzt K. Rat Dr. Ed. Prochaska, Ischl	—	Solbäder, Liegekuren, Sonnen- und Freiluftbäder
Steiermark.					
Aflenz, Sonnen-Kinderheim	Zweigbahn, ab Kapfenberg, der Südbahn Wien-Graz	Verein zur Bekämpfung der Tuberkulose in Steiermark	Prof. Dr. Wittek, Graz	Chirurgische Tuberkulose (Knochen-, Drüsen-, Gelenk-)	Heliotherapie, sonstige Lichtbehandlung u. Freiluft-Liegekuren, Tuberkulin, Chir. Eingriffe
Liezen, Sofienkinderheim Schloß Grafenegg	Strecke Selzthal-Steinach-Irdning	—	Distriktsarzt Dr. Franz Gosch	Tuberkulosegefährdung ohne ausgesprochene Erkrankung	—
Vorarlberg.					
Riezlern-Schwende bei Bregenz	Staatsbahn	Dr. Backer	Dr. Backer	Tuberkulosegefährdung ohne ausgesprochene Erkrankung	Heliotherapie, sonstige Lichtbehandlung u. Freiluft-Liegekuren, Tuberkulin, Chir. Eingriffe
Böhmen.					
Deutsch-Gabel bei Zwickau, Kgl. böhm. Skrofulosenheim	—	Böhmischer Landes-Ausschuß	Kais. Rat Dr. Hottner	—	—
Luzei bei Hohenwart, Kgl. böhm. Landesanstalt für Skrofulose	—	Böhm. Landes-Ausschuß	Dr. Hanze	—	—

2. Jod-

Ort, Name der Anstalt	Bahnverbindung	Besitzer	Ärztl. Leiter	Krankheitsformen	Behandlungsformen
Oberösterreich.					
Bad Hall, Kaiserin-Elisabeth-Kinderspital d. Stadt Wien	Lokalbahn von Linz	Stadt Wien, Magistrats-Abteilung XII	Mediz.-Rat Primararzt Dr. Walter Spitzmüller	Skrofulose, Lues, Tuberkulosegefährdung (keine offene Tuberkulose)	Jodbäder, Sonnenbäder, Quarzlicht, eventuell Operation, Trinkkuren

tuberkulosegefährdete, anämische Kinder

offenen Tuberkulose).

Luftkurorte.

Bettenzahl	Aufnahmsalter	Nur für Kinder	Preis	Freiplätze Ermäßig.	Unterricht	Kurzeit	Bemerkungen
25	3—15 Jahren	Eigener Kinderpavillon	Derzeit 20 Kr. pro Tag	2 Freiplätze für Offizierskinder	Ja	Ganzjährig	In Errichtung ein provisorischer Pavillon des Sonnenheilstättenvereins für N.-Öst. 12 Plätze
50 Kn. 50 Mä.	3—15 Jahren	Ja	Öffentliche Kinderheilanstalt der Stadt Wien	Ausschließlich	Ja	Ganzjährig	—
11 Kn. 10 Mä.	3—14 Jahren	Ja	150 Kr. pro Monat	Nein	Ja	Ganzjährig	Provisorium, das durch eine im Bau begriffene Anstalt auf der Stolzenalpe bei Muran (1400 m Höhe) mit 208 Betten ersetzt werden soll
45	6—12 Jahren	Ja	2,80 Kr. pro Tag	Ja	Ja	Ganzjährig	—
10—12	—	Nein	7—16 M. pro Tag	Ja	—	Ganzjährig	—
40	—	Ja	—	—	—	—	Nähere Daten nicht bekannt
—	—	Ja	Eigene Kosten 2,40 Kr. pro Tag	—	—	—	Nähere Daten nicht bekannt

bäder.

80 Kn. 80 Mä.	4—15 Jahren	Ja	I. Kl. 6,50 Kr. pro Tag, II. Kl. 4 Kr. pro Tag Kurtaxe (Sommer)	Ja	Teilweise	Ganzjährig	—

Ort, Name der Anstalt	Bahnverbindung	Besitzer	Ärztl. Leiter	Krankheitsformen	Behandlungsformen
Bad Hall, Sanatorium Bad Hall	Lokalbahn von Linz	Dr. Gustav Ritter Gerstel von Ucken	Dr. Gustav Ritter Gerstel von Ucken	Skrofulose, Lues, Tuberkulosegefährdung (keine offene Tuberkulose)	Jodbäder, Trinkkuren, Massage, Sonnenbäder
Bad Hall, Evangelisches Kinderheim	Lokalbahn von Linz	Verein zur Errichtung eines evangelischen Kinderheims	Dr. v. Körbel	Skrofulose, Lues, Tuberkulosegefährdung (keine offene Tuberkulose)	Jodbäder, Trinkkuren, Massage, Sonnenbäder
Bad Hall, Pension Frau Dr. Busch	—	Frau Dr. Martina Busch	—	—	—
West-Schlesien.					
Bad Darkau bei Karwin	Kaschau-Oderberger Bahn und Lokalbahn Petrowitz-Karwin	Graf Larisch-Mönnich	Dr. Edmund Beck	—	Jodbäder, Trinkkuren, Massage, Sonnenbäder

3. An der

Die hier angeführten Anstalten sind fast durchwegs während des Krieges
Angaben beziehen sich auf

Abbazia, Sanatorium Dr. Szegö	Südbahn, Hauptstrecke Wien-St. Peter-Fiume	Kgl. Rat Dr. Koloman Szegö	Kgl. Rat Dr. Koloman Szegö	—	Seebäder, Sonnen-, Luft- und Diätkuren
Abbazia, Sanatorium Dr. Mahler	—	Dr. Julius Mahler	Dr. Oscar Witzinger	—	Seebäder, Sonnen-, Luft- und Diätkuren, besonders Kuren bei Herzkranken, Stoffwechselkuren
Abbazia, Kinder-Pension Villa „Mon Bijou“	Südbahn, Hauptstrecke Wien-St. Peter-Fiume	Frau Flora Bodnar	Ärzte des Ortes nach Wahl	—	Seebäder, Sonnen-, Luft- und Diätkuren, besonders Kuren bei Herzkranken, Stoffwechselkuren
Abbazia, Neues Kurhaus	wie oben	Aktiengesellsch.	Dr. Oskar Löwenstamm	—	Seebäder, Sonnen-, Luft- und Diätkuren, besonders Kuren bei Herzkranken, Stoffwechselkuren

Bettenzahl	Aufnahmsalter	Nur für Kinder	Preis	Freiplätze Ermäßig.	Unterricht	Kurzeit	Bemerkungen
—	Vom 12. Jahre an	Nein	Pro Tag von 18 Kr. aufwärts	Nein	Nein	Ganzjährig	—
25	Vom 4. Jahre an	Vorwiegend	8—12 Kr. pro Tag	Ja	Nein	1. Mai bis anfangs Oktober	—
—	—	—	—	—	—	—	Daten nicht eingelaufen
60	3—14 Jahren	Nein „Eigenes Kinderheim“	Derzeit unbestimmbar	—	Nein	15. Mai bis 1. Sept.	

Adria.

geschlossen. Die Wiedereröffnung ist bei einigen zweifelhaft. Die gemachten die Zeit vor dem Kriege.

160	Jegliches Alter	Auch für Erwachs., eigener Kinderpavillon und Kinderstrandbad	—	Ja	Nur privat	Ganzjährig	
—	—	Eigene Kinderstation	Vor dem Kriege von ca. 100 Kr. pro Woche aufwärts	Nein	—	Ganzjährig	—
—	Von 4 Jahren angefang.	Ja	Vor dem Kriege von 6—8 Kr. täglich	Ja	Deutsche Schule im Orte	Ganzjährig	—
23 Zimmer	Von 7 Jahren an ohne Begleit.	Nein	Vor dem Kriege von 10 Kr. an täglich	—	—	Ganzjährig	—

Ort, Name der Anstalt	Bahnverbindung	Besitzer	Ärztl. Leiter	Krankheitsformen	Behandlungsformen
Abbazia, Villa Marine und Töchterheim Abbazia	Südbahn, Hauptstrecke Wien-St. Peter-Fiume	Marie u. Fanny Oberpeilsteiner	—	—	Erziehungs- u. Erholungsanstalt für junge Mädchen
Cittanova, Kinderpension Guttler	Triest	Frau Guttler, Wien III, Erdbergerstr. 17	—	—	—
Grado, „Alla Salute“	Südbahn, Hauptstrecke bis Nabresina, dann Teilstrecke nach Cervignano od. Seeweg mit Triest-Graz (kurze Fahrt)	Dr. Moritz Oransz	Dr. Moritz Oransz	—	Chir.-orthopäd. Therapie, Mechanotherapie, Heilgymnast., Seebäder usw.
Grado, Haus Dr. Zipser	wie oben	Dr. Guido Zipser	Dr. Guido Zipser	—	Bäder, Sonnenbehandlung, Mastkuren
Grado, Wiener Kinderheim	wie oben	Frau Rosa Wojta Wien IX, Frankgasse 6	Dr. Guido Zipser	—	Bäder, Sonnenbehandlung, Mastkuren
Grado, Pension Kreuz	wie oben	Frau Anna Jureczek, Wien IV Metternichg. 2	Ortsarzt	—	Bäder, Sonnenbehandlung, Mastkuren
Grado, Kaiser-Franz-Josef-Seehospiz	wie oben	Verein Österr. Seehospiz, Wien IX, Porzellang. 4	Ortsarzt	—	Bäder, Sonnenbehandlung, Mastkuren
Lussingrande, Kuranstalt und Kinderheim	Seefahrt über Triest, Pola oder Fiume	Medizinalrat Dr. Josef Simonitsch	Medizinalrat Dr. Josef Simonitsch	—	Bäder, Sonnenbehandlung, Mastkuren
Lussingrande, Freiherr von Protobevernsches Niederöst. Seehospiz	wie oben	N.-Ö. Landesausschuß	Gemeindearzt	—	—
San Pelagio bei Rovigno, Istrien, Erzherz.-Maria-Theresia-Seehospiz	—	Stadt Wien, Magistrats-Abteilung XII	Dr. Enoch Zadre und Dr. Alfred Schilder, Primarärzte	Völlige Spitalpflege	Bäder, Sonnenbehandlung, Mastkuren
Valdoltra bei Capodistria bei Triest	Station des Lokaldampfer Triest-Capodistria	Soc. degli amici dell' infanzia Triest, Via S. Nicolo 4	Dr. Emil Comisso	Völlige Spitalpflege	Bäder, Sonnenbehandlung, Mastkuren
Salvore in Istrien, Steirisches Seehospiz	Von Triest per Schiff	Dem Kinderhospital in Graz angegliedert	Gemeindearzt von Umazo	—	Seebäder usw.

Betten-zahl	Aufnahms-alter	Nur für Kinder	Preis	Freiplätze Ermäßig.	Unter-richt	Kurzeit	Bemerkungen
—	—	Nein	Von 7 Kr. aufwärts	—	Ja	Ganz-jährig	—
—	—	—	—	—	—	—	Nähere Details nicht bekannt
50 Zimmer	Jedes Alter	Vor-wiegend für Kinder mit Be-gleitung	Pension pro Tag von 8 Kr. aufwärts	Ja (Nach-saison)	1. April bis anf. Oktober	Nein	—
42 Zimmer	Jedes Alter	Vor-wiegend für Kinder mit Be-gleitung	—	Ja (Nach-saison)	Mitte Apr. bis Mitte Oktober	—	—
40—50	2—18 Jahren	Vor-wiegend für Kinder mit Be-gleitung	—	Ja (Nach-saison)	Mai bis Sept.	—	—
24 Zimmer	Jedes Alter	Vor-wiegend für Kinder mit Be-gleitung	—	—	—	—	—
—	6—14 Jahren	Ja	—	Vor-wiegend Freiplätze	Sommer-monate	Nein	Für jüdische Kinder
10 Kn. 15 Mä.	5—14 Jahren	Neben Kur-anstalt eigenes Kinder-heim	—	Ermäßi-gung für Ärzte-kinder	Ganz-jährig	Ja	—
50	—	—	—	Vor-wiegend Freiplätze	Ganz-jährig	—	—
350	3—14 Jahren	Ja	Verpflegs-kosten 3,19 Kr. pro Tag	Vor-wiegend	Ja	Ganz-jährig	Bericht 1912. Seit Kriegsbeginn geschl.
240 Kn. 240 Mä.	2—15 Jahren	Ja	I. Kl. 240 Kr., II. Kl. 150 Kr., III. Kl. 90 Kr. pro Monat	Ja	Weniger, vor-wiegend italien. Umgangs-sprache	Ganz-jährig	Derzeit geschlossen
20 Kn. 70 Mä.	4—14 Jahren	Ja	Vor dem Kriege 60 Kr. pro Monat und Reisekosten	Ja	—	Mai bis Sept.	—

An-

Keine direkten Kinderanstalten, aber vor-

Ort, Name der Anstalt	Bahnverbindung	Besitzer	Ärztl. Leiter	Krankheitsformen	Behandlungsformen
Brioni, Kuranstalt	Insel, unweit Pola, Istrien	H. Kuppel, Wilson	Dr. A. Lenz	Völlige Spitalpflege	Bäder, Sonnenbehandlung, Mastkuren
Grado, Hotel Fonzeri, Hotel Fortino, Hotel Esplanada und zahlreiche Hotels und Villen	—	—	—	—	—
Lovrana b. Abbazia, Villa Belfiore, Pension Schattenfroh, Pension Trebitsch u. a.	Wien-St. Peter-Fiume	—	—	—	—
Portorose b. Pirano, Palace Kurhotel, Sanatorium Dr. Pupini	Triester Bahn, Lokaldampfer	—	—	—	—
Portoré, Hotel Olschbauer	Bei Fiume, Ungarn	—	—	—	—
Cirkvenica, Hotel Therapie, Hotel Miramare	Bei Fiume, Ungarn	—	—	—	—
Sistiana bei Triest, Monfalcone, Kurhotel	Bahn Nabresina-Cornova	Thurn und Taxisscher Besitz	—	—	—

C. Anstalten für Kinder

Ort, Name der Anstalt	Bahnverbindung	Besitzer	Ärztl. Leiter	Krankheitsformen	Behandlungsformen
Alland bei Baden, Niederösterr.	Von Baden per Wagen oder von Weißenbach (Leobersdorf-St. Polten) per Wagen	Verein Heilanstalt Alland, Wien IX, Borschkegasse 1	Prof. Dr. J. Sorgo	Skrofulose, Tuberkulose (keine offene Tuberkulose)	Alle spezif. Heilmittel
Senftenberg, Böhmen	Hauptstrecke Wien-Prag (Staatsbahn)	Landes-Hilfsverein für Böhmen Prag II, Spalenke 74	Dr. R. Lukes	Skrofulose, Anämie, Anfangstuberkulose der Lunge	Hydrochem.-diätetische Methoden nach Brehmer

D. Anstalten für schwererziehbare,

I. Nieder-

Ort, Name der Anstalt	Bahnverbindung	Besitzer	Ärztl. Leiter	Krankheitsformen	Behandlungsformen
Wien-Grinzing XIX, Langackerg. 12 Privat-Erziehungs-Anstalt für nervöse Kinder	—	Dr. phil. Theod. Heller	Städt. Arzt Grinzing und fallweise Wiener Nervenärzte	Leichte Schwachsinnformen, psychopath. Konstitution, Nervenstörg. (Psychosen ausgeschloss.)	Pädagogische Therapie
Wien XVII, Schulgasse 45	—	Direktor F. Eminger	—	—	—

hang.

wiegend von Kindern mit Begleitung besucht.

Betten-zahl	Aufnahms-alter	Nur für Kinder	Preis	Freiplätze Ermäßig.	Unter-richt	Kurzeit	Bemerkungen
—	—	—	—	—	—	—	—
—	—	—	—	—	—	—	—
—	—	—	—	—	—	—	—
—	—	—	—	—	—	—	—
—	—	—	—	—	—	—	—
—	—	—	—	—	—	—	—
—	—	—	—	—	—	—	—

mit Tuberkulose der Lungen.

Betten-zahl	Aufnahms-alter	Nur für Kinder	Preis	Freiplätze Ermäßig.	Unter-richt	Kurzeit	Bemerkungen
26 Kn. 38 Mä.	5—16 Jahren	Eigener Kinder-pavillon	4,80 Kr. pro Tag	Ja	Nein	Ganz-jährig	—
70—100	—	Vor-wiegend	6 Kr. täglich	Größten-teils	Ja (böhm.)	Ganz-jährig	—

schwachsinnige, blödsinnige Kinder.

österreich.

Betten-zahl	Aufnahms-alter	Nur für Kinder	Preis	Freiplätze Ermäßig.	Unter-richt	Kurzeit	Bemerkungen
30 Kn. 20 Mä.	4—18 Jahren	Ja	Kriegspreise, 300—400 Kr. monatlich	—	Ja	Ganz-jährig	In Kriegszeit nur 25 Zöglinge mit 14 Jahren oberer Altersgrenze
—	—	—	—	—	—	—	Daten nicht eingelangt

Ort, Name der Anstalt	Bahnverbindung	Besitzer	Ärztl. Leiter	Krankheitsformen	Behandlungsformen
Biedermannsdorf, Bez. Mödling, N.-Ö., Stephanistiftung	Wien-Aspang und Wien-Neudorf	Verein „Stephanistiftung“, Wien XVII, Ortliebgasse 24	Dr. Robert Ritter von Neupauer in Laxenburg N.-Ö.	Bildungsfäh. schwachsinn. Kinder (nichtbildgs.-fähige nur ausnahmsweise gegen erhöhte Gebühren)	Unterricht, Handwerk
Gugging bei Klosterneuburg (bei Wien), Landes-Pflege- und Beschäftigungs-Anstalt	—	Land Niederöst.	Derzeit unbesetzt	Schwachsinnige und epileptische Kinder (auch nicht bildungsfäh.)	Unterricht, Krankenhauspflege, Orthopädie
Mauer-Oehling bei Amstetten, Landes-Heil- und Pflege-Anstalt	Wien-Linz	Land Niederösterreich	Regierungsrat Direktor Dr. Starlinger	Anstalt für Geisteskranke und Schulabteilung für Kinder, auch f. Epileptiker	Unterrichtsstufen für Familienpflege
Mödling bei Wien, Städt. Krankenhaus, Abteilung f. schwachsinnige Kinder	—	Stadtgemeinde Mödling	Primärarzt Dr. Theodor Babiy	Schwere Formen von Idiotie	Krankenhauspflege, Elementarunterricht
Oberhollabrunn (Niederösterreich), Landesanstalt für schwachsinnige Kind.	—	Niederösterr.-Landesausschuß	Pädagogisch. Leiter Wilh. Hubmann, Anstaltsarzt Dr. Romanofsky	Bildungsfähige Schwachsinnige	Schulunterricht und Heilpädagogik
Perchtoldsdorf bei Wien, Privatanstalt, Leonhardberggasse 10—12	Südbahn Wien-Liesing oder Lokalbahn Wien-Mödling	Franz Salzlechner	Anstaltsarzt Dr. Natzler	Bildungsfähige Schwachsinnige	Erziehung und Unterricht
					II. Ober-
Gallneukirchen bei Linz, Evang. Diakonissen-Kranken-Anstalt	—	—	Pädag. Leiter Dr. C. Bauer, Pfarrer, Pflege durch Diakonissinnen	Schwachsinnige, Epileptische	Privater Unterricht u. Elementargegenstand, Landwirtschaft
Schloß Hartheim bei Alkoven, Oberöst. Idioten- und Kretinen-Anstalt Hartheim	—	Oberösterr. Landeswohltätigkeitsverein Linz	Geistliche Leitung	Nicht bildungsfähige Idiotie	Garten- und Feldarbeit, Pflege
					III. Steier-
St. Ruprecht bei Bruck a. d. Mur, Pius-Institut	Südbahn Wien-Graz	Kongregation der barmherz. Schwestern vom hl. Kreuz	Dr. Karl Schmid	Idiotie und Taubstummheit	Ärztliche u. pädagogische Behandlung
Knittelfeld, Landes-Siechen-Anstalt	Staatsbahn Wien-Villach	Land Steiermark	Dr. Max Pachmayer	Idiotie, schwere Formen	Ärztliche Behandlung

Bettenzahl	Aufnahmsalter	Nur für Kinder	Preis	Freiplätze Ermäßig.	Unterricht	Kurzeit	Bemerkungen
75 Kn. 45 Mä.	Vollend. 5. Jahr	Ja	Mindestens 100 Kr. pro Monat	Ja	Ja	Ganzjährig	—
126 Kn. 204 Mä.	6—14 Jahren	Ja	Vor dem Kriege 1,50 Kr. pro Tag	Zahlreiche	Ja	Ganzjährig	Angaben nach dem Jahre 1914/15
25 Kn. 10 Mä.	Vom Schulalter angefang.	Nein	4 Kr. täglich	Öffentl. Heilanst. des Landes Niederösterreich	Ja	Ganzjährig	—
60 Kn.	4—16 Jahren	Nein	1,90 Kr. pro Tag	Ja	Ja	Ganzjährig	—
140 Kn.	9—15 Jahren	Ja	—	Ja	Ja	—	—
36	Schulalter	Ja	Vor dem Kriege 100 Kr. pro Monat	Ja	Ja	—	Angaben aus Prosp. der Vorkriegszeit

österreich.

Bettenzahl	Aufnahmsalter	Nur für Kinder	Preis	Freiplätze Ermäßig.	Unterricht	Kurzeit	Bemerkungen
12 Kn. 5 Mä.	Schulalter	Nein	Vor dem Kriege I. Klasse 80—100 Kr., II. Klasse 50—60 Kr.	Ja	Nein	—	Angaben von 1914/15
19 Kn. 12 Mä.	Außerdem Erwachsene	Nein	Vor dem Kriege 216 Kr. pro Jahr	Ja	—	Ganzjährig	Angaben von 1914/15

mark.

Bettenzahl	Aufnahmsalter	Nur für Kinder	Preis	Freiplätze Ermäßig.	Unterricht	Kurzeit	Bemerkungen
100 Kn. 130 Mä.	5—12 Jahren	Ja	Derzeit 50—100 Kr. und darüber	Ja	—	Ganzjährig	—
50 Kn. 30 Mä.	Für Knab. bis 16 Jahren, für Mädchen unbeschränkt	Nein	2 Kr. pro Tag	Ermäßig.	—	—	—

IV. Kärn-

Ort, Name der Anstalt	Bahnverbindung	Besitzer	Ärztl. Leiter	Krankheitsformen	Behandlungsformen
St. Martin bei Klagenfurt, Maria Josefinum	—	Verein zur Gründung u. Erhaltung der Kärntnerisch. Idiotenanstalt in Klagenfurt	Geistliche Leitung	Imbezillität, Idiotie	Behandlung, Unterricht

V. Tirol-

Ort, Name der Anstalt	Bahnverbindung	Besitzer	Ärztl. Leiter	Krankheitsformen	Behandlungsformen
Bludenz, Vorarlberg, Marienheim	—	Vorarlberger Kinderrettungsverein	Geistliche Leitung	Bildungsfähige schwachsinn. Kinder	Unterricht, Erziehung
Mils bei Hall, Tirol, St. Josefs-Institut	—	—	Dr. Josef Offer, geistliche Leitung	Bildungsfähige Schwachsinnige	Unterricht, Erziehung

VI. Salz-

Ort, Name der Anstalt	Bahnverbindung	Besitzer	Ärztl. Leiter	Krankheitsformen	Behandlungsformen
Eugendorf bei Salzburg, Landes-Idioten-Anstalt Konradinum	—	Landesausschuß Salzburg	Direktor der Landesheilanstalt für Geistes- und Gemütskranke	Idiotie, Kretinismus, auch Taubstummheit, Blindheit	Pflege

VII. Böh-

Ort, Name der Anstalt	Bahnverbindung	Besitzer	Ärztl. Leiter	Krankheitsformen	Behandlungsformen
Hloubelin bei Prag, Fürsorgeheim für Schwachsinnige	—	Fürsorgeverein f. Schwachsinnige in Prag	Dr. Otto Heller	Schwachsinnige	—
Hohenelbe, Böhmen, Schwachsinnigenheim	—	Deutsche Landes-Kommission für Kinderschutz und Jugendfürsorge, Prag	—	Bildungsfähige Schwachsinnige	—
Königgrätz, Böhmen, Heilpädagog. Anstalt	—	Böhmische Landes-Kommission für Kinderschutz, Prag	Direktor J. Pelikan und Dr. L. Batek	Leicht abnorme Knaben	Unterricht, Handwerk
Lomnitz, Mähren, Familienheim Privatanstalt	—	—	—	Imbezillität, Idiotie	Pflege, Unterricht
Prag IV, 57, Ernestinum	—	St. Anna-Frauenverein	Kais. Rat Dr. Karl Herfort	Imbezillität, Debilität	Pädagogische Therapie

VIII. Gali-

Ort, Name der Anstalt	Bahnverbindung	Besitzer	Ärztl. Leiter	Krankheitsformen	Behandlungsformen
Krakau, Privat-Anstalt für nervöse u. schwachsinnige Kinder	—	Prof. Dr. med. Pilz, Kopernikagasse 23	Prof. Dr. med. Pilz, Kopernikagasse 23	—	—

IX. Un-

Ort, Name der Anstalt	Bahnverbindung	Besitzer	Ärztl. Leiter	Krankheitsformen	Behandlungsformen
Balf, Anstalt f. Epileptiker	Wien-Sopron (2 Stunden), Stat. Balf-Färdö	—	Graf Dr. Stef. Wosinski von Wolna	Epileptiker und Idioten	Interne Medikation, elektr. Bäder und Schwefelbäder
Budapest VII, Jokaig. 9, Frimsche Anstalt	—	Dr. Friedr. Jakob Körmendi	Dr. Friedr. Jakob Körmendi	Epileptiker, Idioten	—

ten.

Bettenzahl	Aufnahmsalter	Nur für Kinder	Preis	Freiplätze Ermäßig.	Unterricht	Kurzeit	Bemerkungen
54	—	Ja	20—30 Kr. pro Monat	Ja	Ja	—	Bericht 1914
Vorarlberg.							
25 Kn. 28 Mä.	6 Jahre	Ja	36—40 Kr. pro Monat	Ja	Ja	—	—
87 Betten für Kinder	—	Nein	Ca. 300 Kr. pro Jahr	Ja	Ja	—	Bericht 1914
burg.							
16 Kn. 9 Mä.	5—18 Jahren	Ja	400 Kr. pro Jahr	Ja	Nein	—	—
men.							
14 Kn.	6—14 Jahren	Ja	150 Kr. pro Monat	Ja	Ja	—	Für jüdische Kinder
60 Kn.	—	Ja	—	Ja	Ja	—	Im Bau
56 Kn.	—	Für Jugendliche	480 Kr. pro Jahr	Ja	Ja (böhm.)	—	Bericht vor dem Kriege
54	—	Ja	50—80 Kr. pro Monat	Ja	Ja	—	Bericht 1914
80 Kn. 40 Mä.	6—13 Jahren	Ja	1000 Kr. pro Jahr	Ja	Ja (deutsch)	—	—
zien.							
15 Kn.	—	Ja	—	—	Ja	—	Bericht 1914
garn.							
125 Kn. 125 Mä.	Vom 4. Jahre angefang.	Vorwiegend	I. Klasse 193 Kr., II. Klasse 170 Kr., III. Klasse 105 Kr.	Ja	Ja	—	—
68 Kn. 10 Mä.	Von 6 Jahre aufwärts	Nein	200—300 Kr. monatlich	Nein	Teilweise (deutsch u. ungar.)	—	—

Ort, Name der Anstalt	Bahnverbindung	Besitzer	Ärztl. Leiter	Krankheitsformen	Behandlungsformen
Borosjenö, Arader Komitat	—	Kgl. ung. Staat	Direktor Georg Csapö, Arzt Dr. J. Csillag	Schwachsinnige	Moderne Heilpädagogik
Budapest I, Remetestr. 18, Heilpäd. Kinder-Sanat.	—	Dr. Marg. Révisz	Dr. . Marg. Révisz	Schwachsinnige, Nervöse	—

E. Spezial-

(mit Ausschluß öffentlicher

Ort, Name der Anstalt	Bahnverbindung	Besitzer	Ärztl. Leiter	Krankheitsformen	Behandlungsformen
Wien, Sanatorium für Sprachstörungen	—	Dozent Dr. Emil Fröschels	Dozent Dr. Emil Fröschels	Alle Formen von Sprachstörungen	Übungsbehandlung
Wien, Heilanstalt für Sprachstörungen	—	Dr. Hugo Stern	Dr. Hugo Stern	Alle Formen von Sprachstörungen	Übungsbehandlung
Reichenberg, Böhmen, Orthopädische Anst.	—	Dr. J. F. Gottstein	Dr. J. F. Gottstein	Orthopäd. Krankheiten und Gebrechen	Orthopäd.-chirurgische Behandlung

F. Anstalten für blinde Kinder.

Für blinde Kinder gibt es in Österreich keine Privatsanatorien. Folgende teils öffentliche, teils private Anstalten zur unentgeltlichen Aufnahme erblindeter Kinder nehmen zumeist auch solche zahlungsfähiger Kreise gegen geringe Kosten auf:

Wien. Blindenerziehungsinstitut. II. Wittelsbachstr. 5. Direktor Reg.-R. Mell.

Wien. Asyl für blinde Kinder im vorschulpflichtigem Alter. XVII. Hernalser Hauptstraße 93. Vereinskanzlei I, Rathausstraße 4.

Wien. Israelitisches Blindeninstitut. XIX. Hohe Warte 32. Direktor S. Heller.

Wien. Marie Przibramsches Blindenmädchenheim. XIII. (Hütteldorf) Bahnhofstraße 6. (Für größere Mädchen.)

Purkersdorf bei Wien. Niederösterr. Landes-Blindenanstalt. Direktor Karl Bürklen. Zahlzöglingskosten 600 Kr. pro Jahr.

Melk a. d. Donau. Niederösterreichisches Mädchenblindenheim im Elisabetinum (geistliche Schwestern).

Linz, Oberösterreich. Beschäftigungs- und Versorgungsanstalt für männliche und weibliche Blinde und Privatblindenanstalt.

Graz, Steiermark. Odilien-Erziehungs- und Versorgungsanstalt für Blinde.

Klagenfurt, Kärnten. Landesblindeninstitut.

Innsbruck. Tiroler Vereinsanstalt für Blinde.

Brünn, Mähren. Mährisch-Schlesisches Blindeninstitut.

Prag, Böhmen. Privatinstitut für arme blinde Kinder und Augenkranke.

Prag. Klarsche Versorgungsanstalt für Blinde, vorwiegend für Erwachsene, mit Kindergarten.

Prag-Smichov. Francisko-Josefinum, vorwiegend für Erwachsene.

Lemberg, Galizien. Galizische Blindenanstalt.

Abbazia. Erziehungs-Pensionat für blinde und schwachsichtige Kinder. Th. Fuchs, Villa Celestina. (Seit Kriegsbeginn außer Tätigkeit.)

G. Anstalten für taubstumme (taubstummblinde) Kinder.

Anstalten, die nach Art von Privatsanatorien taubstumme Kinder verpflegen, gibt es in Österreich nicht. Folgende öffentliche Taubstummeninstitute nehmen zumeist Zahlzöglinge gegen mäßige Gebühren auf:

Wien. Taubstummeninstitut. XIII. Speisingerstraße 105.

Wien. Niederösterreichische Landes-Taubstummenanstalt. XIX. Hofzeile 15.

Wien. Allg. österr. israel. Taubstummeninstitut. III. Rudolfsgasse 22. Direkt. Dr. S. Krenberger.

Niederösterreich.

St. Pölten, Klostergasse 15—19. Bischöfliches geistliches Diözesan-Taubstummeninstitut.

Bettenzahl	Aufnahmsalter	Nur für Kinder	Preis	Freiplätze Ermäßig.	Unterricht	Kurzeit	Bemerkungen
93 Kn. 31 Mä.	Vom 7.—24. Jahre	Ja	64 Kr. pro Monat	Ja	Ja (ungar.)	—	—
12 Kn. 12 Mä.	3—18 Jahre	Ja	600 Kr. pro Monat	Gelegentlich	Ja (ungar.)	—	—

anstalten

oder Wohltätigkeitsinstitute).

Bettenzahl	Aufnahmsalter	Nur für Kinder	Preis	Freiplätze Ermäßig.	Unterricht	Kurzeit	Bemerkungen
10 Kn. 10 Mä.	Vom 3. Jahre an	Nein	Von 400 Kr. monatlich aufwärts	Ja	Ja	Ganzjährig	—
6 Kn. 6 Mä.	Vom 5. Jahre an	Nein	Von 400 Kr. monatlich aufwärts	Ja	Ja	Ganzjährig	Vor dem Kriege in den Sommermonaten in Hinterbrühl
10—12	Ohne Beschränk.	Nein	8—16 Kr. pro Tag	Ja	Nein	—	—

Oberösterreich.

Linz. Provinzial-Taubstummenlehranstalt. (Geistliche.) Kapuzinerstr. 40.

Steiermark.

Graz. Landschaftl. Taubstummen-Lehranstalt. Rosenberggürtel 12.

Küstenland.

Görz. Landschaftl. Taubstummen-Institut. Via Seninario 26.
Triest. Gemeindeanstalt. Via Commerciale 28. (Beide Anstalten vorwiegend italienisch.)

Tirol-Vorarlberg.

Mils. Landes-Taubstummenanstalt.
Trient. Bischöfl. Privat-Taubstummenanstalt. (Geistlich, italienisch.)

Böhmen.

Prag. Privat-Taubstummenanstalt. Karlsgasse 104. (Deutsch und böhmisch.)
Budweis. Diözesan-Taubstummenanstalt. (Deutsch und böhmisch, geistlich.)
Leitmeritz. Diözesan-Taubstummenanstalt. (Deutsch, geistlich.)
Königgrätz. Diözesan-Taubstummen-Institut „Rudolfsheim". (Böhmisch, geistl.)

Mähren.

Brünn. Mährisch-Schlesisches Taubstummen-Institut. Dörnrösselgasse 8.
Eibenschitz. Mährische Landestaubstummenanstalt.
Leipnik. Mährische Landestaubstummenanstalt.
Mähr. Schönberg. Landes-Taubstummen-Erziehungs-Anstalt. (Deutsch.)

Salzburg.

Salzburg. Landes-Anstalt. Lehenerstr. 173.

Kärnten.

Klagenfurt. Kärntnerisches Taubstummeninstitut, Landesanstalt.

Krain.

Laibach. Zaloska c. 5.
St. Michael (Bez. Rudolfswerth). Für Mädchen. (Geistlich.)

Galizien.

Lemberg. Privat-Taubstummeninstitut der allerheiligsten Dreifaltigkeit. Lyczokovergasse 3. (Polnisch, geistlich.)
Lemberg. Israelitische Privat-Taubstummenschule. Kotlarska.

Taubstummblinde Kinder.

Wien. Taubstumm-Blindenheim. Wien XIII. (Hütteldorf, Linzerstr. 478.) Für Kinder aus ganz Österreich ohne Unterschied der Konfession oder Nationalität.

Anstalten in

zusammengestellt von

Erziehungsheime und

Ort	Höhenlage	Name der Anstalt	Besitzer	Ärztl. Aufsicht	Bettenzahl Kn.	Bettenzahl Mä.	Alter der Kinder Kn.	Alter der Kinder Mä.
Arosa, Kt. Graubünden	1800	Juventas Knaben-Internat und Privatgymnasium	Pfr. Streiff	—	20	—	—	—
Fetan, Engadin	1712	Hochalpines Töchterinstitut	Dir. Dr. Camenisch	Ja	—	65	—	10—18
Hof-Oberkirch, Kt. St. Gallen, Bahnstat.: Kaltbrunn	450	Landerziehungsheim	Herm. Tobler	—	—	—	7—15	7—13
Neu-St. Johann, Kt. St. Gallen, Bahnstat.: Neßlau	760	Heim zur Erziehung und Erholung schulpflichtig. Kinder	—	—	60		Schulpflichtige	
Sarn, Kt. Graubünden, Bahnstation Cazis	1200	Alpines Erziehungs-Institut Heinzenberg	Frl. Graf	—	30		6—11	6—14 15—20
Teufen, Kt. Appenzell	850	Prof. Busers Töchterinstitut und Landerziehungsheim	Prof. Buser	—	—	30	—	6—12[1])
Unter-Aegeri, Kt. Zug	750	Schulsanatorium	Dr. Weber	Ja	30		6—12	6—15
Vevey-Gilamont am Genfersee	455	Landerziehungsheim	Dir. Eug. Cortbesy	—	—		7—15	
Zuoz, Engadin	1712	Hygienische Schule „Bellaria“	Herm. Gilli	Ja	30		6—12	6—15
Zuoz, Engadin	1736	Hochalpines Lyceum „Engiadina“	Dir. Dr. A. Gunthart	Ja	130	—	10—17	—
Davos-Platz	1560	Schulsanatorium „Fredericianum“	Dir. Dr. Hugo Bach	Ja	50	—	— Schulalter	—

Ferien- und

Ort	Höhenlage	Name der Anstalt	Besitzer	Ärztl. Aufsicht	Bettenzahl Kn.	Bettenzahl Mä.	Alter der Kinder Kn.	Alter der Kinder Mä.
Adelboden, Berner Oberland, Bahnstation Frutigen	1156	Kinderkurheim Adelboden	Fräulein Else Elbers	Ja	25		5—16	
Brunnadern, Kt. St. Gallen	700	Kinderheim „Sonnenschein“	Fräulein Marg. Roost	—	—		4—14	
Celerina, Engadin	1724	Privat-Kinderheim Koller-Leeb	Frau Koller-Leeb	—	15		4—15	4—18
Celerina, Engadin	1724	Kinderheim und hygienisches Institut	Frl. A. und E. Goldschmid	—	15		6—12	6—18

der Schweiz.

Dr. Ernst Rhonheimer (Zürich).

Schulsanatorien.

Pflegesatz	Krankheitsformen	Behandlung	Unterricht	Kurzeit	Bemerkungen
Von 9 Frs. an ausschließlich Schulgeld	Lungenschwache mit Ausschluß offener Tuberkulose	Luft- und Sonnenkuren	Ja	Das ganze Jahr	—
2200—2600 Frs. Verpflegung, 600 Frs. Schulgeld pro Jahr	Gesunde und erholungsbedürftige Kinder	Luft- und Sonnenkuren	Ja		Schulzeit: Mitte Januar bis Mitte März, Mitte Mai bis Mitte August, Mitte September bis Mitte Dezember
2500 Frs. jährlich inkl. Schulgeld	Gesunde und schwächliche Kinder (keine Kranken)	Luft- und Sonnenkuren	Ja	Das ganze Jahr	—
15 Frs. pro Woche	Erholungsbedürftige	Luft- und Sonnenkuren	Ja	Das ganze Jahr	—
150—180 Frs. monatlich	Erholungsbedürftige Kinder und junge Mädchen	Luft- und Sonnenkuren	Ja	Mai bis Oktober	—
—	—	—	—	—	[1]) Von 6—12 Jahren im Landerziehungsheim, von 12 Jahren an im Töchterinstitut
210—230 Frs. pro Monat	Erholungsbedürftige, schwächliche Kinder	Luftkuren	Ja	Das ganze Jahr	In den Sommerferien Schulferienaufenthalt
1500—2000 Frs. pro Jahr inkl. Schulgeld	—	Luftkuren	Ja	Das ganze Jahr	—
240 Frs. monatlich	Erholungsbedürftige mit Ausschluß Lungenkranker	Luft- und Sonnenkuren	Ja	—	Schluß d. Jahreskurse Ende März
2100—2700 Frs. Verpflegung, 600 Frs. Schulgeld	—	Luft- und Sonnenkuren	Ja	Das ganze Jahr	—
2900—3200 Frs. für das Schuljahr inkl. Unterricht	Erholungsbedürftige, leichtere Formen von Lungentuberkulose	Luft- und Sonnenkuren	Ja Deutsche Auslandsschule	Das ganze Jahr	—

Erholungsheime.

Pflegesatz	Krankheitsformen	Behandlung	Unterricht	Kurzeit	Bemerkungen
10 Frs. täglich	Erholungsbedürftige	Luft- und Sonnenkuren	Ja	Das ganze Jahr	Tuberkulose ausgeschlossen
$4^1/_2$ Frs. täglich	Erholungsbedürftige	Luft- und Sonnenkuren	Nein	Das ganze Jahr	—
200—220 Frs. monatlich inkl. Schulunterricht	Erholungsbedürftige	Luft- und Sonnenkuren	Ja	Das ganze Jahr	—
250—300 Frs. monatlich	Erholungsbedürftige	Luft- und Sonnenkuren	Ja	Das ganze Jahr	Tuberkulose ausgeschlossen

Ort	Höhenlage	Name der Anstalt	Besitzer	Ärztl. Aufsicht	Bettenzahl Kn.	Bettenzahl Mä.	Alter der Kinder Kn.	Alter der Kinder Mä.
Gstaad, Berner Oberland	1100	Kinderkurheim „Bergsonne“	Frl. Stettler	Ja	20		4—13	4—16
Madulein, Engadin	1700	Kinderinstitut	Fr. Dr. Romedi	Ja	15		5—12	
Pontresina, Engadin	1803	Villa Albris, früher „Chalet Waldheim“	Frau Gut-Tobler	—	i. Somm. 25 i. Wint. 10		—	
St. Moritz-Dorf Engadin	1856	„Belmunt“ Kinderheim und Erziehungsanstalt	Vorsteherin Frau Heitz	Ja	40		Bis 12	Bis 15
Unter-Aegeri, Kt. Zug	750	Kinderheim Bossard und Hürlimann	Frau Bossard-Hürlimann	—	—		Bis 12	Bis 14
Unter-Aegeri, Kt. Zug	750	Kinderheim Rosenau	Frau Witwe Bränelli-Juggenbühl	—	20		—	

Heilanstalten für Erholungsbedürftige mit Einschluß

Ort	Höhenlage	Name der Anstalt	Besitzer	Ärztl. Aufsicht	Bettenzahl Kn.	Bettenzahl Mä.	Alter der Kinder Kn.	Alter der Kinder Mä.
Arosa, Kt. Graubünden	1800	Kinder-Klinik	Dr. Lichtenhahn	Ja	15		2—14	
Arosa, Kt. Graubünden	1820	Jugendheim	Luise Loppnow	Ja	18		Bis 10 J.	In jedem Alter
Davos-Platz	1560	Haus am Ried	Dr. Frank Kornmann	Ja	6-10	6-10	Bis 12 Jahre	
Langenbruck, Kt. Basel	755	Sanatorium Erzenberg	—	Ja	70		—	
Leysin, Kt. Waadt	1440	Anstalten von Dr. Rollier	Dr. Rollier	Ja	1000 i. 39 Etabl.			

Heilanstalten für Erholungsbedürftige

Ort	Höhenlage	Name der Anstalt	Besitzer	Ärztl. Aufsicht	Bettenzahl Kn.	Bettenzahl Mä.	Alter der Kinder Kn.	Alter der Kinder Mä.
Davos-Platz	1560	Sanatorium Schweizerhof Kinderpavillon Sophienhaus	Leitender Arzt Dr. med. H. Staub	Ja	—		In jed. Alter	
Leysin, Kt. Waadt	1440	Volkssanatorium für Kinder	Präsident Dr. Morin	Ja	—		—	

NB. Für Kinder mit offener Lungentuberkulose kommen außerdem sämtliche Lungensanatorien der

Pflegesatz	Krankheitsformen	Behandlung	Unterricht	Kurzeit	Bemerkungen
8—10 Frs. täglich	Erholungsbedürftige	Luft- und Sonnenkuren	Ja	Das ganze Jahr	Keine Kranken
230—250 Frs. monatlich inkl. Schulunterricht	Erholungsbedürftige	Luft- und Sonnenkuren	Ja	Das ganze Jahr	—
190—220 Frs. monatlich	Erholungsbedürftige	Luft- und Sonnenkuren	Ja	Das ganze Jahr	—
250—350 Frs. monatlich	Schwächliche und erholungsbedürftige Kinder	Luft- und Sonnenkuren	Ja	Das ganze Jahr	Tuberkulose ausgeschlossen
4,50—5,50 Frs. pro Tag	Erholungsbedürftige	Luft- und Sonnenkuren	Ja	Das ganze Jahr	—
3,50—4 Frs. täglich	Erholungsbedürftige	Luft- und Sonnenkuren	Ja	Das ganze Jahr	Unterricht in den Schulen des Ortes

geschlossener sowie chirurgischer Tuberkulosen.

Pflegesatz	Krankheitsformen	Behandlung	Unterricht	Kurzeit	Bemerkungen
12 Frs. täglich inkl. ärztliche Behandlung	Chirurgische Tuberkulose, ausschließl. Lungentuberkulose	Luft- und Sonnenkuren	Ja	Sommer und Winter	—
9—10 Frs. täglich ohne Schulgeld	Erholungsbedürftige mit Ausnahme offener Lungentuberkulose	Luft- und Sonnenkuren	Ja	Sommer und Winter	—
225—250 Frs. pro Monat einschl. ärztliche Behandlung	Asthmatiker, Nervöse, Herz- u. Nierenleiden, geschlossene Tuberkulose, Blutkrankheiten	Luft- und Sonnenkuren, Röntgentherapie, Quarzlampe, spezifische Behandlung	Ja	Sommer und Winter	—
2—3,50 Frs. (7—8,50 Frs. privat) einschl. ärztliche Behandlung	Erholungsbedürftige, Knochen- und Gelenktuberkulose	Luft- und Sonnenkuren, Röntgentherapie, Quarzlampe, spezifische Behandlung	Nein	Sommer und Winter	—
2—26 Frs. täglich	Chirurgische Tuberkulose	Luft- und Sonnenkuren, Röntgentherapie, Quarzlampe, spezifische Behandlung	Nein	Sommer und Winter	—

mit Einschluß offener Tuberkulosen.

Pflegesatz	Krankheitsformen	Behandlung	Unterricht	Kurzeit	Bemerkungen
Pension 9 Frs. pro Tag, Zimmer von 2—8 Frs. täglich	Spez. chirurgische Tuberkulose	Luft- und Sonnenkuren, Röntgentherapie, spezifische Behandlung	Nein	Sommer und Winter	—
2,50—5 Frs. täglich	Lungentuberkulose und chirurgische Tuberkulose	Luft- und Sonnenkuren, Röntgentherapie. Quarzlampe, spezifische Behandlung	Ja	Sommer und Winter	—

Schweiz, namentlich in Arosa und Davos in Betracht. Die Preise sind Anfang 1918 festgestellt worden.

Sachregister.

A.

B.

C.

D.

I.

J.

K.

N.

O.

P.

T.

U.

V.

W.

Verlag von Julius Springer in Berlin W 9.

Fachbücher für Ärzte.

Band I: **Praktische Neurologie für Ärzte.** Von Prof. Dr. M. Lewandowsky in Berlin. Dritte Auflage. Herausgeg. von Dr. R. Hirschfeld. Mit 21 Textabbildungen. 1920. Gebunden Preis M. 22,—.

Band II: **Praktische Unfall- und Invalidenbegutachtung** bei sozialer und privater Versicherung sowie in Haftpflichtfällen. Von Dr. med. Paul Horn, Privatdozent für Versicherungsmedizin an der Universität Bonn, Oberarzt am Krankenhause der Barmherzigen Brüder. 1918. Gebunden Preis M. 9,—.

Band III: **Psychiatrie für Ärzte.** Von Dr. Hans W. Gruhle, Privatdozent an der Universität Heidelberg. Mit 23 Textabbildungen. 1918. Gebunden Preis M. 12,—.

Band IV: **Praktische Ohrenheilkunde für Ärzte.** Von A. Jansen und F. Kobrak, Berlin. Mit 104 Textabbildungen. 1918. Gebunden Preis M. 16,—.

Band V: **Praktisches Lehrbuch der Tuberkulose.** Von Professor Dr. G. Deycke, Hauptarzt der inneren Abteilung und Direktor des Allgemeinen Krankenhauses in Lübeck. Mit 2 Textabbildungen. 1920. Gebunden Preis M. 22,—.

Band VI: **Infektionskrankheiten.** Von Prof. Dr. Georg Jürgens, Berlin. Mit 112 Kurven. 1920. Gebunden Preis etwa M. 18,—.

Verlag von J. F. Bergmann in Wiesbaden.

Säuglingsernährung und Säuglingsstoffwechsel. Ein Grundriß für den praktischen Arzt. Von Prof. Dr. **Leo Langstein**, Direktor des Kaiserin-Auguste-Viktoria-Hauses zur Bekämpfung der Säuglingssterblichkeit, und Dozent Dr. **Ludw. F. Meyer**, I. Assistent am Kinderasyl und Waisenhaus der Stadt Berlin. Zweite und dritte umgearbeitete und erweiterte Auflage. Mit 46 zum Teil farbigen Abbildungen. 1914.
Gebunden Preis M. 11,—.

Grundriß der Säuglingskunde. Ein Leitfaden für Schwestern, Pflegerinnen und andere Organe der Säuglingsfürsorge. Von Prof. Dr. **St. Engel**, Leiter der staatl. anerkannten Säuglingspflegeschule der Stadt Dortmund. Mit 94 Textabbildungen nebst einem **Grundriß der Säuglingsfürsorge** von Dr. **Marie Baum**, Hamburg. Mit 13 Textabbildungen. Siebente und achte Auflage. 1919. Gebunden Preis M. 10,—.

Physiologie, Pflege und Ernährung des Neugeborenen, einschließlich der Ernährungsstörungen der Brustkinder in der Neugeburtszeit. Von Prof. Dr. **Rud. Th. v. Jaschke**, Oberarzt an der Univ.-Frauenklinik in Gießen. Mit 94 (zum Teil farbigen) Abbildungen im Text und auf 4 Tafeln. 1917. Preis M. 25,—.

Allgemeine pathologische Physiologie der Ernährung und des Stoffwechsels im Kindesalter. (Allgemeine pathologische Symptomatologie.) Von Prof. Dr. **L. Tobler.** Unter Mitarbeit von 1. Assist. G. Bessau. (Aus: „Handbuch der allgemeinen Pathologie und der pathologischen Anatomie des Kindesalters".) Mit 34 Abbildungen. 1914.
Preis M. 10,—.

Rezepttaschenbuch für Kinderkrankheiten. Von Prof. Dr. **Seifert**, Direktor der Univ.-Poliklinik für Nasen- und Halskrankheiten in Würzburg. Fünfte, gänzlich umgearbeitete Auflage. 1919. Gebunden Preis M. 12,—.

Hierzu Teuerungszuschläge.